RECUEIL
DES
LOIS SUR LA CHASSE

en Europe

et dans les principaux pays d'Amérique

d'Afrique et d'Asie

PAR

ERNEST DEMAY

Ancien avocat au Conseil d'État et à la Cour de cassation

PARIS

LIBRAIRIE DE FIRMIN-DIDOT ET Cie

IMPRIMEURS DE L'INSTITUT, RUE JACOB, 56

1894

RECUEIL

DES

LOIS SUR LA CHASSE

en Europe

et dans les principaux pays d'Amérique

d'Afrique et d'Asie

*Droits de reproduction et de traduction réservés
pour tous les pays,
y compris la Suède et la Norvège.*

RECUEIL

DES

LOIS SUR LA CHASSE

en Europe

et dans les principaux pays d'Amérique

d'Afrique et d'Asie

PAR

ERNEST DEMAY

Ancien avocat au Conseil d'État et à la Cour de cassation

PARIS

LIBRAIRIE DE FIRMIN-DIDOT ET Cie

IMPRIMEURS DE L'INSTITUT, RUE JACOB, 56

1894

A ÉTIENNE BLADÉ

CONSUL DE FRANCE

INTRODUCTION.

Toute source de revenus pour un État et de bien-être pour le peuple, doit attirer l'attention du législateur, quels que soient les préjugés qui semblent s'attacher à l'origine de ces ressources et de ce bien-être.

On doit même, dans certains cas, combattre les idées souvent trop démocratiques, qui, ayant pour but de flatter les masses, tendent à sacrifier l'intérêt général à des visées purement politiques et égoïstes.

Or, les préjugés ont une telle racine en France, que le mot *chasse*, semble éveiller encore, dans certains esprits, les idées de féodalité et de privilèges.

Cependant, pour ceux qui examinent les choses de bonne foi, il faut reconnaître que, depuis 1789, ces privilèges sont bien morts et qu'en se confondant avec le droit de propriété, l'exercice de la chasse, par suite de la division des biens et de la facilité des communications, a été mis à la portée de tous.

Du fait même que la chasse s'est démocratisée et que chacun peut s'y adonner, l'intérêt général exige qu'elle soit protégée; d'autant, qu'à côté du plaisir que l'on y trouve, sa prospérité intéresse tous les habitants du pays, soit au point de vue des rendements qu'elle procure à l'État, soit eu égard au bien-être général qui en découle.

C'est pourquoi, si la chasse est aujourd'hui à la portée de tous, il ne faut pas qu'elle devienne, par suite de la négligence apportée dans l'observation de la loi, un métier malhonnête pour quelques-uns au détriment de tous les autres.

La sagesse, l'intérêt et la prévoyance exigent que l'on ne laisse pas disparaître le gibier, et que l'on ne tolère pas que le braconnage ruine, à son seul profit, ce qui fait la richesse générale.

Si, d'un autre côté, on ne peut éviter que la division de la propriété ne produise forcément une diminution dans la quantité du gibier, on peut, du moins, empêcher ce dépeuplement de prendre de plus grandes proportions, en faisant sévèrement observer les lois existantes et en cherchant à y apporter quelques modifications absolument nécessaires.

C'est là le seul moyen de sauver cette richesse nationale et de mettre un terme à la situation actuelle qui tend à porter un immense préjudice aux revenus de l'État et des communes : situation qui, en s'aggravant, rendrait de plus en plus la France tributaire des pays étrangers (1).

Aujourd'hui, la chasse représente encore en France, pour le Trésor, un revenu de plus de trente millions.

Ce chiffre, qui, malheureusement, semble tendre à décroître, suffirait seul à prouver la nécessité qu'il y a de protéger le gibier et de faire observer rigoureusement les lois qui régissent la matière ; et, si l'on consulte le Bulletin de statistique et de législation comparée publié par le Ministère des finances (2), on voit, de suite, quel intérêt il y a pour l'État et les communes à ne pas laisser s'amoindrir une pareille source de richesse publique.

En effet, d'où proviennent ces trente millions ?

Tout d'abord des permis de chasse : le nombre de ces permis qui, en 1844, n'atteignait que le chiffre de 125.153,

---

(1) Déjà, en 1888, les pays qui nous avoisinent introduisaient à Paris, 2.300.000 kilogrammes de gibier, représentant quatre millions de francs. Dans le total, l'Allemagne entrait pour 1.321.000 kilogrammes; la Hollande pour 112.000 k.; l'Angleterre pour 65.000 k.; l'Espagne pour 156.000 k.; l'Italie pour 650.000 k.; la Russie, pour 150.000 k. — Introduction qui a pour effet de faire baisser, en France le prix du gibier et même celui de la volaille. (V. Nouveau Dictionnaire d'Économie politique de M. L. Say, 4e livraison).

(2) V. numéro de septembre 1880.

produisant 3.128,825 fr. dont 1.877. 275. pour l'État et 1.251.530 pour les communes, s'est élevé en 1882 au chiffre de 372.825, produisant un total de 10.439.100 fr. dont 6.710.850 fr. pour l'État et 3.728.250 fr. pour les communes.

Le total des permis pour 1891-1892 a été de 376.292. Celui de 1892-1893 n'a été que de 373.597, dont le produit donne 10.460.716, c'est-à-dire 3.725.970 aux communes et 6.724.746 à l'État.

Puis de la vente des poudres de chasse.

Des produits de l'octroi, qui, pour Paris seul, ont été en 1888 de 1.000.000 fr. environ, pour 2.300.000 kilogrammes de gibier : chiffre qui, d'après l'*Économiste Français*, doit être décuplé pour toutes les villes de France, ce qui donne, environ, 10.000.000.

De la part afférente au gibier et revenant au Trésor sur l'impôt qui frappe les colis de grande vitesse.

Des revenus de la location des chasses des forêts domaniales qui ont donné 1.719.172 et qui, certainement, peuvent rendre beaucoup plus.

Mais ce n'est pas tout : A côté de ce revenu, il faut mentionner la valeur que la location de la chasse donne à la propriété foncière, valeur dont on peut constater l'importance, en consultant le travail publié (août 1890) dans le *Bulletin de statistique et de législation comparée*, quoiqu'il ne soit relatif qu'aux neuf départements qui sont, il est vrai, les plus giboyeux de notre pays.

Voici, en effet, les prix moyens payés par les chasseurs dans ces départements pour la location de chasse par hectare.

	Plaine.	Bois.	Plaine et bois réunis.
Orne	0.54	1.67	1.64
Ardennes	0.89	1.32	0.73
Somme	0.94	9.00	2.04
Marne	1.45	3.30	4.81
Oise	1.91	8.22	5.21
Côte-d'Or	2.69	1.10	3.12
Nord	4.65	»	5.31
Seine-et-Oise	7.83	11.30	8.11
Seine-et-Marne	8.70	18.61	9.80

Évaluations que l'on trouve confirmées et complétées dans l'*Économiste Français*.

Il faut compter toutes les mises dehors qu'entraîne la chasse et qui font vivre gardes, rabatteurs, piqueurs, éleveurs, facteurs aux halles, marchands, armuriers; dépenses qui, au bas mot, représentent pour chaque chasseur, par année, une moyenne de 200 fr., et qui, pour 370.000 permis délivrés, peuvent être évaluées au chiffre de 74.000.000 fr.

On doit aussi rappeler le commerce auquel les produits de la chasse donnent lieu en France (1) : sans oublier en ce qui touche l'agriculture, que la législation sur la chasse a aussi pour but de protéger les récoltes, les trou-

---

(1) Résultats de ce commerce pour les moyennes décennales : 1857-66 ; — 1867-76 ; — 1877-86, prouvant son importance soit au point de vue de la consommation intérieure, soit au point de vue des échanges.

Importation	1857 à 1866	1867 à 1876	1877 à 1886
Chiens (Allemagne, Belgique, Angleterre).	23.403	47.276	269.700
Gibier vivant et volaille.	710.394	1.940.955	6.466.518
Viande de gibier.	1.192.511	3.152.832	8.099.530
Œufs de gibier et volaille.	3.165.201	6.600.336	20.154.115
Pelleterie, brute ou apprêtée.	1.392.166	2.083.088	2.312.013
Poils de blaireau, castor, etc.	4.295.121	3.592.880	3.518.103
Poils de porcs { en manne	858.672	1.513.109	1.634.037
et sangliers. { en botte.	2.308.537	2.095.710	1.936.882
Plumes	719.409	373.158	402.875
Dents d'éléphant.	2.064.901	3.321.302	3.512.006
Écaille de tortue.	1.251.922	2.078.910	2.132.216
Graisses.	22.952.098	47.010.178	51.152.655
Armes de chasse.	6.630.215	591.032	5.531.812

Articles auxquels il faut ajouter les cornes de cerf, d'ivoire, et la tabletterie d'ivoire.

Exportation	1857 à 1866	1867 à 1876	1877 à 1886
Chiens.	41.715	260.869	62.072
Gibier.	143.333	2.557.166	6.487.006
Viande et gibier.	1.029.678	333.888	6.020.378
Œufs.	21.626.751	36.504.142	40.587.372
Pelleterie.	830.822	1.373.820	3.261.941
Poils de blaireau.	11.482.891	8.881.411	10.092.979
Poils de porc { en manne	414.811	482.515	531.368
et sangliers { en botte.	495.546	960.559	1.221.245
Plumes	535.195	135.088	686.970
Dents d'éléphant.	354.847	573.170	444.415
Écaille de tortue.	659.996	572.277	317.259
Graisses.	6.771.247	16.020.910	24.038.902
Armes de chasse.	8.211.518	5.115.985	4.066.333

peaux et les individus contre les bêtes fauves malfaisantes et nuisibles.

Voici certainement bien des titres qui militent en faveur de la chasse et qui prouvent qu'il est important pour tous de demander protection pour cette source de riches revenus et pour tous les intérêts qu'elle représente.

Malgré cet intérêt général bien constaté, malgré les plaintes justifiées, formulées depuis longtemps et de tous côtés, par tous ceux qui ont souci de ces questions, aucune modification utile n'a été apportée à l'état de choses actuel, et même, si des mesures nouvelles ont été prises, elles semblent plutôt tendre à aggraver le mal qu'à y remédier.

Cependant certaines réformes sont indispensables si l'on veut sauver nos richesses giboyeuses, et ces modifications on peut les emprunter aux législations étrangères.

Dans tous les pays d'Europe, l'origine et les changements subis par le droit de chasse sont à peu près semblables. Mais il n'en est pas de même de la législation sur cette matière.

A partir du dix-neuvième siècle, presque toutes les législations étrangères s'inspirent de nos codes, mais elles gardent, en ce qui concerne la chasse, l'empreinte de l'état d'esprit politique du pays pour lequel elles ont été faites.

Ici ce sont les conditions climatériques dont l'effet se fait sentir, là se retrouvent les influences aristocratiques ou les exigences du système agraire.

L'esprit aristocratique et presque féodal qui domine en Allemagne et en Autriche se retrouve dans les lois de ces pays qui tout en reconnaissant aux propriétaires le droit de chasse sur leurs terres, apportent des restrictions qui ne sauraient être admises en France.

Ce même esprit ressort de la législation anglaise et espagnole, comme conséquence des principes qui régissent la propriété dans ces pays.

Mais ce que l'on peut constater, c'est que malgré ces influences diverses, dans toutes ces législations domine l'idée de protection, de conservation et de repeuplement du gibier.

C'est pourquoi, après avoir donné l'analyse de la législation sur la chasse en France, nous avons cherché à réunir, en les faisant précéder de quelques mots sur le droit de chasse, les lois qui régissent aujourd'hui cette matière dans les grands États européens.

L'utilité de ce travail trouverait sa justification quand il ne servirait qu'à nous montrer combien à l'étranger, chaque pays, comprenant l'intérêt général, protège avec un soin jaloux ses richesses giboyeuses, et à nous inviter à suivre ces exemples.

Un travail semblable avait été commencé, par M. Faider, pour six États : la Belgique, la France, l'Angleterre, l'Allemagne, l'Italie et la Hollande. Tout en faisant de nombreux emprunts à cet auteur, nous avons mis au point ce travail en ce qui concerne les États précités et l'avons étendu à l'ensemble des puissances européennes.

Nous avons aussi réuni des données aussi complètes que possible, en ce qui concerne l'Amérique du Nord et du Sud ainsi que les États asiatiques et africains.

Pour ces recherches, nous avons utilisé l'*Annuaire de la législation étrangère,* les notes sur la chasse, dont M. Daguin s'est fait une spécialité dans cette publication, ainsi que les renseignements et traductions fournis par différentes personnes, notamment par M. Étienne Bladé, consul de France.

Nous tenons, par devoir et par reconnaissance, à remercier, tout d'abord, les personnes auxquelles nous avons fait ces emprunts et celles qui ont bien voulu nous communiquer ces notes et ces renseignements.

RECUEIL

DES

LOIS SUR LA CHASSE

EN EUROPE

ET

DANS LES PRINCIPAUX PAYS D'AMÉRIQUE, D'AFRIQUE ET D'ASIE

FRANCE.

I. Résumé historique jusqu'en 1789. — II. Résumé des cahiers généraux sur la situation des esprits avant 1789. — III. Résumé historique de 1789 à 1883. — IV. Analyse et critique de la loi du 3 mai 1844. — V. Chasse maritime. — VI. De la chasse dans les bois et forêts soumis au régime forestier. — VII. Louveterie. — VIII. Protection des pigeons voyageurs. — IX. Principaux projets de lois déposés à la Chambre depuis 1876. — X. Conventions entre la France et les pays étrangers. — XI. Tunisie, Algérie, Réunion, Martinique, Cochinchine et établissements d'Océanie.

I. RÉSUMÉ HISTORIQUE JUSQU'EN 1789.

Avant de reprendre, depuis 1789, la législation de la chasse en France et de la comparer à celle des autres pays, il est nécessaire de jeter un rapide coup d'œil sur le passé, afin de bien préciser combien est grande la différence qui existe entre ce passé et le présent et de voir les raisons qui provoquèrent des changements devenus nécessaires.

Avant de devenir un privilège, le droit de chasse était sans limites; et les lois sur la chasse issues du droit Romain tendirent à le protéger et non à le restreindre.

Toutefois ce que l'on peut remarquer de suite, c'est qu'en France, contrairement à ce qui a eu lieu pour les autres branches de la législation, celle qui a trait à la chasse, loin de s'adoucir avec le temps, devint de plus en plus sévère, jusqu'en 1789.

Sous les Mérovingiens, si la recherche et la poursuite du gibier sont libres, certaines forêts sont déjà réservées aux rois; et tout fait de chasse, dans ces forêts, est puni de mort (1).

---

(1) *La Venerie*, la *Fauconnerie* et *l'oisellerie* étaient en grand honneur chez les Francs. On voit la loi salique (T. VI a. 1-2 : T. VII, a. 1-2 3-4-7 T. XXXX a-1-2), et la loi Ripuaire (T. XLIV a. 1) édicter des peines pécuniaires contre ceux qui tuent ou volent des animaux dressés pour la chasse.

Ces chasses furent surtout en honneur au moyen âge.

Les premières traces de la *Vénerie*, qui était la science de forcer et de prendre ou de tuer à force de chiens, sans se servir d'armes ou d'autres engins pour arrêter la fuite de l'animal de chasse, remontent à la fin du septième siècle. Mais les premières règles de cette science ne se trouvent indiquées qu'à la fin du treizième siècle, dans le poëme d'un auteur anonyme: *Le Dict de la chace du cerf*. — Puis, vient le livre du *Roy modus* en 1328, renfermant les règles pour chasser toutes les bêtes à poil; enfin il faut citer les ouvrages de Gace de la Vigne (1359). — Gaston Phœbus (1387), Hardouin, seigneur de Fontaine Guerin (1394), époque à laquelle Alphonse XI, roi de Castille (1310) faisait rédiger le *Libro de monteria*, livre de chasse pour son usage.

L'art de la Vénerie a donc certainement pris naissance en France, et dans tous les pays la grande chasse à courre se nommait la chasse française. C'est Jacques du Fouilloux qui a fixé définitivement les règles de cette chasse dans son traité de 1560 : règles qui furent perfectionnées par de D'Yanville.

Cette grande chasse a été peu à peu négligée à l'étranger où du reste elle ne se faisait pas comme chez nous. En France si l'animal, par ses ruses et sa vitesse échappe aux poursuites, il avait la vie sauve; à l'étranger, au contraire, l'animal était toujours tué par le chasseur.

On nomme *Les chasses meurtrières*, celles où le gibier enfermé dans des filets est tué au moyen de pieux ou de fusils. Ces chasses, qui se faisaient surtout en Allemagne et en Italie, ont eu lieu aussi en France, dans les domaines de Marly, Saint-Germain, Compiègne et Fontainebleau ; elles se nommaient Bourraillements. Pour tuer les animaux, le roi, les princes et les invités se servaient de fusils.

La *Fauconnerie* est plus ancienne que la Venerie, et le droit de porter un faucon ou un épervier était, depuis les temps les plus reculés, le privilège de la noblesse. Le livre du Roy modus, donne les plus minutieux détails de cette science de la Fauconnerie et l'on y voit que le gentilhomme ou le châtelain ne se montraient pas en public sans avoir leur faucon au poing, comme signe vivant de leur suzeraineté; les Prélats eux-mêmes, évêques ou abbés, entraient dans l'église avec leur oiseau de chasse et le déposaient, pendant l'office, auprès de l'autel. En résumé, la Fauconnerie était l'art de chasser avec le faucon et de dresser des oiseaux de proie pour la chasse du gibier à plume.

Il y avait un grand fauconnier de France dont l'origine remonte à 1250 (a). Louis XIII aimait passionnément cette chasse qui disparut sous le règne de Louis XIV (b).

L'*Oisellerie*, que le livre du Roi modus appelait le Desduits des Pauvres, parce que « les pauvres qui ne peuvent avoir ni chiens ni faucons pour chasser ou voler, n'y prennent pas moins *grant plaisance*, en même temps qu'ils y trouvent des moyens d'existence » était aussi une chasse.

En étudiant ce livre, on est surpris de voir que la plupart des procédés, des engins actuellement employés en oisellerie étaient déjà connus au moyen âge, sans préjudice de certains autres qui depuis ont été négligés et oubliés. On trouve,

---

(a) V. Mémoires du maréchal de Fleuranges.
(b) Pour la Fauconnerie de nos jours, voir l'ouvrage de M. Amédée Pichot.

A côté de ces restrictions spéciales, les seuls empêchements apportés à la chasse ne proviennent pas encore des lois, mais du fait des propriétaires qui tiennent à sauvegarder leurs droits et à protéger leurs biens.

Sous Charlemagne, les chasses de la cour sont entourées de luxe et en même temps la législation se développant montre, dans les capitulaires de 769, une forme plus certaine : Les rois des deux premières races sont forcés de prendre des mesures contre les grands propriétaires qui en se créant d'immenses domaines de chasse, dits *Forests*, dont ils défendent l'accès par tous les moyens, nuisent à la culture des terres. Il est dès lors défendu de créer de nouvelles *forests*, sans l'autorisation royale; mais les anciennes sont maintenues; bientôt les petits seigneurs créent en plus des *garennes*, où seuls ils ont le droit de chasse; et peu à peu, toutes les propriétés se trouvent complètement sous la dépendance des grands et des petits seigneurs.

Si, sous les Carlovingiens, le droit de chasse pouvait, cependant, être encore considéré comme un droit naturel, si les rois ne défendaient pas encore de chasser à toute une classe d'indi-

---

en effet, dans ce livre, la description des filets à nappe, celle de la chasse au miroir et à la chouette, celle de la pipée, des pièges, des trébuchets.

A cette époque, l'oisellerie s'exerçait à deux fins : pour se procurer du gibier et pour capturer les mêmes oiseaux de chant et de plaisir. Le commerce de ces derniers eut au moyen âge une telle importance, du moins à Paris, que les oiseliers ou oiseleurs avaient pu former une assez nombreuse corporation ayant des statuts et des privilèges.

Le Pont-au-Change, alors chargé de deux rangs de maisons avec *ouvroirs* ou boutiques occupées par les orfèvres et les changeurs, était le lieu d'étalage ordinaire de ces industriels, qui avaient le droit d'accrocher leurs cages le long des maisons, même sans la permission des locataires.

Cette singulière immunité leur avait été concédée par Charles VI en 1402, en considération de ce qu'ils étaient tenus « de bailler et délivrer quatre cents oiseaux » quand les rois étaient sacrés, « et pareillement quand la reine entrait nouvellement en sa bonne ville de Paris ». Toutefois les orfèvres et changeurs, trouvant ce voisinage incommode et gênant pour leur commerce, voulurent s'affranchir d'une servitude qu'ils n'avaient jamais acceptée. La cause fut portée, à plusieurs reprises, devant le Parlement, qui ne fit que confirmer les ordonnances des rois de France, et anciens privilèges des oiseleurs. La contestation s'envenima à la fin du quinzième siècle. Mais un arrêt du Parlement fit encore justice de l'opposition des orfèvres à la vente des oiseaux sur le Pont-au-Change.

Dès cette époque, de sages mesures de précaution étaient prises dans l'intérêt des couvées pour empêcher la chasse des oisillons depuis le 15 mai jusqu'au 15 août. En outre, pour pouvoir chasser aux oiseaux sur les domaines du roi, il fallait justifier d'une permission expresse de Sa Majesté, et pour avoir le droit d'en mettre en vente, il fallait être reçu maître oiseleur.

Les oiseleurs de Paris poussèrent un jour leurs prétentions jusqu'à vouloir interdire aux bourgeois de la ville, la faculté de faire couver les serins qu'ils avaient en cage et de multiplier aucune espèce d'oiseau. Mais une sentence de la table de marbre (tribunal de la maréchaussée de France) permit aux bourgeois de faire couver des serins de Canarie, avec défense toutefois de vendre le produit de ces couvées et de faire ainsi concurrence à l'industrie des maîtres oiseleurs de la ville, faubourg et banlieue de Paris.

vidus, si ce n'est aux ecclésiastiques (1), ce droit se modifie petit à petit, et dès les neuvième et dixième siècles il arrive, avec le système féodal, à ne plus être, pour le plus grand nombre, un attribut de la propriété.

La propriété foncière passant, avec tous ses droits, sur la tête du seigneur féodal, le droit de chasse se trouve lui appartenir par le fait ; il finit par se l'arroger, en dehors de toute idée de propriété territoriale ; s'organisant en plus des réserves de chasse, par la création de garennes (2).

Dès lors « le droit de chasse devient un droit réel annexé à la seigneurie et à la haute justice, s'étendant sur toutes les terres qui y étaient comprises et n'appartenant qu'au seigneur. Et si les rois donnent le droit de chasser sur un fief, cette faveur est attachée au sol quel que soit l'occupant. Il fallut alors posséder les terres en fiefs pour avoir le droit d'y chasser, et par un oubli manifeste du droit naturel et du droit de propriété, les mœurs et les lois, en cette matière, devinrent barbares, à tel point qu'un homme pouvait être condamné aux galères et même puni de mort pour avoir tué un lièvre sur son propre fonds (3) ».

Ainsi d'un côté, les rois interdisent la chasse dans leurs domaines, dont la garde, au quatorzième siècle, est confiée aux maîtres des Eaux et forêts (4), ayant sous leurs ordres les ver-

---

(1) *L'Église et la chasse*, par H. Gourdon de Genouillac.

(2) La garenne était un héritage défendable en tout temps, c'est-à-dire que personne n'avait le droit d'y entrer sans l'autorisation du propriétaire, tant pour la chasse que pour la pêche et le pacage. Il y avait avant 1789 deux sortes de garennes ; celles ouvertes et celles fermées de murs ou de fossés remplis d'eau ; au treizième siècle, celui qui violait les garennes était condamné à LX sols d'amende. Les ordonnances ne s'occupaient pas des garennes fermées qui ne pouvaient occasionner de dégâts ; quant aux autres, elles ne pouvaient être établies sans un titre formel, sous peine de 500 sous d'amende et de leur destruction. (V. Ordonnances de 1355, 1356, 1539, 1669, 1776). La loi du 11 août 1789 abolit le droit de garennes ouvertes.

(3) Cours de code civil. — Duranton. — Edition Belge, de 1841, t. III, p. 325.

(4) Les maîtres des Eaux et forêts semblent avoir été institués en 1291, sous Philippe le Bel. — En 1333, Philippe de Valois établit dix maîtres et supprime les gruyers. L'ancienne administration fut reconstituée sous Charles V. Le souverain maître des Eaux et forêts, dont la charge était, sous Charles VI, aussi importante que celle d'amiral ou de connétable, était en même temps grand veneur. Il avait sous ses ordres six lieutenants, deux aides, un clerc de vénerie, des varlets et des pages, des chiens et des lévriers. La juridiction des maîtres des Eaux et forêts se trouvait dans l'enclos du Palais de Paris : ils étaient préposés à la police du bois, de la chasse et de la pêche. Ils connaissaient des contestations qui survenaient dans ces matières, tant au criminel qu'au civil, et devaient empêcher les abus. En 1669, ces officiers étaient reçus à la table de marbre où l'appel de leurs sentences ressortissait, à moins que la condamnation ne fût supérieure à cent livres de principal et dix livres d'intérêt.

La *table de marbre*, était le nom donné à trois juridictions de l'enclos du Palais de justice à Paris. La connétablie, l'amirauté et le siège de réformation générale des Eaux et forêts : ce nom vient de ce qu'anciennement le connétable, l'adiers, gruyers et sergents forestiers (1). De l'autre côté, les seigneurs, maîtres de leurs droits réguliers, défendent la chasse dans leurs garennes (2), et celui qui est pris, de nuit, dérobant des connils ou autres (3), bêtes sauvages dans les garennes d'autrui, est condamné à être pendu ; si le fait a lieu de jour, l'amende est de 60 livres, prononcée contre le voleur s'il est gentilhomme, et de 60 sols s'il est serf. De plus, le cheval et les chiens du délinquant deviennent la propriété du forestier qui a fait la prise ; et si la bête tuée est saisie, le premier quartier est remis au connétable du duché (4) : souvent même les répressions sont plus cruelles (5).

En résumé, au milieu du quatorzième siècle le droit de chasse se trouvait restreint dans les limites suivantes que l'on trouve énoncées dans le code des chasses.

Personnes non nobles peuvent chasser partout hors garennes à chiens, à lièvres et connils, à lévriers ou chiens courants, à oiseau et à bâtons.

Toutefois, on ne peut tendre des engins ou filets aux faisans et perdrix sans congé des hauts justiciers en leurs hautes justices et garennes.

Les gentilshommes peuvent chasser à connils et lièvres avec engins *hors garennes*, et aux grosses bêtes dans leurs garennes et non ailleurs, *si titres ou possessions n'en ont*.

Il est interdit à tous de *tendre* depuis soleil couchant jusqu'à soleil levant.

Les barons seuls ont le droit de prendre un *héron rif*, si ce n'est à *faucons ou autres oiseaux gentils*, à peine de 60 sols d'amende.

---

miral et le grand maître des Eaux et forêts tenaient leur juridiction sur une grande table de marbre qui occupait toute la longueur de la grande salle du Palais. Quand on dit simplement la table de marbre, on entend la juridiction des Eaux et forêts. Dans l'origine, il n'y avait en France, qu'un grand maître des Eaux et forêts et il n'y avait pareillement qu'un siège de la table de marbre. Supprimée en 1771, la table de marbre fut rétablie en 1775. Les officiers des tables de marbre avaient le droit de connaître de tous procès, tant civils que criminels, concernant le fonds et la propriété des Eaux et forêts : fiefs et rivières appartenantes au roi, bois tenus en grurie, grairie, etc., et des procès qui leur étaient envoyés par les grands maîtres des Eaux et forêts de leurs départements ; à la charge, néanmoins, de l'appel aux parlements, dans les cas sujets à appel. Ils connaissaient en appel, en matière des Eaux et forêts des sentences émanées des maîtrises royales, et des sentences rendues par les juges seigneuriaux en matière d'Eaux et forêts. Les maîtres particuliers, lieutenants, procureurs du roi, etc., devaient être reçus aux sièges des tables de marbre.

Les tables de marbre furent supprimées par la loi des 7-12 septembre 1790.

(1) Officiers des Eaux et forêts dont les fonctions consistaient à visiter tous les quinze jours les Eaux et forêts de leur grurie, c'est-à-dire du canton de la maîtrise. Ils ne pouvaient juger que les délits dont l'amende était fixée par les ordonnances à la somme de douze livres et au-dessous.

(2) Ducange-Warenne. Établissements de St-Louis.

(3) Coutumes de Beauvoisis.

(4) Ducange.

(5) De Solemont. *Hist. de la Chasse*, t. II, p. 9.

Il est défendu, sous peine d'amende, de prendre *colombes de colombier, ou privez en hostel.*

Aucun noble ou autre ne peut *voler au gibier* ni tendre de filets dans les garennes du Roi.

Les gens de métier ou de labour ne peuvent avoir en leurs maisons ou ailleurs aucun *harnois* ou filets à prendres bêtes grosses et menues, faisans ou perdrix, sous peine de confiscation des dits engins.

En 1318, nul ne pouvait tenir *furons* (furets) ni *rezeuls* (réseaux, filets), s'il n'était gentilhomme ou s'il n'avait garenne, sous peine de soixante sols parisis d'amende à *la volonté* du Roi ou du seigneur du lieu.

Il était défendu, sous mêmes peines, de faire des panneaux à *connils* et à lièvres, qu'on ait garenne ou non. — Tous ceux qui possédaient de ces panneaux devaient les apporter *au château du Ressort, où ils sont*, pour qu'ils soient *ards* à jour de marché devant le peuple.

Les larrons de *connils* et de lièvre étaient emprisonnés et punis *asprement selon leurs méfaits.*

Il était de plus interdit par les coutumes de chasser à pied ou à cheval pendant que les récoltes étaient sur pied, et de *tendre* aux perdrix et aux oiseaux de rivière depuis le premier août jusqu'à la Toussaint (1).

Lorsque les rois voulurent affaiblir le pouvoir seigneurial, ils cherchèrent à abolir les privilèges nés du régime féodal en donnant à des villes et à des particuliers des chartres leur permettant de jouir du droit de chasse dont ils avaient été dépouillés par les grands seigneurs, jusqu'au jour où devenus les maîtres, les souverains s'emparent complètement de ce droit dont ils se servent pour s'attacher la noblesse qui sera leur soutien.

Dès lors, le droit de chasse n'est plus concédé aux sujets que par un acte spécial émanant du roi qui le réserve comme privilège de la classe noble.

Aussi l'ordonnance de 1396 porte « que dorénavant aucune personne non noble de nostre Royaume, si elle n'est à ce privilégiée ou si elle n'a adveu ou expresse commission à ce de par personne qui la puisse donner, ou si elle n'est personne d'Église, à qui, toutefois, par raison de lignage, ou autrement, se doive compelter, ou n'est bourgeois, vivant de ses possessions et rentes, ne se enhardisse, de chasser, ne tendre à bestes grosses ou menues, ne a oyseaux, en garenne, ne dehors, ne de avoir et tenir, pour ce faire chiens, furons, cordes, lacs, filets ne autres harnois » (2).

Cette ordonnance fut reproduite en 1452 par Charles VII.

Louis XI, tout en favorisant le mouvement de l'émancipation

---

(1) Dunoyer de Noirmont, t. II, p. 13.
(2) Dom Vaissette. *Hist. du Languedoc*, t. IV, p. 490.

des communes et tout en laissant la bourgeoisie prendre part au plaisir de la chasse, maintient ces défenses, et la noblesse, va jusqu'à prendre les armes pour redemander les prérogatives dont elle a été dépouillée ; aussi l'ordonnance de 1485 fait-elle défense au grand veneur (1) et à ses officiers de chasser sur les terres de la noblesse et de requérir pour leurs chasses les hommes des seigneurs, à moins que le roi ne soit présent.

Si, sous Charles VIII, la noblesse semble reprendre ses prérogatives, les concessions cessent avec les Valois et le droit de chasse redevient un attribut de la royauté.

François Ier, par son ordonnance de 1515, usant de cet attribut qui n'est même plus contesté, concède des permissions de chasse et réserve l'exercice de ce droit aux possesseurs de fiefs, à l'exclusion des roturiers et des gens de mécaniques.

Cette ordonnance de 1515 qui formera la base de notre vieille législation, en matière de chasse, est du reste presque toute entière dirigée contre ceux qui se permettent de chasser dans les forêts, buissons et garennes du roi et d'y prendre bêtes rousses, noires, lièvres, connins, faisans, perdrix ou autres gibiers à chiens, arbalète, arcs, filets, cordes, toiles, collets, tonnelles, limiers, ou autre engin tel qu'il soit, s'ils n'en ont privilège ou permission spéciale, octroyés par lettres authentiques.

L'infraction est punie pour la première fois de 250 livres tournois d'amende et de la confiscation des *engins et bâtons*. Si le délinquant ne peut payer, il sera battu de verges sous la Custode, jusqu'à effusion de sang. En cas de récidive, il sera battu de verges autour des forêts et garennes où il aura délinqué et banni à 15 lieues desdites forêts sous peine de la mort. La troisième fois, il devait être *mis aux galères par force*, ou battu de verges, ou banni perpétuellement du royaume et ses biens confisqués. Si le délinquant, enfin, était incorrigible, il était puni du dernier supplice.

Ceux qui auraient échappé à la punition après avoir chassé *par plusieurs fois à icelles grosses bêtes*, seront punis de 500 livres d'amende avec confiscation des engins et bâtons : faute de payement, ils seront battus de verges et bannis à 30 lieues.

Ceux qui prendront ou chasseront lièvres, connins, perdrix, faisans et autre menu gibier payeront 20 livres d'amende, et faute de payement, demeureront un mois en prison au pain et à l'eau. La seconde fois, ils seront battus de verges sous la

---

(1) On retrouve les traces de l'office de grand veneur sous Charles VI. Puis après une interruption, on le voit reparaître sous les Valois et sous les Bourbons. Supprimé en 1830, il fut rétabli sous Napoléon III, en 1853. Le grand veneur était autrefois grand forestier et maître de la vénerie. Il était grand officier de la couronne et avait sous ses ordres tout ce qui concernait les chasses du Roi.

Custode. La troisième fois, ils seront battus autour des forêts, buissons et garennes, et bannis à 15 lieues. Les délinquants qui auraient échappé plusieurs fois au châtiment après avoir pris ou chassé *menues bêtes*, payeront 40 livres d'amende ou demeureront deux mois en prison. Les autres interdictions et pénalités regardent les officiers royaux et tous autres.

Une ordonnance du 6 août 1533, déclare abolis tous les privilèges et concessions octroyés jusqu'à ce jour aux bourgeois de certaines villes.

Toutes les rigueurs dont le droit de chasse est l'objet s'appuient sur le besoin prétendu où sont les souverains d'empêcher les laboureurs *et gens de mecaniques* de perdre leur temps en *délaissant leur agriculture et artifice, sans lesquels la chose publique ne pourrait être substantée*, et de devenir fainéants, vagabonds et inutiles ; mais ces raisons n'ont qu'un but, marquer la volonté de réserver à la noblesse seule un plaisir, qui avec les idées du temps, doit lui appartenir exclusivement.

Sous Henri II a lieu la création des maîtres des Eaux et forêts qui deviennent les juges en matière et délits de chasse.

. François II, roi peu chasseur, rend en 1560 une ordonnance faisant défense aux gentilshommes et à tous autres de chasser, soit à pied soit à cheval, avec chiens et oyseaulx sur les terres ensemencées; mais cet acte de justice ne doit pas marquer un temps d'arrêt dans la progression vers la sévérité que nous constations dès le commencement.

Un édit de 1571 contient que « nul ne pourra désormais porter ou faire porter harquebouzes, pistolles, pistolets à feu ni arbalettres, sous peine de confiscation de corps et de biens ». Une ordonnance du 10 décembre 1581 défend aux roturiers de chasser sous peine de la Hart (gibet).

Sous Henri IV, le cerf devient gibier Royal, et défense est faite même aux nobles de le chasser sur leurs terres (ordonnance de 1600. a. 4). L'année suivante 1601, le chevreuil ne peut plus être attaqué dans un rayon de trois lieues autour des forêts de la Couronne. L'ordonnance de 1607 interdit à tous laboureurs, « chartiers et autres de mener, quand ils iront aux champs, aucuns mâtins qu'ils n'aient le jarret coupé ».

Par un règlement de 1629, Louis XIII défend toutes sortes de chasses aux roturiers et de porter arquebuse. Il restreint, en outre, les quelques concessions faites précédemment à des habitants de certaines villes : Il augmente le nombre des *capitaineries* (1) et grève ainsi la propriété de servitudes plus

---

(1) *Capitaineries des Chasses*. — Quel était donc le rôle de ces capitaineries qui

lourdes et qui n'ont qu'un but la conservation des plaisirs du Roi.

suscitèrent tant de plaintes? — Pour répondre à cette question, nous n'avons qu'à analyser le travail de M. Fautrat, qui donne à ce sujet les renseignements les plus complets et qui montre ce qu'était en 1600 la situation des forêts de l'Ile de France, de Villers-Cotterets et de Chambord. Voulant donner plus d'importance aux chasses qui avoisinaient ses maisons royales, François Iᵉʳ les divisa en capitaineries.

Ces capitaineries furent confiées à des seigneurs. Ces officiers chargés de garder les chasses Royales et de surveiller le gibier remplacèrent les Gruyers et les Verdiers ; ils avaient sous leurs ordres des lieutenants et des sous-lieutenants.

Ces charges furent recherchées par les plus hauts personnages; et les premiers capitaines dont on retrouve les noms, sont Louis de Vendôme, pour les forêts de la Brie; Adolphe de L'hopital, pour celles de Senart; François de Chastenier, pour celles du Poitou (a).

Plus tard, les rois autorisèrent même certains seigneurs à ériger leurs terres en capitainerie. Il y eut alors des capitaineries Royales et des capitaineries simples.

Les plaisirs du Roi ne souffrant aucun obstacle, le voisinage des capitaineries Royales devint la source de vexations et de plaintes (Cahier de la noblesse de Melun et de Brancy : V. Archives parlementaires, IV. 889; Cahier de Clamart, IV. 440). Non seulement Henri IV faisait faire défense de tirer à l'arquebuse à une lieue de ses capitaineries pour se défendre des voisins gênants; mais pour enclore ses terres une autorisation était nécessaire : Les orges ne pouvaient être coupées avant la Saint-Jean, et les mauvaises herbes devaient être laissées jusqu'après la ponte des perdrix; les bestiaux ne devaient pas approcher des parties servant de retraite au gibier (b). (Ordonnances et arrêtés de reglement de 1624, 1646, 1658-1660-1665-1666-1711). Les paysans ne pouvaient se défendre des ravages des fauves et de ceux commis par les chasseurs (c).

L'Ordonnance de 1669 régle les pouvoirs des officiers de chasse des capitaineries Royales.

Les capitaines au service de la maison royale recevaient leur provision du Roi. Le prix de la charge était versé au Tresor et remboursé par l'officier qui succédait.

La Capitainerie de la Varenne des Tuileries en 1682 fut payée 105,000 livres.

Les privilèges accordés aux commensaux du Roi appartenaient à ces officiers. Ils avaient juridiction pleine et entière sur les faits de chasse tant au civil qu'au criminel, sans partage ni concurrence avec les maitres des eaux et forêts.

Ils prêtaient serment entre les mains du roi et étaient forcés, eux et leurs lieutenants, de se faire recevoir à la table de marbre où ressortissaient les appels des jugements que les maîtrises pouvaient rendre sur leurs procès-verbaux.

Leur juridiction était déterminée par les articles 32 et 33 du titre xxx de l'ordonnance de 1669.

Les capitaines de chasses simples ne connaissaient des délits que concurremment avec les officiers des maîtrises. (A. 31, 34, 35 du même titre). Les capitaineries particulières ayant pris un développement considérable, quatre-vingts furent supprimées en 1638.

Dans les Capitaineries royales et même une lieue au delà de leurs limites, les seigneurs ne pouvaient chasser même sur leurs propres fiefs sans la permission du Roi ou du capitaine.

Cette lieue au delà des limites était dite lieue de *Rachat*, et la chasse y était interdite pour tout gibier, même aux seigneurs hauts justiciers.

La chasse au chien couchant était interdite et les veneurs ne pouvaient se servir que de la meute ou de l'oiseau au poing, la chasse au chien d'arrêt n'étant pas regardée comme chasse noble.

(a) M. Fautrat. *Les Capitaineries de chasses.* V. le *Correspondant* du 15 septembre 1898.
(b) M. Albert Babeau. *Le village sous l'ancien régime.*
(c) Campenon. *Histoire d'un village pendant la révolution.* V. le *Correspondant*, titre XC p 1192.

Sous Louis XIV, la chasse fait partie du programme des fêtes de la cour et la chasse au fusil devient l'égale de la vénerie et de la fauconnerie.

Du 14 mai 1643 au 1ᵉʳ septembre 1715, les édits, ordonnances, lettres patentes et arrêts de règlement en matière de chasse se succèdent rapidement, mais sans améliorer le sort de la population. Cependant les peines trop sévères sont abolies; quatre-vingts capitaineries de la couronne supprimées sur les plaintes des habitants des campagnes, et défenses sont faites aux grands seigneurs et aux gouverneurs de provinces ou villes de créer,

---

Dans toutes les forêts le cerf et les biches étaient réservés pour le Roi, celui qui tuait un de ces animaux sans une permission spéciale était condamné à 300 livres d'amende.

Les capitaineries Royales les plus anciennes sont les suivantes : *La Capitainerie d'Halatte*.

La Capitainerie de Chantilly (a).

La Capitainerie de la Varenne du Louvre et du bois de Boulogne créée, par Henri IV.

La Varenne des Tuileries : En 1689, le bois de Boulogne, ancien bois de Rouvroie, fut séparé de la Varenne du Louvre et forma avec le château de Madrid et la plaine Saint-Denis, la Varenne des Tuileries.

La Varenne du Louvre.

La Capitainerie de Vincennes, créée par Louis XIV.

La Capitainerie de Saint-Germain. — La Capitainerie de Livry. — La Capitainerie de Corbeil. — La Capitainerie de Limours. — La Capitainerie de Monceaux. — La Capitainerie de Fontainebleau. — La Capitainerie du Blaisois. — La Capitainerie de Chambord. — La Capitainerie de Compiègne. — Les Capitaineries de Villers-Cotterets, de Laigue, d'Orléans, de Montargis, de Sologne.

Toutes les forêts de l'Ile de France aménagées pour les chasses formèrent de véritables parcs, et des parcelles boisées disséminées dans la plaine servaient de remise au gibier dans ces Capitaineries. L'ordonnance de Colbert interdit même le défrichement.

La déclaration du 12 octobre 1699 vint supprimer toutes les Capitaineries particulières, ne conservant parmi les Capitaineries Royales que celles de la Varenne du Louvre, du bois de Boulogne, de Vincennes, de Saint-Germain, de Livry, de Fontainebleau, de Monceaux, de Compiègne et Chambord, de Blois, d'Halatte, de Corbeil, de Limours; la Capitainerie générale de Bourgogne et celle du duché d'Orléans.

La déclaration du 27 juillet 1701 réduisit celles du duché d'Orléans, ne maintenant que les Capitaineries d'Orléans, de Sologne, de Montargis, de Villers-Cotterets et de Laigue (b).

Comme nous l'avons dit, les Capitaineries étaient la source de nombre de vexations; et lors de l'assemblée des notables, réunie le 22 février 1787, quand on examina les causes du déficit et les moyens d'y mettre un terme, La Fayette signala entre autres réformes la destruction des Capitaineries qui n'étaient pas nécessaires aux plaisirs royaux et qui, dans la seule généralité de Paris, coûtaient environ 10 millions à l'agriculture.

Par l'article 3 du décret du 4 août 1789, toutes les capitaineries même royales et toute réserve de chasse furent abolies.

Des décrets et ordonnances vinrent ensuite régler la police des chasses dans les bois de la couronne.

(a) Voir pour les chasses de Chantilly l'ouvrage de R. W. B. Daniel : *Rural sports*, publié en 1801, renfermant le détail des chasses de 1748 à 1779.

(b) Ordonnance de 1669, t. XXX; arrêt du Conseil du 17 octobre 1707.

sans autorisation, des réserves de chasse aux alentours de leurs résidences.

Pour cette époque, le document le plus important est l'ordonnance du mois d'août 1669 qui érige le droit de chasse en privilège pour la noblesse, et reste le véritable code de chasse jusqu'à la Révolution. Dans cette ordonnance des Eaux et forêts, se retrouvent les mêmes défenses et les mêmes idées que dans celle de 1515 citée plus haut : les articles 14 et 26 du titre XXX accordent aux seigneurs, aux gentilshommes et aux nobles le droit de chasse dans l'étendue de leurs hautes justices et dans leurs forêts, buissons, garennes et plaines, mais sous la condition qu'ils ne pourront chasser *à force de chiens et d'oiseaux* qu'à une lieue des plaisirs du Roi et pour les chevreuils et bêtes noires à une distance de trois lieues (1).

Les gentilshommes ne pouvaient chasser sur leurs propres terres lorsqu'ils n'en étaient pas seigneurs féodaux et hauts justiciers.

L'ordonnance défendait aux marchands, artisans et bourgeois, de quelque état et qualité qu'ils soient non possédant fief, seigneurie et haute justice, de chasser en quelque lieu, sorte et manière que ce puisse être, à peine de 100 livres d'amende pour la première fois, du double pour la seconde fois, et pour la troisième, d'être attaché trois heures au carcan à jour de marché et banni durant trois années du ressort de la maîtrise, sans que pour quelque cause que ce soit les juges puissent remettre et modifier la peine.

Les lois et règlements étaient appliqués, hors des capitaineries, par les officiers des Eaux et forêts, sauf sur les terres des seigneurs et hauts justiciers dont les juges, en cas de contravention, pouvaient être saisis. Les appels allaient devant le tribunal de la table de marbre.

L'ordonnance des Eaux et forêts de 1772 (art. 28 et 30) fait aussi défense aux marchands, artisans, bourgeois et habitants des villes, bourgs, paroisses, villages, hameaux, paysans et ro-

---

(1) Les plaisirs du roi se composaient des cantons réservés près les maisons royales pour le plaisir de la chasse du roi.

Il était expressément défendu à tous seigneurs, gentilshommes et nobles de chasser au menu gibier, même dans leurs propres forêts, garennes et plaines à une lieue près des plaisirs du roi, et aux chevreuils et bêtes noires, à trois lieues (art. 14 et 15, t. XXX de l'ordonnance de 1669).

Il leur était également défendu de tirer au vol à trois lieues près des plaisirs du roi, à peine de 200 livres d'amende pour la première fois, du double pour la deuxième, du triple et du bannissement à perpétuité du ressort de la maîtrise pour la troisième fois (art. 16).

Aujourd'hui chacun a le droit de détruire le gibier sur sa propriété, et les chasses royales sont renfermées dans les parcs, forêts et autres domaines de la couronne et de l'État.

turiers, de quelque état et qualité qu'ils soient, non possédant fief, seigneurie et haute justice, de chasser en quelque lieu, sorte et manière et sur quelque gibier de poil ou de plume que ce puisse être.

De ces ordonnances il résulte donc qu'avant la Révolution le droit de chasse était un attribut de la souveraineté et qu'il appartenait au Roi seul, les nobles ne l'exerçant qu'en vertu de son autorisation.

Cet état de choses qui fut maintenu sous Louis XV ne subit quelques modifications que dans les premières années du règne de Louis XVI qui, tout en aimant la chasse, eut le mérite de vouloir que sa passion pour ce plaisir ne nuisit pas à ses sujets.

Avant d'examiner les changements apportés par la Révolution dans la législation sur la chasse et dans la nature du droit de chasse, il est assez curieux de rechercher dans les cahiers des États quelle était la situation des esprits en France en ce qui concerne la chasse avant le 4 août 1789.

II. CAHIERS DES ÉTATS GÉNÉRAUX DE 1789.

En présence des lois et des pénalités devenues de jour en jour plus sévères ; en présence du privilège et des abus qui étaient une lourde charge pour les paysans ; en présence enfin de ces capitaineries qui étaient un véritable fléau, on est amené à se demander quels pouvaient être les souhaits des opprimés ; et, si l'état de choses avait fini par les pousser à bout.

D'après Arthur Young « lorsqu'il est question de la conservation du gibier, dit-il, il faut savoir que par gibier on entendait des bandes de sangliers, des troupeaux de cerfs, non pas renfermés par des murs ou des palissades, mais errant à leur guise, sur toute la surface du pays, cause de destruction pour les récoltes, de malheurs pour le paysan, qui, pour avoir essayé de conserver la nourriture de sa famille, se voyait envoyé au galères. Rien que dans les paroisses de la capitainerie de Monceaux, les dégâts du gibier s'élevaient à 184.263 livres par an, pour quatre paroisses seulement. S'étonnerait-on après cela d'entendre le peuple dire : nous demandons la destruction des capitaineries et celle de *toute espèce de gibier* » (1).

Dans une autre partie, parlant de son Voyage en France de 1787 à 1789, le même auteur s'indigne en traversant la capitainerie de Chantilly, du tort que cette capitainerie du prince fait éprouver

---

(1) Arthur Young. *Voyage en France*, Liv. II.

aux paysans. « On dit que la capitainerie a plus de 100 milles en circonférence, c'est-à-dire que, dans cette circonscription, les habitants sont ruinés par le gibier, sans avoir la permission de le détruire, afin de fournir aux plaisirs d'un seul homme. Ne devrait-on pas, ajoute Young, en finir avec ces capitaineries » (1).

Jean-Jacques Rousseau qui, de 1756 à 1758, résida près de Montmorency, à l'Ermitage, au milieu des capitaineries du comte de Charolais, s'élevait aussi avec amertume contre la tyrannie des officiers de cette capitainerie. « A l'Ermitage, à Montmorency, dit-il, j'avais vu de près et avec indignation les vexations qu'un soin jaloux des plaisirs des princes fait exercer sur les malheureux paysans forcés de subir le dégât que le gibier fait dans leurs champs, sans oser se défendre qu'à force de bruit, et forcés de passer la nuit dans leurs fèves et leurs pois avec des chaudrons, des tambours, des sonnettes pour écarter les sangliers. Témoin de la dureté barbare avec laquelle le comte de Charolais faisait traiter ces pauvres paysans, j'avais fait vers la fin de l'*Émile*, une sortie sur cette cruauté (2).

L'opinion de M. Dunoyer de Noirmont, dans son *Histoire de la chasse en France* (3), nous semble bien plus près de la vérité. « Pendant le XVIII° siècle, dit cet auteur, la dureté des lois sur la chasse et le régime oppressif des capitaineries avaient soulevé dans les populations rurales des ressentiments exploités avec empressement par ceux qui appelaient de leurs vœux le renversement de toutes les institutions existantes. Ces novateurs ne manquaient pas d'exciter les rancunes populaires, pour s'en faire une arme contre les classes privilégiées et réussirent facilement à exciter une haine furieuse contre tout ce qui avait rapport à la chasse : ils furent secondés par une secte d'économistes et d'agronomes qui s'est propagée jusqu'à nos jours et qui voit un ennemi des récoltes dans tout chasseur, et la première condition d'une bonne agriculture dans la destruction totale du gibier ».

Quoi qu'il en soit, ce qu'il faut remarquer c'est que ce sont surtout les capitaineries qui sont attaquées, et que contre elles seules vont porter tous les efforts.

L'abolition des capitaineries sera, en effet, demandée dans plusieurs des cahiers présentés aux États généraux de 89; et, d'après Young, enfin, « on voit l'abolition générale ou partielle des capitaineries réclamée en 1789 par les trois ordres de Montfort-l'Amaury, par le clergé de Provins, de Montereau, de Paris,

---
(1) Arthur Young. *Voyage en France*, t. I.
(2) *Confession*, liv. XI.
(3) Dunoyer de Noirmont, t. I. p. 350.

de Mantes, de Laon; par la noblesse de Nemours, de Paris et d'Arras; par la noblesse et le tiers état de Péronne; par le tiers état de Meaux, de Mantes, et Meulan » (1).

Toutefois si dans les cahiers se trouvent quelques plaintes formulées par les vassaux contre les privilèges; si l'on voit que dans la commune de Berrieux (Aisne), on se plaint de ce que dans le cas où un homme tue un corbeau, il est rigoureusement puni. Si l'on se plaint de ce que les domestiques des châteaux se promènent dans les grains, avec nombre de chiens, au grand préjudice de la paroisse; malgré cela, d'après la lecture des demandes contenues dans le plus grand nombre des cahiers, on est porté à croire que les abus n'étaient pas partout aussi criants et que les provinces qui n'étaient pas soumises aux vexations des capitaineries n'avaient pas tant à se plaindre des lois qui régissaient la chasse.

Ce que nous avançons, nous semble confirmé par ce que dit M. Léon de Poncins dans son étude : *Les cahiers de 89 ou les vrais principes libéraux*, à propos du droit de chasse. « Des citations complètes sur chacun des droits féodaux devant nous entraîner trop loin, j'aime mieux, dit cet auteur, traiter spécialement la question qui concerne un des plus abusifs et des plus irritants, le droit de chasse, par lequel le seigneur avait la faculté, non seulement de chasser en tout temps, dans toute l'étendue de sa seigneurie, mais même d'interdire au vassal la levée de ses récoltes, quand il jugeait leur conservation utile au gibier. »

Quoique ce droit fût accessoire, on comprendra l'importance qu'il acquérait, si l'on réfléchit, d'une part, à l'attrait qu'exerce en France le plaisir de la chasse et au soin jaloux avec lequel les gentilshommes se le réservaient; de l'autre, au froissement d'amour-propre et à la gêne réelle qu'éprouvait le cultivateur, obligé de laisser violer en toute circonstance sa propriété par son seigneur, et empêché de détruire lui-même, nulle part ni en aucun temps, ce gibier qui le dévorait, et dont la poursuite par les fils et les amis du seigneur devenait souvent plus onéreuse pour lui que sa conservation. Cette question peut même servir d'autant plus à apprécier les idées de chacun que, tout le monde la considérant comme secondaire, personne, ni gentilhomme, ni paysan, ne se donnait la peine de dissimuler ce qu'il en pensait.

Si l'on reproduisait sans signature la plupart des extraits sur le droit de chasse relevés indistinctement dans les cahiers des

(1) Arthur Young. *Voyage en France*. t. II.

baillages voisins des grandes forêts, il serait difficile de deviner
à quel ordre ils appartiennent.

Le tiers état désire : « que le droit de chasse soit exercé par
le seigneur, de manière que la vie et la fortune des cultivateurs
soient à l'abri des vexations de leurs gardes, et que les dits seigneurs soient civilement responsables de leurs faits et délits »
(Tiers état d'Auxerre); — « que le propriétaire et le cultivateur
soient autorisés à détruire le gibier sur leurs terres et dans leurs
bois particuliers, sans pouvoir néanmoins se servir d'armes à
feu dont le port est défendu par les ordonnances...; que le droit
de chasse ne puisse jamais gêner la propriété d'un cultivateur;
qu'en conséquence, il puisse, dans tous les temps, se transporter
sur ses terres, y faire arracher les herbes nuisibles, couper ses
luzernes, sainfoins et autres productions, à telles époques qu'il
lui conviendra....; que Sa Majesté soit suppliée de faire renfermer
les parcs et forêts destinés à ses plaisirs, et d'ordonner, même
d'autoriser ailleurs la destruction des bêtes fauves qui ruinent
les campagnes » (Tiers de Dourdan, 18, 19 et 20); — « que les
propriétaires de la chasse ne puissent en jouir que depuis le 11 septembre jusqu'au 1er mai, pour les terres labourables, et depuis le
1er novembre pour les vignobles » (Tiers de Mantes, 40); — « que
les Capitaineries royales soient supprimées » (Tiers de Paris,
Saint-Germain, Meudon, Neuilly, Anjou, Châlons-sur-Marne,
Troyes).

La noblesse reconnaît : « la nécessité de détruire les bêtes
fauves, et d'ordonner que les indemnités qui pourraient être
dues à raison des dégâts qu'elles occasionnent, ou tout autre
espèce de gibier, seront supportées par les propriétaires de
chasse » (Noblesse de la Vicomté de Paris, 11). Elle demande
« qu'à la moindre plainte adressée par les laboureurs aux États
provinciaux sur les ravages occasionnés par le gibier et par
l'indiscrétion des chasseurs, il soit aussitôt nommé par ces
mêmes États des commissaires, choisis en nombre égal de gentilshommes et de laboureurs, qui vérifieront les dégâts, détermineront non seulement les dédommagements à accorder, mais
même ordonneront alors la destruction de la trop grande abondance de gibier, et leur jugement sera exécuté sans appel »
(Noblesse de Vermandois, 12). Elle veut « que des moyens soient
indiqués pour constater le tort que fait le gibier, et qu'il soit
ordonné que les propriétaires ou fermiers en soient complètement
dédommagés, que les bois et les forêts contenant des bêtes fauves
soient entourés aux dépens de ceux qui veulent les y conserver;
et que les bêtes fauves puissent être tuées sur le territoire des
propriétaires où elles se rencontreront » (Noblesse de Beauvais,

12). Quant aux capitaineries qui forment « une juridiction étrangère aux lois du Royaume », qui sont « une violation manifeste du droit sacré de la propriété, les États généraux en décideront au plus tôt l'entière destruction... ». La chasse du roi et des princes « sera réduite aux simples droits de chasse sur l'étendue des terres et seigneuries de leurs domaines » (Noblesse de Nemours, 17; id. Arras, 29; Paris, Évreux, etc.).

De ce qui précède, M. Léon de Poncins tire les conclusions suivantes qui confirment celles émises par nous plus haut : « C'est que la question des droits féodaux, quelque délicate et compliquée qu'elle pût être, ne soulevait pas d'avance autant de haines que l'animosité des partis a depuis lors tenté de nous le faire croire.

« A entendre les gens qui parlent aujourd'hui des droits féodaux, le tiers état de 89 aurait été écrasé sous les exigences et les brutalités inexorables d'une foule de petits tyrans : en ouvrant les cahiers, on se trouve tout simplement en face d'un état de choses jadis nécessaire, maintenant anormal, dont la conservation n'est sollicitée par personne, et dont la modification ne commande certains ménagements qu'à cause du respect dû au droit de propriété » (1).

Tel était l'état des esprits; telles étaient les revendications soulevées au moment où le vieux droit de chasse s'est écroulé le 4 août 1789, entraînant avec lui, capitaineries, maîtrises des eaux et forêts, table de marbre, et faisant disparaître la théorie du droit purement personnel en matière de chasse, théorie qui est remplacée par la reconnaissance d'un droit inhérent à la propriété. Or, grâce au mouvement libéral qui éclate en France, à la fin du dix-huitième siècle, on verra bientôt ces idées nouvelles se propager dans les pays voisins et rendre petit à petit au droit de chasse son caractère véritable en le ramenant à être l'apanage du propriétaire du sol.

III. RÉSUMÉ HISTORIQUE DE 1789 A 1893.

Décret du 11 août 1789. — Le décret du 11 août 1789, en abolissant le Régime féodal, vint complètement modifier les principes qui régissaient le droit de chasse.

Son article 3 porte : « Le droit exclusif de la chasse et des garennes ouvertes est pareillement aboli : et tout propriétaire a le droit de détruire et de faire détruire, seulement sur ses possessions, toute espèce

---

(1) *Les cahiers de 89 ou les vrais principes libéraux*, par Léon de Poncins, p. 101

de gibier, sauf à se conformer aux lois de police qui pourront être faites relativement à la sûreté publique ».

Les abus occasionnés par ce changement subit nécessitèrent des mesures nouvelles, et le décret du 30 avril 1790 vint reconnaître le droit de chasse comme un accessoire et un attribut du droit de propriété.

La nécessité de cette loi se trouve expliquée par son préambule : « L'assemblée nationale considérant que par ses décrets des 4, 6, 7 et 11 août 1790, le droit exclusif de la chasse est aboli, et le droit rendu à tout propriétaire de détruire ou faire détruire, *sur ses possessions seulement*, toute espèce de gibier, sauf à se conformer aux lois de police qui pourraient être faites relativement à la sûreté publique; mais que par un abus répréhensible de cette disposition la chasse est devenue une source de désordres qui, s'ils se prolongeaient davantage, pourraient devenir funestes aux récoltes, dont il est si important d'assurer la conservation, a, par prévision et en attendant que l'ordre de ses travaux lui permette de plus grands développements sur cette matière, rendu un décret (1) qui défend à toutes personnes de chasser en quelque temps et de quelque manière que ce soit, sur le terrain d'autrui, sans son consentement, à peine de 20 livres d'amende envers la commune du lieu, et d'une indemnité de 10 livres envers le propriétaire des fruits, sans préjudice de plus grands dommages-intérêts, s'il y échoit. — Défenses sont pareillement faites, sous la dite peine de 20 livres d'amende, aux propriétaires ou possesseurs, de chasser dans leurs terres non closes, même en jachères, à compter du jour de la publication du présent décret jusqu'au 1er septembre prochain, pour les terres qui seront alors dépouillées; et pour les autres terres, jusqu'après la dépouille entière des fruits, sauf à chaque département à fixer, pour l'avenir, le temps dans lequel la chasse sera libre dans son arrondissement, aux propriétaires sur leurs terres non closes (art. 1er).

Après avoir traité de la pénalité prononcée contre ceux qui auront chassé sur le terrain d'autrui, que ce terrain soit ou non clos, ou attenant à une habitation; — de la récidive; — de la contrainte par corps prononcée contre le contrevenant qui n'aura pas satisfait à l'amende huitaine après la signification du jugement (art. 2, 3, 4.); — de la confiscation dans tous les cas des armes avec lesquelles la contravention aura été commise, sans que les gardes, cependant, puissent désarmer eux-mêmes les chasseurs (art. 5); — de la responsabilité des pères et mères

(1) Décret qui restera en vigueur jusqu'en 1844.

eu égard à leurs enfants mineurs de vingt ans, non mariés et domiciliés avec eux (art. 6), — le décret (art. 7) porte que si les délinquants sont déguisés ou masqués, ou s'ils n'ont aucun domicile connu dans le Royaume, ils seront arrêtés sur-le-champ, à la réquisition de la municipalité.

Il faut enfin citer les articles suivants indiquant par qui sont prononcées les peines, afin que l'on puisse établir la comparaison avec les dispositions qui sont édictées sur le même sujet dans la loi de 1844.

Suivant l'article 8, les peines et contraintes étaient prononcées sommairement et à l'audience par la municipalité du lieu du délit; d'après les rapports des gardes messiers, ou gardes champêtres, sauf l'appel, ainsi qu'il avait été réglé par le décret du 23 mars 1790 : elles ne pouvaient l'être que, soit sur la plainte du propriétaire ou autre partie intéressée, soit même, dans le cas où l'on aurait chassé en temps prohibé, sur la seule poursuite du procureur de la commune.

Le conseil général de chaque commune nommait, à cet effet, un ou plusieurs gardes messiers, baugards ou gardes champêtres (1) qui étaient reçus et assermentés par la municipalité, sans préjudice de la garde de bois et forêts (art. 9).

Les rapports étaient dressés par écrit ou faits de vive voix au greffe de la municipalité, où il en était tenu registre. Dans l'un et l'autre cas, ils étaient affirmés entre les mains d'un officier municipal dans les vingt-quatre heures du délit qui en était l'objet, et ils faisaient foi de leur contenu jusqu'à la preuve contraire qui pouvait être admise sans inscription de faux (art. 10).

La déposition de deux témoins pouvait suppléer à ce rapport. (art. 11).

Toute action pour délit de chasse était prescrite par le laps d'un mois, à compter du jour où le délit avait été commis.

Enfin le décret reconnaissait les droits suivants :

Tout propriétaire et possesseur, autre qu'un simple usager, pouvait dans les temps prohibés par l'article 1er, chasser et faire chasser, sans chiens courants, dans ses bois et forêts.

Il était pareillement permis, en tous temps, aux propriétaires ou possesseurs, et même aux fermiers, de détruire le gibier dans leurs récoltes non closes, en se servant de filets ou autres engins ne pouvant pas nuire aux fruits de la terre; comme aussi de repousser, avec des armes à feu, les bêtes fauves qui se répandaient dans les dites récoltes (art. 15).

---

(1) Les gardes champêtres ont été établis dans toutes les communes rurales par la loi du 20 messidor an III.

Enfin l'article 16 portait qu'il serait pourvu, par une loi particulière, à la conservation des plaisirs personnels du Roi; et, par provision, en attendant que Sa Majesté ait fait connaître les cantons qu'elle voulait réserver exclusivement pour sa chasse, défense était faite à toutes personnes de chasser et de détruire aucune espèce de gibier dans les forêts appartenant au Roi, et dans les parcs attenant aux maisons royales de Versailles, Marly, Rambouillet, Saint-Cloud, Saint-Germain, Fontainebleau, Compiègne, Meudon, Bois de Boulogne, Vincennes et Villeneuve-le-Roi (1).

Décret du 11 juillet 1810. — Laissant de côté les nombreux décrets (2) relatifs à la matière, on arrive à celui du 11 juillet 1810, qui s'occupe de la fourniture, de la distribution et du prix des permis de port d'armes de chasse; et à celui du 4 mai 1812, renfermant des dispositions pénales contre ceux qui chassaient sans ce permis : décrets que l'on retrouvera dans la partie relative au port d'armes et aux permis de chasse.

La loi du 11 août 1789, en faisant disparaître le privilège féo-

---

(1) Comme on le voit, ce décret ne statuait qu'en ce qui touche les propriétés privées. Pour ce qui concerne les forêts de l'État ou de la couronne, l'exercice de la chasse a été régi par l'arrêté du Directoire du 29 vendémiaire an X; — par le décret du 25 prairial an XIII, par les ordonnances et règlements des 15 au 21 août 1814; — par l'ordonnance du 11 septembre 1830; — par la loi de finances du 21 avril 1832 ordonnant d'affermer (art. 5.) le droit de chasse dans les forêts de l'État; — par l'ordonnance du 21 juillet 1832 réglementant le mode de location; — par la loi de finances du 21 août 1833, qui modifie l'ordre d'affermer en faculté d'affermer; — par la circulaire du 22 août 1833; — par le décret du 23 novembre 1860.

(2) Décret des 17-27 mai 1790, ordonnant aux municipalités, sous leur responsabilité, de poursuivre les voies de fait commises dans les forêts royales sous prétexte de chasse.
Décret des 24-25 juillet 1790, relatif aux jugements et délits de chasse commis dans les plaisirs du Roi.
Instruction du 14-20 août 1790, concernant les fonctions des assemblées administratives.
Décret du 31 août 1790, concernant la chasse dans le grand et le petit parc de Versailles.
Décret du 11 septembre 1790, relatif aux atteintes portées aux propriétés par les officiers des chasses de Fontainebleau.
Décret du 11 septembre 1790, concernant les chasses du Roi.
Décret du 20 messidor an III, établissant des gardes champêtres dans toutes les communes.
Arrêté du 28 vendémiaire an V (19 oct. 1796), interdisant la chasse dans les forêts nationales.
Décret du 19 pluviôse an X (7 février 1797), concernant la chasse des animaux nuisibles.
Loi du 10 messidor an X (29 juin 1797), relative à la destruction des loups (abrogée, voir loi du 3 août 1882).
Décret du 8 fructidor an XII (26 août 1804), relatif aux chasses et à la louveterie.
Décret du 4 janvier 1806, relatif à la compétence en matière de délit de chasse commis par les militaires.
Décret du 11 juillet 1810, sur le port d'armes de chasse.

dal, jusque-là protégé par une législation rigoureuse et en reconnaissant à tout propriétaire la faculté de détruire le gibier sur ses terres, devait fatalement amener une réaction.

La loi du 30 avril 1790 s'efforça en vain d'en faire disparaître les effets, et ce n'est que cinquante-trois ans plus tard, au moment où le braconnage (1), devenu une industrie, faisait craindre la disparition complète du gibier, que l'on sentit le besoin de s'opposer à cette destruction et de protéger la propriété et l'agriculture.

Le 17 avril 1843, fut présenté à la Chambre des pairs, un projet de loi sur la chasse, divisé en quatre sections.

La première comprenait toutes les prescriptions relatives à l'exercice de la chasse; la seconde déterminait les peines applicables à chaque infraction; la troisième réglait la manière dont les délits devaient être constatés et poursuivis; enfin la quatrième contenait quelques dispositions générales. Ce projet, confié à une commission, fut adopté à une majorité de 93 voix sur 97 (2). — Envoyé à la Chambre le 26 mai 1843, les débats durèrent du 9 au 21 février 1844 (3). Après avoir été porté de nouveau à la Chambre des pairs, il revenait à la Chambre et, le 13 avril, était voté par 214 voix sur 313.

Après la sanction royale, ce projet est devenu la loi des 3 et 4 mai 1844, encore en vigueur aujourd'hui (4).

Cette loi se proposait un triple but : interdire le permis de chasse aux personnes dans les mains desquelles la présence d'une arme à feu pouvait constituer un danger, soit pour elles, soit pour la société; protéger la propriété contre les dégâts du

---

(1) Le mot de braconnier est fort ancien. Pendant le moyen âge, il servait à désigner un veneur subalterne chargé de mener les chiens dits Bracons ou Brachets. Le braconnage comme nous l'entendons aujourd'hui, date cependant de loin. Gaston Phœbus parle du vilain qui dérobait les lapins de son seigneur à la croupie, c'est-à-dire en s'accroupissant pour se cacher à l'affût. L'ordonnance de 1515 introduit la peine de mort pour les pilleries, larcins et abus commis par les braconniers : Henri III cherche à réprimer le braconnage qui s'exerce jusque dans les résidences royales, et sous Henri IV les guerres civiles contribuent encore à son développement.

Malgré de nombreuses ordonnances, les déprédations ne peuvent être réprimées et Louis XIII fut forcé de sévir même contre les officiers de sa vénerie et de sa fauconnerie. Puis vinrent les ordonnances de 1658, 1669, 1666, 1695; l'ordonnance des Eaux et forêts portait contre le braconnier les peines suivantes : le bannissement pendant neuf ans, le carcan, trois ans de galères et même la pendaison dans certains cas. Malgré tout, sous Louis XV, on braconne jusque dans le parc de Versailles, ce qui amène les ordonnances de 1703 et de juillet 1716.

L'ancienne législation, en disparaissant, a laissé survivre le braconnier, qui, ne craignant plus les galères, exerce aujourd'hui sa coupable industrie avec moins de danger et plus de bénéfice, industrie qui dépeuple et ruine le pays en ce qui touche le gibier.

(2) *Moniteur* des 23-24-25 mai 1843.
(3) Id. des 10, 11, 12, 13, 14, 15, 16, 17, 19 et 21 février 1844.
(4) Les articles 3 et 9 seuls ont été modifiés par la loi du 22 janvier 1874.

chasseur; enfin, favoriser la conservation du gibier et sa reproduction.

« L'opinion publique, disait le garde des sceaux à propos de cette loi, accusait depuis longtemps notre législation sur la chasse, de faiblesse et d'insuffisance. Elle demandait contre le braconnage des moyens de répression plus sévères, plus efficaces. — Le vœu qu'elle a exprimé a été entendu par le gouvernement et les chambres : *La loi sur la police de la chasse a été rendue.* Si cette loi est exécutée comme elle doit l'être, avec une sage fermeté, elle fera cesser les abus qui excitaient de si vives et de si justes réclamations. Elle sera un bienfait pour la propriété et l'agriculture qui regardaient avec raison les braconniers comme l'un de leurs plus redoutables fléaux. Elle préservera le gibier de la destruction complète et prochaine dont il est menacé. Elle aura, enfin, un résultat moral qui doit l'agrandir et en relever l'importance aux yeux de tous les gens de bien : elle empêchera une classe nombreuse et intéressante de la société de se livrer à des habitudes d'oisiveté et de désordres qui conduisent trop souvent au crime ».

LOI DU 3 MAI 1844 SUR LA POLICE DE LA CHASSE (1).

SECT. I. — *De l'exercice du droit de chasse.*

ART. 1. — Nul ne pourra chasser, sauf les exceptions ci-après, si la chasse n'est pas ouverte, et s'il ne lui a pas été délivré un permis de chasse par l'autorité compétente.

---

(1) Il faut mentionner avant cette loi :
Le décret du 4 mai 1812 relatif aux pénalités contre ceux qui chassent sans port d'armes.
Le décret du 20 août 1814 relatif aux chasses dans les forêts et bois des domaines de l'État.
L'ordonnance du 17 juillet 1816 relative à la délivrance des permis de port d'armes.
L'ordonnance du 11 septembre 1830 attribuant à l'administration des forêts la police de la chasse dans les forêts de l'État et supprimant les fonctions de grand veneur.
Le décret du 16 octobre 1830 relatif aux chasses dans les forêts et bois des domaines de l'État.
L'ordonnance du 21 juillet-18 août 1832, relative au droit de chasse dans les forêts de l'État.
L'instruction du 30 mars 1844 pour l'enregistrement des actes portant consentement par les propriétaires à ce que le droit de chasse sur leurs propriétés soit affermé pour le compte de la commune.
Après la loi de 1844, on trouve une ordonnance du 5 mai 1845 concernant la gratification accordée aux gendarmes et gardes pour constatation des infractions

Nul n'aura la faculté de chasser sur la propriété d'autrui sans le consentement du propriétaire ou de ses ayants droit.

Art. 2. — Le propriétaire ou possesseur peut chasser ou faire chasser en tout temps, sans permis de chasse, dans ses possessions attenant à une habitation et entourées d'une clôture continue faisant obstacle à toute communication avec les héritages voisins.

Art. 3. — Les préfets détermineront, par des arrêtés publiés au moins dix jours à l'avance, l'époque de l'ouverture et celle de la clôture de la chasse, dans chaque département.

Art. 4. — Dans chaque département il est interdit de mettre en vente, de vendre, d'acheter, de transporter et de colporter du gibier pendant le temps où la chasse n'y est pas permise.

En cas d'infraction à cette disposition, le gibier sera saisi, et immédiatement livré à l'établissement de bienfaisance le plus voisin, en vertu soit d'une ordonnance du juge de paix, si la saisie a eu lieu au chef-lieu de canton, soit d'une autorisation du maire si le juge de paix est absent, ou si la saisie a été faite dans une commune autre que celle du chef-lieu. Cette ordonnance ou cette autorisation sera délivrée sur la requête des agents ou gardes qui auront opéré la saisie, et sur la présentation du procès-verbal régulièrement dressé.

La recherche du gibier ne pourra être faite à domicile que chez les aubergistes, chez les marchands de comestibles et dans les lieux ouverts au public.

Il est interdit de prendre ou de détruire, sur le terrain d'autrui, des œufs et des couvées de faisans, de perdrix et de cailles.

Art. 5. — Les permis de chasse seront délivrés, sur l'avis du maire et du sous-préfet, par le préfet du département dans lequel celui qui en fera la demande aura sa résidence ou son domicile.

La délivrance des permis de chasse donnera lieu au payement d'un droit de 15 fr. au profit de l'État, et de 10 fr. au profit de la commune dont le maire aura donné l'avis énoncé au paragraphe précédent.

Les permis de chasse seront personnels; ils seront valables pour tout le royaume, et pour un an seulement.

Art. 6. — Le préfet pourra refuser le permis de chasse :

1° A tout individu majeur qui ne sera point personnellement inscrit, ou dont le père ou la mère ne sera pas inscrit au rôle des contributions;

à ladite loi, sur la police de la chasse : ordonnance qui a été modifiée par le décret du 4 août 1852.

Le décret du 13 septembre 1870 portant suspension du droit de chasse.

La loi du 20 décembre 1872 (art. 21) fixant le prix du permis de chasse à 25 fr. comme autrefois.

Loi du 22 janvier 1874, modifiant les articles 3 et 9 de la loi de 1844, sur la police de la chasse.

Loi du 3 août 1882, sur la destruction des loups.

Loi du 5 avril 1884, sur l'organisation municipale (art. 90).

Loi du 18 juillet 1889 sur le code rural portant que dans le bail à colonat partiaire ou métayage (art. 5), les droits de chasse et de pêche restent au propriétaire.

2° A tout individu qui, par une condamnation judiciaire, a été privé de l'un ou de plusieurs des droits énumérés dans l'art. 42 c. pén., autres que le droit de port d'armes ;

3° A tout condamné à un emprisonnement de plus de six mois pour rébellion ou violence envers les agents de l'autorité publique ;

4° A tout condamné pour délit d'association illicite, de fabrication, débit, distribution de poudre, armes ou autres munitions de guerre : de menaces écrites ou de menaces verbales avec ordres ou sous condition ; d'entraves à la circulation des grains ; de dévastations d'arbres ou de récoltes sur pied, de plants venus naturellement ou faits de main d'homme ;

5° A ceux qui auront été condamnés pour vagabondage, mendicité, vol, escroquerie ou abus de confiance.

La faculté de refuser le permis de chasse aux condamnés dont il est question dans les §§ 3, 4 et 5 cessera cinq ans après l'expiration de la peine.

ART. 7. — Le permis de chasse ne sera pas délivré : 1° aux mineurs qui n'auront pas seize ans accomplis ; — 2° aux mineurs de seize à vingt et un ans, à moins que le permis ne soit demandé pour eux par leur père, mère, tuteur ou curateur, porté au rôle des contributions ; — 3° aux interdits, — 4° aux gardes champêtres ou forestiers des communes et établissements publics ; ainsi qu'aux gardes forestiers de l'État et aux gardes pêche.

ART. 8. — Le permis de chasse ne sera pas accordé : 1° à ceux qui, par suite de condamnations, sont privés du droit de port d'armes ; — 2° à ceux qui n'auront pas exécuté les condamnations prononcées contre eux pour l'un des délits prévus par la présente loi ; — 3° à tout condamné placé sous la surveillance de la haute police.

ART. 9. — Dans le temps où la chasse est ouverte, le permis donne, à celui qui l'a obtenu, le droit de chasser de jour, à tir et à courre, sur ses propres terres, et sur les terres d'autrui avec le consentement de celui à qui le droit de chasse appartient.

Tous autres moyens de chasse, à l'exception des furets et des bourses destinés à prendre le lapin, sont formellement prohibés.

Néanmoins les préfets des départements, sur l'avis des conseils généraux, prendront des arrêtés pour déterminer :

1° L'époque de la chasse des oiseaux de passage, autres que la caille, et les modes et procédés de cette chasse.

2° Le temps pendant lequel il sera permis de chasser le gibier d'eau, dans les marais, sur les étangs, fleuves et rivières.

3° Les espèces d'animaux malfaisants ou nuisibles que le propriétaire, possesseur ou fermier, pourra en tout temps détruire sur ses terres, et les conditions de l'exercice de ce droit, sans préjudice du droit appartenant au propriétaire ou au fermier de repousser ou de détruire, même avec des armes à feu, les bêtes fauves qui porteraient dommage à ses propriétés.

Ils pourront prendre également des arrêtés :

1° Pour prévenir la destruction des oiseaux ;

2° Pour autoriser l'emploi des chiens lévriers pour la destruction des animaux malfaisants ou nuisibles;

3° Pour interdire la chasse pendant les temps de neige.

Art. 10. — Des ordonnances royales détermineront la gratification qui sera accordée aux gardes et gendarmes rédacteurs des procès-verbaux ayant pour objet de constater les délits.

Sect. 2. — *Des peines.*

Art. 11. — Seront punis d'une amende de 16 à 100 francs.

1° Ceux qui auront chassé sans permis de chasse.

2° Ceux qui auront chassé sur le terrain d'autrui sans le consentement du propriétaire.

L'amende pourra être portée au double si le délit a été commis sur des terres non dépouillées de leurs fruits, ou s'il a été commis sur un terrain entouré d'une clôture continue faisant obstacle à toute communication avec les héritages voisins, mais non attenant à une habitation.

Pourra ne pas être considéré comme délit de chasse le fait du passage des chiens courants sur l'héritage d'autrui, lorsque ces chiens seront à la suite d'un gibier lancé sur la propriété de leurs maîtres, sauf l'action civile, s'il y a lieu, en cas de dommage.

3° Ceux qui auront contrevenu aux arrêtés des préfets concernant les oiseaux de passage, le gibier d'eau, la chasse en temps de neige, l'emploi des chiens lévriers, ou aux arrêtés concernant la destruction des oiseaux et celle des animaux nuisibles ou malfaisants.

4° Ceux qui auront pris ou détruit, sur le terrain d'autrui, des œufs ou couvées de faisans, de perdrix ou de cailles.

5° Les fermiers de la chasse, soit dans les bois soumis au régime forestier, soit sur les propriétés dont la chasse est louée au profit des communes ou établissements publics qui auront contrevenu aux clauses et conditions de leurs cahiers de charges relatives à la chasse.

Art. 12. — Seront punis d'une amende de 50 à 200 fr., et pourront en outre l'être d'un emprisonnement de six jours à deux mois :

1° Ceux qui auront chassé en temps prohibé;

2° Ceux qui auront chassé pendant la nuit ou à l'aide d'engins et instruments prohibés, ou par d'autres moyens que ceux qui sont autorisés par l'art. 9;

3° Ceux qui seront détenteurs ou ceux qui seront trouvés munis ou porteurs, hors de leur domicile, de filets, engins ou autres instruments de chasse prohibés;

4° Ceux qui, en temps où la chasse est prohibée, auront mis en vente, vendu, acheté, transporté ou colporté du gibier;

5° Ceux qui auront employé des drogues ou appâts qui sont de nature à enivrer le gibier ou à le détruire.

6° Ceux qui auront chassé avec appeaux, appelants ou chanterelles.

Les peines déterminées par le présent article pourront être portées au double contre ceux qui auront chassé pendant la nuit sur le terrain d'autrui et par l'un des moyens spécifiés au § 2, si les chasseurs étaient munis d'une arme apparente ou cachée.

Les peines déterminées par l'art. 11 et par le présent article seront toujours portées au maximum, lorsque les délits auront été commis par les gardes champêtres ou forestiers des communes, ainsi que par les gardes forestiers de l'État et des établissements publics.

Art. 13. — Celui qui aura chassé sur le terrain d'autrui sans son consentement, si ce terrain est attenant à une maison habitée ou servant à l'habitation, et s'il est entouré d'une clôture continue faisant obstacle à toute communication avec les héritages voisins, sera puni d'une amende de 50 à 300 fr., et pourra l'être d'un emprisonnement de six jours à trois mois.

Si le délit a été commis pendant la nuit, le délinquant sera puni d'une amende de 100 fr. à 1,000 fr., et pourra l'être d'un emprisonnement de trois mois à deux ans, sans préjudice, dans l'un et l'autre cas, s'il y a lieu, de plus fortes peines prononcées par le code pénal.

Art. 14. — Les peines déterminées par les trois articles qui précèdent pourront être portées au double si le délinquant était en état de récidive, et s'il était déguisé ou masqué, s'il a pris un faux nom, s'il a usé de violence envers les personnes, ou s'il a fait des menaces, sans préjudice, s'il y a lieu, de plus fortes peines prononcées par la loi.

Lorsqu'il y aura récidive, dans les cas prévus en l'art. 11, la peine de l'emprisonnement de six jours à trois mois pourra être appliquée si le délinquant n'a pas satisfait aux condamnations précédentes.

Art. 15. — Il y a récidive lorsque, dans les douze mois qui ont précédé l'infraction, le délinquant a été condamné en vertu de la présente loi.

Art. 16. — Tout jugement de condamnation prononcera la confiscation des filets, engins et autres instruments de chasse. Il ordonnera, en outre, la destruction des instruments de chasse prohibés.

Il prononcera également la confiscation des armes, excepté dans le cas où le délit aura été commis par un individu muni d'un permis de chasse, dans le temps où la chasse est autorisée.

Si les armes, filets, engins ou autres instruments de chasse n'ont pas été saisis, le délinquant sera condamné à les représenter ou à en payer la valeur, suivant la fixation qui en sera faite par le jugement, sans qu'elle puisse être au-dessous de 50 fr.

Les armes, engins ou autres instruments de chasse, abandonnés par les délinquants restés inconnus, seront saisis et déposés au greffe du tribunal compétent. La confiscation et, s'il y a lieu, la destruction en seront ordonnées sur le vu du procès-verbal.

Dans tous les cas, la quotité des dommages-intérêts est laissée à l'appréciation des tribunaux.

Art. 17. — En cas de conviction de plusieurs délits prévus par la présente loi, par le code pénal ordinaire ou par les lois spéciales, la peine la plus forte sera seule prononcée.

Les peines encourues pour des faits postérieurs à la déclaration du procès-verbal de contravention pourront être cumulées, s'il y a lieu, sans préjudice des peines de la récidive.

Art. 18. — En cas de condamnation pour délits prévus par la présente loi, les tribunaux pourront priver le délinquant du droit d'obtenir un permis de chasse pour un temps qui n'excédera pas cinq ans.

Art. 19. — La gratification mentionnée en l'art. 10 sera prélevée sur le produit des amendes.

Le surplus desdites amendes sera attribué aux communes sur le territoire desquelles les infractions auront été commises.

Art. 20. — L'art. 463 du c. pén. ne sera pas applicable aux délits prévus par la présente loi.

Sect. 3. — *De la poursuite et du jugement.*

Art. 21. — Les délits prévus par la présente loi seront prouvés, soit par procès-verbaux ou rapports, soit par témoins, à défaut de rapports et procès-verbaux, ou à leur appui.

Art. 22. — Les procès-verbaux des maires et adjoints, commissaires de police, officier, maréchal des logis ou brigadier de gendarmerie, gendarmes, gardes forestiers, gardes-pêche, gardes champêtres, ou gardes assermentés des particuliers, feront foi jusqu'à preuve contraire.

Art. 23. — Les procès-verbaux des employés des contributions indirectes et des octrois feront également foi jusqu'à preuve contraire, lorsque, dans la limite de leurs attributions respectives, ces agents rechercheront et constateront les délits prévus par le § 1 de l'art. 4.

Art. 24. — Dans les vingt-quatre heures du délit, les procès-verbaux des gardes seront, à peine de nullité, affirmés par les rédacteurs devant le juge de paix ou l'un de ses suppléants, ou devant le maire ou l'adjoint, soit de la commune de leur résidence, soit de celle où le délit aura été commis.

Art. 25. — Les délinquants ne pourront être saisis ni désarmés; néanmoins, s'ils sont déguisés ou masqués, s'ils refusent de faire connaître leurs noms, ou s'ils n'ont pas de domicile connu, ils seront conduits immédiatement devant le maire ou le juge de paix, lequel s'assurera de leur individualité.

Art. 26. — Tous les délits prévus par la présente loi seront poursuivis d'office par le ministère public, sans préjudice du droit conféré aux parties lésées par l'art. 182 c. instr. crim.

Néanmoins, dans le cas de chasse sur le terrain d'autrui sans le consentement du propriétaire, la poursuite d'office ne pourra être exercée par le ministère public, sans une plainte de la partie intéressée, qu'autant que le délit aura été commis dans un terrain clos, suivant les termes de l'art. 2, et attenant à une habitation, ou sur des terres non encore dépouillées de leurs fruits.

Art. 27. — Ceux qui auront commis conjointement des délits de chasse, seront condamnés solidairement aux amendes, dommages-intérêts et frais.

Art. 28. — Le père, la mère, le tuteur, les maîtres et commettants sont civilement responsables des délits de chasse commis par leurs enfants mineurs non mariés, pupilles demeurant avec eux, domestiques ou préposés, sauf tout recours de droit.

Cette responsabilité sera réglée conformément à l'art. 1384 c. civ., et ne s'appliquera qu'aux dommages-intérêts et frais, sans pouvoir toutefois donner lieu à la contrainte par corps.

Art. 29. — Toute action relative aux délits prévus par la présente loi, sera prescrite par le laps de trois mois, à compter du jour du délit.

Sect. 4. — *Dispositions générales.*

Art. 30. — Les dispositions de la présente loi relative à l'exercice du droit de chasse, ne sont pas applicables aux propriétés de la couronne. Ceux qui commettraient des délits de chasse dans ces propriétés seront poursuivis et punis conformément aux sect. 2 et 3.

Art. 31. — Le décret du 4 mai 1812 et la loi du 30 avril 1790 sont abrogés.

Sont et demeurent également abrogés les lois, arrêtés, décrets et ordonnances intervenus sur les matières réglées par la présente loi, en tout ce qui est contraire à ces dispositions.

Loi des 22-25 janvier 1874. — Les 22-25 janvier 1874, les articles 3 et 9 de cette loi de 1844 ont été modifiés de la manière suivante :

Article unique. — Les articles 3 et 9 de la loi du 3 mai 1844 sont modifiés ainsi qu'il suit :

Art. 3. — Les préfets détermineront, par des arrêtés publiés au moins dix jours à l'avance, les époques des ouvertures et celles des clôtures des chasses, soit à tir, soit à courre, à cor et à cris, dans chaque département.

Art. 9. — Dans le temps où la chasse est ouverte, le permis donne, à celui qui l'a obtenu, le droit de chasser de jour, soit à tir, soit à courre, à cor et à cris, suivant les distinctions établies par les arrêtés préfectoraux, sur ses propres terres et sur les terres d'autrui, avec le consentement de celui à qui le droit de chasse appartient. — Tous les autres moyens de chasse, à l'exception des furets et des bourses destinés à prendre les lapins, sont formellement prohibés. — Néanmoins, les préfets des départements, sur l'avis des conseils généraux, prendront des arrêtés pour déterminer : 1° l'époque de la chasse des oiseaux de passage autres que la caille, la nomenclature des oiseaux, et les modes et procédés de chaque chasse pour les diverses espèces; — 2° le temps pendant lequel il sera permis de chasser le gibier d'eau dans les marais, sur les étangs, fleuves et rivières; — 3° les espèces d'animaux malfaisants ou nuisibles que le propriétaire, possesseur ou fermier pourra, en tout temps, détruire sur ses terres, et les conditions de l'exercice de ce droit, sans préjudice du droit appartenant au propriétaire ou au fermier, de repousser et de détruire, même avec des armes à feu, les bêtes fauves qui porteraient dommage à ses propriétés. — Ils pourront prendre également des arrêtés : 1° pour prévenir la destruction des oiseaux, ou pour favoriser leur repeuplement; — 2° pour autoriser l'emploi des chiens lévriers pour la destruction des animaux malfaisants ou nuisibles; — 3° pour interdire la chasse pendant les temps de neige.

Loi du 3 août 1882. — Une loi du 3 août 1882 s'occupe enfin de la destruction des loups.

Art. 1er. Les primes pour la destruction des loups sont fixées de la manière suivante : — cent francs par tête de loup ou de louve non pleine; — cent cinquante francs par tête de louve pleine; — quarante francs par tête de louveteau. — Est considéré comme louveteau l'animal dont le poids est inférieur à huit kilogrammes. — Lorsqu'il sera prouvé qu'un loup s'est jeté sur des êtres humains, celui qui le tuera aura droit à une prime de deux cents francs.

2. Le payement des primes pour la destruction des loups est à la charge de l'Etat. — Un crédit spécial est ouvert, à cet effet, au budget du ministère de l'agriculture.

3. L'abatage sera constaté par le maire de la commune sur le territoire de laquelle le loup aura été abattu.

4. La prime sera payée au plus tard le quinzième jour qui suivra la constatation de l'abatage.

5. Un règlement d'administration publique déterminera les formalités à remplir pour la constatation de l'abatage par l'autorité municipale ainsi que pour le payement des primes (V. D. 28 nov. 1882, portant règlement d'administration publique pour le payement des primes relatives à la destruction des loups).

6. La loi du 10 messidor an V est et demeure abrogée.

Loi du 12 avril 1892. — Le 12 avril, la Chambre a rendu sur les gardes particuliers la loi suivante :

Le Sénat et la Chambre des députés ont adopté,
Le Président de la République promulgue la loi dont la teneur suit :

Art. 1er. Les préfets pourront, par décision motivée, le propriétaire et le garde entendus ou dûment appelés, rapporter les arrêtés agréant les gardes particuliers.

2. La demande tendant à faire agréer les gardes particuliers sera déposée à la préfecture. Il en sera donné récépissé. Après l'expiration du

délai d'un mois, le propriétaire qui n'aura pas obtenu de réponse pourra se pourvoir devant le ministre.

La présente loi, délibérée et adoptée par le Sénat et par la Chambre des députés, sera exécutée comme loi de l'État.

IV. ANALYSE ET CRITIQUE DE LA LOI DU 3 MAI 1844.

Les résultats de la loi du 3 mai 1844 ont-ils été ceux que se proposait le législateur en soumettant le droit de chasse à des règles plus strictes, afin d'éviter, entre autres choses, la destruction du gibier? — Évidemment non. — Mais doit-on rejeter sur la loi de 1844 les causes de ces mécomptes? — Pour nous, si les résultats cherchés n'ont pas été obtenus, il faut en rapporter les causes non à la loi en elle-même, mais à sa mauvaise application.

Si, dans tout le pays, le gibier diminue, il faut reconnaître tout d'abord que ce fait ne provient pas du nombre des chasseurs, car on peut constater que dans l'ensemble du gibier livré à la consommation chaque année, ou détruit avant son développement complet, celui tué au moyen des armes à feu, n'entre que pour une part très minime.

Cette diminution provient surtout des destructions opérées la nuit à l'aide d'engins prohibés et du fait de ceux qui, pour le plaisir de nuire, détruisent nids et couvées.

Or, la loi de 1844 prévoit bien ces cas, mais malheureusement elle n'est pas observée.

Il est difficile, en effet, en présence de la division croissante du sol, d'arriver à une surveillance efficace, les communes ne pouvant ou ne voulant pas faire les frais de gardes communaux, et les gendarmes, trop peu nombreux, ne pouvant tenir en respect les braconniers dont le nombre augmente tous les jours. Et l'on en arrive à se demander si le projet proposé à la Chambre et ayant pour but d'intéresser à la chasse le petit propriétaire, ne serait pas à étudier sérieusement et ne donnerait pas la solution la plus pratique pour la protection du gibier et pour faire rendre à la loi de 1844 les effets que l'on en attendait : le petit propriétaire devant alors s'intéresser à la faire observer, le jour où il saurait qu'il peut chasser lui-même et où il aurait intérêt à la conservation de ce gibier qui souvent n'est pour lui qu'une source de jalousie, de vexation et de dommages.

Dans tous les cas, la loi de 1844 est suffisante et n'a pas besoin d'être remplacée; elle répond à nos institutions démocratiques comme on peut s'en convaincre en la comparant aux lois sur la chasse en vigueur dans les autres pays. Bonne dans son principe qui proclame le respect du droit de propriété, sévère même dans sa pénalité quoique trop fiscale et pas assez répressive, puisque l'amende est obligatoire et l'emprisonnement facultatif, il ne lui manque qu'une chose : c'est d'être exécutée à la lettre.

Que les préfets, grâce à des instructions ministérielles bien données prennent des arrêtés sages et uniformes pour toute la France, en ce qui touche la destruction des animaux nuisibles et la réglementation des engins autorisés ; — que les officiers de police judiciaire fassent leur devoir ; — que les tribunaux, au lieu de toujours appliquer le minimum, prononcent les peines édictées par la loi, quitte en modifiant l'article 20 à admettre l'article 463 du code pénal, relatif aux circonstances atténuantes, et la loi sera suffisante, en admettant que l'on y introduise quelques modifications indispensables, dont les plus importantes vont être signalées.

1re Section.

Art. 1er.

De l'exercice du droit de chasse.

L'article 1er exige, pour que l'exercice du droit de chasse soit licite : que la chasse soit ouverte ; que le chasseur ait un permis de chasse (1) et qu'il soit propriétaire du terrain où il chasse, ou qu'il ait le consentement du propriétaire ou de ses ayants-droit.

Il faut ajouter qu'il ne peut chasser qu'en se servant des moyens autorisés par la loi.

Art. 2.

L'article 2 apporte une exception au principe contenu dans l'article 1er en autorisant le propriétaire ou possesseur, à chasser ou faire chasser, en tout temps, dans ses possessions attenant à

---

(1) Le décret du 4 mai 1812 n'exigeait un permis dit *permis de port d'armes de chasse* que pour la chasse au fusil. L'article 1er de la loi de 1844 veut qu'un *permis de chasse* soit délivré par l'autorité compétente pour tous les procédés et moyens de chasse, montrant bien ainsi l'intention du législateur de ne pas borner à la chasse au fusil seule, l'obligation d'obtenir ce permis. Les traqueurs et rabatteurs destinés à cerner le gibier ne sont pas tenus d'être munis d'un permis de chasse.

une habitation et entourées d'une clôture continue faisant obstacle à toute communication avec les héritages voisins;

La loi du 30 avril 1790 permettait au propriétaire ou possesseur de chasser en tout temps dans ses bois et dans celles de ses possessions qui étaient séparées des héritages voisins par des murs ou des haies vives, lors même qu'elles étaient éloignées d'une habitation. L'abus de cette permission a fait restreindre ce droit et la loi exige, aujourd'hui, la clôture non interrompue et parfaite, en un mot une clôture qui empêche de pénétrer dans la propriété par les moyens ordinaires. Quant à la construction pouvant servir d'habitation, il faut quelle soit sinon actuellement habitée au moins destinée à l'être. Toutefois, la chasse en lieux clos ne peut être pratiquée au moyen de filets ou autres engins formellement prohibés par l'article 9 de la loi. Comme on le voit par ces articles : en France (1), le droit de chasse est un accessoire et un attribut du droit de propriété. Il appartient au propriétaire, comme le sol lui-même dont il est un démembrement, tant qu'il n'en a pas fait une cession expresse.

Sur les propriétés indivises, ce droit appartient à tous les copropriétaires.

Le propriétaire peut céder ou louer son droit de chasse sur sa propriété, soit à titre onéreux, soit à titre gratuit, pour un certain nombre d'années, ou pour la vie d'une personne ou de ses héritiers. Peut-il le céder à perpétuité? Cette question est controversée, quoique Dalloz enseigne l'affirmative.

De l'avis de presque tous les auteurs, le droit de chasse n'appartient au fermier que s'il y a concession expresse portée dans le bail.

A moins de clauses contraires, le droit de chasse appartient à l'usufruitier sur les terres soumises à son usufruit, à l'exclusion du nu-propriétaire. Il appartient même à l'emphytéote, mais non à l'antichrésiste et à l'usager.

Si des réserves spéciales n'existent pas, le propriétaire ne peut changer l'état des lieux loués pour la chasse ; si la chasse louée est détruite fortuitement en totalité ou en partie, on applique l'article 1722 du code civil.

Les chasseurs peuvent former, entre eux, une société civile, pour exploiter en commun les divers droits de chasse qui leur appartiennent.

La tacite reconduction s'applique aux baux de chasse qui sont, à ce point de vue, assimilés aux locations de biens ruraux.

---

(1) *Répertoire de droit administratif*, par Léon Bequet : année 1886, article de M. Trigant de Beaumont.

Les baux sont soumis au droit commun et les lois sur l'enregistrement leur sont applicables.

Lorsqu'il y a cession du droit de chasse, soit par vente, soit par bail, l'acquéreur devient seul maître de la chasse. Il peut faire chasser par des tiers et même rétrocéder ses droits.

S'il y a seulement permission de chasse, elle ne donne à celui qui l'a obtenu qu'un droit personnel, à moins de conventions spéciales et elle prend fin si l'adjudicataire de la chasse cède son droit.

Tous les auteurs reconnaissent que le droit de chasse, sur le terrain d'autrui, ne peut s'acquérir par prescription, car c'est là une servitude discontinue.

Si en France, dans la Grande-Bretagne, en Écosse, en Suisse, en Italie, en Belgique, en Hollande, tout propriétaire a la jouissance exclusive et absolue de droit de chasse sur son propre terrain, il n'en est pas de même dans le système germanique, en Prusse et en Autriche, par exemple. Dans ces pays, le droit de chasse, tout en étant regardé comme une dépendance de la propriété, subit une restriction importante. Pour que le propriétaire puisse chasser sur ses terres, il faut que son domaine ait une certaine superficie d'un seul tenant, sans cela le droit de chasse revient à la commune, qui, mandataire forcé des propriétaires, est chargée d'exploiter la chasse pour eux. Dans d'autres pays, en Pologne, en Courlande, en Danemark la jouissance du droit de chasse est subordonnée au cens payé pour l'étendue des terres.

Toutefois, le système germanique laisse le droit de chasse aux propriétaires dont les terrains sont clôturés de manière à intercepter toute communication avec les héritages voisins, quelle que soit la contenance de ces propriétés.

ART. 3.

Ouverture de la chasse. — L'article 3, modifié par la loi du 22 janvier 1874, dit que les préfets détermineront, par des arrêtés publiés au moins dix jours à l'avance, les époques des ouvertures et celles des clôtures des chasses, soit à tir, soit à courre, à cor et à cris, dans chaque département.

Ce sont donc les préfets qui prennent des arrêtés différents pour fixer le jour de l'ouverture et celui de la fermeture de la chasse dans chaque département : ces arrêtés doivent être publiés au moins dix jours francs à l'avance, par lecture publique et affichage à la mairie de chaque commune.

Pour le département de la Seine et les communes de Saint-Cloud, Sèvres et Meudon (Seine-et-Oise), ces arrêtés sont pris par le préfet de police.

On peut chasser le jour même porté dans l'arrêté pour l'ouverture, mais on ne peut chasser le jour fixé pour la fermeture.

Sous la loi du 30 avril 1790, l'autorité administrative pouvait fixer, dans l'intérêt général, les époques d'ouverture et de fermeture de la chasse. Le préfet, chaque année, rendait un arrêté pour faire connaître ces dates, en s'inspirant des intérêts de l'agriculture; attendant, s'il le jugeait nécessaire, que les récoltes soient enlevées et les moissons terminées et défendant la chasse sur les terres non complètement débarrassées des récoltes; il fixait l'ouverture pour chaque terrain en particulier, d'après la culture.

La loi de 1844 ne s'est pas inspirée, comme celle de 1790, du désir de protéger les récoltes; elle n'a eu qu'une idée, fixer dans un intérêt général le jour de l'ouverture de la chasse : aussi voit-on chasser dans les récoltes, lorsque le propriétaire donne son consentement.

Pour rendre plus uniforme la date de l'ouverture, une circulaire du 4 juillet 1863, du ministre de l'intérieur, a même classé les départements en trois zones, nord, centre et midi, suivant les analogies de culture et de climat; décidant que la chasse sera ouverte à une date unique pour tous les départements de la même zone.

Aujourd'hui l'ouverture et la fermeture de la chasse doivent donc être considérées comme des mesures de police prises dans l'intérêt général et obligatoires pour tous.

Dans certains pays, en Allemagne, en Autriche, en Belgique, en Angleterre, par exemple, il n'en est pas de même; les époques d'ouverture varient suivant les espèces de gibier, et l'on tient compte non seulement des conditions climatériques, mais encore du développement des jeunes et du temps de l'accouplement.

La loi du 22 janvier 1874 a depuis conféré aux préfets le droit de distinguer entre les différentes ouvertures et fermetures de chasse, soit à tir, soit à courre, à cor et à cris (1) :

---

(1) Toutefois ces mesures de police laissées à l'appréciation des préfets ne sont pas toujours prises bien à propos, aussi voyons-nous en juillet 1894 une circulaire du ministre de l'intérieur adressée aux préfets pour leur demander leurs propositions de date pour l'ouverture de la chasse en 1894; faisant observer, à cette occasion, que dans certaines régions l'ouverture de la chasse se faisait parfois d'une façon prématurée, et qu'au point de vue agricole, il fallait éviter que l'ouverture de la chasse donne lieu à des dégâts dans les champs et à des conflits entre chasseurs et cultivateurs, comme cela se produisait souvent. Signalant, qu'au point de vue proprement cynégétique, il fallait éviter que, par trop de hâte dans l'ou-

Ils peuvent fermer la chasse à tir en laissant ouverte la chasse à courre, pendant le temps jugé nécessaire, mais il faut toutefois l'avis du conseil général, obligation qui résulte de la circulaire du ministre de l'intérieur du 30 janvier 1874.

L'article 9, t. II, de la loi des 28 septembre — 6 octobre 1791 permettait aux maires, qui ont à veiller à la tranquillité, à la salubrité et à la sûreté des campagnes, de restreindre et modifier les décisions préfectorales. Ils pouvaient défendre la chasse à proximité des vignes pendant les vendanges ou de chasser à tir sur les chemins qui traversent les propriétés rurales de la commune. Ces droits leur sont encore attribués aujourd'hui en dehors de ceux qui leur sont conférés par l'article 90 n° 9 de la loi du 5 avril 1884 sur l'organisation municipale, relativement aux animaux nuisibles; mais ces droits ont une limite et si les maires peuvent prendre toutes les mesures nécessaires à la destruction des animaux nuisibles, ils ne peuvent cependant autoriser, pour arriver à ce résultat, l'emploi d'engins défendus, tels que les collets.

Art. 4.

Mise en vente, vente, achat, transport et colportage du gibier. — Sous l'ancienne législation, la chasse était bien interdite pendant une partie de l'année, mais le commerce du gibier était permis en tout temps, ce qui était un encouragement pour le braconnage.

Afin d'arrêter cet abus, la loi de 1844 défend la mise en vente, la vente, l'achat, le transport et le colportage de gibier, dans chaque département, pendant le temps où la chasse n'est pas permise.

Ces prohibitions s'appliquent également aux animaux malfaisants ou nuisibles, même lorsqu'ils ont été tués en vertu du droit de légitime défense, ou conformément à des arrêtés préfectoraux. Le droit de détruire n'impliquant pas celui de colporter : sans quoi la mesure prise par l'article 4 serait illusoire.

Le gibier d'eau et les oiseaux de passage peuvent être vendus et transportés pendant le temps où la chasse en est permise par les arrêtés du préfet, alors même que la chasse et par suite la vente et le transport du gibier seraient interdits.

Le gibier ne peut être recherché que dans les maisons des aubergistes, des marchands de comestibles et dans les lieux ouverts au public.

verture de la chasse, on mit le chasseur en présence d'un gibier insuffisamment formé, le plaisir du chasseur et l'intérêt de la conservation du gibier voulant également qu'on laisse les animaux parvenir à l'âge adulte.

Ce sont les fonctionnaires chargés de constater les infractions qui ont le droit de faire les recherches.

Les agents ou gardes qui feront la saisie doivent dresser un procès-verbal qui sera présenté soit au juge de paix si la saisie a eu lieu au chef-lieu de canton, soit au maire si le juge de paix est absent ou si cette saisie a été faite dans une commune autre que celle du chef-lieu ; une ordonnance ou autorisation sera alors délivrée pour livrer le gibier saisi à l'établissement de bienfaisance le plus proche.

Le gibier saisi vivant doit être remis en liberté sous la surveillance de l'autorité.

La circulaire ministérielle du 22 juillet 1851 autorise les préfets à donner des permis de circulation, pendant la fermeture, pour le gibier vivant destiné à la reproduction. Ce permis est délivré pour le transport dans l'intérieur du département sur un certificat du maire de la commune d'origine, indiquant l'espèce et le nombre des animaux à transporter et constatant, non seulement qu'ils ont été élevés sur la propriété de celui qui veut les transporter, mais encore que ce transport n'a pas lieu dans un intérêt commercial, ayant pour but la consommation.

Pour le transport de département à département l'autorisation, d'après la circulaire ministérielle du 12 février 1884, doit être délivrée par le ministre de l'intérieur; la décision est prise, sur un avis donné, après enquête, par le préfet du département d'origine, constatant : 1° que les animaux ont été élevés sur la propriété du pétitionnaire ; 2° qu'ils ne sont pas le produit du braconnage; 3° qu'ils ne sont pas destinés à la consommation, mais bien au repeuplement. Ces demandes doivent être adressées au préfet.

Les circulaires des 25 avril 1879 et 16 mai 1884 s'occupent du gibier d'eau de provenance étrangère, qui, sous certaines conditions et formalités, peut être dirigé sur les marchés des départements où la chasse, la vente et le colportage de ce gibier sont autorisés après la clôture de la chasse ordinaire.

Ces envois doivent être faits sous le plomb de la douane et être accompagnés d'un acquit-à-caution qui porte : 1° la mention de la provenance, du nombre et de la nature du gibier; 2° et la constatation que ce gibier peut être colporté et vendu dans le département où se trouve le destinataire (1).

La circulaire ministérielle du 25 avril 1802 décide que le colportage et la vente des lapins de garenne peuvent exceptionnel-

---

(1) La circulaire ministérielle du 16 mai 1884 admet ce gibier à l'importation, qu'il soit ou non revêtu de ses plumes.

lement être autorisés dans les départements où cette mesure semble nécessaire.

La vente, le transport et le colportage du gibier, pendant la durée de l'interdiction de la chasse en temps de neige, sont autorisés, ainsi que le confirme un arrêt de la cour de cassation des 22 mars et 18 avril 1845.

Le gibier tué dans un département où la chasse est ouverte, ne peut être envoyé dans un département où elle est de même ouverte, s'il doit traverser un ou plusieurs départements où la chasse est close.

La vente, le transport et le colportage du gibier sont défendus dès le lendemain de la clôture de la chasse.

En défendant, par son dernier paragraphe, de prendre ou de détruire sur le terrain d'autrui les œufs et les couvées de faisans, de perdrix et de cailles, l'article 4 de la loi de 1844 a voulu combattre un des abus qui nuisent le plus à la reproduction, et la contravention est punie d'une peine correctionnelle qui peut varier de 16 à 200 francs.

Cet article est un de ceux auquel on peut adresser les plus vives critiques :

1° N'est-il pas contraire au bon sens et à l'intérêt général, d'autoriser la vente et le colportage du gibier dès l'heure même où la chasse s'ouvre et d'en défendre la vente et le colportage le jour de la fermeture? Il est, en effet, certain que le gibier qui entre le matin à cinq heures aux marchés, a été tué la veille ou les jours précédents, c'est-à-dire au moment où la chasse était interdite, et que celui amené le soir de la fermeture sera certainement vendu clandestinement. C'est là ouvrir la porte à nombre d'abus, malgré la tolérance que les préfets peuvent accorder pendant un ou deux jours pour l'écoulement du gibier tué en temps permis.

Cette anomalie a été évitée dans le plus grand nombre des pays étrangers : ainsi, en Belgique, on ne peut que transporter le gibier tué en temps permis pendant le jour de l'ouverture ; puis la loi accorde trois jours pour la vente de ce gibier après la fermeture.

Dans le grand-duché de Bade, la loi accorde quinze jours pour se défaire du gibier après la fermeture ; dans le Luxembourg, ce délai est de trois jours, et il est défendu de vendre, colporter et acheter du gibier le jour de l'ouverture. En Finlande, pour se défaire du gibier après la fermeture, la loi accorde quatorze jours; à Brême, quatorze jours; en Suisse, huit jours. En Danemark, le gibier ne peut être vendu que deux jours après l'ouverture et pendant quinze jours après la fermeture. En Angleterre, la loi défend d'acheter ou vendre du gibier dix jours après la fermeture de la chasse de ce gibier.

2° La loi prévoyant des infractions, donne pouvoir de faire des recherches et des saisies chez certains individus spécifiés; mais ici on se trouve, par suite de l'indécision de la loi, en présence de l'indifférence ou de l'hésitation des agents qui ne sont pas investis d'une mission impérative et précise : aussi ces perquisitions et ces saisies ne sont jamais exécutées.

Faut-il pour cela préconiser le permis de vente que nous trouvons en Angleterre? Non. Que la loi soit impérative et claire; qu'elle invite ses procureurs généraux à encourager les agents de police à faire leur devoir et à les surveiller : alors les résultats cherchés seront obtenus. Sinon, il est certain que ce serait une bonne chose si la loi exigeait que tout vendeur de gibier soit muni ou d'une patente, ou d'un permis de vente s'il ne paie aucune contribution foncière ou ne justifie pas d'une location de chasse : ce serait certainement un des moyens d'arrêter le braconnage qui ne trouve aucune entrave l'empêchant d'écouler le produit de ses vols.

Ainsi, dans le duché de Brunswick, celui qui transporte du gibier doit être en mesure d'en prouver la possession légitime, et les marchands sont, en tous temps, tenus de faire cette preuve. La loi prussienne soumet les professions ambulantes à un impôt spécial; exigeant un certificat d'autorisation pour l'achat et la vente des produits de la chasse que le commerçant se procure lui-même.

Art. 3.

Permis de chasse. — Pour chasser, de quelque manière que ce soit (1) (art. 1), il faut avoir un permis de chasse délivré par l'au-

---

(1) La cour d'appel de Paris a décidé que le permis de chasse était nécessaire pour détruire le lapin, même à l'époque où la chasse est ouverte.

Du port d'armes. La législation sur le port d'armes, tout en variant suivant les époques, avait toujours été très sévère. Dès 1288, une ordonnance interdisait le port de couteaux pointus, bâtons creusés, etc., et la défense de porter des armes était spécifiée dans une ordonnance de 1548. On la retrouve dans l'édit de décembre 1354 et dans la déclaration du 23 juillet 1550. Ces prohibitions sont renouvelées dans l'édit de juillet 1561 et dans les déclarations des 30 avril 1565 et 4 août 1598.

Il faut remarquer que jusqu'en 1570 ou 1580, époque où fut inventé le menu plomb ou dragée, ces défenses ne mentionnent pas les armes à feu employées à la chasse. Les ordonnances de 1600 et 1601 autorisent même l'emploi de l'arquebuse pour chasser le gibier de passage, mais en interdisent l'usage pour chasser le lièvre et la perdrix.

Jusqu'à l'invention du petit plomb, les armes à feu employées pour la chasse, avaient peu d'effets : mais, peu après cette découverte l'emploi, la fabrication et la vente de la grenaille de fer destinée à charger les armes à feu furent prohibés

torité compétente : mais le propriétaire ou possesseur (art. 2) peut chasser ou faire chasser en tout temps, sans permis, dans ses possessions attenant à une habitation et entourées d'une clôture continue faisant obstacle à toute communication avec les héritages voisins.

Les traqueurs ou rabatteurs ne sont pas tenus d'être munis d'un permis de chasse (Cour de cassation, a. du 8 mars 1845).

La loi du 4 août 1789 et celle du 30 avril 1790 en rendant ce droit de chasse à tout propriétaire sur son terrain, n'avaient pas pour cela rendu le port d'armes libre pour tous Français ayant une propriété foncière, et ils restèrent soumis aux règlements sur la police du port d'armes jusqu'au décret du 11 août 1810 qui créa le permis de port d'armes de chasse.

Dès ce moment, cet exercice du droit de chasse, qui n'avait jamais été taxé d'une redevance, fut frappé d'un impôt : impôt dont la création est ainsi justifiée par M. Leroy Beaulieu, dans son traité de la Science des Finances : « Il y a des raisons de police pour que l'exercice de la chasse soit soumis à un certain contrôle : il n'y a pas, en effet, d'industrie qui prépare plus au crime que celle du braconnage ; et la chasse conduit aussi au maraudage, c'est-à-dire à la violation des droits de propriété. On a donc bien fait de grever d'une taxe légère l'exercice de la chasse ». Or, cette taxe en 1834 produisait déjà 1,201,500 fr. et s'élevait en 1843 à 2,150,610 fr. (1).

à cause du braconnage et des accidents. Un arrêt du Conseil du 4 septembre 1731 prononce des amendes de 100 à 300 livres contre ceux qui contrevenaient à la défense faite de fabriquer et de vendre cette grenaille.

Plus tard, l'emploi des armes à feu pour la chasse ayant amené des abus, la déclaration du 14 août 1603 défendit expressément à toutes personnes de quelque état, qualité et condition qu'elles soient, de chasser ni faire chasser à quelque sorte de chasse que ce soit, avec l'arquebuse, en tirer, ni la porter sous peine, pour la noblesse, d'amende arbitraire et confiscation des armes, de 15 jours de prison pour la première fois et de la peine de mort, en cas de récidive. La peine de mort était prononcée dès la première fois contre les non nobles.

Toutefois, devant les plaintes de la noblesse, Henri IV fut forcé de révoquer ce règlement et de permettre aux gentilshommes et seigneurs de chasser avec les armes à feu tout gibier non prohibé par les ordonnances.

Ces prohibitions se renouvelèrent de 1607 au 21 mai 1784 et elles ne furent pas abrogées par les lois rendues depuis la Révolution. La circulaire du département de la police du 7 vendémiaire an XIII, aux préfets de l'arrondissement de la police générale, qui porte que le port d'armes n'est pas une conséquence nécessaire du droit de chasse, suffirait à le prouver, si l'on ne pouvait encore invoquer le décret du 2 nivôse an XIV (26 décembre 1805) qui interdit l'usage et le port des fusils et pistolets à vent ; et le décret du 12 mars 1806 qui rappelle la déclaration de 1728.

L'exercice du droit de port d'armes pouvait même être interdit par les tribunaux jugeant correctionnellement (Code pénal du 22 février 1810, a. 42-43-401, 405-410-28-24).

Cet état de choses ne prit fin qu'en 1810, époque à laquelle un décret impérial créa le permis de port d'armes de chasse.

(1) *Dictionnaire des finances* de Léon Say, 1887, 8ᵉ fascicule.

Décret du 11 juillet 1810. — Le décret de 1810 s'occupe de la fourniture, de la distribution et du prix des permis de port d'armes, qui étaient fournis par l'administration de l'enregistrement, conformément au modèle annexé au décret. Le prix en était payé au receveur de l'enregistrement du chef-lieu du département, et il en était fait un article particulier de recette (art. 11). Les permis de port d'armes de chasse n'étaient valables que pour un an, à dater du jour de leur délivrance (art. 12).

Le prix du permis de port d'armes de chasse était fixé à 30 fr., y compris les frais de papier, timbre et expédition (art. 13); prix qui, par une loi du 28 avril 1816, fut réduit à 15 fr. (art. 77).

Des décrets du 21 mars 1811 et 12 mars 1813 accordèrent aux personnes décorées des ordres français, le droit de ne payer qu'un franc pour l'obtention du permis de port-d'armes. Une ordonnance du 9 septembre 1814 étendit cette faveur aux chevaliers de l'ordre de Saint-Louis, mais ces immunités furent supprimées par une ordonnance du 17 juillet 1816 qui, d'un autre côté, accordait une gratification de 5 francs à tout gendarme, garde champêtre et forestier qui constatait des contraventions aux lois et règlements sur la chasse et sur le port d'armes. Un décret du 14 mai 1812 contenait les dispositions pénales portées contre ceux qui chassaient sans permis de port d'armes de chasse. Le délinquant était traduit devant le tribunal de police correctionnelle et puni d'une amende qui ne pouvait être moindre de 30 francs ni excéder 60 francs (art. 1).

En cas de récidive, l'amende était de 60 francs au moins et de 200 francs au plus. Le tribunal pouvait, en outre, prononcer un emprisonnement de six jours à un mois (art. 2).

Il y avait, dans tous les cas, confiscation des armes, et si elles n'étaient pas saisies, le délinquant était condamné à les apporter au greffe, ou à en payer la valeur, suivant la fixation qui en était faite par un jugement, sans que cette fixation puisse être au-dessous de 50 francs. La jurisprudence de la cour de cassation de 1812 reconnaissait que le délit de chasse sans permission et le délit de port d'armes formaient deux cas bien tranchés, donnant lieu à une double amende (1). Le délit de chasse était puni d'après la loi du 30 avril 1790, et celui de port d'armes sans permission d'après le décret du 4 mai 1812.

Les officiers de louveterie et leurs piqueurs étaient dispensés de se pourvoir de permis de port d'armes de chasse et d'en ac-

---

(1) Arrêts : 4 décembre 1812, 31 décembre 1813, 20 janvier 1816, 31 décembre 1819, 24 novembre 1820.

quitter la taxe, lorsqu'ils se livraient exclusivement à la chasse des loups ou autres animaux nuisibles, mais dans les autres cas ils devaient se munir de ce permis et en payer le prix (Décision du 30 octobre 1823).

Quant à l'administration forestière qui avait qualité pour poursuivre les délits de chasse commis dans les bois soumis au régime forestier, elle ne l'avait pas pour poursuivre les contraventions aux règlements sur le port d'armes, d'où résultait la nécessité, lorsqu'un individu était prévenu des deux délits, de dresser deux procès-verbaux, dont l'un était poursuivi par l'administration et l'autre par le procureur du roi (Circulaire de la direction des forêts du 30 octobre 1828).

PERMIS DE CHASSE. — En 1844, le législateur en substituant le *permis de chasse* au *permis de port d'armes*, a tenu à bien indiquer que si, sous l'ancienne législation, le permis de port d'armes, dans beaucoup de cas, n'était exigé que pour la chasse avec des armes, il n'en était plus de même, et que pour toutes chasses, le permis était nécessaire.

Le prix du permis a été plusieurs fois modifié. Fixé à 25 francs en 1844, il produisit un total de 1.881,685 francs, chiffre qui en 1861 dépassait quatre millions et a été toujours en augmentant.

En 1870, avant l'interdiction de la chasse qui eut lieu par décret du gouvernement de la défense nationale du 13 septembre 1870, il y avait 51,431 permis de pris; en 1884, ce chiffre s'élevait à 404,466; mais il tend depuis à diminuer, car en 1882, 372,825 permis ont été demandés seulement.

Sur le prix de 25 francs fixé par la loi, 15 francs étaient dévolus à l'État et 10 francs aux communes où la demande était faite.

Le prix du permis fut porté à 30 francs par la loi du 23 août 1872, somme qui, avec celle de 10 francs versée à la commune, formait un total de 40 francs. Ce chiffre trop élevé fit que les demandes de permis qui en 1871 avaient été de 153,639 tombèrent à 106,003. En présence de cette épreuve, quoiqu'en 1872 il y ait eu 211,190 demandes, le 20 décembre de cette année, une loi de finance ramena le prix du permis à 25 francs, soit à 15 francs pour l'État et 10 francs pour les communes.

Les décimes établis par la loi du 23 août 1871 ayant été déclarés applicables, par la loi du 2 juin 1875, au droit perçu sur les permis de chasse, leur montant pour le Trésor se trouve donc porté à 18 francs, sans compter les 10 francs dus à la commune. Total 28 francs.

Dans les communes, ce produit prend rang parmi les recettes ordinaires; et dans le budget, elles forment un article de recelles spéciales, sous le titre de *Portion afférente à la commune, dans le produit de la délivrance des permis de chasse.*

Or, le nombre des permis délivrés depuis 1883 a été le suivant : = 1883 — 389011 = 1884 — 406.022 = 1885 — 400.260 = 1886 — 389 906 = 1887 — 378 086 = 1888 — 371.251 = 1889 — 345 112 = 1890 — 378.772 = 18891-92 — 376292 = 1892-93 — 373.597.

Mais, cet impôt qui a été toujours en croissant même en Algérie où en 1884 il rapportait 144.000 fr. au Trésor, tend à diminuer. Il est donc important que le législateur cherche à remédier à ce mal en protégeant la source de ce revenu (1).

Nombre de projets de lois, ayant pour but d'étendre l'exercice de la chasse, ont proposé la diminution du prix du permis de chasse : or, permettre que le nombre des permis augmente, ne fera jamais que beaucoup plus de personnes puissent chasser, car les terrains libres sont rares et nul ne peut chasser sur le terrain d'autrui sans sa permission. Diminuer le prix du permis serait donc porter atteinte aux intérêts du Trésor et des communes, sans pour cela faciliter l'exercice de la chasse, d'autant que la dépense du permis n'est pas dans la chasse la plus grosse

---

(1) Ce produit dans les communes, surtout dans les communes rurales non pourvues de sous-préfet, ou de préfet peut subir une grande diminution par suite d'une mesure qui a été prise en 1892 par le directeur général des postes.

En effet, jusqu'alors le postulant déposait à la mairie sa demande de permis de chasse, faite sur papier timbré, ainsi que la quittance des droits, délivrée par le percepteur. Le maire donnait son avis prescrit par la loi et envoyait sous son couvert la demande et la quittance au préfet et au sous-préfet.

Ces derniers délivraient le permis et le renvoyaient au maire qui le faisait tenir au titulaire, le tout sous pli administratif et sans frais.

Le directeur général des postes trouvant que cette franchise de correspondance était un abus, est venu, par une circulaire du mois d'août, interdire aux maires d'envoyer les permis comme pièces administratives.

Le maire, aujourd'hui, donne donc son avis qu'il remet au postulant, qui l'adresse à ses risques et périls à l'autorité préfectorale qui délivre le permis et le renvoie.

Il y a à cette mesure plusieurs inconvénients :

1° Le maire, dans bien des cas, n'osera pas donner un avis défavorable, s'il remet la demande à l'impétrant ;

2° Sur les droits de permis de chasse, dix francs sont perçus par les communes ; et, combien de personnes iront les jours de marché, au chef-lieu, prendre leur quittance, l'avis du maire et le permis? D'où perte pour la petite commune ; ou si le receveur municipal est diligent, complication d'écritures pour faire rentrer à la commune du domicile du demandeur, les dix francs qui auront été perçus par la commune chef-lieu.

Nous pouvons citer à l'appui de ces critiques une petite commune de l'Eure où à notre connaissance trois permis de chasse ont été pris cette année directement à Évreux, d'où 30 francs de perte sur un budget de 2,000 francs. Si le même fait se présente dans 33.000 communes, c'est une perte de près d'un million pour les petits budgets. Il semble indispensable de revenir sur cette mesure qui ne peut que donner un bien faible bénéfice à la poste d'autant que toutes les demandes faites à la préfecture et soumises à l'avis du maire sont toujours envoyées administrativement.

dépense, et la conséquence immédiate serait, en outre, le dépeuplement encore plus rapide du gibier et la recrudescence dans la fraude et le braconnage.

Le permis de chasse et l'impôt qu'il comporte se retrouvent presque dans tous les pays d'Europe.

En Belgique, il y a deux permis : l'un pour la chasse ordinaire, l'autre pour la chasse au lévrier. Ils coûtent 35 francs, plus la taxe locale, qui est généralement de 10 fr.; dans le duché de Bade, 20 marks (22 fr. 50) ainsi qu'en Alsace-Lorraine ; toutefois il y a en plus un permis de 4 marks, valable pendant huit jours pour les invités.

En Bavière, le permis coûte huit florins; en Wurtemberg, 4 florins; dans le grand-duché de Luxembourg, 50 francs.

Il y a en plus des permis de 5 fr. valables pour cinq jours pour les étrangers, et d'autres de 3 fr. pour les tenderies. En Prusse, des règlements fixent l'époque où certains gibiers peuvent être chassés; afin d'éviter des erreurs, le permis de chasse porte, au dos, la mention écrite en vert de l'époque où la chasse de tel animal est permise, et la mention, écrite en noir, des époques défendues, avec la nomenclature des pénalités auxquelles le délinquant s'expose. Le dernier coûte 1 thaler (3 fr. 75).

En Italie, le permis existe; il y en a même plusieurs, suivant les différentes chasses. Il faut en plus le permis de port d'armes.

En Angleterre, tout propriétaire ou occupant doit être muni d'un permis de chasse *Game licence*, qui est de 3 livres sterling (75 fr.), par an ou deux livres sterling (50) pour six mois. Il doit avoir en plus un permis de port d'armes *Gun licence*, qui est de 10 schillings (12 fr. 50) par fusil.

En Suisse, il y a des permis de un, trois, cinq et dix jours, mais pour l'étranger.

Dans les Pays-Bas, il y a un grand et un petit permis coûtant 30, 15 et 5 florins; il y a même un permis gratuit.

En Espagne, la loi exige un port d'armes pour chasser là où la chasse n'est pas réservée.

Il n'y a qu'en Finlande, en Norvège et en Suède où le permis n'existe pas. Dans ce dernier pays, il est aujourd'hui question de l'imposer à tout chasseur.

Art. 5.

Délivrance du permis de chasse. — Le permis de chasse dans le département de la Seine est délivré par le préfet de police.

D'après l'article 5 de la loi de 1844, le permis est délivré sur l'avis du maire et du sous-préfet, par le préfet du département dans lequel celui qui en fera la demande aura sa résidence ou son domicile.

Le décret du 13-29 avril 1861 qui, modifiant celui de 1852 sur la décentralisation administrative dans son article 6, porte que « les sous-préfets statueront désormais, soit directement, soit par délégation des préfets sur certaines affaires, qui jusqu'à ce jour exigeaient la décision préfectorale et cite au § 3 la délivrance des permis de chasse. Le sous-préfet peut donc aujourd'hui accorder ou refuser le permis de chasse dans les arrondissements autres que le chef-lieu d'arrondissement, où cette mission incombe au préfet, mais toujours sur l'avis motivé du maire auquel la demande sera faite.

Conformément aux circulaires ministérielles du 20 mai 1844, 7 juin 1847, 14 juillet 1884, les préfets doivent tous les ans, adresser au ministre un état par arrondissement contenant le chiffre des amendes de chasse et le relevé des permis délivrés.

La demande doit être faite par l'intéressé lui-même quand il est majeur, sur papier timbré à 60 centimes; elle sera visée par le maire et le sous-préfet qui y joignent leur avis, puis adressée au sous-préfet, en y joignant la quittance du percepteur du département dans lequel l'impétrant a sa résidence ou son domicile, ou même s'il n'y réside que temporairement; et les droits doivent être consignés d'avance à la caisse du percepteur (1).

La quittance remise par le percepteur ne peut remplacer le permis, qui doit être représenté à toute réquisition des agents chargés de constater les délits de chasse.

Le permis est personnel; il n'en est pas accordé de duplicata (2), en cas de perte. Il est valable pour toute la France et pour un an; il est délivré à toute époque de l'année. D'après la jurisprudence de la cour de cassation, le jour de la délivrance et celui de son expiration ne comptent pas dans l'année pendant laquelle il est valable.

La loi ne laisse pas au préfet et au sous-préfet, le droit absolu de délivrer ou de refuser le permis de chasse. L'obtention étant de droit général, et la faculté de refuser étant l'exception, les avis des maires et sous-préfets doivent, lorsqu'ils sont favorables.

---

(1) Ordonnance du 30 juillet 1849.
(2) Le percepteur ne peut délivrer de duplicata de quittance de permis de chasse, sans l'autorisation du préfet ou du sous-préfet (Circ. de la direction générale de la comptabilité publique du 6 décembre 1845. Instruction de la même année du Ministère de l'intérieur).

exprimer qu'il n'est pas à leur connaissance que l'impétrant se trouve dans aucune des catégories pour lesquelles le permis ne pourrait être délivré. Lorsqu'ils sont défavorables, ils doivent mentionner que l'impétrant se trouve, à leur connaissance, dans telle ou telle position qui fait obstacle à la délivrance d'un permis de chasse.

L'avis doit toujours être motivé, et si le maire refuse son avis, le préfet, en vertu de la loi municipale du 5 avril 1884, peut, par un délégué spécial, recueillir les renseignements nécessaires (1).

Celui qui fabrique un faux permis de chasse ou le falsifie, ou fait usage d'un permis falsifié, est puni d'un emprisonnement de 6 mois à trois ans (Art. 153 du code pénal modifié par la loi du 13 mai 1863).

Art. 6.

Refus de permis. — L'article 6 mentionne les cas où le préfet *pourra* refuser le permis de chasse. Toutefois, l'obtention de ce permis étant pour tous de droit commun, c'est à l'autorité à prouver que le requérant se trouve dans un des cas d'exclusion.

Les avis donnés par les maires et les sous-préfets, avis qui accompagnent les demandes, doivent signaler ces cas.

La faculté de refuser le permis aux condamnés, dont il est question dans les § 3, 4, 5, cesse cinq ans après l'expiration de la peine. Si c'est la prison, le délai court du jour de la sortie de prison ; si c'est une amende, ce délai partira du jour où la condamnation est devenue définitive.

L'ordonnance ministérielle du 22 juillet 1851 admet la demande de permis faite par une femme se trouvant dans les conditions requises par la loi pour l'obtenir, les incapacités étant de droit strict et ne pouvant être étendues.

Art. 7.

L'article 7 comprend quatre catégories de personnes auxquelles le permis de chasse *doit être* refusé.

---

(1) Le préfet ou le sous-préfet doit tenir compte de l'avis du maire pour la délivrance du permis, mais il est certain que les maires ne s'occupent que des incapacités prévues par la loi. Il faudrait, et ce serait rentrer dans l'esprit de la loi, exiger que ces avis fissent mention plutôt de certaines considérations qui permissent au préfet de refuser ce permis : par exemple pour le cas où le demandeur abandonnerait son état pour chasser, ou si sa conduite est notoirement répréhensible ; on devrait enfin pouvoir exiger le casier judiciaire.

On voit que le § 4 de cet article ne comprend pas les gardes particuliers. Toutefois le permis serait refusé aux gardes champêtres ou forestiers qui seraient, en même temps, gardes particuliers et demanderaient un permis en invoquant cette dernière qualité.

Art. 8.

Cet article contient la nomenclature des personnes auxquelles le permis de chasse doit être refusé.

L'administration doit pour le § 2 exiger la preuve de l'exécution. La remise de la peine est regardée comme équivalant à l'exécution.

Pour le § 3, c'est à l'administration qu'incombe la preuve de la condamnation.

La loi semble trop large, et elle devrait sans admettre ce délai de cinq ans de l'article 6, refuser le permis aux individus condamnés pour vagabondage, aux voleurs, aux mendiants, aux condamnés récidivement pour ivresse et aux contrebandiers, afin de les empêcher d'errer légalement dans les campagnes.

En Belgique, il y a à ce sujet une mesure fort bonne : le permis de port d'armes est refusé aux individus condamnés pour délit de chasse commis au moyen d'armes prohibées soit en bande, soit pendant la nuit, soit pour rébellion, ou violence à l'occasion d'un délit de chasse ; on le refuse aux individus condamnés dans les douze mois précédents pour délit de chasse, *et enfin à tous individus connus pour se livrer habituellement au braconnage.*

Des permis délivrés à un étranger. — La loi ne défend pas de délivrer des permis aux étrangers qui résident en France, mais la jurisprudence administrative établit une distinction. Elle considère comme aptes à obtenir le permis, s'ils remplissent les conditions légales, les étrangers qui sont en France depuis longtemps, bien qu'avec esprit de retour, si la durée de cette résidence a permis de constater leur moralité. Elle le refuse, au contraire, à ceux qui, voisins de la frontière, n'ont pas une résidence habituelle et sont trop peu connus des autorités pour satisfaire à l'article 3 de la loi de 1844.

Le permis est refusé à tout étranger qui, par suite de circonstances politiques, se trouve sous la surveillance de la police.

Du permis délivré par erreur. — Le permis délivré par erreur à celui auquel *on pouvait* le refuser, ne peut être retiré. Toutefois, la privation du droit de chasse n'étant pas une peine, mais une mesure de précaution prescrite par la loi, dans un intérêt de sûreté publique, le retrait peut avoir lieu, si le permis a été délivré à un individu qui ne *devait pas* le recevoir d'après les articles 7 et 8.

Le permis dans ce cas sera regardé comme non avenu et l'annulation prononcée par arrêté du préfet ou du sous-préfet, qui l'aura accordé.

Il semble résulter de la jurisprudence que l'interdiction prononcée par un tribunal du droit d'obtenir un permis de chasse implique la déchéance du droit de se servir du permis antérieurement obtenu.

Art. 9.

Droits conférés par le permis. — La loi du 22 janvier 1874 modifiant l'article 9 de celle de 1844 porte : « Dans le temps où la chasse est ouverte le permis donne à celui qui l'a obtenu le droit de chasser de jour, à tir et à courre, sur ses propres terres et sur les terres d'autrui, avec le consentement de celui à qui le droit de chasse appartient ».

Nul ne peut donc chasser sur la propriété d'autrui sans le consentement du propriétaire ou de ses ayants-droit.

Le droit de chasser sur un terrain donné à ferme reste au propriétaire du sol, à moins de stipulations contraires, mentionnées au bail.

Modes de chasse autorisés ou défendus. — L'article 3 de la loi du 3 mai 1844 modifié par la loi du 22 janvier 1874 ne reconnaît comme permises que la chasse à tir et la chasse à courre, à cor et à cris; la chasse avec furets et bourses destinés à prendre les lapins, l'emploi des furets et des bourses étant regardé comme illicite appliqué aux autres animaux.

La loi défend la chasse de nuit.

Plus explicite et plus claire, la loi belge porte qu'il est défendu de chasser après le coucher et avant le lever du soleil.

La faculté de chasser quand la terre est couverte de neige, ne doit s'appliquer exclusivement qu'aux espèces nuisibles (Circulaire de juillet 1892).

Tous les instruments de destruction permis sous l'ancienne législation sont défendus, et la chasse, même en lieux clos, ne peut être pratiquée au moyen de filets et autres engins prohibés formellement par la loi.

Les § 1 et 2 de l'article 9 donnent aux préfets le pouvoir d'autoriser la chasse des oiseaux de passage, autres que la caille, avec les instruments et les procédés usités dans le pays, même avec ceux dont l'usage est prohibé pour la chasse du gibier ordinaire.

La loi nouvelle, contrairement à celle de 1790, ne permet au propriétaire de chasser sur les lacs et étangs que pendant les époques déterminées par le préfet.

Le § 3 règle le droit de légitime défense qu'a le propriétaire, possesseur ou fermier, contre les animaux nuisibles ou malfaisants, règlement qui a pour but d'éviter les abus de ce droit.

La loi donne aux préfets le droit de protéger les oiseaux; mesure nécessaire, dans certains départements, dans l'intérêt de l'agriculture, afin d'empêcher la reproduction des insectes nuisibles. A cet effet, la circulaire du ministre de l'intérieur, de juillet 1892, appelle l'attention des préfets sur la disparition des oiseaux insectivores, disparition dont un grand nombre de sociétés d'agriculture, de conseils généraux, et le ministre de l'agriculture lui-même se plaignent. Le ministre demande que la chasse et la capture des petits oiseaux insectivores soient réduites autant que possible; cette interdiction, suivant lui, devant être absolue en ce qui concerne les oiseaux du pays.

Les préfets peuvent étendre cette protection aux couvées des faisans, des perdrix et des cailles (art. 11). Cette faculté est énoncée par la loi de 1874 pour prévenir la destruction des oiseaux ou pour favoriser le repeuplement; toute latitude, à cet égard, est laissée aux préfets.

La chasse aux lévriers ne peut être autorisée par eux que pour la destruction des animaux malfaisants.

Des animaux sauvages utiles. — Les animaux sauvages sont utiles ou nuisibles. L'utilité des animaux sauvages quadrupèdes ou oiseaux, consiste à fournir des ressources à l'alimentation : c'est pourquoi on doit en assurer la reproduction et en limiter la destruction.

Toutefois nombre de ces oiseaux offrent un intérêt spécial, en raison des services qu'ils rendent à l'agriculture en détruisant les insectes nuisibles. Ces oiseaux doivent être l'objet d'une protection spéciale.

Cette protection se trouve dans l'article 9 de la loi du 3 mai 1844, modifié par la loi du 22 janvier 1874, qui autorise les préfets à prendre des arrêtés pour prévenir la destruction des oiseaux et l'article 11 de la même loi qui punit d'une amende de 16 à 100 francs ceux qui contreviennent à ces arrêtés (1).

---

(1) Voir l'extrait de la circulaire du ministre de l'intérieur, de juillet 1892 : qui demande que l'interdiction soit absolue en ce qui concerne les oiseaux du pays.

D'après la circulaire ministérielle du ministre de l'intérieur du 9 mai 1844, la défense de détruire les oiseaux peut s'étendre aux œufs et aux couvées.

Si la liste de ces oiseaux n'a jamais été officiellement dressée, il est reconnu que la défense doit s'appliquer aux oiseaux dits à bec fin, c'est-à-dire, non aptes à manger des graines, tels que les hirondelles, les rouges-gorges, les fauvettes, les rossignols, etc.

Modes exceptionnels de chasse. — Les préfets règlent par arrêtés le mode et l'époque de la chasse des oiseaux de passage : de la chasse du gibier d'eau et de la chasse des animaux malfaisants et nuisibles.

Ces arrêtés doivent être pris sur l'avis des conseils généraux, mais la loi n'exige pas qu'ils soient conformes; si l'avis est contraire, ils ne sont pas moins obligatoires.

Ces arrêtés doivent être publiés et ils sont exécutoires dès la publication et jusqu'à ce qu'ils aient été rapportés.

Ils ne sont pas soumis à l'approbation du ministre, néanmoins un double lui est adressé conformément à la circulaire du 20 avril 1844.

La loi en ce qui concerne la protection des animaux insectivores auxiliaires indispensables de l'agriculture, n'est pas assez précise et est trop souvent violée sans que l'administration semble s'en préoccuper. Bien plus, dans certains départements de l'Est, on pratique la *tendue* (1) avec autorisation officielle. Pendant une campagne de deux mois et seulement dans deux forêts communales de Meurthe-et-Moselle, on a massacré ainsi 10,015 fauvettes, rossignols, rouges-gorges, rouges-queues, troglodytes et roitelets, 2,900 mésanges, 1,180 merles et grives, 1,370 pinsons ordinaires, et pinsons des Ardennes, 47 geais, 32 buses et éperviers, au total 15,544 oiseaux dont 13,000 comp-

---

Le 1ᵉʳ avril 1893 le Sénat a adopté en première lecture une proposition de loi tendant à compléter l'article 9 de la loi du 4 mai 1844; cette proposition porte :

« *Article unique.* — L'article 9 de la loi du 3 mai 1844 est complété ainsi qu'il suit :

« La capture et la destruction des petits oiseaux, autres que l'alouette (pour laquelle les dispositions de la présente loi sont maintenues), par quelque moyen que ce soit, fusils, filets, engins ou procédés quelconques, sont formellement interdites.

« La mise en vente, la vente, l'achat, le transport et le colportage de ces petits oiseaux sont prohibés sur tout le territoire français. Tout fait ci-dessus énoncé sera assimilé aux délits énumérés dans l'article 11 de la présente loi et sera puni des mêmes peines ».

Dans cette même séance, M. Hervé de Saisy déclare qu'il se propose de déposer, lors de la seconde délibération, un amendement tendant à faire comprendre l'alouette dans cette loi protectrice.

(1) Le *Correspondant* (10 juin 1892), *Revue des sciences*, de M. Henri de Parville.

tent parmi les meilleurs destructeurs d'insectes. Pendant les deux mois de ce braconnage illicite, on peut dire qu'environ 1,140,601 oiseaux ont été détruits.

Dans des départements du Centre, les alouettes sont prises au moment de leur passage, au moyen de filets traînés pendant la nuit, et de crins, ce qui amène des destructions colossales.

Ces destructions font que le blé non protégé par ces oiseaux ne rend en général que huit fois la semence au lieu de la rendre au moins trente fois; il en est de même pour les vignes qui sont ravagées par le puceron qui n'est plus dévoré par ces oiseaux dont il forme la nourriture.

Dans le Midi, surtout dans le Lot-et-Garonne, on extermine des millions d'oiseaux insectivores, au moyen de filets et de lacets : fauvettes, becs-fins, alouettes, chardonnerets, hirondelles, servant alors au commerce pour l'ornementation des coiffures des femmes.

Or, le besoin de protection se fait sentir partout, et à un tel point, qu'en 1892, dans une circulaire aux préfets pour leur demander leurs propositions pour la clôture de la chasse en 1893, le ministre de l'intérieur, en ce qui touche les moyens de protéger les diverses espèces de petits oiseaux, se faisant l'écho des plaintes des cultivateurs, demandait avec instance que l'on renonce aux tolérances admises en matière de capture des petits oiseaux. Constatant que certains départements ont compris l'utilité de réagir à cet égard contre des coutumes locales désastreuses et ont reformé leur réglementation dans un sens suffisamment restrictif, il demandait que l'interdiction fut généralisée : et appelant l'attention des préfets sur ce point, il leur recommandait, en faisant figurer à la suite de leur projet d'arrêté les principales dispositions réglementant l'exercice du droit de chasse dans leur département, d'y introduire, si cela n'était déjà fait, des clauses spéciales pour donner une sanction sérieuse aux mesures de protection dont il s'agit.

Les préfets, en ce qui concerne les moyens de protection des diverses espèces de petits oiseaux n'ont à prendre conseil que d'eux-mêmes; ils ont, en plus, le droit d'autoriser l'emploi d'engins spéciaux pour la chasse des oiseaux de passage, et parmi ces oiseaux plusieurs sont insectivores : or le massacre qui en est fait tend à faire complètement disparaître ces auxiliaires indispensables de l'agriculteur.

La loi devrait faire une exception pour certains de ces oiseaux de passage utiles à l'agriculture; ou, retirant aux préfets le droit que leur attribue la loi du 22 janvier 1874, art. 9, de dresser la nomenclature des oiseaux de passage, fixer elle-même cette nomenclature pour chaque département, afin de ne plus la laisser à l'arbitraire, et réglementer les engins qui peuvent être employés. Le législateur sauvegarderait ainsi, même dans certains départements, les industries qui doivent leur richesse à la chasse des oiseaux de passage.

On devrait surtout faire en sorte que la loi soit observée, car malgré ses prescriptions la caille se voit en temps prohibés sur les marchés, où elle est achetée vivante pour passer en Angleterre : c'est à quoi avait trait la circulaire de 1892 du ministre de l'intérieur rappelant aux préfets que la tolérance antérieurement consentie pour l'importation et le colportage des cailles exotiques était supprimée, et que le gibier, quelle que soit sa provenance, devait rentrer dans le droit commun et être soumis aux prescriptions de la loi qui prohibe formellement la vente et le colportage du gibier pendant la clôture de la chasse.

Il faudrait fixer la date de la fermeture de la chasse des gibiers migrateurs à l'époque où les pariades se forment, c'est-à-dire fin de février ou 1er mars : et, comme cela a lieu en Suisse et dans les États scandinaves, prohiber cette chasse au printemps.

Il faudrait enfin que pour ces chasses, conformément à la loi, le permis soit sévèrement requis de tout individu qui s'y livre : mesure légale, qui malheureusement n'est que rarement observée, grâce à l'indifférence témoignée par l'administration en ce qui touche cette question qui est cependant si importante.

Gibier d'eau. — Le gibier d'eau ne peut être chassé que par les procédés ordinaires. Le préfet ne peut que déterminer le temps pendant lequel cette chasse sera permise.

M. de Beaumont dans le *Répertoire de Droit administratif*, donne la liste suivante des oiseaux regardés comme gibier d'eau :

La borge.
Le bécasseau ou cul-blanc.
La bécassine.
Le bécasson.
Le butor.
Le canard sauvage.
Le chevalier.
La cigogne.
Le coure-vite.
Le courlis.
Le cygne.
L'échasse.
Le flammant.
La foulque.
Le grebe.
La grue.
Le héron.
Le macareux.
Le martin-pêcheur.
L'oie sauvage.
L'outarde.
Le plongeon.
Le plouvier.
La poule d'eau.
Le râle.
La sarcelle.
Le vanneau.

Sur les rivières navigables et flottables, où l'État est propriétaire, on ne peut y chasser sans son consentement.

Il en est de même du domaine militaire.

Comme pour les oiseaux de passage, la loi devrait aussi fixer la date de la fermeture de la chasse du gibier d'eau.

Prenant la date du 1er mars pour les premiers, époque de la pariade pour les espèces migratrices, elle devrait, pour les seconds, fermer la chasse au 1er avril, en la faisant commencer le 15 juillet ou le 1er août, mais en bateau seulement, abrogeant ainsi le § 2, alinéas 1 et 2 de l'article 9.

Des animaux nuisibles. — Les animaux sauvages nuisibles ou malfaisants sont ceux qui ne font que du mal et ne peuvent être utiles à la consommation. La loi a donc voulu protéger l'homme, les animaux domestiques et les récoltes contre ces êtres malfaisants.

Parmi les quadrupèdes (1), il faut mentionner le loup, le renard, le blaireau, la loutre, le chat sauvage, les fouines, martres, putois, belettes, hermines, roselets.

Le sanglier et le lapin ne sont considérés comme animaux nuisibles que s'ils ont été classés comme tels par arrêté du préfet, après avis du conseil général (art. 9).

Parmi les oiseaux, on peut compter l'aigle, le faucon, le milan, l'autour, la crécerelle ou émouchet, le hobereau, l'émerillon, l'épervier, le corbeau, la pie : les pigeons n'ont ce caractère d'animaux nuisibles que lorsqu'ils ont été déclarés tels.

Pour détruire ces animaux, il y a des mesures administratives et des mesures privées. Les mesures administratives sont les suivantes : 1° Les primes et encouragements donnés pour la destruction des loups. Système commencé en l'an III puis réglementé par la loi du 10 messidor an V, et modifié par la loi du 3 août 1882.

2° Les lieutenants de louveterie.

3° Les battues générales et particulières, sous la surveillance des agents forestiers : Battues réglementées par l'arrêté du 19 pluviôse an V. Les agents forestiers représentant alors l'administration générale.

4° Les permissions de chasses données par le préfet à des particuliers ayant équipage, afin de détruire les animaux nuisibles, sous la surveillance de l'administration des forêts (9 pluviôse an V).

Pour les mesures privées concédées seulement pour la protection des personnes, mais d'où ne dérive pas le droit de chasse, ce sont les suivantes : 1° Le principe de légitime défense

---

(1) Nomenclature donnée dans le *Répertoire du Droit administratif*, par Léon Béquet. Verb. Bêtes.

pour la protection de la propriété renfermée dans la loi du 30 avril 1790 (art. 15) se trouve maintenu. Tout propriétaire ou fermier a donc le droit à toute époque de l'année, par tous moyens, de détruire les bêtes fauves, mais dans le cas seulement où elles causent des dommages.

2° Quiconque a le droit de tuer le loup, partout, même sans être propriétaire ou locataire. Droit pour ainsi dire naturel qui découle des lois du 2 ventôse an III, 10 messidor an V, et 3 août 1882 accordant des primes pour la destruction de ces animaux.

3° Tout propriétaire, fermier ou possesseur peut en tout temps, et lors même qu'il n'y a pas de dommages, détruire les animaux déclarés malfaisants ou nuisibles par arrêté préfectoral, mais seulement par les modes et moyens autorisés par les arrêtés pris en conformité de la loi du 3 mai 1844 (1).

Le préfet prend aussi des arrêtés sur l'avis des conseils généraux pour déterminer les animaux malfaisants et nuisibles (§ 3 de l'article 9). Le permis de chasse n'est pas nécessaire pour cette destruction qui est regardée comme un acte de légitime défense, et qui est permise en tout temps. Mais il ne faut pas perdre de vue la différence qu'il y a entre le droit de *détruire* et le droit de *chasse*. La destruction n'étant pas de la chasse, peut se faire par le temps de neige. Les animaux malfaisants et nuisibles visés le plus souvent par ces arrêtés sont les suivants :

Oiseaux. — L'aigle, l'autour, le balbuzard, le bec-croisé, la bondrée, le busard, la buse, le chat-huant, le choucas, la chouette, le circaète, le corbeau, la corneille, le duc, l'épervier, le faucon, le geai, le gypaète, le hibou, le jean-le-blanc, le milan, la phène, la pie, la pie-grièche, le pigeon, le pygargue, le saint-martin, la soubuse, le vautour.

Quadrupèdes. — La belette, le blaireau, le chat sauvage, la fouine, le furet, l'hermine, le lapin, le loir, le loup, la loutre, la martre, le putois, le renard, le sanglier.

Destructions pour lesquelles le préfet peut autoriser l'emploi du chien lévrier. La jurisprudence de la cour de cassation (arrêt du 15 octobre 1844) autorise l'emploi des pièges contre les animaux nuisibles.

Pour les bêtes fauves, c'est-à-dire les animaux sauvages qui vivent principalement dans les bois et portent ou peuvent porter dommage aux personnes, aux récoltes et aux propriétés, le cas de légitime défense domine tout et ne saurait être réglementé. Il faut comprendre dans les bêtes fauves : la belette, le blaireau,

---

(1) *Répertoire du Droit administratif*, par Léon Béquet. Verb. Bêtes.

le cerf, la biche, le chamois, le chat sauvage, le chevreuil, le daim, la fouine, l'hermine, le loup, la loutre, la martre, l'ours, le putois, le renard, le sanglier.

Loi du 5 avril 1884. — Le maire est chargé (loi du 5 avril 1884), sous le contrôle du conseil municipal et la surveillance de l'administration supérieure, de prendre, de concert avec les propriétaires du droit de chasse dans les buissons, bois et forêts, toutes les mesures nécessaires à la destruction des animaux nuisibles désignés dans l'arrêté du préfet. De faire, pendant le temps de neige, à défaut des détenteurs du droit de chasse, à ce dûment invités, détourner les loups et sangliers réunis sur le territoire; de réquérir, à l'effet de les détruire, les habitants avec armes et chiens propres à la chasse de ces animaux ; de surveiller et d'assurer l'exécution des mesures ci-dessus et d'en dresser procès-verbal.

Les préfets peuvent, enfin, prendre des arrêtés : 1° pour prévenir la destruction des oiseaux.

2° Pour autoriser l'emploi des chiens lévriers pour la destruction des animaux malfaisants et nuisibles.

3° Pour interdire la chasse pendant le temps de neige.

Ce dernier paragraphe a certainement besoin d'être modifié. La neige étant un des moyens les plus sûrs et les plus faciles pour atteindre et tuer le gibier, la loi devrait déclarer le droit de chasse suspendu, pendant le temps de neige, sans attendre un arrêté du préfet, arrêté qui arrive toujours trop tard.

Quant à la destruction des animaux malfaisants et nuisibles, la loi devrait, au lieu de faire intervenir le préfet, augmenter pour les propriétaires et fermiers, le droit de détruire ces animaux dont elle fixerait avec précision la nomenclature, en spécifiant, de plus, les moyens seuls autorisés pour cette destruction. Elle enlèverait, par suite, aux préfets, le droit d'accorder à certains privilégiés l'autorisation de continuer à chasser sous prétexte de destruction, se substituant au régime du bon plaisir favorisé par la loi de 1844, d'autant que ces chasses après la fermeture nuisent à la reproduction en dérangeant le gibier au moment de l'accouplement (1).

Enfin un des meilleurs moyens de protéger le gibier serait aussi de punir sévèrement le vagabondage des chiens qui porte un grand préjudice à la propriété et au repeuplement. La plupart de ces chiens qui courent dans la campagne appartenant à des braconniers, chassent jour et nuit, dérangent le gibier et détruisent les couvées. Il serait indispensable qu'un article de loi

---

(1) Voir circulaire ministérielle du 11 avril 1885.

mit fin à ces abus en punissant comme un délit le passage de tout chien sur les terres d'autrui, et considérant ce passage comme un acte de chasse : c'est du reste ce qui existe dans presque toutes les législations étrangères. Ainsi, en Belgique, la loi punit d'une amende de 1 à 10 francs les propriétaires des chiens trouvés en état de vagabondage. Il en est de même en Danemarck où la loi est aussi très sévère pour les chiens qui vagabondent ou ne sont pas tenus en laisse (1).

Art. 10.

Quant à l'article 10 de cette première section, article qui porte que des ordonnances royales détermineront la gratification qui sera accordée aux gardes et gendarmes rédacteurs de procès-verbaux, ayant pour objet de constater les délits, il doit être examiné en même temps que l'article 19.

Section II.

Des Peines. — Les peines sont :
L'amende dans tous les cas.
L'emprisonnement facultatif dans des cas spécifiés.
La confiscation des instruments du délit.
La privation facultative, pendant cinq ans au plus, du droit d'obtenir un permis de chasse.
Les peines ne peuvent être modifiées par l'application de l'article 463 du Code pénal (Circonstances atténuantes).
Les délits sont divisés en deux catégories et les pénalités graduées suivant l'importance de fait, et le minimum a été fixé très bas pour que les tribunaux aient la possibilité de n'infliger que des peines légères à ceux qui n'ont commis d'infraction qu'accidentellement et qui sont excusables.

Art. 11.

L'article 11 prévoit dans une première catégorie les infractions passibles d'une amende de 16 francs au moins et de 100 francs

---

(1) En 1844 un projet de loi demandant la taxe sur les chiens de chasse fut repoussé : la taxe municipale sur les chiens en général, dont l'idée remonte à 1842, n'a été appliquée qu'en 1855. En 1885 le nombre des chiens imposés dans la 1re catégorie (chiens d'agrément ou de chasse) était de 688,407 sur un total de 2,090,209. Cette taxe existe en Allemagne, en Angleterre, en Ecosse, en Irlande, en Belgique et en Suisse.

au plus. Pour ces infractions, il n'y a pas d'emprisonnement, à moins de se trouver dans le cas du dernier paragraphe de l'article 14, qui prévoit la récidive, ou dans le cas où il n'a pas été satisfait à une condamnation encourue précédemment.

Le droit de suite qui existait sous l'ancien droit a été supprimé par la loi du 30 avril 1790, qui interdit la chasse sur le terrain d'autrui; cette interdiction a été maintenue par la loi du 3 mai 1844. Cependant l'article 11 dit que l'on pourra ne pas considérer comme fait de chasse le fait de passer avec des chiens courants sur l'héritage d'autrui, lorsque les chiens seront à la suite d'un gibier lancé sur la propriété de leur maître : — sauf l'action civile, en cas de dommage.

Cet article devrait être modifié et punir le passage de tout chien qui à la suite de leur maître travaillant aux champs, rôdent autour d'eux, détruisant le jeune gibier et les nids.

Art. 12.

Cet article contient la deuxième catégorie des infractions qui sont punies plus sévèrement, savoir d'une amende obligatoire de 50 à 200 francs et d'un emprisonnement facultatif de six jours à deux mois.

Le § 3, en punissant les détenteurs d'engins défendus, a voulu atteindre les braconniers, mais ces perquisitions ne peuvent avoir lieu que sur la réquisition du ministère public et en vertu d'une ordonnance du juge d'instruction.

De plus, la loi de 1844 ne prescrit aucune mesure pour arriver à ces saisies. La circulaire du 9 mai 1844, du ministre de la justice, constate cette lacune, et fait remarquer aux procureurs généraux « qu'il a reconnu que cette dernière mesure serait insuffisante; que les braconniers, tendeurs de collets et autres engins n'avaient point l'imprudence de se montrer porteurs de ces instruments de délits; qu'il serait nécessaire de les rechercher dans leur domicile ».

Toutefois, la loi ne désigne personne pour ces recherches : même quand il y a présomptions sérieuses d'usage ou d'emploi d'engins prohibés. Pourquoi ne pas confier cette mission au brigadier de gendarmerie laissant le ministère public juge de son action directe.

Les peines déterminées par l'article 11 et l'article 12 sont toujours portées au maximum, lorsque les délits sont commis par les gardes champêtres ou forestiers des communes, ainsi que par les gardes forestiers de l'État et des établissements publics.

Art. 13.

Cet article punit spécialement le délit de chasse commis sur un terrain attenant à une maison habitée et entourée suivant la définition de l'article 2. — Ce délit peut être puni de peines qui, suivant les circonstances, peuvent être portées jusqu'à 1.000 francs d'amende et deux ans d'emprisonnement.

Art. 14.

Les peines déterminées par les articles 11, 12 et 13 *pourront* être portées au double, si le délinquant est en état de récidive, s'il était déguisé ou masqué, s'il a pris un faux nom, s'il a usé de violence envers les personnes ou s'il a fait des menaces, sans préjudice, s'il y a lieu, de plus fortes peines prononcées par la loi.

Lorsqu'il y a récidive dans les cas prévus par l'article 11, la peine de l'emprisonnement de six jours à trois mois *pourra* être appliquée si le délinquant n'a pas satisfait aux condamnations précédentes.

Toutes les peines devraient être augmentées lorsque l'on voit que le vol le plus minime est puni d'une amende de 16 à 500 francs et d'un emprisonnement d'un an à cinq ans, alors qu'il a eu lieu la nuit, et que dans les cas qui nous occupent en dehors de la chasse prohibée, il y a violation de la propriété et atteinte à la sécurité publique.

Il serait, en outre, indispensable d'appliquer à l'acheteur et au consommateur la même pénalité qu'au colporteur et au vendeur de gibier prohibé, pendant le temps où la chasse est défendue.

Art. 15.

Lorsque dans les douze mois qui ont précédé l'infraction nouvelle, le délinquant a été condamné en vertu de la présente loi, il y a *récidive*. Le délai de l'année de récidive ne commence à courir que du jour où le jugement a acquis l'autorité de la chose jugée.

Art. 16.

L'Instruction du ministre de la justice aux procureurs généraux porte que la peine de la confiscation doit être sévèrement appliquée pour être efficace, et qu'il ne faut pas que les armes déposées au greffe soient des fusils *hors de service ;* malgré cela, c'est ce qui a lieu tous les jours, le délinquant donne un fusil sans valeur acheté chez les marchands d'habits ou fripiers qui font de ces armes un commerce tout spécial.

Art. 17.

Si plusieurs délits prévus par la loi de 1844, par le Code pénal ou par des lois spéciales, ont été commis, la peine la plus forte sera prononcée. Toutefois, les peines encourues, pour des faits postérieurs à la déclaration du procès-verbal de contravention, pourront être annulées, *s'il y a lieu,* sans préjudice des peines de la récidive.

La loi est ici évidemment trop indulgente et elle devrait, comme cela a lieu ordinairement, adopter le principe de cumul forcé, et faire que le procès-verbal soit une menace sérieuse.

Art. 18.

Les tribunaux pour les délits prévus par la loi peuvent priver le délinquant du droit d'obtenir un permis de chasse pour un temps qui n'excédera pas cinq ans.

Art. 19.

Les articles 10 et 19 doivent être examinés ensemble.

C'est l'ordonnance du 5 mai 1845 qui a réglé le taux et le mode de distribution des gratifications à accorder, et qui sont prélevées sur le produit des amendes.

Une gratification de 8 francs est accordée pour les délits de l'article 11 de la loi de 1844; une gratification de 15 francs pour ceux mentionnés dans l'article 12 et au § 1 de l'article 13 ; et une gratification de 25 francs pour les délits prévus par le § 2 et l'article 13.

L'article 10 dans le mot *garde, comprend* les gardes forestiers, les gardes champêtres, les gardes-pêche et les gardes assermentés des particuliers, mais les employés de l'octroi (1) ne sont pas compris parmi les ayants droit à la gratification. D'après l'arti-

---

(1) Inst. dir. génér. de l'enregistrement et des domaines, 18 mai 1845.

ARTICLES de LA LOI DE 1844.	QUALIFICATION DES DÉLITS.	DÉLITS SIMPLES. Amende obligatoire.
Art. 11. § 1	Chasse sans permis...............................	16 à 100 fr.
— § 2	Chasse sur le terrain d'autrui sans le consentement du propriétaire........................	16 à 100 »
— »	L'amende pourra être portée au double si le délit a été commis sur des terres non dépouillées de leurs fruits, ou s'il a été commis sur un terrain entouré d'une clôture continue, faisant obstacle à toute communication avec les héritages voisins, mais non attenant à une habitation..	16 à 200 »
— § 3	Contrevenants aux arrêtés des préfets concernant les oiseaux de passage, le gibier d'eau, la chasse en temps de neige, l'emploi de chiens lévriers ou aux arrêtés concernant la destruction des oiseaux et celle des animaux nuisibles ou malfaisants.................................	16 à 100 »
— § 4	Prise ou destruction sur le terrain d'autrui, des œufs ou couvées de faisans, de perdrix ou de cailles..................................	16 à 100 »
— § 5	Contraventions aux cahiers des charges pour les fermes de chasse............................	16 à 100 »
Art. 12. § 1	Chasse en temps prohibé.........................	50 à 200 »
— § 2	Chasse pendant la nuit ou à l'aide d'engins et instruments prohibés, ou par d'autres moyens que ceux qui sont autorisés par l'article 9....	50 à 200 »
— § 3	Ceux qui seront détenteurs ou ceux qui seront trouvés munis ou porteurs, hors de leur domicile, de filets, engins ou autres instruments de chasse prohibés................................	50 à 200 »
— § 4	Mise en vente, vente, achat, transport ou colportage du gibier en temps ou la chasse est prohibée..	50 à 200 »
— § 5	Ceux qui auront employé des drogues ou appâts qui sont de nature à enivrer le gibier ou à le détruire.......................................	50 à 200 »
— § 6	Chasse avec appeaux, appelants ou chanterelles...	50 à 200 »
— »	Les peines déterminées par l'article 12 pourront être portées au double contre ceux qui auront chassé *pendant la nuit* sur le terrain d'autrui, et par l'un des moyens spécifiés au § 2, si les chasseurs étaient munis d'une arme apparente ou cachée...........................	50 à 400 »
Art. 13. § 1	Celui qui aura chassé sur le terrain d'autrui, sans son consentement si ce terrain est attenant à une maison habitée ou servant à l'habitation, et s'il est entouré d'une clôture *continue faisant obstacle à toute communication avec les héritages voisins*................................	50 à 300 »
— § 2	Si le délit a été commis pendant la nuit, le délinquant sera puni d'une amende de cent francs à mille francs et pourra l'être d'un emprisonnement de trois mois à deux ans, sans préjudice, dans l'un ou l'autre cas, s'il y a lieu, de plus fortes peines prononcées par le Code pénal....................................	100 à 1000 »
— »	Délits des gardes champêtres ou forestiers....	Maximum d'am.

FRANCE.

DÉLITS SIMPLES.	AVEC CIRC. AGGRAVANTES DÉGUIS., FAUX NOM. 14, § 1.)	RÉCIDIVE	
Emprisonnement facultatif.	Emprisonnement facultatif.	Amende obligatoire.	Emprisonnement facultatif.
» »	16 à 200	16 à 200 fr.	6 j. à 3 m.
» »	16 à 200	16 à 200 »	
	16 à 100 »	16 à 400 »	6 j. à 3 m.
	16 à 200 »	16 à 200 »	6 j. à 3 m.
	16 à 200 »	16 à 200 »	6 j. à 3 m.
6 j. à 2 m.	16 à 200 » / 50 à 400 à 4 m.	16 à 200 » / 50 à 400 »	6 j. à 3 m. / 6 j. à 4 m.
6 j. à 2 m.	50 à 400 à 4 m.	50 à 400 »	6 j. à 4 m.
6 j. à 2 m.	50 à 400 à 4 m.	50 à 400 »	6 j. à 4 m.
6 j. à 2 m.	50 à 400 à 4 m.	50 à 400 »	6 j. à 4 m.
6 j. à 2 m.	50 à 400 à 4 m.	50 à 400 »	6 j. à 4 m.
6 j. à 2 m.	50 à 400 à 4 m.	50 à 400 »	6 j. à 4 m.
6 j. à 4 m.	50 à 400 à 4 m.	50 à 400 »	6 j. à 4 m.
6 j. à 3 m.	50 à 600 à 6 m.	50 à 600 »	6 j. à 6 m.
3 m. à 2 ans. Maximum de p.	50 à 2000 / 4 ans Maximum d'an de p.	100 à 2000 » Maximum d'am.	3 m. à 4 ans Maximum de p.

cle 2 de l'ordonnance du 5 mai 1845. La gratification est due pour chaque amende prononcée ; elle était acquittée par le receveur de l'enregistrement, mais la loi des 29 et 30 décembre 1873 (art. 25) a décidé qu'à partir du 1er janvier 1874, les percepteurs des contributions directes seraient substitués aux receveurs de l'enregistrement pour le recouvrement des amendes de chasse.

Il n'est alloué qu'une amende alors même que plusieurs agents auraient concouru à la rédaction du procès-verbal.

Elle est due même s'il y a eu transaction avant le jugement (1).

Les primes se prescrivent par cinq ans.

Le prélèvement des primes se fait sur le produit des amendes (2).

Le compte des amendes est dressé par les percepteurs (art. 25 de la loi des 29-30 décembre 1873). Ils reçoivent les frais et amendes et règlent avec les communes.

Les gratifications sont toujours payées, même si les amendes ne sont pas recouvrées ou si il y a eu remise.

Art. 20.

L'article 463 du code pénal n'est pas applicable aux délits prévus par la loi de 1844. Les peines ne peuvent être abaissées et le juge, en matière de chasse, doit appliquer strictement les dispositions pénales dont nous donnons un tableau ci-dessus (V. p. 58-59).

Section III.

Art. 21.

De la poursuite et du jugement. — Pour la preuve des délits, l'article n'est pas limitatif et les juges peuvent rechercher les éléments de leur conviction dans tous les modes de preuves admis par la législation. En Prusse, les délits n'existent que s'il y a intention, et la bonne foi peut toujours être invoquée et admise comme excuse.

---

(1) Circ. de la direction générale des forêts, 11 janvier 1862.
(2) Art. 3, de l'ord. du 5 mai 1845.

Art. 22.

La constatation des infractions est confiée : aux maires et adjoints dans toute l'étendue de leur commune ; aux commissaires de police, dans leurs cantons; aux officiers, sous-officiers et gendarmes dans toute la France, quoique la cour de cassation semble limiter leur compétence à leur circonscription; aux gardes forestiers, simples gardes ou agents supérieurs dans le territoire pour lequel ils sont assermentés : ils ne peuvent cependant constater les délits de chasse que dans les bois et forêts et non en plaine; aux gardes-pêche, pour les délits de chasse sur les fleuves et rivières; aux gardes champêtres pour les délits commis dans les propriétés rurales; aux gardes messiers, aux gardes-vignes, pendant le temps de leur mission; aux gardes particuliers pour les délits commis sur les terres qu'ils ont à garder ; aux employés des contributions directes et de l'octroi, pour les délits spéciaux prévus par le § 1 de l'article 4 de la loi de 1844.

Les procès-verbaux dressés en vertu de ces pouvoirs sont admis à faire foi en justice jusqu'à preuve du contraire.

La douane a aussi son rôle en raison de la prohibition pour l'entrée du gibier étranger en France et pour la sortie du gibier en temps prohibé.

Art. 23.

Pour constater les délits prévus par le § 1 de l'article 4, il était nécessaire de donner un pouvoir spécial aux employés des contributions indirectes et des octrois, dont le concours était indispensable pour visiter les auberges et autres lieux ouverts au public. Toutefois, ces fonctionnaires ne peuvent verbaliser valablement qu'autant qu'ils agissent dans les limites de leurs attributions ordinaires : ainsi les employés des contributions indirectes ne peuvent faire de visite chez les aubergistes qui se sont rachetés de l'exercice par un abonnement.

Art. 24.

Les procès-verbaux doivent, à peine de nullité :
1° Être signés par celui qui avait qualité pour le dresser.
2° Être affirmés dans les vingt-quatre heures de leur rédac-

tion devant l'autorité compétente, c'est-à-dire devant le juge de paix ou l'un de ses suppléants, ou devant le maire ou l'adjoint, soit de la commune du rédacteur du procès-verbal, soit de celle où le délit a été commis.

L'affirmation est nécessaire si le procès-verbal émane d'un garde champêtre, garde-pêche, garde forestier, ou d'un garde particulier; elle est inutile s'il émane d'un maire, d'un adjoint, d'un gendarme, d'un commissaire de police, d'un agent forestier.

« 3° Il faut, si le garde n'a pu écrire lui-même le procès-verbal, que l'officier administratif ou militaire qui le reçoit constate qu'il en a été donné lecture au déclarant.

Les procès-verbaux doivent être enregistrés dans les quatre jours de leur date, sous peine d'une amende de 5 fr. 50.

Art. 25.

Les agents ne peuvent saisir ni désarmer les délinquants. Toutefois, dans certains cas prévus par l'article 25, ils peuvent les mener devant le maire ou le juge de paix, afin que leur identité soit reconnue.

Art. 26.

Tous les délits prévus par la loi de 1844 sont poursuivis d'*office* par le ministère public, sans préjudice du droit conféré aux parties lésées par l'article 182 du Code d'Instruction criminelle.

Sous l'ancienne législation, les faits de chasse sur le terrain d'autrui ne pouvaient être poursuivis d'office par le ministère public. Il fallait une plainte du propriétaire. D'après la loi de 1844, ces mêmes faits peuvent être poursuivis d'office lorsque le délit aura été commis dans un terrain clos, suivant les termes de l'article 2 et attenant à une maison d'habitation ou sur des terres non encore dépouillées de leurs fruits. Il faut observer, que les faits de chasse sur le terrain d'autrui ne constituent un délit qu'autant qu'ils ont lieu sans le consentement du propriétaire ou de ses ayants droit. Par suite, ces faits, en thèse générale, ne donnent donc lieu à des poursuites que sur la plainte des propriétaires.

Tribunaux compétents pour la poursuite des délits. — La partie lésée peut former sa demande en réparation du préjudice à elle causé par le délit de chasse devant le tribunal correctionnel ou devant la juridiction civile. Mais si elle forme sa demande d'abord au civil, elle ne peut s'adresser ensuite au tribunal correctionnel (1).

En tant que délits, les faits de chasse sont de la compétence des tribunaux correctionnels. Les délits de chasse peuvent être poursuivis soit devant le tribunal du lieu du délit, soit devant celui de la résidence du prévenu, soit devant le tribunal du lieu où il pourra être trouvé (2).

Art. 27.

Les délits commis conjointement font que les délinquants sont condamnés solidairement aux amendes, dommages-intérêts et frais.

Art. 28.

Cet article s'occupe de la responsabilité civile, des père, mère, tuteur, maître et commettant ; elle est réglée par l'article 1384 du Code civil. Il ne s'agit toutefois que des dommages-intérêts et frais. La responsabilité ne peut entraîner la contrainte par corps, l'emprisonnement étant une peine personnelle.

Art. 29.

Toute action relative aux délits de chasse prévus par la loi de 1844 se prescrit par un laps de *trois mois* à compter du jour du délit.

Section IV.

Dispositions générales. — Sous l'ancienne législation, il fallait recourir à l'ordonnance de 1669 pour réprimer les délits de chasse commis dans les forêts de la couronne.

Cette ordonnance étant abrogée, ces délits sont poursuivis et punis conformément aux sections II et III.

---
(1) Cass., 11 février 1842.
(2) Art. 23, code d'instruction criminelle.

V. CHASSE MARITIME (1).

La loi du 3 mai 1844 ne s'occupe pas de la chasse maritime, quoi qu'il y ait là des revenus que l'on peut tirer des richesses de la mer. En effet, l'article 9 § 2 de cette loi, ne donne aux préfets des départements que le droit de prendre des arrêtés en ce qui concerne le temps pendant lequel on peut chasser le gibier d'eau dans les marais, sur les étangs, fleuves et rivières; mais il n'est pas question de la chasse qui se pratique sur le domaine public maritime.

Les préfets maritimes ne devraient-ils pas réglementer partout cette chasse, conformément au pouvoir que leur donne la loi du 9 janvier 1852 et le décret du 10 novembre 1862? Il y aurait nécessité à fixer d'une manière générale les règles qui doivent être observées par chacun pour pouvoir chasser sur toutes les parties qui, se rattachant à la mer, cessent de former la chasse dite terrestre. Il est, en effet, curieux de voir que cette chasse ne fait l'objet d'aucune réglementation spéciale et qu'elle se pratique librement et gratuitement alors que l'exploitation des richesses de la mer est réservée aux seuls inscrits maritimes.

Les mesures protectrices de la loi de 1844 ne devraient-elles pas s'appliquer aussi bien aux oiseaux aquatiques qu'aux autres, afin de sauvegarder leur reproduction?

La loi anglaise est restrictive en cette matière. Elle protège les oiseaux de mer (act. d'avril 1865) et punit ceux qui les tuent, en raison même de leur utilité, car par leurs cris, aux abords des côtes, ils préviennent du voisinage des rochers.

Ne devrait-il pas en être de même en France?

VI. DE LA CHASSE DANS LES BOIS ET FORÊTS SOUMIS AU RÉGIME FORESTIER.

Le droit de chasse, dans les forêts domaniales, est adjugé au profit de l'État. Il est adjugé au profit des communes ou des établissements publics, en ce qui concerne les autres bois soumis au régime forestier.

Forêts de l'État. — *Ordonnance du 24 juillet* 1832. — Cette ordonnance portait : — ART. 1er. Le droit de chasse dans les fo-

---

(1) Voir article de M. Royer-Foucaud, sur le droit de chasse maritime. — *Revue des pêches maritimes*, n° 2, 3e série, 1er novembre 1890.

rêts de l'État sera loué au profit de l'État, par adjudication publique aux enchères.

Art. 2. — A défaut d'offres suffisantes, l'administration pourra délivrer des permissions à prix d'argent, sur soumissions cachetées, avec publicité et concurrence, d'après le mode qui sera ultérieurement fixé par notre ministre des finances.

Art. 3. — La durée des baux et des permissions est limitée à une saison qui commence le 15 septembre 1832 pour finir au 15 mars 1833. — Cet article a été modifié par l'ordonnance du 20 juin 1843, portant, dans son article 2, que ces baux pouvaient être consentis pour une durée de neuf années.

Art. 4. — Un cahier des charges approuvé par le ministre des finances réglera toutes les conditions auxquelles les fermiers et les porteurs de permissions devront être assujettis. Il devra contenir toutes les dispositions nécessaires à l'effet d'amener la destruction des animaux nuisibles, tant dans l'intérêt de la conservation des forêts, que pour préserver de tous dommages les propriétés particulières.

Art. 5. — Les fermiers de la chasse, ainsi que leurs associés et les porteurs de permissions, sont tenus de concourir aux chasses et battues qui seront ordonnées par les préfets pour la destruction de ces animaux.

Art. 6. — Notre ordonnance du 14 septembre 1830 sur la surveillance et la police des chasses dans les forêts de l'État continuera à recevoir son exécution. Néanmoins le droit de chasse à courre, attribué dans les forêts aux lieutenants de louveterie, sera restreint à la chasse du sanglier. Ces officiers conserveront, du reste, tous les autres droits et attributions attachés à leur commission.

Dans ces forêts domaniales, l'adjudication du droit de chasse est donc faite par le préfet, à la diligence du conservateur des forêts et d'après une décision ministérielle du 28 novembre 1860. Si la location n'a pu être autorisée dans les conditions ordinaires d'adjudication publique, des permissions annuelles, dites *licences*, peuvent être délivrées, moyennant payement, par le directeur général des forêts, sur la proposition des conservateurs.

Les conditions d'adjudication et de chasse sont relatées dans un cahier des charges dressé par le ministre des finances.

Pour le droit de chasse les conditions sont les suivantes :

Les fermiers de chasse ou adjudicataires, ainsi que les co-fermiers, c'est-à-dire les personnes adjointes par les premiers dans la jouissance de la chasse, peuvent se faire accompagner, chacun de trois personnes.

Si le fermier n'a pas désigné de co-fermier, ou si le nombre des co-fermiers indiqué par lui n'atteint pas le maximum déterminé par l'acte d'adjudication, il peut, pour chasser, remplacer par quatre personnes chacun des co-fermiers non désignés. Pour chaque lot, l'acte d'adjudication fixe ordinairement le nombre des co-fermiers que le fermier peut s'adjoindre dans la jouissance de son bail.

Les fermiers, les co-fermiers et les gardes particuliers à ce autorisés, peuvent seuls chasser isolément, sous peine de poursuites.

Les époques de chasse et les réserves relatives à la chasse sont fixées par arrêtés du préfet. Conformément à la loi du 22 janvier 1874, ces chasses ne peuvent être faites qu'avec les moyens et procédés autorisés par la loi et les arrêtés du préfet.

Les fermiers doivent, en plus du permis de chasse, obtenir un permis spécial de l'agent forestier chef de service.

Bien que les fermiers et co-fermiers jouissent en commun de la chasse dans toute la forêt ou portion de forêt affermée, l'administration forestière autorise la division par lots.

On ne peut chasser qu'à tir et à courre dans les forêts de l'État. Les droits de chasse à tir et à courre peuvent être adjugés séparément à des personnes différentes, dans la même forêt. La chasse à courre comprenant le grand gibier, cerf, daim, sanglier, loup, aura lieu deux fois la semaine. La chasse à tir comprend les autres gibiers.

Si les loups ou autres animaux nuisibles sont en trop grand nombre, dans ces forêts, on peut y ordonner des battues que l'adjudicataire doit souffrir et auxquelles il doit concourir. Le conservateur jugeant que le grand nombre de gibier peut porter préjudice, il mettra le fermier en demeure, par sommation extra-judiciaire, de le détruire, et indiquera le nombre des animaux à tuer. Si le fermier ne s'exécute pas, il sera procédé d'office à cette destruction par le service forestier. Le gibier abattu devient la propriété de celui qui l'a tué. Le service forestier a le droit de détruire les lapins en tout temps et par tous les moyens, sauf par le fusil, et l'adjudicataire n'a aucun droit sur les lapins ainsi tués.

Les adjudicataires sont responsables envers l'État et les riverains, des dommages causés aux forêts ou aux propriétés riveraines, par les lapins, les animaux nuisibles ou tout autre gibier.

Ce sont les agents et gardes forestiers qui ont la surveillance et la conservation de ces chasses. Toutefois, les locataires et adjudicataires peuvent avoir des gardes particuliers qui n'ont que le droit de constater les délits de chasse.

Des poursuites correctionnelles, sans préjudice des dommages-intérêts pour les parties lésées, sont dirigées contre les fermiers, co-fermiers ou ceux qui les accompagnent pour les infractions aux lois et règlements, ainsi que pour les délits de chasse commis dans les forêts affermées, par les individus qui n'ont pas de titre pour y chasser.

Propriétés communales. — Les communes, comme l'État et les particuliers, peuvent affermer le droit de chasse sur leurs propriétés, soit par adjudication, soit à l'amiable.

Les conditions des baux de chasse réglées par les conseils municipaux, doivent être approuvées par le préfet. — Les baux sont passés par le maire.

A l'ordinaire un cahier des charges préalable est dressé et l'adjudication se fait par devant notaire aux enchères publiques. Ce cahier des charges est soumis à l'approbation préfectorale. Les maires doivent envoyer à l'inspecteur des forêts du lieu, une copie de l'adjudication ou du bail, les agents forestiers étant chargés de constater les délits commis sur les bois ou les délits de chasse.

Le régime appliqué aux chasses domaniales est le même pour les chasses communales.

Établissements publics. — Les établissements publics ont le même droit par l'entremise de leurs administrations et dans la forme suivie pour les autres baux et locations (1).

La location des chasses dans les forêts de l'État donne des résultats importants. En 1847, elle s'est élevée à 267,943 fr.; en 1857, à 376,368; en 1877, à 1,214,762; en 1887, à 1,719,172.

Si ces chiffres tendent à baisser aujourd'hui, c'est qu'il est constant que, de tous les pays de l'Europe, c'est en France où la gestion des richesses giboyeuses est administrée avec le moins de prévoyance.

Or, cet état de choses provient de ce que les officiers forestiers et leurs gardes, n'ayant aucun droit de chasse dans les bois qui leur sont confiés, ne s'occupent que de la conservation forestière seule; dans les autres pays, au contraire, le forestier depuis le chef jusqu'au simple garde, ayant pour mission spéciale la protection des espèces giboyeuses et la destruction des animaux nuisibles, peut s'occuper de la chasse et par suite mieux surveiller le braconnage.

De plus, dans notre pays, l'administration, quoique les adjudicataires soient responsables des dommages causés aux bois et aux propriétés voisines, ayant le droit de détruire les lapins et d'apprécier le degré de peuplement de certains animaux, vient pour les moindres dégâts causés aux jeunes bois, prendre des me-

---

1) *Répertoire du droit administratif*, par Léon Béquet, t. III, p. 101.

sures qui, souvent, portent préjudice aux locataires dans la jouissance de leur chasse, chasse qui devrait leur appartenir toute entière.

De cet antagonisme, il résulte que les forêts ainsi administrées se dépeuplent, tandis que les bois privés sont bien peuplés de gibier, sans que, pour cela, ces bois souffrent cependant de la production de ce gibier.

Il faudrait, en France, que l'État, par de bons aménagements dans les forêts, donne l'exemple de la conservation et de la reproduction du gibier ; — que l'administration forestière ait, dans une certaine mesure, le droit de chasse et une part dans la direction de l'aménagement du gibier. Pouvant et devant s'occuper de la chasse, les gardes surveilleraient mieux le gibier et le braconnage. Il faudrait que les adjudicataires de réserves de chasse soient forcés de repeupler là où les bois n'auraient pas à souffrir de cette mesure, tout en les obligeant à protéger les jeunes coupes par des clôtures.

Le produit de la location de nos forêts pourrait facilement être augmenté, si au lieu de la soumettre à un développement progressif et qui n'a pas de raison d'être, on y appliquait les régimes qui existent en Autriche et en Allemagne, où, grâce à un aménagement bien entendu, on obtient une telle quantité de gibier que l'on est forcé de l'exporter pour qu'il soit consommé.

En effet, à l'étranger, la production du gibier sagement réglementée donne des résultats tels que, non seulement la population y trouve des ressources abondantes, mais que l'on peut en exporter : ainsi, M. Paul Caillard constate qu'en 1888, on a importé, à Paris seulement, plus de 2,300,000 kilogrammes de gibier, représentant plus de quatre millions de francs. Et dans cette importation l'Allemagne a fourni 1,312,000 kilogrammes; la Hollande 112,000 k.; l'Angleterre 65,000 k.; l'Espagne 156,000 k.; l'Italie 650,000 k.; la Russie, 15,000 k.; arrivages qui, ajoute cet auteur, ont en outre comme effet de faire baisser chez nous le prix du gibier et les produits des fermes (1).

C'est que, dans ces pays, le gibier est bien classé par espèces et que pour chaque espèce des époques fixes de chasse sont indiquées; tandis qu'en France du 1er septembre au 1er février, toutes les espèces peuvent être détruites, sans que l'on se préoccupe si c'est le moment de la reproduction, ou si les animaux sont en âge d'entrer dans la consommation.

Le propriétaire, il est vrai, en Allemagne doit, quand ses terres

(1) *Nouveau Dictionnaire d'Économie politique*, de M. Léon Say, p. 385.

ne représentent pas 50 hectares, céder son droit de chasse à la commune, location qui profite à tous les habitants. En France, ce système ne peut être appliqué légalement, étant incompatible avec nos idées; mais, en présence du morcellement des propriétés qui rend le droit de chasse illusoire, l'État pourrait, par l'entremise des préfets, engager les communes dans cette voie qui est déjà suivie dans nombre de communes des environs de Paris : on arriverait certainement ainsi à un repeuplement rapide.

Dans les forêts, les terrains pauvres devraient être employés pour la reproduction et l'élevage du gibier; et l'État, en administrateur prévoyant, prenant pour exemple les *Game Farms*, qui, créées depuis dix ans en Angleterre, sont en pleine prospérité, devrait faire en sorte que les terrains impropres à l'agriculture viennent, tout en acquérant par cela une plus grande valeur, fournir aux terrains riches et dépeuplés le gibier qui leur manque : ce qui, par suite, produirait de grands bénéfices au Trésor; nous mettrait sur le même pied que l'Angleterre, l'Allemagne, la Suède, l'Autriche, la Russie, la Suisse, la Styrie, etc..., et nous affranchirait de l'importation du gibier de ces pays.

Enfin, il faudrait, pour la chasse, en général, intéresser les représentants ruraux, gardes forestiers, gardes champêtres, cantonniers même à la destruction des animaux nuisibles et à la reproduction du gibier, au moyen de primes mises à la charge des adjudicataires des chasses.

Malheureusement les masses comprennent peu l'importance de ces questions. Pour elles l'alimentation générale et les revenus que l'on peut tirer de ces richesses bien aménagées, est lettre morte; elles ne voient dans la chasse qu'un plaisir réservé aux riches; et nos députés, pour les flatter au point de vue électoral, semblent peu disposés à prendre des mesures qui, nécessaires, pourraient compromettre leur popularité.

De la moindre mesure on fait une question politique, et la loi sur les gardes particuliers votée le 5 avril 1892 en est la preuve.

Loi du 5 avril 1892 sur les gardes particuliers. — Cette loi, sous prétexte que les gardes particuliers faisant fonctions d'officiers de police judiciaire, d'agents investis d'une fonction de l'autorité publique échappent au pouvoir des représentants supérieurs de cette autorité, et sans reconnaître qu'ils sont responsables devant le propriétaire pour l'exercice de leurs fonctions, et devant l'autorité judiciaire en cas de délit, vient de les soumettre à l'autorité purement discrétionnaire de l'administration.

Les préfets, porte l'art. 1er, pourront, par décision motivée, le propriétaire et le garde entendus ou dûment appelés, rapporter les arrêtés agréant les gardes particuliers.

Il est certain que le garde particulier n'osera plus, désormais, verbaliser contre les braconniers ou les maraudeurs, dans la crainte de se voir révoqué par le préfet, prenant fait et cause pour un électeur malhonnête, mais bien pensant : il y a donc là un nouveau sujet de ruine pour le gibier.

Toutefois il ne faut pas abandonner pour cela cette cause ; car elle est juste et d'intérêt général quoique l'on puisse en dire ; et le parti pris de repousser toutes les lois qui tendent à protéger le gibier contre le braconnage, semble d'autant plus extraordinaire, que la chasse depuis quelques années s'est complètement démocratisée et que les projets soumis aux Chambres, projets dont nous allons parler, demandent la création de permis à la journée et à un prix très minime. Or, si l'on veut que tout le monde puisse chasser, et que ce plaisir ne soit pas un leurre, si l'on veut que l'État profite de cet engouement, il faut faire ce qui est possible et nécessaire pour que le gibier non seulement ne disparaisse pas, mais augmente.

VII. LOUVETERIE.

La louveterie est régie par le règlement du 20 août 1814, relatif aux chasses dans les forêts de l'État. — Le décret du 25 mars 1852, art. 5 § 17, sur la décentralisation administrative, et le décret du 18 novembre 1882 relatif aux adjudications et marchés passé au nom de l'État.

1°. — Les loups étant un danger permanent pour les hommes, les bestiaux et les récoltes, et quoique, en raison des vastes forêts qui couvraient la France, chacun fut autorisé à tuer ces animaux, le besoin de règlements spéciaux devint nécessaire. Ce fut l'origine de la louveterie (1). Cette institution fort ancienne (2), dont on retrouve déjà des traces à la fin du cinquième siècle, fut définitivement organisée sous Charlemagne (3), et l'on voit cet empereur de 800 à 813 enjoindre à tous ses *Vicarii*, gouverneurs de province, d'établir dans leur juridiction deux louvetiers, *Luparii*, chargés du soin de détruire les loups et de favoriser ces destructions.

Logés et hébergés eux et leur suite, chez l'habitant, les louvetiers soulevèrent nombre de plaintes. Pour faire cesser ces vexations, Charles VI les revoqua ; mais ce service fut reconstitué en 1404. Dès lors, le louvetier ne loge plus chez l'habitant, qui

---

(1) *Répertoire du Droit administratif*, par Léon Béquet. Verb. Bêtes.
(2) La Ferrière, *Histoire du Droit*, t. III, p. 28.
(3) *Capitolare secundum anni DCCCXIII*, cap. VIII.

a cependant à supporter les primes payées pour les destructions ; et tout individu qui a une maison dans un rayon de deux lieues de l'endroit où la bête a été tuée, est tenu de payer à l'officier de louveterie, deux deniers parisis pour un loup et trois deniers pour une louve.

Ce droit fut maintenu jusqu'en 1785.

Le 13 janvier 1785, Louis XVI faisait rendre par le Conseil d'État un arrêté réglant la chasse du loup. Cet arrêté abolissait le droit de deux deniers parisis ; mais les lieutenants du grand louvetier étaient exemptés de la taille personnelle, de tutelle, de curatelle, de la trésorerie des hôpitaux, des charges de marguillier et autres d'église, du logement des gens de guerre ; ils avaient, avec les seigneurs hauts justiciers dans l'étendue de leur seigneurie, le droit de détruire les animaux nuisibles. Ils prêtaient serment devant les intendants et ne relevaient plus de la juridiction des maîtrises.

Le décret des 4 et 11 août 1789 abolit l'institution de la louveterie ; et l'Assemblée Constituante crut que de simples encouragements suffiraient pour arriver à la destruction des loups (1).

Toutefois les loups se multipliant, la Convention rendit, le 11 ventôse an III, un décret qui créait des primes pour leur destruction, accordant 300 livres pour une louve pleine ; 200 livres pour une louve non pleine ou un loup ; 100 livres pour un louveteau, primes qui devaient être payées sur les fonds du département, mais soldées en assignats : elles ne produisirent aucun effet.

Pour mettre un terme aux dommages causés par les loups, divers décrets, arrêtés et ordonnances furent alors rendus qui reconstituant la louveterie, eurent toutefois pour but de protéger le pays sans créer de nouvelles charges.

Un décret du 19 pluviôse an V (7 février 1797), concernant la chasse des animaux nuisibles portait (art. 2) qu'il serait fait dans les forêts nationales et dans les campagnes, tous les trois mois et plus souvent s'il était nécessaire, des chasses et battues générales ou particulières aux loups, renards, blaireaux et autres animaux nuisibles. De plus, l'article 5 autorisait les corps administratifs à permettre aux particuliers de leur arrondissement ayant des équipages et autres moyens de chasse, de se livrer à cette destruction sous l'inspection et la surveillance des agents forestiers.

Un décret du 10 messidor an V (28 juin 1797) (2), relatif à la

---

(1) Loi du 28 septembre-6 octobre 1791, T. I. S. IV à 20, § 3.
(2) Abrogé. Voir la loi du 3 août 1882.

destruction des loups, fixait le montant des primes accordant à tout citoyen (art. 2) une prime de 50 livres pour chaque tête de louve pleine, 40 livres pour chaque tête de loup, et 20 livres par chaque tête de louveteau (1).

Un décret du 8 fructidor an XII, rendu par Napoléon Ier, rétablit les fonctions de grand veneur (2) de la Couronne ayant la louveterie dans ses attributions : louveterie dont les règlements sont fixés par un décret du 1er. germinal an XIII.

Cet état de choses fut maintenu par une ordonnance de Louis XVIII, du 15 août 1814, et le règlement du 20 août 1814 vint déterminer les attributions des officiers de louveterie, les devoirs de leur charge, leurs privilèges, et décider qu'ils prendront le nom de lieutenants de louveterie.

Les officiers de louveterie pouvaient encore, usant des privilèges que leur conférait la loi du 20 août 1814, chasser deux fois par mois, le chevreuil brocard, le sanglier et même le lièvre, afin de tenir leurs chiens en haleine; mais cette faculté ne se trouvant plus en harmonie avec les dispositions de la loi du 21 avril 1832 qui prescrivait la location des chasses dans les forêts de l'État, une ordonnance royale du 14 juillet suivant restreignit le droit de chasse à courre attribué dans les forêts aux lieutenants de louveterie, à la chasse du sanglier, qu'ils ne pouvaient même tirer que lorsque l'animal faisait tête aux chiens.

Ces officiers recevaient de l'administration des forêts des commissions renouvelées chaque année et qui pouvaient être retirées dans le cas où les lieutenants de louveterie ne justifiaient pas, par des attestations en bonne forme, et par l'état des loups détruits, certifié par le préfet et envoyé à l'administration, qu'ils remplissaient les conditions qui leur étaient imposées par leur commission.

Ils recevaient de l'Administration les ordres et les instructions pour tout ce qui concernait la chasse du loup. Ils étaient tenus d'entretenir, à leurs frais, un équipage de chasse, composé au moins d'un piqueur, de deux valets de limiers, d'un valet de chiens, de dix chiens courants et quatre limiers, et de se procurer les pièges nécessaires pour la destruction des loups, renards et et autres animaux nuisibles, dans la proportion des besoins.

Il entrait dans leurs attributions de commander et diriger les chasses et battues, qui, sur leur demande ou sur celle du con-

---

(1) Aujourd'hui, suivant la lettre ministérielle du 2 septembre 1807, la prime est de 18 francs pour une louve pleine, 15 francs pour une louve non pleine, 12 francs pour un loup et 8 francs par louveteau.

(2) Autrefois le grand veneur était, en même temps, grand forestier et grand fauconnier.

servateur des forêts pouvaient être ordonnées par le préfet, pour la destruction des loups.

Tous les ans, au 1er mai, il était fait un rapport général sur le nombre des loups tués dans l'année, pour être présenté au roi.

A partir du 14 juillet 1832, les lieutenants de louveterie furent donc nommés sur la présentation des préfets et l'avis des conservateurs.

Les ordonnances du 21 décembre 1844 et 20 janvier 1845 donnèrent au ministre des finances le soin de délivrer les commissions d'officiers de louveterie qui furent alors choisis parmi les propriétaires riches du département où les forêts contenaient des fauves. Ces commissions devaient cependant être soumises à la signature du roi.

Puis vint le décret du 25 mars 1852, sur la décentralisation administrative dont l'article 5 § 17 porte : Les préfets nommeront directement, sans l'intervention du gouvernement et sur la présentation des divers chefs de service aux fonctions et emplois suivants : les lieutenants de louveterie...

Napoléon III rétablit la grande vénerie qui fut réorganisée avec grand luxe. En 1861 le maréchal Magnan se trouvait à sa tête comme grand veneur, et le prince de la Moskowa comme premier veneur.

Les lieutenants de louveterie ont été maintenus en 1870 et l'on est revenu au règlement de 1814.

2° Aujourd'hui regardés comme remplissant un service public, les lieutenants de louveterie, non rétribués, sont nommés par le préfet sur la présentation de leurs chefs de service (art. 5 du déc. du 25 mars 1852), c'est-à-dire les conservateurs des forêts (art. 1 de l'arrêté minist. des finances pour l'exécution du décret du 25 mars 1852). L'article 3 de cet arrêté ministériel reconnaît au préfet le droit de fixer le nombre des lieutenants de louveterie, auxquels il délivre une commission qui est quitte du timbre et de l'enregistrement. Toutefois le nombre de ces officiers ne peut dépasser celui des arrondissements de sous-préfectures, à moins de circonstances exceptionnelles, laissées à l'appréciation du directeur général des forêts.

Les lieutenants ne peuvent chasser le loup en dehors des limites de leur circonscription, sans commettre un délit de chasse tombant sous l'application de la loi de 1844. Toutefois, dans certains cas, l'excuse de la bonne foi et de l'intention peut être admise par les tribunaux quoique l'article 20 de la loi de 1844 exclue, pour les délits de chasse, l'application de l'article 463 du Code pénal.

L'officier de louveterie n'est pas un fonctionnaire public, il ne prête pas le serment, sa commission lui est délivrée pour un an (ord. du 20 août 1814, art. 3). Il y a prorogation tacite, si le préfet ne remplace pas par un autre le lieutenant en exercice. La Commission du reste est renouvelable et peut être retirée si les destructions de loups n'ont pas eu lieu (*ibid.*, art. 19) ou s'il y a manquement aux devoirs imposés.

3° Comme devoirs le lieutenant de louveterie doit entretenir, à ses frais, un équipage comprenant au moins un piqueur, deux valets de limier, un valet de chiens, dix chiens courants et quatre limiers.

Il est responsable des hommes d'équipage à son service.

Les privilèges qui lui sont accordés sont les suivants : Il est exempt du permis de chasse, ainsi que ses piqueurs, pour ce qui concerne seulement les chasses qui lui incombent; il a droit à un uniforme; il peut chasser le sanglier, à courre, deux fois par mois dans les forêts de l'État faisant partie de son arrondissement pour tenir ses chiens en haleine, sous la condition de ne pouvoir tirer le sanglier que s'il fait tête aux chiens.

Les lieutenants de louveterie n'étant pas fonctionnaires publics, leurs équipages sont soumis à la loi du 21 mai 1836 sur la prestation des chemins vicinaux, et leurs chiens payent l'impôt. Le lieutenant de louveterie qui chasse le sanglier, à courre, fait cette chasse sous la surveillance de l'administration forestière; il peut la faire, la chasse fermée et même en temps de neige, mais il ne peut poursuivre le sanglier lancé par ses chiens en dehors de la forêt de l'État : le droit de suite ne lui est pas accordé. Les privilèges accordés au lieutenant de louveterie lui sont tout personnels.

Il doit, chaque mois, rendre compte à l'administration, des sangliers forcés ou tués dans les chasses qu'il peut faire deux fois par mois. L'animal tué lui appartient et les adjudicataires des chasses dans les bois de l'État ne peuvent s'opposer à ces chasses (1), qu'il ne peut faire, du reste, que dans les forêts de l'État où se trouve sa circonscription.

4° Les fonctions des lieutenants de louveterie sont les suivantes : Ils doivent, agissant en vertu de leur commission, faire des chasses particulières aux loups (art. 8. de l'ord. de 1814), et pénétrant même dans toutes les propriétés ouvertes, sans l'autorisation des propriétaires, ils doivent y détruire les loups et autres animaux nuisibles au moyen de pièges; ils doivent aussi commander les battues prescrites par le préfet.

Ils peuvent toute l'année chasser le loup : mais les procédés diffèrent suivant que la chasse est ouverte ou fermée.

Le loup, en tout temps, doit être détourné et les portées re-

---

(1) Art. 25 du cahier des charges et art. 11 § 5 de la loi du 3 mai 1844.

cherchées soit par le lieutenant ou un de ses représentants (art. 8 et 9 de l'ordonnance du 20 août 1814), opérations qui peuvent se faire sans l'assistance du représentant du service forestier. Pour la chasse, elle aura lieu en présence d'un agent de l'administration forestière, qui peut s'opposer à ce qu'elle ait lieu ; cette chasse en temps ordinaire se fera avec l'équipage même en temps de neige et en temps défendu, à trait de limier. Dans cette chasse, les hommes postés tirent au passage.

Le lieutenant de louveterie (ordonnance de 28 novembre 1848) adresse au directeur général des forêts, qui a aujourd'hui dans ses attributions le pouvoir des anciens grands veneurs (ordonnance du 14 septembre 1830 et circ. du directeur des forêts du 14 novembre 1861), des rapports relatifs à la destruction des loups, et tous les ans un état général des prises.

Le droit de suite existe pour ce service qui est d'utilité publique. La bête tuée devant les chiens appartient à celui qui l'a tuée ; il en est de même de la prime.

N° 5. *Moyens de destruction.* D'après l'ordonnance du 20 août 1814, art. 7, les lieutenants de louveterie doivent avoir les pièges nécessaires pour la destruction des loups, renards, etc. Ils ont le droit, en toute saison, de tendre des pièges ou de les faire tendre (art. 9, de l'ordonnance du 20 août 1814) dans toutes les propriétés non closes.

Ils peuvent aussi se servir du poison ; et les maires doivent prévenir les habitants des communes au moyen d'affiches et de publications, des lieux où le poison est déposé.

N° 6. *Des battues et chasses collectives.* Les chasses et battues générales ou particulières pour le loup, le renard, le blaireau et autres animaux nuisibles sont organisées par l'arrêté du Directoire du 19 pluviôse an V. Elles sont ordonnées par le préfet, (arrêté du 19 pluviôse an V, art. 3). La loi de 1844 autorise la destruction des animaux qui peuvent présenter un caractère permanent ou temporaire de nocuité : l'arrêté de l'an V ordonne la destruction des animaux nuisibles de leur nature et la recherche de ceux qui constituent un péril pour l'agriculture.

Les battues ont lieu sous la direction et la surveillance des agents forestiers. Ils règlent, de concert avec le maire de chaque commune, les jours où elles se feront et le nombre d'hommes qui y seront appelés. Le maire désigne les personnes nécessaires à l'exécution de ce service qui est considéré comme public et les font prévenir par le garde champêtre ou forestier, ou les prévient lui-même.

Quiconque peut proposer ces battues en dehors des agents forestiers, du maire et des lieutenants de louveterie.

Le préfet peut les ordonner d'office (Ordonnance ministérielle du 11 octobre 1850).

Ceux qui, convoqués, manquent à ces battues, sont punis d'une amende de 10 francs, peine de simple police.

Dans les bois de l'État, les fermiers ou co-fermiers de chasses doivent non seulement souffrir les battues, mais y concourir (Ordonnance des 10-12 juillet 1845). Les fermiers, co-fermiers de chasse dans les bois des communes et des établissements publics sont tenus à la même obligation si le cahier des charges en fait mention.

Le refus entraîne l'application de l'article 11 § 5 de la loi de 1844, soit l'amende de 16 à 100 francs.

Le lieutenant de louveterie a le commandement et la direction de la battue, qu'il peut transmettre à un agent forestier ou à un chasseur expérimenté, mais il n'a pas le droit de réquisition qui appartient seul à l'autorité municipale.

Ces battues peuvent avoir lieu en tout temps et dans toutes les propriétés non closes.

Pour chaque battue, il faut un arrêté spécial du préfet.

Le préfet peut aussi ordonner des chasses collectives, générales ou particulières; pour lesquelles les formalités sont les mêmes que plus haut; l'arrêté n'a pas besoin d'être transmis aux propriétaires intéressés. Le préfet tranche les difficultés et désigne qui dirigera la chasse; sinon elle le sera par le lieutenant de louveterie, l'agent forestier ou un chasseur; si le maire est choisi, il peut se faire remplacer par un adjoint. Toutefois pour que la chasse soit régulière et légale, il faut la présence d'un représentant de l'administration forestière.

Les chasseurs sont responsables des dégâts commis par leurs chiens, et l'État répond des préjudices causés par les lieutenants de louveterie ou leurs représentants. La juridiction administrative est saisie de ces débats. Le gibier tué peut être transporté en temps de fermeture. Un rapport de ces battues est dressé par l'agent forestier portant le nombre et la désignation des animaux abattus; un extrait en est envoyé au ministre de l'agriculture.

En vertu de l'article 5 de l'arrêté du 19 pluviôse an V, le préfet peut accorder des permissions individuelles de chasses particulières, temporaires et spéciales, sous la surveillance des agents forestiers, pour détruire les animaux nuisibles. Ces chasses peuvent avoir lieu en toutes saisons et dans toutes les propriétés ouvertes, mais on ne peut faire de battues ou tendre des pièges. Le permissionnaire doit avoir un équipage de chasse. L'agent forestier présent dressera un rapport de cette chasse.

N° 7. *Des primes.* Nous avons vu que le système des primes existait déjà dès l'année 800 : c'est que pour la destruction des fauves c'est le moyen le plus efficace; aussi le retrouvons-nous dans la loi du 10 messidor an V. Ces primes, alors, étaient ainsi fixées : 50 francs par tête de louve pleine, 40 francs par tête de loup, et 20 francs par tête de louveteau. Ces primes furent modifiées par une décision consulaire de l'an VIII, par un arrêté du ministre de l'intérieur du 25 septembre 1807 et par un arrêté de 1818.

En 1836, elles étaient de 18 francs pour une louve pleine, de 15 francs pour une louve non pleine, de 12 francs pour un loup, et de 6 francs pour un louveteau.

Les loups augmentant, la loi du 3 août 1882, complétée par un règlement d'administration publique du 28 novembre de la même année, est venue fixer la matière.

Les primes sont à la charge de l'État et elles sont graduées. Il est payé 100 francs par tête de loup ou de louve non pleine;

150 francs par tête de louve pleine;

40 francs par tête de louveteau, c'est-à-dire de l'animal dont le poids est inférieur à huit kilogrammes.

Si le loup a attaqué des êtres humains, la prime est de 200 francs.

Les procès-verbaux d'abattage, si la prime est demandée par celui qui a tué l'animal, doivent constater exactement le sexe et le poids de l'animal; le nombre de fœtus que la louve pleine portait, et toutes les autres circonstances qui peuvent avoir un intérêt pour obtenir la prime dans les 24 heures de la déclaration.

Ces procès-verbaux sont dressés par le maire de la commune sur le territoire de laquelle la destruction a eu lieu. Si le loup a attaqué des êtres humains, celui qui l'a tué doit présenter au maire chargé de la constatation un certificat du maire de la commune ou du maire de chacune des communes où ces actes ont eu lieu. Certificat qui portera : 1° les faits qui se sont passés; 2° le jour, l'heure et l'endroit où l'attaque a eu lieu; 3° les noms, prénoms, âge et domicile des personnes attaquées; 4° la taille, couleurs et autres signes pouvant servir à constater l'identité de l'animal; 5° les noms, prénoms et domicile des témoins attestant l'accident. Ce certificat doit être produit dans les trois jours à partir de celui où la constatation est dressée par le maire, à peine de forclusion.

Ce dernier doit, avant de dresser le procès-verbal de constatation, vérifier les faits et l'identité de l'animal.

La prime doit être payée au plus tard le quinzième jour qui suit la constatation de l'abattage.

C'est le préfet qui fait le payement, après vérification sur le vu des pièces envoyées par le maire, dans les 24 heures de la clôture du procès-verbal ; il arrête le montant de la prime et délivre le mandat. La somme est prise sur le crédit que chaque année le ministre, dans les premiers jours de janvier, met à la disposition du préfet, qui doit en rendre compte.

Pour obtenir la prime, peu importe que l'animal ait été détruit par une arme à feu, ou au moyen de pièges ou poisons, ou qu'il ait été pris au liteau, si c'est un louveteau.

L'emploi du poison étant dangereux se trouve réglementé par l'ordonnance royale du 29 octobre 1846 et l'arrêté ministériel du 28 mars 1848. Il faut une autorisation du maire, et celui qui use de ce moyen doit indiquer, trois jours à l'avance, l'endroit où l'amorce sera placée.

Le maire fait publier ce renseignement. Le chasseur doit visiter au moins une fois par jour son amorce et prévenir le maire si elle a été enlevée par toute autre bête qu'un loup.

Si l'amorce est mise dans un animal, après quelques jours restés sans résultat, l'animal doit être enfoui par le chasseur à 1^{m}35 de profondeur.

Pour l'emploi des pièges, traquenards, fossés, batteries, on doit prévenir le maire de la commune deux jours avant de les employer ; celui-ci prévient les habitants. On ne peut placer ces engins dans les chemins ou sentiers pratiqués ni à une distance moindre de 500 mètres du centre de la commune et de 200 mètres de toute habitation isolée.

Les maires doivent surveiller l'exécution de ces prescriptions.

Le chasseur qui, après avoir détruit un loup, veut avoir la prime, doit : 1° déposer une demande sur papier timbré constatant les faits et demandant la prime ; 2° présenter au maire de la commune où le fait a eu lieu l'animal mort, entier et recouvert de sa peau ou au moins dans l'état où il a été trouvé par le chasseur qui l'a détruit, pourvu qu'il soit recouvert de sa peau. L'animal est déposé dans un lieu désigné pour que l'autorité fasse les constatations nécessaires aux frais du chasseur.

C'est au moyen de primes que l'Angleterre est parvenue à la destruction des loups. En France, les départements où les loups se montrent encore sont : la Dordogne, la Charente, la Corrèze, la Creuse, le Cher, l'Indre, l'Indre-et-Loire, l'Allier, le Puy-de-Dôme, les Deux-Sèvres, la Charente-Inférieure, la Vienne, la Haute-Vienne, la Meuse, la Meurthe-et-Moselle, la Marne, la Haute-Marne, les Vosges, l'Ain, l'Aube, le Doubs, le Jura, le Var, les Hautes et Basses-Pyrénées, le Finistère, le Morbihan.

VIII. PROTECTION DES PIGEONS VOYAGEURS.

Le 25 septembre 1887, le ministre de la guerre adressait aux préfets la circulaire suivante relative à la protection des pigeons voyageurs :

Monsieur le Préfet,

Depuis plusieurs années, de grandes quantités de pigeons voyageurs sont tués pendant la durée de la chasse, soit par des braconniers, soit par des chasseurs, qui se croient fondés à les assimiler au gibier ordinaire.

Dans l'intérêt de l'Etat, qui a reconnu l'utilité des colombiers militaires, et dans l'intérêt des sociétés colombophiles, qui s'imposent des sacrifices pour l'élève de ces oiseaux, mon département a été invité à intervenir pour les protéger contre la destruction.

Les diverses espèces de pigeons ne sont pas susceptibles d'une réglementation uniforme.

Ceux qui vivent à l'état sauvage sont classés, dans plusieurs départements, par les arrêtés réglementaires et la police de la chasse, dans la nomenclature des oiseaux nuisibles, que le propriétaire peut détruire, sur ses terres, en tous temps et sans permis.

Les pigeons domestiques sont régis par la loi du 4 avril 1889, articles 7 et 4. De la jurisprudence qui s'est établie en cette matière, il résulte que dans les communes où la fermeture des fuies ou colombiers est ordonnée pendant un temps déterminé par les arrêtés spéciaux, le pigeon est, durant cette période, considéré comme gibier et susceptible d'être chassé. Lorsqu'aucun arrêté ne prescrit la fermeture des fuies ou colombiers, et c'est le cas le plus ordinaire, les pigeons sont considérés comme propriété privée.

A ce titre, ils ne peuvent être chassés; mais le propriétaire a le droit de les tuer sur ses terres, même à l'aide d'armes à feu, s'ils portent dommage à ses propriétés. Il ne lui est d'ailleurs pas permis de les enlever, et il doit les laisser sur place.

Cette législation ne protège pas suffisamment le pigeon voyageur. En raison des services spéciaux auxquels on l'emploie, cet oiseau ne rentre plus dans les conditions prévues par la loi du 4 août 1789 et semble comporter une réglementation spéciale. Le pigeon de course ayant perdu son caractère de gibier est devenu *un oiseau essentiellement utile*.

L'oiseau qui peut servir, à l'occasion, de messager à une population assiégée, ne semble pas avoir moins de titres que celui dont l'utilité consiste à dévorer les insectes, pour entrer dans la catégorie des oiseaux utiles et bénéficier ainsi de la disposition de la loi du 22 janvier 1874, qui permet aux préfets de prendre des arrêtés pour protéger ces espèces contre la destruction.

Tel est aussi le sentiment de mes collègues des départements du Commerce et de la Justice, dont j'ai eu soin de prendre l'avis.

La classification des pigeons messagers dans la catégorie des oiseaux utiles aura pour effet de provoquer sur cette matière des décisions judiciaires, et de créer une jurisprudence à laquelle l'autorité administrative ne manquera pas de conformer ses décisions.

Pour ce motif, je vous prie de bien vouloir prendre un arrêté à l'effet d'interdire, dans votre département, *la capture et la destruction en* TOUT TEMPS *et par* TOUS PROCÉDÉS, des pigeons voyageurs.

Si votre département se trouve du nombre de ceux où la chasse de certaines espèces utiles est déjà prohibée par la réglementation en vigueur, l'arrêté que vous prendrez à l'occasion des pigeons de course pourrait sans inconvénient en reproduire la liste et donner ainsi une nomenclature complète des oiseaux dont la chasse est interdite sous toutes les formes et en toute saison.

Cet arrêté visera la loi du 4 août 1789, la loi du 22 janvier 1874, l'arrêté, s'il y a lieu, qui régit la police de la chasse dans votre département, et les présentes instructions.

La constatation des contraventions, qui incombera, par l'effet de votre arrêté, aux divers agents chargés de la police de la chasse, ne présente aucune difficulté.

Pour s'assurer si les pigeons capturés ou abattus appartiennent aux espèces dont la chasse est interdite, il suffira aux agents de regarder s'ils portent, sous les grandes pennes des ailes, le cachet d'une société ou d'un établissement colombophile. Tout pigeon revêtu de cette marque fait partie de colombiers postaux. Quant au chasseur, il reconnaîtra assez facilement le pigeon voyageur, oiseau de petite taille et de haut vol, pour ne pas le confondre avec les pigeons domestiques ou sauvages.

Je désire que l'arrêté que vous prendrez, conformément aux instructions contenues dans la présente circulaire, me soit communiqué, afin que je puisse vous présenter telles observations qu'il appartiendra.

Le Président du Conseil des Ministres,
ministre de la Guerre,

DE FREYCINET.

Postérieurement à cette circulaire, c'est-à-dire en 1891, un projet de loi relatif aux pigeons voyageurs, renvoyé à la commission de l'armée, a été présenté au nom du président de la République par le président du conseil, ministre de la guerre et par le ministre de l'intérieur. Il est ainsi conçu :

Messieurs,

Il s'est créé depuis quelques années en France et dans les autres puissances du Nord, particulièrement en Belgique, un grand nombre de sociétés colombophiles composées d'amateurs possédant des pigeons voyageurs, qui se réunissent pour faire des entraînements et des concours de vitesse en vue de paris à la course.

Le nombre des pigeons voyageurs introduits en France, en 1890, par les sociétés belges et entraînés jusqu'à Paris et jusqu'à Bordeaux et Bayonne a dépassé trois millions.

Le Gouvernement s'est préoccupé à diverses reprises des dangers que pourrait entraîner, pour la sécurité de l'Etat, l'utilisation clandestine des pigeons voyageurs en vue de l'établissement de lignes de correspondances occultes, en cas de troubles intérieurs et particulièrement en cas de guerre.

Afin de se mettre en mesure d'être renseigné sur les colombiers existant sur notre territoire et afin de permettre à l'autorité militaire d'utiliser éventuellement les pigeons voyageurs des sociétés françaises, un décret du 15 septembre 1885 a prescrit qu'un recensement des pigeons voyageurs serait effectué, tous les ans, par les soins des maires, sur la déclaration obligatoire des propriétaires et au besoin d'office.

Mais ce décret n'a prévu aucune pénalité contre les personnes qui ne feraient pas au maire de la commune la déclaration des pigeons voyageurs existant chez elles à titre permanent ou provisoire.

Dans ces conditions, l'action des agents du Ministère de l'Intérieur est restée très limitée et leur surveillance sur les colombiers clandestins ne peut être qu'illusoire et sans effet.

Il est donc nécessaire de compléter ce décret et de prévoir par une loi des pénalités contre toute personne qui ne se conformerait pas à ses prescriptions.

En outre de cette disposition, il est encore indispensable de conférer au Gouvernement le pouvoir d'interdire par décret, lorsqu'il le jugera nécessaire, pour sauvegarder les intérêts et la sécurité de l'Etat, toute importation de pigeons en France et tout mouvement de pigeons voyageurs à l'intérieur qui ne serait pas ordonné par l'autorité militaire.

Nous avons l'honneur de vous soumettre un projet de loi élaboré dans ce sens, dont la teneur suit :

PROJET DE LOI. — Le Président de la République française, décrète :

Le projet de loi dont la teneur suit sera présenté à la Chambre des Députés par le Président du Conseil, Ministre de la Guerre et par le Ministre de l'Intérieur, qui sont chargés d'en exposer les motifs et d'en soutenir la discussion.

Art. 1er. — Tous les ans, un recensement des pigeons voyageurs est effectué dans toutes les communes de France par les soins des maires, sur la déclaration obligatoire des propriétaires, et au besoin d'office, dans les conditions spécifiées par le décret du 15 septembre 1885.

Art. 2. — Dans le courant de l'année, tout propriétaire qui ouvre un nouveau colombier, ainsi que toute personne qui reçoit, à titre permanent ou transitoire, des pigeons voyageurs, est tenu d'en faire la déclaration à la mairie dans un délai de deux jours et d'indiquer la provenance des pigeons.

Art. 3. — Sera puni d'une amende de cent à deux mille francs, toute personne qui n'aura pas fait la déclaration prévue par les articles 1 et 2 ci-dessus.

Sera puni, en outre, d'un emprisonnement de trois mois à deux ans, toute personne qui aura organisé un colombier clandestin, ou entretenu à titre permanent ou transitoire, des pigeons destinés à établir des relations avec l'étranger.

Art. 4. — Le Gouvernement a la faculté d'interdire par décret, sur la proposition des Ministres de la Guerre et de l'Intérieur, toute importation de pigeons étrangers en France, ainsi que tout mouvement de pigeons voyageurs à l'intérieur qui ne serait pas ordonné par l'autorité militaire.

Les pénalités prévues par le 2º paragraphe de l'article 3 seront applicables, dans ce cas, à toute contravention aux dispositions dudit décret.

Art. 5. — Le Ministre de la Guerre et le Ministre de l'Intérieur sont chargés, en ce qui les concerne, d'assurer l'application de la présente loi.

En résumé, conformément à la loi du 3 mai 1877 sur les réquisitions militaires, au décret du 15 septembre 1885 et à l'instruction ministérielle, chaque année a lieu un recensement pour les pigeons voyageurs.

Les éleveurs et les sociétés colombophiles doivent, à partir du 1ᵉʳ janvier, faire la déclaration à la mairie de leur résidence, des pigeons voyageurs qu'ils possèdent, sous peine d'une amende de 50 à 2,000 francs. Cette déclaration n'apporte, du reste, aucune restriction au droit de propriété, ni à celui des transactions.

IX. ANNEXES.

Propositions de lois sur la chasse déposées à la Chambre des députés.

Depuis 1876, plusieurs propositions de lois ont été déposées à la Chambre des députés, et il est curieux de donner rapidement l'analyse des principales.

On trouve dans la session de 1876 une première proposition (1) tendant à la suppression des permis de chasse; elle est ainsi conçue : « Considérant que la législation qui a exigé successivement un permis pour la chasse avec armes et un permis de chasse, purement et simplement, de tout chasseur, quels que soient les procédés et moyens qu'il emploie, n'a créé aucune garantie sérieuse, soit pour la propriété, soit pour la nécessité publique ; — Considérant que cette législation est aujourd'hui la source d'abus et d'excès, contre lesquels la liberté seule peut réagir ; — Considérant, enfin, que la diminution des recettes pour l'État et pour les départements peut être compensée par l'augmentation du débit de la poudre et du plomb. — Nous avons l'honneur de soumettre à la Chambre la proposition de loi suivante : article unique : Les permis de chasse sont supprimés.

Ce projet radical, s'il était admis, porterait, malgré ce qu'avance le dernier considérant, un grand préjudice au Trésor: l'emploi du plomb et de la poudre devant se trouver arrêté devant le manque de gibier si l'on ne se préoccupe pas du repeuplement et de la protection.

— Une seconde proposition de loi de la même année tend à la modification de l'article 5 de la loi du 3 mai 1844 sur la chasse (2).

(1) Annexe au procès-verbal de la séance du 30 mars 1876, nº 50.
(2) Annexe au procès-verbal de la séance du 4 août 1876, nº 456.

Après avoir fait l'historique de la chasse depuis 1600 les auteurs de la proposition exposent que la chasse n'est pas assez surveillée et que pour arriver à la surveillance nécessaire, il faut intéresser le petit propriétaire à la conservation du gibier, ce qui ne peut avoir lieu aujourd'hui par suite de l'élévation du prix du permis de chasse, qui prive le petit propriétaire de l'exercice de ce droit : ce propriétaire, d'après les auteurs de la proposition, ne devant s'intéresser à l'application de la loi que le jour où sachant qu'il peut avoir à sa convenance la liberté de chasse lui-même, il trouvera alors un intérêt ou un plaisir, parfois l'un et l'autre, à conserver sur ses terres ce gibier, qui n'est, pour lui, autrement qu'une source de jalousie, de vexation et souvent de dommages réels. Sans demander pour lui la liberté entière de la chasse, la proposition demande la création de permis non libérés, permettant au petit propriétaire de prendre un permis pour les jours ou le laps de temps pendant lequel il peut réellement s'en servir.

Cet article proposé pour remplacer l'article 5 est ainsi conçu :

Modifications proposées à l'article 5. — Les permis de chasse seront de deux classes, savoir :

1° Permis libéré, dont le coût intégral aura été payé avant sa délivrance ;

2° Permis non libéré dont le coût ne sera payé qu'après sa délivrance et conformément à ce qui sera ultérieurement expliqué.

Le permis libéré donnera le droit de chasser, en se conformant aux lois, à partir du jour de sa délivrance, et pour l'année entière.

Le permis non libéré ne donnera ce droit qu'après le versement de taxes réglées d'après le tarif qui va suivre, et durant la période pour laquelle ces taxes auront été acquittées.

Les permis de chasse libérés et non libérés seront délivrés, sur l'avis du maire et du sous-préfet, par le préfet du département dans lequel celui qui en fera la demande aura son domicile, et en se conformant aux règlements et arrêtés administratifs actuellement en vigueur.

La délivrance des permis de chasse libérés donnera lieu au paiement d'un droit de quinze francs (15 fr.) au profit de l'État et de dix francs (10 fr.) au profit de la commune dont le maire aura donné l'avis énoncé au paragraphe précédent.

Les taxes afférentes aux permis non libérés pourront être acquittées, à la faculté de l'intéressé, soit pour un ou plusieurs mois, soit pour un ou plusieurs jours consécutifs, sans fractions de mois ou de jours.

La taxe à verser pour chaque mois sera de dix francs ; celle à verser pour chaque jour de cinquante centimes.

Ces taxes seront attribuées de la manière suivante :

Les 3/5mes à l'État ;

Les 2/5mes à la commune dans laquelle le titulaire du permis aura son domicile, pour toute taxe versée dans une des recettes du département où le titulaire du permis est domicilié ; et à la commune dans laquelle le versement a été opéré, si cette commune appartient à un autre département.

Les permis de chasse libérés ou non libérés, seront personnels et valables pour toute la France ; ils ne pourront être délivrés pour une durée de plus d'un an.

Un règlement administratif fera connaître les caisses de l'État, dans lesquelles le versement des taxes pourra être opéré, les prescriptions auxquelles les comptables devront se conformer pour la tenue des registres à souche, la perception des taxes, la répartition des fonds entre l'État et les communes intéressées, la délivrance des quittances, fixera le montant de leurs honoraires et déterminera, en un mot, toutes les mesures à prendre pour l'application de la présente loi.

— Dans la session de 1878 (1), on trouve une proposition de loi tendant à la création de permis de chasse valables pour une semaine et de permis de chasse valables pour un jour.

— Dans la session de 1879 (2) une proposition de loi a été déposée ayant pour objet d'apporter des modifications à la loi

---

(1) Annexe au procès-verbal de la séance du 16 février 1878, n° 404.
(2) Annexe au procès-verbal de la séance du 20 mai 1879, n° 1500.

du 3 mai 1844 sur la chasse. Modifications ayant pour but de donner aux habitants des campagnes, qui, en toute saison, détruisent le gibier, par ce qu'ils savent qu'ils ne pourront pas en profiter, la possibilité de se livrer à la distraction de la chasse moyennant une redevance modique, ce qui favoriserait la reproduction du gibier, car ces habitants seraient certains d'en prendre leur part (1). L'auteur pour remédier aux pertes que peut subir le Trésor par la suppression de l'impôt sur les permis, propose de faire payer 3 francs pour un fusil double et 1 fr. 50 pour un fusil simple, et 5 francs pour la chasse au moyen de procédés autres que le fusil, mais autorisés par la loi du 3 mai 1844, prétendant arriver ainsi à faire rentrer au Trésor 15 millions, c'est-à-dire une plus-value de 5 millions et demi environ. Puis il demande des pénalités plus sévères que celles indiquées dans la loi de 1844 contre le braconnier et pour la chasse en temps prohibé.

Dans la session de 1881, sur un rapport fait au nom de la commission chargée d'examiner les propositions de loi de : 1° M. Chavoix et plusieurs de ses collègues, ayant pour objet d'apporter des modifications à la loi du 3 mai 1844 : 2° de M. Guilloutet et plusieurs de ses collègues, ayant pour objet de supprimer le permis de chasse établi par cette loi, a été déposée la proposition suivante (2) :

PROPOSITION DE LOI. — *Rédaction présentée par la Commission.* — ARTICLE PREMIER. — Dans l'intérêt de la conservation des récoltes et du gibier, l'État règle l'ouverture et la fermeture des diverses espèces de chasses.

On ne peut chasser qu'en vertu d'un permis délivré par les autorités compétentes.

ART. 2. — Nul n'aura la faculté de chasser sur la propriété d'autrui sans le consentement du propriétaire ou de ses ayants droit.

Le propriétaire ou possesseur peut chasser ou faire chasser en tout temps sans permis de chasse dans ses possessions attenant à une habitation et entourées d'une clôture continue faisant obstacle à toute communication avec les héritages voisins.

ART. 3. — Dans chaque département, les Préfets détermineront par des arrêtés, publiés dix jours à l'avance, l'époque de l'ouverture et celle de la fermeture des diverses espèces de chasses.

ART. 4. — Dans chaque département, il est interdit de mettre en vente, de vendre, d'acheter, de transporter, de colporter du gibier pendant le temps où la chasse n'y est pas permise.

En cas d'infraction à cette disposition, le gibier sera saisi et immédiatement livré à l'établissement de bienfaisance le plus voisin, en vertu soit d'une ordonnance du juge de paix, si la saisie a eu lieu au chef-lieu de canton, soit d'une autorisation du maire, si le juge de paix est absent, ou si la saisie a été faite dans une commune autre que celle du chef-lieu. Cette ordonnance ou cette autorisation sera délivrée sur la requête des agents ou gardes qui auront opéré la saisie et sur la présentation du procès-verbal régulièrement dressé.

La recherche et la saisie du gibier pourra être faite à domicile chez les restau-

---

(1) Voir dans le même sens *Moniteur* du 7 octobre 1849.
(2) Annexe au procès-verbal de la séance du 11 juin 1881, n° 3734.

rants, les maîtres d'hôtels, les aubergistes, les tables d'hôtes, les cafés, les marchands de comestibles, les voitures publiques et en général dans les lieux ouverts au public.

La recherche et la saisie ne peuvent être pratiquées par les mêmes voies en d'autres lieux que si le gibier y est déposé pour être livré au commerce.

Tout gibier étranger dont les espèces existent en France ne pourra être mis à l'étalage, colporté ou vendu à moins de porter à la patte droite un plomb de la douane indiquant son origine.

Il est interdit de prendre ou de détruire des œufs et des couvées de faisans, de perdrix et de cailles et de tous les oiseaux qui ne seront pas déclarés nuisibles par arrêtés préfectoraux. Le transport du gibier vivant peut être autorisé pour le repeuplement par le Ministre de l'Intérieur et moyennant les conditions prescrites par lui.

ART. 5. — En temps de chasse ouverte il est permis de circuler avec du gibier.

Mais du moment où le gibier devra être expédié par voitures publiques ou chemin de fer, du moment où il est colporté, transporté, mis à l'étalage et destiné à être vendu, il devra porter à la patte droite une bande de plomb scellée portant la date et le nom du pays où il a été tué.

Le garde champêtre, ou en son absence, un conseiller délégué par le Sous-Préfet, sera chargé dans chaque commune d'appliquer le timbre qui lui sera confié et de percevoir une taxe, qui sera fixée par l'Administration supérieure dans un règlement complet sur la matière. Le produit en sera partagé également entre la commune et le timbreur.

En outre, le garde ou le délégué devra s'assurer si les déclarations qui lui seront faites sont exactes, si le gibier a été tué dans les conditions voulues par la loi; après constatation, s'il y a délit, il verbalisera et saisira le gibier.

Il tiendra un registre du nom et domicile des déclarants, ainsi que du nombre et des espèces de gibier qu'il aura plombé à chaque individu.

Tout gibier étranger, dont les espèces existent en France ne pourra être colporté, mis à l'étalage, ou vendu sans avoir à la patte droite un plomb apposé par la douane constatant la date de l'entrée en France.

Tout gibier ne peut être mis en vente que le lendemain de l'ouverture.

ART. 6. — Les permis de chasse seront délivrés sur l'avis du Maire, par le Préfet ou le Sous-Préfet.

La délivrance du permis de chasse donnera lieu au payement d'un droit de 5 francs au profit de l'État et de 5 francs au profit de la commune dont le maire aura donné l'avis énoncé au paragraphe précédent.

Les permis de chasse seront personnels. Ils seront valables, pour tout le territoire de la République, pour un an, à partir du jour de leur délivrance jusqu'à pareille date exclusivement.

Le Préfet ou le Sous-Préfet pourra exiger l'annexion à toute demande de permis de chasse d'un extrait régulier du casier judiciaire.

ART. 7. — Le préfet refusera le permis de chasse :

1° A tout individu majeur qui ne sera pas personnellement inscrit, ou dont le père ou la mère ne serait pas inscrit au rôle des contributions;

2° A tout individu qui, par une condamnation judiciaire, a été privé de l'un ou de plusieurs des droits énumérés dans l'article 42 du Code pénal, autres que le droit de port d'armes;

3° A tout condamné à un emprisonnement de plus de six mois pour rébellion ou violence envers les agents de l'autorité publique;

4° A tout condamné pour délit d'association illicite, de fabrication, débit, distribution de poudre, armes ou autres munitions de guerre; de menaces écrites ou de menaces verbales avec ordres et sous conditions; d'entraves à la circulation des grains; de dévastations d'arbres et de récoltes sur pied, de plants venus naturellement ou faits de main d'homme;

5° A ceux qui auront subi trois condamnations pour ivresse publique; à ceux qui ont été condamnés pour vagabondage, mendicité, contrebande, vol, escroquerie ou abus de confiance.

ART. 8. — Le permis de chasse ne sera pas délivré :

1° Aux mineurs au-dessous de vingt et un ans, à moins que le permis ne soit demandé pour eux par leur père, mère, tuteur ou curateur porté au rôle des contributions;

2° Aux femmes mariées sans le consentement de leurs maris ;
3° Aux interdits ;
4° Aux gardes champêtres ou forestiers des communes et établissements publics, ainsi qu'aux gardes forestiers de l'Etat et aux gardes pêches ;
5° A ceux qui par suite de condamnations sont privés du droit de port d'armes;
6° A ceux qui n'auront pas exécuté les condamnations prononcées contre eux et payé les amendes pour l'un des délits prévus par la présente loi ;
7° A tout condamné placé sous la surveillance de la haute police.

Art. 9. — Dans le temps où la chasse est ouverte, le permis donne à celui qui l'a obtenu, le droit de chasser du lever au coucher du soleil à tir et à courre dans les conditions édictées par les arrêtés préfectoraux, dans le paragraphe 1er de l'art. 2.

Tous autres moyens de chasse, à l'exception des furets et des bourses destinés à prendre le lapin, sont formellement prohibés.

Est aussi interdite la chasse au fusil à l'aide de chevaux, vaches, charrues mannequins ou buissons artificiels, servant à masquer le chasseur pour approcher le gibier de plaine.

Néanmoins les préfets, sur l'avis conforme des conseils généraux, prendront des arrêtés pour déterminer :
1° L'époque de la chasse des oiseaux de passage, autres que la caille : la nomenclature des oiseaux et les modes et procédés de chaque chasse et sur les diverses espèces.
2° Le temps pendant lequel il sera permis de chasser le gibier d'eau dans les marais, sur les étangs, fleuves et rivières.
3° La chasse est permise toute l'année à la mer et sur ses bords, la limite étant celle de la plus forte marée.

Un permis de chasse est aussi nécessaire pour toutes les chasses sans fusils.

Art. 10. — Des décrets présidentiels détermineront la gratification qui sera accordée aux gardes, gendarmes et tous autres employés rédacteurs des procès-verbaux, ayant pour objet de constater les délits.

Art. 11. — La chasse avec des chiens lévriers est défendue.

Les délinquants seront condamnés de 50 à 100 francs d'amende.

De la clôture à l'ouverture de la chasse en plaine et au bois, il est défendu de laisser circuler, dans les champs et dans les bois, les chiens de quelques espèces qu'ils soient tenus en laisse ou couplés.

Les délinquants seront condamnés à une amende de 16 à 25 francs.

Toutes ces amendes seront doublées en cas de récidive.

Triplées à la troisième contravention, quel que soit le temps écoulé depuis la dernière condamnation.

Art. 12. — Tout individu chassant sur les terres où il a le droit de chasser, s'il traverse des récoltes, pourra être poursuivi par les propriétaires de ces récoltes en dommages et intérêts devant le tribunal de simple police.

Art. 13. — Seront punis d'une amende de 25 à 150 francs et aux frais tous ceux qui auront contrevenu à chacun des cas énumérés en l'art. 9 et le § 1er de l'art. 2.

L'amende pourra être portée au double, si le délit a été commis sur des terres non dépouillées de leurs fruits ou sur un terrain entouré d'une clôture continue, faisant obstacle à toute communication avec les héritages voisins, mais non attenant à une habitation.

Sera puni d'une amende de 75 à 300 francs, celui qui aura chassé sans autorisation dans une propriété close tenant à une habitation et pourra l'être d'un emprisonnement de 6 jours à 3 mois.

Si le délit a été commis pendant la nuit, le délinquant sera puni d'une amende de 100 à 1.000 francs et sera condamné à un emprisonnement de 3 mois à 2 ans, sans préjudice, dans l'un et l'autre cas, s'il y a lieu, de plus fortes peines prononcées par le Code pénal.

Néanmoins ne sera pas considéré comme un délit de chasse, s'ils n'ont pas été appuyés, le passage des chiens courants, sur l'héritage d'autrui, lorsque les chiens seront à la suite d'un gibier lancé sur les propriétés de leur maître; sauf l'action civile, s'il y a lieu, en cas de dommages.

Art. 14. — Ceux qui auront chassé sans permis seront punis d'une amende de 30 à 200 francs et d'un emprisonnement de deux à vingt jours.

Art. 15. — Seront punis de 5 jours à trois mois de prison et d'une amende de 60 à 300 francs :

1° Ceux qui auront chassé en temps prohibé;

2° Ceux qui auront chassé, en plaine ou au bois, en temps de neige.

La quantité de neige tombée est suffisante pour cette prohibition aussitôt qu'il est possible de suivre une piste.

3° Ceux qui en temps où la chasse est prohibée auront transporté ou colporté du gibier; mis en vente, vendu, acheté ou consommé.

Il en sera de même pendant le temps de neige en temps non prohibé.

Les marchands de gibier auront 48 heures pour écouler leurs marchandises.

4° Ceux qui auront contrevenu aux §§ 2 et 3 de l'article 5.

ART. 16. — Seront punis d'un emprisonnement de 15 jours à six mois et d'une amende de 100 à 500 francs :

1° Ceux qui auront chassé pendant la nuit;

2° Ceux qui auront chassé à l'aide d'engins, pièges, filets, lacets et instruments prohibés ou par d'autres moyens que ceux qui sont autorisés par l'article 9;

3° Ceux qui seront détenteurs ou ceux qui seront trouvés munis ou porteurs, hors de leur domicile, des objets spécifiés au paragraphe précédent.

4° Ceux qui auront employé des drogues ou appâts qui sont de nature à enivrer le gibier ou à le détruire.

5° Ceux qui se serviront d'appelants ou chanterelles, pour détourner ou arrêter les cailles dans leurs voyages, et ceux qui auront chassé en plaine ou au bois avec des appeaux, appelants ou chanterelles.

Quand les délits stipulés dans les paragraphes 1, 2, 4 et 5 auront été commis en temps prohibé, la peine sera portée au double.

Quand il sera reconnu qu'un individu étant sous le coup de l'application d'un ou de plusieurs paragraphes du présent article, fait partie d'une association de braconnage ou est payé par un individu ou plusieurs associés, pour se livrer au braconnage, la peine sera portée au double du maximum et celui ou ceux qui l'auront payé seront considérés comme complices et condamnés aux mêmes peines.

Les peines déterminées par le présent article seront portées au double contre ceux qui auront chassé pendant la nuit sur le terrain d'autrui et par l'un des moyens spécifiés aux §§ 1, 2, 4 et 5, si les chasseurs étaient munis d'une arme apparente ou cachée, — les peines déterminées par l'article 13 et par le présent article seront toujours portées au maximum, lorsque les délits auront été commis par les gardes champêtres ou forestiers des communes, ainsi que par les gardes forestiers de l'État et des établissements publics.

ART. 17. — Les peines déterminées par les articles 13, 14, 15, 16 qui précèdent, seront portées au double si le délinquant était en état de récidive, et s'il était déguisé ou masqué, s'il a pris un faux nom, s'il a usé de violence envers les personnes, ou s'il a fait des menaces, sans préjudice, s'il y a lieu, de plus fortes peines prononcées par la loi.

Lorsqu'il y aura récidive, dans les cas prévus par les §§ 1 et 3 de l'article 13, la peine de l'emprisonnement de 6 jours à 3 mois pourra être appliquée si le délinquant n'a pas satisfait aux condamnations précédentes.

ART. 18. — Il y a récidive lorsque, dans les 12 mois qui ont précédé l'infraction, le délinquant a été condamné en vertu de la présente loi.

Cependant ceux désignés au § 3, art. 15, c'est-à-dire les restaurants, cafetiers, maîtres d'hôtel, aubergistes, pensions bourgeoises, marchands de gibiers, qui auront subi une première condamnation pour avoir vendu, servi ou être détenteurs de gibier en temps prohibé et quelle qu'en soit la date, outre les peines indiquées par l'article 15, auront leurs établissements fermés de 5 à 15 jours, et un mois pour la troisième condamnation.

Un délai de 3 jours leur est accordé du jour de la fermeture de la chasse pour écouler leurs marchandises.

ART. 19. — Les fabricants de conserves de gibier seront tenus, huit jours après la fermeture de la chasse, d'avoir toutes leurs boîtes scellées par un timbre de la régie.

Après cette époque, toute boîte non revêtue de ce timbre sera saisie chez tous les fabricants et débitants qui seront poursuivis conformément au paragraphe 3, art. 15. A la seconde condamnation ils se trouveront sous le coup du § 3 de l'art. 18.

ART. 20. — Tout individu convaincu de s'être servi de plombage faux ou ayant déjà servi sera puni d'une peine de un mois à un an de prison et d'une amende de 100 à 1,000 francs.

Les gardes ou délégués qui se rendraient complices de malversations dans l'exercice de leur mandat seront punis des mêmes peines.

ART. 21. — Semblable à l'article 16 de la loi de 1844.

ART. 22. — En cas de conviction de plusieurs délits prévus par la présente loi, par le Code pénal ordinaire ou par les lois spéciales, la peine la plus forte sera seule prononcée.

Les peines encourues pour des faits postérieurs à la déclaration du procès-verbal de contravention seront cumulées, sans préjudice des peines de la récidive.

ART. 23. — Semblable à l'article 18.

ART. 24. — Semblable à l'article 19.

ART. 25. — [Semblable à l'article 20.

ART. 26. — Semblable à l'article 21.

ART. 27. — Les maires et adjoints, commissaires de police, officiers, maréchaux de logis ou brigadiers de gendarmerie, gendarmes, gardes forestiers, gardes pêche, brigadiers cantonniers, gardes champêtres, gardes assermentés des particuliers peuvent exiger de tout chasseur la présentation du permis de chasse.

Les procès-verbaux qu'ils rédigent font foi jusqu'à preuve du contraire.

ART. 28. — Les procès-verbaux des douaniers, des employés des contributions indirectes, des chemins de fer, des octrois et des sergents de ville feront également foi, jusqu'à preuve contraire, lorsque dans la limite de leurs attributions respectives, ces agents rechercheront et constateront les délits prévus par l'art. 1.

ART. 29. — Dans les quarante-huit heures du délit, les procès-verbaux des gardes seront, à peine de nullité, affirmés par les rédacteurs devant le juge de paix ou l'un de ses suppléants, ou devant le maire ou l'adjoint, soit de la commune de leur résidence, soit de celle où le délit aura été commis.

ART. 30. — Semblable à l'article 25.

ART. 31. — Tous les délits prévus par la présente loi seront poursuivis d'office par le Ministère public, sans préjudice du droit conféré aux parties lésées par l'article 182 du Code d'instruction criminelle, ainsi que pour les délits commis dans un terrain clos suivant les termes de l'article 13 et attenant à une habitation. Néanmoins dans le cas de chasse sur le terrain d'autrui, sans le consentement du propriétaire, la poursuite d'office ne pourra être exercée par le Ministère public, sans une plainte de la partie intéressée, le plaignant ne sera tenu de se constituer partie civile que s'il veut conclure aux dommages-intérêts.

Pour le cas prévu par le paragraphe précédent, les frais d'enregistrement et de procès-verbaux seront à la charge du plaignant, sauf son recours contre le délinquant.

Mais, pour toutes les autres contraventions constatées par les gardes particuliers, les procès-verbaux seront enregistrés en débet et sur papier libre.

ART. 32. — Semblable à l'article 27.

ART. 33. — Le père, la mère, le tuteur, les maîtres et commettants, sont civilement responsables des délits de chasse commis par leurs enfants mineurs non mariés, pupilles demeurant avec eux, domestiques ou préposés, sauf tout recours de droit.

ART. 34. — Semblable à l'article 30.

ART. 34 bis (provisoire). — Pour permettre la reproduction plus abondante du gibier.

Pendant les quatre premières années qui suivront la promulgation de la présente loi, l'ouverture de la chasse dans toute la France ne pourra se faire avant le 30 août, et la fermeture aura lieu le 1er janvier pour tous les gibiers de plaine et de bois.

La fermeture de la chasse à courre, à cor et cris aura lieu le 1er mars.

ART. 35. — Toutes les lois et décrets sur la chasse publiés antérieurement à la présente loi sont et demeurent abrogés.

— Un grand nombre de pétitions sur la chasse ont été envoyées à cette commission, traitant de presque toutes les questions qui y sont relatives : le principal objet repose surtout sur le prix du permis de chasse ou sa suppression. Quelques-uns demandent une augmentation, d'autres le *statu quo*, d'autres des diminutions à des taux divers, mais les 60,000 signatures qui couvrent ces pétitions sont toutes unanimes pour réclamer une répression beaucoup plus sévère du braconnage.

— En 1882 (1), on trouve une proposition de loi portant : ART. 1er. La durée de la période annuelle d'ouverture de la chasse est de cinq mois.

---

(1) Annexe au procès-verbal de la séance du 31 mars 1882, n° 734.

Art. 2. — Tout citoyen français qui voudra se livrer au plaisir de la chasse devra prendre un permis dont le prix sera de 15 fr. pour toute la durée de la période annuelle d'ouverture de la chasse. Il pourra, s'il le préfère, prendre un abonnement mensuel de 3 fr., ou bien un *timbre-chasse*, de 0 fr. 10 c. valable par jour. Ce timbre devra porter la date du jour, du mois et de l'année où il aura été distribué.

Les auteurs de ce projet s'appuient sur le but que doit se proposer tout pays démocratique :

1° Contribuer à alimenter la caisse de l'impôt.
2° Donner à chaque citoyen la possibilité de se livrer au plaisir de la chasse.
3° Éviter la destruction trop considérable du gibier.

— En 1883 (1) une nouvelle proposition de loi sur la chasse a été déposée à la Chambre; elle est ainsi conçue :

PROPOSITION DE LOI. — Article premier. — Le droit de chasse appartient à toute personne, sauf les exceptions prévues par la loi.

Nul n'aura la faculté de chasser sur la propriété d'autrui sans le consentement du propriétaire ou de ses ayants droit. Le propriétaire conserve le droit de chasse sur ses terres affermées à moins de stipulations contraires.

Art. 2. — L'ouverture de la chasse aura lieu pour toute la France le 1er septembre. La chasse à tir sera close le 1er janvier, la chasse à courre le 1er mars.

Art. 3. — Il est interdit de mettre en vente, de vendre, d'acheter, de transporter, de colporter du gibier pendant le temps où la chasse n'est pas permise. L'introduction ou la mise en vente ne sera levée que 24 heures après la fermeture.

Cette interdiction s'appliquera au gibier provenant de l'étranger, aussi bien pour les espèces qui ont des similaires en France que pour les oiseaux migrateurs qui la traversent. En cas d'infraction à cette disposition, le gibier sera saisi et immédiatement livré à l'établissement de bienfaisance le plus voisin, en vertu soit d'une ordonnance du juge de paix, si la saisie a eu lieu au chef-lieu du canton, soit d'une autorisation du maire si le juge de paix est absent, ou si la saisie a été faite dans une commune autre que le chef-lieu.

Cette ordonnance ou cette autorisation sera délivrée sur la requête des agents ou gardes qui ont opéré la saisie, et sur la présentation du procès-verbal régulièrement dressé.

La recherche et la saisie du gibier peuvent être faites à domicile chez les maîtres d'hôtel, les aubergistes, les marchands de comestibles, dans les restaurants, les cafés, les voitures publiques, et, en général, dans les lieux ouverts au public.

Il est interdit de prendre ou de détruire, de colporter ou de mettre en vente les œufs ou couvées de faisans, perdreaux, cailles, et généralement de tous les oiseaux qui ne seront pas déclarés nuisibles par arrêtés préfectoraux. Le transport du gibier vivant et des œufs peut être autorisé pour le repeuplement par le Ministre de l'Intérieur et moyennant les conditions présentées par lui.

Art. 4. — L'exercice du droit de chasse est subordonné à l'accomplissement des prescriptions ci-après :

1° Une déclaration attestant que l'impétrant ne se trouve dans aucun des cas d'incapacité ou d'indignité prévus par la loi. Il affirme la sincérité de sa déclaration devant le maire de la commune de son domicile; le maire lui donne acte au bas de sa déclaration et dresse son signalement, copie du tout certifiée conforme est remise dans les 24 heures au préfet et au procureur de la République.

2° Le payement d'une taxe de 10 francs entre les mains du percepteur des contributions directes; le percepteur ne délivrera de quittance que sur le vu de la déclaration faite devant le maire; le bénéfice en sera acquis *par moitié* à l'État et aux communes. La forme de cette quittance qui devra contenir copie du signalement et être représentée à toute réquisition des agents de l'autorité et gardes assermentés, sera déterminée par un règlement d'administration publique. Les quittances seront personnelles; elles seront valables pour un an seulement à partir du jour de leur délivrance jusqu'à pareille date inclusivement.

Art. 5. — L'exercice du droit de chasse est interdit :

1° A tout individu qui, par une condamnation judiciaire, a été privé de l'un ou de plusieurs des droits énumérés dans l'article 43 du Code pénal;

(1) Annexe au procès-verbal de la séance du 21 novembre 1883, n° 74.

2° A tout condamné à un emprisonnement de plus de six mois pour rébellion ou violence envers les agents de l'autorité publique ;

3° A tout condamné pour délit de fabrication, de colportage, distribution de poudres de guerre ou de chasse, armes ou autres munitions de guerre, de menaces écrites ou de menaces verbales avec ou sans conditions, de dévastation d'arbres ou de récoltes sur pieds, de plants venus naturellement ou faits de main d'homme;

4° A ceux qui auront été condamnés pour vagabondage, mendicité, vol, escroquerie, abus de confiance;

5° A tout condamné placé sous la surveillance de la haute police.

L'interdiction dont sont frappés les condamnés visés aux paragraphes 2, 3 et 1 durera cinq ans après l'expiration de la peine.

ART. 6. — Ne sont pas admis à exercer le droit de chasse :

1° Les mineurs, à moins qu'ils ne soient autorisés par leur père, mère, tuteur ou curateur; il sera justifié de l'autorisation au moment de la déclaration devant le maire; la quittance délivrée par le percepteur mentionnera cette autorisation;

2° Les interdits;

3° Tout individu majeur qui ne sera pas personnellement inscrit ou dont le père et la mère ne seraient pas inscrits au rôle des contributions;

4° Les gardes-champêtres ou forestiers des communes et établissements publics, ainsi que les gardes forestiers de l'Etat et les gardes pêche;

5° Ceux qui n'auront pas exécuté les condamnations prononcées contre eux pour l'un des délits prévus par la présente loi.

ART. 7. — Tout individu qui se trouvant dans l'un des cas d'incapacité ou d'indignité énumérés dans les articles 5 et 6 aurait à l'aide d'une déclaration frauduleuse ou inexacte obtenu la délivrance de la quittance prévue à l'article 4 sera considéré comme n'ayant pas valablement acquitté le droit qu'elle confère, et puni des peines édictées ci-après, contre ceux qui auront chassé sans quittance. La taxe perçue ne sera pas remboursée.

ART. 8. — Dans le temps où la chasse est ouverte, le payement de la taxe afférente à l'exercice du droit de chasse donne à celui qui a acquitté cette taxe la faculté de chasser de jour à tir et à courre. Tous les autres moyens de chasse sont formellement prohibés. Néanmoins, les préfets des départements, sur l'avis des Conseils généraux, prendront des arrêtés pour déterminer :

1° L'époque de la chasse des oiseaux de passage autres que la caille, la nomenclature de ces oiseaux, les modes et procédés de chaque chasse sur les diverses espèces ;

2° Le temps pendant lequel il sera permis de chasser le gibier d'eau dans les marais, sur les étangs, fleuves et rivières. L'emploi du fusil ne pourra être autorisé en temps prohibé que pour la chasse au gibier d'eau, et dans un rayon maximum de cinquante mètres des marais, étangs, fleuves et rivières. Les préfets prendront également et dans les mêmes conditions des arrêtés : 1° pour déterminer les espèces d'animaux malfaisants ou nuisibles que les propriétaires possesseurs ou fermiers pourront en tout temps détruire sur leurs terres et les conditions d'exercice de ce droit, sans préjudice du droit du propriétaire ou fermier de repousser ou détruire, même avec des armes à feu et sans acquittement préalable des droits, les animaux malfaisants ou nuisibles qui causeraient des dommages à sa propriété.

Ils pourront prendre également des arrêtés : 1° pour prévenir la destruction des oiseaux ou favoriser leur repeuplement; 2° pour autoriser l'emploi des chiens lévriers pour la destruction des animaux malfaisants ou nuisibles et des bourses et furets pour la destruction des lapins; 3° pour interdire la chasse et le colportage du gibier pendant le temps de neige. La chasse par tous autres moyens que l'emploi du fusil donne également lieu à l'acquit de la taxe.

La chasse est permise toute l'année à la mer et sur les lais et relais. Un règlement d'administration publique déterminera les espèces d'oiseaux reconnues utiles dont la chasse ne pourra être autorisée par les préfets, dans les termes qui précèdent et ne pourra avoir lieu qu'au fusil et en temps de chasse ouverte.

ART. 9. — Des décrets du Président de la République détermineront la gratification qui sera accordée aux gardes, gendarmes et tous autres agents qui auront constaté les délits.

Les propriétaires ou fermiers de terrains pouvant servir de refuge aux animaux malfaisants ou nuisibles seront responsables de plein droit des dommages causés par ces animaux, si, après une mise en demeure et dans les délais prescrits par les règlements ils n'ont pas procédé d'eux-mêmes ou fait procéder à la destruction de ces animaux.

Le règlement d'administration publique déterminera la forme de la mise en demeure et les conditions auxquelles aura lieu la destruction.

Si le propriétaire ou fermier n'obéit pas à la mise en demeure ou si les dommages continuent, il sera procédé à leurs frais, à la destruction des animaux malfaisants ou nuisibles, par les soins de l'autorité publique, sans préjudice de la responsabilité encourue par lesdits propriétaires ou fermiers.

Le loup tiré appartient à celui qui l'a tiré, encore qu'il eût été poursuivi par un autre chasseur.

SECTION II. — *Des peines.* — ART. 10. — Seront punis d'une amende de 25 à 150 francs :

1° Ceux qui auront chassé sans avoir valablement acquitté la taxe.

2° Ceux qui auront chassé sur le terrain d'autrui au mépris d'une prohibition publiquement manifestée. L'amende pourra être portée au double si le délit a été commis sur des terres non dépouillées de leurs fruits ou sur un terrain entouré d'une clôture continue faisant obstacle à toute communication avec les héritages voisins, mais non attenant à une maison d'habitation.

Pourra ne pas être considéré comme délit de chasse le fait du passage des chiens courants sur l'héritage d'autrui, lorsque ces chiens seront à la poursuite d'un gibier lancé dans des propriétés sur lesquelles leur maître a le droit de chasser, et qu'ils n'auront pas été appuyés, sauf l'action civile en cas de dommage, s'il y a lieu.

3° Ceux qui auront contrevenu aux arrêtés des préfets concernant les oiseaux de passage, le gibier d'eau, la chasse en temps de neige, l'emploi des chiens lévriers, ou autres arrêtés concernant la destruction des oiseaux et des animaux malfaisants et nuisibles.

4° Ceux qui auront pris ou détruit volontairement ou colporté des portées d'animaux, des œufs ou couvées d'oiseaux non déclarés nuisibles.

5° Les fermiers de la chasse, soit dans les lieux soumis au régime forestier, soit sur les propriétés dont la chasse est louée au profit des communes ou établissements publics qui auront contrevenu aux clauses et conditions de leurs cahiers des charges relatives à la chasse.

ART. 11. — Seront punis d'une amende de 50 à 500 francs, et pourront en outre l'être d'un emprisonnement de six jours à deux mois :

1° Ceux qui auront chassé en temps prohibé.

2° Ceux qui auront chassé pendant la nuit ou à l'aide d'engins ou d'instruments prohibés ou par d'autres moyens que ceux qui sont autorisés par l'article 8.

3° Ceux qui seront détenteurs ou ceux qui seront trouvés munis ou porteurs hors de leur domicile de filets, engins ou autres instruments de chasse prohibés.

4° Ceux qui, en temps où la chasse est prohibée ou suspendue, auront mis en vente, vendu, acheté ou colporté du gibier.

5° Ceux qui auront employé des drogues ou appâts qui sont de nature à enivrer le gibier ou à le détruire.

6° Ceux qui auront chassé avec appeaux, appelants ou chanterelles.

Les peines déterminées par le présent article pourront être portées au double contre ceux qui auront chassé pendant la nuit et par l'un des moyens spécifiés au § 2, si les chasseurs étaient munis d'une arme apparente ou cachée.

Les peines déterminées par l'article 10 et par le présent article seront toujours portées au maximum lorsque les délits auront été commis par les gardes champêtres ou forestiers des communes, ainsi que par les gardes forestiers de l'État et des établissements publics, et généralement par toute personne chargée de l'exécution ou de l'application de la loi.

Le jugement qui aura condamné les hôteliers, restaurateurs, fabricants de conserves et autres marchands de comestibles pour avoir mis en vente, vendu, acheté, transporté ou colporté du gibier pourra ordonner la fermeture de leurs établissements pour trois jours au moins et deux mois ou plus. Le jugement portant condamnation sera affiché aux frais du délinquant sur la porte principale de son établissement.

ART. 12. — Celui qui aura chassé sur le terrain d'autrui sans son consentement si ce terrain est attenant à une maison d'habitation ou servant à l'habitation, si ce terrain est entouré d'une clôture continue faisant obstacle à toute communication avec les héritages voisins, sera puni d'une amende de 50 à 500 francs et pourra l'être d'un emprisonnement de six jours à trois mois.

Si le délit a été commis pendant la nuit, le délinquant sera puni d'une amende de 100 francs à 1.000 francs et pourra l'être d'un emprisonnement de trois mois à deux ans, sans préjudice dans l'un et l'autre cas, s'il y a lieu, de plus fortes peines prévues dans le Code pénal.

Art. 13. — Les peines déterminées par les 3 articles qui précèdent seront portées au double si le délinquant était en état de récidive, s'il était déguisé ou masqué, s'il a pris un faux nom, s'il a usé de violence envers les personnes ou s'il a fait des menaces, s'il est sans autres moyens d'existence connus que le braconnage, s'il y a eu concert entre lui et un ou plusieurs autres en vue de rabattre le gibier ou d'établir des signaux pour échapper à la surveillance des agents de l'autorité. Lorsqu'il y aura récidive dans les cas prévus par les articles 11 et 12, la peine de l'emprisonnement sera appliquée si le délinquant n'a pas satisfait aux condamnations précédentes.

Art. 14. — Il y a récidive lorsque dans les douze mois qui ont précédé l'infraction le délinquant a été condamné en vertu de la présente loi.

Art. 15. — Tout jugement de condamnation prononcera la confiscation des filets, engins et autres instruments de chasse. Il ordonnera, en outre, la destruction des engins prohibés.

Il prononcera également la confiscation des armes, excepté dans le cas où le délit aura été commis par un individu muni d'une quittance dans le temps où la chasse est autorisée.

Si les armes, filets, engins ou autres instruments de chasse n'ont pas été saisis, le délinquant sera condamné à les représenter ou à payer la valeur suivant la fixation qui en sera faite par le jugement, sans qu'elle puisse être au-dessous de 50 francs pour un fusil simple et 100 francs pour un fusil double.

Les armes, engins ou autres instruments de chasse abandonnés par les délinquants restés inconnus seront saisis et détruits. La destruction en sera ordonnée sur le vu du procès-verbal.

Dans tous les cas, la quotité des dommages-intérêts est laissée à l'appréciation des tribunaux.

Art. 16. — En cas de conviction de plusieurs délits prévus par la présente loi par le Code pénal ordinaire ou par des lois spéciales, la peine la plus forte sera seule appliquée.

Les peines encourues pour des faits antérieurs à la déclaration du procès-verbal de contravention seront annulées, s'il y a lieu, sans préjudice des peines sur la récidive.

Art. 17. — En cas de condamnation pour délits prévus par la présente loi, les tribunaux pourront priver le délinquant de l'exercice du droit de chasse pour un temps qui n'excédera pas cinq ans.

Art. 18. — La gratification mentionnée en l'article 10 sera prélevée sur le produit des amendes.

Le surplus desdites amendes sera attribué aux communes sur le territoire desquelles les infractions auront été commises.

Art. 19. — L'article 463 du Code pénal ne sera pas applicable aux délits prévus par la présente loi.

SECTION III. — *De la poursuite et du jugement.* — Art. 20. — Les délits prévus par la présente loi seront prouvés soit par les procès-verbaux ou rapports, soit par témoins à défaut de procès-verbaux et rapports, à leur appui.

Art. 21. — Les procès-verbaux des maires ou adjoints, commissaires de police, officiers, maréchaux des logis ou brigadiers de gendarmerie, gendarmes, brigadiers préposés des douanes, cantonniers chefs de la grande et de la petite voirie, gardes forestiers, gardes-pêche, gardes champêtres ou gardes assermentés des particuliers, feront foi jusqu'à preuve contraire. Tout les agents ci-dessus désignés autres que les gardes assermentés des particuliers auront le droit de requérir la force publique pour la répression des délits en matière de chasse, ainsi que la recherche des engins ou gibiers prohibés.

Art. 22. — Les procès-verbaux des employés des contributions indirectes et des octrois feront également foi jusqu'à preuve contraire, lorsque dans la limite de leurs attributions respectives ces agents rechercheront et constateront les délits prévus par le § 1er de l'article 4.

Art. 23. — Dans les 24 heures du délit les procès-verbaux des gardes seront, à peine de nullité, affirmés par les rédacteurs devant le juge de paix ou l'un de ses suppléants, ou devant le maire où l'adjoint soit de la commune de leur résidence, soit de celle où le délit aura été commis.

Art. 24. — Les délinquants ne pourront être saisis ni désarmés, néanmoins s'ils sont déguisés ou masqués, s'ils refusent de faire connaître leur nom ou s'ils n'ont pas de domicile connu, ils seront conduits immédiatement devant le maire ou le juge de paix, lequel s'assurera de leur individualité.

Art. 25. — Tous les délits prévus par la présente loi seront poursuivis d'office par le ministère public sans préjudice du droit conféré aux parties lésées par l'article 182 au Code d'instruction criminelle. Néanmoins dans le cas de chasse sur le terrain d'autrui sans le consentement du propriétaire, la poursuite d'office ne pourra être exercée par le ministère public sans une plainte de la partie intéressée, qu'autant que le délit aura été commis dans un terrain clos et attenant à une habitation ou sur des terres non encore dépouillées de leurs fruits.

Art. 26. — Ceux qui auront commis conjointement des délits de chasse seront condamnés solidairement aux amendes, dommages-intérêts et frais.

Art. 27. — Le père, la mère, le tuteur, les maîtres et commettants seront civilement responsables des délits de chasse commis par leurs enfants mineurs non mariés, pupilles demeurant avec eux, domestiques ou préposés, sauf recours de droit.

Cette responsabilité sera réglée conformément au paragraphe dernier de l'article 1384 du Code civil et ne s'appliquera qu'aux dommages-intérêts et frais, sans pouvoir toutefois donner lieu à la contrainte par corps.

Art. 28. — Toute action relative aux délits prévus par la présente loi sera prescrite par le laps de trois mois à compter du jour du délit.

SECTION IV. — *Dispositions générales.* — Art. 29. — Sont et demeurent abrogés les lois, arrêtés, décrets, ordonnances intervenus antérieurement sur les matières réglées par la présente loi.

En 1886, la proposition de loi suivante, sur la chasse, adoptée par le Sénat, était transmise à la Chambre des députés au nom du Sénat (1).

PROPOSITION DE LOI SUR LA CHASSE ADOPTÉE PAR LE SÉNAT. — SECTION PREMIÈRE. — *De l'exercice du droit de chasse.* — ARTICLE PREMIER. — Nul ne pourra chasser, sauf les exceptions ci-après, si la chasse n'est pas ouverte et s'il ne lui a pas été délivré de permis de chasse par l'autorité compétente.

Art. 2. — Nul n'aura la faculté de chasser sur la propriété d'autrui sans le consentement du propriétaire ou de ses ayants droit.

A moins de convention contraire, le propriétaire bailleur conserve le droit de chasse.

Le propriétaire ou possesseur peut chasser ou faire chasser en tout temps, avec les seuls moyens énoncés en l'article 10 de la présente loi, dans les possessions attenant à une habitation, et entourée d'une clôture continue faisant obstacle à toute communication avec les héritages voisins. Ce droit ne pourra être cédé par un bail qui ne comprendrait pas la maison d'habitation.

Le droit de chasser sur un terrain indivis ne peut être valablement conféré que par tous les co-propriétaires.

Art. 3. — Les préfets détermineront, par des arrêtés publiés au moins dix jours à l'avance, les jours et heures de l'ouverture et de la fermeture des diverses espèces de chasse. Ces arrêtés seront soumis à l'approbation du Ministre de l'Intérieur.

Exceptionnellement, les préfets pourront, pour des raisons majeures, modifier, par arrêté publié cinq jours à l'avance, les dates d'ouverture ou de fermeture précédemment fixées.

Art. 4. — Il est interdit de mettre en vente, de vendre, d'acheter, de transporter,

(1) Annexe du procès-verbal de la séance du 1er décembre 1886, n° 1336.

de colporter et d'exporter du gibier pendant le temps où la chasse n'est pas ouverte.

L'interdiction de la mise en vente ne sera levée que vingt-quatre heures après l'ouverture de la chasse; elle ne reprendra son effet que quarante-huit heures après la fermeture.

Il est également interdit, en toute saison, de mettre en vente, de vendre et de colporter le gibier tué à l'aide d'engins ou instruments prohibés.

De même, en temps prohibé, la vente ou la mise en vente des conserves de gibier ne pourra avoir lieu qu'à la condition qu'une estampille apposée par les soins de l'administration constatera que le gibier a été mis en boîte huit jours au plus tard après la fermeture de la chasse.

En cas d'infraction à l'une ou l'autre de ces dispositions, le gibier mort et les conserves de gibier seront saisis et immédiatement livrés à l'établissement de bienfaisance le plus voisin, en vertu soit d'une ordonnance du juge de paix, si la saisie a eu lieu au chef-lieu de canton, soit d'une autorisation du maire, si le juge de paix est absent, ou si la saisie a été faite dans une commune autre que celle du chef-lieu. Cette ordonnance ou cette autorisation sera délivrée sur la requête des agents ou gardes qui auront opéré la saisie et sur la présentation du procès-verbal régulièrement dressé. Le gibier vivant sera mis immédiatement en liberté en plein champ.

La recherche et la saisie du gibier pourront être opérées à domicile dans tous les lieux ouverts au public et notamment chez les restaurateurs, les maîtres d'hôtel, les aubergistes, les marchands de comestibles et de gibier, ainsi que dans les cafés, les voitures publiques, les gares, leurs bureaux et dépendances.

Art. 5. — Il est interdit de prendre ou de détruire, de colporter ou mettre en vente les œufs ou les couvées de tous oiseaux, ainsi que les portées et petits de tous animaux qui n'auront pas été déclarés nuisibles par arrêtés préfectoraux.

Le propriétaire aura le droit de recueillir, pour les faire couver, les œufs mis à découvert par l'enlèvement des récoltes.

Le transport du gibier vivant peut être autorisé pour le repeuplement, par le Ministre de l'Intérieur et moyennant les conditions prescrites par lui.

Art. 6. — En temps prohibé, toutes les espèces de gibier ayant leur similaire en France, notamment le chevreuil, le lièvre, le faisan, la perdrix, la caille et la bécasse ne peuvent être introduites en France, colportées ni mises en vente.

Pendant la même période, les conserves de gibier venant de l'étranger ne pourront être vendues ni mises en vente qu'à la condition d'être revêtues du timbre de la douane établissant qu'elles ont été introduites en France dans les huit jours de la fermeture de la chasse.

Art. 7. — Les permis de chasse seront délivrés sur l'avis du maire par le préfet du département ou le sous-préfet de l'arrondissement dans lequel celui qui en fera la demande aura sa résidence ou son domicile.

La délivrance du permis de chasse donnera lieu au payement d'un droit de vingt-huit francs (28 fr.).

Les permis de chasse seront personnels; ils seront valables pour tout le territoire de la République et pour un an du jour de leur délivrance à pareille date inclusivement.

En cas de perte, le permis de chasse pourra être délivré par duplicata, sans autres frais que le payement du timbre de la demande.

Le permis adité sera annulé par arrêté du préfet ou du sous-préfet qui l'aura délivré.

Art. 8. — Le permis de chasse sera refusé:

1° A tout individu qui, par une condamnation judiciaire, a été privé de l'un ou de plusieurs des droits énumérés dans l'article 42 du Code pénal;

2° A tout condamné à un emprisonnement de plus de six mois pour rébellion ou violence envers les agents de l'autorité publique;

3° A tout condamné à l'emprisonnement pour délit de menaces écrites ou de menaces verbales dans les conditions prévues par les articles 305, 306 et 307 du Code pénal, de dévastation d'arbres et de récoltes sur pied, de plants venus naturellement ou faits de main d'homme;

4° A ceux qui, dans les conditions prévues par l'article 2 § 2 de la loi du 23 janvier 1873, auront subi deux condamnations correctionnelles pour ivresse, ou qui auront été condamnés à l'emprisonnement pour vagabondage, mendicité, vol, escroquerie ou abus de confiance;

5° A ceux qui, dans l'espace de cinq ans, auront subi deux condamnations correctionnelles à l'emprisonnement pour contrebande ;

6° A ceux qui auront été condamnés pour chasse de nuit avec engins prohibés ;

7° A ceux qui n'auront pas exécuté les condamnations prononcées contre eux et payé les amendes et dommages-intérêts auxquels ils ont été condamnés pour l'un des délits prévus par la présente loi.

Le droit d'obtenir un permis de chasse sera rendu aux condamnés dont il est question dans les paragraphes 2, 3, 4, 5 et 6, cinq ans après l'expiration de la peine.

Le permis délivré sans droit sera considéré comme nul. Il en sera de même dans le cas où, depuis la délivrance du permis, le titulaire aura encouru une condamnation entraînant l'incapacité déterminée ci-dessus.

Art. 9. — Le permis de chasse ne sera pas délivré :

1° Aux mineurs qui n'ont pas seize ans accomplis ;

2° Aux mineurs de seize à vingt et un ans, à moins que le permis ne soit demandé pour eux par leur père, mère, tuteur ou curateur ;

3° Aux femmes mariées, sauf le consentement de leur mari ;

4° Aux interdits ;

5° Aux gardes champêtres ou forestiers des communes et établissements publics ainsi qu'aux gardes forestiers de l'État et aux gardes-pêche.

Art. 10. — Dans le temps où la chasse est ouverte, le permis donne à celui qui l'a obtenu le droit de chasser du lever au coucher du soleil, soit à tir, soit à courre, à cor et à cris, suivant les conditions établies par les arrêtés préfectoraux, sur ses propres terres et sur les terres d'autrui, avec le consentement de celui à qui le droit de chasse appartient.

Tous les autres moyens de chasse, à l'exception des furets et des bourses destinés à prendre les lapins, sont formellement prohibés.

Est aussi interdite la chasse au fusil à l'aide de mannequins ou buissons mobiles servant à masquer le chasseur et à lui permettre d'approcher le gibier.

Il est interdit de chasser en temps de neige, c'est-à-dire dès que la quantité de neige tombée est suffisante pour qu'il soit possible de suivre une piste. Toutefois, les préfets pourront, par arrêté approuvé par le Ministre de l'Intérieur, apporter à la disposition qui précède les modifications qui seront jugées nécessaires.

La chasse avec permis est autorisée toute l'année à la mer et sur le rivage, la limite étant celle de la plus haute marée.

Art. 11. — Les préfets, sur l'avis des Conseils généraux et avec l'approbation préalable du Ministre de l'Intérieur, prendront des arrêtés pour déterminer :

L'époque, les heures et la durée de la chasse des oiseaux d'eau et des oiseaux de passage, les modes et procédés de chasse des diverses espèces. — Ces arrêtés comprendront la nomenclature des oiseaux auxquels ils s'appliquent.

La caille et la bécasse ne pourront pas être comprises dans la nomenclature ci-dessus ; la vente n'en pourra avoir lieu que pendant le temps où la chasse est ouverte.

Ils prendront, dans les mêmes conditions, des arrêtés pour déterminer les espèces d'animaux malfaisants ou nuisibles que le propriétaire, possesseur ou fermier, pourra en tout temps détruire sur ses terres, et les conditions de l'exercice de ce droit.

Les préfets pourront également, le Conseil général entendu, prendre des arrêtés pour prévenir la destruction des oiseaux ou pour favoriser leur repeuplement et empêcher dans la campagne la divagation des chiens.

Ils pourront, en outre, autoriser individuellement les propriétaires à prendre avec des engins et dans des conditions déterminées certaines espèces de gibier pour les conserver et les relâcher au printemps.

Art. 12. — Des décrets présidentiels détermineront la gratification qui sera accordée aux gardes, gendarmes et autres agents rédacteurs des procès-verbaux ayant pour objet de constater les délits.

Art. 13. — La chasse avec des chiens lévriers est défendue.

SECTION II. — Des peines. — Art. 14. — Quiconque aura chassé sans permis sera puni d'une amende de 50 à 100 francs et pourra, en outre, être condamné à un emprisonnement de un à cinq jours.

Art. 15. — Seront punis d'une amende de 10 à 100 francs :

1° Ceux qui auront chassé sur le terrain d'autrui sans le consentement du propriétaire. L'amende pourra être portée au double si le délit a été commis sur des terres non dépouillées de leurs fruits, ou sur un terrain entouré d'une clôture continue faisant obstacle à toute communication avec les héritages voisins, mais non attenant à une habitation.

Le chasseur n'a pas le droit de suite sur le terrain d'autrui. — Toutefois, pourra ne pas être considéré comme délit de chasse le passage des chiens courants sur l'héritage d'autrui, lorsque ces chiens étaient à la suite d'un gibier lancé sur un terrain ou leur maître avait le droit de chasse, sauf l'action civile, s'il y a lieu, en cas de dommage;

2° Ceux qui auront chassé à l'aide de mannequins ou buissons mobiles;

3° Ceux qui auront contrevenu aux arrêtés préfectoraux pris en exécution de l'article 11;

4° Ceux qui, en dehors des conditions spécifiées dans l'article 11, paragraphe 5, auront pris du gibier pour le relâcher;

5° Ceux qui auront pris ou détruit, colporté ou mis en vente des œufs ou des couvées d'oiseaux, ainsi que des portées ou des petits animaux qui n'auront pas été déclarés nuisibles par des arrêtés préfectoraux;

6° Ceux qui auront chassé avec des chiens lévriers.

Art. 16. — Celui qui aura chassé sur le terrain d'autrui, si ce terrain est attenant à une maison habitée ou servant à l'habitation et s'il est entouré d'une clôture continue, faisant obstacle à toute communication avec les héritages voisins, sera puni d'une amende de 50 à 300 francs, et pourra l'être d'un emprisonnement de six jours à trois mois.

Si le délit a été commis pendant la nuit, le délinquant sera puni d'une amende de 100 à 1.000 francs, et pourra l'être d'un emprisonnement de trois mois à deux ans, sans préjudice, dans l'un ou l'autre cas, s'il y a lieu, de plus fortes peines prononcées par le Code pénal.

Art. 17. — Seront punis d'une amende de 50 à 200 francs et pourront l'être, en outre, d'un emprisonnement de six jours à deux mois:

1° Ceux qui auront chassé en temps prohibé;

2° Ceux qui, en dehors des exceptions prévues par l'article 10 ci-dessus auront chassé en temps de neige;

3° Ceux qui, en temps où la chasse est prohibée, et en dehors des délais prévus par l'article 4, auront mis en vente, vendu, acheté ou fait acheter, transporté, colporté ou exporté du gibier;

4° Ceux qui en toute saison, auront mis en vente, vendu, colporté ou exporté du gibier tué à l'aide d'engins ou instruments prohibés;

5° Ceux qui auront chassé pendant la nuit ou à l'aide d'engins et instruments prohibés ou par d'autres moyens que ceux qui sont autorisés par l'article 10, notamment avec des appeaux, appelants ou chanterelles;

6° Ceux qui seront détenteurs ou ceux qui seront trouvés munis ou porteurs, hors de leur domicile, de filets, engins ou autres instruments de chasse prohibés;

7° Ceux qui auront employé des drogues ou appâts qui sont de nature à enivrer le gibier ou à le détruire;

8° Ceux qui auront contrevenu aux dispositions de l'article 6 sur l'introduction et le colportage du gibier étranger;

9° Ceux qui auront contrevenu aux dispositions des articles 4 et 6 concernant la vente des conserves de gibier.

Les peines déterminées par le présent article pourront être portées au double contre ceux qui, étant munis d'une arme apparente ou cachée et en employant l'un des moyens spécifiés au paragraphe 5, auront chassé pendant la nuit sur le terrain d'autrui.

Les peines déterminées par les articles 14 et 15, ainsi que par le présent article, seront toujours portées au maximum lorsque les délits auront été commis par les gardes champêtres ou forestiers des communes, par les gardes forestiers de l'Etat et des établissements publics, ainsi que par les gardes particuliers assermentés.

Lorsque le délinquant aura été convaincu d'avoir fait partie d'une association de braconnage, la pénalité sera portée au double, et la peine de l'emprisonnement sera nécessairement prononcée. Les membres de l'association seront poursuivis comme complices.

Art. 18. — Les peines déterminées par les articles 14, 15, 16 et 17 qui précèdent pourront être portées au double si le délinquant était en état de récidive, s'il a pris un faux nom, s'il a fait des menaces. Il en sera de même s'il était déguisé ou masqué, ou s'il a usé de violence envers les personnes, le tout sans préjudice, s'il y a lieu, de plus fortes peines prononcées par la loi.

Dans ces deux derniers cas, la peine de l'emprisonnement sera nécessairement prononcée.

Lorsqu'il y aura récidive dans les cas prévus par les articles 14 et 15, la peine de l'emprisonnement de six jours à trois mois pourra être appliquée, si le délinquant n'a pas satisfait aux condamnations précédentes.

ART. 19. — Il y a récidive lorsque, dans les douze mois qui ont précédé l'infraction, le délinquant a été condamné en vertu de la présente loi.

ART. 20. — Tout jugement de condamnation prononcera la confiscation des filets, engins et autres instruments de chasse. Il ordonnera, en outre, la destruction des instruments de chasse prohibés. Il prononcera également la confiscation des armes, excepté dans le cas où le délit aura été commis par un individu muni d'un permis de chasse, dans le temps où la chasse est autorisée. Si les armes, filets, engins ou autres instruments de chasse n'ont pas été saisis, le délinquant sera condamné à les représenter ou à en payer la valeur, suivant la fixation qui en sera faite par le jugement, sans qu'elle puisse être au-dessous de cinquante francs. Les armes, engins ou autres instruments de chasse abandonnés par les délinquants restés inconnus, seront saisis et déposés au greffe du tribunal compétent. La confiscation et, s'il y a lieu, la destruction en seront ordonnées sur le vu du procès-verbal.

Dans tous les cas, la quotité des dommages-intérêts est laissée à l'appréciation des tribunaux.

ART. 21. — En cas de conviction de plusieurs délits prévus par la présente loi, par le Code pénal ou par les lois spéciales, la peine la plus forte sera seule prononcée. Les peines encourues pour des faits postérieurs à la déclaration du procès-verbal de contravention pourront être cumulées, s'il y a lieu, sans préjudice des peines de la récidive.

ART. 22. — Les maires et adjoints, commissaires de police, officiers, maréchaux des logis ou brigadiers de gendarmerie, gendarmes, douaniers, gardes forestiers, gardes-pêche, gardes champêtres, gardes assermentés des particuliers, peuvent exiger de tout chasseur la production du permis de chasse.

En cas de refus d'exhiber le permis, le contrevenant supportera les frais de poursuites exposés jusqu'au moment de la production.

ART. 23. — En cas de condamnation pour délits prévus par la présente loi, les tribunaux pourront priver le délinquant du droit d'obtenir un permis de chasse pour un temps qui n'excédera pas cinq ans.

ART. 24. — La gratification mentionnée en l'article 12 sera prélevée sur le produit des amendes. Le surplus desdites amendes sera attribué aux communes sur le territoire desquelles les infractions auront été commises.

ART. 25. — L'article 463 du Code pénal ne sera pas applicable aux délits prévus par la présente loi, sauf en ce qui touche le simple fait de chasse sur le terrain d'autrui sans le consentement du propriétaire.

SECTION III. — *De la poursuite et du jugement.* — ART. 26. — Les délits prévus par la présente loi seront prouvés, soit par procès verbaux ou rapports, soit par témoins à défaut de rapports et procès-verbaux ou à leur appui.

ART. 27. — Les procès-verbaux rédigés par les fonctionnaires et agents désignés en l'article 22 feront foi jusqu'à preuve contraire.

ART. 28. — Les procès-verbaux des douaniers, des sergents de ville, des employés des contributions indirectes et des octrois feront également foi jusqu'à preuve contraire, lorsque, dans la limite de leurs attributions respectives, ces agents rechercheront et constateront les délits prévus par les articles 4, 5 et 6 de la présente loi.

ART. 29. — Dans les quarante-huit heures du délit, les procès-verbaux des gardes seront, à peine de nullité, affirmés par les rédacteurs devant le juge de paix ou l'un de ses suppléants, ou devant le maire ou l'adjoint, soit de la commune de leur résidence, soit de celle où le délit a été commis.

ART. 30. — Les délinquants ne pourront être désarmés; néanmoins s'ils sont déguisés ou masqués, s'ils refusent de faire connaître leurs noms, ou s'ils n'ont pas de domicile connu, ils seront saisis et conduits immédiatement devant le maire ou le juge de paix, lequel s'assurera de leur individualité.

Art. 31. — Tous les délits prévus par la présente loi seront poursuivis d'office par le ministère public, sans préjudice du droit conféré aux parties lésées par l'article 182 du Code d'instruction criminelle. Néanmoins, dans le cas de chasse sur le terrain d'autrui sans le consentement du propriétaire, la poursuite d'office ne pourra être exercée par le ministère public, sans une plainte de la partie intéressée, qu'autant que le délit aura été commis dans un terrain clos, suivant les termes de l'article 2, et attenant à une habitation, ou sur des terres non encore dépouillées de leurs fruits.

Art. 32. — Ceux qui auront commis conjointement les délits de chasse seront condamnés solidairement aux amendes, dommages-intérêts et frais.

Art. 33. — Le père, la mère, le tuteur, les maîtres et commettants sont civilement responsables des délits de chasse commis par leurs enfants mineurs non mariés, pupilles demeurant avec eux, domestiques ou préposés, sauf tout recours de droit. Cette responsabilité sera réglée conformément à l'article 1384 du Code civil et ne s'appliquera qu'aux dommages-intérêts et frais.

Art. 34. — Toute action relative aux délits prévus par la présente loi sera prescrite par le laps de trois mois à compter du jour du délit.

SECTION IV. — *Dispositions générales.* — Art. 35. — Un règlement d'administration publique déterminera le prix et les conditions de l'apposition des estampilles ou des timbres prévus par les articles 4 et 6 de la présente loi.

Toute contravention aux dispositions de ce règlement est passible des peines édictées par l'article 17 de la même loi.

Art. 36 — Par mesure transitoire et dans le but de favoriser la reproduction du gibier, l'ouverture de la chasse à tir, en plaine et au bois, ne pourra pendant les cinq années qui suivront la promulgation de la présente loi, se faire dans les départements autres que la Corse, avant le 30 août, et la fermeture aura lieu le 10 janvier.

Il en sera de même pour les chasses exceptionnelles des oiseaux d'eau et de passage, prévues par le paragraphe 2 de l'article 11 de la présente loi.

Art. 37. — La loi du 3 mai 1844 est abrogée.

Sont également abrogés les lois, décrets, ordonnances et arrêtés intervenus antérieurement sur les matières réglées par la présente loi.

Délibéré en séance publique, à Paris les huit juin et vingt-trois novembre mil huit cent quatre-vingt-six.

En 1887 fut enfin déposée à la Chambre (1) une proposition de loi sur la défense des terrains en culture contre les dégâts du gibier, s'occupant de la classe très nombreuse des propriétaires ruraux dont les héritages, voisins de chasses domaniales ou privées, sont dévastées par le gibier, et qui n'ont contre cette expropriation indirecte de leur propriété que le recours judiciaire pour obtenir des indemnités légitimes.

PROPOSITION DE LOI. — Article premier. — Tous propriétaires, possesseurs ou fermiers pourront, en tout temps, par tous moyens et engins, détruire le gibier nuisible dans leurs récoltes non closes. Le gibier nuisible sera désigné chaque année par le préfet, à la date et dans la forme ordinaire.

Art. 2. — Toutes les prohibitions édictées par la loi sur la chasse, en ce qui concerne l'achat, la vente, le transport, le colportage du gibier pendant le temps où la chasse est interdite, sont applicables aux propriétaires, possesseurs ou fermiers qui, usant du bénéfice de l'article premier, auront détruit le gibier dans leurs récoltes.

Art. 3. — Un règlement d'administration publique déterminera les conditions dans lesquelles les propriétaires de réserves de chasse devront se clore pour conserver chez eux leur gibier.

(1) Annexe au procès-verbal de la séance du 20 juillet 1887, n° 2014.

Art. 4. — Les juges de paix connaissent sans appel à quelque somme que les dommages puissent s'élever des dégâts causés par les animaux destinés à la chasse, dans les champs, fruits et récoltes.

Ils jugeront ces actions avec l'assistance de trois jurés désignés par les Conseils municipaux des trois communes les plus voisines du lieu où le préjudice a été causé.

Ces trois assesseurs seront nommés au scrutin secret par le Conseil municipal sur l'avis donné par le juge de paix compétent au maire de chacune de ces communes dans les deux jours de la demande formée devant lui. Notification de cette nomination sera faite au juge de paix dans les trois jours de l'élection.

Le jury de chasse se réunit dans le mois du dégât causé et rend son jugement dans le délai de deux mois au maximum.

Le juge de paix peut ordonner son transport ou celui du jury dans les formes légales.

Les trois jurés et le juge de paix délibèrent ensemble ; en cas de partage, le juge de paix a voix prépondérante.

Art. 5. — Tous les délits de chasse seront déférés au jugement d'un jury composé sur les bases ci-dessus indiquées ; ce jury se réunira sur la convocation du juge de paix.

Art. 6. — Les délits de chasse seront punis d'une amende de seize à cinq cents francs.

La peine de l'emprisonnement pourra être appliquée en cas de récidive ; elle variera de six jours à six mois.

L'article 463 sera toujours applicable.

Art. 7. — L'article 117 du code forestier est modifié comme il suit : Les propriétaires qui voudront avoir, pour la conservation de leurs bois et forêts, des gardes particuliers, devront les faire agréer par le Conseil municipal de la commune sur le territoire de laquelle se trouve située la partie la plus importante de leur domaine.

La commission devra être renouvelée chaque année.

Les gardes particuliers ne pourront exercer leurs fonctions qu'après avoir prêté serment devant le juge de paix de canton.

X. CONVENTIONS ENTRE LA FRANCE ET LES PAYS ÉTRANGERS POUR LA RÉPRESSION DES DÉLITS DE CHASSE.

La théorie du droit des gens est que les agents de l'État ne peuvent poursuivre au delà de la frontière les auteurs des crimes et délits commis sur les territoires des États voisins.

En raison des inconvénients pratiques qu'offre l'application rigoureuse de ce principe, on l'a fait fléchir dans divers cas à l'aide de conventions diplomatiques, notamment pour la répression des délits forestiers, pour celle des infractions en matière de chasse et de pêche.

C'est dans ce but qu'ont été signées les conventions dont le texte se trouve ci-après : 1° Entre la France et la Belgique, le 23 avril 1880 (1). 2° Entre la France et la Suisse, le 6 août 1885 (31 octobre 1884) : une convention ayant le même objet avait été conclue le 2 mars 1782 entre le roi de France et le prince-

(1) De Clercq, *Recueil des Traités de la France* : Conventions pour la répression des délits de chasse, t. XII, p. 45.

évêque de Bâle (1). 3° Entre la France et la Bavière, le 22 février 1869, convention tombée en désuétude, la France et la Bavière n'ayant plus de territoires limitrophes depuis les modifications territoriales effectuées par le traité de Versailles du 26 février 1871 (2).

Ces conventions avaient lieu depuis longtemps, comme le prouve celle ayant le même objet, conclue le 2 mars 1782 entre le roi de France et le prince-évêque de Bâle.

FRANCE ET BELGIQUE. — *Convention signée à Paris, le 6 août 1885, entre la France et la Belgique pour la repression des délits de chasse* (approuvée par la loi du 21 avril 1886; échange des ratifications le 22 avril 1886; promulguée par décret du 23 avril 1886 (3).

Le Président de la République Française et S. M. le Roi des Belges, également animés du désir d'assurer la répression des infractions en matière de chasse commises par les nationaux de l'un des deux pays sur le territoire de l'autre, ont résolu de conclure dans ce but une convention et ont nommé pour leurs plénipotentiaires à cet effet, savoir :

Le Président de la République Française,

M. de Freycinet, sénateur, ministre des affaires étrangères ; et S. M. le Roi des Belges,

M. le baron Beyens, son envoyé extraordinaire et ministre plénipotentiaire à Paris;

Lesquels, après s'être communiqué leurs pleins pouvoirs, trouvés en bonne et due forme, sont convenus des articles suivants :

ART. 1er.

Les deux H. P. C. s'engagent à poursuivre ceux de leurs nationaux qui auraient commis sur le territoire de l'autre État des infractions en matière de chasse de la même manière et par application des mêmes lois que s'ils s'en étaient rendus coupables dans leur pays.

La poursuite des infractions n'aura lieu que si l'inculpé est trouvé sur le territoire du pays à qui elle appartient en vertu de la disposition précédente.

Elle ne pourra s'exercer si l'inculpé prouve qu'il a été jugé définitivement dans le pays où l'infraction a été commise.

---

(1) De Clercq, id., t. XIV, p. 424.
(2) De Clercq, t. X, p. 200.
(3) Discutée et approuvée, urgence déclarée le 4 février 1886 à la Chambre des députés, et le 20 avril 1886 au Sénat.

Art. 2.

La poursuite sera intentée sur la transmission du procès-verbal dressé par les officiers de police ou agents de l'autorité auxquels la loi du pays où l'infraction a été commise accorde qualité pour verbaliser en matière de chasse.

Pour les infractions commises en Belgique par des Français, les procès-verbaux seront transmis aux procureurs de la République par l'intermédiaire des procureurs royaux, et pour les infractions commises en France par des Belges, les procès-verbaux seront transmis aux procureurs royaux par l'intermédiaire des procureurs de la République.

Les procès-verbaux, dressés régulièrement par les agents de chaque pays, feront foi, jusqu'à preuve contraire, devant les tribunaux de l'autre pays.

Art. 3.

L'État où la condamnation sera prononcée percevra seul le montant des amendes et des frais.

Art. 4.

La présente convention sera ratifiée et les ratifications en seront échangées à Paris dans le plus bref délai possible. Elle sera mise à exécution deux mois après le jour de l'échange des ratifications.

Ladite convention sera considérée comme conclue pour un temps indéterminé et demeurera en vigueur jusqu'à l'expiration d'une année à partir du jour où la dénonciation en sera faite.

En foi de quoi les plénipotentiaires respectifs ont signé la présente convention et y ont apposé leurs cachets.

Fait en double exemplaire, à Paris, le 6 août 1885.

(L. S.). C. de Freycinet.   (L. S.). Beyens.

Exposé des motifs présenté le 26 novembre 1885, à l'appui du projet de loi de sanction de la convention ci-dessus par M. Henri Brisson, président du conseil, garde des sceaux, ministre de la justice, et M. de Freycinet, ministre des affaires étrangères.

MM., à la suite d'un accord intervenu entre la France et le Gouvernement belge, un décret en date du 2 novembre 1877 a autorisé, sur les bases d'une complète réciprocité, la poursuite en France des délits et contraventions commis en Belgique par des Français, en matière forestière, rurale et de pêche.

Ce décret n'a pas visé les délits et contraventions en matière de chasse, qui n'étaient prévus ni par l'article 2 de notre loi du 27 juin 1866, ni par la loi belge correspondante du 30 décembre 1836.

Pour combler cette lacune, les puissances intéressées ont arrêté les bases d'une convention destinée à assurer, par la surveillance réciproque de leurs agents, la répression des délits de chasse commis par les nationaux de l'un des deux États contractants sur le territoire de l'autre.

L'utilité de cette convention, au point de vue des intérêts français, ne saurait être contestée.

L'expérience a démontré, en effet, que nulle part le braconnage ne s'exerce avec autant d'audace et de facilité que dans le voisinage de la frontière. Les magistrats des pays limitrophes sont le plus souvent placés dans l'impossibilité d'atteindre et de punir efficacement les délinquants qui franchissent les limites du territoire, commettent des déprédations sur les propriétés voisines et, à la moindre alerte, s'empressent de regagner leur pays, échappant ainsi à la répression.

La convention qui est soumise à votre approbation est appelée à mettre un terme à cet état de choses.

L'article 1er détermine les conditions dans lesquelles des poursuites pourront être exercées contre les délinquants et dispose, en principe, que les nationaux, auteurs d'infractions en matière de chasse sur le territoire de l'autre État, seront punis de la même manière et par application des mêmes lois que s'ils s'en étaient rendus coupables dans leur pays.

L'article 2 règle la procédure à suivre pour les poursuites que les H. P. C. s'engagent à exercer contre ceux de leurs nationaux qui auront commis des infractions sur le territoire étranger.

L'article 3 dispose que l'État où la condamnation aura été prononcée percevra seul le montant des amendes.

L'article 4 a trait à la mise à exécution de la convention.

FRANCE ET SUISSE. — Le Président de la République Française et le Conseil Fédéral de la Confédération Suisse, également animés du désir d'assurer, le long de la frontière franco-suisse, la répression des délits de chasse, dans des conditions analogues à celles prévues pour la répression des délits forestiers par la convention du 29 février 1882 (1), relative aux rapports de voisinage et à la surveillance des forêts limitrophes, ont résolu de conclure, dans ce but, une convention additionnelle spéciale, et ont nommé pour leur plénipotentiaires, à cet effet, savoir :

Le Président de la République Française, M. Jules Ferry, député, président du Conseil, ministre des Affaires Étrangères ;

Et le Conseil Fédéral de la Confédération Suisse, M. Charles-Édouard Lardy, son envoyé extraordinaire et ministre plénipotentiaire à Paris ;

Lesquels, après s'être communiqué leurs pleins pouvoirs, trouvés en bonne et due forme, sont convenus des articles suivants :

Art. 1ᵉʳ.

Dans le but d'assurer la répression des délits et contraventions en matière de chasse, comme aussi de faciliter la poursuite pénale des dits délits et contraventions, les dispositions ci-après seront applicables, dans une zone de dix kilomètres de chaque côté de la frontière, sous réserve du contrôle réglementaire existant dans chaque pays pour la répression des infractions aux lois sur la chasse.

Art. 2.

Les citoyens de l'un des États contractants qui ont affermé une chasse dans la zone frontière de l'autre pays pourront préposer des garde-chasse à sa surveillance. Ces gardes devront remplir les conditions de nationalité et de capacité exigées par les lois et règlements des pays où la chasse sera située ; ils seront commissionnés par l'autorité compétente de ce même pays et assermentés.

Leurs pouvoirs et leurs obligations seront les mêmes que ceux des garde-chasse dont les fermiers ne sont pas étrangers.

Les frais nécessités par leur nomination et l'exercice de leurs fonctions seront à la charge des fermiers.

Art. 3.

Pour mieux assurer la répression des délits et contraventions qui se commettent dans les districts de chasse limitrophes, les deux hautes puissances contractantes s'engagent à poursuivre

---

(1) V. le texte de cette convention, t. XIII, p. 806. De Clercq.

ceux de leurs ressortissants qui auraient commis ces infractions sur le territoire étranger de la même manière et par application des mêmes lois que s'ils s'en étaient rendus coupables dans leur pays même.

La poursuite aura lieu sous la condition qu'il n'y ait pas eu jugement rendu dans le pays où l'infraction a été commise, et sur transmission officielle du procès-verbal par l'autorité compétente de ce pays à celle du pays auquel appartient l'inculpé.

L'État où la condamnation sera prononcée percevra seul le montant des amendes et des frais, mais les indemnités seront versées dans les caisses de l'État où les infractions auront été commises.

Les procès-verbaux dressés régulièrement par les gardes assermentés dans chaque pays feront foi, jusqu'à preuve contraire, devant les tribunaux de l'autre pays.

Art. 4.

Dans le cas où des modifications dans la législation pénale de de l'un ou de l'autre État seraient jugées nécessaires pour assurer l'exécution des articles précédents, les deux hautes puissances conctractantes s'engagent à prendre, aussitôt que faire se pourra, les mesures à l'effet d'opérer ces réformes.

Art. 5.

La présente convention additionnelle sera ratifiée et les ratifications en seront échangées à Paris, dans le délai d'un an ou plus tôt si faire se peut. Elle demeurera en vigueur aussi longtemps que la convention du 23 février 1882 sur les rapports de voisinage et la surveillance des forêts limitrophes et ne pourra être dénoncée qu'en même temps et de la même manière que ladite convention.

En foi de quoi, les plénipotentiaires respectifs ont signé la présente convention et y ont apposé leurs cachets.

Fait, en double exemplaire, à Paris, le 31 octobre 1884.

(L. S.). Jules Ferry.   (L. S.). Lardy.

Exposé représenté aux Chambres le 26 décembre 1884, à l'appui du projet de loi de sanction de la convention ci-dessus.

MM. La convention conclue, le 23 février 1882, entre la France et le Gouvernement helvétique, et ratifiée par la loi du 13 mai suivant, a eu pour objet d'assurer par une surveillance active et réciproque des agents des États contractants la répression des délits forestiers qui se commettent dans les forêts limitrophes des deux pays.

En présence des heureux résultats que l'exécution de cette convention a permis de constater, le Gouvernement Fédéral a cru devoir nous signaler l'intérêt qu'il y aurait à compléter les dispositions de ce traité par un acte additionnel qui permettrait d'assimiler, au point de vue de la répression, les délits de chasse aux délits forestiers.

Nous avons adhéré à cette proposition dont l'utilité ne peut être contestée.

L'expérience démontre que, nulle part, le braconnage ne s'exerce d'une façon aussi redoutable que sur les points du territoire qui avoisinent la frontière. L'extension exceptionnelle de ce genre de délit s'explique, dans ce cas, par l'impuissance où se trouvent les magistrats des pays limitrophes d'atteindre et de punir efficacement les auteurs de ces méfaits. Ces derniers, en effet, ne se bornent pas à exercer dans leurs pays d'origine leur coupable industrie; ils franchissent les limites du territoire, commettent des dommages et des déprédations dans les propriétés avoisinantes, et, à la première alarme, regagnent la frontière, échappant ainsi à toute répression.

La convention que nous avons l'honneur de soumettre à votre approbation permettra de mettre un terme à ces coupables agissements : elle reproduit, presque sans modification, les stipulations en vigueur entre la France et la Suisse, en ce qui concerne les délits forestiers.

Nous donnons enfin comme mémoire les lettres-patentes du 2 mars 1782, sur la convention conclue entre le roi et le prince-évêque de Bâle, touchant les délits commis sur les frontières de leurs États respectifs.

Lettres-patentes sur une Convention conclue entre le Roi et le Prince Évêque de Bâle, touchant les délits qui se commettront sur les frontières de leurs États respectifs. — Du 2 mars 1782. Publiées au Parlement le 16 avril suivant.

EXTRAIT DES REGISTRES DU PARLEMENT.

Louis, par la grâce de Dieu, Roi de France et de Navarre : A nos amés et féaux les gens tenant notre Cour de Parlement de Besançon, SALUT. Notre amé et féal le Sr. Conrad-Alexandre Gérard, Conseiller en notre Conseil d'État, ci-devant notre Ministre plénipotentiaire auprès des États-Unis de l'Amérique septentrionale, Préteur Royal de notre ville de Strasbourg, et Commissaire général des limites de notre royaume, a, en vertu du plein pouvoir que Nous lui en avons donné, conclu, arrêté et signé avec le Sr. Dominique Joseph Billieux, Conseiller intime et Chancelier de notre très-cher et très-amé Cousin le Prince-Évêque de Bâle, pareillement muni de ses pleins pouvoirs, une convention touchant les délits qui se commettront sur les frontières de l'une ou de l'autre domination, laquelle convention Nous avons ratifiée par nos Lettres-Patentes du 4 février de la présente année, desquelles, ainsi que ladite convention, la teneur suit :

Louis, par la grâce de Dieu, Roi de France et de Navarre : A tous ceux qui ces présentes Lettres verront, Salut. Comme notre cher et bien-amé le Sr. Conrad-Alexandre Gérard, Ecuyer, notre Conseiller en notre Conseil d'Etat privé, direction et finances, ci-devant notre Ministre plénipotentiaire près des Etats-Unis de l'Amérique septentrionale, Préteur Royal de la ville de Strasbourg, et Commissaire général des limites de notre royaume, auroit, en vertu du plein pouvoir que nous lui en avions donné, signé, avec le Sr. Dominique Joseph Billieux, Conseiller intime et chancelier de notre très-cher et très-amé Cousin le Prince-Évêque de Bâle, pareillement muni de ses pleins pouvoirs, une convention concernant les paréatis et les délits ruraux ; de laquelle convention la teneur s'ensuit :

CONVENTION.

Le Roi et le Prince-Évêque de Bâle, animés du désir commun de pourvoir, par tous les moyens possibles, au maintien du bon ordre sur la frontière des deux dominations, en établissant des regles fixées, fondées sur l'equité et la réciprocité ; et voulant particulièrement mettre à exécution la stipulation de l'article 8 du traité d'alliance conclu le 20 juin 1780, entre Sa Majesté et ledit Prince-Évêque, portant : « qu'afin d'etablir une Jurisprudence egale et uniforme à l'égard des dé-
« lits forestaux et, ceux relatifs à la chasse et à la pêche, il sera nommé, de part
« et d'autre, des commissaires, qui arrêteront, d'un commun accord, un regle-
« ment relatif à cet objet, ainsi qu'aux autres délits quelconques qui pourront
« être commis sur les frontières respectives de l'une ou de l'autre domination ». En conséquence le Roi a nommé le Sr. Conrad-Alexandre Gérard, Ecuyer, Conseiller de Sa Majesté en son Conseil d'Etat privé, direction et finances, ci-devant son Ministre plénipotentiaire près des États-Unis de l'Amérique septentrionale, Preteur Royal de Strasbourg ; et le Prince-Évêque de Bâle, le Sr. Dominique-Joseph Billieux, Conseiller intime et Chancelier de Son Altesse.

Lesquels, après s'être dûment communiqué leurs pleins pouvoirs, et avoir discuté entr'eux la matière, sont convenus des articles suivans :

ARTICLE PREMIER. — Les articles 9, 10, 11 et 12 du Traité d'alliance conclu entre le Roi et le Prince-Evêque de Bâle, le 20 Juin 1780, seront exécutés selon leur forme et teneur ; et pour d'autant mieux assurer la tranquillité des frontières respectives, il a été convenu, en outre, que les sujets du Roi, qui étant prévenus de crimes, même non qualifiés (tel que le vol simple) commis sur la frontière du royaume, à la distance de trois lieues, pour raison desquels les juges du lieu du délit leur instruiront le procès à l'extraordinaire, se retireront dans les Etats du Prince-Evêque de Bâle pour se soustraire à la punition due à leurs crimes, seront arrêtés par les Juges ou autres Officiers dudit Prince-Evêque, à la première réquisition qui leur en sera faite dans la forme ordinaire, de la part des Juges qui instruiront ledit procès ; mais les captifs ne seront conduits sur la frontière et extradés, qu'en vertu d'un arrêt ou paréatis obtenu à la Régence ou Conseil aulique séant à Porrentruy, et à la charge de payer les frais de capture, nourriture et transport, suivant la taxe modérée qui en aura été faite par lesdits Juges ou Officiers dudit Prince-Evêque de Bâle.

La réciprocité formant la base de la présente convention, il en sera usé de même à l'egard des sujets du Prince-Evêque de Bâle, qui étant prevenus de crimes commis sur la frontière, se seront retirés dans quelque province du royaume, et lesdits prisonniers ne seront extradés qu'en vertu d'arrêts ou paréatis de la Cour souveraine de la province ou ils auront été appréhendés.

ART. II. — Si les sujets du Prince-Evêque commettent quelques crimes sur les frontières du royaume, pour raison desquels les Juges des lieux leur auront fait le procès, les sentences ou jugemens, soit contradictoires, soit par coutumace, qui interviendront contre lesdits sujets, seront exécutés dans les Etats dudit Prince-Evêque, après avoir obtenu le décret des Juges des lieux, quant aux amendes et condamnations pecuniaires, et autres qui auront été prononcées, même la peine de prison, dans les cas énoncés dans l'article 38 ci-après ; mais s'il échet des peines afflictives, les Juges des lieux, après avoir continué la procédure jusqu'au jugement définitif exclusivement, en enverront les actes aux Juges naturels du coupable, qui prononceront la sentence conformément aux lois et aux ordonnances de leur patrie. Il en sera usé de même contre les sujets du Roi qui auroient commis quelques crimes sur les frontières des États du Prince Evêque de Bâle, et à qui le procès auroit été fait par les tribunaux du pays, soit contradictoirement, soit par contumace.

Art. III. — Les gardes établis dans les États respectifs pour la conservation des forêts, chasses et pêches, après avoir prêté le serment en tel cas requis, lors de leur réception, pardevant le Juge de la Juridiction ou ils seront établis, seront tenus de faire leur rapport dans les vingt-quatre heures de celle du délit, de l'affirmer au greffe de la Juridiction, ou pardevant le Juge des lieux, deux jours au plus tard après le délit commis, à peine de nullité, et de repondre des amendes, restitution et dommages-intérêts auxquels les délinquans auroient été condamnés.

Art. IV. — Les rapports contiendront les noms des délinquans, autant que faire se pourra, ou du moins leur signalement bien caractérisé ; la qualité du délit, l'espèce et grosseur des bois, les lieux où ils auront été coupés, le nombre et la qualité des bêtes surprises en faisant dommages, aux peines portées en l'article précédent.

Art. V. — Les rapports affirmés au greffe, comme il a été dit, et dans les délais fixés par l'article 3, feront foi en justice.

Art. VI. — Les greffiers donneront sur le champ acte des rapports qui leur seront faits par les gardes, et leur en délivreront expédition, qui sera incessamment remise au Procureur fiscal ou à l'Officier du Seigneur qui, par le droit de sa place, est obligé de poursuivre la punition des délinquants, lesquels seront assignés le plutôt qu'il sera possible, et condamnés suivant la nature du délit.

Art. VII. — L'amende ordinaire pour les délits commis depuis le lever jusqu'au coucher du soleil, sans feu et sans scie, par personnes privées, n'ayant charges, usages, ateliers ou commerce dans les forêts, bois et garennes des deux dominations, sera pour la première fois de 4 l. pour chaque pied du tour de chêne, et de tous autres fruitiers indistinctement, même des châtaigniers ; de 50 s. pour chaque pied de tour de saule, hêtre, orme, tilleul, sapin, charme ou frêne ; et de 30 s. par pied de tour d'arbre de toute autre espèce, verd, en étant sec ou abattu ; et sera le tout pris et mesuré à demi pied près de terre.

Art. VIII. — Ceux qui auront chouppé, ébranché et deshonoré des arbres, payeront la même amende au pied de tour, que s'ils les avoient abattus par le pied.

Art. IX. — Par chaque charrette de merrein, bois quarré de sciage ou de charpenterie, l'amende sera de 40 l. ; pour la somme ou charge de cheval ou bourrique 4 l. pour le fagot ou fouée 20 s.

Art. X. — Par charrette de bois de chauffage l'amende encourue sera de 7 l. 10 s. pour la somme ou charge de cheval, bourrique, de 2 l. et pour le fagot ou fouée, ou charge d'homme, de 10 s.

Art. XI. — Pour étalons, baliveaux, parois, arbres de lisière, et autres arbres de reserve, 25 l. ; pour pied cornier, marqué du marteau du Seigneur, abattu, 50 l. , et 100 l. pour pied cornier arraché et deplacé. Sera néanmoins l'amende pour baliveaux de l'âge du taillis au-dessous de vingt ans, reduite à 10 l. ; celle pour plans arrachés sans permission, sera de 10 s. par chaque plant. Les bois coupés en délit, s'ils sont saisis sur les lieux, seront confisqués au profit du Seigneur haut-justicier.

Art. XII. — L'amende pour avoir abattu ou ramassé des herbages, liens, glands, faînes et feuilles dans les forêts, sera de 5 l. par charge d'homme ; de 20 l. par charge de cheval ou d'âne, et de 40 l. pour une charretée.

Art. XIII. — Toutes personnes qui auront coupé, arraché et emporté arbres, branches ou feuillages des forêts, bois et garennes sous prétexte de noces, fêtes ou confréries, seront punies d'amende, restitution en dommages et intérêts, selon le tour et la qualité des bois, ainsi qu'elles le seroient en autre délit.

Art. XIV. — Si les délits se trouvent avoir été commis depuis le coucher jusqu'au lever du soleil, ou par scie, ou par feu, l'amende sera double, ainsi que s'ils ont été commis par personnes ayant charges, usages, ateliers ou commerce dans les forêts, bois et garennes des deux dominations.

Art. XV — Les délinquants seront condamnés à une double amende pour la première récidive, pour la seconde à une triple amende, et pour la troisième à pareille amende, et en outre à l'emprisonnement de leurs personnes, et autre punition exemplaire, suivant l'exigence des cas; et ne seront censés, en cas de récidive, que ceux contre lesquels il y aura eu condamnations prononcées.

Art. XVI. — Les souverains respectifs s'engagent et se promettent mutuellement de ne pas faire la remise des amendes encourues avant le jugement qui doit être rendu sur le délit.

Art. XVII. — Outre les amendes ci-dessus reglées, les restitutions, dommages et intérêts seront adjugés, de tous les délits, au profit des propriétaires des forêts où ils auront été commis, à pareille somme que l'amende.

Art. XVIII. — Les chevaux, bourriques et harnois qui se trouveront chargés de bois de délits; les scies, haches, serpes, coignées, et autres outils dont les particuliers coupables et complices seront trouvés saisis, seront gagés et mis en fourrière, pour sûreté de l'amende et dommages-intérêts, et ne pourront être rendus, qu'en payant ou en donnant bonne et suffisante caution par le propriétaire, de payer l'amende et autres condamnations, à peine contre les Officiers de l'une ou de l'autre domination qui les auroient rendus, d'en demeurer personnellement garants et responsables.

Art. XIX. — Les bestiaux trouvés en délit dans les coupes des forêts non défensables, seront pareillement saisis et arrêtés, et les propriétaires condamnés en l'amende, qui sera de 20 l. pour chaque cheval, bœuf ou vache; 5 l. par veau, et 3 l. par mouton ou brebis. Le double pour la seconde fois, et pour la troisième le quadruple de l'amende, avec interdiction des forêts contre les pâtres et autres conducteurs, desquels, en tous les cas, les maîtres, pères et chefs de famille, et propriétaires, demeureront civilement responsables, même les communautés, dans le cas que leurs troupeaux, sous la garde et conduite des pâtres par elles choisis, seraient trouvés en délit.

Art. XX. — Les bestiaux étrangers qui seront trouvés dans les forêts défensables, payeront, savoir : chaque cheval ou chèvre 10 s. et chaque vache, bœuf, mouton, etc. 5 s. par tête.

Art. XXI. — Dans les cas où les bestiaux trouvés en délit et mis en fourrière, ne seraient point réclamés huitaine après leur enlèvement, ils seront vendus au plus prochain marché, à la diligence des Procureurs fiscaux ou autres Officiers ayant charge des Seigneurs, au plus offrant et dernier enchérisseur, et le prix en provenant sera consigné entre les mains du Greffier de la Juridiction, qui s'en chargera, sur iceluy préalablement pris les frais de garde et de fourrière, l'amende, les dommages-intérêts et dépens.

Art. XXII. — Dans le cas où le propriétaire, en réclamant lesdits bestiaux, refuseroit de payer ou de donner bonne et suffisante caution, il en sera usé ainsi qu'il a été dit en l'article précédent.

Art. XXIII. — Toutes personnes qui porteront et allumeront du feu dans les forêts, landes ou bruyères, seront punies de punition corporelle, et d'amende arbitraire, selon l'exigence des cas, outre la réparation des dommages que l'incendie auroit causés, à l'égard desquels les communautés, et autres particuliers, demeureront civilement responsables de leurs pâtres, bergers et domestiques.

Art. XXIV. — Les communautés ou particuliers qui auront droit d'usage, de pâturage ou de passage dans les forêts de l'une ou l'autre domination, se conformeront, pour l'exercice de leurs droits, aux règlements de police et ordonnances établies dans chaque État, et seront tenus aux peines y portées, en cas de contravention de leur part.

Art. XXV. — L'usage des armes à feu brisés par la crosse ou par le canon, et des cannes ou bâtons creusés, sera défendu aux sujets des deux dominations, à peine, contre les particuliers qui seront porteurs desdites armes, de 100 l. d'amende outre la confiscation, pour la première fois, et de peine corporelle pour la seconde.

Art. XXVI. — Toutes personnes qui chasseront à feu, entreront et demeureront de nuit dans les forêts, bois et buissons en dépendant, avec armes à feu, seront condamnées à 100 l. d'amende, et même à une peine corporelle s'il y échet. Pourront néanmoins les passans par les grands chemins des forêts, porter des armes non prohibées pour la défense de leurs personnes.

Art. XXVII. — Toutes personnes qui prendront dans les forêts, garennes et buissons des aires d'oiseaux, de quelque espèce que ce soit, ou les œufs des cailles, perdrix ou faisans, seront condamnées à 25 l. d'amende pour la première fois, au double pour la seconde, et pour la troisième à l'emprisonnement de leurs personnes en outre de ladite amende, et d'être punies exemplairement, suivant l'exigence des cas.

Art. XXVIII. — Tous ceux qui tendront des lacets, ficelles, tonnelles, traîneaux, bricolles de corde et de fil d'archal, pièces et pans de rets, colliers et halliers de fil ou de soie, seront condamnés à 100 l. d'amende pour la première fois, au double pour la seconde, et pour la troisième à une punition exemplaire.

Art. XXIX. — Toutes personnes qui chasseront sur les terres ensemencées, depuis que le blé sera en tuyau jusqu'à la récolte, et dans les vignes depuis le premier jour de mai jusqu'après la dépouille, seront condamnées à 500 l. d'amende et à tous dépens, dommages et intérêts envers les propriétaires et usufruitiers, au double d'amende en cas de récidive; et si ce sont des paysans et des roturiers, ils pourront être condamnés pour la troisième à une punition corporelle.

Art. XXX. — Tous les délits concernant les forêts et la chasse, qui ne sont pas compris dans la présente convention, seront punis par les juges des deux dominations, suivant l'exigence des cas, par proportion à ceux qui y sont exprimés; et eu égard aux circonstances qui seront tirées du temps, du lieu et de la manière dont les délits auront été commis, ainsi que la quantité des animaux qui auront été tirés ou chassés.

Art. XXXI. — Comme il importe de mettre des obstacles aux échappées, et d'établir des limites sensibles entre les territoires respectifs, il est convenu qu'on fera, aux frais des communautés limitrophes, des fossés et des tranchées dans les bois, les pâturages, et autres lieux, où cela sera jugé nécessaire : et que dans les endroits où il ne seroit pas possible de pratiquer des fossés, on construira, autant qu'il se pourra, des murs secs pour remplir le même objet. Les Commissaires qui seront chargés de la délimitation, seront autorisés à procéder à l'exécution du présent article.

Art. XXXII. — Quant au délit au sujet de la pêche, ils seront pareillement punis selon l'exigence des cas, eu égard aux circonstances tirées des jours, du lieu, du temps et des saisons auxquels ils auront été commis, des instruments et engins dont on se sera servi, ainsi que de la manière dont on aura pêché, et de la quantité et qualité des poissons que l'on aura pris; le tout suivant les ordonnances établies dans chaque État sur le fait de la pêche.

Art. XXXIII. — Quant aux querelles, rixes et mains-mises survenues entre les sujets respectifs sur la frontière, dans le cas où il y auroit eu des coups de poing donnés entre gens du peuple, l'amende sera de 3 l.; si on a frappé à coups de bâton, ou autre pareil instrument, l'amende sera de 6 l., et de 10 l. si on a assailli à coups de pierres. Pour des attaques faites avec des armes à feu ou tranchantes l'amende sera de 50 l.; le tout sans préjudice des dommages-intérêts dus à la partie lésée, lesquels seront arbitrés selon l'exigence des cas, particulièrement s'il y a effusion de sang.

Art. XXXIV. — Si dans quelqu'un des cas énoncés dans l'article précédent, le délit étoit accompagné de circonstances aggravantes qui le rendroit susceptible de peine afflictive, ou s'il en résultoit danger de mutilation ou de mort, le procès des délinquants seroit instruit à l'extraordinaire.

Art. XXXV. — Les autres délits ou quasi-délits non exprimés ci-devant, qui seront commis par des sujets d'une domination dans l'autre, seront punis suivant les règlemens et ordonnances établis dans chaque État, et les délinquans seront tenus, aux peines y portées, en observant de part et d'autre, pour l'exécution des décrets et jugemens qui seront rendus par les juges des deux souverainetés ce qui a été arrêté et convenu par les articles I et II de la présente convention, pour l'exécution des décrets et jugemens respectifs.

Art. XXXVI. — Il est convenu qu'aussi souvent que les juges respectifs auront besoin du témoignage des sujets de l'autre domination, le juge qui sera saisi de l'affaire, soit au civil, soit au criminel, adressera des lettres rogatoires au juge du domicile desdits témoins; et la permission de les assigner sera accordée sans difficulté et sans délai, à charge de faire payer auxdits témoins un salaire compétent et proportionné à l'éloignement des lieux et à la durée de leur absence : bien entendu que la forme de requérir les parcalis, par lettres missives ou par toute autre voie non légale, demeurera abolie, et que pour prévenir tous abus et inconvéniens, la partie poursuivante, publique ou particulière, sera tenue de présenter un placet au juge, au bas duquel celui-ci mettra son mandat rogatoire.

Art. XXXVII. — Les sujets des deux dominations qui frauderoient les droits des péages, pontenages, et autres établis dans les lieux où ils passeront, seront punis suivant les lois et par les Juges des lieux ou lesdits droits seront perçus.

Art. XXXVIII. — Dans tous les cas où il écherra de prononcer contre les délinquans, outre l'amende des punitions corporelles ou exemplaires, lesdites peines ne pourront excéder celles du fouet, du carcan, de la prison ou du bannissement des forêts; et dans les cas de condamnation à tenir prison, soit pour délit caracterisé, soit faute de pouvoir payer l'amende encourue, l'emprisonnement, si le délinquant n'a pas été arrêté en flagrant délit, sera exécuté dans la conciergerie de la juridiction du domicile dudit délinquant, après en avoir obtenu la permission en la forme prescrite par ces articles I et II; et dans tous les cas ledit emprisonnement ne durera, pour la première fois, que trois jours au plus, et huit jours en cas de récidive, à moins que la condamnation ne soit intervenue sur un procès instruit à l'extraordinaire, pour autre crime qui meriteroit une punition plus severe.

Art. XXXIX. — Toutes les condamnations d'amende qui sont arrêtées en la présente convention, seront prononcées et payées de part et d'autre, en livres tournois.

Art. XL. — Il a été convenu expressément que tous les rapports pour délits qui n'auront pas été poursuivis et jugés dans l'an et le jour de leur date, seront censés prescrits et non avenus; il ne pourra plus leur être donné aucune suite après l'année révolue, et en cas de récidive de la part du denoncé, ils n'opéreront rien à sa charge.

Art. XLI. — La convention ci-dessus ayant suffisamment pourvu à la punition facile et prompte des crimes et des délits, toutes représailles cesseront desormais de part et d'autre; on s'abstiendra particulierement de saisir et arrêter après coup dans une domination un sujet de l'autre qui y auroit commis un délit. Cette saisie et la détention d'un sujet étranger ne devant avoir lieu que pour les crimes, et lorsque celui qui se rend coupable d'un délit forestal ou autre, est surpris et arrêté en flagrant délit.

Art. XLII. — Tout ce que dessus sera exactement gardé et observé par les Juges des deux dominations, sous telles peines que de droit.

Art. XLIII. — La présente convention sera ratifiée par le Roi et le Prince-Évêque de Bâle; et l'échange des ratifications se fera dans l'espace de six semaines, ou plutôt si faire se peut, à compter du jour de la signature de la présente convention.

En foi de quoi, nous, Commissaires susdits, avons signé les présents articles, et y avons apposé le cachet de nos armes.

Strasbourg le 16 decembre 1781.
Fait à Porrentruy le 19 décembre 1781.
(L. S.)   GERARD.   (L. S.)   BILLIEUX.

Nous, ayant agréable la susdite convention en tous et chacun les points et articles qui y sont contenus et énoncés, avons iceux, tant pour Nous que pour nos hoirs et successeurs, acceptés, approuvés, ratifiés et confirmés, et par ces présentes, signées de notre main, acceptons, approuvons, ratifions et confirmons, et le tout promettons en foi et parole de Roi, garder et observer inviolablement, sans jamais y contrevenir, ni permettre qu'il y soit contrevenu, directement ou indirectement, de quelque sorte et maniere que ce soit; en témoin de quoi, Nous avons fait mettre notre scel à ces presentes. Donné à Versailles le quatrième jour de février, l'an de grâce 1782, et de notre regne le huitieme. *Signé* LOUIS. Et plus bas : *par le Roi*, Signé, GRAVIER DE VERGENNES.

Et voulant assurer l'exacte observation de ladite convention, et remplir à cet égard les engagemens que Nous avons pris, à ces causes et autres à ce Nous mouvant, de l'avis de notre Conseil, et de notre certaine science, pleine puissance et autorité royale, nous vous mandons et ordonnons par ces présentes, signées de notre main, voulons et nous plaît que cesdites présentes, ensemble ladite convention et nos lettres de ratification y insérées, vous ayiez à faire lire, publier et registrer, et à faire garder, observer et executer de point en point le contenu en icelles, cessant et faisant cesser tous troubles et empêchemens, et nonobstant tous edits, ordonnances, declarations, arrêts, réglemens, lettres, statuts, coutumes et usages à ce contraires, auxquels nous avons expressément dérogé par cesdites présentes, mais pour ce regard seulement, et sans que cela puisse tirer à conséquence : Car tel est notre plaisir. Donné à Versailles le deuxième jour du mois de mars, l'an de grâce 1782, et de notre règne le huitième. *Signé* LOUIS. Et plus bas : *Par le Roi,* BRECA.

Vu lesdites Lettres-Patentes en date à Versailles du 2 mars 1782, et les conclusions du Procureur général du Roi, à qui elles ont été communiquées : Ouï le rapport de messire Charles-Marie-François-Joseph Marquis de Franchet, Seigneur de Ran, Conseiller-Doyen, Commissaire, et tout considéré :

La Cour a ordonné et ordonne que lesdites Lettres-Patentes seront lues, publiées et enregistrées aux actes importans de la Cour, pour être exécutées suivant leur forme et teneur; que copies collationnées en seront envoyées dans les Bailliages, Sièges Présidiaux, et autres Juridictions du ressort, pour y être pareillement lues, publiées, enregistrées et affichées par-tout où besoin sera, à ce que personne n'en ignore; enjoint aux Substituts du Procureur général du Roi esdits Sièges de tenir la main à l'exécution du présent arrêt, et d'en certifier la Cour dans le mois. Fait en Parlement à Besançon, toutes les Chambres assemblées, le 12 avril 1782. *Signé* SEGUIN. Collationné. *Signé* PERTUISOT.

Lues, publiées et enregistrées, ouï et ce requérant l'Avocat général Bergeret pour le Procureur général du Roi, à l'audience publique de la Grand-Chambre du Parlement. A Besançon le 10 avril 1782. Signé SEGUIN.

TUNISIE.

Décret du 15 Chaoual 1277 (26 avril 1861).

Décret du 15 Djoumadi-el-Aoual 1301 (12 mars 1884).

La Tunisie qui, par un traité signé avec le Bey de Tunis, le 12 mai 1881, se trouve sous le protectorat de la France, n'a pas de loi sur la chasse.

Deux décrets seulement traitent de cette matière : 1° Le décret du 15 Chaoual 1277 (26 avril 1861) qui, dans sa deuxième partie, renferme des règles de droit civil et de droit pénal, ayant trait à la chasse : son article 389 du titre XVI punit d'une amende de 7 à 10 piastres, sans préjudice des indemnités qui peuvent être dues, celui qui pénètre sur le terrain d'autrui pour y chasser; de plus, le propriétaire, le locataire, ou tout autre individu ayant la jouissance dudit terrain pourra repousser l'envahisseur à moins que le terrain ne soit en friche et ne contienne aucune habitation.

2° Le décret du 15 Djoumadi-el-Aoual 1301 (12 mars 1884), sur la chasse des lièvres et des perdrix qui vient défendre la chasse, la vente, l'achat, le transport et le colportage des lièvres et perdrix du 1er février au 15 juillet.

Il défend aussi, en tout temps, de vendre, transporter, colporter ou détruire les œufs de perdrix.

Les délinquants sont punis d'une amende de 30 à 200 piastres, et de six jours à deux mois de prison, ou de l'une de ces deux peines seulement : de plus le gibier est confisqué.

Dans le cas de récidive, ces peines peuvent être portées au double.

Ce manque de législation fait que le gibier, autrefois abondant, disparaît de ces contrées, par suite des ravages faits par les Européens et les braconniers arabes, qui trouvent à se défaire facilement de leurs prises.

Toutefois le repeuplement peut se faire rapidement, sur les centaines de mille d'hectares acquis par les Français qui, une fois défrichés et surveillés, deviendront des abris sûrs pour le gibier; d'autant que, en l'absence de lois de chasse, on peut toujours défendre l'accès de ces propriétés. C'est, du reste, ce qui a déjà eu lieu pour nombre de domaines bien gardés, dont beaucoup ont plus de 200 hectares, et où la chasse n'est possible qu'avec l'autorisation des propriétaires.

A côté du gibier sédentaire, on trouve encore dans ces contrées sur les hauts plateaux de Maktar, sur les plateaux de l'ouest, vers Kasserim ou Fériana, le sanglier, le lièvre, la perdrix et tous les autres gibiers; on y rencontre même le lion et la panthère.

La sauvagine est très abondante dans ces contrées; à certaines époques de l'hiver, le lac de Bizerte en a ses grèves couvertes; on tue aussi, en hiver, le flamant; quant aux grives, attirées par le fruit de l'olivier, on en fait un grand massacre entre Tunis et Bizerte.

Il faut espérer qu'à un moment donné ces richesses, utiles à tous, seront protégées par une loi complète.

Voici le texte des deux décrets.

Décret du 15 Chaoual 1277 (26 avril 1861) édictant des règles de droit civil et pénal.

DEUXIÈME PARTIE.

TITRE XVI.

Art. 389. — Tout individu qui voudra entrer sur le terrain d'autrui pour y jouir de quelque avantage en chassant ou de toute autre manière, pourra en être empêché par le propriétaire ou le locataire, ou tout autre individu ayant la jouissance du terrain, à moins que le terrain ne soit en friche et ne contienne aucune habitation.

Les contrevenants seront punis suivant les dispositions de l'article 641 (1).

Décret du 15 Djoumadi-el-Aoual 1301 (12 mars 1884) sur la chasse des lièvres et des perdrix.

Visa résidentiel du 15 décembre 1884.

ARTICLE 1ᵉʳ. — La chasse, la vente, l'achat, le transport et le colportage des lièvres et perdrix sont prohibés du 1ᵉʳ février au 15 juillet.

ART. 2. — Il est également interdit en tout temps de vendre, transporter, colporter ou détruire les œufs de perdrix.

ART. 3. — Ceux qui auront contrevenu au présent décret seront punis, outre la confiscation du gibier, d'une amende de 50 à 200 piastres et de six jours à deux mois de prison, ou de l'une de ces deux peines seulement.

ART. 4. — Les peines déterminées par l'article précédent pourront être portées au double si le délinquant est en état de récidive (2).

ALGÉRIE.

L'Algérie est régie par trois législations différentes : la législation française qui date de 1830, et les législations musulmane et israélite, qui par la capitulation d'Alger, sont respectées par la France, comme conséquence de la liberté de religion laissée aux indigènes.

Pour les musulmans, c'est la loi musulmane, c'est-à-dire le Koran, qui les régit (décret du 13 décembre 1866, art. 1ᵉʳ), le législateur français leur ayant conservé leurs lois particulières pendant la période d'assimilation, d'autant que ces lois touchaient trop directement à la foi religieuse pour être brusquement modifiées.

Les musulmans d'Algérie appartiennent à la secte Sunnie et suivent le rite malékite. La source principale de ce droit se trouve dans le Précis de jurisprudence de Sidi Khalil.

Droit musulman. — Le Coran, dans ses versets 95, 96, 97.

---

(1) C'est-à-dire d'une amende de 7 à 10 piastres, sans préjudice de l'indemnité.
(2) Bompard, *Législation de Tunis*, page 15.

autorise la chasse, mais l'exécution de ce principe soulève deux questions importantes :

A. Une question d'appropriation du gibier.
B. Une question de mode de la mise à mort de ce gibier.

1° Examinant la question d'appropriation, on voit que, d'après le droit musulman, tout ce qui a été créé appartient à Dieu, mais qu'il est permis aux hommes de s'approprier ce qui peut avoir pour eux une utilité.

Une double condition est cependant imposée à cette prise de possession : on ne peut pas s'emparer d'une chose qui, par sa nature, est utile au genre humain tout entier, ni d'une chose qui a déjà un maître.

Ainsi, la lumière du soleil, l'air, les eaux d'un fleuve sont, par leur nature, utiles à tous les hommes; il n'est donc pas permis de s'en attribuer l'usage exclusif.

Si maintenant on considère la *terre morte*, c'est-à-dire celle qui est sans maître, terre qui, demeurant stérile et sans utilité pour personne, est présumée abandonnée par l'occupant, occupant qui est sensé avoir tacitement consenti au retour de cette terre à son état primitif de *terre morte*, l'homme peut se l'approprier et par ce fait la *revivifier : vivification* qui peut se faire, suivant la situation des terres, soit par l'autorisation du prince, soit par l'accomplissement de certains travaux sur lesdites terres, travaux qui sont spécifiés par la loi.

Quand il s'agit de la chasse, ces principes sont appliqués.

Le gibier, en effet, n'est pas une chose *morte*, c'est-à-dire inutile pour tous, mais il y a une analogie, en ce sens, qu'il est inutile tant qu'il n'a pas été capturé.

Rentrant, par suite, dans la catégorie des choses susceptibles d'appartenir au premier occupant, on peut dire que le gibier est *vivifié*, au point de vue de la propriété privée, par la capture qui en est faite.

Le gibier, du reste, fait partie des choses *moubah*, c'est-à-dire dont on peut s'emparer, parce qu'elles ne sont la propriété de personne ; entre les choses qui ne peuvent être *monopolisées qu'en partie*, comme l'air, la lumière et les terres *mortes* qui peuvent devenir complètement et définitivement la propriété du premier occupant, le gibier forme, comme on le voit en ce qui touche l'appropriation, une catégorie mixte.

2° Pour la seconde question, le Coran exige, pour qu'un animal puisse être mangé, qu'il ait été saigné à la gorge : c'est ce que l'on nomme *égorgement de choix*.

Or, la *çada* (chasse) permettant de prendre du gibier par tout moyen, il est certain que l'on ne peut exiger du chasseur qui tue le gibier que la blessure provienne justement d'une blessure faite à la gorge. Il est donc certain, à moins qu'il n'ait été servi par le hasard, que le chasseur aura tué le gibier en dehors des prescriptions du Coran, et que, si l'on suit ses préceptes à la lettre, la chair de ce gibier ne sera pas permise comme nourriture.

On a tourné la difficulté et à côté de l'*égorgement de choix* on a permis l'*égorgement par nécessité*, qui fait que le gibier peut être mangé sans violer la loi sainte.

Ceci établi, le Coran nous indique que nul n'a le droit de défendre la chasse même sur sa propriété, à moins que de ce droit doive résulter pour le propriétaire du terrain un préjudice pour lui ou un dommage pour ses récoltes.

Toutefois pour que cette interdiction soit légale, il faut qu'il soit constant que le propriétaire est exposé à un dommage du chef du chasseur, ou qu'il a réservé formellement en sa faveur le droit de chasse.

Ce droit appartient aussi bien au propriétaire qu'au détenteur ou fermier.

Par contre, le gibier qui se trouve sur une terre morte peut être pris par quiconque sans opposition.

RÉUNION.

Le *Journal officiel* du 26 octobre 1889 contient un décret du 22 du même mois réglant la police de la chasse à la Réunion.

Ce décret, qui tend à l'assimilation de nos colonies à la France, a été élaboré par le gouvernement et soumis à l'approbation de la commission coloniale; il reproduit les dispositions de la loi du 3 mai 1844, sauf quelques modifications de détail exigées par la situation du pays.

MARTINIQUE, COCHINCHINE ET ÉTABLISSEMENTS DE L'OCÉANIE.

Une taxe sur les permis de port d'armes est établie à la Martinique, en Cochinchine et dans les établissements de l'Océanie.

Cette taxe est fixée à 10 francs; en Cochinchine, elle est de 1 fr. 90.

EMPIRE D'ALLEMAGNE.

Prusse. — Législation antérieure à 1870. — Législation postérieure à 1870.
Saxe — Lois de 1865 et 1870.
Bavière. — Loi du 30 mars 1870. — Ordonnance du 15 novembre 1889.
Wurtemberg. — Loi du 27 octobre 1853. — Ordonnance du 12 août 1878. — Ordonnance du 30 juillet 1886.
Alsace-Lorraine. — Lois du 7 février 1881 et 7 mai 1883. — Ordonnance du 30 juin 1883. — Lois du 11 juillet 1884, — 8 mai 1889, — 2 juillet 1890.
Bade. — Loi du 27 avril 1880. — Ordonnance du 6 novembre 1886.
Hesse. — Lois du 7 septembre 1865 et 2 mars 1873.
Mecklembourg.
Brunswick. — Lois du 16 avril 1872, — 7 août 1854, — 19 avril 1879.
Lubeck. — Loi du 2 juin 1856.
Hambourg. — Loi du 3 septembre 1849.
Brême. — Ordonnance de 1849 — Lois du 21 novembre 1877, — 7 mai 1878, — 27 septembre 1880. — Ordonnance du 27 septembre 1880

L'ancienne confédération allemande, après avoir été de 1866 à 1870 divisée en deux parties, confédération du nord et confédération du sud, ne forme plus depuis 1871 qu'un empire unique, sous la souveraineté du roi de Prusse.

Cet empire comprend quatre royaumes : Prusse, Saxe, Bavière et Wurtemberg ; — un pays d'empire, Alsace-Lorraine ; — six grands-duchés ; — cinq duchés ; — sept principautés, et trois villes hanséatiques, Brême, Hambourg et Lubeck.

Avant 1870, ces vingt-six États, qui forment aujourd'hui l'empire germanique, étaient régis par des législations et des coutumes différentes, où l'on retrouvait les principes du droit prussien, du droit français et du droit commun allemand.

Dès 1870, le gouvernement prussien s'est efforcé d'introduire l'unité dans le droit public, et dans la loi civile.

La constitution du 16 avril 1871, en donnant au pouvoir central le droit de promulguer des lois obligatoires dans tous les États de l'empire, est venue confirmer ces efforts et plusieurs codes furent alors publiés.

Ces tentatives d'unification dans les lois devaient avoir leur effet sur la législation en matière de chasse dans l'empire d'Allemagne.

Pour en constater les résultats, il faut jeter un coup d'œil sur cette législation antérieurement à 1871 soit en Prusse, soit dans les principaux États qui forment aujourd'hui l'empire, et qui étaient soumis aux coutumes les plus diverses.

PRUSSE.

Le droit de chasse, en Prusse, est basé sur des principes tout spéciaux. Après être passé, dans tous les pays qui composent l'empire, comme dans presque tous les États d'Europe, par trois périodes distinctes ; après avoir été lié à l'origine au droit de propriété, puis ensuite considéré comme un attribut de la souveraineté, ce droit est redevenu l'apanage des propriétaires du sol.

Toutefois la loi prussienne, en reconnaissant le droit de chasse comme une dépendance de la propriété, et tout en le regardant comme faisant partie intégrante de cette propriété, obéissant à ses penchants aristocratiques, n'en laisse, cependant, l'exercice qu'à celui dont les biens représentent une superficie de 300 morgen (75 hectares) au moins, d'un seul tenant. Pour que le propriétaire puisse chasser sur d'autres biens lui appartenant, il faut que ces biens soient complètement clôturés.

Si, sur ses autres propriétés, il conserve son droit de chasse, il ne peut l'exercer.

L'exercice de ce droit est alors attribué aux communes, qui, formant de ces différentes propriétés des districts de chasse, les afferment pour le compte des divers propriétaires au prorata de leur apport.

Si ce principe, que l'on retrouve dans tous les États allemands (1)

---

(1) Ce principe se retrouve en effet dans presque tous les États allemands.
Voici la contenance, d'un seul tenant, exigée du propriétaire pour qu'il puisse avoir le droit de chasser personnellement sur sa propriété :
Prusse, 300 morgen.
Bavière, 240 journaux dans le pays plat et 400 dans la région de montagnes.
Saxe, 300 arpents.
Grand-duché de Bade, 200 arpents.
Alsace-Lorraine, 25 hectares et 5 hectares sur les lacs.
Wurtemberg, 50 morgen.

semble évoquer les idées féodales, si l'on doit reconnaître qu'il ne peut trouver son application dans certains États d'Europe, on est forcé cependant d'admettre que, grâce à lui, le gibier s'est multiplié en Allemagne et est devenu une véritable source de richesse pour ce pays.

Le permis de chasse est exigé en Prusse; nul ne peut chasser sur le bien d'autrui sans être muni de l'autorisation du propriétaire.

Dans certains cas, le permis de chasse *peut* ou *doit* être refusé.

La loi prussienne protège certains animaux pendant l'époque du rut et de la couvée.

Les pénalités appliquées aux délinquants sont l'amende, l'emprisonnement, la confiscation des engins de chasse, sans compter les dommages-intérêts prononcés pour dégâts.

Le gibier appartient au propriétaire de la chasse où il a été tué ou pris.

En Allemagne, le fait de chasse consiste dans la recherche du gibier pour le capturer ou le tuer : d'où celui qui, sur le terrain d'autrui, sans en avoir le droit recherche ou poursuit le gibier, commet un délit de chasse alors même qu'il n'aura pris ou tué aucun gibier.

Sont regardés comme délits de chasse : le fait de rester à l'affût, la poursuite sur le terrain d'autrui du gibier que l'on a blessé sur ses terres, et le fait de ramasser, sur le terrain d'autrui, le gibier que l'on a tué ou blessé.

Est puni non comme ayant commis un délit, mais une simple contravention celui qui est trouvé, hors des voies et chemins, sur le terrain d'autrui, ne chassant pas, mais en équipage de chasse.

Le droit de chasse ne s'applique qu'aux animaux spécifiés comme gibier et l'on ne commet pas un délit de chasse, si l'on tue, même sur le terrain d'autrui, les animaux non compris dans cette classification.

Toutefois les délits n'existent que s'il y a intention et la bonne foi peut toujours être invoquée et admise comme excuse.

La chasse peut être interdite les dimanches et jours fériés par les autorités locales.

Des règlements fixent l'époque où certain gibier peut être chassé, afin d'éviter des erreurs, le permis de chasse porte, au

Lubeck, une étendue rapportant dix castes (tonneaux) pour 6,000 verges carrées (la verge = 1 4 de l'arpent).
Hambourg. Pour les terres, 250 boisseaux ayant 200 carrés de 256 pieds carrés.
— Pour les forêts, 200 — 256 de 256 —
— Pour marécages, 100 acres — 200 de 196 —
Brême, 75 hectares.

dos, la mention, écrite en vert, de l'époque où la chasse de tel animal est permise, et la mention, écrite en noir, des époques défendues, avec la nomenclature des pénalités auxquelles les délinquants s'exposent.

Ces différents principes trouvent leur origine dans les lois et décrets suivants : Loi du 5 février 1794. — Décret du 17 avril 1830. — Loi du 31 octobre 1848. — Loi du 7 mars 1850. — Loi du 26 avril 1870. — Loi du 22 mars 1888.

Législation antérieure à 1870. — L'examen de la législation sur la chasse, en Prusse, antérieure aux lois sur lesquelles s'appuie l'analyse qui précède est indispensable si l'on veut avoir une idée des progrès et des changements survenus dans cette matière. Nous passerons donc en revue cette législation jusqu'à l'écroulement du Saint-Empire en 1806; puis pendant la confédération du Rhin, au moment de la prépondérance française jusqu'en 1813; pendant la confédération germanique, organisée par le congrès de Vienne, le 10 juin 1815, sous l'influence germanique; pendant la confédération de l'Allemagne du Nord, sous la prépondérance prussienne, en 1867, pour arriver à la réunion des États du sud en 1870 et à la reconstitution définitive de l'empire allemand en 1871.

§ I. — La chasse, dans les vastes forêts et sur les immenses territoires occupés par les Allemands, fut libre à l'origine. Et pendant longtemps le petit propriétaire, c'est-à-dire le *Compagnon assis sur la terre et le sol*, put chasser sur ses terres, dans les forêts communes, et, en temps permis, dans toute l'étendue du canton. Des traces de cette antique liberté se retrouvent, même pendant l'époque féodale, dans certaines villes où la communauté est restée en possession de la propriété foncière, ainsi que dans les communautés non assujetties au droit seigneurial. Toutefois, c'est l'exception, car la propriété foncière se concentrant entre les mains de quelques grands seigneurs, la liberté de chasse disparaît, à mesure que se développe l'état féodal. Dès lors le droit de chasse fait partie de la propriété réelle, on le trouve mentionné dans tous les actes de transmission et les grands propriétaires seuls peuvent en user. Puis, vers le milieu du moyen âge, la chasse devient un droit régalien. La conquête et l'inféodation ayant rendu le roi peu à peu maître de toutes les terres, il les distribue à ses compagnons, ou les leur octroie en fief, se réservant les droits utiles dont fait partie celui de chasse ; à partir de cette époque, ceux seuls auxquels le roi en concède le droit peuvent chasser.

Pendant la première partie du moyen âge, d'après les nombreuses ordonnances et les mandements rapportés par *Fritch* dans son *Corpus juris venatorio forestalis*, en matière de chasse, tout dépend du bon vouloir du seigneur féodal.

De ces ordonnances, il résulte (1) qu'à cette époque il y avait deux et même trois espèces de chasses. La chasse supérieure comprenant le gros gibier, la chasse inférieure autorisant la poursuite du petit gibier, puis la chasse moyenne ayant trait à la prise des chevreuils, des faons, des marcassins, etc. L'acte de concession, ou, à son défaut, l'usage déterminait pour chaque personne ayant le droit de chasse, celle à laquelle elle pouvait se livrer, le concessionnaire devait se tenir strictement dans les limites du droit concédé. La chasse aux ours, sangliers et loups d'abord réservée aux privilégiés, fut plus tard permise à tous, à moins que le prince n'en ait fait la réserve à raison de la rareté de ces animaux. Dans certains pays, cette chasse était laissée libre à la condition que les animaux tués fussent remis au seigneur.

Les panneaux et les enceintes, considérés comme engins de destruction trop nuisibles, étaient défendus. Le mousquet fut même longtemps prohibé, comme éloignant le gibier par son bruit. Les fosses n'étaient autorisées que pour le loup et les animaux nuisibles, les filets et toiles étaient réglementés comme grandeur; la chasse du lièvre, pendant la nuit, était défendue. Il n'était pas permis de chasser pendant la grande neige, soit à l'aide de pièges, soit à l'aide de trappes. Les haies, les palissades, les fosses, les puits étaient prohibés à moins que leur emploi n'ait été prescrit par l'ancien usage; car le droit de chasse étant regardé comme une servitude discontinue, pouvait s'acquérir par prescription immémoriale. Étaient aussi prohibés les appâts empoisonnés et les armes à feu organisées de manière à partir seules pour tuer le gibier.

La chasse, presque partout, était défendue de la quadragésime à la Saint-Bartholomé (24 août), c'est-à-dire au moment où les animaux repeuplent et où les récoltes couvrent la terre. Du reste, les époques où la chasse était permise variaient suivant les contrées et les espèces de gibier. D'après les ordonnances bavaroises, le cerf pouvait être chassé du 1er juillet au 8 septembre; la biche, de la Saint-Michel à Noël; le sanglier, de la Saint-Gall à Noël. Toutefois, malgré ces dates, si la venaison était nécessaire, on pouvait tuer un cerf, une biche, un faon. Le chevreuil se chassait de la Saint-Jean-Baptiste à Pâques; le renard, de la Saint-Michel à la Purification de la Vierge; le blaireau, de la Saint-Laurent à la Saint-Thomas; la martre, de la Saint-

(1) V. Pahler, édit. 1877, p. 257.

Michel au 1ᵉʳ mars; le castor, la loutre, de la Saint-Michel à Pâques. Pour protéger le gibier, défense était faite aux manants de tuer les faons, les marcassins ou les levrauts et de prendre les œufs des oiseaux. Des mesures sévères étaient prises contre les chiens qui, dans les champs, peuvent nuire au gibier.

Quant au principe de l'indemnité, pour les dommages causés, il ne semble pas avoir été adopté partout; du reste, le manant pouvait se mettre à l'abri de ces dommages en clôturant ses biens et en tuant, non seulement les animaux nuisibles, mais tout gibier qui, venant sur ses terres, pouvait lui causer préjudice.

Pendant la seconde partie du moyen âge ce droit de chasse devient complètement un droit régalien.

Les choses qui n'avaient point de maître, suivant la constitution de l'empereur Frédéric, faisaient partie de ce droit, et personne ne pouvait se les approprier, à moins d'une autorisation du souverain.

Le souverain seul avait droit de chasser dans les forêts, le délinquant était considéré comme voleur et puni en conséquence. Les concessionnaires de ces droits régaliens et les détenteurs de droit de chasse, par contrat, pouvaient poursuivre de la même manière ceux qui les troublaient dans leur jouissance.

Ces concessions étaient faites à une personne déterminée, qui ne pouvait la transmettre ni à des tiers ni à ses héritiers; elles indiquaient le lieu et le canton où le concessionnaire pouvait chasser. Elles prescrivaient le mode de chasse dont il pouvait user; elles étaient, généralement, limitées à un certain temps; elles étaient dressées par acte authentique et le concessionnaire, possesseur à titre précaire du droit de chasse, ne pouvait prescrire contre le cédant le droit perpétuel à cette chasse.

Nul ne pouvait chasser sur le terrain d'autrui; toutefois, le prince et le seigneur pouvaient chasser sur les terres de leurs sujets ou de leurs vassaux.

Les princes de l'Église et les prélats, ayant juridiction séculière, droit de chasse et droit forestier, pouvaient chasser, mais les ecclésiastiques ne pouvaient cependant se livrer à cet exercice que pour se procurer une honnête récréation ou par nécessité.

Non seulement la chasse était interdite aux oisifs et aux vagabonds, mais aussi aux cultivateurs, pour ne pas les détourner de leurs travaux champêtres.

Les animaux nuisibles, loups, ours, lynx, chats sauvages pouvaient être détruits par tous, en tout temps et de toutes manières, mais pour poursuivre un de ces animaux il fallait l'autorisation du propriétaire de la chasse.

Aux battues de loups, ordonnées par le prince, tous les sujets, même les nobles, devaient prêter leur concours.

La bête blessée pouvait pendant 24 heures être poursuivie en dehors des limites du canton de chasse de celui qui l'avait blessée; et la prise pouvait avoir lieu sur le terrain d'autrui, pourvu que l'on ne sonnât point du cor et que l'on n'excitât pas les chiens. Enfin les peines, en matière de chasse, étaient sévères; les amendes élevées variaient suivant les animaux ; et, en cas de non payement, il y avait l'emprisonnement, les peines corporelles et la corde même pour les braconniers. Le tribunal aulique connaissait sans appel de toutes les causes féodales régaliennes ; les nobles ne relevant que de l'empereur et de l'empire, ne s'adressaient qu'à ce conseil.

Ces sévérités et les abus féodaux devaient amener les révoltes sanglantes de 1520 ; mais ces principes étaient tellement enracinés en Allemagne qu'au moment même où, en Europe, le droit féodal disparaît, on voit Frédéric-Guillaume II publier le 5 février 1794 l'*Allgemeines Landrecht*, véritable code féodal qui régit la chasse en Prusse jusqu'en 1848 (1).

Ce code, qui fut complété par de nombreuses dispositions postérieures, tout en maintenant ce qui existait dans le passé, modifia, cependant, ce qu'il y avait de trop cruel dans les pénalités féodales. Voici les passages qui ont trait à la chasse dans la loi du 5 février 1794 (2).

I. — *De la capture des bêtes en général.*

(1re partie, titre IX, section 4.)

§ 107. Le droit de capture d'animaux s'étend seulement sur ceux qui n'ont encore été pris et domptés par personne.

§ 108. Cependant ceux mêmes qui ont été enfermés et apprivoisés, s'ils retournent à leur état de nature sauvage, sont un objet de capture.

§ 109. Les animaux qui, à la vérité, vaguent librement, mais ont coutume de retourner au lieu qui leur est destiné, ne sont pas susceptibles de capture.

§ 110. Mais ils le deviennent dès qu'ils ont perdu l'habitude de revenir.

§ 111. Les pigeons, entretenus par des personnes qui n'en ont pas

---

1 Code général pour les États prussiens, traduit par les membres du Bureau de législation étrangère et publié par ordre du ministre de la justice, Paris, vus IX et X.

(2) Cfr. Falder. — *Recueil* d'Heymann, p. 15, traduction des membres du Bureau de législation.

un droit spécial, sont un objet de capture lorsqu'ils sont rencontrés en champ libre.

§ 112. Les lois provinciales ont déterminé quel est celui qui a le droit d'avoir des pigeons.

§ 113. Lorsqu'elles ne le fixent pas particulièrement, ceux-là seuls qui possèdent en propriété assez de terres labourables dans l'arrondissement, ou qui en ont l'exploitation au lieu du propriétaire, sont autorisés à avoir des pigeons en proportion de l'étendue de cette terre.

§ 115. Celui qui, dans le but de prendre de semblables animaux, marche sur le terrain d'un autre sans l'avoir prévenu ou contre son gré, doit livrer, sans rétribution, à celui-ci et à sa réquisition l'animal pris.

§ 116. Lorsqu'un propriétaire a fait sur son propre terrain des dispositions pour une capture licite, personne, sous peine de vol, ne peut lui enlever les bêtes prises par ce moyen.

§ 117. Les œufs d'oiseaux et les jeunes d'oiseaux, lorsque les lois de police ne le défendent pas d'une manière expresse, sont un objet de capture libre.

II. — *Du droit régalien de chasse.*

Définition.

(2ᵉ partie, titre XVI, section 3.)

§ 30. Le droit de poursuivre et de s'approprier les bêtes sauvages qui sont l'objet de la chasse, s'appelle droit régalien de chasse.

§ 31. Les lois provinciales déterminent quels animaux sont un objet de chasse ou de capture libre.

§ 32. A défaut de détermination plus précise, sont compris dans le droit exclusif de chasse les animaux quadrupèdes et les animaux sauvages qui servent de nourriture à l'homme.

§ 33. Les autres animaux sauvages sont, dans la règle, un objet de capture libre.

§ 34. A cette dernière classe appartiennent les loups, les ours et autres animaux carnassiers.

§ 35. Cependant, il est défendu d'aller à la recherche de ces animaux dans les bois et les verderies, lorsqu'on n'y a pas le droit de chasse, et encore plus d'établir contre eux des chasses en règle.

§ 36. C'est aux lois et ordonnances particulières de déterminer d'une manière expresse quelles espèces d'animaux sauvages ne peuvent être ni chassés ni pris.

(1ʳᵉ partie, titre IX.)

§ 171. La prise des animaux amphibies appartient à la chasse, lorsqu'elle se fait avec armes à feu, pièges ou instruments garnis de fer.

§ 172. La prise des loutres et des castors appartient exclusivement à la chasse.

§ 173. Les oiseaux d'eau ne sont qu'un objet accidentel du droit de chasse.

§ 174. Cependant si les oiseaux de passage, qui sont du ressort de la chasse, peuvent, hors du temps de la couvée, être pris sous l'eau avec des filets de pêche, cela est permis à celui qui a le droit de pêche.

§ 175. Tous les autres animaux aquatiques et amphibies, qu'on peut prendre dans l'eau, au filet, à l'hameçon ou à la main, appartiennent à celui qui a le droit de pêche.

Grande, moyenne et basse chasse.

(2ᵉ partie, titre XVI.)

§ 37. On ne comprend ordinairement dans la grande chasse que les cerfs, les sangliers, les buffles sauvages, les élans, les faisans et les coqs de bruyère.

§ 38. Tout autre gibier fait partie de la petite chasse, dans les endroits où les lois provinciales n'ont pas fixé de chasse moyenne.

Concession du droit régalien à des particuliers.

§ 39. Le droit régalien fait partie des petites régales et ne peut être acquis et exercé par des particuliers que de la manière prescrite pour les droits régaliens en général.

§ 40. Le droit de chasse ordinairement attribué aux terres nobles ne comprend, dans la règle, que la petite chasse.

§ 41. Celui, à qui le droit de chasse n'est concédé qu'en termes généraux, n'a droit qu'à la petite chasse.

§ 42. En conséquence, qui veut s'attribuer la grande chasse, doit prouver d'une manière spéciale l'avoir acquise légalement.

§ 43. Mais quiconque a obtenu le droit de toutes les chasses ou de toutes les espèces de chasse, ou seulement de chasser, au pluriel, est fondé à réclamer aussi la haute chasse.

III. — De l'exercice de la chasse.

a) En général.

(1ʳᵉ partie, titre IX.)

§ 127. Celui-là seul qui a le droit de chasse, sous la restriction portée par les lois de police, peut courir la bête sauvage, la tirer, lui tendre des pièges, la prendre ou se l'approprier de toute autre manière.

§ 128. La prise de possession par chasse n'est censée complète que lorsque la bête morte ou vivante est au pouvoir du chasseur.

§ 129. Une bête qui n'est que blessée ou échappée du filet est encore dans son état naturel de liberté.

b) Du droit de suite.

§ 130. Là où la poursuite de chasse est en usage, on peut poursuivre, même sur les terres d'autrui, la bête blessée ou lancée, tant que la meute n'a pas perdu la piste.

§ 131. Celui qui veut exercer la poursuite de chasse, doit prouver que la bête a été effectivement blessée ou lancée dans l'étendue de son domaine.

§ 132. La couleur ou les poils trouvés sur le lieu suffisent pour indiquer où la bête a été blessée.

§ 133. Celui qui exerce la poursuite de chasse doit déposer son arme sur son territoire.

§ 134. Si la bête, qu'il poursuivait sur le territoire d'un autre, se trouve déjà cernée par celui-ci, le poursuivant doit aussitôt s'en retourner avec sa meute en laisse.

§ 135. Il doit faire de même dès que les chiens ont perdu la trace de l'animal qu'il poursuit.

§ 136. La bête abattue ou prise par suite de l'exercice du droit de poursuite ne peut être emportée hors du territoire d'autrui, qu'en présence de celui qui y a droit de chasse, ou de témoins impartiaux appelés à cet effet.

§ 137. Dans un cas douteux, on présume, sauf les restrictions établies par les articles 131 et suivants, que le droit de poursuite est en usage.

§ 138. Celui qui exerce cette poursuite est responsable de tout dommage qu'elle occasionnerait aux champs ensemencés et aux prairies étrangères.

§ 139. Lorsqu'une bête attaquée s'échappe, ou que la poursuite n'a pas lieu, le chasseur est tenu, sous peine d'un à cinq écus d'amende, d'informer, dans les vingt-quatre heures, le propriétaire du territoire limitrophe où la bête, en fuyant, s'est dirigée, de la blessure qu'elle a reçue.

§ 140. Cela ne s'entend que des grosses bêtes qui ont été blessées, et la déclaration doit être faite aux dépens de celui qui a le droit de chasse.

c) Restrictions au droit de chasse.

1° RELATIVEMENT AU TEMPS PENDANT LEQUEL IL PEUT ÊTRE EXERCÉ.

(2° partie, titre XVI.)

§ 44. Dès qu'une personne est investie du droit de chasse, elle peut l'exercer par tous les modes licites de chasser ou de capturer le gibier.

§ 45. Mais toute personne jouissant du droit de chasse est tenue d'observer scrupuleusement les temps de couvées et d'accouplement.

§ 46. Il est réservé aux lois provinciales de déterminer ces temps, relativement aux différences espèces de gibier, ainsi que les exceptions concernant quelques-unes d'entre elles.

§ 47. La fixation de ces temps, dans les chasses royales, dépend uniquement de la décision du tribunal supérieur de police du pays.

§ 48. A défaut d'autres déterminations, ces temps durent en général depuis le 1er mars jusqu'au 24 août.

§ 49. Les bêtes fauves, lorsqu'elles sont en âge et pleines, doivent être épargnées depuis le 1er novembre jusqu'au 24 août.

§ 50. Dans les bois qui renferment du gros gibier, la chasse, par le moyen de chiens et de gros filets, n'est permise que depuis le 24 août jusqu'au dernier jour d'octobre.

§ 51. Il est permis de tirer, pendant toute l'année, des cerfs, des chevreuils, des sangliers et des canards sauvages.

§ 52. Il est permis de tirer les faisans sauvages jusqu'au dernier avril, les coqs de bruyère jusqu'au dernier mai et les coqs de bois jusqu'au 15 juin.

§ 53. Mais il est ordonné d'épargner les canards et les oies sauvages, les bécasses et autres oiseaux de passage, pendant le temps de leur couvée, depuis le 1er mai jusqu'au 24 juin.

§ 54. La défense de tirer les jeunes lièvres et de prendre les jeunes cygnes au piège, ne subsiste que depuis le 1er mars jusqu'au 20 juin.

§ 55. On peut tirer en tout temps les ours, les loups et autres animaux carnassiers et nuisibles.

§ 56. La chasse aux ours et aux loups, par le moyen de filets et de battue, est permise même pendant la saison fermée.

§ 57. Il n'est jamais permis d'enlever les œufs des oiseaux qui sont un objet de chasse.

2° RELATIVEMENT AU MODE D'EXÉCUTION.

§ 58. Il n'est pas permis, même à ceux qui jouissent du droit de chasse, de dresser des machines à ressort qui agissent d'elles-mêmes contre l'animal qui s'en approche.

§ 59. Des chausses-trappes ou pièges ne doivent être tendus que dans des lieux écartés et de manière que ni les hommes ni les animaux n'en éprouvent de dommage, sans faute grave de la part des premiers.

§ 60. Il n'est permis à personne, sans une autorisation spéciale de l'État, d'établir, au détriment de ses voisins, des haies, des fossés ou des toiles, à l'effet de retenir et d'empêcher la communication du gibier.

§ 61. Indépendamment des collets, il est encore défendu de se servir de rets et filets en forme de sacs, destinés à prendre les oiseaux.

§ 62. Il est permis de prendre les perdrix avec des tonnelles (Treibzuge).

§ 63. Mais il faut relâcher de chaque troupe de perdrix, composée seulement de neuf pièces, la perdrix mère avec un jeune mâle, et un jeune mâle en sus, lorsque la troupe est de plus de neuf individus.

d) Chasse sur le terrain d'autrui.

(1ʳᵉ partie, titre IX.)

§ 158. Les droit de chasse sur les fonds, terrains et domaines de chasse d'un autre, doit être jugé d'après les lois sur les servitudes.

§ 159. Celui qui est autorisé à chasser dans le même domaine de chasse qu'un autre ne peut user de son droit qu'en personne ou par ses chasseurs.

§ 160. Cependant on peut permettre aussi au fermier de la totalité d'un bien d'entrer en partage de l'exercice de la chasse dépendante de ce bien.

§ 161. Celui qui n'exerce le droit de chasse qu'en qualité de copartageant ne peut, pour exercer ce droit, prendre plus de chasseurs qu'il n'a été d'usage jusqu'alors.

§ 162. Si, lors d'un partage de biens, le droit égal de chasse a été réservé aux possesseurs des biens divisés, ils ne peuvent avoir entre eux plus de chasseurs qu'il n'y en avait avant le partage.

§ 163. Si, avant le partage, il n'y avait qu'un chasseur, ceux qui jouissent également du droit de chasse, peuvent l'exercer chacun pour soi, mais du reste jamais que par un seul chasseur.

§ 164. Celui qui a obtenu d'un possesseur du droit de chasse la permission de chasser personnellement, ne peut transporter cette permission à un autre.

§ 165. Le droit de chasser, soit seul, soit ensemble, est égal et le même pour ceux qui le possèdent, mais l'animal abattu n'est pas en commun.

§ 166. Dans la règle, celui qui a le droit de chasse, également ou concurremment avec un autre ou avec plusieurs, peut l'exercer sans en prévenir ceux qui sont en communauté de droit.

§ 167. Cependant, dans ce cas, le projet de faire une battue doit être signifié trois jours auparavant aux copropriétaires du droit.

§ 168. Il dépend alors de ceux-ci de faire la chose en commun avec l'autre.

§ 169. Celui, auquel il n'est accordé que la basse et moyenne chasse, ne peut, sans la permission de celui à qui appartient le droit de haute chasse sur le même territoire, entreprendre aucune battue.

e) Cas où le gibier peut être pris ou tué même sans droit de chasse.

(1ʳᵉ partie, titre IX.)

§ 149. Chacun peut tuer ou prendre le gibier qui a pénétré dans le jardin, la cour ou autres endroits attenants aux habitations.

§ 150. Mais il ne peut pour cela se servir d'aucune arme à feu, et il doit livrer la bête prise ou tuée à celui qui a le droit de chasse.

§ 151. Celui qui a le droit de chasse est tenu de lui payer le prix accoutumé du coup de feu, ou, s'il le refuse, il doit abandonner l'animal à celui qui l'a pris ou tué.

§ 152. Chaque propriétaire de fonds peut, aux lieux où il y a des loups, établir des fosses à loups dans les endroits écartés.

§ 153. Mais, afin que personne n'en souffre dommage, de telles fosses doivent être entourées convenablement, pour garantir les hommes et les animaux domestiques.

§ 154. Si quelque autre bête de chasse a été prise dans ce fossé, elle doit être remise en liberté ou livrée à celui qui a droit de chasse, moyennant le prix du coup de feu.

§ 155. Lorsque quelqu'un est attaqué par un animal sauvage, il peut, pour éviter d'être tué ou blessé, le repousser ou le tuer par tous les moyens.

§ 156. Les animaux sauvages et autres bêtes féroces appartiennent à celui qui les a tués ou pris en semblables circonstances.

§ 157. Mais si des cerfs, sangliers ou autres animaux de cette espèce ont été pris ou tués dans ces occasions, ils doivent être livrés à celui qui a droit de chasse pour le prix du coup de feu.

f) Des dommages causés par les bêtes sauvages et de la manière de s'en garantir.

(Ire partie, titre IX.)

§ 141. Chacun peut éloigner de sa possession le gibier par le moyen de criquets, d'épouvantails, de haies ou de chiens domestiques.

§ 142. Cependant, suivant les lois de police, les haies doivent être construites de manière qu'elles ne puissent blesser les bêtes.

§ 143. Personne ne peut non plus, sous prétexte d'éloigner le gibier, laisser courir les chiens sans bâton.

§ 144. Celui qui veut entretenir sur son territoire un nombre extraordinaire de gros gibier, est obligé de faire les dispositions nécessaires pour que les biens cultivés qui l'avoisinent n'en puissent souffrir aucun dommage.

§ 146. Si celui qui a droit de chasse se rend coupable de négligence dans l'établissement ou l'entretien de semblables constructions, il doit répondre de tous les dommages occasionnés par le gibier, dans les environs.

§ 147. Tant que celui qui a droit de chasse ne se rend pas coupable d'abus dans l'entretien du gibier, les possesseurs des terres limitrophes sont tenus et autorisés à pourvoir d'eux-mêmes à l'éloignement du dégât, par les moyens que permettent les règlements provinciaux concernant la chasse et les forêts.

g) Lorsque des chiens se trouvent sur le district de chasse d'autrui.

(2e partie, titre XVI.)

§ 64. Nul ne doit laisser courir des chiens sur le domaine de chasse d'un autre sans leur attacher un bâton, qui les empêche d'aller à la recherche et à la poursuite du gibier.

§ 65. Il est permis au jouissant du droit de chasse de tuer les chiens ordinaires, qui ne portent pas de bâton, ainsi que les chats, qui courent dans les domaines de chasse, et le propriétaire de ces animaux est obligé de payer le prix du coup.

§ 66. Il est défendu de tuer des chiens de chasse ou des lévriers, qui viendraient à dépasser le domaine de leur maître lorsqu'il y a chasse; mais celui-ci doit sur-le-champ les rappeler.

§ 67. Lorsque des chiens de chasse ne sont pas lâchés à dessein hors la limite, mais s'en écartent accidentellement, il est permis de les arrêter et ils doivent être rendus au propriétaire, lequel est tenu de payer un droit de saisie de 8 gros par pièce.

§ 68. Les peines à infliger pour contraventions de chasse sont établies au code criminel, et les règlements provinciaux sur la chasse contiennent des dispositions plus précises.

IV. — *Contraventions contre le droit de chasse.*

(2º partie, titre XX.)

§ 315. Quiconque, dans les chasses royales ou autres, se permet de faire lancer les bêtes par ses chiens et de tirer dessus, encourt une amende proportionnée au nombre de bêtes, soit prises, soit abattues, ou la peine corporelle établie par les ordonnances spéciales relatives à la chasse.

§ 316. La peine doit être doublée, si la contravention a été commise à des époques où la chasse est interdite.

§ 317. Quiconque fait métier de chasser, tirer et capturer le gibier, encourt, comme braconnier, la peine du vol avec augmentation (Voir § 1145).

§ 318. Il n'est permis à personne de se trouver avec des armes à feu (1) ou autres instruments de chasse, propres à prendre les bêtes,

---

(1) *Précautions ordonnées en ce qui concerne les armes à feu.*
(2º partie, titre XX.)

§ 740. Nul, hors le cas d'une agression probable pendant la nuit, ne peut garder chez lui des armes à feu chargées, et, moins encore, les placer ou les suspendre dans des lieux accessibles, soit aux enfants, soit aux personnes sans expérience.

§ 741. Les voyageurs ou chasseurs, qui portent avec eux des armes à feu chargées, doivent, lorsqu'ils entrent dans une maison ou dans tout autre lieu où des hommes sont réunis, avoir toujours l'œil sur elles ou les décharger.

§ 742. Les aubergistes chez lesquels s'arrêtent de telles personnes, doivent veiller à ce qu'elles se conforment aux dispositions ci-dessus, ou se charger eux-mêmes de la garde des armes à feu, de manière qu'il n'en puisse résulter aucun accident.

§ 743. Quiconque transgresse ces dispositions doit être mis en arrestation pour* jusqu'à 14 jours, ou condamné à une amende de 5 à 10 écus.

§ 744. Si, par l'effet de ces armes à feu ou de leur usage inconsidéré, il est porté atteinte à quelqu'un dans sa vie, dans sa santé ou dans ses biens, non-seulement celui qui les portait avec lui, mais le chef de la maison ou l'aubergiste, qui n'a point rempli ses obligations, encourt la peine de prison ou la réclusion dans un fort, pendant 4 semaines jusqu'à 6 mois.

sur le territoire d'autrui, hors des grandes routes, dans les halliers et parcs royaux et autres, où il n'a pas le droit de chasser.

§ 319. Quiconque est surpris en de telles circonstances perd par cela seul, quoiqu'il ne puisse être convaincu d'une contravention réelle, les armes et l'appareil de chasse dont il est muni, et, en outre, à raison de la suspicion qui s'élève contre lui, est passible d'une amende ou d'un emprisonnement.

§ 320. Quiconque oppose de la résistance pour remettre ses armes doit être puni suivant ce qui est prescrit aux §§ 459 et suivants du titre 14, partie I.

V. — *Des braconniers et des peines dont ils sont passibles.*

(2º partie, titre XX.)

§ 1111. Il y a vol, aussi, lorsque des choses, qui ne sont point encore en la possession d'une personne déterminée, sont soustraites à l'insu et sans le consentement de celui qui est en droit d'exclure tous autres de la prise de possession.

§ 1115. L'enlèvement du gibier, sans armes à feu, filets ou pièges, est puni comme vol simple; comme vol grave, lorsqu'il s'effectue avec de tels instruments, et comme vol avec violences, quand il est commis par des personnes qui en font métier.

§ 1123. Suivant qu'une pure convoitise ou un besoin réel a donné lieu au vol, il faut infliger un châtiment corporel ou un travail correctionnel de 24 heures à 8 jours ou un emprisonnement proportionné.

§ 1124. Tout vol simple, lorsque le prix de la chose dérobée n'excède pas 3 écus, doit aussi être poursuivi seulement par voie de police et puni d'un emprisonnement de 8 jours à 4 semaines.

§ 1125. Si la somme ou le prix de la chose, dérobée par un vol simple, excède 8 écus, le voleur doit être condamné à des travaux correctionnels, ou à la détention dans une maison de force pour 4 semaines jusqu'à 2 années.

§ 1140. Pour les vols domestiques plus considérables, non seulement la peine du vol simple encourue est prolongée de moitié, à savoir de 6 semaines à 3 années, mais elle doit être augmentée par la condamnation au fouet à l'entrée et à la sortie.

§ 1167. Les vols commis avec violence sont punis par la détention pour 6 mois à 3 années dans une maison correctionnelle, avec condamnation au fouet en entrant et en sortant.

Ce sont ces principes qui ont régi la matière jusqu'en 1848.

§ II. Quand en 1814-1815 les provinces rhénanes passèrent à

---

§ 315. Celui qui fait usage, dans les lieux habités ou fréquentés, d'armes à feu, de fusils à vent ou d'arbalètes, ou allume des feux d'artifice, sans une autorisation spéciale du magistrat, encourt une amende de 5 à 50 écus, quoiqu'il ne soit survenu aucun dommage.

la Prusse la législation française en matière de chasse s'y trouvait établie.

La loi française s'occupant spécialement de protéger les récoltes parut insuffisante et des arrêtés provisoires, fixant les époques de fermeture, furent pris afin de protéger le gibier; de plus, on admit l'amodiation ou mise en location forcée du droit de chasse sur le territoire de la commune au profit de la caisse publique de cette commune. Déjà par les arrêtés pris par le gouverneur Sack, le 18 août 1814, les terres dans les provinces du Bas-Rhin et du Rhin moyen, provinces qui devaient former la Prusse rhénane, étaient divisées en cantons de chasse et louées au profit de la Caisse communale.

Les propriétaires de cinquante hectares, au moins, de terre, sans enclaves, conservaient seuls et à titre personnel le droit de chasse sur leurs biens, concurremment avec le fermier de la chasse.

Ces lois régirent la matière jusqu'au 17 avril 1830, époque à laquelle un décret royal décida que les terres des habitants d'une commune seraient réunies, puis divisées en cantons de chasse qui seraient loués au mieux des intérêts non plus de la Caisse communale, mais des propriétaires eux-mêmes compris dans chaque canton de chasse.

Ceux qui avaient à eux 300 morgen (25 ares 1/2) au moins, d'un seul tenant, conservaient seuls le droit de chasser exclusivement sur leur propriété.

A l'expropriation forcée, sans indemnité, des propriétaires au profit de la Caisse communale, ce décret substituait donc un nouveau système ayant pour but de protéger le gibier, en restreignant le nombre des chasseurs, tout en respectant en principe le droit du propriétaire; respect tout au moins contestable puisque dans la pratique le propriétaire ne pouvait exercer son droit de chasse que s'il était possesseur d'une certaine superficie de terrain.

Grâce à cette législation les grands propriétaires, en Allemagne, en étaient arrivés à chasser sur les terres des paysans sans avoir à payer d'indemnités pour les dégâts commis.

De plus, dans presque tous les États subsistait le droit régalien de chasse au profit du souverain ou mieux de l'État (Jagdregal), droit qui ne s'exerçait que dans les bois et forêts; les propriétaires de biens nobles qui avaient la chasse de plaine n'y étaient pas soumis au moins pour la chasse basse, ou chasse au gibier ordinaire.

Le Jagdregal était exploité soit directement par l'État, dont les agents avaient mission de tuer le gibier et de le vendre moyennant une prime en argent qui leur était accordée pour chaque pièce abattue, ou bien ce droit était affermé pour une somme fixe.

Dans certains États, les grands propriétaires avaient racheté, moyennant une redevance, ce droit de chasse dans leurs bois.

Le Jagdregal fut supprimé en Prusse par la loi du 31 octobre 1848, qui, faisant disparaître ces abus, vint accorder à tout propriétaire le droit de chasser sans permis sur son fonds.

Mais cette liberté illimitée en compromettant la conservation de gibier et en amenant de graves accidents devait appeler une réglementation plus sévère avec laquelle nous verrons bientôt reparaître les tendances féodales disparues, un moment, devant le mouvement révolutionnaire.

Avant cette loi du 31 octobre 1848, les actes les plus importants à citer de 1814 à 1848 en dehors du règlement de Sack et du décret du 17 avril 1830, sont le règlement du 15 janvier 1814 relatif aux battues de loups, le décret du 31 mars 1837 relatif aux peines appliquées à ceux qui résistaient aux gardes, et le décret de la même date, relatif à l'emploi que peuvent faire les gardes de leurs armes, décret qui porte :

I. Les gardes forestiers et les gardes-chasse de l'État, ainsi que les gardes communaux et particuliers qui sont nommés à vie ou qui ont les droits de ceux nommés à vie, peuvent, lorsqu'ils ont été assermentés, se servir de leurs armes dans l'accomplissement de leur service :

1° quand une attaque est dirigée contre leur personne ou qu'une pareille attaque est imminente ;

2° quand des délinquants pour vols de bois ou de gibier, ou pour contravention forestière ou de chasse, s'opposent à leur arrestation ou reconnaissance par des voies de fait ou par des menaces dangereuses.

Les armes ne doivent être employées qu'autant que c'est nécessaire pour repousser l'attaque ou vaincre la résistance.

II. La défense à l'aide d'armes à feu n'est permise que lorsque l'attaque ou la résistance, ou bien les menaces ont lieu à l'aide d'armes, de cognées, de gourdins ou d'autres engins dangereux, ou lorsqu'elles proviennent d'une pluralité supérieure au nombre des gardes présents sur les lieux.

Une attaque est jugée imminente dès que le délinquant ne dépose pas les armes ou engins aussitôt après sommation, ou qu'il les reprend.

Les gardes, pour se servir de leurs armes, doivent être en uniforme ou porteurs d'un insigne de leurs fonctions.

III. Le garde, autant que sa sécurité le permet, doit secours à celui qu'il a blessé ; il doit veiller à ce que celui-ci soit transporté au lieu habité le plus proche, et l'autorité policière doit assurer les soins médicaux nécessaires.

IV. La justice doit se transporter sur les lieux avec un fonctionnaire supérieur de l'administration forestière, et s'assurer que les armes ont été employées à bon droit.

— L'instruction du 17 avril 1837 est ainsi conçue :

Les armes ne peuvent être employées par un garde que sur le territoire confié à sa surveillance.

Comme armes, le garde ne peut avoir que le couteau de chasse (Hirschfänger), le fusil ou la carabine, et ceux-ci ne peuvent être chargés qu'à balle ou à plomb grené.

On ne peut pas agir contre un délinquant par le fait qu'il fuit; il faut qu'il résiste par voies de fait après appréhension.

On doit éviter les blessures mettant la vie en danger.

Des menaces qui ne sont pas de nature à être mises aussitôt à exécution, et de simples injures verbales ne comportent pas l'usage des armes.

Là où les délits sont nombreux, les gardes doivent être à deux ou accompagnés d'une personne n'ayant même pas de qualité professionnelle.

L'uniforme ou l'insigne des gardes communaux et particuliers doivent être portés à la connaissance du Landrath, qui se prononce sur la question de savoir s'ils sont suffisants et convenables. La police locale les fait alors connaître dans le district de police où les gardes sont en fonction. L'insigne est généralement un écusson de 8 centimètres environ de côté, se portant soit sur la coiffure, soit sur la poitrine, soit sur le haut du bras; l'insigne se porte aussi à la poignée du couteau de chasse.

On refusera le droit de faire usage des armes à ceux que l'on ne croira pas devoir le faire judicieusement.

L'instruction du 21 novembre et le décret du 31 janvier 1843.

La loi du 31 octobre 1848, rendue par Frédéric Guillaume contenait les dispositions suivantes (1).

§ 1. Tout droit de chasse sur le fond d'autrui est aboli sans exception; les permissions et concessions réciproques des ayants droit de chasse, actuellement en vigueur, sont annulées.

§ 2. Le droit de chasse ne peut être séparé du fonds et ne saurait se concevoir comme droit particulier.

§ 3. La chasse appartient à tout propriétaire sur son fonds. Il peut l'exercer de toutes les manières, dont il est permis d'user pour poursuivre et prendre le gibier.

Il est loisible aux propriétaires voisins de réunir leurs domaines en un canton de chasse, et d'en louer la chasse par adjudication publique, ou de la faire exercer par un chasseur, ou bien aussi de ne pas en user du tout. Aucun propriétaire ne peut, cependant, être contraint à semblable union.

(1) M. Faider.

§ 4. Les propriétaires fonciers ne sont limités, dans l'exercice de leur droit de chasse, que par les ordonnances générales ou locales sur la police de la chasse, qui ont pour but de protéger, soit la sécurité publique, soit la récolte des fruits de la terre.

Le droit de suite est aboli.

§ 5. Dans tous les ouvrages de fortifications, l'autorité militaire peut seule permettre, aux personnes à ce autorisées, d'user de la chasse.

A l'entour de ces ouvrages, de même que des magasins à poudre et des établissements analogues, il sera élevé et tracé, aux frais de l'autorité militaire, des barrières ou rayons, à l'aide de pieux reliés entre eux. A l'intérieur de ces rayons, il est interdit de chasser, sous peine d'une amende de police de 5 à 20 thalers ou, en cas de non-payement, d'un emprisonnement proportionné. La limite la plus éloignée des lignes extérieures sera prise à 300 pas des angles sortants des glacis ou poudrières. La délimitation se fait, de concert, par un délégué de l'autorité militaire, un député du conseil communal et un représentant de l'autorité cantonale.

§ 6. Le présent décret entrera immédiatement en vigueur. Comme conséquence de l'abolition du droit particulier de chasse, les baux de chasse existants sont annulés. Le fermage de l'année courante sera compté, à raison du temps de la jouissance de la chasse pendant cette période.

§ 7. Toutes les instructions judiciaires pendantes, à propos de contraventions de chasse, sont annulées et les frais rabattus, etc.

Le droit particulier de chasse se trouvait donc, par suite, aboli sans indemnité, procédé révolutionnaire qui, tout en mettant fin au régime féodal, ne pouvait cependant être de longue durée.

Ce changement subit apporté dans les mœurs et les usages, fit que la grande liberté succédant tout à coup aux sévérités et aux règlements du passé, donna naissance à des abus de toutes sortes et amena la destruction du gibier.

De tous côtés, on en vint à demander que la chasse fût à nouveau réglementée et la loi de 1848 abrogée.

En présence de ces plaintes, on revint en arrière, et il fut décidé que le décret du 17 avril 1830, modifié, serait appliqué à toute la monarchie prussienne. Or, nous avons vu plus haut que ce décret de 1830 avait eu comme effet, conservant le droit exclusif de chasse, sur leurs propriétés, aux seuls propriétaires dont les domaines, d'un seul tenant, étaient supérieurs à 300 *morgen*, de réunir les autres propriétés des habitants d'une commune, de les diviser en cantons de chasse et de les louer au mieux des intérêts, non de la Caisse communale, mais des propriétaires dont les terrains étaient englobés dans les cantons de chasse.

De là est sorti le décret du 7 mars 1850 sur la police de la chasse, décret qui remet en vigueur le régime de 1830, appliqué à la province rhénane avant 1848.

Cette loi conserve donc à la chasse un certain caractère régalien et tout en reconnaissant les droits du propriétaire, elle lui impose des conditions très dures.

En un mot, sous prétexte d'intérêt général, elle restreint, dans une certaine mesure, un des attributs de la propriété (1).

Loi du 7 mars 1850. — Le 7 mars 1850 parut la loi suivante :

Nous, Frédéric-Guillaume, ordonnons avec l'assentiment de nos deux Chambres, ce qui suit.

§ 1. L'exercice du droit de chasse du propriétaire sur ses propres terres est soumis aux clauses et conditions contenues dans les paragraphes suivants.

§ 2. Cet exercice n'est accordé au propriétaire, sur ses propres terres, que :

a) sur les propriétés, situées dans le territoire d'une seule ou de plusieurs communes limitrophes, dont la superficie en terre ou en bois s'élève à 300 *morgen* (2) au moins et dont l'ensemble n'est coupé par aucune terre étrangère. Les cours d'eau et les chemins ne sont pas considérés comme interrompant cet ensemble.

b) sur les terrains complètement clôturés : le Landrath (Conseiller provincial) est chargé de vérifier si cette condition est remplie.

c) sur les lacs et les étangs installés pour la pêche, et qui se trouvent dans lesdites propriétés, ainsi que sur les îles assez grandes pour former une propriété répondant aux exigences renfermées dans la lettre *a*.

§ 3. Si les terres désignées au § 2 appartiennent par indivis à une communauté, dont le nombre des associés dépasse le chiffre de trois, ces associés ne peuvent exercer eux-mêmes le droit de chasse, ils doivent le transférer à un ou au plus à trois d'entre eux ; ils peuvent aussi, soit ne pas user du droit de chasse, soit le faire exercer par un chasseur particulier, soit le louer.

Les communes et les corporations ne peuvent qu'affermer le droit de chasse sur leurs terres ou le faire exercer par un chasseur particulier.

§ 4. Toutes les pièces de terre du territoire d'une commune non comprises dans le § 2 forment un district de chasse commun.

Il est cependant permis aux habitants d'une ou de plusieurs communes, de s'entendre pour former, avec la sanction de l'autorité, une communauté qui, par la réunion des terres communes, formera un canton de chasse communal.

Les autorités communales sont invitées également, à diviser, du consentement des autorités supérieures, le territoire d'une commune en plusieurs cantons de chasse indépendants, sans cependant que chacun

---

(1) Ce système a été proposé, en France, au Sénat, par M. de Saint-Germain (*Moniteur* du 8 mars 1817).

(2) Morgen, mesure prussienne représentant 25 ares : 53 300 morgen = 75 hectares.

de ceux-ci puisse comprendre une étendue moindre de 300 *morgen*.

Les propriétaires des terres, compris dans le § 2 peuvent également joindre leurs terrains de chasse à ceux de leur commune.

Les concessions relatives à une modification quelconque du territoire de chasse ordinaire, ne peuvent être faites pour une période inférieure à trois ans ni dépasser douze années.

§ 5. Celui qui n'est propriétaire que de terrains enclavés ne peut disjoindre du canton de chasse communal que ceux qui entourent, en tout ou en partie, son domaine et forment avec lui un ensemble; il ne peut enlever les terrains enclavés dans des propriétés étrangères, à moins que ces terrains ne soient de ceux compris dans le § 2.

§ 6. Le propriétaire, tant que cette séparation existera, ne pourra faire usage du droit de chasse sur les terrains retirés du canton de chasse communal conformément au § 5.

Les limites de ces terrains doivent être marquées d'une manière très distincte.

§ 7. Les terrains qui sont enclavés en tout ou en grande partie dans des bois d'une superficie de plus de 300 *morgen* et d'un seul tenant ne doivent pas être compris dans le canton de chasse communal, même s'ils ne se trouvent pas dans les conditions portées au § 2.

Les propriétaires de ces terrains doivent en céder le droit de chasse à celui à qui appartient la forêt qui les entoure, s'il le demande, moyennant une indemnité ou prix de location calculé d'après les charges de la chasse.

Si cette cession a lieu, les propriétaires de ces terrains ne peuvent, en aucune façon, faire usage du droit de chasse sur ces terres.

A défaut d'entente amiable, l'indemnité sera fixée par le Landrath, chaque partie pouvant néanmoins s'adresser aux tribunaux supérieurs.

Si le propriétaire de la forêt ne réclame pas le droit de chasse sur les terrains enclavés, le propriétaire de ceux-ci peut y exercer ce droit.

Si plusieurs terres de cette espèce, se joignent et forment un ensemble d'au moins 300 *morgen* d'un seul tenant, elles composent un district de chasse communal indépendant, soumis aux mêmes prescriptions que les cantons de chasse ordinaires.

§ 8. Les prescriptions renfermées dans le § 5 de la loi du 31 octobre 1818, sur la chasse dans les fortifications et leurs rayons, ainsi que dans les environs des magasins à poudre et autres établissements de ce genre, restent en vigueur.

§ 9. Les propriétaires des terres formant un canton de chasse sont représentés, dans les affaires qui concernent la chasse, par les autorités communales.

Lorsque plusieurs pièces de terre, appartenant à diverses communes, ont été réunies pour former un canton de chasse, ce sont les autorités cantonales qui remplacent les autorités communales.

§ 10. Les autorités communales peuvent, par mesure conservatoire :

a) défendre complètement de chasser,

b) faire chasser par un chasseur particulier pour le compte des propriétaires réunis,

c) mettre en adjudication, aux enchères publiques, ou louer à main ferme, le droit de chasse, sur les terres formant un canton de chasse communal.

La durée des baux de location ne peut être inférieure à trois ans ni dépasser douze années :

§ 11. Le prix de la location et le revenu du gibier tué par le chasseur particulier sont versés dans la caisse communale.

Ces sommes, déduction faite des frais de garde, sont ensuite réparties, par les soins de l'autorité communale, entre les propriétaires des parcelles sur lesquelles la chasse s'exerce, au prorata de l'importance de ces parcelles.

§ 12. Le droit de chasse ne peut être loué, soit sur les terres dont il est parlé au § 2, soit sur les cantons de chasse communaux, à peine de nullité, à plus de trois personnes, associées entre elles.

Pour être locataires de chasse, les étrangers doivent être agréés par les autorités supérieures.

On ne peut sous-louer qu'avec l'autorisation du fermier.

§ 13. Des chasseurs particuliers peuvent être commis dans leurs cantons respectifs, aussi bien par le locataire d'un canton de chasse communal, que par le propriétaire des terres comprises au § 2.

§ 14. Quiconque veut user du droit de chasse doit être porteur d'un permis de chasse délivré par le magistrat du cercle où il demeure.

Ce permis, bon pour tout le royaume, est valable pour une année ; il est personnel et contaste l'identité du chasseur qui doit toujours en être muni pour chasser.

Les étrangers peuvent obtenir le même permis, mais avec la caution d'un régnicole et en s'adressant au magistrat du domicile de ce régnicole.

La caution répond des peines qui seraient prononcées contre l'étranger conformément aux §§ 16, 17 et 19, ainsi que des frais d'instruction.

Pour chaque permis de chasse, il est exigé annuellement une taxe d'un thaler (3,75); cette taxe est versée dans la caisse cantonale du cercle du domicile de celui qui a obtenu le permis ; les autorités du cercle décident de l'emploi de ces sommes.

Le permis de chasse est exempt de timbre et se délivre sans frais.

Les gardes-chasse et les gardes forestiers au service de l'État ou des communes, ainsi que les gardes-chasse ou gardes forestiers privés, nommés à vie, reçoivent gratuitement des permis de chasse, en ce qui concerne l'exercice de la chasse dans les cantons soumis à leur surveillance.

Sur ces permis sera mentionné ce pourquoi ils sont délivrés, gratuitement, et le canton pour lequel ils sont valables.

§ 15. Le permis de chasse *doit* être refusé :

a) aux individus de la part desquels on peut craindre un maniement imprudent des armes à feu et qui peuvent être un danger pour la sécurité publique.

b) aux individus déclarés, par jugement, privés du droit de port d'armes; à ceux placés sous la surveillance de la police et à ceux auxquels l'exercice des droits civiques (la cocarde nationale) est retiré.

Le permis *peut* aussi être refusé, mais pendant cinq années seulement après que la peine a été subie, à ceux qui ont été condamnés pour un délit de chasse, un délit forestier, ou mauvais emploi d'armes à feu.

§ 16. Les délinquants sont punis de la manière suivante :

Celui qui chasse sans avoir obtenu un permis de chasse sera passible, pour chaque contravention, d'une amende de 5 à 20 thalers.

Celui qui chasse sans être muni de son permis de chasse, est puni d'une amende de 5 thalers au minimum.

Celui qui cherche à établir son identité à l'aide d'un permis de chasse étranger, non inscrit à son nom, et à éviter par là une peine, sera puni d'une amende de 5 à 50 thalers.

§ 17. Celui qui, ayant un permis, chasse dans un canton de chasse étranger, sans être accompagné du propriétaire de la chasse, sans être muni de l'autorisation écrite de ce propriétaire, est puni d'une amende de 2 à 5 thalers.

Celui qui chasse sur sa terre, quand il est tenu de la laisser reposer au point de vue de la chasse, est passible d'une amende de 10 à 20 thalers et de la confiscation des engins de chasse dont il se sert.

Celui qui chasse sur sa propre terre, lorsqu'elle fait partie de la chasse communale et que cette chasse est louée à un tiers ou exercée par un chasseur particulier de la communauté, est puni suivant les prescriptions du code commun.

§ 18. Pour la fixation des époques où la chasse est interdite (temps du rut et de la ponte), elle est faite par les publications déterminées par le décret du 31 octobre 1848; sont remises en vigueur : l'ordonnance du 9 décembre 1842, §§ 1 et 2, et la proclamation du 7 mars 1843.

Les délinquants sont punis d'une amende, à fixer équitablement par le juge, d'après les circonstances, mais elle ne peut excéder 50 thalers (1).

§ 19. Celui qui, pour commettre un délit de chasse, se sert comme aides ou complices, de ses subordonnés, domestiques, élèves ou ouvriers, si ceux-ci ne sont point payés pour agir, est déclaré responsable, non seulement des peines prononcées contre lui, mais aussi de celles prononcées contre ses aides, ainsi que des dommages-intérêts auxquels ils seraient condamnés.

§ 20. Les délits commis en contravention à la loi sur la police de la chasse ne seront pas poursuivis, si trois mois se sont écoulés entre la remise de la plainte, soit aux autorités de l'Etat, soit au juge, et la date de la contravention.

Les articles suivants de 21 à 25 sont relatifs à la protection des récoltes et des cultures.

§ 21. Chacun peut éloigner le gibier de ses propriétés au moyen

---

(1) L'ordonnance du 20 février 1870 relative au temps où la chasse est défendue, pour la conservation du gibier, remplace ce § 18, qui se trouve abrogé.

de bruits, d'épouvantails, de palissades, alors même qu'il n'a pas le droit de chasse.

On peut même se servir d'un petit chien ou d'un chien de garde ordinaire pour éloigner les bêtes fauves, cerfs et sangliers.

§ 22. Si le gibier fait des dégâts dans un canton de chasse communal et si un propriétaire isolé en porte plainte, même seul, les autorités communales doivent y faire chasser.

§ 23. Si les pièces de terre, situées près de forêts faisant partie d'un canton de chasse communal, ou enclavées dans une forêt, et sur lesquelles l'exercice du droit de chasse est concédé au propriétaire de la forêt (§ 7) subissent de graves dégâts par le fait du gibier qui vient des bois, le magistrat doit, à la demande du propriétaire, qui a subi le dommage, et après avoir considéré s'il y a nécessité réelle et combien de temps cette nécessité durera, ordonner au locataire de chasse de détruire le gibier, fût-ce même à l'époque où la chasse n'est pas permise.

Si le locataire de la chasse n'obéit pas à cet ordre, afin d'arrêter les dommages causés aux champs, le magistrat peut autoriser le propriétaire à s'emparer, de toutes les manières, de tout gibier pénétrant sur ses terres, et même de le tuer avec le fusil.

Sur les terres où le lapin s'est multiplié au point de nuire à la culture des champs et des jardins, le propriétaire peut aussi le détruire même avec le fusil.

Si un recours est formé contre la décision du magistrat devant l'administration supérieure, c'est-à-dire l'administration cantonale, cette décision suivra son cours jusqu'à ce que l'administration supérieure ait statué.

Le gibier, pris ou tué par le propriétaire, par suite de l'autorisation du magistrat, doit être livré au locataire de la chasse, contre le payement de ce que le propriétaire réclame comme dommage ; ces déclarations doivent avoir lieu dans les vingt-quatre heures.

§ 24. Le propriétaire d'une terre, enclavée dans une forêt, et sur laquelle la chasse n'est pas exercée (§ 7) peut exiger du magistrat, après en avoir constaté la nécessité, l'autorisation, pour la durée de la chasse, de s'emparer par tous les moyens permis de tout gibier pénétrant sur sa terre et même de le tuer avec un fusil dans le cas où les récoltes auraient été endommagées par le fait de ce gibier et là où le possesseur du canton de chasse forestière n'aurait pas suffisamment exécuté l'ordre du magistrat de détruire le gibier, même en temps où la chasse est défendue.

Le gibier pris ou tué, dans ce cas, appartient au propriétaire de la terre enclavée.

Une reconnaissance d'identité, délivrée par le magistrat, remplace, dans les cas des §§ 23 et 24, le permis de chasse.

§ 25. Aucune prétention légale à indemnité ne peut être fondée sur les dommages causés par le gibier.

Il n'est rien dû par le locataire de la chasse de ce fait, à moins que le contrat de bail de chasse ne contienne des stipulations spéciales sur ce point.

§ 26. Les baux de chasse, renfermant des stipulations contraires aux §§ 4 et 7 relatifs aux cantons communaux de chasse, prendront fin, de plein droit, le 1er juillet 1851.

§ 27. Dans les villes, qui ne font partie d'aucun cercle cantonal, les fonctions dévolues, aux termes de la présente loi, au magistrat communal, seront remplies par les autorités de la police du lieu, et les sommes touchées seront versées dans la caisse de la ville, au lieu de l'être dans celle du cercle.

§ 28. Quiconque veut chasser dans un rayon de treize cents pas des fortifications, doit tout d'abord faire viser son permis de chasse par le commandant de la place.

Les délinquants seront passibles d'une amende de 2 à 5 thalers.

§ 29. Au lieu des amendes prononcées par les §§ 16, 17, 18 et 28, un emprisonnement proportionné peut être appliqué pour le cas où le délinquant serait dans l'impossibilité de les payer.

§ 30. Toutes les dispositions contraires à la présente loi sont abrogées.

§ III. *Le Code pénal prussien*, promulgué le 14 avril 1851, est venu compléter cette loi du 7 mars 1850, de la manière suivante :

Le paragraphe 274 de ce code portait : Quiconque, sans l'autorisation du fermier de la chasse, ou des autorités de la commune, se livre à l'exercice de la chasse sur une terre lui appartenant, mais sur laquelle le droit de chasse est loué à une autre personne, ou sur laquelle a été mis un chasseur à gages, chargé de tuer le gibier pour le compte commun des propriétaires fonciers du district de chasse; de même quiconque chasse sur le terrain d'autrui sans autorisation, sera passible d'une amende de 100 thalers ou d'un emprisonnement de trois mois, au maximum.

§ 275. L'amende peut être élevée jusqu'à 200 thalers et la peine portée à six mois d'emprisonnement, si le délinquant s'est servi pour s'emparer du gibier, non d'armes à feu ou de chiens, mais de lacets, filets, trappes ou autres engins, ou si le fait de chasse a eu lieu en temps prohibé, ou dans les forêts, ou la nuit, ou par deux ou plusieurs individus réunis.

§ 276. Si le délinquant commet habituellement ces délits, il sera puni de l'emprisonnement pendant trois mois au moins, avec interdiction, à temps, de l'exercice des droits civiques honorifiques (1).

Le délinquant était, en outre, placé sous la surveillance de la police.

§ 277. Le fusil, les objets de chasse, les chiens, dont le délinquant s'était servi, au moment du délit, les lacets, filets, trappes et autres

---

(1) Le § 14, en ce qui touche la perte de l'honneur civique, portait : « La perte de l'honneur civique consiste en : 1° La perte du droit de porter la cocarde nationale prussienne..... 6° La perte du droit de port d'arme et l'incapacité de servir dans l'armée ».

engins, étaient adjugés au fisc, par le jugement de condamnation, qu'ils soient ou non la propriété du coupable.

§ 347. Était puni d'une amende de 20 thalers ou de quatorze jours de prison au maximum :

Celui qui, sans autorisation du propriétaire de la chasse, était trouvé dans un district de chasse, en dehors des chemins publics, *ne chassant pas,* mais portant un fusil ou accompagné de chiens lévriers, ou porteur d'engins destinés à prendre le gibier. Était puni de la même peine celui qui enlevait les œufs ou les petits du gibier à plumes.

— La loi de 1850, § 18, remettait aussi en vigueur en Prusse, en Silésie, en Poméranie, dans le Brandebourg, dans la Saxe, dans la Westphalie, et dans les provinces du Rhin, certaines ordonnances provinciales fixant les époques où la chasse était permise pour différents gibiers et dans certaines localités (1), ordonnances qui avaient pour but la conservation du gibier et l'intérêt de l'agriculture.

— En 1864, le 14 décembre, intervenait, entre la Prusse et le Wurtemberg, un traité ayant pour but d'assurer la punition des délits forestiers, ruraux, de chasse et de pêche, commis sur les frontières

Après l'annexion de différentes provinces à la monarchie prussienne en 1866 (22 septembre et 24 décembre), plusieurs lois furent promulguées relativement à la chasse.

Parmi les plus importantes, il faut citer :

— La loi du 9 mars 1867, rendant obligatoire, dans les nouvelles provinces annexées, le permis de chasse et de port d'armes.

— La loi du 30 mars 1867, abrogeant, dans le duché de Nassau, le décret du 9 juin 1860, qui y avait rétabli le droit de chasser sur le fond d'autrui, et introduisait, dans ce duché, un règlement, sur la police de la chasse, semblable à celui établi en France par la loi du 7 mars 1850.

La loi du 26 février 1870, réglant le prix des permis de chasse dans la province de Hesse-Nassau (2).

(1) Parmi ces ordonnances, les principales étaient : l'ordonnance du 3 décembre 1775 ; pour la Prusse orientale et la Lithuanie ; — l'ordonnance du 8 octobre 1805, pour la Prusse occidentale et le district de Metz ; — l'ordonnance du 19 avril 1756 et celle du 8 septembre 1777, pour la Silésie ; — l'ordonnance du 24 décembre 1777. Les lettres-patentes du 13 juillet 1729, 3 juin 1767, — 19 avril 1734 pour la Poméranie. L'ordonnance du 20 mai 1720, pour le Brandebourg. L'ordonnance du 20 mai 1720. Les mandements du 20 septembre 1702, 5 juillet 1712. L'ordonnance du 31 janvier 1780, pour la Saxe. L'ordonnance du 18 février 1804. L'ordonnance du 4 mars 1738. Celles du 9 juillet 1759, 3 juillet 1765, 22 décembre 1768, 6 février 1807, 13 juillet 1765 ; pour la Westphalie et partie de la province du Rhin, pour le reste de la province du Rhin, l'ordonnance du 18 août 1817. Celle du 21 septembre 1815. Les prescriptions du 2 novembre 1802. L'ordonnance du 2 novembre 1802. Celle du 17 mars 1807. (Voir Recueil de Heymann, p. 48.)

(2) Dans l'ancien territoire bavarois, la carte de chasse (30 mars 1850) payait un

IV. LÉGISLATION POSTÉRIEURE A 1870.

Loi du 26 février 1870. — La loi du 26 février 1870 devait mettre fin à la diversité qui existait dans les lois et règlements relatifs à la chasse et donner au royaume une législation uniforme.

Cette loi est relative aux époques pendant lesquelles la chasse des divers gibiers est prohibée, époques qui correspondent au rut et à la couvée. Elle s'applique à tout le royaume.

Article 1er. — Il est défendu de chasser les gibiers ci-après énumérés, aux époques suivantes :

1. Les élans, du 1er décembre à la fin d'août.
2. Les daims mâles et les cerfs, du 1er mars à la fin de juin.
3. Les biches, les daims et les faons, du 1er février au 15 octobre.
4. Les broquarts, du 1er mars à la fin d'avril.
5. Les chevrettes, du 15 décembre au 15 octobre.
6. Les chevrillards, faons de chevreuils, pendant toute l'année.
7. Les blaireaux, du 1er décembre à la fin de septembre.
8. Les coqs de bruyère, coqs des bois et faisans, du 1er juin jusqu'à la fin d'août.
9. Les canards, du 1er avril à la fin de juin; dans les cantons isolés les administrateurs du cercle peuvent lever la défense.
10. L'outarde, les bécasses, les cygnes sauvages et tous autres oiseaux d'eau et de marais, les oies sauvages et les hérons exceptés, du 1er mai à la fin de juin.
11. Les perdrix, du 1er décembre à la fin d'août.
12. Les poules de bruyère, poules des bois, poules faisanes, gelinottes, cailles, lièvres, du 1er février à la fin d'août.
13. Pendant toute l'année, il est défendu de prendre les perdreaux, les lièvres, les chevreuils à l'aide de lacets.

Les cormorans, les plongeurs, les harles et tous autres gibiers, peuvent être chassés toute l'année.

On considère comme faons ou chevrillards, les jeunes cerfs, daims et chevreuils, depuis leur naissance jusqu'au dernier jour du mois de décembre suivant.

Art. 2. — Les administrateurs des districts sont autorisés, en ce qui concerne les gibiers indiqués aux nos 7, 11, 12, de l'article 1er, à reculer

---

droit de 8 florins. Dans l'ancien territoire Hessois-hambourgeois, la passe de chasse (8 octobre 1839) était taxée à 8 florins. Dans le territoire de Hesse (2 décembre 1853 — 26 septembre 1864) le permis de port d'armes de chasse coûtait 7 florins. Dans la ville libre de Francfort (20 août 1850) le permis était de 2 florins. Dans la Hesse électorale, le permis de port de fusil (22 décembre 1853) se payait 4 1/2 thalers. Dans la province de Hesse-Nassau (26 février 1870) le permis coûtait 2 1/2 thalers.

ou à avancer, chaque année, par des arrêtés particuliers, les époques de défense ou de permission de chasse, et ce, en tenant compte de l'état de la culture, et des dégâts que causerait le gibier ; mais, de manière à ce que le commencement et la fin de la période de défense ne soient pas fixés à plus de quinze jours avant ou après les époques indiquées par l'article 1er.

Art. 3. — Les autorisations accordées dans certains districts, de détruire le gibier, même en temps défendu, afin d'éviter le dommage porté aux récoltes, sont maintenues.

Art. 4. — Cette loi n'est pas applicable à la chasse du gibier dans les parcs clos.

Toutefois, la vente de gibier, ainsi tué en temps de fermeture, dans ces parcs clos reste interdite, conformément aux dispositions de l'article 7 (1).

Art. 5. — Les amendes suivantes sont prononcées contre ceux qui ont tué ou pris du gibier pendant les époques ci-dessus mentionnées, ou qui ont pris du gibier au moyen de collets (§ 1, n° 13).

1. Pour un élan....................	50	thalers	=	187f50
2. Pour un cerf....................	30	—	=	112f50
3. Pour un daim....................	20	—	=	75f00
4. Pour un chevreuil	10	—	=	37f50
5. Pour un blaireau.................	5	—	=	18f75
6. Pour un coq ou une poule de bruyère....	10	—	=	37f50
7. — des bois......	3	—	=	11f25
8. Pour une gelinotte mâle ou femelle.......	3	—	=	11f25
9. Pour un faisan	10	—	=	37f50
10. Pour un cygne...................	10	—	=	37f50
11. Pour une bécassine	3	—	=	11f25
12. Pour un lièvre	4	—	=	15f00
13. Pour un perdreau	2	—	=	7f50
14. Pour un canard, une bécasse ou pour toute pièce de gibier d'eau ou de marais..........	2	—	=	7f50

Le juge peut abaisser l'amende jusqu'à 1 thaler dans le cas où des circonstances atténuantes peuvent être invoquées. Quand les amendes ne peuvent être payées en raison de l'indigence du condamné, on applique l'emprisonnement, conformément au § 335 du Code pénal (2).

Art. 6. — L'enlèvement des œufs ou des jeunes de gibier à plumes est défendu, même à ceux qui ont qualité pour chasser. Cependant ceux-ci (par exemple, le propriétaire d'une faisanderie) sont autorisés à recueillir les œufs perdus en pleine campagne pour les faire couver. Il est aussi défendu de prendre les œufs de vanneaux, de mouettes après le 30 avril.

Le délinquant est puni conformément au § 347, n° 12, du Code pénal (3).

Art. 7. — Quatorze jours après la fermeture de la chasse, celui qui

---

(1) Le permis de chasse porte au dos, indiquées en noir les époques pendant lesquelles on doit s'abstenir de chasser tel ou tel gibier, et en vert, celles où l'on peut chasser.

(2) C'est le § 29 du Code pénal allemand qui est aujourd'hui appliqué.

(3) § 368, n° 11, du Code pénal allemand.

expose en vente dans des marchés, ou des boutiques, qui colporte ou offre d'une manière quelconque du gibier; ou celui qui, en temps défendu, sert d'intermédiaire à la vente du gibier, soit entier, soit découpé, mais non encore préparé pour la consommation, encourt, au profit de la caisse des pauvres de la commune dans laquelle la contravention est commise, outre la confiscation du gibier, une amende pouvant s'élever à 30 thalers.

Exception est faite pour le gibier mentionné en l'article 3. Toutefois, dans ce cas, le vendeur ou celui qui s'entremet pour le marché, doit se munir d'un certificat, émanant de la direction de la police de la localité, justifiant qu'il a le droit de vendre, sinon il est passible d'une amende qui peut s'élever jusqu'à 5 thalers.

ART. 8. — Tous les arrêtés contraires à la présente loi sont abrogés.

— *Code pénal*, 31 mai 1870. — Le 31 mai 1870 fut promulgué le Code pénal allemand destiné à remplacer le Code pénal prussien de 1851, et à faire disparaître en même temps ceux de Saxe, du grand-duché de Hesse, de Thuringe, de Brunswick, d'Altembourg, de Hambourg, ainsi que le droit pénal d'Allemagne. Ce Code pénal de la Confédération du Nord de l'Allemagne, unifiant la législation pénale pour tous les États de l'Allemagne du Nord devait ainsi faire disparaître les huit législations qui régissaient les vingt-deux États de la Confédération.

Abrogeant les articles cités plus haut de la loi du 31 mars 1837, le nouveau Code dans ses articles 117 à 119 traite de la rébellion et de la résistance aux agents de l'autorité, parmi lesquels sont compris les gardes de bois et les gardes de chasse. Ces dispositions sont à peu près identiques à celles contenues dans la loi de 1837.

Les articles 293 à 296 remplacent les articles 274 à 277 du Code prussien susmentionnés et sont identiques.

L'article 366 punit d'une amende de 20 thalers ou d'un emprisonnement de quatorze jours au maximum, celui qui enfreint les dispositions prises afin que le repos du dimanche et jours de fête soit respecté (1).

L'article 367 défend, sous peine d'une amende de 50 thalers au maximum ou d'un emprisonnement, de placer des chausses-trappes, pièges à ressort, fusils chargés pouvant partir seuls, ou de décharger des armes à feu dans des endroits habités ou ordinairement fréquentés.

(1. Cet article est la sanction de nombreux arrêtés locaux qui défendent de chasser les dimanches et les jours de fête, ou pendant le service divin (ordre du cabinet, 7 février 1837. Ordonnance du 28 avril 1837. Circulaire du 12 juin 1843. L'amende était de 1 à 10 thalers ou d'un emprisonnement proportionné : celui qui faisait chasser était puni du double. En cas de récidive, l'amende pouvait s'élever à 20 thalers).

L'article 368, § 9, punit d'une amende de 20 thalers ou d'un emprisonnement de huit jours au maximum, quiconque passe à pied, à cheval, ou en voiture sur les prairies, champs, terres préparées, ensemencées ou couvertes de récoltes.

Les §§ 10 et 11 reproduisent les §§ 11, 12, 13 du Code pénal prussien punissant d'une amende de 20 thalers au maximum ou de la prison, pendant quinze jours au plus, celui qui sera rencontré en appareil de chasse sur le terrain d'autrui, en dehors du chemin destiné à l'usage commun, quand même il n'aurait pas fait acte de chasse, à moins qu'il ne soit muni d'une autorisation du propriétaire de la chasse ou de toute autre autorisation et celui qui, sans droit, aura déniché des œufs ou des couvées de gibier de plumes ou d'oiseaux chanteurs.

— Continuant l'examen de la législation sur la chasse, en Allemagne, on trouve l'ordonnance de police du 29 mars 1872 pour Berlin et Charlottenbourg, défendant la mort, la capture, et la vente des animaux utiles, ordonnance rappelant celles du 28 septembre 1852, 3 juin 1858, et 24 avril 1860 prises pour Potsdam.

— Puis il faut mentionner la circulaire des ministres de l'intérieur et de l'agriculture du 1er mars 1872, adressée à la direction des chemins de fer, défendant la chasse sur les voies ferrées et leurs accotements.

— La circulaire du ministre des finances, en date du 16 août 1872, adressée aux administrations royales des domaines, relative aux formalités fiscales ayant trait aux locations de chasse, et au règlement autorisant les agents forestiers à s'approprier, dans les forêts royales, certaines espèces de petit gibier et d'animaux de proie.

— La circulaire des ministres de l'intérieur et de l'agriculture, du 3 mai 1873, adressée aux Landraths royaux (commissaires d'arrondissement), relative à l'application du paragraphe de la loi sur la police de la chasse, d'après lequel le permis de chasse ne doit pas être délivré aux personnes dont il y aurait lieu de craindre un maniement imprudent du fusil de chasse.

— La circulaire des ministres de l'intérieur et de l'agriculture du 6 mai 1873, aux administrations communales, relative à l'exercice de la chasse dans un canton de chasse composé de biens agglomérés.

— La loi du 1er mars 1873 abolissant le droit exclusif de chasse sur le fonds d'autrui dans les ci-devant provinces de la Hesse-Électorale, la Hesse grand-ducale, et du Schleswig-Holstein où le droit féodal avait été maintenu.

C'est à partir de cette loi seulement, que partout en Prusse le droit féodal de chasse disparaît; toutefois, ce droit ne fut pas aboli, comme en 1848, sans indemnité; on eut recours à l'expropriation pour cause d'utilité publique, et la loi 1873 eut comme effet, surtout, de réglementer la chasse dans l'intérêt public.

— La loi du 26 février 1876, promulguée pour l'empire allemand, et modifiant certains articles du Code pénal de cet empire, portait dans son article 292 : Celui qui chassera sur un terrain où il n'a pas le droit de chasse sera puni d'une amende de 3.000 marks au plus ou de l'emprisonnement pendant trois mois au plus.

Si le coupable est un parent de la personne à qui appartient le droit de chasse, la poursuite n'aura lieu que sur plainte. La plainte pourra être retirée (1).

Cette loi du 26 juillet 1876, qui a été remplacée par celle du 1er août 1883, sur la compétence des autorités administratives et des tribunaux administratifs, mise en harmonie avec la loi provinciale du 29 juin 1871, s'occupait, dans sa section VII, de la police de la chasse (2). Elle portait :

Art. 87. — Le comité de cercle et dans les cercles de ville le conseil de district approuve la formation de plusieurs districts de chasse (Jagdbezirke) indépendants (Art. 7. de la loi de 1850).

Art. 88. — L'autorité communale appelée à représenter les possesseurs des parcelles comprises dans le district de chasse (art. 9) est désignée en dernier ressort :

a) par le comité de cercle, si les parcelles dépendent de différentes communes du même cercle;

b) par le conseil de district, si elles dépendent de différents cercles du même district;

c) par le conseil de province, si elles dépendent des mêmes provinces;

d) par le ministre compétent, si elles dépendent de provinces différentes.

Art. 89. — L'admission d'un étranger (Ausländer), comme fermier de chasse, est soumise à l'approbation du comité du cercle et, s'il s'agit d'un cercle de ville, à celle du conseil de district (art. 12).

Art. 90. — Le conseil de district statue en dernier ressort sur l'appel interjeté contre les décisions par lesquelles le Landrath, ou dans les cercles de ville, les autorités de police locale accueillent ou rejettent une demande de battue (Art. 23. 24. 27).

L'appel est formé suivant les règles prescrites par l'article 32 de la présente loi.

(1) Art. 64. La plainte ne pourra être retirée que dans les cas spécialement prévus par la loi, et seulement tant qu'il ne sera pas intervenu de jugement de condamnation. Le retrait en temps utile de la plainte emportera la cessation des poursuites contre tous les inculpés.

(2) Annuaire de législation étrangère, t. VI, année 1877, p. 152.

Art. 91. — Le recours au tribunal administratif du district est ouvert contre les décisions des autorités ayant pour objet :

1° D'introduire l'exercice du droit de chasse sur un terrain particulier ou de refuser l'exclusion d'un domaine isolé du district commun de chasse (Art. 2, 3, 5, 7, n°s 3 et 4).

2° D'exclure du district commun de chasse, en vertu de l'article 7, un terrain enclavé dans une forêt.

Si, dans cette hypothèse, l'exclusion est prononcée et qu'un arrangement amiable n'intervienne pas entre les intéressés, le propriétaire de la forêt, enclavant le terrain, peut, par voie de recours au contentieux, devant le comité du cercle ou de ville, exiger que le propriétaire du terrain enclavé lui loue temporairement l'exercice de la chasse, ou s'abstienne d'en user.

Il peut également, par la même voie, sans préjudice de la voie de droit commun, obtenir la fixation de l'indemnité de location.

Art. 92. — La répartition par les autorités communales du prix de location et des revenus provenant de la vente du gibier tué par un chasseur désigné à cet effet (art. 11) peut être attaquée au contentieux devant le comité de cercle par tout propriétaire intéressé et, s'il s'agit d'un cercle de ville, devant le tribunal administratif du district.

Art. 93. — Toute décision par laquelle le Landrath ou les autorités de police du cercle de ville refusent ou retirent à un habitant son permis de chasse est susceptible de recours devant le tribunal administratif de district pendant vingt et un jours. (Art. 14 15).

Le pourvoi en revision, tel qu'il est réglé par le titre VIII de la loi du 3 juillet 1875 est seul ouvert contre la sentence du tribunal administratif du district.

Art. 94. — Le conseil de district statue sur la suppression, la prolongation ou l'abréviation de la période pendant laquelle la chasse est prohibée (art. 1, n° 9, et 2 de la loi du 25 février 1870), et sur la prohibation temporaire de la chasse : sa décision est définitive.

La loi du 3 mars 1877 soumettait les professions ambulantes à un impôt spécial et exigeait un certificat d'autorisation pour l'achat et la vente des produits de la chasse et de la pêche que le commerçant se procure lui-même.

— La loi du 15 avril 1878 déclare que ceux qui sont chargés de la protection des forêts peuvent prêter serment une fois pour toutes : 1° lorsqu'ils sont au service de l'État; 2° lorsqu'ils sont nommés à vie par les propriétaires des forêts ou qu'ils sont commissionnés, par écrit, pour trois ans au moins et qu'ils ont obtenu du Landrath une attestation certifiant qu'ils ont fait, sans avoir de reproches, un service forestier pendant trois ans; 3° quand ils font partie de l'armée et qu'ils sont destinés au service forestier, ou lorsqu'il sont quitté le service afin de devenir gardes forestiers.

Pour les deuxième et troisième cas l'homologation du conseiller du district est nécessaire.

— Le 1er août 1883 fut publiée une loi nouvelle sur la compétence des autorités administratives et des tribunaux administratifs, destinée à remplacer celle du 26 février 1876, citée plus haut (1).

Le titre XV de cette loi, sur la police de la chasse, porte :

Art. 103. — En matière de police de la chasse, la compétence administrative appartient au Landrath, et, dans les districts de ville, à la police locale, sans préjudice des dispositions qui suivent.

Les décisions de ces autorités, qui ont pour objet d'ordonner une battue ou d'accueillir ou rejeter la demande d'une battue, sont susceptibles de pourvoi devant le comité de district, dans le délai de deux semaines, à l'exclusion de la voie de droit commun. La décision du comité de district est définitive.

Art. 104. — (Cet article traite de la compétence attribuée aux comités de cercle dans certains cas spéciaux).

Art. 105. — Toute contestation entre les intéressés touchant leurs droits et obligations aux termes du droit public relativement à l'exercice de la chasse, et en particulier (suit l'indication des cas spéciaux) est soumise à la procédure contentieuse.

La compétence en premier ressort appartient, en cette matière, au comité de cercle et, dans les cercles de ville, au comité de district.

Art. 106. — Tous pourvois ou réclamations concernant la répartition par les autorités communales ou le comité de la chasse, des produits d'un district commun de chasse, sont de la compétence des autorités communales ou du comité de la chasse.

L'action est ouverte contre leur décision devant le comité de cercle et, dans les cercles de ville, devant le comité de district, dans le délai de deux semaines.

Ces mêmes décisions ne sont pas soumises à l'approbation ou confirmation des autorités de surveillance.

Art. 107. — Le comité de district statue sur la prolongation, l'abréviation ou la suppression de la période légale prohibée, dans la mesure où ce droit appartient à l'autorité administrative aux termes de la législation actuelle : sa décision est définitive.

Art. 108. — (Dispositions spéciales aux îles du Schleswig.)

— *Projet de loi de chasse du 28 décembre* 1883 (*Session* 1883-1884). — Pendant la session 1879-1880, un projet de loi, tendant à la refonte générale de la législation prussienne sur la chasse, fut soumis à la Chambre des seigneurs, puis renvoyé à une commission spéciale.

Ce projet revint en 1883. — Le gouvernement proposait de ne laisser le droit de chasse qu'aux propriétaires possédant 100 hectares au moins (400 morgen) d'un seul tenant, au lieu

(1) *Bulletin de législation étrangère*. V. 13e année, 1884.

de 75 hectares (300 morgen), chiffre fixé par la loi du 7 mars 1850 (1).

Accentuant encore les tendances aristocratiques du projet, il élevait le prix du permis de chasse à 20 marks.

La Chambre des seigneurs demandait, en outre, que la chasse fût défendue, les dimanches et jours de fête, avec des armes à feu et des chiens.

Les conservateurs renoncèrent à soutenir ce projet devant la Chambre des députés en présence de l'émotion produite dans les campagnes; et le 11 janvier on le renvoya à une commission de 21 membres, ce qui équivaut à un ajournement indéfini.

— *Loi d'empire du 22 mars 1888 sur la protection des oiseaux* (2). — En 1879, un projet de loi avait été présenté au Reichstag, proposant des mesures efficaces pour assurer la protection des oiseaux insectivores, si utiles à la préservation des champs, des jardins, des vignobles et des forêts; n'ayant pu aboutir, il fut représenté sans plus de succès en 1883.

Quoique la justice ne fût pas désarmée à l'égard des destructeurs d'oiseaux; quoique tous les États confédérés aient des dispositions législatives prohibant le meurtre et la capture de certaines espèces considérées comme utiles et que presque partout la destruction des nids, œufs et couvées soit défendue, ces dispositions ne concordant pas entre elles, en ce qui concerne les espèces et la durée de la protection, les cultivateurs et les propriétaires fermiers demandèrent, à nouveau, que le gouvernement fédéral s'occupât de cette question.

En outre, une loi d'empire n'existant pas, il était impossible de conclure des conventions avec les États étrangers, circonstance regrettable, car un grand nombre d'oiseaux insectivores étant migrateurs, il importait autant de veiller à leur conservation au delà qu'en deçà de la frontière.

Une loi fut donc déposée le 28 janvier 1888 par le gouvernement pour régler la matière et publiée le 22 mars de la même année.

ART. 1er. — Il est interdit de détruire et d'enlever les nids ou lieux d'incubation des oiseaux, de détruire ou d'enlever les œufs, de dénicher et de tuer les petits, ainsi que de mettre en vente et de vendre les nids, œufs et petits recueillis au mépris de cette défense.

Néanmoins, il demeure loisible au propriétaire et à l'ayant droit à la jouissance du fond, ainsi qu'à leurs préposés, d'enlever les nids construits contre les habitations, dans leur intérieur ou dans les cours.

---

(1) La loi pour l'Alsace-Lorraine n'en exige que 25.
(2) *Annuaire de Législation étrangère*, XVIIIe année, p. 289. Notes et traduction de M. F. Daguin.

La défense ne s'applique pas non plus à la récolte, à la mise en vente des œufs d'oiseaux de mer, d'hirondelles de mer, de mouettes et de vanneaux; toutefois, la récolte des œufs des oiseaux ci-dessus mentionnés peut être interdite dans certaines localités ou pendant certaines périodes de l'année par les lois ou règlements de police particuliers des différents États de l'empire (1). »

Art. 2. — Il est également interdit :

a) de prendre et de tuer les oiseaux pendant la nuit à l'aide de glu, lacets, filets ou armes : la nuit est censée commencer une heure après le coucher du soleil et finir une heure avant son lever;

b) de capturer les oiseaux par quelque moyen que ce soit pendant que le sol est couvert de neige (2);

c) de capturer les oiseaux à l'aide de graines ou de substances alimentaires mêlées à des matières narcotiques ou vénéneuses, ou à l'aide d'appelants aveugles;

d) de capturer les oiseaux au moyen de cages ou de caisses à coulisses, de nasses, de grandes trappes ou tirasses, ou au moyen de filets mobiles ou portatifs tendus sur le sol ou en travers des champs, des bois, des taillis, des roseaux ou des chemins.

Le Conseil fédéral est autorisé à prohiber également l'emploi d'autres modes déterminés de capture, ainsi que la capture à l'aide de procédés rendant possible une destruction d'oiseaux en masse.

Art. 3. — Pendant la période comprise entre le 1ᵉʳ mars et le 15 septembre, il est interdit, d'une manière générale, de capturer et de tuer les oiseaux (utiles), ainsi que de mettre en vente et de vendre des oiseaux morts.

Le Conseil fédéral est autorisé à prohiber, en dehors de la période fixée par le paragraphe précédent, la capture et le meurtre d'espèces déterminées d'oiseaux, ainsi que la mise en vente ou la vente de ces espèces, soit d'une manière générale, soit pour certaines périodes de temps ou certaines circonscriptions déterminées.

Art. 4. — Sera assimilée à la capture, au sens de la présente loi, toute pose de pièges destinés à prendre ou à tuer les oiseaux, notamment la pose de filets, lacets, gluaux ou autres engins propres à capturer les oiseaux.

Art. 5. — Les oiseaux qui se livrent à la recherche du gibier de poil ou de plume, et de leurs couvées ou petits, ou qui se nourrissent de poisson ou d'alevin, pourront être tués par les ayants droit à la chasse ou à la pêche, et par leurs préposés, conformément aux dispositions des lois particulières des différents États sur la chasse et la pêche (3).

Lorsque des oiseaux causeront des dégâts dans les vignobles, jardins,

---

(1) La loi prussienne du 28 février 1870, art. 6, défend de recueillir les œufs de mouette et de vanneau, passé le 30 avril de chaque année.
La loi badoise du 20 avril 1886, art. 18, porte la même défense.
(2) Les ayants droit semblent donc pouvoir tirer le gibier à plume.
(3) Parmi les oiseaux de cette catégorie, il faut citer la cigogne, le martin-pêcheur et le cingle plongeur.

champs emblavés, pépinières, enclos ensemencés et aménagements forestiers, les autorités désignées à cet effet, dans chaque État d'empire, par le gouvernement, pourront permettre aux propriétaires et ayants droit à la jouissance du fonds, ainsi qu'à leurs préposés, ou aux employés publics chargés de la garde des terres (gardes forestiers, gardes champêtre, messiers), autant que cela sera nécessaire pour prévenir le dommage, de tuer les oiseaux qui causeront les dégâts, dans les localités menacées, même pendant la période mentionnée à l'article 3, § 1er.

La mise en vente et la vente des oiseaux tués en vertu d'une permission de ce genre ne seront pas autorisées.

Les autorités désignées au paragraphe 2 pourront aussi, exceptionnellement et dans des cas particuliers, dispenser de l'observation des dispositions des articles 1 à 3 de la présente loi, dans l'intérêt de la science ou de l'industrie, ou permettre la capture des oiseaux d'agrément pour une période de temps et dans des localités déterminées (1).

Au surplus, le Conseil fédéral fixera les conditions dans lesquelles les exceptions spécifiées dans les §§ 2 et 3 seront admises. Le Conseil fédéral pourra dispenser, à titre de mesure générale, de l'observation des prescriptions du § 2 *b*, dans certaines circonscriptions déterminées.

Art. 6. — Les contraventions aux dispositions de la présente loi ou aux dispositions des règlements édictés par le Conseil fédéral en vertu de cette loi seront punies d'une amende de cent cinquante marks au plus ou des arrêts (2).

La même peine sera encourue par ceux qui négligeront d'empêcher que les enfants ou autres personnes soumises à leur autorité, se trouvant sous leur surveillance et vivant en commun avec eux, ne contreviennent aux dites dispositions (3).

Art. 7. — Indépendamment de l'amende ou des arrêts, on pourra prononcer la confiscation des oiseaux, nids et œufs, pris, mis en vente ou vendus en contravention des prohibitions qui précèdent, ainsi que la confiscation des appareils employés ou destinés à capturer ou tuer les oiseaux, à détruire ou enlever les nids, lieux d'incubation et œufs sans qu'il y ait à distinguer si les objets à confisquer appartiennent ou non à la personne condamnée.

En cas d'impossibilité de poursuivre ou de condamner une personne déterminée, les mesures prévues au paragraphe précédent pourront être ordonnées indépendamment de toute condamnation.

---

(1) En Thuringe, dans la Hesse et dans d'autres parties de l'Allemagne, l'élevage des oiseaux chanteurs constitue une industrie importante.

(2) Le Code pénal allemand, art. 368, n° 11, punit d'une amende de 60 marks ou de 14 jours d'arrêt, au maximum, celui qui a déniché sans droit des œufs ou couvées d'oiseaux chassables ou d'oiseaux chanteurs. L'art. 6 de la loi du 22 mars 1888 abroge cette disposition en ce qui concerne les oiseaux chanteurs seulement. L'art. 368, n° 11, du Code pénal, reste donc applicable à la capture des œufs ou couvées des oiseaux que l'on peut chasser, conformément à l'article 8*b* susmentionné.

(3) Code pénal allemand, art. 361. n° 9.

Art. 8. — Les dispositions de la présente loi ne sont pas applicables :
a) aux oiseaux de basse-cour possédés par les particuliers;
b) aux oiseaux qui peuvent être chassés d'après les dispositions des lois particulières des différents États;
c) aux espèces d'oiseaux énumérés dans le tableau suivant :
1° oiseaux de proie diurnes, à l'exception de la cresserelle; 2° grand-duc; 3° pie-grièche; 4° bec-croisé; 5° moineau domestique et des champs; 6° gros-bec; 7° corvidés (corbeau, corneille, corbeau mantelé, freux, choucas, pie, geai, casse-noix); 8° pigeon sauvage (ramier, colombin, tourterelle); 9° poule d'eau (poule d'eau et foulque); 10° (héron, héron cendré, bihoreau, butor); 11° harle; 12° mouette ne nichant pas dans le pays; 13° cormoran; 14° plongeon, plongeon imbrim, grèbe huppé).

Les dispositions de la présente loi n'apportent aucune restriction à l'emploi des procédés en usage jusqu'alors pour la capture des grives, du moins pendant la période comprise entre le 21 septembre et le 31 décembre.

Les ayants droit qui, en pratiquant la chasse des grives, captureront involontairement, en dehors des grives proprement dites, d'autres oiseaux protégés par la présente loi, ne seront passibles d'aucune peine.

Art. 9. — Les dispositions des lois particulières des différents États contenant d'autres prohibitions édictées dans l'intérêt de la protection des oiseaux, sont maintenues.

Toutefois, les peines applicables en vertu de ces lois ne pourront pas dépasser le maximum des peines prononcées par la présente loi.

Art. 10. — La présente loi entrera en vigueur le 1er juillet 1888.

— *Loi d'empire du 11 juillet* 1891. — La loi du 11 juillet 1891, concernant les dommages causés par le gibier, est appliquée dans toute l'étendue de l'empire, les provinces de Hanovre et de l'ancien électorat de Hesse, exceptées.

§ 1. Le dommage causé par le sanglier, l'élan, les bêtes fauves et le daim ainsi que par le chevreuil et le faisan sur une propriété, donnera droit à des indemnités en faveur du propriétaire ou de l'usufruitier d'après les dispositions suivantes :

§ 2. Ceux qui sont tenus de payer ces indemnités, dans un district de chasse commune, sont les propriétaires intéressés dans ledit district d'après l'importance de leurs propriétés.

Ils seront représentés par l'autorité de la commune.

Si cette autorité n'a pas stipulé des indemnités précises dans le contrat de fermage de chasse des districts communs, c'est-à-dire les sommes que le fermier de chasse doit payer pour les dommages causés par le gibier, ce contrat devra être communiqué au public pendant une semaine, conformément aux usages locaux.

Il aura besoin, pour sa validité, de l'approbation du comité exécutif du cercle dans le cercle urbain; ou de celle du comité exécutif municipal pour le cas où une opposition serait faite par des usufruitiers dans le délai de deux semaines de la communication au public.

§ 3. Le propriétaire du district de chasse qui renferme une enclave, soit qu'il ait loué sa chasse, ou refusé l'affermage qui lui en a été offert, sera passible des indemnités dues pour les dommages causés dans cette enclave (Ordonnance de police de chasse du 7 mars 1850, § 7, loi du 30 mars 1867, loi de Lauenbourg du 17 juillet 1872, § 11).

§ 4. Aucune indemnité, pour dommages causés par le gibier, n'est due, s'il est prouvé que les produits du sol ont été cultivés ou laissés sur le terrain, longtemps après l'époque ordinaire de la récolte, dans le but de réclamer une indemnité.

§ 5. Si des dommages ont été causés avant la récolte à des produits du sol, dont la pleine valeur ne peut être établie que dans la saison de leur récolte, l'indemnité sera fixée d'après les dommages constatés au moment de ladite récolte.

§ 6. Celui qui veut réclamer une indemnité pour des dommages causés par le gibier, conformément aux §§ 1 à 3, doit constater le bien fondé de sa revendication soit par écrit, soit par procès-verbal auprès de l'autorité de police du district, compétente pour le terrain sur lequel les dégâts ont été commis.

Cette revendication doit être faite, dans le délai de trois jours, du moment où l'on a eu connaissance du dommage.

En cas d'omission, le droit à l'indemnité n'a plus lieu.

§ 7. Après la dénonciation, faite en temps utile, l'autorité de police du district doit, sans délai, fixer une époque, où sur les lieux, des recherches seront faites ; elle doit évaluer les prétendus dommages, amener un accord à l'amiable, inviter les intéressés à assister à l'expertise, et les prévenir qu'à défaut de comparution de leur part, ladite expertise et l'évaluation du dommage auront lieu quand même.

Le fermier de chasse sera également convié.

§ 8. Chaque intéressé a le droit de proposer, à l'audience, que l'estimation du dommage ne se fasse qu'après une seconde réunion devant avoir lieu peu avant la récolte.

On doit donner suite à cette demande.

§ 9. A la suite des débats préliminaires, l'autorité de police du lieu recevra un jugement provisoire sur la demande d'indemnité et les frais qui en sont résultés.

Ce jugement sera adressé aux intéressés.

La remise de ce jugement se fera suivant les règlements en vigueur auprès du comité exécutif du cercle.

§ 10. Le recours contre le jugement provisoire sera porté, dans le délai de deux semaines, devant le comité exécutif du cercle; dans le cercle urbain, devant le comité exécutif de district.

Les décisions des comités exécutifs de cercle et de district sont provisoirement exécutoires.

Si le recours n'a pas été déposé dans le délai de deux semaines, l'arrêté provisoire devient définitif et exécutoire.

§ 11. Comme frais du procès, seront seulement comptés les dépenses faites en argent comptant, principalement les frais de déplacement, les honoraires des experts, les salaires des messagers et les ports de lettres.

Les frais du jugement provisoire seront regardés comme faisant partie du procès (procédure des conflits administratifs).

§ 12. Si pendant l'année civile les dommages causés par les bêtes fauves ou les daims se réitèrent, et qu'ils soient constatés par l'autorité de police du lieu, l'autorité de surveillance doit, sur la demande de celui qui est responsable des dommages, ou du propriétaire de chasse, suspendre la défense de chasser le gibier qui cause les dommages, et cela pour un certain temps, tant pour le district de chasse où ont lieu les dégâts que pour les districts voisins.

On doit alors engager et même obliger le propriétaire de chasse à effectuer la diminution du gibier qui cause les dégâts.

§ 13. Si ces mesures ne suffisent pas, l'autorité de surveillance pourra autoriser les propriétaires et même les usufruitiers des terrains endommagés d'après la loi du 7 mars 1850 (§§ 23 et 24) à tuer les bêtes fauves et les daims qui entrent sur leurs terres, par tous les moyens permis, notamment avec des armes à feu.

§ 14. Les sangliers ne peuvent être gardés que dans les enclos d'où ils ne peuvent s'évader.

Les propriétaires de chasse de l'enclos, d'où des sangliers s'évadent, seront responsables des dommages causés par ces animaux échappés.

Chaque propriétaire de terrain où les usufruitiers peuvent, dans les limites de leur propriété, capturer ou tuer les sangliers par tous les moyens permis; ils peuvent aussi garder pour eux ce gibier.

L'autorité de surveillance peut permettre l'usage des armes à feu pour un certain temps.

L'autorité de surveillance doit, du reste, pour l'extermination des sangliers errants, prendre toutes les dispositions nécessaires, soit au moyen de battues organisées par la police, soit par d'autres mesures propres à atteindre ce but, soit en imposant ces destructions aux propriétaires de chasse du district et des forêts.

§ 15. Les lapins sauvages sont classés parmi les animaux dont la capture est libre; toutefois, ils ne peuvent être pris au moyen de lacets.

§ 16. L'autorité de surveillance peut autoriser les propriétaires des établissements de culture pour fruits, légumes, fleurs et pépinières, à tuer, en tout temps, avec des armes à feu, les oiseaux et le gibier qui causent des dommages dans ces établissements.

Le propriétaire de chasse peut exiger que les bêtes tuées sur le terrain où le droit de chasse lui appartient, lui soient remises moyennant le montant de la prime.

L'autorisation remplace le permis de chasse.

Elle ne peut être accordée aux personnes auxquelles le permis de chasse a été refusé; elle peut être retirée.

§ 17. Les recours contre l'ordonnance ou le refus des mesures susdites (§ 16), émanant de l'autorité de surveillance, dans le cercle de ville de l'autorité de police du lieu, dans le pays de Hohenzollern du bailli supérieur, seront admis seulement devant le comité exécutif de district; dans le pays de Hohenzollern, devant le président de la régence; contre ces décisions, on peut avoir recours au ministre de l'intérieur, et au ministre de l'agriculture, des domaines et forêts.

§ 18. En tant que la présente loi impose au fermier de chasse des obligations plus sévères que celles actuelles, il a le droit de résilier son contrat de chasse dans le délai de trois mois, de la promulgation de la présente loi, de sorte que les conditions du contrat de chasse expireront avec l'année courante de l'affermage.

Le même droit appartient à celui qui cède la chasse, à moins que le fermier de chasse ne prenne à sa charge l'obligation d'indemniser les dommages causés par le gibier, et ne se regarde comme responsable de l'indemnité imposée par la loi à tout locataire de chasse, jusqu'à la fin de son bail.

§ 19. Seront supprimés : le § 25 de la loi de police de chasse du 7 mars 1850, le § 27 de la loi du 30 mars 1867 et le § 28 de la loi du 17 juillet 1872.

L'indemnité pour dommages causés par le gibier ne peut être demandée qu'en vertu de la présente loi.

§ 20. La présente loi entre en vigueur le 1er janvier 1892.

De la vènerie en Allemagne. — Après avoir examiné le régime qui régit la chasse en Allemagne, si on jette un coup d'œil sur la situation de la vènerie dans ce pays, on voit, d'après le baron Dunoyer de Noirmont (1) que sous les rois mérovingiens et carlovingiens cet art était cultivé dans ce pays.

Toutefois à l'époque où l'archiduc Maximilien, aimant ce plaisir, chassait l'ours, le cerf et le sanglier, les règles de la vènerie étaient déjà oubliées.

L'histoire du *Roi Blanc* (pseudonyme de l'époux de Marie de Bourgogne) dit que ce prince introduisit dans ses États allemands la chasse *par force,* chasse qui semblait alors complètement inconnue et à laquelle il se livrait avec ardeur.

Cette chasse ne devint jamais en Allemagne un plaisir national, et lorsque Henri II fit assister les ambassadeurs allemands, qui se trouvaient à Fontainebleau, à une grande chasse au cerf, ils furent fort surpris, « car, en leur pays, cette façon de chasser ne s'exerçait pas, chassant seulement, avec harquebuse ou l'arbalestre et l'abboyeur » (2).

---

(1) *Histoire de la chasse en France,* t. II, p. 381.
(2) *Mémoires de Vieilleville,* t. I. « Les Allemands, dit cet auteur, les Italiens, et les Espagnols ne font que des chasses meurtrières aux battues, triquetracs, à l'arquebuse et aux filets ».

Les princes allemands, à la fin du dix-septième siècle et au commencement du dix-huitième tentèrent cependant d'avoir des équipages de vénerie semblables à ceux des rois de France; ces équipages étaient même organisés à la française, et les termes employés étaient les termes français singulièrement germanisés.

D'après Fleming, ces chasses à courre avaient lieu dans des parcs découpés géométriquement par de nombreuses allées; les quêtes y étaient numérotées et tous les incidents mathématiquement déterminés à l'avance.

Cette mode fut bientôt abandonnée, et les Allemands retournèrent à leurs chasses avec les toiles, à leurs battues et à leurs triquetracs (1).

En 1738, le roi de Prusse était le seul prince allemand ayant conservé un équipage de cerf (2).

SAXE.

1° Le royaume de Saxe est une des anciennes souverainetés germaniques englobées dans l'hégémonie prussienne; toutefois, il reste distinct sinon indépendant.

Régi, d'abord, par le droit commun allemand, ce royaume, depuis 1863, sentant la nécessité de se conformer aux exigences et aux idées de l'époque, s'est donné une nouvelle législation civile, dont les dispositions sont l'expression du droit germanique moderne (3).

Le droit de chasse a, dans ce royaume, subi de nombreuses modifications. Dans le passé, le gibier était regardé comme chose appartenant à l'État, qui louait le droit de le tuer; la chasse sur le terrain d'autrui était permise; princes et seigneurs pouvaient chasser sur les terres de leurs sujets et vassaux; ils pouvaient user de ce droit sur tout le territoire de leur principauté, aussi bien sur leurs terres que sur celles d'autrui.

---

(1) Les traités de Fleming et de Pœrson qualifient la chasse des grands animaux avec les toiles de chasse allemande, par excellence.

(2) D'après les mémoires de Luynes, la princesse Marie-Josèphe de Saxe, lorsqu'elle vint en France pour épouser (1747) le Dauphin, n'avait jamais vu une chasse à courre.

(3) Amlaud, Aperçu de l'État actuel des législations civiles.

« La chasse était divisée en trois classes : la petite chasse, comprenant le lièvre, la perdrix, la caille et la bécasse; la chasse moyenne, comprenant le chevreuil, le renard, le faisan et le coq des bois, et la grande chasse, donnant le droit de tuer le cerf, le daim, le sanglier et le grand coq de bruyère. Il y avait même l'avant-chasse, qui permettait de chasser pendant huit ou quatorze jours avant la fête de saint Bartholomé, époque à laquelle les vassaux commençaient à chasser, sur certains domaines non affranchis; les propriétaires eux-mêmes ne pouvaient se livrer qu'à l'une ou l'autre de ces chasses.

Des *conventions* de chasse donnaient le droit à un tiers de pouvoir chasser sur le canton d'autrui, en même temps que le concessionnaire de chasse; toutefois, les concessionnaires pouvaient dénoncer cette convention et se réserver le droit de chasse sur leur canton, si, pour cette convention, il n'y avait pas prescription ou usage immémorial.

Le droit de suite était admis pendant vingt-quatre heures pourvu que l'on ne sonnât pas du cor et que les chiens ne fussent pas excités, mais il fallait que la bête fût blessée.

Les peines étaient sévères : les braconniers étaient même punis de la corde, si la valeur de l'animal, tué ou pris, dépassait cinq sous ou ducats de Hongrie (1).

Les amendes non payées étaient remplacées par l'emprisonnement ou des peines corporelles.

Certaines mesures étaient prises pour protéger le gibier, d'autres pour la protection de l'agriculture; il était défendu de chasser à l'époque où les fruits couvraient la terre (2).

Les oisifs et les vagabonds ne pouvaient chasser.

Malgré l'atteinte portée aux idées féodales en 1848, ce n'est qu'en 1858 que des changements importants furent apportés au régime qui régissait la chasse dans ce royaume.

La loi du 25 novembre 1858 vint ordonner que les droits de chasse sur le terrain d'autrui, qui avaient été supprimés, sans indemnité par l'article 37 de la loi du 2 mars 1849, sur les propriétés foncières, seraient rendus aux propriétaires actuels des biens dont ces droits faisaient partie jusque-là.

De plus, cette loi dans son article 2 faisait indemniser par la caisse de l'État les propriétaires des domaines sur lesquels le droit de chasse était restitué.

Son article 19 supprimait sans indemnité comme étant des charges, tous les services de chasse, corvées et prestations ayant

---

(1) Mandement de l'Electeur Auguste, 1584.
(2) Ordonnance du duc Ernest de Saxe.

trail à la chasse, en tant que ces charges n'étaient pas converties en argent; les revenus pouvant être rachetés d'après l'article 10 de la loi du 15 mai 1851.

Le prix du permis de chasse était fixé à quatre écus, dont un affecté à la caisse des indigents de l'endroit où il était pris et l'autre à la caisse de l'État.

Cette loi de 1858 a été remplacée par celle du 1ᵉʳ décembre 1864, qui, dans le présent, régit le droit de chasse en Saxe, sauf quelques modifications apportées par la loi de 1876.

Depuis 1864, le droit de chasse dans le royaume, est considéré comme un attribut de la propriété. Mais tout en ayant la jouissance de ce droit, le propriétaire n'en a l'exercice que s'il possède un domaine de 300 acker (arpents) (1), au moins d'un seul tenant, ou s'il chasse dans ses jardins et parcs, contigus à son habitation ou sur ses terres clôturées.

Les biens d'une contenance moindre de 300 acker, passent des mains du propriétaire dans celles de la commune; et, groupés, ils forment un ou plusieurs cantons de chasse.

La commune les met en location aux enchères, et les produits tombent dans la caisse municipale.

Il y a deux permis de chasse : l'un valable pour l'année de chasse, qui est de 4 thalers ;

L'autre, valable pour un certain nombre de jours, est de 1 ou 2 thalers.

Le produit de ces permis est versé : les 3/4 à la caisse de l'État et l'autre 1/4 à la caisse des pauvres de la commune où celui qui a pris le permis possède son domicile.

La loi fixe les époques où certains animaux peuvent être chassés.

Pendant le temps prohibé, le gibier ne peut être colporté ni vendu à partir du vingt-deuxième jour qui suit la clôture de la chasse (2).

Une ordonnance du 1ᵉʳ décembre 1864 a été rendue pour l'exécution de cette loi.

Enfin le 22 juillet 1876 a été publiée une loi fixant les époques de l'année où la chasse est prohibée; cette loi maintient les principales dispositions de celle de 1864, se bornant à protéger les petits oiseaux et à fixer plus complètement les époques où la chasse de certains animaux est interdite.

— *Loi du 1ᵉʳ décembre 1864.* — Cette loi est relative à la régularisation de l'exercice de la chasse.

---

(1) L'acker vaut 54,4071 ares.
(2) La loi du 22 juillet 1876 défend la vente et le colportage du gibier à partir du 12ᵉ jour après la fermeture ; de plus, elle défend la vente de la perdrix pendant tout le temps où la chasse est fermée.

§ 1. Le droit de chasse, en vertu de la présente loi, sera considéré comme un des usufruits de la propriété foncière excepté dans quelques cas isolés, où, d'après l'exécution de la loi du 25 novembre 1858, la chasse sur le terrain d'autrui a été rendue, sans avoir été rachetée.

Les animaux sur lesquels s'exerce le droit de chasse, sont les mammifères et les oiseaux sauvages, c'est-à-dire qui n'ont pas de maître ou ne sont pas domptés, considérés dans tous les pays comme appartenant à la chasse, c'est-à-dire le cerf, le daim, le chevreuil, le sanglier, le lièvre, le lapin sauvage, le castor, le blaireau, la loutre, le renard, la martre, le putois, la belette, l'hermine, le chat sauvage, l'écureuil et tous les oiseaux sauvages.

Le droit de chasse comprend l'autorisation de détruire les nids d'oiseaux sauvages, celle d'enlever les œufs ou les couvées, et celle de s'approprier le gibier tombé et les cornes de cerf trouvées dans les réserves de chasse.

Les animaux de chasse, enfermés dans les réserves de chasse, les faisanderies (§ 11) ou autres terrains clos, ne sont pas considérés comme gibier, tant qu'ils s'y trouvent.

§ 2. Les maîtres des habitations, même s'ils n'exercent pas le droit de chasse, ont, en tout temps, la libre disposition sur les petits oiseaux (oiseaux de maison et de forêt) séjournant dans l'intérieur et l'enceinte de leurs maisons; ils peuvent également tuer et capturer, en tout temps, les animaux nuisibles, qui se trouvent dans l'enceinte de leurs maisons, ou dans les cours y attenant.

Il est, en outre, permis au propriétaire foncier de tuer ou capturer le rat des champs, en tout temps, sur son terrain.

Dans tous ces cas, l'usage des armes à feu, de toute espèce, est défendu.

Pour la destruction des animaux nuisibles, l'usage des armes à feu peut être exceptionnellement accordé par l'autorité, qui, dans ce cas, devra en aviser les propriétaires qui ont le droit de chasse sur le terrain.

§ 3. L'exercice indépendant de la chasse est permis : 1° Aux propriétaires et aux usufruitiers des terrains, dont le droit de chasse, soit dans son entier, soit relativement à certaines espèces de gibier, existait déjà, avant le 2 mars 1849, sur lesdits terrains et sur ceux ajoutés jusqu'à ladite époque, à moins que ce droit de chasse n'ait été restreint par l'autorisation citée dans le n° 2 de cet article.

2° A ceux auxquels, par suite et en exécution de la loi du 25 novembre 1858, concernant le droit de chasse sur le terrain d'autrui, la chasse a été rendue sans rachat sur ces terrains. Pourvu que :

a) une partie de ces terrains, où la chasse avait lieu (5 acker — 2 3/4 hect.) soit livrée à la sylviculture et que le reste forme, en un seul tenant, une superficie d'au moins 30 acker (16 1/2 hect.).

b) Et si le propriétaire de chasse n'est ni une commune politique, ni une réunion de quelques-uns des membres de cette commune, ni une corporation (§ 6).

ALLEMAGNE (EMPIRE D'). — SAXE.

L'autorisation de l'exercice indépendant de la chasse ne sera pas transférée, si le terrain est morcelé en plusieurs propriétés, aux acquéreurs respectifs; elle sera, également, annulée dans le cas mentionné n° 1, sur les parcelles isolées, séparées de la propriété originaire, et qui n'ont pas la superficie mentionnée sous la lettre *a*.

§ 4. L'exercice indépendant de la chasse appartient : 3° aux propriétaires et usufruitiers des terrains d'une contenance d'au moins 300 acker (166 hect.) livrés à l'agriculture ou à la sylviculture, situés dans une seule plaine ou dans l'ensemble de plusieurs plaines contiguës.

§ 5. La contiguïté ne sera pas considérée comme interrompue par des chemins de fer, routes, ou cours d'eau à l'exception de la rivière d'Elbe.

§ 6. Les communes politiques, les associations, autorisées pour l'exercice de la chasse, les membres de ces associations et les corporations, ne peuvent, dans aucun cas, exercer le droit de chasse, autrement que par voie de location ou par des chasseurs engagés à cet effet.

§ 7. Tous les terrains d'une commune, sur lesquels l'autorisation de chasser n'appartient pas au propriétaire (§§ 4, 5, 6) seront réunis en districts de chasse communs, c'est-à-dire que ceux renfermant des terrains aptes à la chasse, ayant une contenance d'au moins 300 acker (166 hect.) formeront un seul district; les autres, réunissant des terrains et des plaines d'une ou plusieurs communes contiguës formeront un district de chasse commun.

Le district de chasse, cependant, même dans ce dernier cas, doit contenir, également, au moins 300 acker.

Si la contenance de ces terrains n'arrive pas à former 300 acker, mais ne contient que 150 acker (83 hect.) au moins, la capitainerie de bailliage peut permettre, exceptionnellement, sur la demande des intéressés, que ces terrains soient réunis en un seul district de chasse, à moins que cela n'offre trop de difficultés, en raison des circonstances locales.

Dans le cas où ces terrains se trouvent immédiatement contigus et joints à ceux sur lesquels l'exercice de la chasse appartient à des propriétaires ou usufruitiers d'après les §§ 4 ou 5, la capitainerie de bailliage peut les éliminer du district de chasse auquel ils appartiennent, et autoriser les propriétaires ou usufruitiers à y exercer la chasse, pourvu que par cette élimination la contenance du district de chasse ne soit pas portée au-dessous de 150 acker et que la contiguïté du reste du district de chasse ne soit pas interrompue.

Mais pour que cela ait lieu, il faut que les intéressés du district de chasse en question y consentent, et que l'annexion desdits terrains ait été demandée.

Il faut que les terrains auxquels cette annexion est faite ne soient pas portés sur les livres des hypothèques (Loi du 6 novembre 1843, § 153).

L'élimination susdite des terrains des districts de chasse ne peut avoir lieu qu'après l'expiration du contrat de location de chasse, actuellement en vigueur, ou avec le consentement du fermier, et contre une indemnité proportionnelle qui lui sera accordée.

L'annexion volontaire, aux terrains contigus, de parcelles isolées appartenant à la commune, sera permise, suivant l'intérêt des parties, avec l'assentiment des intéressés dans des districts de chasse, d'après l'importance des terrains des propriétaires intéressés, et avec l'autorisation de la capitainerie de bailliage.

§ 8. Les personnes autorisées à exercer la chasse, d'après les §§ 4 et 5, peuvent se réunir, avec leurs terrains respectifs, à un district de chasse contigu, si les intéressés autorisent cette réunion.

§ 9. Avec l'autorisation de la capitainerie de bailliage, les terrains appartenant à des communes peuvent former plusieurs districts de chasse, mais chacun ne peut contenir plus de 600 acker (358 hect.).

§ 10. La chasse sur les terrains qui sont enclavés totalement ou en majeure partie, par un terrain d'une contenance supérieure à 500 acker (276 1|2 h.) d'un seul tenant, et formant un district séparé, n'appartient ni au propriétaire ni à l'usufruitier de ces terrains, comme cela a lieu d'après les §§ 4 et 5; ces terrains ne peuvent, comme il est dit au § 7, être constitués en district propre ni former partie d'un autre district.

Les propriétaires fonciers de l'enclave ou ceux qui y ont le droit d'exercice de la chasse doivent faire suspendre la chasse sur ces terrains, ou la transférer au propriétaire enclavant, moyennant une indemnité proportionnelle, au moyen d'un contrat de location, sur la demande de celui-ci.

Le montant de l'indemnité devra être fixé à l'amiable entre les intéressés ; si l'entente ne se fait pas, cette indemnité sera fixée par la capitainerie de bailliage, d'après la contenance de l'enclave, en prenant en considération les dommages de gibier qui peuvent avoir lieu, et l'importance du contrat de chasse.

Dans ces deux cas, les sommes pour l'indemnité seront séparément arrêtées.

Si après cette fixation, le propriétaire du terrain enclavant est prêt à payer l'indemnité, mais si le propriétaire foncier ou le propriétaire de la chasse sur l'enclave n'accepte pas, la chasse sur l'enclave sera suspendue.

Si, au contraire, c'est le propriétaire enclavant qui refuse de payer l'indemnité, les enclaves seront, soit réunies aux terrains d'une commune, ou ajoutées aux terres contiguës d'un district de chasse, ou constituées, en un seul district de chasse, suivant les circonstances.

Pour ce qui est du projet d'indemnité pour les dommages de gibier qui pourraient avoir lieu, les intéressés, des deux côtés sont libres, en ce qui touche les champs, jardins et vignes, d'après des vérifications constatées, d'en proposer soit l'augmentation, soit la diminution, devant la capitainerie du bailliage, avant l'expiration de chaque année de chasse.

Cette autorité, dans ce cas, fixera l'indemnité après avoir examiné le rapport des experts; les deux parties seront tenues d'obéir à cette décision au moins pour la prochaine année de chasse, tant que le contrat de location de chasse existe.

Il en sera de même, en ce qui touche l'appréciation de la capitainerie de bailliage, pour les terrains totalement enclavés dans une seule propriété.

Cette autorité décidera, également, si les terrains au-dessous de 150 acker (83 hect.) composés de plaines ou partie de plaines, enclavés dans plusieurs propriétés de la catégorie mentionnée §§ 4 et 5, c'est-à-dire interrompus dans la contiguïté, seront réunis soit au district d'une commune, soit au district de plaines contiguës.

§ 11. Les terrains sous clôture permanente et complète, de n'importe quelle étendue, sont dispensés de l'obligation de se réunir à un district de chasse, suivant les prescriptions du § 10, concernant le droit de chasse sur l'enclave, tant que la clôture reste dans les conditions précitées.

Le propriétaire d'un terrain clos sera cependant, dans ces cas-là, obligé de faire suspendre la chasse, à moins qu'il ne soit autorisé à chasser lui-même, d'après les §§ 4 et 5, ou que le terrain clos n'ait la nature d'une réserve de chasse régulière ou d'une faisanderie.

La question de savoir si le terrain sera considéré, lorsqu'il est sous clôture permanente et complète, comme réserve de chasse ou faisanderie, sera décidée par la capitainerie de bailliage.

§ 12. La formation du district de chasse sera établie par la capitainerie de chasse, excepté dans les domaines de Schönburg, où elle est faite par la chancellerie générale de Glauchau.

Ces autorités doivent aviser les autorités de police respectives de la formation d'un nouveau district de chasse.

§ 13. Les prescriptions relatives à la formation des districts de chasse, d'après l'ordonnance du 13 mai 1851, concernant l'exercice de la chasse, seront maintenues en principe, dans les cas où les modifications, apportées par la présente loi ne sont pas admises, en ce qui touche la formation des districts, ou si elles n'ont pas été demandées.

L'introduction et les modifications ne peuvent avoir lieu, que si les droits des particuliers ne sont pas lésés.

De plus, toutes les affaires qui touchent les droits actuels des habitants, en général, et en particulier les contrats de location de chasse, ne peuvent être changés par la présente loi.

§ 14. Les propriétaires de chasse, sur les terrains réunis dans un district de chasse, soit sur leur propre terrain, soit sur les terrains d'autrui, excepté ceux qui sont autorisés à exercer eux-mêmes la chasse, § 4, (§ 7) forment une association ayant trait à toutes les affaires relatives à l'exercice de la chasse, et à l'exploitation de cette chasse; association dont la minorité doit se conformer aux résolutions prises par la majorité, d'après les dispositions contenues au § 16.

§ 15. Toute association de chasse choisira parmi ses membres une direction et un gérant, qui seront nommés pour un certain temps. La première élection sera organisée par les autorités et les élections suivantes seront faites par la direction de l'association.

La direction représente l'association auprès des autorités, convoque les intéressés aux réunions, et préside leurs débats. Elle prend elle-même des dispositions dans les affaires qui rentrent dans la sphère de sa compétence.

§ 16. Pour la validité des élections, de la direction de l'association de chasse, des résolutions de l'exercice de chasse, et de l'emploi des fonds provenant de l'exploitation, il faut :

1° Que tous les membres de l'association de chasse soient convoqués officiellement, par affiches, quinze jours d'avance; ces affiches devront être placées aux endroits où les publications de l'autorité se font ordinairement;

2° Que le quart des voix soit représenté, à l'assemblée, par les membres eux-mêmes ou par des mandataires dûment autorisés;

3° Que toutes les questions soient décidées à la majorité absolue des voix des membres présents.

Pour les élections, si la majorité absolue n'est pas obtenue au premier tour de scrutin, la décision sera prise à la majorité relative au deuxième tour et, en cas de partage, le sort décidera.

Si l'assemblée, convoquée conformément aux dispositions du n° 1, ne réunit pas le nombre des voix nécessaires d'après le n° 2, la convocation sera renouvelée.

Les décisions prises, par les membres présents, dans cette seconde réunion, seront valables quelque soit le nombre des voix.

La convocation officielle, citée dans le n° 1, ne sera pas nécessaire, s'il est certain que tous les membres de l'association de chasse sont d'accord relativement à l'affaire en question, où s'il s'agit de prolonger la situation actuelle.

Un procès-verbal, signé par la direction et au moins par trois membres de l'association sera dressé et contiendra les débats et les résolutions de l'association de chasse.

§ 17. Les votes seront calculés par rapport à l'importance de la propriété de chasse, comme suit : les terrains au-dessous de 5 acker (2 3|4 hect.) donnent droit à une voix; ceux de 5 à 10 acker (2 3|4 à 5 1|2 hect.) à deux voix, ceux de 10 à 20 acker, à trois voix; ceux de 20 à 30 acker, à quatre voix : chaque partie de 10 acker en plus représentera une voix.

Un seul intéressé ne peut pas avoir plus de la moitié des voix du district.

Ce même calcul sera appliqué aux terrains qui appartiennent au district de chasse par suite de la restitution du droit de chasse sur le terrain d'autrui opérée en vertu de la loi du 25 novembre 1858.

§ 18. Les dispositions à prendre concernant le mode et l'exercice de chasse ne peuvent porter que sur les cas suivants :

1° Si la chasse doit être entièrement suspendue;

2° Si la chasse sera exercée pour le compte de l'association par un chasseur pris et engagé par l'autorité de police;

3° Si la chasse sera louée.

Si une décision ne peut être prise sur un de ces trois cas, ou si la réunion n'arrive pas à un résultat, les dispositions pour l'exercice de chasse de l'année suivante seront prises par l'autorité de police.

§ 19. L'engagement d'un second chasseur à gages ne peut avoir lieu qu'avec l'autorisation de la police et dans le cas seulement où des circonstances spéciales l'exigent.

Le chasseur d'une association de chasse est engagé par l'autorité de police.

L'engagement ne peut être refusé que si des doutes sérieux existent sur la conduite du postulant.

Le chasseur engagé pour une association de chasse peut, à la chasse au rabat, se joindre aux autres chasseurs, mais pour la chasse ordinaire il ne peut se joindre qu'à deux chasseurs au plus et organiser la chasse avec leur autorisation.

§ 20. La chasse peut être louée soit par voie d'adjudication publique, avec réserve de choisir parmi ceux qui se présentent et de refuser les offres, ou par contrat à l'amiable.

Dans tous les cas, l'adjudication pour la location sera annoncée au moins quinze jours avant l'époque où elle doit avoir lieu, dans les journaux locaux, et les affiches, comme il est dit § 16, n° 1.

La chasse ne peut être louée à plus d'une personne et pour une période excédant six ans.

Le renouvellement des contrats actuels n'est pas soumis à cette durée.

Les sous-locations ne sont pas permises.

Le contrat expire de droit au décès du fermier; cependant il est permis, aux ayants droit, avec l'assentiment de l'association de chasse, de faire exercer la chasse par une personne, dont le choix se fera en commun, jusqu'à l'expiration du contrat.

Le transfert du contrat à un tiers ne peut avoir lieu que dans les mêmes conditions.

Les contrats passés contrairement aux dispositions de ce § ne sont pas valables.

§ 21. Les procès-verbaux des résolutions prises, par l'association de chasse, sur le mode d'exercice du droit de la chasse, sur l'emploi des fonds résultant de l'exploitation et le résultat des élections seront remis à l'autorité de police.

Si l'autorité de police juge que l'association de chasse ne se conforme pas aux dispositions du § 16, ou qu'il existe des doutes sérieux sur la conduite du chasseur choisi, ou sur celle du fermier employé, elle peut annuler la résolution prise par ladite association et exiger qu'une nouvelle résolution soit prise.

La gérance de toutes les affaires de l'association de chasse et l'exécution de la location, sont mises à la charge de l'autorité de police, mais seulement, sur la demande de la direction de l'association de chasse, ou des membres représentant ensemble un quart, au moins, de toutes les voix.

§ 22. Dans les districts de chasse, situés dans le ressort de plusieurs autorités, l'autorité compétente sera celle dans laquelle se trouve la majeure partie du district de chasse.

§ 23. Celui qui veut exercer la chasse, doit se pourvoir d'un permis de chasse, et le porter toujours sur lui en chassant comme preuve de l'autorisation.

Les permis de chasse sont délivrés par l'autorité de police du ressort du domicile du demandeur, ils sont personnels, et valables dans toute l'étendue du royaume. Ils ne peuvent être transférés.

Les étrangers, n'ayant pas de domicile fixe, dans le pays, devront s'adresser à l'autorité de police la plus proche, pour la délivrance d'un permis de chasse.

Celui qui amène des invités pour prendre part à l'exercice de la chasse, sera responsable s'ils ne sont pas pourvus de permis de chasse.

Les personnes employées seulement pour faire lever le gibier, ou comme porteurs, n'ont pas besoin du permis de chasse.

§ 24. Les permis de chasse seront établis et seront valables :

a) pour toute l'année de chasse, du 1er septembre jusqu'au 31 août;

b) ou pour un certain nombre de jours fixés, dans l'année de chasse.

Pour la délivrance du permis de chasse, il sera perçu un droit de 4 thalers pour le permis a et un thaler pour le permis b, timbre et autres frais compris.

Si ce droit n'est pas acquitté, le permis n'est pas valable.

Le produit de ce droit sera réparti comme suit : 3/4 à la caisse de l'Etat et 1/4 à la caisse des pauvres de la commune où le porteur du permis a son domicile; s'il n'a pas de domicile dans le pays, le droit sera versé dans la caisse de la commune où réside l'autorité de police qui a délivré le permis.

§ 25. La délivrance du permis de chasse sera refusée :

1° Aux mineurs, à moins qu'ils ne soient autorisés par leur père ou tuteur; aux élèves de l'académie des forêts, aux apprentis, aux aides affectés au même service, à moins qu'une demande ne soit faite par la direction, l'instituteur de ladite académie ou l'administration des domaines;

2° Aux interdits et aux personnes incapables de manier prudemment les armes à feu, par suite d'une infirmité de corps ou d'esprit;

3° A toute personne punie pour délit de chasse, vol forestier, falsification ou abus de permis de chasse, dans les cinq ans du jour de la peine prononcée;

4° A toute personne qui donne lieu de craindre, par suite de sa conduite passée, qu'elle ne manie imprudemment les armes à feu ou qu'elle ne compromette la sûreté et l'ordre public, dans l'exercice de la chasse.

§ 26. Sont dispensés de l'obligation du permis de chasse : 1° ceux qui prennent part aux chasses royales; 2° les ayants droit des duché et comté de Schönburg, en ce qui concerne la chasse sur le territoire des dits domaines, soit sur les terrains qui leur appartiennent, soit sur ceux où la chasse leur a été louée; sont aussi exemptes de l'obligation du permis les personnes invitées, par un membre de cette famille, à prendre part à ces chasses; 3° Ceux qui sont autorisés à l'exercice de la chasse d'après les §§ 4 et 5 de cette loi; en ce qui concerne les cas mentionnés au § 7, alinéa 4 et au § 10 les membres de leur famille, quoique mineurs, jouissent aussi de la dispense de permis, tant qu'ils restent avec eux; 4° Les gardes forestiers au service de l'Etat, ainsi que les directeurs de l'académie des forêts, les apprentis et les aides de l'administration des forêts, sur les domaines de l'Etat, ainsi que les élèves de l'académie des forêts sur les terrains spéciaux qui leur sont assignés pour leurs études; 5° Les gardes forestiers au service des particuliers, engagés avec appointements fixes, ainsi que leurs apprentis et aides, mais seulement sur les terrains appartenant aux maîtres par lesquels ils sont employés et engagés.

§ 27. Lorsque après la délivrance du permis de chasse, il sera survenu à la connaissance de l'autorité une des circonstances pour lesquelles le permis de chasse peut être refusé, ce permis sera retiré aussitôt.

La répétition de la somme payée pour l'obtention du permis n'aura pas d'effet dans ce cas.

§ 28. Il y a, en général, une saison où la chasse est défendue pour les animaux de chasse (§ 1). On ne peut tuer :

1° Le cerf et le daim, sans différence de sexe et d'âge du 1er avril jusqu'au 15 juillet.

2° Les canards sauvages, du 1er avril jusqu'au 30 juin.

3° Tous les autres mammifères et les oiseaux sauvages du 1er février jusqu'au 31 août.

§ 29. Pendant la saison prohibée, sont défendues la chasse, la battue et la capture des animaux précités, ainsi que la destruction des nids d'oiseaux; il est aussi défendu d'enlever les œufs de ces nids et les couvées.

Dans des cas spéciaux, les autorités peuvent, dans l'intérêt de l'agriculture ou de la sylviculture, défendre la chasse de certaines espèces de petits oiseaux, notamment des oiseaux chanteurs; cette défense peut être complète, ou limitée à un temps plus ou moins long.

Les capitaineries de bailliage peuvent aussi, sur la demande des propriétaires de chasse, dans l'intérêt sus-énoncé, accorder la permission de chasser, avec des armes à feu, les lapins sauvages, pendant la saison défendue.

La saison défendue ne s'applique pas aux mammifères suivants : la loutre, le renard, la martre, le putois, la belette, le chat sauvage, le sanglier, ni aux oiseaux de proie et aux oiseaux de passage, qui ne bâtissent pas leurs nids dans le pays.

Sont aussi exceptés des dispositions précitées en ce qui concerne la saison prohibée les animaux de chasse tenus dans les réserves de chasse (§ 11) ou dans tous terrains clos, ainsi que les faisans dans les faisanderies.

Sera permise la chasse du coq de bruyère, du coq des bois, de la gelinotte et de la bécasse du 1er mars au 15 mai; la prise des œufs de vanneau, canard et mouette est permise aussi en tout temps.

Les capitaineries de bailliage peuvent sur les plaintes justifiées des propriétaires fonciers relativement au nombre excessif des sangliers, cerfs, daims et chevreuils, prendre des dispositions, avec les propriétaires de chasse, pour effectuer, pendant la saison permise, la diminution nécessaire de ces animaux.

§ 30. Le gibier du pays, auquel les dispositions relatives à la prohibition, s'appliquent, ne peut être ni colporté ni vendu, soit au marché soit de toute autre manière, à partir du vingt-deuxième jour de la date fixée pour la défense de chasser ce gibier : ces dispositions durent pendant toute la saison prohibée.

Le gibier, provenant des réserves de chasse et de l'étranger, est aussi soumis à ces défenses, en ce qui concerne le colportage.

§ 31. Toute personne, même celle qui n'est pas autorisée à l'exercice de la chasse, peut s'opposer à l'introduction du gibier sur sa propriété, au moyen de claquets, ou de barrières.

L'usage des armes à feu peut être permis dans les vignes et plantations de cerisiers, pour repousser les oiseaux, mais il faut avoir la permission de l'autorité de police et en donner avis au propriétaire de la chasse.

§ 32. L'exercice de la chasse est défendu :

1° Les dimanches et jours de fête : on ne peut, non plus, chasser dans les environs des églises et des cimetières ni pendant le service divin afin de ne pas en troubler la tranquillité.

2° Près des habitations et des endroits habités.

3° Là où la tranquillité et la sûreté publique peuvent être compromises et où des accidents peuvent être occasionnés aux personnes ou aux animaux domestiques.

4° Il est défendu d'user de moyens cruels.

5° Il est enfin défendu de chasser sur tous terrains où la chasse est suspendue.

§ 33. La poursuite du gibier blessé, sur le terrain d'autrui, n'est pas permise.

§ 34. Les infractions aux prescriptions contenues dans les paragraphes précédents sont passibles d'une amende pouvant s'élever à 50 thalers, ou de l'emprisonnement jusqu'à six semaines : peines infligées par la police, sans préjudicier à celles portées par la loi pénale pour les délits.

Dans le cas prévu au § 30, outre la peine, la confiscation du gibier colporté sera prononcée.

§ 35. Les propriétaires de chiens devront veiller à ce qu'ils ne quêtent et ne poursuivent pas le gibier sur les districts de chasse d'autrui.

Si ce fait se présente, le propriétaire du chien sera puni, sur la dénonciation de propriétaire de chasse, d'une amende de dix nouveaux gros, jusqu'à 2 thalers par la police, peine qui sera augmentée en cas de récidive.

Le produit de cette amende sera versé à la caisse des pauvres de la commune.

Le propriétaire de chasse a le droit de tuer ou faire tuer les chats, trouvés errants sur son district de chasse à une distance moindre de cinq cents pas de l'habitation la plus proche, ainsi que les chiens trouvés quêtant et poursuivant le gibier sans la surveillance de leur maître à la distance précitée.

Dans le cas où ces bêtes sont tuées, le propriétaire de chasse n'est pas exposé à une pénalité.

§ 36. La prescription pour les contraventions relatives à la police de la chasse a lieu un an après l'acte commis, et celle des peines, édictées par cette loi, a lieu un an après la publication du jugement définitif.

§ 37. La surveillance des prescriptions contenues dans cette loi, appartient aux agents de police, à tous les agents des forêts, de la douane et des contributions, qui doivent porter à l'autorité compétente la connaissance de toutes contraventions.

§ 38. Seront abrogées par la présente loi et l'ordonnance y attachée, toutes les lois concernant l'exercice et la police de la chasse, notamment les ordonnances du 13 mai 1851, 13 mai et 28 juin 1852.

— *Ordonnance relative à l'exécution de la loi concernant l'exercice de la chasse du 1er décembre 1864.*

Pour l'exécution de la loi du 1er décembre 1864 concernant l'exercice de la chasse, le ministre de l'intérieur et celui des finances entendus, ont ordonné ce qui suit :

La suspension de la chasse sur une enclave (§ 10 de la loi) partira du 1er septembre de l'année suivante jusqu'au 31 août et continuera, jusqu'à ce que l'entente amiable entre les intéressés ait eu lieu, ou que les propriétaires de chasse se soient mis d'accord pour le montant de l'indemnité fixée par la capitainerie de bailliage.

Dans les cas ayant trait à la dernière partie du § 10, les propriétaires respectifs des terrains qui forment enclave, ou interrompent la contiguïté de la propriété, doivent décider volontairement, entre eux, la question de savoir lequel exercera l'autorisation de chasse, d'après le § 10, 2e alinéa.

Si l'entente n'a pas lieu, l'autorisation appartiendra au propriétaire des terrains formant la majeure partie de l'enclave de la plaine ou qui interrompent la contiguïté.

Dans le cas où les biens de plusieurs propriétaires forment l'enclave, dans une proportion égale, la question sera vidée par une entente faite par les autorités respectives; et si cette entente ne peut aboutir, on s'en remettra au sort.

§ 2. Les prescriptions contenues dans les §§ 15 et 16, relatives à l'élection de la direction de l'association de chasse, s'appliquent, également, quand il s'agit de la remplacer.

Les élections des directeurs et des remplaçants des associations de chasse, qui ont eu lieu, déjà, avant la mise en vigueur de la présente loi, seront maintenues, si elles ont été faites d'après les dispositions contenues dans le § 15.

§ 3. Il est sous-entendu que la continuation relative au contrat actuel de location de chasse, mentionnée dans l'avant dernier alinéa du § 16, concerne, non seulement le fermier, avec lequel ce bail a été premièrement fait, mais aussi la chasse exercée par un chasseur nommé, ou la suspension de chasse, selon ce qui aura été convenu.

Dans ces cas, il suffit, en raison du principe admis dans le § 14, en ce qui touche la majorité des voix, que l'association se décide pour le maintien des conditions actuelles.

§ 4. La capitainerie de bailliage (§ 22) dans le ressort de laquelle se trouvent des districts de chasse placés sous plusieurs autorités de police, décidera laquelle de ces autorités sera considérée comme compétente d'après le § 22 et cette décision sera publiée dans les journaux locaux.

§ 5. Le ministère de l'intérieur (§§ 23 et 24) aura soin que les formules du permis de chasse soient remises, par les capitaineries de bailliage, aux autorités de police, chargées de la délivrance de ces permis, c'est-à-dire aux autorités de police de sûreté, auxquelles appartient la police de la chasse : il devra délivrer, chaque année, non seulement la quantité de formules nécessaires pour les permis valables pendant un an, et les envoyer, en temps utile, avant l'ouverture de la chasse, mais aussi, suivant les demandes, les formules pour les permis valables pour un jour.

Les formules des permis valables pour un an auront chaque année une couleur différente, les autres conservant la même couleur, mais cette couleur sera différente de celle des permis de chasse valables pour un an.

En remplissant les formules du permis délivré pour un jour, la date des jours de chasse devra être mentionnée en toutes lettres et non en chiffres.

Les autorités de police sont respectivement chargées :

1° D'inscrire sur un journal, spécialement tenu par elles, les numéros des permis de chasse délivrés, les noms, profession et domicile des personnes, auxquelles ils sont délivrés; et pour les permis de chasse valables pour un jour, la date du jour pour lequel ils sont valables.

2° D'envoyer au ministère des finances, à la fin des mois de mars, juin, septembre et décembre, de chaque année, un duplicata des inscriptions trimestrielles faites sur le registre mentionné au n° 1 et cela, sans rapport spécial.

3° De verser entre les mains du receveur de la circonscription, ou de tout autre collecteur chargé des encaissements par le ministère des finances, à la fin de chaque trimestre de l'année, les fonds provenant des droits perçus pour les permis de chasse délivrés pendant ce trimestre, et de mentionner les numéros des deux classes des permis de chasse délivrés (§ 24).

4° De rendre à la capitainerie de bailliage du ressort, à la fin de chaque année de chasse, les formules en blanc qui restent et celles maculées qui, jointes au compte rendu de celles reçues et employées, sont expédiées au ministère de l'intérieur avec le résumé des comptes rendus de toutes les autorités de police du ressort.

La direction de police de Dresde et le département de la police de Leipsig rendront ces formules, jointes au compte rendu, directement au ministère de l'Intérieur.

5° De verser à la fin de chaque année, à la caisse des pauvres de la commune respective la part qui lui revient sur les droits perçus sur les permis de chasse, moyennant une assignation à l'ordre du receveur de ladite caisse, qui en donnera reçu.

§ 6. Si un permis de chasse valable pour un an (§ 24) a été perdu, le fait sera publié par l'autorité de police dans les journaux locaux, aux frais de celui qui l'a perdu; et, sur sa demande, on lui remettra libre de timbre et d'autres frais, un duplicata qui servira de permis jusqu'à la fin de l'année courante de chasse.

§ 7. Dans le cas où des plaintes sont faites relativement à l'abondance excessive du gibier (§ 29), dans les districts de chasse du fisc, les capitaineries de bailliage n'ont pas à y donner suite, mais elles doivent en donner immédiatement avis au ministère de l'intérieur qui se chargera d'ordonner le nécessaire.

§ 8. Parmi les moyens de chasse mentionnés au § 32, n° 4, comme ayant le caractère d'actes de cruauté, sont compris, surtout, les lacets et pièges pour la chasse au chevreuil et les engins semblables.

— *Loi du 22 juillet* 1876. — Le 22 juillet 1876, a été publiée une loi relative à la protection des petits oiseaux et aux époques de l'année où la chasse est prohibée.

§ 1. Ne peuvent plus être chassés les animaux ci-après dénommés : les alouettes, les grives, les petits oiseaux des champs et des bois, les petits oiseaux chanteurs; exception est cependant faite pour les perdrix, les cailles, les bécassines, les bécasses et les pigeons sauvages, de même que pour les petits oiseaux de proie et tous les rapaces.

Il est défendu de tuer et capturer par quelque moyen que ce soit les oiseaux ci-dessus dénommés, qui sont exceptés du droit de chasse, de détruire leurs nids, d'enlever leurs œufs et couvées; ces oiseaux, en aucun temps, ne peuvent être colportés ou vendus sur les marchés ou ailleurs.

Sont abrogées, par conséquent, les dispositions contraires des §§ 1 et 2 de la loi du 1er décembre 1864, concernant l'exercice de la chasse, l'ordonnance du 16 août 1870, relative à la défense de capturer ou de tuer les petits oiseaux, et l'ordonnance du 1er août 1872, relative à la capture des grives et des litornes.

§ 2. Les §§ 28, 29 et 30 de la loi du 1er décembre 1864 sur l'exercice de la chasse seront remplacés par les dispositions suivantes :

§ 3. Il existe une saison pendant laquelle les animaux de chasse ne peuvent être chassés (§ 1 de la loi du 1er décembre 1864). Cette saison est établie d'après le règlement suivant :

1. Le cerf et le daim, mâles, du 1er mars au 30 juin;
2. Les biches, les daines et leurs faons du 1er mars au 31 août;
3. Le chevreuil mâle, du 1er février au 30 juin;
4. La chevrette femelle de chevreuil, du 16 décembre au 15 octobre de l'année suivante;
5. Le lièvre, du 1er février au 30 septembre;

6. La perdrix, du 1er décembre au 31 août de l'année suivante;
7. Le faisan, du 1er février au 30 septembre;
8. Les canards sauvages, du 15 mars au 30 juin;
9. Tous les autres mammifères, qui n'ont pas été spécialement dénommés ci-dessus, ainsi que tous les oiseaux sauvages, dont la chasse n'est pas prohibée par le § 1, du 1er février au 31 août (1).

Il est défendu de tuer ou de prendre les chevrillards avant l'expiration de l'année où ils sont nés (2).

§ 4. Pendant le temps défendu on ne peut tuer ou capturer les animaux compris dans la défense; il est aussi défendu de détruire les nids de ces oiseaux et d'enlever leurs œufs et leurs couvées pendant le temps où la chasse de certaines espèces d'oiseaux est prohibée.

Les capitaineries de bailliage peuvent, sur la demande des propriétaires de chasse, autoriser, dans l'intérêt de l'agriculture et de la sylviculture, les battues de lapins sauvages dans certains districts, pendant le temps prohibé.

La saison prohibée n'existe pas pour les animaux de proie, tels que : la loutre, le renard, la martre, la belette, le chat sauvage, les oiseaux de proie et autres espèces carnassières, ni pour le sanglier.

La défense de chasser pendant le temps prohibé ne s'applique pas, non plus, aux animaux de chasse conservés dans des réserves (§ 11 de la loi de chasse du 1er décembre 1864) ou dans des terrains clos, ni aux faisans élevés dans les faisanderies.

Il est, aussi, permis de chasser les coqs des bois, les coqs de bruyère, les gelinottes, et les bécasses, du 1er mars au 15 mai; on peut, en tout temps, prendre les œufs du vanneau et de la mouette.

Les capitaineries de bailliage peuvent, en outre, sur les plaintes justifiées des propriétaires ou fermiers, relatives au nombre excessif du sanglier, du cerf, du daim, du chevreuil, prendre des dispositions pendant que la chasse est ouverte, pour faire réduire le nombre de ce gibier dans une proportion convenable : le soin d'opérer ces destructions doit, tout d'abord être confié aux personnes ayant la propriété de la chasse (3).

§ 5. — Le gibier provenant de Saxe, et auquel s'applique les dispositions relatives à la chasse prohibée ne peut être colporté ni vendu, soit au marché, soit ailleurs, à partir du quinzième jour qui suit la clôture de la chasse et pendant tout le temps prohibé.

Les perdrix ne peuvent, dans aucun cas, être colportées ni vendues, pendant tout le temps où la chasse est prohibée.

La défense de vendre s'applique également au gibier provenant des parcs et réserves ou des pays étrangers (4).

---

(1) La loi du 27 avril 1886 permet la chasse des pigeons sauvages.
(2) Cet article remplace l'article 28 de la loi de 1864.
(3) Cet article reproduit presque textuellement l'article 29 de la loi de 1864. Il se borne à supprimer le paragraphe qui autorisait l'administration à interdire la chasse des petits oiseaux, cette disposition étant devenue inutile en présence de l'article 1er de la nouvelle loi.
(4) L'article 30 de la loi de 1864 permettait la vente du gibier pendant 22 jours à partir de la clôture de la chasse et n'édictait rien de spécial aux perdrix.

§ 6. Les infractions aux dispositions précitées, sans préjudice de la loi pénale, seront passibles d'une amende pouvant s'élever à 150 marks ou de l'emprisonnement jusqu'à six semaines.

Dans les cas prévus par le § 1, alinéa 2 et § 5 la confiscation des oiseaux capturés ou tués ou colportés aura lieu, et si les oiseaux sont vivants, ils seront aussitôt mis en liberté.

De plus, seront confisqués tous les engins ayant servi à la capture des oiseaux qui, d'après le § 1, ne doivent pas être chassés, ainsi que les appelants ayant servi à cette chasse.

§ 7. Les agents de la police devront veiller à l'observation de ces prescriptions; il leur appartient, ainsi qu'aux agents des forêts, aux préposés de la douane et aux officiers de l'octroi ou des contributions de signaler aux autorités compétentes toutes les contraventions venues à leur connaissance, lesquelles seront poursuivies par la capitainerie de bailliage.

§ 8. Cette loi entre en vigueur le 1er septembre 1876.

Loi du 27 avril 1886. — Le vingt-sept avril 1886 a été promulguée une loi supprimant la défense de tuer les pigeons sauvages. Dès lors, en ce qui concerne ces animaux sont abrogées les dispositions contenues dans le § 3, n° 9 et § 4, alinéa 1 de la loi du 22 juillet 1876, relatives à la saison prohibée pour les animaux de chasse.

ROYAUME DE BAVIÈRE.

I. — En étudiant le passé féodal du royaume de Bavière, on voit que, dans ces contrées, le droit de chasse était regardé comme une servitude discontinue, pouvant par suite, s'acquérir par prescription immémoriale.

Les époques, où la chasse était permise, variaient suivant les contrées, suivant le gibier et même suivant la qualité du chasseur.

Le cerf pouvait être chassé du 1er juillet au 8 septembre.

La biche, de la Saint-Michel à la Nativité de N.-S. J.-C.

Le sanglier, de la Saint-Gall à la Nativité de N.-S. J.-C.

Le chevreuil, de la Saint-Jean-Baptiste à Pâques.

Le renard, de la Saint-Michel à la Purification de la Vierge.

Le lièvre pouvait être pris au filet, de la Saint-Jacob à la Saint-Mathias.

Le blaireau, de la Saint-Laurent à la Saint-Thomas.

La martre, de la Saint-Michel au 1er mars.

Le castor et la loutre, de la Saint-Michel à Pâques.

Toutefois, si en dehors de ces époques, on avait besoin de gibier pour son usage particulier, on pouvait prendre un cerf, une biche ou un faon.

Défense était faite de chasser avec des chiens, à moins d'en avoir dans sa propre maison.

Les manants ne pouvaient ramasser les œufs d'oiseaux, ni s'emparer de faons, de marcassins, de levrauts sans s'exposer à des pénalités.

Les armes, filets, chiens et engins de ceux qui pénétraient sur le terrain d'autrui, pour y chasser, étaient confisqués.

Les animaux nuisibles, loups, ours, lynx, chats sauvages, pouvaient être pris par tous, en tout temps et de toutes manières, toutefois, si l'on voulait poursuivre ces animaux, il fallait obtenir la permission de celui à qui appartenait le terrain de chasse.

L'animal, une fois tué, devait être remis au seigneur contre le payement d'une prime.

La chasse était défendue, d'après l'ordonnance territoriale, par les temps humides, lorsque les récoltes étaient encore sur pied.

Le droit de suite n'existait que pour l'animal blessé, et pour pouvoir pénétrer sur le terrain d'autrui on devait marquer, au moyen d'une branche cassée, l'endroit où la bête avait été frappée.

Les peines prononcées contre les délinquants étaient très sévères (1).

Ces dispositions spéciales qui résultent de nombreuses ordonnances et de mandements se confondent avec les mêmes principes généraux qui régissent le droit de chasse en Allemagne et qui ont été cités plus haut.

II. — La chasse en Bavière est réglée par la loi du 30 mars 1850.

Le droit de chasse fait partie du droit de propriété et il est définitivement supprimé sur le terrain d'autrui.

Toutefois pour pouvoir user de ce droit personnellement, en dehors des terrains clos, le propriétaire doit posséder une superficie d'un seul tenant, d'au moins 240 journaux Fagwerk (environ 80 hectares) de plaine, ou de 400 journaux Fagwerk (environ 133 hectares) de montagnes.

Sur les terrains moindres, c'est la commune qui exerce le droit de chasse, au nom des propriétaires de ces terrains, par voie

---

(1) Faidher.

d'affermage. Le montant de ces locations est versé à la caisse communale et réparti entre les propriétaires intéressés en proportion de leurs contributions communales.

Un permis de chasse est nécessaire, il est délivré par l'autorité compétente, moyennant un droit de huit florins.

Les délinquants sont punis de l'amende qui peut être convertie en emprisonnement.

Cette loi, qui s'occupe de l'exercice de la chasse, a été publiée sous le règne du roi Maximilien II. Elle abroge celle du 4 juin 1848, supprime le droit de chasse sur le terrain d'autrui et s'applique à toute l'étendue du royaume située sur la rive droite du Rhin, qui renferme de vastes plaines et de belles forêts où se trouvent en abondance bêtes fauves et gibier.

Art. 1er. — Dans la possession du terrain est compris le droit de chasse sur ce dit terrain.

Le droit de chasse sur le terrain d'autrui est supprimé et ne peut être rétabli.

Art. 2. — L'exercice personnel de la chasse, par le propriétaire du terrain lui-même, n'est permis que :

1° Dans les cours et jardins, attenant immédiatement aux habitations, du moment que les propriétés sont entourées d'une barrière et complètement closes.

2° Sur tout terrain, entouré d'un mur, d'une haie continue ou d'une épaisse clôture : ou sur les forêts qui peuvent être closes. La clôture des pâturages, destinée à enfermer le bétail, n'est pas comprise dans ces fermetures.

3° Sur les propriétés d'une superficie d'un seul tenant, ayant au moins 240 Fagwerk (environ 80 hectares) de plaine, ou de 400 Fagwerk (environ 133 hectares) de montagnes.

4° Sur les lacs et les étangs d'une superficie d'au moins 50 Fagwerk.

Les routes, les chemins, et les ruisseaux n'empêchent pas la superficie du district de chasse d'être d'un seul tenant.

Art. 3. — Si une propriété (art. 2. n° 3) contient une ou plusieurs enclaves, auxquelles ne peuvent s'appliquer les désignations portées à l'article 2, et ne constituant pas une superficie, d'un seul tenant de 240 ou 400 Fagwerk, chacun, le propriétaire du tenant enclavant, sera légalement autorisé à chasser sur l'enclave moyennant une compensation.

Si les intéressés ne s'entendent pas à ce sujet, le montant de cette compensation sera calculé et fixé, en proportion de la superficie des enclaves, d'après les prix des baux de chasse actuels dans la commune où sont situées ces enclaves; si ce moyen de comparaison manque, la compensation sera calculée et fixée d'après les prix des baux de chasse des communes voisines.

Art. 4. — Dans tous les autres cas, la commune exerce le droit de chasse au nom des propriétaires de terrain, dans son rayon, par voie d'affermage.

Art. 5. — L'ensemble des terres de chaque commune forme un district de chasse indépendant.

Chaque commune peut s'associer avec d'autres communes, pour former un district de chasse commun.

Les communes renfermant un terrain de 430 Fagwerk (environ 160 hectares) ou plus, peuvent former plusieurs districts de chasse, dont le nombre ne doit pas dépasser six, et qui doivent, chacun, contenir au moins 240 Fagwerk.

Art. 6. — Le droit de chasse qui appartient, d'après l'article 2, personnellement au propriétaire sur son terrain, ou sur un district de chasse, peut être loué.

Art. 7. — L'affermage sera traité par l'administration communale, et, en général, par voie d'adjudication au plus offrant.

Le bail sera soumis, dans les villes et les communes dirigées par une administration municipale, à la sanction du magistrat et des délégués de la commune. Dans les autres communes, à la sanction de l'assemblée communale.

Cette sanction est également nécessaire, si la chasse est louée par un bail, fait sans adjudication, ce qui a lieu exceptionnellement.

On ne peut accepter comme fermiers, ceux auxquels d'après les articles 18 et 19 a été refusée la délivrance d'un permis de chasse; le contrat de chasse ne peut contenir des dispositions contraires à la présente loi.

Art. 8. — Le montant du fermage sera versé à la caisse communale et réparti entre les propriétaires intéressés en proportion de leurs contributions communales.

Art. 9. — Dans les cas prévus par l'article 6, la répartition du produit du fermage a lieu d'après les conditions portées au bail, sinon d'après le nombre de Fagwerk que représente le terrain.

Art. 10. — Le nombre des fermiers que l'on peut accepter pour un district de chasse ne doit pas dépasser trois.

Le propriétaire du terrain qui a droit à l'exercice de la chasse, ainsi que le fermier, peuvent engager des chasseurs, spécialement choisis à cet effet, pour chasser.

Les propriétaires, fermiers et chasseurs peuvent amener à la chasse des personnes munies d'un permis de chasse.

Art. 11. — Les communes sont, exceptionnellement, autorisées à exercer la chasse par elles-mêmes, représentées par trois membres au plus, ayant droit d'avoir des permis de chasse :

1° Si elles possèdent, comme propriétaires de terrain, une étendue, d'un seul tenant, d'au moins 240 ou 400 Fagwerk, suivant la nature du sol (art. 2, n° 3).

2° Si l'affermage qu'elles ont voulu effectuer n'a point donné de résultat.

3° Si les offres d'affermage n'ont pas atteint la mise à prix fixée par l'ordonnance communale.

Art. 12. — Le transfert du bail de chasse ne peut avoir lieu qu'avec le consentement de la commune et des co-fermiers.

Art. 13. — Dans l'exercice de la chasse, on devra observer les ordonnances de police concernant les terrains, les forêts, la chasse et la sûreté.

Celui qui, dans l'exercice de la chasse, aura pénétré dans les champs ou les vignes, dont la récolte n'a pas encore été enlevée, et qui cause des dommages aux plantations ou ailleurs, sera passible d'une indemnité, en dehors de la pénalité prononcée par l'ordonnance de police (§ 23).

Art. 14. — Personne ne peut exercer la chasse sans un permis de chasse, délivré en son nom par l'autorité compétente, et, seulement, tant que ce permis est valable.

Art. 15. — Les permis de chasse seront délivrés par les autorités de police du rayon de chasse moyennant un droit de huit florins, dont un tiers sera attribué à la caisse de l'Etat et le restant, deux tiers, à la caisse des pauvres de la commune de la demeure ou de la résidence du porteur.

Des permis de port d'armes à feu seront délivrés gratuitement aux personnes employées ou chargées de la surveillance de la chasse et des forêts, dans le but exclusif de leurs fonctions de surveillants, autant que les dispositions des articles 17 et 19 le permettent.

Ces permis sont valables dans le rayon de la surveillance, mais sans donner le droit de chasser.

Art. 16. — Les permis de chasse seront délivrés pour la durée de l'année civile et sont valables pour tout le royaume.

Art. 17. — Les actes concernant la délivrance des permis de chasse sont libres du droit de timbre.

Art. 18. — Les permis de chasse seront refusés :

1° Aux interdits, placés sous curatelle, par suite d'aliénation mentale ou d'autres causes.

2° Aux individus placés sous la surveillance de la police.

3° A ceux qui sont à la charge de la commune ou des institutions publiques, pour leur existence.

4° A ceux qui ont subi une condamnation pour fraude, faux, vols ou détournements.

Art. 19. — Les permis de chasse peuvent être refusés :

1° Aux mineurs et aux dissipateurs ;

2° A tout individu, puni pour mendicité, dévastation d'arbres et fruits sur pied, ou de plantations, ou pour délits de chasse ;

3° A tout individu condamné par suite de maniement imprudent d'armes à feu, pour homicide, pour violences ayant occasionné des accidents de personnes, et à ceux qui ont commis ces délits avec préméditation ;

4° A tout condamné pour violation de la sûreté personnelle ou de domicile ;

5° A tout ouvrier, domestique ou autres individus de la même catégorie.

Art. 20. — La police du district est autorisée et obligée, dans son rayon, de retirer les permis de chasse délivrés, ainsi que les permis de surveillance de chasse et de forêt (permis de port d'armes à feu), si un fait relatif aux exceptions portées dans les articles 18 et 19, se produit, ou si elle en a connaissance après la délivrance.

Art. 21. — Le recours contre la décision de la police, soit en raison du refus de délivrer le permis, soit pour l'avoir retiré, sera déposé dans le délai de quatorze jours au tribunal (chambre de l'intérieur), du jour de la communication du jugement.

Art. 22 — Si un permis de chasse a été retiré à un fermier de chasse, le bail de chasse sera résilié aussitôt, sans compensation pour le fermier, à moins que dans le bail le droit n'ait été transféré à un co-fermier, ou qu'un transfert n'ait été fait en faveur d'un tiers d'après l'article 12.

Le règlement des indemnités dues par suite du préjudice qui peut résulter pour ceux qui cèdent leur droit de chasse et pour les co-fermiers, sera réservé au juge du tribunal civil, à moins que le bail n'en décide autrement.

Art. 23. — Seront passibles d'une amende pouvant s'élever à 25 florins, en dehors de la pénalité qui peut être encourue pour infraction au code pénal :

1° Ceux qui font usage de l'autorisation qu'ils ont d'exercer la chasse, avant que le permis de chasse ne soit délivré ;

2° Ceux qui, dans l'exercice de la chasse, ne portent pas leur permis sur eux, ou en ont un appartenant à une autre personne, ou enfin chassent avec un permis portant une date déjà expirée ;

3° Ceux qui amènent à la chasse des invités auxquels un permis n'a pas été délivré ;

4° Ceux qui chassent sans être accompagnés d'une personne ayant le droit à l'exercice de la chasse ;

5° Ceux qui contreviennent aux ordonnances de police relatives à la campagne, aux forêts, à la chasse et à la sûreté ;

6° Ceux qui refusent de présenter leur permis de chasse à la demande des délégués de la police ou des agents, et qui en cas d'irrégularité refusent de le donner.

Celui qui aura été condamné pour ne pas avoir demandé un permis, aura, en outre de l'amende encourue pour ce fait, à payer le *double droit*.

Les amendes encourues pourront (dans le cas de l'art. 34 du code pénal, t. I) être converties en emprisonnement (art. 35, code pénal, t. I).

L'instruction et la condamnation ont lieu d'après les dispositions actuelles, suivant la procédure des affaires de police, devant le tribunal de première instance du ressort où la contravention a été commise.

Le recours contre ces décisions peut être porté devant le tribunal de seconde instance, dans le délai de quatorze jours, de la communication du jugement.

Art. 24. — Les pactes de chasse, passés avec les communes, qui ne sont pas conformes aux dispositions de la présente loi, seront résiliés dans les six mois de la promulgation de cette loi, sans compensation pour les propriétaires, ou fermiers de chasse, si l'avis en a été donné trois mois avant l'échéance par l'une ou l'autre des parties contractantes.

La présente loi est valable seulement pour l'étendue du royaume qui se trouve sur la rive droite du Rhin et sera publiée dans le journal de loi.

— *Ordonnance du 15 novembre 1889.* — La loi d'Empire du 22 mars 1888 sur la protection des oiseaux, dans ses articles 2 et 3, défend du 1er mars jusqu'au 15 septembre de prendre et de tuer les oiseaux ; puis ajoute dans son article 9 : « Les dispositions des lois particulières des différents États, contenant d'autres prohibitions édictées dans l'intérêt de la protection des oiseaux, sont maintenues ».

Le Gouvernement bavarois profitant de cette faculté a, par une ordonnance du 15 novembre 1889, prononcé une interdiction absolue pour la capture et le meurtre de certaines espèces d'oiseaux, et cela en toutes saisons.

Cette ordonnance contient un tableau indiquant les espèces protégées, où se trouvent le bruant, le pinçon, le rossignol, l'hirondelle, la huppe, la cigogne, etc.

Puis elle indique les formalités nécessaires pour obtenir la permission de tuer les oiseaux qui occasionnent des dégâts dans les champs ensemencés, dans les vignes, les jardins et les plantations, et la permission de s'emparer de certains oiseaux d'agrément (art. 3 de la loi d'Empire).

III. *Convention entre la France et la Bavière du 22 février* 1869. — Avant 1870, une partie de la Bavière se trouvait comprise entre le grand-duché de Bade à l'est, le grand-duché de Darmstadt au nord-est, le duché du Bas-Rhin à l'ouest et la France au sud.

Par suite de cette proximité avec la France, une convention avait été conclue à Paris, le 22 février 1869, entre ce pays et la Bavière, concernant la répression des délits et contraventions en matières forestières, rurales, de pêche et de chasse.

Cette convention n'est plus en vigueur, la France et la Bavière n'ayant plus de territoires limitrophes depuis les modifications territoriales effectuées par le traité de Versailles du 26 février 1871 (1).

(1) Declercq, t. X, p. 250.

ROYAUME DE WURTEMBERG.

Le royaume de Wurtemberg possède depuis de longues années un droit territorial spécial (1495) auprès duquel les coutumes locales subsistent, comme dans presque toute l'Allemagne.

Toutefois la chasse, dans le royaume, est régie par la loi du 27 octobre 1855.

Une ordonnance du 12 août 1878 est venue, depuis, fixer les époques d'ouverture et de fermeture de la chasse pour différentes espèces de gibier.

Cette ordonnance a été modifiée par celle du 30 juillet 1886, en conséquence de l'article 12 section 2 de la loi du 27 octobre 1855.

Le droit de chasse, dans ce royaume, fait partie du droit de propriété.

Mais le propriétaire ne peut chasser ou faire chasser sur ses biens que lorsqu'ils ont une superficie excédant cinquante morgen (1) d'un seul tenant, ou s'ils sont entourés de clôtures d'au moins trois pieds de haut; il peut enfin chasser dans ses parcs et terrains contigus à l'habitation quand ils sont clôturés.

Sur les autres terrains, le droit de chasse est exercé par la commune, au moyen d'affermages faits au nom des propriétaires respectifs. Dans ce cas, chaque district de chasse loué doit contenir, en moyenne, 2.000 morgen.

Un permis de chasse (carte de chasse) est nécessaire; il est du prix de quatre florins.

La loi fixe les cas où le permis doit ou peut être refusé.

Quand un délit est commis, ces permis peuvent être retirés; les peines prononcées sont l'amende, l'emprisonnement et la confiscation des fusils et engins de chasse.

La loi, tout en permettant la destruction des animaux nuisibles, prend aussi des mesures pour protéger le gibier et l'agriculture.

Le droit de suite n'est pas admis, et le gibier tué sur le terrain d'autrui appartient à celui qui a le droit de chasse sur ce terrain.

— *Loi du 27 octobre* 1855. — La loi du 27 octobre 1855 porte :

Section 1.

Art. 1. — Le droit de chasse fait partie de la propriété, et appar-

---

(1) Morgen = 1 1/4 acre.

tient au propriétaire sur son terrain ; ce droit est aboli sur le terrain d'autrui et il n'existe plus comme droit seigneurial.

Art. 2. — L'exercice du droit de chasse est permis au propriétaire foncier lui-même :

1° Sur son terrain quand il a une superficie excédant 50 morgen d'un seul tenant ; les chemins, ruisseaux, sentiers n'étant pas considérés comme morcelant ce terrain ;

2° Sur tout terrain complètement entouré d'une forte clôture, de murs, ou d'une haie épaisse, et ayant au moins trois pieds de hauteur ;

3° Sur les pépinières et les terrains contigus à son habitation, pourvu que les pépinières et terrains soient également entourés et complètement clos ;

4° Dans ses parcs.

Les propriétaires fonciers qui ont ainsi le droit d'exercer la chasse, peuvent faire exercer ce droit par un tiers.

Art. 3. — Si un seul ou plusieurs terrains réunis ne dépassant pas 50 morgen, sont enclavés au milieu d'une seule propriété répondant aux conditions contenues dans l'article 1er, le droit de chasse sur l'enclave sera exercé par le propriétaire à qui appartient le terrain qui entoure ; si ces enclaves sont entourées par plusieurs propriétés, le droit sera exercé par le propriétaire du terrain le plus grand.

Le propriétaire de l'enclave jouira d'un prix de location annuel fixe par entente, sinon il sera basé sur le prix du fermage payé dans la circonscription pour les locations de chasse sur les terrains loués par la commune (art. 4) ou dans la circonscription voisine s'il n'existe pas de fermage dans celle où se trouve l'enclave.

Art. 4. — Le droit de chasse sur les autres terrains que ceux désignés aux articles 2 et 3, sera exercé par la commune au moyen d'affermages faits au nom des propriétaires respectifs, soit à un seul fermier, soit à plusieurs, pourvu que chaque partie du terrain loué contienne en moyenne 2.000 morgen, lacs, étangs, îles compris. Dans lequel cas, le fermage sera déterminé suivant la qualité du terrain, et en proportion de ce terrain, à moins qu'un arrangement spécial ne soit intervenu.

Chaque partie de terrain, ainsi affermée, forme un district de chasse.

Art. 5. — Le bail sera fait après publication dans la gazette officielle et affichage ; il sera, au moins, de trois ans ; dans des cas spéciaux seulement ces prescriptions ne seront pas exigées.

Art. 6. — Le fermier et un membre de la commune pourront seuls exercer le droit de chasse dans un tel district ; ils pourront, d'un commun accord, nommer un représentant. Il est permis à ces trois personnes d'emmener avec eux des invités sur la chasse.

Le transfert du bail à un tiers ne peut avoir lieu qu'avec l'assentiment de la commune.

Art. 7. — Dans l'exercice de la chasse, le propriétaire, le fermier, le membre de la commune, le représentant, l'administrateur, le chasseur ou l'invité doivent tous être munis de leur permis de chasse (carte de chasse).

Ce permis sera délivré moyennant le paiement de quatre florins; il ne peut être transmis à un tiers.

La chasse des bêtes carnassières est permise au propriétaire sur sa propriété et sur les terrains clos (art. 2, n° 3) pour empêcher les dommages, comme il est statué au règlement de police de sûreté, sans avoir besoin d'une carte de chasse.

La bête tuée appartient à celui qui la tue.

Art. 8. — La délivrance de la carte de chasse sera refusée aux personnes suivantes :

1° Aux individus auxquels la possession et le port d'armes sont défendus d'après l'article 3 de la loi du 1er juillet 1853 (1);

2° Aux aliénés et aux interdits;

3° A ceux qui sont assistés par les caisses publiques depuis trois ans.

Art. 9. — La délivrance des cartes de chasse pourra être refusée aux personnes suivantes :

1° Aux mineurs, aux personnes se trouvant dans une situation dépendante, et à ceux suspects d'usage imprudent et dangereux du port d'armes;

2° Aux personnes condamnées par suite de dommages causés aux arbres, vergers, pépinières ou pour délits de chasse et délits forestiers;

3° Aux personnes d'une conduite suspecte, ou qui se trouvent sans moyen d'existence, et qui ne jouissent pas de la confiance de leurs concitoyens; à ceux qui sont incapables d'administrer leurs biens, ou qui ont subi des condamnations pour vol, mendicité, vagabondage, fraude, ou autres délits; à ceux qui ont des contributions arriérées, pendant une année après la sommation qui leur a été faite.

Art. 10. — Les cartes de chasse pour les résidants dans la circonscription seront délivrées au domicile du demandeur; celles destinées à ceux qui demeurent en dehors seront données par les autorités de la circonscription où le demandeur exerce la chasse.

Pour les demandes refusées, les solliciteurs auront recours devant les autorités supérieures.

Art. 11. — Les autorités peuvent, non seulement infliger des peines, mais encore retirer les cartes de chasse, sans avoir besoin d'en restituer le paiement, si le porteur contrevient aux articles 8 et 9, après la délivrance de ces actes.

---

(1) Extrait du code pénal : art. 3 de la loi du 1er juin 1853. « La possession et le port d'armes à feu sont refusés aux personnes suivantes : 1° à celles qui ont perdu leurs droits civiques soit pour toujours, soit pour un certain nombre d'années; 2° à celles qui ont subi des condamnations pour braconnage, vagabondage, mendicité ou à celles condamnées, comme récidivistes, pour des contraventions aux lois de chasse, ou qui armées ont fait résistance aux employés de douane pour perpétrer un acte de contrebande ; à celles qui ont été punies d'après l'article 15 du code pénal de douane, du 15 mai 1838. Et ce refus de permis durera jusqu'à la sixième année après la condamnation.

Section 2.

Art. 12. — Ceux qui exercent la chasse doivent se conformer au règlement relatif aux champs, aux forêts et à la police de sûreté; ils auront à prendre les précautions voulues en ce qui touche la culture des bois et des champs.

La loi relative à la saison de chasse prohibée défendant de tuer, prendre, transporter, mettre en vente, colporter et acheter les animaux de chasse; celle traitant de la protection des oiseaux utiles à l'agriculture et à la culture des forêts, ainsi que celle s'occupant des oiseaux chanteurs, seront mises en vigueur par des ordonnances spéciales.

Les sangliers, ours et blaireaux peuvent être exterminés dans les parcs (1).

Art. 13. — La chasse est défendue, les dimanches et jours de fête; il en est de même pendant le service divin le matin des jours anniversaires.

Art. 14. — Les parcs réservés à la chasse, doivent être entourés, de manière que les animaux de chasse ne puissent en sortir, ni causer des dommages à la propriété d'autrui.

Si des dommages sont causés, le propriétaire de la chasse est obligé de payer une indemnité, à moins qu'il ne puisse constater que ni lui ni ses employés ne sont en faute.

Il doit, dans un certain délai, faire réparer la clôture de ses parcs.

Art. 15. — Pour les dommages, causés par les animaux de chasse, il n'y a pas d'autre indemnité à réclamer que celle citée dans l'article 14; mais, d'un autre côté, le propriétaire de chasse est tenu de payer une indemnité pour tous dommages causés aux champs, prés, vignobles et forêts, par le fait de l'exercice de la chasse, en outre de l'amende prononcée par les autorités.

Si les dommages, causés par les animaux de chasse, sont d'une certaine importance, excepté dans les parcs réservés, où l'article 14 trouve son application, les autorités peuvent, sur l'initiative de la commune, demander à celui qui exerce la chasse l'organisation de battues, dans un certain délai (art. 12).

Si le propriétaire de la chasse ne se conforme pas à cette demande, les autorités peuvent effectuer ces battues sous la direction d'hommes compétents, aux frais du propriétaire.

Les animaux tués dans les battues appartiennent au propriétaire.

La plainte portée contre l'ordre donné de procéder à ces battues n'aura aucun effet.

Art. 16. — Le droit de suite sur le terrain d'autrui n'est pas admis.

L'animal blessé sur le terrain d'autrui appartient au propriétaire de la chasse où il est tombé ou trouvé.

Art. 17. — Sont condamnés, en outre, des dommages-intérêts dus pour réparation des dégâts causés dans l'exercice de la chasse, à une

---

(1) Ordonnance du 12 août 1878; ordonnance du 30 juillet 1886.

amende pouvant s'élever à vingt-cinq florins, suivant les décisions des autorités de police :

1° Ceux qui chassent sans avoir obtenu leur permis;

2° Ceux qui chassent avec le permis qui a été délivré à une autre personne, ou avec un permis déjà expiré (dans ces deux cas l'amende ne doit pas dépasser 10 florins);

3° Ceux qui chassent sans être porteurs de leur permis;

4° Ceux qui refusent de présenter leur permis, ou font des difficultés, aux agents publics, chargés par les autorités de demander et de contrôler ces permis;

5° Ceux qui emmènent un invité de chasse qui n'a pas de permis;

6° Ceux qui chassent, comme invités, sans être accompagnés par le propriétaire de la chasse ou son représentant;

7° Ceux qui contreviennent aux articles 12, 13, 14 et 16;

8° Ceux qui s'approprient, illicitement, sur le terrain d'autrui, soit du gibier mort, des cornes de cerf, ou d'autres dépouilles de gibier;

9° Ceux qui dénichent des oiseaux de chasse ou prennent soit leurs œufs, soit leurs petits.

ART. 18. — Celui qui chasse, d'une manière illicite, dans un parc appartenant à autrui (art. 14), soit avec une arme à feu, soit avec d'autres engins de chasse, sera puni, comme braconnier, d'un emprisonnement de quinze jours jusqu'à trois mois.

Le même fait, commis sur d'autres terrains, sera puni, comme délit de chasse, d'un emprisonnement de quinze jours au maximum, ou d'une amende de vingt-cinq florins au maximum.

Dans tous les cas, le fusil ou les engins de chasse seront confisqués.

Pour déterminer la peine, on devra regarder si la contravention a eu lieu dans une forêt ou sur un terrain ouvert, si les animaux appartiennent à la grande chasse (sanglier, cerf, chevreuil, coq de bruyère, faisan) ou à la petite chasse (menus gibiers); si les animaux de chasse ont été tués ou capturés; enfin si le but est le plaisir ou l'intérêt.

Les délits d'agression, de préméditation et de récidive, commis conjointement avec les délits de chasse, seront jugés d'après la loi ordinaire.

Les contrevenants seront tenus de payer des indemnités pour les dommages causés par leurs délits et de restituer le gibier.

Les autres contraventions seront jugées par les tribunaux.

ART. 19. — La résistance faite par les délinquants ou contrevenants, surpris au moment du délit, sera punie d'après la loi ordinaire (art. 102, 105, 171, 174 du code pénal).

Le propriétaire et ses employés ont le droit de faire usage des armes dans ces circonstances.

ART. 20. — Sont et demeurent abrogées toutes les lois et ordonnances intervenues sur cette matière, en ce qu'elles ont de contraire à ces dispositions.

ART. 21. — Les baux de chasse, contractés avant la promulgation de cette loi, ne sont plus valables, et il n'y a pas de recours contre cette décision, à moins que la dernière année du bail ne soit commencée avant cette promulgation; dans ce cas, le fermage cessera en entier, si le fermier a tiré tout le profit qu'il pouvait tirer de la chasse en raison de la saison de chasse; s'il n'a tiré qu'une partie du profit, une partie proportionnelle du fermage lui sera rendue; rien ne lui sera rendu s'il n'a tiré aucun profit.

— *Traité conclu en 1864 entre la Prusse et le Wurtemberg.* — Le 14 décembre 1864 est intervenu un traité entre la Prusse et le Wurtemberg, afin d'assurer la punition des délits forestiers, ruraux, de chasse et de pêche, commis sur les frontières.

— *Ordonnance du 12 août 1878.* — Une ordonnance du 12 août 1878 est venue fixer l'époque de l'ouverture et de la fermeture de la chasse, pour différentes espèces de gibier; elle a été promulguée en vertu de l'article 12, section 2, de la loi du 27 octobre 1855 (conformément à l'article 39, n° 1, de la loi générale du 27 décembre 1871, modifiée par l'introduction du code pénal de l'empire). Cette ordonnance porte :

§ 1. La saison prohibée, c'est-à-dire la période où il est défendu de chasser, de tuer, de capturer, de vendre ou d'acheter des animaux de chasse est déterminée, ainsi qu'il suit, pour les différentes espèces de gibier :

A. *Gros gibier ou gibier à poil.*

1. Le cerf, du 16 octobre au 30 juin.
2. Le daim, du 16 novembre au 30 juin.
3. La biche, du 1er janvier au 15 octobre.
4. La daine, du 1er février au 15 octobre.
5. Le chevreuil, du 1er février au 31 mai.
6. Le faon et le chevrillard, c'est-à-dire les progénitures des bêtes fauves, des daims et des chevreuils qui n'ont pas encore atteint un an, ne peuvent être pris ou tués, pendant toute l'année.
7. Le lièvre, du 1er février au 15 août.
8. Le blaireau, du 1er février au 31 août.

Pour toutes ces dates, les jours indiqués sont compris dans l'interdiction.

B. *Menu gibier.*

1. Le coq de bruyère, du 16 mai au 31 août.
2. La poule des bois, du 1er janvier au 31 octobre.
3. La gelinotte, la perdrix, le faisan, du 1er décembre au 15 août.
4. La caille, du 1er mars au 15 août.
5. Le canard sauvage, du 1er avril au 15 juillet.
6. Le pigeon, du 1er mars au 30 juin.
7. La bécasse, du 16 avril au 31 août.

Pour toutes ces dates, les jours indiqués sont compris dans l'interdiction.

Dans les cas exceptionnels, le ministre de l'intérieur peut permettre à celui qui est autorisé à chasser, de tuer ou de prendre un certain nombre des animaux des espèces mentionnées plus haut, pendant une période déterminée de la saison prohibée; la vente et l'achat seront alors permis.

§ 2. Les animaux qui ne sont pas désignés au § 1ᵉʳ peuvent être tués, capturés, vendus ou achetés en tout temps de l'année.

Le § 368, n° 2, du code pénal de l'empire allemand, donne les prescriptions relatives à la défense de dénicher les oiseaux, leurs petits ou leurs œufs (1).

— *Ordonnance du 16 août* 1878. — L'ordonnance du 16 août 1878 réglementait la protection des petits oiseaux; elle a été promulguée en vertu de l'article 12, section 2, de la loi de chasse du 27 octobre 1855 (art. 40 de la loi générale du 27 décembre 1871, modifiée par le code pénal de l'empire allemand).

§ 1. Il est défendu, en tout temps, de prendre ou de tuer les espèces d'oiseaux dénommées ci-après, ou de les poursuivre dans le but de les prendre ou de les tuer : la fauvette de roseaux et les autres espèces de fauvettes; les oiseaux chanteurs de terre : le rossignol, le rouge-gorge, la gorge bleue et le rossignol chanteur de nuit, les culs-blancs, les hirondelles, l'oiseau-mouche, la mésange, la bergeronnette, les aulhes, les alouettes, les grives, le merle, la litorne, la tourdelle, les deux espèces de roitelets, la huppe, les deux espèces de queues-rouges, le brunet, les grimpereaux, les picucules, les pics, le coucou, les rolliers, (corneilles bleues), les hirondelles de nuit, les hirondelles de murailles, les pluviers, les jaseurs, les grives, les merles, les vanneaux, les mouettes rieuses, et tous les hiboux, à l'exception du grand-duc.

§ 2. Les espèces, dénommées ci-après, peuvent être capturées ou tuées, en tout temps de l'année, comme oiseaux nuisibles :

Les oiseaux de proie : le grand-duc, le milan, les autours (la bondrée et l'épervier), les aigles, les vautours, les faucons, la crécerelle exceptée. Enfin, la pie, le lanier, le corbeau à reflets d'or et le héron gris.

Celui qui a le droit de chasse est autorisé à faire des battues.

En outre, si le nombre de ces animaux nuisibles est reconnu trop grand, et si, dans un délai fixé, celui qui a le droit de chasse n'exécute pas l'ordre qui lui est donné de réduire le nombre de ces animaux aux proportions nécessaires, une battue pourra être ordonnée par le « Oberamt » après avoir consulté les experts du département des forêts. Un permis sera délivré à cet effet, contenant le nom de la personne autorisée à faire la battue, l'explication des faits motivant la permission,

---

(1) Cette ordonnance a été abrogée par l'ordonnance royale du 3 octobre 1890, rendue en exécution de la loi d'empire du 22 mars 1888, concernant la protection des oiseaux.

l'indication du district, et l'époque à laquelle cette battue pourra être faite.

Ce permis doit, du reste, renfermer des prescriptions exactes : l'autorisé devra le porter sur lui lors de la chasse et le produire à toute réquisition des agents de police des forêts et des champs, chargés de la surveillance.

Cette autorisation ne comporte pas le droit de pénétrer sur le terrain d'autrui sans l'autorisation du propriétaire.

§ 3. Les oiseaux vivant en liberté, qui ne sont pas considérés comme gibier et n'appartiennent pas aux espèces protégées (§ 1) ni aux espèces nuisibles (§ 2) ne peuvent pas être tués ou capturés du 1er février au 15 août, et il sera défendu de tendre des engins pour les tuer ou les capturer pendant ce temps.

L'Oberamt peut permettre la capture et la battue de ces oiseaux du 16 août au 31 janvier; pour cette autorisation et pour le mode de l'exécution, on suivra les prescriptions du § 2, alinéa 2; et, dans ce cas, celui qui a le droit de chasse ne peut réclamer un droit de priorité.

Pendant cette même période, on peut, dans les mêmes cas, autoriser la battue des oiseaux moissonneurs, après le labourage des champs; des alcyons, près des endroits destinés à la pisciculture; des busards et des crécerelles, près des réserves de chasse ou des faisanderies, des étourneaux et des moineaux à l'époque de la récolte des fruits et des raisins.

Par des ordonnances locales (art. 52; alinéa 2, art. 53 de la loi du 27 décembre 1871, relative aux modifications des pénalités infligées par la police de la chasse, avec l'introduction du code pénal de l'empire allemand), la saison prohibée, fixée dans l'alinéa 1er, peut être prolongée, pour toutes ou certaines espèces d'oiseaux, compris dans les dispositions de ce paragraphe; enfin, par ces ordonnances, une protection sans réserve peut, au contraire, être ordonnée pour certaines espèces de ces oiseaux.

§ 4. Le dénichement des œufs ou couvées, et l'enlèvement des nids d'oiseaux non nuisibles, vivant en liberté (§§ 1 et 2) sont défendus, même si ces oiseaux appartiennent au menu gibier (art. 17, n° 9, de la loi du 27 octobre 1855; code pénal § 368, n° 2) ou aux oiseaux chanteurs.

Le propriétaire et l'usufruitier peuvent, cependant, enlever les nids trouvés, soit dans les murs, soit dans la cour de leurs maisons.

§ 5. Celui qui vend ou achète des oiseaux pris ou tués d'une manière illicite, le sachant ou le supposant, ou met en vente des œufs ou nids d'oiseaux, dans ces mêmes conditions, sera passible de l'amende et devra mettre en liberté les oiseaux vivants, ainsi capturés, à la demande de l'officier de la police.

§ 6. Celui qui laisse vaguer des chiens ou des chats, dans un bois ou en pleine campagne, pendant l'époque des couvées et avant que les oiseaux ne soient forts, c'est-à-dire pendant la période du 1er avril jusqu'au 30 juin, sera passible de la pénalité portée par l'article 10, de la loi du 27 décembre 1871.

§ 7. Des exceptions aux défenses portées dans les §§ 1, 3 et 5, pourront être accordées par le ministère de l'intérieur dans l'intérêt de la science ou pour des raisons particulières.

§ 8. Les autorisations de prendre ou de tuer des oiseaux, accordées avant la promulgation de cette ordonnance, expireront à la fin de l'année 1878, à moins qu'elles ne soient renouvelées avant ladite époque conformément aux dispositions précitées (§ 2; alinéa 2, § 3, alinéas 2 et 3).

— *Ordonnance du* 30 *juillet* 1886. — L'ordonnace du 12 août 1878 a été modifiée de la manière suivante par celle du 30 juillet 1886 qui change les dates fixées plus haut.

§ 1. La saison prohibée, pendant laquelle il ne faut, ni tuer, ni capturer, ni mettre en vente, ni acheter les animaux de chasse, ci-après denommés, a été fixée pour les différentes espèces de ces animaux, comme suit :

A. *Le gros gibier.*

1. Bêtes fauves, mâles et le daim, du 1er février au 31 mai.
2. Id. (femelles) et la daine, du 1er février au 30 septembre.
3. Le chevreuil, du 1er février au 31 mai.
4. La chevrette, du 1er décembre au 14 octobre.
5. Les faons au-dessous d'un an, des bêtes fauves et des daims ne peuvent être tués ou pris pendant toute l'année.
6. Les faons au-dessous d'un an, chevreuil mâle, jusqu'au 14 octobre.
7. Le lièvre, du 1er février au 30 septembre.

Les deux dates de chaque mois indiquées, sont comprises dans l'interdiction.

B. *Le menu gibier.*

1. Le coq de bruyère, du 1er juin au 15 août.
2. La poule de bruyère, du 1er décembre au 31 octobre.
3. Les perdrix, les gelinottes, les femelles de faisan, du 1er décembre au 23 août.
4. Le faisan (mâle), du 1er février au 23 août.
5. La caille, du 1er mars au 23 août.
6. Le canard sauvage, du 16 mars au 30 juin.
7. Le pigeon, du 1er mars au 30 juin.
8. La bécasse, du 16 avril au 14 juillet.

Les deux dates de chaque mois indiquées, sont comprises dans l'interdiction.

Pour les animaux de chasse se trouvant dans les parcs réservés, ou sur d'autres terrains clos, pourvu que les clôtures soient convenablement établies, le ministre de l'intérieur peut donner une autorisation spéciale de les chasser, de faire des battues, ou de les capturer, pendant un certain temps limité et en fixant le nombre d'animaux qui pourront être tués.

Cette autorisation comprend la vente et l'achat de ces animaux, pourvu que les clauses du § 2 soient observées, sinon l'autorisation sera donnée sous la condition que la vente et l'achat, pendant la saison prohibée seront défendus.

§ 2. Pour mettre en vente le gibier, pendant la saison prohibée, on devra se procurer un certificat, constatant que le gibier a été tué ou capturé avec l'autorisation du ministère de l'intérieur, et que la vente en a été permise.

Ce certificat sera remis par l'administration de la commune où le gibier a été tué ou capturé ; il faut qu'il désigne exactement l'espèce de gibier que l'on peut tuer ou capturer ; il doit porter la signature de l'administrateur, la date de la délivrance et les cachets d'office.

§ 3. Le gibier qui n'est pas dénommé au § 1, peut être pris ou tué, mis en vente ou acheté en tout temps de l'année.

Les prescriptions relatives au dénichement des œufs et des couvées, sont indiquées au § 368, n° 11, du code pénal, et dans l'ordonnance du 16 août 1878.

§ 4. Les dispositions et déterminations antérieures continuent à être en vigueur pour ce qui n'est pas contraire à la présente loi (1).

— *Ordonnance du 3 octobre* 1890. — Une ordonnance royale du 3 octobre 1890, rendue en exécution de la loi d'Empire du 22 mars 1888 concernant la protection des oiseaux, a abrogé l'ordonnance du 16 août 1878 et a confié aux ministres de l'intérieur et des finances le soin d'édicter, de concert, des mesures propres à empêcher la destruction des espèces utiles. Conformément aux dispositions de cette ordonnance, un arrêté ministériel a été pris le 7 octobre suivant.

Cet arrêté interdit absolument la capture des œufs de mouettes rieuses et de vanneaux dans la région du Danube (art. 1ᵉʳ). Il interdit également de tuer, de capturer, de vendre et de mettre en vente, à quelque époque de l'année que ce soit, certaines espèces d'oiseaux, notamment les bruants, grives, loriots, mouet-

---

(1) *Annales de la législation étrangère*, 1890. — Une taxe sur les chiens existe dans le royaume de Wurtemberg ; la loi du 2 juillet 1889, relative à l'établissement par les communes d'une taxe additionnelle à l'impôt sur les chiens, autorise les communes à établir et à percevoir, à partir du 1ᵉʳ avril 1890 jusqu'au 31 mars 1897, une taxe additionnelle à l'impôt sur les chiens, au profit des caisses de bienfaisance locales.

Cette taxe ne peut être supérieure à 12 marks par chien. Elle ne peut être établie qu'en vertu d'une décision des conseils communaux et elle doit être approuvée par le ministre de l'intérieur et celui des finances.

La taxe peut porter sur tous les chiens indistinctement, mais les communes peuvent en exempter les chiens qui se trouvent dans les hameaux écartés, dans les habitations isolées, ainsi que les chiens de berger.

les rieuses, chouettes (à l'exception du grand-duc), vanneaux, alouettes, rossignols, rouges-gorges, etc. (art. 2).

Toutefois, l'interdiction peut être levée temporairement en faveur de particuliers, dans un intérêt scientifique ou pédagogique, ou en vue de la capture d'oiseaux d'agrément, par une décision spéciale du ministre de l'intérieur (art. 5).

Quiconque achète des oiseaux qu'il sait ou doit supposer avoir été tués ou capturés illégalement, ou des œufs qu'il sait ou doit supposer avoir été récoltés dans des conditions analogues, est passible des peines portées par l'article 40 du code pénal de police du 27 décembre 1871.

Les mêmes peines sont encourues par ceux qui laissent vagabonder des chiens ou des chats dans les bois ou les champs pendant la saison des couvées, c'est-à-dire du 1er avril au 30 juin (art. 8) (1).

ALSACE-LORRAINE (PAYS D'EMPIRE).

Jusqu'en 1881, la police de chasse, en Alsace-Lorraine, est restée soumise à la loi française du 3 mai 1844. Cependant certaines modifications y furent apportées par l'introduction du code pénal allemand, qui fut déclaré exécutoire dans les pays annexés à partir du 1er octobre 1871, par la loi du 30 août de la même année.

En 1877, fut appliquée, en Alsace-Lorraine, la loi du 3 mars de ladite année qui soumettait, en Prusse, les professions ambulantes à un impôt spécial. Cette loi portait : « Art. 2. Celui qui, en dehors de son domicile, voudra, par lui-même, sans fonder un établissement commercial et sans avoir des commandes à l'avance :

1° Offrir des marchandises de toutes sortes ;

2° Acheter, pour les revendre, des marchandises à d'autres personnes qu'à des commerçants ou dans des lieux autres que ceux affectés à la vente publique, devra posséder un certificat d'autorisation.

Art. 5. Les certificats d'autorisation sont délivrés par le directeur du cercle, ou le directeur de la police de la localité où le commerçant a son domicile :

---

(1) *Annuaire de législation étrangère*, vingtième année 1890.

1° Pour l'achat et la vente des produits de la chasse et de la pêche, que le requérant se procure lui-même.

Toutefois, jusqu'en 1881, le droit de chasse, dans ce pays, fut encore considéré comme une dépendance du droit de propriété.

En 1879, usant du droit d'initiative qui lui avait été conféré par l'article 21 de la loi du 4 juillet de la même année, la délégation d'Alsace-Lorraine, se plaignant de la non-location de la chasse dans les forêts domaniales et communales, proposa un projet de loi qui, se rapprochant des lois badoise, bavaroise et prussienne, restreignait l'exercice du droit de chasse, en autorisant les communes à se substituer aux propriétaires de parcelles d'une faible contenance et à louer ces dites parcelles.

Voté par l'Assemblée, le 30 avril 1880, ce projet fut porté par le gouvernement au conseil d'État d'Alsace-Lorraine. Il revint devant la délégation où il fut adopté le 1er février 1881. Approuvé par l'empereur, le 7 du même mois, il est devenu exécutoire le 21 février 1881.

Dès lors, à la législation française, fut substitué le système allemand, qui n'accorde au propriétaire la jouissance personnelle du droit de chasse que sur les propriétés ayant une étendue de 25 hectares d'un seul tenant ou sur les terrains clos ; et qui, réunissant les terrains d'une superficie moindre qui se trouvent dans la même circonscription communale, donne pouvoir à la commune de les louer soit au profit des propriétaires, soit au profit d'elle-même dans certains cas (art. 4) : cette réforme, dont le prétexte semble être la conservation du gibier dans l'intérêt de l'État, a été par le fait une véritable expropriation pour le petit propriétaire et, dans certains cas, une dépossession complète sans compensation. De plus, les répressions pour faits de chasse devinrent plus sévères, par suite de l'application du code pénal allemand, introduit en Alsace-Lorraine. Ce code modifié en 1876 (26 février) porte :

Art. 292. — Celui qui chassera sur un terrain où il n'a pas le droit de chasse sera puni d'une amende de 300 marks au plus ou de l'emprisonnement pendant trois mois au plus.

Si le coupable est un parent de la personne à qui appartient le droit de chasse, la poursuite n'aura lieu que sur sa plainte. La plainte pourra être retirée.

Art. 293. — L'amende pourra être élevée jusqu'à 600 marks et l'emprisonnement jusqu'à six mois, s'il a été fait usage, non d'armes à feu ou de chiens, mais de lacets, filets, pièges ou autres engins, ou si le délit a été commis en temps prohibé, ou dans des forêts pendant la nuit, ou par plusieurs personnes réunies.

Art. 294. — Celui qui fait métier de chasser d'une manière prohibée sera puni d'un emprisonnement de trois mois au moins; le coupable pourra de plus être privé des droits civiques et renvoyé sous la surveillance de la police.

Art. 295. — L'arme, l'attirail de chasse et les chiens que le coupable avait avec lui au moment du délit seront confisqués, ainsi que les lacets, filets et autres engins, qu'ils soient ou non la propriété du délinquant.

Enfin l'article 368 crée un nouveau genre de délit, en frappant d'une amende de 60 marks ou d'un emprisonnement pour quatorze jours au plus celui qui est rencontré en appareil de chasse sur le terrain d'autrui, en dehors du chemin destiné à l'usage commun, quand même cette personne n'aurait pas fait acte de chasse et à moins qu'elle ne soit munie du consentement du propriétaire de la chasse ou qu'elle ne soit autrement autorisée (1).

— *Loi du 7 février* 1881 (2). — § 1. Le droit de chasse appartenant à chaque propriétaire sur son terrain, ainsi que le droit de chasse sur l'eau ne seront exercés que suivant les dispositions de la présente loi.

Ces dispositions ne s'appliqueront pas :

1° Aux terrains de l'administration militaire, non plus qu'à ceux de l'administration des chemins de fer de l'Empire, aux bois de l'État, ou aux forêts indivises entre l'État et d'autres propriétaires;

2° Aux terrains entourés d'une clôture continue faisant obstacle à toute communication avec les propriétés voisines.

§ 2. Le droit de chasse sur les terrains et les eaux qui sont soumis aux dispositions de la présente loi, sera exercé par la commune au nom et pour le compte des propriétaires.

Pour chaque ban communal la chasse sera louée pour une durée de neuf ans, par voie d'adjudication publique, en observant les règlements concernant la location des biens communaux, sans préjudice de la disposition que contient le paragraphe 10 de la présente loi relativement à la première location.

Il sera permis de diviser un ban communal en plusieurs districts de chasse, pourvu que chacun de ces districts contienne au moins deux cents hectares.

§ 3. Pour les terrains contigus d'au moins vingt-cinq hectares, de même que pour les lacs et les étangs d'au moins cinq hectares, et pour les étangs appropriés comme canardières (3), les propriétaires

---

(1) Voir la traduction donnée par M. Ribot, du code pénal allemand, *Annuaire de la législation étrangère* (1re année, p. 80 et suiv.). Ces articles 292, 294, 295, 296 remplacent les articles 11, §§ 2 et 13, de la loi française du 3 mai 1844. L'article 17 de cette loi a été abrogé par les articles 73 à 79 du code pénal allemand, et l'article 18 par l'article 5 de la loi du 30 août 1871.

(2) *Annuaire de législation étrangère*, a. 1882, v. II.

(3) Les canardières sont des lacs artificiels, joints par des canaux, destinés, au moyen de filets, à prendre les canards.

pourront se réserver à eux-mêmes l'exercice du droit de chasse.

La contiguïté ne sera pas considérée comme interrompue par des chemins de fer, routes ou cours d'eau.

§ 4. Le produit de la location de la chasse sera versé dans la caisse communale.

Ce produit sera réparti entre les propriétaires en raison de la contenance cadastrale des terrains et des eaux qui feront partie du district de chasse donné en location. Seront acquises à la caisse communale les sommes qui n'auront pas été retirées dans les deux ans qui suivront la publication du rôle de répartition.

Le produit de la location de la chasse sur un ban communal restera acquis à la commune, lorsqu'il en sera décidé ainsi par les deux tiers au moins des intéressés, pourvu qu'ils possèdent en même temps plus des deux tiers de la superficie du ban communal soumise aux dispositions de la présente loi. Ladite décision restera en vigueur pour toute la durée de la location.

Lorsqu'une semblable décision aura été prise, les propriétaires qui, en vertu des dispositions du § 3, se seront réservé à eux-mêmes l'exercice du droit de chasse, verseront dans la caisse communale une somme proportionnelle à la contenance cadastrale des terrains et des eaux réservés, laquelle somme sera ajoutée au produit provenant de la location du reste du ban communal.

§ 5. Les communes possédant dans une autre banlieue des terrains qui se trouvent dans les conditions du § 3, ne participeront point aux décisions relatives à l'emploi du produit de la location de la chasse au profit de la commune (§ 4, alinéa 3). Elles seront exemptes de verser une contribution à la caisse de l'autre commune (§ 4, alinéa 4) dans le cas où une pareille décision aurait été prise, et qu'elles se seraient réservé à elles-mêmes l'exercice du droit de chasse.

§ 6. Avant de fixer le terme pour la location et l'adjudication de la chasse, le maire aura à fixer et à publier un terme pour la décision sur la question de savoir si le produit de la location de la chasse devra rester acquis à la commune.

Cette décision prise, les propriétaires qui, en vertu du § 3, désireront se réserver à eux-mêmes l'exercice du droit de chasse, devront, dans un délai de dix jours, en transmettre au maire une déclaration écrite. Lorsque les terrains et les eaux qu'on voudra se réserver seront situés dans différents bans, cette déclaration sera adressée au maire de chacune des communes (1).

Ce ne sera qu'après l'expiration dudit délai de dix jours que pourra être publié le terme pour la location et l'adjudication de la chasse. Entre le terme de l'adjudication et la première publication de ce terme, il devra y avoir un délai de six semaines au moins (2).

(1) Art. 199 du code de procédure civile allemand : « Lorsqu'il s'agira de calculer un délai fixé à un nombre de jours déterminé, on ne comptera plus le jour dans lequel se trouve compris l'instant précis à partir duquel le délai doit commencer à courir, ou dans lequel se produit l'évènement qui fait courir le délai ».

(2) Art. 200 du code de procédure civile allemand : « Tout délai qui sera déterminé par semaines ou par mois, expirera avec le jour de la dernière semaine

§ 7. Le propriétaire d'un terrain d'une contenance d'au moins vingt-cinq hectares, en tant qu'il se sera réservé à lui-même l'exercice du droit de chasse, aura la priorité sur tout autre pour la location des terrains d'une moindre contenance enclavés, totalement ou en majeure partie, dans sa propriété. Il pourra, en conséquence, demander, pour la durée de la location, l'exercice du droit de chasse sur les terrains enclavés, moyennant une indemnité proportionnée au produit provenant de la location de la chasse du ban communal, laquelle indemnité sera ajoutée à ce produit.

S'il n'a pas fait usage de ce droit, en adressant au maire une déclaration écrite à ce sujet au plus tard le huitième jour après l'adjudication de la chasse du ban communal (§ 2), les terrains enclavés feront partie du district communal de chasse.

§ 8. A partir du jour de la mise en vigueur de la présente loi, les contrats de location de la chasse sur des terrains soumis aux dispositions de la présente loi et sur lesquels les propriétaires n'ont pas, en vertu du § 3, la faculté de se réserver l'exercice du droit de chasse, ne pourront se conclure valablement qu'en se conformant au § 2.

Tous les contrats conclus antérieurement pour la location de la chasse sur de pareils terrains devront, dans un délai de trois mois, être déposés en forme dûment enregistrée, contre récépissé, à la *Kreisdirektion*.

Les contrats qui n'auraient pas été déposés dans lesdits délai et forme, de même que ceux qui seront conclus contrairement à la prescription du 1er alinéa, n'auront aucun effet juridique.

Les contrats déposés, en tant qu'ils ne seront pas expirés antérieurement, prendront fin en 1889, le jour de la clôture de la chasse.

§ 9. S'il existe des baux valables pour des parties d'un ban communal qui contiennent moins de vingt-cinq hectares de terrain d'un seul tenant, il pourra, à la diligence du maire et au moins huit jours avant le terme fixé pour l'adjudication, être assigné aux locataires de chasse un district de chasse d'un seul tenant et qui devra équivaloir, en étendue et en valeur, aux parcelles qu'ils ont louées.

Le loyer dû par les locataires de chasse en vertu d'un contrat restera acquis aux ayants droit. Les propriétaires des terrains assignés aux locataires comme district de chasse, auront une part proportionnelle dans le produit de la location du ban communal, conformément aux dispositions du § 4 de la présente loi.

L'assignation sera faite par deux experts, dont l'un sera nommé par le maire, et l'autre par les locataires de chasse, et qui seront assermentés par l'*Amtsrichter*. Si les locataires n'ont pas nommé leur expert dans un délai fixé, ou si les experts ne peuvent tomber d'ac-

ou du dernier mois correspondant, par sa dénomination ou par le nombre de jours écoulés, au jour auquel le délai aura commencé à courir ; si le jour correspondant manque au dernier mois, le délai expirera avec le dernier jour de ce mois. Lorsque le dernier jour du délai sera un dimanche, ou un jour de fête légale, le délai n'expirera qu'avec le jour ouvrable suivant ».

cord, le *Kreisdirektor* nommera un troisième expert qui fera l'assignation. Les frais de la procédure seront à la charge des locataires de la chasse.

§ 10. Lorsque les districts de chasse seront loués pour la première fois, la fin du bail sera fixée au jour de la clôture de la chasse de l'année 1889.

En tant qu'il existe des baux valides expirant avant ce jour, la commune procédera à une nouvelle location, avec la stipulation que le bail expirera le jour qui vient d'être indiqué.

§ 11. Ne sont pas atteintes par la présente loi les dispositions actuelles sur la police de la chasse, non plus que les prescriptions relatives à la destruction des animaux nuisibles (1).

Toutefois, sur les terrains enclavés dans les fortifications, ainsi que dans un circuit de 225 mètres au plus des fortifications ou des forts, poudrières et autres établissements de même nature, il sera interdit d'employer des armes à feu, soit pour faire la chasse, soit pour repousser ou effaroucher le gibier, sous peine d'une amende de 20 à 150 marks ou des arrêts jusqu'à 4 semaines.

La délimitation et l'abornement des rayons de sûreté se feront sur les dispositions du *Statthalter*, conformément aux §§ 3 et 8 de la loi de l'Empire du 21 décembre 1871 (Bulletin des lois de l'Empire 1871, p. 459; Bulletin des lois pour l'Alsace-Lorraine 1872, p. 133).

§ 12. Les dispositions nécessaires pour l'exécution de la présente loi seront prises par le ministère.

En foi de quoi, Nous avons signé de Notre main et fait apposer le sceau impérial.

Donné à Berlin, le 7 février 1881.

Cette loi de 1881 laissait subsister, comme nous l'avons indiqué, les dispositions de la loi française du 3 mai 1844, relatives à la police proprement dite de la chasse, c'est-à-dire à l'obligation du permis, à la fixation de la date de l'ouverture et de la fermeture de la chasse; à la constatation et à la répression des délits, sauf les cas abrogés par le code pénal allemand.

La délégation d'Alsace-Lorraine voulant harmoniser la législation en cette matière, et réorganiser le système des pénalités qui, dans la loi de 1844 était devenu superflu ou trop rigoureux, a fait paraître, le 7 mai 1883, une nouvelle loi sur la police de la chasse, loi qui a été complétée par une ordonnance du 20 juin 1883 déterminant les modes de destruction pouvant être employés à l'égard des animaux nuisibles et s'occupant de la protection des animaux utiles.

La loi du 7 mai 1883 plus douce, quant aux pénalités, que la loi française, s'occupe des permis de chasse et de la protection

(1) La loi française sur la police de la chasse du 3 mai 1844 se trouve maintenue là où ses dispositions ne sont pas modifiées par les lois postérieures à l'annexion.

du gibier, au moment de la reproduction. Elle fixe les dates d'ouverture et de fermeture de la chasse par voie de mesure générale.

Des modifications notables sont apportées à la loi de 1881 : la chasse dans les domaines clos, attenant à l'habitation, n'est plus autorisée après la fermeture (art. 9).

Le transport et la vente du gibier sont autorisés pendant quatorze jours à compter de la date de la fermeture de la chasse (art. 4).

Loi sur la police de la chasse du 7 mai 1883.

§ 1er. L'exercice de la chasse sur les terres et sur les eaux sera soumis aux dispositions de la présente loi.

Pour poursuivre du gibier blessé jusque sur le district de chasse d'autrui ou pour enlever du gibier tombé sur le district de chasse d'autrui (droit de suite), il faudra la permission de celui à qui le droit de chasse appartient.

§ 2. Les propriétaires, possesseurs ou fermiers détruisant du gibier nuisible sur leurs terres ne seront pas considérés comme exerçant la chasse.

Le ministère déterminera :

1° Quel sera le gibier considéré comme nuisible ;

2° Par quels moyens et quelles conditions ce gibier pourra être détruit.

§ 3. Il est défendu de chasser du gibier depuis le 2 février jusqu'au 23 août. Sont exceptés de cette défense les bêtes noires, les cerfs, les broquarts, les coqs des bois et les coqs de bruyère, les oiseaux passagers et les oiseaux voyageurs, les lapins et le gibier nuisible (§ 2). Depuis le 2 février jusqu'au 23 août, il est interdit de chasser avec des chiens les espèces de gibier ci-dessus spécifiées, à l'exception des coqs des bois et des coqs de bruyère, des oiseaux passagers et des oiseaux voyageurs (1).

Pour le broquart, il y aura temps prohibé depuis le 2 février jusqu'à la fin du mois de mai.

Les oiseaux d'eau et de marais, à l'exception des oies sauvages et des hérons cendrés, de même que les autres oiseaux passagers et voyageurs, ne pourront pas être chassés depuis le 1er avril jusqu'à la fin du mois de juin.

Le ministère est autorisé, dans des circonstances extraordinaires, à interdire dans certains districts la chasse en plaine pour une quinzaine au plus au delà du temps prohibé.

Il est interdit de dénicher les petits du gibier à plume pendant que la chasse en est prohibée ; il ne sera permis de dénicher des œufs qu'en

---

(1) La loi du 11 juillet 1884, relative à cette interdiction, dit que le délai commence le matin du 2 février et finit le 22 août au soir.

tant que ces œufs, pondus à découvert, sont enlevés par le propriétaire de la chasse dans le but de les faire couver.

§ 4. Il est défendu de mettre en vente, de vendre, d'acheter, de transporter ou de colporter du gibier pendant le temps prohibé, à compter du quatorzième jour de l'époque où la chasse de ce gibier n'est pas permise. Cette défense ne s'appliquera pas au transport ou à la vente de gibier faits par ordre de l'autorité.

Le *Kreisdirektor* pourra permettre de prendre et de transporter, pendant le temps prohibé, du gibier vivant, afin de le conserver ou d'en favoriser la multiplication.

§ 5. Lorsque, par suite de multiplication excessive du gibier ou pour d'autres causes, il y aura à craindre des dégâts extraordinaires, le *Kreisdirektor*, sur la demande des propriétaires lésés, et après avoir examiné l'exigence du cas, enjoindra au propriétaire de la chasse de réduire le nombre du gibier, même pendant le temps prohibé. Si, dans le délai fixé, celui à qui le droit de chasse appartient ne satisfait point à cet ordre ou ne l'exécute qu'insuffisamment, le président de département pourra prendre les mesures nécessaires. Il pourra, en particulier, permettre aux propriétaires, avec limitation de lieu et de temps, de détruire le gibier passant sur leurs terres par les moyens autorisés pour l'exercice de la chasse, et ordonner, s'il y a lieu, des chasses par mesure de police. Cette mesure ne peut s'appliquer ni aux lièvres ni aux chevreuils.

Le gibier tué par suite de pareilles mesures sera mis à la disposition de celui à qui le droit de chasse appartient, ou vendu à son profit, selon les ordres spéciaux du président de département. Les frais d'une chasse ordonnée par l'autorité, en tant qu'ils ne dépassent pas la valeur du gibier tué, seront à la charge du propriétaire de la chasse.

Le président de département réglera la vente du gibier tué par son ordre pendant le temps prohibé en s'inspirant des dispositions qui précèdent.

§ 6. Le ministère déterminera quels oiseaux seront estimés utiles et quelles mesures seront à prendre pour en prévenir la destruction ou en favoriser la multiplication. Pour cela, il pourra, en particulier, interdire ou restreindre la chasse des oiseaux déclarés utiles, quand même elle serait permise aux termes du § 3.

§ 7. Il est interdit d'exercer la chasse en plaine pendant la nuit. Sera considéré comme nuit l'espace de temps commençant une heure après le coucher du soleil et finissant une heure avant le lever du soleil.

Le ministère, après avoir entendu le conseil général du département, pourra interdire, pour certains temps et pour certaines contrées, l'exercice de la chasse avec des chiens courants.

L'emploi des lacets ne sera permis que pour la chasse des grives.

Tous les autres moyens et instruments de chasse ne servant pas à l'exercice régulier de la chasse, pourront être interdits par le ministère.

§ 8. Ne sera point mis en vente, vendu, transporté ou colporté du gibier pris au moyen de lacets, à l'exception des grives. L'achat de pareil gibier est interdit aux aubergistes et aux marchands.

§ 9. Nul ne pourra exercer la chasse qu'après avoir obtenu un permis de chasse. Le permis de chasse sera délivré pour l'espace de temps du 2 février jusqu'au 1er février de l'année suivante, et sera valable pour tout le pays.

Des permis de chasse additionnels pourront être délivrés, sur la demande du propriétaire de la chasse, à des invités pour un espace de huit jours. Ces permis ne seront valables que pour le district de chasse de celui à qui le droit de chasse appartient.

N'auront pas besoin d'un permis de chasse :

1° Les personnes qui exercent la chasse sur des terrains attenant à une habitation et entourés d'une clôture continue faisant obstacle à toute communication avec les propriétés voisines;

2° Les gardes forestiers qui, dans l'exercice de leurs fonctions et par ordre de leurs supérieurs, tuent du gibier, soit dans les chasses administrées faisant partie de leur district, soit dans les chasses ordonnées par mesure de police.

En exerçant la chasse, le chasseur devra porter sur lui le permis de chasse.

Le permis de chasse sera demandé à la mairie; il sera délivré par le *Kreisdirektor* ou bien par le directeur de police.

La délivrance des permis de chasse donnera lieu au payement d'un droit de 20 marks, celle d'un permis de chasse additionnel au payement d'un droit de 5 marks. Deux cinquièmes de ces taxes seront assignés à la caisse communale de la commune dans laquelle le permis a été demandé. Le reste sera versé dans la caisse de l'Etat.

§ 10. Le permis de chasse ne sera pas délivré :

1° Aux mineurs qui n'auront pas seize ans accomplis, de même qu'aux personnes qui donnent lieu de craindre qu'elles ne manient imprudemment les armes à feu ou qu'elles compromettent la sûreté publique;

2° Aux personnes privées de la jouissance des droits civiques ou placées sous la surveillance de la police.

Un permis de chasse pourra être accordé aux mineurs qui auront seize ans accomplis, en tant qu'il sera demandé par le représentant légal ou curateur.

Le permis de chasse déjà délivré est à déclarer nul et à retirer, lorsque après la délivrance il sera survenu ou venu à la connaissance de l'autorité une des circonstances qui excluent la délivrance du permis de chasse.

§ 11. Le permis de chasse pourra être refusé :

1° Aux personnes qui ne seront pas sujets de l'Empire d'Allemagne;

2° Aux personnes qui ne pourront justifier de moyens de subsistance;

3° A ceux qui auront été condamnés par jugement définitif pour résistance à l'autorité publique, pour vol, soustraction, déprédation, extorsion, recel, tromperie, contrebande ou fraude en matière de douane, mendicité ou vagabondage, vol forestier, exercice illicite de la chasse, ou infraction au § 12 de la présente loi, depuis le jour où la condamnation aura acquis l'autorité de la chose jugée jusqu'à l'expiration de cinq ans après l'expiation, rémission ou prescription de la peine prononcée.

Toutefois le permis de chasse ne pourra être refusé aux condamnés pour contrebande ou fraude en matière de douane que si la peine prononcée a emporté privation de la liberté.

Le permis de chasse déjà délivré pourra être déclaré nul et retiré, lorsque après la délivrance il sera survenu ou venu à la connaissance de l'autorité une des circonstances pour lesquelles le permis de chasse peut être refusé.

§ 12. Seront punis d'une amende jusqu'à 100 marks ou bien des arrêts jusqu'à 3 semaines :

1° Ceux qui exerceront la chasse à l'aide de moyens ou d'instruments de chasse prohibés;

2° Les propriétaires, possesseurs ou fermiers qui auront détruit le gibier nuisible d'une manière non autorisée (§ 2);

3° Ceux qui sans autorisation seront trouvés en possession d'instruments de chasse prohibés.

Outre l'amende ou la peine des arrêts, le jugement prononcera la confiscation des moyens et instruments prohibés, qu'ils appartiennent au condamné ou non.

§ 13. Seront punis d'une amende jusqu'à 60 marks ou des arrêts jusqu'à 14 jours :

1° Ceux qui auront contrevenu aux arrêtés pris en vertu de la présente loi, sans préjudice de l'application d'autres prescriptions pénales;

2° Ceux qui, sans autorisation, chasseront du gibier pendant le temps prohibé, ou qui exerceront la chasse en plaine pendant qu'elle sera interdite en vertu du § 3, alinéa 4 ou du § 7, 1er alinéa;

3° Ceux qui auront contrevenu à l'interdiction prononcée par le § 4;

4° Ceux qui auront contrevenu à la défense prononcée par le § 8.

Dans les cas des nos 3 et 4, la confiscation du gibier sera prononcée outre l'amende ou la peine des arrêts, soit que le gibier appartienne au condamné ou non.

§ 14. Seront punis d'une amende jusqu'à 60 marks :

1° Ceux qui exerceront la chasse, sans que le permis de chasse exigé par la présente loi ait été obtenu pour eux;

2° Ceux qui auront négligé d'empêcher des chiens courants ou d'autres chiens qui sont sous leur garde, de quêter ou de poursuivre du gibier sur des districts de chasse d'autrui, sans le consentement de celui à qui le droit de chasse appartient.

En cas de condamnation en vertu du n° 1, le contrevenant payera, en outre, les droits pour la délivrance du permis de chasse (§ 9).

§ 15. Celui qui chassera sans porter sur lui le permis de chasse, sera puni d'une amende jusqu'à 5 marks.

§ 16. En cas de récidive, les amendes déterminées par les §§ 12, 13 et 14 pourront être portées au double du maximum.

Il y a récidive lorsque dans les deux ans qui suivent une condamnation définitive pour infractions prévues par la présente loi, le délinquant fait de nouveau une pareille infraction.

§ 17. Les amendes prononcées pour infraction aux dispositions de la présente loi seront versées dans le fonds commun et dépensées, comme les autres recettes de ce fonds, conformément aux dispositions relatives à ce sujet (ordonnance du 30 décembre 1823; décret du 25 juin 1852).

§ 18. Sont abrogées, à partir du jour de la mise en vigueur de la présente loi, toutes les dispositions actuelles sur la police de la chasse, à l'exception du § 11, alinéas 2 et 3 de la loi du 7 février 1881.

Le jour de la clôture de la chasse de l'année 1880, dont il est question dans le § 10 de la loi du 7 février 1881, sera le 1er février.

§ 19. La présente loi entrera en vigueur le 1er juillet 1883.

Les dispositions nécessaires pour l'exécution de la présente loi seront prises par le ministère.

En foi de quoi, Nous avons signé de Notre main et fait apposer Notre sceau impérial.

Donné à Berlin, le 7 mai 1883.

— *Ordonnance du 20 juin* 1883. — Le 20 juin 1883 a été publiée une ordonnance relative à la police de la chasse en vertu des §§ 2 et 6 de la loi sur la police de la chasse du 7 mai 1883 qui s'occupe du gibier nuisible et des oiseaux utiles. En vertu de cette ordonnance, il a été arrêté ce qui suit :

I. GIBIER NUISIBLE.

§ 1er. Sont à considérer comme gibier nuisible que les propriétaires, possesseurs ou fermiers, pourront détruire sur leurs terres :

1° Les loups, sangliers, chats sauvages, renards, putois, martres, belettes, loutres, écureuils, lapins et blaireaux;

2° Les vautours, aigles, faucons, autours, éperviers, milans, buses, busards, pies, pies-grièches, hérons, pigeons sauvages, grands-ducs, corbeaux à reflets d'or, geais, alcyons, cormorans.

§ 2. Pour détruire le gibier énuméré sous le n° 1 du § 1er, on pourra se servir de trappes, de fosses et de pièges; on pourra aussi ouvrir et enfumer les terriers en observant les dispositions du § 367, n°s 8 et 12, du code pénal de l'Empire.

La destruction des lapins pourra aussi se faire à l'aide de filets et de furets.

On ne pourra dresser des chausse-trapes pour prendre des loups, renards et blaireaux qu'avec la permission du *Kreisdirektor* ou bien du directeur de police. Chaque propriétaire, possesseur ou fermier devra demander séparément cette permission, en désignant le plus précisément possible les lieux où les chausse-trappes seront dressées.

§ 3. Pour la destruction des oiseaux nuisibles énumérés sous le n° 2 du § 1er, on pourra employer des paniers, des rets et des caches; il sera également permis de détruire les œufs et les nids.

§ 4. Si, dans certains cas, les moyens de destruction autorisés par les §§ 2 et 3 ne paraissent pas suffisants, le *Kreisdirektor* ou le directeur de police pourra exceptionnellement permettre l'emploi des armes à feu à certains propriétaires, possesseurs ou fermiers, soit pour eux-mêmes, soit pour leurs mandataires.

Cette permission ne sera pas donnée aux personnes auxquelles le permis de chasse doit ou peut être refusé en vertu du § 10 et du § 11, n° 3, de la loi sur la police de la chasse.

La permission sera donnée par écrit et pour une certaine période seulement. Le permis devra contenir le nom de celui pour lequel il est accordé, et la désignation du gibier qui pourra être détruit.

Il n'est pas permis de faire usage des armes à feu pendant la nuit (§ 7 de la loi sur la police de la chasse), à moins que le permis n'en porte expressément la stipulation.

Pour faire la chasse au gibier nuisible au moyen d'armes à feu, on devra être muni de son permis.

§ 5. Lorsqu'il aura été accordé une permission de chasser à l'aide d'armes à feu ou de dresser des chausse-trappes pour prendre des loups, renards et blaireaux, le *Kreisdirektor* ou le directeur de police en informera immédiatement le propriétaire de la chasse.

II. OISEAUX UTILES.

§ 6. Sont considérés comme oiseaux utiles : les embérises, merles, hochequeues, grimpereaux, gorges bleues, traîne-buisson, choucas, grives, hiboux (à l'exception du grand-duc), poules faisanes, pinsons, gobe-mouches, petits-bœufs, fauvettes, linots, coucous, sylvies, alouettes, mésanges, rossignols, engoulevents, flûteurs, loriots, perdrix, butors, rouges-gorges, rouges-queues, moissonneurs, hirondelles, martinets, jaseurs, pies, maçons, étourneaux, motteux, chardonnerets, tette-chèvres, traquets d'eau, torcols, huppes, tariers, roitelets, serins.

§ 7. Il est interdit de détruire les nids et autres lieux d'incubation des oiseaux énumérés au § 6, ainsi que de les y prendre, d'en tuer, détruire ou enlever les petits et les œufs, et de mettre en vente les nids, œufs ou petits obtenus à l'encontre de cette interdiction.

Cette interdiction ne s'applique pas à la destruction des nids situés, soit à l'intérieur, soit à l'extérieur de bâtiments ou dans des cours. Elle ne s'applique pas non plus au droit accordé au propriétaire de la chasse par l'alinéa 5 du § 3 de la loi sur la police de la chasse, de s'emparer des œufs pondus en plein champ dans le but de les faire couver.

§ 8. A aucune époque de l'année, les oiseaux énumérés au § 6, à l'exception des grives, alouettes des champs, poules faisanes et perdrix, ne peuvent être pris ou tués, ni vendus ou mis en vente à l'état inanimé.

Les grives ne pourront être tuées avec des armes à feu ou prises dans des lacets, ni vendues ou mises en vente à l'état inanimé que du 15 septembre au 1er décembre.

Les alouettes des champs ne pourront être tuées avec des armes à feu ou au moyen du miroir, ni vendues ou mises en vente à l'état inanimé que du 15 septembre au 1er décembre.

Les poules faisanes et les perdrix ne pourront pas être tuées ou prises, même aux époques où la chasse est ouverte, tant que le sol sera couvert de neige, à moins qu'on ne prenne ces oiseaux dans le but d'en conserver et multiplier l'espèce.

Sera considéré, dans le sens de ce paragraphe, comme capture tout acte ayant pour but de prendre ou de tuer des oiseaux, en particulier la pose de rets, lacets, gluaux ou autres engins.

§ 9. Dans le cas où les oiseaux qui, en vertu du § 8, ne peuvent être pris ou tués, envahissent par troupes les vignes, plantations d'arbres fruitiers, jardins ou champs cultivés, le fermier de la chasse, ainsi que le propriétaire, possesseur ou fermier de la terre pourra, avec l'approbation et l'autorisation expresse du *Kreisdirektor* ou du directeur de police, les tuer depuis le commencement de la maturation des fruits jusqu'à la fin de la récolte, mais seulement à l'aide d'armes à feu.

§ 10. Quiconque est chargé de la surveillance d'enfants ou d'autres personnes soumises à son autorité et appartenant à sa maison, est tenu de veiller à ce qu'ils ne contreviennent pas aux dispositions des §§ 7 et 8.

§ 11. Des exceptions aux défenses précédentes pourront être accordées par le ministère dans l'intérêt de la science ou de l'enseignement ou en raison de particularités ou circonstances locales.

III. DISPOSITIONS FINALES.

§ 12. Les infractions aux prescriptions de la présente ordonnance seront punies, soit en vertu du § 12, n° 2, de la loi sur la police de la chasse, d'une amende jusqu'à 100 marks ou de la peine des arrêts jusqu'à 3 semaines, soit, en vertu du § 13, n° 1, de la même loi, d'une amende jusqu'à 60 marks ou de la peine des arrêts jusqu'à 14 jours, sans préjudice d'autres prescriptions pénales.

§ 13. La présente ordonnance entrera en vigueur le 1er juillet 1883.

Strasbourg, le 20 juin 1883.

— *Loi du 11 juillet* 1884. — Une loi du 11 juillet 1884 est intervenue, relativement à l'interprétation de la loi du 7 mai 1883 concernant la police de la chasse ; son objet unique est d'expliquer que le délai fixé par l'article 3 de la loi du 7 mai 1883, pendant lequel la chasse est interdite, commence le matin du 2 février et finit le 22 août au soir.

— *Loi du 8 mai 1889.* — La loi promulguée le 8 mai 1889 modifie la loi du 7 mai 1883 de la manière suivante :

§ 1. Ne peuvent pas être chassés : les bécasses, les trappes (outardes), les cygnes sauvages, et les autres oiseaux de marais et d'eau, qui ne sont pas considérés comme gibier nuisible (§ 2 de la loi sur la police de la chasse du 7 mai 1883) à l'exception des oies sauvages et des canards sauvages, du 1ᵉʳ mai au 30 juin inclusivement; et les canards sauvages, du 1ᵉʳ avril au 30 juin inclusivement.

§ 2. Cette loi entrera en vigueur le jour de sa publication.

— *Loi du 2 juillet* 1890. — La loi du 2 juillet 1890 ordonne l'application, dans ce pays, de la loi du 22 mars 1888 sur la protection des oiseaux (1). Il y a eu depuis une ordonnance du 16 juillet 1890 sur le même sujet, et une ordonnance portant même date sur les animaux nuisibles, rendues en exécution de l'article 2 de la loi sur la chasse du 7 mai 1883 (2).

GRAND-DUCHÉ DE BADE.

Les provinces qui ont formé le grand-duché de Bade ont subi, en ce qui concerne le droit de chasse, les transformations déjà signalées dans presque tous les États de l'Europe. Attaché tout d'abord à la possession du sol, ce droit appartint ensuite aux seigneurs suzerains, puis il devint régalien entre les mains du grand-duc. Toutefois les articles 3 et 4 de l'édit de 1807 conservèrent à la noblesse seigneuriale et à celle d'État le droit de chasse sur leurs terres.

Là, comme dans le reste de l'Allemagne, la Révolution de 1848, voulant faire disparaître les traces de la féodalité, reconnut le droit de chasse comme un attribut de la propriété;

Mais, en fait, ce droit ne fit que passer des mains des seigneurs entre celles de la commune : il est vrai que si les Badois firent ce retour aux idées du passé, c'est qu'avec la liberté absolue de la chasse ils virent que le gibier disparaissait fatalement de leur pays. Profitant de l'expérience de leurs voisins

(1) Voir la loi d'Empire du 22 mars 1888 sur la protection des oiseaux en Prusse.
(2) *Annuaire de législation étrangère*, année 1884, p. 318. Id. 1890, v. 20, p. 313.

du Bas-Rhin, qui, grâce à la législation de leur gouverneur général Sack, appliquée en 1814, avaient pu ramener l'abondance dans leurs chasses, ils réclamèrent cette législation qui se maintint chez eux et dans presque toute l'Allemagne.

— *Loi du 26 juillet* 1848. — La loi provisoire publiée le 26 juillet 1848 commença par donner le droit de chasse aux communes, qui pouvaient le louer ou le faire exercer par des personnes commissionnées à cet effet; le réservant, cependant, aux propriétaires de domaines clos et aux propriétaires de domaines indépendants, c'est-à-dire, non compris dans une circonscription communale.

— *Loi du 2 décembre* 1850. — Cette loi fut remplacée par celle du 2 décembre 1850, qui, tout en proclamant à nouveau le droit de chasse une dépendance inviolable du droit de propriété, en réservait, sauf exceptions, l'exercice à la commune, qui, au moyen d'adjudications publiques, le louait au profit des propriétaires fonciers. (art. 2 et 3).

Les articles 4, 7 et 8 déclarent seuls autorisés à chasser sur leurs terres : 1° les propriétaires de domaines ayant une contenance de deux cents morgen (200 journaux) au moins d'un seul tenant; 2° les propriétaires de domaines clos; et 3° ceux ayant des domaines indépendants.

Les propriétaires qui avaient des parcelles séparées, représentant une contenance de 200 morgen, pouvaient, d'après l'article 5, s'entendre avec la commune, pour se faire concéder, en échange de leur part dans le produit de la location, un canton de chasse d'une superficie égale à celle desdites parcelles réunies, pour y chasser exclusivement.

L'article 11 exigeait que le chasseur fût muni d'un permis.

L'article 17 défendait la chasse, sauf quelques exceptions concernant certaines espèces d'animaux sauvages, du 2 février de chaque année jusqu'au 23 août.

Enfin l'article 26, dans une disposition spéciale, réglait l'indemnité due par les propriétaires aux anciens ayants droit à la chasse pour prix de leur dépossession.

— *Loi du 23 décembre* 1871. — Le 23 décembre 1871 le code pénal allemand fut introduit dans le grand-duché et avec lui les sanctions prononcées en matière de contraventions de chasse.

— *Loi du 29 avril* 1886. — La loi du 29 avril 1886, encore en vigueur, est venue modifier celle du 2 décembre 1850.

Cette loi très complète introduit des dispositions nouvelles. Elle donne au gouvernement le droit de règlementer la chasse ainsi que la destruction des animaux nuisibles, et elle spécifie les animaux qui peuvent être chassés.

En ce qui touche la nature du droit de chasse dans le grand-duché, tout en reconnaissant que le droit de propriété foncière emporte, pour le propriétaire, le droit de chasse sur son propre terrain, la loi vient aussitôt apporter des restrictions à ce principe en déclarant que la chasse ne sera pas exercée par les propriétaires eux-mêmes, mais bien en leur nom et pour leur compte par la commune dans l'étendue du finage communal. La loi ne reconnaissant le droit de chasse sur leurs terres, qu'aux propriétaires possesseurs de terrains de 72 hectares au moins d'un seul tenant; aux propriétaires de terrains clos de façon que le gibier ne puisse s'échapper; elle met encore, en dehors de la location de la chasse faite par la commune, les établissements publics et les jardins d'agrément.

Cette privation du droit de chasse imposée aux petits propriétaires, privation qui semble une violation du droit de propriété, résulte d'un système que nous avons vu fonctionnant presque généralement en Allemagne. Il paraît avoir donné de bons résultats, nous l'avons déjà dit, car il diminue le nombre des chasseurs en les intéressant tous à la conservation et à la reproduction du gibier (1).

Après avoir établi le droit de la commune et les cas où elle devient le mandataire forcé de l'ensemble des petits propriétaires pour l'exploitation de leurs chasses, la loi l'autorise à faire des baux de six ans au moins qui ont lieu au moyen d'adjudications qui doivent toujours dépasser le chiffre fixé par le conseil municipal.

La loi réglemente ces adjudications auxquelles seuls peuvent prendre part ceux qui sont munis d'un permis de chasse ou qui peuvent prouver qu'il n'y a pas d'obstacle à ce qu'ils en obtiennent; les sommes qui proviennent de ces locations sont versées dans la caisse municipale pour être réparties, déduction faite des frais, entre les propriétaires intéressés, au prorata de la contenance des fonds qu'ils possèdent dans la commune, à moins que la majorité des propriétaires, possédant plus de la moitié des pièces de terre de finage, ne décide que le prix de la location sera abandonné à la caisse municipale.

De sorte que si nous nous reportons à l'idée d'expropriation, telle que nous la concevons en France, ce prix qui en serait la

---

(1) Ce système fonctionne en Prusse (loi du 7 mars 1850, art. 4). En Bavière (loi du 30 mars 1850, art. 4). En Alsace-Lorraine (loi du 7 février 1881). On le trouve aussi en Autriche (patente impériale du 7 mars 1849, art. 6) et en Hongrie (loi XX de 1883, art. 3.)

compensation ne constituerait pas une indemnité préalable, et l'expropriation pourrait même avoir lieu sans indemnité.

Le canton de chasse communal ne peut être affermé à plus de trois locataires.

La loi s'occupe ensuite des conditions de sous-location et des cas d'annulation du bail; or, elle porte que le bail peut être annulé si l'autorisation de chassé a été accordée pas des locataires à des tiers, moyennant un prix ou une participation dans le paiement du prix de chasse.

Le propriétaire de 72 hectares au minimum d'un seul tenant, que la propriété soit ou non traversée par un chemin public ou par un cours d'eau peut, soit chasser par lui-même, soit louer sa chasse, soit faire exercer son droit par des chasseurs à son compte, soit céder ce droit à la commune.

Après avoir réglementé le droit de chasse sur les parcelles détachées, sur les propriétés d'une contenance de plus de 72 hectares, mais formées de parcelles détachées et sur les domaines indépendants, appartenant à plusieurs propriétaires indivis ou divis, la loi traite des cantons de chasse. Chaque territoire communal forme en principe un canton de chasse; toutefois, les biens des communes mesurant plus de 72 hectares peuvent être divisés en plusieurs cantons de chasse sur l'avis de l'administration du district.

Plusieurs communes, domaines séparés ou partie d'entre eux peuvent, s'ils sont contigus, et si les intéressés sont d'accord, être réunis pour former un canton de chasse commun, avec l'autorisation du conseil du district.

Les locataires de chasse communale, ou les propriétaires indépendants peuvent concéder leur droit de chasse à des tiers qui sont dits hôtes de chasse : ils doivent avoir la capacité requise pour chasser, et posséder un permis de chasse; si cet hôte veut chasser seul, il doit avoir une permission écrite du propriétaire ou du locataire, sinon, il doit être accompagné de l'ayant-droit ou de son garde. Cette concession faite à un hôte ne peut être octroyée moyennant rétribution ou participation au paiement du prix de location; et l'autorisation, donnée par un locataire, peut toujours être retirée par l'administration du district, si l'on peut croire qu'elle n'a été donnée que pour enfreindre l'article 10 qui fixe à trois le nombre des locataires d'un canton de chasse communal.

A côté du canton de chasse qui est la réunion de plusieurs domaines ou parties de domaines indépendants, la loi place l'association de chasse qui est la réunion de plusieurs cantons de chasse contigus. L'association peut avoir lieu entre deux cantons communaux, entre deux cantons de propriétaires indépendants, entre un canton communal et un canton de propriétaire indépendant. Il faut accord entre les cantons intéressés, contiguité des cantons associés; de plus, la chasse doit être exercée en commun sur tout le territoire de l'association. Tout membre de l'association doit avoir un certificat d'association mentionnant les cantons de chasse compris dans le domaine de l'association et les noms des personnes faisant partie de ladite association.

Passant aux conditions exigées pour pouvoir chasser, on voit que nul ne peut chasser dans la campagne, ou sous bois, sans un permis de chasse délivré par l'autorité compétente.

Le permis n'est donc pas exigé pour ceux qui chassent sur une propriété close; dans tous les autres cas, il est nécessaire, même pour chasser sans arme à feu.

Délivré par l'administration du district pour un an, le permis de chasse porte une date fixe (du 1er février au 31 janvier inclusivement) afin d'empêcher l'usage de permis périmés (1).

Des permis de chasse d'une semaine peuvent être accordés aux sujets de l'Empire n'ayant ni domicile ni résidence fixe, dans le grand-duché, s'ils ont un permis de chasse à eux délivré pour une année par une autorité publique allemande étrangère au grand-duché et non périmé.

Le permis d'un an qui était de 12 marks en 1850 a été porté à 20 marks (22 fr. 20); celui d'une semaine est de 5 marks (2).

La loi badoise refuse le permis à ceux qui ne sont pas en possession de leurs droits civiques et aux braconniers de profession; elle permet de les refuser à ceux qui ne peuvent justifier de leurs moyens d'existence.

L'article 15 permet ou ordonne enfin de retirer le permis lorsque des faits, à raison desquels il aurait dû ou pu être refusé se produiront ou parviendront à la connaissance de l'administration du district postérieurement à sa délivrance.

La loi de 1886 n'admet pas le droit de suite : le gibier blessé sur un canton de chasse devient la propriété de la personne sur le canton de chasse de laquelle il tombe mort ou est trouvé; il faut voir là, du reste, la conséquence de l'interdiction (art. 18, § 1er) de la chasse au chien courant.

Le gibier se trouve divisé en gibier de poil et gibier de plume : le premier, d'après l'ordonnance ministérielle du 6 novembre 1886, comprend : les cerfs, les biches, les daims, les daines, les chevreuils, les sangliers, les lièvres, les renards, les blaireaux,

---

(1) Cette date fixe se retrouve pour les permis en Alsace-Lorraine (loi du 7 mai 1883, art. 9.) En Belgique (loi du 28 février 1882), et dans le grand duché de Luxembourg (loi du 19 mai 1885, art. 2).

(2) Le mark est de 1 fr. 23 c.

les martres, les putois, et les chats sauvages ; le gibier de plume comprend : les grands et petits coqs de bruyère, les gelinottes, les faisans, les perdrix, les cailles, les pigeons sauvages, les oies sauvages, les grèbes, les harles, les goëlands, les bécasses et les vanneaux. La loi de 1886 accorde un temps de protection variable suivant les différentes natures de gibier, correspondant toujours à la durée nécessaire pour la reproduction (art. 17.) La loi de 1850, au contraire, fixait une date unique pour la fermeture de la chasse. Les animaux nuisibles tels que sangliers, renards, blaireaux, lapins, martres, putois, chats sauvages et pigeons sauvages peuvent être chassés toute l'année. Les femelles de gros gibier de poil jouissent d'un temps de protection double ; enfin il n'est jamais permis de tuer une femelle de coq de bruyère à quelque époque de l'année que ce soit.

— *Ordonnance de* 1886. — L'ordonnance de 1886 a divisé les animaux nuisibles en gibier ou non gibier, c'est-à-dire en animaux étant ou n'étant pas susceptibles d'être chassés. On considère comme gibier, les animaux nuisibles suivants qui peuvent, par suite, être chassés : le sanglier, le blaireau, la martre, le putois, le chat sauvage ; celui qui n'a pas le droit de chasse doit, pour détruire ces animaux, être spécialement autorisé par l'administration du district ; toutefois l'ayant-droit à la chasse doit être préalablement entendu, et l'autorisation n'est donnée que si ce dernier déclare ne pouvoir ou ne vouloir faire le nécessaire pour la destruction. Dans ce cas, une permission spéciale de l'administration sera donnée pour sa destruction avec arme à feu.

Les animaux nuisibles non susceptibles d'être chassés sont : le lapin, la belette, l'écureuil, l'aigle, le faucon, l'épervier, le milan, la buse, le grand-duc, le corbeau, la pie, la pie-grièche, le geai, le martin-pêcheur, le héron, le cormoran ; le possesseur, peut sans autorisation préalable les détruire, à la condition de ne pas employer d'arme à feu, arme dont l'emploi ne peut avoir lieu qu'avec permission. Pour cette destruction, le possesseur pourra se servir de mues, filets, poteaux surmontés de fers, fosses, trappes. Il poura défoncer et enfumer les terriers, et se servir de bourses et de furets.

Le chat qui commet tant de déprédations peut être tué si on le rencontre à plus de 100 mètres des habitations.

L'article 18 défend de prendre au lacet ou avec d'autres engins les espèces d'animaux sauvages au profit desquels il a été établi un temps de protection et cette interdiction peut être étendue à d'autres espèces d'animaux sauvages par voie d'ordonnance.

La chasse à tir, avec ou sans chien d'arrêt, est seule permise ;

celle à l'aide de chiens courants ou avec levrier est défendue. Cette défense doit tenir à ce que la loi voulant que les domaines de chasse soient respectés, a craint les incursions des chiens sur les domaines des voisins.

Désireuse d'arrêter autant que possible le braconnage, la loi de 1886 a émis des défenses toutes spéciales en ce qui touche le transport, la vente et l'achat de gibier en temps prohibé.

A partir du quinzième jour qui suit celui où la chasse d'une espèce de gibier est défendue, jusqu'à l'expiration du temps prohibé, il est interdit de transporter ce gibier, de l'exposer, le mettre en vente, le vendre ou l'acheter pour revendre.

La loi considère même comme vente de gibier le fait d'en servir dans les auberges, sous peine d'une amende de 20 à 150 marks.

La vente du gibier pris au collet est défendue en tous temps.

Si le gibier en se multipliant trop, menace de faire des dégâts, les autorités peuvent autoriser ou inviter les ayants-droit à chasser pendant le temps de fermeture.

La loi n'accorde pas de réparations pour les dégâts causés par le gibier, à moins de conventions formelles.

La loi punit d'une amende de 5 à 50 marks :

1° Celui qui chasse sans être *porteur* de son permis de chasse;

2° Celui qui se fera accompagner ou fera accompagner son garde-chasse, dans un but de chasse, par des personnes ne possédant pas de permis de chasse ou non munies de leur permis, et quiconque concédera la faculté de chasser d'une manière indépendante à des personnes ne possédant pas de permis;

3° L'hôte de chasse d'un canton de chasse communal ou d'une association de chasse chassant sur un canton ou une association sans autorisation;

4° L'hôte indépendant qui n'aura pas sur lui le certificat de concession ou d'autorisation ou refusera de le montrer;

5° Celui qui enlèvera ou recueillera, comme ayant droit à la chasse, des œufs, des couvées d'une des espèces de gibier de plume susceptibles d'être chassées ou des œufs de vanneau ou de mouette;

6° Celui qui contreviendra aux dispositions des ordonnances concernant le meurtre et la destruction des animaux nuisibles.

La loi punit d'une amende de 20 à 150 marks :

1° Celui qui chasse sans avoir obtenu un permis;

2° Celui qui donne son permis à un tiers pour en faire usage;

3° Celui qui se servira d'un permis qui n'a pas été délivré à son nom, ou d'un permis périmé ou retiré;

4° Celui qui prend du gibier avec des lacets ou autres engins;

5° Celui qui chasse avec des chiens courants, tue ou capture du gibier en temps prohibé; transporte et vend du gibier en temps prohibé, indépendamment de la confiscation des engins et du gibier.

La bonne police et la garde de la chasse sont confiées aux ayants droit à la chasse qui doivent y veiller par leurs gardes assermentés. Ces gardes doivent être munis d'un permis.

L'administration du district surveille l'exercice du droit de chasse et la police de la chasse conjointement avec l'administration forestière du district.

LOI DU 29 AVRIL 1886 (1).

ART. 1. — Le droit de propriété foncière emporte le droit, pour le propriétaire, de chasser sur son propre terrain.

Le droit de chasse sur le terrain d'autrui ne peut être établi à titre de servitude.

Le droit de chasse comprend le droit de s'approprier les bois du gibier mort et ceux que met bas, chaque année, le gibier vivant.

Il est réservé au gouvernement d'indiquer par voie d'ordonnance :

1° Quels sont les animaux sauvages qui doivent être considérés comme susceptibles d'être chassés;

2° Sous quelles conditions et à l'aide de quels procédés les intéressés sont autorisés à tuer et à détruire les animaux nuisibles qui vivent à l'état sauvage.

L'emploi d'armes à feu dans ce but, ainsi que la destruction des animaux nuisibles, mais, en même temps, susceptibles d'être chassés, ne peuvent, en général, être autorisés qu'autant que l'ayant-droit à la chasse a été préalablement entendu et n'est pas en état de prendre lui-même les mesures nécessaires ou n'est pas décidé à les prendre.

ART. 2. — Sauf les cas prévus par les articles 4 à 8, la chasse ne sera pas exercée par les propriétaires eux-mêmes, mais elle le sera, en leur nom et pour leur compte, par la commune dans l'étendue du finage communal.

Toute personne qui exercera le droit de chasse, devra, d'ailleurs, se conformer aux dispositions de la présente loi et aux prescriptions relatives à la police rurale (2) et forestière (3).

ART. 3. — Les communes ne peuvent exercer le droit de chasse

---

(1) *Annuaire de législation étrangère.* V. 16° année 1886, p. 193.

(2) Article 145, n°ˢ 2 et 3, du code pénal de police badoise. Et article 368, n°ˢ 1 et 2, du code pénal allemand.

(3) Articles 64 et 66 de la loi forestière de 1833, défendant d'allumer des feux dans les bois, et les articles 57 à 59, sur la construction des bâtiments dans les bois, enfin les articles 24 et 25 de la loi du 2 février 1879 sur le droit pénal forestier.

— Ordonnances ducales du 12 mars 1869 et 20 novembre 1879, défendant les battues les dimanches et fêtes et n'autorisant la chasse qu'à la condition que le service divin ne sera pas troublé.

qu'au moyen d'une location qui doit avoir lieu aux enchères publiques et pour une durée de six années au moins.

L'adjudication sera prononcée au profit de celui qui offrira le prix le plus élevé, à la condition, toutefois, que la mise à prix fixée par le conseil municipal soit au moins atteinte, et pourvu qu'il n'existe pas de circonstances permettant de supposer que l'enchérisseur le plus offrant, ne présente pas des garanties suffisantes, au point de vue de l'exécution des conditions générales et particulières du bail de chasse.

Le conseil de district statuera sur les recours qui pourront être formés à ce sujet.

L'adjudication sera annoncée, en la forme réglementaire, deux semaines à l'avance, et devra avoir lieu deux mois au moins avant l'expiration des baux qui existent.

Seront seules admises à prendre part à l'adjudication, les personnes qui seront munies d'un permis de chasse ou qui établiront, à l'aide d'un certificat écrit délivré par les autorités compétentes, qu'il n'existe aucun empêchement à ce qu'elles en obtiennent un.

Le produit de la location de chasse sera versé dans la caisse municipale et réparti ensuite, déduction faite des frais, entre les propriétaires intéressés, proportionnellement à la contenance des fonds qu'ils possèdent dans la commune à moins que la majorité de ces propriétaires, possédant plus de la moitié des pièces de terre du finage, ne décide que le prix de location sera abandonné à la caisse communale.

Art. 3. — Tout propriétaire de fonds de terre ayant une contenance de soixante-douze hectares au moins, d'un seul tenant, que ces fonds soient situés sur un seul ou sur plusieurs finages, est autorisé à exercer, d'une manière indépendante et exclusivement, le droit de chasse sur ces fonds, de le louer ou de le faire exercer par des chasseurs, à moins qu'il ne préfère en abandonner l'exercice à la commune, moyennant une part proportionnelle dans le produit, conformément à l'article 3.

Un fonds sera considéré comme étant d'un seul tenant, encore qu'il soit traversé par un chemin public, ou par un cours d'eau.

Art. 4. — Lorsque certaines parcelles détachées d'un domaine foncier, sur lequel la chasse peut être exercée d'une manière indépendante, aux termes de l'article 3, seront entourées, sur la majeure partie de leur contour, par des fonds d'une contenance de beaucoup supérieure, faisant partie du domaine de chasse de la commune (art. 2), le propriétaire pourra, sur la proposition de l'autorité municipale, être déclaré, par le conseil de district, tenu d'abandonner à la commune l'exercice de la chasse sur les parcelles de son domaine de chasse indépendant, enclavées sur la majeure partie de leur contour, moyennant une part proportionnelle dans le produit, conformément à l'art. 3.

La proposition tendant à cet abandon, devra toujours être présentée à l'administration du district, avant que la nouvelle adjudication de la chasse communale ait eu lieu, et, si la chasse sur le domaine de chasse indépendant appartenant au propriétaire foncier a été louée, au plus tard, trois mois avant l'expiration du bail des parcelles enclavées

A défaut de convention contraire, l'abandon de la chasse sur les parcelles du domaine de chasse indépendant, enclavées sur la majeure partie de leur contour, sera fait pour une durée égale à celle du bail de la chasse communale.

Le droit d'exercer la chasse d'une manière indépendante sera maintenu au propriétaire foncier, alors même que, par le fait de l'abandon dont il vient d'être question, la contenance du domaine de chasse indépendant tomberait au-dessous de soixante-douze hectares.

ART. 5. — Quiconque possède des terres d'une contenance de plus de soixante-douze hectares, mais ne formant pas un ensemble d'un seul tenant, peut convenir, avec la commune, au moyen d'un arrangement librement consenti et pour un laps de temps déterminé, qu'il lui sera concédé, au lieu de sa part dans le produit de la location de la chasse, le droit de chasser exclusivement sur une partie déterminée du territoire de la commune.

ART. 6. — S'il existe des parcelles d'une contenance extrêmement faible, entourées entièrement ou sur la majeure partie de leur contour par un domaine de soixante-douze hectares, au moins d'un seul tenant, les propriétaires de ces parcelles pourront, à leur gré, louer la chasse de leurs terres au propriétaire du domaine le plus étendu, ou en abandonner la jouissance à la commune.

Toutefois, à la demande du propriétaire du domaine le plus étendu, les propriétaires des parcelles enclavées, entièrement ou sur la plus grande partie de leur contour, pourront être déclarés par le conseil de district tenus de louer la chasse de leurs parcelles au propriétaire du grand domaine. A défaut de convention différente intervenue entre tous les intéressés, cette location ne pourra avoir lieu qu'autant qu'une proposition à ce sujet aura été présentée à l'administration du district, au plus tard trois mois avant l'expiration du bail conclu par la commune relativement aux parcelles enclavées, et, dans tous les cas, avant qu'il ait été procédé à une nouvelle adjudication de la chasse communale.

A défaut de convention différente, la location de la chasse des parcelles enclavées courra pendant un laps de temps égal à la durée du bail de la chasse communale et le prix de location sera calculé d'après le prix qu'atteignent les chasses dans le pays; à cet effet, on prendra pour base, en règle générale, le produit de la chasse communale et la proportion existant entre la contenance des parcelles louées et celle du domaine de chasse communal.

ART. 7. — Tous les fonds qui sont isolés au moyen de clôtures ou de toute autre manière, de façon que le gibier ne puisse ni s'échapper ni causer de dommages aux propriétés d'autrui, restent en dehors de la location de la chasse faite par la commune.

Le possesseur de fonds de ce genre peut seul y chasser ou permettre d'y chasser.

Restent également en dehors de la location de la chasse faite par la commune, les établissements publics et les jardins d'agrément.

Art. 8. — Lorsqu'un domaine séparé (1) se compose de fonds appartenant indivisément à un ou à plusieurs propriétaires, le propriétaire ou les propriétaires sont autorisés à exercer sur ce domaine le droit de chasse d'une manière indépendante.

Si ce domaine séparé appartient divisément à plusieurs propriétaires, on applique, suivant les cas, les articles 4, 6 et 7. Les propriétaires qui ne possèdent pas, dans le domaine séparé, soixante-douze hectares au moins d'un seul tenant et qui n'ont pas cédé la chasse de leurs terres à un autre propriétaire ayant, par lui-même, l'exercice du droit de chasse, ne peuvent exercer la chasse qu'en commun, soit par l'entremise de trois délégués au plus ou à l'aide d'un chasseur spécialement commissionné, soit en louant la chasse d'après les bases fixées pour la location des chasses communales.

Art. 9. — En principe, chaque territoire communal forme également un canton de chasse.

Seules les communes comptant plus de sept cent vingt hectares peuvent être divisées en deux cantons de chasse ou en un plus grand nombre. Dans ce cas, la division en cantons de chasse est opérée par décision de l'administration du district, sur la proposition du conseil municipal, et l'administration forestière du district entendue.

Art. 9 a. — En vertu d'un accord intervenu entre les intéressés, plusieurs communes, domaines séparés, ou partie d'entre eux, pourront s'ils sont contigus, être réunis, avec l'autorisation du conseil de district, pour former un canton de chasse commun. Lorsque le territoire d'une commune, d'un domaine séparé ou d'une partie de commune ou de domaine séparé complètement isolée du reste du finage, comprendra, abstraction faite des fonds sur lesquels les propriétaires exercent d'une manière indépendante le droit de chasse conformément aux articles 4 à 8, moins de 72 hectares, le conseil de district pourra, sur la proposition de l'autorité municipale d'une des communes, ou du propriétaire d'un des domaines séparés, contigus à ce territoire, décider que le finage d'une contenance inférieure à 72 hectares sera réuni au ou aux finages limitrophes pour former un canton de chasse commun. A moins qu'il n'en ait été décidé autrement en vertu d'un accord intervenu entre tous les intéressés, la convention relative à la constitution d'un canton de chasse commun n'entrera en vigueur qu'à l'expiration du bail de la chasse des terres qui en font l'objet, et cette convention sera réputée conclue pour la durée d'une période du bail des chasses communales.

A défaut de stipulation contraire, les propriétaires des terres réunies en un canton de chasse commun auront droit à une part dans le prix de location de la chasse, proportionnellement à l'étendue de leurs propriétés.

Art. 10. — Aucun canton de chasse communal ne pourra être affermé à plus de trois locataires.

---

(1) Le domaine séparé est celui qui n'est incorporé au territoire d'aucune commune. Il y en a 225 dans le grand-duché de Bade, consistant en massifs boisés (Lex. de leg. II, note de M. Daguin).

La transmission à de nouveaux locataires des droits résultant du bail de la chasse et la sous-location ne pourront avoir lieu qu'avec l'autorisation de l'administration du district.

ART. 10 a. — Les propriétaires fonciers ayant l'exercice du droit de chasse (art. 4, 7, 8) sont autorisés à concéder la faculté de chasser sur leur domaine de chasse indépendant à des tiers ayant la capacité requise pour chasser et munis d'un permis de chasse (hôtes de chasse). Lorsque l'hôte de chasse veut chasser, en pleine campagne ou en plein bois, sur le domaine de chasse indépendant, sans être accompagné du propriétaire foncier ou de son garde-chasse, il doit se procurer une attestation du propriétaire mentionnant la concession de la permission et le laps de temps pour lequel elle est valable.

ART. 10 b. — Les locataires d'un canton de chasse communal sont autorisés à se faire accompagner ou à faire accompagner leur garde-chasse par des tiers ayant la capacité requise pour chasser et munis d'un permis de chasse (hôtes de chasse : *Gastschützen*).

Les locataires d'un canton de chasse communal sont, en outre, autorisés à accorder à ces mêmes personnes, mais pour une année de chasse au plus, la faculté de chasser d'une manière indépendante.

Toutefois, il est interdit au locataire d'un canton de chasse communal d'accorder le droit d'exercer ainsi la chasse à un hôte de chasse moyennant une rétribution ou une participation au payement du prix de location de la chasse.

La concession à un hôte de chasse de la faculté d'exercer la chasse d'une manière indépendante sur un canton de chasse communal ne pourra être faite qu'avec l'autorisation de l'administration du district. Cette autorisation pourra être refusée, s'il existe des circonstances pouvant faire supposer que, par suite de la concession du droit de chasse, la disposition relative à la limitation, à trois du nombre des locataires (art. 10) serait directement violée ou indirectement éludée.

L'autorisation accordée à un hôte de chasse à l'effet d'exercer la chasse d'une manière indépendante sur un canton de chasse communal fera l'objet d'un certificat qui sera délivré par l'administration du district; ce certificat mentionnera notamment la concession faite par le locataire, la durée pour laquelle elle sera consentie, et le canton de chasse auquel elle s'appliquera.

ART. 10 c. — En vertu d'un accord intervenu entre les ayants-droit à la chasse, une association de chasse pourra être formée entre eux relativement à des cantons de chasse contigus, sous cette condition que la chasse sera exercée en commun sur le territoire de l'association et que chacun des propriétaires ou locataires associés aura le droit de chasser d'une manière indépendante sur les parties du territoire de l'association sur lesquelles il n'a pas déjà le droit de chasser en qualité de propriétaire ou de locataire. Aucun domaine de chasse indépendant affermé par son propriétaire ne pourra être représenté dans l'association de chasse par plus de trois de ses locataires.

ART. 10 d. — Lorsque le domaine de chasse de l'association doit comprendre des cantons de chasse communaux, la constitution de cette association de chasse ne peut avoir lieu qu'avec l'autorisation de l'administration du district.

Cette autorisation pourra être refusée s'il existe des circonstances pouvant faire supposer que, par suite de la constitution du domaine de chasse de l'association, les dispositions des articles 10, 10 *b*, paragraphe 2, ou 10 *c*, paragraphe 2, seraient violées ou éludées.

L'administration du district délivrera aux propriétaires et locataires des terres composant le domaine de chasse de l'association un certificat constatant que l'autorisation a été accordée; ce certificat mentionnera, notamment, les cantons de chasse compris dans le domaine de chasse de l'association, les personnes faisant partie de l'association, et le laps de temps pour lequel l'association sera formée.

ART. 10 *e*. — L'autorisation donnée à un hôte de chasse à l'effet de chasser d'une manière indépendante sur un canton de chasse communal, et l'autorisation donnée pour la constitution d'un domaine de chasse mis en société, peuvent être retirées par l'administration du district lorsque des circonstances, qui auraient motivé son refus, se produisent ou parviennent après coup à la connaissance de l'administration.

ART. 10 *f*. — Quiconque chasse en pleine campagne ou en plein bois, comme hôte de chasse, sur un domaine de chasse indépendant, sans être accompagné du propriétaire foncier ou de son garde-chasse, doit être porteur d'une attestation du propriétaire foncier, faisant foi de la concession qui lui a été octroyée.

Quiconque chasse, comme hôte de chasse, sur un canton de chasse communal sans être accompagné du locataire ou de son garde-chasse, doit être porteur du certificat de l'administration du district relatif à la délivrance de l'autorisation.

Quiconque chasse, comme membre d'une association de chasse, sur la partie du finage de l'association sur laquelle il n'a pas déjà le droit de chasser en qualité de propriétaire ou de locataire, doit être porteur du certificat de l'administration du district relatif à la délivrance de l'autorisation accordée pour la constitution du domaine de chasse mis en société.

Les hôtes de chasse et les associés sont tenus de présenter les certificats de concession et d'autorisation mentionnés ci-dessus à toute réquisition des employés ayant dans leurs attributions la police de la chasse.

ART. 10 *g*. — Le bail conclu pour la location d'une chasse communale (art. 2, § 1er de la loi) peut être annulé par le conseil de district :

1° Lorsque la location a été faite en contravention de l'article 3, paragraphes 1 et 2 et de l'article 10, paragraphe 1;

2° Lorsque les locataires ou quelques-uns d'entre eux ont accordé à des tiers l'autorisation de chasser moyennant une rétribution ou une participation au paiement du prix de location de la chasse;

3° Lorsque le permis de chasse a été retiré au locataire ou à tous les locataires du canton de chasse;

4° Lorsque les locataires ne se conforment pas aux mesures prescrites par l'autorité publique en vertu de l'article 10.

L'annulation ne peut plus avoir lieu pour les motifs prévus au n° 1, après l'expiration de la première année de location.

Art. 11. — Nul ne peut chasser en pleine campagne ou en plein bois sans un permis de chasse, délivré par l'autorité compétente.

Art. 12. — Le permis de chasse sera délivré par l'administration du district pour un an et sera valable du 1er février au 31 janvier inclusivement.

Toutefois, des permis de chasse d'une semaine pourront être délivrés aux sujets de l'Empire, n'ayant ni domicile ni résidence fixes dans le grand-duché, qui seront en possession d'un permis de chasse non périmé, délivré pour une année, par une autorité publique allemande, étrangère au grand-duché.

La taxe du permis de chasse est fixée :
a) à 20 marks pour une année ;
b) à 5 marks pour une semaine.

Aucun droit d'enregistrement ni de timbre ne sera perçu pour la délivrance.

Art. 13. — Le permis de chasse sera refusé :

1° Aux mineurs, à moins que leur père ou leur tuteur ne demande le permis pour eux ;

2° Aux interdits et aux personnes pourvues d'un conseil judiciaire (*Mundtodten*) ;

3° Aux individus qui ne sont pas en possession de leurs droits civiques, ou qu'une décision judiciaire a permis de placer sous la surveillance de la police ; et, dans ce dernier cas, pendant cinq ans à partir du jour où la peine principale (privative de liberté) a été subie, prescrite ou remise ;

4° Aux individus condamnés à une peine privative de liberté pour assassinat (code pénal de l'empire d'Allemagne, art. 211), résistance à l'autorité publique avec lésions corporelles (*ibid.* art. 118.), vol, rapine, détournement, extorsion, recel, tromperie, mendicité, et vagabondage, ou pour pratique habituelle du braconnage (*ibid.* art. 294), pendant cinq années après que la peine a été subie, prescrite ou remise ;

5° Aux personnes secourues, comme indigentes, par des caisses publiques ou par des établissements de bienfaisance locaux.

Art. 14. — Le permis de chasse pourra être refusé :

1° Aux personnes qui seront dans l'impossibilité de justifier de leurs moyens d'existence, ou contre lesquelles on relèvera des faits de nature à faire craindre qu'elles ne manient les armes à feu d'une manière imprudente, qu'elles n'en fassent un mauvais usage, ou qu'elles ne mettent en péril la sécurité publique ;

2° Aux personnes qui auront été condamnées à une peine pécuniaire ou privative de la liberté pour homicide volontaire, à moins qu'il ne s'agisse d'un fait prévu par l'article 211 du code pénal de l'empire d'Allemagne ; pour résistance à l'autorité publique, à moins qu'il ne s'agisse d'un fait prévu par l'article 118 du même code pour vol forestier ; pour dommages forestiers ; pour délit de chasse, à moins qu'il ne s'agisse d'un fait prévu par l'article 294 du code précité. Enfin pour contravention aux dispositions relatives à la police de la chasse, par application de l'article 23 de la présente loi, ou qui auront été condamnées à une peine privative de la liberté pour infraction aux lois douanières, et ce, pendant cinq ans après que la peine aura été subie, prescrite ou remise.

Art. 15. — Lorsque des faits, à raison desquels le permis de chasse aurait dû ou pu être refusé, se produiront ou parviendront à la connaissance de l'administration du district, postérieurement à la délivrance du permis, celui-ci devra, ou, suivant les cas, pourra être retiré.

Art. 16. — *Le droit de suite sur le gibier n'est pas admis.* Le gibier blessé sur un canton de chasse appartient à la personne sur le canton de chasse de laquelle il tombe mort ou est trouvé.

Art. 17. — Il est interdit de chasser :

1° Les cerfs et daims, du 1er février au 31 mai inclusivement;

2° Les biches et daines, du 1er février au 30 septembre inclusivement;

3° Le chevreuil, du 1er février au 31 mars inclusivement;

4° La chevrette, du 1er février au 30 septembre inclusivement;

5° Le lièvre, du 1er février au 23 août inclusivement;

6° Le mâle du grand et du petit coq de bruyère, du 1er juin au 15 août inclusivement;

7° La femelle du grand et du petit coq de bruyère, pendant toute l'année;

8° Les faisans, gélinottes et cailles, du 1er février au 23 août inclusivement;

9° Les perdrix, du 1er février au 23 août inclusivement;

10° Les canards, du 1er avril au 30 juin inclusivement;

11° Les bécasses et les autres oiseaux de marais et d'eau, à l'exception du héron cendré (*Fischreiher*) du 1er mai au 30 juin inclusivement.

Toutes les autres espèces d'animaux sauvages non spécifiées ci-dessus peuvent être chassées pendant toute l'année.

Art. 18. — Il est interdit de prendre avec des lacets ou autres engins les espèces d'animaux sauvages au profit desquelles il a été établi par l'article 17 un temps de protection (*Schonzeit*).

Cette interdiction peut être étendue par voie d'ordonnance à d'autres espèces d'animaux sauvages.

Art. 18 a. — Il est interdit de chasser à l'aide de chiens courants (notamment avec des briquets *Bracken*).

Art. 18 b. — L'ayant-droit à la chasse peut tuer ou faire tuer les chats trouvés à plus de cinq cents mètres de l'habitation la plus rapprochée.

Art. 18 c. — La capture des œufs et des couvées du gibier de plume susceptible d'être chassé est interdite. Toutefois, les ayants-droit à la chasse sont autorisés à recueillir exceptionnellement des œufs, pour les faire éclore dans des couvoirs ou pour les utiliser dans un but scientifique ou d'enseignement.

Les œufs de vanneau et de mouette peuvent être recueillis jusqu'au 30 avril inclusivement.

Art. 18 *d*. — A partir du quinzième jour qui suivra celui où la chasse d'une espèce de gibier sera prohibée, jusqu'à l'expiration du temps prohibé, il sera interdit de transporter, exposer, mettre en vente, vendre ou acheter pour revendre, le gibier dont la chasse sera interdite. Sera considéré comme vente de gibier, le fait d'en servir dans des auberges.

Cette interdiction s'appliquera pendant toute l'année au gibier spécifié en l'article 17, lorsqu'il aura été pris à l'aide de filets ou autres engins. Les mesures nécessaires pour assurer l'exécution de cette prohibition, ainsi que les exceptions qu'il y aura lieu d'admettre, seront arrêtées par voie d'ordonnance.

Art. 18 *e*. — Les dispositions des articles 17, 18, 18 *a*, 18 *c*, 18 *d*, ne seront pas applicables au gibier vivant sur des fonds clos ou d'ailleurs dûment isolés des fonds voisins (art. 7).

Toutefois, le transport, l'exposition, la mise en vente et la vente de ce gibier, en ce qui concerne chaque espèce, pendant le temps où la chasse en est prohibée, pourront être restreints par voie d'ordonnance et pourront, notamment, être subordonnés à la délivrance d'un certificat de provenance qui devra accompagner le gibier.

Art. 19. — Lorsqu'on aura conservé, sur quelque point, une trop grande quantité de gibier, ou lorsque certains fonds seront, d'ordinaire, exposés à des dommages considérables de la part du gibier, les autorités publiques devront, sur la demande des particuliers dont les fonds sont menacés, prendre les mesures nécessaires pour assurer la diminution du gibier. Elles pourront, dans ce cas, autoriser ou inviter les ayants-droit à chasser pendant le temps où la chasse est fermée.

Art. 20. — Tout propriétaire ou fermier d'un fonds de terre est autorisé à écarter, en tout temps, le gibier de ce fonds sans toutefois recourir à l'emploi de chiens, et à le tenir éloigné au moyen d'appareils installés à demeure.

Art. 21. — A moins de conventions contraires formelles, les dégâts causés par le gibier ne *donnent lieu à aucune réparation*. Toutefois, lorsque le gibier force la clôture d'un domaine clos au sens de l'article 7, et cause des dégâts, le propriétaire de ce domaine est tenu à la réparation du dommage causé. Il doit également, dans un délai qui lui est imparti par l'autorité de police du district, remettre sa clôture en état.

Si le délai s'écoule sans qu'il ait été tenu compte de l'injonction, on pourra procéder, dans l'intérieur du fonds clos, comme il est dit à l'article 19.

Art. 22. — Sera puni d'une amende de 5 à 50 marks :

1° Quiconque chassera sans être porteur de son permis de chasse ;

2° Quiconque se fera accompagner ou fera accompagner son garde-chasse, dans un but de chasse, par des personnes ne possédant pas de permis de chasse ou non munies de leur permis, et quiconque concédera la faculté de chasser d'une manière indépendante à des personnes ne possédant pas de permis ;

3° Quiconque exercera la chasse d'une manière indépendante, comme hôte de chasse, sur un canton de chasse communal, ou comme membre d'une association de chasse, sur une partie du domaine de chasse de l'association sur laquelle il n'avait pas déjà le droit de chasse en qualité de propriétaire ou de fermier, sans que l'autorisation prescrite par les articles 10 b et 10 d ait été accordée;

4° Quiconque, exerçant la chasse d'une manière indépendante, négligera, contrairement aux dispositions de l'article 10 f, de porter sur lui le certificat de concession ou d'autorisation ou refusera de représenter ce certificat;

5° Quiconque enlèvera ou recueillera, comme ayant droit à la chasse et contrairement aux dispositions de l'article 18 c, des œufs ou des couvées d'une des espèces de gibier de plume, susceptibles d'être chassées, ou des œufs de vanneau ou de mouette;

6° Quiconque contreviendra aux dispositions des ordonnances concernant le meurtre ou la destruction des animaux nuisibles.

ART. 23. — Sera puni d'une amende de 20 à 150 marks :

1° Quiconque chassera sans avoir obtenu un permis de chasse;

2° Quiconque remettra son permis à un tiers pour s'en servir;

3° Quiconque se servira d'un permis qui n'a pas été délivré à son nom, qui est périmé ou qui lui a été retiré;

4° Quiconque contreviendra aux dispositions de la présente loi et aux ordonnances rendues pour son exécution :

a) en capturant du gibier à l'aide de lacets ou autres engins;

b) en chassant à l'aide de chiens courants;

c) en tuant ou en capturant du gibier pendant le temps où la chasse en est prohibée;

d) en transportant, exposant, mettant en vente, vendant ou achetant pour le revendre, du gibier pendant les périodes déterminées par l'article 18 d, ou contrairement aux règlements édictés à ce sujet, ou contrairement, enfin, à ceux édictés en exécution de l'article 18 e.

Indépendamment de l'amende, les engins que le délinquant transportait avec lui, ou dont il s'est servi dans le cas prévu par le n° 1, les lacets et autres engins dont il a fait usage, dans le cas prévu par le n° 4, lettre a, les chiens employés, dans le cas prévu par le n° 4, lettre b, et le gibier formant l'objet de la contravention seront confisqués, sans qu'il y ait à distinguer si le coupable en est ou non le propriétaire.

ART. 24. — Les ayants-droit à la chasse sont tenus de veiller strictement au maintien de la bonne police et à la garde de la chasse. Les personnes préposées par les ayants-droit à la garde de la chasse seront assermentées par l'administration du district en vue de l'accomplissement des devoirs de leur charge.

L'administration du district devra ou pourra, suivant le cas, refuser d'assermenter les personnes préposées à la garde de la chasse, ou exiger leur renvoi, s'il existe des faits desquels il résulte que la personne en cause ne présente pas de garanties suffisantes pour la garde de la chasse, ou si cette personne se trouve dans un des cas dans lesquels le permis de chasse doit ou peut être refusé.

Art. 25. — L'administration du district surveillera l'exercice du droit de chasse et la police de la chasse, et elle devra, au besoin, s'entendre avec l'administration forestière du district.

En dehors des contestations mentionnées dans l'article 2, n° 17 de la loi du 14 juin 1844, concernant le contentieux administratif, les tribunaux administratifs connaîtront également des différends qui pourront s'élever à propos de la fixation du prix de location, dans les cas prévus par les articles 6 et 9 a.

Art. 26. — Le ministre de l'Intérieur prendra, en tant que de besoin, d'accord avec les autres ministères, les dispositions nécessaires pour assurer l'exécution de la présente loi.

Ordonnance ministérielle du 6 novembre 1886. — La loi du 29 avril 1886 a eu une exécution assurée par une ordonnance ministérielle du 6 novembre de la même année et par une instruction donnée à la même date, par le ministre de l'Intérieur, au personnel chargé de la surveillance de la chasse.

L'ordonnance ministérielle est assez importante pour qu'il soit utile d'en citer les principales dispositions.

Dans son article 1ᵉʳ elle énumère les animaux qui peuvent être chassés et elle nomme pour le gibier à poil, le cerf, la biche, le daim, mâle et femelle, le chevreuil, le sanglier, le lièvre, le renard, le blaireau, la martre, le putois et le chat sauvage. Pour le gibier à plume : le grand et le petit coq de bruyère, la gelinotte, le faisan, la perdrix, la caille, le pigeon sauvage, l'oie sauvage, le canard sauvage, les grèbes, les harles, les goélands, les bécasses et les vanneaux.

L'article 2 donne la liste des animaux nuisibles comprenant, parmi les animaux susceptibles d'être chassés : les sangliers, les blaireaux, les martres, les putois, les chats sauvages ; et parmi les animaux non susceptibles d'êtres chassés : les lapins, les belettes, les loutres, les écureuils, les aigles, les faucons, les éperviers, les milans, les buses, les grands-ducs, les corbeaux, les pies, les pies-grièches, les geais, les martins-pêcheurs, les hérons, et les cormorans

Toutefois, cesse d'être regardé comme un animal nuisible, l'oiseau dont la destruction aura été défendue par l'autorité compétente (1).

D'après l'article 3, le permis n'est pas nécessaire pour détruire les animaux nuisibles ou malfaisants.

L'article 4 permet aux propriétaires, usufruitiers ou fermiers

(1) Code pénal de police, art. 14, et ordonnance de 1864, art. 1.

de disposer des engins tels que mues, filets et poteaux destinés à prendre les oiseaux nuisibles; elle les autorise, en outre, à détruire les nids et les œufs de ces oiseaux.

L'article 5 autorise ces mêmes intéressés, en ce qui touche la destruction des mammifères, à se servir de filets, fosses ou trappes, et à défoncer les terriers ou à les enfumer. Il permet aussi l'usage des bourses et furets pour prendre les lapins.

L'article 6 exige une autorisation spéciale du district pour les intéressés autres que les ayants-droit à la chasse, pour pouvoir placer des engins en rase campagne ou en plein bois. Les endroits où les engins sont placés doivent du reste être déclarés très exactement à l'administration.

Les articles 7 et 8 exigent aussi pour les intéressés, autres que les ayants-droit à la chasse, une autorisation spéciale de l'administration pour pouvoir détruire les animaux nuisibles énumérés dans la classe des animaux susceptibles d'être chassés, et pour pouvoir user d'armes à feu pour détruire les animaux nuisibles compris dans l'une ou l'autre catégorie.

Lorsqu'il s'agit d'appliquer l'article 9 de la loi, l'article 17 de l'ordonnance invite les autorités administratives du district à ne pas, en principe, constituer de canton de chasse inférieur à 360 hectares.

L'article 35 stipule qu'avant d'accorder ou de refuser à un hôte de chasse la permission de chasser d'une manière indépendante, c'est-à-dire, de chasser seul et sans être accompagné par les locataires ou leurs gardes, l'autorité administrative du district devra consulter le conseil municipal de la commune intéressée et l'administration forestière.

L'article 41 porte que les permis d'une semaine seront rédigés sur *papier blanc*; que ceux d'une année, sur papier *gris pâle*, sont délivrés aux propriétaires ayant l'exercice du droit de chasse, aux locataires de chasse, et aux personnes préposées à la garde de la chasse. Pour les hôtes de chasse, le permis sera libellé sur papier *jaune pâle*, afin de faciliter la surveillance.

D'après les articles 41 et 43 les demandes de permis de chasse d'une année, faites par un propriétaire ou locataire de chasse, un garde ou un hôte de chasse, doivent être adressées, en principe, au conseil municipal de la commune dans laquelle ils ont leur domicile ou résidence. Cette demande est transmise par le conseil municipal à l'administration de district avec une note donnant les nom, prénoms, âge, lieu de naissance, nationalité, qualités, domicile ou résidence du postulant; les conditions dans lesquelles il entend exercer la chasse, et s'il y a lieu, les raisons qui peuvent ou doivent motiver le refus du permis demandé.

Si le postulant est propriétaire d'un domaine séparé ou s'il est personnellement connu du fonctionnaire qui est chargé de délivrer les permis, il peut adresser sa demande directement à l'administration du district.

L'article 41 porte que les demandes pour les permis d'une semaine doivent être adressées verbalement ou par écrit à l'administration du district, sans passer par l'intermédiaire du conseil municipal.

L'article 48 interdit, quand la chasse est défendue, le transport et la vente du gibier qu'il soit du pays ou provienne de l'étranger.

L'article 49 porte que les animaux tués par ordre de l'administration ou avec son autorisation, ainsi que ceux tués dans les propriétés closes, peuvent être transportés, mis en vente et vendus en temps prohibé, à la condition d'être munis pour les mammifères, d'un carton fixé à l'oreille, au bec pour les oiseaux, lequel carton sera attaché par une ficelle scellée du sceau municipal. Si le gibier provient d'un domaine séparé, la ficelle portera le sceau de l'autorité préposée à la police du domaine.

L'article 50 dit que le gibier tué par mégarde, pendant le temps où la chasse est prohibée, peut être aussi transporté et vendu, si ces mêmes formalités sont remplies; mais l'autorité chargée d'apposer le sceau doit, avant de le faire, s'assurer que l'administration du district a été informée de la contravention et, au besoin, elle doit la faire connaître.

D'après l'article 51, l'administration peut procéder elle-même à la destruction du gibier, notamment en faisant faire des battues; mais avant, elle doit mettre en demeure l'ayant-droit à la chasse d'opérer cette destruction, et elle ne doit y procéder que faute par lui de se conformer aux injonctions qui lui ont été faites.

L'article 52 porte que les employés, mentionnés dans le 1ᵉʳ paragraphe de l'article 10, sont en dehors des fonctionnaires chargés de la police générale ou communale, les gardes champêtres et forestiers, les agents-voyers, les inspecteurs des défrichements et des prairies, ainsi que les personnes chargées de la surveillance des limites.

D'après les articles 54 et 55, le préposé assermenté devient un fonctionnaire au sens de l'article 359 du code pénal allemand. Il est considéré comme l'auxiliaire du ministère public, et comme tel il doit obéir aux prescriptions du procureur d'État près le tribunal régional.

— La loi de 1886 et les ordonnances qui la complètent forment, comme on peut le voir, un véritable monument législatif, qui tend à satisfaire l'esprit et les mœurs de la population à laquelle il s'applique, tout en s'occupant de la conservation du gibier et des intérêts que peut en tirer le budget.

Les communes et les grands propriétaires ayant à eux seuls le produit et la jouissance de la chasse, la ménagent avec un soin jaloux.

Les petits propriétaires profitent, de leur côté, de l'exploitation faite par la commune, et la culture trouve avantage à cet état de choses.

Mais cette législation qui convient aux idées qui dominent parmi les habitants de ces pays allemands ne saurait, malheureusement, être appliquée en France.

GRANDS-DUCHÉS DE MECKLEMBOURG.

Dans les deux grands-duchés de Mecklembourg (Schwerin et Strélitz), la constitution, depuis 1759, a maintenu à peu près le régime du moyen âge, et rien n'est modifié, depuis cette époque, en ce qui concerne la chasse.

Le droit de chasse appartient exclusivement au grand-duc et à quelques privilégiés.

Aucune indemnité n'est accordée, dans ces duchés, aux propriétaires pour les dégâts causés par les bêtes fauves à leurs champs ou à leurs récoltes. Aussi propriétaires et fermiers, victimes de ces dommages, aspirent-ils à des réformes relatives au droit de chasse.

GRAND-DUCHÉ DE HESSE ET PROVINCE DE SCHLESWIG-HOLSTEIN.

Le droit de chasse, dans le grand-duché de Hesse, a suivi les traditions romaines, puis les usages féodaux; mais grâce aux efforts du gouvernement prussien qui cherche à faire pénétrer dans la loi civile, la régularité et l'unité introduite déjà dans le droit public, la loi du 1er mars 1873 est venue abolir le droit de chasse sur la propriété d'autrui, dans l'ancien Électorat et grand-duché de Hesse et dans la province de Schleswig-Holstein.

Sans citer les lois du 26 juillet 1848 et 2 août 1858, il faut mentionner celle du 7 septembre 1865 qui, visée par la loi du 1er mars 1873, article 7, donne une idée de ce qu'était cette législation à cette époque.

LOI DU 7 SEPTEMBRE 1865.

§ 1. Les droits de chasse sur le terrain d'autrui seront maintenus pour ceux auxquels le privilège à cet effet, supprimé par la loi du 1er juillet 1848, a été rendu conformément à l'ordonnance du 20 janvier 1854 et pour ceux qui, après la promulgation de cette ordonnance, l'ont gardé, faute du paiement du rachat.

Toutefois les droits de chasse ne peuvent pas être acquis à l'avenir sur le terrain d'autrui comme les droits fonciers.

§ 2. Tout droit de chasse sur le terrain d'autrui peut être racheté à la demande du propriétaire foncier (§ 3) ou de la commune, agissant pour son compte (§ 7).

§ 3. Le propriétaire d'un terrain d'une contenance d'au moins 100 « acker » de l'électorat de Hesse (env. 24 hect.) d'un seul tenant, c'est-à-dire dont la contiguïté n'est pas interrompue par le terrain d'autrui, est autorisé à demander le rachat du privilège du droit de chasse sur ledit terrain au propriétaire de chasse. Sera considéré d'un seul tenant, le terrain dont la contiguïté n'est pas interrompue par un district de chasse, appartenant à autrui, bien qu'il soit situé dans le rayon de plusieurs communes. La contiguïté n'est pas considérée comme interrompue par les routes, fossés, chemins de fer, rivières et ruisseaux.

§ 4. Le propriétaire du terrain de la contenance précitée peut y exercer la chasse soit personnellement, soit la faire exercer par autrui ou la louer; cependant si le droit de chasse appartient à un tiers, il ne peut le faire qu'après le paiement du montant du rachat (§§ 8 et 16).

§ 5. Celui qui possède ou acquiert postérieurement un terrain d'une contenance d'au moins 100 « acker » (Hesse) dont le droit de chasse a été racheté par la commune, dans le rayon de laquelle il est situé, ne peut y exercer la chasse avant d'avoir remboursé la somme payée pour ledit rachat, ou après l'expiration des contrats de location de chasse existants.

La même disposition est applicable au terrain par lequel le propriétaire déjà en possession d'un district de chasse particulier (§ 4) a postérieurement agrandi son district, de sorte que la commune sera remboursée, si elle a payé le rachat; autrement la somme sera versée au propriétaire de chasse.

§ 6. Si le terrain dont le droit de chasse appartenait au propriétaire lui-même (§ 4) a été diminué et se trouve au-dessous de 100 acker (Hesse) par suite de partage ou d'aliénation de la propriété, le droit de chasse sera exercé par la commune, contre le paiement du rachat du droit de chasse sur ledit terrain (§ 7 et § 24).

§ 7. Chaque commune est autorisée à racheter le droit de chasse sur tout terrain, dans le rayon qui lui sera attribué, dans le but d'exercer l'administration locale (à l'exception des districts de chasse (§ 3) appartenant au propriétaire foncier ou rachetés par lui), pour le compte des propriétaires fonciers, et d'exercer la chasse par location.

Les conditions du rachat et des contrats de la location pour le compte de la caisse communale ne peuvent pas être contraires aux intérêts et aux obligations arrêtés entre les propriétaires fonciers, y intéressés.

§ 8. La somme de rachat accordée à ceux qui jusqu'ici ont été propriétaires de chasse sera fixée à 2 gros (35°) par acker de Hesse (env. 25 hect.) du district de chasse, sans préjudice d'arrangement particulier convenu entre les intéressés. Aussitôt que cette somme aura été payée, le propriétaire ou la commune entrera dans l'exercice du droit de chasse.

§ 9. S'il y a, pour la fixation de la somme de rachat, du doute sur le nombre des « acker », contenus dans le district de chasse, les intéressés seront autorisés à exiger que la détermination de ce nombre soit fixée, d'après le principe qui servait de base à la fixation des sommes de rachat, payées conformément à la loi du 1er juillet 1848 ou qu'elle soit prise d'après les autres contrats passés entre les intéressés, ou dans les documents officiels, notamment les livres cadastraux pour la fixation des contributions. Ceux qui ont été propriétaires de chasse jusqu'ici ont un droit de recours, dans le délai de six mois, à compter du jour du payement ou du dépôt de la somme de rachat (§ 16), pour fournir la preuve d'un nombre plus grand d'acker et par conséquent pour revendiquer une augmententation proportionnelle de la somme de rachat, mais sans que cela préjudicie à l'exercice de la chasse.

§ 10. Si le droit de chasse appartient à plusieurs dans le même district, dans lequel l'avant-chasse n'est pas prise en considération, la somme de rachat sera payée entre les intéressés au prorata. Les propriétaires de la haute chasse ont droit à une quote part de la somme de rachat, s'il s'agit de la chasse sur les terrains boisés, une moitié sera alors attribuée aux propriétaires de la haute chasse et l'autre moitié à ceux de la basse chasse, si les deux droits sur les mêmes terrains boisés se trouvent dans des mains différentes.

§ 11. Pour le payement du rachat, les communes, à leur demande, peuvent obtenir des avances en sommes rondes de la caisse du crédit de l'État au taux de 4 1/2 0/0.

§ 12. Pour leur validité en justice, les contrats, convenus entre les intéressés sur le rachat du droit de chasse, peuvent simplement être présentés devant le tribunal inférieur compétent; ils n'ont pas même besoin d'être judiciairement certifiés.

§ 13. Les contrats, mentionnés dans le § 12, ainsi que tous les autres actes et documents dressés dans le but de faciliter le rachat du droit de chasse sont libres du droit de timbre. Les autres frais, résultant du rachat, à part ceux du procès, dans le cas de poursuites judiciaires, ainsi que ceux résultant des différends, seront supportés en commun par les deux parties.

§ 14. La somme du rachat remplace le droit de chasse racheté en ce qui concerne le droit des tiers. Le droit de privilège, d'aînesse, d'héritage ou les droits semblables ne font pas obstacle au payement entre les mains des propriétaires de chasse (§ 16).

§ 15. Les contrats dont le but, entier ou en majeure partie, est un privilège de chasse, expireront sans compensation, si l'exercice de chasse doit revenir aux communes ou propriétaires fonciers. Dans les cas concernant les contrats où la chasse a été accordée comme objet secondaire, une indemnité de 4 0/0 sur la somme de rachat sera allouée au fermier.

§ 16. Le dépôt de la somme du rachat a le même effet légal que le payement dans les cas suivants :

1) Si le propriétaire refuse d'accepter la somme de rachat, à lui offerte volontairement ou d'après les conditions des §§ 8 et 9, s'il est absent et n'est pas représenté par un mandataire; 2) Si plusieurs propriétaires de chasse font des réclamations sur la somme du rachat, et s'il y a des différends entre les intéressés sur la repartition; 3) Si un tiers fait opposition au payement du rachat aux propriétaires de chasse; 4) Si le privilège de chasse racheté est grevé d'une hypothèque judiciairement enregistrée, à moins que l'autorisation du créancier n'ait été aussitôt obtenue, pour effectuer le versement.

Le dépôt sera fait dans les mains du tribunal compétent.

Dans les cas des §§ 2 à 4 les sommes déposées seront payées en vertu d'un jugement, si tous les intéressés y consentent ou fournissent des garanties satisfaisantes. Une décision des déposants, quant à la question de savoir à qui doit être payée la somme déposée, ne peut être exigée de ceux-ci.

§ 17. Tous les droits de chasse appartenant à l'Etat seront loués à l'avenir officiellement au plus offrant. De cette disposition sont exceptés les droits sur les districts de chasse, appartenant aux domaines d'Etat, qui, d'après ce qui a été convenu, au sujet de la dotation électorale, sont des privilèges personnels.

§ 18. Les droits de chasse dont disposent les communes, même sur leurs propres terrains (communaux), seront également exercés par location, adjugée officiellement au plus offrant.

§ 19. La chasse sur les plaines et les terrains boisés dont une part du droit de l'exploitation appartient à une société sera également adjugée officiellement au plus offrant.

§ 20. Pour la location de la chasse, les terrains de plaine et ceux boisés peuvent être divisés (sans distinction) en différents districts, chacun contenant au moins 2.000 « acker » de Hesse (env. 500 hect). Pour les districts qui ne comprennent que de la plaine ou du bois, l'importance de 2.000 acker n'est pas exigée.

§ 21. Les contrats de location de la chasse, mentionnés dans les §§ 18 et 19 ne peuvent être conclus pour une période de moins de 3 ans, ni pour plus de 12 ans.

§ 22. Ne sont pas en général autorisés à louer la chasse :

a) ceux qui reçoivent des secours des caisses ou institutions publiques des pauvres ou qui sont placés sous la surveillance de la police; b) ceux qui ont été punis pour vagabondage, mendicité, vol, détournement, fraude, dommage à la propriété commis par malice, ainsi que pour toute espèce de délit forestier; c) ceux qui ont subi une condamnation à trois mois d'emprisonnement pour rébellion, pour voies de fait, menaces ou résistance contre les agents publics ou pour contrebande, ou qui ont été punis trois fois pour délit de chasse. — Les raisons d'incompétence mentionnées sous l'alinéa c) ne font plus obstacle au droit de chasser après cinq ans de l'expiration de la peine.

§ 23. La location de la chasse, en commun, sera accordée tout au plus à quatre personnes. Les fermiers de chasse sont autorisés à faire exercer la chasse aussi par autrui. — Les invités ne peuvent être amenés à la chasse qu'en présence du fermier ou de son chasseur; les fermiers sont responsables pour toutes les contraventions commises contre les dispositions de la loi de chasse et pour tout dommage à la propriété d'autrui, causés dans l'exercice de la chasse par les invités. — Les sous-locations ne peuvent avoir lieu qu'avec l'autorisation de celui qui loue la chasse, ou de l'autorité qui la loue.

§ 24. L'exercice de la chasse sur les terrains moindres de 100 « acker » de Hesse (env. 24 hect.) enclavés dans un terrain formant un propre district de chasse d'après les conditions du § 4 sera toujours à la disposition du propriétaire ou fermier du district de chasse enclavant, à la demande de la commune et contre le payement d'un fermage proportionnel. A défaut de convention libre, ce fermage sera fixé par l'administration avec le conseil de district, après avoir entendu l'avis de l'inspecteur des forêts ; il sera réglé d'après le prix des fermages ou d'autres rapports ayant trait à la chasse dans le district enclavant en proportion du nombre des « acker » de l'enclave sous réserve de la procédure judiciaire. — Il appartient également à l'administration de cercle avec le conseil de district de décider, dans le cas où les terrains sont enclavés dans plusieurs districts de chasse de différentes propriétés, et que les propriétaires ne s'entendent pas, de décider par quel propriétaire ou sur quelles parties de l'enclave la chasse sera exercée.

§ 25. Les communes et les tiers ne peuvent exercer aucun droit de chasse sur les terrains entourés d'un mur ou d'une forte clôture et qui seront fermés. Le propriétaire ou fermier de ces terrains est libre en tout temps de tuer le gibier qui s'y trouve, toutefois sans se servir des armes à feu (voir § 31) et il est aussi libre d'en disposer pour son propre usage.

Il est permis au propriétaire foncier d'élever une clôture et des fermetures sur son terrain pour l'exercice de la chasse. Il est également permis à tout propriétaire ou fermier de repousser en tout temps le gibier sur ses terrains même s'ils se trouvent sans clôture.

§ 26. Toute augmentation excessive de gibier est prohibée; par conséquent, chaque propriétaire intéressé est autorisé à demander que le gibier ne soit pas épargné dans les districts de chasse et qu'il ne dépasse pas le nombre nécessaire pour la conservation de la chasse.

§ 27. Ne peuvent être tués ni mis en vente : les chevreuils, du 1er février au 1er juin; les lièvres, faisans et perdrix, du 1er février au 1er septembre; les coqs de bruyère, gelinottes et coqs des bois, du 15 mai à la fin de septembre; — si la récolte a lieu à une époque avancée ou est retardée plus que d'habitude, le conseil de cercle, avec le conseil de district, aura la faculté de prolonger la saison de chasse aux lièvres et aux perdrix pour trois semaines tout au plus.

§ 28. Le sanglier, le cerf et le daim ne peuvent être tenus que dans les parcs ou les terrains qui sont pourvus de clôture, de sorte que ce gibier ne puisse ni s'évader ni causer aucun dommage à la propriété d'autrui.

Il est, par conséquent, obligatoire pour les propriétaires de chasse de tenir ces animaux dans les terrains clos comme il est dit ci-dessus; au besoin, sur la demande de la police locale, ils peuvent être tirés par le garde forestier s'ils sont trouvés dans les environs.

§ 29. Est supprimé le droit de poursuivre les animaux de chasse blessés sur un district de chasse appartenant à autrui. Les animaux de chasse, blessés sur le terrrain de chasse d'autrui, appartiennent au propriétaire de chasse du terrain où ils tombent et où ils ont été trouvés abattus.

§ 30. Les pénalités, encourues pour des délits de chasse sont fixées comme suit :

1) Une amende de 10 thaler (fr. 37. 50) pour la prise du rossignol, ou la destruction de son nid; 2) une amende de 2 1/2 thaler (fr. 9.37) pour la prise d'autres petits oiseaux, se nourrissant de chenilles et d'insectes; 3) une amende de 5 thaler (fr. 18. 75) pour le dommage aux poteaux, marquant les limites des districts de chasse, et pour le dommage aux clôtures des parcs et des réserves de chasse ; 4) une amende de 10 thaler pour avoir renversé, arraché ou enlevé ces marques; dans les deux derniers cas, il y a obligation de rétablir les objets qui ont souffert du dommage, et d'indemniser le propriétaire; 5) une amende de 2 à 10 thaler, outre l'obligation d'indemnité, pour l'exercice de chasse sans autorisation ou contre les dispositions de cette loi, notamment la chasse et la poursuite avec des chiens, et la prise des animaux de chasse avec les trébuchets, les chausse-trappes, les pièges, les rets, les fosses et les appareils semblables; l'enlèvement et la destruction des nids des faisans, des coqs de bruyère, des coqs des bois, des gelinottes et des perdrix ainsi que des canards sauvages, et suivant les circonstances la confiscation du fusil et des engins de capture, suivant qu'il y a un délit certain ou une simple tentative punissable; 6) il est permis aux propriétaires de chasse et à leurs gardes de tuer les chiens qui pénètrent dans leurs districts sans surveillance ou sans que leurs maîtres soient connus.

§ 31. Il n'est pas permis de tirer des coups de feu dans les villes et villages, ainsi que dans les jardins et les prés entourés d'une clôture et situés entre les jardins et la plaine, sans l'autorisation de la police locale.

La contravention à cette ordonnance sera punie d'une amende de 5 thaler.

§ 32. Les amendes, fixées dans les §§ 30 et 31, seront augmentées, en cas de récidive, jusqu'à 50 thaler ou converties en peine de l'emprisonnement jusqu'à trois mois, d'après l'estimation des juges.

§ 33. L'enlèvement, le dommage ou la destruction des objets de chasse dans les parcs clos, les réserves de chasse et autres endroits de dépôt semblables; l'enlèvement, le dommage ou la destruction des chausse-trappes et d'autres engins pour la capture des animaux nuisibles dans les districts de chasse de toute espèce, ainsi que toute contravention quelconque commise en vue de l'exercice de chasse seront punies d'après les dispositions de la loi générale.

§ 34. Sont supprimées les restrictions contenues dans la loi du 26 janvier 1854 concernant les indemnités pour le dommage causé par le gibier, où il était arrêté que ces indemnités ne sont dues qu'au cas où l'espèce de gibier qui a causé le dommage en question a été spécifiée et que le montant du dommage pour une seule propriété s'élève au moins à un thaler.

Dans les cas où un fermier de chasse s'engage par contrat à payer une indemnité pour les dommages causés par le gibier, conformément aux dispositions légales, au propriétaire qui lui loue la chasse ou à la commune qui la lui loue pour le compte des propriétaires intéressés, les dispositions de la loi du 26 janvier 1854 sur la procédure pour la fixation de l'indemnité et sur la poursuite des réclamations à ce sujet, sont toujours en vigueur.

§ 35. Le procès-verbal que l'administration communale doit dresser conformément au § 5 de la loi précitée, sera remis, sur sa demande, à celui qui a souffert du préjudice dans le but de commencer aussitôt son action judiciaire éventuellement quand même une seconde expertise, qui doit avoir lieu à l'époque de la récolte, aurait déjà été fixée, et avant tout une copie dudit procès-verbal sera remise au propriétaire de chasse, et si celui-ci n'est pas représenté elle sera remise à l'époque nécessaire. — Les dispositions du § 5 de la loi précitée relatives à une seconde expertise, organisée par l'administration communale, n'ont pas d'application dans le cas où l'action judiciaire aurait été commencée avant l'époque de la récolte.

§ 36. Lorsque les constatations ont été faites, le soin sera laissé aux intéressés, en premier lieu, de s'entendre entre eux, particulièrement sur les experts, par la décision desquels les parties seront engagées sans recours en justice.

Les autorités communales doivent prendre soin, en ce qui concerne l'une ou l'autre partie, d'amener une solution à l'amiable, entre les intéressés et de faire mention dans le procès-verbal, de tous les termes de la convention ainsi que de l'estimation faite par les experts.

L'acte de procès-verbal, signé des deux parties intéressées sera dressé conformément au § 5 de la loi précitée ; pour participer aux conventions mentionnées ci-dessus, le représentant du propriétaire de chasse n'a pas besoin d'une autorisation spéciale.

§ 37. L'action judiciaire pour obtenir l'indemnité du dommage causé par le gibier aux récoltes, doit toujours avoir lieu à l'époque où le résultat de la récolte et par conséquent le montant du dommage causé peut être définitivement fixé.

Le délai de 3 jours, mentionné dans le § 6 de la loi du 26 janvier 1884, sera remplacé par celui de 14 jours.

§ 38. La plainte doit contenir le chiffre de l'indemnité à réclamer par le plaignant.

Si le défendeur s'est déjà déclaré prêt à payer une somme égale ou peu différente à l'indemnité qui sera allouée, cette circonstance sera d'une influence favorable dans la fixation des frais qui pourront être réduits, au moins en ce qui concerne ceux encourus après que l'offre a été faite.

§ 39. La plainte doit contenir, en outre, excepté dans les cas mentionnés dans le § 10 de la loi du 26 janvier 1854, les noms des experts, qui seront nommés par le plaignant ou sur le choix desquels les deux parties se sont déjà entendues.

La nomination des autres experts nécessaires sera faite par les soins du tribunal, et doit avoir lieu dans le moindre délai possible.

Les experts, nommés ainsi qu'il est dit ci-dessus, recevront sans retard le règlement d'instructions indiquant entre autre chose, le délai dans lequel l'expertise doit avoir lieu conformément aux dispositions de la loi du 28 octobre 1863 sur la procédure judiciaire § 20, alinéa 2 : le tribunal lui-même n'assiste pas à cette expertise.

§ 40. Les frais de procès, fixés dans le § 17, l. A. 1 et 2 de la loi du 26 janvier 1854 sont seulement réduits à la moitié de la somme fixée dans le cas où il s'agit d'une indemnité inférieure à un thaler pour un seul propriétaire foncier, si des réclamations pour les indemnités de dommage causé par le gibier parviennent aux autorités communales simultanément de la part de différents propriétaires de terrains situés dans la même plaine.

LOI DU 1ᵉʳ MARS 1873.

La loi du 1ᵉʳ mars 1873, abolit le droit de chasse sur le terrain d'autrui dans les provinces de l'ancien Électorat et grand-duché de Hesse, et dans la province de Schleswig-Holstein.

§ 1. Le droit de chasse sur le terrain d'autrui, le droit de suite, les prestations de chasse, qui existent encore dans les provinces susdénommées, sont supprimés par la présente loi.

Sur les terrains loués par bail emphytéotique, sur lesquels soit un tiers, le tenancier ou le seigneur, étaient autorisés à chasser, ce droit de chasse sera transféré au tenancier.

Les pactes de chasse relatifs au droit de chasse sur le terrain d'autrui, qui existent aujourd'hui, seront annulés.

Le droit de chasse ne peut plus être séparé de la propriété foncière.

§ 2. L'abolition du droit de suite sur le terrain d'autrui et des prestations a lieu sans dédommagement.

Le droit de chasse fiscal sur le terrain d'autrui sera transféré aux propriétaires fonciers sans compensation.

Les communes, corporations, fonctionnaires, seigneurs, propriétaires et autres personnes qui avaient le droit de chasse sur le terrain d'autrui, seront indemnisées par la caisse de l'État.

§ 3. L'indemnité énoncée ci-dessus, sera : Dans les provinces de Hesse de 8 silber groschen, six pfennig (1 fr.) Dans les provinces de Schleswig-Holstein : de 2 silber groschen à 1 thaler 68 gr. (25 centimes à 1 fr. 50) par chaque hectare.

§ 4. Les demandes d'indemnité, pour la perte des droits de chasse, seront déposées, par écrit, jusqu'au 1er janvier 1874, à la régence du district, où les districts de chasse en question sont situés. Elles doivent mentionner la situation, la superficie du terrain, et le montant de l'indemnité demandée.

Si la demande n'est pas déposée dans les délais prescrits, le pétitionnaire perd ses droits.

§ 5. Les co-intéressés et ceux qui avaient le droit de chasse à courre se partagent ces indemnités en proportion de leurs parts respectives.

L'autorisation à la haute chasse ne donne de droit sur l'indemnité, que s'il s'agit d'un droit de chasse sur les terrains boisés.

Dans ce cas, la moitié de l'indemnité revient à celui qui a été autorisé à faire la haute chasse, et l'autre moitié à celui qui pouvait faire la basse chasse.

§ 6. La régence de district pourra faire les règlements qui concernent la protection des cabanes pour la chasse aux oiseaux, sur la côte ouest du Schleswig; elle pourra faire le renouvellement des concessions existantes, et en donner de nouvelles.

§ 7. Les prescriptions de la loi de police de chasse du 7 mars 1870 (recueil des lois de Prusse) seront appliquées, excepté les §§ 18 et 20, dans la province de Schleswig-Holstein, en même temps que cette loi entrera en vigueur.

Dans l'ancien Électorat de Hesse, les dispositions de la loi du 7 septembre 1865 restent en vigueur, tant qu'elles ne sont pas en contradiction avec la présente loi, notamment sur l'exercice de la chasse, sur l'exploitation du droit de chasse, par les communes, par affermage, et sur l'abolition du droit de chasse sur le terrain d'autrui.

Dans les provinces de l'ancien grand-duché de Hesse, resteront également en vigueur les lois du 26 juillet 1848 et 2 août 1858 en tant que leurs dispositions ne seront pas en contradiction avec la présente loi.

§ 8. La présente loi sera appliquée le 1er mars 1873.

BRUNSWICK.

Dans le duché de Brunswick, le droit de chasse appartient au propriétaire foncier, mais il ne peut en user que si sa propriété a 300 feldmorgen ou plus d'un seul tenant.

Les propriétaires dont les biens n'ont pas cette contenance ne sont pas autorisés à exercer leur droit de chasse, ils ne peuvent l'utiliser qu'en le louant en commun ou en le faisant administrer à leur profit.

La chasse sur le terrain d'autrui est défendue sans l'autorisation écrite du propriétaire.

La chasse est défendue le dimanche et les jours de fête.

Le permis de chasse est exigé; il y en a même deux : l'un valable pour l'année, l'autre délivré pour trois jours consécutifs.

Des époques d'interdiction pour la chasse de certains animaux sont fixées.

Le contrôle pour le colportage et la vente du gibier est très sévèrement établi, et l'on doit, dans tous les cas, prouver la légitime possession des animaux tués.

La loi accorde quinze jours après la fermeture de la chasse pour se défaire du gibier.

Ces principes résultent des lois du 16 avril 1852, du 7 août 1854 et de celle du 19 avril 1879 qui a trait aux contraventions de police sur la chasse.

LOI DU 16 AVRIL 1852.

La loi du 16 avril 1852, sur l'exercice du droit de chasse porte : Nous Guillaume, par la grâce de Dieu, duc de Brunswick et Lunebourg, etc., ordonnons avec l'assentiment de la chambre des représentants du pays, les prescriptions légales suivantes :

§ 1. Le propriétaire foncier particulier peut exercer le droit indépendant de chasse sur son propre terrain si ce terrain a une superficie de 300 feldmorgen, ou plus, dans son ensemble.

Si une propriété, dans ces conditions, est dans l'indivision ou appartient à une association, les propriétaires indivis ou les membres de l'association auront le droit de chasse, mais ils seront tenus de l'exploiter soit par affermage ou par administration, en observant les prescriptions du § 2.

La superficie de ces propriétés n'est pas considérée comme interrompue par des fossés, chemins ou cours d'eau.

De plus, le propriétaire qui possède des biens situés en pays étranger mais avoisinant directement sa propriété, peut les y adjoindre pour compléter la superficie exigée, et les conserver dans cet état aussi longtemps qu'il sera autorisé à exercer la chasse et qu'il exercera ce droit sur ladite propriété.

Les propriétés appartenant à la couronne et aux couvents seront traitées comme celles d'un propriétaire ordinaire.

§ 2. Les autres propriétaires qui ne sont pas autorisés à exercer le droit de chasse indépendant, conformément au § 1, ne peuvent l'utiliser qu'en commun, par affermage ou administration, et cela sans division dans tout le district de la commune ou de la campagne; s'il y a division, les propriétés ne pourront alors avoir une superficie moindre de 3.000 feldmorgen.

Toutefois des arrangements peuvent se faire pour des échanges, en cas de l'exploitation de la chasse dans des parties séparées d'un district d'une commune ou d'une propriété, avec les intéressés des districts des communes avoisinantes ou avec les propriétaires des districts de chasse indépendants, afin d'arriver à une meilleure délimitation des districts de chasse.

Ces arrangements ne peuvent être stipulés que pour une période ne dépassant pas douze années.

Les propriétés des différentes sociétés intéressées de la banlieue, d'une contenance de plus de 300 feldmorgen, doivent être considérées comme formant des districts de chasse particuliers ainsi que cela a eu lieu jusqu'à présent.

§ 3. Les districts communaux ou des campagnes qui par eux-mêmes ou après diminution, par suite de la formation d'un district de chasse indépendant situé dans leur limite (§ 1) ne représentent pas une superficie jointe de 300 feldmorgen, et les propriétés indépendantes isolées, séparées par un district de chasse, qui n'ont pas une superficie de 300 feldmorgen ne peuvent former une chasse indépendante, conformément au § 2, à moins que les propriétaires ou les intéressés des districts de chasse qui les entourent ou les avoisinent ne se déclarent prêts à en prendre possession contre une indemnité à payer pour la prise de la chasse et ne se chargent des indemnités dues pour les dégâts causés par les sangliers, bêtes fauves et daims.

Si la somme représentant l'indemnité n'est pas fixée à l'amiable, elle le sera par un expert nommé par la direction de district ducal.

Si les propriétés mentionnées plus haut sont limitées par différents districts de chasse, et si les intéressés de plusieurs districts ou d'un seul, sont prêts à prendre la chasse aux conditions énoncées, alors les propriétaires desdites propriétés ont le droit de choisir ceux des ayants droit à cette chasse avoisinante auxquels ils veulent céder l'exploitation de leur droit de chasse.

Si on n'a pas usé du droit de faire ce choix dans le délai qui est imposé, la direction ducale de district l'exercera elle-même.

L'accord pour la transmission du droit d'exploiter la chasse, et pour la fixation de l'indemnité à payer, doit être conclu au moins pour une année et au plus pour six ans; la *Kreisdirection* doit décider si ces limites peuvent être dépassées.

« § 4. L'affermage d'un district de chasse (§ 1 et 2) dont l'étendue ne dépasse pas 3.000 feldmorgen ne peut être fait qu'à un seul fermier, et l'administration ne peut en être confiée qu'à une personne qui en est chargée expressément et qui est reconnue par la *Kreisdirection* après entente avec l'autorité forestière.

Pour les districts de chasse plus grands, il peut y avoir deux fermiers ou administrateurs; pour ceux dépassant 4.000 morgen, on admet trois fermiers ou administrateurs.

« Celui qui a le droit à la chasse indépendante (§ 1) soit comme fermier, soit comme administrateur, est responsable de tous les dégâts causés par le fait de la chasse; s'il y a plusieurs fermiers ou administrateurs, ils sont solidairement responsables.

Toutes les conventions contraires aux prescriptions des §§ 2, 3 et 4 sont nulles et les sous-affermages ne sont admissibles que si l'on apporte le consentement exprès de l'affermeur.

§ 5. Pour qu'une résolution soit légalement valide, en ce qui touche l'exercice et l'exploitation du droit de chasse, concernant la propriété foncière indivise, appartenant à une société d'intéressés (§ 1) à un district de commune ou de campagne (§§ 2 et 3 n° 1) ou à des propriétés isolées mais connexes, il faut : 1° que les propriétaires fonciers intéressés soient cités à comparaître; 2° que la majorité des comparants, les voix étant calculées suivant l'importance de leur terrain, prenne la décision.

La citation n'a pas besoin d'être communiquée spécialement à chaque intéressé; elle s'effectue par l'autorité de la commune, s'il est question de propriétés appartenant à un district communal, suivant le mode en usage dans la localité; elle a lieu par l'entremise de la *Kreisdirection*, s'il s'agit de propriétés appartenant à une campagne.

§ 6. Chaque propriétaire foncier prend part au produit de la chasse, suivant l'importance de sa propriété. Pour les terrains indivis, les intéressés peuvent part en raison de leur droit d'usufruitier.

§ 7. Personne ne doit chasser ou s'éloigner du chemin, dans un district de chasse, s'il est porteur d'une arme prête à servir, à moins qu'il n'ait un permis valable, permis qu'il doit toujours avoir avec lui (§§ 19, 20 et 30 de la loi pénale de chasse du 20 août 1849).

Pour chaque permis de chasse, qui ne peut être délivré qu'au nom du porteur et qui n'est valable que pour le duché et pour un an, du 24 juin au 24 juin de l'année suivante, il est payé trois écus qui entreront dans la caisse du domaine, ou dans la caisse des indigents, suivant le lieu où habite celui qui a payé.

Les sommes payées par les étrangers pour la délivrance des permis de chasse, entreront dans la caisse des indigents du district où ils ont été délivrés.

La distribution de cet argent entre les caisses d'assistance des districts est faite par la *Kreisdirection*.

Des permis de chasse sont délivrés gratuitement aux employés forestiers et de chasse, depuis les employés forestiers et de chasse supérieurs jusqu'aux chasseurs de district et aux apprentis forestiers assermentés.

Il en sera de même pour les forestiers particuliers et pour les fermiers ou administrateurs des chasses particulières ou des chasses d'intéressés. Pour les propriétaires fonciers (§ 1) jouissant du droit de chasse indépendante, tant qu'ils n'ont pas affermé leur chasse ou engagé un administrateur, il leur sera aussi délivré un permis de chasse les autorisant à exercer le droit de chasse sur leurs districts.

§ 8. Les permis de chasse rédigés d'après une formule uniforme, seront délivrés par nos *Kreisdirection* ducales contre le payement de la somme sus-mentionnée.

Ils seront refusés ou repris à ceux qui, au point de vue de la sécurité publique, seront reconnus par la *Kreisdirection* ducale, comme ne pouvant se servir d'armes à feu et exercer la chasse.

Celui qui est trouvé en dehors du chemin, dans un district de chasse, avec un fusil armé, et n'ayant pas de permis valable, payera, en outre de la punition encourue par le code pénal de chasse, cinq écus d'amende, somme qui sera portée au double s'il y a récidive durant les cinq années qui suivront la première peine.

Celui qui ayant un permis, ne le porte pas sur lui ou refuse de le montrer à la demande, sera condamné à un écu d'amende.

La police militaire, ainsi que nos employés forestiers et de chasse du duché dans les districts de chasse dudit duché et dans les districts de chasse confiés à leur surveillance, les employés forestiers particuliers, dans les limites des districts de chasse qui leur sont confiés, sont tenus de veiller à l'observation de ces règlements.

§ 9. Quiconque chasse le dimanche ou les jours de fête est passible d'une amende de dix écus et éventuellement de détention. Est seule tolérée la chasse à l'affût dans les bois et sur leurs bordures.

§ 10. L'obligation imposée par le § 2 de la loi n° 29 du 16 août 1849, à nos employés forestiers et de chasse, d'exercer la surveillance dans les limites de leurs districts de chasse, se trouve étendue de la manière suivante. Ils seront obligés : 1° d'exercer la surveillance de la chasse, autant que cela leur est imposé par les autorités à ce préposées, non seulement dans tous les districts forestiers et de chasse du gouvernement, mais aussi dans les districts des communes et des particuliers, confiés à leur garde ; 2° de dénoncer aux autorités, afin qu'enquête soit faite et les peines prononcées, les faits de braconnage et les contraventions de chasse qui seront commis dans ces districts.

§ 11. La chasse est interdite du 13 février au 24 juin pour le chevreuil ; du 13 février au 4 septembre pour les lièvres, perdrix et faisans. Le délinquant sera puni conformément au § 34 de la loi pénale de chasse du 20 août 1849 ; sera de même puni, celui qui, après le 20 février, pendant le temps prohibé tue, vend, achète, ou possède un des gibiers sus-mentionnés. Le gibier sera confisqué ; et il sera payé cinq écus pour une pièce de chevreuil, trois écus pour un faisan, pour un lièvre, pour une perdrix, non compris les peines qui peuvent être prononcées pour le fait de braconnage.

§ 12. L'exercice du droit de chasse accordé aux propriétaires forestiers, d'après le § 17 de la loi du 8 septembre 1848, n'est pas regardé comme la conséquence de la possession d'un permis de chasse.

§ 14. Pour les propriétés formant jusqu'à présent un district de chasse indépendant et qui, par suite de cette loi perdent cette qualité, le contrat de chasse sera annulé à compter du 4 septembre de cette année. Les réclamations pour payements faits d'avance ou pour ceux qui restent à faire seront valables.

Si, comme conséquence de cette loi, les limites de chasse d'un district subissent des changements, le fermier ou l'affermeur devront accepter ces changements et par suite l'augmentation ou la diminution de la somme d'affermage, qui sera la conséquence de l'augmentation ou de la diminution de la superficie du terrain.

Si cependant le changement porte sur la plus grande partie des terrains affermés, les fermiers peuvent dénoncer leur contrat, à la condition que cette détermination soit prise avant la fin de la période de six semaines de la publication de cette loi.

Si un district de chasse est affermé à un plus grand nombre de fermiers que ne le permet le § 4, les fermiers auront à désigner ceux auxquels ce droit sera conféré.

Si ces fermiers n'arrivent pas à un accord, le contrat d'affermage sera regardé comme annulé.

§ 15. Les §§ 18 et 20 de la loi du 8 septembre 1848 sont annulés.

LOI DU 7 AOUT 1854.

La loi du 7 août 1854 concerne le contrôle du transport et du commerce du gibier.

§ 1. Celui qui transporte du gibier fauve, sanglier, daim et chevreuil dépecé ou entier, ainsi que des faisans, oiseaux de bruyère ou de bois, doit être en mesure d'en prouver la possession légitime.

Cette preuve se fait au moyen d'un certificat qui peut être délivré :

1° a) Par le propriétaire de la chasse dans laquelle le gibier a été tué, en y mettant son cachet.

b) Par le locataire ou l'administrateur de la chasse dans laquelle le gibier a été tué en faisant légaliser sa signature par l'autorité de police de l'endroit.

c) Par l'employé ducal du district forestier où le gibier a été tué, en y mettant son cachet.

2° Ou par un certificat délivré par une autorité forestière ou de police étrangère.

3° Ou par l'autorité de police du pays.

Le transport du gibier d'un district de chasse à l'habitation du propriétaire de la chasse n'a pas besoin d'un certificat de légitimation, la preuve de possession légale pouvant se faire de toute autre manière.

§ 2. Le certificat sus-énoncé doit renfermer : 1° le nom de celui pour lequel le certificat de légitimation est nécessaire ; 2° le genre, le nombre, le poids du gibier dépecé ou entier, le tout écrit en toutes lettres ; 3° l'endroit pour lequel il sera transporté ; 4° le lieu et l'endroit de sa délivrance.

§ 3. La possession légitime du gibier provenant de l'Etranger, et comprenant les animaux sus-indiqués, doit être prouvée par celui qui le transporte, au moyen d'un certificat délivré par l'autorité forestière ou de police du lieu.

§ 4. Celui qui veut transporter du gibier du genre sus-mentionné, de l'endroit où il a été expédié à raison d'un certificat de légitimation (§ 2, n° 3) dans un autre endroit du pays ou de l'étranger, doit faire pourvoir ce certificat d'une attestation de la police du lieu; ou le remettre à cette autorité et en recevoir une autre contenant l'indication du temps de l'expédition, le genre, le poids et le nombre des pièces de gibier destiné à être expédié.

§ 5. Celui qui veut expédier du gibier par la poste ou le chemin de fer doit joindre ouvertement le certificat de légitimation à l'adresse.

Le gibier transporté par ces moyens pour la cuisine ducale ou expédié pour le dépôt du gibier seigneurial, n'a pas besoin d'être soumis à ces prescriptions.

§ 6. Les certificats ne sont plus valables si, depuis leur délivrance, un laps de temps de plus de huit jours s'est écoulé; ils ne peuvent plus servir au transport du gibier d'un endroit dans l'autre.

§ 7. Les marchands de gibier comme tous ceux qui offrent en vente du gibier dans les maisons, sont en tous temps obligés de prouver la possession légitime du gibier trouvé sur eux.

§ 8. Celui qui expédie du gibier du genre sus-mentionné sans les certificats prescrits, ou avec des certificats non en règle, comme aussi les marchands de gibier qui ne satisfont pas aux prescriptions du § 7, encourent une amende de cinq à dix écus; et s'ils sont insolvables, une détention proportionnelle.

§ 9. La condamnation prononcée par cette loi n'empêche pas l'application de la loi pénale de chasse dans le cas de contravention à cette loi.

§ 10. Les employés forestiers et de chasse, les employés de police et de douane, les agents de police, ont à surveiller l'observation des prescriptions de cette loi.

La poursuite des contraventions auprès des tribunaux peut être faite par les employés forestiers et de chasse.

Tous ceux que concerne cette loi ont à s'y conformer.

LOI DU 19 AVRIL 1879.

La loi du 19 avril 1879 a trait aux contraventions de police sur la chasse.

Elle est ainsi conçue :

TITRE PREMIER.

ORDONNANCES GÉNÉRALES.

§ 1. Sont considérés comme contraventions à la loi sur la police de la chasse et passibles des pénalités portées dans cette loi, tous les actes qui lui sont contraires.

Ne seront pas poursuivis, d'après cette loi, les délits et contraventions mentionnés dans le code pénal de l'empire allemand (§§ 292 à 295 et 368, n°s 10 et 11) relatifs à l'exercice de la chasse sans autorisation.

§ 2. Les ordonnances comprises dans la première partie du code pénal de l'Empire, sont appliquées aussi aux contraventions de chasse, en tant que cette loi n'en dispose pas autrement.

§ 3. Aux personnes qui, n'ayant pas encore accompli leur douzième année, commettent une contravention de chasse, seront appliquées les mesures comprises dans la loi du 22 décembre 1870, n° 117, qui traite des mesures de police à prendre vis-à-vis des enfants.

La réduction de la peine, prévue dans le § 5 du code pénal de l'Empire, pour les personnes qui commettent un délit de chasse ayant accompli leur douzième année, mais non leur dix-huitième, n'est point appliquée.

§ 4. Quant à l'amende et aux frais auxquels ont été condamnés pour contravention de chasse des personnes se trouvant sous l'autorité ou la tutelle de quelqu'un, ou étant au service ou appartenant à la maison d'un tiers, ce tiers, si le condamné ne peut payer, doit être déclaré responsable, et cela indépendamment de la peine à laquelle il peut être condamné, en outre de cette loi ou du § 361, n° 9, du code pénal de l'Empire.

S'il est prouvé que le fait a été commis en dehors de sa connaissance ou qu'il a été dans l'impossibilité de l'empêcher, la responsabilité ne sera pas prononcée.

Si le délinquant n'a pas atteint sa douzième année, la personne responsable, comme il est dit ci-dessus, sera condamnée à l'amende et aux frais.

Il en sera de même, si le délinquant a accompli sa douzième année, mais non sa dix-huitième; il ne peut être puni, n'ayant pu reconnaître sa culpabilité, par suite de son manque d'intelligence, ou s'il est dans un état tel qu'il ne jouisse pas de son libre arbitre.

L'emprisonnement ne peut pas être prononcé contre celui qui est déclaré responsable à raison de ce qui est énoncé ci-dessus, à moins que ce ne soit au lieu et place de l'amende à laquelle il a été condamné, quand cette amende ne peut être recouvrée.

TITRE II.

DES PEINES.

Contraventions en ce qui concerne les permis de chasse.

§ 5. Celui qui est surpris chassant, ou qui est rencontré en équipement de chasse, hors d'un chemin public, sans être muni d'un permis de chasse, sera puni d'une amende de vingt marks.

Le droit accordé par le § 17 de la loi du 8 septembre 1848, n° 39, aux propriétaires fonciers, de prendre les lapins sauvages sans arme à feu n'entraîne pas la nécessité d'être muni d'un permis de chasse.

§ 6. La contravention portée au § 5 sera punie d'une amende de quarante marks :

1° Si le délinquant a cherché, par des déguisements, à se rendre méconnaissable ;

2° S'il refuse de faire connaître son nom et son domicile à l'agent chargé de la surveillance de la chasse; s'il a donné de faux renseignements sur son nom et son domicile; si, à la sommation du surveillant de chasse, il a pris la fuite ou a continué à chasser;

3° Si le délinquant, pendant les deux dernières années qui suivent une première condamnation prononcée par un tribunal du Brunswick, a de nouveau commis la même contravention, et se trouve ainsi, en cas de récidive, quoique l'amende prononcée ait été volontairement payée avant la condamnation.

§ 7. Sera puni d'une amende de trois marks celui qui s'étant fait délivrer un permis ne l'a pas sur lui au moment où il exerce la chasse, ou refuse de le montrer.

§ 8. Les dispositions du § 5, 1er alinéa et du § 7 s'appliquent aux agents chargés de la surveillance de la chasse, quand ils chassent comme particuliers, en dehors de l'exercice de leurs fonctions, dans leur rayon.

§ 9. Les permis de chasse valables pour tout le duché, pour une personne et pour une année, à compter du jour de leur date, seront délivrés par la *Kreisdirection* ducale, moyennant un droit de dix marks. Le droit n'est que de trois marks pour les permis qui ne sont délivrés que pour trois jours successifs.

Cette taxe est versée à la caisse communale du district où habite celui qui a pris le permis; et s'il habite hors du duché, la taxe sera versée dans la caisse communale du district où le permis a été délivré.

Des permis de chasse seront délivrés gratuitement :

1° Aux employés de chasse des forêts ducales, au forestier supérieur et aux forestiers aspirants, occupés comme surnuméraires; aux chasseurs du district; aux garde-chasse assermentés, aux élèves forestiers pour le district où par suite de leur emploi ou par ordre de l'autorité, ils sont obligés d'exercer la chasse;

2° Aux fermiers ou administrateurs des chasses particulières ou des chasses d'intéressés, ainsi qu'aux propriétaires fonciers ayant droit à l'exercice indépendant de la chasse, pour leur district de chasse, autant qu'ils n'ont pas affermé leur chasse, ou n'ont pas, pour cette chasse, engagé de chasseur spécial.

Le permis de chasse sera refusé ou retiré aux personnes auxquelles il a déjà été délivré : 1° si, en raison de la sécurité publique, le port d'armes à feu ne peut leur être accordé ou laissé; et si, d'après l'avis de la direction ducale du district, l'exercice de la chasse ne peut leur être accordé; 2° si ces personnes ont commis des contraventions à la police sur la chasse.

§ 10. Seront punis d'une amende pouvant être portée jusqu'à cinquante marks ou de l'emprisonnement jusqu'à quatorze jours :

1° Les propriétaires, fermiers ou administrateurs, qui exercent ou font exercer la chasse d'une manière illégale, sur leur propre terrain, ou sur les terrains loués, ou administrés, à moins que le § 292 du code pénal de l'Empire ne soit applicable;

2° Ceux qui exercent la chasse les dimanches et jours de fête. Cependant, lesdits jours, à partir de cinq heures du soir, seront permises la chasse à l'affût et celle dite de *Waidwerk* (sorte de chasse dans les bois).

§ 11. Sera puni d'une amende de cinq marks, celui qui est pris, en exercice de chasse, dans un district ne lui appartenant pas, et s'il n'est pas accompagné de la personne autorisée à chasser dans ledit district; ou s'il refuse de montrer à la demande de qui de droit, la permission écrite du propriétaire de la chasse.

§ 12. Sera puni d'une amende pouvant s'élever à cent marks ou de la prison jusqu'à quatre semaines, le propriétaire de chasse qui, pendant le temps prohibé, tue ou prend du gibier.

§ 13. Sera puni d'une amende pouvant atteindre cent marks ou de prison jusqu'à quatre semaines, celui qui, après un délai de quinze jours, après la fermeture de la chasse, vend pendant la fermeture de la chasse du gibier entier, en pièce ou non encore préparé pour la consommation, ainsi que celui qui l'offre et le colporte, l'expose dans des magasins, marchés, ou d'une manière quelconque, pour être vendu.

Outre l'amende encourue, le gibier est confisqué, sans que l'on ait à examiner s'il appartient ou non au délinquant.

Le chevreuil transporté, colporté ou vendu, pendant la chasse prohibée de la femelle, sera considéré comme femelle si les marques du sexe ne sont plus reconnaissables.

Les actes sus-mentionnés ne sont plus regardés comme délictueux si commis pendant la prolongation du temps prohibé dans notre pays, on peut prouver que le gibier en question a été tué dans les limites d'un pays voisin, en dehors du temps prohibé fixé dans ce pays, ou acquis d'une manière licite.

§ 14. Les époques de chasse prohibée sont fixées comme suit :

1° Pour le chevreuil mâle, du 1er février jusqu'au 15 mai inclusivement.

2° Pour le chevreuil femelle, du 15 décembre au 15 octobre inclusivement.

3° Pour le veau du chevreuil, dès sa naissance jusqu'à la fin de décembre.

4° Pour le blaireau, du 1er décembre jusqu'à la fin de septembre.

5° Pour les coqs des bois, coqs de bruyère, coqs faisans, du 1er juin jusqu'à la fin d'août.

6° Pour les canards, du 1er avril jusqu'à la fin de juin.

7° Pour les frappes, les bécassines, les cygnes sauvages, et tous les oiseaux de marais et d'eau, à l'exception du héron, des oies sauvages, des plongeurs et des scieurs, du 1er mai jusqu'à la fin de juin.

8° Pour les perdrix, du 1er décembre jusqu'à la fin d'août :

9° Pour les poules de bruyère et des bois, poules faisanes, gelinottes, cailles et lièvres, du 1er avril jusqu'à la fin d'août.

Le gouvernement du pays est autorisé, en raison de la culture ou pour la conservation des chasses, à fixer le commencement et la fin du temps prohibé par des ordonnances spéciales, soit pour tout le pays, soit pour quelques districts, de manière, toutefois, que le commencement ou la fin de ce temps prohibé, n'avance pas ou ne retarde pas de plus de quinze jours sur les époques fixées ci-dessus.

§ 15. Sera puni d'une amende de trente marks ou d'une détention pouvant aller jusqu'à huit jours, celui qui, ayant le droit de chasse, enlève des œufs ou des couvées de gibier à plumes; toutefois, on peut prendre des œufs de perdrix ou de faisans pour les faire couver.

Dans le sens de l'alinéa précédent, on regarde comme gibier à plumes les coqs de bruyères et des bois, les gelinottes, les faisans, les perdrix, les cailles, les grappes, les bécassines, les cygnes sauvages, les canards sauvages et tous les autres oiseaux de marais et d'eau, excepté le héron, les oies sauvages, le plongeur et le scieur.

§ 16. Sera puni d'une amende jusqu'à trente marks ou de la prison jusqu'à huit jours, celui qui enlève des œufs de vanneaux après le 30 avril.

§ 17. Sera puni d'une amende jusqu'à dix marks ou de la détention jusqu'à trois jours, celui qui, sans en avoir l'autorisation, laisse circuler librement un chien dans le district de chasse d'autrui. Du reste, celui qui a le droit de chasse est autorisé à tuer ce chien. Si un chien, dans un district étranger, a chassé, pris ou blessé du gibier, la peine de l'amende pouvant s'élever à trente marks ou de la prison jusqu'à huit jours, peut être prononcée contre son maître : l'amende dans ce cas ne peut être inférieure à cinq marks.

TITRE III.

SURVEILLANCE DE LA CHASSE.

§ 18. Sont engagés et chargés de la surveillance de la chasse :

1° Les agents des forêts et des chasses du duché, les aspirants forestiers, les chasseurs du district, les gardes et apprentis forestiers assermentés, non seulement dans leurs districts de forêt et de chasse, mais aussi dans les districts forestiers des communes et des particuliers, confiés à leurs soins.

2° Les gardiens de chasse engagés par leurs propriétaires pour la surveillance des chasses qui leur appartiennent, après qu'ils ont été confirmés par la direction ducale du cercle, pour le district de chasse confié à leur surveillance.

3° La police et l'armée active chargée du service de police.

Les personnes désignées aux n°° 1 et 2 doivent, lorsqu'elles exercent leur surveillance, être revêtues de leur uniforme de service, et être pourvues de la marque de distinction qui est prescrite, afin de constater leurs fonctions de surveillants de chasse (Ordonnance de la chambre ducale des forêts du 8 mai 1861).

§ 19. Les employés désignés au § 18 n° 1, les aspirants forestiers, les chasseurs du district, les gardiens de forêts, et les surveillants de chasse engagés par les propriétaires de chasse, s'ils ne sont pas encore assermentés, doivent, avant de recevoir l'autorisation d'exercer la surveillance de chasse, prêter le serment suivant : « Je promets, en exerçant la surveillance de la chasse, de remplir consciencieusement les devoirs de mon emploi, imposés par les ordonnances légales existantes ; aussi vrai que Dieu me vienne en aide ».

§ 20. L'armée active chargée du service de la police de chasse peut contrôler la possession des permis de chasse dans tout le duché. Les agents de surveillance de la chasse ont ce contrôle dans les districts confiés à leurs soins.

§ 21. Les agents de police et l'armée active chargée du service de la police de la chasse, ainsi que les agents de surveillance de la chasse, sont tenus de donner avis, dès qu'ils les connaissent, au garde forestier du district où celui-ci est compétent, de toutes les infractions à la loi sur la chasse, même si elles sont commises en dehors de leur rayon respectif.

Toutefois, les agents de surveillance de la chasse, en ce qui concerne le contrôle des permis de chasse, ne peuvent exercer ce contrôle que dans le rayon confié à leur garde.

TITRE IV.

DISPOSITIONS FINALES.

§ 22. Cette loi entrera en vigueur en même temps que la loi constitutionnelle du tribunal de l'empire.

§ 23. A cette date seront abrogées les lois ci-après :

1° La loi de l'exercice de la surveillance de la chasse du 16 août 1829, n° 29.

2° La loi pénale de chasse du 20 août 1849, en tant qu'elle traite des délits de chasse.

3° Les §§ 7 à 13 de la loi sur l'exercice du droit de chasse du 16 avril 1852, n° 23.

4° La loi du 11 avril 1870, n° 42, concernant certaines modifications à la loi pénale du 20 août 1849.

5° La loi n° 88 du 14 septembre 1870.

6° La loi du 22 décembre 1870, n° 124, modifiant la loi pénale de chasse et la loi n° 42 du 11 avril 1870.

7° La loi sur la saison prohibée de la chasse des différentes espèces de gibier du 27 juillet 1871, n° 47.

Par contre, reste en vigueur la loi du 7 août 1854, n° 43, relative au contrôle du transport des gibiers et du commerce des gibiers, à l'exception du § 10, alinéa 2.

LUBECK.

La ville libre de Lubeck, ville hanséatique de la Confédération du Nord de l'Allemagne, qui a fait partie de l'Empire Français de

ALLEMAGNE (EMPIRE D'). — LUBECK.

1810, à 1814 comprise alors dans le département des Bouches-de-l'Elbe, possède un code de chasse datant du 2 juin 1856.

Ce code reconnait le droit de chasse au propriétaire, mais ne lui en accorde l'exercice que sur les propriétés rapportant au moins dix last (1) par 6.000 verges (2) carrées.

Les autres biens forment des districts de chasse communs qui peuvent être loués par les propriétaires ou sur lesquels ils pourront faire chasser, pour leur compte, par un chasseur à gages.

En dehors de certaine taxe, le permis est nécessaire pour pouvoir chasser ; il coûte deux thalers.

Cette loi enfin spécifie certaines époques pendant lesquelles la chasse est défendue.

CODE DE CHASSE DU 2 JUIN 1856.

I. Du droit de chasse.

§ 1. Le droit de chasse sur une propriété particulière appartient au propriétaire, soit qu'il ait acquis cette propriété par droit de succession ou par tout autre moyen légal ; ce droit de chasse sera exercé conformément aux prescriptions renfermées dans la présente loi.

§ 2. L'établissement d'un arrondissement de chasse sera sanctionné par les autorités, et cet arrondissement, composé soit de terrains communs, soit de propriétés particulières, doit représenter une étendue, rapportant au moins dix *last* pour 6.000 verges carrées, marais et eaux compris. Les routes qui traversent ces terrains ne sont pas considérées comme interrompant la superficie.

Les terrains qui sont d'une moindre étendue, ou qui rapportent moins, formeront, ensemble avec les terrains contigus, un arrondissement de chasse, suivant la décision des autorités de la circonscription.

Si, par hasard, des circonstances locales défavorables s'opposent à cette réunion, un arrondissement de chasse, formé soit d'une seule propriété, soit composé de plusieurs terrains réunis pourra être constitué quoique étant inférieur au minimum indiqué plus haut.

L'engagement pris par les propriétaires pour former un arrondissement de chasse aura une durée d'au moins six années ; si le propriétaire désire contracter un autre engagement, à l'expiration des six ans, il devra en prévenir les autorités en temps utile, sinon l'engagement précédent restera valable pour les six années suivantes.

Aucun changement ne peut avoir force légale, sans la sanction des autorités.

L'État peut librement disposer de son terrain, pourvu que l'usufruit n'en ait pas été attribué à autrui. Il peut y établir des arrondissements

---

(1) Last, mesure de deux de nos tonneaux = 4.000 livres.
(2) Verge : mesure pour les terres = le quart d'un arpent.

de chasse, sans être forcé de leur donner le minimum cadastral indiqué ci-dessus.

Les enclaves de l'État peuvent faire partie des arrondissements de chasse formés par des propriétés contiguës.

Les particuliers n'ont aucun recours contre ces décisions.

L'État peut aussi, à ses arrondissements de chasse, réunir les enclaves qui appartiennent à des particuliers.

Les communautés de village réunissent d'habitude tous leurs terrains dans un seul arrondissement de chasse : leurs enclaves dans les forêts de l'État font partie de l'arrondissement de chasse de l'État; toutefois ces communautés reçoivent leur quote-part du revenu de la chasse.

Elles peuvent établir un arrondissement de chasse, même si le terrain, y compris les enclaves faisant partie d'autres arrondissements, atteint le minimum cadastral précité.

Quant aux enclaves appartenant à des particuliers qui se trouvent dans le terrain d'une commune, les propriétaires reçoivent leur quote-part du revenu de la chasse, ou font partie de la communauté en ce qui touche l'exercice du droit de chasse.

§ 3. Pour obtenir l'autorisation portée au § 1, une taxe annuelle de un thaler (3ʳ70) par *last*, produit par chaque 6.000 verges carrées sur le terrain des particuliers, marais et eaux compris, sera perçue des tenanciers du couvent de Saint-Jean, de l'hôpital du Saint-Esprit et de l'église de Saint-Egidien, au profit de leur seigneur et de sa dame.

La même redevance sera perçue de tous les autres propriétaires fonciers au profit de la caisse de l'État.

Les manoirs de Strecknitz et Padelugge, ainsi que ceux de Krempelsdorf et Schonbœcken payent seulement la moitié de cette taxe plus huit pfennigs (deniers = 10 centimes) par chaque *last* de leurs dépendances qui ne sont pas affermées par bail emphytéotique.

S'il est prouvé, relativement aux autres propriétés ou fermes, que le propriétaire ou le fermier ont été jusqu'à présent autorisés à chasser personnellement sur leurs biens situés à côté du terrain de l'État, ils profiteront de cette même réduction de la taxe plus les 8 deniers, par chaque *last*.

Le payement de la taxe sera effectué le deux janvier au plus tard. Pour l'arrondissement de chasse d'un seul village ou de plusieurs communes réunies le montant de la taxe pourra être réparti entre les membres intéressés, suivant l'importance de leur propriété, lorsque la somme totale aura été recueillie.

Les membres d'un arrondissement de chasse nommeront entre eux, les voies étant en proportion de l'importance de leur propriété respective, un représentant auprès du département des finances, qui sera chargé des affaires de chasse, et particulièrement du recouvrement de la somme nécessaire pour obtenir l'autorisation de chasse et de la répartition de cette somme.

§ 4. Toutes les charges créées en vue de la chasse, au profit des anciens propriétaires, sont supprimées et ne seront plus rétablies, sous peine d'être déclarées nulles.

II. *De l'usage du droit de chasse et de l'exercice de la chasse.*

§ 5. L'exercice personnel du droit de chasse sera permis au propriétaire sur sa propriété particulière constituant un arrondissement de chasse conformément au § 2. L'exercice du droit de chasse n'appartiendra pas personnellement, même à ce propriétaire, tant que sa propriété reste réunie à d'autres propriétés dans un arrondissement de chasse. Les cas cités dans le dernier alinéa du § 2 font exception.

Pour les autres propriétaires, le droit de chasse ne leur est pas personnellement permis; ce droit sera exercé par un agent, garde-champêtre, ou fermier, nommé par l'arrondissement, à moins qu'ils ne préfèrent laisser reposer leur droit.

Le produit de la chasse est partagé entre les propriétaires, suivant l'importance de leur propriété.

Les propriétaires qui sont autorisés à chasser doivent se conformer aux prescriptions relatives à l'exercice de la chasse; il en est de même s'ils emploient un agent, ou s'ils louent leur droit de chasse.

§ 6. La question de savoir si la chasse sera exercée ou non, et celle relative au mode suivant lequel elle sera exercée (§ 5), ainsi que toutes les autres questions intéressant la chasse, seront traitées par la commune de chasse et la résolution prise à la majorité des voix.

Aucun membre ne peut suspendre la chasse sur son terrain, si la majorité décide qu'il sera tiré profit du droit de chasse.

Les votes ne sont pas comptés par tête, mais d'après l'importance de la propriété, comme suit : une propriété rapportant jusqu'à cinq tonneaux donne droit à un vote; celle de cinq jusqu'à dix tonneaux, à deux votes; chaque dix tonneaux en plus, donnent au propriétaire encore une voix ; pour les fractions suivantes, il n'y aura une voix ajoutée que si le nombre de cinq tonneaux est dépassé.

Dans la petite ville de Travemunde (près la mer Baltique et à l'embouchure de la rivière de Trave) les résolutions seront prises par la municipalité, suivant les règlements qui existent pour l'administration des affaires de ladite commune.

Si les votes sont égaux, les autorités de police décident.

Les communes de chasse doivent donner avis de toutes leurs décisions, par leur représentant, à l'autorité de police, laquelle les confirme, s'il n'y a pas lieu à objection.

§ 7. Les prescriptions suivantes seront suivies pour l'amodiation de la chasse :

1° Quand une chasse commune devra être affermée, l'amodiation aura lieu, après publication, par la voie de l'adjudication, au plus offrant.

S'il y a trois enchérisseurs proposant le même prix, le choix de la personne sera réservé.

2° Le contrat d'amodiation de chasse sera fait, au moins, pour six ans; il ne peut pas dépasser douze ans.

Les années courent de la fête de la Saint-Jean jusqu'à la même époque de l'année suivante.

3° Un district de chasse ne sera affermé qu'à une seule personne, en même temps; la mort du locataire entraîne la nullité du contrat.

4° Aucun fermier n'a le droit de sous-louer la chasse, sans le consentement exprès de la commune et de l'autorité de police.

5° Là ou des étrangers ont des droits de chasse, le fermier de chasse doit laisser exercer ces droits comme par le passé.

6° Les contrats de fermage ne doivent contenir aucune clause contraire à la présente loi, à peine de nullité.

7° Les conditions de fermage seront soumises aux autorités de police pour être ratifiées.

§ 8. Ne pourront être acceptés comme chasseur gagé ou fermier, que des hommes intègres, majeurs et indépendants, qui peuvent donner des preuves de moyens d'existence suffisants pour eux et leur famille.

L'autorité de police se prononce sur les qualités requises, et pour cela fermiers de chasse et chasseurs gagés doivent se faire connaître à elle.

Il est permis au fermier ainsi qu'au chasseur gagé, à moins que le contrat ne l'interdise, de s'adjoindre d'autres personnes pour l'exercice de la chasse.

De tels chasseurs invités ne peuvent cependant chasser qu'en compagnie du fermier ou du chasseur employé, et seulement dans son district.

Chaque fermier de chasse peut présenter à l'autorité de police un homme qui exercera à sa place le droit de chasse.

Le chasseur employé et le fermier seront toujours responsables pour les chasseurs invités.

Le fermier est aussi responsable pour celui qu'il a présenté pour le remplacer.

§ 9. Celui qui veut chasser personnellement, soit comme propriétaire du district, soit comme chasseur employé, soit comme fermier de chasse, ou remplaçant de ce dernier, doit se faire délivrer, par l'autorité de police, une carte personnelle et la porter toujours sur lui dans l'exercice de la chasse.

Ces cartes de chasse ou permis ne sont valables que pour un an, d'une fête de la Saint-Jean à l'autre; elles énoncent le nom du district où le porteur a le droit de chasser. Elles ne sont pas délivrées aux personnes ne réunissant pas les conditions exigées par la loi. Elles peuvent être retirées dès que le porteur ne remplit plus ces conditions.

L'autorité de police perçoit, pour chaque carte délivrée, un droit de deux thalers.

Les cartes de chasse ne peuvent être délivrées gratuitement qu'aux officiers de chasse et de forêt, employés par l'Etat, à moins qu'ils ne figurent comme fermiers de chasse, ce qui ne leur est permis que pour les chasses de l'Etat.

§ 10. La question de savoir si la chasse sera exercée et de quelle manière elle le sera, sur les propriétés de l'Etat, est réservée à l'autorité supérieure, à moins que ces propriétés ne fassent partie des communes de chasse appartenant à des particuliers.

Les fermiers de chasse et les officiers de chasse sur les propriétés de l'État doivent être munis de la carte de chasse.

§ 11. On ne peut chasser : 1° dans les endroits rapprochés de Lubeck et de Travemunde ; une indication plus précise de cette limite sera indiquée ; 2° à l'intérieur des lieux habités, dans les cours des églises, dans les cimetières, dans les jardins clos, dont l'accès n'est fermé que par une porte ou barrière ; dans les jardins attenants aux habitations, même s'ils sont clôturés, et sans exception dans tous les lieux qui se trouvent à moins de 200 pas des habitations ou des bâtiments servant à la ferme.

§ 12. L'exercice de la chasse sur les rivières de Trave (haute rivière), Wakenitz et Stecknitz, qui sont des eaux publiques, est défendu.

Quant à la chasse sur la rivière de Trave (basse rivière), il y a des ordonnances spéciales.

§ 13. Dans les cours, jardins ou maisons, on peut cependant tuer le gibier qui y pénètre, mais sans se servir d'armes à feu.

§ 14. La saison où la chasse est fermée commence le 1er février et finit le 31 avril inclusivement.

L'ouverture de la chasse, en raison de l'état de la récolte, peut être ajournée par le Sénat.

Pendant la saison où la chasse est fermée, on ne doit ni tuer ni capturer le gibier, excepté le sanglier, le cerf, les animaux nuisibles, les bécassines, les canards sauvages et les oies sauvages.

Aucun autre gibier ne sera tué ou pris nulle part, si ce n'est dans les cas prévus par les §§ 13 et 16.

§ 15. La chasse doit être faite sans causer aucun préjudice, soit à l'État, soit aux particuliers.

Celui qui exerce la chasse est responsable de tout dommage prouvé, causé soit aux personnes, soit aux propriétés.

La commune de chasse répond de ce qui ne peut être recouvré contre ses chasseurs ou ses fermiers de chasse.

Le seul fait d'entrer dans un herbage ou un taillis servant aux pâturages, dans des prés fauchés, des champs de blé, des champs de pommes de terre, n'est pas considéré comme un dommage.

Le fait de passer sur les champs ensemencés à l'automne, de traverser ou franchir pendant la nuit les barrières apposées autour des pâturages, peut entraîner des indemnités.

§ 16. La demande, afin d'obtenir des indemnités pour le dommage causé par le gibier n'a pas d'effet légal. Pourtant, il est permis à ceux qui cèdent leur chasse, de faire des réserves, dans leur contrat, concernant ces dommages : par exemple, ils peuvent obliger leurs fermiers à être responsables des indemnités, si le gibier par sa multiplication exagérée amène des dégâts.

Le dommage causé par les sangliers, les gibiers fauves ou les chevreuils, est seul regardé comme pouvant soulever une question d'indemnité fondée.

Après avoir entendu des experts, l'autorité de police aura à se prononcer sur la question de savoir si le dommage a eu lieu et, s'il est reconnu, d'en fixer le montant.

Du reste, si, dans un district de chasse, il y a une trop grande abondance de gibier, l'autorité de police peut, si la demande en est faite, exiger que la diminution de ce gibier soit effectuée par le propriétaire ou le fermier de chasse.

Si le propriétaire ou le fermier ne répondent pas à cet avis, l'autorité elle-même peut, même pendant la fermeture de la chasse (§ 14) pour le compte et aux frais de qui de droit, procéder à la diminution du gibier afin de le mettre hors d'état de causer des dommages; et, avant tout, elle fera exterminer les sangliers.

§ 17. On ne doit se servir d'armes automatiques, ni installer des appareils destinés à prendre le gibier, en aucun lieu où ces armes ou engins peuvent nuire aux personnes ou aux animaux domestiques.

§ 18. On ne peut, sans la permission expresse du propriétaire du terrain ou de celui qui a le droit de l'exploiter, y déterrer les animaux nuisibles, ni y tendre des collets.

§ 19. Dans les bois plantés de conifères, il est défendu de tirer avec des fusils chargés au moyen de bourres d'étoupe ou d'autres matières inflammables.

§ 20. Il est défendu à celui qui est muni d'armes destinées à la chasse, de lacets ou de pièges pour prendre le gibier, de passer sur un terrain où l'exercice de la chasse ne lui appartient pas personnellement, sans la permission du propriétaire, en dehors des chemins de communication ordinaires.

Dans certains cas, il est cependant permis de prouver qu'aucune infraction volontaire lésant les intérêts des tiers n'a été commise.

La défense sus-mentionnée, concernant le port d'armes à feu, ne s'applique pas aux officiers de forêt, de chasse ou de police, employés par l'Etat ou chargés de la surveillance de la chasse.

§ 21. Le droit de chasse ne comprend pas le droit de suite. Le gibier blessé, dans un district de chasse, ne doit pas, en conséquence, être poursuivi sur le terrain d'un autre district de chasse.

Le gibier appartient toujours à celui dans le district duquel il tombe mort ou est pris.

§ 22. Les chiens de chasse en promenade doivent être tenus en laisse, ou munis d'un bâton (sorte d'attache qui les empêche de courir).

Celui qui exerce la chasse dans un district, peut tuer les chiens et les chats errants, à moins qu'il n'en soit empêché par une convention contraire.

§ 23. Il est permis aux officiers de forêt et de chasse de l'Etat, si leurs travaux le leur permettent, d'aider les propriétaires de chasse dans leur district, sur leur demande, mais ils n'y sont pas obligés par devoir.

III. *Des peines.*

§ 24. Celui qui chasse sans en avoir le droit sera puni d'une amende, qui, suivant les circonstances, peut s'élever de 20 à 50 thalers :

Cette amende s'applique en conséquence :

1° A celui qui chasse contrairement au § 5, comme membre d'une commune de chasse sur son propre terrain où la chasse a été affermée à un tiers, ou confiée à un chasseur employé, ou quand elle a été suspendue.

2° A celui qui, comme chasseur invité, chasse sans être accompagné de celui à qui le droit de chasse appartient.

3° A celui qui chasse dans les endroits où la chasse est défendue.

4° A celui qui, contrairement aux §§ 20 et 21, entre dans un district de chasse qui ne lui appartient pas.

En outre, le fusil et les autres engins de chasse se trouvant entre les mains du délinquant ou dont il a fait usage pour commettre la contravention, seront confisqués au profit de la caisse de l'État.

L'obligation de payer des indemnités reconnues fondées ne se trouve pas éteinte par l'amende encourue.

§ 25. Les personnes autorisées à chasser, qui contreviennent aux prescriptions relatives aux permis de chasse, seront passibles des amendes suivantes :

1° Celui qui n'est pas muni de son permis de chasse dans l'exercice de chasse, sera condamné à un thaler.

2° Celui qui chasse sans s'être fait délivrer un permis, ou qui ne l'aura pas fait renouveler en temps utile, sera condamné à une amende de 6 thalers.

3° Celui qui se sert du permis de chasse délivré à une autre personne, paiera 9 thalers.

§ 26. Les personnes autorisées à chasser, qui contreviennent à la défense, contenue au § 14 de chasser dans la saison prohibée, seront, pour chaque contravention, passibles d'une amende de 6 thalers ; cette amende sera augmentée de 50 thalers pour chaque chevreuil tué ; de 5 thalers pour chaque lièvre et de 2 thalers pour chaque poule de prairie.

De plus le gibier pris sera confisqué.

§ 27. Les personnes autorisées à chasser qui placent des fusils automatiques ou des engins destinés à prendre le gibier dans les endroits où l'on peut causer des accidents aux personnes ou aux animaux domestiques, seront passibles d'une amende de 30 à 50 thalers.

§ 28. Les personnes autorisées à chasser qui se permettent, sans l'autorisation du propriétaire du terrain, ou de celui qui a droit à l'exploitation, de tendre des collets, ou de prendre les animaux nuisibles dans leurs terriers, seront punies d'une amende de 6 à 10 thalers dans le premier cas et de 3 thalers dans le second.

§ 29. Les personnes qui dans les forêts de conifères tireront avec une arme à bourre inflammable, contrairement au § 19, seront punies d'une amende de 30 thalers.

§ 30. Toute personne qui tue dans son enclos, dans son jardin, ou dans son habitation (§ 13) en se servant d'armes à feu, payera une amende de 30 thalers.

§ 31. Les propriétaires de chiens qui ne se conforment pas au § 22 payeront une amende de 1 thaler 8 pfennings.

§ 32. L'amende sera augmentée si la chasse illégale a été pratiquée de concert par plusieurs personnes; ou si le prévenu a déjà subi des condamnations pour une contravention dans l'exercice de la chasse.

L'augmentation de l'amende ne doit cependant pas dépasser le double de l'amende la plus élevée.

§ 33. Si les amendes ne sont pas payées, la peine de l'emprisonnement sera appliquée, de manière qu'un jour d'emprisonnement représente trois thalers.

§ 34. Si la même action comprend la violation de plusieurs prescriptions de la présente loi, on appliquera la peine la plus forte prononcée pour un des délits commis.

Toutefois si les prescriptions relatives aux permis de chasse ont été violées, l'amende portée au § 25 sera toujours ajoutée.

§ 35. Si, en outre du délit de chasse, d'autres lois du code pénal ont été violées, les pénalités respectives seront encourues et ajoutées à celles prononcées par la présente loi.

IV. De la surveillance de la chasse et autres ordonnances relatives à l'exécution de la loi.

§ 36. La surveillance de la chasse se fait par des gardes forestiers, des employés de chasse et de police spécialement choisis à cet effet : il leur est toujours, par suite, permis de parcourir les terrains de chasse, même avec des fusils chargés.

Il est cependant permis au propriétaire de chasse d'avoir lui-même soin de la surveillance, en engageant des gardes-chasse qui seront assermentés devant l'autorité de police.

Le propriétaire de chasse du district, le fermier de chasse ou le chasseur employé ont seuls le droit, dans leur district de chasse, de saisir les fusils et engins de chasse ainsi que le gibier pris entre les mains des délinquants.

§ 37. Le maintien de l'observation de la loi de chasse dans chaque district appartient au tribunal de police dans sa circonscription et dans celle de Fravemunde.

Les recours contre les dispositions et les décisions de ces autorités seront portés au Sénat dans le délai de 14 jours.

Dans les cas relatifs au § 35, l'instruction et la décision appartiennent aux tribunaux ou aux autorités compétentes relativement aux autres lois pénales violées.

§ 38. Les différends entre ceux qui cèdent la chasse et leurs fermiers, en ce qui touche le contrat d'affermage, seront traités et jugés par les tribunaux compétents.

§ 39. Sur la propriété commune de Weissenrode (dans son ensemble) les prescriptions des §§ 1, 2, 3, de cette loi ne sont pas appliquées.

§ 40. La présente loi entrera en vigueur pour l'exercice du droit de chasse le 1er septembre de cette année, et lors de sa publication, quant à l'exécution des nouvelles prescriptions.

Sont et demeurent abrogées toutes les lois et ordonnances précédentes, relatives à la chasse, et aux matières réglées par la présente loi, en ce qui est contraire à ses dispositions.

HAMBOURG.

La ville libre et hanséatique de Hambourg forme un des États indépendants de la Confédération du Nord de l'Empire d'Allemagne.

Cette ville qui fut en 1810 réunie à la France, formait jusqu'en 1814 le chef-lieu du département des Bouches-de-l'Elbe.

La chasse à l'origine y fut libre; puis avec le régime féodal, la haute bourgeoisie finit par s'approprier le droit de chasser seule sur les territoires ou mieux sur les fortifications de la ville, les terrains de chasse n'étant pas nombreux, et le territoire de Hambourg s'étendant peu au delà des limites de la ville.

Ce territoire est, en effet, restreint entre les duchés de Holstein, de Lauenbourg et le royaume de Hanovre; les vastes forêts qui l'entourent appartiennent au domaine prussien.

La chasse privilégiée qui, dans cette ville, s'applique surtout aux oiseaux de passage et aux vanneaux, a été réglementée en 1849.

Le droit de chasse fut reconnu comme faisant partie du droit de propriété; mais pour pouvoir en user sur ses biens, le propriétaire devait posséder d'un seul tenant un domaine ayant une certaine superficie indiquée par la loi.

Sur les terres ne contenant pas cette superficie, les propriétaires réunis peuvent faire chasser ou affermer la chasse à leur profit.

Nul ne peut sans autorisation chasser sur le terrain d'autrui.

La chasse est défendue du 1er mars au 1er septembre, excepté pour les oiseaux de passage et les animaux carnassiers.

Cette loi protège les oiseaux, et principalement les oiseaux chanteurs.

Les pénalités sont l'amende, la confiscation des armes et, à défaut de payement de l'amende, l'emprisonnement.

Le gibier tué ou blessé sur le terrain d'autrui, ou sa valeur, appartient à celui qui a le droit de chasser sur ledit terrain.

LOI DU 3 SEPTEMBRE 1849.

La loi de chasse de la ville hanséatique libre de Hambourg, sanctionnée par le pouvoir souverain (Sénat et Bourgeoisie) le 25 juin 1849, fut promulguée le 3 août et est entrée en vigueur le 3 septembre suivant.

I. *Droit de chasse.*

§ 1. Le droit de chasse, qui a été jusqu'ici un privilège, en vertu de l'ordonnance du 29 juillet 1831, n'appartient plus par cette loi, qu'au propriétaire et ne peut pas être séparé de la propriété.

§ 2. Le propriétaire n'a droit à aucune indemnité pour le dommage causé à ses clôtures ou sur ses propriétés par les animaux de chasse.

II. *De l'exercice du droit de chasse.*

§ 3. L'exercice du droit de chasse reste réservé à l'Etat sur les terrains qui lui appartiennent.

Les dispositions de cette loi sont applicables aux chasseurs forestiers et fermiers employés par l'Etat, ainsi qu'à ceux qui sont pris en faute sur la propriété de l'Etat.

§ 4. Les propriétaires de terrains d'une étendue de 250 boisseaux (1) ayant 200 carrés de 256 pieds carrés ; de forêts de 200 boisseaux ayant 256 carrés de 256 pieds carrés, et de terrains marécageux de 100 acres ayant 600 carrés de 196 pieds carrés, pourvu que ces terres soient d'un seul tenant, ont le droit de chasser eux-mêmes, soit personnellement, soit par l'intermédiaire d'un tiers chassant pour eux seuls.

§ 5. Les propriétaires de terrains d'une superficie inférieure au minimum fixé plus haut, ne sont pas autorisés à exercer individuellement le droit de chasse sur leurs propres terres. Ils peuvent le faire exercer, collectivement par un chasseur ou un fermier employé à leur profit, et choisi, dans chaque village, par la majorité des propriétaires.

Celui dont la propriété s'élève à 25 boisseaux, dispose, au moins, d'une voix; les propriétés de 25 à 50 boisseaux donnent deux voix; et pour chaque 25 boisseaux en plus, une voix.

Le mode de chasse admis et les changements qui peuvent survenir doivent être soumis au magistrat de la circonscription.

§ 6. Dans tous les cas, le propriétaire a le droit de tuer les animaux de chasse dans ses cours et jardins clos.

§ 7. La chasse du gibier est défendue depuis le 1er mars jusqu'au 1er septembre. Exception est faite pour les oiseaux de passage et les bêtes carnassières, ainsi que pour les cas mentionnés au § 6 et pour le gibier qui cause des dommages aux récoltes.

§ 8. Le droit de chasse exercé, ne devra causer aucun dommage soit à l'Etat soit aux particuliers; s'il y a dommage des indemnités seront dues par celui qui exerce ce droit. Si le préjudice est causé par le chasseur

---

(1) Boisseau. mesure agraire.

ou fermier, employé par la communauté, celle-ci sera responsable, si ces personnes ne peuvent payer les indemnités : passer dans un champ de pommes de terre ou de jeune semaille, en automne, ne constitue pas un dommage.

§ 9. Il est complètement défendu de se servir de fusils installés en pièges, de fosses ou de lacets, comme engins de chasse.

III. *Détermination des peines.*

§ 10. Si celui qui exerce le droit de chasse sur plusieurs terres, éloignées les unes des autres, ne peut s'y rendre que par de grands détours, les propriétaires peuvent s'entendre entre eux pour faciliter le passage sur leurs terres respectives. Les agents forestiers ou fermiers de l'État, les officiers d'octroi ou les receveurs des contributions n'ont pas besoin de cette entente.

§ 11. L'exercice de la chasse, c'est-à-dire le droit de tuer ou de prendre des animaux de chasse, sur le terrain d'autrui, ne peut avoir lieu qu'avec le consentement de celui à qui appartient le droit de chasse.

Si l'on ramasse du gibier sur le terrain d'autrui, il doit être immédiatement livré au propriétaire dudit terrain.

Les animaux de chasse levés ou blessés, ne peuvent être poursuivis sur le terrain d'autrui ; ils deviennent la propriété de celui sur le terrain duquel ils se trouvent.

§ 12. Les infractions aux dispositions des §§ 5 et 7, seront punies d'une amende de 5 thalers. Celles relatives aux §§ 9, 10 et 11, d'une amende de 10 thalers; de plus, les armes à feu seront saisies au profit de celui qui a le droit de chasse.

Ces amendes seront doublées en cas de récidive.

Faute de paiement, il y aura emprisonnement.

Le gibier tué, capturé ou pris sera remis au propriétaire de la chasse, ou la valeur lui en sera payée d'après le prix courant du marché de Hambourg.

§ 13. Ceux qui contreviennent aux dispositions du § 5, agissant de concert, seront punis du double de l'amende portée au § 12.

§ 14. Ceux qui violent les dispositions de la loi générale, dans l'exercice de la chasse, seront punis d'après les paragraphes qui s'y rapportent; sans excepter l'ordonnance, défendant l'usage illégal des armes à feu.

Seront aussi punis d'une amende de deux thalers, ceux qui enlèvent ou détruisent les nids d'oiseaux chanteurs et autres oiseaux, en dehors des habitations, jardins et cours.

§ 15. Celui qui a le droit de chasse, peut désarmer et arrêter, sur son domaine, les individus qui contreviennent aux dispositions contenues dans les §§ 5, 7, 9, 10 et 11.

Si les délinquants font résistance la peine de l'emprisonnement sera appliquée; les cas de violence seront aussi punis.

Celui qui exerce le droit de chasse, conduira le délinquant au dépôt de police le plus proche, à moins qu'il ne fournisse caution suffisante.

§ 16. Celui qui a le droit de chasse, peut aussi tuer, avec des armes à feu, tous les chiens et les chats errants sur son domaine.

§ 17. Sous l'expression gibier, sont compris les animaux suivants : 1° le sanglier, le cerf, le daim, le chevreuil, le lièvre, le blaireau, le renard, la martre, le putois, l'écureuil; 2° la gelinotte ou coq de bruyère, la perdrix, l'oie sauvage, le canard, la bécasse des bois et celle des marais; ainsi que les œufs et couvées de ces oiseaux.

§ 18. L'effet de cette loi s'étend sur tous les domaines et terrains particuliers. Sont seuls exceptés quelques domaines dans l'arrondissement de Ritzebuttel.

BRÈME.

L'ancienne ville libre et hanséatique de Brème, dépendant de la Confédération de l'Allemagne du Nord qui fut un moment le chef-lieu du département français des Bouches-du-Weser, comprend, outre la ville, les communes de Vegesack et de Bremerhaven, plus trente-cinq communes rurales soumises, au point de vue du gouvernement central, aux autorités de la ville, mais ayant une administration distincte pour chaque cercle et chaque commune.

En ce qui touche la chasse, le 13 avril 1849 fut publiée une ordonnance destinée à remplacer celle du 31 octobre 1836.

Apparaissant à l'époque où les anciennes institutions politiques de la ville de Brème faisaient place à une constitution, pour le moment, plus démocratique, cette ordonnance interdisait le droit de chasse sur le terrain d'autrui, supprimait les corvées et les prestations relatives à la chasse. Elle faisait enfin disparaître certaines redevances féodales.

Par cette ordonnance, le droit de chasse fut attribué au propriétaire foncier exclusivement, mais il ne pouvait cependant l'exercer que si ses biens renfermaient, d'un seul tenant, une superficie de 300 morgen. Comme en Prusse, les propriétés d'une contenance moindre, devaient former des districts de chasse communs.

La chasse ouvrait le 1er septembre et fermait le 31 janvier.

Le droit de suite n'existait pas.

L'ordonnance protège le gibier et la propriété.

Les propriétaires de chasse et les gardes peuvent désarmer

les délinquants et confisquer leur armes et le gibier tué en fraude de la loi.

Les peines sont l'amende, l'emprisonnement et la confiscation du gibier et des engins de chasse.

Cette ordonnance a été suivie d'une loi, publiée le 21 novembre 1877, concernant le permis de chasse.

Puis est intervenue une loi du 7 mai 1878 relative aux diverses périodes pendant lesquelles la chasse est prohibée.

L'ordonnance du 13 avril 1849 a été remplacée par celle du 27 septembre 1889 où l'on retrouve à peu près les mêmes principes. Le propriétaire, pour user de son droit de chasse, doit posséder une propriété d'une superficie de 75 hectares, d'un seul tenant. Les autres terrains sont formés en districts communs et affermés.

Cette loi, protectrice de certains animaux et de l'agriculture, comprend plusieurs permis de chasse, et prononce l'amende et l'emprisonnement contre les infractions commises contre les prescriptions qu'elle édicte. Le permis de chasse est exigé et de plus une permission du propriétaire doit être donnée à celui qui veut chasser sur les terres de ce propriétaire.

Le colportage et la vente du gibier sévèrement réglés, ne peuvent avoir lieu huit jours après la fermeture de la chasse.

Ces différentes lois portent les dispositions suivantes.

ORDONNANCE DU 13 AOUT 1849.

§ 1. Est supprimé par l'introduction de cette loi, tout droit de chasse sur le terrain d'autrui, et particulièrement la part du droit de chasse qui jusqu'à ce jour, appartenait à l'Etat et aux seigneurs sur les terres de leurs fermiers; sont aussi abolis tous services, corvées et autres prestations dues au point de vue de la chasse, y compris la livraison de la quote-part des oiseaux de chasse qui jusqu'à présent était imposée aux habitants des paroisses de Wasserhorst et Horn, et cela sans compensation.

§ 2. Le propriétaire foncier a le droit exclusif de chasse sur son propre terrain et si les droits sur la propriété sont partagés, le droit de chasse appartient à l'usufruitier (fermier, tenancier, etc.).

L'exercice de ce droit n'est sujet qu'aux restrictions concernant la sûreté publique, sans toutefois porter préjudice au propriétaire de la chasse.

§ 3. La chasse sur tous terrains ne peut être exercée par les propriétaires fonciers, à moins que ces terrains ne répondent aux conditions particulières déterminées ci-après : sans cela ils seront affermés, en districts de chasse communs, au profit des propriétaires.

Le bail de chasse peut être fait à l'amiable, mais il devra l'être par adjudication, au plus offrant, si la majorité des intéressés du district de chasse commun l'exige.

§ 4. Les districts de chasse communs doivent avoir, en règle générale, les mêmes limites que celles des terres des villages; mais le comité représentant le district (§ 13) est chargé, en prenant les avis à la pluralité des voix des intéressés de la commune, et l'avis du seigneur, quand il y a convention volontaire, soit de réunir plusieurs terrains dans un district de chasse, ou d'ajouter quelques parcelles d'un terrain à d'autres districts de chasse. Dans ces cas, la distribution du produit du fermage sera réglée, soit par convention, et à défaut d'une résolution à ce sujet, suivant l'étendue de la parcelle.

Le comité du district de chasse a également droit, avec le consentement de l'administrateur (Landherr) d'établir plusieurs districts de chasse d'un seul tenant.

Toutes les déterminations admises pour le changement des districts de chasse ne peuvent être prises pour une période de plus de douze années à la fois.

§ 5. Le produit du fermage sera payé par le comité de district de chasse, à la caisse de la commune; puis ensuite reparti entre les propriétaires fonciers intéressés dans le district, au *prorata* de l'étendue de leurs terres, comprises dans le bail, soit à compte sur leurs contributions communales, soit en espèces.

Avec le consentement de la majorité des intéressés du district, représentant les deux tiers du terrain de chasse, le produit du fermage peut être attribué aux usages publics.

§ 6. Il est imposé aux propriétaires de terres, de poser dans les contrats de fermage, des conditions forçant le fermier à prendre en considération les lois de police nécessaires qui peuvent être ajoutées par le comité exécutif relativement à la chasse (§ 13), suivant les localités.

Ne peuvent être admises comme fermiers que des personnes irréprochables.

L'administrateur doit refuser des permis de chasse aux personnes dont il y a à craindre qu'elles ne fassent abus des armes. D'après les antécédents et les circonstances, il peut ne leur délivrer ce permis que contre cautionnement.

§ 7. Il sera permis aux commissions de chasse (§ 13) :

a) Si la pluralité des intéressés du district, représentant les deux tiers des terres, y consent de faire exercer la chasse dans le district de chasse commun, sans contrat, par un garde-chasse salarié. Dans ce cas, le produit de la chasse sera distribué aux propriétaires fonciers, conformément au § 5.

b) S'il y a partage dans l'assemblée des intéressés, de laisser complètement reposer l'exercice de la chasse dans le district.

c) D'accorder aux propriétaires fonciers, sur leur demande, d'éliminer leurs terrains du district de chasse, et dans ce cas de laisser reposer l'exercice de leur droit de chasse; les propriétaires renoncent alors à leur quotité dans le produit obtenu de la chasse.

§ 8. Tous les jardins et cours clôturés, soit au moyen de murs, planches, palissades, haies vives et fossés, attenant aux habitations, sont exclus des districts de chasse communs, sans que cependant l'exercice du droit de chasse soit défendu au propriétaire.

§ 9. D'un autre côté, les propriétaires fonciers sont autorisés à exercer leur droit de chasse sur les endroits suivants :

a) Sur les propriétés occupant une superficie de 300 morgen, et plus, d'un seul tenant, sans être séparées par les terrains d'autrui.

b.) Sur les terres de Wasserhorst, Wummesiede, Niederblockland et Oberblockland et sur la partie inférieure de celles de Lehester.

c) Sur tous les terrains de Hollerland, hors des fossés, ainsi que sur les prés, dans la juridiction de Borgfeld, également hors des fossés.

Les propriétaires des terres comprises dans la classification ci-dessus, sont toujours libres de réunir leurs terrains, qui ont l'importance précitée aux districts de chasse communs qui existent déjà, ou d'établir des districts particuliers s'ils le préfèrent.

§ 10. Celui qui peut certifier qu'il est autorisé à se livrer à l'exercice de la chasse, recevra de l'administration un permis de chasse qui servira de justification ; il indiquera le temps pendant lequel il est valable, et l'étendue de terrain sur lequel on est autorisé à chasser.

Ce permis devra être porté dans l'exercice de la chasse ; il est également indispensable aux gardes-chasse, et aux inspecteurs de chasse, mais il n'est pas nécessaire à ceux qui chassent sur leurs propres terres d'après le § 9, ni aux tireurs qui sont emmenés à la chasse par eux et qu'ils autorisent à chasser.

§ 11. Les propriétaires de terres compris au § 9 ont seulement le droit d'exercer la chasse eux-mêmes ou de la faire exercer par les gens de leur maison, mais ils ne sont pas autorisés à transférer l'exercice de leur droit de chasse, à autrui, sans céder leurs terres.

§ 12. Les propriétés éliminées des districts de chasse communs, (§ 7 b) § 9 a), seront munies d'une marque distincte par les propriétaires afin d'en bien désigner les limites.

§ 13. Les propriétaires d'un district de chasse commun, formé d'après le § 1, seront représentés dans les affaires qui les regardent, par une commission de trois personnes choisies tous les cinq ans parmi eux, et à laquelle seront accordés tous les droits relatifs aux affaires de chasse, dont sont munis les préposés de la municipalité, elle aura non seulement les droits qu'ils possèdent actuellement, mais encore ceux qui pourraient leur être accordés à l'avenir.

§ 14. La chasse sera ouverte le 1er septembre et fermée le 31 janvier, à moins que ladite époque de l'ouverture ne soit exceptionnellement ajournée par le Sénat, en considération de la récolte.

§ 15. Pendant la saison où la chasse est prohibée, il est seulement permis de chasser les renards, les bécasses, les canards et autres oiseaux aquatiques.

Celui qui tue ou prend, pendant cette saison de chasse prohibée, des lièvres ou des perdrix, sera condamné à une amende de cinq thalers, la première fois ; cette amende sera augmentée en cas de récidive.

Si pareille infraction est commise plusieurs fois, par un fermier de chasse, il pourra perdre son droit au bail.

§ 16. Ceux qui ont le droit de chasse, ne doivent pas faire usage d'armes à feu, à une distance moindre de cent pas d'une habitation.

§ 17. Il est défendu, tant à ceux qui ont le droit de chasse qu'à ceux qui ne sont pas autorisés à chasser, de faire usage de pièges, et de dénicher les œufs et couvées des oiseaux. Toutefois, la grive peut être prise aux lacets, et l'on peut dénicher les œufs et couvées des oiseaux de proie.

§ 18. Il est défendu de passer sur un district de chasse, appartenant à autrui, en dehors de la route nationale, et des routes qui servent de communication entre les villages, avec des engins de chasse ou des armes à feu, à moins qu'elles ne soient pas chargées, ou qu'elles soient mises dans un état qui en interdit l'usage momentané.

L'intention de ne pas nuire aux intérêts d'autrui, ne peut être prise en considération.

§ 19. Celui qui passe avec une arme à feu sur un terrain qui ne lui appartient pas, ou sur lequel il n'est pas autorisé à chasser, en dehors des routes et chemins précités, devra prouver, si les propriétaires fonciers, les fermiers de chasse, ou les gardes-chasse le demandent, que son fusil n'est pas chargé. — En cas de refus, de sa part, l'arme devra être considérée comme chargée.

§ 20. Il est défendu de poursuivre le gibier sur un terrain où l'on n'a pas l'autorisation d'exercer la chasse, même si l'animal a été blessé sur une propriété où l'on peut chasser, ou de tirer du terrain où l'on a le droit de chasse sur un autre terrain.

§ 21. Il est aussi défendu d'emmener avec soi des lévriers, des chiens courants et des chiens couchants ou de les laisser errer, sans laisse, en dehors des routes publiques, sur les terrains où l'on ne possède pas le droit de chasse.

Les autres chiens ne doivent pas, non plus, êtres laissés sur les terrains de chasse, sans avoir un rondin, attaché au cou.

Les chiens errants sur un terrain de chasse, sans leur maître, ainsi que les chats errants peuvent être tués par ceux qui ont le droit de chasse, leurs gardes-chasse et les agents de police.

§ 22. Il est défendu de ramasser du gibier tué ou pris dans des pièges, sur le terrain où l'on n'est pas autorisé à chasser ou dont on n'a pas à surveiller la chasse. Il est aussi défendu de capturer de jeunes lièvres trouvés par hasard, ou de dénicher les oiseaux et leurs œufs.

§ 23. Quiconque est pris en flagrant délit, ou convaincu d'avoir tué des animaux de chasse, soit avec des armes à feu, soit avec des pièges, sera passible d'une amende de cinq à vingt-cinq thalers, ou à défaut de payement, d'un emprisonnement de deux à quinze jours.

En cas de contravention, ou si la contravention a été commise dans la nuit, ou dans la saison de chasse défendue; en cas de résistance, si l'on demande la remise de l'arme ; enfin, en cas d'outrages ou d'actes de violence à l'égard des propriétaires de chasse, la peine sera plus sévère.

L'infraction aux défenses comprises dans les §§ 16 à 22, entraînera la même pénalité, en tenant compte des circonstances.

Le produit de l'amende encourue sera attribué à la caisse des pauvres de la commune dans laquelle le délit a été commis.

§ 24. Les propriétaires, fermiers de chasse, ainsi que les gardes-chasse, sont autorisés à confisquer le gibier tué, ainsi que les armes entre les mains de celui qui viole les §§ 18, 19, 23. Les objets saisis seront aussitôt remis aux tribunaux compétents.

§ 25. Pour la fixation des peines, citées au § 23, on devra considérer si la confiscation des armes à feu, qui ont été employées par le délinquant, ou trouvées sur lui, a eu lieu lors d'un flagrant délit; ou, si elle a eu lieu, après que le délinquant a été convaincu d'avoir tué des animaux avec des armes à feu ou au moyen de pièges; s'il y a eu résistance ou infraction aux défenses portées aux §§ 18, 21, 22.

Le propriétaire peut toujours renoncer à la confiscation réelle du fusil, si la valeur lui en est payée.

§ 26. Les gendarmes à cheval, les agents de police et les gardes champêtres doivent, non seulement rechercher si des délits sont commis contre la loi de chasse, mais veiller à les empêcher le plus possible; ils doivent les dénoncer, et prêter main-forte aux propriétaires de chasse, sur leur demande.

§ 27. Il est, en outre, défendu, tant pour la protection de la chasse que pour la police sanitaire, d'introduire des lièvres, perdrix et tout gibier semblable, dans la ville ou dans les faubourgs, pendant la saison prohibée; la vente sur le marché, ou dans les maisons est aussi défendue, sous peine de confiscation du gibier introduit ou mis en vente, en dehors de la peine qui peut être infligée par la police.

Cette défense est appliquée même si le gibier n'a pas été tué sur le territoire de Brême.

§ 28. Sont et demeurent abrogées par la présente loi, toutes les ordonnances précédentes, notamment celle de police sur la chasse en date du 31 octobre 1836.

LOI DU 21 NOVEMBRE 1877.

Le 21 novembre 1877 était publiée une loi concernant les permis de chasse; cette loi décrétée le 16 novembre 1877, par le Sénat et la Bourgeoisie, les deux chambres qui exercent en commun le pouvoir, contient les dispositions suivantes : « Celui qui veut chasser doit demander à l'administrateur (Landherr) un permis à son nom, valable pour une année, sur tout le territoire de l'État de Brême. Celui qui chasse doit toujours porter son permis sur lui.

Cette prescription s'applique non seulement aux propriétaires de chasse, mais encore à ceux qui auront obtenu de lui, soit le transfert de son endroit, soit l'autorisation de chasser.

La délivrance du permis aura lieu contre le payement d'un droit de 10 marks. Il peut, toutefois, être délivré gratuitement, par l'administrateur, à ceux qui, d'après le § 9, lettre *b*) de l'ordonnance du 13 août 1819, ont le droit de chasser sur leurs propres terres et font un métier de la chasse, mais ce permis ne sera valable que sur leurs terres.

Celui qui exerce la chasse, sans porter son permis, sera passible d'une amende pouvant s'élever à 20 marks ; celui qui chasse sans avoir obtenu de permis, sera passible d'une amende pouvant atteindre 60 marks. Celui qui fait usage d'un permis appartenant à autrui, sera passible d'une amende pouvant s'élever à 150 marks ou de l'emprisonnement,

Cette loi qui devait entrer en vigueur le 1ᵉʳ janvier 1878 annulait le § 10 de l'ordonnance du 13 août 1849, tandis que le § 6 de cette ordonnance, devait être appliqué à cette nouvelle loi.

LOI DU 7 MAI 1878.

Le 7 mai 1878 fut publiée une loi de chasse, concernant les diverses époques pendant lesquelles la chasse était défendue.

D'après cette loi :

§ 1. Les saisons pendant lesquelles la chasse est prohibée sont spécifiées de la manière suivante :

1° Les canards sauvages, du 1ᵉʳ avril à la fin de juin. Dans quelques districts cette période peut être supprimée ou diminuée par l'administrateur (Landherr).

2° La bécasse et tous les autres oiseaux de marais et d'eau, excepté les oies sauvages et le héron, du 1ᵉʳ mai à la fin de juin.

3° La perdrix, du 1ᵉʳ décembre à la fin d'août.

4° Le lièvre et la caille, du 1ᵉʳ février à la fin d'août.

5° Le blaireau, du 1ᵉʳ décembre à la fin de septembre.

6° Le chevreuil, du 1ᵉʳ mars à la fin d'avril.

7° La chevrette, du 18 décembre au 15 octobre.

8° Le chevrillard, pendant toute l'année ; les jeunes chevreuils seront considérés chevrillards jusqu'au dernier jour du mois de décembre qui suivra la naissance.

§ 2. L'administrateur est autorisé, au point de vue de l'agriculture et de la conservation de la chasse, à fixer les époques pour le commencement et la fin des périodes, en ce qui touche la défense de chasser les animaux dénommés au § 1, n° 3, 4, 5. Il le fera au moyen d'ordonnances spéciales, qui ne peuvent pas dépasser plus de quatorze jours, soit avant, soit après les époques indiquées au § 1ᵉʳ.

§ 3. En ce qui concerne les battues d'animaux de chasse, sur les terrains clos, cette loi n'est pas appliquée ; toutefois, la vente du gibier capturé ou tué, pendant le temps où la chasse est défendue, est prohibée même pour celui provenant des endroits précités conformément à ce que porte l'article 5.

§ 4. La battue ou capture des animaux dénommés ci-dessus pendant le temps défendu, seront passibles d'une amende pouvant monter à 60 marks ou de l'emprisonnement jusqu'à huit jours.

§ 5. Celui qui met du gibier en vente ou le porte au marché, quatorze jours après la date fixée pour l'interdiction de la chasse, soit que le gibier soit entier ou dépecé, mais non préparé pour la nourriture, ainsi que l'intermédiaire, seront passibles, en outre de la confiscation du gibier, d'une amende pouvant s'élever à 30 marks ou de l'emprisonnement, pouvant atteindre huit jours.

§ 6. Par cette loi sont supprimés les §§ 14, 15, 23, art. 3 et 27 de l'ordonnance de 13 août 1849.

LOI DU 27 SEPTEMBRE 1889.

Enfin le 20 septembre 1889 parut une nouvelle loi de chasse, qui fut publiée le 27 septembre même année et qui contient les dispositions suivantes :

§ 1. Le droit de chasse sur le terrain d'autrui ne peut pas être acquis comme un droit ordinaire.

§ 2. Tout propriétaire a le droit exclusif de chasse sur son propre terrain ; sur les propriétés indivises, le droit appartient à l'usufruitier (fermier, tenancier, etc.).

L'exercice de ce droit est soumis aux restrictions prescrites par cette loi.

§ 3. Le propriétaire est autorisé à exercer son droit de chasse sur son propre terrain :

1) Si ce terrain contient dans son ensemble, d'un seul tenant, 75 hectares : les chemins, fossés, chemins de fer, ou les eaux qui traversent ce terrain, ne sont pas considérés comme formant interruption pour la contenance.

2) Sur les terrains de Wummesiede et Niederblockland, sur ceux du nord de la route centrale, situés dans les limites du terrain d'Oberblockland.

La question de savoir si le terrain est divisé sera tranchée par les autorités compétentes.

Les propriétaires de terrains ont seuls le droit d'exercer la chasse personnellement, ou de faire chasser par des gens de leur maison; toute autre personne ne peut y chasser qu'accompagnée du propriétaire ou de ses gens.

Les propriétaires compris dans la catégorie du n° 1 peuvent unir leurs terres au district de chasse où ces terres sont situées; pour les propriétaires mentionnés au n° 2, ils peuvent, d'après le § 9, décider, à la pluralité des voix, la formation d'un terrain commun de chasse; dès lors, les ordonnances spéciales aux chasses communes leurs sont appliquées.

§ 4. Le propriétaire ne peut chasser que sur les terrains spécifiés au § 3; les autres terrains réunis au district commun sont affermés au profit de leurs divers propriétaires.

Toutefois le propriétaire, sous réserve des lois sur la protection des oiseaux et des ordonnances de police, peut se livrer aux exercices suivants sur ses propres terres :

1) A la prise des oiseaux avec des lacets tendus en l'air.

2) Ils peuvent tuer ou faire tuer pendant le jour avec des armes à feu les animaux nuisibles, les écureuils et tous les oiseaux, excepté ceux regardés comme gibier de chasse, qui se trouvent dans les jardins attenant à leurs habitations.

Il faut, toutefois, que ces propriétaires aient obtenu un permis personnel de la police.

3) Ils peuvent construire des étangs à canards sur leurs terres, dans les territoires de Borgfelder Wischen et de Herrenbroken ; sur les bords de Borgfelder Weide, du côté le plus haut de la route de Hohenheide, jusqu'au nouveau pont, et chasser le canard, du 1er novembre jusqu'au 31 mars, soit eux-mêmes, soit faire chasser par un tiers.

§ 5. L'exercice de la chasse n'appartient pas aux propriétaires sur les routes publiques, les digues et les chemins de fer; ces étendues, si elles n'appartiennent pas déjà à un district de chasse, seront réunies aux terrains adjacents pour l'exercice de la chasse.

Pour les terrains ayant moins de 75 hectares, ces annexions ne seront pas comptées comme augmentation dans la superficie.

§ 6. Les principes du § 5 seront aussi appliqués pour les eaux, les rivières navigables et les canaux compris dans des terres.

§ 7. Dans les districts de chasse communs, les propriétaires seront représentés, dans toutes les affaires judiciaires de chasse, même dans les cas extraordinaires, par un comité de trois personnes, nommé pour six ans, et choisi par la majorité des intéressés du district.

Les décisions du comité sont prises à la majorité des voix.

Le comité de chasse règle les baux et perçoit les revenus des fermages de chasse.

Les plaintes portées contre le comité de chasse sont tranchées par les autorités de surveillance.

Les comités de chasse peuvent, avec l'assentiment de la majorité des propriétaires intéressés du district, et de la commission de ce district, ajouter les parties isolées d'un terrain à un autre district de chasse, et former, avec des terrains indépendants, plusieurs districts de chasse.

Les décisions prises sur la formation de ces districts de chasse ne sont valables que pour douze années.

Dans la ville de Brême le fermage de chasse se fait sur l'avis de la députation de l'administration des domaines publics.

§ 8. Les rétributions provenant des fermages de chasse sont recueillies par la direction de la chasse de l'administration des domaines publics, et distribuées, ensuite, aux propriétaires intéressés du district, au *prorata* des voix qu'ils représentent (§ 9).

§ 9. Les intéressés du district sont les propriétaires, ainsi que les usufruitiers des propriétés divisées, dont les terres sont comprises dans le fermage.

Ne sont pas compris dans ces propriétaires ceux mentionnés aux §§ 5 et 6.

La convocation et la direction des réunions des intéressés d'un district appartiennent à l'officier municipal.

Les résolutions sont prises à la majorité des voix des intéressés présents.

Les voix sont calculées d'après l'importance des propriétés, de sorte qu'un hectare au moins donne droit à une voix, et une voix est ajoutée, par chaque deux hectares en plus.

§ 10. Les autorités de surveillance sont, pour la ville de Brême, la direction de la police; pour la campagne, le comité communal; pour les villes de port, la commission du Sénat.

Les autorités de surveillance ont à voir si les conditions de fermage sont conformes aux prescriptions de police; elles examinent si les autres conditions qui peuvent être ajoutées par la commission de chasse, relativement aux usages suivis dans certains endroits, sont régulières.

§ 11. Les comités de chasse décident :

1° Si la majorité des intéressés d'un district, représentant les deux tiers des terrains, consentent à faire exercer la chasse dans ce district commun, où il n'y a pas de bail, par un garde-chasse, comment le produit de la chasse sera distribué aux propriétaires conformément au § 8.

2° S'il y a lieu de suspendre complètement la chasse dans le district de chasse commun, dans le cas où le consentement des intéressés est conforme à ce qui est dit au n° 1.

3° Si l'on doit accorder aux intéressés ayant des terres isolées du district, sur leur demande, le droit d'éliminer ces terrains de l'usage commun et de faire suspendre le droit de chasse sur lesdits terrains.

§ 12. Lorsque le droit de chasse est suspendu dans un district, ou sur des terrains isolés, il est défendu au propriétaire, lui-même, d'y chasser, et les terrains sont exclus du bail de ferme.

§ 13. Les étangs artificiels, les cours et jardins attenant à une habitation, ainsi que les plantations destinées à l'usage public, tant que les limites en sont reconnaissables, sont exclus de la chasse commune, à moins que le propriétaire n'en demande l'annexion.

On ne peut chasser sur les terrains exclus.

§ 14. Pour être valables, les baux de chasse doivent être formulés par écrit.

Le fermage peut se faire à l'amiable; sinon il devra être fait par adjudication publique, au plus offrant, du moment où cela aura été décidé par les intéressés du district.

Les personnes qui ne sont pas en possession d'un permis de chasse, ou qui ne peuvent prouver qu'un permis leur a été accordé, ne seront pas acceptées comme fermiers.

Si le permis de chasse est retiré à un fermier, le bail expire à la fin de l'année courante du fermage. Les co-fermiers ont le droit de prendre pour leur propre compte ledit bail jusqu'à la fin du temps du fermage.

§ 15. Pour les districts de chasse de moins de 200 hectares, un seul fermier est accepté; on en accepte deux pour les districts de 200 hectares jusqu'à 400, et trois pour les districts plus grands.

Ceci s'applique aussi aux districts partiels.

§ 16. La cession du droit de bail de chasse et celle du sous-fermage ne sont permises qu'avec l'assentiment du contractant et des co-fermiers.

§ 17. A la mort du fermier, à moins qu'il n'y ait des conventions spéciales, le bail expire avec la fin de l'année de bail, dans laquelle le décès a eu lieu.

Pour le nombre des co-héritiers admis au droit d'exercer la chasse, on appliquera le § 15.

Si un co-fermier meurt, les survivants ont le droit de prendre la part de celui-ci pour leur compte, à la fin de l'année courante, jusqu'à la fin du temps du fermage.

§ 18. Les contrats de fermage doivent être faits, au moins, pour six années et au plus pour douze; ils seront communiqués à l'autorité surveillante, qui en prendra connaissance.

§ 19. Celui qui chasse, sans la présence du fermier, doit se pourvoir d'une permission de chasse délivrée par ledit fermier. S'il y a plusieurs fermiers, la permission devra être signée par chacun d'eux. Dans cette permission sera fixé un délai autorisant à chasser, délai qui ne peut dépasser une semaine. Les permissions qui ne fixent pas ce délai ou qui en accordent un plus long, ne seront pas valables. La délivrance de permission contre paiement, et particulièrement contre participation au versement du prix du fermage, est défendue.

§ 20. La chasse aux lévriers et chiens courants (Bracken) peut être défendue ou restreinte, par ordonnance de police.

§ 21. Il est défendu, sans la permission de celui qui a le droit de chasse, de laisser errer des chiens dans la campagne ou de les y mener sans être attachés.

§ 22. Toute chasse à courre et au rabat est défendue jusqu'à midi, les dimanches et jours de fête; tout exercice de chasse est aussi interdit dans une circonférence de mille mètres des églises.

§ 23. Les chiens et chats qui errent ou chassent, sans surveillance, ou qui sont trouvés chassant à une distance de moins de 200 mètres d'une habitation, peuvent être tués par celui qui a le droit de chasse. Il peut aussi les faire tuer.

Cette ordonnance ne s'applique point aux chiens couchants qui traversent le terrain d'autrui dans l'exercice de la chasse.

§ 24. Il est défendu de ramasser du gibier tué, blessé ou pris soit dans des lacets, soit par tout autre moyen, sans la permission de celui qui a le droit de chasse.

§ 25. Celui qui veut chasser, doit se pourvoir d'un permis de l'autorité de police du district. Ce permis est valable pour tout le territoire de l'Etat, mais il ne peut servir qu'à celui qui l'a obtenu et il doit toujours le porter pour chasser. Ceci s'applique aussi bien à ceux qui ont le droit de chasse, qu'à ceux auxquels ce droit a été accordé ou transmis.

Le permis est délivré pour une année, c'est-à-dire du 1ᵉʳ septembre au 31 août.

Un droit de 10 marks est perçu pour la délivrance de ce permis.

Pour ceux qui ont le droit de chasse en vertu des §§ 3 et 4, nº 3, ce droit se trouvant restreint, il n'est perçu, pour le permis, qu'une somme de 3 marks.

En dehors seront délivrés des permis de 2 marks valables seulement pour un jour fixé.

Les sommes résultant des permis de chasse entrent dans la caisse de la Commune.

§ 26. Le permis de chasse est refusé :

1º Aux personnes soupçonnées de pouvoir faire un usage imprudent des armes à feu, ou dangereux pour la société publique.

2º Aux personnes qui ne jouissent pas de leurs droits civils, ou qui sont placées sous la surveillance de la police.

§ 27. Le permis de chasse peut être refusé :

Aux personnes qui ont été condamnées pour vol forestier, délit de chasse, infraction aux §§ 117 à 119, 292 à 294 du Code pénal; contravention aux ordonnances de police concernant la chasse, ou le tir non autorisé, et cela pendant cinq années, après que la peine a été subie, prescrite ou remise.

§ 28. Si des faits, en raison desquels le permis de chasse aurait pu être refusé, viennent à la connaissance des autorités compétentes, après la concession dudit permis, celui-ci peut être déclaré non valable et retiré.

§ 29. Les animaux de chasse sont seulement :

a) Quadrupèdes.

L'élan, le cerf, le daim, le chevreuil, le sanglier, le lièvre, le castor, le blaireau, le renard.

b) Volatiles.

Le coq de bruyère, le coq des bois, la gelinotte, le lagopède, la perdrix, la caille, le faisan, le pigeon sauvage, la bécassine, l'outarde, la petite outarde, le roi de caille, la grue, le cygne sauvage, l'oie, le canard sauvage, ainsi que tous les autres oiseaux de marais et d'eau, excepté le cormoran, le scieur, l'alcyon, les grèbes de rivière, les cigognes et les cendrés.

§ 30. La chasse est défendue :

1º Pour l'élan, du 1ᵉʳ décembre jusqu'à la fin d'août.

2º Pour le cerf et le daim (mâle), du 1ᵉʳ février au 15 octobre.

3º Pour les veaux du cerf et du daim, du 1ᵉʳ février au 15 octobre.

4º Pour le chevreuil (mâle), du 1ᵉʳ mars à la fin d'avril.

5º Pour le chevreuil (femelle), du 15 décembre au 15 octobre :

6º Pour les veaux du chevreuil pendant toute l'année.

7º Pour le blaireau et le castor, du 1ᵉʳ décembre à la fin de septembre.

8º Pour le coq de bruyère, le coq des bois, le faisan, du 1ᵉʳ juin à la fin d'août.

9º Pour les canards sauvages, du 1ᵉʳ avril à la fin de juin.

10° Pour les outardes, bécassines, bécasses, cygnes sauvages, vanneaux, et tout autre oiseau de marais et d'eau, excepté les oies sauvages, du 1er mai à la fin de juin.

11° Pour les perdrix et poules des landes, du 1er décembre à la fin d'août.

12° Pour la poule de bruyère, la poule des bois, la poule du faisan, la gelinotte, la caille et le lièvre, du 1er février à la fin d'août.

Les jeunes du cerf, du daim et du chevreuil sont regardés comme veaux, jusqu'au dernier jour du mois de décembre qui suit leur naissance.

§ 31. Il est défendu de prendre dans des lacets le gibier pour lequel un temps prohibé est fixé dans le § 30.

§ 32. Il est aussi défendu à ceux qui ont le droit de chasse de s'emparer des œufs et des jeunes du gibier à plume.

Pour les œufs de vanneaux et des mouettes, ils peuvent être recueillis jusqu'au 16 avril de chaque année.

§ 33. L'autorité de surveillance a le droit, dans l'intérêt de l'agriculture ou de la chasse, de remettre le commencement et la fin du temps prohibé, chaque année, à une époque différente, pour les gibiers cités au § 30 sous les nos 7, 8, 9, 11 et 12.

Toutefois le commencement et la fin du temps prohibé ne doit pas être fixé plus de quinze jours avant, ou quinze jours après celui indiqué au § 30.

§ 34. Le huitième jour après celui fixé pour la défense de chasser tel gibier, jusqu'à la fin de la défense, ce gibier ne doit plus être expédié, mis en vente, exposé, offert en vente, vendu ni acheté dans les districts où le temps prohibé est applicable, à moins qu'il ne soit tout préparé pour la table.

§ 35. La prescription contenue au § 34 ne sera pas appliquée au gibier qui a été confisqué pour cause de délit, ou qui a été tué avec l'assentiment ou par ordre de l'autorité compétente.

Celui qui expédie ce gibier en pièce entière ou le porte pour être vendu, le transporte pour être expédié ou exposé, l'offre en vente ou le vend, doit être pourvu d'un permis de la police du lieu, l'autorisant à vendre ou à expédier ledit gibier.

§ 36. Les cerfs, daims ou chevreuils, non dépecés et chez lesquels il n'est plus possible de reconnaître le sexe, ne peuvent être expédiés, mis en vente, exposés, offerts, vendus ou achetés, à partir du huitième jour de l'époque fixée pour la défense qui protège le gibier femelle.

Celui qui pendant ce temps expédie ou met en vente des cerfs, daims ou chevreuils dépecés, doit se pourvoir d'un certificat de celui qui a le droit de chasse; ou si le gibier a été confisqué ou tué avec l'assentiment ou l'ordre de l'autorité compétente, il doit se pourvoir d'un certificat de la police du lieu, attestant le sexe du gibier.

§ 37. Les prescriptions des §§ 34 et 36 sont applicables au gibier tué dans les parcs clos; mais celles des § 30 et 31 ne sont pas applicables à ce gibier.

§ 38. Des instructions plus précises, pour l'exécution de cette loi, sont données par voie administrative.

Des peines.

§ 39. Seront punis d'une amende de 150 marks ou de l'emprisonnement :

1° Ceux qui exercent la chasse sur leurs propriétés, quoique la chasse soit suspendue par des ordonnances.

2° Ceux qui, contrairement aux prescriptions de cette loi, ou des ordonnances mentionnées au § 33, tuent ou prennent du gibier pendant le temps défendu.

3° Ceux qui prennent du gibier avec des lacets, contrairement au § 31.

§ 40. Seront punis d'une amende pouvant s'élever à 60 marks, ou d'un emprisonnement qui peut être de quinze jours :

1° Ceux qui chassent sans avoir reçu un permis.

2° Ceux qui font usage d'un permis non délivré à leur nom, d'un permis périmé, ou d'un permis déclaré non valable d'après le § 21.

3° Ceux qui chassent avec permission, mais sans le permis qui doit être délivré par celui à qui appartient le droit de chasse.

4° Ceux qui donnent un permis de chasse contre argent.

5° Ceux qui chassent avec un permis de chasse acheté.

6° Ceux qui, contrairement aux §§ 34 à 36, expédient du gibier, le mettent en vente, l'offrent ou l'achètent.

§ 41. Sont punis d'une amende pouvant s'élever à 30 marks ou d'un emprisonnement pouvant atteindre une semaine :

1° Ceux qui, contrairement aux prescriptions du § 21, laissent errer des chiens ou les conduisent dans les champs.

2° Ceux qui, les dimanches et jours de fête, chassent contrairement aux prescriptions du § 22.

3° Ceux qui ne portent pas leurs permis en chassant.

4° Ceux qui, contrairement aux prescriptions du § 32, dénichent des œufs ou des jeunes du gibier à plume protégé, ou recueillent des œufs de vanneaux ou de mouette en temps défendu.

5° Ceux qui achètent du gibier contrairement aux prescriptions des §§ 34 à 36.

Ordonnances transitoires et finales.

§ 42. Les permis de chasse qui sont valables lors de la promulgation de cette loi, conserveront leur validité jusqu'au 1er septembre prochain.

§ 43. Sont supprimés le règlement de chasse du 13 août 1849, la loi du 21 novembre 1877 et celle du 7 mai 1878.

ORDONNANCE DU 27 SEPTEMBRE 1889.

Le 27 septembre 1889 a été publiée une ordonnance concernant les certificats de provenance du gibier. — Cette ordonnance porte :

§ 1. Tout gibier qui peut être chassé suivant le § 29 de la loi du 27 septembre 1889, qui est dépecé ou se trouve en pièces entières, et est :

a) introduit dans un endroit, magasin ou marché, ou qui d'une manière quelconque, est offert à la vente ;

b) ou vendu pour être expédié par la poste ou le chemin de fer, doit être pourvu d'un certificat de provenance, s'il ne peut pas être prouvé qu'il provient d'un district où l'obligation de pourvoir le gibier d'un certificat de provenance n'existe pas.

Le certificat de provenance doit accompagner chaque morceau de gibier.

Chaque employé de police au service de l'Etat et de la commune peut vérifier si cette ordonnance est observée.

§ 2. Les certificats de provenance doivent être dressés par celui qui a le droit de chasse ou par son remplaçant légitime.

§ 3. Le certificat doit être fait lisiblement, sans ratures, avec de l'encre, en y inscrivant en toutes lettres les jours et les mois ; il doit être légalisé par le comité exécutif ou par l'administrateur, et porter le timbre de l'autorité.

En voici le modèle :

Certificat de provenance du gibier, valable pour l'année...
Terrain...
Gibier...
Tué le...
Expédié ou vendu le...
L'ayant-droit de chasse...
Certificat de la Police...
Cachet...
Signature...

Pour le gibier dépecé, une seule copie du certificat de provenance, délivrée pour le gibier entier, suffit.

§ 4. Les certificats de provenance seront délivrés au comité exécutif ou chez l'administrateur, à ceux qui ont le droit de chasse ou à leurs représentants légitimes, connus des autorités comme gens de confiance; ils seront donnés en quantité suffisante moyennant le payement d'une taxe.

§ 5. Les certificats de provenance auxquels manque une des conditions indiquées ci-dessus, ou qui auront huit jours de date lors de leur remise, ne seront plus valables.

Est regardé comme jour de la remise celui de la vente ou de l'expédition, marqué sur le certificat.

Une prolongation peut être accordée exceptionnellement par le comité exécutif ou l'administrateur qui en feront mention au dos du certificat, signeront et apposeront le cachet de l'autorité.

§ 6. Celui qui transporte ou introduit du gibier dans un endroit, magasin ou marché, l'offre en vente d'une manière quelconque, ou l'expédie par la poste ou par le chemin de fer, sera responsable du non-accomplissement des prescriptions des §§ 1 jusqu'à 5, s'il veut éviter les peines portées dans le § 11.

Ceci ne s'applique pas au transport fait par les employés des postes ou chemins de fer, si ces employés agissent en vertu de leurs fonctions.

§ 7. Pour le gibier, que celui qui a le droit de chasse ou celui qui est autorisé à chasser, dans un autre district, transporte en chassant ou en revenant de la chasse ou fait transporter par une personne chargée de cette mission, dans les districts de chasse, dans lesquels il a le droit de chasser, un certificat de provenance n'est pas exigé.

§ 8. Il est interdit aux fermiers de chasse et aux autres personnes ayant le droit de chasse, de délivrer des certificats de provenance qui ne sont pas pourvus de date et de signature, aux individus qui n'ont pas droit à la chasse.

§ 9. Le gibier introduit du dehors doit être pourvu d'un certificat de provenance, répondant aux prescriptions imposées dans le lieu de provenance.

§ 10. Celui qui achète du gibier ou qui le reçoit par la poste ou le chemin de fer, ne doit détacher le certificat de provenance que lorsqu'il est parvenu dans son habitation.

Il est défendu de se servir une seconde fois d'un certificat de provenance, après la vente ou l'envoi de la pièce de gibier.

§ 11. Les infractions à cette ordonnance seront punies d'une amende de soixante marks.

Celui qui au même moment, par rapport à plusieurs pièces de gibier, contrevient au § 1, s'expose pour chaque pièce de gibier à l'amende ci-dessus ; mais toutes les amendes séparées ne doivent pas dépasser au total la somme de 60 marks.

§ 12. Ces dispositions ne s'appliquent point au gibier déjà préparé pour la nourriture.

§ 13. Cette ordonnance est entrée en vigueur le 1er décembre 1889.

AUTRICHE (EMPIRE D').

I. Du droit de chasse en Autriche.
II. Décret du 7 mars 1849. — Ordonnance et Instruction du 15 décembre 1852. — Prescriptions relatives aux indemnités pour dégâts causés par le gibier et la chasse. — Ordonnance relative aux examens des chasseurs professionnels et du garde-chasse. — Ordonnance relative à la prestation de serment du personnel forestier et des gardes-chasse. — Mesures relatives aux permis de chasse. — Dispositions relatives aux chemins de fer, en ce qui touche le transport des chiens et des matières inflammables. — Convention avec l'Italie.
III. Autriche (Basse). — Autriche (Haute). — Bohême. — Bukowine. — Carinthie. — Dalmatie. — Galicie, Lodomérie, province de Cracovie. — Goritz-Gradiska. — Istrie. — Carniol. — Moravie. — Salzbourg. — Silésie. — Styrie. — Trieste. — Tyrol. — Vorarlberg.

1° L'empire d'Autriche comprend l'Autriche et la Hongrie; mais depuis 1867, le dualisme qui existe entre ces deux pays, sauf pour les affaires dites communes, fait que nous ne nous occuperons tout d'abord que de l'empire d'Autriche, ou pays Cisleithans, qui comprend les provinces slavo-allemandes, autrefois dénommées sous le nom de pays héréditaires.

Ces provinces sont l'archiduché de la Basse-Autriche, l'archiduché de la Haute-Autriche, le royaume de Bohême, le duché de Bukowine, le duché de Carinthie, le royaume de Dalmatie, le royaume de Galicie et de Lodomérie, avec le grand-duché de Cracovie, le comté-principauté de Goritz et Gradiska, le Margraviat d'Istrie, le duché de Kraine, le Margraviat de Moravie, le duché de Salzbourg, le duché de Silésie, le duché de Styrie, la ville de Trieste, le comté-principauté du Tyrol, le pays du Vorarlberg.

Si pour ces provinces les affaires communes sont soumises à la représentation de l'Empire, chacune a son statut provincial spécial.

La législation sur la chasse se compose donc de lois et d'ordonnances générales édictées pour tous les royaumes et pays représentés au parlement de l'Empire et de lois spéciales à chacun de ces royaumes et pays.

Ce n'est qu'en 1848, après la révolution, que le droit féodal, en matière de chasse, a été aboli dans les pays de la couronne par la patente impériale du 7 septembre de ladite année.

Jusque-là, le droit de chasse sur le littoral autrichien avait été régi par l'Édit du 7 janvier 1769, rendu par Marie-Thérèse.

D'après cet Édit :

1° Le droit de chasser et d'oiseler sur les terres formant une propriété privée, entourée de clôtures et cultivée, appartenait aux propriétaires respectifs de ces terres, à l'exclusion de tous autres, sous les règles établies au § 6 du présent Édit.

2° Sur les terrains formant propriété privée, non entourés de clôture et non cultivés, le droit de chasse et d'oisellerie appartenait au propriétaire, mais non exclusivement ; quiconque était muni d'une licence régulière, délivrée par le magistrat Impérial et Royal pouvait également y chasser.

3° Le droit de chasser et d'oiseler sur les fonds communaux, sans distinction, appartenait exclusivement à la communauté, conformément aux paragraphes précédents. Le magistrat donnait des permissions de chasser et d'oiseler sur lesdits fonds, en vertu d'une licence spéciale.

4° La taxe de toute licence de chasse au fusil était fixée à deux florins, et à un florin pour la licence d'oiseler.

5° Il était interdit, sous les peines déterminées au paragraphe suivant, aussi bien aux propriétaires privés sur leur domaine, qu'aux autres individus munis de licences du magistrat, de chasser et d'oiseler sous aucun prétexte, du 1er février jusqu'à la fin du mois de juillet. La chasse et l'oisellerie n'étaient autorisées que du 1er août jusqu'à la fin du mois de janvier suivant.

6° Quiconque :

1° Dans l'intention de chasser ou d'oiseler, s'introduisait dans les vignes, les terres cultivées ou les enclos d'autrui, sans l'assentiment exprès du propriétaire, bien que muni d'une licence du magistrat ;

2° Quiconque chassait ou oisellait sur les fonds communaux ou sur les terres non closes d'une propriété privée, sans être muni d'une licence ;

3° Quiconque, sans distinction, chassait ou oisellait en temps prohibé, encourait non seulement la confiscation des armes et du gibier, mais encore une peine pécuniaire de 25 florins, et ce, en dehors d'une autre peine à déterminer selon la qualité du contrevenant, les circonstances du fait, sa nature et la récidive, etc.

Le 28 février 1786 une patente impériale qui visait les possessions héréditaires de la monarchie, étendue aux autres provinces de la couronne, refusait le droit de chasse aux paysans et aux bourgeois.

La patente du 7 mars 1849, qui remplace celle du 7 septembre 1848, est venue appliquer de nouveaux principes qui ont quelque rapport avec ceux admis en Allemagne ; ils sont toutefois moins sévères, car on voit qu'en Bohême, par exemple, les petits propriétaires peuvent s'associer pour constituer l'étendue de terrain exigée afin d'avoir le droit de chasse.

Cette nouvelle patente abolit le droit de chasse sur la propriété d'autrui ; elle fait aussi disparaître tous les autres services et prestations personnelles qui dépendaient de ce droit, sans que les possesseurs de ces privilèges puissent réclamer aucune indemnité, à moins qu'ils ne les aient acquis par actes à titre onéreux, passés avec les propriétaires du fonds servant.

Le droit de chasser pour le propriétaire sur les propriétés encloses est maintenu.

Tout propriétaire de terres ayant 115 hectares ou plus, d'un seul tenant, a le droit de chasser sur lesdites terres ; mais ce droit sur toute autre propriété n'ayant pas cette superficie d'un seul tenant, ou n'étant pas close, appartient à la commune, qui peut en tirer profit soit en le louant, soit en faisant chasser pour son compte.

Le produit de ces locations, ainsi obtenu chaque année, se répartit entre les propriétaires des terres proportionnellement à leur étendue et déduction faite des frais d'administration.

Les délits et infractions commis en matière de chasse sont punis conformément aux lois pénales de l'Empire.

L'action pour réclamer une indemnité, à raison des dommages causés par les animaux sauvages ou les chasseurs, appartient exclusivement aux propriétaires des terres ; ils doivent l'exercer en conformité du droit civil contre les particuliers ou les personnes morales qui exercent le droit de chasse.

Demeurent, en outre, en vigueur les prescriptions relatives à la police de la chasse en tant qu'elles ne sont pas contraires à ce qui est prescrit dans cette patente.

Les lois provinciales déterminent exactement les époques d'ouverture et de fermeture de la chasse.

Des dispositions ont été édictées postérieurement à cette patente pour réglementer le droit de chasse, dans certains pays qui composent l'Empire ; dans toutes ces réglementations, prédomine plus ou moins le principe de restriction du droit de propriété. En effet, on y reconnaît exclusivement le droit de chasse aux propriétaires de vastes domaines et on oblige les autres à se réunir pour former un groupe qui ne pourra tirer profit de la chasse qu'en louant le droit ou en y faisant chasser. Enfin lorsqu'il s'agit de propriétés n'ayant pas l'étendue requise par la loi ou dont les propriétaires ne se sont pas réunis pour former un groupe, il y a obligation de céder le droit de chasse sur lesdites terres soit aux municipalités, soit aux propriétaires qui possèdent des terres d'une plus grande étendue.

Ce qui est à remarquer encore dans cette législation, c'est que s'emparer du gibier qui ne vous appartient pas est regardé comme un vol. Sont donc punis comme voleurs, par le Code pénal, ceux qui prennent du gibier, ainsi que les receleurs et les complices du vol.

Le droit de suite n'existe pas.

Le principe des indemnités pour dégâts de chasse ou de gibier est reconnu.

Il est défendu de chasser avec meute ou en battue les jours de fête et les dimanches.

Le permis de chasse, qui est nécessaire, est de 10 florins (1) pour les propriétaires et les fermiers de chasse; il n'est que de deux florins pour les invités.

Les lois relatives à la chasse en Autriche, traitent principalement des mesures de police, de l'exercice du droit de chasse, des dégâts commis par le gibier, du temps pendant lequel il est défendu de chasser, du permis de chasse et du port d'arme, du droit de chasse communale, de la destruction des bêtes de proie et des primes à payer, de la protection des oiseaux, du personnel des gardes et des licences exigées pour le commerce du gibier.

Nous allons d'abord donner les décrets, lois et ordonnances s'appliquant à tous les royaumes et pays représentés au parlement de l'Empire; puis nous indiquerons les lois et ordonnances locales qui sont souvent semblables, étant toutes puisées à la même source, si ce n'est pour les époques d'ouverture et de fermeture de la chasse en raison de la diversité du gibier et du climat.

En tête des mesures relatives à la chasse pour les royaumes et les pays représentés au parlement de l'Empire, à l'exception de la Bohême et de la Dalmatie, se trouve le Décret impérial du 7 mars 1849 (n° 154 du Code national), décret qui est avec l'ordonnance de 1769 la base de la législation et du droit de chasse en Autriche.

(1) Le florin vaut 60 kreutzers ou 2f55.

Décret du 7 mars 1849. — Nous, François-Joseph Ier, par la grâce de Dieu, empereur d'Autriche, roi de Hongrie et de Bohême, etc., prenant en considération que le dégrèvement de la propriété foncière, annoncé par la loi du 7 septembre 1848, de même que d'autres raisons d'État rendent urgente la réglementation des conditions actuelles de l'exercice du droit de chasse, avons décidé sur la proposition de notre conseil des Ministres, de décréter à ce sujet les dispositions suivantes et d'ordonner à l'égard des pays de la couronne pour lesquels la loi du 7 septembre 1848 a été promulguée, ce qui suit :

§ 1. Le droit de chasse sur les terrains et le sol d'autrui est aboli.

§ 2. L'indemnité, par suite de l'abolition de ce droit de chasse en faveur des concessionnaires, n'aura lieu que dans le cas où l'ayant-droit se fondera sur la preuve d'un contrat, stipulant indemnité et conclu avec le propriétaire de la terre dégrevée.

Les formalités de résiliation, dans ce cas, seront arrêtées par la commission terrienne, nommée en exécution de la loi du 7 septembre 1848.

§ 3. Les corvées de chasse et autres prestations ayant pour objet la chasse sont abolies sans dédommagement.

§ 4. Le droit de chasse dans les parcs clos reste maintenu dans les termes où il a été autorisé jusqu'ici. Les terres sises sur une réserve close doivent appartenir au propriétaire de la chasse ou à une tierce personne.

§ 5. Tout propriétaire d'un lot de terres, se rattachant les unes aux autres, d'au moins 115 hectares, est autorisé à se livrer à la chasse sur ce lot de terres qui forment sa propriété.

§ 6. Sur toutes les autres terres, sises dans une certaine démarcation communale, en tant qu'elles ne sont pas exceptées par les paragraphes 4 et 5, le droit de chasse est accordé à chaque commune respective, à partir du jour de la mise en vigueur du présent décret.

§ 7. La commune est tenue soit d'affermer en totalité le droit de chasse à elle concédé, ou de le laisser exercer par des chasseurs spéciaux, nommés expressément à cet effet.

§ 8. Le profit net annuel de la chasse concédée à la commune, à la fin de chaque année administrative ou de chaque bail, devra être réparti entre la masse des propriétaires fonciers dont les terres sont comprises dans la démarcation communale où la commune exerce son droit de chasse, et cela à proportion de l'étendue de chaque propriété.

§ 9. Chaque commune est passible d'une amende de dix à deux cents gulden (florins), monnaie de convention, s'il est fait de la chasse à elle assignée, tout autre usage que celui qui se trouve spécifié au paragraphe 7.

Les fonctionnaires de l'Administration veilleront à l'exécution de ce règlement.

§ 10. Les délits de chasse et le braconnage commis, soit par des individus de la commune, soit par des étrangers, seront punis conformément aux lois existantes.

§ 11. Pour les propriétaires seuls subsiste le droit à une indemnité, à raison des dégâts causés par le gibier et les chasseurs, ainsi que le recours contre les personnes réelles, ou les personnes civiles appelées à exercer le droit de chasse en vertu du présent décret.

§ 12. Restent en vigueur les mesures existantes relatives à la police de la chasse, en tant qu'elles ne sont pas contraires au décret actuel, et les autorités considéreront comme de leur devoir formel de les faire exécuter rigoureusement.

§ 13. Les baux ou contrats de fermage qui ne sont pas conformes aux dispositions de ce décret, sont abrogés à partir de l'époque indiquée. Dans tous les cas, les demandes de dommages basées sur ces contrats, devront être introduites par la voie judiciaire.

§ 14. Le présent décret entre en vigueur du jour de sa promulgation.

§ 15. Les ministres de l'intérieur et de l'agriculteur sont chargés de l'exécution complète du présent décret. (*Ordonnance du 15 décembre 1852*, n° 257, Code impérial).

Visant les mesures relatives à l'exercice du droit de chasse communal, le ministre de l'intérieur a rendu l'ordonnance suivante :

En vertu de la délégation reçue de S. M. A. l'Empereur et Roi, par décision souveraine du 23 septembre de la présente année, portant que jusqu'à la promulgation d'une loi réglant d'une manière définitive l'industrie de la chasse, on devra prendre par voie administrative, toutes les mesures réglementaires propres à faire disparaître les inconvénients qui se sont produits dans le sens qui a motivé la mise en vigueur du Décret souverain du 7 mars 1849, surtout relativement au droit de chasse concédé aux communes, arrêtons ce qui suit :

§ 1. Le droit de chasse sur le territoire accordé à la commune, en vertu du paragraphe 6 du décret souverain du 7 mars 1849, pour y exercer ledit droit, ou sur les terrains dont elle est propriétaire, ne pourra, sauf le cas prévu par le paragraphe 10 de la présente ordonnance, être exercé dorénavant qu'en vertu d'un bail à ferme, négocié par les fonctionnaires civils du district.

§ 2. Le bail, à raison des recours du public, doit être en général passé au chef-lieu de l'administration politique du district. La notification devra en être faite, si cela est possible, dans un délai de trois mois, à partir de la fin de l'ancien bail, par les soins desdits fonctionnaires au moyen d'affiches publiques, mais elle pourra avoir lieu, suivant les circonstances, dans un laps de temps plus long.

§ 3. Ne peuvent être autorisées comme fermiers des chasses, que les personnes sur lesquelles ne pèse aucun soupçon.

Les communes sont exclues du bail de chasse, et tous les baux tendant à tourner cette disposition, seront non-avenus.

§ 4. Le contrat de fermage devra être soumis à la ratification des fonctionnaires civils du district.

§ 5. Si le contrat de fermage d'une chasse n'aboutit pas, l'autorité civile, en dehors des poursuites spéciales qu'exerce la commune, prendra, en outre, les dispositions nécessaires.

§ 6. La durée du temps de bail ne devra pas, en règle générale, être moindre de cinq années : pour des raisons importantes, seulement, ce laps de temps peut être plus court, mais il ne sera jamais inférieur à trois années.

§ 7. Le concessionnaire du bail de chasse a devant lui pour s'acquitter du montant du bail, qui doit toujours être stipulé payable en espèces, une période de deux années; la moitié servira de cautionnement, l'autre moitié d'arrhes pour la première année. Le cautionnement peut être payé en valeurs d'État, évaluées au cours de la Bourse, d'après la cote, du jour du versement.

§ 8. Le montant du bail d'une année doit toujours être acquitté quatre semaines avant le commencement de l'année du bail s'il y a une nouvelle licitation, et cela aux frais et risques du concessionnaire.

§ 9. Les sommes provenant du cautionnement et du fermage devront être versées au bureau des contributions. Quatre semaines après l'expiration du temps du bail, le montant du cautionnement, sur l'ordre des autorités civiles, sera restitué au concessionnaire, à moins qu'on ne le retienne ou réclame à titre de compensation, pour le montant des amendes.

§ 10. Exceptionnellement, et lorsque le bail répond aux conditions spécifiées par la présente ordonnance, les fonctionnaires de l'administration civile pourront prolonger les baux déjà existants, après entente avec la commune intéressée, même sans licitation publique préalable, dans les limites de l'ordonnance actuelle.

§ 11. En ce qui concerne la répartition du produit net de la chasse pour l'année, il faudra la régler d'après la disposition du paragraphe 8 du décret souverain du 7 mars 1849.

§ 12. La cession partielle ou totale des baux de chasse par sous-location à des tiers, contre-remboursement en argent, ou en se réservant une partie du revenu de la chasse, ne peut avoir lieu sans le consentement des autorités civiles, à raison de la nullité ultérieure de l'affaire, et attendu que les parties tomberaient sous le coup des pénalités.

De même, l'échange de quelques parcelles contre celles d'un autre territoire de chasse est soumis à l'approbation des autorités civiles.

§ 13. Les concessionnaires, de même que les propriétaires de terre, spécifiés dans le paragraphe 5 du Décret souverain du 7 mars 1849, doivent, sous leur propre responsabilité, préposer à la surveillance de la chasse, des chasseurs experts, ou des personnes entendues et dont la capacité soit notoire; on doit les faire connaître par leurs noms, aux autorités du district.

§ 14. Avec l'approbation des autorités civiles, le titulaire lui-même (propriétaire du sol ou fermier de la chasse), reconnu capable, peut, comme tel, être préposé à la surveillance.

§ 15. Il est accordé pour la susdite notification (§§ 13 et 14), aux titulaires actuels, une période de trois mois, du jour de la publication de la présente ordonnance. Si la notification n'est pas faite, les titulaires de la chasse, même les privilégiés, devront y être contraints par tous les moyens propres à assurer l'exécution de cette mesure; quant aux fermiers, il sera procédé sans retard à la résiliation du contrat primordial et du bail de reprise, à leurs risques et périls.

§ 16. Les exceptions, en vertu d'un titre légal privilégié, à l'exécution complète des dispositions contenues dans cette ordonnance, ne sont pas recevables.

§ 17. Personne n'est fondé à exercer le droit de chasse en son propre nom ou au nom d'un autre, si l'on n'a pas, conformément au Décret souverain du 24 octobre 1852 (§§ 14 et 19), obtenu l'autorisation de porter des armes de chasse.

« Tout acte ayant pour but de violer ou d'éluder les susdites mesures, sera puni d'une amende, allant de 25 à 200 florins, et le montant sera affecté aux institutions de charité de la localité où la contravention aura eu lieu.

S'il n'est pas possible de recouvrer les amendes prononcées, soit à raison de leur importance, soit du fait du contrevenant, ces amendes seront transformées en une détention d'un jour par chaque somme de cinq florins. »

— *Instruction du 15 décembre* 1852. — Cet exercice du droit de chasse une fois réglementé, visant les mesures de police concernant la chasse, le ministre de l'Intérieur, le 15 décembre 1852, adressait l'instruction suivante aux gouverneurs des pays formant l'empire :

Considérant que pour la réglementation du droit de chasse, il est absolument nécessaire de tenir la main à l'application des mesures de police relatives à la chasse, autant dans l'intérêt des chasseurs eux-mêmes, que pour la sauvegarde du cultivateur, vous voudrez bien, en conséquence, non seulement publier de nouveau toutes les dispositions légales existantes à cet égard, qui ne seront pas en opposition avec le décret sur la chasse du 7 mars 1849 et avec les ordonnances complémentaires publiées à cet effet, mais encore en surveiller la stricte exécution.

— *Prescriptions relatives aux indemnités pour dégâts causés par le gibier et par la chasse.*

Il y a lieu, à l'égard des pays qui sont l'objet du règlement relatif à la chasse et qui se composent des royaumes et provinces représentés au parlement de l'Empire, à l'exception de la Bohême et de la Dalmatie, d'établir au sujet des prescriptions relatives aux indemnités pour dégâts causés par le gibier et la chasse, la division suivante :

A. — Bukovine, cercle de Goritz-Gradisca Istrie, Carinthie,

Moravie, Autriche en deçà de l'Enns, Salzbourg, Silésie, Tyrol, Trieste.

B. — Krainie, Autriche au delà de l'Enns, Styrie et Vorarlberg.

Pour les pays appartenant à la division B. de nouvelles lois existent sur la matière : quant à ceux compris sous la lettre A, les indemnités à allouer pour les dégâts causés par le gibier et par la chasse, reposent sur les prescriptions suivantes :

§ 2 du *Décret imp. sur la chasse du 28 février* 1786. — « Tout concessionnaire d'un petit ou grand terrain jouissant du droit de chasse a par suite la faculté d'élever dans ses bois, prairies et halliers, des faisans; de chasser ou courre le lièvre avec des chiens, sur son district de chasse ou territoire, en tant que cela a lieu, sans dommages pour le propriétaire du sol, autrement le concessionnaire de la chasse sera tenu de l'indemniser.

« Tous dégâts causés aux plantations dans les champs, aux vignobles et aux vergers, qu'il s'agisse de réserves princières ou appartenant à de simples particuliers, devront être remboursés à ceux qui en auront été victimes, soit en nature, soit en espèces, dans la mesure des dommages soufferts. En conséquence, toutes les dévastations de cette sorte devront être portées à la connaissance de l'autorité, au moment où elles sont encore visibles et appréciables. L'autorité sera tenue de les faire évaluer par des personnes impartiales de la même commune ou de la commune voisine, et d'en communiquer l'évaluation au bailli du cercle. Le bailli du cercle devra convoquer pour cette évaluation, s'il s'agit de chasses princières, le veneur impérial le plus rapproché, et s'il s'agit de chasses appartenant à des particuliers, le chasseur du propriétaire du district ; il aura aussi à fixer le montant des dégâts, et à contraindre au paiement les individus responsables de l'indemnité ».

— *Décret impérial du 30 août* 1788. — « Nous rappelons que tous les dégâts causés par le gibier, que ces dégâts aient lieu dans des champs, des vignobles ou des vergers, seront chaque fois, conformément aux prescriptions des lettres patentes du 28 février 1786, paragraphe 15, évalués impartialement et sans délai : cette évaluation sera réglée et compensée, sans perte de temps et à vue d'œil, par les baillis compétents, du cercle ou canton, en présence des chasseurs et des parties intéressées, convoqués les uns et les autres à cet effet; que l'estimation des pertes doit toujours se faire d'après les notions et l'expérience d'économie rurale qui permettent de calculer à l'avance à quel point les dégâts pourront en réalité se monter jusqu'à l'époque de la récolte, ou pourront être nuisibles à celle-ci, ce qu'il ne faut jamais perdre de vue. »

— Le *Décret impérial du 27 novembre 1788* autorise, dans certains cas, où il est impossible de procéder sur-le-champ à l'appréciation des dégâts d'une façon sûre, à renvoyer ladite estimation à une époque déterminée.

— *Decret de la Chancellerie aulique du 12 avril 1821.* — Dans ce décret de la chancellerie aulique en ce qui a rapport au cas spécial de dégâts causés par le gibier aux jeunes taillis, on a, par des motifs juridiques, exclu et omis toute compensation, attendu que pour des dégâts de ce genre il ne peut pas plus être question d'indemnité, qu'il n'est admissible de favoriser la suppression complète des clôtures dans les forêts en ce qui concerne le gibier; on doit bien plutôt laisser au propriétaire du bois le soin de garantir ses jeunes taillis contre les atteintes du gibier par les moyens dont les propriétaires de terres cultivées sont autorisés à se servir en vertu du paragraphe 12 du Décret impérial de l'année 1786 (art. 11 de la Circulaire du gouverneur de l'Aut. du N. en date du 27 décembre 1852).

(Le ministère de l'Agriculture ayant eu, toutefois, l'occasion de protester devant la Cour administrative de justice contre l'exécution de ce décret de la Chancellerie aulique dans la législation provinciale, la Cour administrative de justice repoussa cet appel à la date du 26 mai 1877, et se prononça contre la prétention du ministère de l'Agriculture, d'après laquelle, l'indemnité à raison des dégâts dont il est ici question serait obligatoire pour les concessionnaires de chasse, attendu que ladite prétention n'était pas fondée en droit. Déjà quelque temps auparavant le susdit ministère avait, dans un cas spécial, formellement reconnu que les propriétaires du sol devaient être indemnisés pour tous les dommages encourus, sans qu'aucune restriction fût apportée à leurs réclamations d'indemnités, pour les produits des champs, ainsi que pour les arbres fruitiers et les vignobles, que par conséquent l'énumération des objets à indemniser dans le paragraphe 15 des lettres patentes du 28 février n'avait eu lieu qu'à titre d'indication).

§ 11. *Des lettres patentes du 7 mars 1849.* — Les propriétaires des terres pris individuellement conservent le droit à un dédommagement pour les pertes encourues à raison des dégâts occasionnés par le gibier et les chasseurs, ainsi qu'au paiement de ladite indemnité en espèces conformément aux prescriptions contenues dans lesdites lettres patentes à l'égard des personnes réelles et morales appelées à se livrer à l'industrie de la chasse.

— *Ordonnance des ministères de l'Intérieur et de la Justice du 14 juillet 1859.* — Il a plu à Sa Majesté Apostolique, l'Empereur et Roi, par décision souveraine du 1er décembre 1858, de déclarer que dans les pays de la couronne pour lesquels ont été promulguées les Lettres patentes du 28 février 1786 en ce qui concerne les procès et la décision en appel, pour réclamations d'indemnités à raison de dégâts de chasse, les magistrats civils seuls auront à en connaître, et que par conséquent, toutes requêtes et plaintes relatives à des affaires de ce genre, devront être adressées aux juges civils de première instance.

— *Décision de la Cour administrative de justice.* — La loi sur la protection de l'agriculture du 30 janvier 1860, en tant qu'elle s'adresse aux empiètements illégaux sur une propriété foncière, ne peut être étendue jusqu'au point de régler les rapports entre les fermiers d'une chasse et les propriétaires d'une terre formant le territoire de ladite chasse (17 mai 1879, I. 931).

Pour les dégâts causés par le gibier, l'axiome universel et fondamental de droit que renferme le § 1305 du Code, et en vertu duquel personne n'est responsable du préjudice résultant pour autrui de l'exercice de son droit, se trouve soumis à une restriction, en ce sens que la personne appelée à exercer le droit de chasse, et pour les chasses affermées, le fermier, tout comme cette personne, sont tout à la fois autorisés et tenus d'enclore leur territoire de chasse, car les dégâts causés par son voisinage, même si le gibier n'excédait pas la proportion voulue, donneront lieu à des indemnités (31 janvier 1883).

En outre, toutes les détériorations occasionnées au sol par le fait de la chasse devront être payées au propriétaire par le concessionnaire de la chasse (17 mai 1879). L'obligation de rembourser les dégâts provenant du gibier et des chasseurs, incombe, au moment où ils se produisent, à la personne qui a le droit d'usage de la chasse (13 novembre 1878).

De plus, le propriétaire d'une terre quelconque est fondé à réclamer des indemnités pour tous les dégâts provenant de la chasse, que ceux-ci aient été commis dans les bois et dans de jeunes taillis dépendant des premiers, ou bien encore dans des prairies (17 février 1877, 26 mai 1877, 14 décembre 1878, 9 février 1882).

Le décret de la Chancellerie aulique du 12 avril 1821 (section du Code pour la Basse Autriche III, page 213), d'après lequel on ne devrait aucune compensation pour les dévastations causées par le gibier aux jeunes plants d'arbres, n'a pas la force d'un décret légal (26 mai 1877).

De la disposition contenue dans le paragraphe 12 des Lettres patentes de 1786, qui accorde au propriétaire du sol l'autorisation d'établir des clôtures contre les incursions du gibier, on ne saurait déduire que la renonciation à ce moyen de préservation entraîne avec soi la déchéance du droit de revendiquer des indemnités pour dommages comme c'est, au surplus, le cas dans certains pays où des lois spéciales prescrivent à la charge du propriétaire du sol, l'érection de barrières protectrices (7 juin 1888).

Le concessionnaire d'une chasse est tenu, de plus, à la compensation des dégâts qui ont eu lieu sur son territoire de chasse, même si ceux-ci proviennent d'animaux errants (4 septembre 1877, 23 février 1878).

Les bêtes noires (sangliers) ne doivent être élevées que dans des parcs clos et garantis contre toute évasion; au cas où un de ces animaux serait trouvé en dehors desdits parcs, toute personne a le droit de l'abattre, de même que les bêtes de proie nuisibles, aussi le concessionnaire n'encourt-il aucune obligation de remboursement sous le prétexte de dommages causés par une bête noire, sauf le cas où il serait établi que ledit propriétaire « élève » des bêtes noires hors de parcs clos. C'est aussi le cas, surtout quand le propriétaire d'une chasse épargne exprès les bêtes noires et les traite de façon à obtenir le résultat que donnerait un ménagement artificiel et non une multiplication accidentelle de ce gibier, aussi sera-t-il tenu de rembourser les dégâts qu'il aura ainsi causés. Un tel procédé est de nature à donner une base à l'obligation, de la part du concessionnaire de la chasse, de rembourser le montant des dégâts occasionnés par les bêtes noires et les frais en résultant (27 septembre 1883).

Dans la réclamation d'indemnités par suite des dégâts occasionnés par le gibier à adresser au magistrat, ne doivent figurer réglementairement que les dégâts qui sont encore visibles et qui seront constatés au moment de l'évaluation par la commission (5 janvier 1873).

La circonstance, que sur les trois experts convoqués pour l'estimation des dégâts de chasse, un seul est désigné directement par le juge et que le choix d'un autre est laissé aux parties intéressées, ne constitue, laissant de côté le degré de confiance que méritent les personnes, nullement un vice de forme, pas plus que le refus de serment des experts (29 mars 1879).

Si la partie lésée, malgré une citation en règle ne se trouve pas présente le jour du règlement, le juge est autorisé seulement à diriger les négociations en son absence, mais il ne doit pas en déduire que la partie qui n'a pas comparu se désiste de ses réclamations (27 septembre 1883).

Les concessionnaires de chasses ne sont pas tenus de supporter les frais résultant du recouvrement des indemnités dues pour dégâts, si les personnes lésées, sans avoir au préalable réclamé du concessionnaire de la chasse la compensation des dégâts de chasse par la voie amiable, procèdent sur-le-champ à la fixation du montant du remboursement au moyen d'une commission (8 avril 1886).

Les concessionnaires de chasses sont obligés de supporter les frais qu'occasionne l'institution de la Commission pour le recouvrement des dégâts de chasse, du moment où les individus lésés, pour effectuer le recouvrement de leur demande en dommages, n'y peuvent parvenir que par l'intervention du magistrat.

Les frais pour la représentation des parties et les frais légaux qui auront été faits pour les négociations en vue du remboursement des dégâts de chasse, ne peuvent, à l'instar des frais de délégation et de voyages des agents de l'autorité, être mis à la charge de la partie perdante (9 avril 1885).

Mesures relatives aux permis de chasse.

Il convient, en général, de faire remarquer en conformité des circulaires du 30 mars 1881 et du 23 janvier 1884, émises par le ministère de l'Intérieur, de concert avec le ministère de l'Agriculture, que pour les membres du corps diplomatique accrédités auprès du gouvernement Austro-Hongrois par les États étrangers, les permis de chasse, quand ces fonctionnaires font usage du droit de chasse, ne sont pas obligatoires, et que de plus lesdits fonctionnaires sont exempts de l'obligation du port d'armes (§ 17 de la circulaire ministérielle du 15 décembre 1852).

Touchant l'obligation du timbre pour les permis de chasse, le ministre des Finances et le ministre de l'Agriculture, ont d'un commun accord, par la circulaire du 1er mars 1888, adressée aux magistrats des tribunaux civils des divers États de l'Empire, arrêté les dispositions ci-après.

En général, les permis de chasse sont soumis au droit de timbre, soit :

1° Quand ils sont délivrés par les fonctionnaires du gouvernement, au timbre de 1 florin.

2° Quand ils sont délivrés par le conseil des villes (municipalité), à une commune ayant ses propres statuts, au timbre de 50 kreutzers.

3° Quand ils sont délivrés pour le personnel de service chargé de la surveillance de la chasse, à un timbre de 15 kreutzers.

Le renouvellement des permis de chasse, quand on en délivre

une seconde fois, est soumis aux mêmes charges que pour la première fois.

Les demandes écrites ou verbales, dont il est dressé procès-verbal, sont soumises aux droits de timbre (loi du 13 décembre 1862).

La nouvelle délivrance ou renouvellement des permis de chasse peut toutefois avoir lieu sur simple demande verbale sans rédaction de procès-verbal, et dans ce cas on est dispensé de l'acquittement du timbre exigé pour requête ou pour procès-verbal.

Avant d'aborder pour chaque pays de la couronne, l'examen des mesures appliquées à la chasse en exécution de ces instructions, il faut citer les prescriptions et ordonnances très minutieuses qui concernent le personnel de garde-chasse (n° 100 du Code Impérial) tant au point de vue des qualités requises, des examens à passer, que du serment à prêter.

D'après ces ordonnances les candidats qui voudront obtenir le certificat officiel de capacité professionnelle comme chasseurs ou comme gardes-chasse, doivent se soumettre à un examen réglé par cette ordonnance.

Le candidat doit avoir dix-huit ans accomplis, et avoir fait un apprentissage pratique du service de chasse pendant une année au moins.

Les personnes qui, à raison d'un délit ou à raison de contraventions dressées pour braconnage, pour soustraction, pour complicité dans ces actes ou pour fraude, ou celles qui à raison d'infractions, ou de contraventions au § 1 de la loi du 28 mai 1881, n° 47, Code impérial, ou au § 1 de la loi du 25 mai 1883, n° 78, Code impérial, auront subi des condamnations, ne seront pas admises à passer l'examen pendant la période fixée à cet effet par la loi du 15 novembre 1867, n° 131 du Code de l'Empire.

Puis l'ordonnance s'occupe des épreuves orales et écrites dont se compose l'examen. Elle fixe à 5 florins le montant des droits d'examen, dont la remise peut être du reste obtenue.

Quant au certificat délivré par suite de l'examen passé par les personnes qui se destinent à la carrière de chasseur, ou aux fonctions de garde-chasse, il n'exempte pas, dans le cas de l'examen complémentaire établi pour le service auxiliaire technique d'aide et garde-forestier, de l'obligation de passer ce dernier dans toute l'étendue prescrite par le § 37 de l'Ordonnance du 11 février 1889, n° 23, Code impérial.

Par contre, le certificat délivré pour l'examen passé par les agents de l'État pour le service auxiliaire technique d'aide et de garde forestier est valable, en tant que déclaration officielle de la capacité ou aptitude professionnelle pour la carrière de chasseur et pour le service de garde-chasse.

Cette ordonnance est entrée en vigueur, à partir du 1er juillet 1889.

— *Ordonnance du 2 janvier 1854.* — Cette ordonnance émanant du ministère de l'Intérieur traite de la prestation de serment exigé du personnel forestier et du personnel des gardes-chasse en ce qui concerne le service des chasses. Elle se trouve complétée par une ordonnance du même ministre du 1er juillet 1857, relative aux conditions requises pour la prestation du serment par les gardes forestiers et les gardes-chasse. Elle porte :

§ 1. Seront seules admises par le magistrat civil, à la prestation du serment pour les charges de garde forestier et de garde-chasse, les personnes d'une conduite irréprochable.

§ 2. Se trouveront être surtout, dans les conditions nécessaires pour la prestation du serment comme garde forestier et comme garde-chasse, les personnes qui :

a) ont réussi avec succès à passer l'examen officiel imposé aux agents forestiers de l'État et au personnel auxiliaire professionnel, ou qui

b) ont plus de vingt ans accomplis.

§ 3. Les individus qui ont été condamnés par suite d'un délit, ou par suite de voies de fait exercées contre une autre personne, ou encore pour contraventions du même genre, ainsi que ceux reconnus coupables de délits causés par l'amour du gain ou d'outrages à la morale publique ou de contraventions de même nature : les individus, en outre, acquittés faute de preuves suffisantes : enfin ceux qui, à raison de récidive ont été emprisonnés pour une période d'au moins six mois, ne pourront être assermentés pour le service forestier et le service de surveillance de la chasse, sans une autorisation du magistrat supérieur du Tribunal civil, laquelle ne devra être accordée que par des raisons d'une importance majeure.

§ 4. L'admission à la prestation du serment devra être refusée aux personnes faibles d'esprit et d'intelligence, aux piliers d'estaminet et de brasserie, aux joueurs, aux bretteurs et aux débauchés, aux gens que l'on soupçonne de faux témoignages ou d'être contrebandiers, en général à tous les individus infirmes ou vicieux qui, dans l'opinion du magistrat civil, sont peu propres ou entièrement impropres à exercer la charge de garde forestier ou de garde-chasse officiel ainsi que les droits de dépositaires et d'agents de l'autorité.

§ 5. Les personnes assermentées comme gardes forestiers et comme gardes-chasse perdront, dans le cas où une des causes d'exclusion spécifiées au § 3 viendrait à se produire, les droits que confère, en vertu de la loi, la prestation du serment aux personnes investies de l'autorité et remplissant des fonctions publiques.

Au surplus, conformément au § 4 les individus qui viendraient à contracter des habitudes vicieuses ou immorales, pourront être condamnés à la perte de ces droits.

§ 6. Les magistrats civils subalternes qui sont appelés à recevoir le serment pour les charges de garde forestier et de garde chasse, sont aussi appelés à statuer sur l'autorisation de prêter serment et sur la perte des droits acquis comme agents assermentés.

Contre ces jugements, on pourra se prévaloir du moyen légal du recours, conformément aux dispositions du § 77 de la loi forestière.

§ 7. On remettra à toute personne assermentée pour le service forestier et pour le service de la chasse une attestation par écrit du serment prêté, laquelle attestation servira de légitimation.

§ 8. Les magistrats civils subalternes auront à rédiger des rapports détaillés sur toutes les personnes chargées du service forestier et du service de la chasse qui se trouveront dans leur juridiction, et ils devront exercer sur elles une surveillance incessante.

Le maître ou son représentant sont obligés, sous peine d'une amende administrative, **allant de** 2 à 10 florins, de porter à la connaissance des magistrats civils **respectifs, tout** changement qui se produira dans les rangs de leur personnel assermenté pour le service forestier et le ervice de chasse, dans un délai ne dépassant pas six mois au plus.

— *Dispositions extraites du règlement du* 10 *juin* 1874, *relatif aux chemins de fer des royaumes et pays représentés au parlement de l'Empire* (*Code impérial, n° 75*).

Ordonnance du ministère du commerce du 10 juin 1874 :

Ces dispositions ont trait au transport des chiens et matières inflammables.

Les chiens et autres animaux ne doivent pas être transportés dans les vagons destinés aux personnes.

Les matières inflammables et plus particulièrement les armes chargées, la poudre, les préparations facilement inflammables ne doivent pas être transportées dans les wagons destinés au public (§ 22).

Le personnel du chemin de fer est autorisé à s'assurer que ces défenses sont observées. Les contrevenants sont responsables de toutes conséquences fâcheuses.

Le transport des *munitions portatives* est néanmoins accordé aux chasseurs et aux personnes au service de l'État.

On peut cependant s'opposer à ce que le voyageur transporte une arme à feu avec lui.

Le transport des chiens a lieu dans des wagons spéciaux (§ 41).

Une ordonnance du ministre du commerce du 6 mai 1885 (Code impérial n° 75) traite de l'acceptation par le service des transports de l'administration des postes des capsules fulminantes et des cartouches métalliques.

On exige un empaquetage spécial (art. 2) dans des boîtes ayant une épaisseur indiquée, le tout avec de l'étoupe sèche pour empêcher tout ballottage. Ces boîtes doivent être maniées avec précaution (art. 3). Si les douilles ne sont pas tout en métal, les paquets seront refusés (art. 4).

Les déclarations fausses ou la négligence dans l'accomplissement des conditions exigées, entraînent, en outre, des pénalités établies par le Code pénal ou par les ordonnances spéciales, une amende de 25 florins en dehors des responsabilités pour les dommages (Règlement relatif aux transports par l'administration des postes, année 1838, § 2).

— *Convention avec l'Italie du 5 novembre 1875 relative à la protection des oiseaux utiles à l'agriculture.*

La convention suivante a été passée entre l'Autriche et l'Italie.

Art. I*er*. — Les gouvernements des deux parties contractantes s'engagent à prendre, par un système de lois, des mesures réglementaires propres à assurer une protection efficace aux oiseaux utiles à l'agriculture, dans les limites tracées par les articles suivants, II à V.

Art. II. — Il est, en général, interdit de détruire ou d'enlever les nids et les couvées, d'emporter les œufs et de prendre de quelque façon que ce soit, les petits des oiseaux. De même, il est défendu de vendre les nids, les œufs et les oiseaux obtenus en violation de cette interdiction.

Art. III. — Il est, de plus, généralement interdit :

a) de prendre ou tuer les oiseaux pendant la nuit, au moyen de gluaux, lacets et filets, armes à feu et autres; on entend ici par : nuit, la période de temps qui commencera une heure après le coucher du soleil jusqu'à une heure après le lever du soleil.

b) de prendre ou tuer les oiseaux, au moyen de n'importe quel engin de chasse, aussi longtemps que le sol est couvert de neige.

c) de prendre ou tuer les oiseaux, au moyen de rigoles, aux abords des sources et des étangs, pendant les périodes de sécheresse.

d) de chasser aux oiseaux, en se servant de grains ou autres graines alimentaires renfermant des substances toxiques ou narcotiques.

e) de chasser aux oiseaux, au moyen de lacets et de pièges de toutes espèces et de toutes formes qui peuvent être placés au ras du sol, notamment de rêts, de cages à souricière, de trébuchets à bascule et de trappes nommées « ploke » en Dalmatie, ainsi que de filets destinés en général à la capture des alouettes, et connus sous le nom italien de « lanciatora » tirasses.

f) de chasser aux oiseaux, au moyen des « paretelle », pantières, sorte de filets à bascule bien connus, et surtout au moyen de piquets mobiles et portatifs qu'on plante dans le sol, ou plus commodément dans les champs, ou que l'on étend sur la route.

Les gouvernements des deux parties contractantes se réservent d'interdire ultérieurement d'autres engins de capture, si d'après les rapports adressés par les magistrats nommés à cet effet en Autriche-Hongrie, ou d'après ceux adressés d'Italie aux conseils provinciaux, il vient à être reconnu que de tels engins agissent d'une façon tout à fait nuisible et destructive à l'égard de la conservation des oiseaux sédentaires et des oiseaux de passage.

Art. IV. — Il ne sera, d'ailleurs, permis de prendre ou tuer les oiseaux, sans enfreindre l'interdiction générale, que

a) du 1er septembre jusqu'à fin février, en se servant d'armes de chasse ;

b) du 15 septembre jusqu'à fin février, en se servant d'autres engins non prohibés

La vente des oiseaux, en dehors desdites périodes, est défendue.

Art. V. — Des dérogations aux articles II, III et IV pourront être autorisées par chacun des deux gouvernements dans des buts scientifiques, à la suite de démarches motivées et à des conditions précises.

Art. VI. — Comme d'après la teneur de l'article 1er, les dispositions de cette déclaration n'ont d'autre objet que de protéger les espèces d'oiseaux qui sont utiles à l'agriculture, il va de soi que les articles II à V ne s'appliquent, ni aux oiseaux de proie ni aux oiseaux reconnus nuisibles à l'économie rurale ou domestique, ni aux oiseaux apprivoisés de basse-cour (volailles), généralement élevés en vue des besoins ruraux et domestiques.

Quant à ces oiseaux, qui, d'une façon ou d'autre, ne sont ni utiles ni nuisibles à l'agriculture, et dont la principale valeur n'existe qu'au point de vue de la chasse, les articles II à V ne pourraient leur être appliqués sans restriction ; les gouvernements des deux parties contractantes déclarent être, par conséquent, disposés à décréter par rapport aux différentes espèces d'oiseaux de cette catégorie, des mesures propres à assurer la conservation des espèces dans l'intérêt de la chasse.

Art. VII. — Les gouvernements des deux parties contractantes se communiqueront réciproquement, de temps à autre, les mesures relatives à la protection des oiseaux, lesquelles auront été publiées pour les territoires de leurs Etats avec les explications nécessaires et désirables.

Art. VIII. — Les gouvernements des deux parties contractantes s'entendront pour que d'autres Etats accèdent à la présente déclaration.

Art. IX. — La présente déclaration sera expédiée en double exemplaire qui seront contresignés par les ministres des Affaires Etrangères, et réciproquement échangés.

Nous allons examiner maintenant, pour tous les pays de l'Empire, les dispositions légales et les ordonnances rendues en vertu de l'instruction du 15 décembre 1852, adressée aux gouverneurs desdits pays.

Ces dispositions et ordonnances forment l'ensemble de la législation sur la chasse en Autriche ; elles ont souvent entre elles un grand rapport en raison de leur point de départ uniforme, mais nous avons cru utile de les donner autant que possible en entier.

HAUTE-AUTRICHE.

— ORDONNANCE DU GOUVERNEUR DE LA HAUTE-AUTRICHE, DU 28 DÉCEMBRE 1852, concernant l'exécution des mesures de police sur la chasse (Code spécial).

A la suite de l'ordonnance du Ministère impérial et royal de l'Intérieur, publiée dans la Gazette locale des tribunaux pour l'année 1852, relative à l'exercice du droit de chasse et qui se reporte en outre au paragraphe 12 du décret souverain du 7 mars 1849, en conformité de l'ordonnance du Ministère impérial et royal de l'Intérieur, du 15 décembre 1852, nous publions de nouveau, en vue de leur notification et de leur stricte exécution, les mesures de police sur la chasse qu'il est absolument nécessaire de mettre en vigueur, tant dans l'intérêt des chasseurs eux-mêmes que pour protéger les cultivateurs.

1. Le possesseur d'une chasse est autorisé à élever sur sa réserve du gibier de toutes sortes, nourri par tous moyens. Il a de plus la faculté d'élever des faisans dans les tirés, prairies et fourrés.

2. Les bêtes noires (sangliers) ne pourront être gardées que dans des parcs clos et bien garantis contre toute évasion.

3. Le gibier est la propriété du titulaire de la chasse, et celui-ci est libre de chasser ou traquer sur sa réserve, les lièvres ou tout autre gibier, avec des chiens; de le prendre ou de le tuer en tant que cela a lieu, sans causer de dommages au propriétaire du sol, que le titulaire de l'enclave aurait à indemniser. Le propriétaire de la chasse est tenu d'avoir égard au temps du rut, ou d'interdiction de chasser.

4. Le propriétaire d'une réserve est autorisé, en prévision du passage du gibier sur celle-ci, à faire usage de son droit de chasse, dans la mesure où cela est nécessaire pour protéger son enclave.

5. Le gibier blessé ou atteint sur l'enclave même et qui refuit dans l'enclos d'une garenne étrangère, ne doit pas y être poursuivi, et le propriétaire de la réserve où s'est réfugié le gibier, a la faculté d'en disposer comme de sa propriété. Afin toutefois que le gibier ne succombe pas sans qu'on le sache, le chasseur qui l'aura atteint devra en donner avis au titulaire ou aux gardes de l'autre réserve limitrophe où le gibier a rusé, pour qu'on puisse faire les recherches nécessaires en vue de retrouver la bête frappée. Le titulaire ou les chasseurs de la réserve où l'animal sera tombé, ou bien sera trouvé mort, bien qu'encore chaud, auront à payer au chasseur qui en aura donné avis, tant pour l'avoir trouvé que pour l'information, la moitié des frais faits pour cette chasse.

6. Tout chasseur a le droit de tendre des ressorts en fer et des lacets,

ainsi que de creuser des chausse-trappes sur sa réserve. Afin d'éviter tous dommages et tous malheurs, on doit néanmoins planter de signes avertisseurs que chacun puisse facilement apercevoir et reconnaître.

7. Sur les terres cultivées en blés, maïs, sarrasin, millet, raves, lin, chanvre, chardons à foulon (cardiaires), légumes en gousse, de même que dans les houblonnières, du commencement du printemps jusqu'à la fin de la cueillette de ces sortes de produits, dans les vignobles avant la fin des vendanges, enfin sur les champs de trèfle, il n'est permis ni au titulaire d'une chasse ni aux chasseurs, sous quelque prétexte que ce soit, de chasser, traquer ou quêter même avec un seul limier.

Si le titulaire d'une chasse contrevient personnellement à cette interdiction, il sera puni par les agents de l'administration du district (arrondissement), d'une amende allant de 5 jusqu'à 25 florins (m. conv.) qui seront prélevés en faveur de ceux sur les terres desquels la contravention aura eu lieu. Les gardes préposés à la surveillance de la chasse seront pour ces mêmes faits punis d'une détention allant jusqu'à 3 jours.

8. Les fonctionnaires de l'administration doivent veiller à ce que les propriétaires de réserves s'abstiennent d'user de leur droit de chasse à l'époque du rut (saison où la chasse est interdite), ainsi qu'il convient aux chasseurs de profession, afin que l'exercice de ce droit ne dégénère pas en une extermination totale du gibier; ces mêmes fonctionnaires sont aussi tenus, au cas où les propriétaires de garennes élèveraient du gibier en telle quantité qu'il puisse nuire à l'agriculture, de ramener ceux chez qui ils remarqueraient un trop fort accroissement de l'espèce à une réduction proportionnelle.

9. Tout propriétaire est autorisé à préserver ses terres, qu'elles soient en dehors ou au milieu des bois et des pâturages, de même que ses forêts et ses pâturages, au moyen de planches ou d'échaliers d'une certaine hauteur, ou encore par des fosses avec parapets, contre l'invasion du gibier afin d'éviter les dégâts qui en résulteraient. Cependant lesdites planches, échaliers ou fosses, ne doivent en aucune façon être disposés en vue de la capture du gibier.

Dans les endroits situés au bord des rivières, on pratiquera dans l'enceinte, tous les 500 pas, des portes ou ouvertures, afin qu'à l'époque des fortes crues le gibier puisse se sauver de lui-même.

10. Toute personne est autorisée à repousser le gibier de ses champs, de ses prairies et vignobles. Si en pareille circonstance quelque fauve se blessait en bondissant ou se noyait, le propriétaire de la bête n'est pas autorisé à réclamer une indemnité.

11. Surtout le droit de chasse ne doit pas empêcher que dans l'intérêt de l'agriculture, chacun ne puisse exploiter ses bois, en se conformant aux lois forestières, ou jouir sans restriction de ses terres; par conséquent, y construire des maisons d'habitation et des bâtiments d'exploitation agricole, sarcler le sol de toutes herbes nuisibles, moissonner sans difficulté, mener paître son bétail aux époques voulues.

On devra seulement, à l'occasion de cette exploitation, ne pas violer les lois de police de sûreté générale et celles relatives à l'agriculture.

12. Pour les dégâts subis à raison du gibier ou de la chasse, les propriétaires du sol auront individuellement droit à un dédommagement, évalué en monnaie, en vertu des règlements en vigueur contre les personnes appelées à exercer le droit de chasse.

13. Par contre, les possesseurs de chasses devront être garantis contre toute violation de leurs droits, et le braconnage ainsi que la destruction du gibier seront interdits d'une façon absolue.

A ce point de vue, le possesseur d'une garenne et les gardes-chasse préposés à la surveillance de celle-ci, pourront faire feu sur les chiens qui, dans les bois ou dans les champs, chassent loin des habitations ou des troupeaux.

14. Quiconque sera trouvé traversant une enclave étrangère, à moins que ce ne soit sur la route ou sur le *sentier*, avec un fusil, des chiens d'arrêt ou des chiens courants, sera appréhendé et conduit devant le magistrat, chargé de la procédure correctionnelle.

15. Quiconque trouve un fauve qui s'est enferré ou blessé, ou qui se noie, ne peut se l'approprier en aucune manière, mais il doit en informer le propriétaire des tirés ou bien les gardes préposés à la surveillance de ceux-ci.

16. Quiconque sans autorisation du propriétaire de la chasse, cherche à s'approprier ou s'approprie en effet le gibier, en tendant pour cela des filets, des lacets ou des traquets, ou qui cherche à le capturer ou le tuer par n'importe quels moyens, commet une action répréhensible, laquelle de même que le détournement de toute autre propriété, doit être punie d'après le code pénal, comme tentative de vol, ou comme vol consommé.

Tombent sous le coup de cette disposition, non seulement le braconnier et les auteurs directs du détournement, mais encore les participants et les complices; ainsi que tout individu qui sera convaincu d'avoir recélé des pièces de gibier, braconné ou tué, ou d'avoir sciemment acheté d'un braconnier ledit gibier.

17. Bien que la surveillance des braconniers et de leurs agissements incombe en premier lieu aux gardes-chasse préposés à cet effet, il est néanmoins du devoir de tous les agents de l'ordre public d'avoir à rechercher sans exception, pour les arrêter et traduire devant les tribunaux, tous individus qui, sans autorisation, traquent ou tuent le gibier.

Les fonctionnaires de l'ordre administratif et les agents de la sûreté publique devront apporter le plus grand zèle à l'exécution stricte et formelle des mesures de police sur la chasse.

— *Circulaire du gouverneur, du 16 novembre 1854 (Code impérial) relative à l'établissement des primes pour les bêtes de proie détruites.*

Le Ministère impérial et royal de l'Intérieur, à l'occasion d'un recours qui lui a été adressé, et après entente préalable avec le Ministère impérial et royal des Finances au sujet de la Circulaire du 27 octobre 1854, a trouvé convenable d'accorder aussi pour les anciennes provinces de la Haute-Autriche, la faculté d'établir certaines primes pour la destruction des animaux carnassiers, celles-ci ayant déjà été établies dans les nouvelles provinces incorporées par la souveraine décision du 30 décembre 1817. Le Trésor public accorde :

Pour un ours femelle....................	40 flor. monnaie de convention.
Pour un ours mâle......................	30 » » » »
Pour une louve ou une femelle de loup-cervier...............................	25 » » » »
Pour un loup ou un loup-cervier.........	20 » » » »
Et pour les oursons, louveteaux et les petits du loup-cervier.....................	10 » » » »

— *Loi du 27 février 1874* (Code local) *relative aux époques de chasse défendues et à la protection.*

§ 1. Il est interdit aux époques de ménagement et de parturition ci-dessous spécifiées, de chasser, prendre ou tuer les espèces de gibier dont voici la liste : 1° Le cerf et le daim mâle, du 1ᵉʳ novembre au 31 janvier ; 2° le chevreuil mâle, du 1ᵉʳ mars au 31 mai ; 3° le chamois mâle, du 1ᵉʳ décembre au 15 juillet ; 3° les lièvres, du 15 janvier au 15 août ; 5° la biche et la daine, ainsi que leurs faons ; les chamois femelles, les chevrillards, le blaireau et le castor ou bièvre, du 1ᵉʳ février au 30 septembre ; 6° le coq des bouleaux et le coq des bruyères, du 1ᵉʳ juin à fin février ; 7° la gélinotte, la perdrix des roches et la perdrix de neige, ainsi que les bécasses, du 1ᵉʳ mars au 15 août ; 8° les faisans, perdrix grises, cailles et pigeons sauvages, du 1ᵉʳ février au 31 juillet ; 9° les oies et canards sauvages, les gralles et les oiseaux aquatiques, du 1ᵉʳ mars au 31 mai ; 10° le chevreuil femelle, la poule des bouleaux et des bruyères, durant l'année entière. On comprend sous le nom de faons ou de chevreaux le jeune gibier, depuis la naissance jusqu'au 1ᵉʳ juillet de la suivante année, quand il s'agit de fauves tels que cerfs, daims et chevreuils.

§ 2. Il est défendu de prendre aux lacets le gibier de toute espèce, comme aussi de détruire les œufs et de dénicher les jeunes. Les concessionnaires de chasses et le personnel préposé par eux sont seuls autorisés à emporter des œufs pour les faire couver par des poules domestiques.

§ 3. Cette loi ne s'applique pas au gibier tué dans les garennes fermées. La vente du gibier tué dans lesdites garennes durant la période d'interdiction est défendue, mais dans la mesure des dispositions du § 6.

§ 4. La réduction proportionnelle que devra ordonner le magistrat civil, en vertu du § 11 des lettres patentes sur la chasse du 28 février

1786, dans le cas où la quantité de gibier élevé dans les parcs ou garennes pourrait par son excès nuire à l'agriculture, peut avoir lieu même pendant la période d'interdiction.

§ 5. Les contrevenants aux paragraphes 1 et 2 seront passibles d'une pénalité pécuniaire de 5 à 25 florins, laquelle, dans le cas où le gibier en général éprouverait une réduction sensible par suite de récidives dans les contraventions, ou par suite d'une destruction trop considérable de fauves, pourra être portée jusqu'à 50 florins.

§ 6. Quiconque, 14 jours après que la période de ménagement du gibier aura commencé, colportera du gibier, dont la chasse est interdite pendant ladite période (§ 1), soit par pièces entières, soit découpé en quartiers, ou apprêté pour l'alimentation, en vue de la vente, ou bien encore l'exposera aux étalages et l'offrira publiquement aux acheteurs sur les marchés ou dans les boutiques, ou enfin en cherchera le placement de n'importe quelle façon ; quiconque, aussi, servira d'intermédiaire dans la transaction, tombera, en outre de la confiscation de ladite venaison, sous le coup des pénalités pécuniaires énoncées au paragraphe 5. Ces mêmes pénalités sont applicables à la vente de tout gibier quelconque qu'il sera, en général, défendu de capturer ou de tuer, ainsi qu'à l'enlèvement des œufs et du jeune gibier à plumes. Si le gibier a été abattu dans les cas d'exceptions indiquées au § 4, le vendeur ou son intermédiaire sera tenu de se pourvoir d'un certificat délivré par le magistrat civil du district ou canton ; autrement il encourra les pénalités édictées par les dispositions des paragraphes précédents.

AUTRICHE AU DELA DE L'ENNS.

— ORDONNANCE DU GOUVERNEUR DE L'AUTRICHE AU DELA DE L'ENNS, DU 11 AVRIL 1852, CONCERNANT L'INTRODUCTION DES PERMIS DE CHASSE (Code local).

Afin de remédier aux désordres qui s'étendent de plus en plus en ce qui concerne l'industrie de la chasse, et afin de sauver le gibier d'une destruction complète, me reportant au décret sur la chasse du 28 février 1786, à la loi du 7 mars 1849 et à la circulaire du Ministère de l'Intérieur du 31 juillet 1849 (n° 312, Code impérial), conformément à l'autorisation de M. le Ministre de l'Intérieur, et en attendant la promulgation d'une loi générale de police de la chasse, j'ai trouvé qu'il y avait lieu d'édicter, en vue d'une réglementation plus précise et d'une exécution plus stricte, l'ordonnance provisoire dont suit la teneur :

1° A dater du 1er juin 1852, il est interdit à toute personne de chasser sans un permis de chasse.

2° Une taxe de quatre ducats, monnaie d'Autriche, devra être acquittée pour le permis de chasse. Ledit permis ne sera délivré gratis qu'au seul personnel spécial (chasseurs de profession), préposé à la surveillance de la chasse.

3° Est autorisé à délivrer le permis de chasse le commandant du district où le pétitionnaire a sa résidence. Pour le cercle de Lintz, l'autorisation devra être demandée au capitaine de la garde urbaine.

4° Le permis de chasse sera libellé d'après la formule ci-jointe et valable pour une année. Le permis ne devra être délivré qu'aux personnes jouissant de tous leurs droits et chez lesquelles un abus n'est pas à craindre. Si dans la suite surviennent des circonstances, en raison desquelles le permis de chasse n'aurait pas dû être délivré, dans ce cas on devra retirer le permis déjà donné, sans rembourser la taxe. Les appels contre le refus de permis relèvent du gouverneur impérial et royal.

5° Les taxes pour les permis de chasse devront être remises à la Caisse de secours de la localité où est domicilié le titulaire du permis.

6° Le permis de chasse est valable pour tout le pays *au delà* de l'Enns, toutefois il ne confère aucunement le droit de chasser sans le consentement du concessionnaire de la réserve de chasse.

7° Tous les agents de la sûreté publique, et surtout la gendarmerie, sont chargés de veiller à l'exécution de la présente loi.

8° Quiconque sera trouvé chassant, ou rencontré en dehors de la voie ou du sentier, sur une garenne, avec une arme de chasse sans permis de chasse ; — quiconque se refusera à exhiber ledit permis à la requête des agents de l'ordre public ; — quiconque se servira d'un permis de chasse déjà périmé, ou ne répondant pas à son nom, ou falsifié, tombe, par ce seul fait, sous réserve de l'application ultérieure des pénalités légales existantes, sous le coup d'une amende de deux à vingt ducats de notre monnaie, au profit de la Caisse des secours pour les indigents.

- A la même pénalité se trouve soumise toute personne qui cède son permis de chasse à une autre. Auront à statuer, sur ce cas, le commandant de gendarmerie du district, et dans le rayon de police de Lintz, le commandant de la garde urbaine.

Le recours doit être adressé au gouverneur.

9° Les dispositions de la loi sur la chasse du 7 mars 1849 et de la circulaire déjà citée du Ministère de l'Intérieur du 31 juillet 1849, relatives à l'exercice du droit de chasse communal, par voie de bail indivis, ou par un personnel spécial (veneurs de profession), préposé à cet effet, doivent être strictement observées. En conséquence, le commandant de gendarmerie, impérial et royal du district, aura :

a) A constater dans tous les districts communaux ayant droit de chasse, si les individus préposés ont les aptitudes et les conditions d'honorabilité requises, et, suivant le résultat, à prendre les mesures nécessaires ;

b) A s'assurer si, dans le cas de bail, on a obéi à toutes les prescriptions de la loi, et, d'après les circonstances, il devra provoquer un nouveau contrat de fermage.

10° On requiert les maires ou préposés des communes de contribuer, de leur côté, à l'exécution de la présente ordonnance, et notamment dans l'intérêt de la Caisse des pauvres de la localité, de veiller à ce que le payement des permis de chasse par les amateurs de chasse ne reste pas en suspens.

11° Ceux qui se livreront aux exercices de la chasse devront obéir strictement aux prescriptions de police en vigueur pour cette industrie, et par conséquent, observer aussi les règles de la vénerie concernant l'époque du rut (temps défendu).

— *Loi du 30 avril 1870, relative à la protection des oiseaux* (*n° 24*, Code local).

§ 1. Il est interdit d'enlever et de détruire les œufs et nichées de tous les oiseaux sauvages vivants, à l'exception des sortes et espèces nuisibles énumérées dans l'annexe A.

§ 2. Il est permis, en toute saison, de prendre ou tuer les oiseaux nuisibles dénommés dans l'annexe A. Tous les autres oiseaux ne pourront être ni pris ni tués pendant la période du 1er février au 31 août de chaque année, c'est-à-dire pendant la saison de la couvée.

§ 3. Les oiseaux des espèces énumérées à l'annexe B, qui se nourrissent en partie d'insectes, peuvent pendant la période du 1er septembre au 1er janvier, c'est-à-dire en dehors de la saison où ils couvent, être capturés ou tués, à la condition d'obtenir le consentement du propriétaire du sol par un écrit délivré et visé par le préposé ou maire de la commune, sans qu'il soit besoin d'autre autorisation.

§ 4. Par exception, les oiseaux des espèces indiquées dans l'annexe C, qui se nourrissent presqu'exclusivement d'insectes, de souris et autres bêtes nuisibles à l'agriculture, pourront être pris et tués pendant la période du 1er septembre au 31 janvier, sous la condition d'obtenir du propriétaire du sol, le consentement écrit et visé dont il est fait mention au § 3, sur la présentation d'un bulletin d'autorisation délivré par le juge civil du canton ou district, et valable pour une année entière.

Avant de délivrer l'autorisation en question, il conviendra d'examiner soigneusement si les conditions où se trouvera à ce moment l'agriculture, permettent la chasse aux oiseaux.

La requête devra être introduite par l'intermédiaire du préposé ou maire de la commune, lequel devra, d'une manière précise, se prononcer dans un rapport sur l'admissibilité ou le rejet de ladite pétition.

Les préposés ou maires des communes devront être avertis de chaque autorisation délivrée.

§ 5. Pour qu'il soit permis de chasser avec des armes à feu, il est nécessaire, en outre du consentement du propriétaire de la terre, consentement exigé par les §§ 3 et 4, d'avoir encore celui du concessionnaire de la chasse.

§ 6. Sont considérés comme pièges et engins défendus :
a) L'emploi de pipeaux aveugles ;
b) L'emploi de tirasses et filets placés sur les haies et les buissons peu élevés.

§ 7. Dans le cas prévu au § 4 relativement à l'autorisation accordée, le juge civil du district ou canton délivrera un bulletin muni de son sceau officiel. Ce bulletin devra contenir le nom du titulaire, son signalement personnel, le district ou canton et la durée pour laquelle l'autorisation aura été accordée, ainsi que les conditions éventuelles, que, suivant qu'il y aura lieu, le magistrat jugera à propos d'y ajouter. L'oiseleur, lorsqu'il voudra mettre à profit sa permission, devra dans le cas spécifié au § 3, se munir du consentement écrit du propriétaire du sol; et dans le cas indiqué au § 4, de l'autorisation du juge civil du canton ou district.

§ 8. Il est défendu de vendre ou acheter les oiseaux morts ou vivants désignés dans les annexes B et C, et qui auraient été capturés pendant la période d'interdiction de la chasse (§ 2). De plus, les oiseaux qui figurent à l'annexe C, quelle que soit l'époque où ils auront été pris, ne doivent jamais être vendus morts.

§ 9. Les contrevenants aux dispositions précédentes seront punis par le préposé ou maire de la commune assisté de deux conseillers communaux, d'une amende de 1 à 10 florins, valeur autrichienne, amende qui, en cas de récidive, sera portée jusqu'à 20 florins, et à défaut de payement, remplacée par une contrainte personnelle, allant de douze heures à quatre jours d'emprisonnement.

En outre, on confisquera les engins de chasse et les oiseaux que le chasseur aura pris, en mettant de suite en liberté ceux qui seront encore vivants. Le montant des amendes de même que les recettes provenant des objets confisqués, devront être versés à la Caisse des fonds agricoles.

§ 10. La sentence du jugement devra ou être signifiée à la partie condamnée, par un acte écrit ou expédition contre un accusé de reception, ou bien encore notifiée à celle-ci verbalement, en présence de deux témoins.

Dans ce dernier cas, la notification qui aura été faite, et le jour où elle aura eu lieu, devront être certifiés sur l'acte de jugement, par les deux témoins.

§ 11. Les appels à raison d'un refus d'autorisation, ou à raison des conditions imposées pour ladite autorisation (§§ 4 et 7), devront être adressés au juge civil supérieur, et dans la procédure en nouvelle instance, au Ministère de l'Agriculture; quant aux appels d'une condamnation, ils seront adressés au juge civil du district ou canton, et introduits verbalement ou par écrit, dans les premiers cas, auprès du juge civil du district ou canton, et dans les derniers cas, auprès du préposé ou maire de la commune, dans les quinze jours qui suivront la notification ou signification du jugement.

Si deux jugements sont basés sur des motifs de droit identiques, il n'y a pas lieu à recours.

§ 12. Il incombe à la gendarmerie impériale et royale, ainsi qu'au personnel des gardes forestiers, gardes-chasse et gardes champêtres, et à tous les agents de l'ordre public, de dénoncer aux préposés ou maires des communes, les contraventions dont ils auront eu à dresser procès-verbal.

§ 13. Dans un but scientifique, le juge civil supérieur pourra permettre des dérogations aux dispositions de la présente loi.

§ 14. Les maîtres des écoles primaires ont pour devoir de montrer à leurs jeunes écoliers les dommages qu'ils causeraient en détruisant les nids, ainsi qu'en prenant et tuant les oiseaux utiles; les maîtres s'attacheront surtout, et autant que cela leur est possible dans leur cercle d'action, à empêcher les jeunes enfants de contrevenir aux dispositions de la présente loi pour la protection desdits oiseaux, en leur expliquant ces mêmes dispositions.

§ 15. Toutes les lois, ordonnances et prescriptions déjà existantes qui se trouveront en opposition avec la réglementation édictée par la présente loi, sont et demeurent abrogées.

§ 16. La présente loi entrera en vigueur à partir du jour de sa promulgation.

ANNEXE A.

La famille des aigles,
Le faucon pèlerin,
Le faucon laneret (pied bleu),
L'émérillon,
Le faucon nain,
Le milan,
Le milan noir,
Le fau perdrieu,
L'épervier,
Le busard des marais,
Le grand-duc,
La grosse pie,
La petite pie,
La pie,
Le corbeau noir,
Le freux,
La corneille.

ANNEXE B.

L'émouchet,
La bondrée,
La grive du gui,
Le pluvier,
Le torcol,
Le casse-noix ou geai,
Le geai des sapins,

Le gros-bec,
Le pinson montain,
Le chardonneret,
Le serin,
Le serin bâtard,
Le chloris,
La linotte,
Le serin des lacs,
Le moineau domestique,
Le moineau des champs,
Le bruant,
Le bouvreuil,
Le bec-croisé (curvirostre).

Annexe C.

Le busard,
Le vautour de neige ou vautour lagopède,
Les hiboux (à l'exception du grand-duc),
L'hirondelle de nuit ou engoulevent, ou tête-chèvre,
Le martinet,
Les hirondelles,
La corneille bleue ou geai d'Alsace,
La huppe.
L'outarde ou poule des bois,
La sittelle,
Le roitelet des haies ou troglodyte d'Europe,
La lyre,
La mésange acridophage,
Le chantre des roseaux,
L'hirondelle des joncs,
Le rossignol ou sylvain,
La philomèle des sources,
La meunière,
La tête noire,
La fauvette des buissons,
La fauvette des jardins,
La fauvette des sorbiers,
Le moqueur (jaune),
Le chantre des bocages,
Le trochyle,
Le rouge-queue des jardins,
Le rouge-queue domestique,
Le rouge-gorge ou rubiette rubigastre,
La gorge-bleu,
Le roitelet huppé,
Le traquet,
Le gros roitelet,

Les mésanges,
Les bergeronnettes,
L'anthus,
La grive chanteuse,
Le mauvis,
Le merle,
Le merle à collier blanc,
Le merle bleu,
Le merle de roche ou rupicole,
Le merle doré,
Le gobe-mouches,
Le freux des semailles,
Le choucas,
L'étourneau,
Le pinson des hêtres,
L'alouette,
Le pic-noir,
Le torcol,
Le coucou.

— *Loi du 27 septembre 1887, modifiant certaines dispositions légales concernant l'exercice du droit de chasse* (Code local).

§ 1. La durée des baux de chasses communales affermées par voie d'enchères publiques suivant les §§ 1 et 2 de l'Ordonnance Ministérielle du 15 décembre 1852 (Code Impérial), comporte d'ordinaire une période de six années.

Le bail pour un laps plus long ou plus court, de même que la prorogation des baux de chasse, en dehors des enchères publiques, ne sont autorisés que sous ratification des représentants de la commune.

§ 2. Au cas où des mutations surviendraient pendant la durée d'un bail de chasse communal relativement à des biens-fonds sis sur le territoire communal, par suite desquelles des parcelles affermées avec d'autres terrains de chasse communale seraient jointes, en vertu de l'article 5 du Rescrit Impérial du 7 mars 1849, n° 154 du Code Impérial, ou avec un ensemble d'une contenance d'au moins 115 hectares, soit 200 arpents, jouissant du droit particulier de chasse, l'exercice de ce droit de chasse jusqu'à l'expiration du bail communal reste fixé sur l'agglomération de formation nouvelle, et respectivement sur les parcelles réunies à ladite agglomération de droit particulier de chasse déjà existante, et la chasse par rapport à ces terrains est concédée à la commune.

§ 3. Quant aux mutations de propriétés qui seront survenues avant la mise en vigueur de la présente loi, il n'y a pas lieu de la leur appliquer.

§ 4. Cette loi devient exécutoire, à dater du jour de sa publication dans le Bulletin des lois du pays.

§ 5. Nous confions l'exécution de cette loi à nos Ministres de l'Agriculture et de l'Intérieur.

— *Loi du 19 mai 1889, relative à la compensation des dommages causés par la chasse et le gibier* (N° 16, Code local).

§ 1. Toute personne s'adonnant à la chasse est obligée :

a) A rembourser les dégâts (dégâts de chasse) causés, durant la chasse, par elle-même, par son personnel de chasse et ses invités;

b) A rembourser les dégâts (dégâts de gibier), causés par les espèces de bêtes fauves, pour lesquelles une période d'interdiction est légalement fixée, ou bien encore par les lapins, soit aux cultures, soit au sol et aux produits de celui-ci, quand ils ne sont pas engrangés; le tout conformément aux dispositions de la présente loi.

§ 2. Si le droit de chasse appartient à plusieurs personnes, ces personnes sont responsables solidairement pour tous dégâts provenant de la chasse et du gibier.

§ 3. Les personnes tenues de rembourser les dégâts de chasse (§ 12), ont le droit de recours contre les premiers coupables, en vertu des principes du droit civil.

§ 4. Les dégâts causés par le gibier aux jardins fruitiers, ou aux jardins de luxe, aux cerisaies, safranières et pépinières, ou à tous produits précieux du sol qu'on a ordinairement le devoir de préserver des dévastations du gibier, ne donneront droit à indemnité que, s'il est démontré que ces dégâts ont eu lieu, malgré qu'on eût pris les dispositions qui, dans les circonstances ordinaires, sont les plus propres à éviter les dommages provenant du gibier et à protéger les objets endommagés.

§ 5. Si on a à apprécier des dégâts de chasse, ou des dégâts causés par le gibier aux blés et autres produits du sol dont la valeur complète ne peut être évaluée qu'au moment de la récolte, et si ces dégâts sont survenus avant cette époque, il y aura lieu de calculer les dommages, d'après l'importance et la valeur qu'ils pourraient avoir au temps de la moisson.

§ 6. C'est aux magistrats civils qu'il appartient de statuer sur les demandes en indemnité pour les dégâts provenant de la chasse et du gibier. En première instance, c'est le juge civil dans le ressort duquel ont été commis les dégâts qui est compétent.

L'individu lésé, si aucun arrangement amiable ne peut aboutir entre lui et le concessionnaire de la chasse, devra notifier sa demande d'indemnité au juge civil désigné plus haut, mais en temps voulu pour qu'on puisse constater que les dégâts sont visibles et bien réellement des dégâts causés par la chasse ou par le gibier et, en tous cas, à raison de la prescription éventuelle, avant la période où l'on commence généralement à moissonner l'espèce de blés ou céréales, objet de la demande en compensation de dommages; il devra aussi fournir le détail rigoureux des lots de terre, des traces visibles des dégâts et le montant de l'indemnité réclamée, au moyen d'un mémoire ou procès-verbal, soit directement, soit par l'intermédiaire du maire ou préposé de la commune.

§ 7. Le juge civil, à la réception de la notification ci-dessus mentionnée, devra tâcher d'amener une entente amiable entre les deux parties, et si cette tentative demeure sans résultat, il devra requérir les deux parties de nommer chacune, dans les trois jours au plus, un expert. En même temps que le juge civil fera cette sommation, il aura à désigner un troisième expert comme arbitre départageant pour que ces experts procèdent de concert, et en son lieu et place, aux constatations nécessaires; il aura à statuer sur l'évaluation des dégâts, qui sera faite par lesdits experts, comme aussi, sur le montant de ces dégâts. Il spécifiera, enfin, à la charge de qui retomberont les frais de procédure (§ 11).

On ne pourra nommer comme experts que des personnes honorables, expérimentées et entendues dans la partie.

On devra, si les experts, ayant été nommés d'une façon permanente, ont déjà prêté serment, le leur rappeler; mais s'ils sont en activité pour des cas spéciaux, on sera tenu de leur déférer ce serment, ne fût-ce qu'à la requête de l'une des parties. Si l'une des parties récusait l'un des experts choisis, il appartiendra au juge civil d'en désigner un autre.

§ 8. Dans les constatations par la commission, les experts devront démontrer et affirmer :

a) Que les dévastations proviennent réellement du gibier, et, au besoin, qu'elles sont la conséquence de la chasse;

b) Dans le cas prévu par le § 4, que pour la préservation des objets endommagés, il existait des dispositions propres à éviter, dans les circonstances ordinaires, les dégâts provenant du gibier.

§ 9. Dans certains cas où les dégâts causés doivent être appréciés sur le moment et rapidement, les experts doivent, sans autre délai, se prononcer sur le montant des dégâts occasionnés par le gibier ou les chasseurs.

Dans les cas contraires où, conformément au § 5, en vue d'une évaluation précise, il faudrait différer jusqu'au temps de la moisson, le juge civil du district ou canton doit de nouveau chercher à amener une entente entre les parties : cette entente devra embrasser la question de savoir à la charge de qui retomberont les frais de procédure encourus. Si cette tentative est infructueuse, le magistrat sera obligé de procéder à une seconde inspection officielle, et par suite, en se basant sur les résultats de cette revue, rapprochés de ceux de la première inspection, il aura à décider sur le chiffre de la compensation due pour ces dégâts.

§ 10. Les pouvoirs attribués d'après les précédentes dispositions, au juge civil du canton relativement à la constatation des déprédations causées par les fauves ou par les chasseurs, pourront être délégués éventuellement aux préposés ou maires des communes intéressées.

§ 11. Le montant général des frais de procédure est à la charge du concessionnaire de la chasse, lorsque la compensation allouée par le magistrat dépasse plus de la moitié de la somme que ledit concessionnaire avait offerte comme moyen de conciliation avant l'évaluation des dommages, somme qui avait été repoussée par la partie lésée.

Mais l'individu lésé aura à supporter les frais de procédure, si la compensation fixée par le magistrat n'arrive pas, au moins, à la moitié du chiffre proposé comme transaction par le titulaire de la chasse.

Pour les autres cas, le magistrat partagera les frais proportionnellement, mais il est interdit de faire supporter à la personne lésée des dépens d'un chiffre plus élevé que ne le comporte l'indemnité qui lui a été accordée.

Si, en conformité des §§ 5 et 9, on procédait à une seconde évaluation, on basera la décision par rapport aux frais à supporter, sur le montant de la somme offerte, avant la seconde évaluation des dommages (sans égard aux frais) à titre d'arrangement et refusée par la personne lésée.

Le remboursement ayant pour cause les frais de représentation n'est admissible en aucun cas.

§ 12. Nos Ministres de l'Agriculture et de l'Intérieur sont chargés de l'exécution de la présente loi.

— *Loi du 24 avril 1889 modifiant et abrogeant le paragraphe 1, alinéa 5 de la loi du pays du 13 octobre 1880, en ce qui concerne la période d'interdiction pour la chasse du blaireau* (N° 9, Code local).

§ 1. La loi spéciale du pays, du 13 octobre 1880, C. L. n° 18, fixant une période d'interdiction pour la chasse du blaireau, est par la présente loi virtuellement abrogée, et la disposition correspondante à cette mesure, du § 1, alinéa 5 de la loi du 13 octobre 1880, relative à la période de ménagement du blaireau cesse, par suite, d'être mise en vigueur.

§ 2. Notre Ministre de l'Agriculture est chargé de l'exécution de la présente loi.

— *Loi NATIONALE du 28 août 1889, relative aux animaux nuisibles, à la protection des oiseaux et autres animaux utiles à l'agriculture* (Code local, n° 27).

Avec l'approbation de la diète de mon archiduché d'Autriche, je mande et ordonne ce qui suit :

§ 1. Il est interdit d'enlever ou de détruire les œufs, les couvées et les petits de toutes les espèces d'oiseaux qui ne sont pas nuisibles, de même que d'exposer en vente les œufs, les couvées et les nichées capturés par infraction à la présente loi.

Sont déclarés nuisibles les oiseaux ci-après :

Toutes les espèces d'aigles,

AUTRICHE (EMPIRE D') AU DELA DE L'ENNS.

Le faucon pèlerin (faucon colombaire),
Le faucon laneret (pied bleu),
Le faucon ou chouette des bois,
Le faucon nain ou merlin,
Le grand autour (fau perdrieu),
L'épervier (petit autour),
Le milan rouge (milan à fourche),
Le milan brun foncé.
Les différentes espèces de milans,
Le grand-duc,
Le corbeau noir.
La pie,
La corneille,
Les corneilles communes (freux),
Le choucas,
Le geai glandivore,
L'harpaye ou la pie fissirostre,
L'émerillon à dos rouge,
Le héron cendré (cet oiseau et les suivants nuisibles aux poissons),
Le harpe piette,
Le grèbe huppé,
Le cormoran,
La famille des mouettes,
L'hirondelle ou sterne des rivières,
L'hirondelle noire ou sterne des mers,
L'alcyon ordinaire,
Le merle aquatique.

§ 2. Il est interdit, en toutes saisons, de prendre, tuer, exposer sur les marchés, acheter ou vendre les oiseaux dont la liste suit :

Les bergeronnettes et hygrobates,
La tribu des mésanges, à l'exception de la mésange charbonnière.
Le pic ou pivert,
Le torcol,
Le chevalier,
L'outarde-cannepetière,
Le tychodrome des murailles,
Les hirondelles et la frégate,
La huppe,
Le tête-chèvre ou engoulevent (hirondelle de nuit, ou crapaud-volant).

§ 3. Il est interdit, dans toutes saisons, de prendre et d'exposer sur les marchés, ou d'acheter et vendre pendant l'époque de la couvée, c'est-à-dire du 1ᵉʳ janvier au 31 juillet, et enfin de tuer (à l'exception des grives et tourdes) les oiseaux dont nous donnons ici la nomenclature :

Le rossignol (sylvain),
La philomèle (rossignol des ruisseaux),
Les fauvettes (y compris la fauvette à tête noire),
Le chantre des bocages,

Le moqueur,
Le bruant des roseaux,
Le traquet,
Le gobe-mouches,
Le rouge-gorge (rubiette rubigastre),
La gorge-bleue,
Le traquet des prairies,
Le rouge-queue domestique et le rouge-queue des jardins,
Le gobe-prunelles ou roitelet des haies,
La famille des échassiers siffleurs,
La famille des alouettes,
Le roitelet doré,
Le petit troglodyte,
Le petit émerillon ou hobereau,
L'émérillon à tête rouge,
La mésange charbonnière,
Le coucou,
L'étourneau,
La corneille des noix,
Le freux,
Le pyrolle (merle doré),
La famille des emberises (bruant citrin, ortolan jaune),
Le pinson des hêtres,
Le pinson montain (pinson criard, pinson moqueur),
La linotte rouge,
La linotte des montagnes ou bec jaune,
Le verdier,
Le chardonneret,
Le serin des aunes,
Le serin des jardins,
La linotte,
Le bouvreuil (le pivoine),
Les échassiers becs-croisés (curvirostres),
Les grives de toutes sortes.

§ 4. On pourra pendant la période qui s'étend du 1ᵉʳ août jusqu'au 15 janvier, exposer sur les marchés pour la consommation publique, les seuls oiseaux dont les noms suivent, vivants ou tués, mais jamais plumés :

Les oiseaux qui se nourrissent de baies, de genévrier, grives-tourdes,
La grive du gui ou viscivore,
La grive du genévrier ou litorne,
La grive vineuse ou mauvis,
Le gros-bec ou coccothrauste,
Les passereaux, le moineau domestique, le moineau montain.

§ 5. Il est interdit de prendre les oiseaux (à l'exception des espèces nuisibles énoncées dans le § 1ᵉʳ), au moyen de trappes à pointes de fer, de trébuchets à bascule et de lacets, ou en faisant usage d'appâts renfermant des substances toxiques ou narcotiques, ou encore en employant des appeaux aveugles, ou en se servant de la chouette.

Le juge civil supérieur est aussi autorisé à interdire d'autres espèces de pièges, ainsi que l'usage d'engins qui permettent la destruction en masse des oiseaux.

§ 6. Si les oiseaux qui vont ou passent par bandes, causent, en dehors de la saison de la couvée, en s'abattant en masse, des dégâts, aux vignobles, vergers, jardins potagers, champs labourés, semis, pépinières ou aux jeunes plantations forestières, il sera permis aux propriétaires des terres ainsi qu'aux personnes qui ont le droit d'usufruit ou à leurs représentants, de tuer lesdits oiseaux à coups de fusil, toutefois avec l'autorisation préalable du juge civil du district ou canton, et avec le consentement du concessionnaire de la chasse.

§ 7. Les personnes qui voudront exercer le métier d'oiseleur, dans les limites de temps accordées par la loi, devront, à cet effet, obtenir du magistrat civil compétent une licence, où on inscrira minutieusement le nom du titulaire de la licence, son signalement personnel, la durée de l'autorisation et toutes les restrictions apportées à cette permission.

Ladite licence ne sera accordée qu'aux personnes dignes de confiance qui auront vingt ans accomplis et qui auront obtenu le consentement par écrit du propriétaire du terrain, ainsi que celui du concessionnaire de la chasse, et enfin qui se seront fait délivrer une autorisation conforme par les bureaux du bourgmestre de l'endroit où elles seront domiciliées; la licence en question ne devra pas dépasser une période de trois années.

§ 8. Les contrevenants aux mesures énoncées ci-dessus seront punis par le juge civil, d'une amende allant de 1 jusqu'à 50 florins, ou à défaut de paiement, d'un emprisonnement pouvant durer jusqu'à une dizaine de jours. En outre, on confisquera les engins de chasse et les bêtes prises, en mettant, toutefois et sur-le-champ, en liberté celles qu'on trouverait vivantes; le titulaire de la permission se verra retirer aussi son bulletin de licence.

Le montant des amendes, de même que les recettes provenant des objets confisqués, seront versés à la caisse des pauvres de la commune où se trouvera la localité où la contravention a eu lieu. L'appel du jugement prononcé par le juge civil, lequel appel devra être adressé à ce même juge dans les trois jours de la notification ou signification du jugement, sera porté devant le gouverneur, sans qu'il puisse y avoir un nouveau recours, lorsqu'on se trouvera en présence de deux sentences basées sur les mêmes motifs juridiques.

§ 9. Il incombe à la gendarmerie impériale et royale, au personnel des gardes-chasse, gardes forestiers, gardes champêtres, de même qu'à tous les agents de l'ordre public, de dénoncer au juge civil du district ou canton, directement ou par l'intermédiaire des préposés ou maires de la commune, les infractions à la présente loi dont ils auront eu à dresser procès-verbal.

§ 10. Dans un but scientifique, le magistrat civil supérieur a la faculté de consentir à des dérogations aux prescriptions de la présente loi.

§ 11. Les maîtres des écoles primaires sont tenus de montrer aux jeunes écoliers le mal qu'ils peuvent causer en prenant ou tuant les oiseaux utiles, ainsi qu'en enlevant leurs œufs, et lesdits maîtres devront chaque année, avant le temps de la couvaison, leur expliquer les mesures décrétées dans la présente loi, pour la protection des oiseaux qui rendent service à l'agriculture.

§ 12. La loi nationale du 10 décembre 1868 n° 5, qui était en vigueur dans l'archiduché d'Autriche au delà de l'Enns se trouve, par suite de la promulgation de la présente loi, annulée et abrogée.

§ 13. Ladite loi sera exécutoire, à partir du jour de sa publication au Bulletin des lois du pays.

§ 14. Nos Ministres de l'Intérieur, de l'Instruction publique et de l'Agriculture sont chargés d'assurer l'exécution pleine et entière de la présente loi.

— *Loi du 6 février 1890, relative à quelques oiseaux auxquels, en conformité des paragraphes 1, 2 et 3 de la loi du 30 avril 1870 sur la protection des oiseaux, ladite protection est retirée.*

§ 1. Les oiseaux ci-après désignés dont les noms figurent à l'annexe B de la loi sur la protection des oiseaux, du 30 avril 1870, n° 24, Code local, 14° section, devront être placés dans l'annexe A de la même loi. Ce sont nommément : l'émouchet (*Falco tinnunculus* de Linnée), la bondrée ou faucon sphégivore (*Falco apivorus* L.), l'émérillon (*Lanius collurio* L.) et le casse-noix ou geai glandivore (*Garrulus glandarius* L.); il faut ajouter à ces oiseaux ceux qui se trouvent dans l'annexe C de la loi précitée, c'est-à-dire le busard (*Falco buteo* L.) et le faucon de neige ou lagopède (*Falco lagopus* L.) qui doivent également être reportés à la même annexe A. Par suite de ce déplacement, ces différents oiseaux ne bénéficieront plus de la protection qui leur était accordée par les §§ 1, 2 et 3 de ladite loi.

§ 2. L'obligation de pourchasser et, autant que possible, détruire les oiseaux nuisibles, devra disparaître des clauses de fermage dans la concession des chasses communales.

§ 3. La présente loi entrera en vigueur trois mois après le jour de sa promulgation.

§ 4. Nos Ministres de l'Intérieur et de l'Agriculture sont chargés de la mise à exécution de la présente loi.

BASSE-AUTRICHE.

Dans la Basse-Autriche, on trouve tout d'abord l'ordonnance du gouverneur de cette province, du 27 décembre 1852, aux chefs de l'administration, donnant de nouveau la publication des mesures de police relatives à la chasse.

Cette ordonnance qui se trouve au Code spécial pour la Basse-Autriche (n° 473), est ainsi conçue :

Considérant que pour la réglementation des affaires de chasse, l'application des mesures de police relatives à la chasse est indispensable, tant dans l'intérêt des chasseurs mêmes que pour la sauvegarde des agriculteurs, nous publions en vertu de la délégation du Ministère de l'Intérieur, en date du 15 décembre 1852, toutes les dispositions légales en vigueur dont l'exécution stricte est obligatoire, en tant que ces dispositions ne sont pas en opposition avec le décret du 7 mars 1849 et les ordonnances ultérieures rendues à cet effet.

1° Le droit de chasse consiste dans l'autorisation légale accordée aux propriétaires de chasses et à leurs fermiers, aux termes spécifiés par le décret souverain du 7 mars 1849, d'entretenir, en liberté, sur leurs réserves, différentes sortes de fauves utiles, dans la mesure où la nature de ces animaux sauvages le permet et en quantité quelconque, pourvu qu'ils ne puissent dans leur totalité nuire à la culture des champs, des vignobles et des forêts, comme aussi de capturer ou abattre ledit gibier aux époques reconnues les plus avantageuses ; et, en outre, de tuer toutes les bêtes de proie nuisibles, ou d'en détruire l'espèce en toute saison de l'année.

2° Tout possesseur ou fermier d'une enclave de chasse a la faculté d'y élever des faisans dans les bois, prairies ou halliers ; de chasser ou de courir sur son enclave le lièvre et autres fauves avec des chiens, pourvu que cela ait lieu sans commettre de dégradation vis-à-vis du propriétaire foncier, que le titulaire de la chasse sera toujours tenu d'indemniser.

3° Quant aux bêtes noires (sangliers), il n'est permis d'en avoir que dans les parcs bien fermés et garantis contre toute évasion.

Si un sanglier est trouvé hors d'un parc, il est permis à toute personne et à toutes les époques de l'année de l'abattre, tout comme les loups, renards et autres bêtes de proie nuisibles ; toutefois, il n'est permis, dans ce cas, de se servir du fusil, qu'à ceux qui ont le droit de porter des armes.

4° Tout titulaire d'une chasse est, lui aussi, autorisé sur son enclave privée, au cas où, dans la saison des chasses, le gibier la traverserait, à se prévaloir de son droit et à capturer ledit gibier par tous les moyens licites, en son pouvoir, ainsi qu'à faire feu et à l'abattre de toute façon.

5° Une pièce de gibier atteinte ou blessée sur l'enclave à laquelle elle appartient et qui refuit dans une autre enclave, ne devra pas y être poursuivie ; bien plus, le détenteur de l'autre garenne où elle s'est réfugiée, est libre d'en disposer de même que si c'était sa propriété.

6° Il est permis à tout propriétaire de chasse de placer des pièges à ressort, des lacets et des trappes à loups sur son enclave ; toutefois afin d'éviter toutes blessures et tout malheur, il devra planter des signaux tels qu'ils puissent être aisément remarqués et reconnus.

7° Dans les régions où l'on rencontre des ours, des loups et des loups-cerviers, il y a lieu d'employer le concours de la commune pour les détruire au moyen de battues générales, dont les habitants ne peuvent s'exempter.

Les primes suivantes seront versées par le Trésor public pour chaque tête d'animal nuisible abattu :

	Monnaie conventionnelle.
Pour une ourse...	40 gulden (florins).
Pour un ours..	30 —
Pour une louve ou un loup-cervier femelle.............	25 —
Pour un loup ou un loup-cervier........................	20 —
Pour des oursons, louveteaux ou des jeunes loups-cerviers au-dessous d'une année................................	10 —

Tout individu qui aura à s'adresser à l'autorité administrative du district et à faire des démarches auprès du gouverneur pour percevoir la prime, sera tenu de produire un certificat authentique, basé sur le témoignage même des autorités locales, dont l'intervention doit avoir lieu en vue de constater que ladite bête a, en effet, été tuée.

8° Tout individu a le droit d'exploiter ses bois et ses prairies, conformément aux lois forestières en vigueur.

9° A l'égard du droit de pacage dans les forêts et dans les pâturages, toutes les prescriptions des lois forestières restent aussi en vigueur.

10° Il incombera aux agents inférieurs de l'Administration de veiller, sur ce point, à ce que le titulaire d'une chasse n'élève pas de gibier en nombre trop considérable, au détriment de l'agriculture; ils devront, sans ménagement, ramener les propriétaires chez qui ils constateraient un trop grand accroissement du gibier, à une réduction proportionnelle.

11° Tout propriétaire de terrains est autorisé à préserver de l'envahissement du gibier et des conséquences qui en sont la suite, lesdits terrains entourés ou non de forêts et de pâturages, et à protéger ses propres forêts et pâturages au moyen de planches et d'échaliers d'une certaine hauteur ou par des fossés relevés. Mais ces planches ou échaliers ne doivent pas être disposés en vue de la capture du gibier.

On ouvrira aussi pour les terres situées au bord de l'eau, tous les 500 pas, des portes à travers les planches ou les échaliers, pour qu'en cas de forte crue le gibier puisse se sauver.

12° Toute personne est autorisée, s'il y a lieu d'éviter des dommages imminents, à éloigner de ses bois, prairies et vignobles, le gibier par n'importe quel moyen, soit en dressant des épouvantails, soit en allumant des feux de nuit, soit en se servant pour la garde d'hommes ou de chiens, soit enfin par d'autres expédients analogues.

Si, en pareille circonstance, un fauve quelconque, en bondissant, se blessait ou se noyait, le titulaire de la chasse n'est pas fondé à exiger une indemnité en raison de ce fait.

13° Sur les semis, les terres cultivées de n'importe quelle sorte, à moins que celles-ci l'hiver ne soient fortement gelées, de même qu'avant la fin des vendanges dans les vignes, il n'est permis ni aux titulaires de la chasse, ni aux chasseurs, sous quelque prétexte que ce soit, de chasser, poursuivre ou traquer le gibier, pas même pour rechercher les œufs et les nids des faisans et des perdrix.

Quand un titulaire de chasse contrevient lui-même à cette interdiction, il est passible d'une amende de 25 ducats, que les agents de l'Administration devront faire rentrer et remettre à ceux sur la terre desquels l'infraction a été commise.

Les simples chasseurs seront punis par le juge du district (arrondissement) d'une détention de trois jours.

14° Dans le voisinage immédiat des endroits habités, des maisons et des granges, on peut, à la vérité, traquer le gibier, le prendre même avec des filets, mais il n'est pas permis de l'abattre à coups de fusil.

De même, dans un voisinage de ce genre, il est défendu de tendre des pièges en fer ou chausse-trappes qui pourraient être dangereux pour les hommes ou les bêtes.

15° Dans les chasses avec meute, au rabat, le veneur qui dirige la chasse ne doit, à moins d'encourir la plus grave responsabilité, admettre comme tireurs que des individus munis non seulement d'un permis de port d'armes, mais habitués aussi à manier les armes de tir, et sachant dans de telles chasses se conduire d'après les règles de la vénerie.

Lorsque des chasses avec une meute ont lieu dans des forêts ou des pâturages, elles devront être annoncées, afin que les fagoteurs, bûcherons et charretiers qui s'y trouveraient puissent s'éloigner à temps.

16° Les dimanches et les jours de fêtes, aucune chasse avec meute ou en battue ne peut avoir lieu.

17° Le propriétaire du sol a le droit de réclamer une indemnité immédiate pour tous les dommages que le gibier pourrait avoir causé, dans le domaine de la chasse, aux fruits de la campagne, aux vignobles et aux arbres fruitiers; si ses réclamations ne reçoivent pas satisfaction à l'amiable, par l'intermédiaire obligatoire du maire, le propriétaire pourra les faire valoir auprès du juge compétent du district.

18° Le droit de chasse ne devra pas empêcher que quiconque est propriétaire de terrains sur un district légal de chasse, ne puisse dans l'intérêt de la culture du sol, en jouir sans restriction, par suite y construire des maisons d'habitation et des bâtiments d'exploitation rurale, y arracher du sol des prairies les mauvaises herbes et les buissons; y moissonner sans retard et y faire paître son bétail aux époques d'usage.

Cette exploitation ne constitue pas une infraction aux règlements forestiers ou aux lois de sûreté et de police.

Il faut toutefois si on veut élever des chaumières, des maisons ou d'autres bâtiments dans les prairies, forêts ou autres endroits éloignés des villages, obtenir le consentement des fonctionnaires du cercle (aujourd'hui fonctionnaires de l'Administration du district).

19° Les titulaires de chasses seront, eux aussi, garantis contre toute atteinte à leurs droits, et comme le braconnage et les délits de chasse constituent sous plus d'un rapport un danger pour la sûreté publique, il y a lieu d'y obvier de toutes les façons.

20° Les chiens de chasse d'une autre personne, propriétaire d'une chasse voisine, chiens que le personnel des gardes connaît d'ordinaire, devront dans la mesure du possible être soigneusement épargnés, et s'ils arrêtent le gibier blessé ou s'en saisissent, on devra tâcher de les retenir et de les rendre à leur maître.

Les autres chiens non destinés à la chasse à la meute, qu'on trouvera errants dans les bois et les champs, devront par contre être abattus.

21° Personne ne doit se permettre de traverser en dehors de la route ou du sentier une enclave étrangère avec un fusil, même étant muni d'un permis de port d'armes. Les contrevenants à cette interdiction seront arrêtés et punis.

Les concessionnaires d'une chasse et leurs gardes doivent, de part et d'autre, porter sur eux leurs permis de port d'armes pour pouvoir les présenter, s'ils leur sont demandés, à la lisière des réserves, sur les routes ordinaires ou aux endroits où le passage d'une enclave à une autre est inévitable.

22° Quiconque trouve du gibier qui s'est de lui-même empalé, blessé, ou en train de se noyer, ne doit en aucune manière se l'approprier.

23° En général, prendre ou tuer du gibier étranger de quelque espèce qu'il soit, de même que s'approprier toute autre propriété, est un vol.

Les braconniers, ceux qui les aident ou sont leurs complices, seront donc punis conformément aux lois.

24° Si, dans une juridiction de chasse, un braconnier armé ne se rend pas à l'appel des chasseurs, mais se met en état de résister, les chasseurs sont autorisés à recourir à la défense nécessaire pour protéger leur vie.

25° Au surplus, il est enjoint à tous les préposés des communes (maires), et à tout le personnel chargé du service de la sûreté publique, de rechercher tous les individus qui, sans autorisation, tendent des pièges au gibier, le prennent ou le tuent; de les arrêter comme voleurs et de les traduire devant les tribunaux.

26° En cas de soupçons fondés qu'une bête fauve a été abattue par des moyens illicites, les propriétaires de chasses sont invités à s'adresser aux tribunaux ou aux fonctionnaires de l'Etat, afin que ceux-ci puissent ordonner une enquête nécessaire dans toutes éventualités à l'effet de découvrir l'objet matériel de la contravention ou du délit.

Il est toutefois rigoureusement interdit au propriétaire de la chasse de procéder arbitrairement à une perquisition domiciliaire, soit par lui-même, soit par ses gardes-chasse.

27° Les titulaires des réserves de chasse sont placés, en cette qualité, et dans les cas qui dépendent du présent règlement, sous la juridiction des fonctionnaires du district; mais quant aux affaires civiles et pour les cas de pénalités, ils relèvent des autorités judiciaires compétentes.

— *Circulaire du gouvernement impérial et royal de la Basse-Autriche, du 27 décembre 1852, relative aux battues générales et aux primes* (n° 473, Code local, 1853).

Dans les régions où l'on rencontre des ours, des loups et des loups-cerviers, il y a lieu de faire appel au concours des habitants de la commune, ainsi que cela s'est de tout temps pratiqué jusqu'ici, en organisant des battues générales, dont aucun habitant ne peut s'exempter.

Pour les animaux de proie nuisibles, les primes ci-après sont allouées par le Trésor public :

	Monnaie de convention.
Pour une ourse	40 florins.
Pour un ours	30 —
Pour une louve ou loup-cervier femelle	25 —
Pour un loup ou loup-cervier mâle	20 —
Pour les oursons, louveteaux et petits du loup-cervier au-dessous d'un an	10 —

Toute personne qui aura des démarches à faire auprès du juge civil du district ou canton, et par l'intermédiaire de celui-ci, auprès des bureaux du gouverneur au sujet du paiement des primes, devra fournir l'attestation authentique du fait, c'est-à-dire de la réalité de la destruction de la bête de proie, attestation qui aura pour base le témoignage du magistrat civil de l'endroit, dont l'intervention est nécessaire.

— *Loi du 19 février* 1873 (n° 31, Code local) *et loi du 11 février* 1882 (n° 36, Code local), *relative au temps pendant lequel la chasse est défendue et à la protection du gibier.*

§ 1. Il est interdit de chasser, prendre ou tuer les espèces de gibier désignées ci-après pendant les périodes de ménagement dont suit l'énumération : 1° le chamois mâle, du 1er février au 30 juin; 2° le chamois femelle, du 1er décembre au 15 août; 3° le chevreuil mâle, du 1er mars au 30 avril; 4° le chevreuil femelle, du 1er décembre au 30 septembre; 5° le faon du chevreuil, du 1er mai au 30 septembre; 6° le lièvre, du 1er février au 31 août; 7° le faisan, du 1er février au 15 septembre; 8° la perdrix, du 1er janvier au 31 juillet; 9° la caille, du 1er janvier au 31 juillet; 10° le coq des bruyères, du 1er juin au 31 août; 11° la poule des bruyères, durant toute l'année; 12° le coq des bois, du 15 juin au 31 août; 13° la poule des bois, durant toute l'année; 14° la gélinotte, du 1er mars au 31 août, 15° le canard, du 1er mars au 15 juin; 16° le cerf, du 1er février au 31 mai; 17° la biche et les faons, du 1er février au 15 septembre. Pour l'espèce chevreuil, les jeunes chevrillards sont considérés comme faons, de l'année de la naissance jusqu'au 1er octobre de l'année suivante. Il est interdit de chasser, prendre ou tuer le chamois pendant l'année de sa naissance.

§ 2. Il est défendu de capturer le gibier, quelle qu'en soit l'espèce, au moyen de lacets, de même que de dénicher les œufs des oiseaux et de leur enlever leurs petits. Il est accordé exceptionnellement aux seuls concessionnaires de chasse ou à leur personnel, d'emporter les œufs pour les faire couver par des poules domestiques, ou d'enlever les petits des nids.

§ 3. Cette loi n'est pas appliquée pour le gibier tué dans les garennes privées ; toutefois le vendeur ou son intermédiaire devra se munir d'un certificat du juge civil du district ou canton, pour obtenir l'autorisation nécessaire à la vente ; dans le cas contraire, il tombera sous le coup des pénalités édictées.

§ 4. La diminution proportionnelle qu'il est au pouvoir du magistrat civil d'ordonner, conformément au § 10 de la circulaire du gouverneur de la Basse-Autriche, en date du 27 décembre 1882, n° 473 du Code local, au cas où l'accroissement excessif du gibier serait de nature à nuire à la culture, pourra avoir lieu, même en temps d'interdiction de la chasse. Pour le gibier abattu dans ces cas exceptionnels, le vendeur ou son intermédiaire devra se pourvoir d'un certificat du juge civil du district, pour avoir l'autorisation nécessaire à la vente, autrement il y aura lieu d'appliquer les dispositions des paragraphes précédents.

§ 5. Les contrevenants aux §§ 1 et 2 sont passibles d'une pénalité pécuniaire de 5 à 25 florins ; dans le cas où le gibier, en général, serait atteint d'une manière sérieuse par de nouvelles contraventions ou par la destruction d'un trop grand nombre de fauves, l'amende pourra être portée jusqu'à 50 florins.

§ 6. Quiconque après une quinzaine de jours écoulés depuis le jour où la chasse est défendue, sans tenir compte de l'interdiction relative aux espèces que, dans ladite période, il n'est pas permis de chasser, colportera en pièces entières ou dépecée en quartiers, ou encore préparée pour l'alimentation (à l'exception des conserves), la venaison provenant desdites espèces, pour la vendre dans les boutiques ou sur les marchés, quiconque l'exposera aux étalages d'une façon ou d'autre, quiconque servira d'intermédiaire pour le placement de ladite venaison, tombera, en outre de la confiscation, sous le coup des pénalités pécuniaires énoncées au § 5.

Pour les lièvres, il est exceptionnellement accordé un délai de 30 jours, après le commencement de la période d'interdiction, en ce qui concerne la clause ci-dessus.

Les susdites dispositions pénales seront appliquées sans égard à la provenance du gibier.

Ces mêmes dispositions pénales ont également force de loi relativement à la vente de tout gibier pour lequel il existera une prohibition absolue de le capturer ou de le tuer, ainsi que pour l'enlèvement des œufs et le dénichement des petits des oiseaux.

Les individus qui importeront du gibier vivant, pour le croisement ou l'amélioration des espèces, de pays hors de la Basse-Autriche ou d'endroits situés hors des limites où la présente loi est en vigueur, pendant la période de ménagement, devront s'assurer soigneusement de la provenance dudit gibier, et au cas où ce gibier serait importé de pays ne faisant pas partie du territoire des royaumes et Etats représentés à la diète impériale, ces individus devront en fournir la preuve au moyen d'un certificat, tant du juge civil cantonal du lieu d'expédition que du lieu de destination. L'omission de ce certificat entraînera pour ces individus l'application des dispositions pénales ci-dessus énoncées.

— Notification du gouverneur, pour S. M. Imp. et R., de la Basse-Autriche, *du 15 décembre* 1880 (Code local, 1881), *relative à la protection du chevreuil.*

En vue de faciliter et assurer la prompte exécution des dispositions du paragraphe 6 de la loi du 19 février 1873, n° 31, Code local, relatives à la période d'interdiction de la chasse, le gouverneur de la Basse-Autriche a ordonné, en ce qui concerne le chevreuil, que défense soit faite à toute personne quelconque, à partir de la période de ménagement et de parturition établie pour le chevreuil femelle, c'est-à-dire du 16 décembre de chaque année jusqu'à la fin de cette période de ménagement, c'est-à-dire encore jusqu'au 15 septembre de l'année suivante, d'expédier, vendre ou colporter pour la vente, comme aussi de mettre à l'étalage des boutiques et des marchés, et enfin d'offrir de n'importe quelle manière en vente publique, des chevreuils découpés en morceaux, que ces fauves soient des chevreuils mâles ou des chevreuils femelles, attendu que de la sorte le sexe est méconnaissable.

Si cette défense est violée, il y aura lieu de faire application des pénalités édictées aux paragraphes 5 et 6 de la loi pour la protection du gibier.

AUTRICHE EN DEÇA DE L'ENNS.

— *Loi du 29 décembre 1880 relative à l'introduction des permis de chasse dans l'archiduché d'Autriche, en deçà de l'Enns.*

§ 1. Il est défendu à quiconque de chasser dans l'archiduché d'Autriche, en deçà de l'Enns, sauf dans les garennes privées, sans un permis de chasse délivré par le magistrat compétent.

§ 2. Il incombe au juge civil de première instance de délivrer les permis de chasse aux pétitionnaires actuellement résidant dans son ressort, mais ce magistrat est également autorisé à distribuer lesdits permis de chasse aux étrangers, c'est-à-dire à des personnes non domiciliées dans la Basse-Autriche.

§ 3. Le permis de chasse, pour lequel on devra acquitter une taxe de trois ducats, est valable pour une année. Les détenteurs devront à la chasse, porter constamment leur permis sur eux, et les exhiber à la réquisition des agents de la sûreté publique.

Ces permis ne sont valables que pour la Basse-Autriche, et seulement pour la personne dont ils portent le nom, toutefois ils ne donnent aucunement le droit de chasser sans l'autorisation du propriétaire ou locataire de la réserve.

§ 4. Sont exempts du versement de la taxe sur le permis de chasse : le personnel assermenté et préposé à la surveillance des terrains de chasse pendant la durée de leur service, les élèves des écoles primaires forestières et les aspirants forestiers pendant le cours de leurs études, c'est-à-dire de leur apprentissage.

§ 5. Le permis devra être libellé d'après le formulaire qui fait suite à la présente loi, rubrique A.

§ 6. On refusera de délivrer des permis de chasse :

a) Aux individus qui ne pourront produire un permis de port d'armes en règle ;

b) Aux mineurs, à moins que ces permis ne soient sollicités par leurs parents ou tuteurs : s'il s'agit des élèves des écoles forestières, par les directeurs, et pour les apprentis et compagnons apprentis, par messieurs leurs professeurs ou agents de district forestier ;

c) Aux ouvriers, vivant de leur salaire journalier, et aux indigents secourus par les établissements de bienfaisance, ou sur les ressources communales ;

d) Aux aliénés et aux individus adonnés à la boisson ;

e) Pour une période de cinq années après l'expiration de leur peine, aux personnes reconnues coupables d'un crime contre la vie des autres, ou contre la propriété ;

f) Pour une période de trois années après l'expiration de leur peine, aux personnes reconnues coupables d'un délit par imprudence dans le maniement des armes à feu, ou d'une contravention résultant de vol ou de complicité ;

g) Pour une période de trois années, à celui qui aura été condamné par récidive pour contravention aux lois sur la protection du gibier, ou pour usage illégal du permis de chasse.

§ 7. On devra retirer le permis de chasse sans rembourser la taxe acquittée de ce chef par le détenteur, quand un des motifs d'exclusion (§ 6) viendra à se produire ou à être connu, après que ledit permis aura été délivré.

§ 8. Sont directement chargés d'assurer l'exécution des dispositions de la loi actuelle, et de dénoncer les contrevenants à celles-ci, les gendarmes de la gendarmerie impériale et royale ; les agents de la commune pour le service d'ordre public, et le personnel assermenté préposé à la surveillance du département de la chasse.

§ 9. Est soumis à une amende de 5 à 20 florins, qui en cas de récidive peut aller jusqu'à 50 florins :

1° Quiconque agit contrairement aux prescriptions de la loi ;
2° Quiconque fait usage illégal d'un permis ;
3° Les personnes qui chasseraient sans permis.

Dans le cas d'insolvabilité, la pénalité pécuniaire sera transformée en une détention ou emprisonnement d'un jour, par chaque somme de cinq ducats.

§ 10. Les recettes provenant des taxes sur les permis de chasse qui auront été versées au receveur général de la Basse-Autriche, seront affectés au secours des indigents.

Le mode d'affectation reste réservé aux décisions ultérieures de l'assemblée des États. Le montant des amendes ira à la caisse de secours de la localité ou commune cadastrale où le fait délictueux se sera passé.

§ 11. Il appartient d'intenter les poursuites, ou de statuer sur les infractions à la loi actuelle, au juge civil dans la juridiction duquel les agissements coupables ont eu lieu.

§ 12. En cas d'appel des sentences prononcées en vertu de la présente loi, la décision en sera remise au gouverneur de la Basse-Autriche, et pour un second appel, au tribunal ministériel des instances. A l'égard des jugements conformes, il ne saurait y avoir de second appel.

§ 13. Les peines encourues par suite d'infractions à la loi actuelle, sont prescrites trois mois après le jour de la contravention, si le délinquant n'a pas été poursuivi devant les tribunaux comme responsable.

§ 14. La présente loi sur les permis de chasse entrera en vigueur, trente jours après sa publication, au Bulletin des lois du pays.

§ 15. Nos Ministres de l'Intérieur et de l'Agriculture sont chargés de l'exécution de la présente loi.

BOHÈME.

La chasse en Bohême, pays très riche en gibier, est réglée par un décret du 1er juin 1866, qui lui crée une situation spéciale en matière de chasse.

Le droit de chasse, tout en y étant regardé comme une dépendance de la propriété territoriale, ne peut y être exercé que par les propriétaires ayant des biens agglomérés de 200 jochs au moins. Les terrains agglomérés sont ceux qui sont placés les uns auprès des autres et que l'on peut atteindre sans passer sur les fonds d'autrui. Toutefois, les routes, rues, chemins de fer, fleuves et rivières, ne s'opposent pas à l'agglomération.

Pour les propriétés ayant moins de 200 jochs si elles sont closes ou entourées de palissades, le propriétaire y conserve son droit de chasse.

Les propriétaires d'une même commune ne possédant pas de terres de 200 jochs, ou qui n'ont pas de propriétés encloses, peuvent former entre eux une association de chasse, pourvu que l'ensemble de leurs propriétés forment un tout de 200 jochs au moins; alors ces propriétaires sont autorisés à user de leur droit de chasse, soit en le louant, soit en le faisant exercer par des chasseurs commissionnés à cet effet.

Si cette association n'est pas formée ou si les biens de ces propriétaires ne représentent pas 200 jochs d'étendue, le droit de chasser sur leurs fonds passe au possesseur du canton de chasse le plus proche.

Il en est de même pour les terres d'une étendue inférieure à 200 jochs enclavées dans une chasse.

Des cartes de chasse personnelles, valables pour un an dans toute l'étendue du royaume, sont exigées de tout chasseur. Celles délivrées au propriétaire ou au fermier de la chasse coûtent 10 florins; celles affectées au chasseur commissionné sont de 2 florins seulement.

Des cartes de chasse gratuites sont délivrées aux gardes assermentés pour le temps où ils restent en service.

Ces cartes peuvent être refusées à certaines catégories de personnes et entre autres aux ouvriers qui travaillent au jour ou à la semaine.

La chasse est défendue chaque année du 1er février au 31 juillet. Dans les enclos et parcs on peut toutefois chasser en tout temps.

En dehors de cette défense générale, on peut tuer :

a) En tout temps les bêtes nuisibles si la sécurité publique ne s'y oppose pas;

b) Les lièvres, les coqs des bruyères et des bois et les gelinottes des bois, du 1er mars jusqu'à la fin de mai;

c) Les oies et les canards sauvages, du 1er juillet au 1er janvier;

d) Les chevreuils, du 1er mai jusqu'au 31 janvier.

Il est défendu aux chasseurs de pénétrer avec leurs chiens sur les terres où les récoltes sont encore sur pied sans l'autorisation du propriétaire.

La vente et le colportage du gibier, des œufs, des couvées sont défendus à partir du quatorzième jour qui suit la fermeture de la chasse.

AUTRICHE (EMPIRE D'). — BOHÊME.

L'emploi des trappes, piéges et lacets pour s'emparer du gibier, n'est pas autorisé, si ce n'est pour prendre les bêtes nuisibles.

Le droit de suite est subordonné à l'autorisation du propriétaire du canton de chasse voisin.

On ne peut avoir de sangliers que dans des parcs enclos; et si quelque pièce de gibier noir s'échappe de ces enclos, le premier venu peut s'en emparer, quelle que soit l'époque de l'année comme s'il s'agissait d'un animal nuisible, tel que loup, ours, etc.

Chacun a le droit de tenir le gibier éloigné de ses champs par des barrières, des épouvantails, ou en faisant du bruit, ou même au moyen de fusils chargés, quand il s'agit de vignobles ou de vergers.

Les propriétaires de chiens doivent les empêcher de poursuivre le gibier sur le terrain de chasse d'autrui, sous peine d'une amende de 50 kreuzers à 2 florins. Pour les chats, rencontrés à plus de 200 klâfters de la plus prochaine maison, et les chiens non accompagnés, la loi permet de les abattre.

L'amende en matière de chasse est de 2 à 20 florins et peut être portée à 50 florins en cas de récidive.

Les amendes sont versées dans la caisse des pauvres de la commune où le délit a été commis.

Les tribunaux sont compétents pour les délits de chasse, et les délits sont prescrits au bout de trois mois.

Les propriétaires fonciers seuls ont le droit de poursuivre la réparation du dommage qui pourrait leur être causé par le gibier ou par les chasseurs. L'autorité cantonale désigne, pour les divers districts de chasse, des magistrats spéciaux chargés de recevoir les plaintes du chef du dommage ainsi causé, de le constater, d'en évaluer le montant et de prononcer sans appel, sur tout ce qui concerne ces demandes.

La chasse aux environs de Prague est réservée à la couronne.

— *Loi sur la chasse pour la Bohême, du 1ᵉʳ juin 1866*
(n° 49, Code local).

§ 1. Le droit de chasse dérive de la propriété du sol.

L'exercice du droit de chasse est régi par la présente loi sur la chasse.

§ 2. L'exercice personnel du droit de chasse n'appartient qu'au propriétaire d'une continuité de terrains reliés les uns aux autres, et d'une superficie d'au moins 115 hectares.

Un ensemble de terrains est considéré comme formant continuité ou territoire de chasse, quand les différents lots ou les différentes parcelles sont sises de telle façon, que l'on peut passer d'une terre à une autre sans être obligé de traverser des biens-fonds étrangers.

Les chemins, les routes, les voies ferrées, les ruisseaux et les rivières qui traversent cet ensemble de terrains, n'en interrompent pas la continuité.

§ 3. Pour les lots de terrains complets et stables isolés par des murs ou des palissades, le droit de chasse demeurera, quelle que soit l'étendue de ces terres, le privilège du propriétaire du sol.

Dans les cas où il naîtrait une question entre le propriétaire du sol et les maîtres des réserves de chasse voisines, c'est à la commission cantonale ou de district qu'il appartient de statuer.

§ 4. Dans tous les autres cas, la réunion ou totalité des propriétaires fonciers d'une localité (§ 107, organisation des communes, année 1804), ayant un ensemble de terrains formant continuité d'au moins 115 hectares, constitue une association de chasse, laquelle est autorisée à exercer le droit de chasse sur son propre territoire, sous les conditions stipulées par la présente loi (§ 6).

§ 5. Si la superficie totale appartenant aux divers propriétaires d'une localité n'atteint pas une étendue de 115 hectares, le droit de chasse sera accordé à celui des propriétaires dont le territoire de chasse aura les limites les plus étendues (§§ 2 et 4).

Ce même principe est applicable aux parcelles de terres qui n'atteignent pas 115 hectares, et qui sont entourées (enclaves) d'une façon complète, ou aux deux tiers, par un territoire de chasse.

La commission cantonale ou de district est chargée de procéder aux annexions. Cette même commission aura à prendre d'autres dispositions aux mêmes fins, dans le cas où le propriétaire du territoire de chasse dont les limites sont les plus étendues, ou dont le pourtour est le plus considérable, refuserait de prendre à sa charge l'exercice du droit de chasse sur les terrains de chasse à annexer.

§ 6. L'association des chasseurs (§ 4) est tenue soit d'affermer en entier le droit de chasse qui lui appartient, soit de l'exploiter à son profit par l'intermédiaire de chasseurs de métier, assermentés et nommés par elle-même. (Par chasseurs de métier, il faut entendre les personnes qui, ainsi qu'il est à la connaissance du magistrat civil, ont fait leur apprentissage sous la direction d'un homme de la partie et ont subi avec succès leur examen sur l'industrie de la chasse et sur les lois relatives à la matière.) L'amodiation peut avoir lieu de gré à gré, ou par voie de licitation publique. S'il s'agit d'une continuité de territoire de chasses d'au moins 1500 hectares, la commission cantonale ou de district pourra autoriser une amodiation par lotissements dudit territoire de chasses.

§ 7. C'est à la commission cantonale ou de district, qu'il appartient de fixer le montant des indemnités dues à raison des terres annexées (§ 5) pour l'exercice du droit de chasse, en tenant compte de l'étendue carrée, et d'après la moyenne des fermages dans les trois territoires voisins et limitrophes.

§ 8. Toute association de chasseurs exerce le droit dont elle jouit, dans les limites du § 6, pour la chasse, par un comité choisi dans son sein et composé de trois à cinq membres. Ce comité est nommé pour une durée de six années, et c'est parmi ses membres qu'est pris le président.

§ 9. L'élection est dirigée par le maire de la commune, mais pour qu'elle soit valable, il faut :

a) Que, dans une période d'une durée de quinze jours, et dans les formes ordinaires, tous les membres de l'association soient convoqués ;

b) Que, pour cette élection, le quart des votants au moins soit présent, en personne ou par procuration, conformément aux dispositions de l'ordonnance pour l'élection des municipalités.

§ 10. Si dans une réunion convoquée conformément au § 9, le nombre des votants dans son ensemble n'arrive pas au chiffre nécessaire pour que la décision soit valable, on fera une seconde convocation, et dans l'assemblée qui aura lieu les membres présents, sans s'arrêter à l'alinéa 6 du paragraphe 9 décideront valablement.

§ 11. Les votes devront être calculés de sorte que pour un bien-fonds de 4 hectares, on ait droit à une voix ; de 4 à 8 hectares à 2 voix, et ensuite de 4 en 4 hectares, à une voix de plus.

Aucun individu ne peut exercer de fonctions, s'il ne réunit que la moitié des voix de l'association.

L'élection a lieu à la pluralité absolue des voix.

§ 12. Le comité devra représenter à l'extérieur l'association et mettre ses décisions à exécution dans la limite des lois.

§ 13. Le comité décide surtout, si eu égard aux circonstances prédominantes, un bail se trouve conforme au droit de chasse qui appartient à l'association, et si dans ce cas on doit traiter de gré à gré, ou bien procéder par voie d'adjudication publique. L'adjudication aura lieu par l'entremise du maire de la commune.

§ 14. Le comité des chasseurs ne peut faire exercer le droit de chasse appartenant à l'association par des chasseurs du métier, que si les trois quarts des votants ont décidé dans ce sens.

§ 15. Le comité des chasseurs devra conclure le bail de fermage de la chasse, au moins six mois avant la fin de la dernière année de bail.

§ 16. On n'acceptera comme fermier d'un territoire de chasse, en règle ordinaire, qu'une seule personne réelle, pourvu qu'il n'existe pas à son égard un des motifs énoncés au § 28, pour le refus du permis de chasse.

§ 17. Le bail de chasse pour le territoire de chasse d'une association de chasseurs (§ 4), de même que l'annexion des enclaves et des parcelles de terrains de chasse (§ 5), devront avoir lieu au moins pour une durée de six années consécutives qui commenceront au 1er février pour finir au 31 janvier.

Les baux d'une durée de douze années ne sont permis qu'avec le consentement de la commission cantonale ou de district.

§ 18. Tout enchérisseur pour un fermage devra à l'avance déposer, comme garantie, une somme égale au prix de la mise en location, soit en argent comptant, en livrets de caisse d'épargne ou de caisse de prévoyance, soit en valeurs sur l'Etat, laquelle somme sera calculée au dernier cours de la Bourse.

Le plus offrant sera reconnu comme fermier et devra aussitôt après la fin des enchères, en payer les frais, ainsi qu'une caution égale au fermage d'une année en la forme établie ci-dessus, et il devra, de plus, payer à l'avance le fermage de la première année.

Le cautionnement sera remis, dans les huit jours, par le maire de la commune intéressée, à titre de dépôt, à la commission du canton ou district.

§ 19. Au commencement de chaque année de chasse, on devra verser, par avance, au comité des chasseurs, le montant du loyer annuel de la chasse.

§ 20. Deux mois après l'expiration du bail, on devra restituer le cautionnement versé, à moins qu'il ne réponde éventuellement pour des indemnités, ou du montant d'amendes encourues.

§ 21. La libre organisation et réunion de territoires de chasse limitrophes est permise, à moins qu'elle ne paraisse être contraire aux intérêts de la chasse elle-même.

§ 22. Le revenu net (fermage) d'un territoire de chasse appartenant à une association de chasseurs, ainsi que le montant des indemnités relatives aux enclaves et parcelles du terrain de chasse (§ 5) seront répartis entre les propriétaires du sol de la localité, pris individuellement, et cette répartition aura lieu au prorata de l'étendue de leur bien-fonds.

§ 23. C'est à la commission du district ou canton qu'il appartient de veiller à l'exécution des dispositions contenues dans les paragraphes 2, 4, 6, 8, jusqu'au 22e paragraphe inclusivement.

§ 24. Sont fondés à exercer en personne le droit de chasse :

a) Le maître de la chasse, c'est-à-dire le propriétaire du sol ayant de ce fait droit au libre exercice de la chasse (§§ 2 et 3), et le fermier dans la mesure où le droit de chasse lui appartient;

b) Le personnel de chasseurs assermentés au service du maître de la chasse ou de l'association des chasseurs;

c) Les hôtes ou invités à la chasse.

§ 25. On considère comme hôte de chasse, toute personne pouvant obtenir un permis de chasse, et chassant en compagnie ou avec le consentement du maître de la chasse sur son terrain de chasse.

§ 26. Quiconque voudra, personnellement, faire usage de son droit de chasse, devra se pourvoir d'un permis de chasse et le porter constamment sur soi.

Les permis de chasse, dans les cantons ou districts, seront délivrés par la commission de l'endroit où se trouvera, à ce moment, domicilié le requérant; à Prague et à Reichenberg par le conseil municipal; ils devront porter le nom de la personne et ne seront valables que pour cette seule personne, pour la durée d'une année et pour tout le territoire.

Pour se faire délivrer lesdits permis, le propriétaire terrien ayant un territoire indépendant de chasse (§§ 2 et 3), ainsi que son fermier, devront verser une contribution de 10 florins; leur hôte ou invité à la chasse, versera 2 florins, monnaie autrichienne, et cela en outre des droits de timbre. Cet argent devra être porté, dans les districts ou cantons, à la Caisse du canton, et dans les villes de Prague et de Reichenberg, à la Caisse municipale.

§ 27. Le personnel juré des chasseurs et veneurs, celui des gardes-chasse assermentés, recevront, au lieu de permis de chasse, des certificats de chasse délivrés dans les cantons par la commission cantonale, à Prague et à Reichenberg par les bureaux du conseil municipal. Ces certificats n'ont de valeur que pour le temps de service et ne sont soumis à aucune taxe.

§ 28. On refusera de délivrer des permis de chasse :

1° Aux mineurs, à moins que les dits permis ne soient réclamés, en leur faveur, par leurs pères ou leurs tuteurs; s'il s'agit d'élèves d'une école forestière ou d'universités, par les directeurs; s'il s'agit des aspirants et aides-compagnons forestiers, par messieurs les maîtres inspecteurs ou agents directeurs;

2° Aux aliénés et aux personnes adonnées à la boisson;

3° Aux indigents qui sont à la charge de la commune ou des institutions de bienfaisance;

4° Aux ouvriers qui n'ont que leur salaire journalier ou hebdomadaire;

5° Aux individus, sans exception, qui ne peuvent obtenir un permis de port d'armes;

6° Pendant une période de dix années après l'expiration de leur peine, aux individus déclarés coupables d'un attentat contre la vie des personnes ou contre les propriétés; pour une période de cinq années après l'expiration de leur peine, aux individus qui, en vertu du paragraphe 335 de la loi pénale ont été condamnés pour des délits causés par imprudence dans le maniement des armes, ou par suite de contraventions pour braconnage, participation audit braconnage, abus de confiance ou fraude;

7° Pour une période de trois années, aux individus condamnés pour usage illicite de permis de chasse.

§ 29. Les certificats de chasse devront être refusés aux individus faisant partie du personnel assermenté pour le service et la surveillance de la chasse, qui se trouveront dans les cas énoncés, paragraphe 28, sous les n°° 2 et 6.

§ 30. Il y aura lieu de retirer le certificat ou le permis de chasse, sans remboursement de la taxe acquittée, si après qu'ils ont été délivrés, il vient à se produire ou on vient à découvrir un des cas d'exclusion en ce qui concerne la personne du titulaire de ces permis.

§ 31. Contre le refus d'accorder un permis de chasse ou un certificat de chasse, ou contre le retrait de ces permis, on est autorisé à se pourvoir dans la quinzaine en formant recours auprès de la commission supérieure nationale, par l'intermédiaire de la commission cantonale ou de district.

§ 32. Il est, en règle générale, fixé pendant la saison du rut du gibier, une période allant du 1er février au 31 juillet, pendant laquelle il est interdit de chasser, tuer ou capturer ledit gibier, ainsi que de dénicher les œufs des oiseaux protégés.

Dans les parcs, où l'on élève des daims, cerfs et autre gros gibier ainsi que des sangliers, les prescriptions ci-dessus ne sont pas applicables.

Même pendant la période de ménagement ou de l'accouplement, on peut, par exception, tuer :

    a) Toute bête de proie, à moins qu'elle ne jouisse de la protection de la loi ;

    b) Les bécasses communes ou bécasses des bois, le coq des bruyères des bois et les espèces de gelinottes ou poules du coudrier, du 1er mai à la fin de mai ;

    c) Les oies et les canards sauvages, du 1er juillet au 31 janvier ;

    d) Le chevreuil, du 1er mai au 31 janvier.

§ 33. Aussi longtemps que les fruits des champs ne sont pas récoltés à l'exception des pommes de terre, choux, navets, betteraves et des herbages, il n'est pas permis de chasser ou de lâcher même un seul chien, dans ces champs, sans l'autorisation du propriétaire.

§ 34. Quinze jours après le commencement de la saison de ménagement du gibier et pendant toute la durée de cette saison, il est interdit de mettre en vente le gibier et les œufs des oiseaux dont la chasse est défendue : autrement, ce gibier sera confisqué au profit de la caisse de secours pour les indigents de la localité.

§ 35. Pendant la période de la saison de chasse, tout marchand de gibier devra se procurer une licence de livraison en vue de la mise en vente du gibier, et cette licence dans les localités ayant une enceinte d'octroi sera remise en échange d'une déclaration constatant que les droits d'octroi sont acquittés.

Le bulletin de livraison devra être dressé par le maître de la chasse, ou par un des individus quelconque de son personnel de chasse agissant par délégation, et ce bulletin contiendra l'indication du district ou territoire de chasse, le nombre des pièces, l'espèce du gibier, la date et l'époque de l'expédition ou livraison.

Les inspecteurs publics devront confisquer tout gibier introduit ou colporté sans le bulletin de licence, au profit de la caisse des pauvres de la localité.

§ 36. Il est défendu, à l'exception des animaux de proie, de prendre du gibier aux lacets ou au moyen de chausse-trappes.

§ 37. La poursuite du gibier blessé sur un autre territoire de chasse, n'est permise que du consentement du maître de ladite chasse.

§ 38. Le gibier noir (sangliers) ne peut être élevé que dans des parcs clos et bien garantis contre toute évasion.

Si un sanglier est rencontré hors d'un parc, il est permis à toute personne, et en quelque saison de l'année que ce soit, de l'abattre, de même que les loups, les ours et autres bêtes de proie, dès que le salut de la personne ou l'intérêt de la propriété l'exigent.

§ 39. Toute personne est autorisée à repousser de ses terres le gibier au moyen de crécelles, d'épouvantails, ou de palissades élevées dans ce but, et dans les vignobles ou les vergers, par des coups de fusils tirés en l'air.

§ 40. Les propriétaires de chiens doivent veiller à ce que ces animaux ne quêtent pas sur les garennes d'autrui; les contrevenants seront punis d'une amende de 50 kreutzers à 2 florins.

Le titulaire d'une chasse peut tuer ou faire tuer les chats qui seraient trouvés sur une garenne, à une distance d'au moins 380 mètres de la maison la plus rapprochée, et, même en l'absence de leur maître les chiens que l'on rencontrerait quêtant à la même distance.

§ 41. La surveillance directe en ce qui concerne les dispositions de la présente loi, les infractions et les dénonciations ayant trait aux contrevenants, incombera à la gendarmerie impériale et royale, aux agents de l'ordre public pour le canton ou la commune et au personnel assermenté des gardes-chasse.

§ 42. Une amende de 2 à 20 florins, en cas de récidive allant jusqu'à 50 florins et en dehors de toute autre pénalité que pourront encourir les contrevenants, sera appliquée :

1° Aux individus qui contreviendront aux dispositions (§§ 32, 33, 36), de la présente loi ;

2° Aux individus qui feront abus des permis de chasse, soit en se procurant et en se servant du permis de chasse d'un autre, soit en cédant leur propre permis à un tiers pour en faire usage ;

3° Aux individus qui sans permis ou sans certificat de chasse en règle, chasseront en personne ou permettront à un invité, non pourvu de permis valable, de prendre part à la chasse ;

4° Aux individus qui sans l'autorisation du maître de la chasse passeront sur le territoire de chasse de celui-ci, en dehors de la voie publique, ou qui, encore, entreront dans les vignobles et les jardins fruitiers, armés d'un fusil de chasse ou porteurs de tout autre engin de chasse.

En cas de non recouvrement de l'amende, celle-ci sera commuée en contrainte personnelle ou emprisonnement d'un jour par chaque 5 florins; quand l'amende sera inférieure à 5 florins, la détention sera d'au moins douze heures.

§ 43. Ces pénalités sont prononcées par le magistrat civil compétent.

Les amendes versées seront affectées à la caisse de secours de la localité de chaque commune où les agissements délictueux auront eu lieu.

§ 44. Les pénalités imposées à raison de contraventions aux mesures de police sur la chasse, sont prescrites trois mois après le jour où a eu lieu la contravention, si le contrevenant n'a pas été, depuis, l'objet de poursuites judiciaires.

§ 45. Le droit qu'a chaque propriétaire foncier à un dédommagement en compensation des dégâts subis par le fait du gibier ou par suite de la chasse, reste maintenu contre le maître de la chasse (§ 24) pour les dégâts causés par celle-ci et contre l'association des chasseurs, pour les dévastations provenant du gibier; mais s'il s'agit d'enclaves ou de parcelles de terrains annexées, alors l'action a lieu contre le titulaire légal exerçant le droit de chasse.

Il n'est pas défendu à ce dernier de préserver les enclaves et autres parcelles de terrains contre toutes éventualités de dégâts causés par les fauves, au moyen de barrières ou au moyen de toutes autres mesures de précaution ne pouvant gêner le propriétaire du sol dans l'exploitation de son fonds.

Les réclamations en dommages, à moins que le bail ou toute autre convention entre les parties n'en décident autrement, seront portées devant un tribunal arbitral constitué à cet effet.

§ 46. La commission cantonale ou du district nommera à l'avenir et tous les trois ans, pour les différents territoires de chasse du district ou canton, le président de ces tribunaux d'arbitrage. Ce président, aussitôt qu'une plainte lui sera adressée, par suite de compensation refusée pour des dégâts, devra requérir les deux parties de nommer deux personnes de confiance, et de concert avec elles il procédera aux constatations au lieu et place des intéressés.

Ce tribunal arbitral, après avoir, au préalable, essayé la voie de conciliation, décide s'il est dû une compensation pour dommage et quel doit en être le chiffre. Si les arbitres ne tombent pas d'accord sur le montant de la compensation, le président statue, mais dans les limites des deux évaluations.

Si l'une des parties, après qu'elles en auront été requises par le président, néglige de nommer une personne de confiance la représentant, le président désignera un arbitre à la place de celui qui manquera, en donnera avis aux parties et, passant outre, statuera sur la demande de compensation.

Il n'y a pas lieu à appel contre une décision du tribunal arbitral.

La mise à exécution de la sentence arbitrale devra être demandée au tribunal compétent, lequel avant d'accorder son autorisation, aura à se prononcer sur la plainte en invalidation pour violation des dispositions du présent paragraphe.

§ 47. Les baux passés avant la mise en vigueur de la présente loi relativement aux fermages des chasses continueront d'exister, à moins de clauses contraires, jusqu'au terme stipulé.

Les droits et obligations du bailleur et du preneur, et les demandes judiciaires relatives à la compensation des dégâts causés par le gibier, seront jugés d'après les clauses du contrat, et si celui-ci ne renferme aucune stipulation, d'après les lois et les ordonnances existantes.

A l'égard des moyens propres à faire valoir les requêtes ou demandes d'indemnité, il y a lieu, néanmoins, de faire appel à la procédure indiquée aux §§ 45 et 46 de la présente loi.

§ 48. En ce qui concerne les gens de service engagés avant la mise en vigueur de la présente loi, en qualité de chasseurs, et à moins que le contrat conclu ne contienne, touchant les personnes de service, des dispositions contraires, ils seront responsables des dégâts de chasse.

§ 49. Les lois et les ordonnances relatives au droit de chasse et à l'exercice de ce droit jusqu'ici en vigueur, sont et demeurent abrogées par la présente loi.

§ 50. La loi actuelle laisse intacts les droits réguliers de la couronne, en ce qui concerne la chasse dans les environs de Prague.

§ 51. La loi actuelle sera mise en vigueur dans les 30 jours qui suivront sa promulgation dans le bulletin des lois nationales.

§ 52. Le Ministre d'État est chargé de l'exécution de la présente loi.

DE LA PROTECTION DES OISEAUX.

— *Prescriptions relatives à la protection des oiseaux et autres animaux utiles à l'agriculture pour les royaumes et États représentés au parlement de l'Empire.* — BOHÊME. *Loi du 30 avril 1870.*

§ 1. Il est interdit d'enlever et de détruire les œufs et les nichées de tous les oiseaux sauvages vivants, à l'exception des genres et des espèces nuisibles énumérées dans l'annexe A (1), dont l'extermination par l'enlèvement des œufs et des nichées reste formellement réservée au personnel des gardes-chasse.

§ 2. Il est interdit de capturer ou tuer les oiseaux et autres animaux nommés dans l'annexe B (2), lesquels se nourrissent principalement de souris ou d'insectes.

Cette interdiction ne s'applique pas aux taupes, ni dans les enclos, ni dans les jardins d'agrément, jardins potagers, jardins fleuristes d'exploitation, pas plus qu'aux taupes qui détérioreront les chaussées.

§ 3. Il est interdit de prendre ou tuer les oiseaux dont on donne la liste à l'annexe C (3) et qui ne se nourrissent que partiellement d'insectes, pendant la période qui va du 15 septembre au 31 janvier, c'est-à-dire même en dehors de la saison où ces oiseaux couvent; mais cela est permis avec une autorisation écrite du propriétaire du terrain et du concessionnaire de la chasse, certifiée et délivrée par le maire de la commune.

Tout individu, dont le métier est de chasser et de prendre les oiseaux, devra porter constamment sur lui ladite autorisation.

§ 4. Sont déclarés pièges et engins prohibés :

a) L'emploi d'appeaux aveugles;

b) L'emploi, comme appeaux, des espèces d'oiseaux énumérées dans l'annexe B;

---

(1) Voir l'annexe A (page 277).
(2) Annexe B : la mouette, le vanneau, la chauve-souris, le hérisson, la taupe, le blaireau.
(3) Annexe C (page 278).

c) La capture au moyen de filets enveloppants ou fixes, tendus sur des haies basses ou sur des buissons;

d) La capture au moyen de substances visqueuses (glu, gluaux, pipeaux, etc.).

§ 5. La vente des oiseaux des espèces indiquées dans l'annexe B est interdite.

§ 6. Les contrevenants aux précédentes dispositions seront jugés par le maire ou préposé de la commune assisté de deux conseillers communaux, et punis d'une amende de 1 à 10 florins, allant en cas de récidive jusqu'à 20 florins ou, à défaut de paiement, d'une détention variant entre 12 heures et quatre jours. En outre, on confisquera les engins ainsi que les bêtes prises, mettant celles qui seront vivantes aussitôt en liberté.

Les amendes ainsi que le produit des objets confisqués seront versés à la Caisse des fonds agricoles.

§ 7. Le jugement sera signifié à la partie intéressée, ou par expédition écrite contre accusé de réception ou à l'intéressé, lui-même, en présence de deux témoins, et verbalement, au greffe de la commune.

§ 8. Les appels du jugement (§ 6) devront être interjetés auprès du juge civil du canton ou district et portés verbalement, devant le maire ou préposé de la commune dans les quinze jours, du jour où a eu lieu la notification dudit jugement.

§ 9. Il incombe à la commission du canton ou du district, de veiller à ce que de la part des maires ou préposés des communes, les dispositions de la présente loi soient strictement exécutées.

La Commission cantonale prendra le plus grand soin pour que les maires des communes fassent publier ou afficher la présente loi, deux fois par an, en décembre et en mars, dans toute l'étendue de la commune.

§ 10. La néglignce, de la part du maire, dans l'accomplissement des devoirs qui lui sont imposés par la présente loi, sera punie par le magistrat civil, d'une pénalité administrative de 10 à 20 florins au profit de la Caisse des fonds agricoles.

§ 11. La gendarmerie impériale et royale, le personnel des gardes forestiers, gardes-chasse, gardes champêtres, ainsi que tous les agents de l'ordre public, ont pour devoir de signaler au maire ou préposé de la commune, toute contravention qu'ils auront constatée à l'égard de la présente loi.

§ 12. Dans un but scientifique, les magistrats supérieurs peuvent autotoriser certaines dérogations aux prescriptions de la loi actuelle.

§ 13. Les maîtres des écoles primaires seront tenus d'expliquer à la jeunesse des écoles les inconvénients qui résultent de la destruction des nids, de la capture et de l'extermination des oiseaux utiles; ils devront aussi exposer aux jeunes enfants dans la mesure de leurs attributions et dès l'époque où commence la couvaison, les mesures décrétées dans la présente loi pour la protection de ces oiseaux, afin d'empêcher qu'elles ne soient violées.

§ 14. Toutes les lois, ordonnances et prescriptions contraires aux mesures édictées par la présente loi sont par suite abrogées.

§ 15. La présente loi entrera en vigueur à partir de sa promulgation.

BUKOVINE.

— *Loi du 30 avril 1870 (n° 23, Code local), relative à la protection des oiseaux.*

§ 1. Il est interdit d'enlever ou de détruire les nichées et les œufs de tous les oiseaux vivants, à l'exception des espèces nuisibles énumérées dans l'annexe A (1).

§ 2. Il est permis de prendre et de tuer, dans toute saison de l'année, les oiseaux nuisibles nommés dans l'annexe A.

Tous les autres oiseaux ne peuvent être ni pris ni tués pendant la période qui va du 1er février jusqu'au 31 août de chaque année, c'est-à-dire pendant l'incubation.

§ 3. Les autres espèces d'oiseaux indiquées à l'annexe B et qui ne se nourrissent que partiellement d'insectes pourront, en dehors de l'époque d'incubation, être tués, à partir du 1er septembre au 31 janvier, mais toutefois avec le consentement écrit du propriétaire du sol, certifié et délivré par le maire ou préposé de la commune, sans qu'il soit besoin d'une autre autorisation.

§ 4. Par exception, il sera permis de prendre ou de tuer les espèces d'oiseaux énumérés dans l'annexe C qui se nourrissent surtout d'insectes, de souris et autres animaux nuisibles à la culture des champs, pendant la période qui s'étend du 1er septembre au 31 janvier, à condition toutefois d'avoir, ainsi qu'il est spécifié au § 3, le consentement du propriétaire du sol, légalisé par le juge civil du canton ou district; il est valable pour une année.

Avant de délivrer cette autorisation, il y a lieu de bien examiner si, en raison des circonstances où se trouve l'agriculture, il convient de permettre de chasser et capturer ces oiseaux.

La requête, à cet effet, devra parvenir par l'intermédiaire du maire de la commune, lequel aura à se prononcer dans son rapport sur son admissibilité. — Les chefs de chaque commune intéressée devront être informés de chaque autorisation.

§ 5. Pour tirer sur les oiseaux avec des armes de chasse, en outre du

---

(1) Voir les annexes A, B, C (pages 297-298).

consentement du propriétaire du sol, comme il est prescrit pour les cas énoncés aux §§ 3 et 4, il faut aussi le consentement du titulaire de la chasse.

§ 6. Sont déclarés pièges et engins prohibés :
a) Les appeaux aveugles ;
b) Les filets mobiles ou fixes sur les haies basses et les buissons.

§ 7. Le juge civil du canton ou district, dans le cas prévu au § 4, touchant l'autorisation accordée, délivrera un bulletin muni du sceau officiel.

Ce bulletin devra contenir le nom, le signalement de la personne autorisée, le canton ainsi que la période pour laquelle l'autorisation a été accordée, et de plus les conditions éventuelles que le magistrat jugera devoir ajouter, suivant l'occurrence.

Tout oiseleur devra, pour faire usage de sa permission, se pourvoir dans le cas du § 3, du consentement écrit du propriétaire du sol ; et dans le cas du § 4, de l'autorisation du juge civil du district ou canton.

§ 8. Il est interdit d'acheter ou de vendre les oiseaux vivants ou morts désignés dans les annexes B et C, quand ils ont été pris pendant la période défendue, ainsi qu'il est spécifié au § 3.

Les oiseaux désignés dans l'annexe C ne pourront, même tués, être mis en vente, en dehors de la période où la chasse en est permise.

§ 9. Les contrevenants aux mesures ci-dessus énoncées comparaîtront devant le maire ou préposé de la commune assisté de deux adjoints, et dans les villes jouissant d'un statut propre, devant l'officier de la municipalité, pour être condamnés à une amende de 50 kreutzers à 5 florins, en cas de récidive l'amende sera portée jusqu'à 10 florins, valeur autrichienne ; à défaut de paiement, cette amende sera convertie en un emprisonnement de six heures à deux jours.

De plus, on confisquera les engins et les bêtes qui auraient été capturé et on mettra en liberté immédiate les animaux qui seraient vivants.

Le montant des pénalités pécuniaires et la recette provenant des objets confisqués seront versés à la Caisse des fonds agricoles.

§ 10. Le jugement de condamnation devra être signifié à la partie intéressée par expédition écrite contre accusé de réception, ou notifié verbalement en présence de deux témoins, au greffe de la mairie. — Dans ce cas, le fait de la notification et le jour où elle a eu lieu, devront être consignés par les témoins sur l'acte de jugement.

§ 11. Les recours contre le refus de permission pour la chasse des oiseaux, ou contre les conditions mises à cette autorisation (§§ 4 et 7), devront être adressés au magistrat civil supérieur, et en procédure de seconde instance, au Ministère de l'Agriculture ; quant aux appels d'un jugement, ils devront être adressés au juge civil compétent et portés, dans le premier cas, devant le juge civil du canton ou district, et dans le second cas, devant les chefs de la municipalité communale, par écrit ou verbalement, dans la quinzaine qui suivra la notification ou la signification du jugement.

§ 12. Le magistrat civil compétent a pour obligation de veiller à ce que les préposés ou maires des communes obéissent ponctuellement aux prescriptions de la présente loi.

Le magistrat civil compétent devra, en outre, prendre soin que cette loi soit, par l'intermédiaire des préposés ou maires, publiée et affichée dans toutes les localités de la commune.

§ 13. La non-exécution des obligations imposées par la présente loi aux préposés ou maires des communes, sera punie par le juge civil compétent d'une pénalité administrative de 5 à 10 florins au profit de la Caisse des fonds agricoles.

§ 14. Il incombe à la gendarmerie impériale et royale, aux gardes forestiers, aux gardes-chasse et aux gardes champêtres, ainsi qu'à tous les agents de l'ordre public, de signaler aux préposés ou maires de la commune les contraventions à la présente loi, qu'ils auront constatées.

§ 15. Dans des buts scientifiques, le magistrat civil supérieur peut admettre des dérogations aux dispositions de la loi actuelle.

§ 16. Les maîtres des écoles primaires sont tenus de montrer aux jeunes écoliers les inconvénients qu'il y a à dénicher, prendre et tuer les oiseaux utiles, et ils devront, surtout chaque année, aux approches de la couvaison, les détourner de commettre des contraventions à la présente loi en ce qui a trait aux prescriptions édictées pour la protection desdits oiseaux, et cela autant que le leur permettra le cercle de leurs attributions.

§ 17. Les mesures énoncées dans les paragraphes précédents sont aussi applicables aux territoires où se trouvent des fermes et des hameaux isolés.

Les administrateurs de ces terres isolées sont substitués aux droits et obligations attribués au maire ou préposé de la commune; quant au droit d'imposer des pénalités fixées par le paragraphe 9, il reste réservé au juge civil du district ou canton.

Les contraventions à la présente loi qui viendraient à se produire sur lesdits territoires non formés en commune seront punies des peines édictées au § 13.

§ 18. Toutes les précédentes lois, ordonnances et arrêtés contraires aux mesures qui font l'objet de la présente loi, sont et demeurent abrogés (1).

PRESCRIPTIONS RELATIVES A LA DESTRUCTION DES OISEAUX DE PROIE.

Sont annulés et abrogés le décret de la Cour de la chancellerie aulique du 27 juin 1888 et les dispositions édictées postérieurement au sujet du paiement des primes pour les bêtes de proie abattues, ainsi que la loi du 4 juin 1864, n° 5.

---

(1) Annexe A (A l'exception de la corneille, *Cornix* L., les mêmes oiseaux qu'à l'Annexe A de la page 297). — Annexe B (Voir l'Annexe B à la page 297). — Annexe C (Voir l'Annexe C à la page 297). A ajouter toutefois : le freux, *Corvus corone* L.; la corneille, *Corvus cornix* L.)

— *Loi du 1er octobre 1870, relative au paiement des primes pour les bêtes de proie tuées ou capturées.*

§ 1. Il sera payé sur les fonds du Trésor provincial, par chaque tête d'ours ou de loup, tué ou pris, sans différence d'âge ni de sexe, une prime de 5 florins, monnaie d'Autriche, à tout individu qui apportera un de ces animaux, vivant ou mort, s'il est constaté que l'animal a été capturé ou abattu dans le pays même.

§ 2. L'ours ou le loup capturé vivant devra être abattu et on devra lui trancher la tête ainsi qu'à tout autre animal de la même espèce amené déjà mort, pour la présentation; mais il ne sera alloué aucune prime pour la présentation de la simple dépouille.

§ 3. La présentation du carnassier abattu ou capturé et la constatation des circonstances établissant que ladite bête de proie a bien été tuée ou prise dans le pays même devront, en vue du versement immédiat du montant de la prime allouée, avoir lieu par l'intermédiaire du maire ou chef de chaque commune sur le territoire de laquelle l'animal aura été tué ou capturé.

§ 4. Les droits de propriété sur l'animal qu'on aura présenté ne sont pas infirmés par la présente loi et les dispositions générales du code à ce sujet, de même que les prescriptions relatives à l'industrie de la chasse restent en vigueur.

PRESCRIPTIONS RELATIVES AU TEMPS D'INTERDICTION DE LA CHASSE.

— *Loi du 20 décembre 1874* (Code local).

§ 1. Il est interdit de chasser, prendre ou tuer les espèces sauvages ci-après nommées, pendant les périodes de ménagement ou défense de chasser ci-dessous fixées : 1° le cerf, commun ou noble, mâle, du 15 octobre au 15 juillet; 2° le cerf femelle et la bichette, durant toute l'année; 3° le faon à partir de l'époque de sa naissance jusqu'au 15 juillet de l'année suivante; 4° le chevreuil mâle, du 15 janvier au 15 juin; 5° le chevreuil femelle et la chevrette, durant toute l'année; 6° le chevrillard, depuis la saison de la naissance jusqu'au 15 juin de l'année suivante; 7° le lièvre, du 15 janvier au 15 septembre; 8° le coq de bruyère du 15 mai au 15 septembre; 9° la poule de bruyère, durant toute l'année; 10° le coq des bois, du 1er juillet jusqu'à fin septembre; 11° la poule des bois, toute l'année; 12° la gelinotte, du 1er février au 1er septembre; 13° la perdrix, du 1er novembre jusqu'à la fin d'août; 14° le canard sauvage, la bécasse des marais, la grosse bécasse, la bécasse des jachères et la bécassine, du 1er mars jusqu'à la fin de juillet; la bécasse des bois ou bécasse commune, du 1er mars au 15 septembre; 15° la caille, du 1er avril à fin juillet; l'outarde, du 1er avril à fin juillet.

§ 2. Il est interdit de capturer les espèces de gibier indiquées dans le paragraphe 1, au moyen de lacets, chausse-trappes et autres pièges analogues : il est aussi défendu de détruire les œufs et d'enlever les couvées des nids. Il est fait exception pour les œufs ramassés pour les faire couver par des poules domestiques, ainsi que pour le gibier que le concessionnaire de la chasse ou son personnel d'auxiliaires désignés par lui sont seuls autorisés à capturer.

§ 3. Le gouvernement impérial et royal de la province peut ordonner une diminution proportionnelle du gibier parqué, si son augmentation constitue un danger pour l'agriculture, même pendant les périodes où la chasse est défendue, mais pour des localités et des districts de chasse déterminés, et pour une période de temps également déterminée.

Si le gibier est abattu dans ces cas exceptionnels, le vendeur devra se pourvoir d'une attestation du juge civil du district ou canton, établissant l'autorisation de vendre, autrement il y aura lieu de lui appliquer les dispositions du paragraphe 5.

§ 4. La contravention aux paragraphes 1 et 2, et par suite au paragraphe 3, sera punie d'une pénalité pécuniaire de 5 à 25 florins, qui, au cas où on causerait au gibier, en abattant un trop grand nombre d'animaux, ou en multipliant trop ceux-ci, un préjudice sérieux, pourra s'élever jusqu'à 50 florins.

§ 5. Quiconque, quinze jours après le commencement de la saison défendue, transportera du gibier à l'égard duquel la chasse est interdite pendant ladite période, soit en pièces entières, soit découpé en morceaux, et l'exposera en vente dans les boutiques, sur les marchés ou de toute autre façon, ou bien en favorisera la vente, tombera, en outre de la confiscation du gibier, sous le coup des pénalités pécuniaires énoncées dans le paragraphe 4. Ces mêmes pénalités sont applicables à la vente du gibier qu'il n'est, en général, pas permis de tuer ou de prendre, ainsi qu'à la vente des œufs et du gibier à plumes.

§ 6. Les individus qui, pendant la période où la chasse est défendue, vendent du gibier, lequel à raison de sa provenance étrangère est hors des limites où la présente loi a force et vigueur, ainsi que ceux qui en facilitent la vente, devront s'informer avec soin de l'origine de ce gibier ; et, au cas où ladite venaison serait importée de contrées en dehors du territoire des pays et royaumes représentés au parlement impérial, ils devront prouver par un certificat que délivrera le juge civil du district ou canton, que le gibier en question n'a pas été abattu contrairement aux lois.

Dans les autres cas, les dispositions du paragraphe 5 sont également applicables à ces personnes.

§ 7. Les pénalités pécuniaires, résultant de la présente loi, de même que les recettes provenant des confiscations opérées en vertu de la dite loi, et celles provenant du gibier aliéné par voie d'exposition publique par les préposés ou maires que cela concerne, iront à la caisse de secours pour les indigents de la commune où la contravention a été découverte. En cas d'insolvabilité, l'amende sera convertie en une détention ou emprisonnement d'un jour par chaque somme de 5 florins.

Les poursuites et les pénalités à imposer sont du ressort du juge civil.

— *Loi du 2 mai 1886 relative à l'introduction des permis de chasse* (Code local).

§ 1. L'exercice du droit de chasse dans le duché de Bukovine est soumis à l'obtention d'un permis de chasse, rédigé d'après la formule qui fait suite à la présente loi.

§ 2. Le permis de chasse est valable pour toute l'année de chasse, du 1er avril au 31 mars, et seulement pour la personne au nom de laquelle il a été délivré.

§ 3. Le magistrat civil de première instance, dans le ressort duquel se trouve actuellement résider le requérant, est chargé de délivrer les permis de chasse; il pourra aussi accorder lesdits permis à des personnes non domiciliées en Bukovine.

§ 4. Le possesseur d'un permis de chasse doit, en chassant, le porter constamment sur lui et le présenter à toute réquisition du personnel de la sûreté publique.

§ 5. Le permis de chasse n'autorise pas le porteur à chasser contre la volonté du concessionnaire d'une réserve délimitée.

§ 6. La délivrance du permis de chasse aura lieu dorénavant contre le versement d'une taxe de 5 florins, monnaie d'Autriche, pour une année de chasse.

Le personnel assermenté de l'administration des chasses et des forêts est exempt du paiement de ladite taxe.

§ 7. Il est défendu d'accorder des permis de chasse :

a) Aux faibles d'esprit et aux ivrognes notoires;

b) Aux mineurs de moins de 20 ans, sous réserve de la faculté qu'ont, dans certains cas, les magistrats de faire des exceptions en faveur de ceux-ci, sur la demande de leurs parents ou tuteurs;

c) Aux personnes qui n'inspirent pas une confiance absolue dans le maniement des armes à feu;

d) A toutes les personnes qui n'ont d'autres ressources, par suite de leur pauvreté, que celles que leur fournissent les fonds publics de la commune, ou les diverses institutions de bienfaisance;

e) Aux ouvriers qui n'ont pour leurs besoins que leur salaire de la semaine ou de la journée;

f) A tous ceux qui ne peuvent se pourvoir d'un port d'armes pour les armes de chasse, ou d'une attestation équivalente, sauf le cas où il s'agit de chasses, ne nécessitant pas l'usage des armes de tir;

g) Aux individus, et cela pendant une durée de 10 années après l'expiration de leur peine, qui auront commis un délit contre la sûreté des personnes ou contre la propriété; à ceux, et cela pendant une durée de cinq années, qui, d'après le paragraphe 335 du Code pénal, auront été reconnus coupables, soit d'une infraction ou contravention de nature à mettre en danger la vie des autres par suite d'un imprudent maniement des armes à feu, soit de délits, tels que vols, complicité de vols, abus de confiance ou fraudes;

A) A tous ceux, et cela pendant trois années, qui auront encouru des pénalités pour avoir fait abus de leur permis de chasse, ou violé les lois sur la protection du gibier.

§ 8. On refusera d'accorder des permis de chasse aux compagnons ouvriers, aux gens de la domesticité, et à tous individus compris dans cette catégorie.

§ 9. Si une personne munie du permis de chasse s'introduit sur une terre pour laquelle le permis de chasse n'aurait pas dû être délivré, ou si pour cette terre, il ne doit être accordé que plus tard, le permis de chasse devra être aussitôt retiré. Dans ce cas, la personne en question n'est pas fondée à demander le remboursement du montant de la somme payée pour le permis.

§ 10. Sont exceptés de ces dispositions sur les permis de chasse et les taxes de chasse, les personnes qui prennent part aux battues prescrites par les autorités civiles pour la destruction des animaux carnassiers.

§ 11. Le soin de s'assurer de l'exécution de ces dispositions légales et la dénonciation des contraventions incombent à la gendarmerie impériale et royale, ainsi qu'aux agents assermentés de la commune chargés du maintien de l'ordre, et au personnel juré du service de la chasse et des forêts.

§ 12. Sera soumis à une amende de 5 à 20 florins, et de 50 florins dans le cas de récidive :

1° Quiconque chassera avant d'avoir payé son permis;

2° Quiconque amènera à la chasse un invité qui n'a pas pris de permis de chasse;

3° Quiconque en chassant n'aura pas sur soi son permis, ou qui chassera avec un permis déjà périmé;

4° Quiconque cédera son permis à une autre personne pour qu'elle puisse s'en servir, ou bien chassera avec un permis ne lui appartenant pas;

5° Quiconque refusera de montrer son permis de chasse aux personnes énoncées dans le paragraphe 11, ou, suivant les circonstances, de le leur remettre.

En cas d'insolvabilité, la pénalité sera celle de la détention, soit un jour de prison par chaque 5 florins.

§ 13. Les taxes à acquitter pour les permis de chasse, de même que les amendes, vont à la Caisse des fonds agricoles.

§ 14. Les poursuites et l'application des peines, à raison des contraventions à la présente loi, relèvent du magistrat civil de première instance dans le ressort duquel a été commis l'acte coupable.

§ 15. En cas d'appel contre les mesures prises en vertu de la présente loi, il appartient au gouvernement impérial et royal de chaque Etat de statuer, et en cas de second appel, au tribunal impérial et royal du ressort.

Il ne peut y avoir lieu à un recours ultérieur contre deux jugements identiques.

§ 16. Quant à la pénalité pour les contraventions énoncées dans cette loi, il y aura prescription trois mois après que la contravention aura eu lieu, si le contrevenant n'a pas été déjà cité devant les tribunaux.

§ 17. Cette loi commencera à être en vigueur 30 jours après qu'elle aura été publiée au Bulletin des Lois et au Bulletin des ordonnances relatives au pays.

§ 18. Nos ministres de l'Intérieur et de l'Agriculture sont chargés de de faire exécuter dans toutes les classes, la présente loi.

— *Loi du 27 septembre 1887, modifiant certaines dispositions légales relatives à l'exercice du droit de chasse.*

§ 1. La durée du bail pour les chasses communales à affermer par voie d'enchères publiques, conformément aux paragraphes 1 et 2 de l'ordonnance ministérielle du 15 décembre 1852, n° 257 (Code Impérial), comportera une période de six années.

Ce n'est qu'exceptionnellement et par des motifs très sérieux que le bail pourra être prolongé pour une durée maximum de dix années.

Dans ces cas de prorogation des baux de chasse, conformément au paragraphe 10 de l'ordonnance ministérielle du 15 décembre 1852, n° 257 (Code Impérial), la prorogation des baux ne pourra jamais dépasser une période de dix années.

§ 2. Si pendant la durée d'un contrat de fermage de chasse communale (§ 1), des mutations survenaient à l'égard des biens-fonds sis sur le territoire de la commune, par suite desquelles des parcelles affermées avec le reste des terrains communaux de chasse seraient réunies conformément au paragraphe 5 du décret impérial du 7 mars 1849, n° 154 (Code impérial), à ou avec une agglomération d'une contenance d'au moins 115 hectares, soit 200 arpents ou jucharts, à laquelle agglomération aurait été concédé le droit particulier de chasse, l'exercice de ce droit particulier restera jusqu'à l'expiration du contrat de fermage communal, fixé sur la nouvelle agglomération et par suite respectivement sur les parcelles qui ont été annexées à l'agglomération déjà existante.

§ 3. Quant aux mutations de biens-fonds qui seraient survenues avant la mise en vigueur de cette loi, il n'y a pas lieu de la leur appliquer.

§ 4. Cette loi entrera en vigueur, à partir du jour de sa promulgation, dans le Bulletin des lois du pays.

§ 5. Nos ministres de l'Agriculture et de l'Intérieur sont chargés de l'exécution de la présente loi.

— *Notification du Préfet de la* BUKOVINE *du 28 juin 1888, concernant l'introduction des licences pour l'achat et la vente du gibier.*

Dans l'intérêt de la protection du gibier dans ce pays, et en attendant la promulgation des nouvelles lois sur la chasse, en vertu de nos pouvoirs administratifs, nous édictons l'ordonnance suivante :

§ 1. Toute personne s'adonnant à la vente ou à l'achat du gibier à poils ou à plumes, devra se pourvoir d'une licence réglementaire.

§ 2. Les formules, en blanc, de cette licence seront remises par l'Administration générale et la Direction des services publics aux agents civils, et ceux-ci pourront les délivrer aux ayants-droit contre le remboursement des frais qui auront été fixés.

§ 3. Le bulletin de licence qui devra porter l'indication de la réserve où aura été abattu le gibier, l'espèce, le nombre des pièces et la date, sera dressé et préparé pour les ayants-droit à la chasse, mais ensuite les préposés de la commune ou des domaines y apposeront leur timbre.

Les licences non revêtues dudit timbre ne sont pas valables.

§ 4. Tout le gibier utile qui se trouverait dans le commerce sans ladite licence ou qu'elle n'accompagnerait pas, sera saisi et vendu au profit de la Caisse des pauvres de la localité sur le territoire de laquelle le gibier aura été confisqué.

§ 5. La pièce de gibier abattu d'après le § 3 de la loi du 20 décembre 1874 (Code local, n° 4, ex. 1875), doit être accompagnée du certificat d'origine visé par les fonctionnaires civils du district, et qui tient lieu de bulletin de licence.

§ 6. Cette mesure entrera en vigueur, dans le délai d'un mois, à partir de la promulgation.

CARINTHIE.

— *Circulaire du gouverneur de la Carinthie du 5 janvier 1853, publiant de nouveau les mesures de police sur la chasse, qui n'ont pas encore été abrogées.*

Se reportant à l'ordonnance du Ministère de l'Intérieur du 15 décembre 1852, insérée au Bulletin des Lois de l'Empire, section n° 257, concernant l'exercice du droit de chasse, et par délégation du Ministère de l'Intérieur, on publie de nouveau ici avec injonction stricte aux fonctionnaires d'avoir à en assurer l'exécution, les mesures de police sur la chasse actuellement encore en vigueur, en tant qu'elles ne sont pas en opposition avec le décret du 7 mars 1849 et les ordonnances ultérieures édictées à cette occasion :

1° Tout concessionnaire d'une réserve a la faculté d'élever des faisans dans ses bois, prairies ou fourrés, de chasser ou courir avec des chiens, les lièvres et autre gibier sur son enclave (territoire), en tant que cela ait lieu sans dégâts pour le propriétaire du sol que le concessionnaire de la chasse est tenu d'indemniser (§ 2 du décret du 17 février 1786).

2° Tout titulaire d'une chasse est autorisé, en prévision du passage du gibier sur sa garenne, à faire usage de son droit de chasse et à tuer ou autrement abattre par tous les moyens qu'il lui plaira, le gibier qui sera entré sur son terrain.

3° Une bête frappée ou blessée sur la réserve même d'un concessionnaire et qui se réfugie sur un terrain étranger, ne devra pas y être poursuivie, mais le propriétaire dudit terrain où la bête a refui, est libre d'en disposer comme de sa propriété (§ 5 du décret du 28 février 1786).

4° Tout concessionnaire d'une garenne est autorisé à tendre des pièges à ressorts et des lacets, ainsi qu'à creuser des trappes à loups sur son terrain de chasse. Pour éviter tous dégâts ou tout malheur, on devra néanmoins élever dans ces endroits, des signaux tels qu'ils puissent être facilement aperçus et reconnus (§ 6 du décret du 28 février 1786).

5° Tout propriétaire du sol est autorisé à préserver ses terres, qu'elles soient entourées ou non de forêts et pâturages, au moyen de clôtures en bois et branchages d'une certaine hauteur ou par des fossés à épaulements, et de les mettre à l'abri de l'irruption du gibier et des dégâts qui en peuvent résulter. Mais ces clôtures et ces fossés ne devront pas être disposés en vue de capturer ledit gibier (§ 12 du décret du 28 février 1786).

6° Toute personne est autorisée à repousser de ses champs, prés, vignobles, tout gibier quelconque. Si, dans ce cas, un fauve s'estropiait en sautant d'un enclos dans l'autre ou se noyait, le concessionnaire de la chasse n'a pas le droit de réclamer d'indemnité (§ 13 du décret du 28 février 1786).

7° Sur les semis, terrains quelconques cultivés, et avant la fin des vendanges, dans les vignobles, ni le concessionnaire, ni les chasseurs ne sont autorisés sous quelque prétexte que ce soit à chasser, traquer ou dépister, ne fut-ce qu'avec un seul limier, même sous le prétexte de chercher des œufs et des nids de faisans et de perdrix (§ 14 du décret du 28 février 1786).

8° Les chiens qui chassent dans des bois ou des champs peuvent être tués par les chasseurs du concessionnaire de la chasse. Ne sont pas compris dans le nombre, les chiens que les gardes champêtres ou les messiers sont autorisés à avoir pour éloigner le gibier (§ 17 du décret du 28 février 1786).

9° Personne, en traversant une concession étrangère ne doit, à moins que ce ne soit sur la route ou dans le sentier, être trouvé porteur d'un fusil ou accompagné de chiens d'arrêt et de chiens courants (§ 18 du décret du 28 février 1786).

10° Quiconque trouvera du gibier blessé, ou en train de se noyer, ne peut aucunement se l'approprier, mais on doit en donner avis au concessionnaire de la chasse (§ 9 du décret du 28 février 1786).

11° En général, dérober ou tuer le gibier d'autrui, de quelque sorte que ce soit, est un vol, tout comme le détournement d'une propriété quelconque (§ 20 du décret du 28 février 1786).

12° Il est, en outre, particulièrement enjoint à toutes les autorités, de rechercher pour les traduire et poursuivre devant les tribunaux, comme voleurs, ceux qui, sans autorisation, tendent des pièges au gibier, le capturent ou le tuent (§ 26 du décret du 28 février 1786).

13° Enlever les œufs et les jeunes oiseaux de leurs nids et prendre ou tuer d'une façon quelconque les petits oiseaux des prés et des bois pendant qu'ils couvent, c'est-à-dire à partir du mois de mars jusqu'à la fin d'août, est interdit, et on infligera sans ménagements aux contrevenants, la détention ou les amendes correctionnelles, en raison des délits (Circulaire du gouvernement impérial et royal du 16 juin 1836).

En exerçant une active surveillance sur la police des marchés, on empêchera que ces oiseaux ne soient mis en vente en temps défendu, mais en cas d'infraction, les marchands n'étant pas autorisés, auront leur marchandise confisquée.

Relativement au pays dont il est question dans cette section, ou les publications analogues motivées par la circulaire ministérielle du 15 août 1852, n'auraient pas eu lieu (Bukovine, Galice, Goritz-Gradisca, Istrie, Craine, Moravie, Silésie, Tyrol, Trieste et Vorarlberg), il convient de faire remarquer que — attendu que par les lettres patentes du 28 février 1786, et le décret de la chancellerie de la Cour du 25 mars 1786, les localités des pays intéressés ont reçu intimation de la promulgation, et attendu qu'après la réannexion des provinces de l'Empire qui en avaient été détachées, et notamment pour le cercle de Salzbourg, intra et extra-muros, à la date du 24 janvier 1823, et pour le Tyrol, par la circulaire du 12 septembre 1816, il a été procédé à la reproduction dudit règlement. Dès lors, les prescriptions relatives à la police des chasses reposent directement et formellement, même pour les pays ci-dessus énoncés, sur le décret du 28 février 1786, en y comprenant les modifications qui y ont été apportées en raison des divers changements de législation.

Attendu, en outre, que les dispositions du décret, qui ne sont pas devenues caduques, sont déjà comprises dans les circulaires précédentes pour la Basse et la Haute-Autriche, Salzbourg, la Styrie et la Carinthie, on s'abstiendra ici de la reproduction du décret même (inséré au Recueil des lois Joséphine de Kropatsch, volume XI).

— *Loi du 30 novembre* 1870 (Code local, n° 54).

§ 1. Il est défendu de prendre et de tuer les oiseaux, d'enlever leurs petits et leurs œufs, de détruire les nids ainsi que de mettre en vente des oiseaux tués.

§ 2. La susdite interdiction s'étend au gibier à plume dont la chasse est réservée, ainsi qu'aux espèces d'oiseaux énoncés dans l'annexe (1).

§ 3. Les contrevenants à cette prohibition, au nombre desquels il

---

1 Les différentes espèces d'aigles ; le faucon pèlerin ; le faucon laneret, pied-bleu ; l'émerillon-hobereau ; le faucon nain ; le milan noir ; le fau perdrieu ; l'épervier ; le busard des marais ; le grand-duc ; la grosse-pie ; la petite pie ; l'émerillon ; le corbeau noir ; le freux ; la corneille des brumes ; le moineau domestique ; le moineau des champs.

faut ranger les marchands de gibier, hôteliers, ou autres individus servant d'intermédiaires dans les ventes et achats d'oiseaux tués, seront punis par le préposé ou maire assisté des deux conseillers communaux, d'une amende de 1 à 10 florins, laquelle dans le cas de récidive pourra être portée jusqu'à 40 florins (valeur autrichienne); faute de paiement, elle sera convertie en une détention de 12 heures à huit jours (1).

— *Loi du 27 janvier 1878, relative au temps prohibé.*

§ 1. Pendant les périodes d'interdiction ou époques de protection du gibier, ci-après indiquées, il est interdit de chasser, capturer ou tuer les espèces dont suit l'énumération :

Les cerfs, du 15 octobre au 24 juin; le daim et la daine ainsi que leurs faons, du 1er février au 30 septembre ; le chamois, du 15 décembre au 31 juillet; le chevreuil mâle, du 1er février au 31 mai; les lièvres, du 1er février au 31 août; les coqs de bruyère et des bois, du 1er décembre au 6 avril; les gelinottes, perdrix de roches et perdrix des neiges, du 1er février au 31 juillet; les perdrix grises et les cailles, du 1er février au 31 juillet; le souchet ou canard ordinaire, du 1er mars au 30 juin.

§ 2. Il est défendu de tuer à coups de fusil ou d'abattre, de toute autre façon, ou de capturer les chevreuils femelles, les petits chevreuils ainsi que les faons du chevreuil et du chamois.

Pour les espèces de fauves : cerfs, chamois, chevreuils, tant que ces fauves sont jeunes, on doit les considérer comme des faons ou chevreaux jusqu'au dernier jour du mois de janvier de l'année qui suit leur naissance.

§ 3. Il est défendu de capturer les espèces de gibier énoncées au § 1er, au moyen de lacets, trappes à ressorts en fer et autres pièges, de s'emparer du jeune gibier, comme aussi de détruire les nids, de dénicher les jeunes oiseaux, de casser ou d'emporter les œufs des volatilles.

A titre d'exception, il est permis au concessionnaire d'une chasse et à son personnel, de capturer du gibier en vue de la reproduction, d'enlever les œufs ou les couvées pour la propagation ou le croisement du gibier à plumes.

§ 4. La chasse avec des chiens braques est prohibée, du 1er février au 15 août. Cependant, il sera permis, en tout temps, aux concessionnaires de chasse, sous l'obligation de compenser les dégâts, de courre ou forcer avec des meutes le gros gibier sur les terrains cultivés.

§ 5. Quinze jours après le commencement de la période d'interdiction ou de ménagement fixée par la loi, les espèces pour lesquelles celle-ci a prescrit une période d'interdiction, ne pourront, sur le territoire de la Carinthie, être mises en vente ni entières, ni découpées en morceaux.

§ 6. Tout titulaire de chasses est obligé, du moment où le gibier tué sur sa garenne, est colporté ou expédié, d'accompagner ledit gibier d'un certificat de livraison. Le concessionnaire, ou son fondé de pouvoirs, inscrira clairement sur ce certificat l'espèce du gibier, la date du jour et le lieu de l'expédition ou de la livraison aux intéressés.

(1) Les §§ 4, 5, 6, 7, 8, 9, 10, sont semblables à ceux des lois précédentes sur la même matière.

§ 7. S'il arrive, à la suite de constatations préalables du magistrat civil, qu'une réduction de la masse du gibier sur une garenne, à raison des dégâts que peut causer son accroissement démesuré tant aux champs qu'aux forêts, soit ou désirable ou nécessaire, ledit magistrat pourra, dans ces cas-là, autoriser ou faire opérer dans la mesure qu'il prescrira, la destruction, même pendant la période d'interdiction, d'un certain nombre de ces fauves, encore qu'il s'agisse d'espèces qu'il est défendu par la loi de tuer à ladite époque.

§ 8. Les dipositions suivantes, à l'exception de celles du § 6, ne sont pas applicables aux parcs privés et aux faisanderies.

Quant aux animaux carnassiers, de même qu'aux espèces de gibier à plume et à poil dont les noms ne figurent pas aux §§ 1 et 2, ils peuvent, en tout temps, être abattus et vendus.

§ 9. Les contraventions aux §§ 1 et 2 seront punies d'une amende de 5 à 25 florins, celles aux §§ 3, 4 et 6 d'une amende de 2 à 10 florins.

Si par le renouvellement des agissements défendus en vertu des §§ 1 à 4, ou par suite de la destruction d'un trop grand nombre de fauves, on inflige au gibier, en général, un préjudice considérable, l'amende pourra être portée jusqu'à 50 florins.

§ 10. Quiconque, quinze jours après que la période d'interdiction sera commencée, sans égard à la défense faite de chasser dans cette période, expose en vente des pièces entières ou des quartiers de gibier, ou les prépare en vue de l'alimentation, ou en favorise la vente, encourra, en outre de la saisie du gibier, une pénalité pécuniaire de 5 à 25 florins.

Ces mêmes dispositions pénales sont applicables à la vente de tout jeune gibier, attendu qu'il est généralement défendu de tuer ou capturer celui-ci; elles sont aussi applicables à l'enlèvement ou destruction des œufs et des jeunes oiseaux.

Si le gibier est abattu dans les cas exceptionnels indiqués au § 7, le vendeur ou son intermédiaire devront se pourvoir d'un certificat du juge civil du district ou canton relatif à l'autorisation de vente, autrement ils tomberont sous le coup des précédentes dispositions pénales relatives à ladite vente.

§ 11. Les amendes imposées en vertu de la présente loi, de même que les recettes provenant de la confiscation et de l'aliénation officielle du gibier, seront versées à la caisse de secours de la commune où se sera produite la contravention.

En cas de non-recouvrement, la pénalité pécuniaire sera convertie en contrainte par corps, c'est-à-dire en un emprisonnement d'un jour par chaque 5 florins.

Les poursuites et les pénalités à imposer sont du ressort du magistrat civil.

— *Loi du 20 mars 1887, relative à l'introduction des permis de chasse* (Code local).

§ 1. Dans le duché de Carinthie, personne n'a le droit de chasser sans un permis de chasse délivré par les magistrats préposés à cet effet.

Il est fait exception pour les gardes assermentés et pour le personnel de surveillance, en ce qui touche leur district de chasse.

§ 2. Le permis de chasse n'est valable que pour la personne dont il porte le nom, et seulement pendant la durée de l'année, au cours de laquelle il a été délivré; mais il ne confère aucunement le droit de chasser sans le consentement du concessionnaire ou du fermier de la chasse.

§ 3. Pour chaque permis, il sera prélevé une taxe de trois ducats, monnaie autrichienne.

Le montant des taxes sera versé à la Caisse de l'agriculture autrichienne, et le mode d'emploi reste réservé aux décisions que prendra le Parlement.

§ 4. Le permis de chasse devra être libellé d'après le modèle de formule A qui fait suite à la présente loi.

§ 5. Le permis de chasse devra être refusé:

a) Aux mineurs, à moins que celui-ci ne soit demandé par leurs parents ou leurs tuteurs;

b) Aux ouvriers vivant de leur salaire journalier, et aux pauvres à la charge des institutions de bienfaisance ou entretenus sur les ressources communales;

c) Aux aliénés et aux ivrognes;

d) Pour un laps de 5 années après l'expiration de leur peine, aux individus qui auront commis un attentat contre la vie des personnes ou contre les propriétés;

e) Pour une durée de 3 années après l'expiration de leur peine, aux personnes qui, en vertu du § 335 du Code pénal, auront été reconnues coupables d'un délit contre la vie d'autrui par un maniement imprudent des armes à feu, ou d'une contravention pour cause de vol ou de complicité de vol;

f) Pendant une durée de 2 années aux personnes ayant encouru une pénalité, à raison d'une infraction, avec récidive, aux lois sur la protection du gibier, ou à raison d'un mauvais usage du permis de chasse.

§ 6. Le permis de chasse devra être retiré, sans remboursement de la taxe acquittée à cet effet, lorsqu'après qu'il a été délivré, un des motifs d'exclusion ci-dessus énoncés (§ 5), vient à se produire ou à être connu par rapport à la personne du détenteur.

§ 7. Le détenteur d'un permis de chasse doit le porter sur lui à la chasse et l'exhiber aux agents de la sûreté publique.

§ 8. Est soumis à une amende de 5 à 50 ducats :

1° Quiconque contrevient aux prescriptions de la présente loi ;

2° Quiconque fait abus d'un permis de chasse, en se servant d'un permis qui ne lui appartient pas ou sans valeur légale, ou encore en cédant le sien à un autre pour qu'il en fasse usage.

Dans le cas d'insolvabilité, l'amende sera toujours convertie en une détention d'un jour par chaque 5 ducats.

Le montant des amendes sera versé à la caisse des pauvres de la commune où est la localité dans laquelle le fait s'est passé.

§ 9. En ce qui concerne la mise en vigueur immédiate des dispositions de cette loi et la dénonciation des infractions à ladite loi, elles incombent à la gendarmerie, aux agents de la police communale, et au personnel assermenté chargé de la surveillance de la chasse.

§ 10. Il y a prescription pour les contraventions à ladite loi, si dans les trois mois à partir du jour de la contravention, le délinquant n'a pas été cité à comparaître.

§ 11. Le soin de délivrer les permis de chasse en Carinthie incombe au magistrat civil, dans le ressort judiciaire duquel le demandeur du permis a actuellement son domicile.

Les personnes qui ne résident pas en Carinthie pourront obtenir un permis de chasse de tout magistrat civil de première instance du pays.

Les poursuites et l'application des pénalités aux contraventions à cette loi regardent le juge civil de première instance, dans le ressort duquel a été commis le méfait tombant sous le coup de la loi.

§ 12. Sur les appels des décisions et jugements rendus en vertu de cette loi, il sera statué par les fonctionnaires du gouvernement impérial et royal pour la Carinthie, et en cas de procédure en second appel par la Cour ministérielle des requêtes.

Contre les jugements et les condamnations identiques, il ne peut y avoir lieu à un recours ultérieur.

§ 13. La présente loi entrera en vigueur trente jours après sa promulgation.

Nos Ministres de l'Intérieur et de l'Agriculture veilleront à son entière exécution.

DALMATIE.

Notification du Gouverneur impérial et royal de Dalmatie du 24 janvier 1859, en vertu de laquelle le temps durant lequel la chasse est interdite, est prolongé.

L'expérience ayant démontré que la période de temps fixée par la notification gouvernementale du 21 mars 1832, pendant laquelle la chasse est défendue, en vue de l'élevage et de la protection qui en résulte pour les espèces utiles de gibier, n'est pas suffisante, le gouvernement a résolu d'édicter les mesures suivantes :

1° En général, on fixera comme époque d'élevage et de protection, la période qui s'étend du 1ᵉʳ février au dernier jour de juillet. Exception est faite pour les bêtes de proie qui, durant tout le cours de l'année, peuvent être abattues ainsi que pour les bécasses, les oiseaux aquatiques et les gralles que l'on peut chasser dans les mois de février et mars jusqu'au 15 avril.

2° Durant la saison de parturition et de protection, il est défendu également de prendre les oiseaux ou le gibier au moyen de pièges artificiels et d'en mettre en vente, à moins qu'il ne s'agisse d'oiseaux pour appeaux et en petit nombre.

3° Quiconque contreviendra à ces dispositions sera puni d'une amende allant de 1 à 20 ducats, et en cas d'insolvabilité, d'une détention en rapport. A la troisième contravention, on saisira, en outre, les armes et les engins du chasseur.

4° Le gibier de poil et de plume, pris vivant ou tué et mis en vente pendant la période d'interdiction, sera confisqué et reviendra au dénonciateur; par contre, les recettes provenant de la vente des armes confisquées et des divers engins seront versées à la Caisse de secours pour les indigents.

5° Les préfets en première instance, et les bureaux du gouvernement en seconde instance, seront appelés à prononcer au sujet des contraventions contre les prescriptions édictées ci-dessus.

— *Loi du 20 décembre 1874 (Code local), relative à la protection des oiseaux.*

§ 1. Il est défendu d'enlever, détruire et vendre les œufs et les nichées de tous les oiseaux sauvages vivants, à l'exception des genres et espèces nuisibles indiquées dans l'annexe A (1).

§ 2. Il est défendu de prendre, tuer et vendre les oiseaux désignés dans l'annexe B (2), pendant la période qui va du 1er février au 30 septembre de chaque année.

§ 3. Sont regardés comme pièges et engins prohibés :
a) L'emploi d'appeaux aveugles;
b) L'emploi des filets mobiles et fixes placés sur les haies basses et les buissons;
c) L'emploi des pierres tombantes (assommoirs).

§ 4. Les contrevenants aux ordres que contiennent les précédentes dispositions, sont passibles d'une pénalité pécuniaire allant de 1 à 10 ducats, et en cas de récidive jusqu'à 20 ducats, et faute de paiement, d'une détention de 12 heures à 4 jours. En outre, on confisquera les armes et l'attirail de chasse dont ils se seront servis, ainsi que les œufs et les oiseaux, en donnant toutefois la volée à ceux des animaux qui seront vivants.

Le produit des amendes et de la vente des objets confisqués sera affecté à la Caisse des fonds agricoles.

§ 5. C'est le maire ou préposé de la commune, dans le ressort duquel a eu lieu la contravention, qui doit juger et prononcer la sentence pénale, conformément aux prescriptions du paragraphe 61 de l'ordon-

---

(1) Annexe A (Voir page 297).
(2) Annexe B (Voir page 298).

nance sur l'organisation des communes, du 30 juillet 1864, toutefois dans la limite des attributions qui lui sont déléguées.

§ 6. L'appel d'une sentence pénale doit être adressé au juge civil du district ou canton, et doit être transmis par écrit ou verbalement, au maire ou préposé de la commune, dans les quinze jours qui suivront la notification ou signification du jugement.

Il n'y a pas lieu à recours contre deux jugements rendus dans les mêmes termes.

§ 7. Il incombe aux gendarmes, gardes champêtres, gardes forestiers et à tous agents de la sûreté publique, de dresser procès-verbal contre les contrevenants à la présente loi, et de les dénoncer au maire ou préposé de la commune.

§ 8. Dans un but scientifique, le magistrat civil supérieur pourra admettre des exceptions aux dispositions de la présente loi.

— *Extrait des lois relatives aux gardes champêtres, du 13 février 1883.*

§ 3. Nous déclarons qu'il est tout particulièrement interdit de chasser sur les parcelles de terrain d'une propriété privée, sans l'autorisation formelle du propriétaire des dites terres.

— *Loi du 9 juillet 1863, relative à la délivrance des primes pour la destruction des bêtes de proie.*

Les dispositions jusqu'ici en vigueur pour le paiement des primes accordées pour la destruction des bêtes de proie, sont abrogées et par suite sont nulles et non avenues les ordonnances du 3 février 1818, 10 octobre 1819, 19 mars 1822, 17 juillet 1824, 24 mai 1837 et autres de même genre.

—*Notification du Gouverneur impérial et royal de la Dalmatie, 18 janvier 1887, en vertu de laquelle est publiée de nouveau la notification du 24 janvier 1859, au sujet de la saison pendant laquelle la chasse est interdite.*

Attendu que dans ces derniers temps, de toutes parts se sont élevées des plaintes pour réclamer une application plus sévère des dispositions relatives à l'époque d'accouplement et de protection du gibier, le Gouvernement de la Dalmatie croit devoir faire publier de nouveau la notification du 24 janvier 1859, au sujet de la période pendant laquelle la chasse est interdite.

Considérant que l'expérience a démontré que le temps fixé par la notification du 31 mars 1831, pour la période d'interdiction de la chasse ne correspond pas suffisamment avec la saison où il est besoin de ménager le gibier et de le laisser s'accroître, le Gouvernement trouve qu'il y a lieu de décréter les mesures suivantes :

1° En général, il est fixé pour la saison de ménagement et d'élevage du gibier, une période allant du 1er février à fin juillet. Exception est faite pour les bêtes de proie que l'on peut détruire pendant toute l'année, ainsi que pour les oiseaux aquatiques et de marécages, telles que bécassines et gralles.

2° Pendant la période de parturition et de ménagement, il est, en outre, défendu de prendre des oiseaux et du gibier au moyen d'engins mécaniques, à moins qu'il ne s'agisse d'oiseaux pour le croisement des espèces, mais en petit nombre.

3° Quiconque contreviendra à ces prescriptions, sera passible d'une amende de 1 à 20 florins, et en cas d'insolvabilité, d'une détention proportionnelle. A la troisième contravention, on saisira les armes du chasseur et ses engins.

4° Tout gibier pris vivant ou tué pendant la saison de ménagement et de multiplication de l'espèce ou mis en vente, que ce soit du gibier à poil ou à plume, sera confisqué et livré à la personne qui dénoncera le fait. Les amendes, ainsi que le produit de la vente des armes et des engins quelconques de chasse, seront versés à la Caisse de secours pour les indigents.

5° Pour les contraventions à l'égard des dispositions ci-dessus, les préfets décideront en première instance, et les bureaux du gouvernement en seconde instance.

GALICIE (LODOMÉRIE, PROVINCE DE CRACOVIE).

— *Loi du 31 décembre 1854, relative à la protection des oiseaux.*

§ 1. Il est interdit de détruire ou d'enlever les œufs et les petits de toutes les espèces d'oiseaux qui ne sont pas nuisibles.

Sont reconnus comme espèces nuisibles :
L'aigle rupicole.
L'aigle doré.
L'aigle pêcheur à queue blanche.
L'haliœtus ou aigle des rivières.
Le faucon à fourche, milan rouge.
Le milan brun foncé.
Le faucon laneret, pied bleu.
Le faucon pèlerin.

Le faucon nain, merlin.
Le hobereau ou émerillon.
L'autour ou fau perdrieu.
L'épervier.
Le busard des marais.
Le grand-duc.
Le gros émerillon.
Le corbeau noir.
La pie.

§ 2. Il est défendu de prendre, de tuer et de vendre les oiseaux dénommés dans l'annexe ci-dessus.

Par exception, le juge civil peut accorder l'autorisation de prendre dans un but scientifique les oiseaux indiqués dans la susdite annexe, mais par couples isolés.

Cette autorisation n'aura lieu qu'en vertu de la déclaration de consentement préalable délivrée par le propriétaire du sol et visée par le maire de la commune, et en ce qui le concerne, par le préposé des terres isolées; elle devra, en outre, porter le nom de la personne autorisée, de même que l'indication de la localité et de la période de temps pour laquelle elle sera valable.

§ 3. Il est défendu de prendre, tuer ou vendre les chauves-souris et les hérissons.

§ 4. Les contrevenants aux ordres ci-dessus seront passibles de pénalités pécuniaires allant de 1 à 15 ducats, et en cas de non-paiement, d'une détention de 12 heures à 3 jours.

En outre, on confisquera les engins de chasse ainsi que les cages et les oiseaux capturés, en mettant les vivants de suite en liberté.

§ 5. Les représentants des communes et des hameaux, fermes, terres seigneuriales isolées, sont particulièrement tenus de veiller à la stricte exécution de la présente loi. L'application des dispositions pénales de cette loi incombe au préposé ou maire de la commune où a eu lieu la contravention.

La juridiction pénale sera exercée, conformément au règlement communal, par le préposé ou maire de la commune assisté de deux conseillers assesseurs (jurés). Quant aux contraventions qui se produiraient sur les terres isolées, la juridiction pénale sera exercée par le juge civil du district ou canton.

§ 6. L'appel d'un jugement rendu par le maire ou préposé de la commune, devra être porté devant le magistrat civil compétent, et l'appel d'un jugement rendu par le juge du district ou canton devra être adressé au gouverneur. On devra introduire le recours dans la quinzaine qui suivra la notification ou la signification.

Deux jugements basés sur des considérants identiques ne comportent pas un nouvel appel.

§ 7. Le produit des amendes, de même que les recettes provenant des objets confisqués, seront affectés à la Caisse de secours de la commune, sur le territoire de laquelle aura eu lieu la contravention, ou bien à celle où se trouveront les terres isolées.

§ 8. Il incombe à la gendarmerie impériale et royale, au personnel assermenté des gardes-forestiers, gardes-chasse et gardes champêtres, ainsi qu'à tous les agents de l'ordre public, d'assurer l'exécution de la présente loi et de signaler toute contravention constatée par procès-verbal, au préposé ou maire de la commune, et s'il y a lieu, au préposé des terres isolées; enfin, en ce qui concerne les communications ultérieures, au juge civil du canton ou district.

§ 9. Les maîtres des écoles primaires ont le devoir de faire comprendre à leurs jeunes écoliers, non seulement dans les classes de la semaine, mais dans celles du dimanche, le préjudice qu'ils pourraient causer en enlevant les couvées, ou en prenant et tuant les oiseaux utiles, et ils devront aussi leur exposer les dispositions de la présente loi, chaque année, surtout avant la période de la couvaison.

§ 10. La présente loi entrera en vigueur, à partir du jour de sa promulgation.

Annexe au § 2.

Liste des oiseaux qu'il est interdit de prendre, tuer ou vendre :

Le merle de rocher ou merle noir.
La grive chanteuse.
Le pivert.
Le gobe-prunelles.
Les oiseaux chanteurs dont font partie : le rossignol, la philomèle.
Le rouge-gorge.
La fauvette.
Le chantre des roseaux.
Le chantre des tonnelles, ou mouette rieuse.
Le troglodyte ou roitelet des haies.
Le siffleur.
La lavandière ou bergeronnette.
L'hirondelle.
Le gobe-mouches.
L'émerillon.
Le tachydrome des murailles.
Le tachydrome des bois ou l'outarde.
Le roitelet doré.
La mésange.
Les pinsons, notamment le gros-bec, le pinson montain, le pinson des hêtres, le verdier ou chloris, la linotte rouge, la linotte ou linot, la linotte verte, le chardonneret, le moineau montain, le serin ou siserin, le bouvreuil.
Le bec-croisé.
Le bruant.
L'alouette.
L'étourneau.
Le choucas.
Le pyrole.

Les oiseaux crieurs, notamment le tête-chèvre ou engoulevent, la mouette, la huppe, la corneille bleue ou geai d'Alsace.

Les oiseaux grimpeurs (grimpereaux), notamment le coucou, le torcol, le pic.

Les hiboux (à l'exception du grand-duc).

Le faucon des tours.

Le faucon rouge.

Le faucon nocturne.

Le busard.

Le busard (pieds-velus).

Le faucon sphégivore, ou bondrée.

— *Loi du 19 juillet 1869 relative à l'interdiction de prendre, détruire et vendre les bêtes alpines indigènes des monts Tatra (Tatragebirge), telles que la marmotte des Alpes et le chamois.*

§ 1. La chasse aux animaux indigènes des monts Tatra, tels que la marmotte et le chamois, de même que la capture de ces animaux est interdite. Il est également interdit de les vendre et de débiter la graisse de la marmotte alpine.

§ 2. La contravention à cette interdiction sera punie d'une amende, allant de 5 à 100 ducats, ou en cas d'insolvabilité, d'un emprisonnement de un à vingt jours. Les animaux susmentionnés, que l'on trouvera, vivants ou morts, seront confisqués; les vivants seront mis en liberté.

§ 3. Les poursuites et les pénalités motivées par les infractions à ces dispositions relèvent, en première instance, du commandant de gendarmerie du district ou canton, et en second et dernier appel, des bureaux du gouvernement local.

§ 4. Les pénalités pécuniaires iront à la Caisse des fonds agricoles.

§ 5. Il est enjoint aux maires, à la gendarmerie impériale et royale, au personnel assermenté des gardes forestiers, et à tous les autres agents de l'ordre public, de tenir strictement la main à l'exécution de la présente ordonnance.

— *Loi du 30 janvier 1873 relative aux époques où la chasse est défendue.*

§ 1. Il est interdit de chasser, prendre ou tuer les espèces de gibier ci-après indiquées pendant les périodes suivantes : 1° Le daim roux ou fauve, mâle, du 1er janvier au 30 juin; 2° le chevreuil mâle, du 1er mars au 30 mai; 3° le lièvre, du 1er février jusqu'au 15 septembre; 4° la gelinotte, du 1er février au 31 août; 5° les coqs des bois et des bruyères, du 20 mai au 31 août; 6° la bécasse des bois, du 20 avril au 31 août; 7° les faisans et les perdrix, du 15 janvier au 15 août; 8° les cailles et les pigeons sauvages, du 15 novembre au 15 juillet; 9° l'outarde et la canepetière, du 15 avril au 1er août; 10° les gralles, nommément les bécasses, la grosse bécasse, les oiseaux des jachères (courlis, pluvier), le vanneau combattant, du 15 avril au 1ᵉʳ juillet ; 11° les oiseaux aquatiques, nommément les oies et les canards sauvages, du 15 avril au 15 juin; 12° les renards, du 15 février au 31 août. L'extermination des renards n'est permise aux concessionnaires des chasses que là où ils élèvent du gibier auquel ils peuvent nuire. 13° la daine rousse ou fauve, les faons du cerf, le chevrillard, la chevrette, les poules des bois et des bruyères, pendant toute l'année.

Il n'est pas permis de tirer sur le daim ou sur le chevreuil femelle, sans l'autorisation du gouverneur de l'Etat.

§ 2. Il est défendu de capturer au moyen de collets, chausses-trappes, trébuchets et autres pièges analogues le gibier de toute sorte.

Toutefois, les cailles peuvent être prises avec des filets trainants ; pour les grives du genevrier ou litornes, et la grive du gui, on peut employer les lacets.

Il est également interdit d'emporter ou de détruire les œufs et d'enlever les couvées des nids. Par exception, le concessionnaire ou le personnel choisi par lui pour l'aider, pourra prendre, avec des filets, des faisans ou des perdrix pour la reproduction, et des œufs en vue de les faire couver par les poules domestiques.

§ 3. Dans les cas où il s'agit de gibier tué dans des parcs privés, cette loi n'est pas applicable; toutefois le vendeur dudit gibier, ou la personne qui sert d'intermédiaire pour la vente, devra se pourvoir d'un certificat du magistrat civil, relatif à l'autorisation de vendre ; autrement il encourra les pénalités édictées au § 5.

§ 4. La réduction proportionnelle du gibier élevé en quantité nuisible pour l'agriculture, pourra être ordonnée conformément au § 11 des lettres patentes du 28 février 1786, par le juge civil, et pourra avoir lieu même aux époques du rut.

Si le gibier est abattu, dans le cas exceptionnel ici spécifié, le vendeur ou l'intermédiaire pour la vente, devra se munir d'un certificat du magistrat civil, autorisant la mise en vente; autrement il sera passible des pénalités énoncées au § 5.

§ 5. Les contraventions aux §§ 1 et 2 seront punies d'une amende de 5 à 50 florins qui, dans le cas où il résulterait par suite des contraventions réitérées ou par suite de la destruction d'un trop grand nombre de bêtes, un préjudice considérable au gibier en général, pourra être portée jusqu'à 100 ducats.

— *Loi du 11 mai 1886 relative à l'abrogation des prescriptions concernant le paiement des primes pour la destruction des animaux de proie.*

Le décret de la cour de la Chancellerie Impériale du 27 juin 1788, ainsi que les différentes ordonnances concernant le paiement des primes pour les animaux carnassiers abattus, demeureront abrogés à partir du 1ᵉʳ juin 1866.

GORITZ-GRADISCA.

— *Loi du 30 avril 1870 relative à la protection des oiseaux.*

§ 1. Il est interdit d'enlever ou de détruire les œufs et les couvées (naturelles ou artificielles), de tous les oiseaux vivants, à l'exception des genres et espèces nuisibles dont on trouvera la nomenclature, page 251, à l'Annexe A (1).

§ 2. Il est permis, en toute saison, de capturer les oiseaux nuisibles dont les noms figurent à l'annexe A.

Tous les autres oiseaux ne peuvent être ni pris ni tués pendant la période qui va du 1er février au 31 août de chaque année, c'est-à-dire pendant l'incubation.

§ 3. Les espèces d'oiseaux énumérées dans l'annexe B qui se nourrissent surtout de souris et autres animaux nuisibles à l'agriculture, ne peuvent être ni pris ni tués, du 1er septembre au 31 janvier, à moins d'obtenir la permission du propriétaire du sol, ainsi qu'il est fait mention au § 3, sur la présentation d'une autorisation du juge civil du canton ou district, valable pour une année, et après le versement d'une taxe de 10 florins.

§ 4. Avant de délivrer cette autorisation, on devra se rendre soigneusement compte des inconvénients que pourrait présenter pour l'agriculture, la chasse aux oiseaux.

La pétition devra être adressée par l'intermédiaire du préposé ou maire de la commune, qui devra faire un rapport détaillé sur l'opportunité de ladite requête.

Le préposé ou maire devra être prévenu de chaque autorisation accordée.

§ 5. Pour tuer à coups de fusil les oiseaux, il faut, en outre du consentement du propriétaire terrien, tel qu'il est prescrit dans les cas énoncés aux §§ 3 et 4, l'autorisation du concessionnaire de la chasse.

§ 6. Sont considérés comme pièges et engins défendus :

a) L'emploi d'appeaux aveugles;

b) L'emploi de filets de toutes formes, ou dont on peut se servir de plusieurs manières, tels que tirasses, aires ou panneaux, ou encore le Roccolo, la Bressana, l'Olandina, etc.;

c) L'emploi de lacets et de cerceaux placés sur les haies basses et les buissons ou dans les bocages destinés à la capture des oiseaux.

§ 7. Le préposé ou maire de la commune délivrera, dans le cas du § 3, et le juge civil du district ou canton, dans le cas du § 4 pour l'autorisation accordée, un bulletin muni du sceau officiel. Ce bulletin devra contenir le nom, le signalement de la personne du titulaire, l'indication du district ou canton, enfin la période de temps pour la-

(1) Voir annexes A, B, C, pages 257-259.

quelle l'autorisation a été donnée, de même que les conditions éventuelles que le juge croira devoir y ajouter.

§ 8. Il est interdit d'acheter ou vendre les oiseaux tués ou vivants dont on trouvera la liste aux annexes B et C, pendant la saison où la chasse est défendue.

Par contre, les oiseaux des espèces qui figurent à l'annexe C, quelle que soit la saison où ils ont été pris, ne peuvent jamais être offerts en vente après avoir été tués.

§ 9. Les contrevenants aux mesures ci-dessus décrétées, devront comparaître devant le préposé de la commune assisté de deux députés communaux, et encourront une amende de 1 à 10 florins, qui pour les cas de récidive ira jusqu'à 20 florins, valeur autrichienne; de plus, en cas de non-paiement, ils pourront subir un emprisonnement de 12 heures à 4 jours.

En outre, on confisquera les engins et les animaux qui auraient été pris, en relâchant immédiatement les oiseaux qui seraient vivants.

Le montant des amendes et des taxes (§§ 3 et 4), de même que le prix des objets confisqués seront versés à la Caisse des fonds agricoles.

§ 10. On signifiera à la partie condamnée, le jugement prononcé contre elle, ou par écrit au moyen d'une expédition et contre accusé de réception, ou on le notifiera verbalement, au greffe de la mairie en présence de deux témoins. Dans ce dernier cas, la notification qui aura lieu sera certifiée avec la date et le jour du mois sur l'acte de condamnation, que signeront les deux témoins.

§ 11. Les appels motivés par le refus de l'autorisation nécessaire pour pouvoir se livrer à la chasse des oiseaux, ou par les conditions mises à cette autorisation (§§ 4 et 7), doivent être interjetés auprès du juge supérieur, et dans les procédures en seconde instance, auprès des bureaux du Ministère de l'Agriculture; quant aux appels motivés par le refus d'autorisation dans le cas spécifié au § 3, ou à raison d'une condamnation encourue, ils seront adressés au juge civil du district ou canton (§ 9), et lesdits recours devront, dans le premier cas, être introduits par l'entremise du juge civil du canton ou district et, dans les autres cas, par le préposé ou maire de la commune, soit verbalement, soit par écrit, dans la quinzaine qui suivra le jour du refus d'autorisation, ou la notification ou signification du jugement.

§ 12. Il incombe au juge civil du district ou canton de veiller à ce que les dispositions de la présente loi soient strictement exécutées par les préposés ou maires des communes.

Le juge civil du district ou canton tiendra la main à ce que chaque année les préposés ou maires des communes fassent publier et afficher, au mois de décembre, la présente loi dans toutes les localités de la commune.

§ 13. La non-exécution des obligations assignées aux maires ou préposés des communes par la présente loi, sera punie par le magistrat civil d'une pénalité administrative de 10 à 20 florins, au profit de la Caisse des fonds agricoles.

§ 14. La gendarmerie impériale et royale, le personnel des gardes-bois, gardes-chasse et gardes champêtres sont tenus, de concert avec les agents de tout ordre de la sûreté publique, de dénoncer aux préposés des communes toute contravention à la présente loi, dont on aura dressé procès-verbal.

§ 15. Dans un but scientifique, le magistrat civil supérieur pourra autoriser des dérogations aux dispositions de cette loi.

§ 16. Les maîtres des écoles primaires se feront un devoir de montrer aux jeunes écoliers les inconvénients du dénichage ainsi que de la capture et de la destruction des oiseaux utiles, et ils devront leur expliquer, surtout, au commencement de la période de couvaison de chaque année, les mesures décrétées par la loi actuelle en vue de la protection des oiseaux, bien entendu autant que le permettra le cercle des attributions qui sont imposées auxdits maîtres d'école.

§ 17. Toutes les lois, ordonnances et réglementations contraires aux mesures édictées dans la présente loi sont, par suite, invalidées et abrogées.

Annexe A.
(Voir l'annexe A, page 207).

Annexe B.
(Voir l'annexe B, page 207* et ajouter) :

Le gros émerillon brun.
Le bruant des prairies.
Le bruant des jardins.
Le bruant de neige.
Le bruant royal.
Le bruant gris ou bruant des orges.

Annexe C.
(Voir l'annexe C, page 208, et ajouter) :

L'effraie.
La hulotte grise ou hulotte commune.
La chouette.
Le hibou cornu.
Le petit-duc.
Le hibou des marécages.
L'hirondelle des murailles ou martinet.
L'hirondelle des cheminées.
L'hirondelle des fenêtres ou citadine.
Le roitelet huppé.
Le roitelet ignicolore.
Le passereau des hêtres.
La grande mésange.
La mésange bleue.
La mésange charbonnière.

La bergeronnette grise.
La bergeronnette commune ou lavandière.
La bergeronnette jaune.
L'échassier des bois.
L'échassier des prairies.
L'échassier porte-éperon.
L'échassier des eaux.
L'alouette des prés ou farlouse.
L'alouette huppée ou cochevis.
L'alouette des bruyères.
L'alouette des neiges ou des montagnes.
Le pic noir.
Le pic bigarré.
Le petit pic bigarré.
Le pic vert.

— *Loi du 15 juillet 1879 relative au temps prohibé.*

Il est interdit de chasser, prendre ou tuer les espèces suivantes pendant les époques de rut et de parturition ci-après spécifiées : le chamois mâle et le chamois femelle, du 15 décembre au 1ᵉʳ août; le chevreuil mâle, du 1ᵉʳ février au 1ᵉʳ juin; le chevreuil femelle, du 1ᵉʳ janvier au 1ᵉʳ octobre; le lièvre, du 15 janvier au 15 septembre; le coq de bruyères et le coq des bouleaux (coq des bois) du 1ᵉʳ juin au 1ᵉʳ avril; la gelinotte, le faisan, la perdrix des roches et la perdrix des neiges, du 1ᵉʳ février au 15 septembre; la perdrix grise, du 15 janvier au 1ᵉʳ septembre; les cailles, du 1ᵉʳ janvier au 1ᵉʳ août; la bécasse, les pigeons et les gralles, du 1ᵉʳ mai au 1ᵉʳ août; les canards sauvages, du 1ᵉʳ mars au 1ᵉʳ août. Quant aux poules des bruyères et des bois, de même que pour les faons de chamois et de chevrette, la chasse est prohibée en toutes saisons.

Par la désignation de faons, on entend les jeunes chamois et les jeunes chevreuils, pour la période qui s'étend du 1ᵉʳ juillet d'une année à l'époque de parturition de l'année suivante.

Il est interdit de capturer le gibier, au moyen de lacets, trappes et chausse-trappes, comme aussi de détruire les œufs et d'emporter les nids, les couvées.

Semer du poison pour la destruction des renards n'est permis qu'en vertu d'une autorisation spéciale du juge civil du district ou canton.

§ 3. Les prescriptions de la présente ordonnance ne sont pas applicables aux parcs privés, en ce qui concerne le gibier qu'on pourra y abattre.

La vente du gibier tué dans lesdits parcs, durant la période d'interdiction, est défendue, toutefois dans la mesure des dispositions du § 6.

§ 4. Le juge civil du district ou canton a la faculté d'ordonner, même pendant la période du rut et de la parturition, une destruction proportionnelle du gibier, si l'élevage devenait trop considérable et nuisible à la culture des terres.

Si le gibier a été abattu dans les circonstances dont il est ici question, le vendeur ou l'intermédiaire pour la vente, devront se munir d'un certificat du juge civil du district ou canton, les autorisant à vendre ; au cas contraire, il y aura lieu de faire application des dispositions du paragraphe précédent.

§ 5. La contravention aux §§ 1 et 2 sera punie d'une amende de 5 à 25 florins, s'il y a récidive dans les contraventions aux §§ 1 et 2, ou si, par suite de la destruction d'un nombre trop considérable de fauves, il résulte un préjudice sérieux pour le gibier en général, cette amende pourra être portée jusqu'à 50 florins.

§ 6. Si dix jours après que la période du rut est commencée pendant laquelle période la chasse de telle ou telle espèce est interdite, une personne, sans égard à cette défense, colporte de la venaison par pièces entières ou découpée en morceaux pour la vendre, même si cette venaison n'est pas entièrement prête pour l'alimentation, dans les boutiques ou sur les marchés, ou pour en opérer le débit de toute autre façon, cette personne de même que tout intermédiaire dans la transaction, tombera sous le coup des pénalités pécuniaires énoncées au § 5, sans préjudice de la confiscation de ladite venaison.

Ces mêmes dispositions légales, en outre de la confiscation, sont également applicables à la vente de tout jeune gibier qu'il n'est pas permis de tuer, ou de tout jeune gibier qui aura été pris au moyen de lacets, chausses-trappes ou trappes, et par suite elles s'appliquent aussi à l'enlèvement des œufs et du jeune gibier à plumes.

Les personnes qui, pendant la période d'interdiction, vendent du gibier provenant de pays hors des frontières du territoire où la présente loi est en vigueur, de même que leurs intermédiaires, devront s'enquérir soigneusement de l'origine de ce gibier ; et si ledit gibier provient, en effet, d'une contrée n'appartenant pas aux royaumes et provinces représentés au Parlement Impérial, elles seront tenues ainsi que leurs intermédiaires de prouver qu'il n'a pas été tué en contravention aux dispositions des lois en vigueur dans ledit territoire, ou aux ordonnances relatives au temps d'interdiction.

En cas contraire, ces personnes tombent sous le coup des mêmes dispositions pénales.

§ 7. Le gibier confisqué sera aliéné par la commune intéressée en vente publique au plus offrant ; la recette qui en résultera ainsi que les amendes relevant de la présente loi, seront versées à la caisse de secours de la commune où la contravention aura été découverte.

En cas de non-recouvrement, la pénalité pécuniaire sera convertie en contrainte corporelle, c'est-à-dire en un emprisonnement d'un jour, par chaque somme de cinq florins.

Les poursuites et les pénalités à imposer ressortissent de la juridiction civile.

ISTRIE

— *Loi du 2 septembre 1870, relative à la protection des oiseaux*

§ 1. Il est défendu d'enlever et de détruire les œufs et les nichées d[e] tous les oiseaux sauvages, à l'exception des genres et espèces nuisible[s] énumérées dans l'annexe A (1).

§ 2. Il est permis, en toute saison, de prendre et de tuer les espèce[s] nuisibles nommées dans l'annexe A.

Les oiseaux de toutes les autres espèces ne peuvent être ni pris [ni] tués pendant la période qui va du 1er janvier au 31 août de chaque an[née], c'est-à-dire pendant la saison où ils couvent.

§ 3. Les oiseaux des espèces énoncées dans les annexes B et C aprè[s] qu'on aura préalablement obtenu l'autorisation, pourront être pris o[u] tués dans la période allant du 1er septembre au 31 décembre, c'est-à-dire en dehors de la saison d'incubation.

L'autorisation susdite pourra être délivrée par le juge civil du distric[t] ou canton pour une année entière.

Avant de délivrer cette autorisation, il faudra examiner avec la plu[s] grande attention si les conditions, où se trouvera l'agriculture, per-mettent la chasse aux oiseaux.

Pour obtenir l'autorisation en question, il faut d'abord se procure[r] le consentement du propriétaire du sol; la requête doit être adressé[e] par l'intermédiaire du préposé ou maire de la commune qui, aprè[s] avoir mûrement réfléchi, se prononcera sur l'admissibilité ou la non admissibilité de ladite demande, ainsi que sur le chiffre auquel devr[a] être portée la taxe de la licence, laquelle taxe pourra aller de 20 kreut-zers à 4 florins, valeur autrichienne. Le préposé ou maire de la com-mune intéressée qui est aussi tenu de prélever la taxe, devra être in-formé de chaque autorisation accordée.

§ 4. Pour qu'il soit permis de tuer les oiseaux à coups de fusil, [il] faut en outre du consentement du propriétaire du sol, conformémen[t] au § 3, celui du concessionnaire de la chasse.

§ 5. Sont considérés comme pièges et engins prohibés:

a) L'emploi d'appeaux aveugles;

b) L'emploi des filets et des collets;

c) Tout piège placé auprès des eaux pendant les périodes de séche-resse;

d) Tout piège tendu quand la neige couvre le sol.

§ 6. Le juge civil du district ou canton délivre dans le cas prévu par le paragraphe 3, un bulletin muni du sceau officiel à raison de l'auto-risation accordée. Ce bulletin contient le nom de la personne à laquelle

---

(1) Voir pages 297-298 pour les annexes A, B, C.

a été donnée ladite autorisation, les circonstances de temps et de lieux avec la durée de la période pendant laquelle il est permis d'en faire usage, ainsi que les conditions que le magistrat pensera devoir y ajouter.

L'oiseleur, quand il se servira de la permission obtenue, devra porter sur lui l'autorisation qui lui aura été délivrée.

§ 7. Il est défendu d'acheter ou de vendre les oiseaux tués ou vivants, pris pendant la période où la chasse est interdite, conformément au § 2.

§ 8. Les contrevenants aux précédentes injonctions devront comparaître devant le préposé ou maire de la commune, et devant deux conseillers communaux qui infligeront une amende de 5 florins, laquelle, s'il y a récidive, pourra être portée jusqu'à 8 flor. v. aut., et dans les cas de non-paiement, convertie en un emprisonnement de 48 heures.

En outre, les engins de chasse et les oiseaux pris seront confisqués, mais en lâchant, sur-le-champ, ceux, parmi ces derniers, qui seront encore vivants.

Le montant des amendes et des taxes, ainsi que des recettes provenant de la vente des objets confisqués, sera versé à la Caisse des fonds agricoles.

§ 9. La sentence rendue devra être signifiée à la partie intéressée par voie d'expédition contre accusé de réception.

§ 10. Les appels pour cause d'autorisation refusée, ou à raison des conditions qui se rattachent à l'autorisation (§§ 3 et 6), devront être adressés au juge civil supérieur, et dans les cas de procédure de nouvel appel, au Ministère de l'Agriculture. Quant aux appels pour cause de condamnation (§ 8), ils sont de la compétence du juge du district ou canton. Lesdits recours devront être, verbalement ou par écrit, formés dans un délai de quinzaine, du jour de la signification du jugement auprès du magistrat civil du district ou canton, dans le premier cas, et dans le second cas, auprès du préposé ou maire de la commune.

§ 11. Le juge civil du district ou canton devra veiller à ce que les préposés ou maires des communes se conforment rigoureusement aux dispositions de la présente loi.

Le juge civil du district ou canton devra, en outre, prendre soin que, chaque année, la présente loi soit, par les ordres du maire ou préposé de la commune, publiée et affichée dans les principales localités de cette commune.

Les préposés ou maires des communes en remplissant cette obligation, devront faire en sorte, qu'à côté des noms des oiseaux indiqués dans les annexes A, B et C, on ajoute les noms de ces mêmes oiseaux dans les dialectes généralement en usage dans le pays.

§ 12. Il incombe à la gendarmerie I. et R. au personnel des gardes forestiers, gardes-chasse, gardes champêtres, ainsi qu'à tous les agents de l'ordre public, de dénoncer au préposé de la commune, les contraventions à la loi dont ils auront eu à dresser procès-verbal.

§ 13. Dans un but scientifique, le juge civil supérieur pourra autoriser des dérogations aux dispositions de la loi.

§ 14. Les maîtres des écoles primaires ont pour devoir de montrer aux jeunes élèves le mal qu'ils font en enlevant les couvées, en prenant ou tuant les oiseaux utiles et ils devront, surtout et autant que le permet leur cercle d'action, faire connaître à ces jeunes enfants, avant la période de la couvaison, les mesures édictées par la présente loi pour la protection desdits oiseaux, afin de les empêcher d'y contrevenir.

§ 15. Toutes les lois, ordonnances et prescriptions qui se trouveront en opposition à la présente loi, sont et demeurent, par suite, abrogées.

— *Loi du 18 novembre 1882, relative au temps pendant lequel la chasse est défendue et au droit de chasse.*

Il est défendu, pendant la période d'interdiction, de chasser, prendre ou tuer les espèces de gibier énumérées ci-après : 1° Les chamois, du 15 décembre au 1er août ; 2° le chevreuil mâle, du 1er février au 1er juin ; le chevreuil femelle, du 1er janvier au 1er octobre ; 3° les lièvres, du 15 janvier au 15 septembre ; 4° le coq de bruyère et le coq des bois, du 1er juin au 1er avril ; 5° la gelinotte, le faisan, la perdrix des roches et la perdrix des neiges, du 1er février au 15 septembre ; 6° la perdrix grise, du 15 janvier au 1er septembre ; 7° la caille, du 1er janvier au 1er août ; 8° les grives, pigeons et gralles, du 1er mai au 1er août ; 9° les canards sauvages, du 1er mars au 1er août. Il est défendu de tuer, pendant toute l'année et de toutes façons, les faons de chevreuil et de chamois, ainsi que les poules de bruyères et des bois. Par faons ou chevreaux, on désigne ici les jeunes chevreuils et les jeunes chamois pour la période allant du 1er juillet à l'époque de parturition de la suivante année.

Dans le cas où le gibier augmenterait de façon à nuire à la culture du sol, le juge civil du district ou canton peut en ordonner la diminution, même pendant les périodes fixées pour le ménagement des animaux sauvages.

§ 2. Il est défendu de se servir de lacets, traquets et pièges à ressorts en fer pour la capture des fauves, ainsi que de détruire les œufs et d'enlever des nids les couvées des oiseaux.

Se servir de poison pour détruire les renards et les loups n'est permis qu'en vertu d'une autorisation spéciale du juge civil du district ou canton, fixant les endroits d'une façon formelle.

§ 3. Les dispositions des précédents paragraphes 1 et 2 ne sont aucunement applicables aux parcs enclos.

§ 4. Après dix jours écoulés, à partir de la mise en vigueur du règlement relatif à l'époque d'interdiction (§ 1) et pendant toute la durée de celle-ci, les espèces qu'il est défendu de chasser, pendant la période assignée pour chacune, ne pourront, ni vivantes ni mortes, même découpées en morceaux, être exposées en vente ni dans les boucheries, ni sur les marchés, ni d'aucune autre manière ; il ne sera pas permis non plus de les suspendre à l'étalage des restaurants ; cette interdiction ne concerne pas le gibier provenant de parcs privés ou importé des pays étrangers.

Mais si le gibier a été abattu en exécution des ordres du juge civil, suivant le mandat mentionné dans le dernier alinéa du § 1, ou si ladite venaison est exposée en vente publique, officielle, prescrite par le § 8, dans le premier cas le juge civil du district ou canton, dans le second cas le maire ou préposé de la commune, doivent autoriser les dérogations aux injonctions ci-dessus, en tant que ces dérogations sont nécessaires pour l'utilisation dudit gibier, en prenant les précautions indispensables contre tout abus éventuel et, en conséquence, ils délivreront à cet effet les attestations requises.

§ 4. Les propriétaires de meutes devront veiller à ce que leurs chiens ne rôdent pas, pendant la chasse, sur les territoires ou garennes, ne leur appartenant pas ; les concessionnaires des autres garennes ainsi que les gardes-chasse à leur service, ont le droit de tuer lesdits chiens partout et de suite.

D'autre part, il n'est pas permis aux chasseurs, à partir du 1er avril jusqu'au moment où les vendanges sont terminées, de chasser, avec ou sans chiens, dans les vignobles et les champs d'autrui non moissonnés.

Il est aussi interdit aux chasseurs, dans leur poursuite du gibier, de passer sur les terres appartenant à d'autres ou d'y lâcher leurs chiens, s'il s'y trouve des semailles ou des blés qui, en raison de leur nature, pourraient subir, plus tard, une réelle dépréciation.

Enfin les chasseurs ne sont autorisés, dans leur poursuite du gibier, à entrer sur le sol d'une propriété foncière non close qu'après avoir, au préalable, obtenu la permission du propriétaire ; on entend, par propriété non close, les terres qui ne sont pas fermées de tous les côtés par des murs, des haies, des treillis et autres barrières de même genre qui empêchent le passage du gibier.

Les contrevenants à cette interdiction, se rendent coupables de délits champêtres, et sont, comme tels, passibles des pénalités édictées par la loi du 28 mai 1876, n° 18, Code local.

§ 7. Les contraventions aux § 1, 2 et 4. seront punies d'une amende de 5 à 25 ducats, et cette amende dans le cas où le gibier éprouverait des pertes sensibles, à raison de contraventions réitérées ou à raison de la destruction d'un nombre trop considérable de fauves, pourra être portée jusqu'à 50 florins.

La négligence dans les obligations imposées par le § 5 aux propriétaires de meutes, sera punie d'une amende de 50 kreutzers à 2 florins.

En cas de non-recouvrement de l'amende, celle-ci sera convertie en une contrainte par corps ou emprisonnement, lequel ne sera jamais d'une durée moindre que cinq heures par chaque somme de cinq florins.

§ 8. Pour les contraventions au § 1, au premier alinéa du § 2 et du § 4, il y a lieu d'ajouter la confiscation du gibier tué, pris ou exposé en vente, lequel gibier sera mis en vente publique par les soins du maire ou préposé de la commune.

§ 9. Les pénalités et les poursuites pour cause d'infraction aux dispositions du § 7 sont du ressort du juge civil.

Le montant des pénalités pécuniaires, de même que les recettes provenant des pièces de venaison exposées en vente publique, conformément au paragraphe 8, dans les juridictions où il existe une ou plusieurs associations cantonales agricoles, telles qu'elles sont autorisées par la loi du pays du 8 septembre 1884, n° 36, Code local, reviendront à l'association qui appartient à la commune sur le territoire de laquelle la contravention a eu lieu, et à défaut d'associations de ce genre, seront versés à la Caisse des fonds agricoles.

— *Loi du 30 juin 1886, relative à l'introduction des permis de chasse.*

§ 1. Sur le territoire de l'Istrie, il est interdit à toute personne de chasser en dehors des parcs clos, sans un permis de chasse délivré par les autorités compétentes.

§ 2. Il appartient aux juges civils du district, dans le ressort duquel le requérant a son domicile, de délivrer les permis de chasse. Ces magistrats peuvent aussi délivrer lesdits permis à des étrangers, ou à des personnes non domiciliées dans le pays.

§ 3. Le permis pour lequel il faut payer une taxe de deux ducats est valable pour une année. Le chasseur devra le porter à la chasse constamment sur lui, et le produire à toute réquisition du personnel de la sûreté générale.

Le permis n'est valable que pour l'Istrie et pour la personne à qui il a été délivré; il ne donne, toutefois, aucunement le droit de chasser sans le consentement du concessionnaire ou du fermier de la chasse.

§ 4. Sont exempts du payement de la taxe les seules personnes assermentées chargées de la protection du gibier, durant leur temps de service.

§ 5. Les permis devront être libellés conformément au formulaire qui fait suite à la présente loi.

§ 6. On devra refuser les permis de chasse :

a) Aux mineurs, en tant que ces permis de chasse ne sont pas demandés par leurs parents ou leurs tuteurs ;

b) Aux ouvriers vivant de leur salaire, et aux pauvres aidés sur les ressources communales, ou par des institutions de bienfaisance publique ;

c) Aux aliénés et aux ivrognes notoires ;

d) Pendant une durée de cinq années, à dater de l'expiration de leur peine, aux individus condamnés pour attentats à la vie ou à la propriété ;

e) Pendant une durée de trois années, après l'expiration de leur peine, aux individus reconnus coupables de délits, soit contre la vie des autres par imprudence dans le maniement des armes à feu, soit enfin pour complicité avec les braconniers ;

f) Pour une durée de deux années, aux personnes condamnées pour récidive, dans la violation des lois sur la protection du gibier ou comme ayant fait abus de leur permis.

§ 7. Le permis sera retiré sans remboursement de la taxe versée en échange, lorsqu'après avoir été délivré, un des motifs d'exclusion ci-dessus énoncés (§ 6), viendra, à l'égard de la personne du détenteur, à se produire, ou sera postérieurement connu.

§ 8. Sont chargés de la surveillance directe quant à la stricte exécution de ces dispositions, comme aussi de dénoncer les infractions à la loi, d'abord la gendarmerie impériale et royale, puis le personnel de sûreté de la commune, et enfin celui des gardes-chasse assermentés.

§ 9. Sont soumis à une amende de 5 à 20 ducats :

a) Ceux qui contreviennent aux dispositions de la présente loi ;

b) Ceux qui font abus de leur permis de chasse ou qui se procurent les permis des autres et s'en servent, ou qui cèdent le leur à d'autres personnes.

Les insolvables seront punis d'une détention effective de 24 heures par chaque cinq ducats.

§ 10. Les recettes provenant des taxes pour les permis et des amendes seront également affectées aux caisses des Associations agricoles fondées sur les bases de la loi du pays du 8 septembre 1884.

A cet effet, les juges civils du district auront à verser à la fin de chaque trimestre les sommes respectivement perçues par eux, à raison des causes ci-dessus énoncées, au comité agricole qui en donnera avis aux susdites associations, et répartira le montant entre elles.

§ 11. Les poursuites et l'application des pénalités résultant de cette loi relèvent du juge civil dans le ressort duquel aura été commis l'acte coupable.

§ 12. Les appels des jugements prononcés en vertu de cette loi devront être adressés, dans le délai de 14 jours au juge civil du ressort, et en dernière instance au Ministère de l'Intérieur.

Lorsque deux jugements identiques ont été prononcés, il n'y a plus lieu à recours.

§ 13. Les poursuites et l'application des pénalités pour contraventions à cette loi se trouvent périmées, quand le contrevenant n'est pas poursuivi dans les trois jours, à partir de celui où a eu lieu la contravention.

§ 14. Cette loi entrera en vigueur 30 jours après sa promulgation dans le Bulletin des lois et ordonnances du pays.

§ 15. Nos Ministres de l'Intérieur et de l'Agriculture sont chargés de l'exécution de la présente loi.

— *Loi du 27 décembre 1887, modifiant certaines dispositions légales relatives à l'exercice du droit de chasse.*

§ 1. La durée du bail, pour les chasses communales à affermer conformément aux §§ 1 et 2 de l'ordonnance ministérielle du 15 décembre 1852, Code Impérial, par voie d'enchères publiques, ne devra pas être moindre de six années, ni plus longue que dix années.

§ 2. Au cas où l'on voudrait obtenir la prorogation d'un bail de chasse pour lequel il n'y aurait pas d'enchères publiques dans le sens du § 10 de l'ordonnance ministérielle du 15 décembre 1852 (Code Impérial), il ne pourrait être stipulé qu'une durée maximum de 10 années.

§ 3. Si pendant la durée d'un bail de chasse communale il survient des mutations de bien-fonds sur le territoire communal, par suite desquelles des parcelles conformément au § 5 du rescrit impérial du 7 mars 1849, Code Impérial, viendraient à être réunies ou annexées à une agglomération d'au moins 115 hectares, soit 200 arpents (journaux), jouissant du droit particulier de chasse, l'exercice de ce droit de chasse restera jusqu'à l'expiration du bail communal joint à la nouvelle agglomération, et il s'exercera de même sur les parcelles réunies à l'agglomération comme déjà il existait, en faveur de la Commune.

§ 4. Cette loi entre en vigueur, à partir du jour de sa publication dans le Bulletin des lois du pays.

§ 5. Notre Ministre de l'Agriculture et notre Ministre de l'Intérieur sont chargés de veiller à l'exécution de cette loi.

CARNIOLE.

— *Circulaire du Gouverneur de la province, du 18 mai 1855, relative à la question de savoir à qui appartient la dépouille d'une bête de proie abattue.*

A l'occasion d'un cas récemment survenu, il y a lieu de faire savoir aux fonctionnaires impériaux et royaux, des districts ou cantons, pour leur règle de conduite à l'avenir, que le fait d'avoir tué une bête de proie, même pour celui qui prouvera qu'elle a été abattue par lui, ne constitue en sa faveur qu'un droit à réclamer la prime légale, mais que ce droit ne s'étend pas juridiquement à la bête abattue, attendu que celle-ci demeure la propriété du concessionnaire de la chasse sur le terrain duquel elle a été tuée, ou bien des fermiers de ladite garenne.

— *Notification de la Commission nationale du 12 décembre 1869, relative au rétablissement des primes pour les bêtes de proie abattues, et aux chiens atteints d'hydrophobie.*

Dans sa séance du 22 octobre 1869, la diète nationale a décidé d'introduire de nouveau pour la destruction des bêtes de proie, le système des primes, en votant pour l'année 1870 une somme totale de 400 florins, monnaie autrichienne, à raison de :

10 florins, valeur autrichienne............	....	pour une ourse.
30	....	pour un ours.
25	....	pour une louve ou un loup-cervier femelle.
40	....	pour un loup ou un loup-cervier mâle.
10	....	pour les oursons, louveteaux et petits des loups-cerviers.

Il reviendra, en outre, une prime de 10 florins, valeur autrichienne à tout individu qui tuera un chien enragé errant.

L'imputation de ces primes, à la charge du Trésor national, ne peut avoir lieu que sur la production de la pièce justificative en règle, en ce qui concerne la bête de proie tuée; et quant aux chiens, qu'autant que l'intéressé se sera pourvu d'un certificat de la capitainerie Imp. et R. ou, pour la ville de Laibach, du juge civil de ladite ville, constatant que le chien tué a été reconnu comme enragé par la commission de contrôle. Le vétérinaire pour les maladies des chiens, pas plus que ses aides, ne peuvent élever aucune réclamation au sujet de ces primes.

— *Loi du 17 juillet 1870, relative à la protection des oiseaux.*

§ 1. Il est interdit d'enlever ou de détruire les œufs et les nichées de tous les oiseaux sauvages, à l'exception des genres et espèces nuisibles dont les noms figurent dans cette annexe.

§ 2. Il est permis, en toutes saisons, de prendre et de tuer les oiseaux nuisibles dont les noms sont inscrits dans cette annexe.

La chasse de tous les autres oiseaux est interdite pendant la période qui va du 1er février au 31 août.

§ 3. Il n'est permis de capturer ou tuer les espèces indiquées dans l'annexe B, pendant la période du 1er septembre au 31 janvier, qu'après en avoir obtenu la permission écrite du propriétaire du sol, sans qu'il soit besoin d'autre autorisation.

§ 4. On pourra, par exception, prendre et tuer les espèces énumérées à l'annexe C, du 1er septembre au 31 janvier, à condition d'avoir obtenu la permission certifiée du propriétaire du sol, ainsi qu'il est spécifié au § 3, sur la présentation d'une autorisation du juge civil du district ou canton, valable pour une année entière.

§ 5. Pour tuer les oiseaux avec le fusil, il est nécessaire, outre le consentement du propriétaire du sol, comme cela est établi aux §§ 3 et 4, d'obtenir aussi le consentement du concessionnaire de la chasse.

§ 6. Sont considérés comme pièges et engins de chasse prohibés :
a) L'emploi d'appeaux aveugles;

b) l'usage de filets mobiles et fixes placés sur les haies basses et les buissons, ainsi que l'emploi des cerceaux.

§ 7. Le juge civil du district ou canton délivre, dans le cas spécifié au § 4, à raison de l'autorisation accordée, un bulletin muni du sceau officiel. Ce bulletin doit contenir le nom, le signalement de la personne autorisée ainsi que le district ou canton et la période de temps pour laquelle l'autorisation a été accordée, de même que les autres conditions éventuelles que le magistrat croira, suivant l'opportunité, devoir y ajouter.

L'oiseleur, en faisant usage de sa permission, devra, dans le cas énoncé au § 3, se procurer le consentement écrit du propriétaire du sol, et dans le cas indiqué au § 4, l'autorisation du juge civil du district ou canton.

§ 8. Il est défendu de vendre ou d'acheter des oiseaux tués ou vivants qui auront été pris pendant le temps d'interdiction de la chasse, et qui figurent dans les listes des annexes B et C.

Quant aux oiseaux compris dans l'énumération que donne l'annexe C, la vente n'en est jamais permise du moment où ils ont été tués, quelle que soit l'époque.

§ 9. Les contrevenants aux injonctions qui précèdent, seront punis par les préposés ou maires, d'une pénalité pécuniaire de 1 à 10 florins, et, en cas de récidive, l'amende pourra être portée jusqu'à 20 florins ; de plus, à défaut de paiement, cette amende sera convertie en un emprisonnement de 12 heures à 4 jours ; quant aux enfants, on leur appliquera le règlement scolaire. En outre, il y aura lieu de confisquer les engins et les oiseaux pris, en donnant la volée à ceux qu'on trouvera en vie.

Le montant des amendes, de même que le produit des objets confisqués, seront versés à la caisse communale.

§ 10. La sentence de condamnation devra ou être signifiée à la partie perdante par exploit, ou être notifiée verbalement au greffe de la mairie, en présence de deux témoins. Dans ce cas, la notification ainsi que la date du jour où elle aura eu lieu, seront relatées sur l'acte du jugement, et certifiées par la signature des deux témoins.

§ 11. Les recours contre le refus d'autorisation de se livrer à la chasse aux oiseaux, ou contre les conditions mises à l'autorisation (§ 4 et 7), devront être adressés aux magistrats du tribunal supérieur, et en seconde instance, au Ministère de l'Agriculture ; quant aux recours contre un jugement (§ 9) ; ils devront être adressés au juge civil du district ou canton et introduits verbalement ou par écrit, dans le premier cas, auprès du juge civil du district ou canton, et dans les autres cas, auprès des préposés ou maires des communes, dans les huit jours, à compter de celui de la notification ou signification du jugement.

§ 12. Le magistrat civil a pour devoir de s'assurer de l'exécution stricte, de la part des maires ou préposés de la commune, des mesures établies par la présente loi.

Le magistrat civil du district ou canton veillera, en outre, à ce que les préposés ou maires fassent publier et afficher, chaque année, en décembre et au printemps, la présente loi dans toutes les localités de la commune.

§ 13. L'inexécution des obligations imposées, par voie de délégation, aux maires et aux préposés des communes, en vertu de la présente loi, sera punie par mesure administrative, d'une amende de 10 à 20 florins, au profit de la caisse communale.

§ 14. Toute contravention constatée à l'égard de la présente loi, devra être dénoncée au préposé ou maire de la commune par les gendarmes, gardes-chasse, gardes forestiers et gardes champêtres, ainsi que par tous agents de la sûreté publique.

§ 15. Dans des buts scientifiques, il pourra être accordé des exceptions aux prescriptions de cette loi, par le magistrat civil supérieur.

§ 16. Les maîtres des écoles primaires devront faire connaître aux jeunes écoliers, les dommages que peuvent causer le dénichage, la capture des oiseaux utiles et leur extermination, et chaque année avant la couvaison, ils devront s'efforcer autant que le leur permet le cercle de leurs fonctions, d'empêcher les jeunes enfants de contrevenir aux dispositions inscrites dans la présente loi, en vue de la protection des oiseaux.

§ 17. Toutes lois, ordonnances et dispositions réglementaires en opposition avec les mesures arrêtées dans la présente loi, sont et demeurent abrogées (1).

— *Notification de la Commission nationale, en date du 14 novembre 1883, par laquelle sont établies des primes pour la destruction de la loutre.*

La diète nationale du duché de Kraine dans sa seizième séance du soir, tenue le 20 octobre 1883, a classé la loutre dans la liste des animaux particulièrement nuisibles au développement de l'agriculture et a assigné des primes pour la destruction de cet amphibie, soit 6 florins pour une loutre vieille et 3 florins pour une jeune.

L'imputation du paiement de ces primes sur la caisse du

---

(1) Annexe (Voir l'annexe A, page 297).

ANNEXE B.

Le faucon des tours ou émouchet; le faucon sphézivore ou bondrée; la grive du gui ou viscivore; le pluvier; le merle; l'emerillon; le casse-noix; la corneille des sapins; le gros-bec ou coccothrauste; le pinson moqueur; la linotte verte ou linotte aquatique; le moineau domestique; le moineau des champs; les bruants.

ANNEXE C.

A l'exclusion de la lyre, sylva fluviatilis, de l'anthus bechst et du merle, turdus merula (Linnée), voir page 298; à ajouter :
Le chardonneret; le serin ou siserin; le serin bâtard; le chloris; le pivoine ou bouvreuil; le bec croisé; la linotte.

Trésor national a lieu sur la production d'une attestation constatant la destruction de l'animal.

Il est, par la présente et par son annexe, porté à la connaissance du public que, d'après le § 15 de la loi du pays du 25 novembre 1880, le concessionnaire d'une pêcherie quelconque est aussi autorisé à prendre ou tuer la loutre dans les eaux de sa pêcherie ou dans celles qui l'avoisinent immédiatement, en tout temps et par quelque moyen que ce soit, sans faire usage, toutefois, d'armes à feu; que, aucune réclamation ne peut être faite, par contre, au propriétaire ou concessionnaire d'une chasse, mais que, dans ces cas-là, ledit concessionnaire conserve le droit de disposer de la bête prise ou tuée; que, de plus, cette même autorisation est accordée aux personnes chargées par le concessionnaire d'une pêcherie de la garde ou surveillance de ses eaux ainsi qu'aux personnes désignées pour ce service par le magistrat civil; ainsi qu'à toutes autres personnes auxquelles, par suite d'autorisation spéciale du juge civil, aura été confié occasionnellement ou temporairement par le concessionnaire de la pêcherie le soin de prendre ou de tuer les bêtes nuisibles aux pêcheries.

— *Notification de la Commission nationale, du 19 février 1886, par laquelle se trouve partiellement modifiée la notification du 14 novembre 1883 (Code local), relative à la loutre.*

En vertu de la notification de la Commission nationale du 14 novembre 1883, n° 8, Code local ex. 1884, il doit être payé sur les fonds du Trésor national une prime de 6 florins pour une loutre vieille, et une prime de 3 florins pour une jeune.

Mais comme la diète a décidé, le 23 janvier 1886, qu'à partir du 23 mars 1886, on paierait pour chaque loutre détruite une prime de 4 florins, par conséquent, cette prime s'appliquera à chaque loutre, vieille ou jeune, du moment où il sera prouvé par un certificat du capitaine de gendarmerie du district ou canton, et, pour la ville de Laibach, du Juge civil de la ville, que la loutre dont il s'agira aura été réellement tuée.

— *Loi du 17 avril 1884 relative à l'introduction des permis de chasse dans le duché de Carniole.*

§ 1. Dans le duché de Carniole, personne, excepté dans les garennes fermées, ne peut chasser sans un permis de chasse délivré par l'autorité compétente.

§ 2. Le soin de délivrer ce permis de chasse incombe aux magistrats civils dans le ressort desquels le postulant a sa résidence actuelle, mais les personnes étrangères non domiciliées dans le duché pourront également obtenir des permis de chasse en s'adressant à ces magistrats.

§ 3. Le permis de chasse, pour lequel on devra payer une contribution de trois florins, est valable pour une année.

§ 4. Les possesseurs devront, lorsqu'ils iront à la chasse, porter constamment leur permis sur eux et les produire à la réquisition des agents de la sûreté publique.

Ces permis ne sont valables que dans le duché de Kraine et seulement pour les personnes aux noms desquels ils répondent.

§ 5. Le permis en lui-même ne confère aucun droit de chasse. Le magistrat compétent doit, par conséquent, avant de délivrer ce permis, acquérir la preuve que le pétitionnaire a la capacité nécessaire en droit pour se livrer à la chasse.

Comme preuve de ce droit de chasser, il suffira de produire une lettre d'invitation à prendre part à une chasse, délivrée par le propriétaire ou le fermier d'une chasse.

§ 6. Sont dispensés du paiement de la taxe pour les permis de chasse : le personnel assermenté de surveillance, indispensable pour la garde de la chasse, les élèves des écoles forestières secondaires et les apprentis forestiers durant leurs études et leur apprentissage.

Le magistrat civil statue avec soin sur l'étendue et les particularités de terrain du domaine de chasse et sur le plus ou moins de danger de dégâts que peut présenter une chasse, de concert avec le comité agricole de chaque territoire de chasse d'une commune; il fixe aussi le nombre de gardes dispensés de l'obligation du permis, qu'il est loisible à un propriétaire d'avoir pour chaque réserve de chasse, séparément.

Si, à ce sujet, on n'était pas à même d'arriver à une entente entre le magistrat du ressort et le comité agricole, c'est au magistrat civil qu'il appartiendra de prononcer d'une manière définitive et valable.

§ 7. Le permis de chasse sera rédigé conformément au modèle de formule qu'on trouvera à la suite de cette loi.

§ 8. On refusera de délivrer des permis de chasse :

a) Aux personnes qui ne feront pas la preuve qu'elles sont fondées à exercer le droit de chasse ;

b) Aux mineurs, à moins que requête ne soit faite, à cet effet, pour eux par leurs parents ou tuteurs;

c) à l'égard des élèves des écoles forestières, la demande sera faite par les directeurs; pour les apprentis forestiers par Messieurs leurs professeurs ou guides instructeurs des garennes forestières;

d) Aux aliénés et ivrognes avérés;

e) Pour une durée de cinq années après l'expiration de sa peine, à tout individu coupable d'attentat contre la vie ou la propriété;

f) Pour une durée de trois années après l'expiration de sa peine, à tout individu qui, conformément au paragraphe 335 du Code pénal, aura été condamné pour délit par imprudence dans le maniement des armes à feu, ou pour contravention pour vol ou complicité dans ce vol;

g) Pour la durée de deux années, à tout individu qui aura été condamné pour infraction intentionnelle à la loi relative à la protection du gibier, ou pour récidive.

§ 9. Le permis de chasse devra être retiré sans remboursement de la taxe payée, lorsqu'après que ledit permis aura été délivré on découvre ou il vient à se produire un des motifs d'exclusion qui ont été énoncés ci-dessus (§ 8), à l'égard du détenteur.

§ 10. Il incombe à la gendarmerie impériale et royale, aux agents de l'ordre public de la commune, aux employés composant le personnel assermenté chargé de la surveillance de la chasse, de prendre les mesures directes propres à assurer l'exécution des prescriptions de la présente loi, comme aussi de dénoncer les contraventions qui auraient lieu à l'égard de celle-ci.

§ 11. Est soumis à une amende de 5 jusqu'à 50 florins :

1° Quiconque agit contrairement aux prescriptions de la présente loi.

2° Quiconque fait abus d'un permis de chasse, soit qu'il se procure le permis de chasse d'une autre personne pour s'en servir, soit qu'il cède le sien à un autre pour qu'il en fasse usage.

En cas d'insolvabilité, l'amende sera changée en une détention ou emprisonnement d'un jour pour chaque cinq ducats.

§ 12. Le montant des taxes résultant des permis de chasse, sera versé au trésor du duché de Carniole et passera à la caisse pour le développement de l'agriculture du pays.

Les amendes seront affectées à la caisse de bienfaisance de la commune où se trouve la localité où se sont passés les faits.

§ 13. Les poursuites et pénalités à appliquer à raison de contraventions à la présente loi, relèvent du juge civil dans le ressort duquel a eu lieu l'acte illégal.

§ 14. Quant aux appels des jugements rendus en vertu de cette loi, c'est aux fonctionnaires du gouvernement de Carniole et, en cas de recours ultérieur, à la cour des requêtes qu'il appartient de statuer.

Pour les jugements et arrêts conformes un appel ultérieur ne peut avoir lieu.

§ 15. La culpabilité, à raison des cas de contravention énoncés dans la présente loi, se prescrit dans les trois mois du jour où ladite contravention a eu lieu, si le contrevenant depuis lors n'a pas été cité à comparaître.

§ 16. La loi relative à ces permis de chasse sera mise en vigueur dans les 30 jours qui suivront sa publication au bulletin des lois du duché de Kraine.

L'exécution de ladite loi est confiée aux soins de Nos Ministres de l'Intérieur et de l'Agriculture.

— *Notification de la Commission nationale, du 14 février 1887, relative aux primes pour la destruction de la loutre.*

Par modification à la notification de la Commission nationale du 19 février 1886, du Code national, et en vertu de la délibération du 24 janvier 1887, à partir du 1er mars 1887, la prime de 4 florins pour la destruction de la loutre, sera, pour chaque animal, abaissée à 2 florins. Ceci sera porté à la connaissance du public, en ajoutant que le paiement de cette prime par le Trésor national aura lieu du moment où on produira un certificat du commandant de la gendarmerie du district ou canton, et, pour la ville de Laibach, du juge civil de cette ville, constatant que la loutre a bien réellement été tuée.

— *Loi du 27 septembre 1887 apportant des modifications aux dispositions légales, relatives à l'exercice du droit de chasse.*

§ 1. La durée du bail, conformément aux paragraphes 1 et 2 de l'ordonnance ministérielle du 15 décembre 1852, Code impérial, de la chasse communale à affermer par voie de licitation publique, doit être, en général, de cinq années au moins. Ce n'est qu'exceptionnellement après entente avec la commune intéressée, que ce bail peut être porté jusqu'à dix ans, maximum de durée.

Une prolongation extraordinaire du bail de chasse communale peut être autorisée après entente avec le conseil municipal, mais seulement pour un laps de cinq années.

§ 2. Si des mutations (§ 1) surviennent, pendant la durée d'un bail de chasse communale, aux biens-fonds sis sur le territoire communal de chasse, par suite desquelles des parcelles affermées conjointement avec les autres terrains communaux de chasse, sont réunies conformément au paragraphe 5 du décret impérial du 7 mars 1849, avec une agglomération, d'une contenance d'au moins 115 hectares, ou 200 arpents, jouissant du droit particulier de chasse, l'exercice de ce droit particulier de chasse jusqu'à l'expiration du bail communal, reste fixé sur la nouvelle agglomération survenue, et par suite respectivement sur les parcelles qui doivent être annexées à l'agglomération de droit particulier de chasse déjà existante, et la chasse par rapport à ces terrains est concédée à la commune.

§ 3. Cette loi entrera en vigueur à partir du jour de la notification faite dans le Bulletin des lois du pays.

§ 4. Nos Ministres de l'Agriculture et d'Intérieur sont chargés de l'exécution de ladite loi.

— *Loi du 19 mai 1889, relative aux indemnités pour dégâts de chasse et de gibier.*

§ 1. Tout individu jouissant du droit de chasse est tenu :

a) A des indemnités pour les dégâts de chasse causés, durant la chasse, par lui-même, ses invités, son personnel de vénerie ainsi que par les meutes qui y prendraient part, et, *b)* En général pour tous les dégâts (de gibier) causés sur toute l'étendue de son territoire, au fonds, au sol et aux produits qui s'y trouvent par les espèces de bêtes fauves qu'on y élève, conformément au paragraphe 1 de la loi du 20 décembre 1874. (Code local, année 1873.)

L'indemnité ne revient pas seulement au propriétaire du terrain endommagé, mais aussi au fermier, à ceux qui ont droit à la jouissance ou usufruitiers, en tant que ceux-ci auraient subi des pertes soit par le fait de la chasse, soit à raison du gibier.

§ 2. Si le droit de chasse sur un seul et même territoire de chasse appartient à plusieurs personnes, celles-ci sont solidairement responsables des dégâts provenant de la chasse et du gibier.

§ 3. Ceux qui sont tenus à des indemnités par suite de dégâts de chasse auront recours contre les personnes qui en seraient directement responsables, en vertu de l'application légale et universelle du Code civil.

§ 4. Le propriétaire du sol, et par suite son fermier, les personnes ayant la jouissance ou les usufruitiers ne sont pas tenus de préserver leur bien-fonds contre le gibier et ses dégâts par des clôtures ou autres dispositions; les individus lésés ainsi que les concessionnaires de la chasse ont la liberté d'assister aux constatations officielles et aux évaluations des pertes; ils peuvent, par conséquent, dès le début, faire leurs dépositions.

Dans ce cas les constatations devront être précédées de tentatives d'arrangement entre les parties.

Si un arrangement amiable ne réussit pas, alors le juge civil devra décider, d'après les résultats des constatations, relativement au dédommagement à raison des dégâts, et en même temps relativement aux frais de procédure (§ 9).

§ 9. Le concessionnaire condamné au remboursement des dégâts doit, en règle générale, verser à l'individu lésé, les frais nécessaires pour faire valoir dans la mesure du but à atteindre, la demande en dédommagement; mais, par contre, le plaignant qui sera entièrement débouté de sa demande en dédommagement, aura à verser au concessionnaire de la chasse les frais nécessaires pour atteindre le but de la défense.

Une compensation pour frais de représentation n'est pas admise.

Le juge peut, au surplus, partager les dépens proportionnellement, si la compensation fixée par lui pour les dégâts n'atteint pas la moitié du chiffre que le concessionnaire de la chasse avait vainement offert, par voie d'arrangement, à la personne lésée, avant l'évaluation des dommages.

§ 10. L'appel contre les décisions du juge civil du district ou canton devra être interjeté par les intéressés, auprès du juge supérieur de la cour civile et, en second appel, auprès du tribunal ministériel des instances : dans l'un et l'autre cas, dans les 14 jours qui suivront le règlement stipulé.

Le propriétaire du sol n'aura à soulever de réclamations au sujet des indemnités pour dommages causés par le gibier aux vergers, potagers, parcs, pépinières, qu'autant qu'il sera démontré que ces dégâts ne sont pas la conséquence de sa négligence à prendre les mesures généralement en usage, et grâce auxquelles un bon ménager de biens ruraux préserve, d'ordinaire, les objets de cette nature.

§ 5. Si les dégâts provenant de la chasse ou du gibier et qui ont endommagé les blés et autres produits de la terre, dont il est impossible de calculer la valeur exacte avant l'époque de la récolte, ont été commis antérieurement à ladite époque, le préjudice causé devra être évalué dans la mesure à laquelle il atteindrait au temps de la moisson.

§ 6. A l'égard des demandes de dédommagement, il appartiendra au juge civil de première instance dans le ressort duquel les dégâts auront été commis, de statuer et de prononcer.

§ 7. La personne lésée devra faire parvenir sa demande en indemnité pour les dévastations causées par les chasseurs et le gibier, au juge civil du canton dans les quinze jours qui suivront le jour où elle en aura eu connaissance. Dans les cas énoncés au § 5, l'individu lésé devra requérir la constatation des dommages assez à temps, pour que cette constatation ait lieu avant l'époque de la moisson.

Si la réclamation en dédommagement n'est pas remise dans le délai établi, ou si on néglige d'adresser ladite demande de constatation, il y aura prescription à l'égard de ladite requête en dommages.

§ 8. Le juge civil du district ou canton devra déléguer au maire ou au préposé de la commune où ont lieu les dégâts, le soin de procéder en son lieu et place dans les délais établis, aux constatations nécessaires pour l'appréciation de ces dégâts, et à l'évaluation des pertes subies, au moyen d'experts assermentés et impartiaux : ces derniers arrêteront sans retard le chiffre de leur évaluation. Le juge pourra agir ainsi, à moins qu'il n'estime nécessaire, en raison de la gravité de l'affaire, ou par d'autres considérations, de se charger personnellement de la procédure officielle. Si les dégâts paraissent de peu d'importance, même un *seul* expert suffira pour leur évaluation.

Il n'y a pas de recours ultérieur contre une sentence confirmée par le juge civil supérieur.

§ 9. Nos Ministres de l'Agriculture et de l'Intérieur sont chargés de la stricte exécution de la présente loi.

— *Loi du 22 août 1889, relative au temps où la chasse est défendue.*

§ 1. Dans l'exercice du droit de chasse on est tenu, en ce qui concerne le temps d'interdiction, d'observer la réglementation relative à chaque période.

I. *Gibier à poils.* Pour le cerf et le daim, du 1er novembre au 30 juin; pour la biche et la daine ainsi que les faons, du 1er février au 30 septembre; pour le chamois mâle, du 1er janvier au 31 juillet; pour le chamois femelle et ses chevreaux, du 1er décembre au 15 août;

pour le chevreuil, du 1er février au 31 mai ; pour la chevrette et ses chevrillards, du 1er janvier au 15 septembre ; pour le lièvre des champs et le lièvre des Alpes, du 16 janvier au 31 août.

II. *Gibier à plumes.* Pour les coqs de bruyère, du 1er juin au 31 mars ; pour les coqs des bois, du 15 juin au 31 mars ; pour la poule des bruyères et la poule des bois, durant toute l'année ; pour les faisans, du 1er février au 31 août ; pour la gelinotte, la perdrix des neiges et de roches, du 1er février au 15 août ; pour la perdrix grise et les cailles, du 1er décembre au 15 août ; pour la bécasse des bois, du 1er avril au 15 août ; pour le souchet, du 1er mars au 31 juillet ; pour les canards sauvages, en dehors du souchet, ainsi que pour les oies, les gralles ou oiseaux de marécages et toute sauvagine ou oiseaux aquatiques, du 16 avril au 30 juin.

Pour les fauves : cerfs, chevreuils, chamois, les jeunes animaux de cette sorte sont considérés comme des faons ou chevreaux pendant toute la période allant de leur naissance au 1er juillet de l'année suivante

§ 2. Il est interdit, durant la période de ménagement du gibier, de chasser, tuer, ou prendre les espèces ci-dessus désignées.

Après la quinzaine écoulée, en comptant du commencement de la période de ménagement du gibier et pendant toute la durée de ladite période, il n'est pas, non plus, permis de mettre en vente (§ 7) aucun quartier de venaison provenant des espèces qui doivent être épargnées.

Du 16 janvier au 31 août, il est défendu de chasser avec des braques.

§ 3. Il est interdit de prendre le gibier de quelque sorte qu'il soit, au moyen de lacets, trappes et pièges en fer, d'emporter les œufs des oiseaux, d'enlever les petits des nids ou de détruire ces derniers. Le concessionnaire d'une chasse et son personnel sont exceptionnellement autorisés à enlever les œufs dans le but de les faire couver par les poules domestiques de différentes espèces, comme aussi à prendre le gibier à plumes.

§ 4. La présente loi n'est pas applicable au gibier abattu dans les parcs privés ni dans les faisanderies.

La vente, toutefois, du gibier tué dans lesdits parcs et faisanderies pendant la saison d'interdiction, est prohibée, mais dans la mesure des dispositions des §§ 2 et 7.

§ 5. La diminution proportionnelle qui sera ordonnée par le magistrat civil en conformité du § 11 des lettres patentes du 28 février 1786, par suite de l'augmentation démesurée et nuisible à la culture, du gibier qu'on élève, pourra avoir lieu même pendant la période interdite.

§ 6. Les contraventions aux §§ 2 et 3 seront punies d'une amende de 5 à 25 florins, qui, en cas de récidive, ou si la destruction d'un trop grand nombre de fauves cause un préjudice grave au gibier en général, pourra être portée à 50 florins.

§ 7. Quiconque, après la quinzaine où a commencé la période de ménagement du gibier, sans tenir compte que la chasse est interdite pendant cette période, vendra du gibier en quartiers entiers, découpé en morceaux ou préparé; quiconque le colportera dans les restaurants, les boutiques et les marchés ou, d'une façon quelconque, l'exposera en vente ou le placera à l'étalage; quiconque enfin servira d'intermédiaire dans la vente, tombera, en outre de la confiscation du gibier, sous le coup des pénalités pécuniaires énoncées au § 6. Sont exceptées de ladite interdiction les conserves de venaison.

Les mêmes dispositions pénales sont respectivement applicables à la vente du jeune gibier qu'il n'est permis de prendre ou de tuer en aucune saison, et respectivement aussi à l'enlèvement des œufs, ainsi qu'à l'enlèvement des volatiles et à la destruction des nids.

Lorsque le gibier est abattu dans les conditions d'exception spécifiées au § 3, le vendeur ou son intermédiaire devra se munir d'un certificat du juge civil du district ou canton, relatif à l'autorisation de vendre, autrement les dispositions du paragraphe précédent leur seront applicables

Les personnes qui offrent, pendant la période d'interdiction, du gibier provenant de pays où la présente loi n'est pas applicable, devront prouver l'origine étrangère de ce gibier ; et si, effectivement, il provient de territoires n'appartenant pas aux royaumes et États représentés au Parlement impérial, ils devront aussi le prouver pas un certificat du juge civil du district ou canton, du lieu d'origine, pour qu'on sache que ledit gibier n'a pas été abattu contrairement aux lois.

En cas contraire, ces personnes tombent sous le coup des précédentes dispositions pénales.

§ 8. Le montant des pénalités pécuniaires ou amendes imposées en vertu de la présente loi, ainsi que les recettes provenant des confiscations faites conformément à la teneur de cette même loi et de l'aliénation, en vente publique, du gibier par les soins du maire ou préposé de la commune, sera versé à la Caisse de secours pour les indigents de la commune où la contravention aura été constatée.

Dans le cas de non-recouvrement de l'amende, cette pénalité sera convertie en contrainte personnelle, c'est-à-dire en une détention d'un jour par chaque 5 florins.

Les poursuites et les pénalités à imposer sont du ressort du magistrat civil.

§ 9. Cette loi entrera en vigueur le jour de sa promulgation et, ce même jour, la loi du 20 décembre 1874, n° 6, Code local, année 1875, se trouvera virtuellement abrogée.

MORAVIE.

— *Loi du 30 avril 1870, relative à la protection des oiseaux.*

§ 1. Il est interdit d'enlever et de détruire les œufs et les nids de tous les oiseaux sauvages vivants, à l'exception des genres et espèces nuisibles énumérés dans l'annexe A.

§ 2. Il est permis de prendre et tuer les oiseaux nuisibles dont les noms figurent dans l'annexe A, et cela en toute saison, mais en tenant compte des restrictions établies dans la loi sur la chasse.

Tous les autres oiseaux ne pourront être ni tués ni pris pendant la période du 1er février au 31 août de chaque année, c'est-à-dire pendant la saison où ils couvent.

§ 3. Les oiseaux des espèces mentionnées dans l'annexe B qui se nourrissent, en partie, d'insectes, peuvent, en dehors bien entendu de la période où ces oiseaux couvent, être pris et tués, c'est-à-dire du 1er septembre au 31 janvier, à la condition d'avoir obtenu du propriétaire du sol, son consentement écrit et certifié, ainsi que celui du concessionnaire de la chasse, sans qu'il soit besoin d'autre autorisation.

§ 4. Par exception, on peut aussi tuer et capturer les espèces d'oiseaux énumérées dans l'annexe C qui se nourrissent principalement d'insectes et de souris, ainsi que d'autres bêtes nuisibles à l'agriculture, du 1er septembre au 31 janvier, sous la condition d'obtenir le consentement légalisé du propriétaire du sol et une autorisation du juge civil du district ou canton, valable pour une année.

Avant de délivrer ladite autorisation, il y aura lieu de bien peser si la chasse aux oiseaux peut être permise, eu égard aux conditions où se trouvera l'agriculture.

La requête devra être introduite par l'intermédiaire du préposé ou maire de la commune, lequel fera son rapport détaillé sur l'opportunité ou la non-opportunité de l'autorisation. Les préposés ou maires des communes intéressées devront être informés de chaque autorisation accordée (1).

— *Lois du 31 mars 1873 et du 2 août 1875, relatives au temps où la chasse est défendue.*

§ 1. Il est interdit pendant les périodes de ménagement du gibier,

---

(1) (Voir pour le reste de la Loi, celle du 17 juillet 1870 en Kraine qui est en tout semblable). — Annexe A Voir l'annexe. A page 297). A ajouter : L'émerillon. — Annexe B (A l'exclusion de l'émerillon, *Lanius collurio* L., comme à l'annexe B, page 297). A ajouter : Le vanneau. — Annexe C (Voir page 298), annexe C; à ajouter : La mouette, la cigogne. — Annexe D. Le hérisson, la taupe, la chauve-souris ou vespertilion, le lézard, les serpents genre couleuvre, les autres serpents (à l'exception de la vipère), le crapaud.

fixées ci-après, de chasser, prendre ou tuer les espèces suivantes de gibier : 1° Le cerf et le daim, mâles, du 1ᵉʳ novembre au 31 mai; la biche, la daine et leurs faons, du 1ᵉʳ février au 31 octobre; pour les cerfs et les daims on considère le jeune gibier comme faons jusqu'au dernier jour du mois d'octobre, en comptant de l'époque de leur naissance; 2° le chevreuil, du 1ᵉʳ février au 30 avril; les chevreaux jusqu'au 30; le chevreuil mère, durant toute l'année; 3° le lièvre, du 1ᵉʳ février au 31 juillet; 4° le coq de bruyère et le coq des bois, du 15 mai au 31 juillet; les poules faisanes, du 1ᵉʳ février au 31 août; le coq faisan, du 1ᵉʳ avril au 31 août; 5° la gelinotte, la perdrix grise, la caille et le roi des cailles, du 1ᵉʳ février au 31 juillet; 6° les oies et les canards sauvages, les grolles et les oiseaux aquatiques ainsi que les pigeons sauvages, à partir du 15 mars; les bécasses des bois, à partir du 15 avril jusqu'au 30 juin; 7° les poules des bruyères et des bois durant toute l'année.

§ 2. L'emploi de lacets pour capturer les différentes espèces de gibier mentionnées dans le § 1, le dénichage des œufs pour les vendre ou les détruire ainsi que l'enlèvement des jeunes volatilles; enfin la pose de pipeaux, pendant l'hiver, dans les cours et jardins des maisons, pour y attirer et prendre les oiseaux, sont interdits.

On pourra autoriser, par exception, les concessionnaires de chasses et leur personnel de vénerie à recueillir des œufs pour les donner à couver à diverses espèces de poules domestiques, mais après que le magistrat civil du district leur aura délivré, à cet effet, une autorisation écrite.

§ 3. Pour le gibier abattu dans les parcs privés, il n'y a pas lieu de faire application de la présente loi. La vente du gibier abattu dans lesdits parcs pendant les périodes d'interdiction, n'est toutefois pas permise, mais dans la mesure seulement que comportent les dispositions du § 6.

§ 4. La réduction proportionnelle du gibier, que peut prescrire le magistrat civil, à raison d'un accroissement démesuré et dangereux pour l'agriculture, de la masse du gibier, pourra, conformément au § 11 des lettres patentes du 28 février 1786, avoir lieu même pendant la saison d'interdiction.

§ 5. Les contraventions aux §§ 1 et 2 sont punies d'une pénalité pécuniaire de 5 à 25 florins, laquelle, dans le cas où le nombre du gibier se trouverait fortement diminué par suite de nouvelles infractions, ou par suite d'une quantité trop considérable de fauves abattus, pourra être portée jusqu'à 50 florins.

§ 6. Tout individu qui, huit jours après le commencement de la période d'interdiction et pendant ladite période, colportera du gibier à l'égard duquel la chasse est interdite, soit pour le vendre en quartiers entiers ou découpé en morceaux, même s'il n'est pas préparé pour l'alimentation, dans les boutiques, sur les marchés, dans les maisons particulières ou dans les restaurants, soit pour l'exposer ou l'offrir en vente de n'importe quelle façon, comme aussi quiconque servira d'intermédiaire pour la vente, tombera, en outre de la confiscation du gibier, sous le coup d'une pénalité pécuniaire de 5 à 25 florins.

Les mêmes dispositions sont applicables à la vente de tout jeune gibier qu'il est défendu, en règle générale, de prendre ou de tuer, ainsi qu'au dénichement des œufs et à l'enlèvement des jeunes volatiles.

Si le gibier a été abattu dans les cas exceptionnels indiqués aux §§ 3 et 4, le vendeur ou l'intermédiaire pour la vente, doit se pourvoir d'un certificat du magistrat civil du district ou canton, énonçant l'autorisation de vendre; au cas contraire, il y aura lieu d'appliquer les dispositions des paragraphes précédents.

Les mêmes dispositions concernent les individus qui, huit jours après le commencement de la période d'interdiction, vendraient tout gibier en général, qu'il eût été licite de prendre ou de tuer pendant la saison où la chasse est autorisée.

— *Loi du 9 janvier 1882, relative à l'introduction des permis de chasse dans le Margraviat de Moravie et les enclaves moraves de Silésie.*

§ 1. Dans le Margraviat de Moravie personne n'est autorisé à chasser sans un permis de chasse délivré par les magistrats compétents.

§ 2. Le soin de délivrer un permis de chasse incombe au magistrat civil de première instance, dans le ressort duquel le pétitionnaire a, à cette époque, sa résidence; mais des permis pourront aussi être délivrés à des étrangers, c'est-à-dire à des personnes non domiciliées en Moravie, par les magistrats en question.

§ 3. Le permis de chasse est valable pour l'année du calendrier dans laquelle il a été délivré. On peut aussi délivrer un permis valable pour trois années. La taxe pour une seule année s'élève à cinq ducats; la taxe pour trois années s'élève à quinze ducats. Les frais de timbre qui frappent le permis de chasse devront être payés à part.

§ 4. Le permis est valable pour l'étendue, dans toutes ses parties, du Margraviat de Moravie, y compris les enclaves moraves de Silésie et seulement pour la personne au nom de laquelle il a été délivré, mais ne confère aucun droit de chasser sans le consentement du titulaire légal de la chasse.

Le possesseur d'un permis de chasse devra toujours le porter sur lui et l'exhiber à toutes réquisitions des employés de la sûreté publique.

§ 5. Sont dispensés du versement de la taxe imposée sur les permis, le personnel de chasse assermenté pour la surveillance, les gardes-chasse et gardes forestiers chargés du service de protection du gibier durant toute la période de service, ainsi que les élèves des écoles forestières et les apprentis forestiers durant le temps de leurs études ou apprentissage.

§ 6. Le permis de chasse devra être libellé d'après le modèle de formule A qui suit la présente loi.

§ 7 On devra refuser de délivrer le permis :

a) Aux mineurs, à moins qu'il ne soit demandé par les parents ou tuteurs et respectivement pour les élèves d'une école forestière, par la direction, pour les apprentis forestiers et leurs adjoints, par MM. leurs maîtres ou les veneurs des garennes forestières;

b) Aux ouvriers qui n'ont d'autres ressources que leurs salaires, ou aux pauvres à la charge des Établissements de bienfaisance ou de la commune;

c) Aux aliénés et aux ivrognes;

d) Aux personnes, qui ne peuvent obtenir un permis de port-d'armes;

e) Pour une durée de trois années, à l'expiration de leur peine, aux individus qui, conformément au § 335 du Code pénal, ont été déclarés coupables d'un délit contre la vie des personnes, par maniement imprudent des armes à feu ou d'un délit de vol et complicité de vol ou braconnage;

f) Pour une durée de deux années, aux individus qui, en raison de récidive dans l'infraction aux lois sur la protection du gibier, ou par suite de simple contravention à ces lois, ont été déjà condamnés.

§ 8. Le permis de chasse devra être retiré, sans remboursement de la taxe payée, s'il survient, ou si l'on connaît un des motifs d'exclusion ci-dessus indiqués, en ce qui concerne la personne du détenteur du permis.

§ 9. La gendarmerie Imp. et Roy., les agents communaux de l'ordre public, le personnel assermenté chargé du service et de la surveillance des chasses sont tenus de surveiller directement l'exécution des dispositions de la présente loi, ainsi que de dénoncer les contrevenants.

§ 10. Est soumis à une pénalité pécuniaire, allant de cinq à vingt ducats, et en cas de récidive jusqu'à cinquante ducats :

1° Quiconque fera abus d'un permis de chasse, soit en se servant du permis de chasse d'un autre, soit en cédant à d'autres pour en faire usage, son propre permis.

2° Quiconque chassera sans un permis valable.

3° Quiconque, sans le consentement du concessionnaire de la chasse, traversera le terrain de celui-ci avec des armes de chasse, à moins que ce ne soit par des routes et des chemins publics.

4° Quiconque contreviendra aux prescriptions de la présente loi.

En cas d'insolvabilité du condamné, l'amende sera commuée en une détention, soit en un jour d'emprisonnement, par chaque cinq ducats.

§ 11. Les montants des taxes provenant des permis, de même que les amendes décrétées en vertu de la présente loi, seront versés à la caisse des fonds agricoles du pays, laquelle est chargée de subvenir aux frais nécessités pour la création des permis de chasse.

§ 12. Les poursuites et les jugements motivés par les contraventions à la présente loi relèvent du magistrat compétent dans le ressort duquel a été commis le fait délictueux.

§ 13. Quant aux appels des sentences prononcées en vertu de la présente loi, c'est au juge civil supérieur à statuer, et en cas de nouvel appel, au tribunal d'instance ministérielle. Contre deux jugements identiques, il n'y a pas lieu à recours ultérieurs.

§ 14. Les pénalités établies par la présente loi se trouvent prescrites trois mois après le jour de la contravention, si le contrevenant n'a pas été cité depuis devant un tribunal.

§ 15. La présente loi entrera en vigueur dans les trente jours de sa publication au Bulletin des lois du pays.

§ 16. Nos Ministres de l'Intérieur et de l'Agriculture sont chargés de l'exécution de la présente loi.

SALZBOURG.

— *Circulaire du sous-gouverneur de Salzbourg, du 25 décembre 1852, aux fonctionnaires de l'Administration concernant l'exécution de l'ordonnance de M. le Ministre de l'Intérieur, relativement à l'exercice du droit de chasse.*

En exécution et par application stricte de l'ordonnance de M. le Ministre de l'Intérieur, du 15 de ce mois, relative à l'exercice du droit de chasse, publiée dans le Bulletin des lois de l'Empire et dans le Bulletin des lois du pays, je trouve nécessaire en conformité de la Circulaire spéciale qui m'a été adressée en date du 15 de ce mois, d'édicter les dispositions et instructions suivantes :

a) Les agents de l'Administration civile devront avant tout se procurer des renseignements précis sur les états de chasses de chaque commune, et, par anticipation, se rendre compte exactement des contrats de location de chasses déjà conclus ou à conclure ultérieurement, en prévision de l'introduction du nouveau système de baux.

b) Ils auront sans retard à déterminer les conditions de location de tous les droits de chasse à exploiter par la commune et à examiner les baux de chasse conclus jusqu'à ce jour par la commune, au point de vue d'une révision rigoureuse, pour le cas où ces contrats sembleraient chercher à éluder les lois, en d'autres termes seraient des contrats simulés de location.

Dans ce dernier cas, ils devront en prescrire la résiliation immédiate et dresser un autre bail suivant la teneur des nouvelles dispositions.

c) Dans toutes les négociations de baux de chasse conduites par les agents de l'Administration, ils devront faire en sorte que la durée du bail commence au 1er juillet pour finir au 30 juin.

d) En ce qui a trait aux dispositions des paragraphes 10 à 15 de l'Ordonnance, ces dispositions devront être strictement exécutées, même après le terme du délai fixé :

e) Attendu que pour la réglementation des affaires de chasse, l'exécution des mesures de police qui y sont relatives, aussi bien dans l'intérêt de la chasse même que pour la garantie du cultivateur est indispensable, il y a lieu, partant, de publier de nouveau en vertu du paragraphe 12 de la loi sur la chasse du 7 mars 1849, les dispositions suivantes provenant des anciennes lois édictées à ce sujet, et il faudra veiller soigneusement à ce que ces dispositions soient rigoureusement observées.

1° Les propriétaires d'une réserve ayant droit de chasser, sont autorisés à élever toutes sortes de fauves au moyen d'affouragements et à les nourrir de toute autre manière; ils sont aussi libres, dans tous les temps, sauf bien entendu l'époque du rut (saison interdite), pour chaque espèce sauvage, de prendre ou tuer, comme étant leur propriété, le gibier, quel que soit l'âge, la taille ou la grosseur de celui-ci; d'en user pour leur propre satisfaction ou de le vendre.

2° Tout titulaire d'une réserve de chasse a la faculté d'élever dans les forêts, prairies et fourrés, des faisans, de chasser et courre sur la garenne, pourvu toutefois que cela ait lieu sans dégâts quelconques pour les propriétaires du sol, que le détenteur de la chasse est tenu d'indemniser (*Décret sur la chasse*, 28 *février* 1786, §§ 1 *et* 27).

3° Les bêtes noires (sangliers), ne pourront être gardées que dans les parcs clos et garantis contre toute évasion.

Le gibier noir qui sera rencontré hors d'un parc, de même que tous les animaux carnassiers reconnus comme tels, par exemple les ours, les loups, les loups-cerviers, la loutre et le castor, devront être signalés au propriétaire même de la chasse, au fermier, aux chasseurs ou veneurs professionnels; ceux-ci devront, sur-le-champ, dépister la bête et l'abattre.

Il n'est, toutefois, en aucun cas, permis à d'autres qu'au propriétaire de la chasse, à son fermier, chasseurs ou personnes expertes en vénerie, préposées par lui, de tirer sur les animaux carnassiers de ce genre, à moins d'une nécessité imprévue et tout à fait impérieuse. Par contre, tout individu est autorisé à empêcher toutes espèces d'animaux carnassiers de lui causer des dommages et à les repousser.

4° Afin qu'une bête frappée ne périsse pas sans qu'on le sache, le chasseur ou le veneur préposé à la garde qui a fait feu sur elle devra, après qu'il en aura perdu la piste, ou les traces du sang, donner avis sans retard au chasseur de la réserve limitrophe où la bête a rusé, de sorte que ce dernier puisse convenablement la rechercher; le chasseur ou le veneur préposé à la réserve où la bête est trouvée abattue ou morte, bien que le corps soit encore chaud, devra donner aux chasseurs ou préposés à la garde de l'autre enclave limitrophe, pour le coup de fusil et l'information, la moitié du salaire de chasse (*Ordonnance gouvernementale du* 19 *juin* 1823).

5° Il est positivement permis à tout concessionnaire d'une chasse de dresser sur son enclave des traquets, collets et trappes à loups. Afin pourtant d'éviter tous dégâts et malheurs, il devra placer des signaux tels qu'ils puissent facilement être aperçus et reconnus (*Décret du 28 février* 1786, § 6)

6° Les fonctionnaires civils auront à veiller à ce que les détenteurs de chasses n'élèvent pas du gibier dans une proportion excessive et nuisible à l'agriculture en général; et ils devront, conformément à la disposition en vigueur, contraindre sans ménagement les concessionnaires sur les réserves desquels ils remarqueraient un accroissement trop grand de l'espèce, à la restreindre.

7° Tout propriétaire du sol est autorisé, que les terres soient englobées ou non dans les forêts et prairies, à les mettre ainsi que les bois et prés lui appartenant, au moyen de planches ou d'échaliers d'une certaine hauteur et au moyen de fossés relevés, à l'abri des incursions du gibier et des dégâts qui en seraient la suite.

Mais ces planches, échaliers et fossés, ne devront être disposés en aucune façon, en vue de la capture du gibier.

On ouvrira aussi pour les terres sises le long des eaux, tous les 500 pas, des portes entre les clôtures, afin qu'à l'époque des fortes crues le gibier puisse se sauver de lui-même.

8° Toute personne est autorisée à repousser de ses champs, prairies et vignobles, le gibier de toute sorte. Si dans une telle circonstance, une bête s'est blessée en bondissant ou s'est noyée, le possesseur de la chasse n'est pas autorisé à réclamer une idemnité de ce chef.

9° Sur les terres ensemencées ou cultivées, quel que soit le genre de culture, ni le titulaire de la chasse, ni les chasseurs, ni le personnel préposé à la surveillance, ne sont autorisés, sous quelque prétexte que ce soit, à chasser, traquer ou fureter, ne fût-ce qu'avec un seul limier, même pour rechercher des œufs et des nids de faisans et de perdrix.

Le propriétaire du sol conserve le droit, dans ce cas, de même que dans le cas de dégâts commis par le gibier, à un dédommagement, en vertu du § 11 du décret du 7 mars 1849.

10° Le droit de chasse ne doit pas empêcher que, dans l'intérêt de l'agriculture, toute personne qui possède des terres sur une réserve de chasse ne puisse jouir de celles-ci sans restriction, et par conséquent y construire des maisons d'habitation et des bâtiments d'exploitation rurale, y extirper les mauvaises herbes et les buissons, y moissonner en toute liberté et y faire paître son bétail aux époques fixées à cet effet.

Dans cette exploitation du sol, on ne doit pas toutefois violer les règlements forestiers ni les lois de sûreté et d'ordre public. (*Lois forestières*, 3 décembre 1852, *règlement agricole du 2 juin* 1820).

11° Le propriétaire d'une réserve, ses piqueurs et veneurs ou les gardes-chasse préposés à la surveillance, sont autorisés à tirer sur tous les chiens qui se trouveront dans les bois ou dans les champs loin des habitations et des troupeaux (*Ordonnance du gouvernement du* 19 *juin* 1823).

12° Personne ne devra, sans encourir les pénalités dictées, sauf si elle est sur la route, ou sur le sentier, être trouvée traversant une réserve étrangère avec un fusil, des chiens d'arrêt et des chiens courants (*Décret du 28 février 1786, § 18*).

13° Quiconque trouvera une bête qui s'est enferrée ou blessée d'autre manière ou qui se noie, ne pourra se l'approprier, mais devra en informer le concessionnaire de la chasse.

14° Il est également absolument défendu d'effrayer, sous prétexte de chercher, enlever ou emporter les œufs des faisans et des perdrix, les chevreuils, levrauts et autre gibier. (*Circulaire du bailli du Cercle de Salzbourg, 5 juin 1830.*)

En général, le § 10 du décret du 7 mars 1849 indique, à l'égard des délits de chasse et du braconnage, dans quelles limites et dans quelles mesures ces infractions doivent être punies, conformément au Code pénal en vigueur.

— *Explication relative à l'interprétation de l'alinéa 3 de la circulaire du Gouverneur, en date du 25 décembre 1852, concernant la destruction des bêtes de proie.*

Les bêtes noires (sangliers) ne doivent être élevées que dans des parcs fermés et garantis contre toute évasion.

Tout gibier noir qui sera trouvé hors d'un parc, comme tout animal carnassier qui viendrait à se montrer dans n'importe quelle circonstance, qu'il s'agisse d'ours, de loups, loups-cerviers, ou de loutres et de castors, devra être signalé à tous les intéressés, concessionnaires de chasses, fermiers, et à leurs chasseurs, ou à tous les gens experts dans la partie qui seraient préposés à la surveillance, et ceux-ci devront aussitôt en suivre la piste et l'abattre.

Il n'est permis, dans aucun cas, à personne autre qu'au propriétaire de la chasse, ou à ses fermiers ou à leurs chasseurs et experts en vénerie, sauf le cas d'un danger imminent, de faire feu sur les bêtes de cette espèce; par contre, toute personne est autorisée à se préserver des dégâts de toutes sortes provenant des animaux carnassiers, et à éloigner ces animaux en employant toute espèce d'épouvantails (*Lettres patentes sur la chasse, du 28 février 1786, § 3, et commentaires de l'Ordonnance gouvernementale du 19 juillet 1823*).

— *Loi du 20 décembre 1874, exécutoire en 1875, relative aux époques où la chasse est interdite.*

§ 1. Il est interdit aux époques de ménagement ci-dessous établies, de chasser, prendre ou tuer, les espèces de gibier dont suit l'énumération : 1° les cerfs (huit-cors et au-dessus), d'ordinaire courables, du 1er novembre au 1er juillet; 2° les petits cerfs de moins de huit andouillers, du 1er janvier au 1er juillet; 3° les vieux cerfs valides, du 6 janvier au 15 septembre; 4° les chamois, du 15 décembre au 24 juillet; 5° les chevreuils, du 1er janvier au 1er juin; 6° les lièvres gris, du 2 février au 1er septembre; 7° le lièvre des Alpes, du 1er mars au 1er septembre; 8° le blaireau et le castor, du 1er février au 1er octobre; 9° la marmotte, du 15 octobre au 1er septembre; 10° le coq des bois et des bruyères, du 2 février au 15 avril et à partir de la fin du temps où ils sont en amour jusqu'au 1er septembre; 11° les faisans, gelinottes, perdrix des roches et perdrix des neiges, du 2 février au 1er septembre; 12° les perdrix grises, du 24 décembre au 1er août; 13° les canards sauvages, du 1er mars au 1er juillet; 14° les bécasses, pigeons, cailles, gralles, du 15 avril au 1er août.

Il est interdit en toute saison de l'année de tirer sur les faons des cerfs, les chevrettes, les faons du chamois et du chevreuil, ainsi que sur les poules des bruyères et des bois. Pour le chevreuil et le chamois, on considère comme chevreaux les jeunes jusqu'au 1er juillet de l'année qui suit celle de leur naissance.

§ 2. Il est défendu de prendre aux lacets du gibier de toute sorte, de même que de dénicher les œufs et d'emporter le jeune gibier à plumes. Par exception, le concessionnaire d'une chasse, ses veneurs et le personnel des gardes-chasse nommés par lui sont autorisés à enlever les œufs en vue de la couvaison par des poules domestiques, de même qu'à s'emparer des jeunes volatiles.

§ 3. Cette loi est sans effet en ce qui concerne le gibier abattu dans des parcs privés. La vente, toutefois, du gibier tué dans lesdits parcs pendant la période d'interdiction, est prohibée et punie des pénalités énoncées au § 6.

§ 4. La diminution proportionnelle du gibier que peut ordonner le magistrat civil, en vertu des lettres patentes du 28 février 1786, lorsque l'élevage est excessif et dangereux pour l'agriculture, pourra avoir lieu pendant la période même d'interdiction de la chasse. Le vendeur dudit gibier, ou son intermédiaire, devra se procurer un certificat l'autorisant à vendre; au cas contraire, il sera sujet aux pénalités établies par le § 6.

— *Loi du 23 novembre 1887, relative à l'introduction des permis de chasse dans le duché de Salzbourg.*

§ 1. Dans le duché de Salzbourg, aucune personne ne pourra chasser, sauf sur ses garennes privées, sans un permis de chasse délivré par le magistrat compétent.

Sont considérées comme garennes privées, les réserves et enclaves de terrain où l'on a mis du gibier et qui sont entourées de tous les côtés par des murs, haies, grilles et autres clôtures qui empêchent le passage du gibier sur les autres terrains formant lisières.

§ 2. Le soin de délivrer les permis de chasse est confié au magistrat civil de première instance dans le district duquel le requérant se trouve actuellement résider, mais ledit magistrat pourra en distribuer aussi aux étrangers, c'est-à-dire aux personnes qui ne sont pas domiciliées dans le duché de Salzbourg.

§ 3. Le permis de chasse, pour lequel on devra payer une taxe de 2 florins, est valable pour une année.

On pourra toutefois, sur requête, délivrer des permis de chasse, même pour une durée de plusieurs années, à 2 florins par année.

Les détenteurs de ces permis doivent, à la chasse, les avoir toujours sur eux et les produire à la réquisition des agents de l'ordre public.

Ce permis de chasse n'est valable que pour le duché de Salzbourg et pour la personne au nom de laquelle il répond, mais n'autorise nullement à chasser sans le consentement du concessionnaire ou du fermier de la réserve.

§ 4. Sont exemptés du paiement de la taxe pour les permis de chasse :

a) Le propriétaire du terrain qui constitue le district de chasse si ledit propriétaire se livre lui-même à la chasse ou bien encore le fermier de ce domaine de chasse, et au cas où il y aurait plusieurs propriétaires ou fermiers du même domaine, le représentant désigné par eux pour ledit territoire, à la condition qu'il soit par eux prouvé qu'ils ont payé les droits correspondants, conformément au § 1, alinéa 5 de la loi du 23 novembre 1887, concernant l'introduction de certains impôts relatifs à des objets d'une application spéciale ;

b) Le personnel assermenté de surveillance des employés, gardes-chasse et gardes forestiers, pendant la durée du service ;

c) Les élèves des écoles primaires forestières ; et d'apprentissage forestier, pendant le cours de leurs études ou apprentissage.

Le permis de chasse devra être rédigé d'après le modèle de formule A qui fait suite à la présente loi.

§ 6. On devra refuser de délivrer des permis de chasse :

a) Aux mineurs, à moins qu'ils ne soient demandés pour eux par leurs parents ou tuteurs : pour les élèves des écoles forestières, ils doivent être demandés par les directeurs, et pour les apprentis et compagnons forestiers, par leurs professeurs et maîtres forestiers ;

b) Aux ouvriers subsistant de leur salaire journalier, et aux pauvres à la charge des institutions de bienfaisance ou des caisses de la commune ;

c) Aux aliénés et aux individus adonnés à la boisson ;

d) A ceux qui auront été reconnus coupables d'un crime contre la vie des personnes ou contre la propriété, et cela pour une durée de cinq années, à partir de l'expiration de leur peine.

e) A ceux reconnus coupables d'un attentat (§ 335 du Code pénal), contre la vie des gens par un maniement imprévoyant des armes à feu, comme aussi d'une contravention pour larcin et complicité de vol, pendant une durée de trois années après l'expiration de leur peine ;

f) A ceux qui, par suite d'une violation calculée des lois sur la protection du gibier avec récidive, ou en raison d'abus du permis de chasse, auront été condamnés, la durée du refus sera dans ce cas de deux années à partir de l'expiration de leur peine.

§ 7. Le permis de chasse sera retiré sans remboursement de la taxe acquittée si, après que ledit permis aura été délivré, un des motifs d'exclusion signalés ci-dessus (§ 6) vient à se produire ou à être connu.

§ 8. La gendarmerie, les agents de l'ordre pour la commune, et le personnel assermenté préposé à la garde des chasses sont tenus de surveiller directement l'exécution des mesures légales, objet de la présente loi, ainsi que de dénoncer les contrevenants.

§ 9. Sont soumis à une pénalité pécuniaire de 5 à 20 ducats, laquelle en cas de récidive pourra aller jusqu'à 50 ducats :

1° Les personnes qui contreviendraient aux prescriptions de la présente loi;

2° Les personnes qui feraient mauvais usage de leur permis, soit qu'elles s'en fussent procuré un ne leur appartenant pas et qu'elles en eussent fait un usage personnel, soit qu'elles eussent cédé le leur à un autre pour qu'il s'en serve;

3° Quiconque se livre à la chasse sans un permis de chasse en règle.

Dans le cas d'insolvabilité, l'amende sera changée en une détention personnelle d'un jour, par chaque somme de 5 florins.

§ 10. Les sommes provenant des taxes pour les permis de chasse devront aller à la caisse agricole.

Les sommes provenant des amendes devront aller à la Caisse de secours de la localité communale où la contravention a eu lieu.

§ 11. Les poursuites et les pénalités à imposer, à raison des infractions à la présente loi, relèvent du juge civil dans la juridiction duquel se seront passés les faits délictueux.

§ 12. Sur les recours contre les jugements rendus en vertu de cette loi, il appartient de statuer au Gouvernement Impérial et Royal de Salzbourg, et dans le cas de procédure par second appel, au tribunal Impérial et Royal des instances.

Contre les sentences conformes, il n'y a pas lieu à un second appel.

§ 13. Les pénalités imposées, à raison des cas d'infraction énoncés dans la présente loi, se trouvent prescrites trois mois après la contravention survenue, si le contrevenant n'a pas été cité comme responsable.

§ 14. La présente loi entrera en vigueur simultanément avec la loi du 23 novembre, concernant l'établissement de certains impôts relatifs à des objets d'application spéciale.

§ 15. L'exécution de la présente loi est confiée aux soins de Nos Ministres de l'Intérieur et de l'Agriculture.

— *Loi du 31 juillet 1888, relative à la protection des animaux utiles à l'agriculture.*

§ 1. Il est interdit de prendre, tuer, exposer en vente sur les marchés ou offrir dans les restaurants et auberges les oiseaux énumérés dans l'annexe A n° 1. Toutefois, il est permis de prendre et garder dans les maisons quelques mésanges pendant la période du 1er septembre au 31 janvier.

Il est dorénavant généralement interdit de prendre ou tuer les animaux reconnus ordinairement comme utiles et dont les noms figurent à l'annexe A, n° 2, à moins que ce ne soit dans les maisons, les basses-cours et les jardins, ou que cela n'ait lieu par suite d'un accroissement de l'espèce préjudiciable à la culture du sol.

Il est aussi défendu de détruire les nids, d'enlever les œufs et les petits de tous les oiseaux vivants, à l'exception des espèces nuisibles énumérées dans l'annexe B.

§ 2. Il est permis de prendre et tuer, en toute saison, toutes les espèces d'oiseaux nuisibles, bien entendu en tenant compte des restrictions établies par la loi sur la chasse.

§ 3. Les oiseaux qui n'appartiennent ni aux espèces absolument protégées (Annexe A, n° 1), ni aux espèces nuisibles (Annexe B), ne pourront, pendant la période du 1er février au 31 août, être ni pris, ni tués, ni mis en vente.

§ 4. Les oiseaux desdites espèces (§ 3), pourront, sauf le temps de l'incubation, être pris et tués durant la période du 1er septembre au 31 janvier; toutefois, si ces oiseaux doivent être pris sur les terres ou biens-fonds des autres personnes, il faut, alors, obtenir du propriétaire du sol, un consentement certifié, sur présentation d'une autorisation du juge civil du district ou canton, valable pour ladite période de chasse.

Pour la permission de chasser aux oiseaux, il est défendu d'exiger ou de recevoir aucune rétribution.

Avant de délivrer l'autorisation, il faudra examiner mûrement si les conditions où se trouvera l'agriculture permettent de le faire. La requête devra être adressée au juge civil du district ou canton.

On devra porter à la connaissance du préposé ou maire de la commune chaque autorisation accordée et l'étendue de cette autorisation à l'égard des endroits et des espèces d'oiseaux qu'il sera permis de chasser.

[Pour les autres articles cette loi est semblable aux lois déjà citées relatives à la protection des animaux utiles (1).]

(1) ANNEXE A.

Animaux auxquels la loi assure une protection complète :

1. *Oiseaux.*

L'engoulevent (tète-chèvre) ; le coucou; l'étourneau; la famille des pics; le torcol; le pic bleu ou torchepot; la cannepetière ou l'outarde des bois; la huppe; le troglodyte d'Europe; la famille des mésanges ; les deux roitelets huppés.

2. *Autres animaux.*

Les chauves-souris ou famille des chiroptères; la famille des musaraignes; la taupe; le hérisson ; les lézards: l'orvet; le crapaud; la salamandre (surtout la salamandre terrestre commune, vulgo mouron).

ANNEXE B.

Animaux considérés comme absolument nuisibles :

La famille des aigles, surtout l'aigle rupicole; le milan royal, à fourche; le

SILÉSIE.

— *Loi du 30 avril 1870, relative à la protection des oiseaux.*

§ 1. Il est interdit d'enlever ou casser les œufs et détruire les couvées de tous les oiseaux vivants, à l'exception des genres et espèces nuisibles relatés dans l'annexe A (1).

§ 2. Il est permis, en toute saison, de prendre et tuer les oiseaux nuisibles dont les noms figurent à l'annexe A.

Tous les autres oiseaux pourront être pris ou tués durant la période qui va du 1er février au 31 août de chaque année.

§ 3. Les oiseaux des espèces énoncées à l'annexe B, qui se nourrissent en partie d'insectes, peuvent être capturés et tués pendant la période qui s'étend du 1er septembre au 31 janvier, à la condition d'avoir une autorisation délivrée par le préposé ou maire de la commune ou par les bureaux du bourgmestre, et d'obtenir le consentement du propriétaire de la terre.

§ 4. Par exception, les oiseaux dont les espèces sont indiquées à l'annexe C, et qui se nourrissent surtout d'insectes, souris et autres animaux nuisibles à l'agriculture, pourront aussi être pris ou tués, dans la période du 1er septembre au 31 janvier, sous la condition d'obtenir, de la part du propriétaire foncier son consentement écrit, délivré et visé par le préposé ou maire de la commune, sur la présentation d'une autorisation du juge civil du canton ou district, ou dans les villes jouissant d'un statut propre, du bourgmestre, et valable pour une année.

Avant de délivrer cette autorisation, il faudra examiner avec soin les circonstances où se trouvera l'agriculture, pour savoir s'il y a lieu d'accorder ladite autorisation qu'il conviendra aussi, comme le juge civil du canton ou district en a la faculté, de restreindre quant au temps, aux engins de chasse, et aux espèces d'oiseaux.

On ne devra jamais autoriser la capture en masse.

La requête devra être adressée par l'intermédiaire du préposé ou maire de la commune, qui, dans son rapport détaillé, se prononcera sur l'opportunité. Les préposés des communes devront être prévenus de toute autorisation accordée.

[Les autres articles de cette loi sont semblables à ceux déjà cités dans les lois précédentes sur la protection des oiseaux utiles.]

— *Loi du 2 juillet 1877, relative à l'introduction des permis de chasse, valables pour le duché de Silésie.*

§ 1. Toute personne qui voudra se livrer à la chasse, devra se faire

milan noir; le faucon pèlerin; l'émerillon; le faucon nain; l'épervier; l'autour: les milans; le grand-duc; le gros émerillon; le geai; la pie; la corneille; le freux; le corbeau noir; le héron cendré.

(1) Voir annexes A, B, C., pages 297-298.

accorder un permis de chasse servant à établir la légitimité de son droit, valable pour une année et portant le nom même de la personne, par le commandant impérial et royal du district, et dans les villes jouissant d'un statut propre, par le préposé aux fonctions de bourgmestre ou de maire, lequel permis, ladite personne devra constamment garder sur soi pour le produire à toute requête des agents de la sûreté publique.

Les personnes qui n'auront pas leur résidence en Silésie devront, pour obtenir le permis de chasse, s'adresser à un commandant de district silésien.

§ 2. Le preneur d'un permis de chasse aura à verser pour ce permis le montant de la taxe de deux florins, monnaie autrichienne, et ce permis sera valable pour tout le duché de Silésie.

Le personnel assermenté chargé, soit de la chasse elle-même, soit de la surveillance de cette industrie, recevra au lieu d'un permis, un certificat de chasse. Celui-ci n'a de valeur que pour le district dont ce personnel a la garde, et pour la durée du service; il n'est soumis à aucune taxe.

§ 3. Il est interdit d'accorder des permis de chasse :

1° Aux personnes qui n'ont pas 16 ans révolus;

2° Aux aliénés, aux individus adonnés à la boisson et aux braconniers;

3° Aux indigents secourus par les institutions de bienfaisance, ou sur les fonds de la commune;

4° Aux personnes, qui n'ont pu obtenir le permis de port d'armes;

5° Aux individus, et cela pour une période de deux années, qui auront fait un usage illégal de leur permis de chasse, ou qui auront contrevenu à la loi en chassant en temps défendu, et de ce chef auront été condamnés.

§ 4. Toute personne :

1° Qui aura fait un usage d'un permis ou d'un certificat de chasse, en se servant d'un autre permis ou d'un autre certificat que le sien, ou qui aura cédé son permis ou son certificat de chasse à un autre individu pour qu'il s'en serve;

2° Qui chassera sans permis ou sans certificat de chasse en règle, ou que l'on trouvera en train de chasser sans permis ou sans certificat de chasse;

3° Qui traversera, en dehors de la route ou du sentier public, avec des armes de chasse, une réserve sans l'autorisation du concessionnaire,

Encourera, outre la perte du permis ou du certificat de chasse, une pénalité de 5 à 20 florins, monnaie autrichienne, et dans le cas d'insolvabilité, une détention de 1 à 4 jours.

§ 5. Les taxes provenant des permis de chasse iront à la Caisse des fonds agricoles : on prélèvera les frais pour l'impression de la masse des permis de chasse, ainsi que les droits d'insertions nécessaires pour les communications officielles aux intéressés.

Le montant provenant des pénalités iront à la Caisse des pauvres de la commune sur le terrritoire de laquelle le fait délictueux a été commis.

§ 6. Les permis de chasse devront être libellés conformément au formulaire A et devront aussi contenir au verso les époques légales où la chasse, suivant les espèces de gibier, est interdite. Le magistrat civil fera publier les noms des titulaires des permis de chasse.

§ 7. Les poursuites et l'application des peines, à raison des violations de la loi, sont du ressort du commandant du district, et pour les villes jouissant d'un statut propre, des bureaux du bourgmestre ou maire.

A l'égard des appels interjetés relativement aux jugements et pénalités prononcés en vertu de la présente loi, c'est au gouvernement du pays, et en cas de second appel, au tribunal ministériel des instances qu'il appartient de statuer. Si les considérants de deux jugements sont identiques, il n'y a pas lieu à un recours ultérieur.

§ 8. La mise à exécution, dans tous les détails, de la présente loi, est confiée à mes ministres de l'Intérieur et de l'Agriculture.

— *Loi du 2 juillet 1877, relative au temps où la chasse est prohibée.*

§ 1. Il est défendu de chasser, capturer ou tuer pendant les périodes de ménagement énoncées ci-dessous, les espèces de gibier dont voici l'énumération : 1° Le cerf noble et le cerf-daim, depuis le daguet en remontant la série de ces fauves, du 1er novembre au 31 mai ; la biche et la daine ainsi que les faons, du 1er février au 31 octobre ; 2° le chevreuil mâle, du 1er février au 30 avril ; le broquart, du 1er février au 30 septembre ; la chevrette, sans différence d'âge, et ses chevreaux, durant toute l'année ; 3° le coq des bruyères et celui des bois, du 1er juin au 31 août ; la poule des bruyères et celle des bois, pendant toute l'année ; les poules faisanes, du 1er février au 31 août, et les coqs faisans, du 1er avril au 31 août ; 4° les lièvres (le lapin n'est pas compris dans cette énumération), du 1er février au 31 août ; 5° les gelinottes, du 1er février au 31 juillet ; 6° les cailles, le roi de caille et la perdrix, du 1er décembre au 15 août ; 7° les oies, canards, pigeons sauvages ; les gralles et les oiseaux aquatiques, du 1er avril au 30 juin ; 8° les bécasses des bois, du 1er mai au 31 août.

§ 2. Il est interdit de prendre le gibier aux lacets, d'enlever les œufs et les couvées, de détruire les nids des oiseaux qu'il est permis de chasser et dont le § 1 donne l'énumération, comme aussi d'attirer, au moyen de pipeaux dans les cours et jardins de maison, le gibier à plumes, pour le capturer ou le tuer.

§ 3. A raison des contraventions dans les cas spécifiés aux §§ 1 et 2, on a édicté les pénalités suivantes, savoir :

I Si l'on a chassé et pris ou tué illégalement du gibier :

a) Une amende de 10 à 25 florins pour chaque pièce de gibier, cerf ou daim ;

b) Une amende de 5 à 10 florins, pour chaque pièce de chevreuil ;

c) Une amende de 3 à 5 florins, pour chaque pièce, lièvre, coqs et poules des bruyères et des bois, et gelinottes ;

d) Une amende de 1 à 5 florins, par chaque pièce, perdrix, bécasses, oies, canards sauvages, oiseaux des marécages et oiseaux aquatiques, ainsi que pour tous les oiseaux dont la chasse est généralement autorisée.

II. Ceux qui enlèveront les œufs ou les couvées, de même que ceux qui détruiront les nids des espèces de gibier à plumes ci-dessus nommées, seront soumis à une amende de 1 à 10 florins.

En cas de non recouvrement du montant des pénalités pécuniaires énoncées ci-dessus, celles-ci seront remplacées par une détention d'une durée de six heures à cinq jours.

§ 4. Quiconque vendra ou exposera du gibier à l'égard duquel il existera une période d'interdiction, ou s'entremettra pour le placement de celui-ci, pendant ladite période ou après la huitaine qui en suivra le commencement, soit qu'il s'agisse de morceaux ou de pièces entières; quiconque colportera ce gibier dans des circonstances qui laisseront évidemment connaître qu'il y a infraction aux dispositions de la présente loi, tombera sous le coup d'une pénalité pécuniaire de 5 à 25 florins, et en cas de non recouvrement de cette amende, encourra une privation de liberté ou contrainte personnelle de un à cinq jours.

Le gibier même devra être confisqué, et le maire ou préposé de la commune où l'infraction aura été commise, en disposera en vente publique. Dans le cas où le gibier confisqué serait du gibier volé, si le propriétaire vient à être connu, on devra le lui rendre.

Ces mêmes dispositions pénales sont applicables à la vente de tout gibier qu'il est généralement interdit de chasser ou de prendre, ainsi qu'à l'enlèvement des œufs et des petits oiseaux ci-dessus désignés.

Quant à la vente du gibier qui aura été tué pendant la saison de la chasse, mais qui ne peut être vendu qu'après l'ouverture de la période interdite, on devra appliquer les dispositions réglementaires du § 8.

§ 5. Les amendes imposées en vertu de la présente loi, de même que les recettes provenant de la vente du gibier confisqué iront à la caisse de secours de la commune où la contravention se sera produite.

Les enquêtes et pénalités à imposer relèvent du magistrat civil qui devra transmettre les instructions nécessaires aux agents de la surveillance publique (gendarmerie, police), relativement à l'exécution de cette loi, et les dits agents seront tenus d'adresser des rapports, à des époques fixes, au sujet des faits qu'ils auront constatés.

§ 6. Cette loi n'est pas applicable aux parcs privés. Néanmoins, la vente du gibier tué dans lesdits parcs privés pendant la période de repos, est autorisée, mais dans la mesure des dispositions du § 8.

§ 7. Si la masse du gibier augmentait d'une façon dangereuse pour la culture des champs ou des forêts, après constatation par une commission d'experts en la matière, convoqués par le magistrat civil, celui-ci pourra autoriser et même ordonner, pendant la période d'interdiction, une destruction du gibier qui, au besoin, pourra être étendue aux espèces de fauves, dont la période de ménagement aura été fixée pour toute l'année.

§ 8. Si le gibier a été abattu dans les cas exceptionnels spécifiés aux §§ 6 et 7, le vendeur ou l'intermédiaire devra prouver par un certificat du magistrat civil qu'il est autorisé à mettre ladite venaison en vente, autrement il y aura lieu de faire application des dispositions du § 1.

— *Loi du 17 avril 1888, exécutoire pour le duché de Silésie et modifiant les dispositions des alinéas 5 et 6 du paragraphe 1er de la loi du 2 juillet 1877.*

§ 1. Les dispositions des alinéas 5 et 6 du § 1er de la loi du 2 juillet 1877, Code local, relatives à la saison de ménagement du gibier, sont abrogées en ce qui concerne leur rédaction actuelle, et à l'avenir elles seront ainsi conçues :

5. Les gelinottes, du 1er février au 31 juillet.
8. La caille, le roi de caille et la perdrix, du 1er décembre au 15 août.

§ 2. Notre Ministre de l'Agriculture et Notre Ministre de l'Intérieur sont chargés de l'exécution de la présente loi.

— *Loi du 27 septembre 1887, apportant certaines modifications aux dispositions légales relatives à l'exercice du droit de chasse.*

§ 1. La durée d'un bail pour les chasses communales à affermer par voie d'enchères publiques d'après la teneur des §§ 1 et 2 de l'ordonnance ministérielle du 15 décembre 1852, Code impérial, comporte en général une période décennale.

Ce n'est qu'exceptionnellement et sous réserve de l'approbation du conseil communal que, par des motifs très importants, on peut réduire cette période à la durée minimum de six années.

La prorogation, en dehors des enchères d'un bail de chasse en vertu du § 10 de l'ordonnance ministérielle du 15 décembre 1852, Code impérial, ne peut avoir lieu qu'avec le consentement du conseil municipal et ladite prorogation de contrat ne doit pas dépasser une durée de dix années.

§ 2. Si des mutations (§ 1) survenaient pendant le temps de durée d'un bail de chasse par rapport à des biens-fonds situés sur le territoire communal, par suite desquelles certaines parcelles à affermer en bloc avec le reste des autres terrains de chasse communale conformément au § 3 du rescrit impérial du 7 mars 1849, Code impérial, devraient être incorporées à ou avec l'agglomération d'une étendue de 115 hectares ou 200 arpents au moins, laquelle jouit du droit particulier de chasse, l'exercice de ce droit reste réservé au nouvel ensemble et respectivement aux parcelles qui doivent être réunies à l'agglomération de droit particulier déjà existante. La chasse en ce qui concerne lesdits terrains sera dans ce cas concédée à la commune.

§ 3. Cette loi entrera en vigueur du jour où elle sera promulguée dans le Bulletin des lois du pays.

§ 4. La mise à exécution de la présente loi est confiée à Nos Ministres de l'Agriculture et de l'Intérieur.

STYRIE.

Circulaire du Gouverneur de la Styrie, du 28 janvier 1853, aux administrateurs du Cercle et aux fonctionnaires supérieurs du district où sont de nouveau publiées les lois de police sur la chasse actuellement en vigueur.

Par ma circulaire du 20 décembre de l'année passée, adressée aux administrateurs de ce cercle Imp. et R.; ainsi que par le Bulletin des lois de l'Empire, n° 275, et le Bulletin des lois du pays, n° 521, pour l'année 1852, nous avons donné connaissance, pour qu'on ait à s'y conformer, de l'ordonnance du Ministère de l'Intérieur du 15 décembre 1852, relative à plusieurs dispositions plus précises au sujet de l'exercice du droit de chasse.

Attendu que pour le règlement des affaires de chasse, la mise à exécution des mesures de police sur la chasse est en outre absolument indispensable, aussi bien dans l'intérêt de la chasse même que pour la protection de l'agriculture, nous voyons qu'il y a lieu de rappeler au moyen d'extraits, en vue de leur stricte observation, les dispositions principales et essentielles encore existantes du décret du 28 février 1786, ainsi que les ordonnances ultérieures qu'elles ont motivées; mais seulement en tant que lesdites dispositions n'ont pas été modifiées par de nouvelles ordonnances législatives et surtout par le décret sur la chasse du 7 mars 1849.

1° Les concessionnaires légaux d'une réserve ont le droit d'y entretenir toute espèce de gibier, ou de pourvoir comme ils le voudront à la nourriture dudit gibier. Ils sont aussi entièrement libres, vu que le gibier est leur propriété, et quelqu'en soit l'âge, la taille et la grosseur, et à quelque saison que ce soit, de le prendre ou tuer, d'en faire usage pour leur propre alimentation, ou de le vendre (Décret du 28 février 1786).

2° Tout concessionnaire d'une réserve de chasse, de grande ou de petite étendue, a, en outre, la faculté d'élever des faisans dans les bois, prairies et fourrés, d'y chasser ou courir le lièvre et tout autre gibier, pourvu que cela se passe sans dégâts à la propriété, quelle qu'en soit l'étendue, le concessionnaire de la chasse étant tenu de rembourser (§ 2) tous dégâts.

3° Quant aux bêtes noires (sangliers), on ne peut en garder que dans les parcs clos et garantis contre toute évasion. Trouvées hors de ces parcs, il est permis, de même que pour les loups, les renards et tous autres animaux nuisibles, de les tuer, ou de les abattre de toute manière.

4° Tout propriétaire de chasse est autorisé à faire usage de ses droits de chasse contre le gibier qui viendrait à traverser sa réserve, et au cas où un fauve entrerait sur son enclave, à le capturer, tuer ou abattre, de la manière qui lui convient le mieux (§ 4).

5° Une bête atteinte et blessée sur l'enclave d'un concessionnaire qui refuit dans une autre garenne étrangère, ne devra pas y être poursuivie, mais le concessionnaire de cette garenne est libre d'en disposer comme si l'animal était à lui.

6° Tout concessionnaire a formellement le droit sur son enclave de placer des traquets et lacets, mais il faut pour éviter tout danger de blessures, ou tout accident, planter des signaux tels qu'ils puissent être facilement aperçus et reconnus de tous.

7° Les fonctionnaires civils devront veiller à ce que le concessionnaire d'une réserve n'y élève pas de gibier en nombre excessif au détriment général de l'agriculture, et on contraindra ceux chez qui on s'apercevrait d'une trop grande augmentation de l'espèce, à une réduction proportionnelle (§ 11).

8° Tout propriétaire de terres est autorisé à garantir ses terres de l'envahissement du gibier au moyen de clôtures de bois ou de branchages, ou par des fossés avec relèvements (§ 12).

9° Toute personne est autorisée à éloigner le gibier, par tous les moyens, de ses bois, prairies et vignobles.

Si, dans ce cas, un fauve vient à se blesser ou à se noyer en franchissant l'enceinte, le concessionnaire de la chasse n'a pas le droit de réclamer de dédommagement (§ 13).

10° Dans les terres ensemencées ou cultivées n'importe comment, ou dans les vignobles avant que les vendanges soient terminées, il n'est permis ni au concessionnaire de la chasse ni aux chasseurs, sous quelque prétexte que ce soit, de chasser, courir ou quêter le gibier, ne fut-ce qu'avec un seul limier; ni de rechercher les œufs ou les nids de faisans ou de perdrix.

11° Tous les dégâts, qu'il s'agisse des chasses princières ou des réserves de simples concessionnaires, dont souffriraient les fruits de la terre, les vignobles, les vergers, devront être remboursés en nature ou en espèces et sans retard aux individus lésés, et cela dans la mesure des dégâts subis. Tous les dégâts de cette nature doivent être constatés au moment où ils sont encore visibles, et l'évaluation doit en être faite dans les termes prescrits (§ 15).

12° Le droit de chasse ne doit en aucun cas empêcher, dans l'intérêt de l'agriculture, que celui qui possède des terres louées pour des chasses princières ou à de simples concessionnaires, n'en jouisse sans restriction, et qu'il ne puisse y bâtir des maisons d'habitation et des bâtiments d'exploitation rurale, arracher les herbes nuisibles, moissonner en toute liberté et faire paître les troupeaux aux époques d'usage.

Néanmoins, il faudra en cela avoir soin de ne pas enfreindre les lois forestières et d'ordre public, ainsi que les prescriptions relatives à l'agriculture (§ 16).

13° D'autre part, les concessionnaires de chasses devront être garantis contre toute violation de leurs droits, et comme le braconnage et les délits de chasse constituent un danger pour la sécurité publique, on devra s'y opposer par tous les moyens possibles. A ce point de vue, les chiens qui chassent dans des bois ou des champs, propriétés particulières, pourront être abattus à coups de fusil par le personnel du concessionnaire. Sont exceptés, les chiens que les gardes champêtres sont autorisés à avoir pour repousser le gibier (§ 17).

14° Il est défendu à toute personne qui traversera une enclave étrangère de se trouver, sauf sur la route ou le sentier, sous peine des pénalités édictées, porteur d'un fusil ou accompagnée de chiens d'arrêt ou de chiens courants (§ 18, décret de la chancellerie de la Cour du 17 septembre 1789).

15° Quiconque trouve une bête qui après s'être estropiée ou blessée de quelque façon que ce soit, est en train de se noyer, ne peut en aucune manière se l'approprier, mais doit en donner avis au titulaire de la chasse (§ 19).

16° En général, prendre ou tuer du gibier quelconque appartenant à autrui, de même que le détournement de toute autre propriété, est un vol et doit être puni comme tel (§ 20).

17° Si, sur une concession de chasse, un braconnier armé ne se rend pas à la sommation du chasseur, mais se met sur l'offensive, le chasseur est autorisé en raison de cette attitude à tirer sur lui (§ 23).

18° Le dimanche et les jours de fête, aucune chasse au rabat ne peut avoir lieu. Il est aussi absolument interdit de troubler le service divin par les bruits de la chasse (Ordonnance de la chancellerie aulique).

19° Prendre des petits oiseaux des prés ou des oiseaux des bois (sylvains), qui se nourrissent de préférence d'insectes, ainsi que les couvées de ceux-ci, au moyen de glu, filets, collets, perches, trébuchets à ressorts et autres pièges, enlever de propos délibéré les œufs des jeunes oiseaux de cette espèce, ou détruire leurs nids, est formellement défendu durant toute l'année (circulaire du Gouvernement du 27 mars 1839, liasse 3070, et du 8 avril 1842, liasse 6200.)

Les hauts fonctionnaires du district sont particulièrement chargés de porter ces dispositions, dans la mesure prescrite, à la connaissance du public, de veiller strictement à leur complète exécution et de poursuivre ceux qui contreviendraient à ces prescriptions.

— *Loi du 10 décembre 1868, relative à la protection des oiseaux.*

§ 1. La chasse aux oiseaux est interdite jusqu'à nouvel ordre. Il en est de même de l'enlèvement des œufs et des nichées, ainsi que de la destruction des nids.

§ 2. Cette interdiction ne s'étend pas au gibier à plumes pour les réserves de chasse.

§ 3. Les contrevenants à cette défense, de même que les acheteurs des oiseaux et des œufs qu'on se sera procurés par infraction à la loi, seront passibles d'une amende de 1 à 25 florins, ou punis d'une détention de 12 heures à 5 jours; on leur enlèvera, en outre, les oiseaux et les œufs qu'ils auront pris illégalement, ainsi que l'argent qu'éventuellement ils en auraient retiré.

Quant aux jeunes écoliers, on leur appliquera les règlements de la discipline scolaire.

De plus, on confisquera les engins de chasse et les oiseaux qu'on aura pris, en mettant immédiatement en liberté ceux qui seraient encore vivants. Le montant des amendes et le produit de la vente des objets confisqués seront versés à la caisse de la commune où la confiscation aura eu lieu, et par suite, la condamnation.

§ 4. L'application des mesures de la présente loi appartient à la police champêtre et à la police des marchés publics, et conformément au paragraphe 24, alinéas 3 et 4 de l'ordonnance sur l'organisation des communes, en date du 2 mai 1864, elle relève dans les limites de la commune, de la juridiction autonome de celle-ci.

Le préposé ou maire, en vertu du § 54 de ladite ordonnance communale, rend un jugement contre les individus qui, dans les cas énoncés au précédent paragraphe, ont encouru une pénalité, en la forme indiquée dans le formulaire A.

Le jugement devra être ou signifié à la partie condamnée par expédition écrite contre accusé de réception, ou notifié verbalement au greffe de la mairie, en présence de deux témoins. Dans ce cas, les témoins devront certifier sur l'acte du jugement, la notification et le jour où elle a eu lieu.

§ 5. Le recours auprès du juge civil d'une sentence rendue dans l'exercice de fonctions communales, reste toujours ouvert pendant la quinzaine qui suit la notification faite.

Contre deux jugements identiquement motivés, il n'y a pas lieu à un recours ultérieur.

§ 6. Les maîtres et catéchistes des écoles primaires seront prévenus par les fonctionnaires de l'enseignement et leurs supérieurs directs, et MM. les maîtres, d'une façon toute particulière, par le maire ou préposé de la commune, d'avoir à montrer aux jeunes écoliers les torts qu'ils causent à la commune, et la cruauté dont ils font preuve en enlevant ou détruisant les nids; ils devront aussi leur expliquer les mesures d'interdiction édictées contre l'extermination des oiseaux, et quelles seraient pour eux les suites des infractions à ces mesures.

§ 7. La commission du district ou canton devra s'assurer et acquérir la certitude que les mesures édictées par la présente loi sont strictement observées par les communes du district ou canton. Elle prendra aussi soin, surtout, que la présente loi soit chaque année au printemps et en automne, publiée et affichée dans toutes les communes, par les soins des préposés ou maires des communes.

— *Circulaire du Gouverneur de la Styrie, du 15 décembre 1872, adressée au commandant de gendarmerie du district à Murau, et relative à la destruction des renards.*

1. Pour la destruction des renards, à raison de l'insuffisance de tous les moyens pour atteindre ce but, il est nécessaire de réglementer l'empoisonnement de ces bêtes. L'intendance sanitaire a indiqué comme le poison le plus convenable et en même temps le plus facile à employer, la strychnine, et comme dose suffisante pour produire l'effet attendu, une quantité de trois grammes.

On pourra se procurer ce toxique au meilleur marché et en gros, à la fabrique de produits chimiques de Merk, à Stuttgard.

2. Ce poison, d'après les instructions des veneurs experts, consignées dans le procès-verbal du 20 septembre de l'année courante, devra être répandu sur de la viande pourrie placée dans des endroits difficilement abordables aux hommes et aux animaux, et il convient de faire remarquer par la même occasion, que, d'après le conseil d'hygiène publique, on remplacera avantageusement la viande gâtée par des têtes de poisson à demi putréfié, moyen que l'on recommande.

3. On ne devra confier la manipulation de cette substance qu'à des personnes tout à fait sérieuses et méritant toute confiance, et ces personnes seront rendues responsables du mauvais usage qui pourrait être fait de ce poison.

4. Les communes intéressées devront être informées de cette mesure avec le plus de publicité possible, et on leur donnera les instructions les plus pressantes sur la conduite à tenir à cet égard :

   a) Les endroits où l'on placera du poison devront être indiqués avec précision, c'est-à-dire en y dressant des signaux.

   b) Durant la période de temps (janvier) où on procédera à cet empoisonnement, l'accès des endroits empoisonnés sera interdit, sous peine d'une amende de 5 florins.

   c) Il est défendu, d'une façon toute spéciale, d'emporter ou de disposer du corps des renards qui auront succombé au poison; si l'on rencontre des renards, on est tenu d'en informer les personnes chargées de l'empoisonnement de ces bêtes.

   d) Pendant le temps où l'on procédera à cette intoxication, on devra empêcher les animaux domestiques de vaguer aux alentours et tenir les chiens à la chaîne.

— *Loi du 8 juin 1876, relative à la protection du gibier.*

§ 1. Les chasseurs en exerçant leurs droits de chasse devront avoir égard aux périodes de ménagement du gibier, énumérées ci-après :

I. *Pour le gibier à poil :* du 15 octobre au 24 juin inclusivement pour les cerfs; du 1er janvier à la fin d'août pour les biches et leurs faons; du 15 décembre à fin juillet pour les chamois; du 1er février à fin mai pour les chevreuils mâles; du 1er février à fin septembre pour le chevreuil femelle et ses chevreaux; du 15 août à fin janvier pour le lièvre des forêts et les lièvres alpins.

II. *Pour le gibier à plumes :* du 1er mars au 15 septembre inclusivement pour les faisans; du 16 juin à fin mars pour le coq des bruyères et le coq des bois; toute l'année pour la poule des bruyères et la poule des bois; du 1er février à fin juillet pour les gallinacés tels que perdrix, gelinotte du coudrier, gelinotte blanche, gelinotte de roche, ainsi que pour les pigeons sauvages, les cailles et les bécassines; du 1er mars jusqu'à fin juin pour les oies et canards sauvages, et le coq ou la poule des roseaux.

§ 2. Il est défendu pendant la période de ménagement du gibier, de chasser, tuer ou prendre les espèces ci-dessus désignées. Quinze jours après l'ouverture du temps d'interdiction et pendant toute la durée de celle-ci, il n'est permis à personne de mettre en vente (§ 7) aucune pièce de gibier appartenant aux espèces qu'on veut ménager. Il est aussi défendu de chasser avec des chiens braques pendant la période qui va du 1er février au 15 août. Traquer ou forcer le gros gibier avec des chiens sur des terres cultivées est néanmoins permis en tout temps aux concessionnaires de chasses.

§ 3. La chasse aux lacets de toutes sortes de gibier, de même que la destruction et l'enlèvement des œufs, le dénichage des couvées et la capture des jeunes oiseaux, sont interdits. Seuls les concessionnaires de chasse et le personnel de gardes préposés par eux à la surveillance sont, exceptionnellement, autorisés à prendre le gibier à plumes, et à enlever les œufs, pour les donner à couver aux espèces de poules domestiques.

§ 4. La présente loi n'est pas applicable au gibier abattu dans les parcs privés ou dans les faisanderies.

La vente du gibier tué dans ces parcs et dans ces faisanderies pendant la période d'interdiction est toutefois prohibée, dans la mesure que prescrivent les dispositions des paragraphes 2 et 7.

§ 5. La réduction proportionnelle que peut ordonner, en vertu du paragraphe 11 des lettres patentes du 28 février 1786, le magistrat civil, au cas où on élèverait du gibier en trop grande quantité, au préjudice de l'agriculture, pourra avoir lieu même pendant la période de ménagement.

§ 6. Les contrevenants aux paragraphes 2 et 3 seront passibles d'une pénalité pécuniaire allant de 5 à 25 florins, laquelle, au cas où le gibier, par suite de contraventions répétées, ou par suite de la destruction d'un trop grand nombre de fauves, éprouverait un préjudice considérable, pourra être portée jusqu'à 200 florins.

§ 7. Quiconque, quinze jours après le commencement de la période de ménagement, ne tenant pas compte que la chasse est interdite durant ce temps-là, vendra du gibier objet de ladite défense, soit en pièces, soit découpé en morceaux, soit apprêté, ou le colportera en vue de la vente, ou bien encore le mettra à l'étalage, enfin l'exposera en vente de n'importe quelle façon, quiconque aussi servira d'intermédiaire, tombera, en outre, de la confiscation du gibier, sous le coup des pénalités pécuniaires énoncées au § 6. Ces mêmes dispositions pénales sont applicables à la vente de tout gibier qu'il est généralement absolument interdit de tuer ou de capturer, ainsi qu'à la capture des œufs et des petits du gibier à plumes et au denichage des nids. Si le gibier a été tué dans les conditions d'exception désignées au § 5, alors le vendeur ou l'intermédiaire de la vente devra pour l'autorisation de celle-ci, se faire délivrer un certificat par le magistrat civil du district ou canton; au cas contraire, il y aura lieu d'appliquer les dispositions du paragraphe précédent. Les individus qui exposeront en vente, pendant la saison interdite, du gibier provenant de pays situés en dehors de la contrée où la présente loi est exécutoire, devront, si la venaison en question est importée d'une région ne faisant pas partie du territoire des royaumes et États représentés au Parlement impérial, prouver, par un certificat d'origine délivré par le magistrat civil du lieu d'expédition, que le gibier n'a pas été abattu contrairement aux lois. Dans les cas contraires, les dispositions du § 6 sont applicables auxdits individus.

— *Loi du 17 septembre 1878, relative à la compensation pour dégâts causés par le gibier et par la chasse.*

§ 1. Le concessionnaire d'une chasse en exerçant son droit de chasse est tenu :
  a) D'indemniser pour les dégâts de chasse provenant de son fait ou de celui de ses veneurs, chasseurs ou invités ;
  b) D'indemniser pour les dégâts causés par les fauves à la terre et à ses produits.

§ 2. Si le privilège légal accordé pour la chasse appartient à plusieurs personnes, elles sont, en ce qui concerne les dégâts provenant de la chasse ou du gibier, solidairement responsables.

§ 3. Les individus obligés au remboursement des dégâts de chasse peuvent avoir recours contre les premiers coupables, en vertu de l'axiome fondamental et universel du droit civil.

§ 4. Le propriétaire du sol ne peut réclamer de compensation pour les ravages causés par le gibier à ses jardins fruitiers, potagers ou d'agrément, à ses pépinières ou aux jeunes arbres isolés, qu'autant que les objets dévastés par le gibier étaient protégés par les dispositions généralement en usage, et telles que la solidité des matériaux et de la construction des moyens de défense parût propre, dans les circonstances normales, à empêcher les dévastations en question.

§ 5. Si les dégâts causés par la chasse ou le gibier aux blés ou aux autres produits du sol, dont la valeur entière ne peut être calculée avant l'époque de la moisson, ont eu lieu avant cette époque, les dommages doivent être évalués suivant l'importance qu'on leur supposera avoir au temps de la moisson (§ 8).

§ 6. Les juges civils prononceront sur toutes les demandes d'indemnités motivées par les dégâts provenant de la chasse ou du gibier. En première instance, sont compétents les juges civils, dans les juridictions desquels les dévastations ont été commises.

§ 7. Le juge civil essaiera, tout d'abord, d'amener un arrangement entre les parties, et si cette tentative ne donne pas de résultat, il fera procéder en son lieu et place aux constatations éventuellement indispensables, puis il statuera d'après ces constatations et d'après l'estimation entreprise par les experts, aussi bien sur le chiffre des dégâts, que sur la question de savoir à qui incombent les frais de procédure (§ 10).

§ 8. La personne lésée devra réclamer l'inspection officielle, alors que les traces des dégâts sont encore visibles et peuvent être appréciées, et avant le commencement de la récolte, dans les cas prévus par le paragraphe 5; autrement, sa réclamation en réparation de dommages, se trouvera prescrite.

§ 9. Le juge civil pourra déléguer, en son lieu et place, le préposé ou maire de la commune, pour procéder aux constatations nécessaires et pour diriger la procédure à suivre dans l'évaluation. Les intéressés devront recevoir, dans le délai prescrit, les actes de ladite procédure, ainsi que le relevé des constatations spécifiées au paragraphe 7.

§ 10. En règle générale, la partie déboutée supporte les frais de procédure. Quant aux frais pour représentation, il n'y a pas lieu à compensation.

Le juge doit, en outre, partager proportionnellement les frais de procédure, si la compensation offerte à titre de transaction par le concessionnaire de la chasse avant l'évaluation des dégâts et repoussée par la partie lésée, dépasse de moitié le chiffre que le juge a trouvé juste de fixer.

§ 11. Nos Ministres de l'Agriculture et de l'Intérieur sont chargés de la stricte exécution de la présente loi.

— *Loi du 27 novembre 1881, relative à l'introduction des permis de chasse dans la Marche de Styrie.*

§ 1. Dans le duché de Styrie, en dehors des garennes privées, il est interdit à toute personne de chasser sans un permis de chasse délivré par les autorités compétentes.

§ 2. Le juge civil de première instance dans la juridiction duquel le pétitionnaire d'un permis de chasse est domicilié actuellement, est autorisé à délivrer ledit permis; ce magistrat peut aussi accorder des permis à des personnes ne résidant pas en Styrie.

§ 3. Les permis de chasse pour lesquels la taxe à acquitter est de 3 florins, sont valables durant une année.

Les possesseurs de ces permis, lorsqu'ils vont à la chasse, doivent toujours les porter sur eux et les montrer, à toute injonction, aux agents de la sûreté publique.

Ces cartes ou permis de chasse ne sont valables que pour la Styrie et pour la personne seulement dont le nom y est inscrit; ils ne confèrent, toutefois, aucun droit de chasser sans le consentement du concessionnaire de la réserve, ou de son fermier.

§ 4. Sont exempts du paiement de la taxe : les chasseurs et gardes-chasse assermentés formant le personnel de surveillance pendant le temps de leur service, les élèves des écoles primaires forestières et les apprentis forestiers pendant leurs études, c'est-à-dire leur apprentissage ; enfin, MM. les professeurs en ce qui concerne les garennes des écoles forestières.

§ 5. Le permis de chasse sera rédigé conformément au formulaire A qui fait suite à la présente loi.

§ 6. On devra refuser de délivrer un permis de chasse :

a) Aux mineurs, à moins qu'il n'y ait demande à cet effet de la part des parents ou tuteurs, pour les écoles forestières de la part des directeurs, enfin pour les apprentis forestiers, de la part de leurs professeurs ou des instructeurs forestiers ;

b) Aux journaliers vivant de leur salaire quotidien ainsi qu'aux indigents secourus par les institutions de bienfaisance, ou sur les ressources de la commune ;

c) Aux faibles d'esprit et aux ivrognes ;

d) Pour une durée de cinq années après l'expiration de la peine à tout individu qui aura commis un acte criminel contre les personnes ou contre les propriétés ;

e) Pour une durée de trois années après l'expiration de leur peine, à tout individu reconnu coupable d'imprévoyance à l'égard des personnes dans le maniement des armes de tir, ou de contravention pour cause de vol et de complicité avec les voleurs ;

f) Pour la durée de deux années à tout individu qui aura été condamné pour récidive, par suite d'infraction aux lois interdisant la chasse en temps défendu, ou par suite d'usage illégal d'un permis de chasse.

§ 7. Si, après qu'on aura délivré un permis de chasse, il arrive ou si l'on vient à connaître que le détenteur se trouve dans une des conditions d'exclusion énoncées au § 6, le retrait du permis de chasse aura lieu sans qu'il y ait à rembourser la taxe perçue.

§ 8. Sont chargés de surveiller directement l'application des mesures spécifiées dans la présente loi et de dénoncer les infractions à celle-ci, les gendarmes de la gendarmerie impériale et royale, les agents communaux de l'ordre public et le personnel de service assermenté et préposé à la surveillance de la chasse.

§ 9. Sont soumis à une amende à 5 à 50 florins :

1° Ceux qui agissent contrairement aux prescriptions de la présente loi.

2° Ceux qui font un usage illégal d'un permis de chasse en se procurant un permis appartenant à un autre et en s'en servant, ou bien encore en cédant leur propre permis à une autre personne.

En cas d'insolvabilité, l'amende sera convertie en une détention d'un jour, par chaque cinq florins.

§ 10. Les sommes provenant des taxes sur les permis de chasse devront être versées à la caisse du receveur général du duché.

Leur mode d'emploi demeure réservé aux futures délibérations de l'Assemblée des Etats (Landtag).

Les sommes provenant des amendes iront à la Caisse de secours des communes où les contraventions auront eu lieu.

§ 11. Les poursuites et l'application des peines, à raison d'infractions à la présente loi, relèvent du juge civil dans le ressort duquel le fait délictueux aura été commis.

§ 12. Les secours contre les jugements rendus en vertu de la présente loi, seront soumis aux décisions de gouverneur de la Marche de Styrie, et en cas de second appel, il sera statué par le tribunal ministériel des Instances.

Les jugements dont les considérants sont identiques ne permettent pas de second appel.

§ 13. Les pénalités imposées pour les cas de contraventions à la présente loi, se trouvent prescrites trois mois après la contravention qui aura été commise, si le contrevenant n'a pas été cité comme responsable.

§ 14. La présente loi entrera en vigueur trente jours après sa promulgation au Bulletin des lois du pays.

Nos Ministres de l'Intérieur et de l'Agriculture sont chargés de l'exécution de la présente loi.

— *Ordonnance du Gouverneur de la Styrie, du 20 juillet 1883, relative à la marche à suivre dans la destruction, par le poison, des bêtes de proie.*

Attendu qu'à raison de l'influence bien connue des armes à feu contre les bêtes de proie nuisibles, on a recours le plus souvent au poison, et notamment à la strychnine, comme le moyen jusqu'ici le plus efficace de destruction, et que l'emploi des poisons peut, par suite du défaut de prévoyance ou par suite de négligence, entrainer avec soi des conséquences de la plus haute gravité et faire naître des dangers pour la vie des individus, me basant sur les dispositions de la loi du 30 avril 1870, n° 68, Code impérial, § 2, lettre c, relatives à l'exécution des Ordonnances sur le commerce des toxiques, et me reportant aux mesures de police concernant l'industrie de la chasse, notifiées dans la circulaire officielle du 28 janvier 1853 (Code national pour la Styrie, section II, n° 28), et relatives à la destruction des bêtes de proie nuisibles, je trouve qu'il y a lieu d'ordonner ce qui suit :

1° Tous les propriétaires de chasses ou leurs fermiers, et comme étant sous leur dépendance tous les agents à qui sont confiés dans leurs garennes la direction et la surveillance de la chasse, qui voudront se servir de substances toxiques comme moyen de destruction des bêtes de proie nuisibles, devront notifier leur intention au juge civil du district ou canton où l'emploi de ce moyen doit avoir lieu, avec indication de la personne chargée de s'en servir. Cette personne devra être douée de la prévoyance nécessaire et de la capacité voulue pour le maniement desdits poisons; de plus, on devra donner la description détaillée de la nature du toxique, du mode d'emploi, du temps nécessaire pour l'exécution, et indiquer la garenne où le poison sera mis, ainsi que les communes placées dans le même rayon. Les propriétaires, fermiers et agents dont il s'agit devront aussi faire les démarches nécessaires en vue de se procurer l'autorisation exigée pour se faire délivrer le poison.

Le juge civil du district ou canton a, par suite, le devoir de procéder en cette matière, conformément aux dispositions qui réglementent le commerce des substances toxiques (Ordonnance des ministères de l'Intérieur et du Commerce, du 21 avril 1876, n° 60, Code impérial, §§ 4 et 5). Il devra examiner d'abord l'affaire, et s'il approuve la marche que l'on doit suivre, il délivrera l'autorisation nécessaire pour l'achat du poison.

2° a) Les autorisations pour l'achat du poison devront être mises en lieu sûr, par leurs détenteurs, afin d'éviter qu'il en soit fait mauvais usage d'une façon quelconque.

b) Après avoir pris livraison du poison, la personne chargée de la destruction des bêtes de proie devra prendre soin de n'exposer les autres personnes à aucun danger tant à l'égard de la vie qu'à l'égard de la santé, et tenir ledit poison éloigné de tout ce qui sert à l'alimentation. Elle devra, par conséquent, le renfermer dans un vase choisi spécialement pour cela, de manière à faire disparaître toute possibilité d'échange ou méprise involontaire, et garder ce vase dans un endroit convenable, écarté, surveillé par elle-même, sous sa propre responsabilité.

c) Dans la préparation de l'appât empoisonné, il faudra observer les plus grandes précautions afin d'éviter des accidents, tels que ceux qui pourraient se produire si les vases se brisaient ou si on se servait de nouveau de ceux-ci, etc.; par conséquent, non seulement le toxique, mais aussi et de la même manière, les ustensiles dont on fera usage pour le préparer, devront être soigneusement rangés.

d) Le poison sera, autant que possible, placé dans un récipient qui ne servira ni aux hommes ni aux animaux domestiques. Le même soin devra être apporté dans le choix de l'appât.

Il est absolument défendu de mettre du poison sur du lard, sur les autres espèces de graisse, et sur des viandes fraîchement grillées.

e) Celui qui est chargé d'empoisonner les bêtes de proie, doit chaque fois préparer le poison, de ses propres mains, ou faire verser celui-ci tout au moins en sa présence et sous sa surveillance, loin de tout témoin indiscret, et il doit, dans ce but, chercher un local approprié, éloigné des habitations, des routes fréquentées et séparé de tout trafic, de sorte que, ni les hommes ni les animaux domestiques utiles ne courent le danger d'être empoisonnés.

Un signe spécial indiquant les endroits où l'appât sera placé, ne paraît pas devoir être conseillé si l'on veut éviter les attroupements des curieux; par contre, il faudra dresser des écriteaux avec affiches dans des endroits bien en vue, dans le périmètre du rayon où est l'appât.

f) L'endroit où l'on placera l'appât et ses environs devront être attentivement surveillés, et une fois le résultat obtenu, on ramassera avec soin les restes, s'il y en a, de cet appât.

g) Il est formellement interdit d'employer une seconde fois le même appât.

3° Aussitôt que l'époque où l'on emploiera le poison comme moyen d'anéantir les bêtes de proie nuisibles, aura été notifiée par les intéressés au juge civil du district ou canton, celui-ci devra en prévenir collectivement les communes qui se trouveront dans le rayon, en vue de l'exécution des règlements de police.

Les communes feront afficher, de la manière et aux endroits accoutumés, un avis général prévenant les habitants d'avoir à s'abstenir d'utiliser, de quelque façon que ce soit, les animaux trouvés morts; elles devront, en outre, avertir la population de signaler et de remettre lesdites bêtes au propriétaire de la chasse et surtout, par une entente avec le personnel des chasses, écarter tout danger quelconque de maladies.

Les avis en question, dans la supposition que les circonstances soient telles que ci-dessus (alinéa 2, *e*) devront être affichés partout où il est nécessaire.

Il est interdit de disposer des animaux tués par le poison ou même de les utiliser partiellement. Les cadavres seront enfouis dans un endroit particulier, à la profondeur voulue.

Quant au personnel de chasse, il devra exercer la plus active surveillance sur la garenne dont il s'agit, et la parcourir à des intervalles à fixer.

Le juge civil du district ou canton pourra faire appel au concours de la gendarmerie, en raison de la surveillance dont on aura besoin et, à l'occasion, se servir d'elle pour les communications à faire.

Les négligences, dans l'exécution des mesures prescrites ci-dessus, s'il n'y a pas lieu d'appliquer les dispositions du Code pénal, seront punies par voie de procédure civile, dans la mesure de l'ordonnance ministérielle du 30 septembre 1857, n° 198, Code impérial.

— *Loi du 10 mars 1888, modifiant certaines dispositions légales relatives à l'exercice du droit de chasse.*

§ 1. La durée du bail pour les chasses communales à affermer, conformément au § 1er de l'ordonnance ministérielle du 15 décembre 1852, n° 257, Code impérial, par voie de licitation publique comporte ordinairement un laps de temps de six années; ce n'est qu'à titre d'exception que, par des considérations sérieuses, il est permis de restreindre la durée à quatre années minimum ou de l'élever à huit au maximum.

Exceptionnellement et lorsque le contrat de fermage lui-même répond aux conditions stipulées par l'ordonnance ministérielle du 7 mars 1849, n° 154, Code impérial, les autorités civiles du district ont la faculté, après consentement de la part de la commune intéressée, même sans licitation publique préalable, de prolonger ledit bail pour huit autres années au plus, mais cela seulement dans les six premiers mois du dernier bail.

§ 2. Il est loisible en tous temps, au propriétaire du sol, d'obtenir la reconnaissance de son droit particulier de chasse sur l'une des agglomérations de terrains visées par le décret impérial du 7 mars 1849, n° 154, Code impérial. Si la reconnaissance a lieu pendant la durée d'un bail déjà existant en droit, l'exercice du droit particulier de chasse est fixé jusqu'au terme du bail. Si le bail vient à être prorogé (§ 1, alinéa 2), la continuation de cette fixation ne peut être obtenue.

Si les parcelles présentant dans leur ensemble une étendue carrée d'au moins 115 hectares sont situées en différentes communes, l'exercice du droit particulier de chasse appartient à chacune des communes, aussi longtemps que, dans les communes intéressées, les baux de chasses qui pourraient déjà exister, ne seront pas arrivés à terme et que les parcelles qui deviendraient simultanément ou successivement libres ne présenteraient pas dans leur totalité une étendue carrée non interrompue de 115 hectares au moins.

§ 3. Cette loi entre en vigueur du jour de sa promulgation dans le Bulletin des lois du pays et dans le journal officiel enregistrant les décrets.

§ 4. Nos Ministres de l'Agriculture et de l'Intérieur sont chargés de l'exécution de la présente loi.

TRIESTE.

La représentation de l'Empire ayant soumis la législation de la chasse à la compétence des diètes provinciales, une loi fut votée le 13 octobre 1874, à Trieste, qui est devenue obligatoire le 1er mai 1876.

— *Loi du 1er mai 1876.* — Cette loi qui forme la législation sur la chasse pour Trieste et ses environs, comprend les dispositions principales suivantes (1) :

§ 1. Le droit de chasse est une dépendance de la propriété foncière. L'exercice de ce droit est réglé par la présente ordonnance.

---
(1) M. A. Faider.

§ 2. L'exercice exclusif du droit de chasse sur son propre fonds appartient à tout propriétaire d'un territoire de 30 hectares au moins d'un seul tenant.

Un ensemble de 30 hectares existe, lorsque les fonds sont unis de façon que l'on puisse passer de l'un à l'autre sans traverser la propriété d'autrui.

Les routes, les chemins de fer et les cours d'eau n'interrompent point cet ensemble.

§ 3. Différents propriétaires de fonds limitrophes peuvent s'associer pour la chasse, pourvu que leurs propriétés réunies atteignent 30 hectares.

§ 4. Un fonds, n'atteignant pas 30 hectares, enclavé complètement ou au moins pour les deux tiers dans un territoire de chasse, peut être assigné, moyennant indemnité, par le magistrat civil, au propriétaire de ce territoire.

§ 5. Les propriétaires ont droit de chasser sur leurs fonds enclos entièrement et d'une façon permanente par des murs ou des palissades quelle qu'en soit d'ailleurs l'étendue.

§ 6. Les propriétaires d'un ou de plusieurs territoires doivent, pour pouvoir exercer leur droit exclusif, soit personnellement, soit par des tiers, faire enregistrer leurs chasses par le magistrat civil.

§ 7. Personne ne peut chasser sur les territoires réservés de chasse ou les parcourir avec des chiens, sans l'autorisation écrite des propriétaires respectifs.

§ 8. Sur tous autres fonds ou terrains, non enclos et non cultivés appartenant à l'État ou à des particuliers, et où le droit de chasse exclusif n'appartient ni à un individu, ni à une association, toute personne experte, à laquelle cela n'est pas interdit, et munie d'un permis de port d'armes et de la carte de chasse, peut chasser avec fusil et chiens.

§ 10. On ne peut chasser cependant :

1° Sur les fonds enclos de façon à empêcher effectivement l'entrée, non seulement des animaux, mais aussi des personnes ;

2° Sur tous les fonds, non enclos, ensemencés ou couverts de fruits, que le passage des chasseurs et des chiens pourrait endommager ;

3° Sur tous les fonds, non enclos et incultes, qui environnent une habitation isolée, à une distance telle que le tir d'une arme à feu pourrait offrir quelque danger pour la sécurité personnelle.

§ 13. La chasse au fusil et aux chiens est ouverte du 15 août au 1er septembre de chaque année.

§ 14. La chasse du gibier n'est interdite à aucune autre époque ; cependant les animaux suivants ne peuvent être chassés, pris ou tués :

a) Le chevreuil, du 1er mars au 30 avril ;
b) La chevrette, du 16 décembre au 15 septembre ;
c) Le faon de chevreuil, du 1er mai au 30 septembre ;
d) Le lièvre, du 15 janvier au 30 septembre ;
e) La perdrix, du 15 janvier au 30 juillet ;
f) La caille, du 15 mai au 31 août ;

g) Le canard et les autres oiseaux aquatiques, du 15 mai au 31 août ;

h) La bécasse et la bécassine, du 30 novembre au 15 février.

Les chevreuils sont considérés comme faons jusqu'au 1er juillet qui suit leur naissance.

§ 15. On ne peut prendre le gibier à l'aide de lacets, de trappes, de pièges, etc. ; détruire les œufs ni emporter les couvées.

Il n'y a d'exception que pour le propriétaire d'une chasse réservée, qui peut recueillir les œufs pour les faire couver.

§ 16. Ces dispositions ne sont pas applicables au gibier renfermé dans des parcs enclos.

Un certificat du magistrat civil est, toutefois, nécessaire pour pouvoir vendre ou faire vendre ce gibier.

§ 17. Le magistrat peut autoriser la destruction du gibier devenu trop abondant. Un certificat est également nécessaire pour la vente du gibier ainsi détruit.

§ 18. Pour pouvoir chasser, tout chasseur doit se munir d'une licence de chasse, et le personnel subsidiaire, d'une carte de chasse ; licences et cartes, doivent être exhibées à la première réquisition de ceux qui ont la surveillance de la chasse.

La taxe d'une licence de chasse est de 10 florins, outre le droit de timbre, non comprise une indemnité de 10 florins pour ceux qui veulent chasser sur des fonds ne faisant pas partie d'un territoire de chasse privé.

La taxe de la carte de chasse est de 2 florins.

Les taxes sont versées dans la caisse communale ; les indemnités sont distribuées aux propriétaires des terres, de la façon déterminée par la représentation civique de Trieste.

§ 19. Les licences ne sont pas délivrées à diverses catégories de personnes : mineurs, fous, braconniers connus, pauvres soutenus par les bureaux de bienfaisance ; etc. ; à ceux qui n'ont point de permis de port d'armes ; à ceux qui ont été condamnés pour délits de chasse ; et ce, pendant trois ans.

§ 21. Les cartes et licences ne sont valables que pour la saison de chasse pour laquelle elles ont été délivrées.

§ 24. Les contraventions de chasse sont punies d'amendes de 2 à 25 florins, et jusqu'à 50 florins en cas de récidive, de dommage sérieux ou de destruction d'une quantité considérable de gibier, avant l'ouverture de la chasse.

§ 25. Dix jours après celui de la fermeture de la chasse, la vente et le colportage du gibier, que l'on ne peut plus tuer, sont interdits.

§ 26. En cas d'insolvabilité, l'amende est convertie en détention, à raison d'un jour d'emprisonnement par 5 florins. Si l'amende est inférieure à 5 florins, la détention sera de douze heures.

Les délits de chasse sont de la compétence du magistrat de la cité.

L'appel de ses décisions est porté à la délégation municipale.

§ 27. Ces délits se prescrivent au bout de six semaines, à compter du jour où ils ont été commis.

§ 28. Les agents de la police, c'est-à-dire la gendarmerie, les gardes champêtres, les gardes-bois, sont chargés de faire exécuter la loi sur la chasse et de porter à la connaissance du magistrat de la cité les délits commis.

§ 29. Les propriétaires ont le droit, conformément au Code civil, d'intenter des actions en réparation du dommage causé aux champs, par les chasseurs ou par le gibier.

Ils peuvent s'adresser de ce chef au magistrat de la cité, qui s'efforcera de terminer amiablement le différend. Il fixera, en ce cas, le taux et l'indemnité, et sa décision aura force exécutoire.

S'il ne parvint pas à accorder les parties à l'amiable, il les renverra à se pourvoir par la voie civile ordinaire.

§ 31. Le droit de chasse réservé dans le parc impérial de Lipizza continue à demeurer entier, etc., etc.

De toutes ces dispositions la plus remarquable est la carte de chasse du prix de deux florins (environ 5 francs) exigée pour toute personne employée comme auxiliaire dans la chasse.

— *Loi du 2 mars 1882, relative au temps où la chasse est défendue.*

Avec l'approbation de la Diète de Trieste, Ma Ville Impériale, Je trouve convenable d'ordonner ce qui suit :

§ 1. Il est interdit de chasser, prendre ou tuer, pendant les périodes de ménagement du gibier, ci-dessous indiquées, les espèces suivantes :

1º Le chevreuil, du 1er mars au 31 juillet inclusivement; 2º la chevrette, du 16 décembre au 15 septembre; 3º ses faons, du 1er mai au 30 septembre; 4º les lièvres, du 10 janvier au 30 septembre; 5º la perdrix grise et la perdrix de roches, du 16 janvier au 31 juillet; 6º la caille et le pigeon sauvage, du 16 avril au 31 juillet; 7º les canards et les oiseaux aquatiques dont la chasse est ordinairement permise, du 1er mai au 31 août inclusivement; les bécasses, du 1er avril au 15 septembre inclusivement.

§ 2. Il est défendu de capturer le gibier au moyen de lacets, de trébuchets ou de pièges en fer, comme aussi de détruire les œufs, d'enlever les petits des nids ou des endroits de ponte.

Il est, de plus, interdit de chasser avec des chiens dans les vignobles, à partir du 1er juin jusqu'à la fin de la vendange.

Défense, en outre, est faite aux propriétaires de meutes et à leurs représentants, de laisser les chiens errer dans les garennes pendant la période de ménagement.

On ne pourra placer du poison pour la destruction des renards et des loups qu'avec une autorisation spéciale du juge civil de la ville.

§ 3. Cette loi ne peut s'appliquer en aucune manière aux parcs privés, en ce qui concerne le gibier abattu.

La vente du gibier abattu dans lesdits parcs pendant la saison interterdite est prohibée dans la mesure des prescriptions du § 6.

§ 4. Le juge civil de la ville peut aussi ordonner une réduction proportionnelle du gibier, pendant la période d'interdiction de la chasse, si le gibier que l'on élève est, par suite de son grand nombre, dangereux pour l'agriculture.

Si, dans ce cas, le gibier est abattu, le vendeur ou son intermédiaire doit se faire délivrer un certificat par le juge civil de la ville relatif à l'autorisation nécessaire pour la vente, autrement il s'expose à ce qu'on lui applique les dispositions du précédent paragraphe.

§ 5. Les contrevenants aux §§ 1 et 2 seront passibles d'une amende de 5 à 25 florins, et celle-ci, dans le cas où on causerait au gibier en général, par suite de contraventions réitérées ou par suite de la destruction d'un trop grand nombre de fauves, un préjudice sérieux, pourra être portée jusqu'à 50 florins.

§ 6. Quiconque après dix jours, à partir du commencement de la période de ménagement, pendant laquelle la chasse est interdite pour tel ou tel gibier, sans égard à cette prohibition, offrira en vente ce gibier, soit en pièces entières, soit découpé en morceaux, même s'il n'était pas apprêté pour l'alimentation, ou bien encore l'exposera aux étalages des boutiques et des marchés ou en cherchera le placement de toute autre façon, tombera, de même que la personne qui lui servira d'intermédiaire pour la vente, sous le coup des pénalités édictées au paragraphe 5 et, de plus, le gibier sera confisqué.

Les mêmes dispositions pénales, en outre de la confiscation, seront applicables, pareillement, à la vente de tout gibier qu'il est en tout temps absolument défendu d'abattre ou de tout gibier capturé au moyen de collets, pièges à ressorts en fer et trappes; pour le gibier à plume, les mêmes peines seront appliquées en ce qui concerne le dénichage des œufs et des couvées.

Les individus qui, pendant la période d'interdiction de la chasse, vendent ou, comme intermédiaires, favorisent la vente du gibier provenant d'une contrée où la présente loi ne peut être en vigueur, devront s'enquérir soigneusement de l'origine de ce gibier, et au cas où il proviendrait de pays situés en dehors du territoire des royaumes et Etats représentés au Parlement impérial, ils devront prouver par un certificat d'origine que ledit gibier n'a pas été abattu contrairement aux lois.

Dans le cas contraire, ces personnes seront soumises aux mêmes pénalités.

§ 7. Les amendes prescrites par la présente loi, de même que les recettes provenant, conformément à la teneur de celle-ci, du gibier confisqué et que le juge civil fera vendre en vente publique, seront affectées à l'hospice de la ville.

En cas de non-recouvrement de l'amende, cette pénalité sera convertie en contrainte personnelle ou emprisonnement d'un jour par 5 florins, et si l'amende est inférieure à 5 florins, en une détention de 12 heures.

§ 8. On peut interjeter appel d'un jugement du juge civil auprès de l'Administration gouvernementale.

L'appel devra être notifié par écrit ou verbalement, dans la huitaine, du jour où aura été prononcé le jugement, ou du jour de la signification, dans le cas où la partie condamnée demanderait cette signification ou si elle était officiellement ordonnée par suite de contumace.

Contre deux jugements basés sur les mêmes considérants, il n'y a pas lieu à recours ultérieur.

Le recours éventuel contre les décisions des bureaux du gouverneur doit être adressé au Ministère Impérial et Royal de l'Intérieur.

§ 9. Les poursuites et les pénalités énoncées dans la présente loi s'éteignent par suite de prescription, si l'inculpé n'a pas été l'objet de poursuites dans les trois mois qui suivent le jour où a eu lieu la contravention.

§ 10. La surveillance de la stricte exécution de ces mesures incombe aux agents de la sûreté publique, à la gendarmerie Impériale et Royale, aux messiers et gardes-bois, ainsi qu'aux inspecteurs des marchés.

§ 11. La loi actuelle entrera en vigueur du jour de sa promulgation, et par suite toutes les dispositions existantes touchant la protection du gibier, sont virtuellement abrogées.

— *Loi du 16 juin 1888, exécutoire pour la ville de Trieste et relative à la modification du paragraphe 1ᵉʳ de la loi nationale du 2 mars 1882* (n° 10, Code local).

Avec l'assentiment de l'assemblée de Ma Ville Impériale de Trieste, J'ai décidé d'ordonner ce qui suit :

ARTICLE Iᵉʳ. Le § 1ᵉʳ de la loi nationale du 2 mars 1882, n° 10, Code national, sera dorénavant conçu en ces termes :

§ 1. Il est interdit, dans les périodes de ménagement, de chasser, capturer ou tuer les espèces de gibier dont suit la nomenclature : 1° les chamois, du 15 septembre au 1ᵉʳ août; 2° les chevreuils : *a*) le chevreuil mâle, du 1ᵉʳ février au 1ᵉʳ juin; *b*) la chevrette, du 1ᵉʳ janvier au 1ᵉʳ octobre; 3° le lièvre, du 15 janvier au 15 septembre; 4° le coq des bruyères et le coq des bois, du 1ᵉʳ juin au 1ᵉʳ avril; 5° la gélinotte, le faisan, la perdrix des roches et la perdrix de neige, du 1ᵉʳ février au 15 septembre; 6° la perdrix, du 15 janvier au 1ᵉʳ août; 7° la caille, du 1ᵉʳ janvier au 1ᵉʳ août; 8° les bécasses, pigeons et gralles, du 1ᵉʳ mai au 1ᵉʳ août; 9° les canards sauvages, du 1ᵉʳ mars au 1ᵉʳ août.

Il est défendu, en toute saison, de chasser, prendre et tuer les faons ou chevreaux du chevreuil et du chamois, de même que la poule des bruyères et la poule des bois.

Par chevreaux, on entend les jeunes chevreuils ou les jeunes chamois, depuis le 1ᵉʳ juillet après leur naissance jusqu'au 1ᵉʳ juillet de la suivante année.

Art. II. La présente loi entrera en vigueur du jour de sa promulgation.

Art. III. Notre Ministre de l'Agriculture et notre Ministre de l'Intérieur sont chargés de l'exécution de la présente loi.

— *Loi du 11 février 1889, modifiant certaines dispositions légales relatives à l'exercice du droit de chasse.*

Art. Ier. La durée d'un bail de chasse communal ne sera pas plus courte que six années, ni plus longue que dix années.

Au cas où il y aurait lieu de proroger le bail de chasse communale, en dehors des enchères publiques, la nouvelle période ne sera pas inférieure à trois années, ni supérieure à cinq années.

Art. II. S'il se forme une chasse particulière par la réunion des terrains qui font partie d'un bail de chasse communale, ou si des terrains relevant dudit bail sont réunis à des terrains de chasse particulière déjà existante, ce droit particulier de chasse, lequel découle de la propriété desdits terrains, ou tire son origine de celle-ci, reste fixé à ce bail aussi longtemps qu'il dure.

Dans ce cas toutefois le bail de chasse communale ne peut-être prorogé au préjudice de ce droit.

Art. III. Cette loi entre en vigueur, du jour de sa promulgation.

Art. IV. Nos Ministres de l'Agriculture et de l'Intérieur sont chargés de l'exécution de la présente loi.

TYROL.

— *Ordonnance du Gouverneur, en date du 16 septembre 1862, au sujet de la compétence de la Commission nationale relativement à la distribution des primes allouées sur la Caisse du Trésor national pour les bêtes de proie abattues.*

Le Ministère Impérial et Royal a bien voulu, par sa circulaire du 10 du mois courant, accorder l'autorisation nécessaire pour qu'à l'avenir la distribution des primes à allouer sur la Caisse nationale soit faite par la Commission nationale.

Les juges civils des districts ou cantons sont donc prévenus d'avoir à transmettre à la Commission, tant du Tyrol que du Vorarlberg, les actes requis en vue des décisions à prendre et des publications à faire, suivant la teneur des précédentes dispositions.

— *De la compétence des magistrats dans les affaires de chasse et des prescriptions relatives à la protection du gibier.*

Dans les affaires qui concernent la chasse, le juge civil du district ou canton veille, dans l'étendue de sa circonscription judiciaire, au maintien des prescriptions et mesures existantes; il complète les instructions reçues par ses chefs, les magistrats supérieurs, et il décide, sur les cas qui se présentent, en première instance, à moins que la décision n'appartienne à la sphère judiciaire; il tient aussi la main à l'exécution des règlements de police sur la chasse.

C'est au juge civil de district ou canton qu'il incombe, surtout, de prononcer la pénalité établie au paragraphe 9 de la loi sur la chasse, à raison des contraventions à la prescription énoncée au paragraphe 7 de ladite loi, suivant laquelle le territoire de chasse doit être affermé en indivis, ou être exploité par des chasseurs nommés à cet effet (M. C., 9 mai 1851, n° 115, Code Impérial).

En outre, lesdits magistrats civils sont appelés et constitués (14 juillet 1859, n° 128, Code impérial) pour procéder aux constatations et décisions réglementaires au sujet des réclamations en dédommagement pour dégâts causés par le gibier, de façon à ce que toutes les requêtes et toutes les plaintes qui concernent ces affaires, soient portées devant les magistrats civils de première instance. Cette compétence des magistrats civils est même maintenue dans les nouvelles lois pour la Kraine, l'Autriche en deçà de l'Enns, la Styrie et le Vorarlberg, et elle a été de plus étendue à la constatation des délits de chasse (page 87 et suivantes).

En seconde instance, les affaires de chasse seront dans les attributions des magistrats civils des tribunaux supérieurs. Le tribunal supérieur d'instances administratives est le Ministère de l'Agriculture. Il y a cette restriction, que pour les cas de pénalités ou de contraventions et pour l'évaluation des dégâts de chasse, le jugement appartient, en dernière instance, au Ministère de l'Intérieur (Notification du 14 février 1869, n° 22, Code Impérial).

— *Loi du 30 avril 1870, relative à la protection des oiseaux.*

§ 1. Il est interdit d'enlever et de détruire les œufs et les nichées de tous les oiseaux sauvages vivants, à l'exception des genres et espèces nuisibles énumérés dans l'annexe (1).

§ 2. Il est permis, sans avoir de taxes à acquitter, en toute saison, de prendre et tuer les oiseaux nuisibles nommés dans l'annexe.

Tous les autres oiseaux ne pourront être ni pris ni tués pendant la période qui va du 1er janvier au 15 septembre de chaque année.

§ 3. Durant la période du 15 septembre au 31 décembre, il est généralement permis de prendre et tuer les oiseaux, mais après avoir versé les taxes indiquées ci-après, et en excluant les genres de chasse et les engins prohibés, pourvu, en outre, que le propriétaire du sol n'élève aucune objection. — Quant à l'emploi des armes à feu pour abattre les oiseaux, le consentement du concessionnaire est indispensable.

§ 4. La taxe à verser annuellement à la Caisse de la commune est fixée ainsi :

a) Par chaque *roccolo*, à.................................... 10 florins.
b) Par chaque paire de filets, alliers et tirasses (*reti di tratta*), à 1 —
c) Pour la chasse aux gluaux, à................................ 2 —
d) Pour la chasse au lacet, jusqu'au nombre de 200 lacs à.... 1 —
   Au-dessus de ce nombre, par chaque 200 lacs de plus, un florin en sus.
e) Pour la chasse au fusil, à.................................. 2 —

§ 5. On considère comme genre de chasse et engins prohibés :

a) La chasse avec appeaux aveugles.
b) La chasse où on se sert de filets couverts et fixes (filets de halliers, pantières) placés sur des haies ou buissons peu élevés.
c) La chasse aux cordes à détente (*archetti*).
d) La chasse à la chouette (*civetta*).

§ 6. Les individus qui veulent ou prendre au piège, ou chasser au fusil les oiseaux, devront d'abord acquitter les droits fixés par le § 4, puis obtenir à cet effet un reçu ou bulletin de paiement délivré par le préposé ou maire, et muni du sceau communal; ce bulletin sera à leur nom et valable pour chaque personne seulement.

§ 7. Le préposé ou maire de la commune pourra refuser aux personnes condamnées, par récidive, pour contravention à la présente loi, de recevoir le montant des droits, et par suite, de délivrer le reçu ou bulletin de paiement, conférant l'autorisation de se livrer à la chasse aux

(1) Annexes, pages 227-228.

oiseaux avec armes à feu ou tous autres engins; il pourra également retirer l'autorisation donnée, sans qu'il puisse y avoir recours.

§ 8. Le commerce des oiseaux vivants ou morts est prohibé pendant la période de ménagement ou d'interdiction de la chasse. — Il n'y a d'exception valable que pour les oiseaux signalés comme nuisibles dans l'annexe.

§ 9. Les contrevenants à la précédente disposition seront jugés par le préposé ou maire assisté de deux conseillers de la commune et seront, en cas de culpabilité, passibles d'une amende de 1 à 10 florins qui, s'il y a récidive, pourra être portée jusqu'à 40 florins valeur autrichienne ou, encore, à défaut de paiement, pourra être convertie en un emprisonnement de 12 heures à huit jours.

En outre, on confisquera les engins et les fusils de chasse ainsi que les oiseaux, pris ou tués, mettant de suite en liberté ceux qui seraient encore vivants.

Le produit des amendes, ainsi que la recette provenant des objets confisqués, seront versés à la Caisse des secours de la commune.

§ 10. Le jugement rendu devra ou être signifié à la partie condamnée par expédition écrite contre accusé de réception, ou notifié à celle-ci verbalement en présence de deux témoins.

Dans ce cas, la notification verbale, ainsi que la date où elle aura eu lieu, devront être constatées sur l'acte de jugement par les deux témoins.

§ 11. Les recours contre une sentence (§ 9) devront être adressés au juge civil du district ou canton et introduits verbalement ou par acte écrit, auprès du préposé ou maire de la commune, dans la quinzaine, à partir du jour de la notification ou de la signification dudit jugement.

§ 12. La commission cantonale devra s'assurer que les préposés ou maires des communes se conforment strictement aux prescriptions de la présente loi (§§ 39 et 42 de la loi sur la représentation cantonale, Code national, 1868, n° 56, page 46).

La commission cantonale ou de district devra veiller à ce que, chaque année, au mois de décembre, la présente loi soit affichée par les soins du préposé ou maire, dans toutes les localités de la commune.

§ 13. Il incombe à la gendarmerie, au personnel des gardes-forestiers, gardes-chasse, et gardes champêtres, ainsi qu'à tous les agents de l'ordre public, de signaler au préposé ou maire de la commune, ou à la commission cantonale ou de district, les contraventions à la présente loi dont ils auraient eu à rédiger procès-verbal.

§ 14. Dans un but scientifique, les magistrats civils supérieurs peuvent accorder des dérogations à la présente loi. D'autre part, la commission nationale est autorisée, sur la proposition qui lui en serait faite par les préposés de la commune et les délégués du canton ou du district, surtout en vue des intérêts de l'agriculture et dans les régions où la chasse aux oiseaux, sur une large échelle, n'est guère praticable, à interdire partiellement ou totalement ladite chasse, pour une période de temps déterminée dans tout ou partie du district ou canton.

§ 15. Les dispositions de cette loi ne s'étendent pas au gibier des réserves de chasse.

§ 16. Les maîtres des écoles primaires et secondaires, ainsi que les professeurs des lycées et écoles polytechniques, sont tenus d'expliquer à leurs élèves les conséquences fâcheuses qui résultent de la destruction des nids, de la capture et extermination des oiseaux utiles, et ils devront chaque année, avant la période d'accouplement, autant que le permet leur cercle d'action, s'employer à prévenir les contraventions en faisant connaître auxdits élèves les dispositions décrétées par la présente loi en vue de la protection des oiseaux.

§ 17. Toutes les précédentes lois, ordonnances et mesures qui se trouveront en opposition avec la présente loi, sont, par suite, abrogées.

— *Notification du Gouverneur en date du 5 mars 1872, relative au temps où la chasse est prohibée.*

§ 1. Les dispositions contenues dans la notification du 11 mars 1854, sont abrogées dans toutes leurs parties.

§ 2. A partir du jour de la promulgation de la présente ordonnance, la chasse est autorisée pendant les périodes fixées et déclarées dans le tableau ci-joint.

§ 3. Si des circonstances méritant une sérieuse attention rendaient nécessaire une exception, il appartiendra au magistrat civil de la sanctionner, en en donnant l'exposé des motifs.

§ 4. Pour la conservation et protection des oiseaux utiles à l'agriculture, on s'autorisera des lois nationales du 30 avril 1870 dans toute leur teneur, lesquelles lois se trouvent insérées dans le Code local pour l'année 1870, et sont exécutoires pour le Tyrol et pour le Vorarlberg.

§ 5. L'enlèvement et la vente des œufs de toutes les espèces sauvages de gallinacés, sont interdits.

§ 6. Ne sont autorisées à chasser, que les personnes qui sont munies d'un permis de chasse délivré par le magistrat civil pour le territoire de chasse dont il s'agira. Ces personnes devront toujours porter sur elles ces cartes de légitimité et les produire à chaque réquisition de la gendarmerie impériale et royale ou du personnel chargé de la surveillance de la chasse, officiers et gardes du service de la chasse et des forêts ainsi que gardes communaux.

Aux personnes qui violeront les règlements de chasse, on enlèvera leurs fusils, conformément aux prescriptions de l'ordonnance gouvernementale du 31 août 1816, et de plus ces personnes seront traduites devant le magistrat civil pour être jugées et condamnées.

§ 7. Les magistrats civils et les fonctionnaires des contributions, le personnel chargé du service de la chasse et des forêts, les agents de la commune et les inspecteurs des marchés devront veiller à ce qu'il ne soit mis en vente pendant la période d'interdiction de la chasse, ni chevreaux de chamois ou de chevreuil, ni poules des bruyères ou des bois et, en général, aucun gibier qu'il n'est pas permis de tuer pendant la période de rut et de parturition. Ledit gibier, si le cas venait à se produire, devra être séquestré et vendu, le mieux possible, au profit de la Caisse de secours de la localité dans les limites de laquelle il aura été saisi.

« § 8. Quant au gibier abattu conformément au paragraphe 3, s'il se trouve dans le commerce, il doit être accompagné de l'autorisation du amgistrat compétent, ainsi qu'il est prescrit.

TABLEAU DES PÉRIODES OU SAISONS DE CHASSE POUR LES DIVERSES ESPÈCES DE GIBIER

DÉSIGNATION des ESPÈCES DE GIBIER	DURÉE DE LA SAISON DE LA CHASSE	REMARQUES
	du au	
Cerfs...............	1er juillet 15 octobre	En règle générale, il est interdit de tuer les cerfs à tête enfourchée, les daguets ou broquarts ainsi que les faons de biche. Dans les cas de nécessité, il faudra demander à temps l'autorisation.
Gros cerfs valides......	15 septembre 6 janvier	
Chamois...........	15 juillet 1er décembre	Aussi bien pour les chamois que pour les chevreuils, on doit éviter autant que possible de tirer sur les femelles, mais en tous cas on ne doit jamais toucher aux chevreaux de ces fauves.
Chevreuils........	15 juin 1er janvier	
Lièvres gris........	1er septembre 2 février	
Lièvres des Alpes.....	1er septembre 1er mars	
Marmottes...........	1er septembre 15 octobre	
Coqs des bruyères et des bois............	1er septembre 2 février et 15 avril jusqu'à la fin de la saison des amours.	Il est absolument interdit de tuer les poules des bruyères et des bois. En ce qui concerne la saison de chasse pour les oiseaux à vol bas, on se réglera sur les prescriptions du § 4 de la notification ci-dessus. Les animaux de proie, carnassiers ou oiseaux rapaces peuvent et doivent être tués en toute saison.
Gelinotte du coudrier, gelinotte de roche, gelinotte blanche......	1er septembre 2 février	
Perdrix...........	1er septembre 24 décembre	
Canards, Bécasses, Pigeons, Cailles et Grailes............	1er août 15 avril	

— *Notification du Gouverneur aux habitants du Tyrol et du Vorarlberg, en date du 28 mai 1875, relative à l'introduction des feuilles de licence pour le commerce du gibier.*

§ 1. Tout gibier utile, gibier à poil ou à plume, qui se trouvera dans la circulation commerciale, devra être accompagné d'une licence réglementaire.

§ 2. Les blancs-seings pour les formules de ces licences seront délivrés par la direction des services auxiliaires du gouvernement, aux capitaineries de gendarmerie du district ou canton, et les concessionnaires et tous individus ayant droit de chasse, pourront les retirer contre la présentation de leurs permis de chasse et contre l'acquittement des frais de revient.

§ 3. La feuille de licence devra être dressée et rédigée par le concessionnaire de la chasse sur le domaine duquel aura été abattu le gibier, et devra contenir la mention de la garenne elle-même, l'espèce et le nombre des pièces et l'indication du temps et lieu : ladite feuille devra, en outre, être revêtue du sceau communal, par le préposé ou maire de la commune.

Les licences qui ne porteront pas le sceau de la commune ne sont pas valables.

§ 4. Tout gibier qu'on trouvera dans le commerce sans être accompagné de ladite feuille réglementaire, sera confisqué et vendu publiquement au profit de la Caisse de secours de la commune dans les limites de laquelle le gibier aura été saisi.

§ 5. Le gibier abattu, dans les conditions spécifiées au § 3 de la notification du 5 mars 1872, devra être accompagné d'une autorisation sanctionnée par le magistrat civil et de la feuille de licence prescrite par la présente ordonnance.

§ 6. Il va de soi que, pendant la saison de la chasse, le gibier tué par le concessionnaire pourra être introduit sans qu'il soit besoin d'une autre licence que le permis de chasse.

§ 7. Ces prescriptions entreront en vigueur du jour de leur publication.

— *Notification du Gouverneur aux habitants du Tyrol et du Vorarlberg.*

Prescriptions complémentaires de l'ordonnance relative à la fixation des périodes d'interdiction de la chasse et de ménagement du gibier, ainsi qu'à l'introduction des feuilles de licence.

§ 1. L'ouverture et la clôture de la saison de chasse, restent telles qu'elles ont été fixées dans la notification du 5 mars 1872, sauf qu'avant le 1ᵉʳ septembre, il ne sera pas permis de chasser avec des chiens les espèces de gibier dont il y est question. Le chevreuil femelle, de même que les faons du chamois et du chevreuil, doivent être absolument exclus de toute destruction.

§ 2. Le paragraphe 6 de la notification du 5 mars doit être complété en ce sens que les seules personnes qui pourront obtenir des permis de chasse sont celles qui figureront dans les baux de chasse comme fermiers ou co-fermiers des propriétaires de chasse ou qu'on aura, par la suite, désignées en cette qualité et nominativement au magistrat civil, et que celui-ci aura reconnues comme tels.

Les magistrats civils sont prévenus d'avoir sur ce point à obéir strictement aux paragraphes 3, 12, 13, 14 et 15 de l'ordonnance ministérielle du 15 décembre 1852.

§ 3. Dans tous les contrats de fermage des chasses que l'on arrivera à conclure dorénavant, on devra insérer la clause en vertu de laquelle le magistrat civil, toutes les fois que cela lui semblera utile, en raison de circonstances spéciales, pourra, à l'égard de telle ou telle espèce de gibier seulement, ajourner la saison de chasse d'une à trois années.

§ 4. Quant au paragraphe 7 de la notification du 5 mars 1872, il y a lieu de préciser davantage, que le gibier tué pendant la saison de la chasse pourra au plus être colporté et mis en vente dans la quinzaine qui suivra le commencement du temps d'interdiction pour l'espèce à laquelle appartiendra le gibier en question, et qu'après cette quinzaine écoulée, tout gibier versé dans le commerce ou tué après le commencement de la période de ménagement, sera frappé de confiscation et vendu en vente publique conformément au § 7.

§ 5. Le paragraphe 4 de la notification du 28 mai 1875 devra contenir l'ampliation suivante :

Tout gibier pouvant servir, qui, sans la feuille de licence ou non accompagné de celle-ci, pendant le transport, sera trouvé dans les marchés, chez les marchands de comestibles, dans les restaurants et maisons particulières, devra être saisi et vendu publiquement au profit de la Caisse de secours de la commune, dans les limites de laquelle le dit gibier aura été confisqué.

Dans les localités où il existe des bureaux d'octroi et où le gibier introduit est muni, en échange de la feuille de licence, d'un autre signe officiel de la commune, ce signe tiendra lieu de la feuille de licence.

§ 6. Sur tous les points qui n'ont pas été précisés ici formellement, les notifications du 5 mars 1872 et du 28 mai 1875 restent en vigueur.

§ 7. La présente ordonnance d'ampliation est exécutoire du jour de sa publication.

VORARLBERG.

— *Loi du 1er octobre 1887, relative à l'introduction des permis de chasse et exécutoire dans la province du Vorarlberg.*

§ 1. Personne, dans la province du Vorarlberg, ne peut, en dehors des garennes privées, se livrer à la chasse sans un permis délivré par les autorités compétentes du Vorarlberg.

§ 2. Est appelé à délivrer le permis de chasse tout juge civil de première instance dans le ressort duquel le pétitionnaire du dit permis a présentement sa résidence; mais ce magistrat pourra aussi accorder des permis de chasse à des étrangers, c'est-à-dire à des personnes non domiciliées dans la province du Vorarlberg.

§ 3. Le permis de chasse, soumis à une taxe de trois ducats, est valable pour une période de trois années.

§ 4. Les possesseurs dudit permis devront, à la chasse, le porter toujours sur eux et le produire à première réquisition des agents de la sûreté publique.

Ce permis n'est valable que pour le Vorarlberg et pour la personne dont il porte le nom.

§ 5. Le permis de chasse ne donne, par lui-même, aucun droit de chasser. Les magistrats compétents devront donc, avant de délivrer ce permis, s'enquérir si le pétitionnaire possède la capacité légale et en avoir la preuve.

Comme démonstration de cette capacité légale, il suffira de la présentation d'une carte d'invitation à prendre part à une chasse, adressée par un concessionnaire ou un fermier de réserves de chasse.

§ 6. Est exempt du paiement de la taxe pour le permis de chasse, le personnel assermenté chargé de la garde des chasses pendant tout le temps de son service.

§ 7. Le permis de chasse devra être rédigé conformément au modèle de formule A qui fait suite à la présente loi.

§ 8. La délivrance d'un permis de chasse est interdite à l'égard :

a) De ceux qui ne peuvent faire la preuve de leur capacité légale dans l'exercice du droit de chasse;

b) Des mineurs, à moins que la demande n'en soit faite par les parents ou tuteurs;

c) Des indigents à la charge des établissements de bienfaisance, ou de la commune;

d) Des aliénés et des ivrognes;

e) Pour un laps de cinq années après l'expiration de leur peine, à l'égard des individus reconnus coupables de crime contre les personnes ou les propriétés;

f) Pour un laps de trois années après l'expiration de leur peine, à l'égard des individus reconnus coupables, conformément au paragraphe 336 du Code pénal, d'un délit contre la vie des personnes par suite d'imprévoyance dans le maniement des armes à feu, ou par suite de contravention pour braconnage et complicité avec les braconniers;

g) Des individus, et cela pour un laps de deux années qui, après récidive, auront été condamnés pour violation intentionnelle de la loi, en chassant en temps défendu ou pour contravention à celle-ci.

§ 9. Le permis de chasse devra être retiré sans remboursement de la taxe acquittée de ce chef, si, après que ledit permis aura été délivré, une des conditions d'exclusion ci-dessus énoncées venait à exister ou à être connue à l'égard du possesseur du permis.

§ 10. La surveillance directe de l'exécution des prescriptions de cette loi et la dénonciation des infractions, incombent à la gendarmerie, aux agents de la sécurité publique et au personnel assermenté de chasseurs chargés du service de la chasse.

§ 11. Sont soumis à une amende de 5 à 50 florins :
1. Tout contrevenant aux prescriptions de la présente loi.
2. Toute personne, qui fait un usage illégal de son permis en se procurant un permis étranger et en s'en servant, comme aussi en cédant à un autre, pour qu'il s'en serve, son propre permis.

Dans le cas d'insolvabilité, la pénalité pécuniaire sera convertie en pénalité personnelle, c'est-à-dire en un emprisonnement d'autant de fois un jour qu'il y aura de fois 5 ducats dans l'amende.

§ 12. Les montants des taxes pour les permis de chasse devront aller aux Caisses agricoles; ceux des amendes, aux Caisses de ressources pour les indigents des communes où auront eu lieu les contraventions.

§ 13. Les poursuites et les pénalités, par suite d'infraction à la loi, relèveront du juge civil de première instance, dans le ressort duquel aura été commis le fait délictueux.

Les appels des sentences devront être adressés au gouvernement, et en cas d'instance ultérieure, au Ministère Impérial et Royal de l'Intérieur.

Il n'est pas permis d'interjeter appel de deux jugements identiques.

§ 14. Les pénalités motivées à raison des cas de contravention énoncées dans la présente loi, sont prescrites par trois mois à compter du jour de la contravention, si le contrevenant n'a pas été cité.

§ 15. La présente loi entrera en vigueur du jour de sa promulgation.

§ 16. Nos Ministres de l'Agriculture et de l'Intérieur sont chargés d'assurer l'exécution complète de la présente loi.

— *Loi du 1er octobre 1887, exécutoire pour la province du Vorarlberg, relative aux époques de chasse.*

Avec l'assentiment de l'Assemblée des Etats de notre province du Vorarlberg, nous ordonnons ce qui suit :

§ 1. Les espèces de gibier ci-après nommées, pendant les périodes de ménagement ci-dessous fixées, ne pourront être ni courues, ni prises, ni tuées : 1° les cerfs, du 2 octobre au 1er juillet; 2° la biche et ses faons, du 1er janvier au 1er septembre; 3° les chamois, du 11 novembre

AUTRICHE (EMPIRE D'). — VORARLBERG.

au 15 juillet; 4° le chevreuil, du 1ᵉʳ janvier au 15 juin; 5° les lièvres gris, du 2 février au 15 septembre; 6° le lièvre des Alpes, du 1ᵉʳ mars au 1ᵉʳ septembre; 7° la marmotte, du 15 octobre au 1ᵉʳ septembre; 8° le coq des bruyères et le coq des bois, du 2 février au 15 avril et depuis la fin de la saison des amours jusqu'au 1ᵉʳ septembre; 9° les perdrix femelles, du 24 décembre au 1ᵉʳ septembre; 10° les canards, bécasses, pigeons, cailles, rois des cailles, gralles et oiseaux aquatiques, du 15 avril au 1ᵉʳ août.

Il est défendu en tout temps de tirer sur les faons du cerf, sur les chevrettes ainsi que sur les chevreaux du chamois et du chevreuil.

Pour le chevreuil et pour les chamois, on considère comme des chevreaux les jeunes fauves depuis le 1ᵉʳ juillet après leur naissance jusqu'au 1ᵉʳ juillet de l'année suivante.

Il n'est pas permis, à partir du 1ᵉʳ septembre, de courre avec les chiens ni le cerf, ni le chamois, ni le chevreuil.

Quant aux animaux de proie, carnassiers ou oiseaux rapaces, on peut et on doit les tuer en toutes saisons de l'année.

§ 2. Il est interdit d'attraper le gibier de quelqu'espèce que ce soit, au moyen de lacets, ressorts en fer et autres pièges, comme aussi de dénicher les œufs, d'enlever les nids et les couvées de petits.

Ce n'est que par exception qu'il est permis aux seuls concessionnaires de chasses, à leurs veneurs et autre personnel, de recueillir des œufs en vue de la couvaison et de prendre le gibier à plumes.

Les espèces de volatiles non énoncées dans le paragraphe 1ᵉʳ ne font pas partie du gibier à plumes, et en ce qui concerne leur capture et leur destruction, il y a lieu d'appliquer les prescriptions de la loi du 30 avril 1870, n° 39, Code local (1).

§ 3. Les magistrats civils peuvent ordonner une réduction proportionnelle du gibier, dont le trop grand nombre est un préjudice pour l'agriculture, et cela même pendant l'époque ou période de ménagement, mais en spécifiant les endroits ou les districts, ainsi qu'en indiquant également pour quel laps de temps.

Si le gibier est abattu dans ces conditions exceptionnelles, le vendeur ou son intermédiaire devront alors se faire délivrer, pour être autorisés à vendre, un certificat du juge civil du district, s'ils ne veulent tomber sous le coup des dispositions du paragraphe 5.

§ 4. Les contraventions aux paragraphes 1 et 2 et par suite au paragraphe 3, seront punies d'une amende de 5 à 50 florins, laquelle si on causait au gibier en général un sérieux préjudice par la destruction d'un trop grand nombre de fauves ou par des infractions réitérées, pourra être portée à 100 florins.

§ 5. Quiconque après une période de 15 jours faisant suite à l'ouverture de la saison de ménagement, sans tenir compte que dans ladite période la chasse de tel ou tel gibier est interdite, mettra ledit gibier en vente, soit en pièces entières, soit en quartiers, même s'il n'était pas apprêté en vue de l'alimentation, ou bien encore l'exposera aux étalages des boutiques ou des marchés, de quelque manière que

(1) Page 400.

ce soit, tombera, ainsi que la personne qui servirait d'intermédiai⟨re⟩ pour la vente, sous le coup des pénalités pécuniaires édictées au pa⟨⟩ragraphe 4, et cela en outre de la confiscation dudit gibier.

Ces mêmes dispositions pénales sont applicables à la vente de tou⟨t⟩ gibier qu'il est en général absolument défendu de prendre ou de tuer ainsi qu'à la maraude des œufs et des couvées des petits du gibier à plume⟨⟩

§ 6. Les industriels qui, pendant l'époque d'interdiction de la chass⟨e⟩ mettent en vente du gibier importé, dans la province du Vorarlber⟨g⟩ du dehors, ou ceux qui servent d'intermédiaire pour cette vente, doi⟨⟩vent s'informer exactement du lieu de provenance, et si, en effet, ladit⟨e⟩ venaison provient de pays situés en dehors du territoire des royaumes ⟨et⟩ États représentés au Parlement de l'Empire, ces industriels devron⟨t⟩ prouver, par un certificat du juge civil du district ou canton, qu⟨e⟩ le gibier en question n'a pas été abattu contrairement aux lois.

S'il en était autrement, les dispositions du § 5 seraient applicables ces personnes.

§ 7. Le montant des pénalités pécuniaires édictées par la présent⟨e⟩ loi, de même que les recettes provenant, en vertu de cette loi, du g⟨i⟩bier confisqué et aliéné en vente publique par les soins du prépos⟨é⟩ ou maire de la commune, devront aller à la Caisse des secours de l⟨a⟩ commune où aura été constatée la contravention.

En cas de non-recouvrement des amendes, celles-ci seront converti⟨es⟩ en contrainte personnelle, c'est-à-dire en un emprisonnement d'u⟨n⟩ jour par chaque 5 florins.

Les poursuites et les pénalités encourues à raison des infractions ⟨à⟩ la présente loi, relèvent du juge civil du tribunal dans le ressort du⟨⟩quel aura eu lieu l'acte délictueux.

Les appels des sentences pénales doivent être adressés aux bureau⟨x⟩ du gouverneur, et dans la procédure de seconde instance, au Ministèr⟨e⟩ de l'Intérieur

Contre deux jugements rendus dans des termes identiques, le re⟨⟩cours n'est pas autorisé.

§ 8. Il incombe de veiller à la stricte exécution des présentes me⟨⟩sures, en premier lieu aux agents de la sûreté publique, puis à l⟨a⟩ gendarmerie impériale et royale, aux gardes champêtres, gardes fo⟨⟩restiers et gardes-chasse ainsi qu'aux inspecteurs des marchés.

§ 9. La présente loi entrera en vigueur du jour de sa promulgation, et, en même temps, seront abrogées toutes les prescriptions précé⟨⟩dentes relatives à la période de ménagement du gibier.

§ 10. Nos Ministres de l'Agriculture et de l'Intérieur sont chargés d⟨e⟩ l'exécution de la présente loi.

— *Loi relative à la protection du gibier.*

§ 1. Il est interdit d'enlever ou détruire les couvées et les nichées de tous les oiseaux sauvages vivants, à l'exception des genres et espèces nuisibles énumérés dans l'annexe A.

§ 2. Il est permis de prendre et tuer, en toutes saisons, les oiseaux nuisibles dont l'annexe A donne la liste.

Tous les oiseaux non nuisibles ne pourront être ni pris ni tués pendant la période qui va du 1er février au 31 août, c'est-à-dire pendant l'époque de couvaison.

§ 3. Les oiseaux des espèces indiquées à l'annexe B qui sont en partie, insectivores pourront, sauf pendant la couvaison, être pris ou tués dans la période qui s'étend du 1er au 31 septembre, avec le consentement du propriétaire du sol, mais sans qu'il soit besoin d'autre autorisation.

§ 4. Les oiseaux des espèces désignées qui se nourrissent surtout d'insectes, de souris et d'autre vermine nuisible à l'agriculture, pourront être pris et tués du 1er septembre au 31 janvier, avec le consentement du propriétaire du sol, sur présentation d'une autorisation du magistrat civil du district ou canton, laquelle sera valable pour une année.

Avant de délivrer ladite autorisation, il conviendra d'examiner sérieusement si la chasse aux oiseaux peut être permise, en raison des circonstances où se trouvera l'agriculture.

La requête devra être introduite par l'intermédiaire des préposés ou maires des communes, qui auront à se prononcer dans un rapport détaillé sur l'admissibilité ou le rejet de la demande.

Les préposés ou maires des communes devront être prévenus de toute autorisation qui sera accordée.

La capture, un par un ou par couples, des oiseaux appartenant aux espèces énumérées dans l'annexe C, au moyen de filets qui se rabattent, ou de filets dits tirasses, pourra être autorisée en dehors de l'époque de couvaison, avec le consentement du propriétaire du terrain sans qu'il soit besoin de solliciter préalablement l'autorisation du tribunal civil.

§ 5. Pour chasser aux oiseaux avec des armes à feu, il est indispensable, en outre du consentement du propriétaire du sol, prévu par les §§ 3 et 4, d'obtenir aussi le consentement du concessionnaire de la chasse.

§ 6. Sont considérés comme chasses et engins prohibés :

a) L'emploi d'appeaux aveugles ;

b) L'emploi de filets à bascules, de perches et pantières, lacets et cadres à ressorts.

§ 7. Le tribunal civil délivrera dans le cas spécifié au paragraphe 4, à raison de l'autorisation accordée, un bulletin muni du sceau officiel. Ce bulletin contiendra le nom, le signalement du titulaire, la zone ou district et la durée du temps pour laquelle aura été accordée l'autorisation, de même que les conditions éventuelles que le magistrat aura jugé à propos d'y ajouter sur tels ou tels points.

L'oiseleur en faisant usage du droit qui lui est concédé dans le cas du paragraphe 3, devra s'être pourvu du consentement du propriétaire, et dans le cas du paragraphe 4, du consentement du tribunal civil du district ou canton.

§ 8. Le commerce des oiseaux dont les noms figurent aux annexe B et C est défendu, si ces oiseaux ont été pris pendant la période d'in terdiction de la chasse, et cela conformément au paragraphe 2.

Les oiseaux énumérés dans l'annexe C ne pourront jamais, quelqu soit le temps où ils auront été capturés, être mis en vente s'ils son déjà tués.

§ 9. Les contrevenants aux dispositions ci-dessus, seront punis pa le préposé ou maire assisté de deux conseillers communaux, d'un amende de 1 à 10 florins, laquelle en cas de récidive sera portée jusqu' 20 florins (monnaie autrichienne), et en cas de non-paiement, converti en une détention de 12 heures à 4 jours. En outre, on confisquera le engins de chasse et les bêtes capturées, en mettant immédiatemen en liberté celles qui seraient vivantes.

Le montant des amendes de même que celui des recettes provenan des objets confisqués seront versés à la Caisse de secours pour les in digents de la localité où la contravention aura eu lieu.

§ 10. Le jugement devra ou être signifié par écrit à la partie con damnée, au moyen d'un acte d'expédition contre un accusé de récep tion, ou notifié verbalement à celle-ci, en présence de deux témoins Dans ce cas, la notification qui aura été faite et le jour où elle aur eu lieu devront être constatés sur l'acte du jugement.

§ 11. Les appels à raison du refus d'autorisation pour la chasse au oiseaux, ou à raison des conditions qui se rattacheraient à ladite auto risation (§§ 4 et 7), devront être adressés au tribunal civil supérieur, e dans les instances ultérieures, au Ministère de l'Agriculture; celles qu auraient lieu, à raison d'un jugement de condamnation, relèveront du juge civil du district ou canton (§ 9). Les recours, dans les premier cas, seront portés devant le juge civil du district ou canton, et dan le dernier cas, devant le préposé ou maire de la commune, par écri ou verbalement, et dans les huit jours, du jour de la notification ou signification du jugement.

§ 12. Les magistrats civils sont tenus de veiller à ce que les préposés ou maires de la commune se conforment rigoureusement aux disposi- tions de la présente loi.

Le juge civil du district ou canton veillera tout particulièrement à ce que la présente loi soit publiée de nouveau par les soins des préposés ou maires, dans les communes où les contraventions se reproduisent souvent.

§ 13. La non-exécution des obligations confiées aux préposés et maires des communes, en vertu de la présente loi, sera punie par le tribunal civil du district ou canton, d'une amende administrative de 5 à 10 florins, au profit de la Caisse des fonds agricoles.

§ 14. Il incombe à la gendarmerie impériale et royale, au person- nel des gardes-chasse, gardes champêtres, gardes forestiers, ainsi qu'à tous les agents de l'ordre public, de dénoncer aux préposés ou maires des communes, les contraventions dont ils auront eu à dresser les procès-verbaux.

§ 15. En vue d'expérimentations scientifiques, le magistrat du tribunal civil supérieur pourra autoriser des dérogations aux dispositions de la présente loi.

§ 16. Les maîtres des écoles primaires ont pour devoir de faire comprendre à leurs jeunes écoliers, les conséquences fâcheuses dont ils seraient la cause, en enlevant les nids, en prenant ou détruisant les oiseaux utiles, et lesdits maîtres devront tâcher, autant que le leur permet leur cercle d'action, d'empêcher les contraventions à la présente loi en faisant connaître aux jeunes élèves les prescriptions édictées par celle-ci pour la protection des oiseaux.

§ 17. Toutes les lois, ordonnances et prescriptions antérieures, en opposition aux dispositions de la présente loi, sont par suite de la promulgation de celle-ci, invalidées et abrogées (1).

— *Loi du 1er novembre 1888, relative aux indemnités pour dégâts provenant de la chasse et du gibier.*

§ 1. Tout individu autorisé en droit à chasser est obligé :

a) A compenser conformément aux prescriptions de la présente loi, les dégâts (de chasse) qui seront causés par lui-même ou par son personnel de chasseurs et par ses invités ou par les chiens de ces personnes, ainsi que les dégâts (des bêtes fauves) que pourront causer à la terre, aux cultures et aux produits non encore engrangés toutes les espèces de gibier pour lesquelles la législation nationale du 1er octobre 1887, Code local, a fixé une période d'interdiction (temps de ménagement).

Les ravages qui pourront être occasionnés au sol et aux terres cultivées ou aux produits de celles-ci non encore engrangés par des bêtes fauves échappées des parcs, bien qu'elles ne soient pas nommées dans la loi nationale du 1er octobre 1887 du Code local, comme aussi par les blaireaux, lapins et faisans, doivent être considérés comme dégâts provenant du gibier.

§ 2. Si le droit de chasse appartient à plusieurs personnes, celles-ci sont solidairement responsables.

Les personnes obligées à rembourser les dégâts occasionnés par la chasse (§ 1er, lettre *a*), peuvent exercer leur recours contre celles qui sont directement coupables, conformément au droit civil.

§ 3. Tout propriétaire d'une terre est autorisé à protéger son bien-fonds contre les envahissements du gibier, au moyen de planches ou de palissades de quelque hauteur que ce soit, ou de fossés à escarpes, mais ces planches, palissades ou fossés ne doivent en aucune façon être disposés en vue de capturer le gibier. En outre, pour les terres situées au bord des rivières, tous les 500 pas, on établira des portes qu'on ouvrira au moment des plus fortes crues, pour que le gibier puisse se sauver.

Toute personne est, de plus, autorisée, pour peu qu'elle y trouve un avantage sensible, à écarter ou à repousser hors des différentes terres

(1) Voir annexes A, B, C, pages 427, 428.

de son domaine, le gibier, en y plaçant des gardes, en dressant des épouvantails, ou par des feux de nuit et autres moyens analogues. Si, dans de telles conditions, il arrivait qu'une bête fauve s'estropiât ou se noyât, le concessionnaire de la chasse n'est pas fondé à réclamer, de ce chef, une compensation.

§ 4. Le concessionnaire de la chasse peut également protéger les terres sises dans son domaine de chasse et qui n'en font pas partie, au moyen de clôtures ou autres moyens pour les préserver des ravages du gibier, mais pour cela il lui faudra demander l'autorisation des propriétaires de chaque terre.

Le concessionnaire de la chasse reste, toutefois, malgré les dispositions de ce genre, soumis au remboursement des dégâts causés par le gibier, lorsqu'il n'est pas prouvé par lui, que ces dispositions ont manqué leur but par la faute de l'individu lésé.

Si l'érection de barrières ou d'autres dispositions employées par le concessionnaire, à l'effet de protéger les terres d'autrui contre les dévastations du gibier, sont bien adaptées et viennent à être établies de telle façon que, par suite, les propriétaires desdites terres ne soient lésés en quoi que ce soit, ni ne paraissent gênés dans leur exploitation du sol, et si, malgré cela, lesdits propriétaires des terres refusent leur consentement pour l'érection de ces barrières, ils perdront, à l'égard du concessionnaire de la chasse, tout droit à une réclamation en dommages, à raison des dégâts commis par le gibier.

Si, plus tard, on venait à s'apercevoir que par les dispositions prises, il résulte un préjudice quelconque pour le propriétaire du sol, alors le titulaire de la chasse sera tenu de l'indemniser, mais la réclamation de cette indemnité devra être poursuivie, en se conformant à la procédure de droit civil.

§ 5. Les dégâts causés par le gibier aux jardins potagers et fleuristes, de même qu'aux pépinières, ne devront être compensés qu'autant qu'il sera prouvé que ces dégâts ont eu lieu malgré les dispositions prises pour préserver les objets endommagés, et que ces dispositions dans les circonstances ordinaires étaient propres à empêcher les dévastations du gibier.

§ 6. Les dégâts que causera le gibier par des incursions ou en donnant le change, devront être compensés par le titulaire des garennes sur le domaine duquel les dégâts ont été commis.

Quant aux dégâts provenant d'un fauve échappé de quelque parc, le titulaire de la chasse conserve le recours contre le propriétaire du parc en question : auquel cas, le premier est obligé de se charger de la preuve relative aux circonstances dans lesquelles les dégâts ont été commis par la bête appartenant au second.

§ 7. Si les dégâts de chasse et ceux causés par le gibier, en ce qui concerne les blés et autres produits du sol, dont on ne peut apprécier la valeur exacte qu'au temps de la moisson, ont eu lieu avant cette époque, il faudra calculer les dégâts d'après l'importance qu'ils auraient au temps de ladite moisson.

§ 8. En cherchant les bases pour l'évaluation des dégâts causés par la chasse et le gibier d'après l'étendue qu'ils présenteraient au moment de la récolte, il faudra faire entrer en ligne de compte la perte réelle que l'individu lésé aura à supporter quant aux produits de ses terres, déduction faite des dépenses qu'il aurait eues à y consacrer jusqu'au temps de la moisson. Si les dommages, d'après les règles fondamentales d'une économie rurale bien entendue, pouvaient être balancés par une seconde culture, il y aura lieu de ne pas perdre de vue, dans l'évaluation, cette circonstance.

§ 9. Les juges civils sont appelés à connaître de toutes réclamations en dommages touchant les dégâts qui proviennent de la chasse et du gibier.

En première instance, ces réclamations sont de la compétence du juge civil dans la juridiction duquel les dégâts ont été commis.

§ 10. L'individu lésé, si quelque arrangement amiable n'intervient pas entre lui et le titulaire de la chasse, devra faire parvenir sa demande en indemnité pour dégâts, au juge civil du district ou canton, assez à temps, pour que les traces des dégâts soient encore visibles et qu'on puisse les apprécier, autrement sa demande se trouvera prescrite.

Cette démarche de la personne lésée ne nécessite pas la fixation du montant, en chiffres, de la demande de compensation, elle peut en être différée jusqu'au moment où on présentera la requête, conformément au § 15.

§ 11. Le juge civil devra, tout d'abord, tâcher d'amener à composition les deux parties, et si cette tentative reste sans résultat, dans les 14 jours au plus, en comptant du moment où la demande d'indemnité a été remise (§ 10), il devra procéder aux constatations nécessaires par l'intermédiaire des experts, en son lieu et place, et à la condition de convoquer les parties intéressées.

Dans le cas, cependant, où au moment de la notification, la moisson aurait déjà été commencée, ou serait sur le point de commencer, on devra procéder sans retard auxdites constatations.

§ 12. La commission d'expertise (§ 11) devra être constituée en sorte que le plaignant et le prévenu désignent chacun un expert, et ces deux experts nommeront, d'ordinaire, un tiers en qualité d'arbitre.

On ne devra choisir comme experts que des personnes du métier, honorables et expérimentées. Si la constatation, par la Commission déléguée, devait porter sur plusieurs cas de dégâts dans un ou plusieurs cantons des communes voisines, les propriétaires de terres, qui auront été lésés, choisiront collectivement un expert.

Si les individus lésés ne peuvent pas s'entendre sur le choix de leur expert ou si les deux experts, celui du plaignant et celui du prévenu, désignés par eux ne tombaient pas d'accord sur le choix d'un tiers, il appartiendra au juge civil de nommer ce dernier, de même qu'il est autorisé, suivant la teneur de l'alinéa 2, à ne pas agréer comme experts les personnes qui n'ont pas les qualités requises, et à en convoquer d'autres à leur place.

Contre les mesures prises dans ce cas par le juge civil du district ou canton, il n'y a pas lieu à une procédure spéciale.

§ 13. Dans les constatations par ladite Commission, les experts doivent s'assurer et affirmer :

1° Si les dévastations proviennent réellement du gibier, ou bien encore, de l'exercice du droit de chasse et,

2° Dans les cas prévus par les paragraphes 4 et 5, si pour préserver les objets endommagés, des atteintes du gibier, on avait pris les dispositions propres, dans les circonstances ordinaires, à empêcher les dégâts causés par le gibier.

§ 14. Dans certains cas où, comme par exemple pour les dégâts qui atteignent les cultures forestières et les jeunes plantes, il est possible de constater immédiatement, d'une manière sûre et par une simple inspection, l'importance des dégâts causés, pour l'appréciation desquels il n'est pas nécesaire d'attendre l'époque des moissons, les experts sont tenus de se prononcer sans retard et d'une façon définitive sur l'étendue desdits dégâts occasionnés par la chasse ou le gibier : le juge civil, après une nouvelle tentative de conciliation, statuera alors sur le montant de la compensation à allouer.

§ 15. Dans les cas où, par contre, une constatation sûre et rapide de l'importance des dégâts survenus n'est pas possible, et où en raison d'une juste estimation des dommages il faudrait attendre le temps de la moisson, l'individu lésé devra, à cause de la prescription éventuelle de sa demande en dédommagement, adresser en temps opportun requête au juge civil pour qu'il soit procédé à une deuxième inspection officielle avant le commencement de la moisson : ledit magistral devra, sans délai, procéder à cette inspection, avec convocation des parties intéressées, par l'intermédiaire, si cela est possible, des mêmes experts employés lors de la première inspection : au cas où cela ne pourrait se faire, par d'autres experts qui devront être désignés conformément aux prescriptions du § 12.

Dans cette nouvelle constatation on devra, surtout, se rendre compte d'une façon nette et claire, si les cultures en question n'ont pas eu, par hasard, à souffrir, plus ou moins, durant le cours de l'été ou de l'automne, des vicissitudes des éléments ou d'une température anormale de longue durée, de sorte que, faisant abstraction des dommages causés par le gibier ou par la chasse, la récolte eût été moins abondante en soi : les experts après avoir pris en considération toutes ces circonstances, devront définitivement arrêter le montant dû pour lesdits dommages.

§ 16. Le juge civil devra alors, sur la base des résultats de la deuxième inspection rapprochés de ceux de la première, après une dernière tentative de conciliation, arrêter un arrangement au sujet de la somme allouée en compensation.

§ 17. Le juge civil du district ou canton pour les constatations relatives aux dégâts provenant du gibier ou de la chasse, lesquelles rentrent dans ses attributions, en vertu des dispositions énoncées ci-dessus, pourra éventuellement en charger les préposés ou maires des communes.

Toutefois, ne pourront prendre part aux actes qu'il y aura lieu de dresser ni les maires ni les conseillers communaux qui sont eux-mêmes concessionnaires de chasses, ou dans des conditions de service à l'égard du titulaire de la chasse ou de la personne lésée, ou parents jusqu'au deuxième degré inclusivement, ou alliés par mariage.

§ 18. Le juge civil aura simultanément à se prononcer sur la compensation des dommages, de même que sur le montant des frais de procédure : quant à la procédure, par requête spéciale, il aura à décider sur la question de savoir si la décision concernant la compensation des dégâts est prescrite.

A l'égard du remboursement des frais de procédure, les dispositions suivantes sont en vigueur :

Le concessionnaire de la chasse condamné à la compensation des dégâts a, en général, à rembourser au propriétaire de la terre, qui aura été lésé, les frais nécessaires pour faire valoir sa réclamation en indemnité, mais, par contre, le plaignant, débouté en entier de sa demande de dédommagement, remboursera au concessionnaire de la chasse les frais indispensables à la défense.

Quant aux frais pour représentation, il n'y a pas lieu à remboursement.

Si on accorde au plaignant moins de la moitié du montant de l'indemnité réclamée par lui, il devra supporter la moitié des frais.

Si, avant l'ordonnance relative à la constatation des dégâts, il a été offert à la personne lésée une somme qui arrive presque au chiffre de dommages qui aura été alloué, à la fin de la procédure, les frais seront partagés, par moitié, entre le plaignant et le concessionnaire de la chasse.

Mais si après que la procédure sera terminée, le montant des dommages alloué s'élève à moins de la moitié de la somme offerte, par voie de conciliation, par le concessionnaire de la chasse avant l'ordonnance relative aux constatations des dégâts, les frais devront être partagés proportionnellement.

§ 19. On peut faire appel des décisions du juge civil de district ou de canton, auprès du gouverneur ou, en cas de recours ultérieur par suite de la procédure civile, auprès du tribunal ministériel des instances.

Les appels des décisions du juge civil de district ou de canton devront être adressés au juge civil de première instance, dans la quinzaine, et ceux contre les décisions du gouvernement local, dans le mois, à partir du jour où le règlement de l'affaire aura eu lieu.

Mais contre un jugement confirmé par le gouverneur, il n'y a pas lieu à un second appel.

§ 20. Nos Ministres de l'Agriculture et de l'Intérieur sont chargés de l'exécution de la présente loi.

— Voir au Tyrol la notification du 28 mai 1875, relative à l'introduction des feuilles de licences pour le commerce du gibier (1).

— Voir au Tyrol la notification décrétant des prescriptions complémentaires de l'ordonnance relative à la fixation des périodes d'interdiction de la chasse et de ménagement du gibier, ainsi qu'à l'introduction des feuilles de licence (2).

(1) Page 113.
(2) Page 113.

HONGRIE (ROYAUME DE).

Du droit de chasse. — Loi du 19 mars 1883. — Loi du 8 avril 1883.

Le royaume de Hongrie, tout en faisant partie des États autrichiens, possède une législation particulière sur la chasse.

Sous l'empire de la loi VI de l'année 1872 et de la loi XLIV de 1876, le droit de chasse en Hongrie appartenait à tout propriétaire d'un bien comprenant 100 yocks (57 hectares) d'un seul tenant.

Ce propriétaire pouvait, dans ce cas, user de son droit par lui-même ou le louer.

La loi du 19 mars 1883 est venue apporter quelques modifications à cet état de choses.

Elle n'accorde plus le droit de chasse qu'au propriétaire d'un bien comprenant 200 yocks (114 hectares) d'un seul tenant.

Mais, d'un autre côté, elle autorise les propriétaires qui ont des fonds contigus d'une contenance d'au moins cinquante yocks chacun, formant en tout un ensemble d'au moins 200 yocks, à réunir ces fonds afin d'exercer la chasse en commun.

Voici le texte de cette loi (1) :

Loi du 19 mars 1883.

Section 1. — *Du droit de chasse.*

Art. 1er. — Le droit de chasse est une dépendance inséparable de la propriété foncière.

Art. 2. — Le propriétaire peut chasser librement sur son propre fonds, sauf à se conformer aux dispositions fixées par la présente loi,

(1) *Législation étrangère*, t. XIII, année 1883, p. 381.

et il en est de même de celui à qui le propriétaire a concédé le droit ou l'autorisation de chasser, lorsque le fonds :

1° Se compose d'une seule pièce ou de plusieurs pièces contiguës, ayant un contenance d'au moins 200 arpents (1) (l'arpent étant compté pour 1,600 toises carrées), encore que ces pièces soient situées sur le territoire de plusieurs communes différentes ou traversées par des routes, chemins de fer, canaux, rivières, ou ruisseaux ;

Ou lorsque le fonds :

2° Bien qu'ayant une contenance inférieure à 200 arpents, est cultivé en nature et jardin et est entouré d'une haie ou d'un fossé, ou est constitué par une habitation avec cour et jardin (belsö telk), ou consiste en une vigne ou en une île permanente ;

3° Les propriétaires de fonds ayant une contenance d'au moins 50 arpents d'un seul terrain (l'arpent étant compté pour 1,600 toises carrées) pouvant réunir leurs fonds contigus, en vue de l'exercice de la chasse, pourvu que les parcelles ainsi réunies atteignent une contenance de 200 arpents.

En cas de contestation sur le point de savoir si un fonds se trouve dans les conditions prévues par le présent article, la décision appartiendra, en première instance, au juge administratif du district; dans les villes ayant un conseil régulièrement constitué, au bourgmestre ; dans les villes investies du droit de municipalité, au gouverneur de la ville; enfin à Budapest, à la présidence du district. En seconde instance, au fonctionnaire ayant le rang le plus élevé dans la juridiction (vice-administrateur du Comitat (alispân) bourgmestre); et, à Budapest, au Conseil de ville.

ART. 3. — En ce qui concerne les fonds qui ne tombent pas sous l'application de l'article 2 et les terrains appartenant aux communes (ces derniers, quelle que soit leur contenance), les propriétaires d'une même circonscription doivent s'associer à la commune pour louer ensemble le droit de chasse sur lesdites terres, pour une période d'au moins six années : le revenu annuel de la location est réparti entre les propriétaires, au prorata de l'étendue de leurs propriétés. Si la répartition ne peut pas être faite de cette manière, la totalité du prix de location est attribuée à la commune, qui est tenue de l'employer à des objets d'intérêt communal.

Les terrains sus-énoncés doivent être loués en bloc, lorsqu'ils forment un ensemble de moins de 2,000 arpents cadastraux d'un seul tenant; dans le cas où leur contenance est supérieure, ils peuvent être loués par fractions de 2,000 arpents cadastraux au moins. On observera, pour la location, les dispositions de procédure édictées par l'article 110 de la loi XVIII de 1871 (2); toutefois, le bail devra toujours être soumis à l'approbation du vice-administrateur du Comitat, et, dans les villes investies du droit de municipalité, à celle du Conseil. On pourra se pourvoir

---

(1) 200 yocks = 115 hectares.
(2) L'article 110 de la loi XVIII de 1871 dispose que les baux des biens communaux doivent être faits, en règle générale et sauf des exceptions, limitativement énumérées, par adjudication publique et suivant des règles qu'il détermine.

devant le Ministre de l'Intérieur contre les décisions de ces autorités.

La location des terrains communaux n'est pas soumise aux dispositions de l'article 36 (*b*) de la loi XVIII de 1871 (1).

Lorsqu'un domaine forestier d'une grande étendue et constituant un domaine de chasse particulier entourera, au moins de trois côtés, les propriétés d'un ou de plusieurs propriétaires, possédant chacun moins de 200 arpents (l'arpent compté pour 1,600 toises carrées), le propriétaire du fonds ainsi enclavé sera tenu de louer le droit de chasse au propriétaire du domaine de chasse qui l'entoure, et celui-ci sera pareillement tenu de prendre ce fonds en location.

Dans le cas où un accord amiable ne pourra intervenir, la décision sera confiée aux autorités administratives désignées en l'article 2 (2).

ART. 4. — Dans les communes où le règlement de la propriété foncière *et le rachat des droits féodaux* n'ont pas encore été effectués, le droit de chasse dans les pâturages, bois et plantations de roseaux indivis, est attribué à la commune; dans les bois et roseaux appartenant aux anciens seigneurs, à ces anciens seigneurs exclusivement, alors même que ces terrains seraient soumis à des servitudes forestières ou autres au profit des anciens vassaux; dans les terrains défrichés, les fonds possédés à charge de redevance seigneuriale (curiaux et censuels), et les autres immeubles grevés de charges de nature féodale, aux propriétaires actuels, jusqu'à nouvelle réglementation du régime de ces propriétés par voie législative.

ART. 5. — Dans les communes où le règlement de la propriété foncière et le rachat des droits féodaux ont déjà été effectués, et où l'ancien seigneur s'est réservé, pour l'avenir, le droit de chasse sur les propriétés des anciens vassaux, cette convention cessera de produire effet.

Toutefois, lorsque le seigneur aura donné un dédommagement, soit en immeubles, soit de toute autre manière, en échange du droit de chasse réservé à son profit, les anciens vassaux seront tenus de racheter cette servitude conformément aux dispositions d'une loi spéciale relative au rachat des servitudes de nature féodale.

ART. 6. — Le locataire de la chasse ne peut être obligé de subir, quant à l'exercice de son droit de chasse, d'autres restrictions que celles déterminées par la présente loi et par la loi sur la police rurale. À l'égard des dommages causés par l'exercice de la chasse, on appliquera les dispositions de l'article 16.

SECTION II. — *De la réparation des dommages causés par le gibier.*

ART. 7. — Tous les dommages causés par le gibier (cerfs, daims), dans les terres ensemencées, les plantations et autres exploitations

---

(1) L'article 36 (*b*) de la loi XVIII de 1871 porte que les membres de l'administration communale ne peuvent se rendre adjudicataires de baux passés par la commune.

(2) Aux termes de l'article 3 de la loi VI de 1872, la décision était réservée, en pareil cas, aux tribunaux ordinaires.

agricoles ou sylvicoles donneront lieu à une réparation intégrale de la part du propriétaire ou du locataire de la chasse, sur le domaine de chasse duquel le grand gibier est entretenu.

A cet effet, le dommage devra être déclaré à l'autorité, dans les huit jours après qu'il aura été commis, pour permettre la constatation.

L'évaluation du dommage causé aux terres ensemencées aura lieu seulement à l'époque où ce dommage pourra être évalué en quantité de produits; la réparation du dommage pourra avoir lieu en nature ou au moyen d'une indemnité pécuniaire.

Art. 8. — Les dommages causés par les animaux carnassiers ou nuisibles (sect. III, art. 13), ne donnent lieu à aucune réparation, ces animaux pouvant toujours être détruits par le propriétaire foncier.

Section III. — *Du temps où la chasse est interdite.*

Art. 9. — La chasse est interdite, d'une manière générale, du 1er février au 15 août ; pendant ce temps, il est absolument défendu de chasser avec des chiens courants (limiers, bassets, lévriers, chiens de berger, et autres chiens courants).

Par exception à la disposition qui précède, il est interdit de chasser :

a) Les cerfs, du 15 octobre, et les daims du 15 novembre au 1er juillet;

b) Les biches, daines et chevrettes, du 1er janvier au 15 octobre;

c) Les chevreuils, du 15 janvier au 1er avril;

d) Les chamois, du 15 décembre au 1er août; les faons de chamois, en tout temps;

e) Les grands et les petits coqs de bruyère, du 1er juin au 1er mars, *et leurs femelles en tout temps;*

f) Les gelinottes, du 1er décembre, les faisans et les outardes du 1er février au 15 août;

g) Les perdrix, du 1er janvier au 1er août;

h) Les oiseaux chanteurs, en tout temps;

i) Tous les autres oiseaux, à l'exception de ceux mentionnés aux articles 11 et 12, du 1er février au 15 août. — Pendant le temps où la chasse est interdite, il est défendu non seulement de prendre les petits du gibier, mais encore de toucher, à dessein, aux nids d'oiseaux et d'enlever les œufs. Une exception est faite en faveur des propriétaires et locataires qui font recueillir les œufs précisément en vue de multiplier le gibier.

Art. 10. — Pendant le temps où la chasse est fermée, il est interdit, sauf pendant les huit premiers jours, de vendre, acheter ou faire figurer, dans les locaux publics, *sur les menus de repas,* toute espèce de gibier, ou, si la défense de chasser ne s'applique qu'à certaines espèces, les espèces dont la chasse est défendue.

Art. 11. — Sont exceptés des autres oiseaux, les oiseaux migrateurs et les oiseaux d'eau; toutefois, là où ces oiseaux font leurs couvées, l'interdiction de chasser s'étend également à eux, pendant le temps de la pariade et de l'incubation.

Art. 12. — Il est permis de chasser, même en temps prohibé, les oies sauvages voyageant en troupes, les canards sauvages, les pigeons sauvages et privés, les vautours et toutes les espèces d'aigles, de faucons, de milans, de cresserelles, d'éperviers et de busards, ainsi que le grand-duc, enfin les corbeaux, moineaux et étourneaux, ces derniers seulement dans les vignes et vergers.

Art. 13. — Le propriétaire peut toujours détruire, sur son propre terrain, alors même que la chasse en serait louée, les animaux féroces ou nuisibles, tels que : ours, loups, renards, chats sauvages, fouines, sangliers, blaireaux, lapins, hamsters, souslicks, putois, belettes, martres, loutres; mais s'il veut opérer cette destruction en chassant à l'aide de traqueurs ou de chiens de chasse quelconque, il est tenu, dans ce cas, de demander l'autorisation du locataire de la chasse.

Dans les cantons où les sangliers causent de grands ravages, les propriétaires et locataires de la chasse sont tenus de détruire, autant que possible, ces animaux nuisibles. S'il se produit des plaintes reconnues fondées, ils sont mis en demeure de remplir leur obligation par le comité administratif ou par son président, qui leur impartit un délai pour s'en acquitter. S'ils laissent passer ce délai, la destruction desdits animaux a lieu d'office, de la manière indiquée à la IV⁰ section de la présente loi.

Art. 14. — Le titulaire de la chasse peut détruire les chats domestiques et les chiens errants trouvés sur le domaine de la chasse.

Art. 15. — Il est interdit, même pendant le temps où la chasse est permise, de prendre ou de tuer le gibier utile de poil et de plume, au moyen de pièges, filets, lacets, et il est défendu spécialement de chasser et de tuer les outardes *en temps de grandes pluies*.

Il est fait une exception pour les grives, qui peuvent être capturées, pendant le temps où la chasse est permise, à l'aide de lacets et de gluaux.

Les propriétaires et les locataires de la chasse ainsi que leurs représentants attitrés ont seuls le droit de capturer le gibier de cette manière, dans le but de le conserver.

Art. 16. — La chasse ne peut être exercée qu'au moyen d'armes à feu, ou, à cheval, avec l'aide de chiens courants, de quelque espèce que ce soit.

Les personnes qui veulent se livrer à l'exercice de la chasse sont tenues à la réparation des dommages causés par le fait de la chasse aux terres ensemencées, aux plantations et autres exploitations agricoles ou sylvicoles. La dénonciation, l'évaluation et la réparation des dommages ont lieu de la manière prescrite par l'article 7.

A l'exception des titulaires de la chasse, nul ne peut laisser pénétrer des chiens, de quelque espèce que ce soit, sur le domaine de chasse. Une exception est faite en faveur des bergers; néanmoins, ceux-ci sont tenus d'attacher au cou de leurs chiens *un objet pesant, qui doit pendre à 3 centimètres au-dessous du genou* des pieds de devant de l'animal.

Art. 17. — Le gibier blessé ne peut être poursuivi sur le terrain d'autrui.

Lorsque les chiens des titulaires de la chasse passent sur un domaine voisin, ils peuvent être retenus par le propriétaire de la chasse de ce domaine, tant que leurs maîtres ne l'ont pas complètement indemnisé du préjudice qui a pu lui être causé; toutefois, le droit à cette indemnité n'en demeure pas moins garanti, lors même que les chiens n'auraient pu être retenus.

Art. 18. Dans les domaines dûment clos, d'où le gibier ne peut s'échapper, le propriétaire ou le locataire de la chasse peut chasser en tout temps.

Section IV. — *Des battues exécutées d'office.*

Art. 19. — Le comité administratif ou son président accorde, en vue de la destruction des animaux féroces, selon les besoins et au fur et à mesure des circonstances, l'autorisation de faire des battues d'office; il prévient, en même temps, les propriétaires ou locataires du domaine de chasse, de la délivrance de cette autorisation, et il adresse immédiatement, à ce sujet, un rapport motivé au Ministre de l'Intérieur.

Art. 20. — Le propriétaire ou locataire du domaine en question ne peut s'opposer à ce que la chasse autorisée, en vertu de l'article précédent, ait lieu.

Art. 21. — Dans le cas où le Ministre de l'Intérieur acquerrait la conviction qu'un comité administratif ou son président a autorisé une battue d'office sans motifs plausibles, il peut retirer à ce comité la faculté de donner de semblables autorisations et se réserver, pour un laps de temps déterminé, le droit de les accorder par voie d'ordonnance.

Art. 22. — Dans les chasses de ce genre, on ne peut tuer aucun animal, en dehors des animaux féroces.

Quiconque aura tué un animal autre qu'un animal féroce, sera exclu de la chasse, et, si l'animal ne rentre pas dans la catégorie des animaux mentionnés aux articles 12 et 13, sera passible de l'amende fixée par l'article 26.

Les animaux féroces ou nuisibles tués dans une battue exécutée d'office, seront abandonnés au propriétaire ou au locataire sur le domaine duquel ils auront été abattus.

Art. 23. — Dans les chasses de ce genre, les habitants des communes dans l'intérêt desquelles la chasse a été autorisée sont tenus, sur la requisition de l'autorité compétente, de prendre part à la chasse comme traqueurs.

Art. 24. — Les battues ont lieu sous la surveillance de l'autorité; des personnes n'ayant pas le droit de chasser, aux termes de la loi sur la taxe des armes et sur la taxe de la chasse, ou n'ayant pas de permis de chasse, peuvent neanmoins y prendre part, sur l'invitation écrite, valable pour une fois, à elles adressée par l'administrateur du Comitat (föispan) ou, en cas d'empêchement de celui-ci, par le vice-administrateur (alispán) ou par le bourgmestre.

Art. 25. — Dans les Comitats où, par suite de circonstances naturelles, les bêtes féroces se multiplient outre mesure, le Ministre de l'Intérieur peut, en outre, sur la réclamation motivée du comité administratif, proposer des primes, afin d'obtenir qu'elles soient tuées ou détruites.

Section V. — *Des contraventions de chasse et des peines.*

Art. 26. — Quiconque chassera sans l'autorisation du propriétaire, ou, si la chasse est louée, sans l'autorisation du locataire, sera puni d'une amende de 10 à 50 florins, et, si la chasse a eu lieu à courre, d'une amende de 20 à 100 florins.

Art. 27. — Lorsque le délit de chasse aura été commis, la nuit, ou dans des endroits clos, ou à l'aide de moyens prohibés, ou lorsque le délinquant aura été masqué ou se sera rendu méconnaissable de toute autre manière, ou lorsqu'il aura dissimulé son nom ou cherché à induire en erreur celui qui l'aura pris sur le fait, en se donnant un faux nom, ou lorsqu'il aura menacé celui-ci d'une manière dangereuse, qu'il aura dirigé ses armes contre lui ou qu'il aura usé de violence, le délinquant sera passible d'une amende de 100 à 200 florins.

En outre, lorsque les faits susénoncés constitueront des actes défendus par la loi pénale, une instruction pénale séparée sera ouverte contre le délinquant.

Art. 28. — Si l'un quelconque des propriétaires attaque ou entrave, sur le terrain de chasse loué, le locataire ou une personne chassant avec son autorisation, ce propriétaire sera frappé, pour ce seul fait et pour chaque fois, d'une amende de 10 à 50 florins.

Art. 29. — Quiconque chassera en temps prohibé sera passible d'une amende de 5 à 50 florins.

Art. 30. — Quiconque capturera les jeunes du gibier, détruira les nids d'oiseaux, à l'exception des nids des oiseaux nuisibles, énumérés dans les articles 12 et et 13, enlèvera des œufs d'oiseaux, sera passible d'une amende de 1 à 10 florins.

Art. 31. — Quiconque, en temps prohibé, tuera du gibier utile, en vendra ou en achètera, encourra, lorsque le gibier sera trouvé chez lui, les amendes suivantes : pour les cerfs et daims, 60 florins par pièce; pour les biches et daines, 50 florins par pièce; pour un chevreuil, 20 florins; pour les grands et les petits coqs de bruyère, les faisans et les outardes, 5 florins par pièce; et pour tout autre gibier, 3 florins par pièce.

Le gibier saisi sera, en outre, confisqué au profit des pauvres de la localité.

Art. 32. — Quiconque introduira intentionnellement son chien sur un terrain sur lequel il est interdit de chasser, ou contreviendra aux dispositions concernant les chiens de berger, sera puni d'une amende de 1 à 10 florins.

Art. 33. — En cas de récidive d'une des contraventions prévues par les articles précédents, la peine sera doublée, en ce sens que l'amende à appliquer sera toujours double de celle fixée pour lesdites contraventions ; toutefois, cette amende ne pourra dépasser 300 florins.

Art. 34. — Lorsque, dans un des cas prévus en la présente section, la réserve du gibier aura éprouvé quelque dommage, le titulaire de la chasse pourra réclamer, en même temps, une indemnité devant le tribunal compétent en matière de contraventions, qui aura à appliquer l'amende.

Art. 35. — Lorsqu'une personne sera poursuivie, en même temps, à raison de plusieurs contraventions de chasse, l'amende sera calculée séparément pour chacune de ces contraventions.

Lorsqu'une personne aura commis une contravention de chasse avec l'assistance de ses serviteurs ou journaliers, employés comme auxiliaires, elle sera également responsable des amendes encourues par ces auxiliaires.

Lorsqu'une personne aura employé, pour commettre la contravention de chasse, des membres de sa famille, des personnes vivant en commun avec elle et placées sous sa tutelle ou sa curatelle, des domestiques, des apprentis ou ouvriers industriels ou commerciaux, elle sera directement responsable, en cas d'insolvabilité de ceux-ci, des amendes qui leur seront infligées.

La procédure sera conforme à celle indiquée en l'article 44.

Art. 36. — La moitié des amendes est toujours attribuée au dénonciateur, et l'autre moitié versée au profit des pauvres de la commune sur le territoire de laquelle la contravention a été commise.

Art. 37. — L'amende sera fixée sans égard à la solvabilité du délinquant, et le jugement déterminera, en même temps, la durée des arrêts qui devront être appliqués, dans le cas où l'amende serait irrecouvrable.

En ce qui concerce cette substitution, on ne pourra fixer les arrêts à moins de six heures, ni à plus de douze, pour une amende n'excédant pas 2 florins.

Pour une amende de 2 à 10 florins, les arrêts seront fixés à un jour par chaque fraction de 10 florins et au-dessous.

Lorsque la personne subissant les arrêts payera la partie de l'amende non encore compensée par les arrêts déjà subis, elle sera mise immédiatement en liberté.

Art. 38. — Lorsque le braconnage et la destruction du gibier en temps prohibé prendront de grandes proportions dans une localité, le Ministre de l'Intérieur pourra, sur la proposition motivée du comité administratif, prise à la requête du propriétaire ou du locataire du territoire de chasse atteint, ou, sans proposition préalable de ce genre, de sa propre initiative, ordonner : que, dans la ou les localités où l'on s'adonne au commerce du gibier tué en fraude, la vente, le transport ou l'achat du gibier ne pourront avoir lieu que sur la production de certificats indiquant que le gibier a été régulièrement acquis.

Le vendeur ou l'expéditeur pourra se servir, comme certificat de ce genre, d'une attestation visée par le chef de la commune compétent et émanant du propriétaire ou locataire d'un domaine de chasse, ou du fondé de pouvoir de ceux-ci, constatant par qui le gibier aura été fourni.

On indiquera, dans le certificat ou la lettre de voiture, l'espèce, le sexe et le nombre des pièces de gibier.

Section VI. — *De la procédure.*

Art. 39. — Le tribunal compétent procédera à l'application des peines édictées par la section précédente, non seulement sur une accusation intentée par le propriétaire de la chasse, par le bailleur ou même par le locataire, mais encore, dans les cas prévu par les articles 29, 30 et 31, sur la dénonciation des fonctionnaires supérieurs des diverses administrations ou des chefs de commune préposés au maintien de l'ordre public, ou d'office.

Art. 40. — L'affirmation faite, sous serment, par les personnes préposées à la garde d'un domaine de chasse fera pleine foi, jusqu'à preuve du contraire.

Art. 41. — Les préposés à la garde de la chasse, mentionnés en l'article précédent, ne pourront être admis à prêter serment que s'ils remplissent les conditions suivantes :

a) Être majeurs ;

b) N'avoir jamais été condamnés pour crime ou délit de faux serment, aux témoignage, fausse dénonciation, vol, rapine, extorsion, abus de confiance, violation et saisie, recel, tromperie, falsification de pièces ;

c) Avoir été déclarés préalablement, à l'autorité compétente, comme chargés de remplir les fonctions de garde, et avoir obtenu, à cet égard, la délivrance d'un certificat officiel.

Art. 42. — Les propriétaires ou locataires de chasses, le personnel préposé à la garde et les fonctionnaires chargés du maintien de l'ordre, auront le droit de conduire devant l'autorité municipale la plus voisine toute personne surprise sur un terrain de chasse où elle n'a pas le droit de pénétrer, et qui se sera rendue méconnaissable, aura dissimulé son nom, ou dont la résidence fixe sera inconnue, afin de faire constater son identité.

Art. 43. — La compétence des autorités, en matière de contravention de chasse, sera déterminée par le lieu où le fait aura été commis.

Lorsque plusieurs tribunaux seront compétents, à raison du lieu où le fait aura été commis, le demandeur pourra porter son action devant l'un ou l'autre de ces tribunaux, à son choix.

Art. 44. — Lorsque plusieurs personnes auront commis conjointement une contravention, elles seront tenues solidairement des dommages-intérêts.

La peine sera appliquée séparément à chaque délinquant.

Art. 45. — Les frais et les dommages directs, occasionnés par la contravention de chasse, seront fixés par le jugement rendu au sujet de la contravention de chasse, pourvu qu'ils aient été indiqués au cours de la procédure.

Lorsqu'il sera nécessaire, pour rendre un jugement bien fondé à ce sujet, de recourir à une administration de preuve délicate et susceptible de retarder le prononcé du jugement sur la contravention, la personne qui aura subi le préjudice sera renvoyée devant le tribunal civil pour faire valoir ses droits.

Lorsque l'inculpé aura été renvoyé des fins de l'accusation, les frais qu'il aura faits seront mis à la charge de l'accusateur privé.

Art. 46. — Lorsqu'en matière de contravention de chasse, il se sera écoulé trois mois à compter du jour où le fait aura été commis, sans qu'aucune accusation ou plainte ait été déposée, l'action pénale sera prescrite.

Toutefois, s'il s'agit d'un fait puni par les lois pénales, le délai de la prescription sera calculé conformément à ces lois.

Art. 47. — Le jugement des contraventions de chasse continuera à demeurer dans les attributions des autorités administratives compétentes, aux termes de l'article 41 de la loi XXXVII de 1880 (1).

À l'égard de la procédure à suivre en matière de contraventions soumises à la juridiction administrative, on s'en référera, pour les contraventions de chasse, à l'ordonnance rendue en vertu de l'article 42 de la loi précitée, jusqu'à ce qu'il en ait été disposé autrement par le législateur.

Art. 48. — La présente loi abroge les lois VI de 1872 et XLIV de 1876 sur la chasse.

Art. 49. — Les faits commis antérieurement à l'entrée en vigueur de la présente loi seront, tant au point de vue de la peine à appliquer qu'au point de vue des dommages-intérêts à allouer, jugés conformément aux dispositions des lois antérieures.

Art. 50. — Le Ministre de l'Intérieur, le Ministre de la Justice et le ministre de l'Agriculture, de l'Industrie et du Commerce, sont chargés d'assurer l'exécution de la présente loi.

Loi XXIII sur la taxe des armes et la taxe de chasse (2), *mentionnée le 8 août 1883 et promulguée le 13.*

CHAPITRE Ier.

DISPOSITIONS GÉNÉRALES.

Art. 1er. — La présente loi remplace la loi XXI de 1875 qui demeure abrogée.

Art. 2. — Chacun est tenu d'acquitter une taxe, pour les armes à feu servant à la chasse, qu'il possède ou qui sont détenues ou employées par les membres de sa famille, son personnel de chasse, ses serviteurs préposés à la garde de ses domaines.

Art. 3. — En dehors de cette taxe, quiconque veut exercer le droit de chasse qui lui est reconnu par la loi sur la chasse, soit sur son propre terrain, soit sur celui d'autrui, doit payer la taxe de chasse (vadászati

---

(1) L'article 41 de la loi XXXVII de 1880, sur la mise en vigueur du Code pénal, attribue le jugement d'un certain nombre de contraventions aux autorités administratives (Voir annuaire de lég. Et., 10e année p. 297).

(2) *Annuaire de Législation étrangère.* Année 13e p. 392. Notice de M. Daguin.

adót). Les personnes qui ne détiennent pas d'armes, mais qui chassent avec chevaux et chiens, sont tenues seulement d'acquitter le droit de permis de chasse.

Art. 4. — Les membres de la famille souveraine sont dispensés du payement de la taxe des armes et de la taxe de chasse.

Art. 5. — Sont exemptes de taxe : 1° les armes conservées dans les dépôts publics ; 2° les armes conservées comme souvenirs de famille ; 3° les collections particulières d'armes anciennes ou hors d'usage ; 4° les armes exclusivement destinées au tir à la cible ; 5° les armes des gendarmes, des employés de la police, etc. ; 6° les armes des employés assermentés des forêts ; 7° les armes des gardes forestiers légalement assermentés ; 8° les armes des officiers et soldats de l'armée commune et de l'armée *honvéd*, ne servant pas à la chasse ; 9° les armes mises en vente chez les armuriers.

Art. 6. — Sont dispensés du payement du permis de chasse : 1° les membres de corps diplomatique et consulaire étranger, à moins qu'ils ne soient Hongrois ; 2° les préposés à la garde des chasses ; 3° les personnes commises à la surveillance du gibier et de la chasse ; 4° les gardes champêtres, bergers et gardes forestiers préposés à la surveillance des champs, vignes et bois ; 5° les fonctionnaires du personnel des forêts.

Les personnes mentionnées aux n°˚ 2 à 5 ne peuvent se servir de leurs armes, dans l'étendue du territoire commis à leur surveillance, qu'avec l'autorisation du propriétaire ou du locataire de la chasse ; elles ne peuvent en faire usage, dans d'autres cantons de chasse, que conformément aux dispositions de la loi de chasse, et après l'acquittement préalable de l'impôt de chasse. Une réduction des droits a lieu pour les auditeurs à l'École forestière.

Art. 7. — Les propriétaires ou fermiers de terrains en montagne, fréquentés par des bêtes féroces, peuvent détruire ces animaux sans permis de chasse. Les personnes invitées à une battue faite d'office n'ont pas besoin de permis.

CHAPITRE II.

DU TAUX DE LA TAXE DES ARMES ET DE LA TAXE DE CHASSE.

Art. 8. — La taxe des armes (*fegyveradó*) est fixée à 1 florin, par an et par arme à un coup ; et à 2 florins, pour arme à deux coups.

Art. 9. — La taxe de chasse (*vadászati adó*) est de 12 florins par an.

Art. 10. — Des permis de chasse (*vadászati jegyek*), valables pour trente jours, sont délivrés au prix de 6 florins.

Art. 11. — L'année de chasse commence au 1ᵉʳ août et finit au 31 juillet de l'année suivante, aussi bien au point de vue de la taxe des armes qu'au point de vue de la taxe de la chasse.

Art. 12. — La taxe des armes est due pour l'année entière, encore que la possession des armes n'ait commencé qu'au cours de l'année. Il en est de même pour la taxe de chasse.

CHAPITRE III.

DE L'IMPOSITION ET DU RECOUVREMENT DE LA TAXE DES ARMES ET DE LA TAXE DE CHASSE.

ART. 13. — La taxe des armes est imposée et perçue par les fonctionnaires municipaux ; si la même personne est tenue au payement de la taxe des armes et de la taxe de chasse, l'imposition et la perception ont lieu par les soins des employés des contributions.

ART. 14 à 20. — « Dispositions relatives aux déclarations à faire et au mode de procéder ».

ART. 21 à 24. — « Il est délivré aux intéressés un certificat constatant le payement de la taxe des armes. Les autorités municipales doivent tenir à jour la liste des personnes soumises au payement de la taxe et des personnes dispensées ».

ART. 25. — Nul ne peut chasser s'il ne lui a été délivré un permis de chasse (*vadászati jegy*).

ART. 26 à 28. — « Forme et contenu du permis de chasse ».

ART. 29. — Lorsque les membres de la famille de l'impétrant veulent exercer le droit de chasse avec lui, une déclaration en ce sens doit être faite au moment de la délivrance du permis.

ART. 30. — L'étranger résidant en Hongrie peut obtenir un permis de chasse, moyennant le payement de la taxe et à la condition d'être cautionné par un citoyen hongrois.

ART. 31 à 35. — « Dispositions relatives aux déclarations à faire pour obtenir un permis de chasse ; visa de l'autorité administrative ».

ART. 36. — L'autorité administrative doit refuser son visa, en motivant son refus : 1° aux mineurs de 20 ans, à moins que leur père ou curateur n'ait fait la déclaration en leur nom ; 2° à ceux qui, à raison de leur faiblesse intellectuelle, ne pourraient, sans danger, se servir d'armes à feu ; 3° aux individus condamnés définitivement pour contravention de chasse ou pour une des contraventions prévues par l'article 42 de la présente loi, et ce, pendant trois années à compter de l'exécution de la peine ; 4° aux individus condamnés définitivement pour un crime ou pour un vol commis à main armée ; 5° aux étrangers qui n'ont pu trouver une caution (V. art. 30).

ART. 37. — Lorsque l'impétrant se trouve, postérieurement à la délivrance du permis, dans un des cas prévus par les n°s 2 à 4 de l'article précédent, ou lorsqu'on s'aperçoit, postérieurement à la délivrance du permis, de l'existence d'une des circonstances spécifiées en l'article 36, le permis est retiré sans indemnité.

ART. 38. — En cas d reefus de visa ou de retrait du permis, un pourvoi peut être formé dans les quinze jours, devant le comité administratif, ou, en Croatie-Slavonie, devant le Ban.

CHAPITRE IV.

DES CONTRAVENTIONS ET DES PEINES.

Art. 39 et 40. — « Les gendarmes et certains employés de la police et des finances ont le droit d'exiger de tout chasseur la présentation du permis de chasse; le chasseur qui ne peut exhiber immédiatement son permis, doit cesser de chasser jusqu'à ce qu'il l'ait produit ».

Art. 41. — Les contraventions à la présente loi sont punies d'une amende.

Art. 42. — Commet une contravention : 1° le possesseur du permis de chasse qui ne le produit pas sur la réquisition d'un des fonctionnaires désignés en l'article 39; 2° le chasseur qui, n'ayant pu produire son permis, dans le cas prévu par l'article 39, ne cesse pas de chasser, donne un faux nom ou indique un faux domicile, etc.; 3° celui qui remet son permis à une tierce personne pour s'en servir; 4° celui qui chasse sans permis, avec le permis d'un autre ou avec un permis périmé; 5° celui qui chasse avec un permis falsifié; 6° celui qui soustrait des armes à la taxe ou qui les dissimule, ou qui se sert, pour chasser, d'armes exemptes de droits, aux termes de l'article 5, n°s 1 à 5.

Art. 53. — L'amende est : de 1 à 10 florins, dans le cas prévu par l'article 42, n° 1; de 20 à 100 florins, dans les cas prévus par les n°s 2, 3 et 4; de 50 à 100 florins, dans le cas prévu par le n° 5, et de 10 à 20 florins pour chaque arme dissimulée ou soustraite à la taxe.

Art. 44. — En cas de résistance, avec menaces ou usage des armes, aux personnes qui veulent conduire le délinquant devant l'autorité municipale, dans le cas prévu par l'article 42, n° 2, le délinquant est passible, en outre, des peines portées par le Code pénal et peut être poursuivi par voie d'instance criminelle; il en est de même en cas de falsification du permis.

Art. 45. — Les faits sont portés à la connaissance de l'inspecteur des contributions compétent par l'autorité municipale; l'inspecteur prononce la condamnation, en première instance, ou saisit le tribunal compétent.

Art. 46. — Les contraventions prévues par la présente loi se prescrivent par six mois, à compter du jour où le fait a été commis, à moins qu'un acte d'instruction n'ait été fait dans l'intervalle.

Art. 47. — On peut se pourvoir, dans les quinze jours, contre la décision de l'inspecteur des contributions, devant le comité administratif, ou en Croatie-Slavonie, devant la direction des finances.

Art. 48. — En cas d'insolvabilité du délinquant, on lui inflige un jour d'arrêt par 10 florins ou fraction de 10 florins d'amende. La décision sur ce point est rendue, sur l'avis de l'inspecteur des contributions, par le comité administratif, et en Croatie-Slavonie, par le Ban.

Art. 49. — Un tiers de l'amende est attribué au dénonciateur, un tiers au Trésor public et un tiers à la commune dans laquelle le permis a été demandé ou dans laquelle la partie a son domicile fixe. En Croatie-Slavonie, le tiers attribué à la commune peut être affecté à des objets d'intérêt général.

CHAPITRE V.

DISPOSITIONS TRANSITOIRES ET DISPOSITIONS CONCERNANT LA MISE EN VIGUEUR DE LA LOI.

Art. 50. à 55. —

BELGIQUE.

I. Droit de chasse. — II. De la chasse avant 1795. — III. Réunion de la Belgique à la France. — IV. Belgique et Pays-Bas. — V. Arrêté du gouverneur Sack, 18 août 1814. — VI. Loi du 26 février 1846. — VII. Loi du 29 mars 1873. — VIII. Arrêté du 11 avril 1873. — IX. Arrêté du 10 décembre 1874. — X. Loi du 28 février 1882. — XI. Convention entre la France et la Belgique, 23 avril 1880.
CONGO. — Décret du 21 janvier 1889. — Décret du 15 juillet 1889.

I. — *Droit de chasse.*

La Belgique, en recouvrant son indépendance en 1830, s'est donnée une loi cynégétique le 26 février 1846.

Cette loi, reproduction de la loi française de 1844 sur la police de la chasse, fut modifiée par celle du 29 mars 1873 qui avait pour but la répression des délits de chasse et la protection des oiseaux insectivores.

L'expérience démontra bientôt l'insuffisance de cette loi à réprimer efficacement le braconnage qui s'était développé grâce au peu de rigueur des peines encourues. Considérant que la facilité avec laquelle les braconniers pouvaient vendre le produit de leurs délits augmentait leur audace; considérant enfin les nombreux attentats contre la vie des agents de la force publique, une nouvelle loi fut promulguée le 28 février 1882. Cette loi vient augmenter les peines établies pour l'emploi des engins prohibés, pour la vente et l'achat du gibier en temps de chasse défendue, pour les délits de chasse commis pendant la nuit ou en bande, ou au moyen d'armes interdites; elle permet aussi, sous certaines conditions, la recherche et la saisie du gibier exposé en vente, colporté, etc., en temps prohibé.

Elle établit, chose nouvelle et utile, une pénalité différente pour les délits, suivant que le délinquant est pris en faute pour la première fois; si c'est un récidiviste, dans ce cas la peine est doublée, puis triplée pour une troisième récidive; la même progression est suivie pour les condamnations ultérieures, sans toutefois que cette peine puisse excéder 1,000 francs et huit mois d'emprisonnement.

C'est cette loi, dont nous trouverons l'analyse à sa date, qui est encore en vigueur aujourd'hui en Belgique.

II. — *De la chasse en Belgique avant 1795.*

Les principes du droit naturel, en matière de chasse, régirent tout d'abord les provinces qui, plus tard, devaient former la Belgique.

Peu à peu la propriété foncière se concentrant dans quelques mains, le régime féodal prit naissance, et avec lui le droit de chasse appartint au souverain et devint le privilège de la noblesse.

Les privilégiés devaient cependant se conformer aux placards, édits, règlements et ordonnances promulgués par le prince.

Parmi les ordonnances qui furent observées jusqu'à la fin du dix-huitième siècle, la plus importante est celle du 16 août 1613 rendue par les archiducs Albert et Isabelle.

Si le droit de chasse était partout considéré comme un attribut de la souveraineté, et si seuls les membres de la noblesse en avaient l'exercice, en vertu d'une cession tacite ou expresse du roi, une exception, cependant, existait pour les duchés de Brabant et de Limbourg.

Par suite de la charte de Jeanne et de Venceslas, du 3 janvier 1355, dite de *joyeuse entrée,* la chasse fut reconnue comme un droit personnel attaché à la qualité de Brabançon.

En vertu de ce droit, chacun pouvait chasser dans le duché, à la condition d'être propriétaire ou d'avoir l'autorisation d'un propriétaire ; il en était de même pour les Limbourgeois.

Brabançons et Limbourgeois pouvaient, en se conformant aux ordonnances, chasser noblement le gibier à plume, le lièvre, le renard, le lapin dans toute la province, sauf dans certaines franches garennes anciennes. Ces privilèges maintenus dans le courant du quinzième siècle furent peu à peu restreints, malgré les plaintes et les revendications des Brabançons.

D'après les anciennes ordonnances et placards, la chasse, à l'époque féodale, sembla avoir été divisée pratiquement en chasse royale et en chasse noble.

Nul, quel qu'il fut, ne pouvait chasser les bêtes fauves dans les propriétés réservées de l'État. Courir le cerf, le daim, le chevreuil, le sanglier, le lièvre, le renard, au moyen de chiens courants, avec des armes et des équipages, constituait la chasse royale.

La chasse du lièvre et du petit gibier formait la chasse noble, et les seigneurs pouvaient s'y livrer, sur leurs propriétés, en se servant de chiens courants, de faucons, de levriers et d'armes à feu.

L'emploi de filets pour prendre le petit gibier, tel que lièvres, lapins et bêtes fauves, était généralement défendu.

Le droit de suite existait pour celui qui avait levé le gibier, à condition que la bête fut *pourchassée à chaude chasse*.

Pour marquer le respect de la propriété, avant d'entrer sur les terres d'autrui, le chasseur devait attacher son cor à un arbre et cesser d'appuyer ses chiens. Le veneur pouvait alors suivre sa meute : au premier défaut, il pouvait ramener ses chiens, et cela par trois fois ; mais si le défaut n'était pas relevé, il devait quitter les lieux.

En outre de l'amende infligée au délinquant, le gibier tué ou pris en fraude de la loi, devait être rendu à celui qui avait le droit de chasse.

Les chiens de garde ou mâtins ne pouvaient errer dans les champs sans avoir au cou un billot ou sans avoir un jarret coupé. Cette dernière obligation n'était pas imposée aux Brabançons ni aux Limbourgeois.

Les armes à feu étaient défendues dans les maisons avoisinant les forêts et les chasses.

Ceux qui avaient des armes pour leur défense ne devaient les charger qu'à balles ; il en était de même pour les gardes-chasse.

On ne pouvait chasser en temps de neige ou de gelée.

Le transport du gibier pendant les époques où la chasse était défendue ne pouvait avoir lieu.

Du reste en toute saison, le gibier ne pouvait être acheté que sur les marchés publics, et il était défendu de le transporter dans des sacs ou dans des paniers couverts.

Tant que les terres portaient les récoltes, la chasse était interdite. Cette époque de défense allait généralement du 15 mars au 15 août, mais variait cependant suivant les provinces.

Les Brabançons et Limbourgeois étaient, en outre, garantis par le prince contre tout dommage causé par le gibier.

Chaque province avait, pour surveiller la chasse, soit un grand veneur, soit un gruyer, à moins que ce soin ne fût remis au gouverneur ou au grand bailli. Ces personnages avaient sous leurs ordres des agents qui, constatant les contraventions, dressaient des procès-verbaux ; ils faisaient même, sur un soupçon, des visites domiciliaires.

Le procès-verbal faisait foi en justice s'il était dressé dans les vingt-quatre heures. Un témoignage était demandé, si la peine devait être grave.

Il pouvait y avoir détention préventive à la requête des officiers de vénerie.

Le délinquant pouvait être assigné devant le juge du lieu de la contravention; et quel que fut son titre ou qualité, le tribunal était le même.

Des tribunaux spéciaux étaient établis par le souverain; toutefois les hauts justiciers, possesseurs de garennes franches, avaient conservé le droit de connaître, par eux-mêmes, et par leurs juges particúliers, des délits de chasse commis dans l'étendue de leurs franches garennes.

Pour le Brabant, les délinquants comparaissaient devant les consistoires de la *Trompe*. Il y avait appel devant le conseil du Brabant, qui seul, connaissait des faits entraînant des peines corporelles.

Pour le Limbourg, la chambre des *tonlieux* connaissait de ces délits.

En Flandre, c'était le siège de la vénerie.

Dans la province de Namur, le gouverneur connaissait des délits, assisté du siège de la gruerie et de la vénerie; dans le Hainaut, c'était le grand bailli et ses lieutenants ainsi que dans le Tournaisis. Les gruyers, hauts forestiers et hauts sergents dans le Luxembourg, avaient cette juridiction.

Les sentences des tribunaux de vénerie étaient exécutoires par provision, nonobstant appel, et les causes devaient y être jugées sommairement.

Les délits de chasse se prescrivaient au bout d'une année.

En outre de l'amende, les peines de l'emprisonnement, de la confiscation des biens, du pilori, de la marque, des verges, du bannissement et même de mort étaient parfois prononcées.

La responsabilité civile des parents, maîtres, etc., était reconnue.

A Liège, dans le duché de Bouillon et dans les principautés de Stavelot et Malmédy, les principes, en matière de chasse, étaient à peu près les mêmes. Le droit de chasse était attaché à la juridiction territoriale et il appartenait aux seigneurs qui pouvaient en défendre l'exercice et poursuivre les délinquants.

Les seigneurs hauts justiciers avaient le droit de chasse dans l'étendue de leurs justices; pour les autres seigneurs, ils ne jouissaient de ce droit que lorsqu'ils en étaient possesseurs depuis de longues années.

Les hauts officiers et grands baillis avaient enfin un droit tout personnel de chasse dans leurs quartiers respectifs.

Des actes positifs pouvaient accorder des concessions de chasse aux habitants des villes ou à des communautés.

Les ecclésiastiques n'avaient aucun privilège spécial de chasse.

Tels furent les principes généraux sur la chasse jusqu'en 1795.

III. — *Réunion de la Belgique à la France.*

Réunies à la France par décret du 9 vendémiaire an VI, les provinces formant la Belgique furent soumises aux lois françaises; il en fut de même pour le pays de Liège.

Le régime féodal fut aboli, et le droit de chasse, considéré comme un accessoire du sol devint un attribut de la propriété.

Il faut donc, pour cette époque, en matière de chasse, consulter les lois françaises: c'est-à-dire, le décret des 15 et 28 mars 1790, relatif aux droits féodaux; le décret des 28 et 30 avril 1790 sur la chasse; le décret du 11 juillet 1810 et du 4 mai 1812, relatifs aux permis de port d'armes de chasse. Décrets qui furent confirmés le 14 août 1814 par le prince souverain des Provinces Unies des Pays-Bas.

IV. — *La Belgique et les Pays-Bas.*

Cette législation fut appliquée pendant de longues années, et même aux époques où la Belgique fit partie du royaume des Pays-Bas.

Toutefois, il faut faire une exception pour la partie du territoire belge située sur la rive droite de la Meuse, qui dépendait du gouvernement général du Bas-Rhin et du Rhin moyen.

V. — *Arrêté du gouverneur Sack du 18 août 1814.*

Dans ce territoire, fut appliquée une législation toute différente, grâce au gouverneur Sack qui, le 18 août 1814, prit l'arrêté suivant : arrêté qui s'éloigne de notre système pour se rapprocher de la législation allemande (1) :

Le droit accordé à chaque propriétaire sous le gouvernement français, porte l'article 5 de cet arrêté, lors de l'abolition du système féodal, de chasser sur ses terres, est encore maintenu provisoirement; mais cependant, comme d'un autre côté une semblable permission illimitée entraînerait aisément la ruine de la chasse, et qu'il pourrait en résulter différents excès ou abus, le droit de chasse est restreint par le présent de la manière suivante :

1° Il ne sera plus permis aux membres des communes (c'est-à-dire aux habitants) de chasser sur les terres appartenant à la commune entière (c'est-à-dire sur tout le territoire de la commune); mais la ferme du droit de chasse, sur les terres d'une commune, ou d'un finage, sera adjugée à l'enchère au profit de la caisse communale.

2° Chaque membre de la commune qui se permettra de chasser

---

(1) Valder. *Histoire de la chasse*, p. 210.

dans le finage de la commune, après que la chasse y a été mise en ferme, sera puni comme tout autre délinquant.

3° Les propriétaires qui possèdent un terrain non interrompu de 50 hectares, ont le droit de chasser sur leurs terres conjointement avec le fermier de chasse ; mais ce privilège ne sera absolument que personnel.

Le droit de chasse, tout en étant regardé comme un attribut de la propriété, d'après cet arrêté, était, par le fait, un droit privilégié reconnu aux communes.

D'après cet arrêté, nul ne pouvait chasser, s'il n'était muni d'une licence délivrée par le gouverneur général.

Le délinquant était puni d'une amende de 30 francs.

Étaient présumés chasser, ceux qui étaient rencontrés avec une arme à feu en dehors des grands chemins, dans les champs, prairies, bois, sur le bord des fleuves, lacs ou étangs, etc.

Une amende de 60 francs était prononcée contre ceux qui chassaient illicitement, et les armes étaient confisquées au profit des agents et gardes qui avaient arrêté le délinquant.

Les peines étaient doublées dans le cas de récidive ; il en était de même si le délit avait été commis la nuit, ou un dimanche, ou un jour de fête.

Les gardes pouvaient désarmer le délinquant.

Les officiers de police, devaient, une fois la chasse fermée, veiller à ce qu'aucun gibier ne fut mis en vente, colporté, etc.

Il était défendu de prendre les faons de biche, les marcassins, les faons de chevreuil, les levrauts, et de détruire les nids de sauvagine et d'oiseaux de chasse.

L'amende non payée était convertie en emprisonnement.

L'emprisonnement, pour un premier délit était de un à trois mois, et de six mois, en cas de récidive.

A cette époque du 11 juillet 1814 au 8 février 1815, la Hollande proprement dite était donc régie par ses lois propres. Une partie de la Belgique était soumise aux lois françaises (décret des 28-30 avril 1790) ; quant aux autres provinces d'outre-Meuse, régies par les arrêtés des 18 août et 22 septembre 1814, elles firent retour à la législation française qui, dans le royaume des Pays-Bas, ne subit que quelques modifications.

Les décrets des 28-30 avril 1790, 4 mai 1812, successivement modifiés par le gouvernement impérial et par le roi des Pays-Bas, étaient encore en vigueur en 1846, lorsque fut publiée la loi du 26 février de ladite année.

Cette loi, modifiée par celle du 28 mars 1873, a beaucoup de points de rapprochement avec le décret de 1790 et la loi française du 3 mai 1844 qui lui a servi de modèle.

VI. — *Loi du 26 février 1846.*

D'après cette loi de 1846, le droit de chasse tout en étant reconnu comme droit inhérent à la propriété, ne pouvait être exercé que si la chasse était déclarée ouverte. Le chasseur devait être muni d'un permis de port d'armes et de chasse; enfin, il ne pouvait chasser que sur ses propriétés, à moins d'avoir le consentement du propriétaire des terres où il chassait ou de son ayant-droit.

Tout en s'inspirant du décret de 1790, la loi ne limitait pas l'ouverture de la chasse aux terres dépouillées de leurs fruits : elle l'étendait à tous les terrains, couverts ou non de leurs récoltes.

Elle ne permettait de chasser que le jour, et à tir ou à courre.

Enfin elle prohibait l'usage des lacets, bricoles, etc., autorisés par le décret de 1790.

Ce décret autorisait le propriétaire ou possesseur à chasser ou faire chasser, *en tous temps*, sur ses lacs et étangs, dans ses propriétés entourées de murs ou haies vives, alors même qu'elles étaient éloignées de l'habitation; il pouvait aussi chasser ou faire chasser, sans chiens courants, dans ses bois et forêts. La loi de 1846 vint restreindre ces droits en autorisant seulement la chasse sur les possessions attenantes à l'habitation du chasseur; en exigeant, pour ce faire, qu'elles soient entourées d'une clôture empêchant toute communication avec les propriétés voisines, et tout passage de gibier.

Le propriétaire et le fermier pouvaient détruire et repousser, même avec des armes à feu, les bêtes fauves qui nuisaient à leur propriété; mais la loi n'étendait pas ce droit à toute espèce de gibier comme le faisait le décret de 1790, et elle défendait, pour ces destructions, l'emploi des filets et autres engins.

— *Loi du 26 février 1846 (modifiée par la loi du 29 mars 1873).*

ART. 1er. — Le gouvernement fixe, chaque année, les époques de l'ouverture et celles de la clôture de la chasse dans chaque province ou partie de province.

La chasse est interdite, sous peine d'une amende de 100 francs, après le coucher et avant le lever du soleil.

Toutefois, l'affût à la bécasse pourra être autorisé par arrêté ministériel dans certaines provinces ou parties de provinces et à des époques déterminées (1).

(1) Ces deux derniers paragraphes ont été ajoutés.

Art. 2. — Il est défendu de chasser, en quelque temps et de quelque manière que ce soit, sur le terrain d'autrui, sans le consentement du propriétaire ou de ses ayants-droit, sous peine d'une amende de cinquante francs, sans préjudice de dommages-intérêts, s'il y a lieu.

L'amende sera portée à 100 francs quand le terrain sera clos de murs ou de haies.

Pourra être considéré comme ne tombant pas sous l'application de cet article, le fait du passage des chiens sur l'héritage d'autrui, lorsqu'ils seront à la poursuite d'un gibier lancé sur la propriété de leurs maîtres, sauf l'action civile en cas de dommages.

Art. 3. — Il est défendu, sous peine d'une amende de 50 francs, de chasser, de quelque manière que ce soit, hors des époques fixées par le gouvernement, sans préjudice du droit, appartenant au propriétaire ou au fermier, de repousser ou de détruire, même avec des armes à feu, les bêtes fauves qui porteraient dommage à leurs propriétés.

Il est également défendu, sous la même peine, d'enlever ou de détruire des œufs ou des couvées de faisans, de perdrix, de cailles, de gelinottes, de râles, de coqs de bruyère, de vanneaux et d'oiseaux aquatiques, sur le terrain d'autrui.

Le propriétaire ou possesseur peut chasser ou faire chasser en tout temps, sans permis de port d'armes de chasse, dans ses possessions attenantes à son habitation et entourées d'une clôture continue, faisant obstacle à toute communication avec les héritages voisins et à tout passage de gibier.

Les indemnités pour dommages causés par les lapins aux fruits et récoltes seront portées au double.

Dans le cas où il serait constaté que la présence d'une trop grande quantité de lapins nuit aux produits de la terre, le Ministre de l'Intérieur pourra en autoriser la destruction, après avoir pris l'avis de la députation permanente du conseil provincial. Il déterminera les conditions auxquelles l'exécution de cette mesure sera soumise.

Art. 4. — Il est interdit en tout temps, sous peine d'une amende de 100 francs, de faire usage de filets, à l'exception des bourses, de lacets, bricoles, appâts, et de tous autres engins propres à prendre ou à détruire les lapins et le gibier dont fait mention l'article 5 ci-après.

Sera puni de la même amende celui qui sera trouvé, hors voies et chemins, sur le terrain d'autrui, muni ou porteur desdits filets, lacets, bricoles, appâts ou autres engins.

Dans tous les cas, ces objets seront saisis et confisqués; le juge en ordonnera la destruction.

Il ne pourra être fait usage, sous la même peine, des lacets destinés à prendre la bécasse, que dans les bois d'une étendue de dix hectares au moins, aux époques et dans les provinces ou parties de provinces qui seront désignées par le gouvernement.

Art. 5. — Dans chaque province ou partie de province, il est défendu d'exposer en vente, de vendre, d'acheter, de transporter ou de colporter, pendant le temps où la chasse n'y est point permise, et à compter du troisième jour après la clôture de la chasse, des faisans, perdrix, cailles, gelinottes, râles de campagne ou de genêt, coqs de bruyère, vanneaux, bécassines, jaquets, lièvres, chevreuils, cerfs ou daims.

Le gibier sera saisi et mis immédiatement à la disposition de l'hospice ou du bureau de bienfaisance, par le bourgmestre de la commune.

Chaque infraction aux dispositions du présent article sera punie d'une amende de 16 à 100 francs.

Art. 6. — Il ne sera permis de chasser dans les domaines de l'État qu'en vertu d'une adjudication publique.

Néanmoins, la chasse dans les forêts de Soignes, de Saint-Hubert et d'Herzogenwald, ainsi que dans les propriétés de l'État avoisinant le domaine d'Ardenne, est réservée à la couronne.

Art. 7. — En cas de conviction de plusieurs délits, les juges pourront n'appliquer que la peine la plus forte ; néanmoins, tous les délits prévus par la présente loi, postérieurs à la première constatation, seront punis cumulativement, sans préjudice, le cas échéant, de l'application du décret du 4 mai 1812.

Les amendes seront portées au double dans le cas où l'un des délits prévus aux articles ci-dessus aura été commis par des employés des douanes, gardes champêtres ou forestiers, gendarmes, gardes particuliers.

Art. 8. — Chacune de ces différentes peines sera doublée en cas de récidive. Elle sera triplée, s'il survient une troisième condamnation, et la même progression sera suivie pour les condamnations ultérieures, le tout dans le courant de la même année.

Art. 9. — A l'exception du cas prévu par le § 1er de l'article 2, les armes avec lesquelles le délit aura été commis seront confisquées, sans néanmoins qu'il soit permis de désarmer les chasseurs.

Le délinquant sera condamné à payer la valeur de l'arme :

1° Si l'arme décrite au procès-verbal n'est pas représentée ;

2° Si l'arme, par suite du refus du délinquant, n'a pas été décrite.

La fixation de la valeur sera faite par le jugement sans qu'elle puisse être au-dessous de cinquante francs.

Art. 10. — Le père, la mère, les maîtres et les commettants sont civilement responsables des délits de chasse commis par leurs enfants mineurs non mariés, demeurant avec eux, domestiques ou préposés, sauf tout recours de droit.

Cette responsabilité sera réglée conformément à l'article 1384 du Code civil, et ne s'appliquera qu'aux dommages intérêts et frais, sans pouvoir, toutefois, donner lieu à la contrainte par corps.

Art. 11. — Si les délinquants sont déguisés ou masqués, ou s'ils n'ont pas de domicile connu, ils seront conduits devant le bourgmestre ou le juge de paix, lequel s'assurera de leur individualité, et les mettra, s'il y a lieu, à la disposition du procureur du roi.

Art. 12. — Les délits prévus par la présente loi seront prouvés, soit par procès-verbaux ou rapports, soit par témoins, à défaut de rapport, et procès-verbaux ou à leur appui.

Art. 13. — Les procès-verbaux des bourgmestres et échevins, commissaires de police, gendarmes, gardes forestiers, gardes champêtres ou gardes assermentés des particuliers, feront foi jusqu'à preuve contraire.

Les procès-verbaux des employés des douanes et des octrois feront également foi, jusqu'à preuve contraire, lorsque, dans les lieux où ils sont autorisés à exercer leurs fonctions, ces agents rechercheront et constateront les délits prévus par le § 1er de l'article 5.

Art. 14. — Dans les vingt-quatre heures du délit, les procès-verbaux seront, à peine de nullité, affirmés par les rédacteurs devant le juge de paix ou l'un de ses suppléants, ou devant le bourgmestre ou échevin, soit de la commune de leur résidence, soit de celle où le délit aura été commis.

Art. 15. — Les poursuites auront lieu d'office ; mais s'il s'agit uniquement d'une contravention à l'article 2, les poursuites n'auront lieu que sur la plainte du propriétaire de la chasse ou ayant-droit. Le plaignant ne sera tenu de se constituer partie civile que s'il veut conclure aux dommages et intérêts.

Art. 16. — Dans tous les cas prévus par la présente loi, le juge prononcera subsidiairement un emprisonnement de six jours à deux mois contre tout condamné qui n'aura pas satisfait aux amendes prononcées à sa charge dans le délai de deux mois, à partir de la date du jugement, s'il est contradictoire, et à partir de sa notification, s'il est par défaut.

Art. 17. — La moitié des amendes comminées à l'article 5 sera attribuée à l'employé de l'octroi, si la saisie a lieu à l'entrée de la commune, ou à l'employé des douanes, si la saisie a lieu dans le rayon des douanes.

La perception des droits d'octroi accordés aux villes et communes sur le gibier mentionné à l'article 5 est suspendue pendant que dure l'interdiction prononcée par ledit article.

Art. 18. — Toute action pour délit de chasse sera prescrite par le laps d'un mois, à compter du jour où le délit aura été commis.

Art. 19. — Par exception à l'article 15, le tribunal saisi de la connaissance d'un des délits prévus par la présente loi pourra adjuger des dommages et intérêts sur la plainte du propriétaire des fruits, visée par le bourgmestre et accompagnée d'un procès-verbal d'évaluation du dommage, dressé sans frais par ce fonctionnaire.

La disposition qui précède sera applicable dans le cas des articles 471, nos 13 et 14, et 475, nos 9 et 10 du Code pénal (1).

Art. 20. — Les militaires, poursuivis à raison de délits prévus par la présente loi, seront soumis à la juridiction ordinaire.

Art. 21. — Le gouvernement est autorisé à prévenir, par un règlement d'administration générale, la destruction, la chasse, l'exposition, la vente, l'achat, le transport et le colportage des oiseaux insectivores, de leurs œufs ou de leurs couvées. Les faits interdits par ce règlement seront punis d'une amende de 5 à 25 francs, outre la confiscation des oiseaux saisis, ainsi que des filets, lacets, appâts et autres engins.

En cas de récidive, l'amende sera élevée au maximum, avec faculté,

---

(1) C'est-à-dire lors du passage avec chiens, chevaux, bestiaux ou bêtes de trait, sans droit, sur le terrain d'autrui, s'il est préparé ou ensemencé, si les récoltes n'ont pas été enlevées ou s'il est chargé de grains en tuyaux, de raisin ou autres fruits mûrs.

par le tribunal, de prononcer, indépendamment de l'amende, un emprisonnement de trois à sept jours.

ART. 22. — La loi des 22, 23 et 28 avril 1790 est abrogée, ainsi que toutes autres dispositions contraires à la présente loi.

La loi du 26 février 1846, qui réglementait la police de la chasse, fut modifiée de la manière suivante par une loi du 29 mars 1873, qui a surtout pour but la répression des délits de chasse.

VII. — *Loi du 29 mars 1873.*

Cette nouvelle loi interdit, sous peine d'une amende de 100 francs, la chasse après le coucher et avant le lever du soleil, et exige un arrêté ministériel, pour autoriser dans certaines provinces, ou parties de provinces, et à des époques déterminées, l'affût à la bécasse.

Au lieu d'être seulement une circonstance aggravante, la chasse de nuit devient un délit spécial.

VIII. — *Arrêté du 21 avril 1873, relatif à la protection des oiseaux.*

Le gouvernement, par l'arrêté suivant, prévient la destruction, la chasse, l'exposition, la vente, l'achat, le transport et le colportage des oiseaux insectivores, de leurs œufs et couvées.

LÉOPOLD II, etc. Vu la loi du 29 mars 1873 qui autorise le gouvernement à prévenir, par un règlement d'administration générale, la destruction des oiseaux insectivores;
Vu la loi du 26 février 1846;
Vu l'article 67 de la Constitution;
Sur la proposition de Notre Ministre de l'Intérieur,

Nous avons arrêté et arrêtons :

ART. 1er. Il est défendu de prendre, de tuer ou de détruire, d'exposer en vente, de vendre, d'acheter, de transporter ou de colporter les oiseaux insectivores, ainsi que leurs œufs ou couvées.

ART. 2. — Sont considérés comme oiseaux insectivores ;
1° En tout temps, les espèces désignées ci-après :
L'accenteur-mouchet ou traîne-buisson;
Les fauvettes;
Les gobe-mouches ou becfigues;
Le grimpereau ;
Les hirondelles ;
Les hoche-queue, bergeronnettes ou lavandières ;
L'hippolaïs ou contrefaisant;
Les mésanges ;
Les pouillots ou becs fins;
Le roitelet huppé ;

Le rossignol ;
Le rouge-gorge ;
Les rouge-queue, tithys et rossignols de muraille ;
La sittelle ou torche-pot ;
Les traquets, tariers et motteux ;
Le troglodyte ou roitelet ;

2° Pendant la saison où la chasse à la perdrix n'est pas autorisée, toutes espèces d'oiseaux à l'état sauvage, sauf les exceptions établies à l'article 9.

Art. 3. — Il est défendu de prendre, de tuer ou de détruire, en quelque temps et de quelque manière que ce soit, des oiseaux à l'état sauvage, sur le terrain d'autrui, sans le consentement du propriétaire ou de ses ayants-droit.

Art. 4. — Il est permis, en tout temps, de transporter des pinsons et des linottes vivants, à la condition que le porteur sera muni d'une déclaration de l'autorité locale constatant que ces oiseaux sont la propriété du détenteur et que celui-ci ne fait pas le commerce des oiseaux.

Art. 5. — Il est interdit, en tout temps, pour prendre les oiseaux, d'employer la chouette, le hibou ou autres oiseaux de proie nocturnes et de se servir d'engins enduits de glu ou de matières analogues.

Art. 6. — Il est défendu de prendre des oiseaux au moyen de filets lorsque le sol est couvert de neige.

Art. 7. — Par exception aux dispositions qui précèdent, le propriétaire ou le possesseur peut détruire ou faire détruire, en tout temps, les oiseaux, les œufs ou couvées, dans ses bâtiments et les enclos attenant à son habitation.

Art. 8. — Notre Ministre de l'Intérieur pourra, dans un but scientifique ou d'utilité publique, autoriser certaines dérogations aux dispositions du présent règlement.

Art. 9. — Le présent règlement ne s'applique pas aux oiseaux de proie diurnes, au grand-duc, au geai, à la pie, au corbeau et au pigeon ramier.

Il n'est pas applicable non plus aux oiseaux exotiques ni au gibier à plumes mentionné aux articles 3 et 5 de la loi du 26 février 1846.

Art. 10. — Sont punies d'une amende de 5 à 25 francs les contraventions aux dispositions des articles 1, 2, 3, 4, 5 et 6 du présent règlement.

En cas de récidive, l'amende sera élevée au maximum avec faculté, pour le tribunal, de prononcer, indépendamment de l'amende, un emprisonnement de trois à sept jours.

Les filets, lacets, appâts et autres engins qui auront servi à perpétrer la contravention seront saisis et confisqués.

Art. 11. — Les oiseaux pris en contravention au présent règlement seront saisis ; les oiseaux vivants seront mis immédiatement en liberté et les oiseaux morts seront déposés chez le bourgmestre de la commune, qui les mettra à la disposition de l'hospice ou du bureau de bienfaisance.

Art. 12. — Sera puni des peines comminées à l'article 10 celui qui sera trouvé porteur des engins mentionnés à l'article 5 ci-dessus et celui qui, dans le temps où la chasse à la perdrix n'est pas permise, sera trouvé muni ou porteur de filets, appâts, lacets et autres engins propres à prendre ou à détruire les oiseaux.

Lesdits objets seront, en outre, saisis et confisqués.

ART. 13. — Les contraventions au présent règlement seront constatées et prouvées conformément aux articles 12, 13, § 1, et 14 de la loi du 26 février 1846 sur la chasse.

ART. 14. — L'arrêté royal du 27 avril 1846, sur les rossignols et les fauvettes, est rapporté.

ART. 15. — Le présent règlement sera exécutoire à dater du 30 avril 1873.

IX. — *Arrêté du 10 décembre 1874, relatif à l'article 7 de l'arrêté de 1873.*

ART. 1er. — Les dispositions ci-après sont ajoutées à l'article 7 du règlement d'administration générale, en date du 21 avril 1873 : ces enclos doivent réunir l'une des conditions déterminées par l'article 6, titre 1er, section IV du décret des 28 septembre-6 octobre 1791.

Toutefois, il ne pourra y être fait usage, pour prendre les oiseaux, des modes prohibés par l'article 5, pendant le temps où la chasse à la perdrix n'est pas autorisée, ni de filets, appâts, lacets, cages et autres engins analogues.

D'après cet arrêté, l'article 7 doit s'interpréter de la manière suivante : on doit entendre par *enclos* (a. b. t. I, s. IV, décrets des 26 septembre et 6 octobre 1791), un héritage entouré d'un mur de quatre pieds de hauteur avec barrière ou porte, ou exactement fermé et entouré de palissades ou de treillages, ou d'une haie vive, ou d'une haie sèche faite avec des pieux ou cordelée avec des branches, ou de toute autre manière de faire les haies en usage dans chaque localité, ou enfin d'un fossé de quatre pieds de large au moins à l'ouverture et de deux pieds de profondeur.

Comme on le voit, la loi de 1846 et celle de 1873 ont pour objet la conservation et la reproduction du gibier ; mais, en présence du braconnage organisé sur une grande échelle, ces lois devinrent impuissantes à garantir les propriétés et à prévenir la destruction du gibier.

La révision de la loi de 1846, en présence des plaintes arrivant de toutes parts, fut provoquée par le gouvernement qui déposa un projet le 8 février 1878.

Ce projet, après une longue discussion et de nombreux amendements, passa de la Chambre au Sénat et fut sanctionné par le roi, le 28 février 1882.

Cette loi de 1882, pour son application, a été suivie de deux arrêtés royaux et d'une circulaire du Ministre de l'Intérieur aux gouverneurs de province, en date du 1er mars 1882.

La loi du 28 février 1882, destinée à compléter celles des 26 février 1846 et 29 mars 1873, a surtout pour objet de combattre le braconnage qu'elle cherche à atteindre indirectement en mettant l'administration à même de combattre efficacement la vente, l'achat et le transport du gibier en temps de chasse prohibée (1).

X. — *Loi du 28 février* 1882.

La loi du 28 février 1882 maintient un grand nombre des dispositions inscrites dans la loi de 1846. Son but principal est de protéger le gibier en poursuivant plus sévèrement et en frappant énergiquement les receleurs.

I. — Aux termes de cette loi, pour pouvoir chasser, il faut être propriétaire ou avoir le consentement du propriétaire ou de l'ayant-droit; de plus, on doit être muni d'un permis de port d'armes de chasse.

Ce dernier est délivré par les commissaires d'arrondissement et coûte 35 francs. Il est dû, en outre, une taxe provinciale qui est généralement de 10 francs. — D'après la circulaire ministérielle du 2 mars 1882, un permis spécial doit être demandé pour pouvoir chasser avec des levriers.

Ces permis sont personnels et valables pour une année à partir du 1er juillet (art. 14).

Pour obtenir ces permis, il faut joindre à la demande, un extrait de son acte de naissance et un certificat, délivré par l'administration communale du lieu de la résidence du postulant, attestant sa moralité.

Le certificat doit constater que le demandeur ne se trouve dans aucun des cas qui entraînent le refus de délivrance du permis; qu'il demeure depuis un an au moins dans la commune; sinon, le postulant devra produire un certificat, délivré par l'administration communale, de sa résidence antérieure.

Ce certificat est remplacé par une attestation écrite, donnée par deux citoyens notables, quand le demandeur ne demeure pas dans le pays ou n'y réside que depuis moins d'une année.

L'étranger qui veut chasser en Belgique doit obtenir un permis de l'administration de la sûreté publique.

Le certificat sus-indiqué n'est pas nécessaire pour les personnes auxquelles un permis a déjà été délivré.

Le permis de port d'armes de chasse *peut être refusé* : aux mineurs de 16 à 21 ans, quand il n'est pas demandé par leur père

---

(1) V. exposé des motifs. — Servais. — Loi du 28 février 1882 (Bruxelles, Bruylant-Christophe, 1882, p. 81, 87, 90, 129, 136.

ou tuteur ; aux interdits ; aux condamnés privés de l'un des droits mentionnés dans l'article 31 du Code pénal ; aux individus condamnés pour vagabondage, mendicité, vol, escroquerie ou abus de confiance.

Ce permis *doit être refusé* : aux mineurs de 16 ans ; aux individus privés du droit de port d'armes ; aux individus condamnés pour délits de chasse, commis soit au moyen d'armes prohibées, soit en bande, soit pendant la nuit, soit pour rebellion, ou violence à l'occasion d'un délit de chasse ; aux individus condamnés, dans les douze mois précédents, pour délit de chasse ; à ceux notoirement connus, pour se livrer habituellement au braconnage et à ceux qui, à raison de leur mauvaise conduite, de leur état mental, ou de leurs antécédents, seraient jugés pouvoir faire un mauvais usage de leurs armes ; aux individus qui n'ont pas exécuté les condamnations prononcées contre eux pour délit de chasse ; aux condamnés placés sous la surveillance de la haute police ; aux brigadiers et gardes-forestiers ; aux gardes-pêche de l'État ; aux gardes champêtres, ou forestiers et gardes-pêche salariés par la commune.

Toutes ces défenses très sages peuvent avoir un grand effet, bien observées, au point de vue de la répression du braconnage. La loi française devrait s'en inspirer car, trop souvent dans notre pays, des permis sont délivrés à des braconniers avérés, malgré leur casier judiciaire et alors même qu'ils n'ont pas satisfait aux condamnations prononcées contre eux.

II. — Pour pouvoir chasser, il faut que la chasse soit ouverte.

C'est le gouvernement qui, chaque année, fixe les époques de l'ouverture et de la fermeture dans chaque province ou partie de province (art. 1er).

D'après l'ordonnance ministérielle du 2 mars 1882, la défense de chasser hors de ces époques s'applique à tout gibier et non pas seulement à la chasse des animaux sauvages et des oiseaux compris dans l'article 10.

Toutefois, le propriétaire ou le fermier peut détruire, en tout temps, les mammifères sauvages qui portent préjudice à ses propriétés, à ses récoltes ou à lui-même.

Le droit de destruction peut s'exercer, en cas d'agression, de dommage né ou imminent.

On peut alors se servir de pièges, trappes, etc., ne rentrant pas dans la catégorie des engins mentionnés dans l'article 9 de la loi.

La loi belge n'admet pas, comme la loi française, suivant les zones, des époques différentes pour l'ouverture et la clôture de la chasse à tir et à courre.

III. — Pour pouvoir chasser sur le terrain d'autrui, il faut avoir l'autorisation du propriétaire dudit terrain ou de ses ayant-droit (art 4.)

IV. — Plus claire que la loi française, qui interdit seulement la chasse la nuit, la loi belge (art. 2) porte que la chasse est interdite après le coucher et avant le lever du soleil.

V. — Il est défendu, en tout temps, sous peine d'amende et de prison, de se servir de filets, lacets, bricoles, appâts et de tous autres engins, tels que les appareils réflecteurs, propres à détruire les lapins, les faisans, les perdrix, les cailles, les gelinottes, les râles de campagne ou de genêts, les coqs de bruyères, les vanneaux, les bécassines, les canards sauvages, les jaquets, les lièvres, les chevreuils, les cerfs et les daims, ou à en faciliter la destruction (art. 8 et 10). Le transport et la détention de ces engins sont défendus.

Exception est faite à cette disposition : 1° en faveur des canardières, établissements de chasse formés de la réunion de canaux et de lacs artificiels dans lesquels on attire les canards au moyen d'appelants : la capture se fait avec des filets; 2° pour les bourses à prendre le lapin ; 3° pour les lacets destinés à prendre la bécasse ; 4° pour les engins que le propriétaire ou son ayant-droit, sera autorisé, par le Ministre de l'Intérieur, à employer pour reprendre dans ses bois les faisans destinés à la reproduction (art. 9). Ces derniers engins ne doivent servir qu'à reprendre les faisans, et leur emploi n'en sera autorisé que sur une demande adressée soit au Ministre de l'Intérieur, soit au gouverneur de la province qui la transmet au Ministre. L'autorisation n'est délivrée que pour un temps limité.

Il faut remarquer qu'en Belgique toutes les décisions importantes en matière de chasse appartiennent au gouvernement. En France, ces attributions sont confiées aux préfets. Toutefois, malgré le pouvoir énoncé dont ils jouissent, ils ne sauraient autoriser l'emploi de procédés ou d'engins défendus spécialement par la loi.

VI. — L'article 10 défend d'exposer en vente, de vendre, d'acheter, de transporter ou de colporter le gibier quand la chasse n'est pas permise, et à compter du troisième jour après la clôture.

Il n'en permet la vente et l'achat, que le lendemain du jour de l'ouverture : ce qui empêche la mise en vente scandaleuse du gibier le jour de l'ouverture, dès le lever du soleil, c'est-à-dire avant qu'un coup de fusil ait pu être tiré, chose que nous voyons en France.

En Belgique, le transport de gibier est seul permis le jour de l'ouverture.

Ces mesures jointes aux défenses de prendre ou détruire sur le terrain d'autrui les œufs et couvées de faisans, perdrix, gelinottes, cailles, râles et autres oiseaux, contribuent à protéger sérieusement le gibier (art. 6).

Ces défenses ne concernent pas le propriétaire, si ce n'est pour les oiseaux mentionnés par les ordonnances rendues par le gouvernement en vertu de l'article 31.

VII. — En ce qui concerne la responsabilité des dégâts causés par les lapins, lorsqu'il y a faute ou négligence de la part du propriétaire du terrain où se trouvent les lapins, les indemnités pour dommages causés aux fruits et récoltes peuvent être portées au double (art. 7). C'est au juge de paix qu'il appartient de déterminer la part de responsabilité du propriétaire, et de voir s'il a fait tous ses efforts pour prévenir ces dommages.

La loi autorise, du reste, le propriétaire ou fermier à détruire, en tout temps, les animaux nuisibles qui lui causent des dommages; et le Ministre de l'Intérieur, sur l'avis de la députation de conseil provincial, peut autoriser la destruction des lapins.

VIII. — La recherche des délits de chasse et leur constatation sont confiées à des agents très nombreux. En effet, les procès-verbaux peuvent être dressés par les bourgmestres, les échevins, les commissaires de police, les gendarmes, les gardes forestiers, les cantonniers, et les chefs de station, en raison de l'article 3; les gardes champêtres, les gardes assermentés (art. 21).

Quant aux poursuites, elles ont lieu d'office, excepté dans le cas où il s'agit d'infractions aux articles 4 et 5. Ces poursuites n'ont lieu alors que sur la plainte du propriétaire.

IX. — Les peines prononcées en matière de chasse, par la loi belge, semblent moins sévères que celles édictées par la loi française. Toutefois, il faut considérer que si devant le juge belge, les circonstances atténuantes sont invoquées dans certains cas, il doit, cependant, appliquer une amende de 50 francs au minimum, ou l'emprisonnement; en France, au contraire, le juge peut toujours admettre les circonstances atténuantes, ce qu'il fait dans presque chaque affaire; et les délits de chasse se trouvent alors n'encourir qu'une amende de 16 francs sans prison, amende qui de plus est rarement payée : on se rend facilement compte que la sévérité est plus grande en Belgique qu'en France. Enfin, ce qui, chez nous encourage le braconnage, c'est que la condamnation, qui n'est pas toujours certaine, revient à un chiffre moins élevé que la prise d'un permis de chasse qu'il faut payer.

Cette observation faite, voici un tableau comparatif des peines édictées contre les principaux délits de chasse en Belgique et en France.

Le fait de chasser sur le terrain d'autrui, sans autorisation du propriétaire, est puni par la loi belge d'une amende de 50 francs. La loi française prononce une amende de 16 à 100 francs. La destruction des œufs et couvées sur le terrain d'autrui, sans autorisation, entraîne les mêmes pénalités. — La chasse en temps prohibé, est punie, en Belgique, d'une amende de 50 francs, et de la confiscation de l'arme. En France, l'amende est de 50 à 200 francs ; le délinquant peut, en outre, être condamné à un emprisonnement de 6 jours à 2 mois ; il y a aussi confiscation de l'arme. — Le transport, la vente, le colportage, de gibier en temps prohibé, sont punis, en Belgique, d'une amende de 50 à 100 francs et de la confiscation du gibier. En France, l'amende est de 50 à 200 francs, avec faculté de prononcer un emprisonnement de 6 jours à 2 mois, et la confiscation du gibier. — Une amende de 100 francs est prononcée, en Belgique, contre celui qui chasse sans permis. En France, pour le même fait, l'amende est de 16 à 100 francs. — La chasse faite de nuit est punie, en Belgique, d'une amende de 100 francs. En France, la peine est de 50 à 200 francs, avec faculté d'emprisonnement de 6 jours à 2 mois. — Le transport et la détention d'engins prohibés sont punis, en Belgique, d'une amende de 100 à 200 francs. En France, l'amende est de 50 à 200 francs, avec faculté d'emprisonnement de 6 jours à 2 mois. — Enfin l'usage desdits engins est passible, en Belgique, d'une amende de 100 à 200 francs, plus un emprisonnement de 8 jours à un mois. En France, la peine est de 50 à 200 francs, avec faculté d'un emprisonnement de 6 jours à 2 mois.

X. — La récidive existe dans la loi belge, lorsque le délinquant a subi dans le courant des deux années qui précèdent, une condamnation pour l'une des infractions punies par la loi. D'après l'article 18, les peines, en cas de récidive, sont doublées et triplées, mais elles ne peuvent excéder 1,000 francs et 8 mois d'emprisonnement.

En France, dans le cas de chasse pendant la nuit, sans permission du propriétaire, dans un enclos attenant à une habitation, le cas de récidive, si la loi était appliquée sérieusement, peut entraîner une amende de 2,000 francs et la prison pendant quatre ans.

XI. — Non contente de punir sévèrement le braconnage, la loi belge, pour protéger le gibier, punit d'une amende de 1 à 10 francs, celui qui laisse vagabonder ou chasser ses chiens sur le terrain dont la chasse appartient à autrui. Elle n'applique cependant pas cette peine au passage des chiens sur l'héritage d'autrui, lorsqu'ils sont à la poursuite d'un gibier lancé sur la propriété de leur maître : sauf l'action civile en cas de dommages.

XII. — Un emprisonnement subsidiaire est prononcé contre le délinquant, lorsque dans les deux mois à compter de la date de jugement, s'il est contradictoire, ou de la date de la signification, s'il est par défaut, il n'a pas payé l'amende à laquelle il a été condamné (art. 27).

XIII. — Toute action pour les infractions prévues par la présente loi est prescrite par un laps de trois mois à compter du jour où l'infraction a été commise(1).

Le texte de cette loi est le suivant.

— *Loi du 28 février* 1882 (2).

LÉOPOLD II, roi des Belges. A tous présents et à venir, Salut.

Les Chambres ont adopté et Nous sanctionnons ce qui suit ;

Art. 1er. — Le gouvernement fixe, chaque année, les époques de l'ouverture et celles de la clôture de la chasse dans chaque province ou partie de province.

Les arrêtés relatifs à l'ouverture et à la fermeture de la chasse sont publiés huit jours au moins avant la date des époques fixées.

Art. 2. — La chasse est interdite, sous peine d'une amende de 100 francs, après le coucher et avant le lever du soleil.

Toutefois, le Ministre de l'Intérieur pourra autoriser, dans certaines provinces ou parties de provinces, à des époques et moyennant des conditions déterminées, la chasse au canard pendant la nuit et l'affût à la bécasse.

Art. 3 — Il est interdit, sous peine d'une amende de 50 francs, de chasser sur les voies ferrées et leurs dépendances.

Il est également interdit, sous la même peine, de chasser sur les chemins publics et les berges des voies ferrées à tout autre qu'au propriétaire riverain ou à son ayant-droit.

Toutefois, le riverain ne pourra user de cette faculté sur les berges des voies ferrées que pour y chasser le lapin au moyen de bourses et de furets.

Art. 4. — Il est défendu de chasser, en quelque temps et de quelque manière que ce soit, sur le terrain d'autrui, sans le consentement du

---

(1) Notes tirées du travail de M. Jules Boniard, dans *le Chasseur Français*.
(2) Il faut remarquer que dans cette nouvelle loi, le mot *infraction* est substitué au mot *délit* qui se trouvait dans la précédente : toutefois le mot *délit* se retrouve quelquefois dans les *instructions* et *commentaires* du 2 mars 1882, sur la loi sur la chasse.

propriétaire ou de ses ayants-droit, sous peine d'une amende de 50 francs, sans préjudice des dommages-intérêts, s'il y a lieu.

L'amende sera portée à 100 francs, quand le terrain sera clos de murs ou de haies.

Art. 5. — Seront punis d'une amende de 1 franc à 10 francs ceux qui auront sciemment laissé chasser ou vagabonder leurs chiens sur les terres où le droit de chasse appartient à autrui.

Pourra être considéré comme ne tombant pas sous l'application de cet article ni sous celle de l'article précédent, le fait du passage des chiens sur l'héritage d'autrui lorsqu'ils seront à la poursuite d'un gibier lancé sur la propriété de leur maître, sauf l'action civile en cas de dommages.

Art. 6. — Il est défendu, sous peine d'une amende de 50 francs, de chasser, de quelque manière que ce soit, hors des époques fixées par le gouvernement, sans préjudice du droit, appartenant au propriétaire ou au fermier, de repousser ou de détruire même avec des armes à feu, les bêtes fauves qui porteraient dommage à leurs propriétés (1). Il est également défendu, sous la même peine, d'enlever ou de détruire sur le terrain d'autrui, d'exposer en vente, de vendre, d'acheter de transporter ou de colporter des œufs ou des couvées de faisans, de perdrix, de cailles, de gelinottes, de râles, de coqs de bruyères et d'oiseaux aquatiques.

Le propriétaire ou possesseur peut chasser ou faire chasser en tout temps, sans permis de port d'armes de chasse, dans ses possessions attenantes à son habitation et entourées d'une clôture continue faisant obstacle à toute communication avec les héritages voisins et à tout passage de gibier.

Art. 7. — Les indemnités pour dommages causés par les lapins aux fruits et récoltes seront portées au double.

Le juge de paix sera tenu de statuer dans la huitaine sur toute demande d'expertise de dommage causé par les lapins.

Dans le cas où il serait constaté que la présence d'une trop grande quantité de lapins nuit aux produits de la terre, le Ministre de l'Intérieur pourra en autoriser la destruction, après avoir pris l'avis de la députation permanente du conseil provincial.

Il déterminera les conditions auxquelles l'exécution de cette mesure sera soumise.

Art. 8. — Il est interdit en tout temps, sous peine d'une amende de 100 francs à 200 francs et d'un emprisonnement de huit jours à un mois, d'employer des filets, lacets, bricoles, appâts et tous autres engins propres à prendre, à détruire les lapins et le gibier dont fait mention l'article 10 ci-après ou à faciliter soit la prise, soit la destruction de ce gibier.

Le transport et la détention des engins mentionnés ci-dessus seront punis d'une amende de 100 à 200 francs. Ils pourront être recherchés

---

(1) La destruction des bêtes fauves peut s'exercer à l'aide de pièges-trappes, etc., qui ne rentrent pas dans la catégorie des engins mentionnés à l'article 9 (Circulaire ministérielle n° 581).

et saisis conformément aux règles prescrites par le Code d'instruction criminelle (art. 36 du Code d'instruction criminelle) (1).

L'emploi et le transport de ces mêmes engins seront punis d'une amende de 200 à 400 francs et d'un emprisonnement de quinze jours à deux mois, si les délinquants étaient armés, déguisés ou masqués, ou si les faits ont été commis en bande ou pendant la nuit.

Dans tous les cas, les engins susmentionnés seront saisis et confisqués; le juge en ordonnera la destruction.

Art. 9. — La disposition de l'article précédent ne s'applique pas :
1° Aux établissements de canardières en temps de chasse ouverte;
2° Aux bourses propres à prendre le lapin;
3° Aux lacets destinés à prendre la bécasse, pourvu que l'usage n'en ait lieu que dans les bois d'une étendue de dix hectares au moins, aux époques et dans les provinces ou parties de provinces qui sont désignées par le gouvernement;
4° Aux engins que le propriétaire ou son ayant droit sera autorisé par le Ministre de l'Intérieur à employer, pour reprendre dans ses bois les faisans destinés à la reproduction.

Art. 10. — Dans chaque province ou partie de province, il est défendu d'exposer en vente, de vendre, d'acheter, de transporter ou de colporter, pendant le temps où la chasse n'y est point permise, et à compter du troisième jour après la clôture de la chasse, des faisans, perdrix, cailles, gelinottes, râles de campagne ou de genêts, coqs de bruyères, vanneaux, bécassines, canards sauvages, jaquets, lièvres, chevreuils, cerfs ou daims.

Il est également interdit aux marchands de comestibles, traiteurs, et aubergistes de détenir, même hors de leur domicile, le gibier désigné au § précédent, comme à toute personne de recéler ou détenir lesdites espèces de gibier pour le compte de marchands ou trafiquants.

Le gibier désigné ci-dessus ne peut être exposé en vente, vendu et acheté qu'à partir du jour qui suit celui de l'ouverture de la chasse.

Chaque infraction aux dispositions du présent article sera punie d'une amende de 50 à 100 francs (2).

Art. 11. — Le gibier ne peut être recherché et saisi, conformément aux règles prescrites par le Code d'instruction criminelle, que chez les marchands de comestibles, traiteurs et aubergistes, dans les lieux publics ou les voitures publiques.

La recherche et la saisie ne peuvent être pratiquées par les mêmes voies en d'autres lieux que si le gibier y est déposé pour être livré au commerce.

---

(1) La loi punit non seulement l'emploi, mais encore le transport et la détention des engins prohibés. Ils sont saisis soit entre les mains de l'inculpé, soit à son domicile, n'importe où ils se trouvent, et détruits.

(2) La loi punit l'achat du gibier en temps prohibé, même lorsque l'acheteur est un particulier.

Le jour même de l'ouverture de la chasse, le transport seul du gibier compris au § 1 est permis.

L'exposition, la vente, l'achat, le transport, le colportage du gibier sont défendus à compter du 3ᵉ jour après la clôture.

Le gibier saisi est immédiatement mis, par le bourgmestre de la commune, à la disposition de l'hospice le plus rapproché.

Art. 12. — Le transport du gibier vivant et des œufs mentionnés à l'article 6 peut être autorisé pendant la fermeture de la chasse, par le Ministre de l'Intérieur, moyennant les conditions qu'il prescrit.

Art. 13. — Il ne sera permis de chasser dans les domaines de l'État qu'en vertu d'une adjudication publique.

Néanmoins, la chasse dans les forêts de Soignes, de Saint-Hubert et d'Herzogenwald, ainsi que dans les propriétés de l'État avoisinant le domaine d'Ardenne, est réservé à la Couronne.

Art. 14. — Quiconque est trouvé chassant et ne justifiant pas d'un permis de port d'armes de chasse, sera puni d'une amende de 100 francs.

Sera puni de la même peine celui qui aura chassé au lévrier sans être muni d'un permis spécial dont le prix sera le même que celui du permis de port d'armes de chasse.

Les permis de port d'armes de chasse et les permis de chasse au lévrier sont personnels; ils ne sont valables que pour une année à partir du 1er juillet.

Un arrêté royal règle le mode, la forme et les conditions de leur délivrance.

Art. 15. — Les infractions prévues par les articles 3, 4, 6 et 14 ci-dessus seront punies d'une amende double et d'un emprisonnement de huit jours à un mois lorsqu'elles auront été commises au moyen d'une arme prohibée, lorsque les délinquants étaient déguisés ou masqués ou lorsque les faits auront été commis en bande ou pendant la nuit.

Art. 16. — Les peines seront portées au double à l'égard des employés des douanes, gardes champêtres ou forestiers, gendarmes et gardes particuliers qui se rendront coupables de l'une des infractions prévues par la présente loi.

Art. 17. — En cas de concours de plusieurs infractions, les peines seront cumulées, sans qu'elles puissent néanmoins excéder le double du maximum de la peine la plus forte (1).

Art. 18. — Chacune des différentes peines sera doublée en cas de récidive. Elle sera triplée s'il survient une troisième condamnation, et la même progression sera suivie pour les condamnations ultérieures.

Toutefois, ces peines ne pourront excéder 1,000 francs d'amende et huit mois d'emprisonnement.

Il y a récidive lorsque le délinquant a subi, dans le courant des deux années qui précèdent, une condamnation pour l'une des infractions prévues par la présente loi.

Art. 19. — S'il existe des circonstances atténuantes, les tribunaux sont autorisés à prononcer séparément les peines d'emprisonnement et d'amende, dans tous les cas prévus par les articles 8, 15 et 16 de la présente loi.

---

(1) Le Code pénal, art. 65, portant : « lorsque le même fait constitue plusieurs infractions, la peine la plus forte sera prononcée », est applicable en matière de chasse.

En cas de récidive d'infractions punies de l'emprisonnement, cette peine sera toujours prononcée.

Art. 20. — A l'exception du cas prévu par le § 1er de l'article 4, l'arme dont le délinquant s'est servi sera confisquée; il est tenu de la remettre immédiatement entre les mains de l'agent verbalisant.

A défaut d'avoir opéré cette remise, il encourt une amende spéciale de 100 francs.

Art. 21. — Le père, la mère, les maîtres et les commettants sont civilement responsables des infractions prévues par la présente loi, commises par leurs enfants mineurs non mariés, demeurant avec eux, domestiques ou préposés, sauf tout recours de droit.

Cette responsabilité sera réglée conformément à l'article 1384 du Code civil et ne s'appliquera qu'aux dommages intérêts et frais, sans toutefois donner lieu à la contrainte par corps.

Art. 22. — Les chasseurs ne peuvent être désarmés, sauf dans les cas suivants :

1° Lorsque le délinquant est déguisé ou masqué, lorsqu'il refuse de faire connaître son nom ou qu'il n'a pas de domicile connu;

2° Lorsque l'infraction est commise pendant la nuit;

3° Lorsque le délinquant s'est livré à des menaces, à des outrages ou à des violences envers les agents de l'autorité ou de la force publique.

Dans les cas prévus au n° 1, le délinquant peut être arrêté et conduit devant le bourgmestre, ou le juge de paix, lequel s'assure de son individualité et le met, s'il y a lieu, à la disposition du procureur du roi.

Art. 23. — Les infractions prévues par la présente loi seront prouvées soit par procès-verbaux ou rapports, soit par témoins, à défaut de rapports et procès-verbaux ou à leur appui.

Art. 24. — Les procès-verbaux des bourgmestres et échevins, commissaires de police, gendarmes, gardes forestiers, cantonniers, chefs de station, gardes champêtres ou gardes assermentés des particuliers feront foi jusqu'à preuve contraire.

Les procès-verbaux des employés des douanes feront également foi jusqu'à preuve contraire lorsque, dans les lieux où ils seront autorisés à exercer leurs fonctions, ces agents rechercheront et constateront les infractions prévues par les §§ 1er et 3 de l'article 8 et par le § 1er de l'article 10.

Art. 25. — Dans les quarante-huit heures de l'infraction, les procès-verbaux seront, à peine de nullité, affirmés par les rédacteurs devant le juge de paix ou l'un de ses suppléants, ou devant le bourgmestre ou échevin soit de la commune de leur résidence, soit de celle où l'infraction aura été commise.

Art. 26. — Les poursuites auront lieu d'office; mais s'il s'agit uniquement d'une contravention aux articles 4 ou 5, les poursuites n'auront lieu que sur la plainte du propriétaire de la chasse ou ayant-droit. Le plaignant ne sera tenu de se constituer partie civile que s'il veut conclure aux dommages-intérêts (1).

---

(1) La Cour de cassation a jugé que l'action pour fait de chasse appartient au propriétaire et au fermier simultanément.

Toutefois, si la contravention à l'article 4 a été commise sur une propriété qui fait partie du domaine public ou du domaine privé de l'État, de la province, de la commune ou des établissements publics et dont la chasse n'est pas louée, les poursuites auront lieu d'office.

Art. 27. — Dans tous les cas prévus par la présente loi, le juge prononce, à défaut de payement de l'amende, un emprisonnement dont l'exécution et la durée sont réglées conformément aux articles 40 et 41 du Code pénal.

Art. 28. — Toute action pour une des infractions prévues par la présente loi sera prescrite par le laps de trois mois, à compter du jour où l'infraction aura été commise.

Art. 29. — Le tribunal saisi de la connaissance d'une des infractions prévues par la présente loi pourra adjuger des dommages-intérêts sur la plainte du propriétaire des fruits, visée par le bourgmestre et accompagnée d'un procès-verbal d'évaluation du dommage, dressé sans frais par ce fonctionnaire.

La disposition qui précède est applicable dans les cas de l'article 552, n°s 6 et 7, et de l'article 556, n°s 6 et 7 du Code pénal.

Art. 30. — Les militaires poursuivis à raison d'infractions prévues par la présente loi seront soumis à la juridiction ordinaire.

Art. 31. — Le gouvernement est autorisé à prévenir, par un règlement d'administration générale, la destruction, la chasse, l'exposition, la vente, l'achat, le transport et le colportage des oiseaux insectivores, de leurs œufs ou de leurs couvées. Les faits interdits par ce règlement seront punis d'une amende de 5 à 25 francs, outre la confiscation des oiseaux saisis, ainsi que des filets, lacets, appâts et autres engins.

En cas de récidive, l'amende sera élevée au maximum avec faculté, pour le tribunal, de prononcer, indépendamment de l'amende, un emprisonnement de 3 à 7 jours.

Art. 32. — Sont abrogés : les lois des 22, 23, 28 avril 1789, le décret du 11 juillet 1810, le décret du 4 mai 1812, en tant qu'il se rapporte aux permis de port d'armes de chasse, les lois du 26 février 1846 et du 29 mars 1873, ainsi que toutes autres dispositions contraires à la présente loi.

— Permis de chasse. — Arrêté organique. — Exécution de l'article 14 de la loi du 28 février 1882.

— LÉOPOLD II, roi des Belges, A tous présents et à venir, Salut.

Vu l'article 14 de la loi du 28 février 1882, ainsi conçu :

« Quiconque est trouvé chassant et ne justifiant pas d'un permis de port d'armes de chasse sera puni d'une amende de 100 francs.

« Sera puni de la même peine celui qui aura chassé au levrier sans être muni d'un permis spécial dont le prix sera le même que celui du permis de port d'armes de chasse.

« Les permis de port d'armes de chasse et les permis de chasse au levrier sont personnels; ils ne sont valables que pour une année à partir du 1er juillet.

« Un arrêté royal règle le mode, la forme et les conditions de leur délivrance ».

Vu l'article 67 de la Constitution;

Sur la proposition de Nos Ministres de l'Intérieur et des Finances,

Nous avons arrêté et arrêtons :

Art. 1er. — Les permis de port d'armes de chasse et les permis de chasse au levrier sont personnels.

Ils sont valables dans tout le royaume, pour un an, à partir du 1er juillet jusqu'au 30 juin de l'année suivante.

Art. 2. — Le prix du timbre du permis est fixé à la somme de trente-cinq francs, indépendamment de la taxe provinciale.

Art. 3. — Les permis sont délivrés par les commissaires d'arrondissement.

Art. 4. — Pour obtenir un permis de port d'armes de chasse, les intéressés doivent adresser leur demande au commissaire de l'arrondissement dans lequel ils résident.

Pour obtenir un permis de chasse au levrier, ils doivent s'adresser au commissaire de l'arrondissement du chef-lieu de la province.

Ceux qui n'ont pas de résidence en Belgique, doivent s'adresser au commissaire de l'arrondissement de Bruxelles.

Toutefois, s'ils habitent des localités limitrophes du royaume, ils peuvent remettre leur demande au commissaire de l'arrondissement le plus voisin de leur résidence.

Art. 5. — A l'appui de sa demande, l'intéressé doit fournir un extrait de son acte de naissance et un certificat de l'administration communale du lieu de sa résidence attestant sa moralité, sa bonne conduite et constatant qu'il ne se trouve dans aucun des cas prévus par les articles 10 et 11.

Ce certificat mentionne que le pétitionnaire réside depuis un an, au moins, dans la commune.

A défaut de cette mention, l'intéressé doit produire un second certificat émanant de l'administration communale de sa résidence antérieure et contenant les indications mentionnées ci-dessus.

Art. 6. — Si l'intéressé ne réside pas dans le pays ou n'y réside que depuis moins d'une année, le certificat mentionné à l'article précédent sera remplacé par une attestation écrite de deux citoyens notables, portant sur les points indiqués au premier alinéa de l'article précédent.

S'il est étranger résidant en Belgique, le commissaire d'arrondissement en réfère à l'administration de la sûreté publique.

Art. 7. — Les commissaires peuvent dispenser de la production des certificats mentionnés aux articles 5 et 6, les personnes auxquelles ils ont précédemment délivré un permis.

Art. 8. — Toute demande de permis est accompagnée d'une formule revêtue du timbre de l'Etat, qui est délivrée par le receveur de l'enregistrement des actes judiciaires résidant au chef-lieu d'arrondissement; toutefois, dans l'arrondissement de Liège, le débit des formules est fait par le receveur du timbre extraordinaire de Liège.

Les formules des permis de chasse au lévrier ne sont débitées que dans les bureaux de l'enregistrement et des actes judiciaires établis au chef-lieu des provinces.

ART. 9. — La forme des permis est arrêtée par Nos Ministres de l'Intérieur et des Finances.

Ils sont imprimés chaque année sur un papier de couleur différente.

Ils mentionnent le nom, les prénoms, le domicile, la qualité et le signalement des intéressés.

Le permis doit être revêtu de la signature de la personne à qui il est délivré.

ART. 10. — Le permis peut être refusé :

a) Aux mineurs de 16 à 21 ans, s'il n'est demandé pour eux par leur père ou tuteur;

b) Aux interdits;

c) A ceux qui, par suite de condamnation judiciaire, sont privés de l'un des droits énumérés à l'article 31 du Code pénal autres que le droit de port d'armes;

d) A ceux qui ont été condamnés pour vagabondage, mendicité, vol, escroquerie ou abus de confiance.

ART. 11. — Le permis est refusé :

1° Aux mineurs qui n'ont pas seize ans accomplis;

2° A ceux qui sont légalement privés du droit de port d'armes;

3° A ceux qui ont été condamnés pour délit de chasse, commis soit au moyen d'armes prohibées, soit en bande ou pendant la nuit, soit pour un délit à l'occasion duquel il a été commis des actes de rébellion ou de violence;

4° A ceux qui, depuis douze mois, ont été condamnés pour avoir contrevenu aux lois sur la chasse;

5° A ceux qui sont notoirement connus pour se livrer habituellement au braconnage et à ceux qui, à raison de leur mauvaise conduite, de leur état mental ou de leurs antécédents, seraient jugés pouvoir faire un mauvais usage de leurs armes;

6° A ceux qui n'ont pas exécuté les condamnations prononcées contre eux pour l'un des délits prévus par la loi sur la chasse;

7° A tout condamné placé sous la surveillance de la haute police;

8° Aux brigadiers et gardes forestiers, aux gardes-pêche de l'Etat, aux gardes champêtres ou forestiers et gardes-pêche salariés par les communes.

ART. 12. — Indépendamment des pièces désignées aux articles 4, 5 et 6, ceux qui sollicitent les permis de chasse au lévrier doivent produire à l'appui de chaque demande un certificat constatant qu'ils ont payé, pour l'année courante, le montant de la taxe établie par la province sur les chiens lévriers.

Les commissaires d'arrondissement ont le droit de refuser ce permis à ceux qui ne pourraient justifier qu'ils possèdent personnellement le moyen de l'utiliser sur une étendue suffisante de terrain.

Art. 13. — Les personnes auxquelles un permis a été refusé pour l'un des motifs mentionnés à l'article 10 ou pour une infraction aux articles 4 et 5 de la loi du 28 février 1882, peuvent prendre leur recours auprès du gouverneur de la province.

Après avoir entendu le commissaire d'arrondissement, ce fonctionnaire peut autoriser la délivrance du permis.

Le recours exercé pour tout autre motif doit être adressé à Notre Ministre de l'Intérieur.

Art. 14. — Pour faciliter l'exécution des dispositions qui précèdent, les commissaires tiennent un registre des condamnations pour délit de chasse prononcées à charge des personnes domiciliées dans leur arrondissement.

Ce registre est dressé par ordre alphabétique, au moyen d'indications fournies régulièrement tous les mois par les chefs des parquets.

Art. 15. — Les commissaires d'arrondissement tiennent également un registre des permis de port d'armes et un registre des permis de chasse au lévrier qu'ils délivrent annuellement, avec l'indication de la date et du numéro d'ordre.

A la fin de chaque mois, ils envoient un extrait de ce registre au gouverneur de la province, qui le fait insérer au *Mémorial administratif*.

Art. 16. — Lorsqu'un permis a été délivré, par suite de manœuvres frauduleuses, à une personne qui n'y a pas droit, ou lorsque le porteur d'un permis a été condamné pour des faits graves, dans le courant de l'année, les commissaires d'arrondissement peuvent annuler le permis par un arrêté.

Cet arrêté est communiqué à l'administration communale du lieu du domicile de l'intéressé, pour être notifié à celui-ci.

Une copie en est expédiée au gouverneur, ainsi qu'au commandant de la gendarmerie nationale.

Celui à qui le permis a été retiré peut prendre son recours auprès du gouverneur, qui prononce définitivement sur sa requête, après avoir entendu le commissaire d'arrondissement.

En cas de retrait du permis, les droits payés ne seront pas restitués.

Art. 17. — Les arrêtés royaux du 6 août 1868 et du 31 décembre 1871 sont rapportés.

Art. 18. — Nos Ministres de l'Intérieur et des Finances sont chargés de l'exécution du présent arrêté.

— OISEAUX INSECTIVORES. — EXÉCUTION DE L'ARTICLE 31 DE LA LOI SUR LA CHASSE DU 28 FÉVRIER 1882.

— LÉOPOLD II, roi des Belges, A tous présents et à venir, Salut.

Vu l'article 31 de la loi du 28 février 1882 sur la chasse, qui autorise

le gouvernement à prévenir, par un règlement d'administration générale, la destruction des oiseaux insectivores;
Vu les articles 4, 6 et 7 de ladite loi;
Vu l'article 67 de la Constitution;
Sur la proposition de Notre Ministre de l'Intérieur,

Nous avons arrêté et arrêtons :

Art. 1er. — Il est défendu de prendre, de tuer ou de détruire, d'exposer en vente, de vendre, d'acheter, de transporter ou de colporter les oiseaux insectivores, ainsi que leurs œufs ou couvées.

Art. 2. — Sont considérés comme oiseaux insectivores :
1° *En tout temps*, les espèces désignées ci-après :
L'accenteur mouchet ou traîne-buisson;
Les fauvettes;
Les gobe-mouches ou becfigues;
Le grimpereau;
Les hirondelles;
Les hoche-queue, bergeronnettes ou lavandières;
L'hippolais ou contrefaisant;
Les mésanges;
Les pouillots ou becs fins;
Le roitelet huppé;
Le rossignol;
Le rouge-gorge;
Les rouge-queue, thythis et rossignols de muraille;
La sittelle ou torche-pot;
Les traquets, tariers et motteux;
Le troglodyte ou roitelet;

2° *Pendant la saison où la chasse à la perdrix n'est pas autorisée*, toutes espèces d'oiseaux à l'état sauvage, sauf les exceptions établies à l'article 9.

Art. 3. — Il est défendu de prendre, de tuer ou de détruire, en quelque temps et de quelque manière que ce soit, des oiseaux à l'état sauvage sur le terrain d'autrui, sans le consentement du propriétaire ou de ses ayants-droit.

Art. 4. — Il est permis en tout temps de transporter des pinsons et des linottes vivants, à la condition que le porteur sera muni d'une déclaration de l'autorité locale constatant que ces oiseaux sont la propriété du détenteur et que celui-ci ne fait pas le commerce des oiseaux.

Art. 5. — Il est interdit en tout temps, pour prendre les oiseaux, d'employer la chouette, le hibou ou autres oiseaux de proie nocturnes et de se servir d'engins enduits de glu ou de matières analogues.

Art. 6. — Il est défendu de prendre des oiseaux lorsque le sol est couvert de neige.

Art. 7. — Par exception aux dispositions qui précèdent, le propriétaire ou le possesseur peut détruire ou faire détruire, en tout temps, les oiseaux, les œufs ou couvées dans ses bâtiments et les enclos attenant à son habitation.

Ces enclos doivent réunir l'une des conditions déterminées par l'article 6, titre Ier, section IV, du décret du 28 septembre-6 octobre 1791.

Toutefois, il ne pourra y être fait usage, pour prendre les oiseaux, des modes prohibés par l'article 5, pendant le temps où la chasse à la perdrix n'est pas autorisée, ni de filets, appâts, lacets, cages et autres engins analogues.

Art. 8. — Notre Ministre de l'Intérieur pourra, dans un but scientifique ou d'utilité publique, autoriser certaines dérogations aux dispositions du présent règlement.

Art. 9. — Le présent règlement ne s'applique pas aux oiseaux de proie diurnes, au grand-duc, au geai, à la pie, au corbeau et au pigeon ramier, lesquels peuvent être détruits en tout temps, même au moyen d'armes à feu.

Il n'est pas applicable non plus aux oiseaux exotiques, ni au gibier à plumes mentionné aux articles 6, 9 et 10 de la loi du 28 février 1882.

Art. 10. — Sans préjudice à l'application des amendes comminées par les articles 4, 6, 7 et 14 de la loi du 28 février 1882, sont punies d'une amende de 5 à 25 francs les contraventions aux dispositions des articles 1, 2, 3, 4, 5 et 6 du présent règlement.

En cas de récidive, l'amende sera élevée au maximum, avec faculté pour le tribunal de prononcer, indépendamment de l'amende, un emprisonnement de trois à sept jours.

Les filets, lacets, appâts et autres engins qui auront servi à perpétrer la contravention seront saisis et confisqués.

Art. 11. — Les oiseaux pris en contravention au présent règlement seront saisis; les oiseaux vivants seront mis immédiatement en liberté et les oiseaux morts seront déposés chez le bourgmestre de la commune, qui les mettra à la disposition de l'hospice le plus rapproché.

Art. 12. — Sera puni des peines comminées à l'article 10 celui qui sera trouvé porteur des engins mentionnés à l'article 5 ci-dessus et celui qui, dans le temps où la chasse à la perdrix n'est pas permise, sera trouvé muni ou porteur de filets, appâts, lacets ou autres engins propres à prendre ou à détruire les oiseaux.

Lesdits objets seront, en outre, saisis et confisqués.

Art. 13. — Les contraventions au présent règlement seront constatées, prouvées et poursuivies conformément aux articles 23, 24, 25 et 26 de la loi du 28 février 1882 sur la chasse.

Art. 14. — L'arrêté royal du 21 avril 1873 est rapporté.

Art. 15. — Notre Ministre de l'Intérieur est chargé de l'exécution du présent arrêté.

Donné à Bruxelles, le 1er mars 1882.

LEOPOLD.

Le Ministre de l'Intérieur.

— LOI SUR LA CHASSE. — INSTRUCTIONS. — COMMENTAIRES.

Circulaire à MM. les gouverneurs des provinces.

Bruxelles, le 2 mars 1882.

Monsieur le gouverneur,

J'ai l'honneur de vous adresser des exemplaires de la nouvelle loi sur la chasse, promulguée sous la date du 28 février 1882.

La loi du 26 février 1846, modifiée par celle du 29 mars 1874, avait considérablement amélioré le régime antérieur.

Toutefois, une longue expérience a démontré l'insuffisance de cette loi à réprimer efficacement le braconnage.

Celui-ci a pris depuis quelques années un développement considérable, encouragé par le peu de vigueur des peines encourues.

La facilité avec laquelle les braconniers pouvaient vendre le produit de leurs délits augmentait leur audace, et de trop nombreux attentats à la vie des agents de la force publique ont démontré la nécessité qu'il y avait de chercher à mettre un terme à cet état de choses.

C'est dans ce but que la loi nouvelle a augmenté les peines établies pour l'emploi d'engins prohibés, pour la vente, l'achat, etc., du gibier en temps de chasse close, pour les délits de chasse commis pendant la nuit, ou en bande, ou au moyen d'armes à feu prohibées; c'est dans ce but encore que la loi actuelle permet, sous certaines conditions, la recherche et la saisie du gibier exposé en vente, colporté, etc., en temps prohibé.

Il est à espérer que ces dispositions exécutées rigoureusement, donneront le résultat qu'on peut en espérer.

Un grand nombre de dispositions nouvelles améliorent et complètent le régime actuel sur la chasse.

Je crois devoir passer en revue les différents articles de la loi, en appelant votre attention sur les modifications qu'ils introduisent, la portée qu'il convient d'y donner et le sens dans lequel ils doivent être exécutés.

ART. 1er. — L'article 1er qui donne au gouvernement le pouvoir de fixer les époques de l'ouverture et de la fermeture de la chasse, mentionne une disposition nouvelle en vertu de laquelle l'administration est tenue de publier les arrêtés relatifs à cette matière, au moins huit jours avant la date des époques fixées; elle a pour but d'empêcher les publications tardives que l'administration a, du reste, toujours cherché à éviter. Pour mettre mon département à même d'exécuter cette prescription, vous aurez soin, monsieur le gouverneur, de veiller à ce que, après avoir pris en temps utile l'avis de la commission provinciale d'agriculture sur l'état de la récolte et l'avis de la députation permanente, je reçoive vos propositions au moins quinze jours avant la date projetée.

Art. 2. — L'article 2, tout en maintenant la disposition antérieure qui prohibe la chasse de nuit, permet au gouvernement d'autoriser, outre l'affût à la bécasse, *la chasse au canard pendant la nuit*.

L'on sait que lors des grands passages, les canards sauvages se jettent vers le soir en grandes bandes dans les lacs, les étangs ou les terrains inondés, et qu'il n'est guère possible de les atteindre qu'au moyen de huttes ou de canots.

Sous l'empire de la loi du 29 mars 1873, ce genre de chasse ne pouvait plus avoir lieu. Il pourra être autorisé désormais dans les localités où il est praticable.

Vous aurez, monsieur le gouverneur, après avoir pris les informations nécessaires, à me faire parvenir, s'il y a lieu, des propositions pour l'application de cette disposition à votre province ou à certaines parties de votre province.

Art. 3. — L'article 3 mentionne un régime nouveau pour la chasse sur les chemins publics, les voies ferrées et leurs dépendances.

Il met un terme à des abus nombreux qui ont été signalés depuis longtemps.

Désormais, le propriétaire riverain ou son ayant-droit aura seul le droit de chasser sur tous les chemins publics.

Dans le cas où un chemin traversera un terrain appartenant à deux propriétaires différents, chaque riverain pourra chasser sur la moitié du chemin qui longe sa propriété.

La chasse sur les voies ferrées et leur dépendances est interdite d'une manière absolue, même au riverain; mais celui-ci pourra seul chasser sur les berges ou talus de ces voies.

Toutefois, en vue d'éviter les dégradations que les chasseurs ou traqueurs pourraient occasionner auxdites berges, le riverain ne pourra y chasser ou faire chasser que pour y prendre le lapin au moyen de bourses et de furets. C'est donc lui qui reste responsable des dégâts qui pourraient résulter sur les propriétés voisines de la présence d'un trop grand nombre de lapins.

La disposition de cet article concerne les voies ferrées de l'État comme celles des compagnies concessionnaires.

Afin de faciliter l'exécution des dispositions de l'article 3, les cantonniers et les chefs de station ont été compris à l'article 24 parmi les personnes dont les procès-verbaux, en matière de délit de chasse, font foi jusqu'à preuve contraire.

Les gardes particuliers des riverains, comme tous les autres agents de la force publique, peuvent constater les délits commis en contravention à l'article 3.

Art. 4. — L'article 4, avec le 2° paragraphe de l'article 5, ne fait que reproduire les dispositions analogues de l'article 2 de la loi du 24 février 1846.

Art. 5. — L'article 5 introduit une disposition nouvelle qui a pour but de préserver le gibier de la poursuite des chiens chassant ou vagabondant dans la campagne.

Art. 6. § 1er. — La première partie du § 1er de cet article, relative à la chasse en temps prohibé, est la reproduction littérale du § 1er de l'article 3 de la loi de 1846. Cette disposition consacre la défense absolue de chasser en dehors des époques déterminées par le gouvernement. Cette défense s'applique à la chasse de toute espèce de gibier, c'est-à-dire de tous les animaux sauvages qui peuvent servir à la nourriture de l'homme. Elle s'applique donc également à la chasse aux oiseaux qui ne sont pas compris dans l'énumération faite à l'article 10; ainsi, l'on ne peut, en temps de chasse close, prendre au moyen de filets ou de lacets, ou détruire de toute autre manière des oiseaux tels que les grives, les alouettes, etc.

Cette interdiction absolue est indépendante des mesures prises en vertu de l'article 31 dans le but d'assurer la protection des oiseaux insectivores.

Le règlement d'administration générale édicté en vertu de cet article dans l'intérêt de l'agriculture, ne fait que renforcer la disposition de l'article 6 en empêchant, en temps prohibé, la vente, l'achat, le transport des oiseaux, des engins destinés à les prendre, et en établissant d'autres mesures propres à assurer la protection de certains insectivores, même en temps de chasse ouverte.

Des arrêts des cours d'appel du royaume et de la cour de cassation consacrent formellement cette jurisprudence.

Les contraventions pour la chasse aux oiseaux en temps prohibé tombent donc sous l'application de l'article 6 de la nouvelle loi, indépendamment des peines encourues aux termes du règlement édicté en vertu de l'article 31.

Les mêmes observations s'appliquent au fait d'avoir chassé les oiseaux soit sur le terrain d'autrui sans le consentement du propriétaire, soit sans être muni de permis de port d'armes de chasse. — Il est fait, dans ces cas, application des articles 4 et 14 de la loi.

Le même paragraphe s'occupe, comme la loi ancienne, *des bêtes fauves que le propriétaire ou le fermier a le droit de repousser, même avec des armes à feu, lorsqu'elles portent dommage à leurs propriétés.*

Il est fort difficile de donner une énumération positive des animaux qu'il faut comprendre parmi les bêtes fauves. En général, ce sont les animaux malfaisants et nuisibles, tels que le loup, le sanglier, le renard, la loutre, le putois, la fouine, le blaireau, la belette, etc., qui ne sont pas considérés comme gibier.

Mais il peut se présenter des cas où d'autres animaux deviendraient un danger sérieux pour la propriété et pourraient, à titre de défense, être repoussés, même avec des armes à feu, par le propriétaire ou le fermier.

Cette faculté ne peut toutefois être exercée qu'en cas d'agression ou de dommage immédiat. Ce sont là des points qu'il importe de laisser à l'appréciation des tribunaux, qui ont appliqué jusqu'à présent cette disposition extraite de l'ancienne législation de 1790, et maintenue dans l'intérêt de la défense de la propriété.

Il est entendu du reste que l'on peut se servir, pour détruire la plupart de ces animaux, de pièges, trappes, etc., qui ne rentrent pas dans la catégorie des engins mentionnés à l'article 9.

Le § 2 de l'article 3 de la loi de 1846 ne punissait pas le fait de vendre, d'acheter, de transporter, etc., des œufs ou couvées des espèces de gibier qui y étaient mentionnés.

L'article 6 nouveau érige ces faits en délits, afin de mettre un terme au commerce d'œufs de gibier dérobés dans les campagnes; on en a exclu les œufs de vanneaux dont le commerce reste libre.

Il est bien entendu que l'on ne peut considérer comme une infraction à cette disposition le fait d'avoir transporté d'un point de sa propriété à un autre, dans le but de continuer à l'élever, un nid ou une couvée de gibier qui aura été déplacé accidentellement.

Art. 7 — A l'article 7 qui reproduit les §§ 3 et 4 de l'article 3 de la loi de 1846, il a été introduit une disposition qui oblige le juge de paix à statuer dans la huitaine sur toute demande d'expertise de dommages causés par les lapins. La législature a voulu, dans l'intérêt des plaignants, éviter des retards qui pourraient leur être préjudiciables.

Cet article maintient l'indemnité double pour les dégâts causés par les lapins aux récoltes. Les intérêts de l'agriculture réclament cette mesure, qui cependant a donné lieu à des abus. Le législateur a voulu éviter que le cultivateur fût victime de la trop grande quantité de lapins et des dommages qui peuvent en résulter.

L'on sait que, dans certains bois, le lapin est en quelque sorte un produit naturel du sol, et qu'il est pour ainsi dire impossible de le faire disparaître complètement.

Le cultivateur qui loue des terres voisines d'un bois de cette nature connaît d'avance l'inconvénient auquel il est exposé, et paie une rente proportionnelle. Il n'est donc pas en droit d'exiger, ce qui s'est vu à maintes reprises, la destruction complète des lapins, et ce n'est pas non plus ce que le législateur a eu en vue.

C'est au juge qu'il appartient de peser ces considérations, et de déterminer équitablement la part de responsabilité qui échoit au propriétaire, surtout lorsque celui-ci a fait tous ses efforts pour parvenir à détruire les lapins.

Le § 3 de l'article 7 permet au Ministre de l'Intérieur d'autoriser la destruction des lapins qui pourraient se trouver en trop grande quantité dans certains lieux où leur présence nuirait aux produits de la terre.

En vertu de cette disposition, mon département délivre aux personnes qui lui en font la demande reconnue fondée, l'autorisation de détruire dans les bois et les dunes les lapins, en temps de chasse close, même avec des armes à feu. C'est encore dans le but de faciliter cette destruction que le gouvernement permet en tout temps la chasse au lapin, au moyen de bourses et de furets.

Cependant, dans le cas où un propriétaire négligerait et refuserait d'opérer lui-même la destruction de la trop grande quantité de lapins qui se trouveraient dans ses propriétés, le gouvernement pourrait, après une enquête constatant le fondement des plaintes qui lui seraient adressées, ordonner cette destruction qui devrait, en règle générale, se faire au moyen de bourses et de furets.

Art. 8. — L'article 8 modifie notamment les dispositions analogues de l'article 4 de la loi de 1846; il porte l'amende comminée en cas d'emploi de filets, bricoles et d'autres engins prohibés propres à prendre le gibier mentionné à l'article 10, à un maximum de 200 francs, et il punit, en outre, ce fait d'un emprisonnement de 8 jours à un mois.

Le fait de transporter et de détenir ces mêmes engins est puni de la même amende, tandis que, précédemment, le transport seul hors voies et chemins était érigé en délits; lesdits engins pourront de plus être recherchés et saisis conformément aux règles prescrites par le Code d'instruction criminelle.

Il résulte de cette dernière disposition que les agents qui soupçonneront la possession par certaines personnes, souvent signalées par la notoriété publique, des engins prohibés, ont le droit et le devoir de réclamer du juge d'instruction l'autorisation nécessaire pour opérer les recherches nécessaires et saisir lesdits engins.

C'est un point important sur lequel il convient d'attirer l'attention de l'autorité.

L'on a compris parmi les engins prohibés ceux qui sont propres à faciliter soit la prise, soit la destruction du gibier. Cette disposition nouvelle a pour but d'atteindre certains engins récemment inventés, et entre autres les appareils réflecteurs au moyen desquels on éclaire à une assez grande distance le terrain occupé par le gibier, que la clarté attire, et que l'on peut abattre à bout portant.

Le § 3 de cet article double les peines comminées pour l'emploi et le transport des engins prohibés, lorsque les délinquants sont armés ou déguisés, ou si les faits ont été commis pendant la nuit.

L'élévation de ces peines aura, il faut l'espérer, pour résultat de faire cesser ce braconnage dangereux, accompagné de circonstances qui le font dégénérer en une sorte de brigandage, et qui donnent lieu à des collisions funestes devenues que trop fréquentes.

Le dernier paragraphe de l'article 8 ordonne la saisie, la confiscation et la destruction des engins prohibés.

La destruction doit être complète, et les engins doivent être anéantis soit par le feu, soit de toute autre façon.

Art. 9. — Cet article comprend d'abord, comme n'étant pas prohibés en vertu de l'article 8, des engins mentionnés à l'article 4 de la loi de 1846, à savoir : les bourses propres à prendre le lapin dont l'usage est toujours permis et les lacets à la bécasse dans les conditions qu'il prescrit.

Il comprend, en outre, l'établissement des canardières en temps de chasse ouverte; cette disposition était nécessaire par suite de l'introduction à l'article 10 des canards sauvages parmi le gibier dont la vente est interdite en temps de chasse close.

Il en résulte que les canardières devront être fermées à partir du jour où la chasse au canard sauvage ne sera plus permise.

Le n° 4 de cet article permet aux propriétaires qui y seront autorisés par le Ministre de l'Intérieur, d'employer certains engins pour reprendre dans leurs bois les faisans destinés à la reproduction, emploi qui était interdit d'après l'ancienne législation.

Les personnes qui désireront obtenir cette autorisation devront adresser leur demande, soit à vous, monsieur le gouverneur, pour m'être transmise, soit directement à mon département; elles auront à prouver qu'elles élèvent des faisans dans leurs propriétés, et elles devront indiquer la nature de l'engin qu'elles se proposent d'employer.

Cet engin, qui consiste généralement en un panier d'une certaine forme, ne devra, en aucun cas, être propre à prendre aucune autre espèce de gibier. L'autorisation ne sera, en aucun cas, délivrée que pour une époque déterminée.

Art. 10. — Le § 1er de l'article 10 est la reproduction du § 1er de l'article 5 de la loi de 1846, sauf que le canard sauvage a été compris parmi les espèces de gibier dont la vente, le transport, etc., sont interdits en temps de chasse fermée.

Cette mesure a paru nécessaire pour protéger la reproduction de cet oiseau, qui niche en grande quantité dans notre pays.

Les paragraphes suivants contiennent des mesures nouvelles d'une grande importance, parce qu'elles répriment, par des mesures plus rigoureuses le trafic du gibier en temps de chasse fermée.

En entravant d'une manière efficace ce commerce illicite, on atteindra le braconnage qui ne se fait que dans un but mercantile, et l'on diminuera le danger dont sont menacés les agents de l'autorité.

Les pénalités dont la loi ancienne frappait les infractions à cet article n'étaient que de 16 à 50 francs; elles sont aujourd'hui de 50 à 100 francs.

La loi de 1846 ne punissait pas la détention du gibier en temps prohibé par les marchands, traiteurs et aubergistes, et la saisie ne pouvait être opérée que dans le cas où l'exposition en était faite dans leurs magasins.

Le § 2 de l'article 20 érige ce fait en délit, et comble une lacune de l'ancienne législation.

Il atteint également ceux qui placent le gibier prohibé hors de leur domicile, chez des personnes qui les tiennent en dépôt à leur disposition. La loi nouvelle ne permettra plus que la loi soit éludée par suite de ces coupables connivences.

Les marchés et les magasins des marchands étaient fournis, le jour même de l'ouverture de la chasse, de grandes quantités de gibier qui étaient évidemment le produit du braconnage.

Le § 3 de l'article 10, qui ne permet plus d'exposer en vente, de vendre ni d'acheter le gibier qu'à partir du jour qui suit l'ouverture de la chasse, mettra un terme à cet abus.

Art. 11. — En permettant la recherche et la saisie du gibier chez les marchands de comestibles, traiteurs et aubergistes, dans les lieux publics ou les voitures publiques, l'article 11 facilite l'exécution des prescriptions de l'article 12; en portant entraves à un commerce illégal, il permettra d'atteindre le braconnage dans sa source.

Sous l'ancienne législation, la recherche du gibier au domicile des délinquants n'était pas autorisée. Le rejet d'une proposition analogue que l'on avait proposé d'introduire dans la loi de 1846, a amené les parquets à croire que cette recherche était interdite, même à titre d'instruction judiciaire.

Il en est résulté que la vente du gibier s'est pratiquée presque ouvertement sur une grande échelle, et que le braconnage s'est développé dans la même mesure.

Les dispositions de l'article 11 font rentrer cette matière dans le droit commun.

Désormais les recherches et les visites domiciliaires pourront être pratiquées, en se conformant au Code d'instruction criminelle, chez toutes les personnes mentionnées aux articles 10 et 11 qui seront soupçonnées de détenir du gibier.

Les agents de l'autorité auront à se pourvoir pour chaque cas d'une autorisation délivrée par le juge d'instruction.

Le dernier paragraphe de l'article 11 modifie légèrement les termes du § 2 de l'article 5 de la loi de 1846; beaucoup de communes ne sont pas pourvues d'un hospice, et le bureau de bienfaisance n'est pas à même de disposer utilement du gibier saisi.

Les agents de l'autorité qui auront saisi du gibier auront, comme par le passé, à le remettre directement au bourgmestre de la commune, lequel le fera parvenir sans délai à l'hospice le plus rapproché.

Il est bien entendu que s'il s'agissait d'une saisie de gibier vivant, ce gibier devrait être mis immédiatement en liberté dans la plaine ou le bois le plus voisin.

Art. 12. — En permettant au gouvernement d'autoriser, dans le temps où la chasse n'est pas ouverte, le transport du gibier vivant et des œufs mentionnés à l'article 6, la législature a eu en vue de faciliter le repeuplement des chasses.

Cette disposition s'applique aux importations venant de l'étranger, comme au transport du gibier vivant et des œufs, d'une partie de notre territoire vers une autre.

Les personnes qui désireront bénéficier de cette disposition auront à adresser leur demande au Ministre de l'Intérieur; elles y indiqueront exactement l'espèce et le nombre de pièces de gibier ou d'œufs auxquelles l'autorisation devra s'appliquer, les lieux d'où et vers lesquels le transport devra avoir lieu.

S'il s'agit d'importation étrangère, il y aura lieu d'indiquer le bureau de douane par où elle sera effectuée.

Les arrêtés portant l'autorisation indiqueront les conditions imposées pour éviter toute espèce d'abus.

Art. 14. — L'article 14 modifie et remplace les dispositions des décrets du 11 juillet 1810 et du 4 mars 1812, relatives aux permis de port d'armes de chasse. Ces dispositions n'étaient plus en harmonie avec la législation sur la chasse.

L'amende comminée pour défaut d'un permis est portée au taux fixe de 100 francs.

Un nouveau permis est créé par cet article; désormais il faudra être muni d'un permis spécial pour chasser au levrier.

Ce permis est personnel, de sorte que la personne qui emprunte un levrier devra être elle-même porteur d'un permis pour pouvoir s'en servir sans s'exposer à enfreindre la loi. Le législateur a voulu, par cette mesure, mettre un terme à certains abus.

Un arrêté royal, qui vous sera communiqué avec des instructions spéciales, réglera tout ce qui concerne la délivrance des permis.

Art. 15. — Cet article applique à tous les faits de chasse l'augmentation des pénalités édictées déjà par l'article 8, lorsque certaines circonstances témoignent de dispositions hostiles et aggravent le péril des agents de l'autorité.

Il punit d'une amende double et d'un emprisonnement de 8 jours à un mois, les infractions aux articles 3, 4, 6 et 14, c'est-à-dire la chasse sur les voies ferrées et les chemins publics, sur le terrain d'autrui, sans l'autorisation du propriétaire, la chasse en temps prohibé ou sans permis de port d'armes, lorsque ces infractions ont été commises au moyen d'armes prohibées, lorsque les délinquants étaient déguisés ou masqués, lorsque les faits ont été commis en bande ou pendant la nuit.

Art. 16. — L'article 16 reproduit la disposition du § 2 de l'article 7 de la loi de 1846, qui punit de peines doubles les délinquants revêtus d'un caractère public.

Art. 17. — L'article 17 modifie le § 1er de l'article 7 de la loi de 1846, dans le cas de concours de plusieurs infractions. Il a pour but de mettre cette disposition en harmonie avec les articles 60 et 100 du Code pénal.

Les peines seront cumulées sans qu'elles puissent excéder le double du maximum de la peine la plus forte.

L'ancienne législation laissait au juge une latitude qu'il n'y avait aucun motif de maintenir en matière de chasse.

Art. 18. — Cet article concerne les règles à suivre en cas de récidive. Il correspond à l'article 8 de la loi de 1846.

Mais comme les pénalités simples ont été notablement augmentées par la loi nouvelle, il a paru nécessaire, en vue de les empêcher d'atteindre un taux excessif, de fixer une limite maxima qui ne pourra jamais être dépassée.

De plus, la récidive est modifiée dans un de ses éléments par le § 3, qui décide que la récidive existera lorsque le délinquant aura subi, dans le courant *des deux* années qui précèdent, une condamnation pour l'une des infractions prévues par la loi nouvelle.

L'ancienne législation n'admettait la récidive que pour les infractions commises dans le courant d'une année.

Art. 19. — L'article 19 admet qu'il peut exister des circonstances atténuantes dans les cas prévus par les articles, 8, 15 et 16. Bien que ces articles prévoient des circonstances qui aggravent, en général, la nature du délit, le législateur a pensé qu'il pourrait se présenter des cas où le délinquant mériterait une certaine indulgence, à raison de ses antécédents ou des faits qui auront accompagné l'infraction.

Le tribunal est autorisé dans cette occurrence à prononcer séparément les peines d'emprisonnement et d'amende.

C'est au juge qu'il appartiendra d'apprécier les cas où il pourra être fait application de cette modération.

Mais, en cas de récidive d'infractions punies d'emprisonnement, cette peine devra toujours, aux termes du § 2 de l'article 19, être prononcée.

Art. 20. — D'après l'ancienne législation sur la chasse, l'arme avec laquelle le délit avait été commis était confisquée et devait être remise au greffe du tribunal après le prononcé du jugement; à défaut de cette remise, le délinquant devait en payer la valeur fixée au minimum de 50 francs.

Cette disposition donnait lieu à des abus, l'arme imparfaitement et souvent non décrite était rarement déposée, et elle était remplacée par une arme quelconque sans valeur dont le dépôt était opéré au greffe.

L'article 20 remédie à cet état de choses, en laissant au contrevenant l'alternative de remettre entre les mains de l'agent verbalisant l'arme dont il s'est servi, ou bien d'encourir une amende fixe de 100 francs.

Cette amende spéciale ne sera encourue que si l'inculpé est déclaré coupable des faits de chasse dont il est prévenu.

Cette disposition est applicable à tous les faits prévus dans la loi, à l'exception du cas où la contravention consiste dans le fait d'avoir chassé sur le terrain d'autrui sans le consentement du propriétaire.

Art. 22. — Les dispositions du § 1er de l'article 9 et de l'article 11 de la loi de 1846 correspondent à l'article 22.

La question de savoir dans quels cas les agents de la force publique peuvent désarmer les chasseurs était fort controversée.

Il a paru nécessaire de déterminer les droits et les devoirs de chacun. L'article 22 admet en principe, comme la loi de 1846, que le chasseur ne peut en règle générale être désarmé, mais il indique le cas où cette mesure est permise aux agents dans des circonstances où le maintien de l'arme entre les mains du délinquant peut être un danger pour la sécurité des agents.

Le désarmement n'est, du reste, que facultatif; les agents auront à apprécier avec prudence les cas où il sera nécessaire d'y procéder.

Art. 23 à 25. — Ces articles, relatifs au mode à suivre pour constater les infractions, sont à peu près la reproduction des articles 12, 13 et 14 de la loi de 1846.

Les seules modifications consistent :

1° En ce que l'article 24 mentionne les *cantonniers* et les *chefs de station* parmi les agents dont les procès-verbaux font foi jusqu'à preuve contraire. — Cette mention a paru nécessaire pour faciliter la répression des infractions commises à l'article 3 relatif à la chasse sur les chemins publics et les voies ferrées;

2° En ce que le délai dans lequel les procès-verbaux doivent être affirmés pour être valables, est porté de vingt-quatre à quarante-huit heures.

Art. 26. — Comme le prescrivait l'article 15 de la loi de 1846, cet article décrète que les poursuites auront lieu d'office, mais que s'il s'agit du cas de chasse sur le terrain d'autrui, elles ne se feront que sur la plainte du propriétaire ou de son ayant-droit.

L'article 26 a mis la même condition pour les infractions à l'article 5, commises par les personnes qui laissent leur chien chasser ou vagabonder sur les terres ou le droit de chasse appartient à autrui.

La disposition qui prescrit que les poursuites auront lieu d'office a souvent donné lieu à des réclamations, par suite du refus opposé par certains parquets à la poursuite des faits de chasse commis sur le terrain d'autrui et dûment constatés, lorsque le propriétaire lésé ne consentait pas à se porter partie civile.

C'est là une exigence que la loi n'autorise pas; la poursuite d'office est la règle générale que la loi établit, et rien ne justifie une inaction systématique qui ajouterait aux dispositions légales des conditions qui ne semblent pouvoir être imposées que dans des cas exceptionnels.

Le dernier paragraphe de l'article 26 a également prescrit la poursuite d'office lorsque la contravention à l'article 4 a été commise sur une propriété qui fait partie du domaine public ou du domaine privé de l'État, de la province, de la commune ou des établissements publics dont la chasse n'est pas louée.

Cette disposition a pour but de faciliter la poursuite des délits de l'espèce, qui ne pouvait se faire, d'après la jurisprudence consacrée par divers arrêts, que sur la plainte de l'administration publique intéressée.

Les faits dont il s'agit peuvent être considérés comme blessant l'intérêt général; il a donc paru opportun que le ministère public, en raison même du but de son institution, fût chargé de poursuivre les contraventions, sans devoir attendre la plainte d'une administration intéressée.

Elle indique, en outre, le devoir pour les provinces, les communes et les administrations publiques de louer la chasse sur tous leurs biens qui en sont susceptibles. C'est un point sur lequel il serait utile, monsieur le gouverneur, d'attirer leur attention.

Art. 27. — La modification apportée par cet article à l'article 16 de la loi de 1846 a eu pour but de rétablir l'harmonie entre cette disposition et celle des articles 40 et 41 du Code pénal, en ce qui concerne l'emprisonnement subsidiaire, en cas de non-paiement de l'amende dans le délai prescrit par le jugement.

Art. 28. — Aux termes de l'article 18 de la loi de 1856, toute action pour délit de chasse était prescrite par le laps d'un mois à compter du jour où le délit avait été commis. La législature ayant reconnu que ce délai était trop court, l'a porté à trois mois pour toutes les infractions prévues par la loi nouvelle.

Les derniers articles de la loi nouvelle ne sont que la reproduction des dispositions de la loi ancienne et ne demandent aucune explication.

Vous recevrez, monsieur le gouverneur, un nouveau règlement en exécution de l'article 31 qui autorise le gouvernement à prendre des mesures pour la protection des oiseaux insectivores.

La loi du 28 février 1882 améliore sensiblement le régime actuel de la chasse, elle permet une répression plus efficace des infractions qu'elle prévoit et elle mettra, il faut l'espérer, un terme aux actes de braconnage qui ont donné lieu souvent à des collisions funestes.

Mais pour atteindre ce résultat, il est nécessaire que les administrations communales et les agents de l'autorité chargés de faire exécuter la loi agissent avec énergie, et qu'ils exercent une surveillance active et persévérante.

Comme je l'ai déjà fait remarquer plus haut, c'est le gain que leur procure la vente du gibier pris en fraude qui a encouragé jusqu'à présent les braconniers à commettre leurs méfaits.

Les agents de l'autorité posséderont désormais les moyens de mieux prévenir la vente, l'achat et le transport du gibier en temps de chasse prohibée.

Une grande indifférence était apportée jusqu'ici, surtout dans les grands centres de population, à la répression de ce délit. Il ne doit plus en être de même à l'avenir.

Le gouvernement doit compter sur le concours actif de tous les agents de l'autorité pour mettre un terme aux agissements de braconnage et seconder les intentions de la législature dans la répression de toutes les infractions aux dispositions de la nouvelle loi sur la chasse.

Je vous prie, monsieur le gouverneur, de vouloir bien faire insérer la loi nouvelle avec la présente circulaire au *Mémorial administratif*.

Il serait très utile aussi de faire afficher au moyen de placards dans toutes les communes rurales de votre province, le texte du premier paragraphe de l'article 5 qui est relatif au vagabondage des chiens et qui doit être plus particulièrement porté à la connaissance des cultivateurs.

PERMIS DE PORT D'ARMES DE CHASSE ET PERMIS DE CHASSE AU LEVRIER. — INSTRUCTIONS.

Circulaire à MM. les gouverneurs des provinces.

Bruxelles, le 2 mars 1882.

Monsieur le gouverneur,

J'ai l'honneur de vous adresser des exemplaires de l'arrêté royal du 1er de ce mois, intervenu en exécution de l'article 14 de la loi du 28 février 1882 sur la chasse, pour régler le mode et la forme des permis de port d'armes de chasse et des permis de chasse au levrier, et pour déterminer les conditions de leur délivrance.

Les instructions contenues dans les articles 4, 5, 6, 7, 8, 13 et 15, ne sont que la reproduction de celles qui étaient contenues dans les circulaires du 6 août 1868 et du 2 juillet 1871, lesquelles doivent être considérées comme non avenues.

L'article 1ᵉʳ déclare que les permis sont *personnels;* ce dernier mot qui n'était guère nécessaire pour les permis de port d'armes a été introduit dans le but de prévenir un abus qui a été souvent signalé à propos de la chasse au levrier.

Il est donc établi que toute personne qui chassera à l'aide d'un levrier, même ne lui appartenant pas, devra être en possession d'un permis spécial.

Si plusieurs personnes chassent ensemble à l'aide d'un ou de plusieurs levriers, elles devront être munies chacune d'un permis.

Aux termes de l'article 1ᵉʳ, § 2 de l'arrêté ci-joint, le permis est valable dans tout le royaume, à partir du 1ᵉʳ juillet jusqu'au 30 juin suivant. Le permis était précédemment valable pour une année à partir de la date de la délivrance; il le sera désormais à partir d'une époque fixe. Cette mesure permettra, comme le prescrit l'article 9, d'employer chaque année, pour la formule du permis, un papier de couleur différente, de sorte qu'elle mettra un terme à certains abus qui ont été quelquefois constatés, et elle rendra la surveillance plus facile.

La nouvelle formule des permis sera délivrée à dater du 1ᵉʳ juillet prochain. Les anciennes formules seront encore employées jusqu'au 15 avril, date après laquelle il n'en sera plus débité par les receveurs.

Les permis délivrés pour la saison de chasse de 1881-1882 et dont la date est postérieure au 1ᵉʳ juillet dernier, seront valables jusqu'à l'époque de leur échange légale déterminée par le décret du 11 juillet 1810.

Les permis continueront, conformément à l'article 3, à être délivrés par messieurs les commissaires d'arrondissement; lorsqu'il s'agira de permis de chasse au levrier, le commissaire de l'arrondissement du chef-lieu de la province aura seul cette faculté en vertu de l'article 4.

Cette exception est motivée par le petit nombre de permis de cette espèce qui seront sans doute demandés; s'il était reconnu utile de le faire, on pourra ultérieurement étendre cette distribution aux autres arrondissements.

Les articles 10 et 11 sont à peu près la reproduction des instructions précédentes sur la matière contenue dans les circulaires des 6 août 1818 et 27 juillet 1871.

La liste de ceux à qui l'on peut ou doit refuser le permis a seulement été complétée à l'égard de certaines catégories de personnes.

Le n° 8 reproduit les dispositions antérieures relativement aux brigadiers et gardes forestiers, aux gardes champêtres ou forestiers salariés par l'État ou les communes : cette interdiction s'étend aux gardes-pêche.

Je crois devoir rappeler qu'elle n'est pas applicable aux gardes champêtres ou gardes-pêche commissionnés et salariés par les particuliers, même lorsqu'ils portent le titre de gardes auxiliaires, pourvu qu'ils ne reçoivent aucun salaire de la commune.

En ce qui concerne l'article 12 relatif au permis de chasse au levrier, je ne crois pas devoir poser de règle absolue, quant à l'étendue du terrain dont l'intéressé devra justifier pour obtenir le permis; c'est une question qui est laissée à l'appréciation et à la sagacité du commissaire d'arrondissement.

L'article 13 modifie légèrement les instructions antérieures, en ce sens que le recours des personnes à qui un permis aura été refusé pour l'un des motifs indiqués à l'article 10 ou pour une infraction aux articles 4 et 5 de la loi sur la chasse pourra être exercé auprès du gouverneur de la province, tandis que le recours pour tout autre motif devra être adressé désormais au Ministre de l'Intérieur.

Le § 2 de l'article 15 prescrit l'insertion au *Mémorial administratif* des personnes auxquelles des permis auront été délivrés chaque mois.

Il a paru utile, dans l'intérêt d'une bonne surveillance et comme moyen de contrôle, de rétablir cette insertion qui ne se faisait plus régulièrement dans toutes les provinces.

Je vous prie, monsieur le gouverneur, de vouloir bien donner des instructions pour l'exécution de l'arrêté royal du 1er mars 1882 et de la présente circulaire et de les faire insérer au *Mémorial administratif*.

Le Ministre de l'Intérieur.

OISEAUX INSECTIVORES. — INSTRUCTIONS.

Circulaire à MM. les gouverneurs des provinces.

Bruxelles, le 2 mars 1882.

Monsieur le gouverneur,

J'ai l'honneur de vous adresser des exemplaires de l'arrêté royal du 1er de ce mois portant, en vertu de l'article 31 de la loi sur la chasse en date du 28 février 1882, un règlement d'administration générale pour prévenir la destruction des oiseaux insectivores.

Ce règlement remplace celui qui a été pris, sous la date du 21 avril 1873, en exécution de la loi du 29 mars de la même année, laquelle est abrogée par la loi nouvelle.

Le règlement du 1er mars est conforme dans la plupart de ses articles à celui de 1873, et les instructions contenues dans la circulaire de mon prédécesseur, en date du 22 avril de la même année, lui sont applicables. Je ne crois donc pas devoir les rappeler.

Quelques modifications importantes y ont cependant été apportées, sur lesquelles je crois devoir attirer votre attention.

Comme je vous l'ai fait observer dans ma circulaire du 2 de ce mois, n° 53158, portant des instructions pour l'exécution de la loi sur la chasse (art. 6), des arrêts des cours d'appel de Bruxelles, de Gand et de Liège et de la cour de cassation ont décidé que les dispositions de la loi sur la chasse qui défendent de chasser en temps prohibé, et sur le terrain d'autrui et sans la permission du propriétaire ou sans permis de port d'armes de chasse, s'appliquent à toute espèce de gibier, même aux oiseaux qui ne sont pas énumérés spécialement dans la loi.

Cette interprétation est, du reste, conforme aux déclarations faites par le Ministre de l'Intérieur dans la séance de la Chambre des représentants en date du 26 janvier 1846, à l'occasion de la discussion de l'ancienne loi sur la chasse.

La loi actuelle ayant reproduit les termes de la loi de 1846, les principes consacrés par la jurisprudence restent les mêmes.

La chasse aux grives, aux alouettes et à tous les oiseaux propres à la nourriture de l'homme, au moyen d'armes à feu, de filets, lacets, etc., reste donc absolument interdite en temps prohibé, et ceux qui s'y livrent sont passibles des peines comminées par l'article 6 de la loi du 28 février 1882. Ceux qui pratiquent cette chasse au moyen d'armes à feu sans permis de port d'armes ou sur le terrain d'autrui, même en temps de chasse ouverte, sont passibles des peines édictées par les articles 4 et 15 de ladite loi.

Le règlement pour la préservation des oiseaux insectivores renforce les dispositions de la loi sur la chasse en prescrivant de nouvelles interdictions qui n'étaient pas prévues et punit les infractions de pénalités spéciales.

C'est pour faire bien comprendre que le gouvernement n'a pas voulu dans le règlement d'administration générale porter atteinte aux dispositions de la loi sur la chasse, qu'une restriction a été apportée à la rédaction de l'ancien article et qu'il y est dit que les contraventions audit règlement sont punies des amendes qui y sont spécifiées *sans préjudice de l'application des amendes comminées par les articles 4, 6 et 14 de la loi du 28 février 1882.*

Pour les mêmes motifs, à l'article 6 qui défend de prendre des oiseaux lorsque le sol est couvert de neige, les mots *au moyen de filets*, ont été supprimés comme inutiles, puisque la chasse est fermée dans cette circonstance pour toute espèce de gibier.

L'article 9 a été également modifié. Il est indiqué que les oiseaux considérés comme nuisibles peuvent être détruits *même au moyen d'armes à feu*.

En se servant d'armes à feu, on doit éviter de faire un acte de chasse qui pourrait constituer une contravention à la loi.

Comme il importe que le règlement dont il s'agit reçoive la plus grande publicité, je vous prie, monsieur le gouverneur, de vouloir bien le faire insérer avec la présente circulaire au *Mémorial administratif* et même de le faire afficher au moyen de placards dans toutes les communes de votre province.

Le Ministre de l'Intérieur.

XI. *Convention entre la France et la Belgique, du 23 avril 1886.*

Une convention, discutée et approuvée, urgence déclarée le 4 février 1886 à la Chambre des députés, et le 20 avril même année au Sénat, a été signée à Paris le 6 août 1885, entre la France et la Belgique, pour la répression des délits de chasse.

Cette convention, après échange des ractifications en date du 22 avril 1886, a été promulguée par décret du 23 avril même année.

CONGO.

Pour le Congo, il faut mentionner un décret du 21 janvier 1889, concernant la détention des armes à feu, et un décret du 25 juillet de la même année sur la chasse à l'éléphant (1).

(1) *Annuaire de législation étrangère*, année 1890.

GRAND-DUCHÉ DE LUXEMBOURG.

I. Du droit de chasse. — II. Résumé historique du droit de chasse dans le Grand-Duché de Luxembourg. — III. Loi du 9 mai 1885.

I. — *Du droit de chasse.*

La chasse dans le Grand-Duché de Luxembourg est régie par la loi du 9 mai 1885. Nul ne peut chasser sans avoir un permis et sans que la chasse ne soit ouverte. On doit, en outre, justifier que l'on a le droit de chasse : — soit sur une étendue de 200 hectares au moins, situés dans la même commune ou dans des sections adjacentes des communes voisines, — soit sur un terrain d'un seul tenant de 25 hectares au moins, — que l'on est personnellement inscrit, ou que les pères et mères sont inscrits pour une cote de 20 francs au moins, soit aux rôles de la contribution foncière, soit à ceux de la contribution mobilière, soit aux deux contributions réunies.

Des permis de chasse de 5 jours sont accordés pour les étrangers. La même personne ne peut en obtenir que deux par année. Il y a des permis d'un an pour les *tenderies* (1).

Les permis d'un an coûtent 50 francs; ceux de tenderies 3 francs; pour ceux de cinq jours il est perçu un droit de 5 francs.

Le propriétaire ou possesseur peut chasser ou faire chasser en tout temps, sans permis, dans ses possessions, attenant à une habitation et entourées d'une clôture continue faisant obstacle à toute communication avec les héritages voisins.

Des arrêtés ministériels publiés au moins cinq jours à l'avance, déterminent les époques d'ouverture et de fermeture de

---

(1) Ces tenderies ont pour but la destruction des petits oiseaux : mais cette destruction semble trouver sa restriction dans l'article 13 n° 1 *in fine*, qui autorise le membre du gouvernement chargé du service afférent à prendre des arrêtés pour prévenir la destruction des oiseaux et des nids d'oiseaux.

la chasse sans que le gouvernement puisse fixer des dates d'ouverture différentes, suivant les diverses cultures.

La vente, le colportage et l'achat du gibier sont défendus pendant le temps où la chasse n'est pas ouverte; la vente et le colportage sont aussi interdits le jour de l'ouverture, mais ils sont permis pendant les trois jours qui suivent la clôture de la chasse.

La chasse à tir et à courre est seule admise; tous autres moyens sont défendus : filets, lacets, bricoles, trappes.

Toutefois le gouvernement peut, pour les oiseaux de passage, prendre des arrêtés pour l'époque de chasse de ces oiseaux et prescrire les modes et procédés à employer pour les chasser.

Pour les pénalités, la loi distingue les infractions en contraventions et en délits : mais l'excuse tirée de la bonne foi n'est pas admise.

Les peines sont l'amende, l'emprisonnement et la confiscation des engins de chasse.

Le propriétaire n'est pas autorisé à tuer les chiens errants sur ses terres : s'il le fait, il s'expose aux peines prévues par l'article 563 n° 4 du Code pénal.

Le fermier n'a pas le droit de chasser, si son bail n'en fait pas mention expresse.

On considère comme délit de chasse le passage des chiens courants sur l'héritage d'autrui, lorsqu'ils sont à la suite du gibier, si le propriétaire du terrain prouve que le chasseur n'a pas fait le nécessaire pour les arrêter.

Les délinquants qui sont déguisés ou masqués, s'ils refusent de faire connaître leurs noms, ou s'ils n'ont pas de domicile connu, peuvent être arrêtés par les agents, et désarmés par eux en cas de résistance.

Les délits sont poursuivis d'office par le ministère public.

Les délits se prescrivent par trois mois; quant aux contraventions, elles semblent, dans le silence de la loi, se prescrire pour un an, conformément au Code d'instruction criminelle en ce qui touche les contraventions.

Le droit aux indemnités pour dommages causés par des animaux sauvages est reconnu.

Enfin l'arrêté du 10 mars 1846 s'occupe de la destruction des nids d'oiseaux, des animaux nuisibles ainsi que de la chasse aux petits oiseaux et aux oiseaux de passage.

II. — *Résumé historique du droit de chasse dans le Grand-Duché de Luxembourg.*

Le Grand-Duché de Luxembourg qui forme une monarchie constitutionnelle et héréditaire en union personnelle avec le

Royaume des Pays-Bas, a une législation spéciale sur la chasse qui date du 9 mai 1885.

L'histoire du droit de chasse dans ce pays est à peu près la même que celle de ce même droit en France.

Après avoir été féodal, le droit de chasse dans le Grand-Duché de Luxembourg devint un attribut de la souveraineté. C'est un véritable droit régalien. Le Record de Remich, du 13 novembre 1462, nous montre qu'à cette époque la chasse au petit gibier était libre dans le Duché, sauf le droit qu'avaient le souverain et certains grands officiers de chasser partout. La propriété du droit de chasse appartenait au duc et ce n'était que par privilège spécial que les bourgeois pouvaient en user ; toutefois ils ne pouvaient chasser le grand gibier : et quoique la coutume d'Arlon, publiée en 1532, porte : « que les habitants de la ville d'Arlon usent d'une telle franchise que, depuis le lever du soleil jusqu'à son coucher, ils peuvent aller à la chasse et rentrer chez eux », il est certain qu'à cette époque le droit de chasse était seigneurial et n'appartenait pas aux bourgeois qui ne pouvaient en user que par concession spéciale de seigneur, et en ce cas, de la manière déterminée dans l'acte de concession.

Cependant les privilèges dont jouissait la bourgeoisie dans le Duché de Luxembourg étaient nombreux, et nous les trouvons confirmés par une ordonnance de Philippe II du 12 août 1544. Ils furent maintenus par lettres patentes des archiducs Albert et Isabelle du mois de novembre 1610.

Enfin le 31 août 1613 fut transmis au conseil du Luxembourg par ces mêmes archiducs un placard sur le fait de la chasse.

Il est nécessaire de donner l'analyse de ce placard qui fut dans tous les Pays-Bas, sauf le Brabant, une tentative d'uniformité dans la législation et qui servit de base à tous les édits subséquents.

Défense était faite à toute personne, par l'article 1er de tirer, de chasser, de tendre aux filets ou autrement à cerfs, biches, sangliers, marcassins, chevreuils, et autres bêtes rouges ou noires « dans les franches forêts, bois et garennes de Sa Majesté, ou dans le territoire d'une demi-lieue aux environs de ces forêts, qui est le district de leurs lisières, où les sauvagines vont faire leurs viandes, sous peine d'une amende de huitante (80) (1) royaux, pour chaque bête tirée, chassée, livrée ou prise ».

Une peine de 75 royaux était prononcée, par l'article 2, « contre celui qui prenait ou tirait par voie indue l'une des bêtes ci-dessus mentionnées hors les franches forêts, bois, garennes ou lisières de Sa Majesté ».

---

(1) 80 royaux = 193 fr. 50 c.

L'article 3 prescrivait le bornage des forêts, franches garennes, chasses, etc.

Par l'article 4, le droit de réprimer tous faits de chasse dans l'étendue de leurs seigneuries était donné aux seigneurs ayant franches forêts, bois, garennes et chasse privilégiée ; mais ces prérogatives n'étaient pas accordées aux seigneurs « ayant le droit de garenne simple ».

L'article 5 dans le cas ci-dessus spécifié *in fine* donnait le droit de connaître des délits de ce genre, à des juges spéciaux institués par le souverain.

D'après les articles 6 et 7, les chiens devaient avoir le jarret raccourci ou porter un billon au cou.

L'article 8 défendait à celui qui n'avait pas le droit de chasse d'avoir en sa possession des filets ou autres engins de chasse sous peine de 60 royaux d'amende, si le délinquant demeurait dans l'enceinte des chasses du souverain.

Les articles 9, 10, 11 traitent des armes que les voyageurs peuvent porter avec eux, pourvu qu'ils ne s'écartent pas des chemins ; quant aux habitants des franches garennes, ils ne peuvent avoir ces armes chez eux, sans permission.

D'après l'article 13, il faut une autorisation spéciale pour donner une chasse en location.

Des récompenses sont promises aux dénonciateurs par l'article 14.

L'article 15 porte que les braconniers de profession verront leurs biens confisqués et seront punis des galères.

Quant à ceux qui chassent sans être coutumiers du fait, l'article 16 porte contre eux une amende de 60 royaux par bête rouge ou noire abattue.

L'article 17 porte : Les délinquants pourront être arrêtés préventivement, « tant ès villes, villages et plats pays, que places à nous appartenantes, par nos commis seuls, à l'exclusion de tous autres officiers et en celles de nos vassaux, tout seigneurs gagiers que autres, ayant haute, moyenne et basse justice, par prévention, sans que nos dits vassaux leur puissent en ce faire ou donner aucuns empeschements, mais au contraire, estans requis, seront tenuz de faire et donner à nos commis toute ayde et assistance, à peine de correction arbitraire et d'encourir notre indignation ».

Les sergents, d'après l'article 18, peuvent pratiquer des visites domiciliaires, pour découvrir les délits de chasse.

L'article 19 porte les peines encourues par les receleurs de braconniers et de gibiers.

Les articles 20 et 21 étendent ces peines aux commerçants qui vendent de la venaison de source illicite ou refusent d'en indiquer la provenance.

La vente du gibier, d'après les articles 22, 23 et 24 n'est permise qu'en marché public et à certaines heures : de 9 à 11 du matin et de 3 à 5 heures du soir.

L'article 25 défend, en temps prohibé, la vente et le transport du gibier, sauf par les veneurs.

Les articles 26 ordonne que le transport du gibier ne se fasse jamais autrement qu'à découvert.

L'article 27 défend de porter aux champs aucune arme à feu chargée de dragées, et l'article 28 ne permet aux voyageurs de charger leurs armes que d'une balle seulement.

L'article 29 et 30 n'autorisant que la grande chasse, la chasse noble, et défendant la petite, portent : « Et comme la chasse, qui est permise à nos vassaulx leur doibt seulement servir de passe temps, sans en abuser, nostre intention est qu'ils n'en usent, sinon en saison et hors des lieux défenduz et avec leuvriers, chiens courans et à la grande trompe, et que ce soit au surplus de poil avec poil et de plume avec plume, qu'en aucuns lieux on appelle la chasse noble si ce n'est qu'ils aient privilège plus ample et exprés au contraire.

« N'entendons tolérer ceux qui chassent avec quelques laisses de leuvriers et une petite trompe en leurs poches, comme depuis naguères noz officiers en ont trouvé aulcuns, ains que ceulx qui auront ainsi chassé soient condempnez en 60 royaulx d'amende ».

L'article 31 porte que, dans chaque village, il ne doit y avoir qu'une seule trompe gardée, soit par les commis du grand veneur, soit par le seigneur du village. On ne pouvait, sous peine d'amende, chasser que sous la conduite de cette trompe.

Les gentilshommes et ceux qui avaient privilège de meute, avaient seuls le droit d'avoir leur trompe particulière.

Les gens « d'infâme ou trop vile condition, si comme écorcheurs de chevaux », ne pouvaient, d'après les articles 32 et 33, se livrer à la chasse, sous peine d'amendes et de châtiments arbitraires et corporels.

Le droit de suite était ainsi réglé par les articles 34 et 35 : « Les seigneurs ne pourront chasser, voler, tirer, ou prendre du gibier, plus avant que leurs seigneuries ; et, si les bêtes entrent dans les franches forêts de Sa Majesté, ils devront sonner retraite et rappeler leurs chiens tant qu'en eux sera ». Si quelqu'un a lancé une bête sauvage *en lieu permis*, et, la pourchassant à chaude chasse, elle gagne quelque forêt, garenne ou autre lieu où il ne serait permis au veneur de chasser, il mettra sa trompe au premier arbre qu'il trouvera en tel bois, et, ce fait, pourra librement poursuivre sa proie; mais si ledit veneur et les chiens ont abandonné la bête, il ne pourra plus la chasser, ni enlever, encore qu'il la trouvât ès lieux susdits peu après, ne fût qu'il puisse suivre à la route sa dernière brisée ».

Les seigneurs qui ont le droit de chasse peuvent, d'après l'article 36, en défendre l'exercice sur leurs terres : le délinquant devant être condamné à 60 royaux d'amende, au profit du souverain si les seigneurs n'ont pas droit de franche garenne, ou à leur profit s'ils jouissent de ce privilège.

L'article 37 porte que « les archiducs, après avoir autorisé les seigneurs à chasser à vol et à courre dans toute l'étendue de leurs domaines, déclarent qu'ils n'entendent point, par là, s'interdire le droit de chasser personnellement ou par gens par eux à ce commis, quand bon leur semblera, dans toutes les seigneuries de leurs vassaux, même dans leurs franches forêts et garennes ».

Les articles 38 et 39 punissent d'une amende, celui dont le chien étrangle une bête fauve et qui ne prévient pas immédiatement de ce fait un officier de la vénerie : à moins, cependant, que sa demeure ne soit trop éloignée de celle de l'un de ces officiers.

L'article 40 défend de relever aucune bête sauvage trouvée tuée ou étranglée, si ce n'est en présence d'un « commis au fait de chasse ».

Ceux qui s'emparent de lièvres ou lapins, en battant les haies, en temps de neige, à l'aide de bourses ou de furets, sont punis par les articles 41 et 42.

L'article 43 punit d'une amende de 20 royaux, qui est doublée si le fait se passe la nuit, la poursuite des lièvres et des lapins dans les chasses royales.

Les seigneurs et les personnes privilégiées peuvent seules prendre, en leurs chasses, les lièvres et les lapins au moyen de bourses et de furets, d'après les articles 44 et 45.

L'article 46 défend la chasse, dans l'intérêt de l'agriculture, du 1er mars à la Sainte-Marie-Madeleine.

Les articles 47 à 51 nous montrent que les gens privilégiés seuls peuvent tenir des chiens de chasse; et que des peines sont infligées à ceux qui tuent, blessent ou volent les chiens.

L'article 52 punit d'une amende de 40 royaux le vol d'un chien de la vénerie royale.

L'article 53 frappe d'une amende de 3 royaux le vol d'un mâtin.

L'article 54 défend aux bouchers et aux tanneurs d'avoir,

à moins de les tenir attachés, des dogues qui pourraient mordre les chiens de la vénerie royale.

L'article 55 défend à quiconque de posséder des chiens couchants, à moins d'avoir, à ce titre, privilége ou possession valable.

L'article 56 ordonne les confiscations de ces chiens, si leurs possesseurs n'ont pas droit de les avoir.

L'article 57 défend de se servir des chiens couchants, en aucun cas, pendant la clôture de la chasse.

L'article 58 permet la chasse du renard et du loup, « tant en hiver sur la neige qu'en autre saison ». Mais il faut une autorisation des agents du gouvernement à ce préposés. Les seigneurs, ayant droit de chasse, peuvent aussi se livrer à cette chasse de renard et de loup, avec meute de chiens, trompe et bonne troupe de gens pour faire la *Huée*.

Cet article règle aussi le *tour du Loup*, tournée que les veneurs faisaient pour recevoir les récompenses dues par chaque village pour les battues et les animaux détruits.

L'article 59 condamne celui qui est trouvé dans les bois domaniaux, hors des chemins ordinaires, « avec arquebuse ou semblables instruments », sous prétexte de chasser le renard et le loup.

Les articles 60 et 61 défendent de creuser dans les bois ou les champs, des fosses recouvertes de feuillage, destinées à prendre les loups, les passants ou le gibier pouvant tomber dans ces fosses; ils ordonnent d'entourer les carrières pour obvier aux mêmes inconvénients.

Les articles 62 à 71 s'occupent des oiseaux de fauconnerie.

Les articles 71, 72 et 73 traitent de certains oiseaux de passage (Legghen). — Puis arrivent les mesures de protection.

D'après les articles 74 et 75, on ne peut prendre ou tirer les cygnes sauvages, les faisans ou perdrix, avec arc, arquebuse, lacets, tirasse de nuit, chevaux, alliers, mordans, tonnelles, etc., sous peine d'une amende de 60 royaux. Ceux qui troublent ces oiseaux pendant la couvée encourent une amende double. Enfin une amende de 60 royaux et la confiscation des engins sont prononcées contre ceux que l'on trouve porteurs de ces engins.

L'article 76 punit d'une amende de 60 royaux celui qui détruit un nid de cygnes, de faisans ou de perdrix.

L'article 77 punit d'une amende de 20 royaux celui qui tire un héron ou détruit son nid.

L'article 78 interdit la volerie en temps clos, du 1ᵉʳ mars, jusqu'à la Sainte-Madeleine.

L'article 79 abandonne les bécasses, les pluviers, etc., des chasses royales, aux officiers de la vénerie.

L'article 80 interdit, sous peine d'amende et de confiscation des filets, de prendre ces oiseaux sans autorisation.

Les articles 81 et 82 défendent de prendre et de tirer les canards et autres oiseaux de rivière, si l'on ne possède pas ce privilège; à moins que l'on ait le droit de chasse.

L'article 83 défend de prendre les oiseaux à la pipée.

L'article 84 condamne à une amende de 40 royaux celui qui, sous prétexte de prendre des cailles, sera trouvé porteur de filets destinés à prendre les lièvres, les lapins, les perdrix, etc.

Les articles 85, 86 et 87 traitent de la protection accordée aux cygnes domestiques et aux *swaenen-driften*.

On ne peut posséder un colombier, d'après les articles 88 à 93, si l'on ne possède au moins trois bonniers de terre labourable : à moins que les colombiers ne soient possédés de temps immémorial.

L'autorisation de chasse doit, d'après l'article 94, émaner du souverain lui-même.

D'après les articles 95 et 96, les permis de chasse sont personnels et doivent être exhibés à toute réquisition.

L'article 97 donne aux officiers de vénerie la mission de faire les exploits relatifs à l'ordonnance; ils peuvent porter l'arquebuse pour se défendre, mais ils sont punis sévèrement s'ils braconnent.

Ces officiers sont, une fois le serment prêté, placés par l'article 98, sous la sauvegarde du souverain; et en cas de résistance, le délinquant est passible de peines qui seront prononcées par les sièges de vénerie.

L'article 99 porte que les faits, non spécialement prévus dans le placard, seront punis de peines que les tribunaux arbitreront selon les cas.

Cette première partie de la loi est très complète en ce qui touche le droit de chasse, les délits et les peines; la seconde partie s'occupe de la constatation des délits, de la preuve, de la composition des tribunaux, de leur compétence, de la procédure, etc.

Les juridictions qui fonctionnaient alors sont maintenues par les articles 100 et 101.

D'après les articles 102 et 103, les amendes sont fixées pour la première contravention, seulement, et la récidive est punie arbitrairement.

L'article 104 porte que si la contravention est commise par plusieurs individus, chaque individu sera passible de la totalité de l'amende.

Ces amendes, d'après l'article 105, seront divisées également entre le dénonciateur, les commis des chasses et la chambre des comptes.

L'article 106 porte que la chambre des comptes supporte les dépens de l'instance en cas d'insolvabilité des délinquants.

Les sentences des tribunaux de vénerie, d'après l'article 107, sont exécutoires par provision, nonobstant appel, mais avec caution.

L'article 108 fixe la valeur du royal à 26 sols deux placques, monnaie du Brabant, ou 26 pators deux tiers : ce qui donne 2 fr. 41 cent $\frac{40}{100}$.

L'amende non payée était remplacée dans l'article 109, par des peines arbitraires, fustigation, bannissement de « nos bois et forêts », prison au pain et à l'eau, etc.

L'article 110 consacre la responsabilité des maîtres, parents et commettants

L'article 111 porte que le prévenu est tenu d'avouer ou de dénier le fait qui lui est reproché. Si on prouve qu'il a menti, une peine spéciale lui est appliquée pour ce fait.

D'après l'article 112, le serment des officiers de vénerie fait foi en justice jusqu'à la valeur de 15 florins; au-dessus, l'agent doit produire un témoin de bonnes mœurs pour approuver son procès-verbal.

Les articles 113 et 114 abolissent les juridictions spéciales quant aux personnes, en matière de chasse.

Tous officiers et magistrats des villes et seigneuries doivent, d'après l'article 115, prêter main forte aux commis du souverain, s'ils en sont requis.

L'article 116 vise à empêcher les conflits de juridiction.

Les seigneurs, en vertu de ce placard, pouvaient édicter des règlements particuliers, pour la conservation de leurs chasses et franchises.

De nombreux placards suivirent celui-ci sans y apporter de grandes modifications (1). Il faut toutefois citer le règlement promulgué par Charles VI, le 10 juin 1732, qui ne reconnaît le droit de chasse qu'aux seigneurs, hauts, moyens et bas justiciers, sur leurs terres et seigneuries, ou ailleurs où ils avaient ce droit d'ancienneté; aux prévôts, dans leurs prévôtés; et aux gouverneurs de provinces. Ce règlement défendait d'affermer aucune chasse sans la permission expresse de l'empereur; de porter des « armes à feu, filets ou *lasserons* à la

---

(1) Lettres patentes de 1699. — Placard du 21 septembre 1701. Ordonnance de 1704. Ordonnance du 27 août 1711. Règlement du 23 décembre 1716. Règlement du 5 juin 1725.

campagne, bois ou champs », si on n'avait pas droit de chasse; de vendre ou d'acheter du gibier, clandestinement ou autrement qu'au marché. La chasse était interdite du 4 avril à la Madeleine.

Ce placard était remarquable par la sévérité de ses peines : la première fois, le contrevenant *non ecclésiastique* était mis au carcan pendant une heure, avec le gibier pendu au cou, et condamné à une amende de 25 florins. En cas de récidive, il était banni pour trois ans et était condamné à une amende de 50 florins; la troisième fois, il était banni à perpétuité, et ses biens confisqués.

Un décret de Charles VI, du 11 septembre 1733, est venu modifier cette législation et atténuer la pénalité.

Enfin il faut faire remarquer que des privilèges existaient, en matière de chasse, au profit de certains villages ou de certaines communautés d'habitants.

Tous les placards, ainsi que les ordonnances de Marie-Thérèse, du 22 novembre 1774, et l'instruction du 19 mai 1788 de l'empereur Joseph II disparurent lors de l'annexion du duché à la France, en vertu du décret de la Convention nationale du 9 vendémiaire an IV (1er octobre 1795).

Le duché fut alors régi, en ce qui touche la chasse, par le décret des 4 et 11 août 1789, par la loi des 22 et 30 avril 1790, sur la police de la chasse; par les décrets des 11 juillet 1810 et 4 mai 1812, relatifs aux permis de port d'armes.

Ce régime devait durer jusqu'à l'incorporation du Luxembourg au royaume des Pays-Bas.

Dès lors, on se trouve en présence de l'ordonnance du 18 août 1814, qui ordonne la réunion des terres par communes, afin d'en louer la chasse au profit de la caisse municipale : ne reconnaissant le droit de chasser qu'aux seuls propriétaires ayant un domaine d'une contenance de 50 hectares au moins, d'un seul tenant, et qui pourront dès lors chasser sur leurs terres avec les locataires de la chasse.

Véritable expropriation qui a lieu sans indemnité ni compensation.

Ce régime emprunté aux lois germaniques disparut le 21 février 1822, abrogé par une loi qui rétablit la législation française : législation qui se maintint jusqu'en 1845 malgré le protectorat des Pays-Bas sous lequel le Luxembourg fut placé par les traités de 1815.

Le 7 juillet 1845 fut promulguée une loi inspirée par la loi française du 3 mai 1844, qui cependant contenait quelques dispositions nouvelles : ainsi elle délivrait des permis de chasse de cinq jours en faveur des étrangers non résidants; elle interdisait la vente, le colportage et le transport du gibier non seulement après la clôture de la chasse, mais encore pendant la suspension motivée par le temps de neige. Elle défendait aussi de délivrer des permis de chasse aux gardes particuliers, à moins qu'ils n'eussent le droit de chasser sur un domaine d'une certaine étendue.

Cette loi fut bientôt jugée insuffisante pour la protection du gibier.

Les uns voulurent alors revenir à l'ordonnance de 1814 avec l'amodiation forcée, afin de protéger le gibier et de créer des ressources aux communes; les autres demandèrent la location des terres au profit des communes, tout en réservant aux propriétaires la faculté de retirer leurs fonds de la communauté, en payant à la caisse municipale une somme calculée d'après l'importance des terres réservées; d'autres enfin proposèrent la création de syndicats de chasse. De toutes ces propositions est sortie la loi du 5 mai 1885, publiée le 9 du dit mois et qui, en somme, diffère peu de la loi du 7 juillet 1845.

III. — *Loi sur la chasse du 9 mai 1885* (1).

Art. 1er. — Nul ne pourra se livrer à l'exercice de la chasse, sauf les exceptions ci-après, si la chasse n'est pas ouverte et s'il ne lui a pas été délivré un permis de chasse.

Art. 2. — Les permis de chasse seront délivrés, sur l'avis du bourgmestre, du commissaire du district et du procureur d'Etat, par le membre du gouvernement chargé du service afférent.

Les permis sont personnels, ils sont valables pour tout le Grand-Duché et pour une année, qui commence du 1er août et finit le 31 juillet.

Ils ne seront délivrés qu'aux personnes qui justifieront ou bien qu'elles ont le droit de chasser, soit sur une étendue de 200 hectares au moins, situés dans la même commune, ou dans des sections adjacentes de communes voisines, soit sur un terrain d'un seul tenant de vingt-cinq hectares au moins; ou bien qu'elles sont personnellement inscrites, ou que leur père et mère sont inscrits pour une cote de 20 francs au moins, soit aux rôles de la contribution foncière, soit à ceux de la contribution mobilière, soit aux deux contributions réunies.

Ces faits doivent être justifiés par écrit et certifiés par le collège des bourgmestre et échevins de la commune de la situation des biens (2).

---

(1) *Annuaire de législation étrangère*, V. 13, année 1885, p. 110.
(2) Deux circulaires, l'une du 13 août 1885 (*Mémorial* du 14 août 1885, n° 51, p. 683) l'autre du 30 juin 1886 (*Mémorial* du 6 juillet 1886, n° 36, p. 433), ont déterminé les formalités à remplir pour obtenir la délivrance d'un permis de chasse.

Art. 3. — Il pourra être accordé, sur la demande d'un propriétaire ou locataire d'une chasse, se trouvant dans les conditions indiquées au § 3 de l'article 2, des permis de chasse valables pour cinq jours seulement, à des Lxembourgeois résidant à l'étranger et à des étrangers non résidant dans le Grand-Duché.

Ces permis ne peuvent être accordés plus de deux fois, dans la même année de chasse, à la même personne.

Ils seront délivrés par les commissaires de district.

Le permis de cinq jours devra être demandé par écrit. Le signataire de la demande est responsable des amendes, frais et réparations civiles auxquels le porteur du permis pourra être condamné en vertu des dispositions à la présente loi.

Art. 4. — Il pourra être délivré des permis d'un an valables seulement pour l'établissement de tenderies.

Ces permis seront délivrés par les commissaires de district.

La possession d'un permis de chasse d'un an dispense de l'obligation de se munir d'un permis spécial de tenderies.

Art. 5. — Les permis de chasse valables pour un an seront passibles d'un droit de 50 francs. Les avis requis sont dispensés des droits de timbre et d'enregistrement.

Les permis de tenderies donneront ouverture à un droit de 3 francs.

Pour les permis de chasse de cinq jours, il sera perçu un droit de cinq francs.

Art. 6. — Le permis de chasse sera refusé :

1° A tout individu qui, par une condamnation judiciaire a été privé de l'un ou de plusieurs des droits énumérés dans l'article 31 du Code pénal (1).

La personne qui veut obtenir le permis d'un an visé par l'article 2, doit joindre à sa demande :

A) Si elle se trouve dans le cas prévu par la première alternative du § 3 :

1° Un acte régulier sur timbre, enregistré, concédant à l'impétrant, au moins pour la durée de l'année pour laquelle le permis est demandé, le droit de chasse sur l'étendue du terrain exigé par la loi.

2° Un extrait de la matrice cadastrale indiquant la contenance des terrains cédés avec le nom des cédants, à l'exclusion des propriétés bâties et de leurs dépendances et des terrains clos ; cet extrait est certifié par le collège des bourgmestre et échevins.

3° Un avis délivré gratis et sur papier libre, par le bourgmestre de la commune de l'impétrant, portant qu'il y a lieu de délivrer ou de refuser le permis.

4° La quittance du receveur de l'enregistrement du canton, constatant le versement du droit de 50 francs, et, éventuellement, l'acquittement ou le non-acquittement des amendes et frais dus en vertu d'une condamnation pour infraction à la loi sur la chasse.

5° Un extrait du casier judiciaire avec un avis du procureur d'État de l'arrondissement.

6° L'avis du commissaire du district.

B) S'il s'agit de personnes qui paient ou dont les parents paient les contributions prévues :

1° Le ou les bulletins des contributions.

2° L'avis du bourgmestre.

3° La quittance du receveur.

4° L'extrait du casier judiciaire et l'avis du procureur d'État.

5° L'avis du commissaire du district.

(1) Les droits énumérés dans l'article 31 du Code pénal, sont les suivants :

2° A tout condamné à un emprisonnement de plus de six mois pour rébellion ou violence envers les agents de l'autorité publique.

3° A tout condamné pour délit de menaces écrites ou de menaces verbales avec ordre ou condition, de dévastation d'arbres ou de récoltes sur pied, de plants venus naturellement ou faits de mains d'hommes.

4° A ceux qui auront été condamnés pour vagabondage, mendicité, vol, escroquerie, abus de confiance ou banqueroute.

5° A ceux qui auront été condamnés, du chef de crimes correctionnalisés, à un emprisonnement de trois mois au moins.

6° A ceux qui auront été condamnés pour délit de chasse commis avec une des circonstances aggravantes prévues à l'article 20 de la présente loi.

La défense d'accorder le permis de chasse aux condamnés dont il est question aux numéros 4 et 5 ci-dessus, cessera dix ans après l'expiration de la peine, et dans le cas du numéro 6, cinq ans après que la condamnation aura été purgée.

ART. 7. — Le permis de chasse ne sera pas délivré :

1° Aux mineurs qui n'auront pas dix-sept ans accomplis.

2° Aux mineurs de dix-sept ans à vingt et un ans, à moins que le permis ne soit demandé par eux avec l'assistance de leurs pères ou tuteurs, et, dans ce cas, le père ou tuteur devra justifier que le mineur remplit l'une ou l'autre des deux conditions prévues au paragraphe 3 de l'article 2.

3° Aux interdits et à tout individu notoirement connu pour n'être pas sain d'esprit.

4° Aux gardes champêtres ou forestiers ni aux gardes-pêche de l'État, des communes ou des établissements publics.

5° Aux gardes champêtres ou forestiers des particuliers, à moins qu'ils n'aient le droit de chasser sur une étendue de terrains de deux cents hectares au moins, situés dans la même commune ou dans des sections adjacentes de communes voisines, soit sur un terrain, d'un seul tenant, de vingt-cinq hectares au moins.

ART. 8. — De même, le permis de chasse ne sera pas accordé :

1° A ceux qui, par suite de condamnations, sont privés du droit de port d'armes.

2° A ceux qui n'auront pas exécuté les condamnations prononcées contre eux pour l'un des délits prévus par la présente loi.

3° A tout condamné pour crime à un emprisonnement de trois mois au moins ou placé sous la surveillance spéciale de la police.

1° De remplir des fonctions, emplois ou offices publics.

2° De voter, d'élire ou d'être élu.

3° De porter aucune décoration, aucun titre de noblesse.

4° D'être expert, témoin instrumentaire, de déposer en justice autrement que pour y donner de simples renseignements.

5° De faire partie d'un conseil de famille ; d'être tuteur, subrogé-tuteur ou curateur ; de remplir les fonctions de conseil judiciaire ou d'administrateur provisoire.

6° De porter des armes ou de servir dans la force armée.

7° De tenir école ou d'enseigner, ou d'être employé dans un établissement d'enseignement, à titre de professeur, maître ou surveillant.

Art. 9. — Le permis pour tenderies sera refusé aux personnes se trouvant dans l'un des cas de l'article 6 ou du numéro 3 de l'article 8 de la présente loi :

Il ne sera pas délivré :

1° Aux mineurs qui n'auront pas dix ans accomplis.

2° Aux gardes champêtres, ni aux gardes-pêche de l'État, des communes ou des établissements publics.

3° A ceux qui n'auront pas exécuté les condamnations prononcées contre eux pour l'un des délits prévus par la présente loi.

Art. 10. — Le propriétaire ou possesseur peut chasser ou faire chasser en tout temps, sans permis de chasse, dans ses possessions attenant à une habitation et entourées d'une clôture continue faisant obstacle à toute communication avec les héritages voisins.

Art. 11. — Des arrêtés ministériels, publiés au moins cinq jours à l'avance, détermineront l'époque de l'ouverture et celle de la clôture de la chasse, soit dans les bois, soit en plaine, dans chaque district administratif ou partie du district administratif.

Ces époques pourront, en outre, varier suivant les divers modes de chasse et les différentes espèces de gibier.

Toutefois, l'ouverture de la chasse au chien courant n'aura pas lieu avant le 15 septembre.

La chasse en plaine, sauf celle du gibier d'eau et de marais qui s'exercera le long des cours d'eau, dans les marais et sur les étangs, devra être fermée au plus tard le 15 décembre de chaque année.

Art. 12. — Il est interdit de mettre en vente, de vendre, d'acheter, de colporter ou de transporter du gibier pendant le temps où la chasse n'en est pas permise.

La mise en vente, la vente et le colportage sont également interdits le jour de l'ouverture de la chasse, tandis que la mise en vente, la vente, l'achat, le colportage, et le transport du gibier sont permis pendant les trois jours qui suivent la clôture de la chasse.

Il est également interdit aux marchands de comestibles, traiteurs et aubergistes de détenir, même hors de leur domicile, ce gibier, comme à toute personne de le recéler ou détenir pour le compte des marchands ou trafiquants.

L'interdiction dont s'agit s'applique également et en tout temps au gibier pris au moyen d'engins prohibés.

Toutefois, la recherche à domicile ne pourra être faite que chez les aubergistes, les marchands de comestibles et dans les lieux ouverts au public.

Le gibier sera immédiatement saisi, confisqué et mis à la disposition de l'administration communale du lieu où la contravention aura été constatée, pour être remis aux hospices ou au bureau de bienfaisance de la commune.

Est excepté de la défense du présent article le gibier, vivant ou mort, introduit de l'étranger, en peau ou en plumes, si l'origine en est constatée, sinon le gibier sera saisi pour être remis aux hospices ou au bureau de bienfaisance, ou vendu au profit de ces établissements, le tout conformément aux dispositions réglementaires à prendre par le gouvernement.

Art. 13. — Dans le temps où la chasse est ouverte, le permis de chasse donne à celui qui l'a obtenu, le droit de chasser de jour à tir et à courre, sur les terres dont il a la chasse et sur toutes autres, avec le consentement des propriétaires ou locataires exerçant le droit de chasse.

Tous autres moyens de chasse sont formellement prohibés.

Est notamment interdite la chasse aux filets, lacets, bricoles et trappes.

Néanmoins, le membre du gouvernement, chargé du service afférent, prendra des arrêtés pour déterminer :

1° L'époque de la chasse aux oiseaux de passage et les modes et procédés de cette chasse.

2° Le temps pendant lequel il sera permis de chasser le gibier d'eau et de marais, dans les marais, sur les étangs et les rivières.

3° Les espèces d'animaux malfaisants que le propriétaire, possesseur ou fermier pourra détruire, en tout temps, sur ses terres, et les conditions de l'exercice de ce droit.

4° Les espèces d'animaux que le propriétaire, possesseur ou fermier pourra repousser ou détruire, même avec des armes à feu, sur son terrain, lorsque ces animaux causent du dommage à sa propriété ou lorsque le danger du dommage est imminent.

Le même membre du gouvernement pourra également prendre des arrêtés :

1° Pour prévenir la destruction des oiseaux et des nids d'oiseaux.

2° Pour interdire momentanément la chasse en temps de neige (1).

Titre II. — Des peines.

Art. 14. — Seront condamnés à une amende d'un franc à vingt francs :

1° Ceux qui auront contrevenu aux arrêtés du gouvernement, concernant le mode de capture des oiseaux, la destruction ou le transport des oiseaux ou des nids, œufs et couvées d'oiseaux :

2° Ceux qui auront pris ou détruit volontairement des nids, œufs ou couvées de bécasses, de faisans, de gélinottes, de perdrix ou de cailles.

3° Ceux qui auront transporté, mis en vente ou vendu les susdits œufs ou couvées, de même que ceux qui, dans le temps où la chasse est close, auront laissé errer des chiens dans les bois, vignes, prés, champs ou pâturages.

(1) L'arrêté ministériel du 20 août 1885, fixant l'ouverture de la chasse (*Mémorial* du 20 août 1885, n° 52, p. 605), interdit la chasse lorsque la neige permet de suivre le gibier à la piste, même sur une partie seulement du sol de la commune; mais il permet, provisoirement et sauf réserve pour le gouvernement de prononcer ultérieurement une interdiction absolue, d'exercer dans les bois la chasse de toute espèce de gibier et le long des cours d'eau, dans les marais et sur les étangs, celle du gibier d'eau et de marais, malgré le temps de neige.

Art. 15. — Seront condamnés à une amende de vingt-six francs à soixante francs :

1° Les gardes forestiers ou gardes champêtres de l'État ou des communes, trouvés dans les bois ou les campagnes, munis de leur fusil et accompagnés de chiens de chasse, ou porteurs d'armes à feu autres que celles prescrites pour leur service, ou porteurs de leurs armes de service chargées à plomb.

Cette disposition est également applicable aux gardes particuliers qui n'ont pas obtenu de permis de chasse ni la permission de chasser.

2° Ceux qui auront tendu des lacets aux oiseaux de passage ou aux petits oiseaux, d'après les modes permis par le gouvernement, mais sans le consentement du propriétaire du terrain, lorsque la chasse n'est pas louée, ou du locataire de la chasse, sur le terrain dont la chasse est mise en location.

3° Ceux, qui, sans permis de chasse ou de tenderies, auront établi une tenderie.

Art. 16. — Seront condamnés à une amende de vingt-six à cent francs :

1° Ceux qui auront chassé sans permis ou qui auront établi une tenderie en temps prohibé.

2° Ceux qui auront chassé sans le consentement de l'ayant-droit à la chasse, alors que la chasse est ouverte et le terrain dépouillé de ses fruits.

3° Ceux qui auront contrevenu aux arrêtés du gouvernement concernant les oiseaux de passage, le gibier d'eau, la chasse pendant la neige, les battues, l'emploi des lévriers et des chiens courants.

4° Ceux qui seront détenteurs ou seront trouvés munis ou porteurs de filets, engins ou autres instruments prohibés.

5° Les ayants-droit à la chasse qui auront chassé sans le consentede du propriétaire sur un terrain non encore dépouillé de ses fruits ou dans les pépinières.

6° Ceux qui auront chassé sur un chemin public, à moins qu'ils n'aient le droit de chasser sur le terrain adjacent, sans préjudice des défenses spéciales concernant les voies ferrées.

Art. 17. — Seront condamnés à une amende de cinquante à deux cents francs :

1° Ceux qui auront fait de fausses déclarations pour obtenir un permis de chasse.

2° Ceux qui auront chassé en temps prohibé.

3° Ceux qui auront chassé pendant la nuit ou à l'aide d'engins ou d'instruments prohibés.

4° Ceux qui auront chassé, sans le consentement de l'ayant-droit à la chasse, sur le terrain d'autrui, entouré d'une clôture continue faisant obstacle à toute communication avec les héritages voisins, mais non attenant à une habitation.

5° Ceux qui auront chassé sur un terrain non encore dépouillé de ses fruits, sans le consentement du propriétaire et, en outre, de celui du locataire, si la chasse est louée.

6° Ceux qui auront transporté, mis en vente, colporté, vendu, détenu pour les marchands, ou acheté du gibier, pendant le temps où le transport, la mise en vente, le colportage, la vente et l'achat en sont prohibés; de même que ceux qui auront transporté, mis en vente, colporté, vendu, détenu pour les marchands, ou acheté pour revendre du gibier pris au moyen d'engins ou d'instruments dont l'usage est interdit.

7° Ceux qui auront employé des drogues ou appâts qui sont de nature à enivrer le gibier ou à le détruire. Cette disposition ne s'applique pas aux animaux malfaisants.

La peine de l'emprisonnement de trois jours à un mois pourra, en outre, être prononcée dans les cas prévus au présent article.

Les peines seront toujours portées au maximum, lorsque les délits prévus au présent article auront été commis par les gardes champêtres ou gardes forestiers des communes, d'établissements publics ou de particuliers, les gendarmes et les employés de douane.

Art. 18. — Les pommes de terre ne sont pas considérées comme récolte au regard des numéros 5 des articles 16 et 17 de la présente loi.

Pourra être considéré comme délit de chasse, le fait du passage des chiens courants sur l'héritage d'autrui, lorsque ces chiens seront à la suite d'un gibier, lancé sur la propriété où leurs maîtres ont le droit de chasser, sauf l'action civile, s'il y a lieu, en cas de dommage.

Art. 19. — Celui qui aura chassé sur le terrain d'autrui sans son consentement, si ce terrain est attenant à une maison habitée ou servant d'habitation et s'il est entouré d'une clôture continue faisant obstacle à toute communication avec les héritages voisins, sera puni d'une amende de cinquante à trois cents francs et pourra l'être d'un emprisonnement de six jours à trois mois.

Si le délit a été commis la nuit, l'amende pourra être portée à mille francs et l'emprisonnement à une année, le tout sans préjudice, s'il y a lieu, de plus fortes peines prononcées par le Code pénal.

Art. 20. — Les peines ci-dessus pourront être portées au double, si le délinquant était en état de récidive, s'il était déguisé ou masqué, s'il a usé ou tenté d'user d'un permis de chasse ou de tenderie qui ne lui était pas personnel, s'il a usé de violences envers des personnes, ou s'il a fait des menaces, sans préjudice, s'il y a lieu, de plus fortes peines prononcées par la loi.

Art. 21. — Il y a récidive, lorsque dans les douze mois qui ont précédé l'infraction, le délinquant a été condamné, en vertu de la présente loi.

Art. 22. — Tout jugement et condamnation prononcera la confiscation des filets, engins et autres instruments de chasse; il ordonnera, en outre, la destruction des engins prohibés. Il prononcera également la confiscation des armes, excepté quand le délit aura été commis par un individu muni d'un permis de chasse, dans le temps où la chasse est autorisée.

Si les armes, filets, engins ou autres instruments de chasse n'ont pas été saisis ou remis immédiatement entre les mains de l'agent verbalisant, le délinquant sera condamné à en payer la valeur, suivant la fixation qui en sera faite par le jugement, sans qu'elle puisse être inférieure à cent francs pour une arme à feu.

Les armes, filets ou engins abandonnés seront déposés au greffe. La confiscation et, s'il y a lieu, la destruction en seront ordonnées, sur le vu du procès-verbal, par la Chambre du Conseil.

La quotité des dommages et intérêts est laissée à l'appréciation des tribunaux; toutefois, pour le fait de chasse, ils ne pourront être au-dessous de trente francs.

Art. 23. — Tout individu convaincu de plusieurs contraventions encourra la peine de chacune d'elles.

Art. 24. — En cas de concours d'un délit avec une ou plusieurs contraventions, l'emprisonnement correctionnel pourra être prononcé et toutes les amendes seront cumulées pour former une seule peine dont la somme ne dépassera pas le double du maximum le plus élevé.

Si plusieurs délits concourent avec une ou plusieurs contraventions, les amendes seront cumulées comme ci-dessus, et l'emprisonnement correctionnel pourra être porté jusqu'au double du maximum de la peine la plus forte.

Art. 25. — En cas de concours de plusieurs délits, la plus forte peine sera seule prononcée. Cette peine pourra même être élevée au double du maximum.

Art. 26. — En cas de condamnation pour délits prévus par la présente loi, les tribunaux pourront priver le délinquant du droit d'obtenir un permis de chasse ou de tenderies, pour un temps qui n'excédera pas cinq ans.

Art. 27. — Les tribunaux ne pourront reconnaître l'existence de circonstances atténuantes pour réduire le minimum des peines comminées par la présente loi.

Titre III. — De la poursuite des délits.

Art. 28. — Les délits prévus par la présente loi seront prouvés soit par procès-verbaux ou rapports, soit par témoins.

Art. 29. — Les procès-verbaux des bourgmestres, échevins, commissaires de police, officiers de gendarmerie, gendarmes, gardes champêtres, ou gardes assermentés des particuliers feront foi jusqu'à preuve contraire.

Art. 30. — Il n'est point dérogé, pour la constatation des délits et la foi due aux procès-verbaux rédigés par les agents et préposés de l'administration des eaux et forêts, aux dispositions des lois existantes, sauf qu'en aucun cas ces procès-verbaux ne devront être appuyés d'un second témoignage.

Art. 31. — Dans les vingt-quatre heures du délit, les procès-verbaux des gardes seront, à peine de nullité, affirmés devant le juge de paix ou l'un de ses suppléants, ou devant le bourgmestre ou celui qui le remplace, soit de la commune de leur résidence, soit de celle où le délit aura été commis.

Art. 32. — Les délinquants ne pourront être saisis ni désarmés; néanmoins, s'ils sont déguisés ou masqués, s'ils refusent de faire connaître leurs noms, ou s'ils n'ont pas de domicile connu, ils seront conduits immédiatement devant le bourgmestre ou le juge de paix, lequel s'assurera de leur individualité.

Art. 33. — Tous les délits prévus par la présente loi seront poursuivis d'office par le ministère public, sans préjudice du droit conféré aux parties lésées par l'article 182 du Code d'instruction criminelle. Néanmoins, dans les cas prévus par le numéro 2 de l'article 15, les numéros 2 et 5 de l'article 16 et le n° 5 de l'article 17, la poursuite sera abandonnée, sur la demande de la partie lésée, avant le jugement, et à charge par le prévenu de rembourser les frais.

Art. 34. — Ceux qui auront commis conjointement des délits de chasse seront condamnés solidairement aux amendes, dommages-intérêts et frais.

Art. 35. — Le père, la mère, le tuteur, les maîtres et commettants seront civilement responsables des délits de chasse ou contraventions commis par leurs enfants mineurs non mariés, pupilles demeurant avec eux, serviteurs et autres subordonnés, sauf tout recours de droit. Cette responsabilité sera réglée conformément à l'article 1384 du Code civil et ne s'appliquera qu'aux dommages-intérêts et frais.

Art. 36. — Toute action relative aux délits prévus par la présente loi sera prescrite par le laps de trois mois, à compter du jour du délit.

Titre IV. — Dispositions diverses.

Art. 37. — Des indemnités du chef des dommages causés par des animaux sauvages peuvent être réclamées des propriétaires ou des fermiers de la chasse, qui auraient facilité la propagation de ces animaux ou qui n'auraient pas pris des mesures sérieuses pour leur destruction.

Art. 38. — Le gouvernement est autorisé à prendre des règlements pour arrêter toutes les mesures nécessaires pour la destruction des animaux malfaisants sur toutes les propriétés non closes, dans les termes de l'article 10 de la présente loi.

Ces mesures doivent être prises dans la forme d'un règlement d'administration générale. Seront punis d'une amende de vingt-six francs à cinquante francs, ceux qui auront contrevenu auxdits règlements.

Art. 39. — Les communes et les établissements publics sont tenus d'affermer la chasse sur leurs propriétés rurales ou forestières non entourées d'une clôture continue faisant obstacle à toute communication avec les héritages voisins ou attenant à des habitations appartenant auxdites communes et établissements publics.

La location devra être faite par adjudication publique et pour une période de neuf années consécutives au moins.

Art. 40. — Sont abrogés : la loi des 22, 23, 28 et 30 avril 1790 ; le décret du 11 juillet 1810, en tant qu'il se rapporte aux permis et port d'armes de chasse ; le décret du 4 mai 1812, la loi du 7 juillet 1845 et la loi du 21 février 1853. Sont et demeurent également abrogés les autres lois, arrêtés, décrets et ordonnances intervenus sur les matières réglées par la présente loi, en tout ce qui est contraire à ces dispositions. L'article 9 de l'arrêté du 10 mars 1846 (1) est modifié en ce sens que les contraventions aux dispositions dudit arrêté encourront les peines comminées par la présente loi.

(1) L'arrêté du 10 mars 1846, encore en vigueur, s'occupait de la destruction des nids d'oiseaux et des animaux nuisibles, ainsi que de la chasse aux petits oiseaux et aux oiseaux de passage. Cet arrêté porte :

ART. 1. — L'enlèvement ou la destruction des nids d'oiseaux, autres qu'oiseaux de proie, est prohibé.

Toutefois, il est loisible aux propriétaires, possesseurs ou locataires, de détruire ou d'enlever les nids d'oiseaux attenant aux bâtiments qu'ils occupent ou dans les propriétés closes, comme il est prévu à l'article 2 de la loi sur la chasse (art. 10 de la loi de 1885).

ART. 2. — Il est interdit de transporter dans les campagnes, dans les chemins, rues ou places publiques, des nids d'oiseaux, dont l'enlèvement et la destruction sont défendus.

Il est également défendu de les offrir ou exposer en vente.

ART. 3. — La chasse aux grives et aux petits oiseaux, à l'aide de sauterelles, gluaux et lacets de crin, ces derniers élevés au moins à un mètre du sol, est permise à partir de l'époque annuelle de l'ouverture de la chasse, jusqu'au 1ᵉʳ décembre.

L'emploi de tous autres engins est prohibé.

ART. 4. — La chasse aux petits oiseaux au fusil, n'est permise que pendant le temps de l'ouverture de la chasse ordinaire.

ART. 5. — La chasse aux alouettes peut avoir lieu dans les champs avec miroir et à l'aide de filets de jour et de pantières, depuis l'ouverture annuelle de la chasse jusqu'au 1ᵉʳ décembre.

ART. 6. — La chasse aux bécasses, pluviers, vanneaux et pigeons sauvages n'est permise qu'au fusil, soit pendant le temps où la chasse est ouverte, soit pendant le terme que nous fixerons, chaque année, après la clôture de la chasse.

La chasse aux bécasses, dite la passe, ne sera pas considérée comme chasse pendant la nuit.

ART. 7. — Les animaux malfaisants, qu'en conformité de l'article 9 de la susdite loi (art. 13 de la loi nouvelle) les propriétaires, possesseurs ou fermiers peuvent détruire, en tous temps, sur leurs terres, sont : le sanglier, le loup, le renard, le blaireau, le putois, le chat sauvage, la fouine, la martre, l'hermine, l'écureuil, la belette, la loutre, le héron et les oiseaux de proie de toute espèce.

La destruction de ces animaux peut avoir lieu soit en enfumant les terriers, soit à l'aide de grippe-loups, et de traquenards.

Les pièges dangereux devront être détendus pendant le jour.

Quant aux autres moyens de destruction, ils ne pourront être employés en temps prohibé, qu'autant qu'ils auront été autorisés par nous, et sous les conditions qui seront déterminées par l'arrêté de concession.

ART. 8. — Aux termes de l'article 31 de la loi sur la chasse (art. 35 de la loi nouvelle), le père, la mère, le tuteur, les maîtres et commettants, sont civilement responsables, des contraventions commises par leurs enfants mineurs non mariés, pupilles, demeurant avec eux, serviteurs ou autres subordonnés, sauf tout recours de droit.

ART. 9. — Les contrevenants aux dispositions du présent arrêté encourront les peines comminées par la loi du 7 juillet 1845 (paragraphe modifié par l'article 40 de la loi du 19 mai 1885).

Les contraventions seront constatées par les officiers de police judiciaire, gardes champêtres et forestiers et autres agents de la force publique, désignés à l'article 25 de ladite loi (art. 29 de la loi nouvelle), de la manière déterminée aux articles 24 et 27 (art. 28 et 31 de la loi nouvelle).

Les procès-verbaux seront remis à l'officier du ministère public compétent.

GRANDE-BRETAGNE.

ANGLETERRE. — Notions générales. — Législation dans le Royaume-Uni. — Lois anciennes et modernes régissant la chasse. — The Poaching Prevention. — Ground game act, du 7 septembre 1880. — Wild birds protection act.
IRLANDE. — Statuts communs à l'Irlande et à l'Angleterre. — De la chasse en Irlande.
ÉCOSSE. — Statuts communs à l'Angleterre et à l'Écosse. — De la chasse en Écosse. — Du revenu de la chasse pour l'Écosse.
COLONIES ET POSSESSIONS ANGLAISES.

ANGLETERRE.

I. — La chasse fut tout d'abord régie par le droit naturel en Angleterre, à l'époque des Bretons et des Saxons.

Chaque franc-tenancier pouvait, alors, librement chasser sur ses terres, à la condition de respecter les forêts du roi.

Il n'en fut plus de même après l'invasion normande.

Les idées féodales dominant, la chasse devint un droit régalien; toutefois, les conquérants ne purent faire triompher ce nouveau système qu'en employant la force.

Les restrictions apportées relativement aux lieux où la chasse pouvait s'exercer, les défenses de tuer certains animaux, et celles faites, à certaines personnes d'user du droit de chasse, firent, que bientôt, le roi fut seul à posséder ce droit, avec ceux auxquels il le concédait comme faveur, ou qui possédaient, de toute ancienneté, le privilège de *forest*, de *park*, de *chase* ou de *free warren* (franche garenne.)

La *carta de foresta*, promulguée sous Henri III, chercha à arrêter ces empiétements de la Couronne, et les *forests* anciennes seules furent maintenues : ce qui donna naissance au *pur-*

lieu (1), mais le roi conserva toujours le droit d'accorder des privilèges de chasse aux seigneurs et aux propriétaires fonciers, qui devaient être *qualifiés*, c'est-à-dire posséder un certain revenu ou être fils d'Esquire.

Les juridictions forestières, très nombreuses, étaient d'une grande sévérité, pour les forêts royales sur lesquelles elles avaient autorité.

Quant au droit de *forest* concédé aux particuliers, au droit de *park*, de *chase*, de garenne franche (*free warren*), il était régi par la *common law*.

Les lois forestières iniques et souvent barbares, disparurent vers 1688; mais, ce n'est qu'en 1831 que l'Angleterre, sous Guillaume IV, a cherché à modifier sa législation arriérée, en accordant le droit de chasse sur son propre domaine, ou sur la propriété d'autrui, avec l'autorisation du propriétaire, à toute personne munie d'une licence ou permis de chasse; toutefois, la chasse en Angleterre a toujours conservé son caractère aristocratique.

Législation dans le Royaume-Uni.

II. — La législation en Angleterre a deux sources principales : La coutume (*common law*) et les lois écrites (*statute law*).

---

(1) Avant la *carta de foresta*, promulguée sous Henri III, le souverain pouvait établir des *forêts* où bon lui semblait : c'est-à-dire, convertir en *forest* et par suite soumettre à toutes les rigueurs des lois forestières, de grandes étendues de terrain; en un mot, le droit d'établir des *forests*, était un droit que s'arrogeait le souverain de chasser sur les terres de ses sujets.

Quelquefois le souverain concédait à des sujets le droit de *forest*; ils étaient alors soumis à la *common law* et non aux lois forestières. Le charte précitée, fit disparaître cette prérogative.

Il y avait aussi la *chase*, autorisation royale, donnée à un propriétaire de chasser sur ses propres terres; c'était une concession moindre que la *forest*; elle était soumise à la *common law*. Les bêtes de *chase* étaient, le chevreuil, le daim, le renard, la martre, la chevrette.

Le droit de *park* ressemblait à celui de *chase*, avec cette différence que la propriété devait être enclose. L'autorisation du roi était aussi nécessaire, pour l'établir; cette chasse était privilégiée pour les bêtes de vénerie, de *forest* et de *chase*.

Le droit de garenne (*free warren*) ou droit de garenne franche, permettait de réserver et de garder des lièvres, des lapins, des chevreuils, des perdrix, des râles, des cailles, des bécasses, des faisans, des canards sauvages et des hérons.

L'autorisation royale, ou la possession immémoriale, étaient nécessaires pour pouvoir constituer la garenne franche.

Les simples garennes à lièvres et à lapins pouvaient s'établir sans autorisation royale.

Enfin le *purlieu*, auquel donna naissance la *carta de foresta*, était un territoire neutre, dont le propriétaire, toujours assujetti à la servitude de *forest*, se trouvait cependant affranchi des servitudes de chasse et jouissait du libre exercice de ce droit. Le *purlieu* était encore un empiétement ajouté par les rois normands aux anciennes *forests* saxonnes, empiétement qui grevait la propriété tout autant que la création de nouvelles *forests*. Soumis à la même réglementation que la *forest*, le propriétaire du *purlieu* pouvait cependant y tuer le gibier, comme tout autre chasseur sur son propre terrain.

Toutefois, ni la coutume, ni les lois écrites, ne sont absolument les mêmes dans toutes les parties du Royaume-Uni. En 1875, une commission fut chargée de coordonner ces différentes lois, mais ses travaux sont restés sans résultat. Aujourd'hui encore, en Irlande et en Écosse, on trouve beaucoup de lois votées par les anciens parlements, et qui sont respectées, en vertu du traité d'union de 1706.

Pour les îles normandes, on y suit surtout la coutume, les lois émanant du parlement anglais n'y étant applicables qu'en vertu d'une clause expresse.

Du reste, l'Angleterre tient à ses vieilles institutions ; et, quoique les principes admis par les nations européennes, en matière de chasse, aient fini par s'introduire dans sa législation, c'est toujours avec peine qu'elle la modifie.

De plus, il est rare dans ce pays qu'une loi soit complètement abrogée et rapportée par une loi subséquente : aussi, en toutes matières, se trouve-t-on en présence d'un nombre considérable d'anciens statuts encore en vigueur; et l'on est tout surpris, dans la législation actuelle, de rencontrer, à chaque pas, les traces de tout un passé féodal.

Il en est ainsi pour les lois qui concernent la chasse. On y retrouve les anciens privilèges établis par les Normands, et, surtout, cette fiction légale qui veut que le souverain soit l'unique propriétaire du sol anglais, fiction d'où découle cette conséquence : que toutes les terres sont des fiefs mouvants de lui; que tous les revenus de l'État sont ses revenus propres.

Comme conséquence, le droit de chasse a conservé son caractère régalien ; et, sauf certaines modifications et atténuations, on retrouve encore aujourd'hui les droits mentionnés plus haut, de *forest*, de *chase*, de *park*, de *free warren* et de *purlieu*.

Avant d'analyser le statut de Guillaume IV du 5 octobre 1831, mentionné plus haut ; avant d'examiner l'acte du 7 août 1862 Act. 25, 26, Victoria, ch. 114), sur le braconnage; l'acte du 7 septembre 1880 (*Ground game act*), 43 et 44 Victoria, ch. 47), destiné à protéger d'une manière plus efficace les possesseurs de terre contre les dégâts causés aux moissons, par les lièvres et les lapins (1), statut dont le résultat a été, surtout, de rattacher au fait même de la possession, le droit de chasse, et d'annuler toute convention contraire intervenant entre le propriétaire et le *tenant*, à l'effet de dépouiller celui-ci de ce nouveau droit à lui conféré par cette loi; enfin avant de parler du *Wild birds protection*

---

(1) An Act for the better protection of occupiers of land against injury to theirs crops from ground game (43 et 44. Victoria, chap. 47.)

act, 43 et 44, ch. 35, Victoria, acte qui se rattache au précédent, il faut citer et analyser les principales lois qui, quoique bien antérieures, régissent encore actuellement la chasse, sauf quelques modifications, dans le Royaume-Uni, dans le pays de Galles, en Écosse et en Irlande.

Lois anciennes régissant encore la chasse.

III. — Pour l'Angleterre et le pays de Galles, on trouve tout d'abord, l'*Act* 9° *du règne de Georges* IV (ch. LXIX et l'*Act* 10° ch. 6), *poaching by night*, sur le braconnage pendant la nuit, débris du régime féodal, dont voici les principales dispositions (1) :

1. Ceux qui prennent ou détruisent du gibier pendant la nuit sont passibles, pour la première fois, des travaux forcés pour trois mois, et, à l'expiration de ce terme, ils doivent fournir caution qu'ils ne commettront plus semblable offense ; la peine est doublée en cas de récidive ; une troisième contravention est punie de la déportation.

2. Les propriétaires ou occupants de terres, les seigneurs de manoirs ou leurs domestiques peuvent se saisir des contrevenants. Si ces derniers font attaque ou résistance, ils se rendent coupables d'une faute punissable de la déportation pour sept ans ou d'un emprisonnement pour deux ans.

3. Le juge de paix a le pouvoir de décerner contre le coupable un mandat d'arrestation.

4. Toute poursuite doit être commencée dans les six mois, en cas de délit ; dans les douze mois, en cas de crime.

5. « Ce paragraphe contient la formule du jugement ».

6. On peut interjeter appel d'un tel jugement aux plus prochaines *quarter sessions*.

7. Il n'y a pas lieu, en pareille matière, à la procédure du *certiorari*.

8. Les jugements doivent être transmis aux *quarter sessions* et enregistrés, afin de servir de preuve en cas de récidive.

9. Si une bande de trois personnes, au moins, armées, entre dans un champ pour prendre ou détruire du gibier, ces personnes se rendent coupables de *misdemeanour* et peuvent être condamnées de ce chef à la déportation de sept à quatorze ans, ou aux travaux forcés pour trois ans au plus.

10. Ce statut est exécutoire en Écosse comme en Angleterre. Les modes de preuve sont les mêmes pour les deux contrées ; en Écosse, le shériff du comté a juridiction, cumulativement avec les juges de paix, pour connaître de ces faits.

11. En Écosse, si la peine prononcée est la déportation, le coupable doit être traduit devant la haute cour ou cour de circuit.

---

(1) A. Faider. *Histoire du droit de chasse.* Bruxelles, 1877.

12. Est considéré comme *nuit*, le temps qui s'écoule depuis l'expiration de la première heure après le coucher jusqu'au commencement de la dernière heure avant le lever du soleil.

13. Par gibier, on entend les lièvres, les faisans, les perdrix, les grouses, le gibier de bruyère, le gibier de marais, le gibier noir et les outardes.

Il faut enfin citer par ordre toutes les lois suivantes :

— L'*Act* du règne de Guillaume IV, ch. XXX (5 octobre 1831), qui fut, pour l'Angleterre, ce qu'a été, en France, le décret du 7 août 1789 : *An Act to amend the laws in England relative to game.*

— L'*Act* 1 et 2 du règne de Guillaume IV, ch. XXXII, autorisant l'arrestation, par exception, des délinquants pendant la nuit et des braconniers seulement pendant le jour en Angleterre (*poaching by night*) (1).

— L'*Act* des 2° et 3° années du règne de Guillaume IV, ch. CXIII, sect. 9 (15 août 1832), exigeant que tout garde chasse du souverain paye les droits fixés par l'*Act* de la 10° année du règne de Georges III, pour obtenir un permis de chasse.

— L'*Act* des 5° et 6° années du règne de Guillaume IV, ch. XX, sect. 20 et 21 (30 juillet 1835), par lequel toute personne qui dénoncera celui qui aura contrevenu aux dispositions relatives à la vente et à l'achat du gibier, ne sera pas poursuivie, même si elle a pris part à ces faits délictueux. Par cet *Act*, la moitié des amendes est accordée au dénonciateur, et l'autre moitié est attribuée à l'inspecteur des pauvres ou à un officier de la paroisse.

— L'*Act* des 6° et 7° années du règne de Guillaume IV, ch. LXV (13 août 1836), qui traite de la procédure sommaire contre le témoin qui refuse de comparaître ou de déposer sous serment.

— L'*Act* des 2° et 3° années du règne de Victoria, ch. XXXV (29 juillet 1839), ordonnant aux juges de paix de tenir des sessions spéciales, aussi souvent que cela est nécessaire, pour délivrer des licences de marchands de gibier.

— L'*Act* des 7° et 8° années du règne de Victoria, ch. XXIX (1 juillet 1844), qui traite du braconnage de nuit dans les propriétés et sur les grandes routes.

— L'*Act* des 11° et 12° années du règne de Victoria, ch. XXIX (22 juillet 1848), relatif à la chasse aux lièvres et à

---

(1) Voir *Act* 9, Georges IV, ch. 69, autorisant l'arrestation des braconniers, de nuit, dans tout le Royaume-Uni.

Act 11 et 12, Victoria, ch. 29, et l'*Act* pour l'Écosse, 11 et 12 Victoria, ch. 30, s. 4, défendant de se servir d'armes à feu pendant la nuit pour tuer ou prendre les lièvres et autre gibier ; l'*Act* 27, Georges III, ch. 35, s. 4, défendant de tuer les cailles et les râles de genêts, en Irlande, pendant la nuit.

la défense (ch. XXX, s. 4) de se servir la nuit d'armes à feu pour tuer ou prendre le gibier.

— L'*Act* des 16ᵉ et 17ᵉ années du règne de Victoria, ch. XC (20 août 1853), traitant des taxes et impôts.

— L'*Act* des 23ᵉ et 24ᵉ années du règne de Victoria, ch. XC (13 août 1860), réglant le prix des permis de chasse et licences de marchands (*Game licences*).

— L'*Act* des 24ᵉ et 25ᵉ années du règne de Victoria, ch. XCI, sect. 17 (6 août 1861), par lequel, tout marchand non muni d'un permis délivré par les préposés aux taxes, qui vend du gibier, est passible de l'amende de 20 livres, alors même qu'il a une licence du juge de paix.

— L'*Act* des 24ᵉ et 25ᵉ années du règne de Victoria, ch. XCVI (6 août 1861), qui s'occupe du vol des animaux.

— L'*Act* des 24ᵉ et 25ᵉ années du règne de Victoria, ch. XCVII (6 août 1861), qui s'occupe du vol des animaux.

— L'*Act* des 24ᵉ et 25ᵉ années du règne de Victoria, ch. XCVII (6 août 1861), relatif aux peines appliquées pour les dommages causés aux fruits de la terre, récoltes, arbres, taillis, clôtures, bestiaux et autres animaux.

— L'*Act* des 25ᵉ et 26ᵉ années du règne de Victoria, ch. CXIV (7 août 1862), relatif au braconnage, autorisant la police rurale à chercher et arrêter sur les grands chemins quiconque serait soupçonné d'avoir eu en sa possession du gibier illégalement acquis. Les juges de paix et les constables sont autorisés à faire des visites personnelles et à pratiquer la saisie du gibier, et des armes, chez les individus soupçonnés de braconnage (1) (*Poaching precaution act*).

— L'*Act* de la 28ᵉ année du règne de Victoria, ch. XI (7 avril 1865), prononçant une amende de 5 livres contre les officiers tirant du gibier autour de leur cantonnement, sans l'autorisation du propriétaire.

— L'*Act* des 28ᵉ et 29ᵉ années du règne de Victoria, ch. LX (20 juin 1865), rendant responsable le propriétaire des dommages causés au bétail, par ses chiens.

— L'*Act* des 33ᵉ et 34ᵉ années du règne de Victoria, ch. 57, (1870), portant le titre de *Gun licence*, et disposant que personne ne peut se servir d'un fusil ou transporter cette arme dans l'étendue du Royaume-Uni, à moins de payer chaque année pour cette licence (*Excise licence*) un droit de 10 schellings, licence qui n'est pas transmissible et qui expire le 31 mars de chaque

---

(1) Cet *Act* des 25, 26, Victoria, ch. 114 (7 août 1862), dénommé *The Poaching prevention act*, étant important, nous le donnerons avant le *Ground game act*, 43, 44, Victoria, ch. 47.

année. Cet *Act* porte, en outre, qu'une amende de 10 livres sera encourue par toute personne qui se sera servie d'un fusil ou aura transporté cette arme sans être munie de cette licence, à l'exception des cas mentionnés audit *Act*. Toute personne condamnée, en vertu de la section XXX de la loi sur le braconnage (*Day poaching act*, 1 et 2, William, IV, ch. 32, sect. 11), est déchue de son permis de port d'armes. De cet *Act*, enfin, il résulte que tout individu qui a une licence de chasse doit avoir, en outre, une licence de port d'armes.

L'*Act* des 32e et 33e années du règne de Victoria, ch. 17, relatif aux oiseaux de mer (*Sea birds*).

L'*Act* des 35e et 36e années du règne de Victoria, ch. 78, relatif aux oiseaux sauvages (*Wild birds*).

L'*Act* des 39e et 40e années du règne de Victoria, ch. 29, relatif aux canards sauvages (*Wild fowl*) (1).

Classification du gibier.

IV. — En étudiant ces différentes lois, on remarque, tout d'abord, que le mot *game* signifie tantôt chasse, tantôt gibier. Pris dans le sens de gibier, il comprend, à peu près, tous les mêmes animaux pour les différentes parties du Royaume-Uni.

Toutefois, la loi divise le gibier en trois classes : le gibier proprement dit, comprenant le gros gibier, sangliers, cerfs, etc.; le gibier ordinaire, tel que perdrix, faisans, lièvres, etc.; et enfin le lapin, classé aussi bien parmi les animaux nuisibles que parmi le gibier. Disons de suite que certains animaux peuvent être chassés sans permis; ainsi, il n'est pas besoin de permis pour prendre des bécasses ou des bécassines au filet ou au piège; pour prendre ou détruire le lapin, quand c'est le propriétaire d'une garenne ou d'un terrain clos, le fermier, etc., etc., ou une personne de lui autorisée qui font cette destruction. Le permis n'est pas non plus nécessaire, pour chasser et tuer les lièvres, lorsqu'on les chasse à l'aide de lévriers, ou à courre, avec des bassets ou des chiens courants; pour prendre et tuer des bêtes fauves, dans un enclos, si c'est le propriétaire, ou l'occupant, ou toute autre personne autorisée qui chasse; pour chasser et tuer les bêtes fauves, à courre, avec des chiens courants.

Le mot *game*, en ce qui concerne l'Angleterre, comprend le lièvre, le faisan, la perdrix, le grouse, la poule de bruyère ou

---

(1) Il faut aussi citer le *Game laws amendement* (Scotland) *bill*, bill qui, en 1879, eut pour but d'adoucir la rigueur des lois sur la chasse.

des landes, le coq de bruyère, le bustard ou dinde sauvage (1).

Ce mot, pour l'Écosse, comprend le lièvre, le faisan, la perdrix, la grouse, la poule de bruyère ou des landes, le coq de bruyère, le bustard, le phtarmigan (oiseau d'eau) (2); et pour l'Irlande, le daim, le lièvre, le faisan, la perdrix, la grouse, la poule de bruyère ou des landes, le coq de bruyère, le bustard, le phtarmigan, le râle des genêts, la bécasse, la bécassine, la caille, le canard sauvage, le canard siffleur, la sarcelle d'hiver (3).

Du reste, l'*Act* sur le braconnage de nuit *The night poaching act* (4), et *The game licence act* (5) ont eu, comme effet, d'étendre la définition de ce mot *game* dans tout le pays. D'autant que *The night poaching act* s'applique à tout le Royaume-Uni, et que *The game licence act* a étendu la définition de ce mot *game*, contenu dans l'article 2 de *l'Act* de la 1re et 2e année du règne de William IV, ch. 32, en ce qui concerne les marchands de gibier et la vente du gibier. Malgré cela, certaines lois désignent comme bêtes de chasse des animaux qui ne sont pas regardés comme tels dans d'autres *Acts*.

Ainsi, la loi, en Angleterre, protège la bécasse, la bécassine, le râle de genêts, la caille, le lapin, le lapereau, ainsi que les œufs de cygne, de canard sauvage, de sarcelle et de penru.

En Écosse, cette protection s'applique au daim, au chevreuil, à la bécasse, à la bécassine, au râle de genêts, à la caille, au canard sauvage, au lapin et au lapereau.

En Irlande, elle porte sur le daim, les œufs et nids de perdrix, de faisan, de grouse, de caille, de râle des genêts, de coq de bruyère, de canard sauvage, et autres oiseaux sauvages, sarcelle, pluvier, bécassine, colombe, pigeon et lapin.

Si l'on prend *The game trespass act* (6), sur la maraude, on voit, qu'en Irlande, il ne s'applique qu'aux lièvres, aux faisans, aux perdrix, aux grouses, aux coqs des landes ou de bruyère, aux bécassines, aux cailles, aux râles de genêts, aux canards sauvages et aux sarcelles d'hiver.

D'un autre côté, le *Poaching prevention act* (7), sous l'expression *game*, comprend tous les animaux mentionnés plus haut sauf le bustard.

Quant à l'*Act* concernant les licences et les certificats pour la

---

(1) 1re et 2e, William IV, ch. 32, sect. 2. — 9e de Georges IV, ch. 64. sect. 13.
(2) 9e, Georges IV, ch. 69, s. 13. — 13e, Georges III, ch. 54.
(3) 27e, Georges III, ch. 35, s. 4-6. — 27e et 28e, Victoria, ch. 67.
(4) 9e, Georges IV, ch. 64.
(5) 23e et 24e, Victoria, ch. 90.
(6) 27e et 28e, Victoria, ch. 67 (1864).
(7) 25e et 26e, Victoria, ch. 114 (1862).

venté du gibier (1), il étend le mot *game*, non seulement aux animaux de chasse proprement dits, mais aussi aux bécasses, bécassines, cailles, râles de genêts, lapins et daims tués dans le Royaume-Uni.

V. — *Droit de chasse.*

Toutes les propriétés, en Angleterre, relevant en principe du souverain, le droit de chasse n'est plus qu'une concession faite au propriétaire d'un terrain; d'où il suit que tout propriétaire ou cessionnaire du droit de propriété, doit obtenir une permission pour pouvoir se livrer à la poursuite et à la capture du gibier, et pour qu'il lui soit permis de se servir, et de porter, en vue de poursuivre et de capturer le gibier, des engins de chasse spéciaux.

Toutefois, d'après l'*Act* des 1re et 2e années du règne de Guillaume IV, ch. 32, il n'est plus besoin pour pouvoir chasser sur sa propriété, d'avoir une certaine situation sociale ou un titre : il suffit aujourd'hui d'avoir une licence (*Game licence*).

Tout propriétaire ou occupant, c'est-à-dire, celui qui jouit du droit de chasse, doit donc être muni d'une licence de chasse, délivrée par le juge de paix, dans des sessions tenues spécialement à cet effet. Le prix de ces licences, comme nous le verrons, varie suivant l'époque où elles sont délivrées.

Certaines personnes sont exemptes de l'obligation d'avoir ce permis, en raison de leur qualité ou de leurs fonctions; ainsi, les membres de la famille royale, les gardes-chasse commissionnés par les officiers des bois et forêts, ceux qui portent aide ou assistance pour chasser certain gibier en la présence et pour le compte d'une autre personne munie d'un permis, sont dispensés de cette licence, même s'ils se servent de chiens ou d'engins de chasse.

Enfin tout propriétaire ou occupant, spécialement autorisé, par écrit enregistré, peut chasser le lièvre sur sa propriété sans payer de taxe et sans avoir besoin de la licence de chasse (2).

VI. — *Permis de chasse (Game licence).*

Pour pouvoir se servir d'un chien, d'un fusil, d'un filet ou autre engin, dans le but de prendre ou de tuer du gibier

---

(1) 23 et 24, Victoria, ch. 90.
(2) Les dispositions relatives au gibier des forests, manoirs communaux, pâturages, se trouvent réservées par l'*Act*, 1. 2 de Guillaume IV, ch. XXXII, art., 8, 9, 10.

(*game*) ou des daims (*deer*), il faut être muni d'une licence (*Game licence*) conférant cette autorisation.

Cette règle comporte, cependant, quelques exceptions, autres que celles mentionnées plus haut. Les plus importantes sont celles qui concernent : 1° La chasse au lièvre (*coursing hares*) ; 2° La destruction des lapins avec autorisation du tenancier (1) ; 3° La destruction des daims (*by hunting*), sur des terres closes; et les destructions de ce gibier, par le propriétaire ou le fermier ou sous leur direction; 4° Les personnes aidant ou assistant une personne qui, en vertu d'une licence, se sert de son propre chien et de son propre fusil (2).

Une licence de chasse est nécessaire, en Angleterre, pour tuer les bécasses, les bécassines, les cailles, les râles de genêts et les lapins.

Elle n'est pas exigée pour prendre les bécasses au filet.

Les propriétaires ou les fermiers ne sont pas tenus d'avoir cette licence pour détruire le lapin ou pour le faire détruire sous leur direction.

La licence ne semble pas nécessaire pour tuer les cygnes sauvages, les canards sauvages, les sarcelles d'hiver et les penrus. Toutefois, nous verrons que les œufs de ces oiseaux sont protégés par la loi au moment de la reproduction.

VII. — *Permis de port d'armes* (*Gun licence*).

En outre du permis de chasse (*Game licence*), toute personne qui, dans le Royaume-Uni, se sert d'un fusil, ailleurs que dans sa propriété, doit être munie d'un permis de port d'armes (*Gun licence*); pour l'obtention de laquelle, il est payé 10 schellings (3).

La licence de chasse et celle de port d'armes sont annulées, lorsque la personne qui en est porteur est convaincue d'avoir violé la loi dans la poursuite du gibier.

Cette déchéance existe en Angleterre, en Écosse, mais non en Irlande (4).

D'après la loi de 1870, relative au *Gun licence* (5), le droit de 10 schellings exigé pour obtenir le permis doit être acquitté avant le 31 mars de chaque année, par toute personne qui se sert, ou

---

(1) Angleterre, 11 et 12, Victoria, s. 29, ch. VII. — Écosse, 11 et 12, Victoria, c. 30, ch. XX.

(2) 23 et 24, Victoria, c. 90, s. 2, 4, 5, 17 (Angleterre et Écosse). — 5 et 6, Victoria, c. 81, Irlande.

(3) 33 et 34, Victoria, c. 37.

(4) 1 et 2, William IV, c. 33, s. 30. — 1 et 2, William IV, c. 61. — 23 et 24, Victoria, c. 90, s. 11. — 33 et 34, Victoria, c. 77, s. 11.

(5) *Act* 33 et 34, Victoria, ch. 57.

transporte, un fusil dans le Royaume-Uni : c'est là un droit d'*excise* ou contribution indirecte intérieure, placé sous la direction des préposés du receveur foncier, qui doivent tenir un registre de toute licence délivrée (1).

Toute personne qui se sert d'un fusil, ou le transporte, sans avoir cette licence, est passible d'une amende de dix livres.

Toute personne trouvée, se servant ou transportant un fusil, doit produire sa licence ou donner son nom et son adresse, sous peine d'une amende de dix livres.

En résumé, le permis de chasse (*Game licence*) et le permis de port d'armes (*Gun licence*) sont valables dans le Royaume-Uni, partout où les lois sur la chasse sont en vigueur (2), et où l'usage des armes n'est pas interdit (3).

VIII. — *Montant des droits des Licences.*

Le montant des droits des licences, nécessaires pour la chasse, varie suivant l'époque pour laquelle elles sont délivrées. Ces permis sont pris, soit du 5 avril au 31 octobre de la même année ; soit du 5 avril au 5 avril de l'année suivante.

Le chiffre a souvent varié ; aujourd'hui, il est de 2 livres (50 francs), pour les permis qui ne comportent qu'une partie de l'année ; et de 3 livres (75 francs), pour les permis comprenant l'année entière ;

Toutes ces licences sont datées du jour où elles sont délivrées. Celles qui expirent le 31 octobre, sont sur papier vert, les autres sont imprimées sur papier rouge.

Enfin, il y a des licences qui sont prises le 1er novembre, ou après, et qui expirent le 5 avril suivant : pour ces dernières, le droit est de deux livres, et elles sont sur papier jaune.

Nous verrons plus tard, que les marchands de gibier doivent aussi prendre une licence, qui est de 50 francs (2 livres) : cette même formalité doit être remplie par les gardes-chasse, mais, pour ces derniers, suivant les cas, le prix est de deux ou de trois livres.

Il faut remarquer que, quoique les droits sur les permis soient plus élevés qu'en France, ils produisent moins en An-

---

(1) 23 et 24, Victoria, c. 90, s. 18.— 1 et 2, William IV, c. 32, ss. 5, 6. —2 et 3, William IV, c. 68, s. 1 (Écosse). — 27, George III, c. 35 (Irlande).

(2) 33 et 34, Victoria, c. 57.

(3) En vertu de cet *Act*, on voit que les licences pour chasser la bécasse, la bécassine, la caille, le râle de genêts, le lapin, le daim, et celles pour les marchands de gibier, sont accordées par la régie (*excise*) ou les officiers des receveurs fonciers (*inland revenue officers*) au lieu de l'être, comme par le passé, par les *clerks of the commissioners of assessed taxes of the district.*

gleterre, ce qui provient de la grande concentration de la propriété entre les mains de la classe riche.

En 1869, le nombre des personnes ayant pris un permis de chasse était, dans tout le Royaume-Uni, de 54,203.

En outre, 4,921 personnes s'étaient pourvues d'une licence de garde-chasse (*Game keeper*) et 2,287 d'une licence de marchand de gibier.

Le produit total s'était élevé à la somme de 164,448 livres sterling (4,211,000 francs).

Le *Blue Book*, fait du reste remarquer qu'il arrive souvent que les chasseurs, principalement dans les classes riches, échappent au payement du droit.

En 1880, les permis de chasse (*Game licence*) ont produit 150,000 livres sterling (3,750,000 francs), et les permis de port d'armes (*Gun licence*) 75,000 livres sterling (2,000,000 francs) : ce qui forme un ensemble d'un peu moins de six millions de francs.

Cet impôt est rangé parmi les *assessed taxes*, ou taxes somptuaires, qui remontent à 1696 et qui furent réorganisées en 1803. Parmi ces taxes, en 1808, fut compris le permis de chasse.

IX. — *Licence des gardes-chasse.*

Les gardes-chasse sont tenus d'avoir une licence de chasse, qui, en Angleterre et en Écosse, expire le 5 avril de chaque année.

En outre de la taxe à laquelle ces gardes sont imposés, comme serviteurs (1), ils doivent renouveler tous les ans leur licence dont le prix est de deux livres (50 francs), pour pouvoir chasser dans l'étendue du domaine confié à leur garde (2). S'ils veulent chasser en dehors de ce domaine, ils sont tenus de payer la taxe fixée pour l'obtention de la licence de chasse ordinaire : c'est-à-dire 3 livres (75 francs) (3). Ils doivent aussi avoir une licence, s'ils veulent vendre du gibier avec ou sans l'autorisation de leur maître. En cas de mutation ou de révocation, la licence peut être transférée à un autre garde, au moyen d'un acte dressé par l'officier chargé de la délivrer (4).

En Irlande, les gardes-chasse acquittent le même droit que les autres chasseurs.

---

(1) Taxe payable le 31 décembre.
(2) 23 et 24, Victoria, c. 90 ss. 2, 7, 13.
(3) 1 et 2, William IV, c. 32, ss. 6, 17; — 23 et 24, Victoria, c. 90, s. 13.
(4) 1 et 2, William IV, 32 c. s. 18; — 23 et 24, Victoria, c. 90, ss. 13, 14, 15; — 24 et 25, Victoria, c. 91, ss. 9, 17.

X. — Licence pour la vente du gibier.

Une autre licence fiscale, dont le prix est de 2 livres (50 francs), et qui expire le 1er juillet de chaque année, est nécessaire à toute personne qui veut acheter ou vendre du gibier. Cette licence n'est délivrée qu'après que le marchand a obtenu une autorisation de l'autorité judiciaire dans une cession ouverte à cet effet. Cette mesure s'applique à tout le Royaume-Uni, et de lourdes pénalités frappent ceux qui vendent du gibier sans avoir cette licence (1). Toutefois, le mot *game*, dans ce cas, semble devoir être pris dans son sens le plus restreint et ne pas comprendre les bécasses, les bécassines, les cailles, les râles de genêts, les lapins et les daims.

XI. — Licence pour tuer le daim.

En Angleterre et en Écosse, une licence doit être obtenue, pour prendre et tuer le daim. Cette licence n'est pas nécessaire pour le propriétaire ou le fermier d'un domaine clos, ni pour ceux qui chassent dans ce domaine sous leur direction ou avec leur permission. Elle n'est pas exigée, lorsque le daim n'est pas poursuivi ou tué au moyen de chiens courants (*hunting*) (2).

XII. — Licence pour les chiens.

La taxe sur les chiens a été abolie par les statuts des 30e et 31e années du règne de Victoria, ch. 5, et à la place a été mis un droit de licence.

Ces licences ne s'appliquent qu'à l'Angleterre et à l'Écosse.

On doit prendre le 1er mars de chaque année une licence pour tout chien âgé de six mois, et cette licence n'est pas transmissible.

L'impôt sur les chiens existait en Angleterre bien avant qu'il ne soit mis en vigueur en France. Il remonte à l'année 1796 et a beaucoup varié depuis. Le taux en est aujourd'hui fixé à 7 schellings 6 pences (9 f. 50) pour tous les chiens.

Cet impôt ne s'applique pas à l'Irlande.

En 1869, dans la Grande-Bretagne (Angleterre et Écosse), on comptait 1.068.000 chiens. Le produit du droit a été en

---

(1) 20 et 21, Victoria, c. 90, ss. 2, 7, 8, 9; — 1 et 2, William IV, c. 32, s. 6.
(2) 20 et 21, Victoria, c. 90, ss. 2, 4, 5.

1879 de 421,950 livres sterling (10,600 000 fr.). — Il n'a été en 1880 que de 371,774 livres sterling ou neuf millions et demi de francs.

XIII. — *Modes de chasse et engins de chasse permis.*

Les prescriptions susmentionnées imposées par la loi, une fois observées, le chasseur anglais se trouve en présence d'une législation beaucoup plus tolérante que celle des autres nations; car, elle admet, en outre des modes de chasse ordinaires, l'emploi des pièges et des filets pour certains gibiers, et du lévrier pour la chasse à courre du lièvre.

La chasse à courre est, du reste, celle que préfèrent les Anglais; et celle du renard est, dans ce pays, une véritable institution nationale, favorisée et protégée par les lois.

Cette protection est telle, que toute liberté est donnée pour pouvoir faire cette chasse sans rencontrer d'entraves.

La science de la vénerie, imparfaitement connue des Anglo-Saxons, fut perfectionnée lors de l'invasion normande, et la chasse à courre date véritablement en Angleterre du onzième siècle.

Un traité composé en langue française, par Guillaume de Twici ou de Tuisy, veneur du roi Édouard II, nous a conservé les règles observées de son temps parmi les Anglo-Normands (1307-1327). Au seizième siècle, les traditions normandes étaient déjà à peu près perdues, et Jacques Stuart, en 1603, voulant faire revivre dans ses États la science de la vénerie demandait à Henri IV de lui envoyer le marquis de Vitry et quelques seigneurs français pour lui enseigner les secrets de la plus noble des chasses.

Ligniville qui était venu de Lorraine à la Cour de Jacques Ier pour contribuer à cette restauration de la vénerie, trouvait que les Anglais n'étaient bien instruits que des règles pour la chasse aux lièvres; et Sélincourt n'accorde aux Anglais qu'un mérite, celui de la *curiosité* en fait de races et de *nourriture* de chiens.

Ce n'est que depuis les dernières années du dix-huitième siècle, que les Anglais ayant achevé de défricher leurs forêts et n'ayant plus de grands animaux hors de leurs parcs, se sont adonnés exclusivement à la chasse au renard, chasse où tout se réduit à une question de vitesse.

Cette chasse les a conduits à se créer une vénerie complètement différente de la nôtre dans ses principes, ses moyens et son but.

XIV. — *Jours où la chasse est défendue.*

La prise et le meurtre du gibier sont, sous des peines sévères, prohibés en Angleterre pendant certains jours.

Ainsi on ne peut chasser le dimanche ou le jour de Noël, sous peine d'une amende de cinq livres (1).

Il en est de même en Irlande (2).

XV. — *Droit du propriétaire et du chasseur sur le gibier.*

Contrairement à ce que l'on trouve dans les autres législations, la loi anglaise admet, en principe, que le gibier est la chose du propriétaire du sol où il se trouve.

Elle autorise, en conséquence, le possesseur du droit de chasse à réclamer le gibier tué sans droit, par d'autres, sur sa chasse, et lui permet, en cas de refus, de s'en emparer, si le délinquant est trouvé porteur de ce gibier récemment tué. Ce droit appartient à celui qui est propriétaire du droit de chasse, à l'occupant, à leurs gardes et serviteurs, ainsi qu'aux officiers de forêts, de parcs, de chasses, de garennes royales et à ceux qui sont sous leurs ordres.

La loi reconnaît au propriétaire du sol, un droit de propriété sur le gibier, tant qu'il est sur sa terre; mais ce n'est pas une propriété à laquelle s'applique la législation sur le vol.

Les propriétaires de domaines (*of manors*), ont sur leurs terres incultes, sur leurs landes, et, dans certains cas, sur leurs terres closes, le même droit sur le gibier qu'un propriétaire sur son bétail.

Les propriétaires de garennes ont la propriété des lapins.

XVI. — *Droit des tenanciers.*

Dans les cas où une réserve n'était pas stipulée par le bailleur ou le propriétaire foncier, ou lorsqu'il n'y avait sur la terre occupée aucun droit de chasse et de garenne, le tenancier pouvait chasser sans violer la loi (3).

Dans tous les cas, ce droit pour le propriétaire comme pour le tenancier ne pouvait s'exercer que tant que le gibier se trou-

---

(1) 1 et 2, William, IV, c. 32, s. 3.
(2) 27, George III, c. 35, ss. 1, 5.
(3) 1 et 2, William IV, ch. 32, act. 10; 11 et 12, Victoria, ch. 29, ch. VII (Angleterre); 11 et 12, Victoria c. 30, ch. XX; 23 et 24, Victoria, c. 90, s. 5.

vait sur ses terres; lorsqu'il les quittait, il cessait de leur appartenir, excepté dans les cas de *free warren* ou de *forest*.

Cette législation relative au tenancier n'était appliquée que depuis le 1ᵉʳ octobre 1831 : antérieurement, lorsqu'il occupait une terre, en vertu d'un contrat ou d'un bail à vie ou à terme antérieur aux statuts de la 1ᵉ et 2ᵉ années du règne de Guillaume IV, ch. 32, il n'avait aucun droit de chasse, à moins de stipulation spéciale.

Le tenancier qui, sans en avoir le droit, chassait sur les terres par lui louées, ou autorisait une autre personne à y chasser, était, ainsi que cette personne, passible des peines prononcées par la loi (1). Ces dispositions n'empêchaient pas le tenancier de pouvoir tuer par lui-même, ou faire tuer par ses serviteurs, les bécasses, les bécassines, les cailles, les râles de genêts et les lapins.

Si le tenancier prenait des bécasses ou des bécassines autrement qu'au moyen de filets ou lacets, il devait être muni d'une licence de fusil et d'une licence de chasse.

Le tenancier pouvait tuer les lièvres, s'ils n'avaient pas été exceptés dans le bail. Il lui fallait pour cela une licence de fusil.

La loi en Irlande était, dans ce cas, à peu près la même qu'en Angleterre; mais elle différait en Écosse.

L'*Act* du 7 septembre 1880 (*Ground game*) (43 et 44, Victoria, ch. 47), est venu modifier cette législation en rattachant le droit de chasse au fait même de la possession, et en frappant de nullité toute convention intervenant entre le propriétaire et le tenancier, à l'effet de dépouiller ce dernier du droit qui lui est conféré par cette loi.

XVII. — *Des gardes-chasse et de leur pouvoir.*

Les lois des 1ʳᵉ et 2ᵉ années du règne de William IV, ch. 32, ss. 13, 14, 15, 16 autorisent, pour l'Angleterre seulement par un certain nombre de dispositions, les propriétaires (2) à désigner des gardes-chasse, pour protéger leur gibier. Ces gardes peuvent saisir les chiens, les filets et engins de ceux qui chassent sans en avoir la permission dans les propriétés dont ils ont la surveillance.

Ces pouvoirs peuvent être aussi conférés, par les propriétaires, à des personnes n'étant pas à leur service; mais pour que ces dernières puissent les exercer, il faut que ces pouvoirs soient

---

(1) 1 et 2, William IV, c. 32, ss. 7, 8, 11, 12, 30.

(2) Proprietors of a manor, Lordship, or Royalty, or a steward of the Crown, of a manor, etc.

enregistrés par le greffier de la justice de paix du comté où se trouve situé le domaine.

Dans le pays de Galles, le droit de nommer des gardes est réservé à quelques propriétaires seulement. En Irlande, il appartient aux propriétaires *of manors*. Enfin les propriétaires, en Écosse, usent de ce droit sans qu'il leur soit conféré par aucun texte de loi, et l'on peut ajouter que les bureaux de timbre réclament l'enregistrement de ces nominations, malgré le silence de la loi sur cette formalité.

Le pouvoir du garde-chasse est limité à l'étendue du domaine dont il a la garde. Il ne peut saisir les chiens, filets et autres engins, que lorsque ces engins ont pour but de capturer le gibier qui se trouve sur ledit domaine. Il peut exiger la présentation des licences de toute personne qui chasse sur l'étendue de ce domaine, sans avoir à exhiber la sienne. Il peut en prendre copie et requérir les nom, prénoms et adresse de la personne. La loi punit celui qui refuse de donner ces renseignements (1).

XVIII. — *Protection du gibier.*

La loi anglaise cherche surtout à protéger et à conserver le gibier et les mesures employées pour atteindre ce but sont nombreuses, toujours sages, mais souvent draconiennes.

§ 1er. En tête de ces mesures se trouve le *temps prohibé*.

Il faut tout d'abord mentionner la défense faite à toute personne, même munie d'une licence, de prendre ou de tuer du gibier et de faire usage de chiens, fusils, filets ou autres engins dans ce but, les dimanches et le jour de Noël, sous peine d'une amende dont le maximum est de cinq livres (25 fr.). Si cette défense n'a pas pour but spécial la protection du gibier, elle y contribue assurément.

Puis vient le temps prohibé, proprement dit, qui varie suivant les espèces de gibier. Ainsi il est défendu de tuer ou prendre la perdrix, du 1er février au 1er septembre; le faisan, du 1er février au 1er octobre; le gibier noir, du 10 décembre au 20 août; le grouse, du 10 décembre au 12 août; les outardes, du 1er mars au 1er septembre, sous peine d'une amende maximum d'une livre par pièce de gibier.

La saison pendant laquelle on peut chasser le gibier et les oiseaux varie suivant les différentes parties du royaume. Toutefois, le temps pendant lequel la vente du gibier est prohibée est le même pour l'Angleterre, l'Écosse et l'Irlande.

(1) 23 et 24. Victoria, c. 90, ss. 8, 9, 10.

Le tableau suivant indique, pour chaque animal, le temps pendant lequel la chasse est défendue dans ces trois pays.

	EN ANGLETERRE.	EN ÉCOSSE.	EN IRLANDE.
Le Coq de bruyère.	Du 10 décembre au 20 août.	id.	id.
L'Outarde ou dinde sauvage	Du 1er mars au 1er septembre.	Pas de temps prohibé.	Du 10 janvier au 1er septembre.
Le Daim mâle	Pas de temps prohibé.	Pas de temps prohibé.	Du 10 janvier au 28 octobre.
Le Daim sauvage	Pas de temps prohibé.	Pas de temps prohibé.	De la Saint-Michel au 20 juin.
Le Grouse ou Red game	Du 10 décembre au 12 août.	Du 10 décembre au 12 août.	Du 10 décembre au 12 août.
La Poule de bruyère (Heath fowl)	Pas de temps prohibé.	Du 10 décembre au 20 août.	Du 10 décembre au 20 août.
Le Coq de bruyère (Heather moor game)	Pas de temps prohibé.	Pas de temps prohibé.	Du 10 décembre au 12 août.
Le Râle de genêt	Du 15 mars au 1er août.	Du 15 mars au 1er août.	Du 10 janvier au 20 septembre.
Le Ptarmigan	Pas de temps prohibé.	Du 10 décembre au 12 août.	Du 10 décembre au 20 août.
La Perdrix	Du 1er février au 1er septembre.	Du 1er février au 1er septembre.	Du 1er février au 1er septembre.
Le Faisan	Du 1er février au 1er octobre.	Du 1er février au 1er octobre.	Du 1er février au 1er octobre.
La Caille	Du 15 mars au 1er août.	Du 15 mars au 1er août.	Du 10 janvier au 20 septembre.
Le Pluvier	Du 15 février au 1er août.	Du 15 février au 1er août.	Du 15 février au 1er août.
La Bécassine	Du 15 février au 1er août.	id.	id.
La Sarcelle	Du 15 février au 1er août.	id.	id.
Le Widgeon (Macreuse)	Du 15 février au 1er août.	id.	id.
Le Canard sauvage.	Du 15 février au 1er août.	id.	id.
La Bécasse	Du 15 février au 1er août.	id.	id.

A Sommerset, Devon et New-Forest la chasse est défendue du 10 décembre au 1er septembre.

Il est défendu de tuer les oiseaux dont les noms suivent, dans tout le royaume, entre le 15 février et le 1er août :

Avocet (l'avocette). — Curlew (courlis). — Dotterel (guignard). — Dembird (milouin). — Dunlin (cincle). — Godwit (barge). — Greenshank (chevalier aboyeur). — Lapwing (vanneau). — Mallord (malort). — Oxbird (maubèche grise). — Peewit (vanneau hupé). — Phaleropa (phalarope). — Ploverspage. — Pochard (pochard). — Purre (merle d'eau). — Redshank (jambe rouge). — Reeve or Ruff (chevalier femelle ou pigeon à fraise). — Sanderling (petite maubèche grise). — Sandpiper (bécasseau). — Sealark (alouette de mer). — Shoveller (souchet). — Spoonbill (spatule). — Stint (bécasseau). — Stonecurlew (courlis des rochers). — Stonchatch (traquet). — Summer Snipe (bécasse d'été). — Shicknee (courlis ou edictnemus crepitans). — Whaup. — Whimbrell (courlieu). — Widgeon (penru).

Les oiseaux suivants ne peuvent être tués dans le Royaume-Uni entre le 15 mars et le 1er août :

Bittern (butor). — Blackcap (fauvette à tête noire). — Chiff Chaff (becfin véloce). — Coot (foulque). — Creeper (grimpereau). — Crossbill (bec croisé). — Cuckoo (coucou). — Flycatcher (gobe-mouches). — Golden-Crestedwren (roitelet à la crête dorée). — Goldfinch (chardonneret). — Hawfinch or grosbeak (gros bec). — Hidge sparrow (moneau des bois). — King fisher (martin pêcheur). — Martin (martinet). — Moor or Water hen (poule d'eau). — Nightingale (rossignol). — Nightjar (engoulevent). — Nuthatch (casse-noisette). — Owl (hibou). — Pipit (pipi). — Redpoll (linotte). — Redstart (rossignol). — Robin (rouge-gorge, sylvia rebecula). — Redbreast (rouge-gorge, motecilla rubecula). — Sandgrousse (grouse de sable). — Siskin (tarin). — Stonechat (traquet). — Swallow (hirondelle). — Swan (cygne). — Swift (martinet). — Titmousse, longtailed (mésange à la queue longue). — Titmousse bearded (mésange barbue). — Wagtail (hochequeue). — Warbler (Dartford) (fauvette). — Warbler reed (fauvette des roseaux). — Warbler sedge (fauvette des marais). — Wheatear (cul-blanc). — Whinchat. — Wood lark (alouette des bois). — Wood pecker (pivert). — Wood wren (roitelet des bois). — Wren (roitelet). — Wryneck (torcol).

Enfin les oiseaux désignés ci-après ne peuvent être tués dans le Royaume-Uni du 1er avril au 1er août :

Auk (pingouin). — Bonxie. — Cornish chough (choucas des Cornouailles). — Coulterneb (petit moine). — Diver (plongeon). — Eider Duck (eider). — Fulmar (fulmar). — Gannet (fou). — Grebe (grebe). — Guillemot (guillemot). — Gull (mouette). — Kittiwake (milan). — Loon (butor). — Marrot. — Merganser (grand harle). — Murre. — Oyster Catcher (huitrier). — Petrel (petrel). — Puffin (macaroux). — Razor bill (pingouin). — Scout (macreuse). — Sea mew (mouette de mer). — Sea Parrot (perroquet de mer). — Sea swollow (hirondelle de mer). — Shearwater (puffin majeur). — Shelldrake (canard). — Skua (stercoraire). — Smew (plongeon). — Solan (fou). — Goose (oie). — Tarrock (mouette). — Tern (hirondelle de mer). — Tystey. — Willock (guillemot).

§ 2. La loi protège aussi certains animaux. Le fait d'avoir

poursuivi, chassé, attrapé, emporté, tué, blessé ou tenté de tuer et blesser une bête fauve gardée ou se trouvant dans les parties clôturées ou ouvertes des forêts, des chasses, des *Purlieus*, est puni pour la première fois d'une amende maximum de cinquante livres; et en cas de récidive, de deux années de prison au maximum, car il y a alors félonie.

Celui qui est trouvé en possession d'une bête fauve ou d'une portion de bête fauve ou d'un engin servant à s'en emparer, est puni d'une amende de 20 livres.

Ceux qui sont chargés de veiller à la conservation de ces bêtes fauves peuvent saisir fusils, armes, pièges, engins et chiens entre les mains des gens qui tentent la prise ou le meurtre de ces animaux : la résistance opposée à ces exécutions est taxée de félonie et punie de deux ans de prison au maximum.

Tout le monde peut arrêter les délinquants, et les constables ont même le droit de saisir ceux qui sont soupçonnés de commettre, d'avoir commis ou de vouloir commettre ces félonies.

Ceux qui tuent en fraude des lièvres et des lapins pendant le jour dans des garennes ou lieux destinés à les élever ou les conserver, sont aussi punis par la loi d'une amende de cinq livres au maximum.

§ 3. Dans les mesures de protection, il faut joindre la défense faite aux officiers de tuer ou détruire du gibier dans les environs de leur cantonnement sans une permission écrite donnée par le propriétaire : cette infraction est punie d'une amende de cinq livres.

§ 4. La loi étend sa protection sur les œufs des oiseaux; il faut même remarquer que cette mesure semble laisser de côté les petits des autres animaux. Les personnes qui n'ont pas un droit de propriété sur le gibier, ne peuvent s'approprier ou détruire les nids ou les œufs d'un oiseau compris dans ceux classés sous le mot *game*, ni d'un *Swan* (cygne); d'un *Wildduck* (canard sauvage); d'un *Teal* (sarcelle), ou d'un *Widgeon* (poule d'eau).

L'infraction à cette loi est punie d'une amende de 5 schellings par œuf (1) en Angleterre et en Irlande. Il n'en est pas de même en Écosse.

§ 5. La défense faite de vendre ou d'acheter du gibier en temps prohibé, bien observée, est certainement la meilleure mesure pour sa conservation.

---

(1) Angleterre. 1. 2. William IV, c. 32, s. 24.
Irlande. 27, George III, c. 35, s. 4.

La loi anglaise défend aux marchands, munis d'une licence, comme à ceux qui n'en ont pas, d'acheter ou de vendre, d'avoir chez eux ou en leur possession, aucun oiseau classé gibier, même des oiseaux de mer, des oiseaux sauvages, des canards sauvages, soit vivants, soit morts, dix jours après la fermeture de la chasse de ce gibier.

Celui qui a du gibier en cage ou en élevage (*in a mew or breeding place*) a un délai de quarante jours après la clôture.

Il est fait défense à quiconque, passé ce délai, d'acheter du gibier ou d'en vendre, et s'il y a contravention, l'amende est d'une livre au maximum par pièce de gibier.

Cette défense existe aussi en Écosse et en Irlande (1).

§ 6. De plus, personne, même le garde, ne peut à aucune époque de l'année, vendre du gibier à un marchand pourvu d'une licence, à moins d'avoir lui-même une licence du coût de 3 livres (2).

§ 7. Les conditions imposées pour la vente et l'achat du gibier contribuent aussi à la protection.

Pour pouvoir vendre ou acheter du gibier, le marchand doit être muni d'une licence qui lui est délivrée par le juge de paix, moyennant le payement de la taxe. Cette licence obtenue, il doit se faire délivrer un permis par l'administration des taxes et accises; s'il vendait sans avoir ce permis, il serait passible d'une amende de 20 livres.

La licence, en cas de contravention, est annulée (3).

Les débitants sont, en outre, tenus d'avoir une enseigne spéciale; moyennant ces formalités, ils peuvent acheter par eux-mêmes du gibier en tout endroit; en vendre chez eux par eux-mêmes ou par leurs serviteurs : ils se trouvent seuls autorisés; car la licence n'est pas accordée aux aubergistes, marchands de volaille, détaillants de bière, propriétaires, gardes ou conducteurs de malle-poste, ou voitures des postes, voituriers publics, voituriers revendeurs ou employés de ces personnes.

En outre, les personnes munies d'une licence de chasse de 3 livres, et leurs gardes-chasse, autorisés par écrit, peuvent seuls vendre le produit de leur chasse aux marchands pourvus de licence de vente.

La contravention à ces lois est punie de 2 livres d'amende au maximum, par pièce de gibier.

---

(1) 1 et 2 William IV, c. 32, s. 4; — 23 et 24, Victoria, c. 90, s. 13; — 30 et 40, Victoria, c. 20, s. 2.
(2) 1 et 2, William IV, c. 32, ss. b. 17. 25.
(3) 1 et 2, William IV, c. 32.

Pour rendre cette mesure plus efficace, il est défendu à toute personne d'acheter de ce gibier à un marchand non muni d'une licence, sous peine d'une amende de cinq livres au maximum, par pièce de gibier.

Les marchands qui, munis de licence, achètent ou reçoivent du gibier de personnes non autorisées à vendre, ou qui vendent sans avoir une enseigne spéciale, ou dans des lieux où n'est pas cette enseigne, et toutes personnes, non munies de licence de marchand, qui vendent en se faisant passer pour autorisées, seront punis d'une amende de 10 livres au maximum.

Il faut remarquer que les restaurants et aubergistes peuvent cependant vendre, sans licence, le gibier qu'ils ont acheté à un marchand autorisé, si le gibier est consommé chez eux.

Tel est l'ensemble des lois protectrices. Nous allons voir à qui en est confiée l'exécution.

XIX. — *Droit de recherche donné aux constables.*

Ces mesures préservatrices sont bien observées, grâce aux pouvoirs donnés aux agents de police. — Les constables, en effet, en vertu de l'acte contre le braconnage (*Poaching prevention act*) (1), applicable dans toute l'étendue du Royaume-Uni, peuvent, même sur un grand chemin, arrêter et visiter les personnes qu'ils soupçonnent d'avoir parcouru les champs pour y chasser. Ils peuvent faire les mêmes recherches sur leurs complices, droit qui n'appartient pas au garde-chasse.

Le constable peut aussi arrêter et visiter toute voiture suspectée de renfermer soit du gibier, soit des armes, soit des engins de chasse. — Si le délit existe, le délinquant doit être conduit devant les *Petty sessions*, où il sera prononcé, si le fait est prouvé, une amende de 5 livres. De plus, le gibier, le fusil, et les engins seront confisqués pour être vendus.

En Irlande, il y a une disposition additionnelle qui s'occupe des colporteurs, voituriers et pourvoyeurs ayant du gibier en leur possession, et qui ne peuvent donner à la justice une preuve suffisante de l'origine de cette propriété (2). Il en est de même pour l'Écosse, en ce qui touche les personnes qui n'ont pas le droit de posséder du gibier (3).

---

(1) 25 et 26, Victoria, c. 114.
(2) 27, George III, c. 35, ss. 6. 9 (Irlande).
(3) 13, George III, c. 54, s. 3 (Ecosse).

XX. — *Personnes ayant le droit de saisir les délinquants et le gibier.*

Tout citoyen, en Angleterre, a le droit de faire la police de la chasse, en dehors des intéressés et de la police spéciale.

Ce droit, toutefois, varie suivant que les délits sont commis de jour ou de nuit; suivant qu'il y a ou non flagrant délit; suivant qu'il y a ou non résistance de la part du délinquant.

La loi anglaise autorise, en effet, les personnes qui ont le droit de chasser, soit à titre de locataire, soit à titre de propriétaire, soit à titre d'occupant, ainsi que leurs gardes ou serviteurs, à obliger les gens qui commettent des délits pendant le jour, à quitter les lieux et à leur demander leurs nom et adresse (1).

En cas de refus ou de récidive, ils peuvent les arrêter et les conduire devant la justice, dans les douze heures, afin que l'affaire soit instruite (2).

La loi accorde les mêmes droits contre les braconniers de nuit dans tout le Royaume-Uni (3), et le magistrat peut condamner les délinquants à une amende qui n'excède pas 5 livres.

Les personnes désignées plus haut peuvent aussi saisir le gibier qui vient d'être tué et le prendre entre les mains de ceux qui ont commis le délit de jour ou de nuit, sur leur domaine (4).

Il résulte de ces lois, que le désir de protéger la chasse et ceux qui jouissent de ce privilège, a fait donner à la police un pouvoir presque discrétionnaire et a placé la chasse sous la sauvegarde de tous les citoyens.

XXI. — *Délits et pénalités.*

En matière de chasse, il y a plusieurs sortes de délits : 1° Le délit ordinaire; dénommé *Trespasse*, qui comprend la violation de territoire, et la chasse sans droit. 2° Le délit de *Trespasse* avec récidive, qui, regardé comme plus grave, est par suite puni plus sévèrement; 3° L'offense grave, criminelle ou félonie. Pour ces délits, les peines sont l'amende, la privation du permis, la prison avec ou sans travail forcé, la servitude pénale.

L'amende varie de 1 livre à 50 livres; et, dans certains cas, on prononce autant de contraventions qu'il y a de corps de délit, et par suite autant d'amendes.

(1) 1 et 2, William IV, c. 32.
(2) 1 et 2, William IV, c. 32. s. 31.
(3) 9, Georges IV, c. 69, s. 2.
(4) 1 et 2, William IV, c. 32, s. 36.

La violation de la propriété pendant le jour entraîne la privation du permis.

La peine de la prison varie de 2 à 6 mois, et celle de la servitude pénale de 3 à 16 ans. Pour qu'il y ait délit de *Trespasses* il faut qu'il y ait volonté et intention; l'excuse de bonne foi et de défaut d'intention suffisent pour faire relaxer de toute poursuite celui qui l'invoque valablement.

XXII. — *Des infractions.*

La prise illégale du gibier constitue des infractions qui sont punies de différentes manières.

Le porteur d'une licence de chasse qui commet une infraction sur une terre où il n'a pas le droit de chasser est passible, en Angleterre et en Écosse, d'une amende de 40 schellings (1). Cette amende est de 10 livres en Irlande (2).

Celui qui tue du gibier sans être pourvu d'une licence de chasse, est passible d'une amende de 20 livres (3); s'il n'a pas de licence de port d'armes, l'amende est de 10 livres (4). A ces amendes peuvent se joindre des amendes cumulatives de 5 livres, pour chasser, par exemple, le dimanche ou en temps prohibé sans avoir de licence, etc. (5).

La destruction du gibier par le poison est défendue et punie en Angleterre (6) et en Irlande (7), la pénalité est de 5 livres d'amende.

La prise du gibier ou des lapins, pendant la nuit, en cas de récidive, est punie dans tout le Royaume-Uni de l'emprisonnement (8). Il en est de même pour la prise de lièvres ou de lapins faite de jour ou de nuit dans des garennes ou sur des terrains d'élevage.

Le chasseur qui viole la propriété d'autrui commet un délit de *Trespasse*, délit qui n'existe que si l'intention est prouvée.

1° Pour le délit de *Trespasse*, commis pendant le jour, l'amende est de deux livres au maximum. Il y a *Trespasse*, non seulement si l'on a chassé dans les conditions susmentionnées,

---

(1) 1, et 2, William IV, c. 32, ss. 6, 30. 46; — 2 et 3 William, IV, c. 68. ss. 1. 10 Écosse).

(2) 20, George III, c. 35, ss. 10, 13.

(3) 23 et 24, Victoria. c. 90, s. 4.

(4) 33 et 34, Victoria. c. 57, s. 7.

(5) 1 et 2, William IV. c. 32, s. 23. 25; 23 et 24, Victoria, c. 90, s. 24; 2 et 3, William IV, c. 68, s. 1; 1 et 2 William IV, c. 32.

(6) 1 et 2, William IV, c. 32, s. 24.

(7) 27, Georges III, c. 35, s. 4.

(8) 9, Georges IV, c. 69, s. 1; 7 et 8, Victoria, c. 29, s. 1.

le gibier proprement dit, mais même les bécasses, les bécassines, les cailles, les râles de campagne et les lapins.

En Angleterre (1) et en Écosse (2), si cinq personnes ou plus commettent ensemble le délit de *Trespasse*, une amende de deux à cinq livres est prononcée contre chacun des délinquants.

Dans ce cas, si ces individus sont armés, s'ils résistent aux injonctions qui leur sont faites, eux et leurs complices seront condamnés à la même peine, mais par *deux* magistrats, le nombre des juges augmentant avec la gravité du délit.

Une amende de deux livres au maximum est aussi prononcée contre toute personne qui, sans autorisation, viole en chassant le territoire des parcs, des chasses ou des garennes royales.

2° Le délit de *Trespasse*, lorsqu'il est commis pendant la nuit, a, de suite, un caractère beaucoup plus grave. En cas de flagrant délit, tous les citoyens peuvent chercher à le réprimer.

Toute personne arrêtée la nuit prenant ou détruisant du gibier proprement dit ou des lapins, soit dans une propriété close ou non, soit sur un chemin public, une grande route, un sentier, soit aux entrées, clôtures, barrières d'une propriété, situées sur un chemin public, grande route ou sentier, peut être emprisonnée pour trois mois au maximum et soumise à un travail forcé.

De plus, le condamné doit fournir une caution de dix livres et se faire cautionner par deux personnes pour cinq livres chacune afin de garantir qu'il ne commettra plus semblable délit pendant un an.

Si ces cautions ne sont pas fournies, le délinquant peut être emprisonné pendant six mois avec travail forcé, à moins qu'avant le terme, il ne fournisse les cautions demandées.

Celui qui s'introduit dans les lieux susmentionnés, ou y est trouvé porteur de fusil, filet ou engins ayant pour but de prendre ou de détruire du gibier, est puni des mêmes peines.

S'il y a récidive, les peines sont doublées.

La troisième contravention est regardée comme un acte criminel et punie de cinq à sept ans de servitude pénale.

Tous propriétaires et occupants des terres où sont surpris en *flagrant délit* les délinquants, ceux qui ont un droit actuel ou ancien de garenne franche sur ces biens, les lords des manoirs, des seigneuries ou principautés, leurs gardes-chasse, domestiques ou serviteurs peuvent saisir et arrêter les coupables sur les propriétés susdites, les en chasser, s'emparer de leurs personnes et les remettre entre les mains d'un officier de paix.

---

(1) 1 et 2, William IV, c. 32, s. 30. — (2) 2 et 3, William IV, c. 68, s. 1.

Les habitants riverains de la grande route ont le même droit lorsque le délit est de ceux qui sont et peuvent être commis sur un chemin public.

Si les coupables résistent avec armes, ils s'exposent aux peines applicables à la troisième contravention. Quiconque peut arrêter les coupables en cas de flagrant délit de rébellion : ce délit est puni de sept à quatorze ans de servitude pénale et de trois ans d'emprisonnement avec travail forcé si les délinquants sont en bande de trois au moins et si l'un d'eux est armé de fusil.

Pour le délit de *Trespasse*, toute exception peut valablement être invoquée pour sa défense par le coupable.

Ces dispositions ne sont pas applicables aux personnes traversant un territoire en chassant à courre, à chaude chasse, des bêtes fauves, lièvres ou renards déjà sur pied, ni à celles qui de bonne foi, prétendent à un droit de chasse ou de garenne franche sur la propriété, ni à tout député de la Couronne, au lord de manoir, de seigneurie ou de principauté sur les terres de la Couronne, du manoir, etc., ni à tout garde-chasse commis par eux dans les limites de leur territoire.

XXIII. — *Des pénalités pour chasse des oiseaux sauvages en temps prohibé.*

1° Le fait de tuer un oiseau sauvage, pendant le temps prohibé, entraîne, pour la première infraction, la réprimande et le renvoi avec les frais.

Les infractions ultérieures entraînent une amende n'excédant pas cinq schellings pour chaque oiseau, plus les frais.

2° Le fait de tuer un oiseau sauvage spécifié dans le tableau annexé à la loi, en temps prohibé, est puni pour la première fois et les fois subséquentes d'une amende n'excédant pas une livre pour chaque oiseau, plus les frais.

3° La tentative faite, pour tuer un oiseau sauvage, en temps prohibé, est punie, la première fois, de la réprimande et le renvoi est prononcé avec les frais. La deuxième infraction comporte une amende ne dépassant pas cinq schellings, plus les frais.

4° La tentative faite pour tuer, en temps prohibé, un oiseau sauvage spécifié dans le tableau annexé à la loi, est punie d'une amende n'excédant pas une livre, plus les frais.

5° L'emploi d'un bateau dans le but de tuer, en temps prohibé, ou de chercher (1) à tuer un oiseau sauvage, est puni de la pénalité portée au n° 3.

(1) Ce que l'on doit remarquer dans le tableau des pénalités, c'est que l'*intention* même est punie.

6° Le même fait pour tuer ou chercher à tuer un oiseau sauvage porté au tableau, est puni de la pénalité portée au n° 4.

7° L'emploi de glu, trappe, piège, filet ou autres engins de même nature pour prendre des oiseaux sauvages, durant le temps prohibé, est puni des peines portées sous le n° 3.

8° Les mêmes faits ayant pour but de prendre des oiseaux sauvages portés au tableau, sont punis des peines portées sous le n° 4.

9° L'exposition et l'offre pour la vente, entre le 15 mars et le 1er août, d'un oiseau récemment pris ou tué sont punies des peines portées sous le n° 3.

10° Si l'oiseau est un de ceux compris au tableau, on applique les peines portées sous le n° 4.

11° Le fait d'avoir en sa possession, entre le 15 mars et le 1er août, un oiseau vivant ou mort, récemment pris ou tué, entraîne les pénalités portées sous le n° 3.

12° Si cet oiseau est compris dans le tableau, on applique la pénalité portée sous le n° 4.

13° Le refus de donner son nom, ou son adresse, dans le cas où le délinquant est trouvé commettant une infraction à la présente loi, est puni d'une amende de dix schellings, en outre des autres pénalités qui peuvent être encourues.

14° Le fait de donner un faux nom et une fausse adresse dans le cas où le délinquant est trouvé commettant une contravention contre la loi, est puni des mêmes peines.

XXIV. — *Juridiction.*

Ce sont les juges de paix qui sont compétents pour la répression de ces délits.

Comme fonctionnaires administratifs, ils délivrent des permis de chasse dont ils ont la police.

Comme officiers de police judiciaire, ils connaissent soit seuls, soit à deux, suivant l'importance du cas, des contraventions et des délits de chasse.

Il faut reconnaître qu'en Angleterre les lois sur la chasse sont appliquées avec une grande sévérité, ce qui tient peut-être à ce que les juges sont presque tous de grands propriétaires et de grands chasseurs.

XXV. — *The poaching prevention.*

Avant de passer au *Ground game act* et au *Wild birds protection act*, lois plus récentes, il faut mentionner *The poaching prevention* (*Act.* 25° et 26°, Vict., cap. 114 de 1862) qui est une loi contre le braconnage.

Section 1. — Le mot « *game* » gibier, dans cet *Act*, comprend comme signification, toutes espèces de gibier, lièvres, faisans perdrix, œufs de faisans et de perdrix, coqs des bois, bécasses, bécassines, lapins, grouses, gibier noir ou de marais, œufs de grouses et des autres oiseaux.

Les mots *justice*, au singulier, et *justices*, au pluriel, doivent, à moins d'une observation particulière, indiquer la justice ou les justices de paix respectives, du comté, du district, de la division, de la circonscription, du bourg ou de la place où a été tué ou pris le gibier soit au moyen du fusil, du fusil brisé, de filets, de pièges ou de tous autres engins que l'on peut établir.

Section 2. — Tout constable ou officier de paix doit, dans chaque comté, district, division, circonscription, bourg ou place, tant de la Grande-Bretagne que de l'Irlande, et sur toute route, rue ou place publique, rechercher tout individu soupçonné de venir de quelque endroit où il s'est livré illégalement à la recherche ou à la poursuite du gibier.

Ces agents doivent aussi rechercher toute personne ayant aidé le délinquant, ou ayant été son instigateur, et détenant n'importe quel gibier braconné ou n'importe quel engin, soit fusil, fusil brisé, filets ou tout autre engin destiné à tuer ou à prendre le gibier.

Ils doivent arrêter et faire des recherches dans les voitures ou autres moyens de transport, partout où ils peuvent soupçonner que du gibier ou des engins peuvent être cachés.

S'ils trouvent soit du gibier, soit des engins sur les personnes, ou dans les voitures et autres moyens de transport, ils doivent saisir et confisquer ce gibier et ces engins.

Le constable ou l'officier de paix devra, dans ce cas, envoyer une citation aux délinquants d'avoir à comparaître devant la justice de paix assemblée (*in petty session*) en petite séance, comme il est dit dans les *Acts* 18° et 19° Victoria, ch. 125, sect. 9 pour l'Angleterre et l'Irlande.

En Écosse, cette citation sera faite devant le sheriff ou devant deux juges de paix.

Toute personne qui s'est emparée du gibier d'une manière illégale, en allant sur des terres n'importe lesquelles, à sa poursuite, ou qui s'est servie de moyens défendus pour le tuer ou le prendre, doit être reconnue coupable. Le gibier sera confisqué et le délinquant sera condamné à une amende ne dépassant pas cinq livres. Le gibier, les fusils, fusils brisés, filets ou autres engins saisis seront confisqués, vendus ou détruits.

Le produit de la vente et celui de l'amende seront versés au trésorier du comté ou du bourg où la condamnation a eu lieu.

Celui qui ayant vendu du gibier en fraude, dénoncera le braconnier à la justice, ne sera pas puni pour cette vente.

S'il n'y a pas de preuve de culpabilité, le gibier et tous les engins susdésignés ou leur valeur, seront rendus à celui chez qui ils ont été saisis.

SECTION 3. — Toutes les amendes provenant de cette loi devront être recouvrées en Angleterre de la même manière que celles provenant de l'*Act* 1° et 2°, Guillaume IV, ch. 2, 3; en Écosse, suivant l'*Act* 2° et 3°, Guillaume IV, ch. 68, et en Irlande, d'après le *Petty sessions* (Irland), act 1851, à moins de dispositions ultérieures (1).

SECTION 4. — Les pouvoirs et stipulations de l'*Act* 11° et 12°, Victoria, ch. 43, doivent s'étendre et s'appliquer à cette loi, et toutes les poursuites et choses faites ou à faire contre les personnes poursuivies doivent s'exécuter d'après cet *Act*.

SECTION 5. — Toute condamnation ou règlement prononcés d'après cet *Act*, tout appel formé contre n'importe quelle condamnation, doivent être, sous peine et nullité, renvoyés devant *Certiorary*, ou autrement devant une cour supérieure de justice de Sa Majesté.

Il ne sera accordé aucune autorisation, ou remise pour raison de défaut de forme, quand il est démontré que l'inculpé a été condamné pour un délit prouvé et qu'il y a juste raison de soutenir que les faits sont les mêmes (2).

SECTION 6. — Toute personne qui pense avoir été lésée par une condamnation sommaire peut en appeler à la prochaine cour dans la session générale ou trimestrielle, qui ne doit pas être tenue moins de douze jours après celui où le délit a été commis, pour le comté, district, division, bourg où la plainte a eu lieu. Mais il faut que l'appelant donne au plaignant un avis par écrit de cet appel, contenant la raison et le fond de la cause, moins de trois jours après la condamnation et sept jours francs avant la session. Il doit aussi, dans les trois jours, fournir une caution, ou une obligation de caution en Écosse, présentant une garan-

---

(1) Procédure en Angleterre, 1-2, Guillaume IV, c. 32; 11 et 12, Victoria, ch. 43; — 14, Guillaume IV, c. 13; — 23-30, Victoria, ch. 114. — En Écosse, 2-3, Guillaume IV, c. 68; — 11 et 12, Victoria, c. 43. — En Irlande, 18 et 19, Victoria, c. 126, s. 9.

(2) 1, 2, Guillaume IV, ch. 32, s. 45. Pour l'Angleterre: 2 et 3, Guillaume IV, ch. 68, 13 pour l'Écosse.

tie suffisante, devant la justice de paix, promettant de paraître personnellement à ladite session, de répondre à l'appel de son nom, d'accepter le jugement de ladite cour, et de payer tous les frais que la condamnation entraînera.

La cour, dans cette session, doit entendre et juger l'appel : elle prononcera s'il y a lieu ou non d'appliquer l'amende à l'une des parties, comme elle le jugera juste et pourra, s'il y a lieu, déclarer le procès terminé en augmentant la pénalité (1).

XXVI. — *Ground game act* (43-44 *Victoria, ch.* 47), du 7 septembre 1880.

Ces lois analysées, nous arrivons aux plus récentes, qui sont d'une grande importance : 1° La loi du 7 septembre 1880 qui a soulevé de grands débats en Angleterre, entre les propriétaires et les chasseurs d'un côté, et de l'autre, entre les fermiers et les cultivateurs : loi dont le but a été d'assurer la protection des possesseurs de terre, contre les dégâts causés à leurs récoltes par les lièvres et les lapins, et qui, proposée par le gouvernement, sous le nom de *Hares and Rabbits bill*, est devenue le *Ground game act*. — 2° Le *Wild birds protection act* (43° et 44° Victoria, ch. 35) loi qui doit être jointe à la précédente et qui est relative aux oiseaux sauvages ; elle a pour but de défendre, sous peine d'une amende d'une livre, de tuer, prendre ou vendre les oiseaux sauvages pendant un certain temps.

Le *Ground game act* est venu modifier le régime de la propriété foncière que l'on trouve dans la législation antérieure. Depuis cet *Act*, le droit de chasse se rattache au fait de la possession ; et toute convention passée entre le propriétaire et le *tenant*, tendant à annuler au préjudice de ce dernier, ce droit nouvellement reconnu, est annulée.

Dès lors, le possesseur a le droit de chasser, et lui seul peut autoriser d'autres personnes à exercer ce droit avec lui, sous la réserve, cependant, de limiter à une seule personne le droit de se servir d'un fusil. — L'*Act*, du reste, respecte les droits acquis. En voici la teneur : « Considérant qu'il est utile, dans l'intérêt de l'agriculture, et pour mieux assurer la protection des capitaux et du travail consacrés, par les possesseurs de terre, à la culture du sol, d'édicter de nouvelles dispositions ayant pour but de mettre les propriétaires à l'abri des destructions et des dégâts causés à leurs récoltes par les lièvres et les lapins (2).

---

(1) 1 et 2, Guillaume IV, ch. 32. 1. 44 ; pour l'Angleterre, 2 et 3, Guillaume IV, ch. 68. s. 14 ; pour l'Écosse, 14 et 15, Victoria, ch. 93. s. 24 pour l'Irlande.
2) 43 et 44, Victoria, ch. 47, s. 1.

Section 1re. — Tout occupant (*occupier*) (1) de terre, pourra, comme droit inséparable de l'occupation de cette terre, tuer et capturer les lièvres et les lapins, concurremment avec toute autre personne à laquelle il peut conférer ce droit; cette autorisation est soumise aux prescriptions suivantes :

« 1° L'occupant ne pourra tuer et prendre les lièvres et lapins, sur ses terres, que par lui-même ou par des personnes dûment autorisées de lui, par écrit.

« *a*) L'occupant lui-même et une autre personne de lui dûment autorisée par écrit seront les seuls, d'après cet *Act*, qui pourront tuer les lièvres et les lapins avec des armes à feu.

« *b*) Aucune autre personne ne peut être autorisée par l'occupant à tuer ou à prendre les lièvres et les lapins sur ses terres, si ce n'est les membres de sa famille qui y résident, les personnes attachées à son service ordinaire ou à celui de la terre, ou toute autre personne employée de bonne foi par lui, moyennant salaire, pour tuer et détruire les animaux.

« *c*) Toute personne, ainsi autorisée par l'occupant, sur la demande faite par toute personne ayant aussi le droit de prendre et de tuer les lièvres et les lapins sur la terre, ou par toute personne autorisée, par écrit, par l'occupant à faire cette demande, devra produire à toute réquisition le document par lequel elle est autorisée; et si elle refuse, elle sera réputée non autorisée. »

2° « Ne sera pas considérée comme occupant (*occupier*) la terre, comme l'entend cet *Act*, la personne qui jouit d'un droit de vaine pâture sur ces terres, ou qui posséderait des terres avec le droit d'y faire pâturer des moutons, bestiaux, chevaux, pendant une période de temps, ne dépassant pas neuf mois ».

3° « Si ces propriétés sont des terres marécageuses ou des terres non entourées (et n'étant pas terres labourables), l'occupant ou les personnes par lui autorisées, ne pourront exercer les droits conférés par cette section que du 11 décembre au 31 mars de l'année suivante inclusivement; mais cette disposition n'a pas trait aux portions détachées des terres marécageuses ou des terres non closes, contiguës aux terres labourables, si ces portions ont une superficie inférieure à 25 acres ».

Cette première section peut se résumer ainsi :

1° Elle donne à l'occupant, comme conséquence de son occupation, le droit de prendre et de tirer les lièvres et les lapins qui se trouvent sur la terre qu'il occupe.

2° Ce droit, l'occupant peut l'exercer par lui-même ou par certaines personnes, de lui dûment autorisées, par écrit.

3° Les personnes qui peuvent être autorisées par écrit par

---

(1) Le mot *occupier* n'est pas défini dans l'*Act*, mais il comprend toute personne occupant la terre, soit comme propriétaire, comme franc tenancier, tenancier à bail, fermier à bail simple, etc., etc. C'est la personne en possession actuelle de la propriété.

l'occupant sont : les membres de la famille qui résident sur la terre de l'occupant; les personnes qui sont à son service ordinaire sur cette terre; les personnes que l'occupant autorise, *bona fide*, tout spécialement pour prendre et tuer les lièvres et les lapins.

4°. Toute personne doit produire son autorisation lorsqu'elle en est requise par une personne à qui cette mission incombe.

5° Une de ces personnes seulement peut user des armes à feu; elle doit, d'ailleurs, être pourvue d'un permis de port d'armes (*Gun licence*) et ne pas tuer de gibier pendant la nuit.

6° Les autres personnes peuvent capturer le gibier par des moyens autres que par le fusil, le piège à ressort (excepté pour le lapin au terrier) et le poison.

7° Ni l'occupant, ni la personne autorisée par lui, n'a le droit de tuer le gibier sur une terre, s'il n'a sur cette terre que le droit de vaine pâture.

8° Ni l'occupant, ni aucune personne autorisée par lui, n'a le droit de tuer du gibier sur la terre qu'il a seulement louée pour y faire paître des moutons, des bestiaux ou des chevaux, pendant une durée au maximum de neuf mois.

9° Dans les terres marécageuses, ou qui ne sont pas entourées et qui ont, d'ailleurs, une étendue de 25 acres, l'occupant, et ceux autorisés par lui, peuvent seulement user de leur droit entre le 11 décembre et le 31 mars.

Sect. 2. — Là où l'occupant d'une terre a le droit, autrement que par le présent *Act*, de tuer et de prendre les lièvres et les lapins qui s'y trouvent; si cet occupant confère à une autre personne ce droit de tuer et de prendre les lièvres et les lapins, il aura et conservera, néanmoins, comme conséquence inséparable de son droit d'occupation, celui de tuer et de prendre les lièvres et les lapins, qui se trouve mentionné dans la première section de cet *Act*.

Sauf, comme il a été dit plus haut, mais sous les restrictions apportées par la section 6, ci-dessous, pour l'occupant des terres, à exercer tous autres droits plus étendus, qu'il peut avoir sur les lièvres et les lapins ou autre gibier, de la même manière et dans la même étendue que si cet *Act* n'avait pas été promulgué (1).

Sect. 3. — Toute convention, condition ou disposition, ayant pour but de priver l'occupant de son droit ou d'aliéner ce droit qui lui est donné et réservé par le présent *Act*, ou tendant à lui donner quelqu'avantage pour qu'il s'abstienne d'exercer ce droit, ou lui imposant une déchéance, dans le cas où il en userait, sera nulle » (2).

---

(1) L'occupant qui a le droit de tuer les lièvres et les lapins, sur une terre dont il a l'occupation, ne peut se dépouiller lui-même complètement de ce droit.

(2) En résumé, cette section 3 déclare nulle toute convention ayant pour but de restreindre le droit de l'occupant.

Sect. 4. — L'occupant et les personnes de lui autorisées, comme il est dit plus haut, n'ont pas à demander un permis de chasse pour tuer le gibier (*Game licence*) lorsque le but est de tuer ou de prendre des lièvres et des lapins sur la propriété de l'occupant; et l'occupant pourra vendre le gibier tué de la sorte par lui ou par les personnes de lui autorisées, comme si il avait une licence de chasse, pourvu que rien, dans ce fait, ne vienne violer les prescriptions contenues dans le *Gun licence act de* 1870 (1).

Sect. 5. — Lorsqu'à la date de la promulgation de cet *Act*, le droit de tuer et de prendre les lièvres et les lapins sur une terre, est donné par bail, contrat de location, ou tout autre contrat conclu *bona fide* à titre onéreux, à une personne autre que l'occupant, celui-ci n'aura pas le droit, suivant le présent *article*, jusqu'à l'expiration du contrat, de tuer ou de capturer les lièvres et les lapins sur cette terre.

En Écosse, quand ce droit de tuer et de prendre les lièvres et les lapins, est conféré, par l'effet de la loi ou autrement, à une personne autre que l'occupant, celui-ci n'aura pas le droit en vertu du présent *Act*, de tuer ou de capturer les lièvres et les lapins pendant la durée du bail ou du contrat de location qui forme son titre lors de la promulgation de l'*Act*, ou pendant la durée de tout contrat fait *bona fide* à titre onéreux, donnant, antérieurement à cet *Act*, le droit de tuer et de prendre les lièvres et les lapins sur cette terre à une autre personne (2).

D'après cet *Act*, la location faite d'année en année, ou la location à la volonté (*at will*) du bailleur, sera regardée comme terminée au moment où, d'après la loi, elle prendra fin, si le congé ou la notification ayant pour but de la faire cesser, ont été donnés lors de la promulgation de cet *Act*.

Rien dans cet *Act* ne nuira au droit spécial de tuer et de prendre les lièvres et les lapins conféré à toute personne autre que le propriétaire, le bailleur ou l'occupant antérieurement à cet *Act*, en vertu d'un privilège, d'une charte ou d'un acte du Parlement.

La sixième section s'occupe des prohibitions relatives à la chasse de nuit et à l'emploi des trappes et du poison.

Sect. 6. — Aucune personne, ayant le droit de tuer des lièvres et des lapins d'après cet *Act*, ou autrement, ne peut se servir d'armes à feu dans le but de tuer des lièvres et des lapins entre la fin de la première heure après le coucher du soleil et le commencement de la dernière heure qui précède le lever du soleil. Ces personnes ne peuvent, pour tuer les lièvres et les lapins, se servir de pièges, si ce n'est dans les terriers à lapins, ni employer le poison; et toute personne prise contrevenant à ces prescriptions, sur une procédure sommaire, sera passible d'une amende n'excédant pas deux livres (50 francs).

(1) La section 4 renferme une dispense en ce qui touche le permis de chasse (*Game licence*).
(2) Cette 5ᵉ section contient, comme on le voit, des restrictions dans l'exécution de l'*Act*.

La section 7 donne, concurremment au propriétaire et à l'occupant, le droit de poursuivre les délinquants.

Sect. 7. — Quand une personne qui n'a pas l'occupation d'une terre, a seule le droit d'y chasser (en tenant compte du droit de tuer et de prendre le gibier que le présent *Act* confère à l'occupant comme un droit dérivé et inséparable de son occupation), elle aura, en vertu de tous les actes législatifs autorisant le propriétaire d'un droit exclusif de chasse à exercer des poursuites, les mêmes droits de poursuite que si elle était ledit propriétaire exclusif, sans préjudice cependant, du droit qui est conféré à l'occupant par le présent *Act*.

Sect. 8. — Dans les dispositions de cet *Act*, les mots *Ground game*, signifient lièvres et lapins.

Sect. 9. — Toute personne se conformant à cet *Act* sera, par ce moyen, à l'abri des poursuites et pénalités résultant de toute loi ou de tout statut.

Sect. 10. — Rien, dans cet *act*, n'autorise celui qui tue ou prend des lièvres ou des lapins, à le faire à des jours ou des saisons défendus, ou par des moyens prohibés par les lois du parlement en vigueur lors de la promulgation de la présente.

En Angleterre et dans le pays de Galles, la chasse ne peut avoir lieu le dimanche et le jour de Noël (1º et 2º, William IV, c. 32, s. 3). Cette disposition, en ce qui concerne le *Ground game*, ne s'applique qu'aux lièvres. Il n'y a, dans cette disposition, rien qui empêche de tuer les lapins le dimanche ou le jour de Noël.

En Écosse, il n'y a aucun jour défendu pour tuer le gibier (lièvres et lapins) (*Ground game*).

En Irlande lièvres et lapins (*Ground game*), en vertu de l'*Act* 27º George III, c. 35, s. 4, ne peuvent être tués le dimanche. Cette loi ne s'applique pas au jour de Noël.

En Angleterre et en Écosse, la chasse des lièvres et des lapins ne ferme pas de l'année.

Sect. 11. — Cet *Act* sera dénommé le *Ground game act* de 1880 (1), dans toutes circonstances.

XXVII. — *Wild birds protection act*, 1880. (43º et 44º, *Victoria*, c. 35).

La lecture du *Ground game act*. du 7 septembre 1880, suffit pour en montrer l'importance, et indique les modifications qu'il apporte à la législation antérieure.

A cet *Act* il faut joindre le *Wild birds protection act de* 1880, qui complète la législation anglaise sur la matière.

Le préambule de cette loi est ainsi conçu : « Considérant qu'il est utile d'assurer la reproduction des oiseaux dans le Royaume-Uni pendant la saison de la reproduction (breeding season), il a

(1) Le mot *Ground game* est donc un terme *légal*, nouvellement introduit par cet *Act de* 1880.

été décidé par Sa Très Excellente Majesté la Reine, avec l'avis et le consentement de ses lords spirituels et temporels et des communes assemblées dans le présent Parlement (1) :

Section 1. — Dans toutes circonstances, cet Act sera cité comme l'Act sur la protection des oiseaux de 1880 (*The wild birds protection act.*)

Section 2. — Les termes *Wild birds* (oiseaux sauvages) dans tous les cas où cette loi sera appliquée, comprendront tous les oiseaux sauvages (*wild birds*) (2).

Section 3. — Toute personne qui, dans la période comprise entre le 1er mars et le 1er août de chaque année qui suivra ladite loi, aura, en connaissance de cause et avec préméditation, tué ou cherché à tuer, ou qui se sera servi d'un bateau dans le but de tuer ou d'amener la mort d'un oiseau sauvage, ou qui aura employé de la glu, des panneaux, des pièges, des filets ou autres instruments destinés à prendre un oiseau sauvage quelconque; ou qui aura exposé ou mis en vente, ou qui sera trouvée détenant après le quinzième jour du mois de mars un oiseau sauvage quelconque récemment tué ou pris, sera, pour répondre d'une telle infraction, citée devant une des deux juridictions de paix en Angleterre, dans le pays de Galles ou en Irlande, et devant le sheriff en Écosse.

S'il s'agit d'un oiseau compris dans la liste ci-annexée, il sera payé, en punition de l'infraction commise, pour chacun des oiseaux, une amende qui n'excédera pas la somme de une livre (25 fr.).

S'il s'agit d'un tout autre oiseau sauvage, la pénalité sera pour la première infraction la réprimande et les frais; pour toute autre infraction ultérieure, l'amende pour chaque oiseau sauvage, en punition de cette infraction, sera d'une somme d'argent qui n'excédera pas cinq schellings, plus les frais : à moins que la personne inculpée ne prouve que l'oiseau sauvage, dont il s'agit, n'ait été tué, ou pris, ou acheté, pendant la période durant laquelle il pouvait être légalement tué, ou pris, ou acheté; ou qu'il provenait de quelque personne habitant en dehors du Royaume-Uni.

Cette section ne concerne pas le propriétaire ou l'occupant de toute terre, ou toute autre personne autorisée par le propriétaire ou l'occupant, qui viendrait à tuer ou à prendre un oiseau sauvage sur ladite terre, oiseau sauvage non compris dans la liste ci-annexée (3).

(1) Le préambule de l'*Act* de 1878 portait *protection de certains oiseaux*; en ne mettant pas ces mots, l'*Act* de 1880 donne à la loi un caractère beaucoup plus général.

(2) Les *Acts* antérieurs avaient défini les oiseaux et établissaient les catégories qui en comprenaient un nombre limitativement énuméré. — L'*Act* de 1869 comprenait 33 espèces d'oiseaux de mer; celui de 1872 comprenait 70 espèces d'oiseaux sauvages. — L'*Act* de 1876 comprenait tous ceux de l'*Act* de 1873, avec addition des oies sauvages. — L'*Act* de 1880 comprend tous les oiseaux sauvages de l'Angleterre, du pays de Galles, de l'Irlande et de l'Écosse.

(3) Cette loi de 1880 fixe un temps de défense de chasser uniforme pour tous les oiseaux. Avant elle, le temps de fermeture variait pour les oiseaux de mer, les oiseaux sauvages et les canards sauvages.

Pour les oiseaux de mer, la clôture était du 1er avril au 1er août (*Act* 32-33, Vic-

Section 4. — Quand une personne sera trouvée commettant une infraction à la présente loi, tout individu quelconque aura qualité pour

toria c. 17, s. 2.) Pour les oiseaux sauvages du 15 mars au 1er août), (35-36. Victoria, c. 78. s. 2.) Pour le canard sauvage, du 15 février au 10 juillet (39-40, Victoria, c. 29, S. 2.)

Cette unification a été faite à la demande du ministre de l'intérieur (Home secretary), à raison des difficultés que faisaient naître, dans certaines régions, des différences dans les temps de chasse.

Il faut remarquer que d'après l'*Act* de 1872 (35-36, Victoria c. 78, s. 2), *Attempt*, la tentative n'était pas considérée comme un délit. Sous l'*Act* de 1880, la tentative au contraire est regardée comme un délit.

La disposition concernant la vente était déjà comprise dans l'*Act* de 1872; mais, non dans ceux de 1869 et 1876; par conséquent, en ce qui touche les oiseaux de mer, cette disposition est complètement nouvelle.

Actuellement, le fait de mettre en vente ou d'être trouvé détenteur d'un oiseau sauvage est un fait délictueux seulement après le 15 mars, et non immédiatement après la fermeture de la chasse, comme cela avait lieu sous la législation antérieure relative aux oiseaux sauvages.

Le fait de savoir si l'oiseau sauvage a été tué récemment (recently) est nécessairement tranché par la juridiction devant laquelle le cas est porté.

Le fait de la destruction, sans mise en vente, constitue néanmoins une infraction.

Il n'y a cependant pas infraction, si les oiseaux sauvages que l'on a en sa possession, après le 15 mars, ont été tués à la date du 1er mars ou antérieurement.

La pénalité pour toutes les infractions spécifiées ci-dessus, varie suivant l'espèce d'oiseau sauvage qui en a été l'objet.

Pour les oiseaux suivants, la pénalité est une amende de une livre au maximum. American quail (colin de Virginie); — Auk (pingouin); — Avocet (avocettes); — Bee-eater (guépier); — Bittern (butor); — Bonxie; — Colin (colin); — Cornish-Chough (chocard); — Coulterneb (petit-moine); — Cuckoo (coucou); — Curlew (courlis); — Diver (plongeon); — Dotterel (guignard); — Dunbird (milouin); — Dunlin (cincle); — Eider-Duck (Eider); — Fern-owl (hibou); — Fulmar (fulmar); — Gannet (fou); — Goatsucker (engoulevent); — Godwit (barge); — Goldfinch (chardonneret); — Grebe (grebe); — Greens hank (chevalier aboyeur); — Guillemot (guillemot); — Gull (except Black); — Backedgull (mouette), — Hoopoe (huppe); — King fisher (martin-pêcheur); — Kittiwake (milan); — Lapwing (vanneau); — Loon (colinbuse); — Mallard (malart); — Marrot; — Merganser (grand-harle); — Murre; — Nigth-Hawk (faucon); — Nitgh-jar (crapaud volant); — Nightingale (rossignol); — Oriole (loriot); — Owl (hibou); — Oxbird (maubèche grise); — Oyster catcher (huitrier); — Peewit (vanneau huppé); — Petrel (petrel); — Phalarope (phalarope); — Plover (pluvier); — Ploverspage; — Pochard (rougeot); — Puffin (macareux); — Purre (cincle, merle d'eau); — Razorbill (pingouin); — Redshank (chevalier aux pieds rouges); — Reeve ou Ruff (paon de mer); — Roller (rollier); — Sanderling (petite maubèche); — Sandpiper (bécasseau); — Scout (macreuse); — Scalark (alouette de mer); — Scamew (mouette de mer); — Seaparrot (perroquet de mer); — Shearwater (puffinmajeur); — Shelldrake (canard); — Shoveller (souchet); — Skua (stercoraire); — Smew (petit harle huppé); — Snipe (bécassine); — Solangoose (fou); — Spoon bill (spatule); — Stint (bécasseau échasse); — Stone-Curlew (courlis des rochers); — Stonehatch (traquet); — Summer snipe (bécassine d'été); — Tarrock (goéland); — Teal (sarcelle d'hiver); — Tern (hirondelle de mer); — Thicknee; — Tystex; — Whaup; — Whimbrel (courlieu); — Widgeon (penru); — Wild duck (canard sauvage); — Willock (bécasse); — Woodpecker (pivert).

L'*Act* de 1880 contient les noms de quatre-vingt-cinq espèces d'oiseaux.

En ce qui touche les oiseaux de mer, il reprend la liste contenue dans l'*Act* de 1869, en y ajoutant une seule variété; — mais en ce qui concerne les autres oiseaux sauvages de terre, la nomenclature contenue dans les *Acts* de 1872 et 1879 est beaucoup plus étendue.

En résumé, on peut constater qu'il y a extension de la protection, qui s'étend généralement sur tous les oiseaux sauvages qu'ils soient oiseaux de mer, de terre ou de passage.

exiger de ladite personne ses nom, prénoms, demeure; et dans le cas où le délinquant refuserait d'indiquer ses nom et domicile, ou donnerait de faux renseignements, il peut être condamné, après preuves de ce fait, à payer, en outre de la pénalité portée en la section 3, une amende n'excédant pas dix schellings, qui sera déterminée par la justice de paix ou par le sheriff (1).

Section 5. — Toute infraction à la présente loi peut être poursuivie, et les pénalités et confiscations obtenues:

1° En Angleterre, suivant la procédure réglée par les lois relatives à la juridiction sommaire (*Summary jurisdiction acts*, — 1° et 2°, Victoria, c. 43; — 42° et 43° Victoria, ch. 49.)

2° En Écosse, devant le sheriff, suivant la procédure réglée par l'*Act* sur la procédure sommaire de 1864 et les lois postérieures qui sont venues la modifier (27° et 28° Victoria, c. 53.)

3° En Irlande, devant la police du district de Dublin, suivant la procédure réglant les pouvoirs et les droits des justices de paix de ce district ou de la police dudit district : — Et également devant les deux justices en question, suivant la procédure déterminée par le *Petty sessions act*, dans l'*Act* de 1851 et les actes amendant ce dernier (14° et 15°, Victoria, c. 93).

Section 6. — Toutes les infractions mentionnées dans la précédente loi, qui viendraient à être commises dans l'étendue de la juridiction de l'amirauté (*jurisdiction of the admiralty*), seront considérées comme des infractions de même nature et susceptibles des mêmes pénalités que si elles avaient été commises sur un point quelconque du Royaume-Uni.

Lesdites infractions peuvent être recherchées et jugées dans tout comté ou tous lieux du Royaume-Uni dans lequel le délinquant sera saisi, ou emprisonné, ou mandé, dans la même manière, à tous les points de vue, que si ces délits avaient été commis dans lesdits comtés ou lieux.

Dans toute instruction et condamnation relative à ces infractions, il sera loisible d'établir que le délit a été commis en pleine mer : *on the high sea*.

En Écosse, toute infraction commise contre la présente loi, sur les côtes maritimes ou en mer, au-delà de la juridiction ordinaire du she-

---

(1) Par sheriff (officier civil), il faut entendre aussi le sénéchal, et par sheriff suppléant le sénéchal suppléant.

Cet article est à peu près semblable à l'article 4 de l'*Act* de 1869 sur les oiseaux de mer, sauf que la pénalité était de deux livres et les frais.

L'article 3 de l'*Act* de 1872 prononçait une amende de dix schellings, mais non les frais encourus par suite de la procédure d'enquête.

L'article 4 de l'*Act* de 1876 portait une pénalité de dix schellings et les frais. La loi est maintenant uniforme et la pénalité la plus basse a été adoptée.

Cet article est très général dans ses termes. Il porte *que tout individu quelconque, qui voit commettre une violation à la présente loi a qualité* pour réclamer à la personne fautive son nom et son adresse. Il n'y a rien là qui vienne restreindre le droit de l'agent de police, du propriétaire de la terre, etc. ; seulement toute personne voyant une autre personne commettre une infraction à cette loi, peut faire application de cet article.

riff ou de la justice de paix, sera considérée comme commise dans le pays limitrophe de ces côtes et en conséquence poursuivie et punie comme telle.

Les infractions commises dans ou sur les eaux, formant la limite de deux comtés peuvent être poursuivies devant la justice de paix ou le sheriff de l'un ou de l'autre des comtés ou districts limitrophes.

Section 7. — Le présent Act entrera en vigueur le premier janvier 1881, et le même jour seront annulés : l'*Act* voté dans la session du Parlement tenue dans les 32º et 33º années du règne de S. M. Victoria, intitulé : *An Act for the preservation of sea birds* (Act pour la protection des oiseaux de mer). — L'*Act* voté dans la session du Parlement tenue dans les 35º et 36º années du présent règne, et intitulé : *An Act for the protection of certain wild birds during the breeding season* (Act pour la protection de certains oiseaux sauvages durant la période de la production). — L'*Act* voté dans la session du Parlement pendant la 39º et 40º année du même règne, intitulé : *An Act for the preservation of wild fowl* (Act pour la protection des canards sauvages (la sauvagine) (1).

Section 8. — Le principal secrétaire d'État de S. M., en ce qui concerne la Grande-Bretagne, et le lord lieutenant, en ce qui regarde l'Irlande, peuvent, pour l'application de ces lois dans les *quarter sessions* (sessions trimestrielles), assemblées dans chaque comté, étendre ou modifier la période durant laquelle le présent *Act* défend de tuer et de prendre des oiseaux sauvages ou quelques-uns d'entre eux.

Lorsqu'une telle disposition aura été prise, les pénalités inscrites dans la présente loi, en ce qui touche lesdits oiseaux sauvages, s'appliquera seulement aux infractions commises durant le temps spécifié dans ladite disposition.

La disposition étendant ou modifiant la période dont s'agit sera publiée, si elle émane du secrétaire d'État, dans la *London Gazette;* si elle émane du lord lieutenant, dans la *Gazette de Dublin.*

Une copie de la *London Gazette* ou de la *Gazette de Dublin*, contenant toutes les dispositions adoptées à l'égard de la présente loi, sera la preuve que ces conditions ont été remplies (2).

Section 9. — L'effet de cette loi ne s'étendra pas à l'Ile de *Saint-Kilda*, et il sera permis pour la Grande-Bretagne, à un des principaux secrétaires d'État de S. M. ; pour l'Irlande, au lord lieutenant, d'exempter de temps en temps, là où cela sera nécessaire, et à la de-

---

(1) Ces différentes lois ayant été abolies par le présent Act, il en résulte que l'ancienne diversité qui existait dans les différentes parties du Royaume-Uni, en ce qui concerne le temps où la chasse était prohibée, a disparu, et que cette période de prohibition est maintenant uniforme partout. Elle a lieu du 1er mars au 1er août.

(2) Ce pouvoir attribué au secrétaire d'État ou au lord lieutenant, n'existait pas antérieurement. En vertu de l'*Act* de 1869, S. M. la Reine pouvait seulement par un ordre pris en conseil et à raison de la situation géographique de certains pays, les exempter de l'application de cette loi. Mais ni l'*Act* de 1872 ni celui de 1876 ne font mention de ce pouvoir exceptionnel.

L'exemption, d'après la nouvelle loi, peut avoir un double caractère : On peut exempter tel pays des effets de la loi, ou faire porter l'exemption sur tels ou tels oiseaux; autrement dit, elle permet au secrétaire général et au lord lieutenant de modifier la loi comme ils l'entendent.

mande des magistrats dans la réunion des sessions trimestrielles de chaque comté, tel ou tel pays ou telle région, en ce qui concerne tous ou quelques-uns des oiseaux sauvages, de l'effet de la présente loi. — Toute mesure prise dans ce sens sera publiée et pourra être prouvée de la manière indiquée dans le précédent article.

Comme on peut le voir, la réglementation de la chasse est très sévère. Malgré cela, les condamnations prononcées en Angleterre, soit aux *assises*, soit aux *petty sessions*, soit aux *quarter sessions*, sont très nombreuses. Or, aux *assises*, les braconniers peuvent être condamnés à l'emprisonnement, avec travail forcé pour un an ou deux ans; à la déportation, depuis sept ans, jusqu'à la vie entière, peines appliquées quand il y a aggravation ou récidive. Des condamnations à fournir caution sont aussi prononcées pour garantir la bonne conduite future du délinquant. On peut condamner à quarante jours de prison, avec travail forcé, et à donner caution pour un an; à défaut de caution, le temps de la prison peut être porté à six mois. Ces pénalités, qui sont augmentées en cas de récidive, n'arrêtent pas le braconnage de nuit ni de jour; et cependant, elles sont sévèrement appliquées, étant prononcées par des juges, presque toujours intéressés comme propriétaires, à la conservation du gibier et possédant eux-mêmes des réserves.

Il est juste d'ajouter que nombre de plaintes s'élèvent contre ces peines excessives, contre ce droit de réserves qui nuit à l'agriculture, et enfin contre tous les vestiges du droit féodal que l'on retrouve dans la loi anglaise.

— Pour les Iles normandes, en ce qui concerne la chasse, on y suit la coutume, les lois émanant du Parlement anglais n'y étant applicables qu'en vertu d'une clause expresse.

IRLANDE.

— Parmi les statuts qui régissent la chasse en Irlande, il y en a qui lui sont communs avec l'Angleterre; d'autres qui lui sont propres, et qui se trouvent respectés en vertu du traité d'union de 1706.

1° Ceux qui lui sont communs avec l'Angleterre, sont les suivants :

Statut 9, Georges IV, ch. LXIX, relatif à la violation de la propriété (*Trespass*) d'autrui pendant la nuit.

Act. 10, Georges IV, ch. I, relatif à l'établissement de garde-chasse dans les forêts royales.

Act. 1 et 2, Guillaume IV. ch. XXXII. s. 4. relatif à la vente et à l'achat du gibier.

Act. 2 et 3, Victoria, ch. XXXV, s. a. amendant le même sujet.

Act. 7 et 8, Victoria, ch. XXIX, relatif au braconnage de nuit.

Act. 23 et 24, Victoria, ch. XC, s. 13, relatif aux licences de chasse et de vente de gibier.

Act. 24 et 25, Victoria, ch. XCI. amendant l'*Act* précédent.

Act. 25 et 26, Victoria, ch. CXIV, relatif aux droits donnés aux constables de faire des perquisitions.

Act. 28, Victoria, ch. XI et XII, relatif aux officiers chassant près de leurs cantonnements.

Act. 33 et 34, Victoria, ch. LVII, relatif aux permis de port d'armes à feu.

Act. 32 et 33, Victoria, ch. XVII, relatif aux oiseaux de mer.

Act. 35 et 36, Victoria, ch. XVII, relatif aux oiseaux sauvages.

Act. 39 et 40, Victoria, ch. XXIX, s. 2, relatif aux canards sauvages.

Ceux qui sont propres à l'Irlande sont :

Act. 13, Richard II. ch. XIII, exigeant pour pouvoir chasser, un revenu de 40 schellings ou un bénéfice de 10 livres, sous peine de un an de prison.

Act. 10, Guillaume III, ch. VIII, relatif à la capacité pour pouvoir chasser et posséder un chien.

Act. 13, George III, ch. XXXV, ss. 4, 6, défendant de tuer les cailles et les râles de genêts pendant la nuit.

Act. 20, George III, ch. 35, condamnant à l'amende de 10 livres, celui qui tue un lièvre illicitement ou commet une infraction.

Act. 27, George III, ch. 35, s. 45, défendant de chasser le dimanche et jour de Noël (*Ground game*).

Act. 27, George III, ch. XXXV, s. 4, relatif à la conservation du gibier; portant 5 schellings d'amende pour la destruction des œufs ; défendant de tuer le gibier, par la neige, si ce n'est sur ses terres.

Act. 27, George III, ch. 35, s. 6, 9, autorisant les perquisitions pour le gibier tué en fraude.

Act. 37, George III, ch. XXI, relatif aux époques de défense :

Personne ne pouvant prendre, tuer ou avoir en sa possession, du gibier de bruyère ou de marais, ni grouse, du 10 décembre au 20 août; — des faisans, perdrix, cailles, râles de genêts du 10 janvier au 20 septembre, sous peine des amendes portées au statut 27, Georges III, ch. XXXV.

Act. 5 et 6, Victoria, ch. LXXXI (25 août 1842), relatif aux droits dus pour permis de chasse.

Act. 14 et 15, Victoria, ch. 93, relatif aux jugements.

Act. 18 et 19, Victoria, ch. 126, *Poaching prevention*, relatif au recouvrement des amendes.

Act. 23 et 24, Victoria, ch. CXIII (28 août 1860), dispensant du permis pour tuer le lapin en Irlande.

Act. 25 et 26, Victoria, ch. 4. (29 juillet 1862), relatif à la procédure sommaire et au vol d'arbres plantés, etc.

Act. 25 et 26, Victoria, ch. CXIV, relatif à la répression du braconnage.

Act. 25 et 26, Victoria, ch. LIX (29 juillet 1862), relatif aux dommages causés aux troupeaux par les chiens.

Act. 25 et 26, Victoria, ch. 96, s. 17, relatif au tir des lièvres et lapins dans les garennes.

Act. 26, Victoria, ch. XIX (8 juin 1863), relatif à la vente des lièvres, abrogeant l'*Act* 27, George III, ch. XXXV, qui défendait cette vente du 1er lundi de novembre au 1er lundi de juillet.

Act. 27 et 28, Victoria, ch. LXVII (25 juillet 1864), relatif aux violations de propriété : *Trespass*.

Act. 28, Victoria, ch. II (27 mars 1865), donnant aux magistrats de la police de Dublin, le droit de délivrer des licences pour la vente du gibier : droit antérieurement réservé aux juges de paix.

Act. 28, Victoria, ch. IV (19 juin 1865), relatif aux dommages causés par les chiens et au droit d'en posséder.

Act. 28 et 29, Victoria, ch. LIV (29 juin 1865), qui défend la chasse aux faisans du 1ᵉʳ février au 1ᵉʳ octobre : chasse qui, d'après le statut 27, George III, était défendue du 10 février au 1ᵉʳ septembre.

Act. 32 et 33, Victoria, ch. XVII, relatif aux oiseaux de mer.

Act. 33 et 34, Victoria, ch. 57, relatif aux licences de fusil.

Act. 35 et 36, Victoria, ch. 78, relatif aux oiseaux sauvages.

Act. 39 et 40, Victoria, ch. XXIX, relatif aux canards sauvages.

Act. 42 et 43, Victoria, ch. 23, *The hares preservation*, défendant de tuer les lièvres et les lapins, du 20 avril au 12 août et du 10 décembre au 1ᵉʳ avril, sur les terrains marécageux et les terres non closes.

Act. 43 et 44, Victoria, ch. XXXV, pour infraction au *Wild birds protection*.

En Irlande, les animaux compris dans le mot *game*, sont le daim, le lièvre, le faisan, la perdrix, le grouse, la poule de bruyère ou des landes, le coq de bruyère, le bustard, le phtarmigan, le râle des genêts (27, George III, ch. 35, ss, 4, 6.); la bécasse, la bécassine, la caille, le canard sauvage, le canard siffleur, la sarcelle d'hiver (27-28, Victoria, ch. 67).

II. — *Du droit de chasse en Irlande.*

1° Une situation territoriale est nécessaire, en Irlande, pour pouvoir tirer, tuer ou détruire les lièvres, les perdrix, les faisans, les grouses, les cailles (1).

Il faut posséder un franc-lieu, en propre ou par sa femme, d'une valeur de quarante livres par an, ou une propriété foncière estimée 1.000 livres, libre de charges.

2° La contravention est punie de 10 schellings d'amende.

Le laïc, s'il n'a un *tenement* représentant un revenu de 40 schellings; le prêtre ou clerc, s'il n'a un bénéfice de 10 livres par an, ne peuvent se servir de furets, bourses, filets, lacets ou autres engins pour détruire les fauves, les lièvres, les lapins ou gibier d'autrui, sous peine d'un emprisonnement d'un an.

3° En vertu de l'*Act* 27, George III, ch. 35, s. 4, il est défendu, excepté aux personnes qui ont ce droit sur leurs propres terres, de suivre à la piste les lièvres en temps de neige, sous peine d'une amende dont le maximum est de 5 livres.

Cet *Act*, dans sa 6ᵉ section, confirme les prohibitions relatives aux modes de tuer le gibier.

Il y a une amende de 5 livres par pièce de gibier, prononcée contre celui qui, non qualifié, prend, tue ou détruit, pendant la nuit, même sur sa propriété, lièvre, faisan, perdrix, caille, râle de genêts, gibier de marais, gibier de bruyère ou grouse.

L'amende peut être de 10 livres et de l'emprisonnement, si

(1) A. Faider. *Histoire du droit de chasse*, Bruxelles, 1877.

la personne fait usage de chien ou de furet, tend des trappes, filets ou pièges, pour tuer, prendre ou détruire ces animaux.

Les apprentis et marchands d'un ordre inférieur ne peuvent chasser et prendre des oiseaux, s'ils ne sont en compagnie de leurs maîtres, dûment qualifiés (10, William III, ch. VIII, a. 19).

4° Il est défendu, sous peine d'une amende de 5 livres par pièce de gibier, de prendre, tirer, détruire, transporter, vendre, acheter ou posséder :

1° Du gibier de marais, de bruyère ou des grouses, du 10 décembre au 20 août.

2° Des perdrix, râles de genêts et cailles, du 10 janvier au 20 septembre.

3° De vendre, mettre en vente, acheter ou faire acheter des faisans, du 10 janvier au 1er septembre.

4° De tuer ou détruire les faisans, du 1er février au 1er octobre.

5° De prendre, tuer, détruire, vendre, exposer en vente, acheter ou faire acheter des dindons sauvages, du 10 janvier au 1er septembre.

La chasse est défendue le dimanche et le jour de Noël (1), sous peine d'une amende dont le maximum est 5 livres par contravention. Dans cette défense sont compris le gibier de marais, le gibier de bruyère, les grouses, les faisans, les perdrix, les cailles, les râles de campagnes, les dindons sauvages et autres oiseaux sauvages, les lièvres et les lapins.

6° La chasse à courre, du cerf ou du daim, ne peut avoir lieu avant le 10 juin. Les autres bêtes rousses mâles ne peuvent être chassées après la Saint-Michel, si ce n'est, dans son propre parc ou sur ses terres, sous peine d'une amende de cinq livres.

7° Il est défendu, sous peine d'une amende de 5 livres, au maximum, de détruire les œufs ou nids de faisans, perdrix, cailles, râles de campagne, gibier de marais ou de bruyère, grouses, canards sauvages, macreuses, petits oiseaux, pluviers, bécassines, colombes, pigeons. La loi protège aussi les lapins. *The game trespass*, l'acte sur la maraude (27-28, Victoria, c. 67), ne s'applique qu'aux lièvres, faisans, perdrix, grouses, coqs de lande ou de bruyère, bécasses, bécassines, cailles, râles de genêts, coucous sauvages, sarcelles d'hiver. L'amende est de 10 schellings pour la destruction des œufs et nids des autres oiseaux sauvages.

8° La violation de la propriété d'autrui, *pendant le jour (Tres-*

(1) 27, George III, c. 35, s. 4. 5.

pass) même par une personne qualifiée pour la chasse, est punie d'une amende de 10 livres au maximum. Pour pouvoir chasser sur le terrain d'autrui, il faut être autorisé par le propriétaire. Toutefois, n'est réputé chasser ou être à la recherche de gibier que celui qui est accompagné d'un chien ou muni d'un fusil, d'un filet ou autre engin destiné à prendre ou détruire le gibier.

Ces dispositions s'appliquent aussi à la violation de la propriété *pendant la nuit* (*Trespass*). Toute personne non qualifiée et ne se trouvant pas sur sa propriété ou sur celle d'autrui, du consentement du propriétaire, qui prend, tue ou détruit la nuit des lièvres, faisans, perdrix, cailles, râles de genêts, du gibier de marais, de bruyère, des grouses, est punie d'une amende de cinq livres au maximum, par pièce de gibier. Celui qui, pendant la nuit, se sert de fusil, de chiens, de trappes, filets ou engins pour prendre les animaux sus-dénommés, ou les bécassines et bécasses, est punissable d'une amende de 10 livres, d'emprisonnement et de fustigation.

Pour ces deux derniers délits, on peut s'en rendre coupable aussi bien sur sa propriété que sur celle d'autrui.

9° Quant au droit de suite, le chasseur qualifié, ses serviteurs ou domestiques peuvent suivre sur la propriété d'autrui tout gibier quadrupède, levé sur la propriété du chasseur. Ils ne sont passibles que des dommages-intérêts pour les dégâts, d'après la *Common law*.

10° Les propriétaires qui se sont réservé, par écrit ou par contrat, le droit exclusif sur le gibier, sont considérés comme occupants légaux, et peuvent par suite poursuivre ceux qui violent leur propriété, sans leur consentement, en poursuivant le gibier.

Le *trespass* est puni d'une amende de 10 schellings au maximum.

11° Personne ne peut, à quelque époque que ce soit, tirer des bêtes fauves, si ce n'est sur sa propriété particulière, ou les domestiques de la maison sur la propriété de leur maître et avec l'autorisation de celui-ci, sous peine d'une amende de cinq livres.

A une certaine époque, la chasse aux bêtes fauves et rousses est fermée partout, si ce n'est sur la propriété du chasseur.

12° Les constables ont, en Irlande, les mêmes pouvoirs qu'en Angleterre.

13° Les seigneurs de manoirs, ou principautés, ayant au moins le rang d'écuyer, peuvent autoriser, par écrit, et sous leur sceau, des gardes-chasse, à opérer la saisie des fusils, des chiens courants, lévriers, bassets, épagneuls, chiens couchants, entre les mains de ceux qui n'ont pas le droit de s'en servir (10, William III, ch. VIII).

Ils peuvent s'opposer aux résistances des délinquants.

Il faut une autorisation du seigneur, pour tuer les chiens dans l'étendue du manoir.

Les gardes doivent, tous les ans, faire enregistrer leur commission par l'inspecteur des taxes et impôts du district et doivent se faire délivrer un permis de chasse moyennant le payement de la taxe.

14° Les dispositions générales applicables en Angleterre aux officiers qui chassent autour de leur résidence, sont aussi en vigueur pour l'Irlande.

15° Tout domestique d'une personne ayant le droit de posséder des armes à feu, qui tue des oiseaux ou du gibier, doit les rapporter à son maître sous peine de 20 schellings d'amende.

16° Aucun revendeur, acheteur, messager, marchand de victuailles, tavernier, ne peut vendre, acheter, détenir de gibier, si ce n'est pour le compte et au nom de personnes qualifiées pour la chasse, sous peine de 5 livres d'amende.

Si on trouve du gibier dans la boutique, la maison ou dépendances d'un marchand de victuailles ou de gibier, cuisinier, pâtissier, poissonnier, la même peine est prononcée.

Est passible d'une amende de 5 livres tout revendeur, courrier, messager, cocher de diligence ou acheteur, et toute personne non qualifiée pour la chasse, qui aura en sa possession un gibier dénommé plus haut, et qui ne pourra prouver qu'elle a reçu ce gibier d'un chasseur qualifié ou qu'elle le possède d'une manière légale.

Les juges de paix peuvent délivrer des mandats de perquisition et de saisie.

Ces dispositions sont modifiées part l'*Act*, 1 et 2 de William IV, ch. XXXII.

17° Les licences pour tuer le gibier sont régies par l'*Act*, 23 et 24, Victoria, ch. XC, et l'*Act*, 5 et 6, Victoria, ch. LXXI.

Les dispositions relatives à la délivrance des permis sont les mêmes que pour l'Angleterre; mais l'amende de 20 livres seule est applicable; la pénalité additionnelle de 5 livres n'existe pas.

Celui qui commet un délit de chasse n'est pas, par le fait, privé de son permis.

Il n'y a point de permis spécial pour le garde-chasse : il fait enregistrer sa commission, chaque année, par l'inspecteur des taxes et impôts du district, qui, moyennant le payement de droit fixé, lui délivre un permis semblable à celui donné aux autres chasseurs.

Dans le cas où un nouveau garde est commissionné, pendant l'année, en remplacement du premier, sa commission sera enregistrée et un nouveau permis lui est délivré sans frais ; ce nouveau permis annulera l'ancien.

En cas d'infraction, l'amende, pour les gardes, est de 20 livres comme pour les autres délinquants.

18° Les exceptions ou exemptions qui existent en Angleterre ont les mêmes dispositions légales en Irlande. Toutefois, celles relatives au fait de prendre des bécasses et des bécassines au filet ou avec des pièges, et à la prise ou destruction des lapins, soit par le propriétaire d'une garenne ou d'un terrain clôturé, soit par le fermier ou avec son ordre et son consentement, ne s'appliquent pas à l'Irlande.

19° En vertu du Statut, 42 et 43, Victoria, ch. 23 (*The hares preservation*), il est défendu en Irlande de tuer ou faire tuer les lièvres et les lapins du 20 avril au 12 août.

Ce même *Act* défend également de tuer les lièvres et les lapins sur les terrains marécageux et les terres non encloses, entre le 10 décembre et le 1ᵉʳ avril.

Il est défendu, pour tuer ou s'emparer du gibier (*Groud game*), de se servir de poison ; on ne peut tuer pendant la nuit. Ces deux prohibitions s'appliquent aux lièvres.

Les dispositions contenues dans l'*Act*, 25 et 26, Victoria, ch. 96, s. 17, en ce qui concerne le tir des lièvres et des lapins dans les garennes, ne sont pas modifiées par ledit *Act*.

20° Les personnes qualifiées, seules, peuvent posséder des chiens de chasse. Elles sont responsables des délits qu'ils commettent sur les troupeaux de moutons.

En se reportant au *ground game*, on peut se rendre compte (43-44, Victoria, ch. 47) des modifications qui ont été apportées à cette législation.

ÉCOSSE.

I. — Les lois relatives à la chasse, en Écosse, diffèrent peu de celles appliquées en Angleterre et dans le Pays de Galles ; celles qui sont communes à ces deux pays sont les suivantes :

Act, 9, George IV, ch. 69, relatif au tres pass de nuit.
Act, 1 et 2, William IV, ch. xxxII, relatif aux licences des marchands.

Act 2 et 3, Victoria, ch. xxxv, s. 1. relatif aux mêmes licences.
Act 7 et 8, Victoria, ch. xxix, relatif au braconnage de nuit.
Act 11 et 12, Victoria, ch. xxxviii, *Poaching prevention.*
Act 16 et 17, Victoria, ch. xc, relatif aux taxes pour serviteurs et pour chiens.
Act 23 et 24, Victoria, ch. xc, relatif à la chasse et la vente du gibier.
Act 24 et 25, Victoria, ch. xci, s. 17, même sujet.
Act 25 et 26, Victoria, ch. cxiv, donnant aux constables le droit de perquisition.
Act 28, Victoria, ch. xi et xii, relatif aux officiers chassant près de leur cantonnement.
Act 30, Victoria, ch. xxix, relatif à la vente et achat du gibier.
Act 32 et 33, Victoria, ch. xvii, relatif aux oiseaux de mer.
Act 33 et 34, Victoria, ch. lvii, relatif aux permis de port d'armes à feu.
Act 35 et 36, Victoria, ch. 78, relatif aux oiseaux sauvages.
Act 38 et 39, Victoria, ch. 47, relatif à la répression du braconnage.
Act 39 et 40, Victoria, ch. 29, relatif aux canards sauvages.
Act 43 et 44, Victoria, ch. 35, infraction au *Wild birds protection act.*

Les lois particulières à l'Écosse sont :

Act de 1621, ch. xxxi, traitant de la capacité requise pour pouvoir chasser.
Act de 1707, ch. xiii, fixant les époques de fermeture de la chasse.
Act, 13, George III, ch. 54 sur le même sujet.
Act, 2 et 3, William IV, ch. 68 relatif au braconnage de jour.
Act, 11 et 12, Victoria, ch. 30, relatif aux permis de chasse pour tuer le lièvre.

II. — *Du droit de chasse.*

1° D'après le Statut de 1621, pour pouvoir chasser en Écosse, soit au fusil, soit au faucon, il fallait être propriétaire foncier; toutefois, la personne qualifiée pouvait autoriser à chasser celle qui ne l'était pas.

2° Les animaux compris dans le mot *game*, en Écosse, sont : le lièvre, le faisan, la perdrix, le grouse, la poule de bruyère ou des landes, le coq de bruyère, le bustard (9, George IV, ch. 69. s. 13) et le tarmagan (13, George III, ch. 54).

3° La protection des lois s'applique, pendant la reproduction, au daim, au chevreuil, à la bécasse, à la bécassine, au râle de genêts, à la caille, au canard sauvage, au penru, aux lapins et aux lapereaux.

4° Pour chasser, en outre de la licence, celui qui veut se servir de chiens, doit jouir de certaines conditions spéciales de propriété.

5° Il faut une licence pour chasser le daim, excepté pour le propriétaire ou le fermier chassant sur leur propriété close : cette licence n'est pas nécessaire quand le daim n'est pas chassé au chien courant (23-24, Victoria, ch. 90. ss. 2, 4, 5.)

6° Le temps pendant lequel la chasse est prohibée est le même qu'en Angleterre.

7° La licence de chasse est annulée quand le porteur viole la loi sur la chasse.

8° Les gardes-chasse doivent avoir une licence qui se prend, en Écosse, le 5 avril.

9° Le gibier tué devient la propriété de celui qui le tue.

10° Les propriétaires fonciers jouissent du privilège de chasse sur leurs terres et peuvent défendre l'entrée de leur propriété.

Pour chasser sur une de ces propriétés clôturées ou non, il faut le consentement du propriétaire, qui, du reste, peut louer la chasse.

11° Le fermier qui n'avait pas le droit de chasse, à moins de convention spéciale, avait, toutefois, droit à la réparation du dommage causé par les chasseurs ou le gibier, mais il ne pouvait se faire justice lui-même.

12° Certains engins sont défendus pour tuer le gibier : ainsi le fusil partant seul, et, dans le cas où il est employé, si quelqu'un est blessé, les délinquants sont regardés comme coupables d'un crime.

13° Les fermiers et autres peuvent poursuivre le renard, sur la propriété d'autrui, pour défendre leurs troupeaux; mais il faut le consentement des propriétaires si l'on chasse pour son plaisir.

14° La défense de vendre et d'acheter du gibier est régie par l'*Act*, 1-2 William IV, ch. 32 s. 4, l'*Act*, 23-24, Victoria, ch. 90, s. 13 et l'*Act*, 30-40, Victoria, ch. 29, s. 2.

15° Le droit de perquisition existe en vertu de l'*Act*, 13, George III, ch. 54 s. 3.

16. Les infractions sont punies d'une amende de 10 schellings : *Act*, 2-3, William IV, ch. 68, s. 16.

17° Le *Trespass* est puni d'une amende de 2 à 5 livres pour chaque délinquant (9, George IV, ch. 69, s. 1; *Act*, 7, 8, Victoria, ch. 29, s. 1.

18° Le recouvrement des amendes se fait conformément à l'*Act*, 2-3, William IV, ch. 68 et à l'*Act*, 11-12, Victoria, ch. 43.

19° Les appels sont régis par l'*Act*, 2-3, William IV, ch. 68, s. 15.

20° Les jugements par l'*Act*, 2-3, William IV, ch. 68, s. 14.

21° Les infractions au *Wild birds protection*, sont soumises à l'*Act*, 43-44, Victoria, ch. 35 et 22-28, Victoria, ch. 53.

22° La chasse des bêtes fauves et des cygnes est encore considérée comme un droit régalien.

23° Une personne *non qualifiée* ou non autorisée par une personne *qualifiée* ne pouvait avoir en sa possession, à n'importe quelle époque, lièvres, perdrix, faisans, oiseaux de marais, oiseaux de bruyère, bécassines, cailles, sous peine d'une amende de 20 schellings et du double en cas de contravention. Ces dispositions ont été modifiées par le Statut, 1-2, de William IV, ch.

XXXII relatif à la vente et à l'achat du gibier, étendu à tout le Royaume-Uni par le Statut, 23 et 24, Victoria, ch. XC., s. 13.

24° Il est défendu de prendre, de vendre, d'acheter, de tuer de colporter ou de posséder :

1° Des oiseaux de marais (ptarmagan), du 10 décembre au 12 août.

2° Des oiseaux de bruyère, du 10 décembre au 20 août.

3° Des perdrix, du 1er février au 1er septembre.

4° Des faisans, du 1er février au 1er octobre.

25° Les contraventions sont punies d'une amende de cinq livres par pièce de gibier.

26° Les dispositions relatives à la violation de la propriété sont les mêmes qu'en Angleterre. Il en est de même de celles ayant trait à la vente du gibier.

27° Pour la chasse aux lièvres, l'exemption s'applique : « aux personnes ayant actuellement le droit de les tuer » et à celles qu'elles y autorisent par écrit. En Angleterre, elle n'est qu' « en faveur de l'occupant actuel ou du propriétaire qui s'est réservé le droit de chasse », et à ceux autorisés par lui. Ce droit n'est pas non plus limité aux propriétés closes.

28° L'*Act* du 7 septembre 1880, le *Ground game act*, est venu apporter ses modifications en Écosse, comme en Irlande.

III. — *Du revenu de la chasse pour l'Écosse.*

La chasse forme un gros revenu pour l'Écosse : ainsi les locations de chasse et de pêche dans ce pays ont produit, d'après le compte rendu dressé par M. Hunter, pour le parlement, pendant les années 1887-1888, des recettes importantes.

Dans l'Argillshire : Les forêts de Ardchattan et de Muckairn ont été louées pour la chasse, 35.875. — Les forêts de Glenorchy et Innishael, 48.000. — La forêt du Jura, 45.000. — Les forêts de Lismore et Oppin, 31.000.

Dans le comté de Banff : La forêt de Kirkmichael, 37.000.

Dans le comté de Caithness : La forêt de Latheron, 75.000.

Dans le comté d'Inverness : La forêt de Urkahart, 113.750. — Les forêts du comté de Kilmorach, 200.000. — La forêt du comté de Kilmonigaig, 75.000. — La forêt du comté de Kilmallie, 75.000. — Les forêts de Laggan, 78.000.

Dans le comté de Perth : La forêt de Blairathol, 120.000. — Et deux autres plus petites 25.000 chaque, 50.000.

Dans le comté de Ross : La forêt de Lochbroom, 127.000. — La forêt de Contin, 130.000. — Et huit plus petites sont louées 25.000 chacune, 200.000.

Il faut noter que le prix des locations de chasse allant toujours croissant pour les forêts et les moors en Écosse, l'élevage du mouton a diminué. C'est qu'en effet l'élevage du cerf rapporte, aujourd'hui, davantage que celui du mouton. Les pâturages qui pouvaient nourrir 5,000 moutons et dont la location était de 12,500 fr. peuvent nourrir 1,000 cerfs, or, en tuant par an 50 cerfs, chaque cerf ayant une valeur de 3 moutons, on voit que le rapport est meilleur.

Enfin, grâce aux chemins de fer et aux routes, la chasse en Écosse a pris un très grand développement et l'on constate que l'élevage du cerf rouge principalement s'est beaucoup accru, au préjudice de celui du mouton.

COLONIES ET POSSESSIONS ANGLAISES.

Le droit coutumier est généralement appliqué dans les colonies anglaises.

Dans les colonies fondées par des colons anglais, comme les Barbades, la Nouvelle-Galles du Sud, on a appliqué les lois anglaises en vigueur au moment de l'établissement. Pour l'avenir ces colonies sont régies par les lois du Parlement local ; et, pour y appliquer les lois votées par le Parlement anglais, il faut une disposition formelle.

Dans les colonies cédées à la Grande-Bretagne ou conquises, les lois du pays restent, en principe, provisoirement en vigueur : toutefois, des lois nouvelles pourront être faites par le Parlement local, quand il en est créé un, ou par le Parlement anglais.

COLONIES CANADIENNES DE L'AMÉRIQUE ANGLAISE.

I. Province de Québec. — Statuts refondus de la province de Québec, t. IV, ch. VI, s. VIII. (Act, 52, Victoria). — Tableau des temps de prohibition. — II. Province de Manitoba. — III. Territoire du Nord-Ouest. — IV. Ontario. — V. Colombie. — VI. New-Brunswick. — VII. Nova Scotia. — VIII. Albany.

CANADA.

I. PROVINCE DE QUÉBEC.

Les colonies canadiennes de l'Amérique anglaise, réunies sous le nom de Dominion, comprennent les provinces de : Québec, Ontario, Nouvelle-Écosse, Nouveau-Brunswick, Manitoba, Colombie anglaise, Ile du Prince, Territoires du Nord-Ouest.

1° — La province de Québec, depuis le 1ᵉʳ juillet 1867, fait partie de la confédération dans laquelle la Grande-Bretagne, sous le nom de Dominion, a réussi à grouper ses colonies canadiennes de l'Amérique anglaise. Sa législation est un mélange de l'ancienne coutume de Paris, du code de 1804 et des lois anglaises.

La chasse dans cette province était, il y a encore peu de temps, régie par un Statut de la 47ᵉ année du règne de Victoria, promulgué en 1884 et réglementant à nouveau la conservation du gibier, et le temps pendant lequel la chasse de certains animaux, suivant leur espèce, était interdite.

Cet *Act* prohibait l'emploi de certains engins en tout temps, ou pendant un certain temps, suivant les animaux.

Il défendait la chasse de certains oiseaux, entre une heure après le coucher du soleil et une heure avant son lever.

Il protégeait les œufs de certaines espèces d'oiseaux et défendait aux personnes non domiciliées dans la province, de tuer ou de prendre pendant une saison de chasse, plus de deux orignaux, trois chevreuils, deux caribous. Elles ne pouvaient, en outre, chasser sans un permis délivré par le commissaire des terres de la couronne, permis dont le prix était de 20 piastres (100 francs).

L'exécution de cette loi était assurée par un personnel spécial de gardes-chasse et par une pénalité comprenant des amendes.

2° Cette loi de 1884 a été abrogée depuis plusieurs années et remplacée par la *loi de la chasse de Québec*, de la 52° année du règne de Victoria.

3° Maintenant les lois relatives à la chasse, dans la province de Québec, se trouvent dans les statuts refondus de cette province : au titre IX des départements publics, sous le chapitre sixième du département des terres de la couronne et des matières qui en relèvent.

La section VIII, *De la chasse* comprend les dispositions suivantes :

§ 1. — *Des prohibitions.*

1°. — ORIGNAL, CARIBOU ET CHEVREUIL.

1396. Par la présente section, qui peut être citée sous le nom de " Loi de la chasse de Québec ", il est défendu, en cette province de chasser, tuer ou prendre :

1° Le chevreuil, entre le premier jour de janvier et le premier jour d'octobre de chaque année ;

2° L'orignal et le caribou, entre le premier jour de février et le premier jour de septembre de chaque année ;

Toute personne ayant en sa possession, avant le premier octobre 1890, un ou une partie d'un orignal à l'exception du bois, doit prouver, à ses frais, si elle veut éviter une condamnation, que l'orignal a été pris ou tué en dehors des limites de cette province.

3° Il est défendu de se servir de chiens pour chasser, tuer ou prendre l'orignal, le caribou ou le chevreuil (47 V., c. 25, s. 26, 50 V., c. 10, s. 1, et 52 V., c. 10, s. 1).

1397. Il est défendu, après les dix premiers jours de prohibition, aux compagnies de chemins de fer et de bateaux à vapeur et autres, ainsi qu'aux rouliers publics, de transporter tout ou partie de l'orignal, du caribou et du chevreuil, à l'exception de la peau de l'animal.

Toute compagnie de chemin de fer, de bateaux à vapeur ou autre, ou toute personne favorisant, de quelque manière que ce soit, la contravention à cet article, est passible d'amende.

Néanmoins, il est loisible au commissaire des terres de la Couronne d'accorder, en tout temps, des permis de transport lorsqu'il a été prouvé, à sa satisfaction, que l'original, le caribou ou le chevreuil, ou partie d'iceux, que l'on désire transporter, ont été pris ou tués dans un temps où la chasse en est permise et d'une manière légale.

Pour tel permis, il peut être exigé un honoraire dont le commissaire fixe le montant, suivant les circonstances, mais qui ne doit pas excéder cinq piastres (47 V., c. 25, s. 2. et 50 V., c. 16, s. 2).

1398. Aucune personne n'a le droit, à moins d'être domiciliée dans la province de Québec, et d'avoir préalablement obtenu un permis du commissaire à cet effet, de tuer ou de prendre vivants, jusqu'au premier d'octobre 1890, durant une saison de chasse, plus de trois caribous et quatre chevreuils, et après cette date, plus de deux originaux, trois chevreuils et deux caribous.

Ce permis qui ne peut autoriser la prise de plus de cinq caribous et cinq chevreuils additionnels, n'est accordé que si le commissaire le juge à propos et sur le paiement d'un honoraire de cinq piastres.

Toutefois le commissaire peut dispenser du paiement de cet honoraire tout sauvage dont la pauvreté lui est démontrée d'une manière satisfaisante (50 V., c. 16, s. 3).

20. — CASTOR, VISON, LOUTRE, MARTE, PÉKAN, LIÈVRE ET RAT-MUSQUÉ.

1399. Il est défendu de chasser, tuer ou prendre :

1° Le castor, le vison, la loutre, la marte et le pékan, entre le premier jour d'avril et le premier jour de novembre de chaque année;

2° Le lièvre, entre le premier jour de février et le premier jour de novembre de chaque année;

3° Le rat-musqué, entre le premier jour de mai de chaque année et le premier jour d'avril suivant, mais seulement dans les comtés de Maskinongé, Yamaska, Richelieu et Berthier (47 V., c. 25, s. 4, et 50 V., c. 16, s. 4).

30° BÉCASSE, BÉCASSINE, PERDRIX, CANARD SAUVAGE, MACREUSE, SARCELLE, ETC.

1400. Il est défendu :

1° De chasser, tuer ou prendre :

a. La bécasse, les bécassines ou les perdrix d'aucune espèce, entre le premier jour de février et le premier jour de septembre de chaque année;

b. Les macreuses, les sarcelles ou les canards sauvages d'aucune espèce, excepté les harles (becs-scies), le huard et les goëlands, entre le quinzième jour d'avril et le premier jour de septembre de chaque année;

c. Aucun des oiseaux précités, — excepté la perdrix, — en aucun temps, entre une heure après le coucher et une heure avant le lever du soleil; — et, durant ces heures prohibées, il est également défendu de garder exposés, sous aucun prétexte, des leurres ou appelants, soit près d'une cache, d'une embarcation ou du rivage.

2° De déranger, endommager, cueillir ou enlever, en aucun temps, les œufs d'aucune espèce des oiseaux dont la chasse est prohibée par le présent article, ainsi que ceux du cygne sauvage, de l'oie sauvage et de l'outarde ; — les vaisseaux ou chaloupes employés à déranger, cueillir ou enlever les œufs d'aucune espèce desdits oiseaux, peuvent, ainsi que les œufs, être confisqués et vendus.

Néanmoins, dans les parties de la province, à l'est et au nord des comtés de Bellechasse et Montmorency, les habitants peuvent, en toute saison de l'année, mais en aucun temps entre une heure après le coucher et une heure avant le lever du soleil, et pour leur nourriture seulement, chasser, tuer ou prendre les oiseaux mentionnés dans le paragraphe *b* du présent article (47 V., c. 25, s. 5, et 50 V., c. 16, ss. 5 et 6).

40. — OISEAUX INSECTIVORES ET AUTRES, UTILES A L'AGRICULTURE, ETC.

1401. Il est défendu, entre le premier jour de mars et le premier jour de septembre de chaque année, de chasser, tuer ou prendre, au moyen de filets, trébuchets, pièges, collets, cages ou autrement, tous les oiseaux connus sous la dénomination d'oiseaux percheurs, tels que, les hirondelles, le tritri, les fauvettes, les moucherolles, les pics, les engoulevents, les pinsons (rossignols, oiseaux rouges, oiseaux-bleus, etc.), les mésanges, les chardonnerets, les grives (merles, flûtes des bois, etc.), les roitelets, le goglu, les mainates, les grosbecs, l'oiseau-mouche, les coucous, les hibous, etc., — ou d'en enlever les nids ou les œufs — sauf et excepté les aigles, les faucons, les éperviers et autres oiseaux de la famille des falconidés, le pigeon-voyageur (tourte), le martin-pêcheur, le corbeau, la corneille, les jaseurs (récollets), les pies-grièches, les geais, la pie, le moineau, les étourneaux ; et quiconque trouve quelques filets, trébuchets, pièges, collets, cages, etc., ainsi placés ou tendus, peut s'en emparer ou les détruire.

Le présent article ne s'applique pas aux oiseaux de basse-cour (47, V., c. 25, s. 7).

§ 2. — *Dispositions générales.*

1402. Il est défendu de prendre, en aucun temps, par le moyen de cordes, collets, ressorts, cages, filets, fosses ou trappes d'aucune espèce, aucun des animaux ou oiseaux dont la chasse est prohibée par les articles 1398 et 1400. — excepté les perdrix, et de placer, construire, ériger ou tendre, entièrement ou en partie, un engin quelconque pour cet objet ; — quiconque trouve quelque engin ainsi placé, construit, érigé ou tendu, de quelque nature qu'il soit, peut s'en emparer ou le détruire, ainsi que les pièges ou trappes dressés ou tendus pour prendre les animaux à fourrure mentionnés dans l'article 1399, lorsque ces pièges ou trappes demeurent ainsi dressés ou tendus durant le temps où la chasse de ces animaux est prohibée (47, V., c. 25. s. 6).

1403. Il est défendu de se servir, pour la chasse des oiseaux mentionnés à l'article 1400, d'aucune arme à feu ayant plus que huit de calibre (47, V., c. 25, s. 6, et 50 V., c. 16, s. 7).

1404. Il est défendu, en aucun temps, de faire usage de strychnine, ni d'aucun autre poison délétère, soit minéral, soit végétal, ni de fusils tendus, dans le but de chasser ou prendre, tuer ou détruire aucun des animaux mentionnés dans cette section (4⁷, V., c. 25, s. 9).

1405. Tout garde-chasse doit saisir, sur-le-champ, tout animal ou oiseau mentionné dans les articles précédents — ou toute partie de cet animal ou oiseau — à l'exception de la peau, lorsque l'animal a été tué dans un temps où la chasse en est permise, — qu'il trouve en la possession ou en la garde ou sous les soins de quelque personne, durant un temps de prohibition ou qui paraît avoir été pris ou tué durant un tel temps ou par quelqu'un des moyens illégaux mentionnés dans les articles 1402, 1403 et 1404, et il doit les apporter devant un juge de paix qui les déclare, s'il est constaté que la loi a été violée, confisqués en tout ou en partie, au bénéfice de la province, et condamne la personne, en la possession ou la garde ou sous les soins de laquelle ces animaux ou oiseaux ont été trouvés, à l'amende décrétée par l'article 1410.

Mais tout tel animal ou partie d'icelui peut être acheté ou vendu, quand il a été pris légalement, pendant dix jours à compter de l'expiration des différents temps respectivement fixés par la présente section pour en faire la chasse.

Sont toutefois exempts de cette saisie et confiscation, les oiseaux dont la chasse est prohibée par la première partie de l'article 1401, ainsi que les animaux énumérés aux articles précédents — quand ils sont gardés vivants; mais dans ce dernier cas, la preuve qu'il n'y a pas eu contravention à la loi, est à la charge et aux frais du propriétaire ou possesseur desdits animaux.

Le garde-chasse est aussi autorisé à saisir toute arme dont le porteur est pris en flagrant délit de chasse, si ce dernier n'est pas connu de lui et refuse de donner ses nom et prénoms ainsi que d'indiquer le lieu de sa résidence, et à la garder jusqu'à ce que l'amende exigible, en chaque cas, ait été payée à qui de droit (47, V., c. 25, s. 10; 49-50 V., c. 31, s. 1, et 50, V., c. 16, s. 8).

1406. Tout garde-chasse est autorisé à faire ouvrir ou à ouvrir lui-même si on le lui refuse, tout sac, paquet ou coffre, toute boîte ou valise ou tout autre réceptacle (en dehors des endroits mentionnés dans l'article suivant) dans lesquels il a raison de croire que du gibier pris ou tué durant le temps de la prohibition, ou des fourrures ou peaux hors de saison, sont renfermés (47, V., c. 25, s. 11, et 50 V., c. 16, s. 9).

1407. Toute personne trouvée coupable d'avoir eu ou d'avoir actuellement, en sa possession, en sa garde, ou ses soins, des objets ainsi confisqués ou passibles de l'être, est, dans chaque cas, condamnée à une amende de pas moins de cinq, mais de pas plus de vingt piastres, et, à défaut de paiement immédiat, à un emprisonnement n'excédant pas trois mois dans la prison commune du district, dans les limites duquel la contravention a eu lieu ou la saisie et la confiscation ont été opérées.

Il est disposé de cette amende comme l'indique l'article 1410 (50 V., c. 16, s. 9).

1408. Tout garde-chasse, s'il a raison de soupçonner et s'il soupçonne que du gibier pris ou tué durant le temps de la prohibition, ou des fourrures ou peaux hors de saison, sont renfermés ou gardés dans des maisons privées, magasins, hangars ou autres constructions, doit faire, devant un juge de paix, sa déposition suivant la formule A, de la présente section, et demander un mandat de recherche dans ces magasins, maisons privées, hangars ou autres constructions, et alors ce juge de paix est tenu de lui délivrer un mandat suivant la formule B (47, V., c. 25, s. 12, et 50 V., c. 16, s. 10).

1409. Tout garde-chasse doit, après chaque saisie et confiscation de fourrures ou peaux, faire constater, aussitôt que possible, par une personne compétente dûment assermentée, l'état dans lequel se trouvent les fourrures ou peaux, ainsi saisies et confisquées, les mettre en lieu sûr, et faire rapport immédiatement au département des terres de la Couronne.

Le propriétaire des fourrures ou peaux, ainsi saisies et confisquées, ou son procureur ou son mandataire *ad hoc*, peut, dans les délais fixés par l'article 1411, nommer aussi lui-même, à ses frais, une personne qui aura droit de faire l'examen des fourrures ou peaux.

Si le propriétaire ou son procureur ou son mandataire *ad hoc* n'est pas présent et ne peut être trouvé lors de cette saisie et de cette confiscation; et si la valeur des fourrures ou peaux, ainsi confisquées, peut être raisonnablement estimée à dix piastres au moins, avis doit en être donné deux fois, dans l'espace de quinze jours, dans un papier-nouvelles, publié en langue anglaise, dans l'endroit où la saisie et la confiscation ont eu lieu, ou dans l'endroit le plus rapproché, s'il n'y a pas de tels papiers-nouvelles publiés dans cet endroit; — les frais de ces avis sont à la charge du propriétaire ou de son procureur ou de son mandataire *ad hoc*, s'il y a réclamation, — sinon ils sont payés par le garde-chasse à qui appartiennent, à l'expiration dudit délai, les fourrures ou peaux, ainsi saisies et confisquées (47, V., c. 25, s. 13, et 50, V., c. 16, s. 11).

§ 3. — *Des pénalités, des procédures, etc.*

1410. Toute contravention à quelque disposition de la présente section est punissable sommairement, sur poursuite qui peut être intentée, soit par le garde-chasse, soit par toute autre personne devant un juge de paix du district où l'offense a été commise ou la saisie et la confiscation opérées.

Les dispositions du chapitre 178 des statuts revisés du Canada, concernant les procédures sommaires devant les juges de paix, ainsi que les dispositions des articles de 2713 à 2720 des présents statuts refondus, s'appliquent, hormis incompatibilité, à toute poursuite instituée en vertu de la présente section.

Les amendes sont comme suit :

Pour chaque infraction aux articles suivants,
Article 1399, § 1 et article 1308. . . . . $ 30 à 50

Article 1396, §§ 2 et 3.	$ 50 à 100
Articles 1399 et 1400.	10 à 25
Article 1401.	2 à 5
Articles 1402 et 1403.	2 à 10
Article 1404.	25 à 50
Article 1405.	5 à 20
Article 1417.	5 à 10

Article 1415 (le double de l'honoraire du permis de chasse).

Ce juge de paix, s'il trouve la preuve suffisante, doit imposer l'amende avec dépens, laquelle amende appartient en entier au dénonciateur, s'il est garde-chasse, et pour moitié seulement, s'il n'a pas de qualité officielle, — l'autre moitié, dans ce dernier cas, devant être remise au garde-chasse de la division, et lui appartenir.

A défaut de paiement immédiat, le contrevenant est incarcéré dans la prison commune du district, dans les limites duquel la contravention a eu lieu ou la saisie et la confiscation ont été opérées, pour une période de temps n'excédant pas trois mois, et, dans les cas d'infraction à l'article 1404, pour une période n'excédant pas six mois.

Tout juge de paix a le pouvoir de condamner sur ce qu'il a vu lui-même.

Les saisies, confiscations et poursuites sont aux risques de celui qui les a faites (47, V., c. 25, s. 14, et 50 V., c. 16, s. 13).

1411. Nulle procédure faite en vertu de la présente section ne peut être invalidée, annulée ou mise de côté par *certiorari*; mais un appel peut être porté, dans les dix jours, devant la cour de circuit du district, dans lequel la contravention a eu lieu ou la saisie et la confiscation ont été opérées, de la même manière que le sont les appels en vertu du Code municipal, si le propriétaire, ou son procureur, ou son mandataire *ad hoc* est présent lors de la saisie et de la confiscation, lorsque la procédure est pour cette saisie et cette confiscation; mais dans le cas où le propriétaire, procureur, ou mandataire ne serait pas présent, le droit d'appel existe durant tout le délai voulu par l'avis mentionné à l'article 1409.

Le même délai de dix jours existe pour l'appel relatif à l'amende.

Le gouvernement de la province ne peut être tenu responsable d'aucuns frais encourus en vertu de ces procédures (47, V., c. 25, s. 15).

1412. Nulle poursuite ne peut être intentée après l'expiration de trois mois à compter du jour où la contravention dont on se plaint a eu lieu (47, V., c. 25, s. 16).

§ 4. — *Des nominations, des permis de chasse, etc.*

1413. Il y a, pour surveiller spécialement l'exécution de la présente section, et de toute autre loi relative à la chasse qui peut être passée pour cette province, un surintendant de la chasse, nommé par le commissaire des terres de la Couronne.

Cet officier est choisi parmi les employés permanents du département des terres de la Couronne (47, V., c. 25, s. 17).

1414. Le commissaire a aussi le pouvoir de nommer des personnes, pour veiller à l'exécution de la présente section et de toute loi qui peut être passée à l'avenir, concernant la chasse en cette province, et leur assigner tout territoire ou toute division qu'il juge à propos, dans les circonstances.

Ces personnes se nomment gardes-chasse, et le commissaire peut, dans certains cas, restreindre à leur égard, ainsi qu'à l'égard des autres gardes-chasse sous son contrôle, les pouvoirs à eux conférés par la présente section (47, V., c. 25, s. 18).

1415. Toute personne n'ayant pas son domicile dans la province de Québec ou dans celle d'Ontario, ne peut, en aucun temps, faire la chasse en cette province dans le sens de la présente section, sans y être autorisée par un permis à cet effet suivant la formule D (47, V., c. 25, s. 19).

1416. Ce permis peut, sur paiement d'un honoraire de vingt piastres, être accordé par le commissaire à toute personne non domiciliée dans l'une des dites provinces, qui lui en fait la demande, et est valable pour toute une saison de chasse.

Il doit être contresigné par le surintendant de la chasse.

L'honoraire d'un tel permis n'est cependant que de dix piastres pour toute personne formant partie d'un club de chasse et de pêche, constitué dans la province sous l'autorité de la section deuxième, du chapitre cinquième du titre onzième des présents statuts refondus, concernant la protection du poisson et du gibier.

Toutefois, il est loisible au lieutenant-gouverneur, en conseil, d'accorder, dans des cas exceptionnels, des permis de chasse gratuitement, ou moyennant un honoraire moindre que vingt piastres.

Ces permis ne peuvent avoir l'effet de donner, dans aucun cas, droit au porteur d'iceux de tuer, en outre des animaux à fourrure et des oiseaux sauvages et autres oiseaux mentionnés aux articles 1399, 1400 et 1401, plus de trois caribous et quatre chevreuils, jusqu'au premier octobre 1890, et après cette date, plus de deux orignaux, trois chevreuils et deux caribous (47, V., c. 25, s. 20, et 50 V., c. 16, s. 12).

1317. Le commissaire peut accorder des permis par écrit suivant la formule D, de la présente section, à quiconque désire se procurer, *bona fide*, des oiseaux, des œufs ou des animaux à fourrure, pour des objets scientifiques, durant le temps de la prohibition, — et ces permis doivent être contresignés par le surintendant de la chasse.

Toute personne qui a obtenu un semblable permis, n'est passible d'aucune pénalité imposée par la présente section, pourvu qu'elle produise au département des terres de la Couronne, à l'expiration de son permis, une déclaration solennelle spécifiant l'espèce et la quantité des oiseaux, des œufs ou des animaux à fourrure qu'elle s'est ainsi procurés dans un but scientifique (47, V., c. 25, s. 21).

1418. Tout agent des terres ou des bois de la Couronne, et tout garde forestier nommés par le commissaire sont, pendant la durée de leurs fonctions comme tels, *ex officio* gardes-chasse pour la division confiée à leur surveillance respective, et ils n'ont droit à aucun salaire additionnel pour ce service (47, V., c. 25, s. 22).

1419. Tout garde-chasse doit, à la fin de chacun des mois de mars, juin, septembre et décembre de chaque année, transmettre au département des terres de la Couronne, un rapport de ses procédés pendant le quartier précédent, ainsi que des infractions à la loi de chasse parvenues à sa connaissace durant la même période (47, V., c. 25, s. 23).

1420. Le lieutenant-gouverneur, en conseil, peut, dans sa discrétion, défendre de chasser ou tuer aucun oiseau ou animal à fourrure, pour une période n'excédant pas cinq ans (47, V., c. 25, s. 24).

FORMULE A.

Je, soussigné, garde-chasse pour déclare que j'ai raison de soupçonner, et que je soupçonne que du (gibier tué ou pris durant le temps de la prohibition, ou des fourrures ou peaux hors de saison, etc., suivant le cas), est ou sont actuellement détenus et cachés (*désigner la propriété, l'occupant, etc., la localité*).

En conséquence, je demande qu'un mandat me soit accordé et délivré, pour faire les recherches et perquisitions nécessaires sur le dit (*désigner la propriété, etc., tel que ci-dessus*).

Déclaré solennellement devant moi, à
ce   jour de
A. D. 18   } X. Y., garde-chasse.

L. B.,
J. P.

47 V., c. 25, formule A., et 50 V., c. 16. ss. 9, 10 et 11.

FORMULE B.

Province de Quebec, }
Comté de   }

A tous et chacun des constables de comté de

Attendu que   , garde-chasse, pour a, aujourd'hui, déclaré solennellement devant moi, soussigné, qu'il a raison de soupçonner et qu'il soupçonne, que du (gibier, tué ou pris, durant le temps de prohibition, ou des fourrures ou peaux hors de saison, etc., suivant le cas), est ou sont actuellement détenus et cachés (*désigner la propriété, l'occupant, etc., la localité*).

En conséquence, il vous est, par les presentes, enjoint, au nom de Sa Majesté, de prêter assistance audit   , garde-chasse, et de l'aider avec diligence, à faire les recherches nécessaires pour découvrir le (*désigner le gibier, tué ou pris durant le temps de la prohibition, ou les fourrures ou peaux hors de saison, etc.,*) qu'il a raison de soupçonner et soupçonne être détenus et cachés, en la (*désigner la propriété, etc., etc., tel que ci-dessus*) et de délivrer, s'il y a lieu, lesdits (*gibier, etc., suivant le cas*) audit   garde-chasse, pour, par lui, être apporté devant moi, ou devant tout autre magistrat, afin qu'il en soit disposé suivant la loi.

Donné sous mon seing et sceau à
, comté de   , ce
jour de
A. D. 18 .

L. B.,
J. P.

[L. S.]

47 V., c. 25, formule B., et 50 V., c. 16, ss. 9, 10 et 11.

FORMULE C.

PERMIS DE CHASSE.

N°
.... 18
A (nom de la personne
à qui le permis est donné.)
Permis de chasse valable
jusqu'au
　　　　　　Jour de
　　　A. D. 18 .

(Signature),

　　　　　Commissaire

Honoraire $

| N°
| Permis à M.
| de
| de faire la chasse　　　　　, dans la province de
| Québec, conformément aux dispositions de la section
| huitième du chapitre sixième du titre quatrième des
| Statuts refondus de la province de Québec, concernant la loi de la chasse,
| du jour de　　　　　　　　　　　　　　　　. jusqu'au　　　　Jour de　　　　18 .
| (Signature)
| 　　　　Commissaire des terres de la Couronne.
| Honoraire $
| (Contresigné.)
| 　　　　(Signature)
| 　　　　Surintendant de la chasse.
| 47 V., c. 25, formule C.

FORMULE D.

Je soussigné, commissaire des terres de la Couronne, accorde, en vertu de l'article 1417, des Statuts refondus de la province de Québec à
de　　　　　　　　　　, permission de se procurer personnellement, pour des objets scientifiques, *bona fide*, des oiseaux (ou) des œufs (ou) des animaux à fourrure, etc., (*suivant le cas*) sans que le dit
soit passible d'aucune des amendes imposées par la section huitième, du chapitre sixième du titre quatrième desdits Statuts refondus concernant la loi de la chasse, mais à la condition qu'il se conforme aux exigences dudit article 1417.
Ce permis sera valable pour l'espace de　　　　　　　　　　　　mois.
En foi de quoi, j'ai signé le présent permis et je l'ai fait contresigner par surintendant de la chasse, ce　　　　　jour de　　　　　　dans l'année mil huit cent

　　　　　　　　　　　　　　　　(Signature).
　　　　　　　　　　　Commissaire des terres de la Couronne

Contresigné.
　　　(Signature).

　　　　　　　　　　Surintendant de la chasse.
　　　　　　　　　　46, V., c. 25, formule D.

§ 5. — 1. — *De la constitution des clubs en corporation.*

5493. Sur recommandation du commissaire des terres de la Couronne et sujet à l'honoraire à être fixé, le lieutenant-gouverneur peut conférer à tout nombre de pas moins de cinq personnes le demandant, une existence corporative constituant ces personnes et toutes les autres qui peuvent dans la suite devenir membres du club ainsi établi, une corporation ayant pour objet de lui permettre d'acquérir et de posséder les biens réels et personnels nécessaires et requis pour atteindre l'objet et les fins de l'association (48, V., c. 12 s. 1).

2. — Du but de ces clubs.

5494. Le but et la fin de ces clubs sont d'aider à faire observer les lois et les règlements concernant la protection du poisson et du gibier dans la province.

Chaque fois qu'il est démontré au lieutenant-gouverneur, en conseil, sur preuve satisfaisante et sur rapport à cet effet, qu'un club établi en vertu des dispositions de la présente section s'occupe de choses autres que les fins ci-dessus mentionnées, les pouvoirs conférés à ce club en vertu de l'article précédent lui sont révoqués (48, V., c. 12, s. 2).

3. — Dispositions diverses.

5495. Les membres de tout tel club peuvent adopter pour l'administration de leurs affaires les statuts, règles et règlements qu'ils jugent à propos.

Dès que ces statuts, règles et règlements ont été approuvés par le commissaire des terres de la Couronne, ils ont pleinement vigueur et effet (48, V., c., 12, s. 3).

5496. En tant qu'elles sont applicables, les dispositions de la loi concernant les compagnies à fonds social régissent les clubs formés et constitués en vertu de la présente section (48, V., c. 12, s. 4).

§ 6. — Tableau des temps de prohibition.

TEMPS DE PROHIBITION.

Chasse.

1. L'original et le caribou..................	Du 1er Février au 1er Septembre.
2. Chevreuil................................	Du 1er Janvier au 1er Octobre.

N. B. — Il est défendu de se servir de chiens, collets, trappes, etc., pour faire la chasse de l'original, du caribou et du chevreuil. Personne (blanc ou sauvage) n'a le droit, durant une saison de chasse, de tuer ou de prendre vivants plus de 2 orignaux, 3 caribous et 4 chevreuils. Pour en tuer un plus grand nombre, il faut avoir préalablement obtenu un permis du commissaire des terres de la Couronne, à cet effet.

Après les dix premiers jours de prohibition, il est défendu aux compagnies de chemins de fer et de bateaux à vapeur, ainsi qu'aux routiers publics, de transporter tout ou partie (à l'exception de la peau) de l'original, du caribou ou du chevreuil, sans autorisation du commissaire des terres de la Couronne.

3. Castor, vison, loutre, martre, pékan....	Du 1er Avril au 1er Novembre.
4. Lièvre..................................	Du 1er Février au 1er Novembre.
5. Rat-musqué (dans les comtés de Maskinongé, Yamaska, Richelieu et Berthier seulement)............................	Du 1er Mai au 1er Avril suivant.
6. Bécasse, bécassines, perdrix de toute espèce.................................	Du 1er Février au 1er Septembre.

7. Macreuses, sarcelles, canards sauvages de toute espèce................. (excepté harles (becs-scies), huards, goëlands.).........................	Du 15 Avril au 1ᵉʳ Septembre. *Et en aucun temps de l'année, entre une heure après le coucher et une heure avant le lever du soleil. Il est aussi défendu de se servir d'APPELANTS, etc., durant ces heures de prohibition.*
N. B. — Néanmoins dans les parties de la Province situées à l'est et au nord des comtés de Bellechasse et Montmorency, les habitants peuvent chasser *en toutes saisons* de l'année, mais pour leur nourriture seulement, etc., les oiseaux mentionnés au N° 7.	
8. Les oiseaux percheurs, tels que : les hirondelles, le tritri, les fauvettes, les moucherolles, les pics, les engoulevents, les pinsons, (rossignol, oiseau rouge, oiseau bleu, etc.), les mésanges, les chardonnerets, les grives, (merle, flûte des bois, etc.), les roitelets, le goglu, les mainates, les gros-becs, l'oiseau-mouche, les coucous, les hiboux, etc., excepté les aigles, les faucons, les éperviers et autres oiseaux de la famille des falconides, le pigeon-voyageur (tourte), le martin-pêcheur, le corbeau, la corneille, les jaseurs (récollets), les pies-grièches, les geais, la pie, le moineau, les étourneaux...........................	Du 1ᵉʳ Mars au 1ᵉʳ Septembre.
9. Enlever les œufs ou nids d'oiseaux sauvages............................	En tout temps de l'année.

N. B. — Amendes de $3 à $100, pour chaque infraction, ou emprisonnement à défaut de paiement.

Quiconque n'a pas son domicile dans la Province de Québec ou dans celle d'Ontario, ne peut, en aucun temps, faire la chasse en cette Province, sans y être autorisé par un permis du commissaire des terres de la Couronne. Ce permis n'est pas transférable.

§ 7. — Dans le Canada, le code de chasse contient des dispositions spéciales pour chaque province qui sont toutes indépendantes les unes des autres.

Ces actes du Parlement sont publiés dans chaque province, après avoir été imprimés par les imprimeurs du Gouvernement : on en trouve le recueil complet à Londres, au bureau du gouvernement de Canada.

Ces dispositions qui portent principalement sur les saisons où la chasse de tel ou tel gibier est prohibée dans telle ou telle province, sont, du reste, constamment modifiées.

Pour donner une idée de ces dispositions, nous citerons celles publiées en juillet 1890 (*Close season for game*) pour la province de *Manitoba* et le territoire du *Nord-Ouest*.

II. — *Province de Manitoba.*

Dans cette province le règlement (*Close season for game*) porte défense, en 1890, de chasser toutes les espèces de daims, y compris le cabri ou l'antilope, le cerf ou le wapiti, le renne ou le caribou et leurs faons du 1er janvier au 1er octobre.

Il défend la chasse de toutes les variétés de coqs de bruyère du 1er décembre au 1er septembre.

La chasse de la bécasse, du pluvier (excepté le pluvier doré), de la bécassine, et du vanneau, du 1er janvier au 1er août.

La chasse du canard, de la sarcelle, du cygne sauvage, ou de l'oie sauvage (excepté ceux de mer) du 1er mai au 15 août (en 1892 la date a été fixée au 15 septembre). La chasse de la loutre, du pêcheur, du castor, de la taupe, de la zibeline, du 15 mai au 1er octobre. La chasse de la martre, du 15 avril au 1er novembre.

Dans cette province, la chasse, la capture et la battue de n'importe quel gibier sont prohibées le dimanche.

L'emploi des pièges pour la capture des oiseaux sauvages, du coq de bruyère, etc., est défendu.

Les poules de prairies, les faisans et les perdrix ne peuvent être tués que pour l'usage personnel, et il est obligatoire, pour tout détenteur de fournir les preuves, constatant l'emploi de ce gibier, si elles sont requises.

La vente du coq de bruyère est sévèrement défendue, et il faut qu'une déclaration, indiquant que ce gibier n'est pas destiné à la vente, accompagne toutes les expéditions par wagon ou camion.

L'exportation de Manitoba, de toutes les bêtes dénommées ci-dessus est défendue à toute époque de l'année.

Toutes les personnes domiciliées hors de Manitoba, doivent se procurer un permis pour avoir le droit de chasser dans cette province.

Ce dernier peut s'obtenir du département de l'agriculture à Winnipeg. — L'hôte d'un résident peut obtenir un permis, libre de droit, pour une période de trois jours. Les contraventions à ce règlement sont punies par condamnation sommaire, sur l'instruction de la plainte portée devant le magistrat de Police.

III. — *Territoire du Nord-Ouest.*

Des dispositions prises à la même date de 1890 portent, pour le territoire du Nord-Ouest, que la chasse du cerf, du renne, de l'antilope, du chevreuil et de leurs faons, du mouton ou de la chèvre de montagne, et du lièvre est défendue du 1ᵉʳ février au mois de septembre.

Il est défendu de chasser le pluvier et la bécassine, du 1ᵉʳ mai au 15 août (en 1892, du 5 mai au 1ᵉʳ septembre). La chasse du coq de bruyère, de la perdrix, du faisan et de la poule de prairie est défendue du 1ᵉʳ février au 1ᵉʳ septembre.

Celle de toutes les espèces de canards et des sarcelles, du 15 mai au 15 août.

Celle de la martre, du 15 avril au 1ᵉʳ novembre.

Celle de la loutre, du castor, du pêcheur, du vison, du 15 mai au 1ᵉʳ octobre.

Celle de la taupe, du 15 mai au 1ᵉʳ novembre.

Cette disposition porte, en outre, que personne n'aura la permission, à aucune époque de l'année de déranger, nuire, cueillir ou enlever les œufs des oiseaux dénommés ci-dessus.

Elle défend l'usage des pierriers, des fusils installés en pièges, des pontons sous-marins, de l'éclairage de nuit, pour la capture ou la battue des cygnes, des oies et des canards, ou tout autre oiseau sauvage.

Elle prohibe l'emploi de la nourriture trempée dans l'opium, dans l'alcool ou dans tout narcotique, pour faire des amorces destinées à la capture de toutes espèces d'oiseaux sauvages, l'oie exceptée.

L'exportation en dehors du territoire du Nord-Ouest, des grouses, perdrix, faisans, poules d'eau, élans, mooses, rennes, antilopes, ou de leurs faons est prohibée.

IV. — *Ontario.*

Le *Close season game act* de 1892, pour la province d'Ontario, porte que le daim, l'élan, le moose, le caribou, ne peuvent être chassés tués ou pris, entre le 20 novembre et le 15 octobre. Mais qu'aucun moose, élan et caribou ne pourra être chassé, tué ou pris avant le 15 octobre 1895. La section 17 porte que dans les années antérieures à 1895 chaque chasseur ne peut prendre ou tuer plus de cinq daims et que chaque association de chasseurs ne peut en tuer plus de huit. — Le grouse, le coq de prairie, le faisan, la perdrix, ne peuvent être tués ou chassés entre le 1ᵉʳ janvier et le 1ᵉʳ septembre. La caille et le dindon sauvage, entre le 15 décembre et le 15 octobre. La bécasse, entre le 15 janvier et le 15 août. — La bécasse, le râle, le pluvier doré, entre le 1ᵉʳ janvier et le 1ᵉʳ septembre. Le cygne et l'oie sauvage, entre le 1ᵉʳ mai et le 1ᵉʳ septembre. — Le canard et tous les oiseaux aquatiques sauvages, du 1ᵉʳ janvier au 1ᵉʳ septembre. Le lièvre, entre le 15 mars et le 1ᵉʳ septembre.

On ne peut posséder, vendre et acheter ces animaux en temps défendu.

« Les nids et couvées sont protégées en tout temps.

Les filets, pièges, trappes sont défendus ainsi que les huttes, et on ne peut user que du fusil.

Le castor, le rat musqué, le vison, la zibeline, la martre, la loutre, le martin-pêcheur, ne peuvent être tués ou possédés entre le 1ᵉʳ mai et le 1ᵉʳ novembre.

Les délits sont punis de l'amende, et de la confiscation du gibier.

Il est défendu de chasser sur les terres des autres sans le consentement du propriétaire ou de l'occupant.

Le poison et les substances venimeuses sont prohibés.

L'exportation du gibier est défendue dans le temps où la chasse n'est pas permise : il en est de même pour les carcasses et les peaux.

On ne peut chasser le daim avec des chiens, du 1ᵉʳ novembre au 15 octobre.

Jusqu'en 1895, personne ne peut tuer ou chasser le daim à moins de résider actuellement ou d'être domicilié dans la province d'Ontario ou de Québec, depuis au moins trois mois, sous peine de $ 20 au maximum et de 10 au minimum, sans compter les frais de poursuite pour chaque animal tué, pris ou chassé, et à défaut de payement d'un emprisonnement ne pouvant excéder six mois.

Les oiseaux insectivores sont protégés ainsi que leurs nids et couvées.

V. — *Colombie.*

Voici pour la Colombie l'extrait de la loi, contenant les dispositions pour la protection du gibier, modifiées jusqu'à la date actuelle (1891).

§ 3. Il est défendu de chasser, prendre, tuer, tirer, blesser, en tout temps, la femelle de l'élan, et la poule faisane ; il est défendu de chasser la nuit les animaux et les oiseaux dénommés ci-après, et ce à certaines époques : 1° le *daim*, *l'élan*, le *renne*, le *caribou*, le *bouqueton* et le *lièvre*, entre le 20 décembre et le 15 août ; 2° le *coq de bruyère*, la *perdrix*, le *coq des prairies*, la *caille* de Virginie et de Californie, le *rouge-gorge* et l'*alouette des champs* ou tout autre oiseau connu dans la Colombie anglaise sous ces noms, entre le 1ᵉʳ février et le 1ᵉʳ septembre ; le *coq faisan*, entre le 1ᵉʳ février et le 1ᵉʳ octobre.

— Sur la terre attenante de la Colombie anglaise, il est défendu de tuer, capturer, prendre au piège ou détruire d'une manière quelconque le coq faisan avant le 1er septembre 1894 (les rouges-gorges ou les oiseaux connus sous ce nom peuvent être détruits dans un fruitier ou jardin à toute époque); 3° le *canard* sauvage, entre le 1er mars et le 1er septembre.

§ 4. Personne ne peut, en aucun temps, acheter, vendre, offrir ou exposer en vente un faisan, un faon ou daim, ayant moins de douze mois, ou une daine quel que soit l'âge, jusqu'au 1er septembre 1894.

§ 6. Personne ne peut acheter, vendre ou avoir en sa possession, un de ces animaux soit entier, soit en morceaux, pendant la période où ils sont protégés, si ce n'est pendant les trois jours, à compter du commencement des périodes où la protection a lieu. Les possesseurs de ces animaux ou oiseaux doivent alors fournir les preuves de l'époque où ils ont été tués ou pris.

§ 7. Il est défendu de tuer une mouette dans les ports de Victoria, Esquimault, New Westminster, Nanaimo ou Vancouver ou dans une branche, lagune, lac, gué, rivière ou anse faisant suite ou étant un affluent desdits ports.

§ 8. Il est défendu de tuer le daim en tout temps dans cette province seulement pour leurs peaux.

§ 9. Tout fermier peut tuer en tout temps sur les champs cultivés, dont l'usufruit lui appartient, le daim trouvé y pâturant.

§ 10. Il est défendu de chasser, prendre, tuer, tirer, blesser, dresser des engins de capture, en tout temps, pour le merle, la grive, le linot, le pinson ou l'alouette des champs.

§ 11. Il est défendu de prendre ou détruire d'une manière quelconque ou d'acheter, vendre, ou offrir, ou exposer en vente les oiseaux qui subsistent principalement des insectes nuisibles ainsi que les œufs desdits oiseaux, du 1er février au 1er septembre de chaque année sous la pénalité de 50 dollars.

§ 12. Les œufs des oiseaux, dénommés dans cette loi, ne peuvent être ni pris, ni détruits, ni trouvés en la possession de quiconque à aucune époque.

§ 14. Le fait de poursuivre volontairement, prendre, courir ou tuer avec des chiens les animaux et les oiseaux, dénommés dans cette loi, pendant les époques où ils sont protégés, est une infraction, punie d'une amende, ne pouvant dépasser de 250 dollars, ou de l'emprisonnement ne dépassant pas 20 jours. Le daim ne peut être poursuivi avec les chiens en aucun temps; cette disposition n'est pas appliquée dans la partie de la province de l'est de la chaîne des montagnes de Cascade.

§ 15. Les animaux et les oiseaux dénommés dans cette loi ne peuvent être ni chassés avec des trappes, ni pris avec des filets, pièges, trébuchets, amorces ou autres engins semblables. Ces engins peuvent être détruits sans qu'aucun risque soit encouru, quand on les trouve.

§ 16. Le secrétaire de la Province peut autoriser par écrit une personne quelconque à capturer ou avoir en sa possession de ces oiseaux, et à prendre leurs œufs, dans le but de reproduire et d'acclimater la race.

§ 17. Toute infraction à cette loi, si elle a été prouvée, sera passible de la pénalité suivante pour chaque cas séparé : Pour les cas prévus aux nos 1 et 2, en ce qui touche les animaux, les oiseaux et les œufs, par la confiscation, par une amende ne dépassant pas 25 dollars, mais ne pouvant être moindre de 10 dollars et par le paiement des frais du procès ou par l'emprisonnement ne dépassant 30 jours et ne pouvant être moindre de 5 jours.

§ 19. La moitié du produit de l'amende sera attribué au dénonciateur.

§ 20. Aucun individu, ni compagnie de chemin de fer, de bateaux à vapeur, ou tout autre compagnie de transit ne peut, à une époque quelconque, acheter ou avoir en sa possession, dans le but d'exporter de cette province, les animaux ou les oiseaux, dénommés dans cette loi, soit en entier ou en partie, sous peine d'encourir une pénalité, qui ne peut dépasser 100 dollars, et être moindre de 25 dollars pour chaque cas de contravention.

Permis pour les personnes non domiciliées dans la province.

§ 9. Les personnes qui ne sont pas domiciliées dans cette province, autres que les officiers et soldats de l'armée et de la marine régulière de Sa Majesté, ou des corps permanents de la milice canadienne, à l'époque de leur service actif dans cette province, ne peuvent en aucun temps poursuivre, tuer ou enlever sur le territoire de la Colombie les animaux, dénommés dans le paragraphe suivant, sans y être autorisées par un permis délivré à cet effet.

§ 10. Ce permis peut être délivré par un agent de gouvernement dans cette province contre paiement de 50 dollars, et sera valable seulement pour la saison de chasse, pour laquelle il a été délivré ; il ne donnera, dans aucun cas, le droit au porteur de tuer, en outre des oiseaux dénommés dans le chapitre 15 de l'ordonnance de 1887, plus de dix daims, deux mâles de l'élan, huit moutons de montagne, huit chèvres de montagne, cinq caribous (cerf canadien) et trois rennes.

§ 11. Toute personne enfreignant les dispositions des deux paragraphes précédents sera passible, pour chaque contravention, d'une amende ne dépassant pas 250 dollars, et qui ne sera pas inférieure à 50 dollars, et de plus du paiement des frais du procès ; pour chaque contravention au paragraphe 9, ladite amende sera ajoutée à la somme, due pour le permis. Tous les animaux ou partie des animaux, tués ou pris contrairement aux dispositions de la loi, seront sujets à la confiscation. (Modification à la loi de protection du gibier de 1890.)

VI. — *New-Brunswick.*

Dans le New-Brunswick, on ne peut prendre, détruire, tuer ou chasser avec des chiens le moose, le caribou, le daim, entre le 15 janvier et le 31 août.

La loutre, la martre, la zibeline, le castor ne peuvent être chassés ou détruits entre le 1er mai et le 1er septembre.

La perdrix, entre le 1er décembre et le 15 septembre.

La bécasse, entre le 1er décembre et le 1er septembre.

La bécassine, entre le 1er mars et le 15 septembre.

La mouette de mer est protégée.

On ne peut chasser qu'au fusil.

Les petits oiseaux et les oiseaux chanteurs sont protégés toute l'année et ne peuvent être tués qu'avec une permission pour les études d'histoire naturelle.

Les nids et les couvées des oiseaux sont protégés.

Ceux qui n'habitent pas dans la Province, doivent pour chasser obtenir une licence du secrétaire provincial. Cette licence est de $ 20.

Il est défendu de chasser le dimanche.

L'exportation du gibier est défendue. — Loi de 1888.

VII. — *Nova Scotia*.

Dans la province de Nova Scotia, le caribou ne peut être chassé qu'entre le 15 septembre et le 31 janvier. On ne peut tuer le castor pendant les mois de novembre, décembre, janvier, février et mars, ni les lièvres et les lapins, entre le 1er mars et le 1er octobre. La loutre, entre le 1er mai et le 1er novembre ; le coq de bruyère, entre le 1er janvier et le 1er octobre ; la bécasse, la bécassine, ou la sarcelle, entre le 1er mars et le 20 août ; le canard sauvage bleu, pendant les mois d'avril, mai et juin.

Les petits oiseaux sont protégés, ainsi que les nids et les couvées des oiseaux. — Les personnes qui ne résident pas dans l'État ne peuvent chasser sans une licence qui est de $ 30, pour l'élan, et de $ 10, pour les oiseaux. La licence est valable pour un an.

L'exportation du caribou et des autres gibiers est défendue.

VIII. — *Albany*.

Dans l'Albany, la législation est celle des autres provinces. Toutefois le bureau de l'Assemblée chargé, en 1892, de la législation sur la chasse, a rapporté le *De Peyter's bill*, défendant de poursuivre, chasser et tuer les oiseaux sauvages au moyen de yachts à vapeur, et le *Steven's bill*, amendant la loi forestière qui défend de chasser dans les forêts réservées.

L'Assemblée a aussi mis de côté le *Mc Adam's bill*, qui défendait de chasser et de tuer les canards et les oies dans la province.

INDE.

Règlements de la chasse dans l'Inde : Act VI, du règne de Victoria, de 1879. — Act XX, du même règne, de 1887. —Act XI, du 21 mars 1890.

Règlements de la chasse dans l'Inde.

Les animaux sauvages, autrefois très nombreux dans les Indes, diminuent peu à peu et tendent, pour certaines espèces, à disparaître.

Les causes de cette diminution et de cette disparition se trouvent dans l'accroissement des terres cultivées; dans l'abattage des forêts qui a fait disparaître les troupeaux de daims et d'antilopes; dans la mesure adoptée par le gouvernement de l'Inde, qui consiste à donner des récompenses pécuniaires pour la destruction des bêtes fauves et des serpents venimeux, puis enfin dans l'ardeur des chasseurs qui mettent leur amour-propre à détruire le plus possible.

Le cultivateur indien a l'amour du sol. Et le gouvernement anglais favorisant cette passion, l'encourage à détruire les bêtes féroces : aussi voit-on dans les bureaux de l'administration et à l'entrée de tous les marchés publics, la table des primes offertes pour chaque tête de tigre ou d'animaux dangereux détruits.

Ces primes s'élèvent même à des sommes souvent énormes : ainsi en 1886, le gouvernement a payé 189.006 roupies pour la destruction d'animaux de tout genre. Pour cette année, le nombre des victimes humaines faites par les bêtes féroces s'était élevé à 2.707, et le bétail tué à 55.203 têtes. Les animaux détruits s'élevaient au chiffre de 22.417, et comprenaient 7 éléphants, 1.464 tigres, 4.051 léopards, 1.668 ours, 6.725 loups, 1.650 hyènes, 6.852 divers.

Les animaux nuisibles dont on encourage la destruction au Bengale sont : le chacal, qui fait de grands ravages dans ce pays, le sanglier, le buffle, le crocodile, le chien enragé, le bœuf, le cochon, le scorpion, le requin, la taupe, la guêpe et le koïa.

A Madras, le sanglier, le bison, le chacal, le crocodile.

A Bombay, le scorpion, le chien enragé, le chameau, le chalac, le sanglier, le chien errant, le taureau.

Les règlements de la chasse dans l'Inde se trouvent dans *l'Act* VI du règne de Victoria de 1879 et dans *l'Act* XX du même règne en date de 1887.

Dans la loi générale, la protection donnée à l'éléphant devient une préoccupation d'État. Cette loi protège aussi le paon qui est regardé comme un oiseau sacré et interdit de chasser dans les alentours des pagodes. Du reste, les deux *Acts* sus-mentionnés suivent dans leurs grandes lignes les *Acts* analogues promulgués en Angleterre.

Ils fixent une époque pour l'ouverture et la clôture de la chasse, mais ils laissent aux gouverneurs des différentes provinces le droit de déterminer les animaux qui doivent être protégés.

Ils interdisent absolument la capture des oiseaux insectivores, protégeant ainsi les récoltes contre les parasites. Le corbeau de l'Inde bénéficie de cette clause protectrice, car il se nourrit de sauterelles; il en est de même des aigrettes, des poddos, du gobe-mouches, grands destructeurs de chenilles; protection d'autant plus nécessaire que le plumage de ces oiseaux étant très beau, la recherche qu'en font les marchands européens menace d'en éteindre l'espèce.

Ces oiseaux au beau plumage disparaissent du reste peu à peu : la perdrix noire (franco linus vulgaris), le lophophore, l'euplocome, autrefois très nombreux dans les vallées de l'Himalaya, ne se trouvent plus que rarement. Il en est de même de l'éperonier ou paon des bois, du faisan du Matoura (Euplocamus Horsfieldi) qui se trouvaient dans les jungles du Bengale oriental. Le coq de la jungle ou coq Bankiva (gallus ferrugineus) diminue aussi, et cela se comprend, car le gibier à plume qui se reproduisait dans l'Inde ne jouit, pour ainsi dire, d'aucune trêve pendant les douze mois de l'année.

L'oiseau de passage est abondant dans ces contrées; toutefois, il quitte l'Inde avant la fin de la saison froide, et les grives, les oies sauvages, les canards, les macreuses, les sarcelles fuient par millions vers le sud dès le mois d'octobre.

La bécassine se rencontre très nombreuse dans toutes les provinces, de septembre à la fin de février, puis disparaît en mars.

La nouvelle loi préparée par lord Dufferin permet aux gouverneurs locaux d'étendre la protection édictée pour le gibier à plume à d'autres animaux. Ainsi on protège le nilghau et l'antilope.

Il y a plus de dix ans, le vice-roi avait déjà pris des mesures de protection en faveur de l'éléphant sauvage, affirmant, en outre, le droit du gouvernement à la propriété de tous ceux qui pouvaient être capturés soit par ses propres agents, soit par des chasseurs autorisés.

Le gouvernement intervint et une loi fut promulguée protégeant l'éléphant contre les chercheurs d'ivoire, et imposant aux chasseurs de profession l'obligation de prendre un permis qui réservait au gouvernement le droit de prélever sur l'ensemble d'une capture les meilleurs sujets pour les besoins du commissariat militaire, et pour tout autre service administratif (1).

(1) Le sport et les lois sur la chasse dans l'Inde (*Revue Britannique*), novembre 1888.

ESPAGNE.

I. Ordonnance de 1772. Ordonnance de 1804. Loi de 1856 : — Lois décrets, et ordonnances de 1870. — II. Loi de 1879. Ordonnance de 1880 et circulaire de 1881. — III. Code pénal de 1870. — IV. Chasse à courre. — V. Cuba, Porto-Rico et Andorre.

Les anciens États et les provinces, dont est formée la monarchie espagnole actuelle, étaient régis par des lois ou *fueros provinciaux*, qui leur étaient propres.

Le premier recueil de ces lois remonte au VIIe siècle : ces sources anciennes et nombreuses constituèrent le droit commun (Derecho comun), dont les principes généraux sont encore appliqués dans le pays.

Malgré la répugnance des provinces à accepter une législation uniforme, ces vieux usages tendent cependant à disparaître et, obéissant au mouvement général suivi par tous les États de l'Europe, l'Espagne, depuis 1829, a fait de nombreux efforts, pour codifier ses lois.

La loi du 10 janvier 1879, sur la chasse (Ley de caza) est un des résultats de ces tentatives. Jusqu'à l'année 1837, le droit de chasse avait été soumis au régime féodal, variant suivant les provinces et ce n'est qu'à cette époque que commencent à être abolis les privilèges restrictifs et prohibitifs qui pesaient sur ce droit.

Du reste, aujourd'hui, on retrouve dans la nouvelle législation, certaines dispositions qui se ressentent du régime féodal, mais on peut constater l'immense progrès qui a été accompli, si l'on examine la législation qui régissait le droit de chasse dans le passé et l'on remarquera que certaines des règles encore aujourd'hui appliquées en cette matière ont pris naissance en Castille.

C'est de ce centre, siège de la monarchie, que partira en 1617 et en 1622 le mouvement législatif, de même que la coutume de Paris a pris naissance dans l'île de France.

1. — *Ordonnance de 1772.*

L'ordonnance de 1772 fut, pour la chasse, en Espagne, la première tentative d'unification des lois.

Son but était de coordonner tout ce qui avait été établi jusque-là sur cette matière.

Cette ordonnance interdisait la chasse des perdrix mâles ou femelles faite à l'aide d'appelants vivants; elle prohibait l'emploi des lacs, lacets, trébuchets, filets et de tous autres engins, pièges et moyens illicites; faisant, toutefois, exception pour les oiseaux de passage qui pouvaient être pris par tous les moyens possibles.

— *Ordonnance de Charles IV du 3 février 1804.*

Charles IV, qui avait pour la chasse un amour immodéré, s'efforça de mettre un terme aux abus qui s'étaient produits, en édictant, le 3 février 1804, une ordonnance générale sur la chasse et la pêche.

Les principales dispositions de cette ordonnance étaient relatives à l'établissement des *Veda*, c'est-à-dire à la fixation du temps pendant lequel la chasse était prohibée. La défense de chasser commençait le 1er mars et se terminait au 1er août ou au 1er septembre suivant les régions.

Cette ordonnance contenait, aussi, des dispositions pour empêcher la chasse en dehors du temps prohibé, pendant les temps de neige ou de tempête; elle en contenait d'autres relatives à l'emploi des armes à feu, durant la période où la chasse était défendue, ne permettant le port d'arme que lorsque l'on était muni d'une autorisation spéciale ou lorsque l'on était en voyage.

D'après cette ordonnance, pouvaient seulement chasser avec une arme à feu et des chiens, les nobles, les gens d'Église et les personnes honorables (Honradas).

Ce droit était refusé aux ouvriers et aux artisans, auxquels cependant, à titre de dédommagement, on accordait la permission de chasser les dimanches et les jours de fêtes légales.

La chasse aux chiens courants n'était permise qu'en dehors du temps prohibé; dans les vignes, la prohibition se prolongeait jusqu'à la fin de la récolte.

Dans les environs de Madrid et des résidences royales, ce genre de chasse ne pouvait être pratiqué que par ceux qui justifiaient être propriétaires ou personnes de distinction, et qui étaient en outre munis d'une licence délivrée par la chambre de justice du Conseil royal : licence qui se payait 300 réaux (1).

Sous Joseph Bonaparte, les Cortes, en vertu de plusieurs lois abolirent ces privilèges féodaux (2); mais ils furent rétablis lors du retour de Ferdinand VII et restèrent en vigueur jusqu'au décret royal du 3 mai 1834 qui lui-même a été remplacé par le décret du 20 janvier 1837.

— *Loi du 9 juillet 1856.*

Le 9 juillet 1856 était promulguée une loi sur les privilèges relatifs à la chasse et à la pêche contenant les quatre articles suivants :

Art. 1er. — En vertu des dispositions contenues dans les articles 7 et 8 de la loi du 6 août 1811, confirmées par la loi du 13 juillet 1813 et du 3 mai 1823, loi rétablie par décret des Cortes, en date du 20 janvier 1837, et qui déclare abolir les privilèges dits restrictifs et prohibitifs en matière de chasse et de pêche, privilèges dont l'origine est seigneuriale, le gouvernement prescrira les dispositions nécessaires pour faire bénéficier effectivement les communes et les particuliers des lois précitées, sans préjudice de l'indemnité à laquelle ont droit, en vertu des mêmes lois, les personnes qui se prétendraient lésées.

Art. 2. — Le gouvernement veillera également à l'exacte observation du décret royal du 3 mai 1834 qui, tant que l'on n'en prescrira pas d'autres, fixe la police et autres règles pour l'exercice de la chasse et de la pêche, en ce qui concerne les communes et les particuliers (3).

Art. 3. — La connaissance des incidents auxquels donnera lieu l'observation ou l'inobservation de ce qui est prescrit par l'article précédent, appartiendra aux autorités gouvernementales, sauf, au besoin, les recours contentieux-administratifs, et ceux qui, par leur nature, relèvent des tribunaux.

Art. 4. — La juridiction ordinaire continuera à connaître des questions qui, en cette matière lui appartiennent en vertu des lois de 1811, 1813 et 1823.

— *Loi de finance du 21 juillet 1876.*

Parmi les pouvoirs accordés au gouvernement par la loi de finance du 21 juillet 1876, on lit à l'article 9 : Le gouvernement est autorisé...... 7° à réformer les droits de licence de chasse et de

---

(1) Monnaie d'Espagne : le réal de billon vaut 27 centimes, celui d'argent vaut le double. Ils représentent 1,20 et 1,10 de piastre.
(2) *Histoire d'Espagne* de Romey.
(3) Ces dispositions sont celles que l'on retrouve dans la loi du 10 janvier 1879.

port d'arme et à adopter, en même temps les autres dispositions d'ordre administratif nécessaires pour concilier les intérêts du Trésor avec l'intérêt public.

— *Décret royal du 10 août 1876.*

En vertu de ces pouvoirs était rendu le 10 août 1876 un décret royal, édictant des dispositions pour l'usage des armes et pour l'exercice légal de la chasse et de la pêche.

Ce décret est ainsi conçu :

« En vue d'unifier les dispositions relatives au port d'armes et à l'exercice légal de la chasse et de la pêche, dispositions établies à différentes époques et avec des tendances diverses, et en vue d'harmoniser lesdites dispositions avec ce que prescrit la loi de finance relativement au payement de l'impôt afférent auxdites autorisations; d'accord avec le conseil des ministres et sur la proposition du Ministre de l'Intérieur, Nous avons décrété ce qui suit :

Art. 1er — Personne ne pourra faire usage d'armes, quelle que soit leur nature, ni s'abandonner à l'exercice de la chasse ou de la pêche, sans avoir obtenu la licence correspondante délivrée par l'autorité compétente, dans les conditions prescrites par le présent décret.

Art. 2. — Il appartiendra aux gouverneurs, sous leur responsabilité, après avoir pris les renseignements jugés nécessaires, et en se conformant à ce que les lois ordonnent particulièrement, de concéder des licences pour l'usage des armes destinées à la chasse ou la pêche.

Art. 3. — Il y aura six classes de licence :

1re Classe. — Pour user des armes de toute nature.

2e Classe. — Pour user des armes à feu en vue de la défense de la propriété rurale.

3e Classe. — Pour user d'armes à feu de poche, pistolet ou revolver, en vue de la défense personnelle, en dehors des lieux habités.

4° Classe. — Pour user d'armes de la même classe et dans le même but, dans des lieux habités.

5e Classe. — Pour user des armes de chasse pour chasser.

6e Classe. — Pour pêcher dans les cours d'eau, lagunes, étangs et mares.

Art. 4 — *Pourront obtenir les licences de la 1re classe tous les Espagnols majeurs de vingt-cinq ans :* chefs de famille payant à l'État une part quelconque des contributions directes.

Sauf, toutefois, ceux qui ont été poursuivis criminellement et ceux qui ont été condamnés.

Art. 5. — Pourront obtenir des licences de la 2e, 3e et 4e classe, tous les Espagnols majeurs de vingt ans, à moins qu'ils ne rentrent dans les exceptions prévues dans l'article précédent.

Art. 6. — Pourront obtenir les licences de la 5e classe :

1° Ceux qui sont aptes à obtenir les licences des 4 classes qui précèdent.

2° Les jeunes gens âgés de moins de vingt ans et de plus de quinze ans, que leurs pères et leurs tuteurs cautionnent, par écrit, devant l'autorité.

Art. 7. — Pourront obtenir la licence de 5e classe tous les Espagnols sans exception.

Art. 8. — Toute concession ou tout refus de licence de port d'armes de chasse ou de pêche seront précédés d'une requête rédigée sur papier au timbre proportionnel.

Cette requête, après avoir été admise par le gouverneur et portée sur le registre spécial des licences, demeurera dans les archives du gouvernement de la province.

Art. 9. — Les gouverneurs civils pourront accorder aux fonctionnaires, en activité, de l'administration de l'État, de la province ou de la commune, l'autorisation d'user d'armes de toutes classes, quand ils seront appelés à garder ou à escorter les services publics ou quand le service le réclamera.

Ces autorisations ne seront pas valables en dehors du service, et prendront fin avec lui.

Art. 10. — Les alcades des communes, à condition d'en informer les gouverneurs, lorsqu'il sera nécessaire de convoquer des milices, de poursuivre des malfaiteurs, ou de conduire des prisonniers, auront également le pouvoir de concéder l'usage des armes de toutes classes aux personnes qui fournissent ces services, mais seulement pour la durée de ces services.

Art. 11. — Les membres du corps de l'ordre public, les gardes municipaux, les gardes spéciaux pourront faire usage des armes blanches et de guerre avec l'autorisation des pouvoirs civils.

Art. 12. — Lorsque les provinces sont déclarées en état de guerre, les autorités militaires, si elles le jugent nécessaire, viseront toutes les licences de port d'armes expédiées par les gouverneurs civils.

Art. 13. — Dans les cas extraordinaires et pour des motifs d'ordre public, les gouverneurs des provinces auront la faculté de suspendre toutes les licences de port d'armes antérieurement concédées.

Art. 14. — Les licences que visent ce décret seront personnelles et intransmissibles.

Art. 15. — Seront considérés comme ayant enfreint les dispositions contenues dans le présent décret :

Ceux qui, sans être pourvus de licence, font usage d'armes, chassent ou pêchent.

Ceux qui font usage d'une licence qui ne leur appartient pas.

Ceux qui sans être pourvus de l'autorisation de la 4e classe, pour faire usage des armes, se servent des armes blanches ou de guerre.

Ceux qui étant seulement pourvus d'une licence de la seconde classe font usage des armes en dehors de la propriété pour la protection de laquelle la licence a été accordée.

Ceux qui étant munis d'une licence d'armes de poche pour en faire usage en dehors des centres habités, s'en servent dans les centres habités.

Ceux qui chassent en temps prohibé ou chassent les oiseaux expressément protégés.

« Ceux qui auront chassé à l'aide de furet, de lacets ou quelque autre moyen illicite.

Ceux qui pour pêcher empoisonneront ou troubleront les eaux ou emploieront des mèches ou des cartouches de dynamite.

ART. 16. — Ceux qui auront commis l'une quelconque des cinq premières infractions mentionnées dans l'article précédent auront leurs armes et leurs appareils de pêche confisqués; les licences leur appartenant ou appartenant à autrui et dont ils auront fait usage seront annulées, et on prononcera contre eux une amende équivalente au double de la valeur de la licence dont ils auraient dû être pourvus pour être en règle vis-à-vis de la loi.

Ceux qui auront commis une des trois dernières infractions contenues dans l'article précédent, auront également leurs armes et engins de de pêche confisqués; verront annuler les licences dont ils auront fait usage, qu'elles leur appartiennent en propre ou à autrui, et seront condamnés à une amende laissée à l'appréciation du juge, mais qui toutefois ne sera ni inférieure à 40 pesetas ni supérieure à 160.

En cas d'insolvabilité, la peine de l'emprisonnement sera subsidiairement appliquée.

» Ceux qui commettront, à nouveau, les infractions prévues dans l'article 15, seront, pour les cinq premières infractions, considérés comme ayant frustré le trésor public; et, pour les trois dernières, comme ayant enfreint les ordonnances sur la chasse et la pêche; par suite, ils seront soumis aux tribunaux compétents.

ART. 17. — Les licences d'armes de chasse et de pêche auront la forme de coupons à souche, de couleur différente, suivant les classes; elles seront valables pour un an et fabriquées avec toutes garanties nécessaires, dans la fabrique nationale du papier timbré.

ART. 18. — Ces licences seront uniquement délivrées dans les administrations financières des provinces et coûteront :

    Celles de la 1re classe.................... 80 pesetas.
    Celles de la 2e classe.................... 5 pesetas.
    Celles de la 3e classe.................... 20 pesetas.
    Celles de la 4e classe.................... 30 pesetas.
    Celles de la 5e classe.................... 20 pesetas.
    Celles de la 6e classe.................... 5 pesetas (1).

ART. 19. — Les autorités et les délégués, principalement la gendarmerie, tiendront la main à la stricte observation de ce que prescrit la

---

(1) Les licences se rédigeront sur le papier timbré correspondant, suivant l'échelle suivante :

1° De 25 pesetas pour celle de chasse.
2° De 10 pesetas pour celle de port d'armes.
3° De 5 pesetas pour celle de pêche.
(Loi du timbre et du sceau du 31 décembre 1881, art. 71).

présente loi, et ne souffriront que nul ne se serve d'armes, ne chasse ou ne pêche sans être muni de la licence appropriée, dont ils auront la faculté d'exiger la présentation aussi souvent qu'ils le jugent nécessaire.

Art. 20. — Sont abrogées, toutes les dispositions édictées jusqu'à la présente date, en ce qui concerne la délivrance de licence et de port d'armes, de chasse ou de pêche.

ARTICLES ADDITIONNELS.

1° Les licences délivrées antérieurement à la publication du présent décret sont déclarées nulles à l'échéance de leur terme si elles ont été délivrées moyennant finance; et le lendemain, du jour de la publication du présent décret, si elles ont été délivrées gratuitement.

2° A partir de la date du présent décret jusqu'au jour où les coupons à souche seront disponibles dans les administrations financières, les gouverneurs civils pourront délivrer des licences conformément à ce qui est prescrit à la présente date et en les délivrant sur du papier timbré d'un prix équivalant audit talon à souche, suivant les classes.

3° Le Ministre de l'Intérieur, d'accord avec celui des Finances, adoptera les mesures nécessaires pour la prompte et facile expédition des coupons de licences et pour l'exécution du présent décret.

Donné à Saint-Ildefonse, le 10 août 1876.

— *Ordonnance royale du 2 août 1876 établissant des règles et dispositions pour demander et obtenir les licences de port d'arme de chasse et de pêche.*

En vue d'une exacte exécution du décret royal sur la concession des licences de port d'armes, chasse et pêche, décret publié à la *Gaceta* du 14 du présent mois, S. M. le Roi (Q. D. G.), d'accord avec l'avis exprimé par le Ministre des Finances, a bien voulu prescrire les dispositions suivantes :

1° Dans les gouvernements civils seront ouverts des livres registres sur lesquels on mentionnera les licences accordées, les classes auxquelles elles correspondent, les noms et domiciles des personnes auxquelles elles ont été délivrées.

2° Les personnes qui désirent obtenir une licence d'une des classes quelconque contenues dans le décret précités présenteront, avec leur requête écrite, la *cedula personal*, conformément à ce qui est prescrit dans l'article 2 de l'instruction royale sur l'impôt des cédules du 1er juillet dernier. Il est entendu que si cette disposition n'est pas observée, il ne pourra être délivré de licence.

3° Les gouverneurs adresseront, tous les quinze jours, au commandant de la garde civile, une liste précise des licences délivrées par eux, afin que les membres de ce corps aient connaissance des personnes ayant obtenu lesdites licences.

4° Le dernier jour de chaque mois, les gouverneurs adresseront au Ministre des Finances un état du nombre et classe de licences accordées durant ledit mois.

Les talons à souche, qui doivent être fabriqués et mis en vente, seront aussi adressés par les gouverneurs au Ministre des Finances, à la fin de chaque mois, en même temps qu'un certificat délivré par les secrétaires. Ce certificat constatera le nombre et la classe des licences délivrées, dont les droits auront été acquittés sur papier timbré, afin que, en appréciant ces droits, on puisse permettre au Trésor de faire une liquidation correspondante avec la société du timbre.

5° Les licences à souche seront imprimées, conformément au modèle ci-annexé, et la fabrique nationale du sceau les adressera aux administrations financières, afin que celles-ci les fassent parvenir aux dépôts établis dans les capitales des provinces.

6° Les licences une fois délivrées par le gouvernement de la province, on fera une séparation du talon licence, pour être délivré à l'intéressé; et on conservera les matrices, en les reliant, en vue de prouver, si cela est nécessaire, la légitimité des licences, et aussi pour qu'elles puissent servir, en temps voulu, au contrôle des comptes correspondants.

7° Les armes qui seront confisquées par la garde civile, le corps de l'ordre public et autres corps dépendant des autorités, seront déposées dans les gouvernements, avec obligation pour les gouverneurs, de remettre tous les six mois au ministère un état indiquant le nombre et la classe des armes saisies.

8° Les autorisations que les gouverneurs peuvent concéder, conformément à l'article 9 du décret royal du 10 du présent mois, seront délivrées sur papier ordinaire avec le sceau du gouvernement de la province, en indiquant le service en vue duquel est accordée chacune de ces autorisations.

Par ordre royal, je communique ceci à Votre Seigneurie, pour son information.

Dieu garde Votre Seigneurie durant de longues années.

Madrid, 20 août 1876. C. Toreno.

(*Gaceta* du 21 août 1876.)

— *Ordonnance royale du* 27 *août* 1876.

L'ordonnance royale du 27 août 1876 a pour but de prohiber l'usage des sarbacanes et bâtons-fusils; elle porte : Afin d'apporter un remède prompt et efficace à l'usage criminel qui résulte de l'emploi des sarbacanes et bâtons-fusils, dont les projectiles, lancés sans explosion ni bruit, occasionnent de fréquentes blessures, ce dont l'opinion publique se montre alarmée, par suite de la fréquence des attentats et de la difficulté que l'on a à en découvrir les auteurs. S. M. le Roi (Q. D. G.) a résolu que le Ministre des Finances prohiberait l'introduction dans le Royaume des armes dont la vente est dès maintenant prohibée.

MODÈLE DES LICENCES.

MATRICE.	LICENCE DE PORT D'ARME.	TALON RECTO.	TALON VERSO.
Numéro....... matrice de la licence...... pour............... ...... accordée le...... du 18...... à (nom) habitant de..... moyennant payement..... pesetas. Paraphe du gouverneur.		Timbre Timbre de couleur. sec. (?... pesetas.) Province de...... Le gouverneur civil concède la licence à...... habitant à...... pour................ ...... Date. Signature du gouverneur. Sceau du gouverneur.	Licence, classe..... nombre.... .... présenta le signalement suivant : Age...... Taille..... Œil...... Barbe..... Teint...... Profession....... Signature de l'impétrant. Cette licence expirera le (date du (mois) de (année).

Par ordre royal, je fais savoir ceci à Votre Seigneurie, pour la plus exacte information de cette résolution souveraine, demandant à Votre Seigneurie d'exercer une vigilance spéciale, et de faire traduire devant les tribunaux, les personnes qui contreviendront à ces dispositions, afin que les règles du Code pénal leurs soient appliquées.

(*Gaceta* du 28 août 1876.)

— *Ordonnance royale du 24 novembre 1876.*

L'ordonnance royale du 24 novembre 1876, donne certains éclaircissements sur le décret royal du 10 août 1876, relatif aux licences pour l'usage des armes permises, aux licences gratuites et aux fonctionnaires qui pourront en user :

Cette ordonnance est ainsi conçue :

— Diverses demandes de renseignements ayant été adressées au Ministre des Finances, en ce qui touche l'interprétation qui doit être donnée au décret royal du 10 août dernier, unifiant les dispositions relatives aux licences pour l'usage des armes, à l'exercice de la chasse et de la pêche, à ce qui touche la classification des armes, aux personnes auxquelles on peut accorder gratuitement l'autorisation d'user de ces armes, et à l'intervention de l'autorité militaire dans ce service, S. M. le Roi (Q. D. G.) a daigné établir ce qui suit :

1º Que les licences de la 1re classe déterminées dans l'article 3 du décret royal précité, délivrées pour tout genre d'armes, comprennent aussi bien les armes blanches que les armes à feu; mais à condition que les unes et les autres ne soient pas d'un usage prohibé et que leur emploi soit connu.

2º Que pour les effets de l'article 9, on considère comme fonctionnaires de l'administration de l'Etat, ceux qui accomplissent leur service dans un lieu inhabité : tels que les ingénieurs de route, de montagne et de mine, les manœuvres employés sur les grandes routes, les surveillants du télégraphe, les gardes de chemin de fer, montagnes et canaux, et autres analogues.

Jouiront du même bénéfice, les commissaires de quartier et alcades pédanés (1), les députés ruraux, les personnes chargées du recouvrement de la banque d'Espagne et les gardes jurés des propriétés particulières.

Ladite autorisation ne s'applique, toutefois, aux personnes susnommées, qu'en ce qui concerne les actes relatifs aux fonctions qui leur incombent.

3º Qu'une même autorisation pour l'usage des armes sera accordée à toutes les personnes comprises dans l'article 5 de l'ordonnance du 3 juin 1868, sur l'encouragement à l'agriculture et la population rurale.

---

(1) Alcades inférieurs qui rendent la justice debout dans les villages.

4° Que les maîtres bergers et pasteurs, en ce qui concerne la garde de leurs troupeaux, doivent user des licences de la seconde classe, toutes les fois qu'ils ne peuvent être considérés comme gardes jurés.

5° Que conformément à l'article 12, quand une province est déclarée en état de siège et que l'ordre public est mis sous la sauvegarde de l'autorité militaire, celle-ci pourra retirer l'usage des armes à toutes personnes qu'elle jugera convenable. Lesdites licences pourront rentrer en vigueur, lorsque cet ordre de chose aura pris fin.

6° Que les autorités ainsi que leurs délégués, et spécialement la garde civile, devront veiller particulièrement à l'exacte observation de ce qui est prescrit dans l'article 19; considérant comme de nulle valeur toute licence qui n'aura pas été délivrée sur le talon à souche correspondant et à son défaut sur papier timbré d'un prix équivalent, suivant ce qui est dit dans l'article 2 additionnel du décret royal précité.

Par ordre royal je communique ceci à Votre Seigneurie pour son information.

Dieu garde, etc.

Madrid, 14 novembre 1876.

(*Gaceta* du 25 novembre 1876.)

II. — *Loi du 10 janvier 1879.*

Pendant la session de 1878, les Cortes s'occupèrent d'une loi importante sur la chasse et la pêche, loi dite *Ley de caza*, promulguée sous le règne de Don Alphonse XII, le 10 janvier 1879, et qui est aujourd'hui en vigueur.

C'est une loi de police et, en même temps, une loi civile, en ce qu'elle touche aux questions de propriété et tranche le droit du chasseur sur le gibier (1).

La loi de 1879 reconnaît le droit de chasse comme faisant partie inhérente du droit de propriété; et nul ne peut l'exercer sur le terrain d'un propriétaire malgré lui et sans sa permission écrite.

Deux permis sont nécessaires pour chasser : un permis de port d'armes et un permis de chasse : le permis de port d'armes est exigé, même pour les chasses où le fusil n'est pas employé.

Pour la chasse au levrier, un permis spécial est nécessaire; il n'est valable que pour six chasseurs et dix chiens. Quelques auteurs prétendent que dans les six chasseurs n'est pas compris le titulaire.

Le droit de chasse appartient au fermier, à moins de stipulations contraires.

La loi défend de chasser la nuit avec des lumières artifi-

(1) *Gaceta* du 13 janvier 1879.

cielles, mais en spécifiant ce mode de chasse elle ne fixe pas l'heure à laquelle la nuit commence ou finit; elle semble, en somme, ne pas prohiber les autres chasses pendant la nuit.

La destruction des animaux nuisibles est encouragée par des primes, dépenses qui sont obligatoires pour les municipalités; toutefois elles peuvent fixer elles-mêmes le chiffre de ces récompenses.

Pour toucher la prime, le corps de l'animal doit être représenté (1).

Le décret de 1834 subissant encore l'influence du droit romain, déclarait que le gibier blessé ou mort, qui tombait sur une terre, n'appartenant pas au chasseur, devenait la propriété du propriétaire de cette terre ou du locataire, la loi de 1879, au contraire, reconnaît au chasseur le droit de suite sur le petit gibier (*caza menor*) blessé ou mort; mais s'il y a dommage, le chasseur tombe sous l'application de l'article 609 du Code pénal. Toutefois le chasseur pour aller ramasser son gibier dans une propriété fermée doit obtenir la permission du propriétaire. De son côté, le propriétaire doit restituer le gibier qu'il trouve blessé ou mort.

Sur le terrain non clos, le chasseur peut aller ramasser son gibier en restant responsable des dégâts qu'il peut commettre.

Pour le gros gibier et la chasse de montagne, la loi de 1879 se conforme aux usages du pays : Tout chasseur qui blesse une pièce de grand gibier (*caza mayor*), conserve un droit sur elle, tant qu'il la poursuit seul ou avec ses chiens, mais si la pièce de gibier lancée par lui a été tuée par un autre chasseur, chacun d'eux a, sur la pièce abattue, un droit égal.

La loi de 1879 cherche à protéger, à la fois, la chasse et l'agriculture, en défendant toute chasse à l'époque de la reproduction et pendant les récoltes.

Des exceptions ne sont établies qu'en faveur des propriétaires de terrains clos et des propriétaires qui se font autoriser à tuer les lapins dans la montagne. Il y a aussi des exceptions pour certains animaux : on peut, en outre des animaux nuisibles, tuer les tourterelles, les palombes et les cailles, depuis le 1er août, sur les terres dépouillées de récoltes et les canards sauvages, jusqu'au 31 mai, dans les marais.

Elle protège encore le gibier, en défendant la vente et le colportage, pendant la fermeture de la chasse. Pour les lapins

---

(1) En France, pour les loups, afin de toucher la prime la tête seule devait être rapportée : loi du 10 messidor an VIII (28 juin 1797). Depuis le règlement du 9 juillet 1818, la patte droite antérieure seule du loup doit être présentée (Dalloz, *Chasse*, s. 10, p. 201, *Répertoire méthodique*, etc.).

tués avec autorisation, il faut pour les transporter une permission de l'alcade.

Pour le petit gibier (*caza menor*) la loi punit la destruction des nids à toute époque de l'année : quant aux oiseaux protégés, dans l'intérêt de l'agriculture, la défense de détruire les nids n'a lieu que pendant la *Veda*, c'est-à-dire l'époque où la chasse est fermée.

L'article 4 des dispositions générales, en ce qui touche les publications exigées, est très important et offre un exemple à suivre; car il ordonne la reproduction des articles de la loi établissant la *Veda* : sa durée, ses exceptions, les défenses stipulées, les peines qui doivent frapper les délinquants, les devoirs incombant aux agents et aux citoyens, en ce qui touche la dénonciation des infractions.

Le chasseur qui pénètre sur le terrain d'autrui n'est pas, dans la législation espagnole, poursuivi pour délit de chasse, mais bien pour le dommage causé à la propriété. Le délinquant est cité devant les tribunaux ordinaires : c'est donc le fait d'être entré avec l'intention de commettre un délit qui se trouve puni, sans faire de distinction entre la tentative et le délit consommé.

L'article 531 du Code pénal est appliqué pour les peines.

La loi espagnole ne limite pas le temps pour la récidive, et, de plus, cette récidive change le caractère du délit : contrairement à ce qui a lieu en France, où le temps est fixé et où la récidive vient aggraver la pénalité en conservant toutefois au délit son caractère.

Toute personne peut dénoncer les infractions à la présente loi; mais, contrairement au délit public qui doit être dénoncé par quiconque (a. 250 c. de P. crim), la dénonciation en matière de chasse n'est pas obligatoire.

A côté de l'action pénale publique se trouve l'action civile intentée pour dommages, restitution, indemnités, etc. (1).

Si l'action publique, pour dommages de chasse, est intentée, l'action civile est considérée comme comprise dans cette action; toutefois, le plaignant peut ne pas user de l'action publique, il peut aussi, usant de cette action publique, renoncer à l'action civile. L'action civile est régie par les lois ordinaires.

Le délai de la prescription est de deux mois. Il commence à courir du jour de l'infraction, et si ce jour ne peut être déterminé, le délai partira du jour du commencement des poursuites judiciaires (2).

---

(1) L. de procédure criminelle, art. 100, 111; 612 à 614.
(2) Art. 133, § 7 C. pénal.

Les peines prononcées se prescrivent par un an du jour de la notification de la sentence au condamné ou du jour où il s'est soustrait à la peine prononcée contre lui.

Les condamnations prononcées ont immédiatement effet, s'il n'y a pas appel après le premier jour qui suit la notification.

— *La loi du 10 janvier* 1879 (1) contient huit sections : 1° De la classification des animaux; 2° Du droit de chasse; 3° De l'exercice du droit de chasse; 4° De la chasse des pigeons; 5° De la chasse avec lévriers 6° De la grande chasse; 7° De la chasse des animaux nuisibles; 8° Des pénalités et de la procédure. — Le tout est suivi de dispositions générales.

SECTION 1re. — *De la classification des animaux.*

ART. 1er. — Au point de vue des effets de la présente loi, les animaux se divisent en trois classes : 1° les animaux féroces et sauvages; 2° les animaux apprivoisés ou domestiqués; 3° les animaux privés et domestiques.

ART. 2. — Les animaux féroces ou sauvages sont ceux qui vaguent librement et ne peuvent être capturés que par la force.

ART. 3. — Les animaux apprivoisés ou domestiqués sont ceux qui, féroces ou sauvages par nature, sont pris, soumis et rendus dociles par le fait de l'homme.

ART. 4. — Les animaux apprivoisés ou domestiqués appartiennent, tandis qu'ils se maintiennent dans cet état, à ceux qui les ont réduits.

Lorsqu'ils recouvrent leur liberté primitive, ils cessent d'appartenir à leur ancien maître, et sont au premier occupant.

ART. 5. — Les animaux privés ou domestiques sont ceux qui naissent et sont élevés ordinairement sous l'autorité de l'homme qui en conserve toujours la propriété. S'ils échappent à son pouvoir, il peut les réclamer à n'importe quel détenteur en payant les frais de leur nourriture.

ART. 6. — Les animaux féroces et sauvages passent au pouvoir de l'homme par la chasse.

ART. 7. — Sous l'acception générique de chasse, sont compris, tout art ou moyen de poursuivre ou d'appréhender, pour se les approprier privément, tous les animaux féroces et sauvages, et les animaux apprivoisés qui ont recouvré leur liberté.

SECTION II. — *Du droit de chasse.*

ART. 8. — Le droit de chasse appartient à toute personne qui se trouve munie d'un permis de port d'armes et d'un permis de chasse (2).

---

(1) *Annuaire de législation étrangère*, a. 1880. v. 0.
(2) Ces permis sont personnels, non transmissibles et d'une durée d'une année.

Art. 9. — Il sera permis de chasser sur les terres de l'Etat et sur celles des communes qui ne sont pas réservées, en se conformant à l'article 8 (1).

Dans les propriétés particulières pourront seulement chasser le propriétaire et ceux munis d'une autorisation *écrite* dudit propriétaire.

Art. 10. — Tout propriétaire peut céder à un tiers l'exercice du droit de chasse que lui confie l'article précédent, et cela, en établissant les conditions qui lui semblent convenables; mais, sans contrevenir aux dispositions de la présente loi.

Art. 11. — Quand le propriétaire n'aura pas établi de conditions spéciales pour l'exercice du droit de chasse sur son terrain, l'autorisation sera sensée faite aux conditions établies par la présente loi.

Art. 12. — Lorsqu'un immeuble est indivis, entre plusieurs propriétaires, chacun d'eux peut exercer le droit de chasse en personne ou par l'entremise d'un représentant; mais il est interdit de céder ce droit à une personne étrangère sans l'agrément des copropriétaires représentant, au moins, les deux tiers de l'immeuble (2).

Art. 13. — Le droit de chasse appartient au fermier, à moins que, dans le contrat de bail, on ait stipulé le contraire (3).

Art. 14. — Quand l'usufruit est séparé de la nue propriété, ou lorsqu'un bail est emphytéotique, le droit de chasser appartient à l'usufruitier ou à l'emphytéote.

Quand l'héritage se trouve en administration, ou en séquestre judiciaire ou volontaire, l'administrateur ou le dépositaire peuvent en céder la chasse ou l'interdire.

Art. 15. — Relativement aux pâturages, domaines et autres terres appartenant à des particuliers, et qui ne sont pas murés, fermés ou clos, personne ne pourra y chasser sans la permission écrite du propriétaire, tant que les récoltes ne sont pas enlevées.

Dans les terrains fermés et clos, et dans ceux qui sont murés, personne ne pourra chasser sans la permission du propriétaire.

Art. 16. — Le chasseur qui, usant d'un droit de chasse sur un terrain où il a la permission, blesse une pièce de menu gibier, acquiert un droit sur elle, encore qu'elle tombe ou se réfugie dans une propriété voisine. Néanmoins, il ne peut pénétrer, sans l'agrément du propriétaire, dans cette propriété, si elle est effectivement close par des haies, murs ou fossés; mais le propriétaire est tenu de lui restituer la pièce blessée ou morte. Si la propriété n'est pas close, le chasseur peut y pénétrer, sans l'autorisation du propriétaire, pour s'emparer de la pièce blessée ou morte, mais il sera responsable du préjudice qu'il pourra causer.

Le permis de chasse est de 25 pesetas.
Le permis de port d'armes, de 10 pesetas (Loi du 31 décembre 1881, a 71. Sobre el sello y timbre del Estado.)

(1) Les règles appliquées aux biens des communes, le sont aussi aux biens des provinces.

(2) Pour être valable, cette autorisation doit porter un timbre mobile de 0 fr. 50 c. Loi du timbre du 31 décembre 1881, a. 31, n° 28.

(3) Toutefois, les fermiers des biens communaux ne peuvent s'opposer à ce que les autres habitants de la commune chassent sur ces biens, l'essence de la terre communale étant d'emporter le droit de chasse pour les habitants de la commune.

Section III. — *De l'exercice du droit de chasse.*

Art. 17. — Demeure absolument interdite toute espèce de chasse à l'époque de la reproduction qui est dans les provinces d'Alava, Avila, Burgos, Coruña, Guipuzcoa, Huesca, Leon, Logroño, Lugo, Madrid, Navarra, Orence, Oviedo, Palencia, Pontevedra, Salamanca, Biscaya, Santander, Segovia, Soria, Valladolid et Zamora, depuis le 1er mars jusqu'au 1er septembre.

Dans les autres provinces du royaume, y compris les Baléares et les Canaries, du 15 février au 15 août.

Dans les lagunes et les marais où l'on a la coutume de chasser les canards et la sauvagine, la chasse sera permise jusqu'au 31 mars.

On peut chasser les palombes, tourterelles et cailles, depuis le 1er août, sur toutes les terres dépouillées de leurs récoltes.

Les oiseaux insectivores dont la liste sera arrêtée par un règlement spécial ne pourront être chassés en aucune saison, en raison du service qu'ils rendent à l'agriculture.

Art. 18. — Les propriétaires de fonds réservés, c'est-à-dire des terres exactement fermées, murées ou closes, pourront chasser librement à quelque époque de l'année que ce soit, à la condition de ne jamais faire usage d'appeaux ni autres engins, à moins de cinq cents mètres des terres voisines, à moins que les propriétaires de ces terres ne les autorisent par écrit.

Art. 19. — La chasse de la perdrix à l'appelant est absolument prohibée en tout temps, sauf la disposition de l'article précédent.

Art. 20. — Est prohibée, en tout temps, la chasse à l'aide de furets (1), lacets, collets, filets, gluaux et autres engins, sauf en ce qui concerne les oiseaux non déclarés insectivores par le règlement rédigé à cet effet, et sauf la concession contenue dans l'article 18 en faveur de certains propriétaires.

Est également prohibée la réunion de gens en troupe (cuadrillas) pour poursuivre les perdrix à la course, soit à pied, soit à cheval.

Art. 21. — Toute chasse est absolument interdite les jours de neige et de tempête.

Art. 22. — Est également prohibée la chasse de nuit avec des lumières artificielles.

Art. 23. — Il n'est permis de chasser avec des armes à feu, qu'à la distance d'un kilomètre compté à partir de la dernière maison du village.

Art. 24. — Les maîtres et fermiers de propriétés destinées à l'élevage du gibier peuvent y placer toutes espèces d'engins pour la destruction des animaux nuisibles et la sécurité du fonds, excepté dans les chemins, routes et sentiers de ladite propriété.

Art. 25. — Demeure absolument prohibé le colportage et la vente du gibier et d'oiseaux morts tués dans toute l'Espagne et les îles adjacentes, durant le délai de la fermeture de la chasse, sauf l'exception indiquée dans l'article 27.

---

(1) On trouve exception à cette règle dans l'article 26.

Art. 26. — Les locataires de montagnes et les personnes qui se livrent à l'industrie de l'élevage des lapins peuvent avoir des furets, à la condition de se munir préalablement d'une autorisation du gouverneur civil de la province, lequel fera tenir un registre des autorisations qu'il concède.

Ladite autorisation sera enregistrée à la commune où est domicilié celui qui l'aura obtenue, à la charge, par lui, de payer préalablement la contribution imposée à celui qui exerce ladite industrie.

Art. 27. — Le propriétaire de montagne, pâturage ou bois qui, en temps de fermeture, voudra prendre les lapins qui se trouvent dans sa propriété, pourra les tuer de n'importe quelle manière avec la permission préalable de l'autorité locale, et il pourra les vendre à partir du 1ᵉʳ juillet.

A partir de cette date jusqu'à la fin de la clôture, les lapins ainsi tués, ne peuvent être transportés sur les chemins publics sans permis de l'alcade de la section communale où se trouvent les terres où les lapins ont été tués.

Art. 28. — Pourra seul chasser, celui qui aura obtenu du gouverneur civil de la province, le permis d'user d'armes à feu et le permis de chasse. Ces permis sont valables pendant un an, à partir de leur date, et ils seront concédés conformément aux lois.

Art. 29. — Pourront seuls octroyer les permis de chasse, les gouverneurs des provinces qui, dans aucun cas, ne pourront les concéder gratis.

Néanmoins les capitaines généraux continueront à jouir de la faculté de concéder des licences gratuites et intransmissibles de chasse, mais uniquement aux militaires en activité de service ou retraités avec pension et aux décorés de la croix de Saint-Ferdinand. Ces particularités seront constatées exactement dans les mêmes licences qui accompagnent toujours le titre (1).

Art. 30. — Les propriétaires et fermiers des lieux destinés à nourrir le gibier peuvent nommer des gardes assermentés en se soumettant à ce qui est fixé par le règlement (2).

Art. 31. — Les déclarations des gardes assermentés et celles qu'ils feront conformément à la présente loi, auront la valeur d'une pleine preuve jusqu'à preuve du contraire.

Section IV. — *De la chasse des pigeons.*

Art. 32. — Il est interdit de tirer sur les pigeons domestiques, à moins d'un kilomètre des villages ou des pigeonniers.

---

(1) Ce privilège pour les militaires est mentionné dans l'article 3, t. 1 de l'ordonnance générale sur la chasse, et a été confirmé par les ordonnances royales du 10 janvier 1827, — 3 décembre 1828, — 4 juillet 1831, — 30 mai 1832.

(2) En outre des gardes particuliers jurés qui sont des agents de l'autorité et que le Code pénal protège contre les injures, menaces et attentats (a. 4 et 6, L. 3 t. 2 du Code pénal) le titre 2 du règlement approuvé par l'ordonnance royale du 8 novembre 1840, relative à la garde rurale, municipale et particulière, autorise la nomination de gardes qui sont dits *no juradas*, n'ayant par suite aucune investiture publique.

Il est également interdit de les attirer à l'aide d'appâts, d'oiseaux captifs ou autres engins.

ART. 33. — Pour éviter les préjudices que peuvent causer, à certaines époques de l'année, les pigeons domestiques ou les fuyards destinés à reproduire en colombier, les alcades des communes où existent lesdits colombiers arrêteront les dispositions opportunes en fixant l'époque où ils doivent être fermés.

SECTION V. — *De la chasse avec lévriers.*

ART. 34. — Du 1er mars au 15 octobre, la chasse avec lévriers est interdite dans toute l'Espagne et dans les îles adjacentes; dans les terres labourables, depuis les semailles jusqu'à la récolte, et dans les vignes, depuis le moment où elles commencent à bourgeonner jusqu'à la vendange.

ART. 35. — Ceux qui voudront chasser avec des lévriers devront se munir d'un permis spécial du gouvernement civil de la province, en payant préalablement 25 pesetas. Le permis sera valable seulement pour une année, à partir de sa date, et servira pour six chasseurs et dix chiens.

SECTION VI. — *De la grande chasse.*

ART. 36. — La prohibition de la petite chasse pendant une partie de l'année s'applique aussi à la grande chasse.

ART. 37. — Tout chasseur qui blesse une pièce de grand gibier conserve un droit sur elle, tant qu'il la poursuit seul ou avec ses chiens.

ART. 38. — Lorsqu'une pièce de gibier lancée par un chasseur a été tuée par un autre chasseur, chacun d'eux a sur la pièce abattue un droit égal.

SECTION VII. — *De la chasse des animaux nuisibles.*

ART. 39. — Il sera loisible à toute personne de chasser librement les animaux nuisibles qui seront déterminés par un règlement spécial, sur les terres de l'Etat, des villes et villages, ainsi que sur les propriétés privées qui ne sont ni closes ni bornées. La chasse de ces animaux sur les terrains clos ne pourra avoir lieu qu'avec l'autorisation écrite du propriétaire ou du fermier.

ART. 40. — Les alcades encourageront la destruction des animaux féroces ou nuisibles, en promettant des récompenses pécuniaires aux destructeurs. A cet effet, seront comprises dans les dépenses obligatoires une portion correspondante au budget municipal de chaque année.

ART. 41. — Lorsque les circonstances l'exigeront, les alcades pourront, avec l'autorisation du gouvernement civil de la province, ordon-

---

(1) Le décret royal du 3 mai 1834 exige *la présentation de l'animal tué*, pour avoir droit à la prime.

ner des battues générales pour la destruction ou l'empoisonnement des animaux nuisibles. Ils prendront les mesures nécessaires pour la protection des personnes et des propriétés pour le mode, la durée, l'ordre et la marche des opérations, et pour toutes autres choses nécessaires pour en assurer la régularité et éviter les périls et inconvénients.

Art. 42. — Les battues et empoisonnements seront dirigés par des personnes expertes qui seront désignées par les autorités administratives, et proclamés durant trois jours consécutifs, au moyen de bans faits dans le district où cela sera nécessaire et dans les districts environnants.

Art. 43. — Le résultat sera porté à la connaissance du gouvernement civil de la province, au moyen d'un procès-verbal où seront consignées toutes les observations nécessaires pour rendre exactement compte de la forme dans laquelle a été exécutée cette opération.

Section VIII. — *Des pénalités de la procédure.*

Art. 44. — Toute personne peut dénoncer les infractions à la présente loi.

Demeure absolument prohibée la vente du gibier mort ou vivant pendant le temps où la chasse est interdite (art. 8, 17, 25, 27).

Les contrevenants seront punis de la perte du gibier trouvé en leur possession : ce gibier sera partagé par moitié entre le dénonciateur et l'agent qui aura pratiqué la saisie. On procédera dans les dénonciations conformément à ce qui est dit dans les articles 45 et 46 suivants.

Art. 45. — Les dénonciations pour infractions à la présente loi seront affirmées en justice, forcément, dans un délai maximum de huit jours, sous la responsabilité du juge municipal qui devra donner un reçu au dénonciateur, fixant la date à laquelle ladite contravention a été faite.

Art. 46. — Les susdites dénonciations seront jugées dans la forme usitée en matière de contravention et à la suite d'une instruction orale (judicio verbal de faltas).

Le jugement sera rendu après audition du dénonciateur, du fiscal (ministère public) et de l'inculpé, s'il se présente, et après avoir reçu les justifications qui sont présentées, en prononçant dans l'acte même la sentence et en consignant le tout dans un acte que signeront les diverses parties et le secrétaire. Quand il y aura condamnation, les frais seront mis à la charge du condamné.

Art. 47. — En cas d'infraction à la présente loi, le jugement prononcera la confiscation des armes et des objets avec lesquels l'infraction aura été commise. L'arme pourra être restituée contre la remise de 50 pesetas en papier-monnaie (papel de pagos).

Art. 48. — Le délinquant sera condamné à la réparation du préjudice causé, réparation laissée au pouvoir discrétionnaire du juge, à la perte du gibier, et à une amende de 5 à 25 pesetas pour la première

---

(1) La peseta est une monnaie d'argent qui vaut quatre réaux. — Le réal vaut à peu près 20 centimes.

fois; de 25 à 50 pesetas pour la seconde, et de 50 à 100 pesetas pour la troisième, le tout en papier-monnaie.

Art. 49. — Pour les condamnés insolvables, l'amende sera remplacée par la prison, à raison d'un jour d'arrêt pour deux pesetas cinquante.

Art. 50. — Toute personne qui, ayant pénétré, sans autorisation, dans la propriété d'autrui, y sera prise tendant des filets, lacets ou autres engins dans le but de détruire le gibier, sera considérée comme commettant un dommage, et comme telle sera poursuivie devant les tribunaux ordinaires et condamnée conformément à l'article 530 du Code pénal (1).

Art. 51. — Toute personne qui aura détruit des nids de perdrix ou autre menu gibier sera punie par le juge des contraventions, d'une amende de 5 à 10 pesetas, pour la première fois, de 10 à 20 pesetas, pour la deuxième fois, de 20 à 40 pesetas pour la troisième fois.

Celui qui, dans le temps où la chasse est fermée, détruira des nids d'oiseaux que le règlement spécial en la matière considère comme utiles à l'agriculture, sera puni d'une amende de 5 pesetas pour la première fois, de 5 à 10 pesetas pour la deuxième fois, de 10 à 20 pesetas pour la troisième fois.

Art. 52. — En cas de récidive pour la quatrième fois et plus, le délinquant sera considéré comme coupable de dommages (daño) et renvoyé devant les tribunaux ordinaires pour y être jugé comme tel (2).

Art. 53. — Les pères, maîtres et représentants légaux, seront civilement et subsidiairement responsables des infractions commises par leurs enfants, leurs domestiques, ou les personnes soumises à leur autorité.

Art. 54. — L'action en matière d'infraction à la présente loi se prescrit par deux mois à compter du jour où cette infraction a été commise.

Dispositions générales.

1º La garde civile (gendarmerie) qui a mission de veiller sur les terrains cultivés ou non, est chargée de faire exécuter cette loi dans toutes ses parties.

2º Le gouvernement de S. M. publiera les règlements nécessaires pour l'exécution de la présente loi.

3º Tout permis de chasse portera au revers les articles de la loi et les règlements qui seront jugés nécessaires.

4º Les gouverneurs de province seront tenus de publier quinze jours avant l'époque où la chasse sera défendue et celle où elle sera permise, des arrêtés rappelant les obligations de la présente loi.

5º Sont abrogés les lois, ordonnances pragmatiques, décrets et lois antérieurs, concernant la chasse.

Aussi Nous mandons à tous tribunaux et justices, chefs, gouverneurs et autres autorités civiles, militaires, ecclésiastiques de n'importe quelle classe et dignité, de garder, accomplir et exécuter la présente loi en toutes ses parties.

(1) Titre IV du Code pénal du 17 juin 1870, a. 608
(2) Code pénal, a. 575 à 579.

Donné au palais le 10 janvier 1879. — Moi le Roi. Le Ministre de Fomento. *Signé :* C. Francisco Gueipo de Llano. — (*Gaceta* du 13.)

— *Ordonnance du 7 mai 1880.*

Comme dans tous les pays, la loi ne faisant pas obstacle au braconnage, et peut-être aussi, en Espagne, le souvenir des anciens privilèges abolis, portant quelques propriétaires à enfreindre les prescriptions promulguées en 1879, une ordonnance fut publiée en 1880, le 7 mai, ayant pour but de recommander l'exécution rigoureuse des dispositions contenues dans la loi précédente, surtout en ce qui concerne le respect du temps prohibé (*Veda*), dispositions qui ont pour objet de protéger une des branches les plus abondantes des richesses naturelles de l'Espagne.

Il serait fâcheux, dit l'ordonnance, que par suite d'une tolérance coupable de la part de ceux qui ont le devoir de faire respecter cette loi, ses prescriptions demeurassent stériles.

Par malheur, il est prouvé que toutes les autorités municipales n'ont pas rempli leur devoir, parce qu'elles n'ont pas adopté, depuis que le temps prohibé est fixé, les moyens efficaces applicables aux contrevenants en vue d'une pénalité convenable; soit pour ne pas observer rigoureusement le temps prohibé, soit pour user de moyens défendus dans l'exercice de la chasse, soit pour toutes autres contraventions.

Appuyé sur ces considérations, S. M. le Roi (que Dieu garde) a résolu de rappeler aux gouverneurs la nécessité d'exiger très rigoureusement des alcades de leurs provinces les états mensuels des pénalités prononcées conformément à cette ordonnance et de les remettre à la direction générale de l'instruction publique, agriculture et industrie, en signalant, en outre, les fonctionnaires qui se sont distingués dans le service et ceux qui par leur négligence et leur incurie auront encouru le déplaisir de Sa Majesté.

La volonté de S. M., enfin, est que l'on signale au ministère de la *Gobernacion* la nécessité qu'il y a, pour ce département, de donner les ordres nécessaires pour que de tels abus ne se commettent plus, mais au contraire que la dite loi soit rigoureusement observée et qu'on respecte avec la même exactitude les dispositions en vigueur au sujet du port d'arme.

P. O. R. L, Madrid, 7 mai 1880 (1).

(1) *Gaceta* du 12 mai 1880.

— *Circulaire du 14 mars 1881.*

Cette circulaire établit des dispositions concernant l'exécution rigoureuse de la *Veda*.

« Plus est libérale et expensive la politique que le gouvernement de S. M. se propose de réaliser, plus il est nécessaire d'exiger de ses délégués dans les provinces une application stricte et rigoureuse de toutes les lois, même de celles qui pouvaient être considérées comme étant d'un ordre, à certain point de vue, secondaire en ce qui touche les intérêts sociaux.

« L'article 4 des dispositions générales de la loi du 10 janvier 1879 établit que les gouvernements de province ont l'obligation de publier, quinze jours avant d'ouvrir et de fermer la période de la *Veda*, des édits rappelant les dispositions contenues dans cette loi.

« Afin que Votre Seigneurie accomplisse exactement cette obligation, il serait bon qu'elle étudie les coutumes de la province de son commandement, en matière de chasse, afin de faire une application des articles de cette loi, plus adéquate, en vue de corriger les abus qui se commettent à l'époque de la *Veda*, soit par l'usage du droit que ladite loi reconnaît aux propriétaires pour chasser et accorder des licences dans leurs propriétés encloses, soit par l'abus, résultant de la tolérance de la garde civile, chargée de l'accomplissement de la loi dans toutes ses dispositions, et principalement dans celles qui concernent les prescriptions relatives à l'obligation d'exiger rigoureusement les licences de port d'arme et de chasse.

« La chasse de la perdrix, avec appelant mâle, est, à notre époque, une des plus dévastatrice dans ses effets et par conséquent elle doit être défendue avec la dernière rigueur.

« Rien n'est plus facile pour la garde civile, qui, à raison de son organisation permanente au milieu des communes, à la possibilité de connaître personnellement presque tous les chasseurs professionnels ou amateurs de la contrée, de savoir s'ils font usage de l'*escopete*, ou de l'appelant dans une propriété particulière, avec la licence afférente, ou s'ils usent de ces engins, pour chasser, soit sur des terrains publics, soit sur des terrains particuliers sans permission.

« Et on ne saurait considérer comme excusable, de la part des membres appartenant à un corps si estimable, l'indifférence avec laquelle ils accompliraient ce service et le défaut de surveillance en ce qui touche l'article 19 de la loi.

« La destruction des nids de perdrix et autre menu gibier, pu nie par l'article 51, est une autre de celles des infractions qui se commettent le plus, au printemps, soit par les personnes occupées à sarcler les terres ensemencées, soit par les bergers qui font paître leurs troupeaux sur des terres en vue de l'élevage; la garde civile doit rendre responsables les chefs de bande et les individus qui commettent ces infractions en amenant les uns et les autres devant les juges municipaux et en exigeant un certificat de la sentence qui intervient pour les porter à la connaissance de Votre Seigneurie, afin qu'elle se rende compte de la rigueur ou de la faiblesse avec laquelle on applique les dispositions pénales de la loi sur la chasse, et qu'elle puisse adresser au gouvernement ses observations.

« En ce qui concerne la circulation et la vente du gibier durant l'époque de la *Veda*, vente et circulation prohibées par l'article 25 de la loi, Votre Seigneurie devra déployer la plus grande énergie en exerçant une vigilance rigoureuse, non seulement sur les membres de la garde civile, mais sur tous les agents placés sous son autorité, en prévenant les alcades qu'ils ont à faire savoir aux employés de la police urbaine et aux douaniers, qu'ils seront punis avec la même rigueur que les délinquants eux-mêmes, s'ils ne les mènent pas devant les juges municipaux avec le gibier saisi.

« Dans ce but, il sera bon aussi que Votre Seigneurie inculque dans l'esprit desdits fonctionnaires, et fasse entendre aux compagnies de chemin de fer et de transport que la circulation et la vente du gibier (même celui qui provient d'une propriété particulière) est prohibée absolument durant la période de la *Veda*, et sans autre exception que celle relative aux lapins tués dans une propriété particulière depuis le 1er juillet et au delà, lesquels ne pourront être transportés sur les voies publiques, sans permission de l'alcade du district municipal, dans lequel se trouvent situées les terres sur lesquelles lesdits lapins auront été tués.

« Une vigilance rigoureuse exercée dans les stations de chemin de fer, en vue d'empêcher qu'il ne s'expédie, ne se transporte, ou ne soit introduit du gibier jusqu'au 1er juillet, ni même au-delà de cette date, si ce n'est les lapins provenant d'une propriété particulière et accompagnés d'une licence expresse, sera susceptible de donner des résultats efficaces parce que le meilleur frein à opposer au goût immodéré et impatient des chasseurs, est certainement de les empêcher de montrer au public leurs trophées de chasse.

« Votre Seigneurie devra, aussi, recommander tout spécialement à la garde civile (avec les chefs de laquelle Votre Seigneurie devra s'entendre, pour un exact accomplissement de la présente circulaire), l'observation rigoureuse de l'article 26 de la loi sur la chasse, relatif à la chasse avec les furets. Il est entendu qu'il sera exclusivement permis d'élever et de posséder des furets, aux fermiers de montagne qui se livrent spécialement à l'industrie des lapins.

« Même dans ce cas, il sera nécessaire qu'une permission préalable ait été délivrée par Votre Seigneurie, permission qui sera enregistrée dans votre gouvernement et à la municipalité dans laquelle est situé le domicile de la personne qui a obtenu la dite licence.

« La garde civile devra prendre une copie exacte desdits registres et poursuivre les furets jusque dans le domicile de leurs propriétaires, en y pénétrant, lorsque ce sera nécessaire, avec le secours de l'autorité judiciaire, et dans la forme permise par la Constitution et les lois.

« Il est plus facile d'empêcher et de punir la chasse avec des levriers, chasse qui est si funeste pendant la période de la *Veda*, pour la reproduction, et si dommageable pour les terrains ensemencés et les vignes où elle se pratique.

« On ne devra permettre la circulation des levriers, dans les champs, à moins qu'ils ne soient attachés ou couplés, qu'à partir du 1ᵉʳ mars jusqu'au 15 octobre, époque mentionnée dans l'article 34 de la loi, comme étant de *Veda* pour la chasse des lièvres.

« Même dans les autres mois, on ne doit pas les laisser circuler, sans exiger de leurs propriétaires la licence spéciale établie dans l'article 35.

« La garde civile et tous les agents auront la faculté de saisir et d'amener, devant la justice municipale, les levriers qui circuleront sans remplir ces conditions.

« Telles sont les principales dispositions dont Votre Seigneurie devra se souvenir, en vue de l'accomplissement de la loi sur la chasse et en lui prêtant l'autorité dont elle dispose.

« Dans ce but, S. M. le Roi (que Dieu garde), a daigné établir : 1° que Votre Seigneurie publie immédiatement dans le bulletin officiel de sa province, et fasse afficher par les alcades, dans les lieux publics, les édits prévus par l'article 4 des dispositions générales de la loi de chasse actuellement en vigueur ; 2° que, d'accord avec les chefs de la garde civile de la province et ayant donné connaissance de la présente circulaire aux différents postes de ce corps, Votre Seigneurie prenne les dispositions spéciales exigées par les conditions et coutumes des communes et campagnes, dans lesquelles la garde civile aura à exercer son action; spécialement en ce qui touche les licences de port d'arme; 3° que par les commandants des postes, et par la voie réglementaire, il soit donné connaissance à ce gouvernement, non seulement de tous les services que les membres du corps rendent en matière de poursuite d'infraction à la loi sur la chasse, mais aussi des sentences que les justices municipales auront prononcé, pour fautes dénoncées. Dans ce but, on devra, en tous cas, exiger une copie du jugement rendu dans chaque justice respective; 4° que Votre Seigneurie prenne, dès maintenant, les dispositions les plus précises pour empêcher la circulation et la vente du gibier, pendant la période de la *Veda*, en portant son attention spécialement sur les compagnies de chemins de fer, qui ne devront accepter et transporter de gibier et des oiseaux morts, sinon dans le cas et les conditions établis par l'article 27 de la loi.

« D'ordre royal, je dis ceci à Votre Seigneurie pour son information et à toutes fins utiles. Dieu garde Votre Seigneurie durant de longues années. Madrid, 15 mars 1881. *Signé :* Gonzales » (1).

III. — *Code pénal de* 1870 (2).

Article 530 du Code pénal de 1870.

Sont coupables de vol : 1° Ceux qui, avec esprit de lucre, mais sans violence sur les personnes et les choses, prennent des objets mobiliers, sans la volonté du propriétaire; 2° ceux qui trouvant une chose perdue et sachant quel est son propriétaire se l'approprient dans une pensée de lucre; 3° ceux qui causent un préjudice en soustrayant ou en utilisant les fruits ou un objet quelconque, sauf les cas prévus par les articles 606, n°1; 607, n°° 1, 2, 3; 608, n°1; 610, n°1; 611, 613, 617 § 2, et 618 du Code pénal.

Art. 531. Les coupables de *hurto* (vol) seront punis : 1° De prison correctionnelle, aux degrés moyens ou supérieurs, si la valeur de la chose volée excède 2.500 pesetas; 2° de la peine de prison correctionnelle au degré inférieur ou moyen, si la dite valeur n'excède pas 250 pesetas et est supérieure à 500; 3° d'emprisonnement (*arresto mayor*) au degré moyen ou de prison correctionnelle, à son degré inférieur, si la dite valeur n'excède pas 500 pesetas et est supérieure à 100; 4° (d'*arresto mayor* à tous les degrés si la dite valeur n'excède pas 100 et est supérieure à 10 pesetas; 5° de l'*arresto mayor* au degré moyen et inférieur si elle ne dé-

---

(1) *Gaceta* du 16 mai 1881.
(2) Articles du Code pénal visés dans la loi de 1879.

passe pas 10 pesetas, et bien qu'elle soit supérieure, sans excéder 20 pesetas, si le vol consiste en semence, fruits ou laine.

— *Des dommages contre la propriété.*

Art. 608. Seront punis d'une amende de 5 à 25 pesetas :

1° Ceux qui entreront pour chasser ou pour pêcher dans la propriété enclose ou dans des champs, sans permission du propriétaire.

2° Ceux qui sous un motif ou prétexte quelconque, traverseront des endroits ensemencés, des vignes ou des oliviers.

3° Ceux qui, pour chasser ou pêcher, sur un domaine privé ou sur un domaine d'usage commun, useront de quelques-uns des moyens défendus par les ordonnances (1).

Art. 609. Par le seul fait que l'on entre dans un domaine muré ou enclos de haies, sans permission du propriétaire, il est encouru une amende de trois pesetas.

Art. 610. Seront punis d'une amende de 25 à 75 pesetas :

1° Ceux qui, en usant d'animaux attelés, commettront quelqu'un des dommages prévus dans les deux articles antérieurs, si toutefois ce dommage ne doit pas être puni d'une peine supérieure ;

2° Ceux qui auront détruit ou détruiront des huttes, des abris, des haies, des clôtures ou autres défenses de la propriété ;

3° Ceux qui auront causé du dommage en lançant des pierres ou des projectiles quelconques du dehors.

Art. 615. Seront punis d'une amende de 5 à 25 pesetas :

1° Ceux qui contreviendront aux règlements relatifs aux produits forestiers de toute nature ;

2° Ceux qui contreviendront aux ordonnances de chasse et de pêche.

IV. — *Chasse à courre.*

Pour ce qui est de la chasse à courre, en Espagne, si l'on consulte l'ouvrage du baron Dunoyer de Noirmont, à ce sujet, on voit qu'elle y fut autrefois pratiquée. Elle avait été importée dans le pays par les races germaniques, Suèves, Vandales et Visigoths.

Cette chasse, qui sous Alphonse XI, roi de Castille (1312-1350), était encore fort en honneur, n'est plus pratiquée dès le commencement du XVII° siècle, la nature du pays la rendant trop difficile.

Rien ne semble avoir été fait sous la maison de Bourbon pour reconstituer cette science de la Vénerie (2).

---

(1) Ce paragraphe est aboli en vertu des modifications qui ont été apportées par la loi de 17 juillet 1876.

(2) Baron Dunoyer de Noirmont, t. II, *Histoire de la chasse en France.*

CUBA ET PUERTO RICO (ANTILLES ESPAGNOLES).

— Décret du 31 juillet 1884, appliquant la Loi espagnole du 10 janvier 1879 à ces deux provinces.

Par décret royal du 31 juillet 1884, la loi du 10 janvier 1879, sur la chasse en Espagne, a été appliquée aux provinces de Cuba et de Puerto Rico.

Comme en Espagne, il est permis à quiconque de chasser s'il est muni du permis de port d'armes et du permis de chasse.

Ces deux permis se prennent séparément et coûtent chacun cinq piastres (20 francs).

La chasse est absolument défendue pendant le temps présumé de la reproduction, soit du 1ᵉʳ mars au 1ᵉʳ octobre.

Les permis de chasse et de port d'armes se concèdent, suivant la loi, aux mêmes conditions qu'en Espagne.

A Cuba et à Puerto Rico, les gouverneurs seuls peuvent accorder des permis de chasse ; mais il leur est défendu de les accorder gratis ; sauf aux militaires en service actif ou retraités, à ceux décorés de la croix de Saint-Ferdinand, aux volontaires ou milices de Puerto Rico, aux naturalistes et aux collectionneurs. Dans tous les cas, cette circonstance de gratuité devra être mentionnée sur le permis.

A la suite de ces dispositions générales, est dressée une liste des animaux qui, à Cuba et à Puerto Rico, sont reconnus nuisibles.

Il faut remarquer que l'on chasse peu, ou point, à Puerto Rico, et que, comme il y fait très chaud, la chasse est dans ce pays un exercice assez pénible.

— *Décret du 31 juillet* 1884.

Le ministre de *Ultramar*, sous le n° 480, à la date du 16 du mois dernier (août), a communiqué au gouvernement général l'ordre royal suivant : — Excellence, S. M. le Roi, que Dieu garde, a bien voulu rendre le décret suivant sur la proposition du ministre de *Ultramar*, usant de l'autorisation que concède au gouvernement l'article 89 de la Constitution de la monarchie, et conformément à l'avis de la section de *Ultramar*, du conseil d'État.

Art. Ier. Est appliquée aux provinces de Cuba et de Puerto Rico, la loi sur la chasse du 10 janvier 1879 actuellement en vigueur dans la péninsule, sauf les modifications ci-après. — Art. 2. Le ministre de *Ultramar* portera à la connaissance des cortes le présent décret. — Donné à Belen, le 31 juillet 1884. *Alphonse*. — En conséquence, Son Excellence le gouverneur général a fait publier dans la *Gaceta oficial* ledit décret, en même temps que la loi à laquelle se réfère cette décision souveraine.

— *Loi de chasse pour les provinces de Cuba et de Puerto Rico.*

Section première. — *Classification des animaux.*

Les articles 1, 2, 3, 4, 5, 6, 7, 8, sont la reproduction de ceux de la loi du 10 janvier 1879, publiée en Espagne.

Section deuxième. — *Du droit de chasse.*

Les articles 9, 10, 11, 12, 13, 14, 15, 16, sont la reproduction de ceux de la loi du 10 janvier 1879.

Section troisième.

Art. 17. — Demeure absolument prohibée, toute espèce de chasse pendant l'époque de la reproduction des oiseaux, c'est-à-dire depuis le 1er mars jusqu'au 1er octobre. *L'aura* (l'Hocco), *la caraira*, *la lechuza* (la chouette), *la siguapa* (le faucon), le *siju coco* ou *cotunto*, le *siju platanero de Cuba*, le *falcon*, le *mucaro*, le *mucaro real*, le *mucaro de Sabana*, le *mucaro de Melon*, le *coruja* et le *Llorana de Puerto Rico*, étant regardés comme des animaux utiles, ne peuvent être tués en aucun temps.

Durant deux ans à compter de la date de la présente loi, demeure également prohibée la chasse de tous autres animaux utiles.

(L'article 18 est semblable à celui de la loi de 1879).

L'article 19 de la loi de 1879 n'existe pas dans celle qui nous occupe, dont l'article 19 reproduit le texte de l'article 20 de la loi de 1879, sauf les modifications suivantes : Le mot *lazos* ne s'y trouve pas. Cet article prohibe en tout temps la chasse à l'aide de furets, collets, filets, gluaux et autres engins, sauf en ce qui concerne les animaux qui ne figurent pas dans le tableau qui est joint à la loi.

Est également prohibée la formation de gens en troupe, en vue de poursuivre les animaux utiles, à la course, soit à pied, soit à cheval (1).

(1) L'article est le même que pour la loi de 1879, sauf en ce qui touche les perdrix dont il n'est pas question. Cet oiseau ne se rencontrant sans doute pas dans le pays.

L'article 20 (21 de la loi de 1879) défend toute chasse pendant la tempête; mais, en raison du climat, on ne retrouve pas la défense de chasser pendant les temps de neige, défense qui se trouve dans la loi de 1879.

Les articles 26 et 27 de la loi de 1879, relatifs à l'industrie des lapins, sont retranchés.

L'article 25, correspondant à l'article 28 de la loi de 1879, est semblable, sauf qu'au lieu des mots *gouverneur civil* de la province, il y a *autorité compétente*.

L'article 26 (29 de la loi de 1879) porte : Les gouverneurs de Cuba et le gouverneur général de Puerto Rico peuvent seuls donner des licences sans pouvoir en délivrer de gratuites, si ce n'est aux militaires en activité de service, aux retraités avec solde, aux décorés de Saint-Ferdinand, aux volontaires, aux voyageurs naturalistes, aux collectionneurs résidents et autres personnes s'occupant d'histoire naturelle, sur la constatation des académies et corporations scientifiques. En tout cas, la licence, qui sera accompagnée de la cédule personnelle de l'intéressé, mentionnera la circonstance qui lui procure le bénéfice de la gratuité.

L'article 27 et l'article 28 reproduisent les articles 30 et 31 de la loi.

SECTION QUATRIÈME. — *De la chasse des pigeons.*

Les articles 29 et 30 sont semblables aux articles 32 et 33 de la loi de 1879.

SECTION CINQUIÈME.

La section cinquième, de la chasse avec des lévriers, qui comprend les articles 34 et 35 de la loi de 1879, ne se trouve pas dans le présent décret, dont la section cinquième traite de la grande chasse.

Les articles 31, 32 et 33 du décret correspondent aux articles 36, 37 et 38 de la loi.

L'article 31 porte : La prohibition de la petite chasse pendant une partie de l'année s'applique à la grande chasse.

Puis il ajoute : En vue de protéger la reproduction du cerf du Pérou (*venado*), est prohibée, absolument, la chasse de ce gibier durant deux ans à compter de la date de publication de la présente loi. — Dans les années qui suivront, on pourra seulement chasser ceux de ces animaux qui auront plus d'un an.

Les articles 32 et 33 sont semblables aux articles 37 et 38 de la loi de 1879.

SECTION SIXIÈME.

La section VI correspondant à la section VII de la loi espagnole, traite comme elle de la chasse des animaux nuisibles.

L'article 34 (39 de la loi) « porte : la chasse des animaux nuisibles ou qui ne méritent pas la qualification d'utiles à l'agriculture, compris dans le tableau annexé à la loi, est libre sur les terres de l'Etat, etc. » (Comme dans l'article 39 de la loi.)

Les articles 35, 36, 37, 38 sont semblables aux articles 40, 41, 42 et 43 de la loi.

Section septième.

La section VII : *Des pénalités et de la procedure*, correspond à la section VIII de la loi de 1879.

Les articles 39, 40, 41 du décret sont semblables aux articles 44, 45, 46 de la loi.

L'article 42 ne diffère de l'article 47 de la loi, qu'en ce que la restitution de l'arme sera faite contre la remise de 20 pesos (1) au lieu de 50 pesetas comme dans la loi.

L'article 43 diffère aussi de l'article 48 de la loi, en ce qui touche l'amende, qui sera, pour la première fois, de 2 à 10 pesos; pour la seconde, de 10 à 20 pesos, et pour la troisième, de 21 à 40 pesos; le tout en papier-monnaie.

Cet article contient en plus la disposition suivante : « Celui qui aura tué un des animaux utiles mentionnés dans le tableau annexé à la loi, ou un cerf du Pérou (*venado*), contreviendra aux dispositions de la présente loi et sera passible du maximum de l'amende ».

Les articles 44 et 45 du décret sont semblables aux articles 49 et 50 de la loi.

L'article 46, qui remplace l'article 51 de la loi, porte : « Celui qui en temps de *Veda* aura détruit des nids d'oiseaux utiles, mentionnés dans le tableau annexé à la loi, sera puni la première fois d'une amende de 50 centièmes de pesos à deux pesos; la seconde fois, de deux à quatre pesos; et la troisième fois, de quatre à huit pesos.

Les articles 47, 48, 49 du décret sont semblables aux articles 52, 53, 54 de la loi.

Dispositions générales.

La première disposition du décret est semblable à celle de la loi de 1879. La seconde dit : « Toute licence de chasse portera imprimés, sur son verso, les articles de la présente loi, qui seront jugés nécessaires. — La troisième disposition est semblable à la quatrième de la loi; mais elle porte *in fine* : « Et en même temps les tableaux annexes auxquels se réfèrent les articles 17 et 34 du présent acte ». La quatrième disposition est semblable à la cinquième de la loi.

— A la suite de cette loi se trouve un tableau annexe des animaux utiles : 1° pour Cuba et Puerto Rico, comprenant certains mammifères et des oiseaux; 2° un tableau des animaux nuisibles mammifères et oiseaux pour ces deux mêmes pays. La nomenclature très longue de ces animaux, qui comprend les noms usuels et les désignations scientifiques de

---

(1) Peso. — Piastre, monnaie d'argent du poids d'une once et qui vaut vingt réaux, un peu plus de cinq francs.

chaque animal, nous entraînerait trop loin, d'autant que ces nomenclatures n'ont d'intérêt que pour les chasseurs du pays.

ANDORRE.

Les sources du droit andorran sont, la coutume de Catalogne, le droit canonique, le droit Romain, les privilèges concédés par le co-prince, et les usages locaux, certifiés par des documents écrits ou le témoignage des anciens.

Ce droit a été codifié, surtout au point de vue de l'organisation du pouvoir public, dans le *manual Digest*, dont le *Politar Andorra*, plus souvent cité, n'est qu'un abrégé pratique.

Ces deux recueils ne traitent de la chasse que pour reconnaître au Conseil souverain des Vallées (Conceill Soberà) le pouvoir de réglementer intégralement l'exercice de ce droit.

En outre de ces attributions, le Conseil fixe les dates d'ouverture et de fermeture de la chasse, il peut, même, la clôture prononcée, réouvrir momentanément la chasse.

On trouve dans les archives de la maison commune (Casa de las Valls) plusieurs règlements de ce genre.

Le Conseil détermine, également, les pénalités appliquables à tous ceux qui contreviennent à ses ordonnances.

Ces pénalités consistent, en général, en amendes, arbitraires quant à leur taux et rentrant dans la catégorie de celles qu'on désigne, en langage du pays, sous le nom de *Cot de la Terra*.

La juridiction compétente pour l'application de ces pénalités est, principalement, celle des baillis (Batlles) et, subsidiairement, celle des Conseils des paroisses.

Les contrevenants insolvables et les braconniers incorrigibles, sont, parfois, mis au carcan le dimanche, à l'issue de la grand'messe.

Il n'existe pas, en Andorre, de permis de chasse.

Le port d'armes y est également libre, chaque chef de famille est même tenu de justifier annuellement, comme milicien, de la possession d'une arme à feu et des munitions nécessaires.

La destruction des animaux nuisibles, ours, loups, sangliers, renards, et autres bêtes puantes, ainsi que celle des aigles, vautours et faucons, est, en tout temps, autorisée en Andorre.

Chaque paroisse possède même un certain nombre de pièges, mis à la dispositions des habitants.

L'autorité publique n'accorde aucune prime pour la destruction de ces animaux, mais les habitants sont dans l'usage de récompenser ces services par des dons en nature.

On voit, par ces indications, qu'en Andorre, la législation sur la chasse reflète les mœurs pastorales de ce pays.

En effet, la grande majorité des terres n'y est pas appropriée, elles se partagent entre les quartiers (*Cuarts*) et les paroisses qui, tout en les affermant, n'ont pas songé jusqu'ici à en tirer un revenu en ce qui concerne la chasse (1).

(1) Notes dues à l'obligeance de M. J. F. Bladé, membre correspondant de l'Institut, auteur d'un ouvrage sur l'Andorre.

PORTUGAL.

I. District de Lisbonne; loi du 31 mai 1884; Code civil portugais 1er juillet 1867, ch. II. — II. Municipe de Vizeu, 21 mai 1876. — III. Municipe d'Elvas. — IV. Municipe de Porto, 1889. — V. Municipe de Coïmbra.

I. *District de Lisbonne.*

La législation portugaise, revisée en 1865, a conservé son caractère essentiellement romain.

En ce qui concerne le district de Lisbonne, la loi sur la chasse, actuellement en vigueur, est due à la commission exécutive de *Junta geral*, en excécution de la délibération de prise par la même *Junta geral*, dans la session du 31 mai 1884.

Loi du 31 mai 1884.

ART. 1er. — Il est permis à tout le monde, sans distinction de personnes, de faire la chasse aux animaux sauvages, en se conformant aux dispositions du présent règlement.

ART. 2. — Il est permis de chasser :

1° Sur ses propres terres cultivées ou non cultivées.

2° Sur les terrains publics ou municipaux qui ne sont ni cultivés, ni entourés de murs, de fossés ou de haies, et pour lesquels il n'a pas été fait une exception administrative.

3° Sur les terrains particuliers, qui ne sont ni cultivés, ni entourés de murs, de fossés ou de haies.

ART. 3. — Toute personne qui chassera ou poursuivra un animal blessé, sur des terrains cultivés ouverts, ou sur des terrains enclos de murs, de fossés ou de haies, sans l'autorisation du propriétaire, sera passible d'une amende de 4,000 reis (1).

ART. 4. — Le chasseur s'approprie l'animal par le fait de l'appréhension, mais il acquiert un droit sur l'animal qu'il blesse, sauf, pour sa poursuite, à observer ce qui est établi dans l'article précédent.

---

(1) Monnaie de compte de Portugal, valant six dixièmes de centime.

Paragraphe unique. — Est considéré comme appréhendé l'animal qui est mis à mort par le chasseur, pendant la durée de la chasse.

Art. 5. — Toute personne qui aura appréhendé un animal mis à mort par un chasseur, ou blessé et poursuivi par lui, et qui ne le lui aura pas remis, est passible d'une amende de 2,000 reis, outre l'indemnité due au chasseur.

Art. 6. — Si un animal tombe mort sur l'étendue d'une propriété enclose de murs, de fossés ou de haies, le chasseur pourra exiger que le propriétaire du domaine, ou celui qui le représente, lui permette d'entrer pour prendre ce gibier, mais sans être accompagné.

§ 1. — Le chasseur est responsable du dommage qu'il cause, dommage qui sera payé au double quand il sera commis en l'absence du propriétaire ou de celui qui le représente.

§ 2. — Le fait de l'entrée de chiens de chasse sur un domaine enclos, indépendamment de la volonté du chasseur, et en raison seulement de la poursuite de l'animal qui a pénétré sur ledit domaine, n'entraîne que la simple réparation du dommage causé par ces animaux.

§ 3. — L'action pour la réparation du dommage se prescrit par trente jours, à compter de celui où le dommage a été causé.

Art. 7. — Si le propriétaire du domaine, sur lequel l'animal vient mourir, en refuse l'entrée, il encourt une amende de 2,000 reis, indépendamment de l'indemnité qu'il doit au chasseur.

Art. 8. — Il est absolument défendu de se servir pour la chasse d'appeaux, de lacs, de filets, de pièges, ou d'autres engins de toutes espèces, sous peine d'une amende de 400 reis.

Art. 9. — Toute personne qui, dans l'exercice de la chasse, emploie des substances vénéneuses ou corrosives, encourt une amende de 10,000 reis.

Art. 10. — Il est absolument défendu de détruire, dans les propriétés d'autrui, les nids, les œufs ou les couvées de n'importe quelle espèce d'animaux, sous peine d'une amende de 6,000 reis.

Art. 11. — La chasse cesse d'être autorisée dans le district de Lisbonne durant une période, allant du 1er mars au 15 août de chaque année.

Paragraphe unique. — Dans les terrains ouverts plantés de vignes ou plantés d'autres plantes à fruits vivaces de peu de hauteur, et dans les terrains d'oliviers ou d'autres arbres à fruits de grande hauteur, la période de prohibition de la chasse s'étend jusqu'après la cueillette de ces fruits respectifs (1).

Toute personne qui transgressera la disposition inscrite dans l'article précédent et dans son paragraphe, encourera une amende de 10,000 reis.

---

(1) Cet article se trouve modifié par l'édit suivant du 19 mai 1888 : La Commission exécutive de la *junta geral* du district de Lisbonne, mettant à exécution la délibération prise par la même *junta geral*, dans sa session du 20 avril 1888, fait savoir que l'article 11 du règlement de district, approuvé le 31 mai 1884, est modifié ainsi qu'il suit : « Dans le district de Lisbonne, sera permise la chasse aux lapins, depuis le 1er mars jusqu'au 31 mai ; celle des lièvres ou perdrix, du 1er mars au 31 juillet ».

Art. 13. — Les propriétaires de terrains enclos de telle manière, que le gibier ne puisse y entrer ou en sortir librement, ont le droit d'y chasser de toutes manières, et en tout temps.

Art. 14. — Il est permis aux propriétaires fonciers de détruire, en tout temps, sur leurs terres, les animaux sauvages qui seraient nuisibles à leurs semences ou plantations.

§ unique. — La même faculté appartient aux propriétaires et cultivateurs en ce qui concerne les oiseaux domestiques, durant le temps où les champs ou terres sont ensemencés, ou que des fruits sont pendants auxquels ces animaux pourraient causer des préjudices.

Art. 15. — La moitié des amendes édictées par le présent règlement et effectivement acquittées, appartiendra aux personnes qui auront dénoncé l'infraction, et l'autre moitié sera versée dans les caisses respectives.

Art. 16. — Les chambres municipales inscriront sur un livre spécial les noms, âge et profession des contrevenants, et elles enverront à la *junta geral* du district, à la fin de chaque année, un tableau des amendes recouvrées.

§ unique. — Les mêmes chambres rendent compte annuellement de la manière dont aura été exécuté le présent règlement, en indiquant les modifications que la pratique aura démontrées nécessaires.

Art. 17. — Le présent règlement entrera en vigueur quinze jours après sa publication, faite par des affiches apposées aux portes des églises et chapelles de toutes les paroisses du district, et aux maisons des conseils municipaux.

Lisbonne, salle de la junta geral du district de Lisbonne, le 31 mai 1884.

Lisbonne, salle des sessions de la commission exécutive de la junta geral, 26 septembre 1884.

— *Le Code civil portugais promulgué le 1er juillet 1867, chap. II, da occupação dos animaes, de l'occupation des animaux, section I, traite de la chasse dans les articles 384 à 394.*

Art. 384. — Il est permis à tous, sans distinction de personnes, de faire la chasse aux animaux sauvages, en se conformant aux règlements administratifs, qui fixeront le mode et le temps pour la chasse :

1° Sur ses propres terrains, cultivés ou non cultivés;

2° Sur les terrains publics ou municipaux non cultivés, ni enclos de murs, ou non exceptés administrativement;

3° Sur les terrains particuliers, non cultivés ni entourés de murs.

§ unique. — La disposition du n° 1 comprend aussi bien le propriétaire, que ceux qui ont obtenu la permission de ce dernier.

Art. 385. — Sur les terrains cultivés, ouverts, qu'ils soient publics, communaux ou particuliers, qu'ils soient semés de céréales ou de quelque autre semence ou plantation annuelle, il ne sera permis de chasser qu'une fois la récolte terminée.

Art. 386. — Sur les terrains qui sont couverts de vignes ou d'autres plantes à fruits vivaces, de petite taille, on ne pourra chasser pendant le temps compris entre la cueillette des fruits et le moment où les plantes commencent à bourgeonner.

Les chambres municipales assigneront les limites de ces périodes, pendant lesquelles, annuellement, la liberté de chasser devra cesser.

Art. 387. — Sur les terres ouvertes, plantées d'oliviers ou d'autres arbres à fruits de grande taille, on pourra chasser en tout temps, excepté pendant l'époque comprise entre le commencement de la maturité des fruits jusqu'à leur cueillette.

Art. 388. — Le chasseur devient propriétaire de l'animal par le fait de la prise; mais il acquiert un droit sur l'animal blessé, tant qu'il est à sa poursuite, sauf ce qui est dit dans l'article suivant.

§ unique. — Est considéré comme appréhendé, l'animal qui est mis à mort par le chasseur, pendant la durée de la chasse, ou qui est retenu dans ses engins de chasse.

Art. 389. — Si l'animal blessé se retire dans un domaine entouré de haies, de murs ou fermé par des clayonnages, le chasseur ne peut le suivre dans ce domaine sans l'autorisation du propriétaire. Mais si l'animal y tombe mort, le chasseur peut exiger, le maître du domaine ou celui qui le représente étant présent, qu'on le laisse entrer, ou qu'on lui permette de faire une perquisition, mais sans que personne ne l'accompagne.

Art. 390. — Dans tous les cas, le chasseur est responsable du dommage qu'il aura causé; l'indemnité sera portée au double, si le fait a eu lieu en l'absence du propriétaire ou de celui qui le représente.

§ 1. — S'il y a plusieurs chasseurs, tous seront solidairement responsables des dommages.

§ 2. — Le fait de l'entrée des chiens de chasse dans un domaine fermé, indépendamment de la volonté du chasseur, à la suite d'un animal qui aura déjà pénétré sur ce domaine, produit une obligation pour la réparation des dommages causés par ces chiens.

§ 3. — La poursuite pour la réparation du dommage se prescrit par trente jours, à partir de celui où ce dommage a été commis.

Art. 391. — Le propriétaire ou le possesseur de domaines murés ou enclos, de manière que les animaux ne puissent y entrer ou en sortir librement, peuvent y chasser en tout temps et de quelque manière que ce soit.

Art. 392. — Il est permis au propriétaire et au cultivateur de détruire, en tout temps, sur leurs terres, les animaux sauvages qui portent préjudice à leurs semences ou à leurs plantations.

§ unique. — Les propriétaires et les cultivateurs ont le même droit, relativement aux oiseaux domestiques, pendant le temps où leurs champs ou leurs terres seront ensemencés, ou couverts de céréales ou autres fruits pendants auxquels ces animaux peuvent porter préjudice.

Art. 393. — Il est absolument défendu de détruire sur les domaines d'autrui, les nids, les œufs ou les nichées des oiseaux de quelque espèce que ce soit.

Art. 394. — Des lois et des règlements administratifs et municipaux, désigneront le temps où soit la chasse, soit certaine chasse, sera absolument prohibée, fixeront ce qui touche certains modes de chasse, quelles seront les peines prononcées à cet effet, tant pour les contraventions aux lois et règlements, que pour la violation des règles indiquées dans ce titre.

II. *Municipe de Vizeu.*

Les prescriptions relatives à la chasse dans le municipe de Vizeu se trouvent dans le Code des ordonnances municipales du 24 mai 1876.

Le chapitre XV, *Caça et Pesca*, porte :

ART. 179. — Il est défendu de se livrer à l'exercice de la chasse, du 1ᵉʳ jour du mois de mars au 31 juillet de chaque année, sous peine d'une amende de 1,000 à 2,000 reis.

§ unique. — Sont exceptés de cette défense les propriétaires ou possesseurs de domaines entourés de murs, de manière que les animaux ne puissent y entrer ou en sortir librement; de même que les propriétaires ou cultivateurs dont les terres sont détériorées par les animaux sauvages, qui portent préjudice à leurs semences et plantations peuvent leur donner la chasse, en tout temps et par tous les moyens, conformément aux dispositions des articles 391 et 392 du Code civil du Portugal.

ART. 180. — Il est également défendu, dans les mois où la chasse est interdite, de détruire sur les propriétés d'autrui, ou dans les pacages et les champs, les nids, les œufs ou les couvées des oiseaux de quelque espèce que ce soit; on ne peut chasser, en quelque temps que ce soit, avec des pièges ou autres engins, sauf les cas spécifiés dans l'article 391 du Code civil, sous peine de 800 à 1,500 reis d'amende.

ART. 181. — Sous prétexte de chasse, nul ne pourra pénétrer sur un domaine entouré de murs, ou même ouvert, s'il est ensemencé de céréales, ou s'il y a quelqu'autre semaille ou plantation, jusqu'à ce que la récolte soit faite, sous peine de 1,000 à 2,000 reis d'amende, sans compter la réparation du préjudice.

§ unique. — Il est défendu, sous la même pénalité, de chasser sur les terres plantées de vigne, ou d'autres arbres à fruits de petite taille, depuis le moment où les plantes commencent à bourgeonner jusqu'à la maturité des fruits; et, dans les terres plantées d'arbres fruitiers de grande taille, depuis la maturité des fruits jusqu'à leur récolte.

III. *Municipe d'Elvas.*

Dans le municipe d'Elvas, les principes qui régissent la chasse, se trouvent au chapitre XXIX du *Regimento de policia municipal para o concelho d'Elvas.*

ART. 74. — Il est défendu :

N° 1. De chasser du 15 de mars au 30 juin de chaque année (1).

---

(1) Ces dates ont été fixées depuis le 10 février 1880 ; antérieurement, la chasse était défendue du 1ᵉʳ mars au 15 juillet.

N° 2. De chasser dans les domaines où les récoltes sont pendantes, qu'ils soient ou non entourés de murs ou de fossés.

N° 3. De tuer les couvées dans les nids et les murs.

Art. 75. — C'est une circonstance aggravante de chasser avec des pièges ou filets.

(Les art. 76 et art. 77 sont relatifs à la pêche).

Art. 78. — Le gibier, apporté aux marchés dans le temps prohibé, sera saisi et livré aux asiles de la ville, après que le procès-verbal du délit, qui servira de base à la poursuite ultérieure, aura été dressé.

Les peines prononcées pour les infractions se trouvent au chapitre XXX. La violation de l'article 74 n° 3 entraîne une amende de 500 à 1,000 reis; celle du même article n°s 1 et 2, la peine de 1,000 à 5,000 reis.

Ce même chapitre porte:

Art. 80. — Quand: 1° il y a concours de circonstances aggravantes; 2° et que le cas de récidive se produit dans les trente jours, à compter de la première contravention, la peine ne pourra être inférieure à la moitié de l'amende, qui est fixée entre la plus forte et le maximum de la moindre.

Art. 83. — Sont solidairement responsables des amendes: le maître pour les domestiques, le père pour le fils mineur, le tuteur pour ceux confiés à sa tutelle; le gérant et le fermier, pour le propriétaire; les uns pour les autres.

Art. 84. — Quand la contravention a été commise par deux personnes ou plus, l'amende sera appliquée à chacun des délinquants.

Art. 85. — L'amende prononcée pour une contravention quelconque, peut se répéter autant de fois que le fait se reproduira d'un jour à l'autre.

Art. 86. — Le conseil peut ordonner d'apporter dans les dépôts du municipe, les engins, objets de la contravention que le délinquant se refuse à livrer; et il a toujours le droit de les vendre aux enchères publiques.

Art. 87. — Il sera procédé à l'arrestation du délinquant, pour constater son identité; cette reconnaissance établie, il sera aussitôt relâché.

Art. 88. — Le produit des amendes appartiendra, moitié à la chambre municipale, moitié aux agents de la police qui ont contribué à les faire encaisser.

Art. 89. — Quiconque, dans le village, peut dénoncer les délinquants qui violent les ordonnances établies dans l'intérêt public; mais ceux qui ont la mission de garder les propriétés particulières ne peuvent le faire que sur la demande des parties lésées.

Art. 90. — Les prescriptions de police urbaine sont appliquées aux villes et villages du municipe, partout où elles peuvent l'être ou qu'il en sera fait mention par les édits.

IV. *Municipe de Porto.*

Dans le municipe de Porto, les principes qui régissent la chasse, se trouvent dans le *Codigo de Pasturas do municipio do Porto* de 1889, chapitre VIII.

Art. 22. — Depuis le 1er du mois de mars jusqu'à la fin d'août, il est défendu de chasser, de quelque façon que ce soit :

Sur le terrain qui n'est pas la propriété du chasseur, ou dont il n'a pas la location, sous peine de 10,000 reis (1), dont moitié pour la caisse du conseil municipal, et l'autre moitié pour le dénonciateur ou celui qui a fait la saisie.

§ unique. — Le gibier, pendant toute la période indiquée dans ledit article, sera saisi dans les rues, sur les routes, les quais, les gares de chemins de fer, les marchés, les boutiques de vivres, les restaurants, les hôtelleries et autres endroits publics où il est trouvé dehors exposé en vente ou destiné à la consommation. Il sera livré aux asiles et maisons de bienfaisance, et son propriétaire payera une amende de 1,000 reis par tête de gibier.

Art. 23. — Il est défendu d'enlever et de détruire les œufs des perdrix et des cailles, de détruire les nids et les couvées de ces oiseaux ou de tous autres sur la propriété d'autrui, sous peine de 1,000 reis d'amende.

V. *Municipe de Coimbra.*

Dans le municipe de Coimbra, une ordonnance du 18 décembre 1890 modifie de la manière suivante l'article 35 du Code des ordonnances municipales.

Art. 35. — Il est défendu, sous peine d'une amende de 1,000 à 2,000 reis :

1° De chasser du 1er mars au 31 août de l'année courante.

§ unique. — Cette disposition ne s'applique pas aux propriétaires ou cultivateurs qui ont leurs biens détériorés par les animaux sauvages, qui viennent porter préjudice à leurs semences ou à leurs plantations, ni aux propriétaires de domaines entourés de murs ou fermés, de manière que les animaux ne puissent y entrer ou en sortir librement (Art. 391 et 392 du Code civil).

2° Il est défendu de chasser avec des pièges, excepté dans les cas spécifiés dans l'article 391 du Code civil.

3° Il est défendu de chasser en tout temps et de quelque manière que ce soit dans le domaine de Santa Cruz.

4° Il est défendu de détruire, sur les domaines d'autrui, les nids et les œufs d'oiseaux de quelque espèce que ce soit, sous peine de 250 à 1,000 reis d'amende.

---

(1) Un milreis, monnaie du Portugal = 1000 reis représentent 5 fr. 60.

SUÈDE.

I. Du droit de chasse. — II. Loi du 21 octobre 1864. — III. Loi de 1892. — IV. Extraits du Code pénal suédois. — V. Extrait du Code de procédure suédoise. — VI. Taxe sur les chiens. — VII. Extrait de l'ordonnance royale relative à la vente de l'arsenic et autres poisons.

I. — *Du droit de chasse.*

Malgré les essais de codification commencés en 1442, poursuivis en 1734 et en 1824, les législations locales subsistent encore en Suède. Le Code de 1734 est resté la base de ces législations. — A ce code sont venues se joindre de nombreuses lois, parmi lesquelles se trouve celle du 21 octobre 1864 qui régit la chasse, loi qui depuis se trouve tous les ans modifiée par différentes ordonnances (1).

---

(1) Les ordonnances les plus importantes qui, jusqu'en 1885, sont venues modifier la loi du 21 octobre 1864, sont les suivantes :

29 janvier 1869. — Prolongation de la défense de chasser le chevreuil, la perdrix et les grouses.

29 janvier 1869. — Défense de se servir de traquenards et pièges, du 16 mars au 10 août; mais autorisation d'employer les engins le reste de l'année dans le nord du royaume.

29 janvier 1869. — Défense de se servir de traquenards et pièges pendant toute l'année dans le centre et le sud du royaume.

Originairement la loi du 21 octobre 1864 faisait cette défense pour tout le pays du 16 mars au 10 août et la levait pour le reste de l'année.

L'ordonnance du 5 juin 1885, actuellement en vigueur, maintient cette défense, excepté dans le Nord, pendant le temps où la chasse du lièvre, du tétras, de la gelinote et du lagopède est permise.

29 janvier 1869. — Ordonnance faisant cesser les primes d'encouragement données par l'État pour les battues aux renards et aux oiseaux de proie.

Suivant la loi du 21 octobre 1864, ces primes étaient de trois couronnes (1) (4 fr. 05) par renard, aigle, grand-duc; et de deux couronnes (2 fr. 70) par épervier et autour.

29 janvier 1869. — Ordonnance d'après laquelle le certificat du conservateur du musée suffisait (ce qui existe encore) pour obtenir les autres primes.

Il faut remarquer, qu'en dehors de l'État, les conseils de plusieurs circonscriptions, des comices agricoles, ou des associations de chasse, votent des fonds pour les gratifications à accorder pour les battues faites pour la destruction des ani-

(1) La couronne = 1f 389.

Le droit de chasse, en Suède, appartient à l'État sur toutes les terres qui sont sa propriété. Il est exercé par le roi, par le grand veneur, le directeur général des forêts de l'État, et même par les agents chargés de la surveillance, mais sur leurs circonscriptions respectives seulement; ces derniers ne peuvent chasser sur les terrains réservés au roi et leurs fonctions les obligent à organiser des battues pour la destruction des animaux nuisibles.

Des chasses sont spécialement réservées au roi. Seul il peut autoriser à chasser l'élan, le cerf, le chevreuil, le renne sauvage et le cygne sur les terres appartenant à l'État ou sur celles qui lui sont réservées.

Les propriétaires ont le droit de chasse sur leurs biens, et les fermiers sont regardés comme jouissant de ce droit, sur les terres à eux louées, à moins de stipulations contraires.

Sur les terres forestières désincorporées ou séparées du domaine de la Couronne, sur les terres dites excédantes (1) de l'ex-

---

maux de la même catégorie que ceux précités, ainsi que pour les battues aux corneilles.

13 *février* 1858 et 3 *mai* 1870. — Ordonnances pour la protection de l'eider, sur la côte de la Baltique et dans l'île de Gottland, surtout au moment de l'incubation. Cette protection ayant une grande importance, les propriétaires donnent leur concours et la chasse de l'eider est défendue sous peine d'une amende de 100 couronnes (135 fr).

3 *novembre* 1871. — Ordonnance portant prolongation de la protection accordée aux cerfs. Cette chasse est prohibée par la loi actuelle, du 1er janvier au 31 août.

28 *février* 1873. — Ordonnance prohibant la chasse du castor pendant toute l'année jusqu'à nouvel ordre.

28 *février* 1873. — Ordonnance défendant la chasse de l'eider sur la Baltique, jusqu'au sud, du 16 mars au 31 avril.
Le temps prohibé est du 21 avril au 10 juillet. Antérieurement la prohibition était du 10 mai au 10 juillet.

28 *février* 1873. — Ordonnance défendant la chasse du faisan, du 1er février au 15 août.

11 *août* 1874. — Ordonnance permettant la chasse du grouse, du 11 août au 31 octobre: autorisation maintenue par la loi actuelle.

2 *juillet* 1875. — Ordonnance prohibant la chasse aux perdrix, du 11 novembre au 10 septembre: défense maintenue par la loi actuelle.

15 *février* 1878. — Ordonnance prohibant la chasse de l'élan, du 1er octobre au 31 août.

26 *septembre* 1879. — Ordonnance défendant la chasse aux époques suivantes:
Pour le scolopax (bécasse), du 1er février au 10 mai pour tout le royaume. Pour la bécasse double et ordinaire, le cygne, le canard sauvage, du 16 mars au 20 juillet dans l'extrême nord; du 16 mars au 10 juillet dans le reste du royaume. Pour le renne sauvage, du 1er janvier au 31 août dans tout le royaume: pour le lièvre, le tétras, la gélinotte, le lagopède, du 16 mars au 20 août dans l'extrême nord; et du 15 février au 10 août dans le reste du royaume.

29 *mai* 1885. — Ordonnance autorisant la chasse du faisan, dans le Centre et le Sud, en novembre et décembre: autorisation maintenue par la loi actuelle.

Ces ordonnances pour la protection des animaux étaient publiées tous les ans jusqu'en 1883 par les soins de l'administration des forêts; aujourd'hui, cette publication est faite par l'administration des domaines, dans le recueil des arrêtés du gouvernement de Suède du mois de décembre.

(1) Terres appartenant à une propriété défrichée en dehors de ses limites légalement marquées et en excès de son chiffre cadastral.

trème nord du royaume, sur les îles le long de la côte et en mer, la chasse est libre pour tous, pourvu que l'on soit citoyen suédois et que l'on se soumette aux règlements édictés sur la matière. La chasse peut donc être regardée comme à peu près libre, et il n'y a ni permis de chasse, ni de port d'armes; toutefois l'étranger pour chasser doit payer une licence.

Le droit de garder le gibier blessé appartient au chasseur alors même que la bête tombe sur le terrain d'autrui.

Le Parlement a, le 7 mai 1891, décidé que lorsqu'il s'agit d'un animal nuisible, ours, loup, lynx, glouton, le droit de suite pourrait s'exercer sur le terrain d'autrui.

Le chasseur qui cerne un ours dans sa retraite, sur n'importe quel terrain, a le droit de suite.

Les animaux nuisibles, ours, loups, lynx, phoque, aigle, grand-duc, épervier, faucon, peuvent être chassés sur le terrain d'autrui, pourvu que les propriétaires du droit de chasse aient été prévenus (1).

En ce qui touche le gibier proprement dit, en vue de sa conservation, le temps pendant lequel la chasse en est défendue, se trouve réglementé, et les époques de défense diffèrent suivant les parties du royaume, chaque gouverneur de province fixant les dates suivant l'état du gibier.

Dans le Nord, la chasse de l'élan, du cerf et du castor est défendue.

Pendant le temps où la chasse est interdite, la vente, l'achat, le transport et le colportage du gibier sont prohibés.

Quoique la chasse ne soit pas une passion dominante dans ces contrées, les lois y sont cependant rigoureusement observées en ce qui touche la protection du gibier, tant au point de vue de la chasse qu'au point de vue zoologique et économique.

---

(1) L'ancienne législation suédoise relativement à la destruction des animaux nuisibles, avait établi les mesures suivantes : « Chaque canton de chasse devait être fourni d'une provision d'armes et d'engins de toutes sortes. Les habitants de chaque canton devaient, sous la direction du grand veneur de la Couronne, préparer d'avance toutes les armes nécessaires pour la chasse des animaux de rapine. Aux battues devaient être présents le grand veneur, tous les chasseurs du canton et spécialement ceux qui avaient des chevaux, des vaches, des moutons. Étaient exemptés de prendre part à la chasse, les prêtres, les gens de loi, les veufs. Les dispositions à prendre pour la chasse étaient fixées par le grand veneur.

Dans les battues, il n'était permis de tuer que les animaux qu'on chasse dans la saison où l'on se trouve.

Les veneurs et le grand veneur devaient se trouver de grand matin au lieu convenu; quand les traqueurs étaient arrivés, on se mettait en rang et l'appel avait lieu. Au commencement de chaque année, il devait être fait un rapport au grand veneur, sur le nombre des animaux tués, et celui-ci devait faire, à son tour, son rapport au roi.

Des amendes étaient fixées pour les habitants du canton qui manquaient à l'appel pour ces battues, pour ceux qui n'avaient pas les armes exigées et pour ceux qui arrivaient en retard à la chasse.

La protection s'étend aux couvées et aux œufs.

Des dispositions spéciales s'appliquent à la chasse de l'élan, quant à la durée de cette chasse et aux engins qui peuvent être employés.

La loi défend de laisser errer les chiens de chasse et punit les délinquants. Ces chiens sont soumis à une taxe qui peut s'élever à 15 couronnes (20 fr. 25) par an.

L'État accorde des primes pour la destruction des animaux nuisibles. Dans les localités où existent des associations ayant pour but d'encourager ces destructions, par l'augmentation de ces primes, les intéressés ont à leur charge le soin de se procurer les fonds nécessaires.

Les communes peuvent fonder des associations pour effectuer des battues, pourvu que les intéressés puissent se mettre d'accord sur les dispositions; toutefois les primes accordées par l'État ne sont pas touchées par ces associations.

Enfin la loi fixe les pénalités prononcées contre les délinquants qui peuvent être dénoncés et même désarmés par quiconque. Ces peines sont l'amende, la confiscation du gibier, ainsi que celle des armes, chiens et engins ayant servi à commettre le délit.

Les peines prononcées contre celui qui chasse sans permission sur le terrain d'autrui sont édictées par le Code pénal du 16 février 1864, chapitre 24, §§ 12 et 13.

Toutefois le gibier diminue en Suède, et certains journaux du pays (le *Journal des Hauts Faits* par exemple), demandent que l'on impose le droit de porter des fusils de chasse d'une taxe de 25 à 30 couronnes. A ce sujet, le journal *Aftonbladet* disait, le 11 février 1893 : « Nous ne voulons pas nous prononcer sur l'a-
« vantage de ce projet d'impôt, mais ce qui est certain, c'est
« qu'il faut prendre des mesures énergiques pour protéger la
« chasse dans notre pays, qui devient actuellement un des plus
« pauvres en gibier. Nos grandes forêts sont presque désertes et
« si la législation n'intervient pas avec une loi plus sévère pour
« la chasse, il est à craindre qu'elles soient bientôt dépeuplées ».

II. — *Loi sur la chasse du 21 octobre 1864.*

§ 1. Le droit de chasse appartient à l'État sur toutes les terres qui sont sa propriété, parcs clos, terrains attenant aux châteaux royaux, biens domaniaux, terrains de la couronne sans emploi, terres communes confiées aux soins des administrations publiques.

§ 2. Ce droit de chasse est exercé par le roi lui-même, le grand veneur ou les gens de la suite et le directeur général des forêts de l'État. Les agents chargés de la surveillance desdits biens peuvent chasser sur leurs circonscriptions respectives, excepté, cependant, sur les terrains réservés à l'usage personnel du roi. Dans les attributions de ces agents se trouve comprise l'obligation d'organiser des battues contre les animaux nuisibles.

Sur les terres énumérées ci-dessus, il est défendu de chasser l'élan, le cerf, le chevreuil, le renne sauvage, le cygne, sans l'autorisation spéciale du roi.

§ 3. Le droit de chasse sur les terres des particuliers, en observant les règlements ci-après énoncés, appartient aux propriétaires desdites terres.

Les habitants des propriétés sises à la campagne, les militaires et fonctionnaires publics auxquels sont affectés des biens en raison de leur situation, les fermiers des domaines de la Couronne, les associés des communautés d'une paroisse, d'un village, ou d'autre propriété commune, ont le droit de chasse sur leurs terrains respectifs.

Le droit de chasse sur les terrains non clôturés appartenant à des villages, s'arrête à la limite desdits villages.

Le fermier dispose du droit de chasse sur le terrain qui lui est loué, à moins de stipulations contraires (1).

§ 4. La chasse est libre pour tous, pourvu que l'on soit citoyen suédois et que l'on se soumette aux prescriptions du présent règlement, sur les terres forestières désincorporées, sur les terres excédantes de l'extrême nord du royaume, sur les îles le long de la côte et en pleine mer.

Toutefois, la chasse à l'élan, sur les terres excédantes, n'est permise qu'avec l'autorisation spéciale du roi.

§ 5. Le droit de chasse acquis soit par ancien usage, soit par règlement ou convention spéciale, soit par jugement, soit par suite d'impôt payé à l'État (2), ou autres décisions légales, subsiste malgré les stipulations précitées.

§ 6. La chasse sur les terres en litige est interdite à ceux qui en réclament la propriété, à moins de conventions spéciales; toutefois, la chasse des animaux nuisibles est toujours libre.

§ 7. Si un animal de chasse blessé tombe sur le terrain d'autrui, celui qui exerce le droit de chasse légalement a le droit de le ramasser et de le garder. Celui qui lève un ours, un loup, un lynx, un glouton (gulo Borealis) soit sur son propre terrain, soit sur des terres où il a l'autorisation de chasser, a le droit de poursuite sur le terrain d'autrui. (Adopté par le Parlement le 7 mai 1891, et sanctionné par le gouvernement.)

§ 8. Le droit de suite appartient à celui qui a cerné un ours dans sa retraite sur n'importe quel terrain, et il est défendu de l'inquiéter.

§ 9. La chasse à l'ours, au loup, au lynx et au glouton est permise même sur le terrain d'autrui, à la condition que le propriétaire du-

---

(1) Cet article ne s'applique pas aux fermiers ayant commencé leurs baux avant 1865.

(2) Le payement de certaines contributions spéciales attribuant le droit de chasse.

dit terrain en soit prévenu. Le propriétaire du droit de chasse sur ces terrains ne peut s'opposer à cette chasse, même si la présence de ces animaux a été constatée seulement dans les environs de sa propriété.

§ 10. Tout le monde peut chasser en battue les animaux nuisibles sur les terres de quiconque, si ces animaux sont rencontrés par hasard.

§ 11. Sont regardés comme carnassiers nuisibles : l'ours, le loup, le lynx, le glouton, le renard, la martre, la loutre, le phoque, l'aigle, le grand-duc, l'épervier et le faucon.

§ 12. En vue de la conservation du gibier, la destruction des animaux dénommés ci-après est défendue en principe, et le temps pendant lequel on peut les chasser, dans les différentes parties du royaume, est réglementé de la manière suivante : En 1864, on a défendu la chasse du castor pendant toute l'année jusqu'à nouvelle ordonnance. — La chasse de l'élan est permise du 16 au 30 septembre; dans quelques localités du Sud et du Centre, elle est permise pendant tout le mois de septembre. — La chasse du renne sauvage, du cerf et du chevreuil, est autorisée du 1er septembre au 31 décembre. — La chasse du lièvre, du coq de bruyère, du grand tétras, du petit tétras à queue fourchue, du tétras, de la gelinotte, du lagopède, est permise du 11 août au 15 février; dans l'extrême nord, du 21 août au 15 mars. — La chasse de la perdrix est autorisée du 11 septembre au 10 novembre; celle de la bécasse, du 11 mai au 31 janvier; celle du red-grouse, du 11 août au 31 octobre; du faisan, du 16 octobre au 2 février. Le faisan dans le Centre (district du Jonköping) peut se chasser en novembre et décembre. La bécassine, le cygne, le canard non plongeur, se chassent du 10 juillet au 16 mars; cette chasse a lieu dans l'extrême nord, depuis le 20 juillet. — Pour l'eider, sur la côte depuis Gothembourg jusqu'à la frontière de Norvège, la chasse en a été complètement prohibée jusqu'en 1890. — Sur le reste de la côte de la mer du Nord, la chasse en a été permise du 1er septembre au 1er janvier; sur la côte de la Baltique, du 11 juillet au 23 avril, sauf modifications soit pour la prolongation, soit pour la restriction de ces périodes suivant les différentes localités du royaume, suivant que l'expérience rendra ces changements nécessaires.

§ 13. La protection s'applique aussi aux couvées et aux œufs des oiseaux sus-mentionnés. Il est défendu, en outre, de prendre ou détruire les couvées et œufs des autres oiseaux, qu'ils soient de mer ou d'eau douce, jusqu'au 10 juillet, et ceux des oiseaux de terre jusqu'au 10 août.

§ 14. La chasse est libre toute l'année dans les parcs entourés de clôture. (Résolution du 12 janvier 1869.) L'île n'est pas considérée comme parc clôturé.

§ 15. Il est défendu de mettre en vente, de vendre, d'acheter, de transporter ou de colporter du gibier pendant le temps où la chasse n'est pas permise, à moins que l'on ne puisse constater que la capture ou l'acquisition n'aient été faites d'une manière licite.

§ 16. Il est défendu de chasser l'élan en le poursuivant au moyen de patins sur la neige, de le capturer dans des fosses ou de faire usage de chausse-trappes, pièges, bornes, fusils ou lances placés en piège, et autres engins de chasse plus ou moins dangereux pour les hommes et les animaux domestiques. — Ces engins ne peuvent être employés sur le terrain d'autrui que si l'on a l'autorisation du propriétaire ayant le droit de chasse, et sur les terres communes que du 31 mai au 1er octobre.

Si ces engins sont placés avant cette époque, il faut pour les laisser, que tous les intéressés soient consentants et que les appareils soient entourés de troncs abattus ou autres clôtures protégeant les bestiaux contre les accidents.

Pour faire usage de ces engins ou exposer des amorces empoisonnées, il est nécessaire de prévenir le public par une annonce faite dans les églises voisines le dimanche précédent et si ces appareils doivent rester longtemps, la publication devra être renouvelée une fois par mois.

Les filets ou lacets pour la chasse sont prohibés, excepté dans le nord du royaume. Il est, toutefois, défendu de s'en servir dans ladite partie du royaume pendant le temps où la chasse du lièvre, du tétras, de la gelinotte et des lagopèdes est défendue (1).

§ 17. La chasse avec chiens est défendue du 16 mars au 10 août. Toutefois, l'on peut chasser à courre ou avec chiens l'ours, le loup, le lynx, le glouton, pourvu que la présence de ces animaux ait été constatée dans les environs avant le 16 mars. Le temps où la chasse avec chien est prohibée sur les bords des lacs, des rivières et sur les marais, s'étend jusqu'au 10 juillet.

§ 18. Il est défendu de s'introduire avec des chiens courants, non tenus en laisse, dans les parcs clos appartenant à autrui. Dans le cas de contravention, les chiens seront confisqués. Si le chien s'échappe sur un terrain où il y a du gibier, le propriétaire de ce terrain peut le prendre, à la condition d'en prévenir aussitôt le maître, qui pourra le réclamer moyennant le payement de cinq couronnes (6 fr. 75) ; et s'il y a récidive, moyennant le payement de dix couronnes (13 fr. 50). Il aura, en outre à payer la nourriture et les autres frais nécessités par cette capture.

Si le maître du chien est inconnu, des publications seront faites dans les églises voisines du lieu où il a été pris. Si le chien n'est pas réclamé soit huit jours après l'avis qui lui en a été donné, soit un an après la publication faite dans les églises, l'animal pourra être gardé par celui qui en a fait la capture.

§ 19. — Le chien de chasse rencontré sans laisse dans les bois ou dans les terres contenant du gibier, pourra être saisi par qui que ce soit et gardé en se conformant aux articles 17 et 18.

---

(1) L'article 16 de la loi sur la chasse du 21 octobre 1864, déjà modifié par une ordonnance du 29 janvier 1869, a reçu une nouvelle modification par l'ordonnance du 5 juin 1885.

Ce changement a uniquement pour but la restriction du droit de chasser les animaux nuisibles ou dangereux avec des pièges et trappes.

Ce droit qui n'était accordé que dans les provinces du Nord et seulement du 10 août au 16 mars, est désormais restreint à cinq provinces et au temps pendant lequel il est permis de chasser le lièvre, le coq de bruyère, le coq des bois, la gelinotte et la perdrix.

Il est permis de tuer les chats rencontrés dans les bois ou sur les terres contenant du gibier.

§ 20. Les primes d'encouragement accordées par l'Etat à tout citoyen pour destruction des carnassiers nuisibles, sont fixées comme suit :

Cinquante couronnes (67 fr. 50) pour un ours ; — vingt-cinq couronnes (33 fr. 75) pour un loup ou un lynx ; — dix couronnes (13 fr. 50) pour un glouton ; — les bêtes non pleines sont payées le même prix. Le montant de la prime est touché chez le receveur de la circonscription. On doit produire la peau de la bête abattue, devant le magistrat communal, lequel constatera la mort par un certificat ; les oreilles de la bête seront coupées en sa présence, ou bien il faudra un certificat du conservateur attaché au musée de zoologie de l'Etat soit de Stockholm, soit de l'université d'une autre ville, lequel constatera la livraison de la bête non mutilée qui est destinée à faire partie des collections du musée.

§ 21. Celui qui chasse sans autorisation sur le terrain d'autrui sera puni suivant le Code pénal du 16 février 1864, chapitre 24, §§ 12 et 13. En outre, le gibier sera confisqué, qu'il soit pris ou tué. Si le gibier n'est pas retrouvé ou s'il a perdu de sa valeur, le prix en sera payé à celui qui a le droit de chasse et sur le terrain duquel la contravention a été commise.

S'il s'agit des terres de l'Etat, le gibier confisqué ou sa valeur payée peuvent être attribués au dénonciateur, à titre d'encouragement.

§ 22. Seront punis d'une amende de dix à deux cents couronnes (13 fr. 50 à 375 fr.) en outre de la confiscation du gibier capturé ou tué, ceux qui chassent pendant le temps prohibé (infraction au § 12).

S'il s'agit du castor ou de l'élan, le minimum de l'amende sera de cent cinquante couronnes (202 fr. 50).

Ceux qui pendant le temps où la chasse est prohibée auront mis en vente, vendu, acheté, transporté ou colporté du gibier (infractions au § 15), et ceux qui auront commis d'autres infractions au présent règlement, seront punis d'une amende de cinq à cent couronnes (6 fr. 75 à 135 fr.), plus les dommages-intérêts.

§ 23. Celui qui est surpris commettant une infraction en matière de chasse peut voir ses engins, son chien et son gibier saisis par quiconque : le saisissant ayant le droit de garder les objets saisis jusqu'à la décision du tribunal.

§ 24. Il est facultatif pour les plaignants de poursuivre les contraventions commises au préjudice des particuliers ; mais, s'il s'agit de contraventions commises au préjudice de l'Etat, les agents chargés de la surveillance sont tenus, ainsi que les autres fonctionnaires de l'Etat, de transmettre leurs procès-verbaux aux autorités judiciaires.

Tout le monde a le droit de poursuivre.

§ 25. Le produit des amendes infligées par suite de ces condamnations, sera attribué : un tiers à l'Etat et le reste au dénonciateur. A défaut de payement de l'amende, le Code pénal général sera appliqué.

Le gibier ou le montant de sa valeur sera attribué au dénonciateur.

§ 26. Sont et demeurent abrogées les lois et ordonnances antérieures à l'application du présent règlement en tout ce qui est contraire à ses dispositions.

III. — *Loi de* 1892.

En 1892, les modifications suivantes ont été apportées à la loi du 21 octobre 1864.

Modifiant le § 12 de la loi de chasse du 21 octobre 1864, le roi a ordonné que la chasse de l'élan serait prohibée à partir du 16 septembre jusqu'au 31 août, sans préjudice des restrictions de chasse à l'élan déjà édictées dans certains districts du royaume : comme la défense de chasser l'élan dans le district de Norbotten (extrême nord)(1), dans celui de Kronoberg (centre du sud) et dans la partie sud du district de Kalmar (sud-est), pendant certaines années, conformément à l'ordonnance du 21 mars 1891 : la défense de tuer ou de capturer les faons dans la première année de leur naissance, pendant certaines années dans les districts de Kopparberg et d'Upsal (centre) et jusqu'à nouvel ordre dans les districts de Norbotten, Westerbotten, Jemtland (extrême nord), Westnorland Gefleborg (est) et Oestergoetland, conformément aux ordonnances du 7 février 1890 et 25 mars 1891 ; et l'autorisation de chasser l'élan pendant tout le mois de septembre dans certaines parties des domaines de l'État de Kalleberg et de Kunneberg, conformément à l'ordonnance du 11 juin 1887.

Cette loi de 1892 défendait la chasse du cerf canadien (caribou) jusqu'à nouvel ordre, et celle des chevreuils, dans le district de Westnorland (Centre) jusqu'au 1er septembre 1895, et dans l'île de Gottland (dans la mer Baltique) jusqu'au 1er septembre 1897.

Le 13 août 1892, pour la saison de chasse, on a autorisé pendant le mois d'août la chasse du lièvre, du coq de bruyère ou coq des bois, de la gelinotte, du lagopède de plaine et de montagne, dans l'extrême nord du royaume (districts de Norbotten et districts du littoral nord-ouest du golfe de Bothnie), à partir du 21 dudit mois, et dans le reste du royaume à partir du 16.

Pendant tout ce mois, était permise la chasse des canards de toute espèce, les plongeurs exceptés, des bécassines simples et doubles, de la cigogne et de la bécasse.

Pendant ce temps, il était défendu de chasser l'élan, le renne

---

(1) La partie suédoise de la côte de Bothnie se compose du district de Norbotten (nord de Bothnie) et du district d'Oesterbotten (côte méridionale du golfe de Bothnie).

(2) Extrait du journal *Aftonbladet* et *Westerbotten* du 13 août 1892.

sauvage, le cerf, le chevreuil, le castor, la perdrix, l'eider, la défense pour ce dernier animal s'étendait jusqu'au district de Christianstad (extrême sud du royaume c'est-à-dire que la chasse de l'eider était permise sur la côte de la Baltique).

L'emploi des lacets et des pièges était défendu dans le sud et le centre du royaume pour la capture du gibier.

IV. — *Extraits du Code pénal suédois.*

Chapitre 2. § 10. A défaut de payement de l'amende, elle sera remplacée par l'emprisonnement.

§ 11. La durée de l'emprisonnement est proportionnée à l'amende de la manière suivante :
Amende de cinq couronnes (6 fr. 75), trois jours.
— de dix couronnes (13 fr. 50), quatre jours.
— de vingt couronnes (27 fr.), cinq jours.
On ajoute un jour pour chaque fraction de dix couronnes (13 fr. 50), à la condition que le maximum ne dépasse pas soixante jours.

Chapitre 10. §. 1. Tout particulier qui, par des voies de fait ou autres outrages, aura empêché un officier ministériel d'exercer ses fonctions, ou par les mêmes moyens aura exercé des représailles, sera puni des travaux forcés de deux ans à six ans, peine qui peut être réduite à six mois s'il y a des circonstances atténuantes.

Par officier ministériel, on doit entendre dans cette loi, celui qui est chargé d'une commission royale, le dépositaire de cette autorité ou celui qui en fait fonction, même lorsqu'il n'a pas été nommé par le roi.

§ 2. Les injures adressées soit verbalement, soit par écrit, ou des outrages faits par menace ou autrement envers un officier ministériel dans l'exercice de ses fonctions ou à l'occasion de leur exercice, seront punies d'une amende de vingt-cinq à mille couronnes (33 fr. 50 à 1,350 fr.), ou d'un emprisonnement qui peut aller jusqu'à un an.

§ 3. Envers un officier ministériel d'une autorité inférieure, envers celui qui le remplace ou l'assiste, les délits mentionnés au § 1 seront punis des travaux forcés jusqu'à deux ans, ou de l'emprisonnement jusqu'à six mois ; s'il y a des circonstances très atténuantes, la peine sera l'amende, et dans les cas du § 2 la peine sera l'amende ou l'emprisonnement jusqu'à six mois.

Chapitre 20. § 3. Les vols ou larcins des oiseaux et autres animaux, des engins de chasse, même de ceux laissés à terre, seront considérés comme circonstances aggravantes pour déterminer la pénalité.

Chapitre 24. § 12. La chasse illégale faite dans un parc entouré d'une clôture appartenant à l'Etat, sera punie d'une amende. Dans ce cas sont compris la battue, la blessure ou la capture de l'élan, du cerf, du chevreuil, du renne ou du cygne. La peine sera d'un emprisonnement jusqu'à six mois, ou d'une amende d'au moins cinquante couronnes (67 fr.).

§ 13. La chasse sur une propriété ouverte appartenant à l'Etat sera punie d'une amende jusqu'à cent couronnes (135 fr.). Pour les dommages causés aux animaux précités, l'amende sera de vingt à deux cents couronnes (27 fr. à 270 fr.).

§ 15. Sur les terres des particuliers, les faits cités aux paragraphes 12 et 13 sont jugés par les tribunaux civils.

§ 16. Le fait de la résistance par les délinquants surpris commettant les délits mentionnés aux §§ 12 et 13, envers les propriétaires, fermiers ou régisseurs ou leurs employés, dans l'exercice de leur droit d'empêcher l'agression, de reprendre leur bien ou de confisquer les engins afin de prouver le fait, sera puni soit d'un emprisonnement jusqu'à six mois ou des travaux forcés jusqu'à deux ans.

V. — *Extrait du code de procédure civile suédois.*

Chapitre 17. § 2. Les surveillants, les employés de la justice, les délégués chargés des ordres du roi ne seront appelés comme témoins pour affirmer les faits constatés par eux-mêmes, qu'à défaut d'autres témoins.

VI. — *Taxe sur les chiens.*

Il y a en Suède une taxe sur les chiens.

Ceux nécessaires au service des surveillants des forêts et des chasses appartenant à l'État sont exempts de cette taxe qui est fixée pour les chiens des particuliers par les autorités communales. Toutefois cette taxe ne doit pas dépasser quinze couronnes (20 fr. 25) par an.

VII. — *Extrait de l'ordonnance royale relative à la vente de l'arsenic et autres poisons.*

§ 17. L'usage de l'acide arsénique et d'autres poisons contenant de l'arsenic, sera interdit pour exterminer les animaux nuisibles.

L'usage de la strychnine ou d'appâts en contenant pour servir à cette même destruction, ne sera permis que sur l'autorisation des délégués du roi, déterminant la quantité qui pourra être employée et les précautions nécessaires à prendre.

NORVÈGE.

I. Droit de chasse. — II. Loi du 22 juin 1863. — III. Loi du 20 mai 1877. — VI. Loi du 20 mai 1882. — V. Ordonnance du 23 octobre 1883. — VI. Ordonnance de mai 1886. — VII. Ordonnance du 26 novembre 1886. — VIII. Ordonnance du 9 mars 1887. — IX. Ordonnance du 27 juin 1889.

I. — *Droit de chasse.*

Le Code de Christian IV, modifié par de nombreuses lois postérieures, est encore en vigueur en Norvège; toutefois le droit de chasse dans le pays se trouve régi par les lois du 22 juin 1863, 26 mai 1877, 20 mai 1882 et les ordonnances du 23 octobre, 1883, mai 1886, 26 novembre 1886, 9 mars 1887, 27 juin 1889, etc.

L'État se réserve le droit de chasse sur les domaines qui lui appartiennent.

Il n'y a pas de permis de chasse en Norvège; mais l'étranger qui veut chasser sur les terres de l'État doit se munir d'une patente qu'il peut acquérir dudit État : pour chasser sur les terres appartenant à des particuliers, il doit se procurer l'autorisation des propriétaires.

Sur les propriétés particulières, le droit de chasse appartient exclusivement aux propriétaires.

Ce droit se trouve cependant limité dans son exercice, en ce qui touche certains animaux. En effet, sur chacune de ses terres matriculées, le propriétaire ne peut tuer qu'un élan, un castor et deux cerfs : toutefois cette restriction peut être levée lorsque ces animaux causent des dommages aux propriétés.

Quant au gibier protégé seulement pendant un certain temps de l'année, il peut être exclusivement chassé par le propriétaire sur ses terres défrichées, pâturages, forêts ou parcs.

Lui seul peut se servir de pièges sur ses terres et personne ne peut y chasser sans avoir obtenu son autorisation.

Une exception est faite à cette règle par l'ordonnance du 30 octobre 1842, encore en vigueur, relativement à la chasse à l'ours et au loup : cette chasse est permise à tous, même avec chiens, sur n'importe quel terrain, cependant le propriétaire du terrain sur lequel se trouve la retraite de l'animal sera maître de le chasser seul s'il en fait l'annonce publique aux autorités communales en session.

La chasse du phoc, sur terre, lui est aussi réservée. Cette même ordonnance de 1842, dans les endroits où l'eider bâtit son nid, ce qui a lieu ordinairement par troupe, vient défendre de tirer des coups de fusil depuis le 1er avril jusqu'au 15 août, sans la permission du propriétaire et limite la distance où l'on peut chasser là où existent ces nids; elle défend aussi de tuer ou de capturer ces oiseaux à une distance moindre d'un huitième de lieue de mer, ou 230 mètres de l'endroit où ils couvent.

Tout Norvégien peut chasser, sans autorisation, mais sans chien, pendant le temps où la chasse est permise, sur toutes les terres incultes et non entourées; il ne peut toutefois tuer ou prendre que le gibier dont la chasse est autorisée à certaines époques de l'année, il peut même tendre des pièges dans les lieux sus-énoncés.

Dans le cas où son intention est de chasser sur des terres privées, il doit obtenir l'autorisation du propriétaire et les contraventions à ces prescriptions sont sévèrement punies.

Le droit de suite est reconnu, lorsque l'animal a été tué sur une terre où la chasse est permise, mais le chasseur doit en donner la preuve.

La chasse est très réglementée dans le royaume de Norvège et les lois tendent, autant que faire se peut, suivant les contrées, à protéger le gibier qui fait leur richesse.

Les animaux protégés par la loi et pour lesquels, pendant certains mois de l'année la chasse est interdite, sont : l'élan, le cerf, le lièvre, le coq de bruyère, la poule de bruyère, le grousse des saules, le tétras, la gelinotte, le lagopède, la perdrix et l'eider.

L'ours, le loup, le lynx, le renard et la loutre peuvent se chasser en tout temps.

Pour chasser sur les terres de l'État le cerf, le renne, l'élan et le castor, il faut une permission spéciale, dite permission royale.

Il est défendu de tuer les faons des cerfs et ceux des rennes ne peuvent l'être que s'ils ont plus d'une année. Les castors doivent avoir au moins un an pour pouvoir être tués.

Parmi les interdictions portées par la loi, les unes sont générales pour tout le pays, les autres spéciales, ou du moins variables quant à la durée et suivant les différentes provinces.

La loi du 22 juin 1863, s'inspirant de ces principes de protection et des intérêts de l'agriculture, commence par fixer les primes d'encouragement accordées pour la destruction des animaux nuisibles; puis elle fixe les dates des époques pendant lesquelles on peut chasser certains animaux tels que le cerf, le castor, le lièvre en indiquant à qui appartient le droit de chasse.

Loi protectrice du gibier, elle limite le nombre de têtes que chaque propriétaire peut tuer : toutefois, cette protection ne passe qu'après la défense des intérêts du propriétaire, qui peut détruire les animaux pendant toute l'année sans que le nombre en soit limité, quand ils portent préjudice à ses récoltes.

Puis s'occupant d'un autre gibier, dont elle protège aussi la reproduction, elle limite les mois pendant lesquels on peut chasser la poule de bruyère, le coq de bruyère, la gelinotte, l'eider, la perdrix, et fixe les amendes qui seront infligées à ceux qui contreviennent ou qui aident à contrevenir à ces prescriptions.

Elle s'occupe des juridictions chargées d'appliquer ces amendes et de la destination des sommes qui en proviennent.

Enfin elle réserve à l'État, sur le rapport des autorités locales, le droit de limiter le temps de protection accordé à certain gibier, protection qui peut se prolonger pendant dix années consécutives.

II. — *Loi du 22 juin 1863.*

§ 1. Les primes d'encouragement accordées par l'État pour les battues des animaux nuisibles, ont été fixées comme suit : a). Il est alloué 27 francs pour un ours, un loup, un lynx, un glouton (gulo Borealis) que l'animal soit plein ou que ce soit un petit.

b) Il est donné 1 fr. 70 pour l'aigle (de terre ou de mer), l'épervier, ou leurs petits lorsqu'ils sont couverts de plumes.

§ 2. Les primes sont payées dans la circonscription où a été tuée la bête. Si les autorités demandent des constatations de la battue, avant le paiement de la prime, les intéressés doivent se conformer à ce désir.

Dans tous les cas, les formalités nécessaires pour toucher le montant de la prime sont, pour un mammifère, la production devant le maire ou le magistrat communal de la peau de la bête tuée; on devra faire alors enlever en sa présence les deux ongles du milieu de la patte droite de devant.

S'il s'agit d'un oiseau de proie, on doit produire le corps entier, couvert de ses plumes et, en présence du magistrat, enlever les pattes.

L'attestation sera délivrée gratuitement.

§ 3. La chasse à l'élan, au cerf et au castor sera permise du 1ᵉʳ août au 31 octobre, mais seulement pour le propriétaire du terrain, qui, du reste, ne pourra prendre qu'un seul élan, un seul castor et deux cerfs, sur chacune de ses propriétés matriculées.

L'Etat, après délibération, sur le rapport des autorités communales, peut accorder une autorisation spéciale au propriétaire pour faire une battue dans ses forêts afin de pouvoir tuer un plus grand nombre de ces animaux.

Les restrictions apportées aux époques de chasse et au nombre des animaux que l'on peut tuer ne concernent pas les îles qui appartiennent à des particuliers, ni les terrains clos.

L'Etat décidera de l'exercice du droit de chasser les animaux précités sur les terres lui appartenant, et sur les biens communaux, après avoir entendu le rapport des autorités de la circonscription.

Jusqu'à la promulgation de cette décision, la chasse sur ces terres sera défendue.

La chasse à l'élan et au cerf, au moyen de fosses, est interdite.

§ 4. On ne peut chasser le renne sauvage depuis le 1ᵉʳ avril jusqu'au 1ᵉʳ août.

§ 5. Il est défendu de chasser le lièvre depuis le 1ᵉʳ juin jusqu'au 15 août.

§ 6. Le propriétaire d'un terrain a le droit n'importe à quelle époque, et sans que le nombre en soit limité, de capturer ou tuer le cerf, le castor et le lièvre sur ledit terrain, quand ces bêtes porteront préjudice à son jardin, à ses champs, ses prairies ou ses parcs.

Personne, pendant que la chasse est défendue, ne pourra, sans le consentement du propriétaire, chasser en employant quelque moyen que ce soit, sur les terres de ce propriétaire, avec ou sans chien.

Le propriétaire a seul le droit de chasser mais sans chien, pendant les époques permises, sur les terres défrichées, petites forêts ou parcs, le gibier protégé.

La chasse est libre pour tous, en ce qui touche le gibier protégé, pendant le temps permis, mais sans chien, sur les terres incultes éloignées des terrains défrichés.

Il est défendu de chasser en temps de neige, alors que l'on peut grâce à cette neige suivre facilement la trace du gibier.

§ 7. La chasse de la poule de bruyère est prohibée du 15 mars jusqu'au 15 août. Celle du coq de bruyère, de la gelinotte, du lagopède du 15 mai jusqu'au 15 août; celle de l'eider, du 15 avril jusqu'au 15 août; celle de la perdrix du 1ᵉʳ janvier jusqu'au 1ᵉʳ septembre.

L'usage des pièges, des assommoirs ou autres engins semblables sera défendu dans les forêts ou autres terrains du 15 mars au 15 septembre : cette défense ne concerne pas le lagopède.

L'enlèvement des œufs des oiseaux cités dans ce paragraphe, ceux de l'eider exceptés, est défendu.

§ 8. Les contrevenants à cette loi, pourvu que les contraventions ne se réfèrent pas au paragraphe 6 où le droit de chasse du propriétaire du terrain aurait été exercé illégalement, seront passibles, pour chaque bête tuée ou capturée des amendes suivantes : pour l'élan 324 fr.; pour le cerf et le castor, 108 fr.; pour le renne, 54 fr.; pour le lièvre, 10 fr. 80.

Ceux qui auront pris part à ces chasses illégales, seront punis de la même amende que celui qui aura capturé ou tué la bête.

Ceux qui auront capturé ou tué un oiseau en temps prohibé, seront punis d'une amende de 5 fr. 40.

Ceux qui auront contrevenu à la défense de tendre ou de faire usage de pièges ou autres engins pour capturer des oiseaux en temps prohibé, seront frappés d'une amende de 10 fr. 80 à 27 francs.

L'enlèvement des œufs prévu au paragraphe 7 sera puni d'une amende de 5 fr. 40.

§ 9. Le colportage du gibier ou des oiseaux protégés, pendant le temps prohibé, est défendu, et celui qui a reçu ces bêtes soit gratuitement, soit par achat, sera puni de la même amende qui est appliquée à celui qui a tué ou capturé ces animaux.

§ 10. Les infractions aux paragraphes 8, 9 et 11 seront jugées par la police correctionnelle. Le commissaire demandera au prévenu, après avoir fixé le montant de l'amende, si son intention est de la payer. — Si la réponse est affirmative, la somme due pourra être recouvrée par la saisie dans le cas où le payement n'aurait pas eu lieu dans le délai prescrit. Si le délinquant, refusant de reconnaître le fait, repousse l'arrangement du commissaire, celui-ci fera une enquête et enverra le rapport au tribunal compétent.

Le produit des amendes est distribué à la caisse des pauvres; la bête capturée ou tuée, si c'est un élan, un cerf, un castor ou sa valeur sera attribuée au propriétaire de la chasse, à moins qu'il ne soit l'auteur ou le complice du délit; dans ce cas, l'animal ou sa valeur sera donné à la caisse des pauvres.

§ 11. Les modifications suivantes, en ce qui concerne les périodes de protection du gibier déterminées par cette loi, pourront être imposées par l'État; même à une seule circonscription ou commune d'après le rapport des autorités locales :

1° Protection pendant toute l'année pour l'élan, le cerf, le castor, le chevreuil, la perdrix et l'eider : protection pouvant se prolonger pendant dix ans.

2° Extension des périodes de protection prescrites par la loi.

3° Restriction de ces périodes en ce qui concerne la chasse du cerf, du renne, des oiseaux de bruyère, de la gelinotte et du lagopède.

4° Défense de certains modes de capture pouvant nuire à la reproduction du gibier.

Lorsque la chasse du chevreuil est prohibée, ceux qui s'y livrent en temps défendu, sont punis d'une amende de 54 fr. par chaque bête tuée ou capturée.

§ 12. Sont et demeurent abrogés par la présente loi le décret du 4 août 1845 sur la destruction des animaux nuisibles et la protection du gibier, ainsi que le décret du 28 septembre 1857.

La loi du 3 mars 1860 qui prescrivait l'extension de la période pendant laquelle la chasse de l'eider était prohibée dans certaines circonscriptions du royaume est restée en vigueur.

III. — *Loi du 26 mai 1877.*

Puis vient une loi du 26 mai 1877 relative aux étrangers, d'après laquelle : 1° l'étranger, c'est-à-dire, celui qui, né hors de Norvège, ou n'étant pas sujet norvégien, veut chasser sur les terres appartenant à l'Etat, sur les terres communes ou dans la Haute-Norvège (contrées alpines), sur des terres qui ne sont pas la propriété d'un particulier, peut obtenir ce droit moyennant une patente.

Si cet étranger veut chasser sur des terres appartenant à un particulier, il doit se procurer l'autorisation du propriétaire.

2° La patente délivrée est valable pendant un an pour l'endroit où elle a été acquise, pour toute chasse et pour tout gibier, l'élan, le cerf et le castor exceptés.

Cette patente sera obtenue moyennant une contribution de 200 à 500 couronnes (270 fr. à 675 fr.) payée à l'État suivant l'ordonnance.

3° Les contrevenants à cette loi seront punis d'une amende de 200 à 1000 couronnes (270 fr. à 1350 fr.) suivant que les délits rentreront dans le n° 1 première partie ou le n° 2. Ils seront poursuivis par le ministère public.

Les contrevenants au n° 1, 2° partie, seront également poursuivis par le ministère public, mais seulement si le propriétaire ou le fermier demande la poursuite.

Les plaintes seront portées à la police.

La moitié du produit des amendes sera attribuée au dénonciateur, s'il appartient à la police ou au service des forêts de l'État.

4° Cette loi est entrée en exécution à partir du 1ᵉʳ janvier 1878.

IV. — *Loi du 20 mai 1882.*

Une loi du 20 mai 1882 règle les primes pour la destruction des animaux nuisibles en les modifiant. — Les primes d'encouragement, dit le texte, sont modifiées de la manière suivante : renard rouge, renard noir, 5 fr. 40, aigle, épervier ainsi que leur couvée couverte de plumes ; 2 fr. 70. Dans certaines communes du sud et de l'ouest du royaume, la prime pour l'ours est de 81 fr. Dans d'autres, de 54 fr. pour l'ours et le loup ; de 40 fr. 50 pour le lynx ; de 4 fr. 05, 2 fr. 70. 1 fr. 25 pour le renard des deux espèces ; de 10 fr. 80 pour le renard rouge ; de 5 fr. 40 pour l'aigle et l'épervier ; de 1 fr. 35 pour le grand-duc ; de 2 fr. 70 pour le faucon.

On voit par là que l'uniformité n'existe pas dans les primes, ni même dans les époques de temps prohibé, car d'après cette loi, la chasse à l'élan est généralement permise dans le sud du royaume du 15 septembre au 15 octobre; dans le nord-ouest (Sud de Drontheim) du 1ᵉʳ septembre au 1ᵉʳ octobre : puis plus au nord du 1ᵉʳ septembre au 11 octobre.

Il résulte enfin de cette loi, que dans certaines communes du nord du royaume, il est défendu, pour chasser l'élan, de se servir de chiens courants, car ces animaux ayant pour but de poursuivre le gibier jusqu'à perte d'haleine, l'élan peut tomber mort de fatigue et n'être, par suite, d'aucun profit pour personne.

Les chiens couchants qui arrêtent simplement l'animal sans le poursuivre, ce qui permet au chasseur de le tirer au fusil, sont permis.

La chasse du faon de l'élan est prohibée en tout temps dans certaines communes du nord du Royaume, et l'on ne peut chasser la biche que si elle porte dommage aux propriétés.

La chasse au cerf au moyen de fosses, de pièges ou à la nage est défendue depuis le 1ᵉʳ novembre jusqu'au 15 septembre (autrefois cette défense ne durait que du 1ᵉʳ novembre au 1ᵉʳ août).

V. — *Ordonnance du 23 octobre 1883.*

— Une ordonnance du 23 octobre 1883 défend l'usage des pièges depuis le 15 mars jusqu'au 15 octobre dans la circonscription nord de Drontheim, pour les lièvres et les oiseaux, le lagopède excepté.

Dans certaines circonscriptions du sud du royaume, les engins sont défendus pendant toute l'année.

VI. — *Ordonnance de mai 1886.*

— D'après cette ordonnance les fusils installés en piège, et les autres engins et assommoirs destinés à la capture de l'ours ne sont pas permis sans l'autorisation des délégués communaux : cette permission doit être sanctionnée par l'État.

Le poison, comme moyen de destruction des animaux nuisibles, est défendu à moins d'avoir l'autorisation du propriétaire, du fermier ou de ceux qui ont le droit de pâture.

Le chien trouvé seul en quête de gibier peut être pris par les propriétaires, les fermiers, par ceux qui ont droit de pâturage ou par celui qui exerce le droit de chasse.

VII. — *Ordonnance du 26 novembre 1886.*

— Une ordonnance du 26 novembre 1886 interdit les lacets en fil dans les circonscriptions de Jarlsberg et de Laurviks.

VIII. — *Ordonnance du 9 mars 1887.*

— Une ordonnance du 9 mars 1887 défend l'importation des chiens provenant de Danemark, d'Allemagne, de Hollande, de Belgique, de France, de la Grande-Bretagne, d'Islande, des ports de la Baltique, appartenant à la Russie, et de ceux de la Finlande.

IX. — *Ordonnance du 27 juin* 1889.

— L'ordonnance du 27 juin 1889 prohibe sans exception la chasse du renne depuis le 16 septembre jusqu'au 10 août et défend complètement celle du faon.

X. — *Temps de chasse prohibé.*

— Puis viennent d'autres ordonnances que l'on peut regarder comme d'intérêt particulier fixant les époques pendant lesquelles on peut chasser le cerf, le lièvre et autres animaux : ordonnances qui ne servent en ce qui nous regarde, qu'à prouver qu'en Norvège le gouvernement et les provinces prennent grandement à cœur la protection et la conservation du gibier qui est une des richesses du royaume

— Les temps prohibés dont l'observation est appliquée à toute la Norvège sont les suivants.

Pour l'élan, du 1er novembre au 1er août.
Pour le cerf, du 1er novembre au 15 septembre.
Pour le lièvre, du 1er juin au 15 août.
Pour le coq de bruyère, du 15 mai au 15 août.
Pour la poule de bruyère, du 15 mars au 15 août.
Pour le petit coq de bruyère à queue fourchue, du 15 mai au 15 août.
Pour la petite poule de bruyère à queue fourchue, du 15 mars au 15 août.
Pour la gelinotte, du 15 mai au 15 août.
Pour le lagopède, du 15 mai au 15 août.
Pour la perdrix, du 1er janvier au 1er septembre.
Pour l'eider, du 15 avril au 15 août.

DANEMARK.

I. Droit de chasse. — II. Loi du 20 mai 1840. — III. Loi du 25 mars 1851. — IV. Loi du 30 janvier 1861. — V. Loi du 1er avril 1871. — VI. Loi du 21 mai 1879. — VII. Loi du 12 mai 1882. — VIII. Loi du 17 avril 1885. — IX. Loi du 1er mars 1888. — X. Loi du 13 avril 1889.

I. — *Droit de chasse.*

— Au XVIIe siècle le droit de chasse se trouvait complètement entre les mains du roi et des classes privilégiées.

Le *Danemark* était soumis au régime de *l'absolutisme*. Le roi avait une puissance illimitée, qui lui avait été confirmée par l'ordonnance royale du 14 novembre 1665.

Les grands propriétaires détenaient tous les privilèges et le paysan opprimé moralement et matériellement, leur était asservi, devant, à toute réquisition, sous ce régime du *servage de la glèbe*, son concours pour les battues que les seigneurs organisaient suivant leur bon plaisir.

Des réformes, tendant à amener un état de choses plus libéral, commencèrent avec Christian VII (1766-1808); mais le régime de l'absolutisme se maintint jusqu'en 1834 et ce ne fut que le 5 juin 1849, que la loi *fondamentale* vint abolir tous les privilèges attachés à la naissance, au titre et au rang.

La corvée, toutefois, ne disparut presque complètement que sous Frédérik VII (1848-1863) qui, dans un intérêt libéral, promulgua certaines mesures ayant pour but de faciliter la transformation des fermes en propriétés.

Ces transformations devant amener des modifications importantes dans l'exercice du droit de chasse, il est indispensable de donner quelques renseignements sur l'état du pays et sur sa législation rurale, afin de faciliter l'exposition des lois spéciales à cette matière, lois qui furent promulguées à cette époque de transition.

Le Danemark depuis la paix de Vienne, en 1864, comprend

la partie septentrionale de la presqu'île du Jutland, et près de cent cinquante îles, situées entre le Jutland et le sud de la presqu'île Scandinave, sur la route du Kattegat à la mer Baltique.

C'est un des plus petits royaumes d'Europe et sa superficie n'est que de 38,300 kilomètres carrés.

Les forêts dont il était couvert, et que l'on cherche aujourd'hui à reconstituer, ont été détruites par la main de l'homme; aussi l'époque où ce pays était habité par de grands mammifères est-elle éloignée, et, de plus, la culture a fait presque disparaître l'élan, le renne, l'auroch, le castor, le sanglier et le loup : si on y rencontre encore le cerf, le chevreuil et le daim, c'est surtout dans les parcs et les forêts entourés de clôtures.

Les carnassiers les plus nombreux sont : le renard, le blaireau, et la loutre; quant aux oiseaux aquatiques, ils sont très abondants dans ce pays.

La propriété foncière en Danemark est divisée en fermes de grandeur moyenne de un à douze tonneaux de Hartkorn (1), cultivées pas les *gaardmœnd*, et en petits lots de terre que cultive les *husmœnd*.

La plupart des gaardmœnd sont propriétaires de leurs fermes, tandisque presque tous les husmœnd sont seulement locataires.

Quoique le morcellement des propriétés fasse de rapides progrès, la noblesse possède encore plus du septième des terres, d'après leur valeur, et la presque totalité est répartie entre quatre-vingts fidéicommis (comtés baronnies et majorats) en général, soumis au droit d'aînesse et datant tous d'une époque antérieure à la loi de 1849.

Enfin le pays est divisé en dix-neuf baillages, y compris celui des îles Féroë, lesquels se subdivisent en cent vingt-six districts, partagés eux-mêmes en mille soixante-huit paroisses.

La loi *fondamentale*, revisée le 5 juin 1849, sous Christian IX (ch. VIII, § 82) reconnut le droit de propriété inviolable et déclara que nul ne serait tenu de le céder à moins que ce ne soit pour cause d'utilité publique, ce qui ne pourrait se faire qu'en vertu d'une loi et moyennant indemnité; le paragraphe 92, enfin, déclarait abolie toute prérogative attachée par les lois à la noblesse, aux titres et au rang.

Suivant le grand mouvement libéral qui s'est produit vers la fin du XVIII° siècle dans toute l'Europe, la législation du Danemark, dans ces cent dernières années, a donc fait de grands

---

(1) Au point de vue cadastral, le Danemark est divisé suivant une échelle dont l'unité est une certaine superficie representant 4 1/7 tonneaux de terre, correspondant à 2836,8 metres carrés : le tonneau égale 0,5516 hectares ; il était nommé anciennement tonneau de Hartkorn.

progrès, quoiqu'ils aient été souvent entravés par les errements fortement enracinés du passé.

Avant 1781, il y avait dans le royaume quantité de terres possédées par indivis et formant la commune rurale; la loi de 1781, en ordonnant le partage de ces terres; celle de 1792, en autorisant les propriétaires, après ces partages, à disposer plus librement de leurs terres; celle de 1799, en réglant la corvée, qui n'existe presque plus depuis 1850, firent disparaître cette commune rurale et amenèrent une grande transformation dans le domaine de la législation rurale.

Le législateur est venu interdire, en général, en ce qui concerne le droit de disposer de la terre, la suppression des fermes des paysans; pour le morcellement des propriétés, il a fixé l'étendue minimum de la partie, qui devait rester indivisible, et l'étendue minimum des parties pouvant en être détachées (ordonnance du 3 décembre 1819), fixant ainsi des limites, aussi bien à la liberté de l'agrandissement des propriétés en prévenant par là la disparition des biens, de grandeur moyenne, qu'à la liberté du morcellement.

Les fermes de paysans ne peuvent plus être supprimées; elles doivent leur être données à cens, au lieu de les faire rentrer dans l'exploitation de la propriété dont elles dépendent, car le législateur veut créer le plus possible de paysans propriétaires; il veut leur permettre, à eux, simples tenanciers, de cultiver leurs terres d'une manière rationnelle sans courir trop de risques; il veut, enfin, mettre des limites à la formation des grandes propriétés.

Ces transformations devaient avoir une influence sur la législation de la chasse, aussi voit-on les vieilles lois régissant la matière, disparaître dans le siècle dernier.

En 1840, après avoir consulté les États-Généraux et recueilli toutes les ordonnances relatives à la chasse, des changements importants en rapport avec la situation nouvelle du pays et avec la nouvelle répartition des propriétés, vinrent modifier la législation ancienne contenue dans le code de Christian V.

II. — *Loi du 20 mai 1840.*

— Tout en renfermant encore de nombreuses traces du droit absolu, qui avait été le régime du Danemark, la loi du 20 mai 1840 consacre, enfin, ce principe nouveau dans le royaume, que en dehors du domaine de l'État, autant que les circonstances le permettent, le droit de chasse appartient aux propriétaires fonciers sur leurs biens. Le permis de chasse n'existe pas, toutefois celui qui veut chasser sur les réserves royales doit obtenir une permission timbrée par la chambre des finances, et l'on doit avoir une permission du propriétaire particulier pour chasser sur ses terres.

. Plusieurs des articles de cette loi sont encore en vigueur, malgré les modifications apportées par les lois des 25 mars 1851, 30 janvier 1861, 1er avril 1871, 24 mai 1879, 12 mai 1882, 17 avril 1885 et 1er mars 1888.

Extrait de la loi du 20 mai 1840 avec l'indication des articles maintenus.

§ 1. (*Maintenu.*) La chasse, dans le royaume du Danemark, appartient au propriétaire foncier, en dehors des réserves royales et des endroits qui, selon les règlements suivants seront réservés au gouvernement.

Il faut, dans tous les cas, se conformer pour chasser, soit sur les *domaines*, soit sur les *terrains communaux*, aux clauses et conditions renfermées dans la présente loi et spécialement dans les §§ 7 et 8.

§ 2. (*Maintenu.*) Les réserves royale mentionnées au § 1 sont :

a) La partie de l'île de Seeland, située au N.-E. et dont la limite S.-O. est marquée, depuis longues années, par une ligne de poteaux, s'étendant de l'est de la baie de Kioge jusqu'à la baie de Roeskilde dans l'ouest.

b) Les iles d'Amager et de Saltholm, dans le détroit de Sund, entre la côte de Suede et l'île de Seeland.

c) Les terres de Jœgerspris.

d) Les terres de Odsherred.

Dans ces réserves, ainsi que sur les terres de la circonscription de Copenhague, et des autres bourgs, la chasse sera exercée, comme par le passé, par les fonctionnaires et agents nommés par le gouvernement.

Les personnes qui, par suite d'une autorisation particulière ou d'un droit antérieur, sont autorisées à chasser dans les réserves précitées, pourront continuer à user de cette autorisation, en se conformant aux prescriptions contenues dans cette permission.

§ 3. (*Maintenu.*) Par le mot *domaine*, il faut entendre toutes les terres dépendant d'un château ou d'une ferme, ainsi que toutes les dépendances d'un village, dans lesquelles un seul propriétaire est intéressé, sans tenir compte si la communauté foncière entre les usufruitiers est ou non annulée.

En outre, le droit de chasse appartiendra au propriétaire foncier, sur tout terrain, petit ou grand, clôturé ou non, qui a été désincorporé de la propriété foncière de la communauté d'un village.

Au contraire, sur le terrain désincorporé de la communauté d'une ville, le droit de chasse continuera à appartenir à la commune, qui décidera du mode le plus avantageux, suivant lequel la chasse devra être exercée, tant au profit d'elle-même que des propriétaires fonciers.

Si un terrain, soit réuni, soit composé de terres dispersées en plusieurs endroits, faisant autrefois partie d'une communauté foncière, devient la propriété d'un seul propriétaire, sans être formellement incorporé dans son domaine, la chambre des finances est autorisée à décider si le droit de chasse appartient au propriétaire, comme dans le cas d'une incorporation légale. (*Maintenu*.)

— Sur les terrains communaux, appartenant à la commune, dans lesquels diverses personnes avaient des lots, la chasse n'appartenait qu'aux propriétaires des terres seigneuriales privilégiées, excepté dans le cas où le roi se réservait ce droit pour lui-même (§ 4) et les dispositions suivantes étaient appliquées.

a) Tout propriétaire de terres seigneuriales privilégiées avait le droit d'exercer la chasse sur ces terrains si la part de sa propriété dans le dit terrain communal représentait une superficie pouvant être ensemencée de vingt tonneaux de grains au moins. (Évaluation cadastrale.)

b) La chasse dans ces mêmes lieux était réservée au roi, si les terrains appartenant à la commune et non à une propriété seigneuriale, soit dans leur ensemble, comme propriété publique ou propriété bénéficiée, soit également dans leur ensemble, comme terres dispersées, c'est-à-dire sans que ces deux catégories de terres soient réunies, représentaient une superficie, rapportant vingt tonneaux de grains, au plus.

c) Si ni l'une ni l'autre de ces deux catégories de terrain citées plus haut, si enfin, la part de la propriété seigneuriale privilégiée dans le terrain communal, n'arrivaient pas à représenter une superficie rapportant vingt tonneaux de grains, la chasse appartenait au roi si le nombre des tonneaux de grains d'une des deux classes comprises sous la lettre b) l'emportait sur celui des terres du seigneur : elle appartenait, au contraire, au seigneur, si le montant de sa part surpassait, comme grain, l'ensemble produit par les deux catégories précitées.

Le droit de chasser sur les terrains communaux, conformément aux conditions susdites, comprenait toutes les dépendances de ces communaux.

— Par tonneau de grains, on entendait le chiffre cadastral, indiquant la quantité de grains, qu'une propriété est estimée devoir rapporter; deux tonneaux de grains, relativement à un terrain forestier, correspondaient à un tonneau de grains cité dans le cas précédent.

Par la désignation de *terres seigneuriales* privilégiées en possession du droit de chasse sur les terrains communaux (§ 4) il fallait entendre (§ 5) : .

a) Les terres dont les dépendances (propriétés rurales) dans leur ensemble, sans comprendre le montant cadastral de la propriété principale, représentaient une superficie rapportant facilement deux cents tonneaux de grains et ne se trouvaient pas éloignées de plus de deux milles danois de la propriété principale.

b) Les terres qui, par suite de la séparation de leurs fermes, étaient ou pouvaient être diminuées et se trouver au-dessous du minimum cadastral indiqué plus haut, conformément à l'ordonnance du 13 mai 1769 et à la résolution royale du 10 mars 1814, publiée par la chambre des finances du 30 du même mois. — Les propriétaires de ces terres conservaient leurs droits de chasse, non seulement sur les dépendances qui leur restaient, mais aussi sur les dépendances séparées, comme si aucun changement n'avait eu lieu.

c) Les terres auxquelles, par suite d'une autorisation spéciale, fondée sur les diverses résolutions royales, mentionnées dans la haute résolution royale du 23 janvier 1807 et publiée par la chambre des finances le 26 du même mois, avait été accordé le droit de vente des fermes qui étaient nécessaires pour former leur complément cadastral.

Les propriétaires de ces terres n'ayant pu se réserver judiciairement le droit de chasse sur ces dépendances vendues en vertu des autorisations précitées, perdaient ce droit de chasse sur les terrains communaux, même sur les dépendances retenues par ce fait qu'ils n'avaient plus le cadastre nécessaire.

d) Les parcelles de telle ferme principale privilégiée, qui étaient ou devaient être morcelées de telle manière qu'en les divisant, l'exemption de taxe de ferme principale n'avait pas été perdue.

Si une telle parcelle, appartenant à une propriété rurale avait été vendue conformément à l'ordonnance du 15 juin 1792, § 12, *in fine*, laquelle autorisation a été ensuite supprimée par le décret du 26 janvier 1807 § 2, le propriétaire de la parcelle ne pouvait pas exercer le droit de chasse sur les dépendances vendues.

§ 6. (*Maintenu.*) Le droit de chasse faisant retour, conformément à la présente loi, aux propriétaires fonciers, il sera également accordé aux tenanciers dont la succession appartient à la famille et qui ont le droit de vendre ou d'engager leurs fermes, pourvu que le droit de chasse ne soit pas compris dans le droit seigneurial.

Le droit de chasse appartient aussi aux ecclésiastiques et aux fonctionnaires, sur les terres dont l'usufruit fait partie de leurs honoraires : à moins que ces terres ne soient d'anciennes fermes ou toute autre propriété, sur lesquelles le droit de chasse a été réservé.

Sur les terres appartenant à des institutions publiques, le droit de chasse sera compris dans le droit de propriété foncière, de sorte que les gérants de ces institutions en auront la jouissance dans les mêmes conditions que les propriétaires fonciers.

Il sera cependant préférable, que le droit de chasse sur les terres dispersées, appartenant à l'université, à la commune, à la cathédrale, aux écoles et aux hospices, soit mis à la disposition des fermiers de ces terres, s'il n'y a pas de circonstances spéciales qui s'y opposent.

La même réglementation doit être appliquée aux terres dont les ecclésiastiques et les fonctionnaires sont usufruitiers.

§ 7. (*Maintenu.*) Toute réserve, tout transfert ou tout autre mode d'appropriation, conformes aux lois qui ont été jusqu'à présent en vigueur, par lesquels le droit de chasse a été acquis par un autre que le propriétaire foncier, seront maintenus.

— Le seigneur d'un manoir privilégié pouvait se réserver le droit de chasse, en totalité ou en partie, soit pour lui ou pour son premier successeur sur les fermes dont il cédait le droit foncier. Le propriétaire foncier pouvait transférer son droit sur son domaine aux tenanciers, fermiers ou autres usufruitiers de sa propriété, tant que ceux-ci profitaient de cet usufruit. Il pouvait transférer aussi le droit pour un certain nombre d'années tant qu'il possédait la propriété foncière, si ce n'est dans ce cas, il était défendu de séparer le droit de chasse du droit de propriété foncière ou seigneuriale.

Quant au droit de chasse sur les communaux, sans considérer s'il était compris dans le droit foncier des communaux, cité au § 4 de cette loi, ou s'il existait d'après une convention spéciale, émanant de la chambre des finances, il ne pouvait être loué ou cédé à autrui, sous peine de la perte de ce droit, si ce n'est à un intéressé du droit de chasse dans cette communauté, ou aux fermiers qui conformément à leurs baux, avaient le droit de l'exercer sur les terres dont ils avaient l'usufruit; mais seulement, dans le cas où le concessionnaire possédait ce droit et tant qu'il le possédait.

— S'il y avait plusieurs intéressés pour ce droit de chasse, sur le terrain communal, le consentement de tous était nécessaire pour en opérer la cession. (Article 8 abrogé par le § 6 de la loi de 1851.)

§ 9. (*Maintenu.*) Si le droit de chasse, sur les terres des institutions publiques ou sur celles d'un bourg, réservé au gouvernement par l'ordonnance du 18 avril 1732, § 18, a été cédé à un tiers autre que le propriétaire foncier, que ces terres soient ou non séparées de la communauté, le droit de chasse restera entre les mains des concessionnaires et quoique devant revenir, suivant la loi à ces institutions ou au propriétaire foncier, il ne leur appartiendra qu'à l'expiration des concessions susdites.

§ 12. Il est permis à chacun, jusqu'à la limite des terres lui appartenant ou par lui louées, même si l'on n'a pas le droit d'exercer la chasse suivant les réglements compris dans cette loi, non seulement de capturer ou tuer toute espèce d'oiseaux de proie, héron, freux, cormoran; de détruire leurs nids et couvées, mais sans se servir d'armes à feu; de capturer et tuer les putois, belettes, martres au moyen de cages, et de les détruire aussi soit au moyen de pièges placés dans les arbres, soit en les enfumant soit en les déterrant.

Chacun pourra installer des pièges dans sa cour ou dans ses maisons, pour exterminer ces animaux nuisibles. (Visé par la loi de 1851).

§ 13. Il est aussi permis à chacun, sans être en possession du droit de chasse, de tendre des collets pour prendre les grives et les oiseaux chanteurs sans cependant pouvoir faire usage de rets, sur les terres lui appartenant.

Tout autre qui, sans autorisation, s'occupe de la prise des oiseaux chanteurs, ou qui détruit leurs nids exprès, paiera une amende de deux à cinq ryksdaler (5 fr. 56 à 13 fr. 60) (1), en monnaie d'argent pour chaque contravention.

(1) Ryksdaler, monnaie de Danemark, 2 fr. 80.

La dénonciation sera réservée au propriétaire ou au fermier, et le produit de l'amende lui sera attribué.

— La chasse des oiseaux restait libre pour tous, sur la mer ou dans les golfes de mer, excepté dans les eaux faisant partie d'une propriété, ou dans les endroits où la chasse était considérée, par un ancien usage, comme appartenant au propriétaire de chasse sur les terres contiguës.

— La loi fixe ensuite des conditions dans lesquelles ces chasses peuvent avoir lieu, prononçant une amende de dix ryksdaler contre les contrevenants au bénéfice de la caisse de la commune (A. 14 et 15).

§ 17. Le propriétaire de chasse n'avait pas de droit sur les animaux blessés trouvés sur son propre terrain : mais il avait le droit de revendiquer le gibier lorsque chassé par lui, il tombait sur un terrain où le droit de chasse ne lui appartenait pas.

§ 18. Le droit de chasse accordé, conformément à cette loi, soit sur les domaines, soit sur les communaux, comprenait tous les animaux, sans exception.

§ 19. La chasse avec des lévriers était défendue et le propriétaire de chasse ne pouvait se servir de ces chiens, que si son droit de chasse résultait de la possession d'une ferme principale, ou si son terrain de chasse contenait une superficie rapportant deux cents tonneaux de grains au moins.

Les contrevenants à cet article étaient passibles de la pénalité prescrite au § 27 de cette loi pour la chasse illégale; tous propriétaires de chasse sur la même paroisse et sur celles adjacentes, étaient autorisés à dénoncer les contraventions.

§ 20. (*Maintenu.*) Pour les chasses au rabat le seigneur ne peut mander ses fermiers que si cette obligation est comprise dans les contrats qui règlent la corvée, et ses tenanciers que dans le cas où leur bail à cens les y oblige :

Pour toute infraction à ces obligations le délinquant sera passible des amendes prescrites par les ordonnances du 25 mars 1791 et du 30 janvier 1807 concernant le règlement de la corvée et les obligations des tenanciers.

Toutefois, dans les châteaux où l'appel des traqueurs est fondé sur l'ancien usage, sans être mentionné dans les baux à cens, rien ne sera changé avant l'expiration des baux.

On ne peut, cependant, exiger plus de deux journées de corvée par an d'un fermier et une journée d'un tenancier : le nombre de jours fixé ne pourra être dépassé au renouvellement des baux.

§ 21. (*Maintenu.*) Si le droit de chasse sur un terrain commun n'appartient pas à un seul mais bien à plusieurs intéressés, les chasses au rabat sur le dit terrain ne pourront avoir lieu qu'avec l'assentiment de tous les intéressés.

§ 22. (*Maintenu*). La loi actuelle en ce qui concerne l'appel des traqueurs dans les réserves royales, et les amendes en cas d'absence, maintient en force la résolution royale de 12 septembre 1827, promulguée par la chambre des finances du 29 du même mois.

§ 23. (*Maintenu*). Sont également maintenues les ordonnances relatives au transport, pour la livraison du gibier provenant des réserves royales ou des propriétés de la famille royale ainsi que les ordonnances relatives à la conservation du gibier.

§ 24. (*Maintenu.*) Les propriétaires de chasse et ceux qui sont obligés de fournir des traqueurs qui, d'après la loi du 9 mars 1838 § 3, peuvent convertir ces obligations en espèces, pourront encore invoquer ces conventions.

§ 25. Sur les terrains communaux, là où plusieurs personnes sont autorisées à chasser, ainsi que sur les terres réservées à l'État, où il était permis de chasser conformément au § 2 de la loi, défense était faite à quiconque, sous peine d'encourir les pénalités prononcées pour la chasse illégale, de prendre personnellement ou de faire capturer par des tiers, soit avec des armes à feu soit par tout autre mode de chasse, les cerfs, les daims, les chevreuils ou les lièvres du 1er mars au 12 septembre ; les perdrix du 1er février au 12 septembre ; les coqs de bruyère et des bois ainsi que les bécassines du 1er février au 1er août.

§ 26. Le chasseur qui, soit personnellement soit par autrui, causait en chassant ou en faisant chasser, des dommages au blé, aux récoltes, aux clôtures sur une propriété dont l'usufruit appartenait à un tiers, devait indemnité pour ce dommage, conformément aux usages appliqués lorsqu'il s'agit de dommages intérêts en général, c'est-à-dire suivant l'appréciation de personnes impartiales en conformité de la loi.

§ 27. Quiconque se livrait à la chasse illégale avec des armes à feu, des chiens, des pièges ou autres engins, était passible d'une amende de 20 à 100 ryksdaler (55 fr. 60 à 278 fr.), suivant les circonstances.

Dans la fixation de l'amende, on devait considérer si le fait de chasse illégale avait été commis par plusieurs personnes collectivement, si le délit avait été répété, si le fusil était un arme à vent, ou un fusil se démontant en plusieurs pièces et pouvant se remonter facilement.

Le contrevenant était tenu de payer, en outre, la valeur du gibier au propriétaire de la chasse, à moins qu'il ne puisse le lui livrer en bon état ; il devait aussi livrer à celui qui le surprenait en contravention, son fusil, son chien, et tous autres instruments ou engins de chasse, ou en donner la valeur.

Les amendes suivantes étaient payées pour les animaux tués ou capturés dans l'exercice de la chasse illégale.

Pour un cerf, grand ou petit.....................	30 ryksdaler	(83fr-40.)
Pour un daim, grand ou petit.....................	20 —	(55fr-60.)
Pour un chevreuil, grand ou petit.............	10 —	(27fr-80.)
Pour un lièvre, un renard, une loutre, un blaireau.....................	5 —	(13fr-90.)
Pour une martre ou un putois.................	15 —	(41fr-70.)
Pour une oie sauvage, un coq de bruyère ou des bois, une perdrix, une bécasse ordinaire ou un courlis.....................	10 —	(27fr-80.)
Pour un canard sauvage, une bécassine, un pluvier, un guignard, un combattant (espèce de vanneau), un roi de caille, une caille ou une grive.....................	5 —	(13fr-90.)

§ 28. L'enlèvement et la destruction illégale des couvées ou des nids des oiseaux dénommés ci-dessus, ainsi que la prise sans autorisation des œufs des oiseaux sauvages, étaient punis d'une amende de 5 à 10 ryksdaler suivant les circonstances.

§ 29. Un agent de chasse ne pouvait, sans autorisation du propriétaire, vendre aucune sorte de gibier, sous peine d'une amende de 10 ryksdaler (27^{fr}·80) pour chaque contravention : et, si une autre infraction avait été commise en même temps que celle précitée, le délinquant devait être puni pour chaque contravention.

§ 30. Quiconque n'en avait pas le droit, ne devait se trouver armé d'un fusil ou avec des chiens de chasse dans un district quelconque, à moins qu'il ne fût forcé d'y passer pour faire son chemin, mais dans ce cas le fusil ne devait pas être chargé, il devait être désarmé, et les chiens mis à l'attache.

Les contrevenants étaient passibles d'une amende de dix ryksdaler (27 fr.80) et le propriétaire de chasse avait même le droit de faire tuer le chien.

Si les chiens erraient dans le district hors des chemins publics, l'amende précitée était augmentée de 20 ryksdaler (55 fr.60). Cette amende était aussi appliquée à celui qui, n'en ayant pas le droit, se trouvait avec des armes à feu même non chargées et désarmées, et ses chiens à l'attache, hors des chemins publics, dans un district où il y avait possibilité d'exercer une chasse illégale.

§ 31. Tous les chiens sans laisse, ainsi que les chats trouvés errants dans un district de chasse, pouvaient être tués par le propriétaire de chasse ou sur son ordre. Il était aussi défendu, sous peine d'une amende de trente-deux schelling (0 fr. 96 cent.) (1), pour chaque contravention, aux laboureurs, d'amener des chiens sans laisse pendant qu'ils travaillaient aux champs.

Les ordonnances précitées ne s'appliquaient cependant pas aux chiens de berger dressés pour surveiller les moutons et autres bestiaux, quand ils exerçaient cette surveillance, et que le maître de ces chiens avait informé le propriétaire de chasse qu'il s'en servait.

Quant aux autres chiens, s'ils suivaient leur maître ou d'autres personnes sur les routes ou en promenade, ils n'étaient pas inquiétés, à moins que l'endroit où ils étaient trouvés ou d'autres circonstances ne fassent supposer qu'il y ait eu préjudice causé ou tenté à l'encontre du propriétaire de chasse.

§ 32. Les paragraphes précédents, 26, 27, 28, 29, 30 et 31 trouvaient leur application aussi bien en ce qui concerne les réserves royales que les autres endroits.

§ 33. Le propriétaire ou fermier qui trouve, sur le terrain dont il a l'usufruit, un tiers exerçant le droit de chasse, excepté le propriétaire de cette chasse ou son agent formellement attaché à son service, peut demander soit personnellement ou faire demander par ses employés, que ce tiers fournisse une pièce justificative prouvant l'autorisation d'y chasser; si cette pièce n'est pas produite, il peut enlever au délinquant son fusil, son chien, et les engins de chasse trouvés en sa possession.

(1) Le schelling en Danemark vaut 3 centimes.

jusqu'à ce que les preuves soient fournies; en outre, le propriétaire de la chasse devra ultérieurement être prévenu du fait.

Dans les réserves de la chasse royale, ainsi que dans les districts du gouvernement où la chasse est faite par les agents ou les surveillants du gouvernement, au profit du roi, la preuve de cette autorisation sera faite par la présentation du permis délivré par le gouvernement et portant son timbre.

Il en sera de même pour les districts de l'arrondissement de Valloë et de l'académie de Soroë, où la surveillance de la chasse est exercée de la même manière que dans les districts du gouvernement; les permis de chasse porteront le même timbre que celui exigé pour chasser dans ces districts, timbre qui sera apposé par la chambre des finances.

Si la chasse réservée au roi, a été louée à d'autres que les habitants du terrain, les fermiers de chasse doivent tous avoir cette pièce timbrée pour la représenter à toute réquisition et se charger eux-mêmes de faire apposer ce timbre par la chambre des finances.

Du reste, toute personne possédant le droit de chasse soit sur les communaux, soit comme propriétaire d'un manoir privilégié, ou d'après les conditions du § 4, doit avoir un permis et le faire timbrer par la chambre des finances.

Ce permis devra être présenté à la demande de l'usufruitier du terrain où la chasse est exercée, par toute personne chassant au nom du propriétaire, qu'il soit son représentant, son agent ou son ami et par le propriétaire de chasse lui-même, sur le terrain dont il n'est pas propriétaire foncier.

Les permis timbrés donnent le pouvoir nécessaire, non seulement au porteur mais aussi à ceux qui l'accompagnent, comme il appartient au propriétaire de chasse, de surveiller si celui à qui le permis a été confié n'abuse pas de son autorisation pour s'en servir sur des terres où il n'a pas droit de chasser.

Dans ce but, le gouvernement donnera à ses agents des instructions nécessaires relatives à la participation de l'exercice de la chasse dans les districts lui appartenant.

En ce qui concerne le droit de chasse, appartenant aux particuliers sur un domaine, c'est au propriétaire de chasse lui-même qu'il incombe de fournir à celui ou ceux qu'il autorise à y chasser, un permis portant sa signature pour le représenter quand il sera nécessaire. (*Maintenu*.)

§ 31. Le droit d'arrêter les contrevenants appartient, non seulement au propriétaire de chasse ou à l'usufruitier, mais aussi à tous ceux qui pourront prouver d'après le § 30 qu'ils chassent pour le compte du propriétaire du droit de chasse ou avec son autorisation.

En cas de résistance, mettant le dénonciateur dans le cas de demander main-forte, les contrevenants seront punis suivant la loi générale.

Si un tel délit a été commis à l'égard de ceux qui sont munis d'un permis de chasse du gouvernement dans les districts non affermés, ou de ceux de l'arrondissement de Valloë ou de l'académie de Soroë, ce permis ayant été montré au contrevenant, les punitions seront infligées suivant les prescriptions renfermées dans l'ordonnance du 10 octobre 1833 § 16 et 17 relatives à la résistance aux agents, faisant fonctions publiques. (*Maintenu.*)

§ 35. Les contraventions à la loi sur la chasse, sont jugées, en première instance, d'après les dispositions prescrites pour les affaires civiles de police; seulement si une dénonciation a été faite par un agent ou surveillant, sous l'affirmation du serment, et si les circonstances indiquent qu'une contravention à la loi a eu lieu, le prévenu, dans le cas où il nie le fait, devra le faire par serment, et s'il refuse, il sera reconnu coupable.

L'appel contre le jugement du tribunal inférieur, dans ces affaires, si un recours est admissible, sera renvoyé au tribunal supérieur de la province; si ce n'est pour les jugements prononcés aux juridictions, qui seront renvoyés immédiatement au tribunal suprême.

Outre l'amende, prescrite par cette loi, qui sera attribuée au propriétaire de chasse, s'il n'en est pas autrement décidé, le contrevenant ou s'il y en a plusieurs, les contrevenants, seront solidairement condamnés à payer les frais de procès.

Dans le cas de défaut du payement total, par le contrevenant, le propriétaire de chasse doit en premier lieu couvrir les frais de procès et les dommages-intérêts. (Ordonnance du 16 novembre 1836 et 11 juillet 1832). (*Maintenu*).

§ 36. La citation relative à l'exercice illégal de la chasse et à tout ce qui a trait à cet exercice, ne pourra avoir lieu lorsqu'une année se sera écoulée depuis le jour où la contravention a été commise, pourvu qu'elle soit poursuivie d'après le § 35 de cette loi.

§ 37. Si la contravention à la loi sur la chasse se trouve combinée avec un autre délit, passible d'une pénalité plus sérieuse que l'amende, l'affaire entière sera traitée, comme une affaire criminelle.

§ 38. Toutes les lois précédentes, relatives à la chasse, seront supprimées, à moins que ces lois ne contiennent des dispositions auxquelles la présente loi se réfère.

III. — *Loi du 25 mars 1851.*

La loi du 25 mars 1851 semble vouloir faire disparaître les privilèges féodaux qui existaient encore dans le royaume de Danemark, en matière de chasse.

Le droit reconnu au roi, aux feudataires et aux propriétaires de terre privilégiés sur les terres communes et non réparties cesse d'exister, et tout propriétaire, que ce soit le roi ou un particulier, peut se rendre acquéreur de ce droit s'il n'en est pas déjà possesseur.

Une fois maître du droit de chasse, le propriétaire de terres particulières ne peut plus en être privé; il peut même le concéder au fermier. Lorsqu'il cultive lui-même, il peut louer son droit de chasse sur ses terres à un tiers ; toutefois, la loi apporte, dans ce cas, une restriction au droit de propriété cette location ne pouvant être faite que pour un certain temps. Ce temps était d'un an sous la loi de 1851, art. 7; il a été porté à dix ans par celle de 1861 § 2.

Le propriétaire du droit de chasse est tenu de détruire les animaux nuisibles qui se trouvent sur ses terres et de prêter son concours pour cette destruction. S'il ne le fait pas, malgré l'avis qui lui en est donné, l'occupant ou le fermier pourra effectuer cette destruction à la condition de livrer dans les 24 heures le gibier tué ou pris à celui qui a le droit de chasse : d'où il faut conclure, que dans le royaume de Danemark, le gibier est regardé comme la propriété de celui qui possède le droit de chasse.

La loi est à la fois protectrice du gibier et de la propriété, car le propriétaire du droit de chasse doit des dommages-intérêts pour les dégâts commis par son gibier.

La pénalité prononcée pour infractions à la loi est l'amende.

Le système de la délation, en ce qui concerne ces infractions, est admis et même encouragé, le délateur ayant droit à une part sur les amendes.

— Cette loi du 25 mars 1851 porte : § 1. Le propriétaire peut acquérir le droit de chasse sur son domaine, lorsque ce droit est séparé de sa qualité de propriétaire foncier. Ce principe sera appliqué de même sur les réserves royales et sur les terres réparties d'un bourg. Ce sera la loi du 20 mai 1840 § 6, qui sera appliquée pour savoir, dans ces deux derniers cas, qui devra être considéré comme propriétaire foncier.

§ 2. De même que le droit de chasse des seigneurs des manoirs privilégiés et des feudataires n'existe plus sur les communaux, droit dont ils jouissaient autrefois, de même le droit de chasse réservé au roi sur les communaux et les terres non réparties d'un bourg, lui sera enlevé sans compensation à l'expiration des concessions en vertu desquelles il en jouit actuellement.

Si ces concessions sont conçues dans les termes *jusqu'à l'avenir*, elles sont réputées expirées le 31 mars 1851.

§ 3. Le droit de chasse sur les communaux et les terres non réparties d'un bourg, qui d'après le § 2 n'existe plus, appartiendra aux communes dans lesquelles les terrains en question sont situés, et elles disposeront de l'exercice du droit de chasse.

§ 4. Si les communes ne peuvent entrer gratuitement en possession du droit de chasse sur les communaux ou les terres non réparties d'un bourg, avant le 31 mars 1851, elles peuvent se l'approprier après cette époque de la manière prescrite par cette loi pour l'acquisition de ce droit sur un domaine par son propriétaire.

§ 5. Le droit de chasse, une fois réuni avec celui de la propriété foncière ne peut plus en être séparé.

§ 6. Le droit de chasse ne peut être réservé ni vendu à autrui quand il y a changement de propriétaire foncier. Sont abrogées les exceptions contenues au commencement du § 8 de la loi du 20 mai 1840.

§ 7. Le fermier qui, après la promulgation de cette loi, louera un domaine, aura le droit de chasse compris dans son bail, pourvu que ce droit appartienne au propriétaire foncier et à moins que le contraire ne soit formellement stipulé.

Si le propriétaire se réserve ce droit, il ne peut le céder à un tiers, à moins qu'il ne reste lui-même responsable vis-à-vis du fermier, pour les abus qui seraient commis.

Le propriétaire qui travaille ses terres lui-même peut louer son droit de chasse; mais seulement pour une année à la fois. Du reste, les conditions de la loi du 20 mai 1840 § 33 subsistent de sorte que le timbrage des permis sera fait par le gouvernement, mais elles sont annulées en faveur des communes en ce qui concerne la chasse sur les terrains communaux au profit des communes.

§ 8. Celui à qui appartient le droit de chasse, sur un terrain faisant partie d'une propriété ou d'une communauté, situé à côté d'un terrain particulier, sur lequel il a également droit de chasse, peut être obligé de céder son droit sur la communauté ou sur la portion de propriété, mais il pourra obliger ceux à qui le droit de chasse appartient sur le reste de céder leurs droits respectifs.

§ 9. Les transactions nécessaires pour réaliser les changements apportés par cette loi dans la propriété du droit de chasse, seront effectuées par des délégués de chaque circonscription, et le président sera nommé par l'Etat pour trois ans.

Les environs de Copenhague seront compris dans les circonscriptions de cette ville.

Pour chaque transaction, les parties intéressées nomment de chaque côté un arbitre. Ces deux arbitres réunis au président, décideront la question.

Le choix des arbitres se fera parmi les délégués nommés par les autorités communales et paroissiales.

§ 10. La compensation pour la cession du droit de chasse sera faite au moyen du payement annuel d'une somme, correspondant au préjudice causé dans le revenu, préjudice que l'on apprécie jusqu'au jour où le droit devait expirer.

Le paiement peut être fait par une hypothèque sur la propriété, mais on peut s'acquitter de la dette totale, en payant une somme représentant celle qui est due annuellement multipliée par le chiffre 25.

§ 11. En ce qui touche l'appel contre la décision prise par les délégués, on se conformera aux prescriptions contenues dans la loi du 4 juillet 1850.

§ 12. Les obligations générales prescrites par la résolution royale du 7 avril 1827 et la loi du 20 mai 1840 § 22, aux fermiers des réserves royales de fournir des traqueurs nécessaires pour les chasses au rabat, convoqués conformément à l'ordre royal spécial, cesseront dorénavant.

Les obligations des fermiers et des tenanciers, existant en vertu de leurs baux, de fournir une ou deux journées par an de corvée pour la chasse, seront maintenues jusqu'à ce que la loi du 4 juillet 1850, concernant la décharge de la corvée des fermiers et tenanciers soit mise en vigueur.

§ 13. Le propriétaire du droit de chasse, devra une indemnité pour tout dommage causé dans l'exercice du droit de chasse, soit par lui, soit par autrui, aux terrains sur lesquels il a le droit de chasser et qui appartiennent soit en propriété soit en usufruit à un tiers.

Il doit, en outre, détruire les cerfs et les daims qui porteraient préjudice aux fermiers qui n'ont pas le droit de chasse, sur les terres où lui seul est en possession de ce droit.

Si le propriétaire de chasse ne se conforme pas à l'obligation précitée, malgré la plainte du fermier, plainte qui doit être officiellement prouvée, ce dernier pourra, trois mois après l'avis donné au propriétaire, chasser et tuer les cerfs et les daims sur les terres dont l'usufruit lui appartient, à la condition que le gibier tué soit livré au dit propriétaire dans les vingt-quatre heures.

Si le propriétaire de chasse n'habite pas dans la limite de la paroisse, où est située la propriété sur laquelle il peut exercer le droit de chasse, il doit nommer un représentant dans cette paroisse, chargé de prendre livraison du gibier.

Le fermier qui omet de livrer le gibier, sera passible de l'amende appliquée à la chasse sans autorisation.

§ 14. L'autorisation, conférée au fermier conformément à la loi du 20 mai 1840 § 12, de tuer certains animaux et oiseaux nuisibles, comprendra aussi, l'oie sauvage, la pie, le moineau et la corneille : l'usage des armes à feu est autorisé pour atteindre ce but. Il est aussi permis au fermier d'installer des traquenards dans sa cour ou ses maisons pour prendre les renards.

§ 15. Le droit concédé aux fermiers dans les §§ 13 et 14, ne peut pas être restreint par contrat.

Mais l'abus de ce droit sera considéré comme un fait de chasse sans autorisation.

§ 16. L'autorisation, réservée aux propriétaires de chasse, en vertu du décret du 23 juillet 1845, d'exercer la chasse ou de détruire les animaux dans les jardins et parcs n'est pas maintenue.

§ 17. La défense, prescrite par la loi du 20 mai 1840 § 25, de chasser à certaines époques de l'année, certaines espèces d'animaux sur les terrains communaux, où plusieurs propriétaires ont le droit de chasse, sous peine d'encourir la pénalité appliquée pour l'exercice de la chasse sans autorisation, sera aussi appliquée sur les domaines de la manière suivante : il est défendu de chasser le chevreuil et le lièvre du 1er mars au 12 septembre; la perdrix du 1er février au 12 septembre ; le coq de bruyère et des bois, ainsi que la bécassine, du 1er février au

1er août; il n'y a d'exception que pour la chasse faite dans les jardins et parcs clos et dans les réserves royales.

Ceux qui contreviennent à cette défense peuvent être poursuivis, soit par les autorités communales, soit par chaque propriétaire ayant le droit de chasser dans la commune.

Le produit de l'amende sera attribué à la caisse des pauvres de la ville ou de la paroisse.

Les infractions seront traitées comme les affaires de simple police.

§ 18. Il est défendu au propriétaire d'exercer la chasse sur les champs ensemencés appartenant à autrui, depuis le 1er mai jusqu'à l'époque où les blés sont coupés et mis en meule : exception est faite pour la chasse au cerf et au daim.

Les infractions seront punies de l'amende portée au § 19, laquelle sera attribuée au fermier.

§ 19. La loi du 20 mai 1840 § 30, qui porte la restriction du droit de porter des armes à feu, et défend de mener des chiens de chasse sur les chemins publics, sera abrogée, mais les individus qui seront prévenus d'avoir laissé leurs chiens errer hors des chemins publics, ou d'avoir pénétré sur le terrain d'autrui, sans le consentement de celui à qui appartient le droit de chasse, armés de fusil ou menant des chiens, seront passibles d'une amende de 2 à 10 ryksdaler.

Ils pourront être poursuivis par les propriéraires, les fermiers ou ceux auxquels appartient le droit de chasse, et l'amende sera attribuée à celui qui aura intenté les poursuites.

§ 20. Le droit donné au propriétaire de chasse, en vertu de la loi du 20 mai 1840 §§ 30 et 31 de tuer les chiens de chasse, aussi bien que les chiens sans laisse, ou les chats, trouvés sur le terrain où il a le droit de chasse, sera restreint aux parcs de chasse clôturés : sont exceptés cependant les levriers, que le propriétaire peut toujours tuer partout où il les trouve sur son terrain de chasse.

La défense contenue au § 34, qui était faite aux laboureurs d'amener des chiens sans laisse, pendant leurs travaux dans les champs, est supprimée.

§ 21. Les pénalités encourues pour délit de chasse illégale, soit avec des armes à feu, des pièges, des trappes, etc., prononcées par la loi du 20 mai 1840 § 27, qui étaient de 20 à 100 ryksdaler, seront réduites de 5 à 50 ryksdaler, suivant les circonstances.

La saisie des engins de chasse n'aura plus lieu à l'avenir.

§ 22. Tant que la faisanderie royale restera dans l'île de d'Amager (dans le détroit de Oresund qui sépare la Suède du Danemarck) il sera défendu aux particuliers de capturer ou de tuer, avec des armes à feu, les faisans sur cette île.

Quiconque contrevient à cette défense sera passible d'une amende de 15 ryksdaler pour chaque oiseau pris ou tué.

IV. — *Loi du 30 janvier 1861.*

Le 30 janvier 1861, fut publiée une loi ayant pour but de

protéger certains animaux, de fixer les amendes dont devaient être punies les infractions, et de modifier le § 7 de la loi du 25 mars 1851 en permettant au propriétaire qui cultive ses terres de transférer son droit de chasse à autrui pour une période de dix ans.

§ 1. Seront punis d'une amende de 1 à 5 ryksdaler, dont le produit sera attribué à la caisse des pauvres, ceux qui, du 1ᵉʳ février au 1ᵉʳ novembre, tuent ou capturent les animaux suivants : la chauve-souris, la taupe, la musaraigne, le hérisson, le putois, la belette, le blaireau et le renard, quand la chasse de ce dernier animal a lieu sur les plantations destinées à arrêter les sables mouvants; la crécerelle, la buse, le guêpier, le hibou (le chat-huant est excepté), la cigogne, la mouette, le goéland, le freux, le choucas, le pluvier, le rollier, la huppe, l'engoulevent, le coucou, la pie, l'étourneau, la mésange, le merle, et tous les petits oiseaux chanteurs. Interdiction qui aura force de loi jusqu'au 1ᵉʳ novembre 1870.

Toutefois, le propriétaire pourra, dans ses habitations et sur les terrains clos y attenant, capturer ou détruire, avec des armes à feu, le putois, la belette, le renard, la taupe et la musaraigne, en prenant les précautions nécessaires contre l'incendie.

§ 2. Le § 7 de la loi du 25 mars 1851 sera modifié en ce sens, qu'il sera permis au propriétaire qui cultive lui-même ses propres terres, de transférer son droit de chasse à autrui pour le temps où il reste propriétaire de ces terres ou pour un certain nombre d'années; cette cession ne pouvant cependant être faite pour plus de dix années.

§ 3. Les contrevenants aux dispositions du § 1 de la présente loi, seront poursuivis d'office par le ministère public.

V. — *Loi du 1ᵉʳ avril 1871.*

La loi du 1ᵉʳ avril 1871, rendue par le roi Christian IX, est plus complète.

Elle traite du droit de chasse; de la défense relative à divers modes de chasse; de la protection de certains gibiers; de la vente et du colportage du gibier pendant le temps prohibé; de la chasse du faisan; de la défense relative à la capture des petits oiseaux et à l'enlèvement des œufs; de la chasse défendue; de l'instruction criminelle et de la procédure civile, et enfin de l'abrogation des lois précédentes.

SECTION I. — *De l'exercice du droit de chasse.*

§ 1. La chasse aux oiseaux et autres animaux sauvages, est libre pour tous, sur la mer ainsi que dans les golfes et les baies, à moins que ces lieux ne fassent partie d'une propriété particulière, ou si la chasse dans les dits lieux est considérée comme appartenant depuis les temps anciens aux propriétaires qui ont le droit de chasse sur les terrains adjacents.

Toutefois, la chasse n'est pas permise sur les côtes où la chasse est la propriété d'une autre personne, soit à gué soit sur l'eau, si les coups de feu peuvent atteindre la terre de celui à qui le droit de chasse appartient.

§ 2. Il sera permis au propriétaire, dans les limites de ses propres terres, ou au fermier sur le terrain à lui loué, de capturer ou tuer avec des armes à feu ou autres instruments de chasse, jusqu'à la limite de sa propriété, les oiseaux de proie, le héron, le corbeau, le cormoran, la corneille, les freux, les oies sauvages, la pie, la pie-grièche et les moineaux : de détruire les nids et couvées de ces oiseaux nuisibles. Tout propriétaire ou fermier peut capturer ou tuer par tous les moyens dans ses terrains clos, attenant à l'habitation, et en prenant les précautions nécessaires contre l'incendie, ou avec des armes à feu, le putois, la martre et le renard.

§ 3. Il sera permis au propriétaire et au fermier sur les terres qu'ils cultivent de capturer la grive avec des lacets et tendues.

§ 4. Il sera obligatoire pour celui qui exerce le droit de chasse de repousser ou détruire avec des armes à feu, les animaux de chasse qui porteraient dommage aux propriétés sur lesquelles ce droit est exercé : il peut détruire les bêtes fauves et le gros gibier à toute époque de l'année, et les chevreuils depuis le 12 septembre jusqu'au 1ᵉʳ février.

Si le propriétaire ou le fermier de ces terres peuvent prouver que celui qui, ayant le droit sur lesdites terres, a manqué à ces obligations, ils doivent le prévenir officiellement ; si ces réclamations sont restées sans effet, après un délai de trois mois, le propriétaire ou le fermier peuvent, sur leurs terres respectives, chasser les bêtes fauves et le gros gibier. Ils peuvent aussi détruire le chevreuil du 12 septembre au 1ᵉʳ février; pourvu que le gibier tué ou pris soit livré dans les 24 heures, au domicile de celui qui a le droit de chasse.

Si ce dernier habite en dehors de la paroisse où est située la propriété sur laquelle il exerce le droit de chasse, il doit nommer quelqu'un habitant cette paroisse pour recevoir ledit gibier.

Section II. — *Des défenses relatives à divers modes de chasse.*

§ 5. Le droit de chasse revenant suivant les §§ 2, 3, 4 de cette loi aux fermiers, soit sur les réserves royales ou sur les terrains situés en dehors de ces terres, droit qu'ils peuvent faire exercer par autrui, ne peut pas être modifié par contrat. Les abus de ce droit de la part des fermiers seront punis comme la chasse illicite.

§ 6. Personne ne doit faire usage de levriers ou chiens appartenant à cette race pour chasser, à moins que la chasse ne soit faite sur un district d'une mesure cadastrale d'au moins 200 tonneaux de grain.

Ceux qui contreviennent à cette loi, seront punis d'une amende de 5 à 10 ryksdaler.

§ 7. Il sera défendu, excepté sur les terrains clos attenant à l'habitation, et sur les parcs de chasse, de faire des fosses destinées à prendre les animaux; d'installer des trappes dans les clôtures, ou de tendre des pièges ou traquenards par terre.

Ceux qui contreviennent à cette disposition seront punis d'une amende de 5 à 20 ryksdaler.

§ 8. Seront punis d'une amende de 2 à 10 ryksdaler, ceux qui exercent le droit de chasse sur les champs ensemencés appartenant à autrui, ou loués à autrui, depuis le 1er mai jusqu'à ce que le blé ait été coupé et mis en gerbe.

Exception est faite pour la chasse aux bêtes fauves et au gros gibier ainsi que pour ceux qui exercent le droit de chasse, sur les terrains ou les parcs clos, attenant à l'habitation d'autrui.

§ 9. Le propriétaire et le fermier doivent être indemnisés pour les dommages faits, dans l'exercice de la chasse, sur leurs terres par celui auquel appartient le droit de chasse ou qui l'exerce, les dommages-intérêts ne pouvant pas être appréciés par contrat.

§ 10. Il est défendu, sous peine d'une amende de 5 à 20 ryksdaler, à celui qui a le droit de chasse, de tuer sur les terres où il exerce ce droit, avec des armes à feu, des chats ou chiens errants, excepté les lévriers ou chiens de cette race que l'on peut tuer hors du terrain clos attenant à l'habitation.

Pour ce qui est des chiens errants, qui seraient trouvés dans le parc de chasse à Jægersborg, la loi du 30 janvier 1861 restera encore en vigueur.

SECTION III. — *De la protection de certain gibier.*

§ 2. La chasse sera défendue, soit sur les terres communes, soit sur celles des particuliers, pour les animaux ci-après dénommés et pendant les périodes indiquées ci-dessous :

Le chevreuil, depuis le 1er juillet jusqu'au 12 septembre. Du 1er février au 12 septembre, on ne peut chasser la chevrette, le lièvre, la belette, le blaireau, la chauve-souris, le hérisson et la taupe, la buse commune et les hiboux (excepté le chat-huant), la mouette ou goëland, l'hirondelle de mer, la bécasse, le guignard, et tous autres oiseaux. Exception est faite pour les animaux portés au § 2 qui, étant nuisibles, peuvent être chassés toute l'année. La chasse des bécassines et du vanneau est prohibée du 1er février au 1er août.

Ceux qui contreviennent à ces dispositions, y compris la destruction volontaire des œufs, nids et couvées des oiseaux et des portées des mammifères protégés, seront punis d'une amende de 1 à 25 ryksdaler. La fixation de cette amende sera appréciée eu égard à la quantité et à la valeur du gibier capturé ou tué.

La chasse au coq de bruyère et aux bécassines dans les bois, pendant le temps prohibé, sera punie d'une amende dont le maximum sera de 50 ryksdaler.

La prohibition susdite, ne s'appliquera pas aux terrains clos attenant à l'habitation, ni aux parcs de chasse sous clôture, en ce qui touche le chevreuil, le lièvre, la belette et le blaireau.

Il sera également permis, en tout temps, de tuer la taupe, trouvée dans les pépinières, les prairies artificielles, ou semblables parcelles de terre.

Au point de vue scientifique, le Ministre de l'Intérieur pourra accorder une autorisation spéciale pour faire rechercher pendant le temps prohibé, des animaux pour des collections, des musées d'histoire naturelle, mais à titre personnel et pour un temps limité.

SECTION IV. — *De l'interdiction de la vente et du colportage du gibier pendant le temps prohibé.*

§ 12. L'interdiction de vendre et de colporter le gibier commencera à partir du quinzième jour après la date du commencement de la période de prohibition jusqu'à l'expiration de cette prohibition, d'après le § 11.

Ceux qui contreviennent à ces dispositions seront punis d'une amende de 1 à 25 ryksdaler : la fixation de l'amende sera appréciée d'après la quantité et la valeur du gibier capturé ou tué, et d'après le nombre des contraventions.

Seront punis de la même amende, ceux qui auront mis en vente ou colporté depuis le 6 avril jusqu'au 10 août, des grands coqs de bruyère (tetras urogallus), des gélinottes et des lagopèdes, à moins que l'on constate que ces derniers viennent d'Islande.

§ 13. Dans les cas cités au § 12, l'acheteur sera acquitté, si le gibier a été publiquement vendu là où le vendeur a été trouvé.

SECTION V. — *De la chasse aux faisans.*

§ 14. Voir loi du 25 mars 1851 § 22.

SECTION VI. — *De la défense relative à la capture des petits oiseaux et à l'enlèvement de leurs œufs.*

§ 15. Seront punis d'une amende de 1 à 10 ryksdaler, ceux qui, sans autorisation, s'occupent de la capture des petits oiseaux, notamment des oiseaux chanteurs et de l'enlèvement des œufs ou des couvées de tous les oiseaux sauvages.

Seront punis d'une amende de 5 à 20 ryksdaler : ceux qui enlèvent les œufs ou les couvées, dans les endroits où les oiseaux construisent leurs nids par troupes.

SECTION VII. — *De la chasse illégale.*

§ 16. Sera puni d'une amende de 2 à 10 ryksdaler celui qui, excepté sur la route publique, même ne chassant pas, sera rencontré muni d'armes à feu ou de chiens de chasse, sur le terrain d'autrui, sans le consentement de celui à qui appartient le droit de chasse; et celui qui, sur le terrain d'autrui, sans avoir le droit de chasse, s'y emparera du gibier, même s'il l'avait blessé sur ses propres terres.

§ 17. Celui qui chasse, soit avec des armes à feu, soit avec d'autres engins, sur le terrain d'autrui, sans le consentement de celui à qui le droit de chasse appartient, sera puni d'une amende de 5 à 50 ryksdaler.

Cette pénalité sera augmentée si le délit a été perpétré par plusieurs individus collectivement ou si le délinquant est en état de récidive.

Le condamné sera, en outre, soumis à une amende supplémentaire s'il y a du gibier tué ou capturé dans ces circonstances d'après le tarif suivant :

Chaque bête fauve ou gros gibier..................................	20 R'
Chaque chevreuil..	10 R'
Chaque faisan..	15 R'
Chaque lièvre, renard, loutre, ou blaireau.......................	3 R'
Chaque oiseau de bruyère ou cygne...............................	2 R'
Chaque perdrix, courlis, bécasse, bécassine, pluvier, guignard et sarcelle...	1 R'

Dans tous les cas, il devra payer la valeur du gibier capturé ou tué, à moins qu'il ne puisse le remettre, sans être détérioré, à celui à qui appartient le droit de chasse sur le terrain où la bête a été tuée ou capturée.

§ 18. Les mineurs de 10 à 15 ans qui, sans le consentement de leur père, mère ou tuteur, commettent le délit de chasse illégale ou contreviennent en quelque manière aux prescriptions de la présente loi, seront punis d'après la loi du 4 février 1871, contenant les règlements de la police hors de Copenhague, § 6 n° 1 et § 14 n° 2, mais, s'ils ont commis le délit, leur père, leur mère ou leur tuteur en ayant connaissance, ceux-ci seront considérés comme les seuls auteurs du fait illégal.

SECTION VIII. — *De l'instruction criminelle et de la procédure civile.*

§ 19. Tous les délits prévus par la présente loi aux §§ 6, 7, 11 et 12 seront poursuivis d'office par le ministère public; tandis que les infractions aux autres règlements ne sont considérés que comme de simples contraventions.

Elles ne sont poursuivies que par le plaignant et traitées suivant l'ordonnance de police.

Les poursuivants compétents, eu égard aux infractions mentionnées aux §§ 1, 5, 14, 17, sont ceux auxquels appartient le droit de chasse : et dans le cas du § 16, le propriétaire ou le fermier. Les contraventions aux §§ 8 et 10 peuvent être poursuivies par le propriétaire ou le fermier, si celui qui a le droit de chasse ne veut pas porter plainte.

Le produit des amendes provenant de ces condamnations, sera attribué, si le délit a été poursuivi d'office par le ministère public, dans la ville de Copenhague à la caisse publique, et si c'est dans les provinces du Royaume, à la caisse des pauvres de la paroisse où a été commis le délit.

.S'il s'agit d'une action civile, le produit sera attribué au dénonciateur.

Si celui qui est poursuivi en vertu de l'action civile, a commis un délit, qui pourrait être poursuivi d'office par le ministère public, le dénonciateur pourra requérir que toute l'affaire soit traitée par le ministère public.

Le produit des amendes encourues par une condamnation se rapportant à ces derniers cas, sera attribué comme il est dit ci-dessus.

Toute action relative aux délits prévus par la présente loi sera prescrite par le laps d'une année à compter du jour du délit.

SECTION IX. — *De l'abrogation des lois précédentes.*

§ 20. Sont et demeurent abrogées toutes les lois antérieures qui ne sont pas rappelées dans la présente, excepté l'ordonnance du 20 mai 1840 §§ 1, 3, 6, 10, 20, 24, 33, 35. La loi du 25 mars 1851 §§ 1, 12, et celle du 30 janvier 1861 § 2.

SECTION X.

§ 21. Les habitants des îles de Féroë ne sont pas soumis à cette loi.

— La loi du 24 mai 1879 est venue modifier celle de 1871 § 11, relativement à la protection du gibier.

VI. — *Loi du 24 mai 1879.*

§ 1. La loi du 1er avril 1871, relative à la protection du gibier pendant certaines époques de l'année d'après le § 11, sera modifiée comme suit : la chasse du lièvre sera prohibée du 1er janvier au 1er octobre; celle des perdrix du 1er novembre au 12 septembre; celle des oiseaux de bruyère ne pourra plus avoir lieu.

§ 2. Le texte du § 12 de la même loi sera modifié comme suit : la vente ou le colportage du gibier protégé n'aura lieu que deux jours après que la chasse sera ouverte, et durera huit jours après la date de l'expiration de la période permise.

La vente et le colportage des petits oiseaux de bruyère (à queue fourchue) seront permis depuis le 15 août jusqu'au 1er avril pourvu qu'il soit constaté qu'ils proviennent de l'étranger.

La seconde partie du § 12 de la loi du 1er avril 1871 a été modifiée comme suit : Sous peine de la même amende (1 à 25 ryks.) il sera défendu de mettre en vente ou colporter de grands oiseaux de bruyère (tetras urogallus), des gelinottes et des lagopèdes depuis le 1er juin jusqu'au 20 août, dans le Royaume de Danemark : on peut toutefois vendre et colporter ces derniers s'ils proviennent de l'Islande.

§ 3. Cette loi restera en vigueur jusqu'au 12 septembre 1882, époque à laquelle, les dispositions antérieures de la loi du 1er avril 1871 seront de nouveau appliquées à moins d'une nouvelle disposition.

VII. — *Loi du 12 mai 1882.*

Une loi en date du 12 mai 1882 porte que celle du 24 mai 1879 restera en vigueur pendant trois ans jusqu'au 12 septembre 1885.

VIII. — *Loi du 17 Avril 1885.*

Cette loi décide que celle du 12 mai 1882 contenant les modifications apportées dans la loi du 1er avril 1871 concernant la chasse et la protection de certains animaux utiles, §§ 11 et 12, sera prolongée de 3 ans, jusqu'au 12 septembre 1888.

Il n'y a qu'une modification introduite : c'est que la période de prohibition de la chasse aux perdrix et aux lièvres sera portée du 24 décembre au 20 septembre et celle des petits coqs de bruyère à queue fourchue (tetras tetrix et seulement le mâle) sera portée du 24 décembre au 15 août.

IX. — *Loi du 1er mars 1888.*

Loi en vertu de laquelle celle du 17 avril 1885, contenant des modifications à la loi du 1er avril 1871, concernant la protection de certains animaux utiles, §§ 11 et 12, sera prolongée de trois ans jusqu'au 12 septembre 1891, avec les modifications suivantes :

La chasse au lièvre sera défendue du 25 décembre au 19 septembre (ces deux dates inclusivement). Celle des perdrix du 1er novembre au 19 septembre (ces deux dates inclusivement). Celle du coq de bruyère à queue fourchue du 1er novembre au 11 septembre (ces deux dates inclusivement). Celle de la poule de bruyère à queue fourchue (tetras tetrix) toute l'année. Celle des canards sauvages du 1er mars au 30 juin (ces deux dates inclusivement) (1).

— Une nouvelle loi sur la chasse a été présentée au parlement en 1892.

(1) Le 12 avril 1889 a été promulguée une loi sur l'impôt des chiens et sur la réparation des dommages causés par eux ; mais cette loi qui est entrée en vigueur le 1er janvier 1890 ne parle pas des dommages causés au *gibier* par ces animaux.

PAYS-BAS.

HOLLANDE ET COLONIES NÉERLANDAISES.

I. Du droit de chasse avant 1814. — II. Du droit de chasse de 1814 à 1886. — III. Loi des 14 et 15 avril 1886.

I. — *Du droit de chasse avant* 1814.

En 1838, un Décret Royal est venu substituer la législation néerlandaise au Code Napoléon qui avait été introduit dans les Pays-Bas en 1811, toutefois la législation actuelle se ressent de ce passé.

Avant de donner la loi des 14 et 15 avril 1886 qui régit aujourd'hui la chasse dans ce pays, il faut voir ce qu'était la législation antérieure.

Comme partout, dans les premiers temps, la chasse dans ces contrées fut régie par le droit naturel.

Puis, à la suite de la conquête et de l'inféodation, elle fut soumise au droit féodal. Toutefois, en Hollande, la chasse ne semble pas avoir, à cette époque, constitué un droit régalien.

En effet, si l'on étudie son histoire sous la domination des Comtes ou sous les États, on voit qu'en aucun temps le souverain ne s'est arrogé le droit de chasse sur la propriété d'autrui, sans le consentement du propriétaire, et qu'il n'a jamais conféré pareil droit à ses favoris.

Dans les provinces hollandaises, le consentement du propriétaire était nécessaire pour pouvoir chasser sur ses terres; même pour ceux qui avaient qualité pour chasser en dehors de leurs propriétés, ou des propriétés seigneuriales, ou du domaine de l'État; mais, ce consentement était présumé donné, si la propriété n'était pas clôturée.

Au moyen-âge, la législation sur la chasse ne semble s'occuper que des bois, dunes, garennes et chasses faisant partie des domaines du souverain ou de l'État, et les privilèges accordés ne s'étendent que sur ces biens.

Malgré cela, quoique pendant le moyen-âge, nombre de principes découlant du droit naturel, aient été maintenus, quoique la propriété ait été presque complètement respectée, la chasse cependant ne fut pas entièrement libre : le gouvernement pouvant refuser ou accorder, suivant son bon plaisir, les permis de chasse et de port d'armes.

Ce pouvoir que le gouvernement possède encore aujourd'hui, mais qui est soumis à certaines conditions, formait à cette époque un véritable droit régalien.

Malgré ce pouvoir, malgré l'existence du droit seigneurial qui vient à peine de disparaître de nos jours, il n'y avait dans ces pays, rien de comparable au pouvoir sans limite, qui, conféré au souverain en France, l'autorisait sous prétexte de garennes, de varennes, de capitaineries de chasses, à poursuivre le gibier sur toutes les terres qui ne lui appartenaient pas.

En 1795, à la proclamation de la république batave, les droits seigneuriaux furent abolis.

En 1798, le droit de chasse lui-même disparaissait ; mais en 1805, la réaction se faisant sentir ramenait peu à peu, en cette matière, l'ancien ordre de choses.

En 1806, avec le régime royal, la chasse et les canardières sont rétablies et en 1807 la chasse est assujettie à l'impôt territorial.

Réuni à l'Empire Français, le Royaume de Hollande en 1809 et 1810 fut soumis à la législation de cet empire dans toutes ses provinces et la chasse se trouve alors régie par les décrets des 20 et 30 avril 1790 et 4 mai 1812.

Il en fut ainsi jusqu'en 1813, époque à laquelle les Pays-Bas recouvrent leur indépendance.

II. — *Du droit de chasse de 1814 à 1886.*

Avec ce changement d'État reparaissent quelques-uns des droits seigneuriaux qui avaient été abolis par la législation française.

Parmi les lois importantes, aujourd'hui abrogées, il faut tout d'abord citer *la loi du 11 juillet* 1814 qui traite du droit de chasse et du mode de surveillance. Elle confie au grand-maître des eaux et forêts la réglementation, chaque année, de l'ouverture et de la fermeture de la chasse, dans les provinces septentrionales, après avoir pris l'avis des États de chacune d'elles.

Cette loi rappelle à peu près la législation de l'époque féodale et porte (art. 15) que la chasse *publique* s'étendra sur tous les endroits déserts, les bois, les dunes, les bruyères et autres terres appartenant au domaine royal, desquelles le roi ne se réservera pas exclusivement la chasse, ou qu'il ne redoit pas par ferme, ou de toute autre manière, ainsi que sur toutes les terres dont les ayants-droit n'auront pas réservé et fait enregistrer le droit de chasse, à l'exception des jardins de plaisance, où se trouvent des allées d'arbres, ou qui sont entourés par une palissade, un lattis ou des fossés, et qui sont ainsi visiblement séparés des terres ou bois ouverts.

Les chasses privées (art. 16) pour pouvoir jouir du droit de réserve, devaient être bien indiquées, puis enregistrées et limitées soit par des bornes placées aux extrémités sur une distance fixée par les États provinciaux, ces bornes devant avoir une certaine grosseur et sortir de terre de cinq pieds au moins; soit par des planches attachées à ces bornes, où devaient être inscrits ces mots : « *Chasse privée* de..., avec le nom du propriétaire.

Le propriétaire pouvait louer son droit de chasse.

Sous l'empire de cette loi, celui qui réservait sa chasse, le faisait, pour pouvoir y chasser ou louer son droit; sous le régime féodal, le propriétaire qui n'était pas qualifié pour chasser, en clôturant ses biens n'avait qu'un droit, celui d'empêcher le premier venu d'y entrer.

Un arrêté du 21 *septembre* 1814 vint autoriser les seigneurs à exercer *provisoirement* le droit de chasse attaché par le passé à leur seigneurie, excepté sur les terres appartenant en propriété à des particuliers.

En 1815, *une loi du* 8 *février* accordait ce droit *définitivement*, même sur les terres des particuliers, non seulement à tous propriétaires de droits seigneuriaux qui en avaient légalement joui avant 1795, mais même à tous ceux qui les avaient acquis à titre onéreux.

Toutefois les propriétaires de ces terrains avaient la faculté d'opérer l'extinction de ce droit en le rachetant.

Ces retours au droit féodal se retrouveront dans les lois postérieures.

Un arrêté du 1er *décembre* 1820 s'occupe des établissements dits *Canardières*, dont l'exploitation a une si grande importance dans ces contrées; les motifs de cet arrêté sont les suivants : « Ayant été informé que des individus se permettent de nuire aux canardières existantes, en troublant à dessein et en chassant les oiseaux ... Considérant la nécessité de remettre en vigueur, dans l'intérêt de l'agriculture, les règlements antérieurs contenant les dispositions à observer pour encager les canards pendant la semaille et la moisson. Vu l'avis de notre grand-veneur grand-forestier pour les provinces septentrionales.....

Il faut aussi citer les motifs de *l'arrêté du 5 juillet* 1823 qui en expliquent le but; ils sont ainsi conçus : « Considérant que l'exercice illimité de la chasse aux oies, canards et bécassines, tant que la récolte n'est pas rentrée, peut donner lieu à des dommages pour les fruits de la terre. — Considérant que, dans la loi du 11 juillet 1814, il ne se trouve aucune disposition tendant à prévenir les dommages que l'on pourrait causer aux fruits de la terre lorsque la chasse aux oies, canards et bécassines est ouverte, notre grand-veneur, pour les provinces septentrionales est autorisé à prendre, de concert avec les États provinciaux, lors de l'ouverture et de la fermeture du temps de chasse, tant à l'égard du terrain où l'on pourra chasser que du mode d'après lequel on pourra se livrer à ces exercices, les dispositions nécessaires. »

Cet arrêté traite aussi de l'ouverture et de la fermeture de la chasse. — L'arrêté du 26 décembre 1826 contient des motifs fort curieux, car ils ont pour but de mettre un terme à la coutume féodale qui faisait considérer la chasse comme formant un droit distinct de celui de propriété, droit qui pouvait être aliéné séparément.

Cet arrêté porte : « Considérant que dans divers cantons des provinces septentrionales du Royaume, on a coutume de vendre, soit d'une manière indéterminée ou sous la réserve de rachat, le droit de chasse séparé de la propriété du fonds, ou bien de céder ce droit pour toujours ou pour un certain temps;

« Voulant faire cesser les inconvénients qui en résultent, sous divers rapports ou qui pourraient en résulter ultérieurement, au grand préjudice du Trésor;

« Considérant : 1° que d'après l'article 715 du Code civil encore en vigueur, la faculté de chasser est soumise à des lois particulières; 2° que, d'après l'article 15 combiné avec les articles 10 et 17 de la loi du 11 juillet 1814, qui règle le droit de chasse dans les provinces septentrionales du Royaume, tout propriétaire, qui veut interdire sur son terrain la chasse publique, est tenu d'en demander annuellement l'enregistrement;

« A l'avenir et à dater du 1er janvier 1827, aucun enregistrement de chasse privée ne pourra avoir lieu à moins que le propriétaire ne se soit réservé le droit de chasser sur son terrain et n'ait, par là, fait connaître qu'il entendait soustraire sa propriété à la chasse publique.

« Notre grand-veneur, grand-forestier pour les provinces septentrionales, veillera à ce que l'enregistrement d'aucun acte de vente particulière, cession ou location du droit de chasse, n'ait lieu, à moins que le propriétaire ne se soit, *chaque année*, réservé ce droit. »

La conservation des dunes, qui, dans ces contrées, protègent les plaines contre les inondations, ayant une grande importance, on trouve *un arrêté du* 25 *novembre* 1827 qui s'occupe de la destruction du lapin dans ces parties du Royaume.

La loi du 11 juillet 1814 ainsi modifiée et complétée par des arrêtés royaux dont les principaux sont ceux précités, a réglé la matière qui nous occupe jusqu'en 1852.

— A cette époque, *une loi du* 6 *mars* 1852 vint coordonner toutes les lois précédentes abrogeant celle de 1814. Cette loi fut elle-même remplacée par celle du 1er *juillet* 1857 qui en reproduit à peu près toutes les dispositions. Cette dernière enfin a été modifiée par une nouvelle loi des 14 et 15 avril 1886, encore en vigueur.

D'après cette loi, le droit de chasse appartient maintenant au propriétaire du sol. Pour pouvoir chasser, même sur ses terres, à moins qu'elles ne soient entourées de murs, palissades, haies ou fossés, il faut un permis, et l'autorisation écrite du propriétaire est nécessaire pour chasser sur les terres d'autrui.

Le droit de chasse ne peut plus être séparé du droit de propriété. Il y a trois permis de chasse qui sont valables du 1er juillet au 30 juin de l'année suivante : l'un pour toutes les chasses est de 30 florins ; le second ne comprenant pas la chasse à courre et au faucon, est de 15 florins ; le troisième (V. art. 15) est de 5 florins.

Les États fixent chaque année l'époque de l'ouverture et de la fermeture.

La chasse est défendue le dimanche ; on ne peut s'y livrer avant le lever ou après le coucher du soleil, ni lorsque le sol est couvert de neige ou pendant les inondations.

La loi protège certains oiseaux, leurs nids et leurs couvées, et s'occupe spécialement des canardières ; elle autorise, en vue de la conservation du gibier, les défenses ou les restrictions ayant pour but de protéger certains animaux et d'en limiter la destruction.

La défense de vendre ou exposer en vente le gibier ne commence que le quatorzième jour après la fermeture. Des certificats d'origine et de transit sont exigés pour le transport du gibier importé dans le Royaume.

Les moyens de perquisition et de répression sont sévères. Des primes sont accordées pour la destruction des animaux nuisibles.

Comme on le voit, les principes modernes se sont introduits dans la législation des Pays-Bas, et, dès 1852, déjà la chasse publique disparaît et avec elle le cachet féodal dont les lois précédentes portaient l'empreinte.

III. — *Loi du 1er juillet 1857, modifiée par celle des 14 et 15 avril 1886* (1).

Art. 1er. — Pour chasser sur son propre fonds ou sur les terres où l'on a le droit de chasse, il faut être muni d'un permis de chasse; le porteur de ce permis est tenu de le montrer à toute réquisition des employés chargés de la surveillance de la chasse (2).

Art. 2. — Celui qui chasse sur la propriété d'autrui en vertu d'une permission, d'un acte de location ou de fermage, doit être pourvu d'une autorisation écrite du propriétaire, ou de l'ayant-droit, et l'exhiber comme il est dit plus haut.

Cette formalité n'est pas exigée de celui qui chasse avec le propriétaire ou l'ayant-droit; elle n'est pas non plus applicable aux fermiers ou adjudicataires quand le droit de chasse n'est pas réservé par une stipulation expresse du bail.

Pour les terrains cités par les articles 577 et 579 du Code civil, l'Etat est regardé comme l'ayant-droit (3).

Les permis de chasse, imposés par l'article 1er, ainsi que les autorisations écrites émanant du propriétaire ou de l'ayant-droit, et exigées par la loi, sont exempts des droits de timbre et d'enregistrement (4).

---

(1) M. Falder. (Pour les articles de la loi de 1857 maintenus).

(2) L'article 641 du Code civil, ainsi que les articles 1 et 2 de la loi, défendent d'établir un droit de chasse indépendant de la propriété du terrain.

Le droit de chasse ne peut donc constituer un sujet de possession que pour les cas où il existait avant la mise en vigueur du Code civil.

La possession du droit de chasse séparé, ne peut aujourd'hui être obtenue et celle qui a été obtenue sous une législation antérieure ne peut être maintenue. (Commentaires de M. J. Servais, substitut du Procureur du Roi à Bruxelles.)

(3) Art. 577 du Code civil. Les chemins, routes et rues à la charge de l'Etat, les fleuves ou rivières navigables ou flottables, les rivages, lais et relais de la mer, les ports, les havres, les rades, les grandes et petites îles et les bancs de sable qui surgissent dans les eaux, sont considérés comme des dépendances du domaine public, sans préjudice des droits acquis par titre ou possession par des individus ou des communautés.

Art. 579. Sont encore considérés comme biens de l'Etat, tous les terrains et bâtiments qui appartiennent aux fortifications du pays et conséquemment tous les terrains sur lesquels on construit des travaux de défense, tels que : remparts, retranchements, fossés, chemins couverts, glacis, forts avancés, terrains où sont construits des bâtiments militaires, lignes, postes, fortifications, redoutes, digues, écluses, canaux et leurs bords; sauf aussi les droits acquis par titre ou possession par des individus ou des communautés.

(4) La décision du prince souverain du 8 février 1815, n'est pas applicable au droit de chasse non seigneurial qui a été acquis à titre onéreux. — La permission du propriétaire donne le droit de chasser s'il n'est pas prouvé que le droit de chasse sur ce terrain appartient à autrui. (M. J. Servais.)

Art. 3. — Les droits de chasse, que les tiers possèdent sur le fonds d'autrui, peuvent être rachetés, à moins que le contraire n'ait été spécialement stipulé.

L'administration des domaines fera ces rachats aux conditions que nous déterminerons.

En cas de désaccord sur le chiffre du rachat, le prix sera fixé par le tribunal de l'arrondissement dans lequel est situé le fonds et après expertise.

Le droit de chasse ne peut être séparé de la propriété par aliénation (1).

Art. 4. — Sauf les droits des tiers, la disposition du droit de chasse nous est donnée sur les seigneuries de *Loo* et *Borculo*, de *Naaldwijk* et du *Polder d'Orange*, aussi longtemps que le rachat du droit de chasse, soumis aux dispositions de l'article 3, n'en aura pas été opéré et en outre sur les biens domaniaux suivants :

a) Les dunes de la mer, depuis *Hæk van Holland*, jusqu'au village de *Noordwijk-sur-Mer*.

b) Les domaines de la Couronne.

Art. 5. — Les permis de chasse seront demandés à notre commissaire gouvernant la Province où l'impétrant a son domicile ; la demande sera faite sur papier libre, non timbré. Les permis seront délivrés par *notre* commissaire suivant le modèle déterminé par notre ministre chargé des affaires de la chasse (Intérieur).

Les demandes pour les mineurs doivent être faites par leurs parents ou leurs tuteurs.

Le permis de chasse est valable pour tout le Royaume du 1er juillet au 30 juin de l'année suivante.

Art. 6. — Outre le droit de timbre légal, qui, même dans le cas où le permis demandé, n'est pas retiré, reste à la charge de l'impétrant ; il sera perçu :

Pour un grand permis de chasse, valable pour toutes sortes de chasses autorisées, 30 florins.

Pour un grand permis de chasse comme ci-dessus, mais ne comprenant pas la chasse à courre et la chasse au faucon, 15 florins.

Pour un petit permis de chasse, valable pour les espèces de chasses mentionnées à l'article 15, lettres E. F. G., 5 florins.

Il reste réservé à *nos* commissaires de province de délivrer des permis gratuits aux journaliers et aux ouvriers pour l'exercice du genre de chasse prévu par l'article 15 lettre G., à condition que les maîtres délivrent des certificats favorables, et que les intéressés produisent le consentement par écrit des propriétaires, dont il est fait mention dans le permis.

Le permis gratuit doit être exhibé aux employés chargés de la surveillance de la chasse à leur première réquisition.

---

(1) Conformément à la loi de 1814, le droit de chasse séparé de la propriété pouvait être vendu par le propriétaire.

La défense de séparer le droit de chasse de la terre, par aliénation, ne peut avoir d'effet rétroactif, et par suite, annuler le droit de chasse acquis avant 1838. C'est au juge qu'incombe la question de juger si le droit seigneurial existe ou n'existe pas. (M. J. Servais.)

Art. 7. — Le permis de chasse est personnel.

Le propriétaire peut aussi obtenir un permis pour son garde.

Le fils demeurant avec son père, et âgé de moins dix-huit ans, peut accompagner son père ou le garde de ce dernier sans être muni d'un permis.

Art. 8. — Le grand permis de chasse donne le droit de se livrer à tous les genres de chasses, qui ne sont pas défendus par la présente loi ou par les prescriptions provinciales mentionnées dans les deux articles suivants.

Art. 9. — Si cela n'a pas été réglé déjà, les Etats de chaque province arrêteront, sous notre approbation, un règlement sur le droit de chasse pour la fixation :

a) Des endroits où les chasses spéciales du gibier d'eau pourront avoir lieu.

b) De l'époque où la chasse du gros gibier sera permise.

c et d) De la largeur réglementaire des fossés prescrits par les articles 12 et 13.

Art. 10. — (Cet article traite de la pêche.)

Art. 11. — Les Etats députés détermineront chaque année l'époque de l'ouverture et celle de la fermeture de la chasse, ainsi que les jours de la semaine où l'on peut se livrer à la chasse en plaine et à la chasse à courre (1). Notre commissaire de la province fera publier ces règlements, au moins huit jours avant l'ouverture ou la fermeture.

Ces Etats règleront aussi, dans le cas où la conservation du gibier ou certaines circonstances locales l'exigeraient, les défenses ou les restrictions pour la chasse de certaines sortes de gibier, soit dans des localités déterminées, soit dans toute la province. Ils fixeront aussi combien de pièces de gros gibier, mâle ou femelle, peuvent être abattues, et combien de lièvres peuvent être tirés ou pris par un chasseur par jour, et, en cas de battue, par tous les chasseurs réunis. Ils fixeront, en outre, le temps pendant lequel les canards domestiques doivent être tenus renfermés ou cachés par les propriétaires de canardières.

Art. 12. — Ni le permis de chasse, ni la permission particulière, ne sont exigés :

a) Pour le propriétaire ou l'ayant-droit qui veut chasser dans ses jardins d'agrément, potagers, terres entourées de murs, palissades, haies ou fossés.

b) Pour celui qui veut chasser les oiseaux nuisibles dans des jardins ou vergers, avec l'autorisation du propriétaire ou de l'ayant-droit.

Art. 14. — Les permis de chasse ne sont pas accordés dans les cas suivants :

a) A la gendarmerie au-dessous du rang d'officier; aux employés du gouvernement qui ne sont que commis; aux agents de justice et de police, ces derniers suivant leurs appointements. Cependant les agents

---

(1) En Gueldre, la seule province où il y ait des cerfs, on ne peut chasser ce gibier que les premiers et derniers lundis et mardis du mois, quatre jours donc par mois. (Fœder. Histoire du droit de chasse.)

de police d'État ont le droit d'abattre des animaux nuisibles d'après l'article 29.

b) A ceux placés sous la curatelle de quelqu'un, à moins qu'ils ne soient autorisés par leur curateur à demander un permis.

c) A ceux qui sont âgés de moins de dix-huit ans.

d) A ceux qui sont privés par la loi et les jugements du droit de port de fusil et d'autres armes.

e) A ceux qui ont subi une condamnation à une peine infamante tant qu'ils n'ont pas été réhabilités.

f) A ceux condamnés à la peine d'emprisonnement de trois ans ou plus. Ils ne pourront obtenir un permis que cinq ans après l'expiration de leur peine.

Les personnes, comprises dans les cas prévus sous les lettres *d* et *e* peuvent cependant acquérir le droit d'exercer la chasse suivant l'article 15, lettres *e*, *f*, *g*, *h*.

Le permis de chasse peut être refusé pendant deux ans à compter du jour où la condamnation a acquis force de chose jugée, à celui qui a été condamné pour avoir chassé sans permis ou pour avoir commis un des délits prévus par les articles 41 et 42 de la présente loi.

ART. 15. — La présente loi comprend sous le mot *chasse*, les modes suivants de chasses autorisées :

a) La chasse au faucon ou à l'autour, mais sans chiens.

b) La chasse aux levriers (à courre) mais sans fusil, et n'employant que cinq chiens au plus.

c) La chasse au fusil, avec ou sans chiens d'arrêt ou braques.

d) La chasse à tir au gibier d'eau.

e) La chasse aux cailles avec filets ou lacets.

f) La chasse du gibier d'eau, prévue sous l'article 17, à l'aide de filets se rabattant.

g) La chasse des bécasses, au moyen de trappes, lacets, ou bricoles.

h) La chasse des canards sauvages, dans une canardière ou tout autre endroit aménagé de la même manière.

Tous autres moyens et engins pour s'emparer du gibier ou le tuer sont défendus; sont interdits les fusils se démontant, les fusils cannes, les pistolets ou autres armes cachées, les traînasses, les longs filets, les filets-panneaux, les pièges à gibier et à lapins.

Défense est aussi faite de se trouver dans les champs, hors des voies et chemins publics, porteur de tels engins.

ART. 16. — Notre commissaire de province peut autoriser gratuitement, pendant que la chasse est fermée, la conduite de chiens d'arrêt devant le gibier, les battues au gros gibier et aux animaux nuisibles, même en temps de neige; il peut permettre aussi la prise et le transport de faisans et de gelinottes des bois.

La demande d'autorisation et l'autorisation sont exemptées du timbre.

ART. 17. — Sous le nom de gibier la loi comprend :

Le gros gibier : cerfs et chevreuils.

Le menu gibier : lièvres, faisans, gelinottes des bois, perdreaux, bécasses et cailles.

Le gibier d'eau : canards, plongeurs, poules d'eau, bécassines, pluviers, etourneaux, effraies, huppes, glaréoles.

ART. 18. — Il est défendu de chasser :

a) Le dimanche.

b) Avant le lever et après le coucher du soleil : toutefois exception est faite pour les modes de chasses compris dans l'article 15 sous les lettres e, f, g, et h et pour la chasse aux canards ; ces chasses sont permises une demi-heure avant le lever et une demi-heure après le coucher du soleil.

c) Quand le sol est couvert de neige : il y a exception pour les battues prévues par l'article 16, pour la chasse à tir du gibier d'eau sur le littoral de la mer ou sur les bords des rivières, des marais et des mares et pour les espèces de chasses mentionnées dans l'article 15 sous les lettres g et h.

d) Pendant les inondations, c'est-à-dire lorsque la terre est couverte d'eau et que le gibier s'est réfugié sur les hauteurs.

e) De toute autre manière que de celle décrite dans l'article 15 sous la lettre h, dans l'enceinte d'une canardière enregistrée et clôturée, même par le propriétaire ou l'usufruitier ou en vertu d'une autorisation délivrée par lui.

f) Aux gelinottes des bois, au moyen de huttes, cachettes, ou embûches de ce genre et autrement qu'en les poursuivant en marchant ; il est également interdit de chercher à s'emparer de ce gibier avec des engins défendus.

Il est défendu de faire, avec intention, de nuit, du bruit dans l'intérieur de l'enceinte des canardières (lettre e) ou d'y lancer quoi que ce soit qui puisse déranger ou faire fuir les canards.

ART. 19. — La chasse est défendue pendant le temps de clôture.

Lorsque la chasse est ouverte, on ne peut la pratiquer que si l'on s'est conformé à ce qui a été prescrit par la loi, par les règlements et par les arrêtés, dont font mention les articles 9, 10 et 11.

ART. 20. — Celui qui cherche, dans les champs, à prendre, blesser ou tuer du gibier sans avoir de permis de chasse, ou lorsque la chasse est fermée, ou sans l'autorisation requise par l'article 16, ou sans la permission extraordinaire portée en l'article 20, sera passible des peines portées en l'article 40, § 1.

Il en est de même de celui qui est trouvé dans les champs avec un fusil chargé, ou qui ne prend pas assez de soin pour empêcher que son ou ses chiens, en l'accompagnant, ne blessent, poursuivent ou s'emparent du gibier.

ART. 21. — Il est défendu :

a) De tirer ou d'attraper les vanneaux.

b) De prendre les rossignols ou de s'emparer de leurs nids.

c) De colporter les rossignols.

d) De tendre des lacets pour prendre les grives à moins d'une aune au-dessus du sol.

e) De prendre les grives, les alouettes ou les pinsons sur la propriété d'autrui, sans une autorisation écrite du propriétaire ou de l'ayant-droit, ou sans être accompagné par l'un d'eux.

Notre ministre, chargé du département des chasses, peut pour des raisons exceptionnelles accorder l'autorisation de transporter des rossignols.

Les rossignols saisis sur les contrevenants seront rendus à la liberté, aussitôt qu'ils ne seront plus nécessaires à la justice.

Art. 22. — Il est défendu de rechercher ou de recueillir, d'acheter, de mettre en vente et de transporter les œufs de gibier.

Cette défense ne s'applique pas aux œufs de canards de montagne; ni, pendant les mois de février, mars et avril, aux œufs des gibiers d'eau, énumérés dans l'article 17, ou de vanneaux, pourvu que, si on les recherche ou recueille sur la propriété d'autrui, on accompagne soit le propriétaire, soit l'ayant-droit, ou que l'on soit muni de leur autorisation écrite, autorisation qui doit être exhibée à toute réquisition des agents mentionnés dans l'article 36.

L'achat, la mise en vente et le transport des œufs de vanneaux sont permis jusques et y compris le 5 mai.

Art. 23. — Lorsque celui qui a un permis de chasse traverse une propriété où il n'a pas le droit de chasser, il doit tenir ses chiens en laisse.

Si les chiens quêtent ou poursuivent du gibier sur ces propriétés, le chasseur doit les rappeler.

Dans ce dernier cas, si le chasseur est armé d'un fusil, il doit le déposer avant d'entrer sur la propriété d'autrui pour rappeler ses chiens.

Art. 26. — Notre ministre, chargé des affaires de chasse, prend les mesures nécessaires pour éviter la trop grande multiplication du gibier ou des animaux nuisibles. Il peut délivrer des autorisations spéciales, pour tirer ou s'emparer du gibier ou des animaux nuisibles, avec d'autres moyens que ceux autorisés, pour chasser en temps permis ou défendu; et permettre de se servir de chiens.

Les demandes faites pour de semblables autorisations sont exemptées du timbre.

Ces autorisations doivent être exhibées à toute réquisition, aux agents chargés de la surveillance de la chasse.

Art. 27. — Il est défendu de vendre, exposer en vente, et acheter du gibier après la fermeture de la chasse; toutefois, cette défense ne commence que le quatorzième jour après celui de la fermeture.

Même pendant que la chasse est ouverte, le transport du gibier, en pleine campagne, en dehors des voies et chemins publics, est défendu, à moins que le porteur ou celui qui l'accompagne ne soit muni d'un permis de chasse, ou qu'une autorisation gratuite de transport n'ait été délivrée au porteur par le chef de l'administration de la commune où il habite, autorisation qui devra être exhibée à toute réquisition des agents chargés de la surveillance de la chasse.

Le gibier, transporté d'une province où la chasse est ouverte, dans une autre où elle ne l'est pas, doit être accompagné d'un certificat d'origine ou d'une déclaration délivrée par le chef de l'administration, soit de la commune où l'expéditeur est domicilié, soit de celle où le gibier a été tué.

Le gibier, importé dans le Royaume ou qui ne fait que le traverser, doit être accompagné d'un certificat d'origine étrangère ou de transit.

Les demandes de ces certificats d'origine ou de transit, ainsi que ces pièces mêmes sont exemptées du timbre.

Ces certificats devront être exhibés à toute réquisition aux agents chargés de la surveillance de la chasse.

Pendant que la chasse est défendue, les agents compris dans l'article 36 de cette loi, sont chargés, pourvu qu'ils soient munis de leur commission, la maréchaussée exceptée, de visiter les voitures et autres moyens de transport, ainsi que les objets transportés et de rechercher le gibier et les œufs colportés et vendus, en contravention aux dispositions de la loi ou des ordonnances énumérées aux articles 10 et 11.

Celui qui s'opposera à cette visite ou y mettra obstacle, sera puni conformément à l'article 40, § 1.

ART. 28. — On peut s'emparer des renards, blaireaux, martres, fouines, putois, belettes, chats sauvages, loutres et oiseaux de proie, par force, par ruse ou en suivant leur piste.

On peut prendre les lapins, soit au moyen de furets ou de bourses, soit en défonçant ou ouvrant les terriers que se font ces animaux, pourvu que celui qui chasse ainsi soit sur son propre terrain ou qu'il soit muni d'une autorisation écrite du propriétaire ou de l'ayant-droit.

Cette autorisation doit être exhibée à toute réquisition des agents chargés de la surveillance de la chasse; elle n'est pas nécessaire si l'on chasse avec le propriétaire ou l'ayant-droit.

Cette disposition ne préjudicie pas au pouvoir qu'ont les fonctionnaires du Waterschap, de prendre, dans l'étendue du service des eaux, les mesures nécessaires en ce qui touche le creusement et l'ouverture des terriers.

ART. 29. — Notre ministre, chargé des affaires de chasse, pourra accorder les primes suivantes : Pour les animaux nuisibles tués par une personne soit sur son propre fonds soit sur celui où elle est autorisée à chasser et à tuer ces animaux, pourvu que ces fonds soient situés en Néerlande; toutefois, il faut que les chasseurs, de l'avis du chef de l'administration, se soient conformés aux prescriptions ci-dessus mentionnées.

Pour une renarde..	1 fl. 50 c.
Pour un renard..	1 fl.
Pour un renardeau mâle ou femelle...............................	0 fl. 75 c.
Pour une martre, une fouine, un putois, une hermine ou une belette..	0 fl. 30 c.
Pour un aigle...	1 fl. 00 c.
Pour un faucon, un vautour, un épervier, un milan, une buse...	0 fl. 30 c.

Pour que les primes soient accordées, il faut que la bête nuisible tuée soit présentée au chef de l'administration communale, qui la fait alors marquer d'un signe particulier.

Des primes peuvent être accordées par notre ministre susdit aux agents de la police du Royaume pour les bêtes nuisibles qu'ils tuent du consentement des propriétaires ou des ayants-droit.

Pour les quadrupèdes, à l'exception des hermines et des belettes, les primes ne seront payées que si ces animaux sont tués entre le 1ᵉʳ mai et le 1ᵉʳ novembre de chaque année.

Art. 30. — Tout propriétaire d'un parc de cygnes, d'une canardière (1), ou d'un colombier reconnus, pour sauvegarder ses droits, est tenu, sous réserve du droit des tiers, de les faire enregistrer chaque année par notre commissaire de la province où sont situés le parc, la canardière ou le colombier.

Si cet enregistrement n'a pas eu lieu, les dispositions pénales de la présente loi ne sont pas applicables.

Le propriétaire du parc de cygnes, de la canardière ou du colombier sera considéré comme ayant renoncé à son droit, pendant tout le temps qu'il aura négligé de faire faire l'enregistrement sus-mentionné.

Art. 31. — Un certificat constatant l'enregistrement sera délivré sans frais par notre commissaire de province.

Art. 32. — Pour jouir du bénéfice de la loi :

a) Le propriétaire d'un parc de cygnes doit le faire enregistrer et faire marquer ses cygnes d'une marque spéciale qu'il fera connaître lors de l'enregistrement.

b) Le propriétaire d'une canardière doit la faire enregistrer, et, à la distance déterminée par les Etats provinciaux, la faire aborner par des poteaux portant la mention suivante : « *Canardière de ... avec droit de bornage sur ... aunes, à compter du centre de la canardière.* »

Art. 33. — Par colombier (trébuchet), on entend tout appareil destiné à s'emparer des pigeons errants ou vagabonds.

Art. 34. — Les personnes mentionnées au second paragraphe de cet article exceptées, défense est faite à qui que ce soit, sinon au propriétaire d'un parc de cygnes, ou d'un colombier enregistré, de tirer, d'attraper ou de tuer d'une façon quelconque, dans l'enceinte du parc auquel ils appartiennent, les cygnes ou les pigeons errants ou vagabonds, de recueillir les œufs des cygnes appartenant à ce parc, ou de déranger les cygnes cherchant leur nourriture.

Le domestique du propriétaire est autorisé à se livrer aux actes ci-dessus, pourvu qu'il soit en compagnie de son maître ou muni de l'autorisation écrite de celui-ci, autorisation qu'il devra exhiber à toute réquisition des agents mentionnés à l'article 36.

Art. 35. — Aucun parc de cygnes, aucune canardière, aucun colombier ne sera établi sans notre consentement et sans l'autorisation des propriétaires environnants, les Etats députés entendus.

Pour les colombiers, sont regardés comme biens environnants ceux qui sont compris dans un rayon de 1,500 aunes décrit autour, et à compter de l'endroit où le trébuchet est élevé. . . . .

L'acte d'autorisation déterminera le nombre de couples de pigeons qu'il est permis de tenir sur le trébuchet.

---

(1) Les canardières sont fermées du 15 mars au 1ᵉʳ mai, et du 15 juin au 15 septembre.

Le juge, en prononçant la condamnation pour contravention à cet article, condamnera aussi le contrevenant à remettre en liberté les pigeons pris au-delà du nombre permis par nous.

Art. 36. — Les agents de la police du Royaume en général sont chargés de la surveillance de la chasse, ainsi que ceux qui ont été spécialement commis à cette surveillance par notre ministre de l'Intérieur.

Ils veilleront à ce qu'il ne soit pas contrevenu à la présente loi ou aux ordonnances citées dans les articles 9, 10 et 11.

La maréchaussée, les agents de la justice et de la police communale, les employés des contributions de l'État et des communes, sont préposés à la même surveillance.

Notre ministre chargé des affaires de chasse, à la demande des propriétaires ou ayants-droit, et dans leur intérêt, nomme, lorsqu'il le juge nécessaire, des gardes sans traitement, pris parmi les agents de la police du Royaume.

Tous les agents ci-dessus énumérés, sont autorisés, pour la recherche et la constatation des contraventions à cette loi et aux ordonnances, citées dans les articles 9, 10 et 11, à passer sur toutes les propriétés, à l'exception de celles qui sont spécifiées à l'article 12.

Art. 37. — Les agents énumérés dans l'article 36, la maréchaussée exceptée, doivent, lorsqu'ils arrêtent quelqu'un en contravention ou font un acte rentrant dans leurs fonctions, exhiber le brevet de leur nomination à celui auquel ils s'adressent.

Art. 38. — Les agents énumérés dans l'article 36 constatent les contraventions à cette loi et aux ordonnances mentionnées aux articles 9, 10 et 11, dans des rapports écrits ou procès-verbaux qui sont dressés à l'instant même, ou aussitôt que possible, sous la foi du serment prêté par eux lors de leur entrée en fonctions; ou bien ces procès-verbaux seront affirmés sous serment, dans les deux fois vingt-quatre heures après leur clôture, devant le juge du canton ou devant le chef de l'administration communale, soit du lieu où le délit a été commis, soit de celui où les agents ou l'un d'eux demeurent.

Les contraventions peuvent aussi, même en l'absence de semblable procès-verbal, être établies par les moyens de preuves énumérés au Code d'instruction criminelle.

Art. 39. — Les rapports ou procès-verbaux sont transmis à l'officier de justice près du tribunal de l'arrondissement où le délit a été commis.

S'il s'agit d'un délit qui tombe sous l'article 74 du Code pénal, le procès-verbal sera soumis au ministère public de la circonscription où le délit a été commis, afin que l'affaire soit jugée par le tribunal compétent.

Si la contravention consiste dans l'exercice de la chasse des grives, des alouettes ou des pinsons, ou dans la recherche et l'enlèvement des œufs de vanneaux, sur le terrain d'autrui, sans le consentement du propriétaire ou de l'ayant-droit, délits prévus par les articles 2, §§ 1, 21 et 22, le prévenu peut éviter ou arrêter les poursuites par la présentation d'une déclaration timbrée, écrite par le propriétaire ou l'ayant-droit, et portant renonciation à la poursuite.

Si la condamnation a déjà été prononcée, le délinquant peut obtenir la remise de la peine contre le paiement des frais du procès, en présentant ladite déclaration au tribunal compétent, dans le délai de quatorze jours après la condamnation.

Art. 40. — Les contrevenants aux dispositions des articles 9 et 11 seront punis d'une amende de 50 cents à 20 gulden, outre la peine encourue par une contravention aux articles suivants 41 et 42.

Ceux qui contreviennent seulement par la non-présentation, à la première réquisition, aux autorités compétentes, du permis de chasse déjà obtenu, de l'autorisation gratuite, du consentement ou de l'autorisation extraordinaire, seront punis d'une amende de 50 cents à 3 florins.

La saisie des engins non défendus, et autres objets, compris dans l'article 45 e) n'aura pas lieu dans les cas prévus par le § 2 dudit article.

Art. 41. — L'amende portée dans l'article précédent sera doublée, et en outre un emprisonnement dont le maximum est fixé à sept jours pourra être prononcé quand la contravention est commise :

a) Par les agents du gouvernement mentionnés dans l'article 36;

b) La nuit, c'est-à-dire, plus d'une heure avant le lever ou plus d'une heure après le coucher du soleil;

c) Avec résistance aux agents de l'autorité, sans préjudice des peines portées au Code pénal pour ces cas de résistance;

d) Par ceux qui, dans les derniers douze mois qui ont précédé la contravention, ont subi une condamnation pour un délit de chasse ou qui ont évité les poursuites par un payement volontaire. Cette disposition n'est pas applicable au cas du § 2 de l'article 40.

e) A l'aide de cannes à fusils, de sarbacanes, de pistolets ou d'autres armes cachées, de grands filets, de pièges à gibier, de panneaux, de lacets à lapins;

f) Sur les terres énumérées aux articles 12 et 13.

La même peine sera prononcée si un ou plusieurs des engins cités sous la lettre *e)* du présent article sont trouvés entre les mains du délinquant, au moment de la contravention.

Article 42. — Une amende de 50 cents à 60 florins, avec emprisonnement de sept à quatorze jours, seront prononcés dans les cas suivants :

a) Lorsque le contrevenant, au moment du délit, se sera masqué, ou aura noirci sa figure de manière à se rendre méconnaissable, ou aura donné un faux nom;

b) Lorsque le contrevenant est détenteur d'une tirasse ou est trouvé dans les champs muni de cet instrument;

c) Lorsque la contravention est commise par une bande de plus de quatre personnes de complicité.

Ces peines seront doublées si ces contraventions se combinent avec celles citées dans l'article précédent.

Art. 43. — Après chaque condamnation, si le condamné, deux mois après y avoir été invité, n'a pas payé les amendes et les frais de justice, ou n'a pas livré les objets confisqués, ou n'a pas payé l'estimation qui en a été faite par le jugement, conformément à l'article 45, le juge ordonnera que la peine susdite soit remplacée par un emprisonnement.

La durée de cet emprisonnement est, dans le cas de l'article 40, de 3 à 7 jours; dans celui de l'article 41, de 7 à 14 jours; et dans celui de l'article 42, de 14 jours à un mois.

Cet emprisonnement et celui qui peut être prononcé en vertu de l'article 42, ne peuvent dépasser six semaines réunies (1).

Art. 44. — Lorsque plusieurs infractions sont commises en même temps, celles qui ont été commises par la même ou les mêmes personnes, en même temps, ne sont punies que d'une seule peine; lorsque plusieurs peines sont prononcées, la plus forte est seule appliquée.

Cette disposition ne s'applique pas à la contravention mentionnée dans l'article 2, § 1, qui est toujours punie séparément.

Art. 45. — Sont confisqués au profit du Trésor public :

a) Les engins de chasse, dont l'usage est défendu par cette loi ou par les règlements, pris en vertu des articles 9 et 10 : les armes cachées et autres engins mentionnés à la fin des articles 15 et 41 en font partie.

b) Les engins de chasse, dont l'usage est autorisé, quand ils sont trouvés entre les mains d'un individu chassant ou se trouvant, ce qui est prévu par l'article 20, dans les champs avec un fusil chargé, lorsque la chasse est fermée; ou n'ayant pas obtenu le permis de chasse requis, l'autorisation gratuite, le consentement ou l'autorisation extraordinaire des articles 6, 16 et 26.

Si le chasseur refuse de laisser examiner son fusil, son arme sera considérée comme chargée.

c) Le gibier, les lapins ou autres animaux nuisibles, ainsi que les œufs pris ou recueillis illégalement, vendus mais non encore livrés, exposés en vente, trouvés ou transportés.

---

(1) Cet article 43 de la loi de 1886 qui est semblable comme texte à celui de la loi de 1857, avait été modifié comme suit :

Article 1er. — Le juge décidera, après chaque condamnation à une simple amende, si le condamné ne la paye pas dans le délai de deux mois après y avoir été invité, que cette amende sera remplacée par un emprisonnement :

De quatre jours à un mois, si elle dépasse 100 florins ;
De trois à sept jours, si elle dépasse 50 florins ;
De deux à sept jours, si elle dépasse 10 florins ;
De un à trois jours, si elle ne dépasse pas cette somme.

La peine d'emprisonnement d'un mois dure trente jours ; celle d'un jour dure vingt-quatre heures.

Art. 2. — Pour tous les autres cas où l'amende n'est pas payée dans les deux mois, après avis préalable, l'emprisonnement sera de un à cinq jours, sans préjudice de celui infligé en vertu de l'article 1er.

Art. 3. — Les peines d'emprisonnement qui sont prononcées, en cas de non-payement de diverses amendes, par le même jugement ou arrêt, ne peuvent dépasser ensemble le terme d'un an.

La peine d'emprisonnement, en remplacement de l'amende sera prononcée, bien que d'autres peines, prononcées par le même jugement ou arrêt, atteignent déjà le maximum fixé par la loi.

Les prescriptions de cet article sont également applicables, lorsqu'il est établi que le prévenu a été condamné précédemment pour d'autres méfaits, mais postérieurement à la déclaration du procès-verbal qui amène sa comparution en justice.

Les agents, désignés dans l'article 36, feront la saisie de ces objets et en estimeront la valeur; mention en sera faite dans leur rapport ou procès-verbal. Le juge peut modifier ces estimations s'il les trouve inexactes.

Les traînasses, longs filets, panneaux et pièges à gibier ou à lapins ne seront pas estimés, mais toujours confisqués.

Les engins de chasse ou autres objets saisis par les agents à ce préposés, seront, dans les quatre jours à compter de la contravention, marqués et transmis au greffe du tribunal du canton, dans le ressort duquel la contravention a été commise, soit par les agents eux-mêmes, soit par l'entremise du bourgmestre de la localité.

Si la saisie ou estimation des objets ci-dessus mentionnés n'a pu se faire, conformément au § 2 de l'article sus mentionné, ou si les agents à ce préposés ont négligé de le faire, la valeur desdits objets sera déterminée par le juge, dans sa sentence.

Le délinquant sera condamné à en payer la valeur, conformément au § 2; et dans le cas du § précédent, le montant de l'estimation en argent, s'il ne livre pas ultérieurement lesdits objets.

Les engins saisis, contrairement aux prescriptions du présent article, sous les lettres *a*, *b*, *c* seront, sur l'ordre du juge, ou, si l'affaire n'a pas de suite, sur l'ordre de l'officier de justice, rendus à leur détenteur primitif.

Sous le nom d'engins de chasse dans cet article, ne sont pas compris les faucons, les autours et les chiens.

ART. 46. — Les engins de chasse et autres objets abandonnés par les délinquants restés inconnus, sont acquis au Trésor public, s'ils ne sont pas réclamés dans un délai de trois ans par des personnes qui prouvent qu'ils leur ont été dérobés ou qu'ils ont été perdus par elles.

Art. 47. — Les engins de chasse saisis ou livrés plus tard, dont l'emploi est défendu par cette loi ou par les règlements pris en vertu des articles 9 et 10 seront détruits. Le juge en ordonne la destruction aussitôt le fait soumis à sa connaissance. Pour les engins non prohibés, on se conformera à l'article 22 *e*) (1) de la loi du 29 juin 1864, qui se trouve contenu dans l'article 12 de la loi du 15 janvier 1886.

Art. 48. — Le gibier, les œufs, les lapins et les animaux nuisibles saisis seront transmis, aussitôt que possible, à l'officier du ministère public près le tribunal du canton, dans le ressort duquel la saisie a eu lieu et vendus avec l'autorisation de cet officier.

Le produit de cette vente reste, s'il s'agit d'un délinquant connu, sous la garde de l'officier du ministère public, jusqu'à ce que l'affaire soit terminée soit par sentence judiciaire ou autrement :

S'il s'agit de délinquants inconnus, le produit de la vente est déposé au greffe du tribunal du canton.

Art. 49. — Les agents, mentionnés dans l'article 36, peuvent arrêter les

---

(1) Cet article 22 de la loi du 29 juin 1854 porte : « La destruction totale ou partielle des instruments ou autres objets, préparés pour l'accomplissement d'une infraction, destinés à servir ou ayant servi à la commettre, peut être ordonnée par le jugement.

délinquants qui leur sont inconnus; ils les conduisent chez l'officier de justice ou l'officier auxiliaire le plus voisin, qui les retiendra jusqu'à ce que lui-même ou le juge ait ordonné leur élargissement, ou jusqu'à ce qu'une caution ait été fournie pour répondre du payement des amendes et de la valeur des objets sujets à la confiscation, ou jusqu'à ce que ces objets aient été livrés.

C'est l'officier de justice qui fixe le chiffre de la caution.

L'officier, lorsqu'il le juge nécessaire, décerne, dans le délai de deux fois vingt-quatre heures, un mandat de détention provisoire.

Ce mandat devra être confirmé par le tribunal dans un délai de six jours à compter de celui de l'arrestation, conformément au § 1 de l'article : à défaut de quoi, le prévenu sera mis en liberté de plein droit et sans autre formalité.

S'il n'y a pas de motifs de détention, le prévenu sera mis immédiatement en liberté.

Si la détention provisoire n'a pas encore été confirmée par le tribunal, la mise en liberté peut être ordonnée par l'officier de justice; si elle est déjà confirmée, le tribunal seul peut ordonner la liberté.

Art. 50. — *Nous* pouvons accorder une prime de la manière et pour une somme à déterminer ultérieurement par *Nous*, aux différents agents, mentionnés dans l'article 36, pour chaque contravention relevée qui a eu pour conséquence la confiscation ou la livraison ultérieure d'engins de chasse, dont l'usage n'est pas autorisé par cette loi ou par les règlements pris en vertu de son exécution, en comprenant aussi les armes cachées et autres, ainsi que les objets énumérés dans la disposition finale de l'article 15 et de l'article 41.

Art. 51. — *Cet article, abrogé par la loi de 1886, était ainsi conçu sous la loi de 1857* : « Celui qui se rend coupable d'une infraction punie, par la présente loi, d'amende sans emprisonnement, peut, dans les quinze jours, après la contravention, s'adresser à l'officier de justice du tribunal de l'arrondissement, dans lequel elle a été commise, à l'effet de prévenir par le payement volontaire d'une somme à fixer, la condamnation et la confiscation des engins de chasse autorisés et des objets dénommés en l'article 15.

« Après en avoir conféré avec *Notre* commissaire de la province, s'il tombe d'accord avec lui pour reconnaître que le peu de gravité de la contravention ou que des circonstances atténuantes le permettent, l'officier de justice fixe l'amende pour délit de chasse à une somme qui ne sera pas inférieure à 3 ni supérieure à 10 florins, et la valeur des engins de chasse et autres objets à une somme qui ne dépassera pas 15 florins.

« Dans le cas prévu par l'article 10, § 2, l'amende pourra être abaissée jusqu'à 1 florin.

« Le contrevenant remettra ou fera parvenir à l'officier de justice, dans le délai que ce dernier déterminera, la quittance du receveur de l'enregistrement à ce commis, à défaut de quoi la poursuite sera continuée. »

Les articles 52, 53 et 54 abrogés par la loi du 15 avril 1886 portaient. « Art. 52. — Sans préjudice de ce qui est arrêté dans l'article précédent concernant les délits qui y sont mentionnés, l'article 254 du Code d'instruction criminelle est applicable à ces délits (1), en ce sens que le contrevenant peut prévenir les poursuites judiciaires en payant volontairement le maximum de l'amende et les frais, et en livrant les objets qui peuvent être saisis ou en en payant la valeur.

« Art. 53. — L'article 463 (2) du Code pénal et l'article 20 de la loi du 29 juin 1854 peuvent être appliqués aux jugements rendus en matière de chasse.

« Art. 54. — Toute poursuite du chef d'infraction à la présente loi ou aux règlements, dont parlent les articles 9, 10, et 11, se prescrit par le délai d'un an. Les condamnations se prescrivent par le délai de deux ans à compter du jour où le jugement a été prononcé. »

Art. 55. — Tous les agents mentionnés dans l'article 30, à l'exception de la maréchaussée, sont chargés dans les affaires de chasse, et, sauf ceux sans traitement, obligés de dresser gratuitement les exploits et autres actes judiciaires, ordinairement faits par les huissiers.

Art. 56. — Le second paragraphe de l'article 2 est sans influence sur les contrats de louage ou de fermage, passés avant la publication de la loi du 6 mars 1852.

Cependant le fermier, dont le contrat a été passé avant cette publication, et qui, ni après le contrat ni de toute autre façon, n'est en possession du droit de chasse, pourra acquérir la jouissance de ce droit, pour la durée du bail, moyennant un prix à déterminer de la manière indiquée par l'article 3.

Art. 57. — Les fonds pour l'entretien des gardes-chasse, âgés et invalides, leurs femmes et enfants, dont fait mention l'article 50 de la loi du 6 mars 1852, restera dans le *statu quo*, jusqu'à ce qu'il en soit autrement disposé par la loi.

En attendant, les deux tiers de toutes les amendes, prononcées conformément à l'article 40 de la présente loi, sont acquis au Trésor public et un tiers au fonds susdit.

L'article 58 a été remplacé par l'article 10 de la loi de 1886, il portait : « La disposition de l'article 1ᵉʳ de la loi du 29 juin 1854 (3), est ap-

---

(1) Code d'instruction criminelle, art. 254.

« Lorsque, en matière de contravention, la loi ou d'autres arrêtés publics ne prononcent pas de peines plus sévères qu'une simple amende, le contrevenant pourra prévenir la poursuite en payant volontairement le maximum de l'amende avec les frais, s'il était déjà assigné.

« En ce cas, l'amende pourra être payée au receveur à ce commis, sur une autorisation écrite de l'officier du ministère public visée par le juge du canton, auquel devra être remise la quittance du receveur, dans le délai fixé par l'officier du ministère public. »

(2) Art. 463 du Code pénal : « Dans tous les cas où la peine d'emprisonnement est prononcée par le Code, les tribunaux sont autorisés à abaisser cette peine, même au-dessous de six jours, et l'amende, même au-dessous de seize francs, lorsque le préjudice causé ne dépasse pas 25 francs et que les circonstances semblent de nature à atténuer le délit. Ils pourront aussi appliquer séparément l'une ou l'autre de ces peines, sans qu'ils puissent en aucun cas descendre au-dessous du taux des peines de simple police. »

(3) Art. 20 de la loi du 29 juin 1854. « L'article 463 du Code pénal est applicable aussi dans le cas où, bien que le dommage dépasse 25 francs, le Code pénal ne prononce qu'une amende.

plicable aux contraventions prévues par la présente loi et les règlements portés en exécution des articles 9, 10 et 11 ».

« Il est applicable dans les cas des articles 5, 6, 10, 11, 12, 14, 15, 16, 17, 18 et 19 de la présente loi.
« Il est également applicable aux premières ou secondes contraventions de police, prévues par le Code pénal, dans le cas ou la peine d'emprisonnement, prononcée contre elles, ne doit, en aucun cas, être appliquée d'une façon obligatoire. »
Loi du 29 juin 1854, art. 1ᵉʳ : « Sont soumises en première instance à la connaissance du tribunal du canton, et enlevées pour autant à la juridiction des tribunaux d'arrondissement les contraventions à la loi de la chasse du 6 mars 1852. »
(Ces infractions ont conservé leur caractère de délits.) (Arrêt de la haute cour, du 6 mai 1863.)

ITALIE.

I. — Droit de chasse. — II. Loi du 19 juillet 1880. — III. Piémont. — IV. Sardaigne. — V. Lombardie. — VI. Provinces Vénitiennes. — VII. Parme. — VIII. Modène. — IX. Toscane. — X. Ex-Provinces Pontificales. — XI. Naples et Sicile. — XII. Convention entre l'Italie et l'Autriche-Hongrie.

I. — *Droit de chasse.*

I. Le droit romain, qui consacrait les principes du droit naturel en matière de chasse, fut longtemps suivi en Italie ; mais, au moyen-âge, les idées féodales pénétrèrent dans les mœurs et bouleversèrent les principes antérieurs, en cherchant à amalgamer le présent et le passé : état de chose fort intéressant que l'on peut étudier dans Sébastien de Médicis (1).

Aujourd'hui, malgré de nombreux projets (2) tendant à l'unification des lois sur la chasse, il n'y a pas encore de législation uniforme en Italie.

Quelques provinces seulement sont régies par les lois sardes ; quant aux autres, elles sont soumises aux lois, ordonnances et décrets les plus divers.

Dans tous les cas, la législation est très large en Italie en ce qui concerne le droit de chasse, et contrairement à ce qui a lieu en France où l'on ne peut chasser que là où c'est permis, on peut y chasser partout où ce n'est pas défendu.

Les conseils provinciaux fixent les dates d'ouverture et de fermeture.

Le permis de chasse existe. Il y en a même plusieurs : les uns comportent l'autorisation d'employer les armes à feu ; les autres sont délivrés pour différentes chasses et les prix sont différents.

---

(1) Sebastien de Médicis (Traité de venatione, piscatione et aucupio : tractatus tractatuum). Voir Villequez — Du droit du chasseur sur le gibier.
(2) Projet Pepoli, 18 novembre 1862. — Projet Sanguinetti et Salvagnoli, 27 mai 1867. — Projet Majorana Calatabiano, 7 juin 1879. — Projet Miceli, 21 mars 1880. — 24 mars 1882. — Projet Berti, 29 février 1884.

Ces permis, valables pour une année, spécifient le gibier et l'endroit où l'on peut chasser : ils ne peuvent être utilisés que dans les limites de ces conditions.

Toutefois, si l'on consulte le Code civil au titre de l'occupation (*occupazione*), on trouve certains principes qui s'appliquent a tout le royaume ; ainsi d'après ce Code, les choses qui ne sont pas, mais peuvent venir en la possession de quelqu'un, s'acquièrent précisément par l'occupation, comme les animaux qui forment l'objet de la chasse et de la pêche (art. 711). Il défend ensuite de s'introduire sur le bien d'autrui pour chasser contre la défense du propriétaire (art. 712). — Quant à ce qui est de l'exercice de la chasse et de la pêche, porte enfin ce Code, il est réglé par des lois particulières (art. 712 *in principio*.)

Depuis plusieurs années, la pêche se trouve régie par la loi du 4 mars 1877 n° 3706 (série 2) qui contient des règlements relatifs à la pêche maritime, à la pêche fluviale et à la pêche sur les lacs.

Mais s'il y a une loi sur la pêche, source législative commune où l'on peut puiser, il n'en est pas de même pour la chasse dont la législation varie suivant les provinces.

Avant d'étudier ces législations spéciales, il faut citer certaines lois qui sont communes à tout le royaume.

Ce sont : 1° la loi communale et provinciale du 20 mars 1865 portant (art. 172, § 20) « qu'il appartient aux conseils provinciaux, en se conformant aux lois et règlements, de déterminer les époques pendant lesquelles on peut se livrer à la chasse et à la pêche.

2° La loi du 6 juillet 1871, relative à la sécurité publique et qui, modifiant le Code pénal et la loi du 20 mars 1865, s'occupe du vagabondage, du port d'armes, de la vente, de la fabrication et de la détention des armes.

3° Les lois des 26 juillet 1868 et 8 juin 1874 portant des modifications sur les droits de taxe et d'enregistrement ; lois qui, nous le verrons ci-après, ont été modifiées par celle du 19 juillet 1880.

L'article 4 de la loi du 8 juin 1874, relative aux taxes sur les concessions du gouvernement, était ainsi conçu : « Art 4. — Les dispositions suivantes sont ajoutées à la loi du 26 juillet 1868, concernant les taxes sur les concessions gouvernementales et sur les actes administratifs, savoir :

A. N° 48. Permis annuel de porter des armes à feu, non prohibées, exclusivement pour la défense personnelle, 5 lires.

B. N° 49. Permis annuel de chasse dans les provinces, où les genres de chasses indiquées ci-dessous ne sont pas prohibées :

a) Permis de porter des armes à feu non prohibées et de chasser avec elles, 20 lires ;

b) De chasser avec espingarde, arquebuse, et autre arme de jet, à chevalet et avec appui fixe, 50 lires;

c) De chasser avec des filets fixes, des filets à oiseaux, des *roccoli, prodine,* lacets pour grives, filets ouverts, 50 lires;

d) De chasser, en marchant, avec des filets ou autres engins portatifs, 50 lires.

e) De chasser avec des lacs, des trappes et des pièges de toute espèce, 50 lires.

f) De chasser à poste fixe à la glu, 15 lires.

g) De chasser avec des filets au bord de la mer et avec un lanceur, 50 lires.

Au dos de ces permis ou licences doit se trouver mentionné le genre de chasse pour lequel il a été délivré, et si c'est pour la chasse avec filets fixes, le lieu où s'exercera la chasse doit être indiqué.

Celui qui, ayant obtenu un permis de port d'armes à feu exclusivement pour sa défense personnelle, s'en sert pour la chasse, sera puni d'une amende de 100 lires.

La contravention aux dispositions mentionnées aux lettres *a, b, c, d, e, f, g,* est punie d'une amende égale au double de la taxe.

Sont maintenues les pénalités prononcées par d'autres dispositions législatives.

De plus, l'article 32 portait. « La surtaxe de 20 pour cent, établie par l'article 1er de la loi du 11 août 1870, est maintenue pour les taxes déterminées ou ordonnées par la présente loi, qui entrera en vigueur le 1er juillet 1874. La loi du 15 juillet 1877 (art. 3), sur l'instruction obligatoire, refuse le port d'armes à ceux qui contreviennent à ces dispositions.

II. — *Loi du 19 juillet* 1880.

Cette loi de 1874 a été modifiée de la manière suivante par la loi du 19 juillet 1880 :

Art. 1er. — « Permis annuel de port d'armes non prohibées, même pour l'usage de la chasse, 50 lires :

a) Pour canardière, arquebuse ou autre arme de jet, à chevalet, ou avec appui fixe et pour une seule arme; 55 lires, pour toute autre arme en plus, 30 lires.

b) Pour toute arme devant servir à la chasse ou à la défense personnelle, 10 lires.

(Les gardes forestiers ou champêtres, les gardes privés ou communaux paieront une taxe *minimum* de 5 lires, quand ils seront assermentés.)

Toutes les permissions dont il est question à la lettre *a*, indiqueront le nombre des armes pour lesquelles elles sont délivrées.

La peine prononcée contre les contraventions est du quintuple du chiffre fixé pour la licence de laquelle devait être muni le contrevenant, selon les armes dont il est possesseur, outre la confiscation des armes et du gibier.

Restent maintenues les pénalités sanctionnées par les dispositions législatives spéciales pour les transgressions aux défenses de certains modes de chasse indiqués ci-contre.

« Licence annuelle, dans les provinces dans lesquelles les modes de chasse suivants sont permis :

« *a*) Pour *bressanelle* et *roccoli*, avec *passata* commun (non avec appeau au vol), 25 lires.

Pour *bressanelle* et *roccoli*, sans *passate*, 20 lires.

« *b*) Pour *paretai, copertoni* et *prodine*, avec contrepoids, 25 lires.

« Pour *paretai, copertoni* et *prodine*, sans contrepoids, 20 lires.

« *c*) Pour filet ouvert ou vertical fixe, non désigné à part, 20 lires.

« *d*) Pour chasse à l'aventure avec filets, 15 lires.

« *e*) Pour filets à lancer sur le bord de la mer et le *diluvio*, 100 lires.

« *f*) Pour *passate* avec appeau ou épouvantail au vol dans les gorges et sur les cimes des montagnes, 40 lires.

« *g*) Les *lacs, trappole, archetti, trabocchetti, cestole* (trébuchet), pour chaque hectare de terrain occupé, 100 lires.

« *h*) Pour *boschetti*, préparés n'importe comment, pour grives et volière avec appel, tendue avec de la glu ou avec des lacs, 20 lires.

« *j*) Pour chaque genre de chasse à poste fixe avec glu, 20 lires.

« *k*) Pour chasse à l'aventure avec glu et gluaux, et pour toute autre espèce de chasse non prévue dans cet article, 6 lires. »

La licence est personnelle : elle indique la catégorie de chasse pour laquelle elle a été délivrée et quand il s'agit de filets, elle marque le lieu où ils seront tendus.

Celui qui demande la licence pour diverses catégories de chasse ou pour la même catégorie, mais afin de faire cette chasse dans différentes localités, doit payer la taxe entière pour la catégorie de chasse qui est taxée au prix le plus élevé et respectivement pour le lieu de l'exercice indiqué en premier. Il payera en plus la moitié de la taxe due pour les autres catégories et les autres lieux d'exercice.

Dans ce cas, la licence ou permis sera délivré au demandeur, en autant d'exemplaires qu'il y a de catégories de chasse et de lieux différents où elle sera exercée.

Art. 2. L'exercice des actes de chasse prévus par la présente loi, et par celle du 13 septembre 1874, sans le payement des taxes afférentes à ces actes, sera puni d'une amende égale ou double de la taxe et cette amende ne sera jamais inférieure à 20 lires, sauf les dispositions spéciales établies et sans préjudice des pénalités prononcées par le Code pénal en cas de crimes prévus par lui.

Art. 3. Les taxes établies ou réformées par la présente loi sont sujettes à l'augmentation de deux décimes.

On voit, par la nomenclature contenue dans la loi du 19 juillet 1880, combien sont nombreux les modes de chasse usités en Italie.

Ces chasses ont surtout pour but l'oisellerie, ou mieux la capture des petits oiseaux et des oiseaux de passage. En effet, les Italiens tuent chaque année, en automne et au printemps, des centaines de milliers d'oiseaux de passage surtout d'oiseaux chantants qui vont hiverner en Afrique. Massacres préjudiciables à l'agriculture auxquels les sociétés pour la protection des animaux cherchent en vain à mettre fin.

Les conditions générales pour pouvoir exercer ces chasses, sont les suivantes :

Il faut dans presque toutes les provinces être muni d'une licence que l'administration délivre moyennant le paiement d'un prix variable, suivant que la permission est plus ou moins étendue.

Personne n'a le droit de chasser sur le terrain d'autrui sans l'autorisation du propriétaire, et l'exercice de la chasse est défendu à tout étranger, dans les propriétés encloses, quel que soit le mode de chasse.

Le Code pénal du 30 juin 1889, promulgué le 1er janvier 1890, porte au titre : *Des délits contre la propriété*. Ch. VII. *Des dommages causés volontairement*. Art. 428. « Sera, sur la plainte de la partie lésée, puni de la haute amende jusqu'à cinquante lires au maximum, tout individu qui aura chassé sur le fonds d'autrui, alors que le propriétaire y avait prohibé la chasse suivant les règles établies par la loi, ou y avait placé des écriteaux pour faire connaître à tous cette prohibition ; en cas de récidive du même délit, on appliquera la détention jusqu'à quinze jours. »

Les autorités provinciales fixent la durée du temps prohibé et durant cette période, la vente, le transport et le colportage du gibier sont défendus.

Chacun peut dénoncer les infractions commises aux lois sur la chasse; mais les carabiniers, les gardes de montagne etc., sont spécialement chargés de veiller à l'observation de ces lois.

Les pénalités consistent en amendes. Dans certains cas, la peine de la prison est appliquée.

Le contrevenant ne peut être désarmé que dans le cas où il serait déguisé, où il aurait fait résistance à l'autorité ou s'il n'a point de domicile.

La condamnation, suivant les cas, peut entraîner la perte des armes et des instruments ou engins employés; quand ces armes, instruments ou engins ne peuvent être représentés, la personne condamnée doit en payer la valeur qui, en aucun cas, ne peut être fixée à moins de trente lires.

Comme nous l'avons dit plus haut, les prix des permis de chasse (port d'armes) varient : le permis pour la chasse avec fusil est de 12 lires ; — celui pour la chasse au fusil avec chevalet (canardière) est de 66 lires; — celui pour la chasse avec filets portés et glu est de 7 lires 20 ; — celui pour chasse avec filet fixe est de 24 lires.

Pour ce qui concerne le permis de chasse avec fusil, ce permis étant compris dans celui dit *port d'armes*, il faut remarquer qu'une grande partie de ceux qui le demandent ne s'en servent que pour pouvoir porter des armes destinées à leur défense personnelle et non pour chasser.

On a voulu que ces prescriptions soient générales pour toutes les provinces; mais, malgré de nombreuses tentatives, malgré les promesses et les sollicitations, on ne se trouve qu'à moitié chemin de la réussite, et une loi unique n'a pas encore été faite. On espère, cependant, que le bon sens de la grande majorité des Italiens fera triompher les efforts tentés pour arriver à cette unification.

En attendant, on ne peut que citer les lois spéciales sur la chasse, lois qui sont propres à chaque région et que l'on trouve en Piémont, en Sardaigne, en Lombardie, dans les provinces vénitiennes, dans les provinces parmesanes, dans les provinces de Modène, en Toscane, dans les anciennes provinces pontificales (provinces de la Marche et de l'Ombrie, Ligurie, Émilie, région méridionale adriatique et méditerranéenne), à Naples et en Sicile.

III. — *Piémont.*

La chasse est régie dans le Piémont :
1° Par les patentes royales du 20 décembre 1836.

2° Par les patentes royales du 16 juilllet 1844.
3° Par les patentes royales du 1ᵉʳ juillet 1845.
4° Par la loi du 26 juin 1853.

Ces patentes ont pour but la protection du gibier et de l'agriculture.

Après avoir défendu la chasse du 15 mars au 15 août, elles la prohibent du 1ᵉʳ mars au 31 juillet de chaque année.

Nul ne peut chasser sur les propriétés privées sans l'autorisation du propriétaire.

Le permis de chasse est obligatoire, et pour l'obtenir il faut avoir droit de port d'armes. Toutefois, ce permis ne comporte pas le droit de chasser le cerf, le daim, le chevreuil, le faisan ni le bouquetin.

Pendant le temps où la chasse est défendue, le gibier ne peut être exposé, vendu, acheté, colporté ou gardé.

Il est défendu de détruire les œufs des oiseaux, si ce n'est ceux des oiseaux nuisibles.

La chasse au chien courant ne commence que le 15 octobre.

Quiconque peut dénoncer les infractions commises aux lois sur la chasse en dehors des agents à ce destinés.

Les infractions sont punies de l'amende, de la confiscation du gibier, du fusil et des engins, et même de la prison.

Mais cette législation reste sans effet au point de vue de la protection du gibier en présence des nombreux modes de chasse employés dans ces contrées en dehors de la chasse au fusil : modes de chasse qui laissent toute latitude au braconnage.

A côté de la chasse avec les armes à feu, *caccia con armi da fuoco*, on pratique, en effet, la chasse avec filets et lacs : *caccia colle reti e con lacci* : le *roccolo*, la *passata*, le *paretaio*, le *tramaglio*, qui sont des filets usités dans la province de Cuneo.

Dans la province de Turin, les engins employés sont le *spavento*, les *reti portatili* (filets portatifs), les *copertoni* ou *reti aperte* (filets ouverts), la *muta delle quaglie*.

Il y a enfin la *caccia colla pania* (la chasse à la glu), les *lacci*, les *trabocchetti*, les *trappole* (1).

---

(1) La chasse avec les armes à feu, *caccia con armi da fuoco* est très usitée dans toutes les provinces du Piémont : elle se fait avec ou sans chien.

Dans la province de Cuneo, les filets et lacs les plus usités pour la chasse, sont le *roccolo*, la *passata*, les *tramagli*. — Pour la chasse au *roccolo*, on entoure, avec des filets d'une hauteur de trois mètres environ, une enceinte d'à peu près quinze mètres, formée d'arbres de haute futaie ; au milieu se trouve un gros arbre au pied duquel sont placés des petits oiseaux, enfermés dans une cage et qui servent d'appelants. Les oiseaux de passage, attirés par le chant de leurs compagnons captifs, se posent sur les branches de l'arbre. Sur ces branches est un épervier en bois que l'on peut faire descendre de haut en bas ; il sert à épouvanter les oiseaux qui en fuyant se prennent dans les filets.

A Turin, pour chasser au *roccolo*, on se sert aussi de la chouette ; effrayant les gri-

— *Patente royale du 29 décembre 1836.* — *Charles-Albert X, etc.*

Nous ayant été représenté que le nombre toujours croissant des chasseurs amenait non seulement la destruction de gibier, dont quelques espèces sont déjà presque disparues, mais appor-

ves captives elle leur fait pousser des cris qui attirent les oiseaux de passage.
La *passata* sert à prendre spécialement les grives et les merles ; elle diffère du *paretaio* en ce que ce dernier mode de chasse exige des endroits préparés où les filets sont tendus à terre : ils sont vulgairement appelés *copertoni*. Quant à la *passata*, ce sont deux filets placés parallèlement dans des bois de haute futaie, à deux mètres environ l'un de l'autre ; ils sont reliés par des cordes, qui, tirées à volonté par le chasseur, permettent de les fermer ou de les relever. Les oiseaux de passage sont attirés par des appeaux placés dans le voisinage : le chasseur qui se tient caché au milieu de buissons qui forment, comme on dit en Toscane, *il capanno* (cabane), en faisant rapidement refermer les filets, leur coupe toute retraite.

Les *tramagli* (tramails) sont des filets à mailles fixes, triples, de différentes grandeurs et formant des poches : ils ressemblent aux filets destinés à la pêche. Ils n'exigent pas de terrain préparé et ils servent à la chasse ambulante.

Dans certaines provinces, la *passata* est employée conjointement avec le *roccolo*, le filet de la passata ayant environ huit mètres de haut sert à prendre les oiseaux qui échappent au *roccolo*.

Dans la province de Turin, on se sert de la *brescianella*, mode de chasse qui diffère peu du *roccolo*.

Le *sparento* consiste en une longue corde qui, partant de la cabane où est caché le chasseur, va s'attacher à la cime d'un arbre de haute futaie ; cette corde est munie de blé de Turquie et de petites clochettes : dans ce genre de chasse, on se sert aussi de la chouette comme épouvantail.

Dans certaines contrées, les *paretai* sont appelés *copertoni*, filets ouverts.

Les *reti portari* (filets portatifs) sont plus ou moins petits : de la hauteur de deux mètres au plus ; on les place dans les rangées de vigne ou à travers les haies.

La *muta delle quaglie* est une chasse qui se fait surtout dans la province de Turin ; elle a lieu sur un espace de terrain cultivé en sorgo rouge, où des sillons sont tracés de manière à se réunir en un point central, d'où partent dans différentes directions des filets d'une hauteur de soixante centimètres. Les cailles de passage, attirées par celles qui sont liées à des palettes, se posent, et sont capturées. Cette chasse prend fin au lever du soleil.

Dans les provinces d'Alexandrie et de Novare, les *roccoli* et les autres moyens de chasse ne diffèrent pas des précédents.

La chasse *colla pania* (chasse à la glu) se fait de deux manières dans la province de Cuneo : elle a lieu à poste fixe, *posto fisso*, ou aux gluaux portatifs *vergoni portatili*. La chasse à la glu, à poste fixe, demande une préparation du terrain, des appeaux et des oiseaux de rappel ; celle aux gluaux portatifs, se fait sur un terrain quelconque et l'on se sert de la chouette.

Cette chasse est peu importante dans les provinces de Turin et de Novare, on la fait surtout à Alexandrie où l'on enduit de glu les rameaux de différentes plantes auprès desquelles sont placés des oiseaux de rappel.

Les chasses avec *lacci* et *trabocchetti* (lacs et trébuchets) sont déplorables en raison de la destruction qu'elles occasionnent, d'autant qu'elles se font toute l'année. Les lacs, faits de fil de cuivre, avec nœud coulant, servent à prendre les lièvres, les renards, les loutres, etc.; ceux faits avec des crins de cheval, ont pour but de s'emparer des cailles, des perdrix et des bécasses.

Les *archetti* sont des pièges tendus pour chasser. Ces pièges sont formés d'une branche grosse d'un pouce et longue d'un mètre et demi à peu près : courbée en demi-cercle, cette branche ou gluau est retenue par une ficelle attachée à poste fixe à l'une de ses extrémités ; à l'autre extrémité, dans un petit trou percé au centre, passe une ficelle. En resserrant cette ficelle, les deux bouts de

tait un grave dommage à l'agriculture, nous avons, pour ces raisons, jugé nécessaire d'ordonner quelques mesures restrictives pouvant aider à atteindre le but que nous nous sommes fixé dans nos patentes du 10 mai 1831. C'est pourquoi, par les présentes de notre autorité royale, notre conseil entendu, nous avons ordonné et ordonnons ce qui suit :

Art. 1. — La chasse est prohibée du 15 mars au 15 août de chaque année.

Art. 2. — Il n'est pas permis de s'introduire sur le terrain d'autrui malgré la défense des propriétaires respectifs, ni personnellement, ni avec des chiens d'aucune espèce pour l'exercice de la chasse.

Cette défense sera toujours présumée pour les terres ensemencées, ou pour celles où la récolte est pendante, et pour les propriétés qui se trouvent fermées par des murs, haies ou autre clôture quelconque.

On doit, à l'occasion, pour pouvoir chasser sur ces propriétés, obtenir la permission écrite des propriétaires.

Art. 3. — Quiconque voudra chasser, devra se munir du permis de chasse dont il est fait mention dans l'article suivant.

Dans ces permis ne sont jamais comprises les chasses des cerfs, des daims, des chevreuils, des faisans et des bouquetins.

Ces permis sont personnels et durent une année à partir du jour où ils ont été délivrés.

Art. 4. — Les permis de chasse sont délivrés par les *Insinuatori*, d'après l'ordre écrit de l'intendant de la province, moyennant le paiement de vingt lires par permis de chasse avec des armes à feu et de cinquante lires pour permis de chasse avec filets, tramails, meutes et autres engins semblables.

La formule des permis sera de deux sortes : il y en a une pour la chasse avec les armes à feu, et une autre pour la chasse avec filets, tramails, meutes et engins semblables.

Art. 5. — Pour obtenir le permis de chasse avec des armes à feu, il est nécessaire que le requérant prouve qu'il a le droit de port d'armes prescrit par les patentes royales du 28 février 1817.

---

la branche se rapprochent et l'élasticité du bois amène alors une forte tension. Un petit morceau de bois, dit *chiave* (clef) est légèrement assuré à l'extérieur du gluau près du trou où passe la ficelle : à cet endroit, on place l'*esca*, l'amorce qui consiste généralement en insectes vivants dont les oiseaux sont friands. Les oiseaux qui vont se poser font déclancher le piège et sont pris par les pattes à la ficelle.

Les *trappole* servent à prendre toute espèce de volatiles pendant le temps de neige, époque où la rareté de la nourriture force les oiseaux de s'approcher des graines qui ont été placées comme amorce sur des pièges.

Le *trabocchetto* (trébuchet) tel qu'il est employé dans la province d'Alexandrie, est un moyen cruel de prendre les oiseaux. Cette chasse consiste à disposer, penchées et appuyées à de faibles soutiens, des planches pesantes sous lesquelles on place des graines. Attirés par les amorces, les oiseaux viennent pour manger, se posent sur les soutiens et font tomber les planches qui les écrasent.

Comme on peut en juger, tous ces engins sont nuisibles à l'agriculture et pernicieux pour la chasse qu'ils ruinent surtout au moment des éclosions, sans compter qu'ils servent à la chasse clandestine.

ART. 6. — Les *Campari* (gardes champêtres) et les gardes forestiers, au service de la commune, les gardes que les propriétaires ou possesseurs et ceux qui les représentent ont à leur solde particulière, conformément aux lois en vigueur sur ce sujet, sont autorisés à exercer l'office de garde-chasse. — Pourront même les propriétaires ou possesseurs susdésignés, ou ceux qui les représentent, se pourvoir d'un garde-chasse particulier moyennant une demande formelle, qui, accompagnée des preuves de la moralité de l'individu proposé et des qualités qui le rendent apte à un tel service, sera remise à l'intendant de leur province respective, auquel il appartiendra d'accorder, le cas échéant, ladite autorisation demandée.

ART. 7. — Les procès-verbaux de contravention faits par les gardes spéciaux susdits, feront pleine foi en justice, comme ceux des gardes forestiers et des gardes particuliers pour les bois privés.

ART. 8. — Sera considéré comme actuellement en exercice de chasse, l'individu qui sera surpris dans la campagne, et hors des routes et sentiers battus, armé d'un fusil, si ce fusil est chargé à petit plomb ou à balle, ou si l'individu porte sur lui de telles munitions, et cela toujours quand il ne pourra prouver qu'il est muni d'une permission régulière.

ART. 9. — Quiconque sera pris, chassant en contravention aux articles 1, 2, 3 et 8, qu'il soit muni ou non de port d'armes, encourra une amende de quatre-vingts lires (80 l.) si c'est avec une arme à feu, ou avec des chiens, et de cent lires si c'est avec des filets, des tramails, une meute, etc.

Cette peine sera doublée en cas de récidive, et aussi quand la contravention a lieu dans le temps où la chasse est prohibée, ou bien si le contrevenant est surpris chassant sur des terrains entourés de murs, haies ou autres clôtures, ou dans des terres ensemencées, ou dans celles où se trouvent des récoltes pendantes, à moins que, dans ces derniers cas, il ne puisse faire preuve du consentement obtenu par écrit du propriétaire ou de celui qui le remplace.

Il y aura toujours lieu d'infliger au contrevenant la peine subsidiaire de la prison de huit jours à un mois pour la chasse illégale avec armes à feu ou avec des chiens et de quinze jours à deux mois pour la chasse avec filets, tramails, meutes et autres engins.

Le contrevenant qui aura chassé sur les biens d'autrui, sans autorisation, et malgré la défense du propriétaire, ou de celui qui le remplace, sera en outre tenu envers eux de la réparation du dommage, et il devra leur abandonner le gibier qui a été illégalement tué.

Pour les contraventions au premier alinéa de l'article 3, seront appliquées les sanctions pénales édictées par les règlements spéciaux auxquels il n'est pas dérogé par les présentes.

ART. 10. — Les fusils, tramails, chiens et tous autres objets relatifs à la chasse, avec lesquels le contrevenant aura été pris par les agents mentionnés dans l'article 6, seront mis immédiatement sous séquestre, pour garantir du payement de l'indemnité et de l'amende.

ART. 11. — Les dispositions qui règlent l'exercice de la chasse sont applicables aussi aux personnes qui, par devoir ou par mesures spéciales, jouissent du privilège de port d'armes.

Art. 12. — La connaissance des contraventions aux présentes appartiendra aux tribunaux de préfecture, qui procéderont sommairement.

Sont applicables aux contraventions susdites les règles de procédure contenues dans le chapitre 1er, titre VIII du règlement annexé à nos patentes du 1er décembre 1833.

Art. 13. — Les contraventions pourront être dénoncées, dans les formes habituelles, par quiconque; en ont cependant charge spéciale : les carabiniers royaux, les garde-bois, les garde-chasse assermentés, et tous autres agents de la force publique et de la police.

Art. 14. — Les instances relatives aux infractions aux articles réglementaires de la chasse seront introduites par les agents du fisc.

Quant aux indemnités pour violation de la propriété, il appartiendra aux propriétaires, aux possesseurs ou à leurs ayants-droit de faire valoir leurs droits en justice.

L'action sera prescrite dans le délai de trois mois.

Art. 15. — Le produit des permis de chasse sera versé dans les caisses de notre Trésor.

Celui des amendes appartiendra pour moitié aux associations de charité de la commune où la contravention aura eu lieu, selon les lois et règlements en vigueur, et pour l'autre moitié au dénonciateur.

Art. 16. — Ne sont pas soumises aux dispositions des présentes, les chasses qui se font dans les temps permis au *roccolo*, au filet, au fusil, dans les biens propres fermés de murs qui en interdisent l'entrée.

Ne le sont en aucun temps, les chasses aux loups, aux ours et autres animaux, pour la destruction desquels il est accordé une prime.

Ces chasses cependant devront être faites, soit par les soldats des compagnies de Bersaglieri des Alpes, soit par d'autres troupes commandées à cet effet, ou être dirigées par le syndic de la commune où elles seront autorisées par l'autorité compétente.

Art. 17. — Restent en vigueur les dispositions concernant les petits districts de chasse, dont il est traité dans l'édit du 15 mars 1816 et dans nos patentes des 1er mai 1831 et 31 juillet 1832.

Art. 18. — La disposition de nos patentes sera exécutoire à commencer du 15 du mois de mars de la prochaine année 1837.

— *Lettre patente royale du 16 juillet 1844.* — *Charles-Albert*, etc.

L'expérience ayant démontré combien avaient été insuffisantes les mesures édictées par nos patentes royales du 29 décembre 1836 qui avaient pour objet d'apporter une protection à la destruction abusive du gibier et de procurer à la propriété et à l'agriculture la protection voulue, et comment notamment pendant le temps où la chasse est prohibée, se serait montrée la nécessité de contenir, par de plus efficaces mesures, les chasseurs clandestins et ceux qui font un trafic illicite du gibier, nous nous sommes déterminé à donner à ce sujet les dispositions nécessaires.

Et pour cela, par les présentes, de notre science certaine et autorité royale ayant eu l'avis de notre conseil d'État, avons ordonné et ordonnons ce qui suit :

Art. 1er. — La chasse est défendue du 1er mars au 31 juillet de chaque année.

Art. 2. — Pendant le temps où la chasse est fermée, il est défendu d'exposer en vente, de vendre, d'acheter, de colporter ou de garder toute espèce de gibier.

Ne pourront pourtant avoir lieu des perquisitions domiciliaires pour la recherche du gibier, en temps de chasse défendue, si ce n'est chez ceux qui sont notoirement connus comme chasseurs clandestins (braconniers), chez les chasseurs de profession, chez les aubergistes, les hôtes, les hôteliers, les marchands de comestibles et dans les lieux ouverts au public.

Art. 3. — Les employés des contributions et des douanes sont aussi appelés, en raison de l'exercice de leurs attributions respectives, à rechercher et à constater les contraventions de chasse.

Art. 4. — Il est défendu de prendre ou de détruire les œufs et les nichées du gibier, excepté ceux des animaux de proie et de ceux qui font leurs nids dans les lieux clos et dans les maisons.

Art. 5. — La défense de chasser sur les fonds d'autrui malgré l'interdiction du propriétaire, dont il est fait mention à l'article 2 des patentes royales du 29 décembre 1836, doit s'appliquer aussi aux lacs et aux étangs appartenant au domaine, aux communes et aux particuliers.

Art. 6. — Outre les cas prévus par l'article 8 des patentes sus-mentionnées, sera aussi considéré comme étant dans l'exercice actuel de chasse, et par suite, en contravention, celui qui, en quelque temps que ce soit, sera surpris, à la campagne et hors des chemins et sentiers battus, muni de filets, de tramails, de filets traînants, ou de tout autre engin, aussi bien que d'appeaux, de pâtes, de semences ou d'autres artifices propres à prendre le gibier, à moins qu'en temps de chasse ouverte il ne produise une permission régulière.

Art. 7. — Dans le temps où la chasse est ouverte, celle avec le *roccolo*, avec les tenderies, avec les filets de toutes espèces ou avec d'autres moyens pouvant amener la destruction des oiseaux, ne pourra dorénavant se faire que moyennant une permission spéciale, qui sera délivrée par le ministère chargé des affaires de police.

La permission déterminera l'époque, le mode et les conditions suivant lesquels la chasse pourra être faite.

Cette disposition, néanmoins, ne préjudicie pas à l'exception portée par l'article 16 des patentes royales du 29 décembre 1836.

Art. 8. — L'ordre écrit, exigé par l'article 4 des patentes royales du 29 décembre 1836, pour délivrer des permis de chasse, sera dorénavant donné par l'autorité de police de la province.

Quand, cependant, le requérant aura déjà subi une condamnation pour fait de chasse, l'ordre de délivrer le permis ne pourra être donné que du consentement préalable de l'inspecteur général de la police de l'Etat.

Art. 9. — Le permis de chasse ne sera pas accordé aux interdits, ni à ceux qui n'ont pas accompli leur seizième année ; les mineurs de 16 à 20 ans, qui ne sont pas émancipés ou qui sont en tutelle, ne pourront obtenir un permis qu'avec l'assistance ou l'autorisation de leurs parents ou tuteurs.

Art. 10. — Celui qui, muni de la licence du port d'armes, aura chassé avec un fusil sans avoir aussi un permis de chasse, sera, par la même condamnation que pour la contravention commise, déchu de sa licence qui lui sera retirée par la police.

Art. 11. — Aucun permis de chasse, même sans armes à feu, ne sera accordé à celui qui n'aura pas accompli la peine à laquelle il aura été condamné pour fait de chasse ; non plus qu'à celui qui, pour vol, vagabondage ou autre motif, sera signalé à la police comme ne méritant pas de permis.

La liste de ceux qui auront obtenu un permis de chasse au fusil, au filet, au *roccolo*, aux filets pour oiseaux, et à d'autres engins semblables, sera, par les soins de la police, transmise aux autorités communales du domicile respectif des titulaires, et celles-ci les feront afficher au tableau de la mairie.

Art. 12. — La chasse avec des limiers, avec des levriers, ou avec d'autres chiens courants ne pourra commencer que le 15 octobre de chaque année.

Art. 13. — Est défendue la chasse: 1° avec lacets ou pièges d'aucune sorte ; 2° avec le fusil, la nuit, depuis une heure après le coucher du soleil jusqu'à une heure avant son lever ; 3° à la piste sur la neige.

Art. 14. — Nul ne pourra, en chassant au fusil, tirer à une distance de moins de cinquante mètres (environ 80 pas) des habitations, ni sur les chemins ou sur les haies qui les entourent.

Art. 15. — Les contraventions aux lois sur la chasse seront punies comme suit : Les contraventions aux articles 2, 3 et 8 des susdites patentes royales du 29 décembre 1836, d'une amende de 50 à 80 lires.

Celles aux articles 1, 2, 4, 5, 6, 12, 13 et 14 des présentes, d'une amende de 15 à 50 lires.

Art. 16. — Si dans un seul fait il y a contravention à divers articles, les peines relatives à chaque contravention seront appliquées cumulativement, selon les règles de l'article 120 du Code pénal.

Art. 17. — Pour chaque sorte de contravention, on appliquera ensuite l'amende de 100 à 200 lires, outre les cas prévus au premier alinéa de l'article 9 des susdites patentes :

Si le délinquant est travesti.

S'il s'est refusé à montrer son permis ou si, n'en ayant pas, il a refusé de faire connaître son nom et sa demeure.

S'il a donné des indications fausses.

S'il a usé de menaces, d'outrages ou de violence envers les personnes.

S'il a brisé ou ouvert les haies, les clôtures ou autres fermetures du bien d'autrui.

S'il est du nombre de ceux qui sont chargés de veiller à l'exécution des lois, ou qui jouissent, par leur qualité, du droit de port d'armes : et cela toujours quand les dites circonstances, outre les faits de chasse, ne constitueront point par elles-mêmes un délit prévu par le code pénal et passible d'une peine plus grave, dans lequel cas on appliquera seulement cette dernière.

ART. 18. — Il y a toujours lieu d'infliger au contrevenant la peine subsidiaire de la prison, à régler suivant les dispositions de l'article 77 du code pénal, de six jours à un mois pour les contraventions prévues par les présentes, si elles ne sont accompagnées d'aucune des circonstances aggravantes mentionnées ci-dessus.

Lorsque l'une d'elles s'y rencontrera, la peine subsidiaire de la prison sera de un à deux mois.

ART. 19. — Les tribunaux, dans leurs jugements, ne pourront avoir égard ni à l'âge des contrevenants, ni à d'autres circonstances atténuantes, pour infliger en aucun cas une amende inférieure au minimum établi par la loi.

Mais la peine subsidiaire des arrêts pour les mineurs de seize à vingt ans, ne pourra jamais être prononcée contre les mineurs de moins de seize ans.

ART. 20. — Au cas où plusieurs faits auront été commis dans la même journée, la peine la plus grave sera seule prononcée.

Quand les faits auront été commis à des jours différents, les peines seront cumulées.

ART. 21. — Les procès-verbaux, écrits en entier ou signés par un syndic, par un officier ou un maréchal des logis des carabiniers royaux, par un brigadier commandant une station de la même arme, par un commissaire de police, par un chef-garde forestier, feront pleine foi en justice des faits matériels commis contre la loi sur la chasse, qui y seront constatés, sauf preuve contraire.

Auront la même valeur les procès-verbaux signés par deux carabiniers royaux et deux gardes forestiers, écrits en entier par l'un d'eux et affirmés dans les vingt-quatre heures devant le juge du mandement ou le syndic de la commune.

Les procès-verbaux, signés et affirmés par un seul des dits carabiniers royaux ou gardes forestiers, feront foi jusqu'à preuve contraire, quand il s'y joindra quelque indice légitime et qu'il s'agira d'une peine ne dépassant pas 100 livres; dans les autres cas, ils serviront de simple dénonciation.

ART. 22. — Ceux qui auront commis conjointement des contraventions à la loi sur la chasse seront condamnés solidairement aux amendes, dommages-intérêts, restitutions et frais.

ART. 23. — Seront civilement responsables des faits commis contre la loi sur la chasse les personnes indiquées à l'article 1502 du Code civil, et ce, de la manière et dans les termes établis par cet article.

ART. 24. — Le délinquant est réputé en récidive quand, dans le cours des douze mois antérieurs à l'infraction, il a été condamné en vertu des présentes.

Art. 25. — Les contrevenants ne seront ni arrêtés, ni désarmés : cependant, les individus qui refuseraient de déclarer leur nom, seraient déguisés, ou n'auraient pas de domicile connu, seront traduits immédiatement devant le juge ou le syndic, qui constatera leur identité et ordonnera la confiscation du fusil, ou des engins dont ils étaient munis.

Art. 26. — Dans toute sentence de condamnation, on prononcera la confiscation des filets, des tramails et de tout autre engin de chasse, et ordonnera en outre la destruction de ceux des engins qui seraient prohibés.

On prononcera aussi la confiscation des fusils, sauf le cas de contravention commise pendant le temps où la chasse est ouverte, par celui qui a un permis de chasse.

Art. 27. — Si les fusils, filets, tramails et autres engins de chasse n'ont pas été confisqués, le délinquant sera condamné à les représenter ou à en payer la valeur, qui sera fixée dans la sentence et qui ne pourra être inférieure à 30 livres.

Les fusils et autres engins de chasse, qui auront été abandonnés par des contrevenants demeurés inconnus, seront sequestrés et déposés au secrétariat du juge du mandement; la confiscation et la destruction, s'il y a lieu, en seront immédiatement ordonnées.

Le montant des dommages dépendra, dans tous les cas, du jugement des tribunaux.

Art. 28. — Le gibier qui sera saisi pour contravention à l'article 2 des présentes, sera immédiatement remis à l'établissement de bienfaisance le plus voisin, sur l'ordre écrit du juge du mandement ou du syndic de l'endroit, ordre qui sera joint au procès-verbal de la contravention, avec le reçu indiquant la quantité et l'espèce du gibier confisqué.

Art. 29. — Sont maintenues en vigueur les dispositions des patentes royales du 29 décembre 1836 pour autant qu'il n'est point disposé autrement par les présentes.

Mandons à notre Sénat et à notre Chambre des Comptes d'entériner les présentes, etc.

— *Lettres patentes royales du 1ᵉʳ juillet 1845.* — Charles-Albert.

Il nous a été représenté que l'article 16 des lettres patentes du 29 décembre 1836, confirmé par l'article 7 de la loi du 16 juillet 1844 relative à la chasse, soit par le défaut de spécification des conditions voulues pour définir le mur d'enceinte, soit à cause de la trop grande ampleur de son application, surtout dans les sites montueux, ouvrirait la voie à des destructions abusives du gibier, destructions que nous avons précisément eu en vue d'empêcher.

Voulant pourtant aller à l'encontre des inconvénients reconnus, et veiller à ce que les facilités consacrées par l'article 7 de notre patente du 16 juillet 1844 soient circonscrites en de justes limites, dans le cas de chasse aux alentours de la maison d'habitation, par les présentes de notre science certaine et autorité royale, de l'avis de notre conseil, nous avons ordonné et ordonnons ce qui suit :

ARTICLE UNIQUE : « L'exception portée à l'article 16 des lettres patentes du 29 décembre 1836, confirmée par l'article 7 de nos patentes du 16 juillet 1844, sera restreinte aux biens attenant aux habitations et clos de murs à chaux d'une hauteur de trois mètres.

Mandons, etc.

Donné à Turin, le 1er juillet 1845, et la 15e de notre règne.

— *Loi du 26 juin 1853.* — Victor-Emmanuel II.

Le Sénat et la Chambre des députés ayant adopté, Nous avons ordonné et ordonnons ce qui suit :

ART. 1er. — Les permis de chasse sont donnés par l'intendant de chaque province, et valables dans tout l'État pour un an, à partir de leur date.

ART. 2. — Pour ces permis, il sera payé une taxe de 10 livres, pour la chasse avec armes à feu ; de 30 livres, pour la chasse avec filets, tramails, meute et instruments semblables.

Dans la taxe de 10 livres pour la chasse avec armes à feu, est comprise celle pour le permis de port d'armes.

ART. 3. — Une somme sera inscrite tous les ans au budget du ministère de l'Intérieur au profit des agents, qui se seront le plus distingués dans la poursuite des contraventions aux lois sur la chasse.

Cette gratification ne pourra dépasser la somme de 25 livres pour chaque contravention, dont la condamnation sera passée en force de chose jugée.

ART. 4. — Comme annexe au budget courant de 1853, et dans le but indiqué ci-dessus, une somme de 10,000 fr. est allouée pour être inscrite au dit budget du ministère de l'Intérieur.

ART. 5. — Il est dérogé aux lois antérieures en tant qu'elles sont contraires à la présente.

La présente loi sera enregistrée au contrôle général, publiée et insérée dans le recueil des actes du gouvernement.

Daté à Stupinigi, 26 juin 1853.

Vittorio Emanuele.

IV. — *Sardaigne*.

En Sardaigne, la chasse était libre, aucune loi ne la régissait et ne venait en réglementer les modes, les lieux et les saisons.

Ce fut seulement par la patente royale du 5 juillet 1854, que furent étendues à ce pays les dispositions des patentes des 29 décembre 1836, 16 juillet 1844, 1ᵉʳ juillet 1845, 26 juin 1853, déjà en vigueur pour le Piémont et qui ont été mentionnées précédemment.

Le gibier très abondant autrefois est devenu rare en Sardaigne. Cela ne peut surprendre lorsqu'à côté de la *caccia col fucile coi cani*, chasse au fusil avec chiens pour la perdrix, la caille, la bécasse, le lapin et le lièvre, et de la *caccia grossa*, chasse aux cerfs, daims, mouflons et sangliers, soit à l'affût soit avec des chiens, on trouve nombre de modes de chasse usités, et qui sont la cause de la destruction du gibier. Parmi ces chasses il faut citer : la chasse avec les filets (*reti*), qui se fait non seulement en été pour s'emparer des oiseaux qui vont boire, mais encore en hiver et qui sert à prendre les grives et les merles. Parmi ces filets, les *reti all'acqua*, dont on se sert pendant les grandes sécheresses sont les plus nuisibles; la *caccia alle pernici con richiami e colle gabbie;* la chasse à la perdrix avec appelants et cages ; *caccia di notte colla fiaccola*, la chasse de nuit au flambeau, cette chasse heureusement peu en usage est fort nuisible et devrait être prohibée. *Caccia agli uccelli acquatici* : la chasse aux oiseaux aquatiques, *caccia alle lepri e ai conigli coi segugi coi furetti*, la chasse aux lièvres et aux lapins avec des lévriers et des furets.

— *Loi du 5 juillet* 1854. — Victor-Emmanuel, etc.

Le Sénat et la Chambre des députés ayant approuvé, Nous avons sanctionné et promulgué ce qui suit :

Art. 1ᵉʳ. — Seront publiées dans l'Ile de Sardaigne les lettres patentes royales du 29 décembre 1836, celles du 16 juillet 1844 et celles du 1ᵉʳ juillet 1845 sur l'exercice de la chasse.

Lesdites lettres patentes auront force de loi, dans les parties auxquelles il n'est pas dérogé par la loi du 26 juin 1853, et exceptés le premier alinéa et l'article 3 des patentes royales du 29 décembre 1836 et les articles 1 et 12 de celles du 16 juillet 1844.

Art. 2. — Les conseils provinciaux de la Sardaigne, qui seront convoqués au besoin à cet effet, fixeront tous les ans l'époque de l'ouverture et celle de la fermeture de la chasse, dans leurs provinces respectives; elle restera cependant interdite dans les temps et les lieux désignés par les règlements en vigueur dans l'île.

Dans les cas prévus par l'article 207 de la loi du 7 octobre 1848 sur l'organisation des communes et des provinces, où le Conseil provincial ne pourrait délibérer, faute de se trouver en nombre, la faculté susdite sera exercée par l'intendant de la province.

Les notifications relatives seront publiées dans chaque commune, au moins dix jours avant d'avoir effet. Les intendants des provinces limitrophes devront se transmettre les déterminations respectives, afin qu'elles soient portées à la connaissance du public.

Ordonnons que la présente munie du cachet de l'État, soit insérée dans le recueil des actes du gouvernement, mandons, etc.

Donné à Turin, le 5 juillet 1854.

V. — *Lombardie.*

Les lois qui traitent de la chasse en Lombardie et qui doivent encore être consultées aujourd'hui sont : 1° la loi fondamentale sur la chasse du 13 février 1804 (an III); 2° le décret du 7 juillet 1804; 3° le décret réglementaire du 21 septembre 1805; 4° le décret du 10 juillet 1806; 5° le décret du 1er mars 1811; 6° la notification du gouvernement impérial de Milan du 5 juillet 1816.

" Il faut, en plus, mentionner de nombreuses dispositions du gouvernement autrichien, tendant à harmoniser la législation italienne avec les nouvelles conditions des temps; ainsi, le décret du 21 septembre 1805 fut remplacé par la patente impériale de l'empereur d'Autriche du 7 mars 1849 (1).

Enfin, le 29 juillet 1859, un décret vint ordonner la publication en Lombardie des patentes royales des 29 décembre 1836, 16 juillet 1844, 1er juillet 1845 et de la loi du 26 juin 1843 (2).

Dès lors, la Lombardie fut en matière de chasse soumise à la législation des provinces piémontaise et sarde, sans déroger toutefois aux dispositions antérieures, qui n'étaient pas incompatibles avec ces nouvelles lois.

Le droit de chasse sur le terrain d'autrui, les prestations personnelles et autres dépendant du droit de chasse ne disparaissent en Piémont qu'avec la patente de l'empereur d'Autriche du 7 mars 1849; antérieurement, les terres ensemencées, les terres ayant des récoltes pendantes et les terres protégées par des murs, haies ou autres entourages étaient seules à l'abri des chasseurs.

Aujourd'hui les propriétaires seuls ont droit de chasse sur

---

(1) Voir Autriche. Patente du 7 mars 1849. Page 375.
(2) Voir Piémont. Page 684.

leurs terres, seuls ils peuvent y tendre des pièges et filets : tout autre, pour y chasser, doit obtenir la permission du propriétaire.

Pour chasser au fusil, il faut non seulement un permis du gouvernement, qui n'est délivré que sur un certificat de moralité, mais encore avoir une licence de port d'armes.

Les prix de ces permis varient suivant les chasses auxquelles ils sont destinés.

La chasse en Lombardie est défendue pendant un certain nombre de mois. Les dates ont eu quelques modifications : la défense de chasser a été du 1er avril au 8 juillet, puis du 15 avril au 1er juillet, du 1er avril au 14 juillet, enfin du 1er avril au 15 juillet.

Les loups, les renards et autres animaux nuisibles peuvent seuls être chassés en tout temps.

Certaines chasses, celle au *rastello* (rateau) et celle avec des poisons sont interdites.

Il est défendu de chasser en temps de neige.

Les contrevenants, en outre de la confiscation du fusil, du gibier et des engins, sont passibles d'amendes et de prison en cas de non payement de l'amende.

La dénonciation des délits commis est admise et même encouragée.

Comme dans les autres provinces, en Lombardie, les habitants se livrent à la destruction des petits oiseaux au moyen de nombreux engins.

En dehors de la chasse *col fucile*, au fusil, il faut citer dans le pays : la *caccia colle reti*, la chasse avec filets; ces filets sont : la *retiragna*, les *copertoni*, les *covertori*, le *paretaio*, le *roccolo*, la *passada* ou *passata*, la *bressanella*, la *quagliera* ou *quaiera*, le *sesu* ou *ragnaia*, la *caccia con panie*, la *colombaia*, les *lacci* et *trappole*, le *tramaglio* (1).

---

(1) Ces engins, variant suivant les provinces, nous indiquerons ceux dont il n'a pas encore été parlé au sujet du Piémont. La chasse au fusil (col fucile) se fait à peu près dans toute la région. A Pavie, on se sert du fusil pour toutes les chasses, et l'on emploie des chiens braques ou des limiers pour la chasse aux lièvres. Dans les provinces de Milan, on se sert du fusil dans la campagne et aux marais, avec ou sans chien. Il y a aussi la chasse au fusil dite *alla posta delle anitre*, c'est la chasse aux canards qui se fait dans les endroits inondés au moyen d'une hutte placée derrière des roseaux ; cette chasse peu importante dans les provinces de Côme, Bergame, Sondrio, Anzi se fait surtout à Mantoue. Dans cette province, elle se pratique avec des bateaux dont la proue est cachée au moyen de feuillages au milieu desquels le chasseur fait passer son fusil dit *spingarde* (canardière). A Milan, cette chasse n'est pratiquée que par des chasseurs de profession. Pendant l'hiver, sur le lac de Mantoue, ont lieu de grandes chasses à la mouette.

La *reti ragna* (chasse avec filet piège) se fait à l'aventure le long des buissons, des rivières et des marais, tant au crépuscule qu'à l'aube. On se sert de petites verges, auxquelles est pendu des deux côtés un filet à petites mailles, compris

ITALIE.

— *Loi du 13 février 1804.*

— Le corps législatif, le nombre de membres prescrit par l'article 84 de la constitution ayant été réuni, ayant entendu la lecture d'un projet de loi relatif à la chasse, approuvé par le corps

entre deux autres filets de corde à larges mailles. Les verges peuvent être tenues verticalement par une personne ou fixées par un bout dans une prairie. Quelques personnes traversent le champ en frappant l'herbe avec des rameaux et les oiseaux mis en fuite vont se prendre dans les filets ; c'est une chasse meurtrière, d'autant que l'installation coûte bon marché, de plus, elle porte préjudice aux rizières et aux champs.

Nous avons vu précédemment ce qu'étaient les *copertoni* appelés aussi *covertori* ou *paretaio*.

Le *roccolo* s'emploie surtout dans les provinces de Bergame et de Brescia. Les *roccoli* employés à Milan, à Côme, à Sondrio, à Pavie, diffèrent peu les uns des autres.

Dans certaines parties de la vallée brescianne, on chasse avec la *passada* ou *passata*.

La *bressanella*, chasse appelée dans le Milanais *ragnaia* et *bressana*, est appelée dans le pays brescian *redesi* ou *tesa* ou *prussiana* : il faut un terrain carré, long, rectangulaire et plat de 30 à 35 mètres sur les côtés les plus longs et de 15 environ sur les petits côtés, terrain couvert de buissons bas et de plantes aimées des oiseaux ; on entoure les deux grands côtés et un des petits d'un treillage de 2m,50 de hauteur qui soutient des filets, dont quelques-uns verticaux sont faits en forme de sac. Le chasseur se place sur l'autre petit côté dans une guérite masquée par des plantes et des branchages. Le quadrilatère, dans sa longueur, est traversé par un fil de fer rasant le sol et dont l'extrémité opposée à l'oiseleur est fixée au sommet d'une perche, tandis que l'autre bout, au moyen d'un long levier en balance, est tiré par le chasseur au moment opportun, afin de soulever par instants les épouvantails qui sont suspendus le long du fil de fer. Les oiseaux attirés par les appelants et effrayés par les épouvantails volent ras de terre et vont tomber dans les filets.

C'est le même système qui à Mantoue se nomme *paretaio* : il est usité à Bergame et à Côme.

La *quagliera*, dite *quaiera* dans le Brescian, est aussi en usage dans la province de Milan. Dans le Brescian, on choisit un espace cultivé en sarrazin où l'on place un filet en forme d'entonnoir, tendu avec l'embouchure ouverte en arc : dans l'intérieur sont placés des filets plus petits se terminant en sac. Des deux côtés de l'ouverture, se trouvent deux longs filets de 0,50m de hauteur, perpendiculaires au sol, et placés en éventail ; au milieu de ces filets sont placés des appelants, on marche lentement entre ces deux bras et les oiseaux attirés sont poussés ainsi jusque dans les filets qui se trouvent dans l'entonnoir. Dans le Milanais, on procède plus simplement : au milieu d'un champ cultivé à cet effet et que l'on nomme *melghatte*, champ disposé en sillons ayant la forme de trapèze, on élève une cabane bien cachée à l'extrémité de laquelle se trouve un trou par lequel passe le filet qui doit prendre les cailles qui y descendent attirées par des appelants ; ces appelants sont placés dans des petites cages attachées très haut à une perche placée au milieu du sarrazin.

Dans la province de Mantoue, cette chasse se fait différemment : le filet est placé dans un trou en sens horizontal, de manière que l'ouverture du sac, se joignant parfaitement avec la base du terrain préparé avec des plantes et du sarrazin, puisse y recevoir les cailles attirées par les appelants. Les appelants sont placés pendant la nuit sur une perche, près du filet et à la pointe du jour le chasseur marchant lentement pousse devant lui, vers le sac, les cailles attirées par eux.

Comme appendice au *roccolo*, dans le Milanais on se sert du *tramaglio*, surtout aux époques des passages en mars et octobre : ce filet est très employé dans la province de Côme.

Le *sesu ou ragnaia*, est un mode de chasse qui semble limité à la province de

législatif le 9 février 1804 (an III) : l'ayant transmis au gouvernement le 10 du mois suivant : l'ayant communiqué à la chambre des *oratori*, le même jour : ayant entendu dans la séance du 3 du même mois la discussion sur le projet, ayant recueilli les suffrages au scrutin secret, décrète :

Art. 1. — La chasse avec filets, pièges, trappes et autres engins est libre pour tous les propriétaires sur leurs propres fonds.

Personne ne peut exercer ce genre de chasse sur le fonds d'autrui sans l'assentiment du propriétaire.

Brescia. La chasse au sesu (*vernacolo* ou *ragnaia*), se fait de la manière suivante : quatre hautes haies préparées avec des plantes dont les fruits sont aimés par les oiseaux sont placées parallèlement, sur un terrain d'une cinquantaine de mètres de long ayant quatre mètres de large ; on réserve au milieu un petit chemin longitudinal et entre chaque deux haies se trouve un petit ruisseau. Aux deux tiers des haies se dresse une perche d'un mètre soutenant un filet et cachant des oiseaux de rappel. Une ou deux fois par jour, les chasseurs remontent lentement le petit chemin intérieur et le bord des haies, poussant devant eux vers l'ouverture du filet, les oiseaux qui ont été attirés dans ce piège.

Nous avons vu plus haut en quoi consistait la *caccia con panie*, la chasse à la glu, elle se fait dans toutes les provinces de la région.

Dans le *Mantouan*, il existe une méthode mixte pour faire cette chasse; pendant que dans les haies se trouvent placées des baguettes engluées, le chasseur se sert de la chouette, du miroir et du fusil. Souvent, se servant seulement de la chouette ou du miroir, le chasseur tue au fusil les alouettes qui sont attirées.

La *colombaia* est un mode de chasse tout spécial à la province de Milan. C'est une espèce de petite tour élevée au-dessus d'une petite cassine : elle a deux étages et est percée de trous par lesquels entrent pour nicher ou seulement s'abriter, les pigeons, les passereaux, les étourneaux ; à la nuit ces trous peuvent se fermer, et le chasseur, dans n'importe quelle saison, peut s'emparer des oiseaux entrés dans le piège.

La chasse avec *lacci e trappole*, avec lacs et traquenards est une de celles qui, par les destructions qu'elles occasionnent, est des plus déplorable. Dans la province de Brescia, on se sert des *lacci* (lacs) et des *archetti* (pièges). Les premiers sont faits avec des crins de cheval formant un nœud coulant, ils servent à prendre les passereaux et même les perdrix : les nœuds sont faits d'une verge de bois très élastique, grosse à peu près de deux centimètres et pliée en forme de v ; au moyen d'un trou percé à une extrémité de cette verge, elle est retenue comme un arc par une corde double qui s'adapte à l'autre extrémité : les pièges sont placés en grand nombre dans les taillis, sur les pentes des montagnes, dans les vallées et le long des haies, et cela au mois d'août, septembre, octobre, novembre et au printemps. L'arc retenu par un petit fétu de bois se détend au moindre contact et l'oiseau est pris par les pattes dans la ficelle.

Les *roccoli* sont aussi très employés dans la province de Brescia, au moment des passages; les *passate* sont moins nombreux, cette chasse demandant des conditions spéciales pour la préparation du terrain. Il y a cependant dans cette province trois *passate* célèbres qui font, chaque année, des captures immenses, et il est à déplorer que pareille chasse ne soit pas interdite ou au moins taxée.

La *bressanelle* ou *prussiane*, moins préjudiciable que les engins précédents, est aussi employé ; les prises faites par ce mode de chasse s'élèvent encore à cinquante ou cent oiseaux pour chaque piège pendant la période de grand passage qui court de la fin de septembre au commencement de novembre.

Le *paretaio* dit larga dans le patois du pays, sert à prendre le hoche-queue, l'alouette et la linotte : cette chasse est peu répandue.

Ces chasses sont très dommageables et contribuent à la destruction des oiseaux; et malheureusement elles prennent une très grande extension dans les provinces de Sondrio, Bergame et Côme.

ART. 2. — La chasse avec fusil n'est permise qu'avec la licence du gouvernement.

ART. 3. — Pour obtenir la licence, il est nécessaire d'avoir un certificat positif de moralité, délivré par les municipalités respectives; sur la vue de ce certificat, les préfets des départements accordent la licence, quand il n'y a pas de motif contraire.

ART. 4. — Les licences qui sont délivrées par les préfets sont limitées à l'arrondissement de leur propre département.

La taxe pour cette licence est fixée à six livres.

Cette licence dure un an, du jour de sa date.

ART. 5. — Pour la chasse au fusil, outre la licence du gouvernement, on exige l'autorisation du possesseur des terres ensemencées ou des terres renfermant des récoltes pendantes; cette autorisation est aussi nécessaire si les fonds sont entourés de murs, haies ou de toute autre clôture.

ART. 6. — Est absolument défendue toute chasse, même avec licence, du 1er avril au 8 juillet.

ART. 7. — Pendant tout le temps sus-mentionné, la vente et l'achat du gibier sont défendus.

ART. 8. — Dans la défense de chasse pendant le temps sus-mentionné, ne sont pas compris les loups, les renards et autres quadrupèdes nuisibles ou qui infestent la campagne.

ART. 9. — Est aussi défendue la chasse au râteau, *a rastrello*, dans les bois et les campagnes.

La chasse au moyen de pâtes ou semences destinées à empoisonner le gibier est interdite; est aussi interdite la chasse des lièvres, chevreaux et quadrupèdes semblables quand la neige couvre la campagne.

ART. 10. — Celui qui est trouvé chassant sans licence, outre la perte de son fusil et du gibier, est condamné à une amende de trente livres.

Celui qui vend ou achète du gibier dans le temps où la chasse est défendue, outre la perte du gibier, aura à payer trois livres pour chaque volatile ou six livres pour chaque quadrupède acheté ou vendu.

Celui qui va à la chasse pendant le temps prohibé, ou contrevient à quelqu'une des défenses prévues par l'article 9, encourt une amende de trois cents livres.

Celui qui contrevient à l'article 1 et qui va à la chasse sur le fonds d'autrui, qu'il soit ensemencé ou qu'il contienne des récoltes pendantes, ou qu'il soit clôturé de murs, haies ou autres entourages, ainsi qu'il est dit en l'article 5, sans l'assentiment du possesseur de ce fonds, encourt une amende de 150 livres; en outre des peines prescrites, les contrevenants seront privés de leur licence de chasse.

ART. 11. — Dans le cas d'insolvabilité, les contrevenants seront sujets à la peine corporelle, en raison d'un jour de prison pour chaque fraction de trois livres de l'amende encourue.

ART. 12. — Les juges des districts respectifs procèdent sur la dénonciation, dans le cas de violation de la propriété.

Dans les autres cas ils procèdent, soit sur la dénonciation, soit d'office.

Art. 13. — L'action criminelle est prescrite, pour les dites contraventions, dans le cas où elles ne sont pas portées en jugement, dans le délai de quinze jours après qu'elles ont été commises.

Quant à ceux qui ont subi un préjudice, l'action pour les dommages leur est réservée selon les dispositions du droit commun.

Art. 14. — Les susdites amendes sont versées, une moitié à celui qui a dénoncé l'infraction, et l'autre à la municipalité de la commune où l'infraction a été commise.

Art. 15. — Les municipalités, les juges de district, les gardes des bois et des champs, là où il y en a, la gendarmerie, les gardes de Finance et de Police, sont spécialement chargés de veiller à l'exécution exacte des dispositions précédentes.

Art. 16. — Le gouvernement est autorisé à régler par les ordonnances qu'il reconnaîtra les plus convenables, l'exécution de la présente loi.

— *Décret du 7 juillet* 1804.

— Le vice-président de la République ayant visé l'article 16 de la loi du 13 février 1804 sur le rapport du ministre des affaires intérieures, décrète :

Art. 1. — Les propriétaires possesseurs et cultivateurs de terrains, lorsque ces terrains ont été violés, ne peuvent procéder que par dénonciation devant les juges des districts respectifs.

Toute voie de fait, tout usage de la force privée sont sévèrement défendus.

La procédure criminelle aura lieu suivant les lois en vigueur pour les délits, en ce qui touche les délits commis en contrevenant aux dispositions contenues dans cet article.

Art. 2. — Parmi les gardes des bois et des champs chargés par l'article 15 de la loi du 13 février 1804 de veiller à l'exécution de cette loi, ne sont pas compris les gardes nommés ou payés par les particuliers pour la garde de leurs biens.

Art. 3. — La prohibition de vendre et d'acheter le gibier, commence chaque année le cinq avril et finit le huit juillet.

Art. 4. — La permission de chasser dans plusieurs départements est donnée par le ministre de l'intérieur.

Art. 5. — Pour obtenir cette licence, il est nécessaire de produire un certificat de la préfecture du domicile du demandeur, dans lequel on atteste qu'il a présenté à la préfecture un certificat positif de moralité à lui délivré par la municipalité, et que la préfecture n'a pas de motif de lui refuser la licence de chasse.

Art. 6. — Le postulant indique, dans le recours au ministre, les départements pour lesquels il a l'intention d'être autorisé à chasser : ces départements sont dénommés dans la licence, qui reste limitée à leurs circonscriptions.

La taxe est fixée selon le nombre des départements, avec la prescription établie par l'article 4 de la loi.

Art. 7. — Les Préfets reçoivent et transmettent au ministère de l'intérieur les recours pour ces licences, et ils constatent que les présentations exigées pour les deux articles précédents ont été exécutées.

Le ministre de l'intérieur est chargé de l'exécution du présent décret, qui sera imprimé, publié et inséré dans le bulletin des lois.

— *Décret réglementaire du 21 septembre 1805.* — *Napoléon*, etc., etc.

Eugène, vice-roi d'Italie, archi-chancelier de l'État de l'empire français, à tous ceux qui verront les présentes, salut :

Sur le rapport du ministre de l'Intérieur, du 20 août 1805, n° 9129. Vu l'article 66 de la loi du 17 juillet 1805,

Entendu le conseil d'État,

Nous avons, en vertu de l'autorité qui nous a été déléguée par le très grand et très auguste empereur et roi Napoléon I*er*, notre gracieux souverain, décrété et ordonné ce qui suit :

1° Il est défendu de chasser sans la licence du gouvernement.

2° Le gouvernement accorde la licence de chasse moyennant le payement des taxes respectives indiquées plus loin.

Pour la chasse avec *roccoli* et *tendue*, dit vulgairement *passate*, 12 lires.

Avec autres filets portés avec préparation de l'emplacement, six lires.

Avec des filets portatifs, avec *giuochi* et pièges etc., etc., 3 lires.

3° Pour tous les modes de chasse qui exigent quelque travail ou adaptation sur un fonds ou sur les plantations d'autrui, il est nécessaire, outre la licence du gouvernement, d'avoir la permission du propriétaire.

4° La taxe pour la licence de chasse au fusil est de 10 lires pour un seul département, de 15 lires pour deux départements et de 18 lires pour la licence de chasse sur plus de deux départements ou sur tout le royaume.

5° La licence de chasse avec le fusil est personnelle et ne peut être cédée.

6° La licence de chasse n'est valable que du 1*er* juillet de chaque année jusqu'au 15 avril de l'année suivante.

7° La licence unique de chasse comprenant plusieurs genres de chasse, se paye pour le genre de chasse qui comporte la taxe la plus élevée, plus la moitié de la taxe fixée pour les autres modes de chasse accordés.

8° On n'accorde jamais de licence :

a Pour la chasse au moyen de pâtes ou semences aptes à empoisonner.

b Pour la chasse des lièvres, quand le terrain est couvert de neige.

c Pour la chasse des cerfs, chevreaux et daims.

d Pour la chasse avec chiens courants dans les champs jusqu'à la fin de septembre.

e Pour la chasse sur les fonds d'autrui fermés, ou dans les parties qui ne sont pas fermées, mais où il y a des semences ou des récoltes pouvant être détériorées par le passage des chasseurs ou des chiens.

9° Est considéré comme fonds fermé, afin d'empêcher d'y chasser, celui seulement qui est entouré de tous côtés par des clôtures telles qu'elles montrent manifestement l'intention du propriétaire d'en défendre constamment l'entrée, non seulement aux bêtes mais encore aux personnes.

10° Les propriétaires, les possesseurs et les cultivateurs de terrains, dans les cas de violation des enceintes, n'agissent que par dénonciation devant le tribunal correctionnel ; toute voie de fait est prohibée et on procédera, en cas de contravention, suivant la règle des lois en vigueur.

11° Quiconque, quoique muni de la licence du gouvernement, cause par la chasse un dommage à la propriété ou aux fruits pendants d'autrui, est tenu à la réparation. — Est ouverte, pour cela, au possesseur, l'action civile la plus sommaire devant le juge de paix, sur la juridiction duquel se trouve le champ endommagé. Le chasseur succombant dans le jugement, outre la valeur du dommage causé, peut, étant donnée la faute, suivant les circonstances, être condamné à une amende en faveur du possesseur, laquelle ne pourra être de plus de 50 livres ni inférieure à dix.

12° Les chasseurs qui se promènent avec un fusil, ou avec un autre engin, doivent se tenir éloignés au moins de 150 pas des *roccoli*, des *passate*, et des autres chasses aux filets tendus avec préparation de l'emplacement, lorsque le propriétaire est occupé à chasser avec ces engins.

Le contrevenant est condamné à une amende dont le maximum est de 50 livres et le minimum de 10 livres en faveur du propriétaire susdit.

13° Celui qui va à la chasse est obligé d'avoir avec lui sa licence.

14° Celui qui est trouvé à la chasse doit exhiber sa licence et donner son nom de famille, son prénom et son domicile aux gendarmes, aux gardes de police et de finance, et à tous agents du gouvernement qui en font la demande comme aussi (où ils existent) aux gardes champêtres des communes.

15° Celui qui refuse de le faire est puni d'une amende de 30 lires, et peut être mené à la commune la plus voisine, pour y être reconnu.

16° Toute opposition avec violence aux gardes ou agents du gouvernement ou des communes, comme il a été dit ci-dessus, est punie selon les lois établies.

17° Celui qui est trouvé chassant sans être muni de la licence, est puni d'une amende de 90 lires. S'il justifie pourtant qu'il en a obtenu une antérieurement, la peine est réduite à la moitié de la taxe payée pour la même licence.

18° Celui qui contrevient aux dispositions contenues dans les articles 6 et 8 est puni d'une amende de 180 lires.

19° Les amendes perçues appartiennent pour un tiers au Trésor, pour deux tiers à l'inventeur ou au dénonciateur.

20° Dans le cas d'insolvabilité, le condamné est sujet à un jour de prison par chaque six lires de l'amende.

21° Pour les contraventions au présent règlement, on procède devant l'autorité judiciaire compétente, qui exerce la juridiction dans le lieu où a eu lieu la contravention.

22° L'action correctionnelle néanmoins est prescrite, si la procédure n'est pas commencée dans les quinze jours de la contravention commise.

23° L'action civile pour la réparation des dommages, aux termes des articles 11 et 12, n'est prescrite que par l'espace de temps fixé par le Code civil.

24° Dans la prohibition générale de la chasse sans la licence du gouvernement n'est pas comprise la destruction des loups, des renards, et autres espèces d'animaux nuisibles.

25° Les licences de chasse, même pour tout le royaume, sont délivrées pour les préfets aux personnes domiciliées dans leurs départements respectifs. Ils peuvent les refuser, s'ils ont des motifs à invoquer.

26° Les licences, après avoir été signées par le préfet, et avant que l'on puisse en faire usage, sont enregistrées près de l'intendance des finances, qui réside dans le même chef-lieu de département, et les taxes se paient dans la caisse de l'intendance même.

27° Toutes les licences concédées avant la publication de ce règlement cessent d'avoir effet dans le délai d'un mois après cette publication.

Conformément à ce qui est dit plus haut pour les licences, la taxe payée pour elles en est restituée aux consignataires pour le temps correspondant qui leur restait à courir.

28° Le ministre de l'intérieur et celui des finances sont chargés, chacun dans ce qui les regarde, de l'exécution du présent décret, qui sera publié et inscrit dans le Bulletin des lois.

Donné au Palais Royal de Monza, le 21 Septembre 1805.

Le Prince EUGÈNE.

— *Décret du 10 juillet 1806.* — *Napoléon Ier*, etc.

Eugène Napoléon de France, vice-roi d'Italie, prince de Venise, archi-chancelier d'État de l'empire français, à tous ceux qui verront les présentes, salut :

Nous, en vertu de l'autorité qui nous a été déléguée par le très grand et très auguste empereur et roi Napoléon Ier, notre très honoré père et gracieux souverain, avons décrété et ordonné ce qui suit :

Dans l'avenir, toute sorte de chasse est défendue dans toute l'étendue du Royaume, du 1er avril jusqu'au 14 juillet de chaque année.

Les ministres de l'intérieur et des finances, chacun en ce qui les concerne, sont chargés de l'exécution du présent décret, qui sera publié et inséré dans le bulletin des lois.

Donné au Palais-Royal de Monza, le 10 juillet 1806.

— *Décret du 1er mars 1811.* — *Napoléon Ier*, etc.

Eugène Napoléon de France, vice-roi etc.
Vu la loi du 13 février 1804.
Vu notre décret du 10 juillet 1806.
Sur le rapport du ministre de l'Intérieur.
Entendu le Conseil d'État.
Nous, etc., avons décrété et ordonné ce qui suit :

Art. 1er. — Les dispositions des articles 7 et 10 de la loi du 13 février 1804 sont applicables aux vendeurs et aux acheteurs de gibier durant le temps de la prohibition prescrite par notre décret du 10 juillet 1806.

Art. 2. — Le grand juge, ministre de la justice et les ministres de l'Intérieur et des Finances sont chargés, etc.

Donné au Palais Royal de Milan, 1er mars 1811.

Eugène Napoléon.

— Après la chute de l'Empire français, la législation devait changer ; on trouve tout d'abord la notification du gouvernement impérial et royal de Milan.

— *Notification du gouvernement impérial et royal de Milan, du 5 juillet 1816.*

Les abus nombreux et graves qui, depuis quelques années, se sont introduits et se commettent dans la chasse, avec un préjudice notable pour le droit royal et au détriment de l'agriculture, et les grands égards qu'exige la sécurité publique, qui peut être compromise par la facilité avec laquelle s'obtient jusqu'ici de qui que ce soit la permission de porter des armes à feu, ayant fait voir au gouvernement la nécessité de précautions provisoires, aptes à empêcher les dits abus et à remédier aux désordres arrivés, non moins qu'à prévenir les inconvénients qui peuvent provenir de la facilité d'obtenir le permis d'armes; dans l'attente d'une réglementation fixe sur la chasse, et de plus opportunes mesures sur le port d'armes, on ordonne en attendant ce qui suit :

1° Sont rappelées en pleine vigueur et dans la plus exacte observance les prescriptions du décret du 21 novembre 1806 sur le port d'armes et celles particulièrement qui sont contenues dans les articles 7 et 8 du même décret.

2° Le permis de porter des armes ne sera accordé qu'aux propriétaires, fermiers, métayers, et aux personnes ayant un emploi public, ou un établissement d'industrie ou de commerce.

3° Lorsque celui qui demande le permis de port d'armes ne sera pas avantageusement connu au bureau de police, il sera facultatif d'exiger, en plus du témoignage requis pas les deux articles ci-dessus, la production de son casier criminel.

4° Quiconque réclame le permis de porter des armes devra faire constater au bureau de police le besoin qu'il a du dit permis et préciser l'usage auquel il est destiné. De ces indications devra être faite expresse mention dans la licence qui sera délivrée par le bureau de police.

5° Rappelant le décret du 21 septembre 1805 sur la chasse à un plus exact accomplissement, on prévient le public que la licence de porter des armes n'est pas et n'a jamais été suffisante à elle seule pour pouvoir aller à la chasse, mais qu'il est indispensable pour cet exercice d'avoir aussi une licence spéciale de chasse; on procédera avec la plus grande rigueur contre les contrevenants en leur appliquant les amendes prescrites par le décret déjà cité du 21 septembre 1805.

6° A cet effet, ceux qui demanderont la licence du port d'armes, pour pouvoir retirer la licence de chasse, seront tenus de rapporter cette dernière dans le délai de dix jours, et de la présenter avant l'échéance de ce terme au bureau de police qui leur aura délivré la licence d'armes, pour en obtenir le visa.

Les dix jours écoulés sans que cette présentation ait eu lieu, la licence d'armes sera annulée de droit, et sera immédiatement déposée au bureau de police.

7° Les possesseurs actuels de licence d'armes dont la durée s'étend à trois mois ou plus, seront tenus de se conformer aux précédents articles 4 et 6, sous la menace, pour ceux qui ne s'y seront pas conformés dans le délai de dix jours, de l'annulation immédiate et du renvoi au bureau de police de cette licence.

8° Le terme pour la prohibition de toute chasse est prorogé du 15 jusqu'au 20 juillet de chaque année. En compensation, la dite prohibition commencera seulement le 8 avril.

9° La Direction I. et R. de la police, celle du domaine, celle des forêts et droits réunis, les délégations royales provinciales, les municipalités et la gendarmerie, sont chargées respectivement de tenir la main à l'exacte et complète observation de la présente détermination.

— Enfin la législation autrichienne est appliquée à la Lombardie; devant examiner cette législation en étudiant les lois sur la chasse en Autriche, il suffit de mentionner la patente impériale du 7 mars 1849.

— *Patente impériale de l'empereur d'Autriche, du 7 mars 1849 pour la Lombardie.*

Art. 1er. — Le droit de chasse sur le fonds d'autrui est aboli.

Art. 2. — Il n'y a lieu à indemnité du chef de cette abolition, que dans le cas où ce droit dériverait d'un contrat onéreux passé avec le propriétaire du fonds servant.

Les modalités de pareille indemnité seront établies par la commission provinciale, déléguée pour l'exécution de la loi du 7 septembre 1848.

Art. 3. — Les prestations personnelles et autres, dépendantes du droit de chasse, sont abolies sans indemnité.

Art. 4. — Le droit de chasse dans les parcs clos reste en vigueur tel qu'il a existé jusqu'à présent, que les champs situés dans l'enceinte du parc appartiennent au propriétaire de la chasse ou à une tierce personne.

Art. 5. — Tout possesseur d'une superficie de terres non interrompue, d'une étendue d'au moins 200 *jochs*, a le droit de chasser sur sa propriété.

Art. 6. — Le droit de chasse sur les autres fonds, situés sur le territoire d'une commune et ne rentrant dans aucune des catégories des deux paragraphes précédents, appartient à la commune, à compter du jour où cette loi entrera en vigueur.

Art. 7. — Ce droit pourra être exercé par la commune, soit en louant le tout, soit par le moyen de chasseurs spécialement commissionnés.

Art. 8. — Le revenu annuel net, qui sera retiré de la chasse, sera réparti à la fin de chaque année, après déduction des frais d'administration et de location, en proportion de l'étendue de leur propriété, entre les propriétaires des terres situées dans le territoire communal et comprises dans la chasse communale.

Art. 9. — Toute commune répond, sous peine d'une amende de 10 à 200 florins, que la chasse communale ne s'exerce point d'autre façon que celles spécifiées en l'article 7.

L'autorité administrative veillera à l'observation de cette prescription.

Art. 10. — Le braconnage et le vol de gibier pratiqués soit par les habitants de la commune, soit par les étrangers, seront punis conformément aux lois pénales actuellement en vigueur.

Art. 11. — Aux propriétaires de terre seuls est réservé le droit de poursuivre la réparation du dommage causé par le gibier ou les chasseurs, conformément aux prescriptions légales en vigueur, contre les personnes morales ou physiques exerçant le droit de chasse, par application du présent décret.

Art. 12. — Les prescriptions actuelles sur la police de la chasse restent en vigueur, en tant qu'elles ne sont point en opposition avec la présente loi, et l'autorité veillera sévèrement à leur exacte observation.

Art. 13. — Au jour fixé à l'article 14, cessent d'avoir effet les contrats de location de chasse qui ne seraient pas en harmonie avec les dispositions de la présente loi.

Toute demande d'indemnité ou autre de ce genre qui se produirait, devra l'être par la voie civile.

Art. 14. — La présente patente est obligatoire du jour de sa publication.

Art. 15. — Les ministres de l'Intérieur et de l'Agriculture sont spécialement chargés de son exécution.

— *Cette patente fut complétée par un arrêté du 15 décembre 1852 qui réglait l'exercice de la chasse.*

— Enfin, en 1853, Victor-Emmanuel II appliquait à la Lombardie les lois sur la chasse qui étaient en vigueur dans le Piémont.

VI. — *Provinces vénitiennes.*

Les provinces vénitiennes sont régies, en matière de chasse, par l'ancienne législation lombarde, c'est-à-dire par la loi du 21 septembre 1803, la patente autrichienne du 7 mars 1849 et la circulaire du ministre des Finances du 6 septembre 1866.

Toutefois, il faut ajouter que l'exercice de la chasse fut, dans ces provinces, réglé aussi par plusieurs notifications gouvernementales, sous les dates suivantes :

15 septembre 1818; 7 avril 1820; 19 septembre 1823; 1ᵉʳ novembre 1823; 6 janvier 1825; 10 septembre 1829; 10 mai 1830; 16 mai 1831 (1).

Dans ces provinces, on chasse avec le fusil *caccia col fucile* :

---

(1) V. Collection des lois et règlements pour les provinces vénitiennes, t. V, p. 141; VII, p. 279; XII, p. 109, 255; XIV, p. 5; XX, p. 155; XXI, p. 130; XXII, p. 115.
Dans cette province, certains modes de chasse sont employés, qui n'ont pas encore été mentionnés.
En dehors de la chasse au fusil ordinaire qui est usitée dans le Véronèse pour tuer les alouettes au moyen d'appelants, on trouve dans la province de Trévise quatre modes de chasse au fusil : la chasse au marais, *in palude*; la chasse au tonneau, *in botte*; la chasse au bois, *in bosco*; avec chiens braques, *con bracchi*; et la chasse aux *schiopponi*.
Cette dernière chasse se pratique dans les vallées ouvertes près des lagunes de Venise : elle se fait avec une longue canardière fixée sur un petit bateau ou se trouve le chasseur. Dans les provinces de Padoue et de Rovigo, cette chasse qui a pour but les oiseaux sauvages, se fait dans un tonneau, *in botte*. Dans la province de Rovigo, la chasse *a rastello* est très pratiquée. Les chasseurs placés en ligne, précédés de leurs chiens, marchent devant eux, poursuivant cailles et lièvres, comme le ferait un chasseur isolé.
Le *paretaio*, dit *tretta* dans le Véronèse, est surtout employé à Vicence, Bellune, Udine, Trévise, Venise, Padoue et Rovigo.
Le *roccolo* est employé dans la province de Vicence, ainsi qu'à Vérone, Bellune, Trévise et Padoue.
Dans la province de Brescia, on se sert de la *strazzana* ou *brescianella*, de la *quagliara*, de la *quaiela*, de la *pantière*, filet portatif non à demeure et n'exigeant pas de préparation de terrain; de l'*olandine*, filet de soie sans armature; du *diluvio*, grand filet en forme de sac, qui ressemble au *quagliara*; de la *pania* chasse à la glu; des *lacci*, *archetti*, *truppole*, *ferri*, lacs, filets et pièges.

avec le *schoppione* (canardière); avec des filets, *caccia colle reti*, la *tratta*, le *paretaio*, le *roccolo*, la *strazzana* ou *brescianella* la *quagliara;* il y a la chasse *con reti mobili*, chasse avec filets portatifs dite la *quaieta*, la *pantiere*, l'*olandine*, le *diluvio*, la *pania* (glu), — les *lacci, archetti, trappole, ferri*.

Là, comme dans les autres provinces, la chasse avec les armes à feu ne cause pas de grands dommages, car il n'est pas avantageux de tuer les petits oiseaux au fusil. Mais il n'en est pas de même des chasses avec les filets; les filets portatifs, le *diluvio*, la *quagliara*, la *pania*, les *lacci* et les *archetti* sont de tous les engins employés ceux qui détruisent le plus de petits oiseaux.

VII. — *Parme*.

En matière de chasse, dans les provinces parmesanes, il faut citer la loi fondamentale, qui est la *résolution souveraine* du 1ᵉʳ septembre 1824.

De légères modifications ont été apportées à cette résolution, par des mesures souveraines en date du 23 avril; du 18 juin 1828; du 23 avril 1835 et par le décret du 28 mai 1835.

— *Résolution souveraine du 1ᵉʳ septembre 1824.*

Nous, Marie-Louise, etc., etc.
Nous avons reconnu la nécessité de remettre en vigueur les anciennes lois, afin de faire cesser les abus qui depuis quelque temps s'introduisent en matière de chasse :
Vu : 1° les articles 395 n° 3 — 412 — 564 du Code Civil,
    2° les articles 343, 344, 345, 533, n° 3 du Code Pénal,
Sur le rapport de notre président de l'Intérieur, avons résolu ce qui suit :

ART. 1ᵉʳ. — Il est défendu de chasser soit avec le fusil, soit avec des filets, soit avec n'importe quel autre moyen apte à détruire le gibier, en n'importe quel lieu, temps ou mode, à quiconque 1° : n'a pas obtenu la licence expresse du gouvernement; 2° n'a pas à cet effet la permission du propriétaire ou du possesseur ou du cultivateur du fonds sur lequel la chasse s'exerce : cette permission est réputée donnée, quand la chasse a lieu sur un fonds non clos, et que les propriétaire, possesseur ou cultivateur ou leurs représentants ne s'y opposent pas.

ART. 2. — Les licences sont concédées par le président de l'Intérieur et sont valables pour un an du jour de la date; pour l'obtenir, il est nécessaire de produire un certificat de bonne conduite politique et morale, délivré par le Podestat.

Art. 3. — Pour toutes licences on paye, en faveur du trésor de l'État, à l'office dans lequel elles se délivrent, la taxe suivante :

1° Pour la licence de chasse avec fusil, 10 lires nouvelles.

2° Pour la licence de chasse avec filets portatifs ou autres engins, cinq lires.

Les licences sont données sur papier timbré de la seconde dimension établie par l'article 5 de la loi du 2 décembre 1819, et suivant le modèle joint à la présente Résolution. Car si elles étaient imprimées, elles seraient soumises au timbre extraordinaire, conformément à l'article 19 de la loi du 2 décembre 1819.

Art. 4. — La licence de chasse est purement personnelle : qui l'a obtenue ne peut la prêter à un autre, ou envoyer quelqu'un chasser à sa place. Le chasseur muni de licence accordée à un autre est regardé comme chassant sans licence.

Art. 5. — Les chasseurs sont tenus de toujours porter sur eux leur licence, et de la présenter à n'importe quel agent de la force armée, et aux gardes champêtres des communes chaque fois qu'on la leur demande.

Art. 6. — Aux propriétaires seuls, ou possesseurs ou cultivateurs est permis de chasser ou faire chasser sur leurs fonds clos sans être munis de cette licence.

Et l'on regarde comme fonds clos, à l'effet d'empêcher d'y chasser, celui seulement qui est entouré de toutes parts avec des murs, des haies ou des entourages tels, qu'ils démontrent manifestement l'intention du propriétaire d'empêcher l'entrée de ses terres non seulement aux bêtes mais aussi aux personnes.

Art. 7. — Est absolument défendue la chasse même à celui qui en a obtenu la licence d'après l'article 1er de la présente loi dans les lieux, temps et modes suivants :

1° Dans les lieux réservés à nos chasses privées et spécifiés dans la notification présidentielle en date du 18 décembre 1817.

2° Dans l'enceinte des villes, dans les bourgs, dans les terres qui forment un corps d'habitation.

3° Quand la terre est couverte de neige ou de glace.

4° Pendant le temps de la propagation des espèces : ainsi du 1er mars au 30 juin.

5° Au moyen de *roccoli*, de tendues, de *passate*, ou autres engins qui comportent la préparation du lieu, quand on n'a pas la permission écrite du propriétaire du fonds dans lequel on veut établir la chasse.

6° Au moyen de chiens courants, lévriers, vautrait, braques et autres, lesquels sont seulement permis dans les montagnes, dans la haute colline, et le long du Pô ou de la grande digue.

7° Au moyen de pâte, semence ou autres ingrédients capables d'empoisonner.

Art. 8. — Dans le temps où la chasse est absolument défendue, ainsi du 1er mars au 30 juin, et quand la terre est couverte de neige et de glace, il est aussi défendu de vendre et d'acheter des lièvres, des perdrix et des *Coturnici*.

Art. 9. — Les chasseurs qui se promènent avec un fusil, ou autres instruments doivent se tenir au moins éloignés de 150 pas des *roccoli* et des autres chasses avec filets, placés avec préparation du lieu, lorsque les propriétaires de ces filets sont occupés à chasser.

Art. 10. — Dans les communes voisines de nos chasses réservées d'après la notification du 18 décembre 1817, on ne peut avoir de chien courant, de lévriers, de vautrait (veltri), de braques, que s'ils ont toujours le collier et un bâton pendant devant, appelé (tramaglio) (tramail rondin). Les agents de la force armée, les gardes champêtres, les gardes-chasse du duché pourront tuer tous les chiens sus-désignés trouvés sans tramail dans les lieux limitrophes des réserves.

Art. 11. — Il est encore complètement défendu de tuer des faisans, qui sont sortis ou enfuis des lieux réservés à nos chasses, et spécifiés par la notification présidentielle du 18 décembre 1817; il est aussi ordonné de les ramasser, de les porter, et les remettre ou au directeur du jardin ducal de Colorno, ou au gardien du casino des bois près Sala, ou à leurs représentants; les porteurs recevront deux livres neuves pour chaque faisan restitué.

Art. 12. — Le président de l'Intérieur pourra accorder des licences spéciales de chasse avec fusil pour les oiseaux de passage, et avec des filets pour les ortolans et les cailles ; des licences peuvent être données pour habituer les jeunes chiens à chasser dans l'herbe, dans les temps pendant lesquels la chasse est prohibée d'après les dispositions de l'article 7, n°s 3 et 4, laquelle concession pourtant ne pourra être donnée qu'à ceux qui sont déjà munis d'une licence régulière. Ces licences spéciales ne sont sujettes ni à la taxe ni au timbre.

Art. 13. — Les transgressions au présent règlement seront punies comme suit :

1° Les transgressions à l'article 1er d'une amende de 30 lires neuves; — celles à l'article 4 d'une amende de 30 lires neuves ; — celles à l'article 5 d'une amende de 15 lires neuves; — celles aux articles 8, 9, 11, d'une amende qui ne sera pas inférieure à une lire neuve, ni supérieure à 20 lires neuves.

En cas de récidive dans la même année, outre l'amende susdite, les contrevenants seront punis de prison de trois jours au moins et de quinze jours au plus.

2° Les transgressions aux dispositions de l'article 7, seront punies d'une amende de 30 lires neuves à 300 lires neuves. En cas de récidive, d'une amende de 60 à 600 lires neuves, et avec la prison de quinze jours au moins et de six mois au plus.

Et toujours, en outre, les armes et instruments qui ont servi à la chasse, seront confisqués; sera confisqué aussi, le gibier pris par le contrevenant, ou celui acheté et vendu en fraude de l'article 8.

Art. 14. — Les transgressions peuvent être dénoncées par qui que ce soit, ou prouvées par les procès-verbaux des agents de la force armée et des gardes champêtres.

Elles seront jugées par les autorités judiciaires compétentes suivant les règles du Code pénal et du Code de procédure criminelle.

Art. 15. — Indépendamment des peines prescrites par le présent règlement, les propriétaires, possesseurs, et cultivateurs des fonds où les transgressions ont été commises, peuvent intenter contre les transgresseurs une action judiciaire pour violation de l'enceinte et de la propriété, et pour dommages causés.

Art. 16. — L'action correctionnelle est prescrite, si elle n'est pas intentée dans les 15 jours de la transgression commise. L'action civile se prescrit par un an.

Art. 17. — Le produit des amendes et des confiscations est reparti comme il suit :
1° Moitié à la caisse de la commune où a eu lieu la transgression.
2° Moitié au dénonciateur ou à ceux qui ont constaté la contravention.

Art. 18. — Les sentences de condamnation seront communiquées en copie authentique au maire de la commune où a eu lieu la contravention, afin qu'il puisse ordonner qu'il soit procédé en matière administrative, au recouvrement de l'amende pour la caisse de la commune, ainsi que du produit des choses confisquées ; enfin pour qu'il soit payé aux dénonciateurs et aux inventeurs ce qui leur est dû.

A tel effet, le ministre de l'Intérieur émettra les instructions nécessaires.

Art. 19. — N'est pas comprise dans la prohibition du présent règlement la chasse aux loups et aux renards laquelle chasse reste sujette aux règles en vigueur.

Art. 20. — Si les chasseurs délinquants sont masqués ou travestis, ils seront arrêtés immédiatement et mis à la disposition de la justice.

Art. 21. — La licence de chasse ne vient en rien changer les ordonnances relatives au port d'armes, lesquelles restent en vigueur.

La licence de chasse ne donne par elle-même que le droit de porter avec soi un fusil de chasse, des filets et engins permis et de s'en servir.

Art. 22. — Les dispositions, en matière de chasse, antérieures au présent règlement sont abrogées. Demeurent seulement maintenues : 1° la détermination des lieux réservés, publiée par la notification du 18 décembre 1817 ; 2° les dispositions de la notification du 10 mai 1819, en ce qui n'est pas contraire à la présente résolution.

Art. 23. — Notre ministre de l'Intérieur est chargé de l'exécution de notre présente résolution qui sera imprimée et insérée dans le recueil des lois.

Donné au Casino des Bois, le 1ᵉʳ septembre 1824.

— *Résolution du 23 avril 1828.*

Nous, Marie-Louise, etc.,
Avons résolu :
1° Dorénavant la taxe imposée pour les passeports, pour le

licences de chasse, soit avec le fusil soit avec les filets et pour les ports d'armes, sera perçue de la manière suivante, y compris la taxe pour le timbre, savoir :

Passeports....................................	4 lires.
Licence de chasse avec fusil................	12 lires.
Licence de chasse avec filet................	6 lires.
Port d'armes.................................	15 lires.

2° Nos présidents de l'Intérieur et des Finances sont chargés, etc.

Donné à Parme, le 23 avril 1828.

— *Résolution du 18 juin 1828.*

Nous, Marie-Louise, etc., etc.

Vu la résolution souveraine donnée au Casino des Bois le 1ᵉʳ septembre 1824, relative à la chasse.

Sur la résolution de notre ministre de l'Intérieur,

Nous avons résolu :

ART. 1ᵉʳ. — La prohibition mentionnée dans l'article 7 de la Résolution souveraine du 1ᵉʳ septembre 1824, et les dispositions des §§ 1, 3, 4 et 6, sur la chasse dans certains lieux déterminés et dans un certain temps, ne s'appliquent pas aux fonds clos au sens de l'article 6 de la Résolution même.

ART. 2. — La peine infligée par l'article 13, n° 1, de ladite Résolution souveraine pour les transgressions aux dispositions du précédent article 4, est applicable de même à celui qui chasse muni d'une licence délivrée à une autre personne, comme à celui qui sciemment la prête pour un tel usage.

ART. 3. — Pour la transgression à l'article 5 de ladite Résolution souveraine, la confiscation des armes et autres engins ayant servi à la chasse, ne sera prononcée que dans le cas de récidive dans la même année.

ART. 4. — L'action publique, dont il est parlé dans l'article 16 de ladite Résolution souveraine en matière de chasse est prescrite :

1° Après quinze jours écoulés du jour où la transgression a été commise, si pendant ce temps une plainte ou une dénonciation n'ont pas été déposées, ou s'il n'en a pas été fait déclaration par des procès-verbaux spéciaux.

2° Après six mois du jour de la plainte, ou de la dénonciation, ou du procès-verbal, si pendant ce temps n'ont pas eu lieu des actes de procédure : dans lequel cas, les six mois courront du jour de la date du dernier acte.

ART. 5. — Quand l'action publique et l'action civile sont prescrites, les armes et les engins qui ont été pris au chasseur lui sont restitués.

ART. 6. — L'action publique pour les transgressions aux règlements en matière de chasse, n'empêche pas le ministère public d'agir aussi simultanément contre le chasseur armé non muni de port d'armes, comme trangresseur aux articles 343 et 345 du Code pénal ; avant cependant que soit écoulé le temps de la prescription de l'action civile.

Et, en ce cas, on aura égard aux dispositions de l'article 46 du Code pénal.

Le produit des exécutions, résultant des confiscations prononcées pour délit de chasse, et infractions au port d'armes, sera employé suivant les dispositions de l'article 17 de la dite Résolution souveraine.

ART. 7. — La preuve des transgressions en matière de chasse se fait suivant le mode prescrit par l'article 271 du Code de procédure criminelle pour les délits.

ART. 8. — La Résolution souveraine mentionnée du 1er septembre 1821 et la Résolution souveraine du 23 avril 1828 sont maintenues en tout ce qui n'a pas été modifié par la présente Résolution.

ART. 9. — Notre ministre de l'Intérieur est chargé de l'exécution de la présente Résolution souveraine.

Donné à Parme, le 18 juin 1828.

Marie-Louise.

— *Résolution du 23 avril 1835.*

Nous, Marie-Louise,,etc.

Vu les dispositions de l'article 16 de notre Résolution souveraine en date du 1er septembre 1821, relative à la chasse, et de l'article 4 de notre autre Résolution souveraine en date du 18 juin 1828 sur la même matière, ayant reconnu la nécessité d'établir diversement le terme pour la prescription de l'action correctionnelle contre les contrevenants aux lois sur la chasse ;

Sur le rapport et la proposition de notre ministre de l'Intérieur,

Nous avons résolu ce qui suit :

ART. 1er. — L'action correctionnelle contre les contrevenants à la loi sur la chasse, sera dorénavant prescrite après le laps de deux mois du jour de la transgression commise, si pendant ce temps elle n'a pas été intentée.

ART. 2. — Toute disposition antérieure législative sur le sujet cidessus, contraire à la présente, est abrogée.

ART. 3. — Notre ministre de l'Intérieur est chargé de l'exécution du présent acte de notre autorité souveraine.

Donné dans notre ville de Plaisance, ce 23 avril 1835.

— *Décret du 28 mai 1835.*

Nous, Marie-Louise, etc.

Retenues les ordonnances de notre Résolution du 23 avril 1835, n° 58, abrogeant la seule prescription de l'action correctionnelle contre les transgresseurs des règlements sur la chasse, apportés par l'article 4 de la Résolution antérieure du 18 juin 1838 n° 39.

Sur la proposition de notre ministre de l'Intérieur, avons décrété et décrétons :

ART. 1ᵉʳ — Est aussi abrogé l'article 1ᵉʳ de notre Résolution déjà citée du 18 juin 1828, n° 39, et sont rappelées en vigueur à tel effet, les dispositions du n° 1 de l'article 7 de la précédente Résolution souveraine du 1ᵉʳ septembre 1824 le n° 39, relatif à la chasse; restent seulement les prescriptions antérieures de cette ordonnance, et de celle du 23 avril 1828 n° 25, non modifiée; ou comme elles furent modifiées, par les articles 2, 3, 5, 6, et 7 de l'autre susdite du 18 juin de la même année.

ART. 2. — Notre ministre de l'Intérieur fera exécuter le présent décret.

Donné à Plaisance, le 28 du mois de mai 1835.

VIII. — *Modène.*

Dans les Provinces de Modène, la chasse a été réglée :
1° Par le décret du 6 février 1815.
2° Par la notification du 22 janvier 1826.

— Décret du 6 février 1815.

François IV, etc.

Voulant prendre des mesures à cause des inconvénients qui pourraient dériver du port irrégulier et de l'abus des armes et favoriser le divertissement de la chasse, sans qu'il ait à en résulter préjudice et dommage pour la sûreté et la tranquillité publique, ou pour la propriété, nous ordonnons que soit observée dans nos États la disposition suivante :

1. Est suspendu pour le moment, et jusqu'à ce qu'il soit autrement disposé par nous, l'usage du droit souverain d'établir des chasses réservées; nous voulons qu'en attendant, dans les modes et temps indiqués plus loin, la chasse soit libre, en n'importe quel lieu de nos domaines, sans en exclure nos biens *camerali* (de la chambre) et *allodiali* (allodiaux).

2. Chacun pourra exercer librement la chasse avec *roccoli*, filets et lacs, etc., sur son propre fonds, et même sur celui d'autrui, quand il en aura obtenu la permission écrite du propriétaire ou de l'administrateur; cette permission, pour une plus grande régularité et commodité, sera astreinte à un modèle uniforme qui sera délivré par les gouver-

neurs respectifs; elle peut comprendre les signatures de n'importe quel nombre de personnes.

3. Pour l'exercice de la chasse avec le fusil, on demandera toujours, et pour tous, la licence de port d'armes et de chasse, délivrées par nos gouverneurs, outre la permission susdite pour l'exercer sur les fonds d'autrui.

4. Celui qui désirera obtenir la licence de port d'armes, présentera sa demande au podestat ou syndic de son domicile, muni du certificat de deux personnes probes et propriétaires, qui attesteront que le requérant est une personne recommandable et ne devant pas abuser de la licence demandée. Le podestat ou le syndic transmettra la demande avec renseignements analogues au gouverneur de la province, lequel, lorsque de ces informations résultera la preuve de la bonne conduite morale et politique du requérant, et qu'il n'y a pas de motifs s'y opposant, délivre la demande, contre le payement de la taxe prescrite par notre ministre des Finances dans la notification du 24 novembre.

5. La licence de chasse est pareillement délivrée par le gouverneur, après payement comme ci-dessus, à celui qui a obtenu celle de porter des armes, quand il aura été établi que le requérant a des moyens suffisants d'existence, et qu'il n'y aura pas de raison de refuser.

6. Il ne sera jamais accordé de permission de porter, retenir, fabriquer, ou introduire dans l'État des armes défendues (*proditorie*) et les contrevenants seront immanquablement punis avec toute la rigueur établie par notre code, livre V, titre 6.

7. Les licences pour le port d'armes et pour la chasse sont valables pour un an du jour de leur date : et la permission des particuliers pour l'exercice de la chasse sur leurs fonds respectifs, ne pourra s'étendre au-delà de la durée de la licence.

8. Les licences de chasse n'ont aucune valeur du 1er avril jusqu'au 15 juillet, dans cet intervalle toute espèce de chasse est absolument défendue à tout le monde et pareillement la vente publique du gibier. N'est pourtant pas comprise dans cette défense la chasse des loups, des renards et des autres animaux qui infestent les campagnes, pourvu qu'elle soit faite avec les armes et les engins permis pour ces destructions.

Est aussi prohibée la chasse des lièvres quand la terre est couverte de neige, comme aussi est défendu en tous temps et lieux l'usage de pâtes ou semences destinées à empoisonner les animaux, et encore la tuerie des poulets, pigeons et autres animaux domestiques ou apprivoisés, qui doivent pourtant, pendant les temps de semence, être gardés par leurs propriétaires respectifs à cause des dommages qu'ils font sur les terrains d'autrui.

9. Les licences de port d'armes et de chasse sont personnelles et le chasseur doit les avoir sur lui et les montrer ainsi que les autorisations de chasse délivrées par les particuliers, à toute demande de nos dragons et des représentants de la force publique.

10. Celui qui sera trouvé avec des armes, sans être porteur de permis, encourra la peine de la perte des dites armes et d'une amende de 300 lires italiennes.

Celui qui sera trouvé à la chasse sans les licences prescrites; et, les ayant, refusera de les montrer, outre la perte du fusil et du gibier, sera puni d'une amende de 50 lires italiennes, et d'une amende double en cas de récidive ; cette amende sera réduite de moitié, si le chasseur avait obtenu la licence, mais ne l'avait pas sur lui.

Celui qui sera trouvé chassant, pendant le temps prohibé, avec des pâtes ou semences défendues, sera puni d'une amende de 200 lires.

Celui qui chassera sur le fonds d'autrui sans l'assentiment prescrit du propriétaire, qui aura tué des animaux domestiques, ou causé des préjudices aux fruits pendants, sera puni d'une amende de 40 lires, sans compter le remboursement des dommages. Le délinquant, sur la plainte des victimes, sera condamné par le juge respectif qui, dans ce cas, agira par voie sommaire.

11. Celui qui vendra publiquement du gibier, pendant les temps prohibés, aura une amende de six lires par chaque quadrupède et de deux lires par chaque volatile vendu.

Ces amendes seront partagées par moitié entre le fisc et le délateur ; à l'exception de celles infligées pour avoir chassé sur le terrain d'autrui, dans lequel cas elles seront partagées entre le propriétaire du fonds et le dénonciateur.

12. Chaque contrevenant sera tenu en arrestation, jusqu'à ce qu'il ait satisfait à la peine pécuniaire; et celui qui ne peut payer par pauvreté, payera son amende par un jour de prison pour chaque deux lires d'amende.

13. Les licences délivrées jusqu'à présent par les autorités compétentes sont valables jusqu'à leur expiration respective en tant qu'elles ne sont pas contraires aux dispositions mentionnées ci-dessus.

Aux gouverneurs de nos provinces, aux podestats et syndics est confiée l'exécution de notre présent décret; nos dragons et tous agents de la force publique sont chargés de la plus exacte surveillance pour découvrir les délinquants, procéder à leur arrestation et les livrer aux mains des autorités compétentes pour l'application de la peine. Telle étant notre intention et volonté.

Donné à Modène de notre palais ducal, le 6 février 1815.

— *Notification du 22 janvier* 1826.

Afin d'empêcher avec plus d'efficacité les fréquents dommages qui sont portés aux fonds rustiques, par le vol de leurs produits et par le passage arbitraire des hommes et des bêtes, pour lesquels de nombreuses plaintes proviennent au gouvernement, il a été arrêté par Son Altesse Royale, notre Auguste Souverain, avec le décret de 14 courant, sur le modèle de ce qui a été établi dans ce but pour le territoire de Carpi, sous le règne de ses glorieux prédécesseurs, rappelant les notifications du 30 décembre 1703 et du 10 novembre 1758, que l'on ordonnerait la rigoureuse observation des dites dispositions suivantes.

1. Les lois anciennes seront maintenues pour les dommages causés aux champs et autres propriétés rurales publiques ou privées dans les cas où par l'importance du dommage ou par le concours de circonstances aggravantes il y aura lieu à des peines plus sévères que celles qui sont prescrites aujourd'hui. Toute personne qui, sans être particulièrement attachée à la culture ou gardienne d'un fonds, ou qui ne pourra pas justifier d'un autre titre quelconque, se sera permis de cueillir des fruits, des herbes etc., et de s'approprier d'une manière quelconque les produits de ce fonds, ou l'aura endommagé, sera punie d'une amende de cinq lires italiennes pour chaque contravention.

2. Il est défendu de s'introduire sur le fonds d'autrui, quand on n'a pas un titre légitime. Le passage sur les fonds d'autrui est aussi défendu, à moins qu'ils ne soient grevés de cette servitude spéciale, que ce soient des champs, des prés ou des bois, ainsi que sur les routes carrossables, avenues et bords intérieurs des fossés côtoyant les rues ou ruelles. Les contrevenants encourent pour chaque contravention une amende de deux lires italiennes.

3. Le passage est encore plus défendu avec des animaux tels que moutons, porcs, bœufs, chevaux etc., tant libres qu'attachés à des voitures, chars, etc.

Les propriétaires de ces bêtes, qui auront été trouvés sur les fonds d'autrui, seront sujets à l'amende d'une lire italienne par chaque tête de gros bétail et de cinquante centimes pour chaque tête de petit bétail; et cela, sans préjudice de l'amende de deux lires qui doit être prononcée aux termes de l'article précédent.

4. Celui qui, sans la permission du propriétaire, s'introduit sur le fonds d'autrui, avec des armes ou autres engins à l'usage de la chasse, encourra aussi pour le seul fait du passage, la peine prescrite par les articles 10 et 12 du décret souverain du 6 février 1815.

5. Il sera cependant permis aux piétons, du 1er novembre au 15 mars de chaque année, de passer par les sentiers et passages anciens : après le 15 mars, personne ne pourra plus passer par ces sentiers, mais on devra se servir des routes publiques pour éviter d'encourir les peines portées aux § 2, 3 et 4.

6. En tous cas, en outre de l'application des amendes précitées, il y aura lieu aussi à la réparation du dommage causé.

7. Les amendes seront doublées, en cas de récidive, et ceux qui ne pourront pas les payer en argent, les payeront au moyen de la prison, qui sera d'un jour par chaque livre italienne.

8. Le produit des susdites amendes sera appliqué, pour un tiers à la caisse communale, pour un tiers au dénonciateur et pour l'autre tiers au pouvoir qui a fait l'arrestation; les deux tiers seront pour ce pouvoir quand il aura agi sans dénonciation ; dans le cas où le pouvoir n'a eu aucune part dans la découverte de la contravention, le troisième tiers sera versé dans la caisse communale.

9. Les podestats et syndics sont chargés de connaître et juger les contraventions. Ils ont mission d'appliquer les amendes quand le fait sera suffisamment prouvé et ne sera pas accompagné de circonstances aggravantes qui exigent une procédure criminelle.

Ils sont aussi chargés de juger les questions de dommages-intérêts, tant que la valeur n'excède pas vingt lires italiennes, ou que celui qui est victime de ces dommages, reconnait qu'il est satisfait en recevant seulement l'amende; dans le cas contraire, ce dernier doit porter sa plainte devant les tribunaux judiciaires.

Toutefois, reste permis à celui qui se croit lésé par la décision des susdits podestats ou syndics, d'avoir recours au gouverneur pour obtenir une solution définitive.

10. A la force publique est confié, dans toute l'étendue de la province, le soin de l'accomplissement des dispositions de la présente notification.

Donné au palais du gouverneur de Modène, le 22 janvier 1826.

IX. — *Toscane*.

En Toscane, la chasse est réglée par la loi du 3 juillet 1856, qui est venue remplacer la notification de la Consulte Royale du 12 août 1844 et codifier toutes les dispositions antérieures publiées depuis 1793 (1).

— *Loi du 3 juillet* 1856.

Nous, Léopold II, etc.

Reconnaissant la nécessité de réunir en une seule loi les dispositions relatives à la chasse et à l'oisellerie éparses dans beaucoup de lois et d'ordonnances publiées à différentes époques de 1793 jusqu'au jour présent, et d'introduire, en même temps, quelques modifications utiles dans ces mêmes dispositions, afin que, trop étendues dans quelques parties et dans d'autres trop restreintes, l'exercice de la chasse reste une importante branche

---

(1) Les modes de chasse employés en Toscane sont, comme ceux précédemment mentionnés, très nombreux et très nuisibles pour le gibier. Il suffira de les mentionner, car leur mode d'emploi diffère peu de ceux déjà donnés; on y fait la *caccia con arma da fuoco*, la chasse au fusil, soit sans chien, soit avec le chien, ou en employant la chouette, le faucon ou le pigeon; la *spingarda*, chasse aux canards, qui se fait même sur des lacs artificiels; la chasse avec le *paretaio;* la *cacia alle allodole;* la chasse aux alouettes, avec le *roccolo;* la *ragna* ou *ragnaia;* le *diluvio;* la *rete sotto acqua*, filet sous l'eau pour les oiseaux pêcheurs; le *prodine* ou *reti vaganti*, filets non fixes; la *civetta con panioni*, avec la chouette et la glu; la *vergone*, chasse du soir, avec gluaux; la *fraschetta*, chasse qui ressemble à la précédente; le *boschetto*, la *visciaia*, chasse avec la glu; la *Fuocone* ou *diovolaccio*, chasse de nuit avec filet, lumière et glu; la *tora al canaletto*, avec des petits filets portatifs et de la glu le long des rigoles où les oiseaux viennent boire.

La *caccia coi lacci*, chasse avec lacs à nœuds coulants faits de crins de cheval; les *lacci ai quadrupedi*, lacs pour prendre les quadrupèdes; les *gabbiuzze*, chasse avec cages renfermant des appelants; les *archetti*, les *taghole* et *trabocchetti*, traquenards et trébuchets.

de l'industrie en même temps qu'un agréable et honnête passe-temps pour les citoyens.

Vu l'avis de notre conseil d'État,

Et entendu le conseil de nos ministres :

Nous avons décrété et décrétons :

ART. 1er. — § 1. La chasse sans arme et la chasse aux oiseaux sont permises à tout le monde.

§ 2. La chasse avec arme pourra être exercée seulement par ceux qui sont munis de la licence du port d'armes.

§ 3. Cependant l'oisellerie, comme la chasse, restent soumises aux conditions de lieu, de temps et de mode qui sont imposées par la présente loi.

ART. 2. — § 1. Il est défendu à quiconque d'exercer la chasse et l'oisellerie à la glu sur le fonds d'autrui, quand ce fonds n'est pas dépouillé de ses récoltes ou constamment inculte, sans le consentement du propriétaire ou de ses légitimes représentants.

§ 2. Même sur les fonds dépouillés de leur récolte et constamment incultes, la chasse et l'oisellerie à la glu sont défendues, quand on n'a pas le consentement du propriétaire :

a) Quand il s'agit de fonds enclos ou entourés de murs, haies, palissades, cloisons, ou lorsque les fonds sont environnés de toutes parts de terrains cultivés et,

b) quand on veut dresser des oiselleries, des huttes et tous autres moyens de chasse semblables, ou placer en permanence des engins de toutes sortes destinés aux dits usages.

§ 3. Le seul fait de l'entrée, sans autorisation, sur le fonds d'autrui, avec armes et engins ou avec des animaux qui servent à la chasse ou à l'oisellerie, constitue une contravention à la défense portée aux deux paragraphes précédents ; le coupable est puni, sur la plainte des parties, d'une amende de 30 à 50 lires, outre la réparation des dommages qui ont été causés tant par le délinquant que par ses chiens.

ART. 3. — § 1. Il est défendu, en tous lieux et en tous temps, de tuer, de prendre, avec des armes ou autres moyens de chasse, les pigeons et les ramiers.

§ 2. La violation de la disposition du paragraphe précédent est punie d'une amende de trente lires par chaque pigeon tué ou pris, sans que le total des amendes puisse excéder la somme de trois cents lires ; à l'amende s'ajoute la confiscation des animaux pris, ainsi que celle de l'arme ou autres engins qui ont été employés pour les prendre.

ART 4. — § 1. Il est défendu en tous lieux et en tout temps de détruire les nids, et de prendre les œufs ou les petits des oiseaux : il est aussi défendu de détruire les gîtes des quadrupèdes sauvages et de tuer ou prendre leurs portées.

§ 2. Quiconque viole le paragraphe précédent est puni d'une amende de vingt lires pour chaque nid ou gîte pris ou détruit sans que le total des amendes puisse excéder la somme de cent cinquante lires.

§ 3. De la défense ci-dessus, sans distinction de temps, sont exclus les martinets nichés ou non quand ils volent, ainsi que les nids, les œufs, et les nichées et aussi les gîtes et les portées:

a) des aigles, des faucons, des hibous, des corbeaux, des geais, des pies, des corneilles et des passereaux.

b) des loups, des renards, des fouines, des martres, des putois, des hérissons, des porcs-épics, des blaireaux et des belettes.

Art. 5. — Est puni d'une amende de vingt à cent lires et de la confiscation des engins employés pour l'oisellerie :

a) quiconque se permet des tendues quelconques près des rivières, des abreuvoirs ou sur l'eau.

b) quiconque, pour prendre les oiseaux ou autres animaux, fait usage de substances capables de produire en eux l'ivresse ou l'étourdissement.

c) quiconque tend des lacs composés de plus de deux crins, ou de fils plus tenaces, comme des fils de boyaux, de laiton ou autres, capables de prendre des animaux plus forts, grives ou merles.

Art. 6. — Il est défendu, sous peine d'une amende de cinq à cinquante lires, sauf ce qui est dit dans l'article 13 ci-dessous, de tendre dans les champs, dans les bois et dans les autres lieux ouverts, des traquenards, des lacets à oiseaux, des fusils pièges, des trébuchets ou autres engins destinés à la chasse des animaux, mais qui peuvent devenir dangereux pour les personnes ; ces engins doivent, en outre, être confisqués.

Art. 7. — Toute espèce de chasse ou d'oisellerie est défendue sur le sol recouvert de neige, sous peine d'une amende de vingt à cent lires et de la confiscation des armes et engins qui ont servi à commettre la transgression.

Art. 8. — § 1. La chasse avec le fusil est défendue une heure après le coucher et une heure avant le lever du soleil; celui qui transgresse cette défense sera puni d'une amende de trente à cent lires.

§ 2. De la défense renfermée dans le paragraphe précédent, est exclue la chasse aux marais.

§ 3. Sera puni de l'amende prononcée dans le § 1er celui qui dans le temps de nuit indiqué ci-dessus, porte dans l'entrée ou dans l'intérieur d'un endroit quelconque de la chasse un fusil chargé.

Art. 9. — § 1. Sous peine d'une amende de cinquante à cent cinquante lires et de la confiscation du fusil, engins et autres instruments ayant servi à commettre la transgression, il est défendu, sauf les exceptions mentionnées plus loin, de chasser d'aucune manière, et de se livrer à l'oisellerie, du 21 février inclusivement au 31 août inclusivement.

§ 2. Dans les années où le carnaval dure au-delà du 20 février, la défense contenue dans le paragraphe précédent commence du premier jour du carême.

Art. 10. — Encourt l'amende visée dans le § 1er de l'article précédent, quiconque, en temps de défense :

a) tend des lacs ou autres engins pour prendre toute espèce d'animaux, ou

b) n'enlève pas les lacs et autres engins tendus par lui précédemment, ou

c) porte un fusil sur les routes publiques ou en campagne ouverte, ou

d) porte des outils, des engins et objets quelconques, qui servent à l'oisellerie, ou

e) transporte, même à l'étranger, ou vend, ou détient du gibier de n'importe quelle espèce.

Art. 11. — § 1. Les gardes jurés de l'Etat, des communes et des particuliers, les douaniers et les commis de douane de la frontière, sont autorisés à porter le fusil, même en temps de chasse défendue, à la condition :

a) que le fusil soit chargé à balle, ou

b) que lorsqu'ils le portent, ils endossent l'uniforme ou les insignes approuvés par l'autorité compétente, ou qu'ils soient porteurs d'un ordre écrit justifiant leur qualité respective.

§ 2. L'autorisation contenue dans le paragraphe précédent, en ce qui concerne les gardes jurés de l'Etat, des communes et des particuliers, est, en outre, subordonnée à la condition que ces gardes soient munis de la licence de port d'armes.

Art. 12. — Sont permises la chasse et l'oisellerie à la glu, même pendant le temps où la chasse est défendue :

a) Pour les quadrupèdes et volatiles nuisibles; tels sont : les loups, les renards, les blaireaux, les fouines, les martres, les belettes, les putois, les hérissons, les porcs-épics, les faucons, les hibous, les corbeaux, les geais, les pies, les corneilles, à condition que l'on ne fasse usage, ni de fusil, ni de lacet à oiseaux, ni de traquenard, ni de trébuchet.

b) Pour les passereaux, par n'importe quel moyen, le fusil excepté.

Art. 13. — § 1. Les préfets pourront, dans le temps où la chasse est défendue, permettre pour un nombre déterminé de jours, à des personnes désignées individuellement dans la licence, et unies en société, dont le nombre ne peut être inférieur à huit, la chasse avec le fusil, contre le loup ou le renard.

§ 2. Cependant on n'empêche pas les préfets, dans quelques cas particuliers, de permettre une réunion d'un nombre inférieur à huit personnes; comme il ne leur est pas non plus défendu, si la nécessité de se défaire de ces animaux le réclame, de permettre en tout temps l'usage des traquenards, des lacets, des trappes, même dans les champs, dans les bois, et autres lieux ouverts, à condition qu'ils soient tendus une heure après le coucher du soleil, et enlevés une heure avant son lever, et qu'ils ne soient pas mis dans des lieux qui servent de route, ruelle ou sentier affectés à l'usage des hommes ou des animaux.

§ 3. Les dispositions des deux paragraphes précédents peuvent s'étendre aussi aux sangliers : quand il est reconnu par le magistrat de la commune, ou par les propriétaires, que ces animaux se sont développés dans certains lieux au point de devenir dangereux pour l'agriculture.

§ 4. Dans les cas prévus par le présent article, le fusil ne pourra être chargé qu'à balle; et il ne sera même pas permis aux chasseurs de porter avec eux des munitions de petit plomb et des chevrotines.

Art. 14. — § 1. Avec une permission spéciale, on pourra du commencement de la défense de chasser jusqu'au 15 mars exercer la chasse avec le fusil, contre les bisets dans les lieux où cette chasse se pratique à l'ordinaire et sous les conditions suivantes :

a) De porter le fusil déchargé pendant l'aller et le retour.

b) De ne pas se servir de chiens.

c) De faire cette chasse avec l'appeau et comme on dit, avec le pigeon appriyoisé servant d'appelant.

§ 2. Quiconque manque à toutes ou à une des conditions imposées par le précédent paragraphe 1, est puni d'une amende de vingt à cinquante lires.

Art. 15. — § 1. Dans les lacs, marais et étangs, dans l'*Arno*, dans le *Serchio*, dans le canal de *Chiana* du lac de *Chiusi* à l'*Arno*, dans le *Tibre*, de la paroisse de *San Stefano* aux frontières pontificales, dans l'*Ombrie*, de l'embouchure de l'*Arbia* à la mer, et dans la *Cecina* de l'embouchure de la *Possera* à la mer, tous autres lieux quelconques étant exclus, on pourra, en vertu d'une permission spéciale, chasser avec le fusil, les animaux aquatiques et de rivage depuis le commencement de la fermeture de la chasse jusqu'au 14 avril inclusivement.

§ 2. Dans les lacs, marais et étangs, seulement pendant le temps indiqué ci-dessus, est permise la chasse des bécasses.

§ 3. Cependant dans l'aller et le retour du lieu de la chasse, il est défendu de porter le fusil chargé sous peine d'une amende de vingt à cinquante lires.

Art. 16. — § 1. Du jour où commence la défense de chasser jusqu'au 14 avril inclusivement, il est permis à quiconque de tendre aux vanneaux, aux pluviers, aux étourneaux et aux *gambette*.

§ 2. Cependant, il est défendu sous peine d'une amende de quarante à cent lires, de faire usage dans l'oisellerie mentionnée dans le paragraphe précédent, de glu, de plaques (*lastre*) et de filets à mailles serrées; ces objets doivent être en outre confisqués, entre les mains des délinquants.

Art. 17. — Pourra être autorisée avec une permission spéciale, dans les lieux marécageux du département de *Pise* et de l'arrondissement de la sous-préfecture de Montepulciano, l'oisellerie à la glu, jusqu'à la fin du mois de mai, pour la chasse des petites hirondelles de mer et des *piripiri* qui devra se faire seulement avec des filets; tous autres engins étant exclus, seront confisqués entre les mains des délinquants, qui seront en outre condamnés à une amende de quarante à cent livres.

Art. 18. — § 1. A partir du 8 août, sera permise l'oisellerie à la glu pour les cailles, les tourterelles, les becfigues, les ortolans, les rossignols, les *avelie* et autres petits oiseaux de l'espèce de ceux qui abandonnent la Toscane pendant l'été, et sont vulgairement appelés oiseaux d'été.

§ 2. Sont exceptés de la disposition du paragraphe précédent, les martinets, les hirondelles et les hirondelles de cheminées qui ne peuvent être pris pendant tout le temps de la défense générale sous peine d'une amende de vingt à cinquante lires.

§ 3. L'oisellerie à la glu pour prendre les oiseaux mentionnés dans le paragraphe 1er pourra s'exercer avec des filets ouverts, tant au *struscio*, que d'une autre manière, avec des gluaux, des pièges, des gluaux à clairière ou des cages.

§ 4. Encoure une amende de quarante à cent lires et la confiscation des engins employés, quiconque pendant la défense générale, exerce l'oisellerie à la glu dont il a été parlé au § 1er, avec des tendues d'oisellerie, des pièges, des roccoli, des demi-lunes, des ridées, des dranets, des lacs simples ou à *barcocchio*.

Art. 19. — La chasse aux cailles avec le fusil pourra être autorisée par une permission spéciale du 16 au 31 août.

Art. 20. — § 1er. Les permissions spéciales prévues par les articles 14, 15, 17 et 19 seront délivrées par le surintendant général des possessions royales.

§ 2. Les permissions prévues dans les articles 14, 15 et 19 sont sujettes à la taxe de quatre lires pour chacune en faveur du trésor royal : celle mentionnée dans l'article 17 est délivrée gratuitement.

Art. 21. — Les procès-verbaux écrits et affirmés par un agent de police judiciaire feront pleine foi en justice, jusqu'à preuve du contraire, des faits matériels qui constituent la transgression aux dispositions de la présente loi.

Art. 22. — Auront la même efficacité juridique que ceux mentionnés dans l'article précédent, les procès-verbaux rédigés par les gendarmes royaux, gardes royaux de finance, gardes municipaux et gardes jurés ruraux et forestiers, tant de l'État que des particuliers. Mais à tel effet, il est nécessaire, qu'à la rédaction de chaque procès-verbal concourent deux des agents susnommés, ou même un seul avec la présence de deux témoins. Il est en outre nécessaire que la formalité prescrite dans l'article 4 du règlement pour l'instruction des procès criminels du 22 novembre 1849, soit accomplie.

Art. 23. — § 1er. Les délinquants ne pourront être arrêtés ni désarmés.

§ 2. Cependant lorsque l'individu arrêté sera étranger, inconnu ou habituellement en vagabondage, on lui appliquera les dispositions des articles 43 et 44 du règlement du 22 novembre 1849.

Art. 24. — Les visites domiciliaires dirigées pour constater la possession défendue du gibier, devront s'exécuter suivant le mode prescrit par la loi : mais elles ne pourront être faites que près des loueurs de chambres, des restaurateurs, des aubergistes, des cabaretiers et des vendeurs de comestibles et dans les autres lieux ouverts au public.

Art. 25. — Si les fusils, les filets, ou autres engins et objets ayant servi à la chasse et aussi à l'oisellerie à la glu, n'ont pas été saisis entre les mains des délinquants et si la sentence qui les déclare coupables prononce la confiscation de ces objets, ils devront être condamnés à les représenter ou à en payer la valeur, qui sera établie dans la sentence même, par une somme qui ne pourra pas être moindre de 10 lires ni supérieure à 50 lires.

Art. 26. — § 1er. Toutes les fois que la présente loi ne dispose pas autrement, les lois générales établies et les dispositions contenues ou rappelées dans la première partie du règlement de police pénal seront appliquées encore aux transgressions en matière de chasse et d'oisellerie à la glu.

§ 2. L'application aux récidivistes des dispositions de l'article 12 § 2 du règlement cité étant maintenue, les récidivistes devront être toujours condamnés à la privation de l'exercice de la chasse et de l'oisellerie à la glu pour trois ans, avec la menace de la prison pendant un temps de 15 jours à 2 mois en cas d'inobservation de la peine.

Art. 27. — § 1er. Les agents de la force publique, et les gardes mentionnés dans l'article 22 qui se rendront coupables de quelqu'une des transgressions mentionnées dans la présente loi, seront toujours punis de la prison de 15 jours à 2 mois; et de plus de la confiscation des armes et des autres objets ayant servi à la transgression.

§ 2. Cependant les armes de service des gendarmes, des gardes de finances, des gardes municipaux et des gardes jurés de l'État, sont exempts de la confiscation mentionnée dans le paragraphe précédent.

§ 3. En cas de récidive, la prison mentionnée dans le précédent § 1er doit s'appliquer pour le double du temps.

Art. 28. — Les dispositions de la présente loi ne s'appliquent pas aux propriétés du Grand-Duc, ni aux réserves royales de Coltano ni de San Rossore, à moins que la chasse ou l'oisellerie à la glu n'y ait été exercée par des personnes étrangères à la famille grand-ducale et auxquelles le Grand-Duc n'a pas concédé une permission spéciale.

Art. 29. — § 1er. La juridiction pour appliquer toutes les peines, tant pécuniaires qu'afflictives, prononcées dans les différents cas prévus par la présente loi, est attribuée au juge criminel de l'État.

§ 2. Il n'est fait cependant aucune innovation aux pratiques observées jusqu'ici de transiger sur les peines encourues par ceux qui, en temps de défense, tentent d'introduire le gibier par les portes des villes soumises à la douane; restent en outre maintenues les facultés déjà affectées à Florence au surintendant des possessions royales et dans les autres villes soumises au délégué du gouvernement.

Art. 30. — Nos ministres secrétaires d'État pour les départements des finances, de l'intérieur, de la justice et des grâces, chacun dans la partie qui le concerne, sont chargés de l'exécution de la présente loi qui commencera à avoir effet le 1er du prochain mois d'août dans lequel jour cesseront d'avoir vigueur les lois, ordres et observances antérieurs en matière de chasse et d'oisellerie à la glu.

Donné le 3 juillet 1856.

Léopold.

X. — *Ex-Provinces Pontificales.*

Pour ces provinces, il faut, en ce qui concerne la chasse, citer l'édit du cardinal *Galleffi*, du 10 juillet 1826, reproduit plus tard, avec de légères modifications dans l'édit du cardinal *Giustiniani*, du 14 août 1839.

Les autres dispositions réglementent seulement les chasses extraordinaires.

A la suite de l'annexion de ces provinces au royaume d'Italie, le commissaire royal Farini, pour les provinces de *Bologne, Ferrare, Forli* et *Ravenne*, n'a apporté aucune innovation aux lois sus-mentionnées.

Le commissaire royal Pepoli, pour la province de l'*Ombrie* comprenant les arrondissements de *Pérouse, Spolete, Rieti, Foligno, Orvieto* et *Terni*, sans modifier les lois sur la chasse, par le décret du 6 novembre 1860, promulguait la loi sarde du 26 juin 1853, imposant une taxe de dix lires, pour la chasse avec armes à feu compris le port d'armes, et de trente livres pour la chasse avec filets, tramails et engins semblables.

Tandis que le commissaire royal Valerio, pour les provinces *des Marches*, comprenant les provinces actuelles d'*Ancône, Macerata, Ascoli, Piceno*, par le décret du 10 décembre 1860, promulguait dans les dites provinces, l'entière législation sarde sur la chasse, ou les patentes royales du 29 décembre 1836, 16 juillet 1844, 1er juillet 1843 et la loi du 26 juin 1853.

Dans les provinces de la Marche et de l'Ombrie, la chasse s'exerce avec une véritable passion ; aussi les modes de chasse employés sont-ils très nombreux, ce qui, comme dans les autres provinces d'Italie, amène des massacres d'oiseaux (1) tels que

(1) Les modes de chasse les plus usités sont : la *nocetta*, piège tendu dans les bois qui permet de tuer les oiseaux au fusil : sur le lac de Trasimen, on fait en mars de grandes chasses de canards sauvages avec le fusil, c'est la *caccia col fucile alle anitre selvatiche* : *caccia col fucile e colla civeta all alto dole*, chasse au fusil aux alouettes, avec la chouette ; on chasse avec le *roccolo*, le *boschetto*, le *paretaio*, l'*assedio*, on fait la chasse à la glu, *caccia colle panie*, la chasse aux ramiers avec filet : *caccia alle colombaccie colle reti* ; *caccia alla quaglie*, la chasse à la caille ; *caccia alle starne colle reti* la chasse aux perdrix avec filet. On se sert du *diluvio*, des *reti nelle canapine*, filets dans les chanvres. On fait la *caccia con reti all'acqua, in tempo d'estate*, la chasse au filet sur l'eau, pendant l'été ; on se sert de la *ragna* et du *ragnole* ; du *frascino* ou *rete da giro* : chasse qui se fait avec des chiens dressés ; la *soperba*, chasse qui se pratique au moyen de filets tendus sur des grains pendant la nuit ; les oiseaux sont attirés par le chasseur qui imite le chant des oiseaux ; on emploie la *pania*, les *lacci*. La *caccia alle starne con escalure*, chasse aux perdrix, au moyen d'une perdrix vivante mise dans une cage et placée au milieu d'amorces. La *caccia alla balestra e con le pallete* est une chasse de nuit avec lumière, le chasseur tire sur l'oiseau endormi ; il y a les *lacci per lepri*, lacs pour lièvres : chasse défendue ; — puis enfin les *archetti*, dont nous avons déjà donné l'explication.

Les campagnes de Rome sont très favorables aux chasses des mammifères et des oiseaux de lacs et de marais : on y chasse avec le fusil et avec des chiens ; la chasse du renard se fait à cheval ; celle des cailles qui arrivent du Midi a lieu, le long de la mer, de la fin du mois d'avril à la fin du mois de mai. Dans le *Lazio*, à Civita Vecchia, Viterbe, Velletri, les modes de chasse employés sont les suivants, nous en donnerons seulement la nomenclature, en ayant fait la description précédemment : *fucile, reti, paretaio, bergamasca, stramazzo, beverino* (chasse très nuisible), *reti ritte, ragne, lanciatoie* ; cette chasse, qui se fait en mai, est très nuisible et détruit des quantités de cailles ; *roccoli, panie, frascone, archifagno* ou *diavolaccio*, chasse de nuit très nuisible ; *gabbia scaricatoio* chasse avec une cage, *boschetto, laccio laccinoli, archetti, trappole* ou *tagliole*.

En *Ligurie*, on chasse avec les armes à feu : *caccia con armi da fuoco, alla posta*,

l'on peut craindre à un moment de voir certaines espèces disparaître.

— Édit du 10 juillet 1826.

Cet Édit du cardinal Galleffi du 10 juillet 1826 porte :
Le nombre des espèces des quadrupèdes et des volatiles utiles ayant beaucoup diminué, et tout le monde se plaignant des manières abusives et arbitraires dont la chasse s'exerce; le désir de rendre cette branche de l'industrie plus profitable à l'État, et d'empêcher que, par des désordres blâmables, la chasse qui doit être une distraction et un profit, ne devienne la source de rixes et de procès; ces raisons ayant touché l'esprit prévoyant de sa sainteté le pape Léon XII, régnant heureusement, il a voulu que, avec des lois opportunes, les chasses soient réglées dans tout l'État.

al passo, e vagante; les autres modes sont : *caccia colle reti, reti al solchetto, roccolo, reti a sacco per bosco*, filets très meurtriers : *manica* ou *cappucio per le quaglie*, chasse aux cailles; *lumiera ai prati*, avec lumière dans les prairies, chasse qui occasionne un véritable carnage et cause le désespoir des autres chasseurs. *Uccelliera all'albero* dite aussi *Vischio all'albero*, chasse à la glu à l'arbre, *paniuzze*, vulgairement *trappin*, des herbes coupées très fin sont enduites de glu et s'attachent aux pattes des oiseaux qui viennent boire : c'est une chasse très meurtrière, *trappole, laccio*.

Dans l'Émilie, à Bologne, on chasse avec le fusil, soit *alla posta* à l'affût, soit à *rastello* en bateau avec des chiens et des appelants avec le *fucile*, le *paretaio* et les *lacciuoli*; on y emploie peu la *quaiatora*, le *paretaio fisso*, la *caccia coi veltri* chasse avec lévriers, le *palmone*, le *lupo* ou *diluvio*, le *boschetto*, les *carlocci*, les *trappole* filet de forme conique au fond duquel se place une lumière qui attire les oiseaux pendant la nuit. Cette chasse usitée du côté de Plaisance détruit grives et petits oiseaux : très meurtrière elle est défendue, mais se fait en fraude. Dans les autres parties sont employés les engins suivants: *paretaio, roccoli*, ou *roccoline, quaiottara, palmone* gluaux mis sur un arbre artificiel avec des appelants, *copritoio* petit filet que l'on lance sur les oiseaux, *lupo*.

A Forli, la *tordera* est très employée, cette chasse ressemble aux *boschetti*.

Dans la *région méridionnale adriatique* on chasse au fusil, et l'on se sert du miroir pour les alouettes. La chasse au sanglier se fait de cinq manières : *mena*, en battue, *tela* : les chasseurs avec leurs chiens suivent les traces de la bête en marchant de manière à former un cercle; *imposto*, à l'affût; *sburro*, on entoure la retraite du sanglier et un ou deux chasseurs vont le faire lever; *pista*, à la piste. Pour les renards, les lièvres et les loups, on se sert des *trappole*. On y pratique aussi le *zimbello*, chasse au ramier qui se fait dans la terre d'Otrante; *reti, ragna, caccia colle paniuzze, requio* ou *crociata; caccia colla campana* ou *lanterna*, chasse avec des cloches et des lanternes; *lacci* ou *lacciuoli; caccia coi vimini*, sorte de piège ou trébuchet; *tagliole* ou *costole*, chasse à la glu; *schiaccia*, chasse avec trébuchet.

Dans la région *méridionale méditerranéenne*, les modes de chasse sont les suivants : *caccia col fucile*, la chasse au fusil avec chien, chouette et à l'affût; *specchietto*, chasse au miroir. Pour les *reti*, ce sont parmi les filets fixes : le *paretaio*, la *regna*, la *regna a schiapparo, a panno simplice* pour prendre les cailles ou *cappo a sacco* et *a muro* servant à prendre les grives, les merles, les bécasses et les petits oiseaux. Pour les autres filets, ce sont : *reti a ventaglio* pour la caille, *reti a capertoio* pour la caille au moment où elle va faire son nid; *nassa* pour les cailles, *bocca di lupo* pour les petits oiseaux; *pania lacciuoli trabocchetto, pesciola* (*castola* ou *gabbiuzza*), *frugnolo* chasse de nuit.

Nous ici, par ordre formel de Sa Sainteté, nous venons publier le règlement législatif général suivant, qui devra être observé par tout le monde.

Art. 1er. — Il est permis à tous, dans l'Etat pontifical, de chasser tant les quadrupèdes que les volatiles.

Art. 2. — Quiconque ne pourra exercer la chasse, si ce n'est dans les temps, les lieux et de la manière qui sont prescrits dans les titres et articles suivants :

TITRE I.

Des temps pendant lesquels les chasses sont permises ou défendues.

Art. 3. — Du 1er mars au 1er août de chaque année est défendue toute chasse, de quelque manière qu'elle soit exercée, tant des quadrupèdes que des volatiles utiles; est exceptée la chasse des oiseaux de marais qui ne nichent pas dans le pays.

Art. 4. — Du 1er décembre jusqu'au temps de leur arrivée, est défendue, de toutes manières, la chasse des cailles; et, dans le temps de leur arrivée, cette chasse est permise, seulement sur les bords de la mer.

Art. 5. — Dans l'intervalle du temps déterminé dans les deux articles précédents, il ne sera pas permis de vendre ou d'acheter ces espèces de gibier.

Art. 6. — En tout temps, il est défendu de détruire les œufs, les nids ou les nichées et de tuer les petits des animaux utiles.

Art. 7. — Il est défendu de chasser pendant l'hiver, les lièvres, les chevreaux, les perdrix grises, les perdrix et les autres volatiles ou quadrupèdes utiles, dans les lieux couverts de neige.

Art. 8. — Personne ne pourra, en aucun temps, tuer et s'approprier les pigeons domestiques ou bizets des propriétés privées.

TITRE II.

Des lieux où la chasse est permise ou défendue.

Art. 9. — Personne, sans le consentement du propriétaire, ne pourra chasser sur les terrains d'autrui; lorsqu'ils sont entourés de murs, haies, ou autres remparts, suivant la règle prescrite dans l'article 510 du *motu proprio* de Sa Sainteté du 5 octobre 1824.

Art. 10. — Par ordre exprès et spécial de Sa Sainteté, il est déclaré que pour les haies et les remparts mentionnés à l'article ci-dessus du *motu proprio*, on doit entendre les haies, et les remparts construits de manière qu'ils empêchent réellement et complètement l'entrée des propriétés, non seulement aux bêtes mais aux hommes.

Art. 11. — Quiconque, ayant entouré sa propriété de tels remparts veut en faire une réserve de chasse, devra d'abord nous en donner avis directement, pour Rome et ses environs; dans les légations et délégations, par l'entremise des éminents cardinaux, légats et prélats délégués, pour obtenir, après vérification, l'autorisation nécessaire.

Art. 12. — Les fonds qui seront déclarés réservés pour la chasse, devront à la distance de cent pas l'un de l'autre, avoir des tableaux fixes où sera écrit en grands caractères « Réservé ».

Art. 13. — Selon la règle précitée du *motu proprio* souverain, personne ne pourra, pour aucune cause ou sous aucun prétexte de chasse entrer sur le fonds d'autrui, quoiqu'il ne soit pas entouré et muni des remparts indiqués ci-dessus, quand il sera déjà préparé, ou s'il est déjà en culture, et, surtout s'il est ensemencé ou avec des fruits pendants.

Art. 14. — Les propriétaires des grands biens réservés et des fonds mentionnés dans l'article 13, qui voudront avoir un ou plusieurs gardes à l'effet de garder la réserve ou leur propriété, devront requérir de monseigneur le gouverneur et de la direction générale de la police, la licence nécessaire; ces gardes seront vêtus de l'uniforme prescrit par la circulaire du 29 janvier dernier; à eux seuls, ayant endossé cet uniforme, sera permis de demander à ceux qui sont trouvés dans les fonds ci-dessus, leur autorisation de porter le fusil; lorsqu'il y aura un refus de la produire, ils doivent prendre le nom et les prénoms du délinquant, puis faire la déclaration aux autorités compétentes, sans exercer la moindre violence.

Art. 15. — Personne ne pourra faire, sur les lieux non défendus, la chasse aux ramiers, soit avec filets soit au fusil, avec un terrain préparé, si ce n'est à la distance de mille pas d'une autre installation déjà établie et existant depuis deux années consécutives sans avoir été abandonnée.

Art. 16. — Quiconque voudra installer, sur ses fonds propres, ou avec le consentement des propriétaires, sur le fonds d'autrui, des chasses qui comportent préparation du terrain, et qui soient établies à demeure fixe, comme oisellerie, roccoli, bergamasche, boschetti, et autres de nature semblable, ne pourra le faire qu'à la distance, tout autour, de deux cents pas, de celles établies précédemment, depuis deux années consécutives, et qui n'ont pas cessé d'être en exercice.

Art. 17. — Toutes les chasses indiquées dans les deux articles précédents, qui, maintenant, se trouvent établies à une distance de mille pas ou de deux cents pas les unes des autres, et celles établies à des distances respectivement moindres, mais qui ont autorité d'exercice non interrompu depuis deux années consécutives, sont supprimées par jugement des experts quand ils reconnaissent qu'elles se gênent, à moins que les possesseurs de ces dernières ne consentent à leur conservation.

Art. 18. — Dorénavant, toute chasse établie à poste fixe, en ce qui touche le droit d'empêcher d'en établir une autre entre la distance de mille ou deux cents pas, sera regardée comme non existante, s'il y a deux ans que cette chasse est abandonnée.

Art. 19. — Quiconque, dans les chasses non fixes et établies, sera le premier à planter dans les lieux permis des cabanes, ou à prendre poste avec des instruments pour chasser les quadrupèdes et les volatiles et spécialement les animaux aquatiques et de marais devra, pendant qu'il exerce la chasse, être légitimement maintenu, et un autre ne pourra planter des cabanes ou prendre poste, ou établir des instruments de chasse sinon à trois cents pas aux environs.

TITRE III.

Des manières permises ou défendues de faire la chasse.

ART. 20. — Il est absolument et rigoureusement prohibé, dans la chasse des quadrupèdes et volatiles, de se servir de toutes pâtes ou substances vénéneuses qui peuvent nuire à la santé de ceux qui sont exposés à les absorber.

ART. 21. — Les chasses de nuit, faites au moyen de lanternes, de flambeaux, de perches, de sonnailles, ou, comme on dit vulgairement, *a diluvio* ou *diavolaccio*, sont pour toujours interdites.

ART. 21. — Sont aussi interdites les *lanciatore* (chasse avec des traits) dans le circuit de dix milles de Rome, du 1er octobre au 15 novembre de chaque année.

ART. 23. — L'usage des traquenards et des lacs, que l'on a l'habitude de placer sur terre dans les campagnes, pour prendre des lièvres, des perdrix, des grives, des cailles et autres oiseaux, est proscrit; il est seulement permis de se servir de lacs tendus en l'air pour prendre toutes sortes d'oiseaux; dans les marais on peut placer des lacs en terre, pour prendre les bécasses, les *pizzarde* et autres animaux semblables.

ART. 24. — Reste permis le seul usage des traquenards destinés à prendre les loups, les renards, et autres animaux nuisibles.

ART. 25. — Il ne sera pas permis de placer les susdits traquenards dans les voies publiques, et dans les lieux où ont l'habitude de passer les hommes et les troupeaux; il ne sera pas permis non plus, dans tout autre lieu, de les tenir tendus si ce n'est du coucher au lever du soleil.

ART. 26. — Dans les lieux où sont les chasses fixes ou établies, où se trouvent les huttes, les embuscades, les filets, les glus pour la chasse, il ne sera permis à personne, dans le temps que s'exerce la chasse, ni de jour ni de nuit, de tirer le fusil, si ce n'est à la distance, à l'entour, de cinq cents pas, ni de faire d'autre bruit qui puisse épouvanter et éloigner de là les animaux : la distance de cinq cents pas doit être aussi observée autour des chasses spécialement réservées aux ramiers.

ART. 27. — La coutume introduite dans quelques lieux de choisir, pour un bon règlement, des chasses faites en troupe, spécialement pour celle des ramiers, un chef de chasse spécial, pourra être conservée.

ART. 28. — Personne, dans les bruyères destinées à la chasse des ramiers, pas même le propriétaire, ne pourra en aucune manière, de son propre arbitre, arracher, tailler ni déraciner du sol, les chênes, les cèdres et autres arbres de haute futaie; mais avant d'obtenir la licence ordinaire de la consulte sacrée, il fera connaître sa volonté à l'autorité locale, laquelle, ayant entendu l'avis du grand veneur et de deux experts, donnera ou refusera le consentement, selon que le réclamera l'intérêt de la chasse; restant toujours ouvert pour celui qui se trouve frustré, le recours à l'autorité supérieure.

ART. 29. — Personne ne pourra chasser avec l'arquebuse ou des armes à feu, si on n'a pas observé avant ce qui a été prescrit par les autorités compétentes par rapport à la faculté de porter ces armes.

TITRE IV.

Des peines auxquelles sont sujets les délinquants.

ART. 30. — Les contrevenants aux articles prohibitifs de ce règlement, outre la perte des instruments de chasse et du gibier tué ou dont ils font commerce, seront sujets à une amende qui ne pourra être inférieure à 10 écus et supérieure à 50 écus.

ART. 31. — Lorsque la contravention est de telle nature, qu'elle a apporté des dommages à autrui, les contrevenants seront obligés, outre les peines déjà prescrites, au dédommagement correspondant.

ART. 32. — Quiconque aura récidivé dans la contravention à la loi, sera condamné outre les peines susdites, à une amende double.

ART. 33. — Si, par impuissance prouvée, quelqu'un n'est pas en état de payer l'amende imposée, il devra la payer par la prison, à raison d'un jour par écu.

ART. 34. — Les amendes seront divisées par moitié l'une donnée à l'accusateur ou à l'inventeur, et l'autre sera versée au bénéfice des communes respectives.

TITRE V.

De la manière de procéder dans les jugements contre les contrevenants.

ART. 35. — Personne ne pourra, en matière de chasse, intenter un jugement contre quiconque, pour dommage à ses propriétés, ou offense à ses droits, si ce n'est par dénonciation et pétition, mais jamais par voies de fait. Dans les contraventions, où il n'entre pas de dommage à la propriété ou d'offense aux droits d'autrui, on procédera aussi par enquête et d'office.

ART. 36. — Dans les jugements ayant trait à cette loi, il suffira pour faire preuve d'un seul témoin ayant vu, impartial et digne de foi.

ART. 37. — Le seul fait de trouver quelqu'un, dans les temps ou les lieux prohibés, sur les voies ou dans la campagne, muni d'arquebuse, et de munitions composées de petit plomb et de grenaille de chasse, si, en plus, il est accompagné par des chiens de chasse, et en tout temps le seul fait d'être trouvé avec des instruments de chasse prohibés, suffira à rendre cet individu passible des peines prescrites respectivement contre les contrevenants à cette loi, quoiqu'il n'ait pas chassé.

ART. 38. — Les jugements pour contravention aux articles de ce règlement sur les chasses seront faits sommairement devant les autorités compétentes du lieu, sauf l'appel à qui de droit.

Les très éminents cardinaux légats, monseigneur le gouverneur de

Rome et directeur de la police, les prélats délégués, les gouverneurs locaux et la force publique sont chargés de l'exécution de cette loi, qui commencera à être en vigueur du jour où elle sera promulguée dans les lieux respectifs.

Rome, donné dans la Chambre apostolique le 10 juillet 1826.

P. f. Card. GALLEFFI.

— *Notification Giustiniani.* — *Du 11 août 1839.*

Cette notification ne modifiant que certains articles de l'édit du 10 juillet 1826, nous ne donnerons que les articles ayant subi un changement :

ART. 1er. — Il est permis à tous dans l'Etat pontifical d'exercer la chasse tant des quadrupèdes que des volatiles.

ART. 2. — Ne pourra être exercée la chasse par qui que ce soit si ce n'est dans les temps, lieux et modes prescrits par la loi et sous les peines prescrites dans les titres et articles suivants.

TITRE Ier.

Des temps dans lesquels les chasses sont permises ou défendues.

ART. 3. — Du 1er avril au 1er août de chaque année, est défendue toute chasse de quelque manière qu'elle soit exercée tant des quadrupèdes que des volatiles utiles.

ART. 4. — La chasse des cailles dans le temps de leur arrivée est permise seulement aux bords de la mer.

ART. 5. — Dans l'intervalle de temps déterminé dans l'article 3, il ne sera pas permis de vendre ou d'acheter du gibier d'aucune sorte, sauf la caille dans le temps de son arrivée.

ART. 6. — En tout temps il est défendu de détruire les œufs, les nids ou les nichées et de tuer les petits des animaux utiles.

ART. 7. — Semblable à l'article 7 de l'édit du 10 juillet 1826.

ART. 8. — Semblable à l'article 8 de l'édit du 10 juillet 1826.

TITRE II.

Des lieux où la chasse est permise ou défendue.

ART. 9. — Personne, sans le consentement du propriétaire, ne pourra chasser sur le terrain d'autrui, entouré de murs, haies ou autres remparts construits de manière qu'ils empêchent complètement l'entrée non seulement aux bêtes mais aussi aux hommes.

ART. 10. — Personne ne pourra pour cause de chasse entrer dans les fonds d'autrui quoique non entourés des remparts mentionnés ci-dessus, lorsqu'ils sont déjà préparés ou se préparent à la culture, et surtout s'ils sont ensemencés ou ont des fruits pendants.

ART. 11. — La disposition de l'article précédent est plus expressément appliquée aux grandes propriétés des vallées paludéennes, qui se trouvent spécialement dans les légations, et qui, non entourées et munies des remparts susdits, non compatibles avec ces localités, ont par leur nature, sans discontinuité, des produits industriels ou naturels de différentes espèces, qui équivalent à toute autre préparation à la culture, à la semence des terrains et aux fruits pendants.

Art. 12. — Les propriétaires des terrains mentionnés dans les articles 9, 10 et 15, qui voudraient avoir un ou plusieurs gardes, à l'effet de conserver leur propriété, devront requérir de monseigneur le gouverneur et directeur général de la police, la licence nécessaire; ces gardes seront vêtus de l'uniforme prescrit par la circulaire du 29 janvier 1826 : à eux seuls, ayant endossé l'uniforme prescrit, sera permis de demander à ceux qui sont trouvés dans les fonds ci-dessus, leur autorisation de porter le fusil, et lorsqu'il y aura un refus, ils devront prendre le nom et les prénoms, et dénoncer les délinquants aux autorités compétentes sans exercer la moindre violence.

Les articles 13, 14, 15, 16 sont semblables aux articles 15, 16, 18, 19, du décret de 1826.

TITRE III.

Des modes permis ou défendus de faire la chasse.

Les articles, 17, 18, 19, 20, 21, 22, 23, 24, 25, semblables aux articles 20, 21, 23, 24, 25, 26, 27, 28, 29 du décret de 1826.

TITRE IV.

Des peines auxquelles sont sujets les délinquants.

Art. 26. — Les contrevenants aux articles prohibitifs de ce règlement, en outre de la perte des instruments de chasse et du gibier pris, seront sujets à une amende qui ne sera pas inférieure à trois écus et supérieure à quinze écus.

Art. 27, 28, 29, 30 semblables aux articles 31, 32, 33, 34 du décret de 1826.

TITRE V.

De la manière de procéder au jugement contre les contrevenants.

Articles 31, 32, 33, 34, semblables aux articles, 35, 36, 37, 38 du décret de 1826.

XI. — *Naples et Sicile.*

Dans les provinces Napolitaines et Siciliennes, la chasse est régie par une loi du 18 octobre 1819.

D'autres dispositions ont été publiées postérieurement, mais elles traitent seulement du mode des concessions des licences de chasse (1).

— *Loi du 18 octobre* 1819. — Articles extraits de la loi sur les forêts du 18 octobre 1819.

Art. 1er. — Toutes les dispositions des lois, décrets et règlements antérieurs, qui concernent les matières expressément traitées dans la présente loi, sont abrogées.

Art. 148. — Les licences de chasse dans la province de Naples et dans la vallée de Palerme, seront directement délivrées par les directions générales respectives; dans les autres provinces et vallées, par les intendants et sous-intendants.

Art. 150. — Toute licence de chasse sera munie de la signature du directeur général, de celle du secrétaire général, et du sceau de l'administration.

Art. 151. — Toute licence contiendra les clauses suivantes : 1° de n'être pas valable pour les lieux réservés à nos chasses royales ;

2° de ne pouvoir en faire usage sans le consentement du propriétaire dans les fonds clos par des murs fabriqués ou des murs secs, des haies, des fossés, ou des remparts de terre atteignant cinq paumes.

Art. 152. — Quelque soit le mois dans lequel la licence sera accordée, elle cessera d'être valable avec l'année civile.

Art. 153. — Nul autre papier ne peut remplacer la licence de chasse. Quiconque l'aura perdue, ne pourra chasser, sans se munir d'une nouvelle licence, en en payant de nouveau le droit entier. (2)

---

(1) Pour les provinces napolitaines. Décret du 11 septembre 1828 et Rescrit du 23 septembre 1830. Pour les provinces siciliennes : rescrit du 28 septembre 1830. Ordonnance du prince de Sadriano du 30 octobre 1859. Décret du prodictateur du 1er octobre 1860. Décret du lieutenant-général du 11 décembre 1860.

(2) La chasse au fusil, *col fucile*, est très usitée et surtout très variée en Sicile. On chasse au fusil, avec des chiens dressés dans les bruyères, les lapins, les lièvres, les renards, les perdrix; dans les terrains marécageux et les bois la bécasse, la bécassine. On chasse au fusil les lièvres dans les plaines avec les lévriers qui les arrêtent à la course. On chasse au fusil sur les rivières et dans les terrains marécageux les canards sauvages et autres oiseaux aquatiques de passage, avec des chiens qui rapportent l'oiseau tombé dans l'eau. Cette chasse se fait aussi dans les lacs au moyen de petites barques. On chasse le lapin avec le fusil, le furet et les bourses destinées à fermer les terriers. On chasse au fusil les alouettes, soit au bord de la mer, soit en barque, avec de gros fusils que l'on décharge sur les bandes d'oiseaux qui volent à quelques mètres au-dessus de l'eau. Cette chasse est limitée au temps du passage, que font ces oiseaux du nord au sud, au mois d'octobre. On chasse la caille au fusil et au chien : ces oiseaux qui émigrent de l'Afrique pour aller au nord, s'arrêtent sur les plages le soir et la nuit y restant pour un jour de repos. Le passage a lieu en avril et mai, cette chasse est le plaisir préféré des habitants. En Sicile, on ne se sert pas de filet pour prendre la caille, usage que nous avons mentionné pour Naples et la Haute Italie. On chasse à l'affût le lapin au fusil pendant les nuits d'été.

On chasse encore au fusil les loups et les renards.

En été, on chasse au fusil les colombes sauvages et les oiseaux de mer; on chasse les oiseaux de passage en juin et juillet. La loi (Art. 179) permet cette chasse en dehors de l'époque de l'ouverture, comme pour les cailles, et seulement sur les

Art. 154. — Personne, quelle que soit sa situation ne pourra obtenir la licence de chasse avec le fusil si elle n'est munie de la permission de port d'armes de la police générale.

Art. 155. — Aux seuls officiers brevetés, tant de toute arme de ligne, que des milices provinciales, sera délivrée la licence de chasse sur l'exhibition de leur nomination.

Art. 156. — Les droits de licence de chasse seront perçus selon les règles du tarif annexé à la présente loi.

Art. 157. — Toute licence portera le timbre de douze grains pour les domaines au-delà du Faro.

Art. 158. — Quiconque se sera pourvu de la licence de chasse pourra faire usage d'appeau et d'appelant sans payer d'autre droit.

Qui aura pris la licence pour chasser avec les ridies (filets de chasse), ou les lacs et avec les gluaux, pourra faire usage de tous les autres engins indiqués dans le tarif, à l'exception des pièges et des *schiappari*.

Art. 159. — Le versement du droit précédera l'expédition de la licence.

Art. 160. — Les directions générales, les intendants et les sous-intendants ne délivreront des licences de chasse que sur l'exhibition de la quittance.

Art. 161. — Seront observées les dispositions des lois civiles quand de deux chasseurs l'un blesse l'animal et l'autre le tue.

Art. 166. — Les mêmes dispositions seront observées quand de deux chasseurs l'un blesse l'oiseau de manière à ce qu'il continue à voler et que l'autre le tue.

Art. 167. — Les fusils dont pourront faire usage ceux qui auront obtenu la licence de chasse, ne doivent pas être des fusils à vent, ni avec crosse se pliant, connus sous le nom de *scavezzi*, ni ayant le canon long de moins de trois paumes. Toute dimension plus courte, et tout mécanisme tendant à raccourcir l'arme ou à en rendre l'explosion insensible sont expressément défendus.

Art. 168. — Celui qui aura obtenu la licence de chasse avec filets, auxquels sont joints les appeaux et les appelants, ne pourra les tendre, sinon à la distance de soixante pas du lieu dans lequel il y en a d'autres placés antérieurement.

Art. 169. — Ne sont pas compris dans la disposition de l'article précédent les pièges, ou les filets vulgairement connus sous la dénomination de *schiappari*.

Art. 170. — Celui qui va prendre un poste de chasse avec le fusil sera

---

bords de la mer et sur les terres incultes. Dans la province de Messine, la chasse au fusil se fait beaucoup plus que celle avec les filets.

Dans la province de Palerme, on emploie parmi les filets les *pareti mobili*, filets mobiles. Dans celle de Catane, on se sert des filets à prendre les perdrix. Dans celle de Syracuse, on use peu de filets, on s'en sert seulement pour la chasse aux lapins. Dans celle de Girgenti, on se sert de filets pour la chasse aux oiseaux.

La chasse aux lapins se fait beaucoup dans toutes les provinces.

Les articles 174 et 175 de la loi en vigueur sur la chasse en Sicile, défendent, dans n'importe quel temps et lieux l'usage des *tagliole* et des *lacci* (filets), mais on s'en sert malgré cela si communément, que c'est à faire craindre de voir disparaître les espèces qu'ils servent à prendre.

obligé de se placer à la distance de soixante pas du poste occupé par les autres.

Art. 171. — Quiconque chasse avec la chouette devra se placer à la distance de 40 pas de l'autre chasseur qui le précéde.

Art. 172. — Le chasseur avec le fusil, ne pourra tirer qu'à la distance de cent pas de l'endroit où sont placés des filets avec appeaux et appelants.

Art. 173. — Il est défendu à quiconque de prendre ou de tuer les pigeons d'autrui, soit domestiques soit ramiers, à moins que le propriétaire, le colon ou le fermier ne les trouvent sur leurs fonds.

Art. 174. — Il est défendu, dans quelque temps et lieu que ce soit, de se servir des traquenards et des lacs pour prendre les lièvres, les perdrix grises, les bécasses et les faisans.

Art. 175. — On peut faire usage des traquenards seulement contre les loups, les renards et autres animaux de rapine; et des lacs pour prendre les grives, les merles et autres petits oiseaux, pourvu que l'on ait la licence de chasse.

Art. 176. — Il est défendu de prendre dans les nids les œufs des cailles, perdrix grises, perdrix, francolins et faisans, et dans les gîtes les petits lièvres, les petits chevreaux, les petits cerfs et les petits daims.

Art. 177. — Du 1er avril, à la fin du mois d'août, il est défendu de chasser d'aucune manière.

Art. 178. — Du 1er septembre jusqu'à la fin des vendanges, il est encore défendu de chasser dans les vignes, même si elles ne sont pas encloses, sans le consentement du maître.

Art. 179. — N'est pas comprise dans la disposition de l'article 177, la chasse des cailles, dans les mois d'avril et mai, ni celle des oiseaux de passage, dits *di transito*, dans les mois de juin et juillet, pourvu que l'on chasse sur les bords de la mer, ou dans les terrains incultes, et qu'on ne passe pas par les terrains ensemencés quoiqu'ils soient ouverts.

Art. 180. — Est permise dans les mois ci-dessus prohibés la chasse des ours, des loups et des renards. Les chasseurs cependant doivent être munis de la licence.

Art. 181. — Aux tueurs de loups sont accordées les primes suivantes:
Pour un loup, cinq ducats.
Pour une louve, six ducats.
Pour une louve pleine, huit ducats.
Pour un louveteau, trois ducats.
Pour un petit loup pris dans sa tanière, un ducat.
Les gardes d'administration qui auront tué des loups recevront les mêmes primes.

Art. 182. — Ces primes seront payées par le caissier de la commune, où se trouve la propriété où l'animal a été tué, sur l'ordonnance de l'intendant.

Art. 183. — La destruction sera certifiée par le maire, qui fera couper en sa présence les oreilles de l'animal tué.

Art. 185. — Les agents de l'administration, les gendarmes, les gardes ruraux sont spécialement chargés de veiller à l'exécution des lois et règlements sur la chasse.

Les chasseurs seront obligés d'exhiber la licence de chasse à toute réquisition, et à toute autorité civile ou militaire.

Art. 190. — Toute condamnation emportera la confiscation des instruments, engins ou armes saisis sur les délinquants pris en flagrant délit.

Art. 191. — Les objets confisqués seront vendus aux enchères; seront exceptés de cette disposition les fusils appartenant à un corps militaire, et les objets qui ne sont pas la propriété des délinquants ou de leurs complices; ces objets seront évalués et restitués à leurs propriétaires respectifs, et les contrevenants seront condamnés à en payer la valeur.

La moitié du prix des objets vendus ou payés sera distribuée à ceux qui ont fait la capture.

Art. 222. — Quiconque ira à la chasse, en quelque temps et lieu, sans être muni de la licence de chasse, outre la perte du fusil et des engins, sera condamné à une amende qui ne peut dépasser 50 ducats et à la réparation des dommages et intérêts s'il y a lieu, sans compter les peines prononcées par les lois pénales contre celui qui porte des armes sans permission.

Art. 223. — Encourra une amende qui ne dépassera pas dix ducats, outre la perte des armes et des engins, le chasseur qui, muni de licence, chasse pendant les mois et dans les lieux pohibés par les articles 151, 177, 178 et 179.

Art. 224. — Sera puni d'une amende qui ne pourra être inférieure à dix ducats, celui qui, muni de la licence, fait usage de fusils prohibés par l'article 168, sans préjudice des autres peines prononcées par les lois pénales.

Art. 225. — Sera puni d'une amende qui ne sera pas inférieure à dix ducats et avec la prison qui ne pourra pas dépasser 15 jours, celui qui fait usage de traquenards ou lacs défendus par l'article 174, ou qui prend dans les nids les œufs des cailles, perdrix grises, perdrix, francolins et faisans; ou dans les gîtes les petits des lièvres, des chevreaux, des cerfs ou des daims.

XII. — *Conventions entre l'Italie et l'Autriche-Hongrie.*

L'Italie a conclu avec l'Autriche-Hongrie, en 1875, un arrangement aux termes duquel ces deux puissances s'engageaient à prendre, par voie législative, des mesures propres à assurer aux oiseaux utiles à l'agriculture la protection la plus étendue

---

GRÈCE.

La chasse, en Grèce, n'est régie par aucune législation.

Toutefois, afin d'éviter le dépeuplement, la police défend seulement de chasser à l'époque des couvées.

SUISSE.

I. 1° Du droit de chasse. — 2° Constitution fédérale du 24 mai 1874. — 3° Loi fédérale du 17 septembre 1875. — 4° Règlement d'exécution du 12 avril 1876. — 5° Règlement du 11 mars 1879. — 6° Règlement du 2 août 1881.
II. Situation géographique de la Suisse par rapport à la chasse.
III. Cantons. — Appenzell (Rhodes extérieures). Appenzell (Rhodes Intérieures). Argovie, Bâle (ville), Bâle (campagne), Berne, Fribourg (loi du 23 mai 1890), Genève, (loi du 1er mars 1887), Claris, Grisons, Lucerne (règlement du 17 septembre 1875, 7 juin 1882, révisé le 18 février 1888, ord** du 10 août 1891). Neuchâtel, Unterwalden (le bas Niederwalden), Unterwalden (le haut Oberwalden), Saint-Gall (ord** du 11 juillet 1884), Schaffouse, Schwytz (règlements du 14 janvier 1887), Soleure, Tessin, Thurgovie, Uri, Valais, Vaud, Zug, Zurich (loi du 29 novembre 1882).
IV. Convention du 31 octobre 1884 entre la France et la Suisse pour la répression des délits de chasse. Convention semblable du 2 mars 1782 (mémoire).

I. *Du droit de chasse.*

1° La chasse en Suisse est régie par la loi fédérale sur la chasse et la protection des oiseaux du 17 septembre 1875, et par le règlement d'exécution, pour la loi sur la chasse, du 12 avril 1876.

Il y a en Suisse deux systèmes de chasse :

Le système des chasses louées, qui est peu nombreux, et celui des chasses avec patente ou permis.

Tout citoyen suisse, sauf quelques exceptions, une fois muni de son permis ou patente, lorsqu'il a payé la taxe sur les chiens et qu'il remplit les conditions établies par la loi de son canton, relatives à l'âge, à l'honorabilité, peut en observant les ordonnances de police chasser partout, quand la chasse est ouverte, si ce n'est dans les propriétés closes, dans un certain périmètre des habitations, dans les terres où se trouvent des récoltes. Pour le terrain d'autrui, le chasseur qui y pénètre, doit le quitter au premier avertissement du propriétaire; c'est ce qui a lieu à Genève.

Si cette législation sur la chasse est compliquée dans les cantons, c'est surtout au point de vue du nombre des patentes ou permis de chasse, comme nous le verrons plus loin.

2° La Suisse, par sa conformation géographique et grâce à la diversité des races, des langues et des religions réunies sur son territoire, possède un gouvernement tout spécial.

En 1291, la ligue fédérale n'était composée que de trois cantons, Uri, Schwyz et Unterwald. Elle s'augmenta de celui de Lucerne en 1332, de celui-ci de Zurich en 1351, de ceux de Glaris et de Zug en 1352, et de celui de Berne en 1353.

Cette confédération des huit cantons devait s'accroître dès 1481, époque à laquelle entrent dans la ligue les cantons de Fribourg et de Soleure ; en 1501, vinrent s'adjoindre les cantons de Bâle et Schaffouse, puis celui d'Appenzel en 1513.

Chacun de ces cantons d'origines germanique, française et romane avait sa forme politique et son autonomie bien distincte ; ils ne se rapprochaient que pour la défense contre l'étranger.

Ce passé, où l'on retrouvait tous les abus de l'époque féodale, s'écroula en 1798 époque à laquelle la vieille constitution helvétique fût remplacée par une constitution unitaire, à laquelle, après des essais malheureux et sanglants, Bonaparte substitua l'acte de médiation du 19 février 1803.

Pendant ce retour à la forme fédérale, la Confédération s'accrut des cantons de Saint-Gall, des Grisons, d'Argovie, de Thurgovie, de Tessin et de Vaud.

A ces dix-neuf cantons, le Valais, Neuchâtel et Genève s'adjoignirent lors du pacte fédéral de 1815.

Le pacte qui rendait à chaque canton sa souveraineté, dans une certaine mesure, tout en proclamant l'indépendance et la neutralité de la Confédération, fut remplacé par la constitution du 12 septembre 1848, dont le but était de resserrer les liens fédératifs, existant entre les vingt-deux cantons.

En 1869 un grand courant centralisateur se fit sentir, une nouvelle constitution fut votée le 15 mai 1872, mais portant trop lourdement la main sur les vieilles traditions, elle fut repoussée : reprise en 1873, elle fut votée par l'assemblée fédérale le 13 mai 1874 et adoptée par le vote populaire le 24 du même mois.

II. — *Constitution fédérale du 24 mai 1874.*

Cette constitution fut pour la Suisse la source d'une réforme considérable. Touchant à l'indépendance, jusque-là presqu'absolue de chaque canton, en matière législative ; le pouvoir législatif se trouve, dès lors, partagé entre l'assemblée fédérale et le peuple.

Tout en cherchant à réunir, en une seule, la législation des différents cantons, la constitution a respecté, cependant, une partie de leur organisation judiciaire, en tant qu'elle n'est pas en opposition avec elle.

Dès lors la législation sur les chemins de fer, sur la police de la pêche, sur la chasse rentre dans la catégorie des matières communes.

Les cantons peuvent toujours en ce qui concerne la chasse la réglementer sur leur territoire, pour toutes les questions qui ne sont pas réservées ou tranchées par la loi fédérale, et en poursuivre l'exécution ; mais l'article 25 de la constitution fédérale du 29 mai 1874 porte : « La Confédération a le droit de statuer des dispositions législatives pour régler l'exercice de la pêche et de la chasse, principalement en vue de la conservation du gros gibier dans les montagnes, ainsi que pour protéger les oiseaux utiles à l'agriculture et à la sylviculture. »

III. — *Loi fédérale sur la chasse et la protection des oiseaux, du 17 septembre 1875.*

L'assemblée fédérale de la Confédération suisse, en exécution de cet article 25 de la constitution fédérale du 29 mai 1874, relatif à l'exercice de la chasse, à la conservation du gros gibier et à la protection des oiseaux utiles, vu le message du Conseil fédéral du 21 mai 1875, a décrété les dispositions suivantes :

I. — *Dispositions générales.*

Art. 1er. — Chaque Canton doit, par des lois ou par des règlements, déterminer le régime de la chasse, en conformité de la présente loi, et le faire protéger par l'action des pouvoirs compétents.

Art. 2. — Tout Suisse est autorisé à chasser sur le territoire du Canton qui lui a délivré un permis de chasse cantonal, sous réserve toutefois des dispositions de l'article 24.

Les Cantons peuvent accorder le droit de chasser aux étrangers établis.

Art. 3. — Les législations cantonales déterminent le système d'après lequel la chasse doit être exercée dans chaque Canton, sous réserve des dispositions de la présente loi fédérale.

Art. 4. — Les autorités cantonales ont le droit d'ordonner ou de permettre, même lorsque la chasse est fermée, la chasse aux animaux malfaisants ou carnassiers et celle du gibier lorsqu'il est trop abondant et cause du dommage.

Toutefois, cette chasse doit être faite pendant un temps déterminé, de manière à ne pas nuire au gibier d'autres espèces et par un nombre restreint de chasseurs de confiance, soumis à des obligations déterminées.

Dans les arrondissements affermés, le preneur a le droit de chasser ces espèces même pendant la fermeture de la chasse sans permission spéciale, toutefois sans le secours de chiens.

Art. 5. — Dès le huitième jour à partir de la fermeture de la chasse, l'achat et la vente de tout gibier sont interdits, à l'exception du gibier venant de l'étranger et dont l'origine est officiellement établie.

Il est interdit, en tout temps et d'une manière absolue, de vendre des faons de chamois, de biche ou de chevreuil, ainsi que des femelles du coq de bruyère et du tétras à queue fourchue.

En cas de contravention, le gibier sera confisqué, indépendamment des peines prévues par l'article 21.

Art. 6. — Il est interdit de détruire les couvées et de prendre les œufs du gibier à plume, de déterrer les marmottes, de porter des fusils qui se démontent ou des cannes à fusil.

Il est également défendu de placer des engins ou piéges d'un genre quelconque (trébuchets, lacets, colliers). Toutefois, il est fait exception à cette disposition pour la chasse aux renards, putois, fouines et martres.

Il est absolument interdit de placer des fusils se déchargeant d'eux-mêmes et de se servir de projectiles explosibles et de poisons.

Art. 7. — Il y a deux espèces de chasse : la chasse au gibier de plaine et la chasse au gibier de montagne.

II. — *De la chasse au gibier de plaine.*

Art. 8. — La chasse à la plume est ouverte dès le 1er septembre, la chasse générale dès le 1er octobre. Ces deux chasses sont fermées le 15 décembre (sous réserve de l'art. 9).

Les Cantons peuvent néanmoins, en prenant des dispositions spéciales de police, ouvrir la chasse générale en même temps que la chasse à la plume.

La fermeture de la chasse dans les arrondissements affermés est fixée au 31 décembre.

La chasse du printemps sur terre, de quelque nature qu'elle soit, est défendue dans tout le territoire suisse.

Avant l'ouverture de la chasse générale, il est interdit d'employer d'autres chiens que les chiens d'arrêt.

Art. 9. — La chasse aux palmipèdes sur les lacs est réglée par les Cantons, sous réserve, pour les lacs de frontière, des conventions avec les Etats voisins.

Art. 10. — Le Conseil fédéral, ainsi que les autorités cantonales, ont le droit, lorsqu'ils le jugent convenable, d'interdire, par des arrêtés spéciaux et pour un temps déterminé, la chasse dans certaines parties du territoire ou la chasse de certaines espèces de gibier.

III. — *De la chasse au gibier de montagne.*

ART. 11. — La chasse au gibier de montagne comprend la chasse au gibier des hautes régions, en particulier :

Des chamois,
Des marmottes,
Les lièvres des Alpes,
Les gallinacés des montagnes (coq de bruyère, tétras à queue fourchue, gelinotte des bois, gelinotte blanche ou lagopède, bartavelle), enfin les carnassiers des hautes régions.

ART. 12. — La chasse au chamois et à la marmotte est restreinte, dans tout le territoire suisse, à la saison du 1er septembre au 1er octobre ; celle aux autres espèces de gibier de montagne, à la saison du 1er octobre au 15 décembre.

Il est défendu de prendre ou de tuer les jeunes chamois de l'année et les mères qui les allaitent.

Les femelles du coq de bruyère et du tétras à queue fourchue doivent être également épargnées.

ART. 13. — Dans la chasse au gibier de montagne, il est interdit de se servir de chiens courants et d'armes à répétition.

ART. 14. — La chasse aux cerfs et aux chevreuils qui se trouvent dans les hautes régions est permise du 1er septembre au 1er octobre, à moins que les lois et règlements cantonaux ne la restreignent davantage.

Les femelles et les faons de l'année ne peuvent être ni pris, ni tués, non plus que les bouquetins, n'importe où ils se rencontrent.

ART. 15. — Il sera établi un district où la chasse du gibier de montagne sera prohibée dans chacun des Cantons d'Appenzell, de St-Gall, de Glaris, d'Uri, de Schwyz, d'Unterwalden, de Lucerne, de Fribourg et de Vaud ; deux districts dans chacun des Cantons de Berne et du Tessin, et trois dans ceux du Valais et des Grisons. Ces districts seront d'une étendue suffisante pour séparer le gibier et placés sous la haute surveillance de la Confédération.

Un règlement spécial du Conseil fédéral fixera les limites exactes de ces districts (sans avoir égard aux frontières cantonales) et organisera une surveillance sévère sur le gibier ; ce règlement contiendra les dispositions nécessaires pour la protection et la conservation du gibier de montagne, selon les circonstances et la situation des lieux.

Autant que possible, les délimitations de ces districts francs seront modifiées tous les cinq ans.

La Confédération cherchera à acclimater des bouquetins dans ces districts.

ART. 16. — La chasse aux animaux nuisibles et aux carnassiers dans les districts francs ne peut avoir lieu que dans les conditions déterminées par l'article 4 et avec l'autorisation expresse du Conseil fédéral.

IV. — *Dispositions concernant la protection des oiseaux.*

ART. 17. — Sont placées sous la protection de la Confédération, les espèces d'oiseaux suivantes :

Tous les insectivores, soit toutes les espèces de sylvies (fauvettes, rossignols, etc.), de traquets, de mésanges, d'accenteurs, de pipits, d'hirondelles, de gobe-mouches et de bergeronnettes;

Parmi les *passereaux* : l'alouette, l'étourneau, les diverses espèces de grives et de merles à l'exception de la litorne, le pinson et le chardonneret;

Parmi les *grimpeurs* : le coucou, le grimpereau, la sittelle, le torcol, la huppe et toutes les espèces de pics;

Parmi les *corbeaux* : le choucas et le freux;

Parmi les *oiseaux de proie* : la buse et la crécerelle, ainsi que toutes les espèces d'oiseaux de proie nocturnes, à l'exception du grand duc;

Parmi les *oiseaux de marais* et les *palmipèdes* : la cigogne et le cygne.

Il est défendu de prendre ou de tuer ces oiseaux, d'enlever les œufs ou les petits des nids, ou de les vendre au marché.

Lorsque les moineaux, les étourneaux ou les grives font irruption dans les vignes, il est permis au propriétaire de les tuer en automne, aussi longtemps que la vendange n'est pas terminée.

ART. 18. — Les autorités scolaires doivent veiller à ce que les enfants apprennent dans l'école à connaître ces oiseaux, ainsi que leur utilité, et soient engagés à les épargner.

ART. 19. — Il est absolument interdit, dans tout le territoire suisse, de prendre les oiseaux au moyen de filets, d'aires, de chanterelles, de chouettes, de gluaux, de lacets ou autres pièges quelconques.

ART. 20. — Les Gouvernements cantonaux ont le droit d'accorder à des personnes de confiance des autorisations spéciales, même en dehors de la saison de la chasse, pour tuer, dans un but scientifique, des oiseaux de toute espèce (autres que le gibier de chasse) et recueillir leurs nids et leurs œufs, à condition toutefois que ce ne soit pas pour en faire métier.

V. — *Dispositions pénales.*

ART. 21. — Sont punis comme délits de chasse : la chasse ou la prise de gibier en temps prohibé, ou sans permis (art. 2) pendant que la chasse est ouverte; en outre, la chasse dans les districts francs, par des personnes non autorisées dans les arrondissements affermés, la chasse les jours de dimanche lorsqu'elle est défendue dans un Canton, la destruction ou la prise des espèces de gibier spécialement protégées; la chasse au moyen d'engins prohibés ou de substances vénéneuses, de fusils se déchargeant d'eux-mêmes; l'usage de projectiles explosibles ou de fusils à répétition, le port de fusils qui se démontent et de cannes à fusil; l'emploi de chiens autres que les chiens d'arrêt, pour la chasse à la plume avant l'ouverture de la chasse générale; les dégâts occasionnés aux propriétés; l'achat et la vente de gibier provenant de braconnage; la destruction des nids et des couvées, ainsi que toute contravention aux dispositions sur la chasse au gibier de montagne et sur la protection des oiseaux.

Ceux qui achètent, pendant la fermeture de la chasse, du gibier provenant de braconnage ou du gibier d'espèce protégée, seront punis comme les braconniers eux-mêmes.

ART. 22. — Les Cantons édicteront les dispositions pénales sur les délits de chasse. Pour la violation des dispositions sur la protection des oiseaux, l'amende ne devra pas être inférieure à fr. 10; s'il s'agit de la chasse au gibier de plaine, l'amende sera d'au moins fr. 20; s'il s'agit de gros gibier, elle sera d'au moins fr. 40.

A défaut de paiement, l'amende sera convertie en emprisonnement, à raison d'un jour de prison pour trois francs d'amende.

En cas de récidive, l'autorisation de chasser doit être retirée ou refusée pendant une période de deux à cinq ans.

Pour les délits de chasse commis pendant la fermeture de la chasse ou pendant la nuit, l'amende doit être doublée.

Le fait de laisser des chiens chasser lorsque la chasse est fermée n'est pas considéré comme délit de chasse, mais doit être puni de peines de police et d'une amende de cinq francs au moins par chien.

En cas de récidive, toutes les amendes doivent être élevées.

VI. — *Dispositions finales.*

ART. 23. — Les Cantons ont le droit, par voie législative, d'instituer des primes pour la destruction des animaux particulièrement nuisibles à l'agriculture, au poisson et au gibier (gros carnassiers, sangliers, loutres, aigles, autours, éperviers, pies, geais, hérons).

ART. 24. — Les lois et règlements des Cantons sur la chasse doivent être soumis à l'examen et à l'approbation du Conseil fédéral.

ART. 25. — Dès que la présente loi sera entrée en vigueur, le Conseil fédéral édictera les règlements nécessaires et obligera en même temps les Cantons à mettre sans retard leur législation en concordance avec la loi et les règlements fédéraux.

ART. 26. — Le Conseil fédéral est chargé, conformément aux dispositions de la loi fédérale du 17 juin 1874 concernant les votations populaires sur les lois et arrêtés fédéraux, de publier la présente loi et de fixer l'époque où elle entrera en vigueur.

— *Le Conseil fédéral arrête :*

La loi fédérale ci-dessus, publiée le 23 octobre 1875, entrera en vigueur, en vertu de l'article 89 de la Constitution fédérale, et sera exécutoire à partir du 14 février 1876.

Berne, le 2 février 1876.

Analyse de la loi du 17 septembre 1875.

I. — *Dispositions générales :* Chaque canton doit, par des lois ou règlements, déterminer le régime de chasse qu'il choisit : soit le système des permis, soit le système des chasses louées; régime qui devra être protégé par les pouvoirs compétents (art. 1, 3), on ne saurait laisser la chasse complètement libre dans un canton.

Le canton doit faire publier en temps utile le règlement d'exécution de la chasse et chaque fois faire connaître, par la voie de la presse, l'époque de l'ouverture et de la fermeture de la chasse, en prévenant le public des conséquences légales qui peuvent résulter, pour lui, de l'achat de gibier qui doit être épargné conformément à la loi (art. 5, 17 et 21) et indiquer le chiffre des amendes prononcées en cas de contraventions (art. 5 du Règlement du 12 avril 1876).

En vertu de ces dispositions, les cantons d'Argovie, Bâle-Ville et Bâle-Campagne, sont les seuls qui ont conservé le système des chasses louées, qui est peut-être le meilleur pour la conservation du gibier sédentaire. Les autres cantons ont adopté le régime de chasse à patente ou permis.

Le Conseil fédéral approuve les lois et règlements (art. 24) et tout Suisse (art. 23) peut dès lors être autorisé à chasser sur le territoire du canton qui lui a délivré un permis de chasse cantonal : ce droit peut être accordé à des étrangers établis dans le canton.

Le fait de chasse sans permis est considéré comme un délit punissable (art. 21) par la Loi fédérale.

Les permis, dans chaque canton, sont nombreux et varient tellement de prix qu'il ne sera pas sans intérêt de les examiner en détail, en signalant en même temps les règlements principaux qui ont été adoptés par les vingt-cinq cantons de la fédération.

Les principaux permis sont : 1° Les permis pour la chasse de plaine et la chasse générale (du 1er septembre au 15 décembre); 2° les permis pour la chasse des oiseaux seulement; 3° les permis pour la chasse de montagne et la chasse générale; 4° les permis pour la chasse de montagne seulement; 5° les permis pour la chasse sur les lacs.

Il y a aussi des permis spéciaux pour les étrangers, valables seulement pour quelques jours; des permis spéciaux pour la chasse du renard ; des permis pour la destruction des animaux nuisibles et des permis ornithologiques, délivrés à des savants dans un but scientifique.

C'est dans les cantons de Nidwald, des Grisons et du Tessin, que les prix des permis sont le moins élevés : le prix le plus élevé se trouve dans ceux de Berne, Zürich, Fribourg et Soleure, quoique relativement, dans ces cantons, le nombre des chasseurs soit moindre.

Cette variété de prix fait, d'après le journal *La Diana*, que le citoyen suisse qui voudrait chasser sur tous les cantons (41,390 kilomètres carrés) avec un chien, dans toutes conditions, aurait à payer la somme de 1,098 francs.

Toutefois, les sommes qui rentrent dans les caisses des cantons, par suite du prix de ces permis, de l'impôt sur les chiens, etc., sont très importantes.

D'après le journal, cité plus haut, en 1888, il y aurait eu en Suisse, 9,714 patentes de chasse délivrées, qui ont produit 174,026 francs, somme à laquelle il faut ajouter le produit des

Locations en Argovie		22,000
—	Bâle-Ville	655
—	Bâle-Campagne	5,397
Ce qui donne un total de		202,078

La chasse n'est permise le dimanche que dans les cantons de Genève, de Neuchâtel, du Tessin, de Thurgovie et des Grisons.

Même lorsque la chasse est fermée, les cantons peuvent ordonner ou permettre la destruction des animaux nuisibles et celle du gibier qui, par sa trop grande abondance, cause des dommages (art. 4). Le temps pendant lequel cette chasse peut être faite sera déterminé, et le nombre des chasseurs limité; choisis parmi des personnes de confiance, ils sont astreints à certaines obligations.

Le locataire de chasse, dans les arrondissements affermés, peut tuer le gibier trop abondant et les animaux nuisibles, pendant la fermeture, sans autorisation spéciale, mais il ne peut employer des chiens.

En Suisse, après la fermeture, la loi (art. 5) accorde huit jours pour se défaire du gibier; à partir de ce délai, l'achat, et la vente de tout gibier sont interdits, à l'exception du gibier venant de l'étranger, mais pour ce dernier, il faut que l'origine soit officiellement établie.

Défense est faite, en tout temps, de vendre les faons de chamois ainsi que les femelles du coq de bruyère et du tétras à queue fourchue.

En cas de contravention, le gibier est confisqué et l'on applique les peines prévues par l'article 21.

Il est défendu (art. 6), de prendre les œufs et de détruire les couvées du gibier à plume de détruire les marmottes; de se servir de fusils se démontant ou de canne-fusil; d'employer des engins ou pièges, excepté pour prendre les renards, les putois, les fouines, et les martres; de placer des fusils partant d'eux-mêmes et d'employer des projectiles explosibles ou du poison.

Il faut remarquer que la loi ne punit pas le détenteur ou le porteur d'engins prohibés, le délit n'existe que par la constatation du fait sur les lieux.

La loi fédérale (art. 7) reconnaît deux espèces de chasse :
1° La chasse au gibier de plaine.
2° La chasse au gibier de montagne.

IV. — *De la chasse au gibier de plaine.* — La chasse au gibier de plaine (art. 8) ouvre le 1ᵉʳ septembre et ferme le 15 décembre. — Ces dates sont bien choisies en ce qui touche la protection du gibier, car avant le 1ᵉʳ septembre, il est trop jeune pour être tué et après le 15 décembre le lièvre, qui par la neige peut être facilement détruit, se trouve sauvegardé. La chasse générale ouvre dès le 1ᵉʳ octobre et ferme le 15 décembre. Toutefois les cantons, en prenant des dispositions spéciales, peuvent ouvrir la chasse générale le 1ᵉʳ septembre en même temps que la chasse à plume.

On entend par *chasse générale*, la chasse à tout gibier de plaine, plume et poil, et à tous animaux malfaisants.

Dans les cantons qui n'ouvrent la chasse générale que le 1ᵉʳ octobre, les chasseurs sont donc obligés de demander une permission spéciale (art. 4) pour tuer en septembre les animaux nuisibles puisque dans ces cantons la chasse à la plume seule est ouverte le 1ᵉʳ septembre.

La chasse du printemps sur terre, de quelque nature qu'elle soit, est défendue sur tout le territoire suisse.

Le but du législateur a été d'empêcher les braconniers et les chasseurs peu consciencieux de profiter de la chasse du printemps au gibier à plume de passage, pour tuer des espèces sédentaires et amener la destruction de ces espèces. En outre, le législateur a voulu protéger le gibier de passage, en attendant que des conventions internationales s'établissent, suivant son désir à ce sujet, et règlementent ces chasses dans tous les pays. Toutefois, comme ce but est loin d'être atteint, nombre de cantons semblent désirer que la loi fédérale rétablisse leur autonomie, pour l'ouverture de la chasse du printemps aux oiseaux de passage, *seulement* dans les régions basses de leur territoire, tant que les pays limitrophes n'interdiront pas cette chasse chez eux.

Avant l'ouverture de la chasse générale, l'emploi d'autres chiens que les chiens d'arrêt est défendu.

La chasse sur les lacs est réglée par les cantons, sous réserve pour les lacs de frontière, des conventions avec les États voisins.

Comme mesure de protection et de repeuplement, les cantons peuvent créer sur leur territoire des districts fermés à la chasse et interdire la chasse de certaines espèces de gibier.

III. — *De la chasse au gibier de montagne.* — Les articles 11 à 16 ont tous pour but la protection du gibier de montagne.

La chasse au gibier de montagne, chamois, marmottes, est restreinte sur tout le territoire à la saison du 1ᵉʳ septembre au 1ᵉʳ octobre.

Celle des autres gibiers de montagne, lièvres des Alpes, gallinacés de montagne (coqs de bruyère, tétras à queue fourchue, gelinottes des bois, gelinottes blanches ou lagopèdes, bartavelles) et carnassiers des hautes régions est fixée du 1ᵉʳ octobre au 15 décembre.

Comme mesure de protection, il est défendu de prendre ou de tuer les jeunes chamois de l'année et les mères qui les allaitent.

Il est aussi défendu de tuer les femelles du coq de bruyère et du tétras à queue fourchue.

Pour les chasses au gibier de montagne, la loi défend (art. 13) l'emploi des chiens courants et des armes à répétition.

La chasse aux cerfs et aux chevreuils (art. 14) qui se trouvent dans les hautes régions est permise du 1ᵉʳ septembre au 1ᵉʳ octobre : les cantons peuvent en restreindre la durée par des règlements ou des lois.

Les femelles et les faons de l'année ne peuvent être tués ni pris, n'importe où ils se rencontrent.

L'article 15 ordonne l'établissement de districts dits *à ban* dans certains Cantons de la Suisse où la chasse du gibier de montagne est prohibée ; on lui assure ainsi des asiles où il peut se reproduire et par suite repeupler les contrées environnantes.

D'après cet article, les Cantons d'Appenzell, de St-Gall, de Glaris, d'Uri, de Schwyz, d'Unterwalden, de Lucerne, de Fribourg et de Vaud doivent contenir un district à ban ; il doit y en avoir deux dans les Cantons de Berne et du Tessin, et trois dans ceux du Valais et des Grisons.

Ces districts d'une étendue suffisante pour séparer le gibier, sont placés sous la haute surveillance de la Confédération. Le Conseil fédéral en fixe les limites, organise sévèrement la surveillance du gibier, et autant que possible, modifie la délimitation des districts francs tous les cinq ans.

La Confédération doit enfin chercher à acclimater les bouquetins dans ces districts.

IV. — *Dispositions concernant la protection des oiseaux.* — Les oiseaux mentionnés dans l'article 17 comprenant tous les insectivores, certains passereaux, certains grimpeurs, les corbeaux, les oiseaux de proie, les oiseaux de marais et les palmipèdes, sont placés sous la protection de la Confédération. —

On ne peut prendre ou tuer ces oiseaux ni enlever leurs œufs ou leurs petits, ni les vendre au marché.

Toutefois, le propriétaire de vignes peut, en automne, tuer les moineaux, étourneaux ou grives qui font irruption dans ses vignes, tant que la vendange n'est pas terminée.

Les autorités scolaires (art. 18) doivent faire en sorte que les enfants apprennent dans les écoles à connaître ces oiseaux et leur utilité; on doit les engager à les épargner.

Il est défendu (art. 19) de prendre les oiseaux au moyen de filets, d'aires, de chanterelles, de chouettes, de gluaux ou autres pièges quelconques.

Bien appliqué, il est certain que cet article est une entrave sérieuse au braconnage du gibier à plume.

Les gouvernements cantonaux peuvent accorder des autorisations spéciales (art. 20) à des personnes de confiance, en dehors du temps de chasse, pour tuer, dans un but scientifique, des oiseaux de toute espèce, autres cependant que le gibier de chasse; on peut aussi, dans ce même but, recueillir les œufs de ces oiseaux, à condition que ce ne soit pas pour en faire métier.

V. — *Dispositions pénales.* — L'article 21 mentionne les faits qui sont punis comme délits de chasse.

Il faut remarquer que ceux qui achètent pendant la fermeture de la chasse du gibier provenant du braconnage ou du gibier d'espèce protégée sont punis comme les braconniers eux-mêmes.

Ce sont les Cantons qui édictent les dispositions pénales (art. 22) sur les délits de chasse. Toutefois, la loi fédérale fixe pour certains cas le minimum de l'amende, et spécifie qu'à défaut de paiement, cette amende sera convertie en emprisonnement, à raison d'un jour de prison pour trois francs d'amende.

Elle porte qu'en cas de récidive, l'autorisation de chasse doit être retirée ou refusée pendant une période de deux à cinq ans : et que pour les délits de chasse commis pendant la fermeture de la chasse ou pendant la nuit, l'amende sera doublée.

Lorsque la chasse est fermée, laisser chasser des chiens n'est pas considéré comme un délit de chasse, mais le fait est puni de peine de police et d'une amende de 5 francs au moins par chien.

En cas de récidive, toutes les amendes doivent être élevées.

VI. — *Dispositions finales.* Les Cantons peuvent, par voie législative, instituer des primes pour la destruction des animaux particulièrement nuisibles à l'agriculture, au poisson et au gibier.

L'article 23 énumère les gros carnassiers, sangliers, loutres, aigles, autours, éperviers, pies, geais, hérons.

On est surpris de ne pas trouver dans cette énumération le renard, la martre, la fouine, le putois, l'hermine, la belette, le chat vagabond, etc., qui sont assurément de grands destructeurs de gibier; il faut croire que les Cantons peuvent les comprendre dans les animaux dont ils priment la destruction.

Les lois et les règlements pris par les Cantons (art. 24) sur la chasse doivent être soumis à l'examen et à l'approbation du Conseil fédéral.

Cette loi, une fois en vigueur, le Conseil fédéral devait édicter des règlements nécessaires et obliger (art. 25) en même temps les cantons à mettre sans retard leur législation en concordance avec les lois et les règlements fédéraux.

Enfin (art. 26) le Conseil fédéral est chargé, conformément aux dispositions de la loi fédérale du 17 juin 1874, concernant les votations populaires sur les lois et arrêtés fédéraux, de publier la présente loi et de fixer l'époque où elle entrera en vigueur.

— La loi en fixant les dates de chasse, en interdisant la destruction, de certains gibiers, en autorisant au contraire celle des animaux nuisibles et en ordonnant l'établissement de districts, dits *à ban*, dans certains cantons de montagnes, afin de permettre au gibier des Alpes de se reproduire et de repeupler les contrées environnantes, a certainement agi avec prudence; toutefois, l'on voit que le gibier de plaine est moins protégé, car il n'y a pas de districts à ban pour lui; aussi certains cantons prennent des mesures spéciales pour la protection de leur gibier. Ainsi on peut constater que le canton de Zurich a interdit la chasse du gibier à plume pendant certaines années; les cantons d'Uri, Glaris, Soleure, Appenzell, ont défendu la chasse du chevreuil et du cerf; Lucerne, Nidwald défendent la chasse dans certaines parties de leur territoire; Uri a un ban spécial pour le chamois; Berne en a deux; Fribourg et Genève interdisent la chasse en temps de neige; Neuchâtel défend la chasse au chien courant, et en temps prohibé, si ces animaux sont trouvés chassant, ils peuvent être abattus.

Enfin dix cantons sur vingt-cinq donnent des primes pour la destruction des animaux nuisibles, ce sont: Zurich, Lucerne, Uri, Schwytz, Nidwald, Glaris, Appenzell, R. E. St-Gall, les Grisons, Thurgovie.

Il est à remarquer que les primes données pour la destruction du laemmergier ont été supprimées, sur la demande des sociétés ornithologiques, cette espèce tendant à disparaître.

IV. — *Règlement d'exécution du* 12 *avril* 1876.

Conformément à cette loi de 1875, le Règlement d'exécution suivant, pour la loi sur la chasse, fut rendu le 12 avril 1876 :

Le Conseil fédéral suisse, sur la proposition de son Département de l'Intérieur *arrête :*

Art. 1er. — Les Cantons sont invités à édicter, par voie législative ou règlement, les prescriptions nécessaires pour procurer l'exécution de la loi fédérale sur la chasse, du 17 septembre 1875, et du présent règlement. Ces prescriptions régleront en particulier le système d'après lequel la chasse doit être exercée dans chaque Canton, ainsi que ce qui concerne la chasse aux palmipèdes sur les lacs (art. 3 et 9 de la loi).

Les lois et règlements cantonaux devront être soumis, d'ici au 1er août prochain, à l'approbation du Conseil fédéral.

Les prescriptions cantonales en vigueur, qui sont contraires à la loi fédérale ou au présent règlement, sont abrogées de plein droit.

Art. 2. — Les permis de chasse doivent contenir :

a) la désignation exacte de la personne à laquelle le permis est délivré ;

b) la désignation du genre de chasse pour lequel il est délivré (gibier de montagne, chasse générale, chasse à la plume).

Lorsque la chasse sera affermée par districts, les fermiers de chasse recevront des actes contenant les mêmes désignations.

Art. 3. — En outre, chaque chasseur reçoit, avec son permis de chasse, un exemplaire de la loi fédérale sur la chasse, le règlement fédéral et le règlement cantonal d'exécution, et une indication précise de la délimitation des districts francs situés dans le Canton, ainsi que des autres districts réservés, le tout en édition séparée.

Art. 4. — La chasse à la plume doit être exercée en conformité des prescriptions et de manière a ménager autant que possible l'exploitation agricole.

Il est interdit d'entrer dans les vignes avant que la vendange soit terminée, ou dans les champs d'avoine et de blé noir non encore moissonnés.

Art. 5. — Les Cantons sont tenus de publier en temps utile le présent règlement d'exécution et de faire connaître chaque fois, par la voie de la presse, l'époque de l'ouverture et de la fermeture de la chasse.

A cette occassion, ils avertiront le public des conséquences légales qui pourraient résulter pour lui de l'achat des espèces de gibier qui doivent être épargnées en conformité de la loi (art. 5, 6, 17 et 21), et lui indiqueront le chiffre des amendes prévues en cas de contravention.

Art. 6. — Un règlement spécial sera adopté plus tard, en conformité de l'article 15 de la loi, au sujet de la fixation de districts francs.

Berne, le 12 avril 1876.

V. — *Règlement du* 11 *mars* 1879.

Le règlement du 11 mars 1879 concerne la participation de

la Confédération aux frais des Cantons pour la chasse au gibier de montagne :

« Le Conseil fédéral suisse.

En exécution de l'article 15 de la loi fédérale du 17 septembre 1875 sur la chasse et la protection des oiseaux, ainsi que de l'arrêté fédéral du 28 juin 1878 concernant la participation de la Confédération aux frais des cantons pour la surveillance des districts francs pour la chasse du gibier de montagne ;

En vue de compléter l'instruction adoptée le 18 août 1876, par le département de l'Intérieur, pour les gardes des districts francs, arrête :

Art. 1er. — Les Cantons sur le territoire desquels sont établis des districts francs pour la protection du gibier de montagne (art. 15 de la loi fédérale sur la chasse et la protection des oiseaux) sont tenus d'organiser et d'exécuter strictement une surveillance efficace sur les districts francs.

Art. 2. — La Confédération supporte un tiers des dépenses incombant de ce chef aux Cantons.

Pour le calcul de cette subvention, les Cantons fourniront au Conseil fédéral, pour le 1er novembre de chaque année, les comptes des dépenses qu'ils auront faites pendant l'année pour cette surveillance.

Art. 3. — Sont compris dans ces dépenses :

a) le traitement fixe des gardes ;

b) l'habillement, l'armement et la munition à fournir aux gardes, à moins qu'il n'en soit déjà tenu compte dans le traitement fixe;

c) les frais destinés à renforcer momentanément la garde des districts francs, dans le but de chasser et de détruire les animaux carnassiers ou de réprimer le braconnage.

Art. 4. — Les gardes des districts francs doivent être choisis parmi les hommes de probité reconnue et expérimentés dans la chasse au gibier de montagne et dans celle aux animaux carnassiers.

Ils sont nommés et rétribués par le Gouvernement du Canton respectif, sous réserve de l'approbation du Département fédéral du Commerce et de l'Agriculture.

Art. 5. — Suivant les circonstances et moyennant l'autorisation du Département du Commerce et de l'Agriculture, la chasse aux animaux carnassiers peut être permise, toutefois sous la surveillance du garde respectif et dans les limites de la loi sur la chasse, à des personnes ayant un permis de chasse.

Art. 6. — Le Département peut s'assurer, par des commissaires spéciaux, que les prescriptions ci-dessus sont observées par les Cantons, et que l'instruction spéciale pour les gardes des districts francs est convenablement suivie.

Art. 7. — A l'expiration de la première période de 5 ans pour la délimitation des districts (art. 15 de la loi sur la chasse), on pourra, d'accord avec le Département, transférer le district franc dans une autre contrée du Canton, appropriée à ce but.

Toutefois, s'il y a plusieurs districts francs dans le même Canton, on ne peut en transférer qu'un seul à la fois.

Art. — 8. A cet effet, le Gouvernement cantonal pourvoira à ce que les avantages obtenus par la surveillance des districts francs durent autant que possible et ne soient pas annulés par un exercice exagéré de la chasse.

En particulier, on devra prendre les mesures suivantes :

a) Surveillance sévère de l'ancien district franc, par un personnel suffisant, pendant le temps où la chasse est permise.

b) Réduction du temps de la chasse.

c) Élévation du coût de la patente et des autres droits.

d) Interdiction des chiens courants.

e) Aggravation des peines en cas de contravention.

Les règlements y relatifs sont soumis à l'approbation du Département fédéral du Commerce et de l'Agriculture.

Art. 9. — Les Cantons auxquels on pourra prouver qu'ils ont exécuté d'une manière négligente ou insuffisante la loi fédérale sur la chasse et la protection des oiseaux, perdent pour l'année tout droit aux subventions de la Confédération à leurs frais de garde des districts francs.

VI. — *Règlement du 2 août 1881.*

— Le règlement du 2 août 1881 est venu apporter les modifications suivantes :

Extrait du Règlement concernant les districts francs pour la chasse au gibier de montagne (du 2 août 1881).

Le Conseil fédéral suisse,

Sur la proposition du Département du Commerce et de l'Agriculture, en exécution de l'article 15 de la loi du 17 septembre 1875 sur la chasse et la protection des oiseaux;

Considérant que la cinquième année à partir de l'établissement des premiers districts francs est près d'expirer;

Vu l'article 15, 3me alinéa de la loi précitée, qui porte qu'autant que possible les délimitations des districts francs seront modifiées tous les cinq ans;

Vu aussi l'arrêté du 28 juin 1878 sur la participation de la Confédération aux frais de la surveillance des districts francs;

Après avoir pris l'avis des gouvernements de tous les cantons intéressés;

Arrête :

Art. 1er. — A dater du 1er septembre 1881 et pour le terme de cinq ans dès cette date, les districts francs que prévoit l'article 15 de la loi fédérale sur la chasse, sont déterminés et délimités comme suit :

(Voir dans le Règlement *in extenso* les bans établis, dans les divers cantons, pour la série de 1881 à 1886.)

Art. 2. — Ces délimitations sont reproduites pour chaque Canton sur une carte délivrée par l'autorité cantonale avec le permis de chasse.

Art. 3. — Dans les districts francs, il est absolument interdit de chasser à aucune époque de l'année.

Le port d'armes à feu sans justification plausible est interdit et puni comme délit de chasse.

Art. 4. — Les Cantons ci-dessus désignés sont tenus de nommer et de maintenir un ou deux gardes spéciaux et qualifiés pour chaque district franc. Les nominations sont communiquées au Département fédéral du Commerce et de l'Agriculture, lequel peut demander la révocation des gardes qui ne s'acquitteraient pas convenablement de leurs fonctions.

Ces agents doivent se conformer aux instructions édictées par l'atorité fédérale.

Art. 5. — Les cantons sont chargés de la surveillance spéciale des districts francs, ainsi que du service des gardes.

Ils présenteront chaque semestre un rapport au Département fédéral du Commerce et de l'Agriculture.

Art. 6. — Les dispositions pénales édictées par les Cantons en exécution des articles 21 et 22 de la loi fédérale sur la chasse sont applicables aux contraventions relatives à la protection du gibier dans les districts francs.

Art. 7. — Les territoires qui forment actuellement des districts francs et qui ne sont pas compris dans les nouvelles délimitations, tels que les fixe l'article 1er du présent arrêté, sont replacés sous le régime commun, toutefois avec les réserves suivantes :

a) La chasse ne pourra pas être ouverte avant le 20 septembre, en 1881, ni avant le 10 septembre, en 1882. Les Cantons peuvent même retarder cette ouverture ;

b) Jusqu'à la fin de 1882, les Cantons exerceront sur ces territoires la surveillance spéciale qui est prescrite pour les districts francs.

Les Cantons peuvent en outre prendre d'ultérieures mesures spéciales pour la conservation du gibier de ces territoires, telles que l'augmentation du prix des patentes, l'élévation du chiffre des amendes, ou autres.

Art. 8. — Les territoires auxquels s'applique l'article 7 sont les suivants :

1° Le district du Pilate, situé sur le territoire des cantons de Lucerne, d'Unterwalden le Bas et le Haut,

2° Le district du canton de Vaud, dans la vallée de Château-D'Œx.

3° Le district valaisin n° 1, entre la Furka et le glacier d'Aletsch.

4° Le district valaisin n° 5, entre la Dala et la Morge.

5° Le district valaisin n° 11, entre le Trient et la Viège.

6° Du premier district bernois, la partie à l'ouest de Lauibach, du Rohrbach et de la ligne droite, depuis la source de ce dernier à Geltenschuss (point 2158) à la cime du Wildhorn.

7° Du district du Piz-Riein-Tamul, canton des Grisons, le versant nord du Piz-Riein, délimité par le chemin qui, depuis le ravin de Riein, monte par Galoin et le village aux Alpes de Riein, et de là par l'arête, entre la Cauma, le Piz-Riein (point 2541), le Nollen, et le Schluchtli (2286), puis par le ravin d'Acla.

8° Du district de la Bernina, canton des Grisons, tout le versant droit de la vallée de Fex.

— Ce règlement abroge aussi les articles 7 et 8 du règlement du 11 mars 1879 sur la participation de la Confédération aux frais de surveillance des districts francs.

Mais toutes les autres dispositions de ce règlement restent en vigueur et son article 3 doit être entendu dans ce sens que la Confédération participera dans la mesure fixée par la loi aux primes accordées pour la destruction des animaux nuisibles sur les districts francs.

— En vertu de ces lois et règlements voici, d'après le journal *La Diana*, l'énumération des bans établis pour 1887. Il y avait :

Dans les cantons de Berne, trois nouveaux districts : Faulhorn-Jungfrau, Gifferhorn (asile pour le gibier), Hohgant (ban sur les chamois et les chevreuils); de Lucerne, Schratten-Rothhorn; d'Uri, Haut et Bas-Unterwald, les Rothstöcke; de Schwytz, Grieselstock-Bisithal; de Glaris, Kärpfstock; de Fribourg, Schofenspitze; d'Appenzell-Rh. Ext. et Int., Santis; de St-Gall, les Churfirsten; des Grisons 5 districts, Piz-d'Err, Piz Beverin et Bernina, asile pour le gibier; du Tessin 2 districts, Gothard et Verzasca-Leventina; de Vaud, Diablerets; de Valais 3 districts, Weisshorn, Haut-de-Cry et Grand-Combin. Soit un total de 3,537 kilomètres carrés environ, surveillés par 54 gardes, dont l'entretien, en 1887, d'après le rapport des Eaux et Forêts, a coûté aux cantons 38,787 francs; la Confédération est entrée dans cette dépense pour une somme de 12,929 francs, à titre de subside. Ces gardes ont relevé 78 contraventions et détruit 781 carnassiers et 1,091 oiseaux de proie.

— En mai 1888, d'accord avec les cantons intéressés, la Confédération a modifié certains districts à ban dans les cantons de Berne, Grisons et Vaud. En outre, il a été créé (arrêté du 11 juin 1888), un nouveau ban dans le Jura bernois, dit du Mont Moron, aux frais duquel la Confédération participe pour un tiers.

— Le gibier à plume profite moins de ces mesures protectrices, car dans les montagnes il a pour ennemis tous les fauves, renards, martres, belettes, faucons, aigles, buses, corbeaux, et les gardes *peu nombreux* qui, d'après les instructions du 18 août 1876, doivent surveiller soigneusement le gibier ne sont en assez grand nombre pour exterminer tous ces carnassiers, d'autant que s'ils peuvent les chasser et tuer, en tout temps, par tous les moyens possibles, on leur défend d'user de chiens courants et du poison.

L'article 16 cependant porte que la chasse aux animaux nuisibles et aux carnassiers dans les districts francs ne peut avoir lieu que dans les conditions déterminées par l'article 4 et avec l'autorisation expresse du Conseil fédéral.

II. — *Situation géographique de la Suisse par rapport à la chasse.*

Les forêts, les prairies et les pâturages font la richesse de la Suisse.

La surface de la Suisse est de 41,346 kilomètres carrés y compris les lacs dont un sixième est couvert d'arbres; les herbages occupent plus d'un tiers de cette superficie; enfin, sauf dans les cantons du *Valais*, des *Grisons* et du *Tessin*, les montagnes peuvent être classées parmi les plus verdoyantes de l'Europe.

Cet état de choses semblerait avoir dû favoriser le développement des animaux sauvages et la multiplication du gibier : il n'en a pas été ainsi.

Grâce au nombre des chasseurs, grâce à l'incurie des montagnards, sous la hache desquels les arbres disparaissaient sans discernement, ce qui fait que des lois spéciales ont été promulguées pour la protection des forêts nationales et cantonales, nombre d'animaux qui habitaient dans le passé les forêts et les montagnes ont totalement disparu.

Le bison et le castor, encore nombreux au moyen-âge, ne se rencontrent plus; depuis un siècle, il n'y a plus de daims; enfin si le chat sauvage, le loup et quelques ours sont encore chassés, le chevreuil et le sanglier tendent à disparaître. En présence de ce dépeuplement, des mesures étaient nécessaires pour protéger le chamois, repeupler les Hautes-Alpes de bouquetins et empêcher la destruction complète du gibier de montagne.

Le gibier sédentaire devait profiter de ces mesures indirectement, et grâce à elles le coq de bruyère, la bartavelle, le lièvre, la gelinotte, le tétras, le lagopède, sont encore assez nombreux.

Les oiseaux de proie sont, par contre, très abondants; il en est de même des oiseaux de passage : la position géographique de ce pays, situé au milieu de la zone tempérée, et le relief de ses montagnes, expliquent pourquoi ses vallées sont traversées par un aussi grand nombre d'oiseaux de passage qui viennent s'y reposer.

Ces migrations se font d'un versant à l'autre par les dépressions les plus basses des massifs Alpins, et le col du Saint-Gothard est leur route préférée, grâce à la direction du nord au sud que suivent les vallées de la Reuss et du Tessin.

Cette situation montre combien la loi de 1875 était nécessaire, et l'on voit quels importants résultats elle peut donner, au point de vue du repeuplement et de la conservation du gibier dans toute la Suisse.

III. — *Cantons de la Suisse.*

Ne pouvant donner toutes les lois cantonales sur la chasse qui ont été publiées depuis la loi fédérale de 1875, nous allons les analyser et voir le système du permis pour chaque canton, ne nous arrêtant qu'aux lois les plus importantes.

APPENZELL (*Rhodes-Extérieures*).

Le demi-canton d'Appenzell (Rhodes-Extérieures) qui forme aujourd'hui une république et dont la constitution date de 1872, est entré dans la Confédération depuis 1597, il est de langue allemande ; sa population est de 54,200 habitants et sa superficie de 242 kilomètres.

Dans ce canton, deux permis sont distribués pour la chasse :

L'un de 20 francs, pour la chasse générale du 1er octobre au 15 décembre.

L'autre de 30 francs, pour la chasse de montagne et la chasse générale.

De plus, des permis spéciaux, valables pour un jour et du prix de 5 francs sont donnés aux étrangers ; ces derniers permis ne peuvent être demandés que par l'intermédiaire d'un chasseur du pays, déjà muni d'un permis : le chasseur ne peut obtenir ce permis de 5 francs qu'une fois par saison de chasse.

Pour l'année 1887-1888, soixante-sept permis ont été délivrés dans le canton et ont produit 1,380 francs (1).

La loi de chasse de ce canton porte que le chasseur qui a tué une pièce de gibier menée ou levée par le chien d'une autre personne, doit la lui restituer, contre le payement d'une somme de 2 francs.

Le canton accorde des primes pour la destruction des animaux nuisibles : 20 francs pour une loutre, 3 francs pour un autour, 2 francs pour un épervier et un héron, 0 fr. 40 c. pour une pie, 0 fr. 10 c. pour un corbeau ou une corneille.

Ces primes sont délivrées aux chasseurs réguliers, en temps de chasse ; la loutre peut être tuée par des chasseurs réguliers en temps de chasse fermée, avec une autorisation spéciale.

---

(1) Cette statistique, quoique prise de 1887 à 1888, est sensiblement la même aujourd'hui.

APPENZELL *(Rhodes-Intérieures.)*

Le demi-canton d'Appenzell (Rhodes-Intérieures), comme celui de Rhodes-Extérieures, est de langue allemande; sa superficie est de 177 kilomètres et sa population, en 1888, était de 12,006 habitants. Pendant l'année de chasse 1887-1888, ce canton a délivré soixante-dix-sept permis de chasse, qui ont produit 1,115 fr.

On y délivre deux permis de chasse : l'un de 15 francs, valable du 1er septembre au 15 décembre ; l'autre du prix de 4 francs, est valable seulement pendant trois jours ; il peut être délivré à un étranger, mais il doit être demandé par l'intermédiaire d'un chasseur du pays déjà patenté, qui ne peut en obtenir qu'un par saison.

Les lois de ce canton édictent que le chasseur qui a tué une pièce de gibier menée ou levée par le chien d'un autre chasseur, doit la lui restituer contre le payement de 1 franc pour un lièvre et 1 fr. 50 pour un renard.

L'article 15 de la loi fédérale établit, dans ce canton, un district où la chasse du gibier de montagne est prohibée, comme moyen de protection et de reproduction (1).

ARGOVIE.

Le Canton d'Argovie est de langue allemande, il fait partie de la Confédération depuis 1802; sa superficie est de 1,404 kilomètres. Sa population en 1888 était de 193,828 habitants.

Pour l'année de chasse 1887-1888, on y a délivré 228 permis, qui ont produit 22,000 francs.

Après la loi fédérale de 1875, le canton a conservé le système des chasses louées : il est divisé en 83 districts de chasse.

Le prix du port d'arme est de 2 francs.

La loi fédérale autorise la chasse jusqu'au 31 décembre.

Des primes sont données pour la destruction des animaux nuisibles; de plus, la chasse de ces animaux est ouverte du 1er mars au 16 avril, avec chien d'arrêt.

Deux ordonnances des 29 mars et 22 mai 1886 réglementent, en exécution de l'article 79 de la constitution, les indemnités dues pour dommages causés par le gibier.

BALE (VILLE).

Bâle (Ville) forme un demi-canton depuis sa séparation d'avec Bâle (Campagne) en 1832. Il est de langue allemande : sa super-

(1) Ordonnance des 14 et 20 mai 1884.

ficie est de 35 kil. 8; sa population, en 1888, était de 74,251 habitants : on y a délivré vingt-neuf permis, pour l'année de chasse 1887-1888, qui ont produit 945 francs.

Dans ce canton, le système de chasse conservé après la loi fédérale de 1875 est celui des chasses louées. Les permis ou cartes de légitimation coûtent 10 francs.

Il y a une taxe sur les chiens, qui le 10 janvier 1888, en raison de l'augmentation de ces animaux, a été portée à 15 francs par le grand Conseil, plus 1 fr. 50 de droit d'inscription. Un règlement du 24 novembre de la même année s'occupe tout spécialement des chiens au point de vue de leur déclaration et de leur santé en ce qui peut avoir trait au danger pour la sécurité publique.

BALE (CAMPAGNE).

Ce demi-canton, indépendant depuis 1832, est de langue allemande. Sa superficie est de 421 kil. 6 : sa population, en 1888, était de 62,133 habitants.

Le système des chasses louées est admis dans une partie de ce canton.

Dans les communes de Biel, Benken, Eptingen, la chasse n'est pas louée et des permis de chasse de 3 à 5 fr. y sont délivrés.

En 1887-1888, les chasses louées ont produit 5,144 francs et les permis 203 francs.

Un arrêté du conseil du gouvernement du 9 mai 1889 fixe la procédure à suivre en matière de délits de pêche et de chasse.

BERNE.

Le canton de Berne est entré dans la Confédération en 1353. Cette république est de langue allemande : sa superficie est de 6,888 kilomètres et sa population de 539,271 habitants.

La loi sur la chasse comprend trois permis :

1° Un permis coûtant 50 fr. 60 pour la chasse du 1er septembre au 15 décembre.

2° Un permis coûtant 80 fr. 60 pour la chasse de montagne.

3° Un permis de 15 francs pour la chasse sur les lacs.

Pour cette dernière chasse, il existe un arrangement international entre les cantons de Berne, de Fribourg, de Vaud et de Neuchâtel, pour ce qui concerne les lacs dont ils sont riverains.

En outre de ces permis, on en délivre un spécial valable pendant huit jours, il est donné aux étrangers de distinction, dit la loi, en séjour momentanément dans le canton de Berne.

Un permis spécial de 10 francs est aussi accordé pour la chasse du renard.

Pour obtenir un permis (art. 10), le demandeur ressortissant du canton doit avoir 18 ans révolus et justifier de la propriété d'un cautionnement de 1,500 francs.

Les non-ressortissants doivent, en outre, élire domicile dans le canton, pour le cas où ils seraient exposés à des plaintes ou à des poursuites pour délits de chasse; formalité qui, du reste, est exigée dans beaucoup de cantons.

Pour l'année 1887-1888, il a été pris 688 permis de chasse qui ont produit 37,342 francs.

Au point de vue de la production du gibier sédentaire, l'article 15 de la loi fédérale a ordonné que deux districts où la chasse au gibier de montagne sera défendue, seront établis dans ce canton.

La loi de 1832 sur la chasse dans ce canton a été modifiée par le grand Conseil Bernois dans la session de 1877-1878.

FRIBOURG.

Le canton de Fribourg, entré dans la Confédération en 1841, est de langue allemande et française.

Sa superficie est de 1,669 kilomètres et sa population en 1888 était de 119,362 habitants.

Les permis de chasse, dans ce canton, sont nombreux : on paye 25 fr. 50 pour un permis de piqueur; 15 fr. 50 pour un permis délivré à des enfants mineurs; 30, fr. 50 pour un permis de chasse aux animaux à plume; 15 fr. 50 pour un permis de chasse générale, du 1er octobre au 15 décembre; 70 francs pour un permis de chasse de montagne; 15 fr. 50 pour un permis de chasse sur les lacs.

Le permis de chasse pour la plume coûte 30 fr. 50, chiens compris; celui de chasse générale coûte 15 fr. 50, mais il faut payer en plus l'impôt de 10 francs par chien; enfin celui de montagne coûte 10 francs, plus une surtaxe de 60 francs et 10 francs par chien.

Le permis de 25 fr. 50, délivré aux piqueurs, leur donne le droit de chasser avec les chiens de leurs maîtres, sans payer l'impôt sur les chiens.

Enfin le permis de 15 fr. 50, délivré aux enfants mineurs, vivant avec leur père, lorsque celui-ci ou un de ses fils a déjà un permis, leur donne les mêmes droits que ceux mentionnés ci-dessus pour les piqueurs.

Un permis spécial de 20 francs est aussi délivré pour la chasse du renard.

Pour l'année 1887-1888, on a distribué 434 permis, qui ont produit 12,956 francs.

L'article 13 de la loi fédérale établit dans ce canton un district où la chasse du gibier de montagne est prohibée.

L'article 47 de la loi sur la chasse du canton de Fribourg porte que : « dans le but de conservation et de reproduction du gibier, le Conseil d'État peut créer des arrondissements de chasse pour être affermés ».

La loi cantonale défend la chasse pendant la neige.

Loi du 23 mai 1890 sur la chasse.

Pour chasser dans ce canton, il faut être muni d'un des permis suivants : 1° d'un permis de chasse général, coûtant 60 francs sans chien, plus 10 francs par chien, et donnant le droit de chasser dans le canton « à l'exception des territoires à ban, des arrondissements affermés et des lacs ».

2° D'un permis de chasse dans la plaine, coûtant 30 francs sans chien, plus 10 francs par chien, et donnant le même droit que le premier, si ce n'est qu'il faut ajouter aux territoires exceptés « les hautes régions déterminées par les articles 37 et 38 de la loi du 10 mai 1876 et le décret du 17 novembre 1877 sur la chasse (art. 1er).

Toute personne qui participe même sans arme à une chasse, soit comme piqueur conduisant ou soutenant les chiens, soit comme rabatteur, ou de toute autre manière, doit être muni d'un de ces permis (art. 4) (1).

GENÈVE.

Le canton de Genève est entré dans la Confédération en 1815, il est de langue française. La superficie de cette république est de 279 k. 4.

En 1888, sa population était de 107,000 habitants.

Le permis de chasse dans ce canton coûte 20 francs timbre non compris, il est valable jusqu'au 31 décembre de l'année dans le courant de laquelle il a été délivré.

L'impôt cantonal payé par le chasseur pour ses chiens est de 12 francs par bête ; le chasseur étranger n'est pas soumis à cet impôt.

Dans l'année de chasse 1887-1888, on a délivré 326 permis qui ont produit 6,846 francs.

(1) Annuaire de L. L. : 20, V : 1890. p. 604.

La chasse est permise le dimanche dans ce canton.

Le règlement de chasse approuvé par le Conseil fédéral le 1er mars 1887, porte :

Le Conseil d'État,

Vu l'article 86 de la Constitution genevoise du 24 Mai 1847;

Vu l'article 385, § 36 du Code pénal genevois du 21 Octobre 1847 et la disposition générale du dit Code;

Vu la loi fédérale sur la chasse du 17 septembre 1875 et le Règlement d'exécution pour la dite loi du 12 Avril 1876;

ARRÊTE :

Outre les prescriptions de la Loi fédérale sur la chasse et du règlement fédéral d'exécution sus-rappelés, les dispositions suivantes régissent ce qui concerne la chasse sur le territoire du Canton de Genève.

ARTICLE PREMIER. — Lorsque la chasse est autorisée, il est permis de chasser sur tout fonds non clos, à l'exception des terrains ensemencés ou couverts de récoltes pendantes, des vergers, des jardins, plantages et bosquets dépendant des habitations, et dans un rayon de 300 mètres de celles-ci. Néanmoins, tout chasseur devra s'en retirer au premier avertissement, soit du propriétaire, soit de toute autre personne venant de sa part.

ART. 2. — En cas de violation de l'article précédent, le propriétaire a le droit de requérir le chasseur de lui déclarer ses nom, prénoms et demeure.

ART. 3. — Les agents de l'autorité ne dresseront procès-verbal et ne feront rapport pour ces contraventions que sur la demande du propriétaire.

ART. 4. — Tout Suisse est autorisé à chasser sur le territoire du Canton, après s'être pourvu d'un permis de chasse cantonal.

Les étrangers établis ou séjournant dans le Canton jouissent du même droit (L. F. du 17 Septembre 1875, art. 2).

ART. 5. — Le droit de chasse est réglé exclusivement par l'autorité cantonale d'après le système des permis individuels.

ART. 6. — Toute espèce de chasse est défendue sur les routes cantonales, les chemins communaux, les promenades publiques et les chemins privés.

ART. 7. — La chasse avec armes à feu est défendue, même au propriétaire du fonds, dans toute localité qui n'est pas séparée de l'habitation d'autrui par une distance de 300 mètres au moins.

Quiconque chasse sur la grève du lac ou en bateau, est tenu également d'observer cette distance.

Cette prohibition est applicable aux terrains avoisinant les voies ferrées.

ART. 8. — Nonobstant la disposition de l'article précédent, il est libre au propriétaire de détruire, avec armes à feu ou autrement, les animaux nuisibles, quel que soit le lieu de son fonds où ils se trouvent.

ART. 9. — Il est défendu de tirer sur les haies et les arbres qui bordent les chemins publics.

Le propriétaire des haies et des arbres n'est point excepté de la défense.

La chasse est interdite dans l'intérieur des jetées.

Art. 10. — La chasse à la plume est ouverte dès le 1er Septembre; la chasse générale, soit chasse à la plume et au gibier à poil, dès le 1er Octobre. Ces deux chasses sont fermées le 15 Décembre, sous réserve de l'article suivant :

La chasse du printemps sur terre, de quelque nature qu'elle soit, est défendue.

Avant l'ouverture de la chasse générale, il est interdit d'employer d'autres chiens que des chiens d'arrêt. (L. F., art. 8).

La chasse au lièvre, à la neige, est interdite de quelque manière que ce soit; toute chasse est absolument interdite lorsque le sol est entièrement recouvert de neige.

Art. 11. — La chasse aux palmipèdes, sur le lac, est permise toute l'année, sous réserve des conventions qui pourraient intervenir avec les États voisins (L. F., art. 9).

Art. 12. — Il est défendu, dans tout le Canton, de tuer les cygnes et autres oiseaux aquatiques appartenant à la ville de Genève ou aux particuliers.

Art. 13 — La chasse doit être exercée de manière à ménager autant que possible l'exploitation agricole.

Il est interdit d'entrer dans les vignes avant que la vendange soit terminée, ou dans les champs d'avoine et de blé noir non encore moissonnés. (Règlement féd. d'exécution du 12 Avril 1876, art. 4.)

Art. 14. — Le Conseil d'Etat fait connaître chaque année l'époque de l'ouverture et de la fermeture de la chasse.

A cette occasion, il avertira le public des conséquences légales qui pourraient résulter pour lui de l'achat des espèces de gibier qui doivent être épargnées, en conformité de la Loi, et indiquera le chiffre des pénalités prévues en cas de contraventions.

Art. 15. — Dès le huitième jour à partir de la fermeture de la chasse, l'achat et la vente de tout gibier sont interdits, à l'exception du gibier venant de l'étranger et dont l'origine est officiellement établie.

Il est interdit en tout temps, et d'une manière absolue, de vendre des faons de chamois, de biche ou de chevreuil, ainsi que des femelles du coq de bruyère et du tétras à queue fourchue.

En cas de contravention, le gibier sera confisqué, indépendamment des peines prévues par les articles 28 et 29 du présent Règlement (L. F., art. 5).

Art. 16. — Il est interdit de détruire les couvées et de prendre les œufs du gibier à plume.

Il est interdit de porter des fusils qui se démontent, ou des cannes à fusil. Il est également interdit de placer des engins ou pièges d'un genre quelconque, trébuchets, lacets, colliers; toutefois, il est fait exception à cette dernière disposition pour la chasse aux renards, putois, fouines, martres et loutres.

Il est absolument interdit de placer des fusils se déchargeant d'eux-mêmes et de se servir de projectiles explosibles et de poisons (L. F., art. 6).

Art. 17. — Sont placées sous la protection de la Confédération et du Canton les espèces d'oiseaux suivantes :

Tous les *insectivores*, soit toutes les espèces de sylvies (fauvettes, rossignols, etc.), de traquets, de mésanges, d'accenteurs, de pipits, d'hirondelles, de gobe-mouches, et de bergeronnettes;

Parmi les *passereaux* : l'alouette, l'étourneau, les diverses espèces de grives et de merles (à l'exception de la litorne), le pinson et le chardonneret;

Parmi les *grimpeurs* : le coucou, le grimpereau, la sittelle, le torcol, la huppe et toutes les espèces de pics;

Parmi les *corbeaux* : le choucas et le freux;

Parmi les *oiseaux de proie* : la buse et la crécerelle, ainsi que toutes les espèces d'oiseaux de proie nocturnes, à l'exception du grand-duc;

Parmi les *oiseaux de marais* et les *palmipèdes* : la cigogne et le cygne.

Il est défendu de prendre ou de tuer ces oiseaux, d'enlever les œufs ou les petits des nids, ou de les vendre au marché. Lorsque les moineaux, les étourneaux ou les grives font irruption dans les vignes, il est permis au propriétaire de les tuer en automne, aussi longtemps que la vendange n'est pas terminée (L. F., art. 17).

Art. 18. — Il est absolument interdit de prendre les oiseaux au moyen de filets, d'aires, de chanterelles, de chouettes, de gluaux, de lacets ou autres pièges quelconques (L. F., art. 19).

Art. 19. — Nul ne pourra chasser sans être porteur du permis prévu à l'article 5 du présent Règlement.

Ce permis est individuel; ne sera cependant pas considéré comme contravention de chasse, le fait d'avoir tué occasionnellement, sur son propre fonds, un animal dangereux ou nuisible.

Art. 20. — Le coût de l'autorisation de chasser, soit permis de chasse, est fixé à *vingt francs*, droit de timbre non compris (Loi du 21 Août 1886).

Ce permis est valable jusqu'au 31 Décembre de l'année dans le courant de laquelle il a été délivré.

Art. 21. — Chaque chasseur reçoit avec son permis de chasse un exemplaire de la Loi fédérale sur la chasse, le Règlement fédéral et le Règlement cantonal d'exécution. (Règlement fédéral d'exécution du 12 Avril 1876, art. 3.)

Art. 22. — Quiconque sera saisi chassant sans permis, ou avec un permis appartenant à un tiers, ou avec un permis périmé, sera tenu, indépendamment des amendes fixées par les Lois sur la chasse, de payer, à titre d'amende fiscale, le double du prix qu'il aurait dû payer à l'État pour l'obtention de son permis. (Loi du 18 Juin 1876, art. 216.)

Art. 23. — Sera considéré comme chassant, jusqu'à preuve du contraire, tout individu qui sera rencontré hors des routes muni d'un fusil destiné à la chasse.

Art. 24. — Le permis de chasse doit être délivré par le département de Justice et Police.

Le permis de chasse ne sera accordé qu'aux personnes ayant atteint l'âge de vingt ans révolus. Il n'en sera point accordé aux personnes qui n'auront pas acquitté les amendes auxquelles elles auront été condamnées pour contravention de chasse.

Art. 25. — Le permis de chasse doit contenir la désignation exacte de la personne à laquelle il a été délivré, ainsi que son signalement. (Règlement fédéral d'exécution.)

Art. 26. — Toute personne qui sera trouvée chassant au fusil sera tenue d'exhiber son permis de chasse à tout agent de l'autorité qui le lui demandera et, si elle n'en a pas, de lui déclarer ses nom, prénoms et domicile.

Art. 27. — Toute personne qui sera trouvée contrevenant à une disposition des Lois ou Règlements sur la chasse, sera tenue de suivre chez le Maire ou un Adjoint de la commune l'agent de l'autorité qui l'en requerra.

Art. 28. — Sont punis comme délits de chasse : la chasse ou la prise du gibier en temps prohibé ou sans permis : pendant que la chasse est ouverte, la chasse faite à l'aide du permis d'une tierce personne ; la destruction ou la prise des espèces de gibier spécialement protégées ; la chasse au moyen d'engins prohibés, de substances vénéneuses, de fusils se déchargeant d'eux-mêmes ; l'usage de projectiles explosibles ou de fusils à répétition ; le port de fusils qui se démontent ou de cannes à fusil ; l'emploi de chiens autres que les chiens d'arrêt, pour la chasse à plume avant l'ouverture de la chasse générale ; les dégâts occasionnés aux propriétés ; l'achat et la vente de gibier provenant de braconnage ; la destruction des nids et des couvées, ainsi que toute contravention aux dispositions sur la protection des oiseaux.

Ceux qui achètent, pendant la fermeture de la chasse, du gibier provenant de braconnage ou du gibier d'espèce protégée, seront punis comme les braconniers eux-mêmes (L. F., art. 21).

Art. 29 — Toute contravention aux prohibitions en matière de chasse sera punie des peines de police. (Code pénal, art. 385, § 30.)

L'arme du délinquant pourra être provisoirement saisie et ne sera rendue qu'après paiement intégral de l'amende infligée.

Pour la violation des prescriptions sur la protection des oiseaux, l'amende ne devra pas être inférieure à 10 francs ; s'il s'agit de la chasse au gibier, l'amende sera d'au moins 20 francs.

A défaut de paiement, l'amende sera convertie en emprisonnement à raison d'un jour de prison pour trois francs d'amende.

En cas de récidive, l'autorisation de chasser sera retirée ou refusée pendant une période de deux à six ans. Pour les délits de chasse commis pendant la fermeture de la chasse ou pendant la nuit, l'amende doit être doublée.

Le fait de laisser des chiens chasser lorsque la chasse est fermée, n'est pas considéré comme délit de chasse, mais doit être puni des peines de police et d'une amende de 5 francs au moins par chien.

En cas de récidive, toutes les amendes doivent être élevées (L. F., art. 22).

Les peines de police seront applicables à toute personne qui aura prêté son permis. Les délinquants pourront en outre être privés du droit d'obtenir par la suite un autre permis.

Les Maires, Adjoints et Commissaires de police ne pourront pas transiger sur les contraventions de chasse au-dessous des peines minima ci-dessus fixées.

Art. 30. — Il sera alloué à l'agent de l'autorité qui aura dressé une contravention de chasse, suivie du paiement de l'amende, une part de cette amende variant du quart à la moitié.

Art. 31. — Toute action pénale résultant des Lois ou Règlements sur la chasse sera prescrite après une année, à compter du jour où la contravention aura été faite. (Code d'instruction pénale, art. 205.)

Clause abrogatoire.

Le Règlement sur la chasse du 30 Août 1876, et les Arrêtés et Règlements antérieurs déjà abrogés par lui, sont et restent abrogés.

Adopté par le Conseil d'État le 15 Février 1887.

Approuvé par le Conseil fédéral le 1er Mars 1887.

GLARIS.

Le canton de Glaris est entré dans Confédération en 1353. Il est de langue allemande.

En 1888, sa population était de 33,800 habitants ; sa superficie est de 691 kil. 2.

Il n'y a dans ce canton qu'un permis de chasse qui est de 10 francs pour la chasse du 1er septembre au 15 décembre, sans désignation de chiens. Toutefois, on y délivre aussi un permis spécial, valable pour cinq jours au prix de cinq francs par jour.

On y a distribué, pour l'année 1887-1888, 158 permis qui ont produit 1,580 francs.

L'article 15 de la loi fédérale établit dans ce canton un district où la chasse du gibier de montagne est défendue.

Des primes sont délivrées aux chasseurs réguliers en temps de chasse, savoir : 10 francs pour un vautour, un aigle, un laemmergeier ; 3 francs pour un grand-duc, pour les faucons, les espèces protégées par l'article 17 de la loi fédérale exceptées, 1 fr. 10 pour les pies, 0 fr. 50 pour les corneilles, etc. Ces primes tendent à être multipliées par la Landsgemeinde.

Dans ce canton, à certaines époques, on prend des mesures spéciales pour protéger le chevreuil et le cerf.

GRISONS.

Ce canton, qui est de langue allemande, italienne et idiomes romans, est entré dans la Confédération en 1803. Sa superficie est de 7,132 kil. 8. En 1888, sa population était de 96,291 habitants pour l'année de chasse 1887-1888, on a distribué 1,986 permis qui ont produit 18,728 francs.

Les permis délivrés dans ce canton sont les suivants : permis de chasse du 1er septembre au 15 décembre, sans désignation de chiens, 6 francs; permis de chasse de montagne, 8 francs; permis de chasse de montagne et de chasse générale, 12 francs.

On délivre aussi des permis aux étrangers; les prix sont les suivants : permis de chasse de montagne, 40 francs; permis de chasse ordinaire, 20 francs; permis pour les deux chasses, 50 francs.

Des primes sont délivrées aux chasseurs réguliers, en temps de chasse : 100 francs pour un ours, un loup, et un lynx; 15 francs pour un laemmergeier; 10 francs pour un aigle, un grand-duc, une loutre; 3 francs pour les autours et éperviers; 0 fr. 50 pour les pies, etc.

La chasse est ouverte le dimanche.

L'article 15 de la loi fédérale établit dans ce canton trois districts où la chasse du gibier de montagne est interdite au point de vue de la reproduction et du repeuplement.

LUCERNE

Le canton de Lucerne, entré dans la Confédération en 1832, est de langue allemande. Il a une superficie de 1,500 kil. 8, et sa population en 1888 était de 135,780 habitants.

D'après l'ordonnance du 7 juin 1882, l'exercice de la chasse sur le territoire de Lucerne n'appartient qu'aux citoyens et aux étrangers, établis dans le canton, qui ont obtenu le permis de chasse cantonal (art. 1er).

Il y a deux permis (art. 2) : 1° Un permis du coût de 35 francs pour la chasse du 1er septembre au 15 décembre; 2° un permis du coût de 25 francs pour la chasse générale du 1er octobre au 15 décembre.

Le premier permis se nomme permis de 1re classe; le 2e permis de 2e classe.

Dans l'année de chasse 1887-1888, on a délivré 278 permis qui ont produit 7,650 francs.

Le chasseur paie en plus du coût du permis 5 francs d'impôt pour son chien (art. 6).

Il y a en outre des permis valables pour un jour, au prix de 5 francs pour les étrangers ; ces permis ne peuvent être demandés que par l'intermédiaire d'un chasseur du pays déjà muni d'un permis : il ne peut en obtenir qu'un par saison.

Les mineurs de 18 ans ne peuvent obtenir de permis de chasse.

Le temps pendant lequel la chasse est ouverte est ainsi fixé (art. 3) :

1° pour la chasse au gibier de plume du 1ᵉʳ septembre au 15 décembre.

2° Pour la chasse générale (lièvres, lièvres de montagne, renards et autres animaux sauvages), du 1ᵉʳ octobre au 15 décembre.

3° Pour la chasse des chamois et des marmottes, du 1ᵉʳ au 30 septembre.

L'exercice de la chasse est défendu les dimanches et jours fériés.

Quiconque peut tuer les oiseaux nuisibles, ainsi que les loups et sangliers en tout temps et n'importe où (art. 9).

Tout propriétaire et ses enfants qui demeurent avec lui, peuvent, en tout temps, et sans permis de chasse, tuer, dans les limites de celui de leurs biens sur lequel se trouve leur maison d'habitation, les gibiers qui sont regardés comme animaux nuisibles (art. 10).

Le droit de suite est consacré par l'article 11. Tout chasseur muni d'un permis de chasse, qui, d'une façon évidente, lance et poursuit un animal sans maître, a un droit de première occupation sur cet animal, droit qu'il conserve aussi longtemps qu'il le poursuit ou le laisse poursuivre : nul autre chasseur, quand bien même il serait le propriétaire du fonds, n'est en droit de s'emparer de l'animal tant qu'il est poursuivi. Ce principe, on le voit, est contraire à ce qui existe en France (art. 11. 2° de la loi de 1844) qui, en principe, semble regarder comme un délit le simple passage des chiens courants sur une terre, alors même qu'ils ont été lancés sur la propriété de leur maître.

L'ordonnance regarde comme une simple contravention et non comme un délit, le fait de laisser des chiens chasser en temps prohibé. Cette contravention est punissable d'une peine de police variant de 10 à 20 francs pour chaque chien.

L'article 14 s'occupe des peines prononcées pour les délits de chasse.

Des primes sont accordées (art. 19) pour la destruction des animaux nuisibles : 10 francs pour une loutre ; 3 francs pour un autour, un grand-duc, un milan et le grand faucon ; 2 francs pour un épervier et un émérillon ; 1 franc pour un héron, un putois, une martre ; 0 fr. 50 pour une hermine et une belette ; 0 fr. 20 pour une pie, un geai, une corneille.

Ces primes sont délivrées aux chasseurs patentés, en temps de chasse.

Au point de vue de la protection du gibier, la loi fédérale (art. 15) ordonne qu'il soit créé un district où la chasse du gibier de montagne est prohibée.

Cette ordonnance de 1882 remplace la loi cantonale du 7 mai 1870.

Le 18 février 1888 a été pris un arrêté qui modifie cette ordonnance du 7 juin 1882.

Règlement d'exécution pour la loi fédérale sur la chasse et la protection des oiseaux du 17 septembre 1875, et du 7 juin 1882, révisé le 18 février 1888.

Le Conseil de gouvernement du canton de Lucerne, en exécution du décret du Grand Conseil dudit canton du 7 juin 1882, sanctionnant, conformément à l'article 1er de la loi fédérale sur la chasse et la protection des oiseaux du 17 septembre 1875, et au règlement d'exécution pour ladite loi, édicté par le Conseil fédéral le 12 avril 1876, la modification conçue suivant le texte ci-après du règlement d'exécution de ladite loi fédérale, soumis par le Conseil de gouvernement du canton de Lucerne le 1er mai 1882, avec le message de la même date au Grand Conseil du canton de Lucerne pour ratification, *arrête :*

§ 1. L'exercice de la chasse dans le territoire du canton de Lucerne est permis seulement aux citoyens suisses et aux étrangers établis dans ledit canton, auxquels un permis cantonal pour la chasse a été délivré.

§ 2. Les permis de chasse seront délivrés par le département des finances et la lieutenance du district contre la présentation d'un certificat de compétence de chasse. Il y a deux classes de permis, c'est-à-dire ceux de 1re classe, valables du 1er septembre au 15 décembre ; ceux de 2e classe, du 1er octobre au 15 décembre. Chaque permis doit contenir la désignation de la personne pour laquelle l'autorisation a été accordée, et le nombre des chiens que le chasseur peut amener. Les permis de chasse sont valables seulement pour la saison ouverte de l'année où ils sont délivrés ; ils seront portés par le possesseur dans l'exercice de chasse et produits à la demande des agents de police et des gardes-forestiers ainsi qu'à la réquisition des chasseurs munis d'un permis et des surveillants de chasse.

§ 3. Sont exclus du droit du permis de chasse :

a) Les personnes condamnées pour une infraction à la loi pénale jusqu'à leur réhabilitation ;

b) Ceux dont le droit de citoyen actif a été suspendu ;

c) Les débiteurs (faillis) en liquidation par concordat ou liquidation judiciaire ou ceux autrement insolvables. Tous sont exclus jusqu'à ce qu'ils aient fourni des épreuves justifiant qu'ils ont satisfait leurs créanciers, et ceux qui sont faillis jusqu'à leur réhabilitation ;

d) Ceux placés sous curatelle à cause de gaspillage ou d'infirmité mentale ;

e) Ceux qui vivent eux et leurs familles de secours publics ou ceux qui ont été admis dès leur seizième année par les orphelinats et n'ont pu se rétablir encore ;

f) Tous ceux qui n'ont pas accompli leur dix-huitième année.

§ 4. Les certificats de compétence de chasse seront délivrés par le conseil communal respectif, moyennant un droit de 50 centimes.

Les certificats doivent contenir :

a) les nom, prénoms, état et domicile du porteur ;

b) la déclaration que les dispositions du § 3 ne mettent pas d'entraves à sa demande ;

c) la demande doit porter si le permis sera pour la 1re ou 2e classe, et en même temps indiquer si le chasseur amène des chiens ou non ; dans tous les cas, le nombre des chiens qu'il veut amener.

Si un conseil communal délivre un certificat de compétence de chasse à quelqu'un exclus du droit de chasse d'après le § 3, le permis qui lui sera délivré sur un tel certificat sera retiré et annulé sans restitution du droit, et le conseil ou conseiller communal en question, si ce certificat a été délivré sciemment ou par grosse négligence, sera passible d'une amende de 20 à 30 francs.

§ 5. La saison de la chasse ouverte est fixée comme suit :

a) Pour la chasse à la plume, du 1er septembre au 15 décembre ;

b) Pour la chasse générale et la chasse des lièvres, les lièvres de montagne compris, des renards et d'autres gibiers, du 1er octobre au 15 décembre ;

c) Pour la chasse des chamois et des marmottes, du 1er au 30 septembre.

La chasse, les dimanches et jours de fête, est entièrement interdite en tout temps. — Suivant la résolution du Grand Conseil du 29 mai 1888, autorisée par le Conseil fédéral, il a été ajouté au § 5 ce qui suit : Il sera réservé au Conseil de régence de diminuer la saison de chasse d'après les circonstances locales dans l'intérêt de l'augmentation du gibier.

§ 6. Le droit pour un permis de chasse de 1re classe, du 1er septembre au 15 décembre est fixé à 35 francs ; celui de 2e classe, du 1er octobre au 15 décembre, à 25 francs.

Pour chaque chien qui accompagne dans l'exercice de la chasse, il sera perçu une taxe de 5 francs. Les propriétaires de chasse, qui ne sont pas établis dans le canton, ont à payer en outre de la taxe ci-dessus l'impôt cantonal sur les chiens, s'élevant à 3 francs pour chaque chien qui les accompagne à la chasse (§ 56, loi de finances).

Suivant l'ordonnance du 18 février 1888, le § 6, alinéa 2, a été modifié comme suit : Sera perçue pour chaque chien qui accompagne dans l'exercice de chasse une taxe de 5 francs. Le propriétaire de chasse qui n'est pas établi dans le canton aura à payer, outre la taxe ci-dessus, l'impôt cantonal sur les chiens, s'élevant à 3 francs, pour chaque chien qui l'accompagne à la chasse.

Ne seront plus délivrés les permis de chasse de la 1re classe après le 15 septembre et de la 2e classe après le 15 octobre, sous réserve de l'autorisation spéciale du département compétent dans les cas exceptionnels. — Une liste des propriétaires de chasse sera publiée dans la gazette du canton.

§ 7. Si un propriétaire de chasse amène un invité, qui a le droit d'exercer la chasse, il sera délivré par le département compétent un permis valable un jour contre le droit de 5 francs. Ce permis n'est valable que le jour pour lequel il a été délivré et pour la personne à laquelle il est délivré.

§ 8. La chasse sera exercée conformément à toutes les prescriptions qui lui sont relatives et avec le meilleur soin à l'égard des propriétés des fermiers. — Il est défendu de pénétrer dans les champs de blé ou couverts de fourrage, où la récolte n'a pas encore été enlevée, et dans les vignes avant que la vendange ne soit terminée. Le dommage causé dans l'exercice de la chasse sera indemnisé.

§ 9. Toute personne a le droit de tuer les bêtes nuisibles comme le loup, le sanglier et les animaux semblables, en tout temps et à tout endroit, où l'on peut les trouver. Les chasses au rabat ne peuvent se faire qu'avec le concours de la lieutenance du district (Stathalteramt) et les prescriptions de l'art. 4 de la loi fédérale seront observées à ces occasions.

§ 10. Tous propriétaires ou fermiers et leurs fils, habitant chez eux, peuvent en tout temps tuer le gibier compris sous la dénomination de gibier de proie, dans les limites des terrains attenant à leurs habitations, sans se faire délivrer de permis de chasse.

§ 11. Le chasseur, muni d'un permis, qui peut prouver qu'il a levé, poursuivi et chassé par lui-même ou fait chasser un animal sans maître, a le premier, droit sur cet animal, et ce droit lui appartient tant qu'il le chasse ou le fait chasser, de sorte qu'aucun autre chasseur ni le propriétaire du terrain ne peut le revendiquer, tant qu'il est poursuivi par celui-ci.

§ 12. Les chasseurs munis de permis (propriétaires de chasse) peuvent engager des surveillants de chasse à leurs frais. — Pour être choisis, ces surveillants devront être en possession de leurs droits politiques et avoir une bonne réputation. Le choix sera fait parmi les candidats proposés par le propriétaire de chasse, chez lequel le surveillant sera engagé, par le lieutenant du district que le candidat habite. Il devra prêter serment.

§ 13. Tout chasseur doit, à la première réquisition d'un propriétaire de chasse, justifier de son autorisation de chasser par la présentation du permis.

Si quelqu'un a été trouvé avec un engin de chasse hors d'une route ou sentier servant de passage, il sera considéré comme ayant commis une contravention de chasse, à moins qu'il ne puisse prouver le contraire. Il en est de même pour les aides qui ne sont pas munis d'un permis de chasse. — La résistance, les menaces et outrages contre les agents de police, les gardes des bans, et les surveillants de chasse dans leurs fonctions, seront en outre punis spécialement.

§ 14. Les amendes sont fixées comme suit :

I. De 40 à 100 francs :

a) La chasse ou la capture des gibiers pendant la saison défendue ;

b) La chasse dans les districts des bans ;

c) La chasse les dimanches et jours de fête ;

d) La chasse ou la capture des espèces protégées ;

II. De 20 à 100 francs :

a) La chasse ou la capture des gibiers dans la saison permise sans autorisation ;

b) L'usage des armes et engins de capture défendus (art. 6, 13 et 21 de la loi fédérale) ;

c) L'usage d'autres chiens que du chien couchant avant le 1er octobre ;

d) Le dommage à la propriété par malice ;

e) L'appropriation du gibier chassé par autrui ;

f) L'achat et la vente du gibier, pris dans la chasse illégale ;

g) La destruction des nids et des couvées des oiseaux de chasse (art. 6 de la loi fédérale) ;

h) Les contraventions aux art. 17 et 19 de la loi fédérale ;

i) Toute autre infraction de peu d'importance à la loi fédérale ou à cette ordonnance.

§ 15. Le fait de laisser les chiens chasser lorsque la chasse est fermée n'est pas considéré comme délit de chasse, mais doit être puni de peines de police, c'est-à-dire d'une amende de 10 à 20 francs par chien.

§ 16. A défaut de payement, l'amende sera convertie en emprisonnement ou travaux forcés à raison d'un jour de prison pour 3 francs d'amende. En cas de récidive, l'autorisation de chasser doit être retirée ou refusée pendant une période de deux à six ans, et en général toute amende doit être doublée.

Pour les délits de chasse commis pendant la fermeture de la chasse ou pendant la nuit, l'amende doit être doublée.

§ 17. Le produit de l'amende sera attribué une moitié à l'État, l'autre moitié à celui qui a souffert du dommage. A défaut de payement par le prévenu, l'État accorde une indemnité pouvant s'élever à 30 francs à celui qui a souffert le dommage.

§ 18. Les agents de police, les gardes des bans et les surveillants de chasse sont engagés à donner avis à la lieutenance respective du district, de toute infraction passible de pénalité à la loi fédérale et à cette ordonnance, qui vient à leur connaissance.

Pour qu'une contravention soit judiciairement prouvée, il sera nécessaire que la citation soit faite par un garde des bans assermenté, par un surveillant de chasse ou agent de police, d'après les prescriptions du

§ 98 de la procédure de la loi pénale, ou que la contravention soit prouvée par d'autres moyens légaux.

L'instruction et la pénalité ont lieu d'après les dispositions de la loi concernant la procédure des contraventions de police.

§ 19. Moyennant assignation sur la caisse, provenant des amendes, ou des droits de permis, le conseil de régence peut délivrer des primes pour la destruction des animaux nuisibles pendant la saison de chasse, par les chasseurs munis de permis, il peut allouer :

Pour une loutre.	10 fr.
Pour un autour, grand-duc, milan, faucon.	3 fr.
Pour un épervier, faucon (petite espèce).	2 fr.
Pour un héron cendré, putois ou martre.	1 fr.
Pour une belette ou hermine.	0 fr. 20
Pour une pie, geai ou corneille (corvus corone) oiseau sédentaire.	0 fr. 20

§ 20. Les dispositions de cette ordonnance sont également valables pour la chasse sur les lacs et les rivières. La saison de chasse sur ces endroits a lieu du 1er septembre au 15 décembre.

§ 21. Le district d'eau entre la ville de Lucerne et la contrée de Fribschen d'un côté, et le Seeburgerecke, c'est-à-dire le domaine de Salzfass d'un autre côté, forme ensemble, les bords du lac compris, un ban de chasse entier pour la protection du cygne et du canard. Comme limites de ce district sont désignés les endroits suivants : côté gauche, le Moosstrasse sur Gasshüsli jusqu'à Schiffhütte près Fribschen, et côté droit, les Halden et Seeburgsstrasse jusqu'au domaine de Salzfass. Dans ce ban de chasse est aussi comprise la rivière de Reuss et ses bords dès l'embouchure dans le lac jusqu'à Ibachfahre.

§ 22. Avec le permis de chasse sont délivrés : un exemplaire de la loi fédérale concernant la surveillance de la chasse et la protection des oiseaux, l'ordonnance sur l'exécution de ladite loi, et la présente ordonnance plus une carte avec des indications des districts de chasse.

§ 23. Les époques de l'ouverture et de la fermeture de la chasse seront chaque fois publiées dans les journaux de district du canton. L'attention du public sera également attirée sur les conséquences légales de l'acquisition des espèces de gibier qui jouissent de la protection de la loi.

§ 24. Seront supprimés par la loi fédérale concernant la surveillance de la chasse et la protection des oiseaux du 17 septembre 1875, la loi cantonale de chasse du 7 mai 1870, le décret du Grand Conseil du 5 mars 1874, ainsi que la résolution du 4 juillet 1877; la présente ordonnance les remplacera.

Ordonnance concernant l'exercice de la chasse dans l'année 1891 (du 10 août 1891).

Le Conseil de régence du canton de Lucerne, conformément à la loi fédérale concernant la chasse et la protection des oiseaux et à l'ordonnance cantonale du 7 juillet 1882 sur l'exécution de ladite loi, modifie l'ordonnance du 18 février 1888, comme suit:

1. Pour l'année de 1891 seront formés, en outre du district (ban de chasse) de Schratten, désigné par le Conseil fédéral pour la haute chasse, encore quatre districts cantonaux de ban de chasse (Voir art. 15 de la loi fédérale 17 sept. 1875).

Pendant toute la saison de chasse, il n'est permis à personne de chasser dans ces districts.

Le port d'armes à feu est en général défendu sans autorisation et sera puni comme délit de chasse.

2. Celui qui chasse dans les districts de ban de chasse sera passible d'un amende de 40 à 100 francs (art. 21 et 22 de la loi fédérale sur la surveillance de la chasse et la protection des oiseaux et § 14 de l'ordonnance cantonale sur l'exécution de la dite loi).

3. Les districts de ban de chasse seront désignés comme suit :

a) Le district de ban de chasse de Schratten.

Limites : Hilfernpass, Fhorbachbrück, Dorbach jusqu'à la frontière du canton de Berne, puis Kûblisbükboeen, Schneebergli, Wägliesykunbel, Saffertsberg et Itischli ; b) celui de Willberg et Hochwald bei Willisau ; c) celui de Menzberg ; d) Soppensee-Wald ; e) Ralmweiher bei Meggen.

4. Le département des finances est autorisé à nommer les surveillants de chasse pour les districts cantonaux de ban de chasse et à leur accorder des appointements en proportion de leurs fonctions.

5. La chasse des chamois, chevreuils, marmottes et poules faisanes, la battue et la capture de ces animaux sont défendues partout dans le canton.

Cependant, en vue de la quantité importante des chevreuils dans la juridiction de Habsburg, la chasse des broquarts sera permise dans le district de Lucerne, dans la période du 1er au 15 octobre. La battue des chèvres et chevrillards ou chevrettes est défendue sous peine d'amende de 40 à 100 francs.

Le ban de chasse dans les anciens districts de Neuenkirch et Schächenbühlwald bei Wolhusen est supprimé.

Dans le district de ban de chasse de Salzfass (ville de Lucerne), Fribschen, la battue des bécasses d'eau sera permise pour l'année 1891 ; du reste, le ban général de chasse concernant toutes les autres espèces de gibier sera maintenu.

6. L'ouverture de la chasse d'oiseaux commence le 1er septembre, et celle de la chasse générale avec les chiens courants commence le 1er octobre. La fermeture de ces deux chasses a lieu le 30 novembre. Seule la chasse des oiseaux est permise avant le 1er octobre.

7. L'achat et la vente du gibier dans la saison prohibée seront traités et punis comme délit de chasse. Les pénalités encourues dans ces cas consistent en une amende de 20 à 100 francs (art. 5, 6 et 17 à 21 de la loi fédérale et § 14 de l'ordonnance cantonale, y relative).

8. A l'ouverture de la chasse, les champs portant souvent encore leurs récoltes, les propriétaires de chasse sont expressément prévenus d'exercer leurs droits de chasse sans causer de préjudice au propriétaire (ou à l'usufruitier) du terrain, et ils seront responsables des dommages causés dans l'exercice de la chasse.

La protection des produits et travaux de l'agriculture de même que l'observance des prescriptions édictées sont recommandées surtout pour la chasse d'oiseaux dont l'ouverture a lieu le 1er septembre. Il est strictement défendu de pénétrer dans les champs d'avoine ou d'autres céréales avant qu'ils ne soient débarrassés de leurs récoltes et dans les vignes avant la fin de la vendange.

9. Les lieutenances de district sont autorisées conformément au § 9 de l'ordonnance cantonale sur l'exécution de la loi fédérale concernant la surveillance de la chasse et la protection des oiseaux, à délivrer les primes fixées pour la destruction des animaux nuisibles dans la saison de chasse de l'année de 1892 aux chasseurs munis de permis (propriétaires de chasse). De ces primes délivrées sera tenue une liste sur laquelle seront portés : la date, le nom du receveur, la désignation (espèce) de l'animal nuisible, et le montant de la prime payée.

Pour la saison de chasse de l'année 1892, les Gemeindeammann sont également autorisés, d'après les dispositions du § 19 de l'ordonnance précitée sur l'exécution de la loi fédérale, à délivrer les primes fixées pour la battue des animaux de proie aux chasseurs munis de permis (propriétaires de chasse), mais contre récépissé, portant le nom d'espèce d'animaux, en échange duquel sera remboursé le montant de la prime avec 5 0/0 de provision, par les lieutenances de district. Pour les corneilles, la prime sera de 30 centimes.

10. Les agents de police, les gardiens des bans et les surveillants de chasse sont autorisés et engagés à dénoncer toutes les contraventions à la loi de chasse venant à leur connaissance, devant la lieutenance du district respectif. Il leur est accordé, comme frais de dénonciation, la moitié de l'amende. A défaut du payement de l'amende par le condamné, l'Etat verse le montant des frais jusqu'à concurrence de 30 fr.

11. La présente résolution sera publiée dans la gazette du canton et sera communiquée au département des finances dans le but d'en informer les agents de police et les gardes des bans.

Ordonnance du 11 août 1891.

Le Conseil fédéral suisse, sur la proposition de son département de l'industrie et de l'agriculture, en exécution de l'article 15 de la loi fédérale sur la chasse et la protection des oiseaux, du 17 septembre 1875, considérant que la troisième période des cinq ans, accordés pour épargner le gibier dans les districts francs est expirée; vu l'article 15, l'alinéa 3 de ladite loi et les rapports des experts des cantons intéressés, arrête :

Art. 1er — La délimitation des districs francs, établie conformément à l'article 15 de la loi fédérale sur la chasse et la protection des oiseaux a lieu du 1er septembre 1891, et sera fixée pour 5 ans d'après les détails suivants.

« Canton de Lucerne, district de Schratten-Rothorn (sans modification des limites). Sous-districts : a) Schratten, b) Rothorn (la chasse aux chamois, chevreuils et marmottes seulement interdite). »

Art. 2. — La désignation des districts francs, d'après les limites fixées, sera portée sur une carte, délivrée avec le permis de chasse par les autorités cantonales respectives.

Art. 3. — La chasse dans les districts francs ne peut avoir lieu à aucune époque de l'année : y entrer sans autorisation avec des armes à feu, est défendu, ce fait sera puni comme délit de chasse. Des dispositions ci-dessus sont exceptés : 1° Le district de Faulhorn, du canton de Berne, où la chasse au gibier de plaine peut avoir lieu sur une bande de terre, le long de la vallée d'Aare et du lac de Brienze, conformément au décret du Conseil fédéral du 20 août 1889 ; 2° Le sous-district de Rothorn, du canton de Lucerne, où seulement la chasse aux chamois, chevreuils et marmottes est défendue.

Art. 4. — Les cantons respectifs doivent engager à leurs frais, dans chaque district franc au moins un jusqu'à trois gardes, et leur fournir, au besoin, des aides temporaires. Les nominations de ces gardes seront communiquées au département fédéral de l'industrie et de l'agriculture, lequel remet aux autorités cantonales les instructions de service nécessaires pour les gardes. Les gouvernements cantonaux ont le droit de charger les gardes de la surveillance des eaux de pêche qui se trouvent situées dans les limites ou qui se trouvent dans le district même.

Art. 5. — Les gouvernements cantonaux sont chargés de la surveillance générale des districts francs et spécialement du service des gardes, et doivent fournir un rapport à ce sujet à la fin de chaque année au département fédéral de l'industrie et de l'agriculture.

Art. 6. — Dans les districts francs ou parties de ces districts, dont le ban sera supprimé d'après la présente ordonnance, ne sont valables que les dispositions générales de la loi de chasse, c'est-à-dire celles que les gouvernements cantonaux peuvent prendre, lorsqu'ils le jugent convenable, conformément à l'article 10 de la loi fédérale sur la chasse et la protection des oiseaux.

Art. 7. — Il appartient aux gouvernements cantonaux respectifs de prendre les dispositions nécessaires, d'après les circonstances existantes, pour la conservation autant que possible du gibier de chasse dans les districts francs qui seront établis. La Confédération ne participe plus dans le payement des frais pour la surveillance du gibier, qui pourrait continuer dans les districts précités.

Art. 8. — Dans les districts francs existants jusqu'ici et dans les parties de ces districts qui resteront fermés à la chasse pour cinq ans encore, la battue des vieux mâles (et même des vieilles femelles) de l'espèce de chamois et des vieilles poules des bois et de bruyère, peut avoir lieu en raison de la multiplication du nombre du gibier. Il en sera de même pour la chasse aux marmottes, si celles-ci causent des dommages importants dans les pâturages des Alpes, mais seulement par autorisation expresse du département fédéral de l'industrie et de l'agriculture, et d'après les prescriptions spéciales dudit département.

ART. 9. — Seront abrogées par la présente ordonnance celles du 16 juillet 1886 et du 4 mai 1888.

NEUCHATEL.

Le canton de Neuchâtel est entré dans la Confédération en 1815, il est de langue française; sa population, en 1888, était de 109,047 habitants; sa superficie est de 807 kil. 8.

D'après la loi sur la chasse, votée le 19 mai 1885, nul ne peut chasser dans le canton s'il n'est muni d'un permis de chasse, qui est délivré par le département de la police.

Ce permis est du coût de 15 francs pour la chasse du 1er septembre au 15 décembre, sans désignation de chiens.

Il y a aussi un permis de 15 francs pour la chasse sur les lacs.

Le chasseur étranger doit payer la taxe cantonale sur les chiens.

Tout chasseur muni d'un permis, peut comme moyen de répression du braconnage, exiger, en montrant le sien, qu'un autre chasseur lui exhibe son permis.

La chasse est permise le dimanche.

Pendant l'année 1887-1888, on a délivré dans ce canton, 399 permis de chasse qui ont produit 5,985 francs.

La loi du 29 mai 1885 renferme des mesures spéciales relativement aux engins prohibés, au transport du gibier dans le temps où la chasse est prohibée, à la protection des animaux utiles, à la conservation des couvées et à la destruction des animaux nuisibles.

Les chiens courants, chassant en temps prohibé, peuvent être abattus.

Cette loi, enfin, énumère les pénalités et règle le mode des constatations pour les contraventions.

Elle attribue la connaissance de ces contraventions au tribunal de police, qui en est saisi directement.

UNTERWALDEN-LE-BAS. NIDWALDEN.

Le canton de Nidwalden (Unterwalden-le-Bas) est un demi-canton de langue allemande.

Sa population est de 12,524 habitants, et sa superficie de 290 kil. 5.

Deux permis de chasse sont délivrés dans ce canton : l'un de 5 francs pour la chasse, avec un chien, l'autre de 10 francs pour la chasse avec deux chiens.

Pour chaque chien, en plus, le chasseur doit payer 5 francs.

Le permis de chasse doit contenir l'âge, la couleur et la grosseur des chiens dont on se sert.

Pour l'année 1887-1888, on a distribué 113 permis qui ont produit 755 fr.

Une loi du 28 avril 1889 établit une taxe annuelle de 1 à 10 francs sur les chiens.

Les primes de destruction sont de 40 francs pour un ours; 20 francs pour un loup, un lynx, un sanglier; 10 francs pour un laemmergeier et un aigle.

Ces primes sont données aux chasseurs patentés, en temps de chasse; on peut, du reste, dans le canton, chasser en tout temps et sans permis : l'ours, le loup, le sanglier, le lynx, le chat sauvage, l'aigle, le laemmergeier, dès que l'on en trouve la trace.

L'article 13 de la loi fédérale, comme moyen de protection et de repeuplement, établit dans ce canton un district où la chasse du gibier de montagne est prohibée.

UNTERWALDEN-LE-HAUT. OBWALDEN.

Le canton de Obwalden (Unterwalden-le-Haut) est un demi-canton de langue allemande, régi par un recueil de lois spéciales, de coutumes et de décisions qui remontent à 1567.

Sa superficie est de 474 kil.8, et sa population de 15,032 habitants.

Le système des permis de chasse, dans ce canton, semble très compliqué; toutefois, de l'étude de la législation cantonale sur la chasse, il résulte que l'on y délivre un permis de 20 francs à 40 francs pour toutes chasses du 1er septembre au 15 décembre, avec chiens, piqueurs, etc.; un permis de 3 à 4 francs pour la chasse au gibier à plume; un permis de 5 à 12 francs pour la chasse générale du 1er octobre au 15 décembre, et un permis de 12 à 30 francs pour la chasse de montagne.

Pour l'année de chasse 1887-1888, on a délivré 70 permis qui ont produit 894 francs.

SAINT-GALL.

Le canton de Saint-Gall est entré dans la Confédération en 1803 : il est de langue allemande.

Sa superficie est de 2019 kil. et sa population, en 1888, était de 229,111 habitants.

La chasse était régie par une ordonnance du 25 juillet 1876, qui a été remplacée par l'ordonnance du 11 juillet 1884.

Les permis de chasse, dans ce canton, sont les suivants : permis de 45 fr. 50 pour chasser du 1ᵉʳ septembre au 15 décembre, sans désignation de chien; permis de 30 fr. 50 pour la chasse générale du 1ᵉʳ octobre au 15 décembre et permis de 15 fr. 50 pour la chasse sur les lacs.

Le permis de 45 fr. 50 sert pour la chasse du chamois, de la marmotte et du gibier de montagne du 1ᵉʳ au 30 septembre : — il sert aussi pour la chasse du gibier à plume et pour la chasse générale du 1ᵉʳ octobre au 30 novembre.

Des permis spéciaux, valables pour un jour et du coût de 5 francs, sont délivrés aux étrangers. Ces permis ne peuvent être demandés que par l'intermédiaire d'un chasseur déjà patenté, lequel ne peut en obtenir qu'un par saison de chasse.

Des cartes de 10 francs sont données pour piéger le renard, du 1ᵉʳ décembre à la fin de février; on en délivre aussi pour la destruction des fouines, loutres, putois, etc.

L'article 15 de la loi fédérale établit, dans ce canton, un district où la chasse du gibier de montagne est prohibée, au point de vue de la conservation et de la reproduction.

L'ordonnance du 11 juillet-16 août 1884, qui remplace celle du 25 juillet 1876 sur la chasse dans ce canton, porte que le chasseur qui a tué une pièce de gibier menée ou levée par le chien d'un autre, doit la restituer contre le payement d'une somme de 2 francs.

Les primes suivantes sont délivrées, en temps de chasse, aux chasseurs réguliers : 20 francs pour une loutre; 5 francs pour un autour; 3 francs pour un épervier et un héron; 0 franc 40 pour une pie, etc. Il y a aussi des primes pour la destruction du renard.

Pour l'année de chasse 1887-1888, on a distribué 305 permis dans ce canton, qui ont produit 10,365 fr. 80.

Ordonnance du 11 *juillet* 1884.

L'ordonnance suivante a été rendue en exécution de la loi fédérale concernant la chasse et la protection des oiseaux, pour le canton de Saint-Gall, autorisée par le Conseil fédéral en date du 16 août 1884.

Nous « Landamman » et Conseil de gouvernement du canton de Saint-Gall en exécution de la loi fédérale du 17 septembre 1875 concernant la chasse et la protection des oiseaux, et de l'ordonnance du Conseil fédéral du 12 avril 1876 pour l'exécution de ladite loi, en modifiant l'ordonnance pour le canton de Saint-Gall du 25 juillet 1876 pour l'exécution de ladite loi, ordonnons ce qui suit :

Art. 1er. — Sont autorisés à chasser, dans le territoire de ce canton exclusivement, les citoyens suisses, les étrangers domiciliés auxquels le permis de chasse cantonal a été délivré, ceux qui ont accompli leur 20me année, et ceux auxquels le droit de chasse n'a pas été retiré.

Le droit de chasse est temporairement refusé dans les cas suivants : a) à ceux qui vivent de secours, pendant qu'ils en reçoivent des fonds publics; b) à ceux auxquels le droit de citoyen actif a été retiré tant qu'il reste suspendu; c) à ceux condamnés pour une contravention contre la propriété pendant trois ans après l'expiation de la peine; d) pour délit de chasse commis : la première fois, pendant deux ans; e) pour récidive de délit de chasse pendant 6 ans; à toute personne qui, par suite de l'exercice de chasse d'une manière imprudente, a compromis la sûreté personnelle, ou autrement causé des dommages sérieux, également pendant 6 ans.

Art. 2. — Les permis de chasse sont seulement délivrés par les autorités du district (Bezirk) du domicile du porteur, et doivent contenir l'indication exacte de la personne, de même que l'espèce de chasse, pour laquelle l'autorisation a été donnée.

Ils ne sont valables que pendant le temps où la chasse sera ouverte pour l'année courante, ils seront portés dans l'exercice de chasse et produits à la demande des agents de police et des gardes forestiers de même que des propriétaires de chasse.

Art. 3. — L'ouverture de la chasse pour certaines espèces de gibier sera fixée par le Conseil de régence (Regierungsrath) chaque fois, au mois de juillet, conformément aux dispositions de la loi fédérale. — La chasse les dimanches est en tout temps entièrement défendue.

Art. 4. — Le droit d'un permis de chasse pour la chasse générale (ouverture du 1er octobre) s'élève à 30 francs; pour la chasse à la plume, celle au gibier de montagne comprise (du 1er septembre) 45 francs; pour la chasse à la plume et celle au gibier de montagne seule, les permis ne sont pas délivrés. — Les propriétaires de chasse qui ne sont pas établis dans le canton payent en outre l'impôt cantonal sur les chiens. — Ne sont plus délivrés après le 1er septembre, les permis pour la chasse à la plume et au gibier de montagne, et après le 1er octobre ceux pour la chasse générale. Le département compétent se réserve de donner une autorisation spéciale dans les cas exceptionnels. — Il sera délivré avec les permis de chasse une liste contenant les noms des propriétaires de chasse.

Art. 5. — Si un propriétaire de chasse veut inviter quelqu'un à chasser, le département compétent a l'autorisation de délivrer, s'il le juge convenable, un permis pour un jour moyennant le droit de 5 francs, sous réserve du même droit pour les personnes qui ne sont pas domiciliées dans le canton. Ce permis n'est valable que pour un jour et la personne pour laquelle il a été demandé, il ne peut être délivré qu'une seule fois à la même personne pendant la même période de chasse. — Les personnes auxquelles le droit de permis est retiré, ne peuvent obtenir ce permis d'un jour.

Art. 6. — Les permis de chasse au gibier de montagne en septembre, autorisent *seulement* la chasse aux chamois et aux marmottes. Les autres gibiers de montagne (les lièvres des Alpes, chevreuils, gallinacés des montagnes) ne peuvent être chassés que lorsque la chasse générale est ouverte.

Art. 7. — La chasse à la plume sera exercée conformément aux prescriptions y relatives et en prenant soin de la propriété agricole. Par cette raison, la chasse au chien d'arrêt est interdite pendant le mois de septembre, l'emploi des autres races de chiens est défendu pour cette espèce de chasse.

Art. 8. — Il est défendu de pénétrer dans les vignes avant que la vendange ne soit terminée, ou dans les champs d'avoine ou de sarrasin, dont la récolte n'a pas été enlevée.

Dans les endroits où il y a beaucoup de vignes, les chiens courants ne doivent pas être amenés à la chasse avant que la vendange ne soit terminée. — Celui qui cause dommage à la propriété en exerçant la chasse en est responsable.

Art. 9. — La chasse (sur la partie du lac de Constance [Bodensee], appartenant au canton de Saint-Gall, aux canards et à d'autres palmipèdes, sera permise pendant janvier et février moyennant la délivrance d'un permis spécial par le district de Rorschach contre un droit de 15 francs.

Cette chasse sera exclusivement restreinte aux oiseaux d'eau et ne peut être exercée qu'en bateau.

Art. 10. — Il est permis en tout temps, sur l'avis de l'autorité respective de police du district, de capturer et tuer les animaux malfaisants pénétrant dans les bâtiments ou cours closes; par contre il est défendu d'installer les trébuchets pour prendre ces animaux ou des amorces empoisonnées dans les cours accessibles aux chiens.

Art. 11. — Le chasseur, dont le chien a levé et poursuivi un gibier, qui sera tué par un autre chasseur, peut le revendiquer contre une indemnité de 2 francs.

Art. 12. — La place de Churfistenkette, du canton de St-Gall, est déclarée district franc par le Conseil fédéral, et la chasse y est absolument prohibée.

Les limites sont exactement fixées et détaillées, et les ordonances fédérales valables.

Sur la bande de terre entre l'ancienne et la nouvelle limite de ce district franc, la chasse au gibier de plaine peut seulement avoir lieu, mais non la chasse aux chamois, marmottes et chevreuils.

Quand les chiens, à cette occasion, poursuivant le gibier, passent la limite et entrent dans le district franc, il faut les en retirer aussitôt que possible, et le chasseur ne peut y entrer dans ce but qu'après avoir déposé ses armes. Les chiens trouvés chassant dans les districts francs lorsque la chasse est fermée, seront expulsés sans autre pénalité.

Art. 13. — Pour la contravention des prescriptions prévues sur l'exercice de la chasse, les amendes sont fixées comme suit :

I. Pour la première pénalité relative à la chasse au gibier de plaine :
a) Contravention à l'ordonnance sur la protection des oiseaux (Art. 17 et 19 de la loi fédérale); destruction des couvées du gibier à plume

(ART. 6); fait de laisser des chiens chasser, lorsque la chasse est fermée (ART. 22); fait de pénétrer dans les vignes ou de laisser des chiens y chasser avant la vendange terminée; omission de porter le permis pendant la chasse et autres contraventions de moindre importance, de 10 à 20 francs; *b)* exercice de la chasse à la plume (en septembre) sans chien d'arrêt ou avec d'autres chiens que les chiens d'arrêt (ART. 8); achat et vente de gibier ordinaire de plaine provenant de braconnage ou dont l'origine n'est pas suffisamment et fidèlement établie, de 20 à 30 francs; les contraventions dénommées sous *a* et *b* ne sont pas considérées comme délits de chasse; *c)* la chasse ou la capture du gibier les jours de dimanche, l'usage des armes ou des modes de capture prohibés, de même que d'autres contraventions plus graves, 40 francs; *d)* la chasse ou la capture de gibier sans permis ou lorsque la chasse est fermée, ou, dans les districts francs, ou des espèces de gibier protégées (comme les biches et chèvres) ainsi que les délits commis pendant la nuit (ART. 22), à 60 francs.

II. Pour la première pénalité relative à la chasse au gibier de montagne: *a)* le port de fusil sans autorisation dans les districts francs ou d'autres territoires dont la chasse est prohibée ou le fait de laisser des chiens de chasse y vaguer ou lorsque la chasse est fermée et d'autres contraventions moins importantes, 40 francs (ART. 6 et 13); *b)* l'usage des armes ou modes de capture prohibés, la chasse au gibier de montagne avec des chiens (ART. 13) ou la chasse aux espèces protégées du gibier de montagne comme les jeunes chamois, les poules de bruyère et des bois (tétras) (ART. 12); l'achat et la vente du gibier de montagne provenant de braconnage ou dont l'origine n'est pas dûment établie (ART. 5), de même que d'autres contraventions plus graves, 60 francs; *c)* la chasse ou la capture du gibier, lorsque la chasse est fermée ou dans les districts francs ou ceux dont la chasse est interdite, 100 francs. Si l'incursion dans les districts francs ou ceux dont la chasse est interdite a lieu pendant la nuit ou par plusieurs de complicité, l'amende dans ce cas sera doublée.

III. En cas de récidive, l'amende doit être augmentée jusqu'au double, en même temps que l'autorisation de chasser doit être retirée ou refusée pendant une période de six ans (ART. 22). — Le gibier, provenant de braconnage ou celui dont l'origine n'est pas suffisamment et fidèlement établie, ainsi que les armes sont confisqués; le gibier confisqué sera attribué, avec la moitié du produit de l'amende, au dénonciateur; les armes confisquées et l'autre moitié, à la caisse d'État. Pour les cas moins importants, l'État accorde au dénonciateur une indemnité pouvant s'élever à 25 francs.

Il sera donné avis du gibier trouvé dans les districts francs au garde-chasse ou à la police. L'appropriation de ce gibier sans autorisation sera punie comme délit de chasse d'une amende de 30 francs. S'il y a du gibier trouvé ailleurs, il faut en informer l'autorité de police du district, avant qu'on n'ait droit d'en disposer. — Si les contraventions ont été commises par les enfants, les parents sont responsables, s'ils ne peuvent pas prouver qu'ils n'ont pas manqué de la surveillance nécessaire.

Art. 14. — Les faits d'outrage ou menace aux agents, chargés de l'exécution de la police de chasse, ou de résistance effective contre eux, seront jugés d'après les dispositions du Code pénal.

Art. 15. — La police est autorisée à contrôler les arrivages de tout gibier à la gare de destination et les papiers qui les accompagnent.

Art. 16. — Tous les agents de police, gardes forestiers et gardes du district franc sont chargés de veiller à l'exécution de la présente ordonnance et sont chargés de dénoncer aussitôt tous les cas de contravention venus à leur connaissance, soit par leurs propres observations ou par autre voie et de détruire les engins de chasse prohibés comme les pièges et les arcs. — Les personnes inconnues, trouvées exerçant la chasse sans permis doivent être conduites devant l'autorité communale.

Art. 17. — L'autorité communale doit aussitôt dresser procès-verbal de la dénonciation et de la responsabilité de celui prévenu d'un délit de chasse, et si celui-ci a reconnu le fait, le procès-verbal et les objets trouvés sur le délinquant seront remis à l'autorité du district. — Si le prévenu conteste les faits entièrement ou partiellement, l'instruction a lieu d'après la procédure prescrite.

Art. 18. — Si le prévenu a été reconnu coupable du délit, il appartient à l'autorité du district d'infliger l'amende stipulée dans la loi ; contre ce jugement, qui fixe le montant de l'amende, recours peut être porté dans le délai de 8 jours devant la Gerichtscommission. Dans les autres cas, les recours ne peuvent pas avoir lieu.

Art. 19. — La déposition des agents de police, gardes forestiers et gardes du district franc est considérée comme suffisante, attendu qu'elle correspond aux exigences légales et qu'elle a été rendue avec la certitude nécessaire. A défaut de leurs propres observations, les dénonciateurs ont à fournir les preuves pour l'investigation du fait.

Art. 20. — Pour l'instruction et la condamnation en ce qui concerne les contraventions de chasse, de même que pour l'exécution du jugement, seront valables les prescriptions déterminées dans la procédure criminelle. — A défaut de paiement, l'amende sera convertie en emprisonnement conformément à l'article 22, 2º alinéa de la loi fédérale.

Art. 21. — Les primes suivantes sont accordées aux chasseurs autorisés (en possession du permis) pour la destruction des animaux nuisibles, pendant que la chasse est ouverte, et payées par la caisse de produit des amendes provenant des délits de chasse et des droits du permis de chasse : pour la destruction d'une loutre 20 francs, d'un autour 5 francs, d'un épervier ou héron cendré 3 francs, d'une pie 40 centimes. La prime pour une loutre sera accordée, même pendant que la chasse est fermée, si la chasse a eu lieu par autorisation spéciale.

Les animaux en question seront produits devant le Bezirksammann qui délivre la prime et coupe une patte comme vérification.

Art. 22. — La fixation des primes pour la destruction des oiseaux nuisibles pendant la période de la couvaison, sera réservée aux conseils communaux (Gemeinderath) conformément à l'ordonnance spéciale du

Conseil du gouvernement cantonal. — Pour la chasse d'autres animaux nuisibles, pendant que la chasse est fermée, le département compétent peut accorder une autorisation exceptionnelle: pendant la période de la chasse, les autorisations spéciales ne sont pas accordées.

Art. 23. — Dans les endroits où il existe un nombre excessif de renards, le département compétent peut accorder aux chasseurs, en possession du permis, l'autorisation de les chasser à l'affût (au moyen des amorces) après la fermeture de la chasse générale jusqu'à la fin de février, moyennant un droit de 10 francs. L'emploi des chiens est toutefois absolument défendu.

Art. 24. — Le présent règlement, remplaçant celui du 25 juillet 1876 qui a été édicté par le canton de Saint-Gall en exécution de la loi sur la chasse, sera enregistré dans le Recueil des lois.

Un exemplaire de ce règlement, ainsi que de la loi fédérale et du règlement fédéral, pour l'exécution de ladite loi, sera délivré à tout chasseur avec le permis cantonal pour la chasse.

SCHAFFOUSE.

Le canton de Schaffouse est entré dans la Confédération en 1501, il est de langue allemande; sa superficie est de 294 kilomètres et sa population, en 1888, était de 37,879 habitants.

On y délivre un permis de chasse de 30 francs pour la chasse générale, ouverte du 1er octobre au 15 décembre.

Pour l'année 1887-1888, 56 permis ont été délivrés, qui ont produit 1,770 francs.

SCHWYZ.

Le canton de Schwyz est un canton primitif (1291). Il est de langue allemande : il a conservé son vieux Landbuch, auquel ont été ajoutées quelques lois spéciales.

Sa superficie est de 908 kil. 5; sa population en 1888 était de 50,696 habitants.

Les permis, délivrés dans ce canton, sont très nombreux : permis de 10 francs pour la chasse, sans chien; permis de 15 francs pour la chasse avec un chien; permis de 30 francs pour la chasse avec deux chiens et plus; permis de 20 francs pour la chasse de montagne; permis de 15 francs pour la chasse sur les lacs (Ord^{ce} du 14 janvier 1887).

Pour l'année de chasse 1887-1888, on a délivré 227 permis, qui ont produit 2,780 francs.

Le chasseur muni d'un permis peut exiger la présentation du permis d'un autre chasseur, comme moyen de répression du braconnage.

Un permis spécial de 5 francs est accordé pour chasser le renard, du 15 décembre au 31 janvier.

D'après l'ordonnance du 14 janvier 1887, les citoyens suisses et les étrangers établis en Suisse peuvent chasser dans ce canton dès qu'ils ont acquitté la taxe cantonale sur la chasse, s'ils sont âgés de 18 ans au moins et s'ils n'ont pas été privés du droit de chasse (art. 1er).

L'article 2 s'occupe des personnes auxquelles le permis ne peut être délivré. Le permis n'est valable que pour celui au nom de qui il a été délivré : il porte le signalement du destinataire et le temps pendant lequel il est valable (art. 3).

L'ouverture de la chasse aux chamois, marmottes (bêtes fauves) est fixée au 1er septembre, et sa fermeture a lieu à la fin du même mois (art. 4).

La chasse générale ouvre le 1er octobre et ferme le 15 décembre.

La chasse est formellement interdite dans ce canton les dimanches et jours de fête.

Les propriétaires et usufruitiers peuvent prendre ou tuer les animaux nuisibles qu'ils trouvent dans leurs bâtiments ou leurs cours closes.

Les lièvres et coqs de bruyère ne sont pas regardés comme animaux nuisibles (art. 6).

La loi interdit (art. 7) l'emploi des chiens et des armes à répétition pour la destruction des bêtes fauves.

Il est défendu d'acheter ou de vendre du gibier de toute espèce à partir du huitième jour après la fermeture de la chasse; est excepté de la défense, le gibier importé de l'extérieur, lorsque cette importation est officiellement constatée (art. 9).

L'article 14 traite des pénalités appliquées aux contrevenants à cette loi ; en cas de récidive (art. 15), le maximum de la peine est toujours appliqué.

Des primes sont accordées pour la destruction des animaux nuisibles : 10 francs pour les loutres; 10 francs pour les aigles; 2 francs pour les autours, les éperviers, les grands-ducs, les hérons ; 0 fr. 50 pour les pies et geais; 0 fr. 30 pour les corbeaux, corneilles, etc.

La loi fédérale (art. 15) établit dans ce canton un district où la chasse du gibier de montagne est défendue au point de vue de la protection du gibier et du repeuplement.

Règlements d'exécution pour la loi fédérale sur la chasse dans le canton de Schwyz du 14 janvier 1887.

Le Conseil du canton de Schwyz modifiant le règlement cantonal pour l'exécution de la loi fédérale sur la chasse et la protection des oiseaux du 25 juillet 1876, arrête :

§ 1. Sont autorisés à se livrer à l'exercice de la chasse, dans le territoire du canton de Schwyz, les citoyens suisses et les étrangers domiciliés en Suisse, en possession d'un permis de chasse s'ils sont âgés de 18 ans révolus et si le droit de chasse ne leur a pas été retiré.

§ 2. La délivrance d'un permis de chasse ne sera pas faite :

a) à ceux qui ont été punis pour une contravention aux ordonnances légales sur la chasse et la protection des oiseaux; à ceux qui ont subi une peine d'une durée de 2 ans, et des punitions réitérées, et cela pendant 4 ans, à compter de la dernière;

b) aux pauvres tant qu'ils vivent des secours de la commune;

c) à ceux qui n'ont pas satisfait aux obligations relatives au payement des contributions ou de l'amende vis-à-vis du canton, du district ou de la commune, jusqu'à ce que ces obligations aient été remplies;

d) à ceux dont le droit de citoyen actif a été suspendu, tant que cet état subsiste;

e) à ceux qui ont subi une condamnation correctionnelle et cela pendant la durée de quatre ans, à compter de la date du jugement, à moins que la personne en question ne soit privée de son droit de citoyen actif;

f) aux personnes condamnées pour délit contre la propriété (crime, vol, dommage) pour la durée de 4 ans, à compter de la date du jugement. — Celui qui se procure un permis de chasse sans en avoir le droit, sera condamné à la même pénalité que celui qui exerce la chasse sans permis; il n'a point droit à la restitution de la taxe du permis. Pour obtenir la délivrance du permis de chasse, les personnes qui ne sont pas domiciliées dans le canton, doivent prouver, par un certificat officiel, que les réserves contenues dans le § 2 n'y font pas obstacle.

§ 3. Les permis de chasse sont délivrés, tous les ans, par les bureaux du district (Bezirksamt); ils sont valables seulement pour la personne au nom de laquelle ils ont été délivrés et doivent contenir exactement la désignation de la personne et de l'époque de la chasse pour laquelle ils ont été accordés. Les propriétaires des permis de chasse sont obligés de les porter sur eux dans l'exercice de la chasse et de les produire à la demande de l'agent de police, du garde du district franc, du chasseur en possession d'un permis et du propriétaire du terrain où la chasse est exercée. — Lors de la délivrance du permis de chasse seront remis au porteur un exemplaire de la loi fédérale sur la chasse et du règlement fédéral et cantonal pour l'exécution de ladite loi, et une indication des districts francs du canton. — Les noms de tous les chasseurs, porteurs des permis de chasse, seront publiés officiellement par la voie de la presse du district.

§ 4. Pour l'ouverture de la chasse, les époques sont fixées comme suit:

a) la chasse au gibier de montagne qui comprend seulement la chasse aux chamois et aux marmottes, commence le 1er septembre et dure jusqu'à la fin de septembre;

b) la chasse générale commence au 1er octobre et finit au 15 décembre.

Les dimanches et jours de fête, la chasse est entièrement prohibée.

§ 5. Il est interdit de pénétrer dans les vignes avant que la vendange ne soit terminée. Par conséquent, la chasse avec des chiens n'est point permise dans les contrées où la vendange n'a pas eu lieu. Les chasseurs sont obligés de faire usage de l'autorisation de chasse sans porter préjudice aux propriétaires de terrain ou fermiers, et seront responsables envers ceux-ci pour tout dommage causé par eux dans l'exercice de la chasse. — Sur les petits terrains clos, fermés par le propriétaire moyennant une barrière, comme les cours, jardins et endroits semblables, la chasse ne peut pas avoir lieu.

§ 6. Il est permis à tout propriétaire foncier ou usufruitier de tuer ou de prendre le gibier nuisible, pénétrant dans ses bâtiments ou dans ses terrains clos. Les lièvres et le gibier à plume ne sont toutefois pas compris dans cette autorisation.

§ 7. Est totalement interdit à la chasse au gibier de montagne, l'emploi des chiens et des armes à répétition.

§ 8. La chasse est absolument interdite pour les animaux suivants, même lorsqu'elle est ouverte :

a) les jeunes chamois de l'année et les mères qui les allaitent ;

b) les poules de bruyère et des bois ;

c) les cerfs et les chevreuils ;

d) les espèces d'oiseaux, dénommées dans l'article 17 de la loi fédérale sur la chasse et la protection des oiseaux ;

e) le gibier dans les districts francs.

§ 9. Dès le huitième jour, à partir de la fermeture de la chasse, l'achat et la vente de tout gibier sont interdits, à l'exception du gibier venant de l'étranger et dont l'origine est officiellement établie. Il est interdit en tout temps et d'une manière absolue de vendre des faons de chamois, des cerfs ou des chevreuils ainsi que des poules des bois et de bruyère.

§ 10. Il est interdit de détruire les nids et les couvées, de prendre les œufs du gibier à plume, de déterrer les marmottes, de porter des fusils qui se démontent ou des cannes à fusil, de laisser des chiens chasser lorsque la chasse est fermée. Les chiens de chasse, trouvés à une époque quelconque dans les districts francs, ainsi que ceux trouvés vaguant sans être accompagnés de leur maître, lorsque la chasse est fermée, peuvent être tués sans encourir de pénalité.

Il est également défendu de placer des engins ou pièges d'un genre quelconque (trébuchets, lacets, colliers). Toutefois, il est fait exception à cette disposition pour la chasse aux renards, putois, fouines et martres. — L'usage de fusils se déchargeant d'eux-mêmes, de projectiles explosibles et de substances vénéneuses est absolument défendu.

Il est absolument interdit également de prendre les oiseaux au moyen de filets, d'aires, de chanterelles, de chouettes, de gluaux, de lacets ou autres pièges quelconques.

§ 11. Aux chasseurs qui se sont pourvus d'un permis pour la chasse générale, seront payées pendant le temps de cette chasse (§ 4 lettre *b*), les primes suivantes pour les animaux tués dans le territoire du canton de Schwyz par la caisse d'État : pour une loutre, 10 francs; pour un épervier, autour, grand-duc ou héron cendré, 2 francs; pour un geai ou une pie, 50 centimes; pour une corneille ou un corbeau, 30 centimes. Les animaux en question seront produits au bureau du district (Bezirksammannamt), où la prime sera payée et une patte coupée comme vérification.

§ 12. Les taxes pour les permis de chasse se montent, non compris le timbre :

a) pour la chasse au gibier de montagne, à 20 francs;

b) pour la chasse générale, sans chien, 10 francs; avec un chien, 15 francs; avec deux ou plusieurs chiens, 30 francs. — Les chasseurs qui n'habitent pas le canton ont encore à payer à la caisse d'État 5 francs de taxe pour chaque chien.

§ 13. Au Conseil de gouvernement est laissée la compétence, en cas de besoin :

a) d'interdire entièrement ou partiellement la chasse au gibier de montagne, mentionné au § 11 de la loi fédérale;

b) d'abréger la durée du temps de la chasse générale;

c) d'accorder aux chasseurs, en possession du permis, la permission de chasser aux renards moyennant le paiement d'un droit de 5 francs dans les endroits où il existe une grande abondance de ces animaux, même après la fermeture de la chasse générale jusqu'à la fin de janvier;

d) d'accorder, pendant les mois de janvier et de février, le droit de chasser aux palmipèdes dans les districts des lacs, moyennant payement du droit de 15 francs par personne, sous la condition que ce genre de chasse ne puisse être exercé qu'en bateau;

e) d'accorder les primes citées dans le § 11, soit en totalité ou en partie, même lorsque la chasse est fermée, ainsi que d'augmenter ou réduire le montant de ces primes;

f) d'organiser des chasses au rabat contre les animaux malfaisants.

§ 14. Pour la contravention à la loi fédérale sur la chasse et la protection des oiseaux et du règlement d'exécution pour cette loi, les pénalités suivantes sont déterminées :

1° 10 à 20 francs d'amende :

a) pour le fait de laisser des chiens chasser lorsque la chasse est fermée;

b) de pénétrer dans les vignes avant la fin de la vendange;

c) de tirer sur les oiseaux qui se trouvent sur les habitations ou sur le gibier et les oiseaux qui ne sont pas éloignés au moins de vingt-cinq pas des maisons;

d) de tuer le gibier n'étant pas reconnu nuisible, s'il est entré dans les habitations ou dans les enceintes closes;

e) de contrevenir à toutes les dispositions sur la protection des oiseaux (art. 17 et 19 de la loi fédérale).

2° 20 à 50 francs d'amende :

a) pour la destruction des nids et des couvées du gibier à plume, et l'emploi des armes ou des engins de capture prohibés (art. 6 de la loi fédérale);

b) pour la chasse ou la prise du gibier en temps prohibé ou sans permis pendant que la chasse est ouverte, à l'exception du gibier de montagne (§ 4, lettre *a*);

c) pour l'achat et la vente du gibier provenant de braconnage (art. 5 de la loi fédérale).

3° 50 à 200 francs d'amende :

a) pour la chasse et la prise du gibier de montagne en temps prohibé ou sans permis lorsque la chasse est ouverte (§ 4, lettre *a*);

b) pour la chasse ou la prise du gibier lorsque la chasse est fermée (§ 4, lettre *b*);

c) pour l'emploi des chiens de chasse et des armes à répétition à la chasse au gibier de montagne;

d) pour la chasse et la battue des espèces de gibier dont la chasse est absolument prohibée;

e) pour les délits de chasse commis pendant la nuit (§ 11);

f) pour la réception de la prime pour les animaux qui ne sont pas tués sur le territoire du canton de Schwyz.

4° 200 à 1000 francs d'amende : pour la chasse dans les districts francs ou pour y pénétrer avec des armes de chasse, à l'exception des gardiens.

§ 15. En cas de récidive, le maximum de l'amende stipulée sera toujours prononcé. — Ceux qui achètent, pendant la fermeture de la chasse, du gibier provenant de braconnage ou du gibier d'espèce protégée, seront punis comme les braconniers eux-mêmes.

L'exercice de la chasse les dimanches et les jours de fête sera puni par le président de la commune (Gemeindespräsident) selon le § 5 de l'ordonnance de police sur le repos des dimanches et des fêtes.

§ 16. Les amendes, à l'exception de celles encourues pour l'exercice de la chasse les dimanches et jours de fête, seront fixées dans le sens de l'ordonnance concernant l'application des amendes du 13 mars 1857. Si la plainte a été contestée, elle sera portée devant le juge du tribunal correctionnel.

§ 17. Celui qui a souffert du préjudice touche un tiers du produit de l'amende versée; le reste de ce produit, ainsi que le montant de l'argent, obtenu par la vente des armes confisquées et du gibier provenant du braconnage, seront attribués à la caisse du district ou, dans le cas d'appel, à la caisse cantonale.

§ 18. Les agents de police et les gardes-chasse sont chargés de veiller à l'exécution et observance des prescriptions de la loi sur la chasse et engagés de dénoncer les contraventions aussitôt qu'ils en auront connaissance.

Les dénonciations des agents de police assermentés, basées sur les observations personnelles, ne peuvent pas être contestées.

§ 19. Le Conseil de gouvernement est chargé de soumettre ce règlement à l'approbation du Conseil fédéral et après l'avoir reçue, de s'occuper de la promulgation et de l'exécution de ce règlement; sur quoi le règlement d'exécution du 25 juillet 1876 sera mis hors de vigueur.

Le Conseil de gouvernement du canton de Schwyz, sur l'approbation du règlement d'exécution ci-dessus par le Conseil fédéral du 1er mars 1887, arrête :

1° Le règlement d'exécution du canton de Schwyz pour la loi fédérale sur la chasse et la protection des oiseaux du 14 janvier 1887, entre en vigueur de droit le 1er septembre 1887.

2° Il sera enregistré dans le Recueil des lois.

SOLEURE.

Le canton de Soleure est entré dans la Confédération en 1481 ; il est de langue allemande.

Sa superficie est de 783 kil. 6 et sa population, en 1888, était de 85,720 habitants.

On y délivre, moyennant 30 francs, un permis de chasse du 1er septembre au 15 décembre, sans désignation de chiens ; un permis spécial, valable huit jours, est délivré, moyennant 10 francs.

Dans l'année 1887-1888, on a distribué 99 permis de chasse qui ont produit 4,950 francs.

Un chasseur, muni de son permis, peut demander la présentation du permis d'un autre chasseur, moyennant l'exhibition du sien, comme moyen de répression du braconnage.

Ce canton, comme mesure de protection, a, à certaines époques, défendu la chasse du chevreuil et du cerf.

TESSIN.

Le canton du Tessin est entré dans la Confédération en 1803 : il est de langue italienne.

Sa superficie est de 2,818 kilomètres et, en 1888, sa population était de 127,274 habitants.

Il y a dans ce canton trois permis de chasse : un permis de 6 francs pour la chasse du 1er septembre au 15 décembre : sans désignation de chien ; un permis de 6 francs pour la chasse de montagne et un permis de 5 francs pour la chasse des lacs.

Toutefois, en 1887, le gouvernement de ce canton n'avait encore pris aucune mesure sérieuse pour assurer l'observation de la loi sur la chasse.

En 1887-1888, on a distribué 1,899 permis qui ont produit 11,575 francs.

La chasse est permise le dimanche.

L'article 15 de la loi fédérale établit dans ce canton deux districts où la chasse du gibier de montagne est interdite, au point de vue de la reproduction et du repeuplement.

THURGOVIE.

Le canton de Thurgovie fait partie de la Confédération depuis 1803 : il est de langue allemande.

Sa superficie est de 988 kilomètres et sa population, en 1888, était de 105,091 habitants.

On y délivre un permis de 35 francs pour la chasse du 1ᵉʳ septembre au 15 décembre, sans désignation de chiens ; on doit payer 15 francs de plus pour avoir le permis ou patente permettant de chasser le gibier à plume.

Dans l'année 1887-1888, on a distribué 191 permis qui ont produit 6,685 francs.

La chasse est permise le dimanche.

Les primes suivantes sont délivrées aux chasseurs patentés seulement, pendant le temps de la chasse : 10 francs pour une loutre ; 3 francs pour un autour ; 2 francs pour un épervier, un héron ; 0 franc 30 pour une pie, un geai, une corneille, etc.

URI.

Le canton d'Uri, qui date de l'origine de la formation du pays (1291), est de langue allemande.

Sa superficie est de 1,076 kilomètres et sa population, en 1888, était de 17,284 habitants.

On y délivre deux permis : l'un de 5 francs pour la chasse sans chien et l'autre de 7 francs pour la chasse avec un chien. Il y a aussi un permis spécial valable pour cinq jours, au prix de 5 francs par jour.

Pour l'année 1887-1888, on a distribué 197 permis qui ont produit 1,379 francs.

Le chasseur qui a obtenu un permis, peut, en l'exhibant, demander celui d'un autre chasseur au point de vue de la répression du braconnage.

Des primes sont accordées pour la destruction des animaux nuisibles : 80 francs pour un ours ou un loup ; 20 francs pour un lynx ; 5 francs pour un laemmergeier et un aigle ; 4 francs pour une loutre ; 1 franc pour un putois, un autour, un épervier ; 3 francs pour un grand-duc ; 0 franc 30 pour une pie, etc.

Au point de vue de la protection du gibier sédentaire, la loi fédérale (art. 15) ordonne qu'il soit établi dans ce canton un district où la chasse du gibier de montagne sera prohibée.

De plus, la loi cantonale se réserve de défendre la chasse du chevreuil et du cerf.

VALAIS.

Le canton du Valais, entré dans la Confédération en 1815, est de langue française.

Sa superficie est de 5,247 kilomètres; en 1888, sa population était de 101,925 habitants.

Il n'y a, dans ce canton, qu'un permis de chasse : il est de 15 francs pour chasser du 1er septembre au 15 décembre, sans désignation de chiens.

En 1887-1888, on a distribué 401 permis qui ont produit 6,060 francs.

Le chasseur étranger est assujetti à l'impôt cantonal sur les chiens.

La loi fédérale (art. 15) établit dans ce canton trois districts où la chasse du gibier de montagne est interdite au point de vue du repeuplement et de la reproduction.

VAUD.

Le canton de Vaud, entré dans la Confédération depuis 1803, est de langue française.

Sa superficie est de 3222 kil. 8. Sa population, en 1888, était de 251,288 habitants.

Les permis délivrés sont les suivants :
Un permis de 16 francs pour la chasse sans chien.
Un permis de 26 francs pour la chasse avec un chien.
Un permis de 41 francs pour la chasse avec deux chiens.
Un permis de 101 francs pour la chasse avec trois ou cinq chiens.
Un permis de 301 francs pour la chasse avec plus de cinq chiens.
Un permis de 16 francs pour la chasse des lacs.

Pour la délivrance du permis, on exige un séjour de trois mois. En 1887-1888, il a été délivré 1112 permis qui ont produit 21,547 francs.

Muni de ce permis, le chasseur peut s'en servir où bon lui semble, sauf dans les propriétés closes de murs, ou dans un certain périmètre autour des habitations, depuis le 1er septembre jusqu'au 31 décembre.

Pendant le temps où la chasse est fermée, nul ne peut sortir avec un fusil et si des dégâts sont commis par le gibier, le propriétaire a seulement le droit de les faire constater par le garde champêtre. Toutefois un système de prime très judicieux existe, en temps de chasse permise, pour la destruction du renard.

Le chasseur muni d'un permis peut exiger que le chasseur rencontré lui exhibe le sien.

Il y a dans ce canton un impôt progressif sur les chiens.

La chasse sur les lacs est, entre les cantons de Vaud, Fribourg, Neuchâtel et Berne, réglée par des conventions particulières.

L'article 15 de la loi fédérale établit, dans le canton de Vaud, un district où la chasse du gibier de montagne est prohibée.

ZUG.

Le canton de Zug est entré dans la confédération en 1352. Il est de langue allemande.

Sa superficie est de 239 kil. 2 et sa population, en 1888, était de 23,120 habitants.

On y délivre un permis de 25 fr. 15 pour la chasse du 1er septembre au 15 décembre, sans désignation de chiens.

Dans l'année 1887-1888, on a distribué 59 permis, qui ont produit 1,483 fr. 85.

ZURICH.

Le canton de Zurich est entré dans la Confédération en 1851. Il est de langue allemande.

Sa superficie est de 1724 kil. 7 et sa population, en 1888, était de 339,014 habitants.

Sa loi sur la chasse comprend trois permis :

1º Un permis de 70 francs pour la chasse aux oiseaux et la chasse générale du 1er septembre au 15 décembre, sans désignation de chiens.

2º Un permis de 40 francs pour la chasse générale du 1er octobre au 15 décembre.

3º Un permis de 15 francs pour la chasse sur les lacs (janvier et février).

Ces permis sont délivrés par l'administration.

En 1887-1888, on a pris 309 permis qui ont produit 12,110 francs.

La loi fédérale se bornant à reconnaître aux autorités cantonales le droit d'ordonner ou de permettre, même lorsque la chasse est fermée, la destruction des animaux malfaisants et carnassiers, certains cantons donnent des primes pour ces destructions.

Le canton de Zurich accorde 10 francs pour les grands carnassiers et sangliers; 5 francs pour la loutre, le grand-duc, ou l'aigle; 2 francs pour le héron, l'autour, l'épervier; 0 fr. 30 pour les pies et les geais (art. 19).

Ces animaux, ainsi que le putois, la fouine, la martre peuvent être tués en tout temps par les propriétaires ou fermiers sur leurs propriétés; en tant qu'elles ne consistent pas en forêts. Ces destructions peuvent aussi être faites par des personnes munies de pouvoirs spéciaux (art. 2).

La loi de ce canton du 26 novembre 1882, qui abroge celle du 1er juillet 1863, et l'ordonnance d'exécution du 15 juillet 1876 (art. 24) porte que tout chasseur qui a tué une pièce de gibier menée ou levée par le chien d'un autre chasseur, doit la lui restituer contre la somme de 2 francs (art. 14).

La loi de chasse du canton de Zurich, interdit l'exercice de la chasse les dimanches et jours fériés (art. 13).

On ne peut exercer le droit de chasse sans l'autorisation du propriétaire, dans les habitations et les domaines y attenant, ni sur les terrains entourés d'une clôture continue d'au moins un mètre de haut.

L'article 3 de la loi énumère les personnes auxquelles le permis de chasse peut être refusé.

Le Conseil du gouvernement, tous les ans, au mois de juillet au plus tard, fixe les époques d'ouverture et de fermeture conformément aux prescriptions de la loi fédérale (art. 6).

Ce conseil peut, dans les mois de janvier et février, permettre la chasse aux palmipèdes, sur le lac de Zurich, moyennant la délivrance d'un permis spécial : cette chasse ne peut avoir lieu qu'en bateau (art. 7).

L'on ne peut, pour chasser, employer des chiens, que si l'impôt légal qui les frappe a été payé.

La loi défend de prendre ou de tuer les chevrettes et les faons de chevreuil, de détruire les nids et les couvées et de dénicher les nids d'oiseaux.

L'article 12 prohibe l'emploi des cannes fusils et des fusils se démontant.

La protection des oiseaux est traitée dans les articles 15, 16, 17.

Le huitième jour après celui de la fermeture de la chasse, l'achat et la vente de tout gibier sont défendus : exception est faite pour le gibier venant de l'étranger, dont la provenance a été constatée officiellement, et pour les animaux détruits comme nuisibles.

L'article 19 défend la vente des faons de chevreuil et celle des femelles des coqs de bruyère et des gellinotes, en tout temps.

S'il y a contravention, le gibier est confisqué et des pénalités sont prononcées.

L'article 21 comprend les pénalités appliquées aux délits de chasse.

Celui qui, non muni d'un permis de chasse, laisse chasser ses chiens est puni d'une amende de 5 à 50 francs, que le fait ait lieu en temps prohibé ou pendant le temps de chasse (art. 22).

Loi du 26 novembre 1882.

La loi du 26 novembre 1882 est relative à la chasse et à la protection des oiseaux, conformément à la constitution sur la législation fédérale.

§ 1. Le droit de chasse, dans le territoire du canton de Zurich, est acquis moyennant la délivrance d'un permis de chasse. Ce droit ne peut, toutefois, être exercé sans l'autorisation spéciale du propriétaire, sur les habitations, sur les terrains clos y attenant ou entourés d'une clôture complète d'au moins un mètre de hauteur.

§ 2. La chasse des animaux malfaisants tels que: renards, fouines, martres, autours, éperviers, pies, geais, est permise, en tout temps, aux propriétaires ou fermiers, dans l'entourage immédiat de leurs habitations ou bâtiments de ferme afin d'empêcher les dommages, à moins que cette chasse ne compromette l'ordre et la sûreté de la société. Il est également permis de tuer les moineaux, étourneaux et grives qui font irruption dans les vignes, tant que la vendange n'est pas terminée ; on peut aussi tuer les pigeons qui causent des dommages aux champs ensemencés. La direction de la police peut, sur leur demande, autoriser les personnes qui s'occupent de pisciculture à tuer les animaux qui nuisent à la pêche.

§ 3. La délivrance du permis de chasse ne peut être refusée aux citoyens suisses ou aux étrangers établis dans le pays à moins :

a) que ces personnes n'aient perdu leur droit de citoyen ou qu'elles aient, par suite de délits, subi des arrêts, ou qu'elles aient été condamnées à une peine dégradante, et cela pendant trois ans à partir de l'expiration de la peine ;

b) le permis est refusé à ceux qui vivent de secours, ou qui n'ont pas rempli leurs obligations envers l'État ou la commune relativement à leurs contributions ;

c) à ceux qui par suite de délits de chasse réitérés ont perdu le droit d'obtenir ce permis; à ceux dont l'amende prononcée pour un délit de chasse a été convertie en un emprisonnement.

§ 4. Les permis de chasse sont, tous les ans, délivrés par la lieutenance du district : ils contiennent le signalement exact du porteur, l'espèce de chasse pour laquelle ils sont délivrés, sa durée et les dispositions de la loi.

Le chasseur doit toujours porter son permis sur lui pendant la chasse, et le montrer à la demande des agents de la police, des gardes forestiers et des propriétaires de chasse.

§ 5. Le droit pour le permis de chasse à la plume et de chasse générale s'élève à 70 francs. Il est de 40 francs pour la chasse générale seule : on ne délivre pas de permis pour la chasse à la plume seule.

Le produit net de ces permis, c'est-à-dire moins les frais, et y compris les primes (§ 18) distribuées, revient moitié à l'État et moitié à la commune. La répartition entre les communes aura lieu par la direction des finances à raison de la superficie du territoire de la commune.

§ 6. Conformément aux prescriptions de la loi fédérale, le Conseil de gouvernement fixera tous les ans, au plus tard dans le mois de juillet, l'ouverture et la fermeture de la chasse, de même qu'il fera édicter les dispositions spéciales concernant l'extension ou la restriction de la saison de chasse, d'après les circonstances locales, et il désignera par publication officielle, la période pendant laquelle les permis peuvent être délivrés par les lieutenances du district. Après cette période, la délivrance d'un permis n'est permise que pour des raisons spéciales et avec le consentement de la direction des finances.

§ 7. Pendant les mois de janvier et de février, le Conseil de gouvernement peut autoriser la chasse aux palmipèdes sur le territoire du lac de Zurich contre la délivrance d'un permis spécial, dont le coût est de 15 francs, versé à la caisse d'État. — Cette chasse ne sera exercée qu'en bateau.

§ 8. Le Conseil de gouvernement peut, dans le but d'exterminer les animaux malfaisants et pour empêcher une multiplication excessive du gibier, de même que pour prévenir, au besoin, les épidémies dangereuses parmi le gibier, prendre des mesures extraordinaires.

§ 9. Dans l'exercice de chasse ne seront pas admis d'autres chiens que ceux pour lesquels l'impôt légal du canton de Zurich a été payé.

§ 10. La chasse à la plume ne peut être exercée avant l'ouverture de la chasse générale qu'avec des chiens d'arrêt bien dressés.

§ 11. Dans le cas où il est défendu de chasser avec des chiens dans une partie du canton, l'usage des chiens pour la chasse ne peut pas avoir lieu dans le territoire respectif.

Il sera également défendu de se servir des chiens provenant du territoire où cette défense a lieu, pour toute autre chasse dans le canton.

§ 12. Il est interdit de tuer et capturer les chèvres ou chevreaux, de détruire les nids et les couvées, de prendre les œufs du gibier à plume, de porter des fusils qui se démontent ou les cannes à fusil. — Il est également défendu de placer des engins ou pièges d'un genre quelconque (trébuchets, lacets, colliers). — Toutefois, il est fait exception à cette disposition pour la chasse aux renards, putois, fouines et martres.

Il est absolument interdit de placer des fusils se déchargeant d'eux-mêmes et de se servir de projectiles explosibles et de poisons.

§ 13. Les chasseurs sont engagés à exercer la chasse sans préjudice et dommage pour les propriétaires des terrains (ou fermiers), et ils sont responsables envers ceux-ci des dommages qu'ils ont causés en chassant. En outre, les vignes sont exclues de la chasse avant la fin de la vendange; et même après la vendange, la chasse ne peut avoir lieu aux autres animaux qu'à la litorne, dans les vignes là où les plantes sont couchées par terre. Il est également interdit aux chasseurs de pénétrer dans les champs de blé, ou ceux qui contiennent des plantes textiles, avant que leurs récoltes ne soient enlevées. — La chasse est interdite les dimanches et jours de fête.

§ 14. Quand un chasseur a tué un gibier, levé et poursuivi par le chien d'un autre chasseur, il est obligé de le rendre à celui-ci moyennant une indemnité de 2 francs.

§ 15. Sont placées sous la protection publique les espèces d'oiseaux suivantes :

Tous les insectivores, soit toutes les espèces de sylvies (fauvettes, rossignols, etc.), de traquets, de mésanges, d'accenteurs, de pipits, d'hirondelles, de gobe-mouches et de bergeronnettes.

Parmi les passereaux : l'alouette, l'étourneau, les diverses espèces de grives et de merles à l'exception de la litorne, le pinson et le chardonneret.

Parmi les grimpeurs : le coucou, le grimpereau, la sittelle, le torcol, la huppe et toutes les espèces de pics.

Parmi les oiseaux : le choucas et le freux.

Parmi les oiseaux de proie : la buse et la crécerelle ainsi que toutes les espèces d'oiseaux de proie nocturnes, à l'exception du grand-duc.

Parmi les oiseaux de marais et les palmipèdes : la cigogne et le cygne. — Il est défendu de prendre ou de tuer ces oiseaux, d'enlever les œufs ou les petits des nids, ou de les vendre au marché, sous réserve du droit du Conseil de gouvernement d'accorder des autorisations spéciales dans l'intérêt de la science, conformément à l'art. 20 de la loi fédérale.

§ 16. Il est absolument interdit de prendre les oiseaux au moyen de filets, d'aires, de chanterelles, de chouettes, de gluaux, de lacets ou autres pièges quelconques.

§ 17. Sont aussi protégés le hérisson et la belette.

§ 18. Les primes suivantes seront payées pour la destruction des animaux dénommés ci-après par les personnes y autorisées d'après les §§ 1 et 2 de cette loi, de même que par les personnes qui en sont chargées par autorisation spéciale : pour chaque loutre, grand-duc et aigle, 10 francs; pour chaque héron cendré, autour et épervier, 2 francs; pour chaque pie et geai, 30 rappen (= 30 centimes).

Les primes seront délivrées par les lieutenances de district.

§ 19. Dès le huitième jour à partir de la fermeture de la chasse, l'achat et la vente de tout gibier sont interdits; exception est faite pour le gibier venant de l'étranger et dont l'origine est officiellement établie, ou pour le gibier malfaisant (§ § 2 et 18). Il est interdit en tout temps et d'une manière absolue, de vendre des faons de chevreuil, de même que des poules de bruyère et des bois. — En cas de contravention, le gibier sera confisqué, indépendamment des peines prévues par cette loi. — La police est autorisée à contrôler les arrivages de tout gibier, ainsi que les attestations qui les accompagnent.

§ 20. Les agents de police et les gardes forestiers de l'Etat et des communes sont chargés de veiller à l'exécution de la loi.

§ 21. Les délits de chasse, d'après le sens de l'article 21 de la loi fédérale, seront punis comme suit :

a) La chasse ou la prise du gibier dans les districts francs, et la destruction ou la prise des espèces de gibier spécialement protégées, d'une amende de 50 à 150 francs;

b) La chasse ou la prise du gibier par des personnes non autorisées ou les jours de dimanche ou de fête, l'usage des armes ou des engins prohibés (§ 12), l'exercice de la chasse à la plume contraire aux prescriptions (§ 10), le dommage à la propriété (§ 13), de 30 à 100 francs;

c) La destruction des nids et des couvées du gibier, ainsi que toute contravention aux dispositions sur la protection du gibier utile (§§ 12, 15 et 17), de 10 à 60 francs.

Ceux qui achètent, pendant la fermeture de la chasse, du gibier provenant de braconnage ou du gibier d'espèce protégée, seront punis comme les braconniers eux-mêmes.

Pour les délits de chasse commis pendant la fermeture de la chasse ou pendant la nuit, l'amende doit être doublée.

En cas de récidive, l'autorisation de chasser doit être retirée ou refusée pendant une période de deux à six ans.

§ 22. Les autres contraventions à cette loi, ainsi que le fait de laisser des chiens chasser lorsque la chasse est fermée ou sans que le propriétaire se soit fait délivrer un permis de chasse, lorsqu'elle est ouverte, et le fait de pénétrer dans les vignes ou les champs avant la récolte (§ 13), l'omission de porter le permis de chasse, etc., sont punies d'une amende de 5 à 50 francs.

§ 23. Pour la procédure relative aux contraventions de chasse sont valables les dispositions du Code de l'instruction criminelle du canton de Zurich avec les modifications suivantes :

a) Toutes les contraventions seront punies par les lieutenances de district; il en est de même du cas prévu par l'alinéa dernier du § 21; contre ces jugements, le recours au tribunal est admissible;

b) À défaut de paiement, l'amende sera convertie en emprisonnement, à raison d'un jour de prison pour 4 francs d'amende;

c) Les lieutenances du district sont autorisées à attribuer jusqu'à 30 % du produit de l'amende à la gratification des agents de police et gardes forestiers;

c) À défaut de paiement de la part du condamné, la quote-part du produit de l'amende, attribuée aux agents de police ou aux gardes forestiers, sera payée par la lieutenance du district sur le montant des fonds versés pour le droit des permis de chasse.

§ 24. Cette loi entre en vigueur après la sanction obtenue par le Conseil fédéral (Bundesrath), et seront supprimés par elle, la loi concernant le régime de la chasse du 1er juillet 1863 et le règlement d'exécution du Conseil de gouvernement du 15 juillet 1876 (1).

IV. — *Convention du 31 octobre 1884, entre la France et la Suisse pour la répression des délits de chasse.*

Le 31 octobre 1884, une convention a été conclue à Paris entre

---

(1) Voir *Annuaire de la législation comparée* : notes de M. Daguin. — M. A. de Manuel : Journal *La Diana*. — M. Edmond Eynard : Journal *La Diana*. — Reclus : *Géographie universelle*.

la France et la Suisse pour la répression des délits de chasse dans les forêts limitrophes.

Cette convention a été sanctionnée par la loi spéciale du 6 août 1885 et ratifiée à Paris le 7 du même mois (1).

Une convention semblable avait déjà été conclue le 2 mars 1782 entre le roi de France et le prince évêque de Bâle, touchant les délits qui pouvaient se commettre sur les frontières de leurs États respectifs.

(1) De Clercq, *Recueil des traités de la France*. Tome XIV, p. 421.

MONACO.

1° Du droit de chasse (ordonnance du 6 juin 1867). — 2° Ordonnance du 1er octobre 1880.

1° *Du droit de chasse.*

La chasse, dans la principauté de Monaco, était, jusqu'au 1er octobre 1880, régie par l'ordonnance sur la police générale, rendue par le prince souverain de Monaco, Charles III, le 6 juin 1867.

Cette ordonnance portait :

Ordonnance sur la police générale du 6 juin 1867.

CHAPITRE III.

DES PERMIS DE PORT D'ARMES ET DE CHASSE.

Art. 13. — Nul ne peut chasser, s'il n'est muni d'un permis de port d'armes et de chasse, délivré par le gouverneur général.

Ce permis ne donnera, à celui qui en est porteur, aucun droit de chasser sur les propriétés d'autrui sans le consentement du propriétaire ou possesseur.

Art. 14. — Les propriétaires, possesseurs ou fermiers peuvent chasser en tout temps, sans permis de port d'armes et de chasse, dans leurs propriétés, lorsqu'elles sont closes de murs, sauf le droit des voisins de se pourvoir, dans les cas prévus par les lois, pour tous dommages qui pourraient leur être occasionnés.

Art. 15. — Les permis de chasse sont réunis aux permis de port d'armes.

Le gouverneur général pourra toutefois accorder des permis pour le seul port d'armes, mais dans ce cas le porteur de ces armes devra suivre les chemins publics et ne pourra s'introduire dans les propriétés d'autrui.

Art. 16. — Les permis de port d'armes et de chasse seront délivrés par le gouverneur général, sur la connaissance personnelle de l'individu qui en fait la demande ou sur un certificat de moralité et de bonne conduite, donné par le maire.

Les permis sont valables, dans toute la principauté, pour un an.

Art. 17. — Les permis pourront être refusés à tous ceux qui auront été condamnés pour vagabondage, mendicité, vol, escroquerie, abus de confiance et pour rébellion ou violence envers les agents du gouvernement.

Art. 18. — Ils ne seront pas délivrés :

1° Aux mineurs qui n'ont pas seize ans accomplis;

2° Aux mineurs de seize à vingt-et-un ans, à moins que le permis ne soit demandé pour eux par leur père, mère ou tuteur.

Art. 19. — Le permis de port d'armes et de chasse donne le droit de chasser sur les terrains incultes de la Sérénissime Chambre, à l'exception de la promenade Saint-Martin à Monaco.

Art. 20. — Il est expressément défendu de chasser la nuit sans autorisation.

Art. 21. — Les contrevenants aux dispositions qui précèdent seront, s'ils ne sont pas connus ou s'ils sont étrangers, immédiatement conduits devant le maire, qui s'assurera de leur individualité et en référera au gouverneur général et à l'avocat général, qui jugeront s'il y a lieu ou non à arrestation.

Le chapitre XXII relatif aux peines auxquelles donnaient lieu les délits et contraventions aux dispositions de la présente ordonnance, punissait la contravention à l'article 15 d'une amende depuis sept francs jusqu'à quinze francs inclusivement (art. 191).

Les contraventions aux articles 13, 19, 20, 21 étaient punies d'une amende de seize francs jusqu'à cinquante francs inclusivement (art. 192).

Toutes les autres contraventions aux dispositions de cette ordonnance, auxquelles il n'était pas appliqué une peine spéciale, étaient punies d'amende depuis un franc jusqu'à six francs, selon leur nature et leur gravité.

Les contraventions aux articles 20 et 21 étaient punies de la peine d'emprisonnement, pendant trois jours au plus, suivant les circonstances (art. 194).

En cas de récidive, d'après l'article 195, les peines étaient doublées.

Dans ce cas, et selon les circonstances, il pouvait être également prononcé, outre l'amende, un emprisonnement d'un à cinq jours au plus.

Dans les cas prévus par les articles 13, 20 et 21, la peine d'emprisonnement de trois à cinq jours avait toujours lieu pour récidive, outre l'amende (art. 196).

Il y avait récidive, lorsque, dans les douze mois précédents, il avait été rendu contre le contrevenant un premier jugement pour une contravention de la même espèce (art. 197).

Dans les cas prévus par les articles 13, 20 et 21, les armes dont les délinquants étaient porteurs étaient saisies et confisquées (art. 200).

La contrainte par corps avait lieu, pour le payement de l'amende, des restitutions, indemnités et frais, et le condamné était détenu en conformité de la loi du 16 décembre 1815 (art. 202).

Le produit des amendes qui ne dépassaient par la somme de sept francs, appartenait pour une moitié au bureau de bienfaisance et pour l'autre moitié aux signataires des procès-verbaux.

Le produit des amendes au-dessus de la somme de sept francs appartenait pour un tiers à la Sérénissime Chambre, pour un autre tiers au Bureau de bienfaisance, et pour le tiers restant aux signataires des procès-verbaux (art. 203).

Le chapitre XXIII (art. 204) sur la compétence de la procédure, attribuait la connaissance des délits de chasse et de ceux dont la peine excède quinze francs d'amende et cinq jours de prison, au tribunal supérieur; les autres contraventions étaient portées devant le juge de simple police.

Les délits et contraventions étaient prouvés, soit par procès-verbaux ou rapports, soit par témoins, à défaut de procès-verbaux et de rapports, ou à leur appui.

Les procès-verbaux et rapports faisaient foi jusqu'aux preuves contraires, soit écrites, soit testimoniales, si le juge croyait à propos de les admettre (art. 205).

Les pères et mères étaient solidaires et responsables pour leurs enfants mineurs; les tuteurs pour leurs pupilles; les maris pour leurs femmes, non légalement séparées; les maîtres pour leurs serviteurs et journaliers; les entrepreneurs pour les faits de leurs agents et ouvriers (art. 206).

Toute poursuite d'office était arrêtée en tout état de cause, si les contrevenants, qui n'étaient pas en récidive, acquittaient la moitié du maximum de l'amende et les frais déjà faits.

Étaient exceptés les délits et contraventions qui entraînent la peine d'emprisonnement (art. 207).

Les contrevenants et les personnes responsables étaient cités par le ministère public ou par la partie qui réclame (art. 208).

Les jugements rendus en matière de police pouvaient être attaqués par la voie de l'appel lorsqu'ils prononçaient un emprisonnement ou lorsque les amendes, restitutions, ou autres réparations civiles excédaient la somme de cinq francs, outre les dépens (ch. XXIV, art. 225).

Le ministère public et les parties pouvaient, s'il y avait lieu, se pourvoir en révision contre les jugements rendus en dernier ressort par le tribunal de police, ou le tribunal supérieur, sur l'appel des jugements de police (art. 228).

Les carabiniers et les agents de police étaient chargés de rechercher et constater les délits et contraventions, soit dans la ville, soit dans les campagnes (art. 243.)

Ordonnance du 1ᵉʳ octobre 1880 interdisant la chasse au fusil dans la principauté.

Telle était la législation sur la chasse dans cet État, lorsque le 1ᵉʳ octobre 1880 parut l'ordonnance suivante, interdisant la chasse au fusil dans la principauté :

CHARLES III, par la grâce de Dieu, Prince souverain de Monaco.

Attendu que l'exercice de la chasse au fusil sur le territoire de notre principauté est une menace permanente pour la sécurité des personnes, depuis que les habitations se multiplient et restreignent chaque jour de plus en plus l'espace cultivé.

Attendu que pour éviter les accidents pouvant résulter d'un tel état de choses, il y a lieu de supprimer la faculté de chasser,

Notre Conseil d'État entendu :

Avons ordonné et ordonnons :

ART. 1ᵉʳ. — La chasse est interdite dans notre principauté à dater du 1ᵉʳ janvier prochain (1881).

ART. 2. — Les articles 14 et 19 de l'Ordonnance sur la police générale du 6 juin 1867 sont abrogés.

ART. 3. — Notre secrétaire d'État, notre avocat général et notre gouverneur général seront chargés, chacun en ce qui le concerne, de l'exécution de la présente ordonnance.

ROUMANIE.

1. Loi sur la chasse du 29 octobre/10 novembre 1891.

1. *Loi sur la chasse de* 1891.

La Roumanie, formée des deux principautés de la Moldavie et de la Valachie, n'a une unification législative que depuis 1864.

La première loi sur la chasse date du 29 octobre /10 novembre 1891.

Cette loi contient six chapitres : Chap. 1er. Du droit de chasse. — Chap. 2. De l'époque où la chasse est prohibée — Chap. 3. Défense de chasser par certains moyens. — Chap. 4. Des chasses d'office. — Chap. 5. Des infractions, fraudes et pénalités. — Chap. 6. De la poursuite et du jugement.

CHAPITRE PREMIER.
DU DROIT DE CHASSE.

Art. 1er. — Le droit de chasse appartient au propriétaire du fonds sur lequel il s'exerce ; toutefois l'exercice de ce droit est soumis aux règles prévues par la présente loi.

Le droit de chasse n'appartient aux fermiers que si, par le contrat d'affermage, ce droit leur a été concédé.

Art. 2. — Nul ne pourra chasser, même sur sa propriété, qu'aux époques auxquelles la chasse est permise.

Nul n'a le droit de chasser sur la propriété d'autrui sans le consentement par écrit du propriétaire du fonds ou de ses représentants.

CHAPITRE II.
DE L'ÉPOQUE OÙ LA CHASSE EST PROHIBÉE.

Art. 3. — On ne pourra chasser aucune espèce de bêtes ni d'oiseaux sauvages à partir du 15/27 février jusqu'au 15/27 août.

Par exception, toutefois, la chasse des oiseaux de passage et de certaines autres espèces, désignées dans un tableau prévu par le règlement d'application de la présente loi, sera permise aussi dans cet intervalle.

Cependant les préfets de districts sont autorisés, avec l'approbation du Ministère de l'Intérieur, à défendre la chasse même en dehors de ces époques, dans les localités où une telle mesure sera requise, soit pour empêcher l'extermination du gibier, soit pour protéger les couvées et laisser les petits se propager; dans ce cas, toutefois, les ordonnances des préfets contiendront le tableau indiquant l'espèce et l'époque où telle ou telle chasse est prohibée.

Il est défendu de prendre ou de détruire les œufs ou les petits des nids des oiseaux qu'il est permis de chasser.

Art. 4. — La chasse des bêtes et oiseaux de proie est permise en tout temps et de toute manière.

Cependant le droit prévu au présent article ne pourra être exercé que par le propriétaire du sol ou par des hommes à lui.

Art. 5. — La chasse de toute sorte est expressément défendue pendant la nuit.

CHAPITRE III.

DÉFENSE DE CHASSER PAR CERTAINS MOYENS.

Art. 6. — Toute espèce de chasse au moyen d'appâts, poisons, pièges, filets et autres engins ou instruments de pareille nature est expressément défendue.

Il sera de même défendu de pêcher avec la dynamite, avec empoisonnement ou tarissement des eaux pour s'emparer du poisson.

Par exception, les bêtes et oiseaux de proie pourront être tués au moyen d'appâts, poisons, pièges, filets ou autres moyens de pareille nature.

Art. 7. — Il n'est pas permis de poursuivre les bêtes sauvages blessées, sur le terrain d'autrui.

CHAPITRE IV.

DES CHASSSES D'OFFICE.

Art. 8. — Dans le cas où les bêtes et oiseaux de proie se propageraient outre mesure sur les propriétés particulières de l'État, des communes, etc., ainsi que dans le cas où, dans une propriété quelconque, on signalerait l'existence de bêtes sauvages menaçant la sûreté des passants ou des animaux domestiques, l'autorité communale respective est en droit de provoquer la chasse d'office.

A cet effet, on observera exactement les règles prévues ci-contre.

Art. 9. — La déclaration de chasse d'office sur une propriété quelconque appartient au maire de la commune du territoire où la chasse doit avoir lieu, et, à cet effet, il (le maire) rédigera une ordonnance avec exposé de motifs et indication des espèces d'animaux de proie dont la chasse d'office a été provoquée; cette ordonnance devra être approuvée par le préfet du district, affichée sur la porte de la salle communale, et communiquée à la personne ou au domicile du propriétaire ou de ses représentants, ainsi que là où la chasse doit avoir lieu.

Cette ordonnance ne sera exécutoire que dans le cas où le propriétaire du sol sur lequel doit avoir lieu la chasse, ou ses représentants ne consentiraient pas, dans le terme de cinq jours francs, à faire cette chasse pour leur compte.

ART. 10. — Aux chasses d'office, il ne pourra être tué d'autres bêtes ou oiseaux que ceux de proie ou nuisibles pour lesquels la chasse d'office a été permise.

Les animaux tués appartiennent toujours au propriétaire sur la propriété duquel la chasse d'office a eu lieu.

ART. 11. — Tous les habitants des communes rurales sont obligés de prendre part aux chasses d'office en nombre requis par l'autorité communale.

ART. 12. — Le propriétaire, s'il s'approprie le gibier tué sur sa propriété, est tenu de payer pour leur peine les hommes qui ont chassé; s'il y renonce, le gibier sera vendu et le montant sera réparti entre les habitants qui ont participé à la chasse d'office, selon l'usage du lieu.

ART. 13. — Dans les localités où les bêtes et oiseaux de proie se multiplient outre mesure, le ministère de l'intérieur fixera des primes pour leur extermination, elles seront prélevées sur les amendes encaissées en vertu de la présente loi.

L'État, les districts et les communes, dans les limites des moyens dont ils disposent, auront à fournir une certaine somme pour être distribuée comme primes pour l'extermination des animaux nuisibles dans le pays entier.

CHAPITRE V.

DES INFRACTIONS, FRAUDES ET PÉNALITÉS.

ART. 14. — Sera puni d'une amende de 10 à 100 francs :

I. — Celui qui chasse sur le territoire d'autrui sans le consentement par écrit du propriétaire du sol;

II. — Celui qui chassera à l'époque où la chasse est prohibée, ou enlèvera ou détruira les nids, les œufs ou les oiseaux mentionnés à l'article 3;

III. — Celui qui chassera pendant la nuit, ou avec des moyens et instruments défendus par la présente loi;

IV. — Celui qui, à l'époque où la chasse n'est pas permise, aura exposé pour la vente ou aura vendu, acheté, colporté ou transporté du gibier;

V. — Les fonctionnaires communaux et administratifs qui auront provoqué ou fait faire des chasses d'office, sans qu'il existe des motifs ou sans se conformer aux dispositions de la présente loi;

VI. — Tout chasseur qui, aux chasses d'office, aura tué ou blessé d'autres espèces d'animaux ou oiseaux que ceux pour lesquels la chasse d'office a été permise;

VII. — Celui qui prendra du poisson (pêchera) contrairement aux prévisions de l'alinéa II de l'article 6.

Art. 15. — L'amende prévue à l'article précédent est doublée si le délinquant est en état de récidive, s'il s'est déguisé ou masqué pour n'être pas reconnu, s'il donne un faux nom, ou s'il a employé des violences ou menaces contre les agents publics, ou fonctionnaires publics ou particuliers, reconnus par l'autorité communale et chargés de la constatation des contraventions aux dispositions de la présente loi. Dans de tels cas, l'amende pourra être remplacée par l'emprisonnement, sans préjudice des autres peines et dommages prévus par le Code pénal.

Art. 16. — Il y a récidive si, dans les douze mois qui suivent la condamnation, le délinquant a déjà été condamné en vertu de la présente loi.

Art. 17. — Tout arrêt de condamnation devra prononcer la confiscation et la destruction des instruments et engins de chasse non permis, ainsi que la confiscation des armes.

Le gibier provenant des contraventions sera envoyé aux hôpitaux.

Art. 18. — Les amendes seront versées à la caisse de la commune sur le territoire de laquelle l'infraction à la présente loi aura été commise.

CHAPITRE VI.

DE LA POURSUITE ET DU JUGEMENT.

Art. 19. — Les infractions, prévues par cette loi, seront prouvées tant par les procès-verbaux dressés par les procureurs et leurs substituts, les agents communaux et administratifs, les sylviculteurs, les agents de police, les agents de douane et les gardiens particuliers, reconnus par l'autorité communale, que par des témoins.

Les fonctionnaires prévus au présent article doivent poursuivre, même d'office, les infractions à cette loi. La preuve contraire sera toujours admise.

Art. 20. — Lorsqu'un particulier aura dénoncé une infraction à la présente loi, une des autorités susdites, à laquelle on aura adressé la dénonciation, sera obligée de dresser procès-verbal conformément à la présente loi et de le transmettre à l'autorité compétente pour juger cette infraction, dans les vingt-quatre heures de sa rédaction.

La partie lésée pourra aussi s'adresser directement à l'autorité judiciaire appelée à juger l'infraction.

Aucune perquisition domiciliaire pour constater les contraventions prévues par la présente loi, ne pourra être faite par les agents susdits si ce n'est chez les restaurateurs, marchands de comestibles, revendeurs, et dans les établissements ouverts au public.

Art. 21. — Toute infraction aux dispositions de la présente loi sera jugée par le tribunal de première instance dans la circonscription duquel l'infraction a eu lieu, conformément aux prescriptions du Code de procédure pénale.

Les arrêts des tribunaux seront définitifs.

Art. 22. — Les délinquants ne peuvent être ni arrêtés, ni désarmés; cependant si leurs noms et domiciles sont inconnus, ils seront conduits à la mairie de la commune la plus voisine, afin de constater leur individualité.

Art. 23. — Toute infraction aux dispositions de la présente loi se prescrit dans le délai de six mois après qu'elle a eu lieu.

Art. 24. — Un règlement d'administration publique déterminera les époques où la chasse des divers animaux et oiseaux peut être prohibée, ainsi que les primes à accorder pour l'extermination des bêtes et oiseaux de proie. Il sera, en outre, dressé un tableau, qui devra indiquer l'époque où la chasse des différentes sortes de bêtes et d'oiseaux sera permise.

Ce règlement devra être publié dans l'espace maximum de trois mois, à partir de la promulgation de la présente loi.

Art. 25. — Toute disposition contraire à la présente loi est abrogée.

Château de Heleseb, le 29 octobre 10 novembre 1891.

(Signé) CHARLES.

Le Ministre de l'Intérieur,
(Signé) L. CATARGI.

Le Ministre de la Justice, ad intérim.
(Signé) G. VERNESCU (1).

(1) *Le Chasseur,* n° du 15 octobre 1892, M. François Audisio. Annuaire et législation étrangère, 21° année, page 848.

RUSSIE.

POLOGNE ET COURLANDE.

I. Introduction.
II. Règlements sur la chasse en Russie, antérieurs à 1892.— § 1. De la jouissance du droit de chasse en Russie. — § 2. Id. en Pologne, Courlande et Finlande. — § 3. Division des terres où l'on peut chasser.— § 4. Engins et modes de chasse autorisés. — § 5. Époques de chasse — § 6. Protection accordée au gibier.
III. Règlements de 1886.
IV. Peines établies pour l'exercice illicite de la chasse.
V. Historique des mesures pénales sur la chasse en Russie.
VI. Règlements de 1892 sur la chasse.
VII. Règlements de 1892 sur la chasse dans le domaine de l'État.
VIII. Règlements de 1876 pour les gardes forestiers.
IX. Introduction de l'exercice de la chasse dans l'armée.
X. Poudre de chasse.
XI. Équipages de chasse.

I. — *Introduction.*

— La chasse en Russie est soumise aux règlements du 1er mars 1892. Dans tous les gouvernements administrés par un gouverneur général, dans les gouvernements de Livonie et d'Esthonie, dans les districts militaires du Don et dans les contrées caucasiennes, pour chasser il faut un permis personnel délivré par l'autorité compétente.

Le droit de chasse appartient au propriétaire, dans l'enceinte de sa propriété; il appartient à la commune sur les terres des paysans qui font partie d'une commune rurale.

Pour chasser sur les terres d'autrui, il faut une autorisation écrite du propriétaire.

La loi fixe les dates des époques pendant lesquelles on peut chasser certains animaux.

Le droit de chasse sur les terrains de la couronne peut être donné par affermage.

— Si dans l'Europe occidentale, la chasse depuis un certain nombre d'années a été réglementée plus sévèrement, de manière à limiter les droits des chasseurs et à protéger le gibier, il n'en avait pas été de même jusqu'ici en Russie.

Depuis l'abolition du servage, le désordre était devenu de plus en plus sensible dans l'économie de la chasse de ces pays, par suite du nombre toujours croissant des chasseurs et du manque de lois.

La nécessité d'un règlement sur la chasse devint indispensable pour préserver le gibier et ménager cette source importante de revenus, utiles au gouvernement et au public, chez lequel la chasse à toujours joué un grand rôle.

Couvert de vastes forêts, de lacs, de marécages et de rivières servant d'asile à nombre de bêtes et d'oiseaux, la Russie offre un vaste champ d'exploitation. Aujourd'hui encore, la chasse, dans ces pays, qu'on la considère comme un commerce ou comme moyen d'existence, est une ressource pour l'habitant; mais, si elle n'était pas réglementée, la disparition du gibier et surtout des oiseaux viendrait bientôt porter un grand préjudice à l'agriculture et aux intérêts vitaux du pays.

Cette crainte est d'autant plus fondée que le travail de l'homme tendant à faire disparaître les steppes, à dessécher les marais, à défricher les bois, a, sur l'existence du gibier, un effet certain tendant au dépeuplement.

Or, l'économie cynégétique de Russie est certainement une des plus importantes de l'Europe, en raison de l'étendue du territoire, de l'abondance et de la variété du gibier.

Dans la Russie d'Europe seule, la Finlande, le Caucase, les bords de la Vistule exceptés, les territoires de chasse, bois, marais, lacs, ont une superficie d'environ 297,000,000 hectares. Or, la superficie totale de la Russie d'Europe, à l'exception des trois contrées susmentionnées, étant de 464,196,620 hectares, il en résulte que les territoires de chasse occupent les deux tiers de l'étendue du pays.

En Finlande, ces territoires de chasse occupent les neuf dixièmes de la superficie totale.

Contrairement à ce qui a lieu dans l'Europe occidentale, où un grand nombre de gibier ne fait que passer, le gibier, dans ces contrées, appartient presque exclusivement au pays, c'est-à-dire, qu'il hiverne, et fait ses nids dans la Russie. Si le gibier s'éloigne, il ne sort pas du territoire ou va se réfugier dans les forêts inaccessibles de l'Asie centrale.

La colombe, la caille, l'outarde, l'outarde-tétras, le pluvier, d'Europe, le pluvier à collier ou pluvier doré, le vanneau huppé la bécasse des bois, la bécasse ordinaire, la bécassine, le cygne, le canard barbotteur, le harle, le tadorne, toutes les espèces de canards, l'oie grise, tous les oiseaux enfin qui ne font que passer dans l'Europe occidentale, hivernent et font leurs nids dans les différentes contrées de la Russie.

Le gouvernement peut donc compter sur le gibier comme sur une richesse propre au pays, sans en excepter celui qui trouve abri et protection dans les montagnes inaccessibles de la Sibérie et de l'Asie occidentale : richesse qui, exploitée sans discernement, forme cependant une branche de commerce importante dans le gouvernement du Nord-Est, où l'on chasse sur une étendue de 220 millions d'hectares, c'est-à-dire sur une superficie qui équivaut plus qu'à la moitié de toute la superficie de la Russie d'Europe.

En Russie, le droit de chasse n'était limité par aucune condition de jouissance ou de disposition d'étendue de terrain.

Tout le monde pouvait chasser partout, pourvu qu'il n'y ait pas d'usurpation sur le droit patrimonial du propriétaire du sol, qu'aucun dégât ne fût causé, et que l'on ne se rendît coupable d'aucune contravention.

Les questions tendant à limiter la jouissance du droit de chasse n'ont été agitées pour la première fois qu'en 1872, lors de l'enquête sur la législation à établir sur la chasse : car, jusque-là, il n'y avait pas de permis, pas de taxe, pas de restrictions relatives aux conditions des personnes, pas de législation sur la destruction des animaux nuisibles.

Cependant, Pierre le Grand, dans ses instructions données, en 1719, aux voïvodes et publiées depuis par les soins des gouverneurs de province, prescrivait d'une manière générale la destruction des animaux de rapine dans les réserves de l'État.

Un décret impérial de 1837, concernant les fonctionnaires et les employés de la police territoriale, ordonne, en outre, ce qui suit : « Si, en quelque lieu que ce soit, le nombre des loups, des ours et autres bêtes de rapine augmente de manière à devenir dangereux pour les troupeaux et pour les personnes, les autorités locales devront, par l'intermédiaire de la police territoriale, convoquer les chasseurs et ceux qui s'occupent de la destruction des animaux sauvages ainsi que les habitants du pays, afin qu'il soit pris des mesures pour prévenir le mal. On informera de ce qui se passe, si c'est nécessaire, les autorités voisines pour qu'elles puissent à leur tour prendre les dispositions propres à empêcher les accidents, en faisant un rapport au tribunal de police du district (1). »

---

(1) D'après L. P. Sabanieff, les loups seuls font subir tous les ans aux troupeaux, une perte de plusieurs millions de francs.

En 1847, par un décret impérial concernant la garde des bois, il a été enjoint aux conservateurs des forêts de rassembler leurs gardes pour la destruction des bêtes de rapine; et en ce qui touche les loups, de faire faire des battues par les paysans, qui auront à s'emparer des louveteaux (1).

Telle était la législation relative à la destruction des animaux de rapine si nombreux en Russie.

Pour les époques de chasse ce pays, si riche en variétés d'animaux, en raison de ses différents climats, n'avait qu'un règlement, et les lois étaient muettes en ce qui concerne la protection du droit de chasse.

Ces lacunes devaient attirer l'attention du gouvernement.

En 1856, le ministre de l'Intérieur s'est préoccupé de rechercher les causes de la diminution du gibier, causes qui ont été reconnues provenir de la chasse irrégulière et sans limite qui se fait partout au printemps. On a constaté que des lois étaient indispensables et l'on a vu qu'il ne fallait concéder le droit de chasse qu'aux personnes ayant un permis délivré moyennant une taxe, laquelle servirait à payer les gardes des cantons de chasse.

Un projet de loi fut donc établi en 1858, et sur l'ordre de S. M. l'Empereur Alexandre II, il fut soumis au ministre des domaines de l'État et à celui de la maison de l'Empereur.

Sur un ordre de l'Empereur, le Conseil d'État a arrêté également l'examen d'un projet de loi sur la chasse, dans le gouvernement de la Baltique, qui fut transmis au Conseil, par le ministre de l'Intérieur en 1861.

En 1867, un nouveau projet de loi sur la chasse de printemps, fut transmis au Conseil d'État. L'auteur de ce projet exposait que la diminution du gibier en Russie provenait surtout de la destruction irraisonnée et sans mesure faite au printemps. Il proposait, comme remède, un impôt de 60 francs sur le droit de chasse à cette époque de l'année; c'est-à-dire du 1er mars au 15 juin, et le système des permis; il demandait en outre : 1° la saisie des armes des chasseurs non munis de permis et la poursuite des délinquants, suivant les lois; 2° la défense de la vente du gibier au printemps et même du tir dans cette saison (2).

Ce projet fut soumis, en vertu d'un arrêté du conseil d'État, au ministre des domaines de l'État et à celui de la maison de l'Empereur, puis transmis à l'examen du ministre de l'Intérieur et du ministre de la Justice.

Il revint de nouveau devant le Conseil d'État, le 4 octobre

---

(1) Code de 1876, t. VIII, 1er Sect. Forêts.
(2) Projet du comte Valouef.

1869; puis, après les approbations nécessaires, il retourna au Conseil d'État, qui, avec l'autorisation de l'Empereur, fit publier, dans le Moniteur officiel, des extraits de toutes les propositions faites au sujet de la chasse, en invitant les personnes ayant l'expérience des choses, à donner leur avis sur le projet.

Complété par cet avis, le projet est revu au Conseil d'État en 1871.

Le 3 juin 1872, une commission fut nommée pour fixer définitivement la législation sur la chasse.

Enfin en 1887, le 12 janvier, l'Empereur ordonna qu'un projet concernant les modifications et additions nécessaires à introduire dans les règlements sur la chasse fut porté devant le Conseil d'État, après avoir été soumis au ministre des domaines de l'État.

C'est cette loi qui a été publiée en 1892 et qui se trouve à la fin de ce travail.

Ces faits exposés, nous allons passer en revue les règlements sur la chasse, peu nombreux et souvent contradictoires, qui se trouvaient disséminés dans les codes de Russie et dans les recueils de lois, d'ordonnances, d'instructions, etc.; règlements qui, non seulement n'étaient pas fondés sur de solides principes, mais ne formaient même pas un ensemble systématique (1).

II. — *Règlements sur la chasse en Russie, antérieurs à la loi de 1892.*

Ces règlements peuvent être divisés en six parties :
§ 1. De la jouissance du droit de chasse en Russie.
§ 2. En Courlande, en Finlande et en Pologne.
§ 3. Division des terres où l'on peut chasser.
§ 4. Engins et modes de chasse.
§ 5. Époques de chasse.
§ 6. Protection accordée au gibier.

§ 1. — *De la jouissance du droit de chasse en Russie.*

1° La chasse en Russie était libre sous tous les rapports. Il était permis à tout le monde de chasser sur les terres et sur les réserves de la Couronne (Code de 1886. t. XII, p. II. Règlement des villes et villages, sect. v., ch. 1, l. 535).

Il n'y avait d'exception à cette règle que pour les ecclésiastiques (clercs) que les règlements canoniques retiennent dans une discipline sévère : « La chasse, porte ces règlements, étant liée

---

(1) Notes tirées du livre *Lois sur la chasse*, de M. N. V. Tournine, Moscou, 1889, traduite par M. Canot, attaché à la Bibliothèque de la ville de Paris.

à l'effusion du sang des êtres vivants, ne peut être pratiquée par des personnes offrant le sacrifice non sanglant » (Règlement canonique, p. 35).

On ne trouvait aucune exception pour les aliénés, les mineurs, pour les personnes placées sous la surveillance de la haute police, pour les condamnés pour crimes ou délits (1), pour les femmes, les étrangers, etc.

Il faut noter, en ce qui touche le droit de chasse en Russie, que là où il y avait une propriété créée par le travail, le propriétaire pour les masses était regardé comme ayant la jouissance de toutes les richesses naturelles qui se trouvaient sur ce bien. Pour le peuple, cette manière de voir avait mis, depuis longtemps, des limites naturelles au droit de chasse en lui opposant le droit de jouissance.

La restriction de la liberté des droits des particuliers, en ce qui concerne la chasse, au nom des intérêts de la commune, est une idée qui a toujours existé en Russie et que l'on retrouve encore aujourd'hui; et l'on voit certaines communautés villageoises donner sur les terres de leur commune le droit de chasse, soit pour une espèce particulière de gibier, soit pour tous gibiers, à des associations d'artisans ou à des sociétés de chasseurs.

§ 2. — *De la jouissance du droit de chasse en Pologne* (2), *en Courlande et en Finlande* (3).

Une législation spéciale, concernant la chasse, existe pour le

---

(1) Pour les exilés en Sibérie, au droit de jouir de la terre et des forêts se joignait même celui de tirer profit des bêtes et des oiseaux; la législation ayant surtout pour but la colonisation et le peuplement des régions lointaines, ne pouvait multiplier les restrictions, surtout en ce qui touche le droit de chasse. (Recueil des lois russes, t. II, n°s 1002 et 1004) Pierre le Grand : à la fin du xviie siècle, (Recueil des lois, t. II, n° 77) et au commencement du xviiie (Recueil des lois, t. iv, n° 1822; t. xviii, n° 13653), en 1740, un oukase recommandaient même aux peuplades tributaires vivant dans la province d'Irkoutsk de se livrer à la culture de la terre à la seule condition de ne pas cesser leur commerce de gibier et de pelleterie (Rec. des Lois, t. xi, 8017 et 12).

En 1819, il fut permis, par une loi, aux exilés établis dans un district du gouvernement de Tomsk, de chasser le gibier. (Recueil des lois, t. xxxvi, n° 27805). En 1811, on jugea à propos d'agrandir le district de Tourouchansk, dans le même gouvernement, et le droit de chasse fut laissé aux colons exilés.

Pour jouir de ce droit, on en arrivait à brûler les forêts pour faire sortir le gibier, et en 1798 parut une ordonnance ainsi conçue : « Il est prescrit aux autorités du gouvernement d'Irkoutsk de faire observer la défense absolue que nous faisons aux industriels d'employer pour chasser des bois les animaux sauvages, les moyens dont ils se servent d'ordinaire (c'est-à-dire d'y mettre le feu), qui sont cause de dommages et d'incendies dans les forêts de la Couronne » (Rec. des lois, t. xxx, 18131).

(2) Les lois qui régissent la chasse en *Pologne* sont les mêmes que pour la Russie; toutefois, il y a des modifications en ce qui touche le temps et la durée.

(3) Voir *Finlande. La loi de chasse du grand-duché de Finlande, du 10 février 1868.*

royaume de *Pologne* et pour les gouvernements de *Courlande* et de *Finlande*.

Des règlements spéciaux furent établis en 1871 pour la *Pologne* (Recueil des lois russes, t. XLVI, 49824).

En 1877, des règlements sur la chasse furent confirmés par l'Empereur pour le gouvernement de *Courlande* (Recueil des lois russes, t. LII, 57386.)

C'est le 18 février 1868 que furent confirmés par l'Empereur les règlements qui concernent, pour la *Finlande*, la chasse et la capture des animaux sauvages (1877, Recueil des lois russes, n° 664).

Dans le royaume de *Pologne*, le droit de chasse est donné aux propriétaires qui possèdent des terres d'une superficie d'au moins cent cinquante arpents; ce droit est aussi accordé, en commun, et sous certaines conditions, à deux ou trois propriétaires possédant chacun de moindres étendues de terre (Recueil des lois et des règlements officiels, 10 août 1871, n° 69).

Dans le gouvernement de Courlande, le droit de chasse, sur la délivrance d'un permis nominatif, valable pour un an et légalisé par le tribunal, n'est accordé qu'aux propriétaires fonciers qui possèdent des terres d'une superficie d'au moins 165 hectares (1875, Recueil des lois, n° 664).

Les propriétaires de portions de terrains, voisines les unes des autres, et dont l'ensemble présente une superficie d'au moins 165 hectares, ont la jouissance du droit de chasse; mais à cette condition que ce droit ne soit exercé que par l'un d'eux, du consentement de tous, à moins que par un accord unanime, ils n'afferment ce droit, moyennant un prix convenu, mais toujours à une seule personne.

Le droit de chasse, sur toute l'étendue des terres acquises par les paysans, appartenant à une seule commune, ne constitue pas un droit pour chaque paysan en particulier, mais bien pour la commune entière.

§ 3. — *Division des terres où la chasse est permise.*

Les terrains, en ce qui concerne la chasse, étaient classés de la manière suivante :

1° Propriétés particulières.

2° Terres communales, dont les paysans ont la jouissance et la propriété.

3° Terres boisées de la Couronne où il n'existe pas d'organisation spéciale.

4° Terres boisées de la Couronne où il existe une organisation spéciale.

5° Terres et campagnes sur lesquelles sont octroyés, à perpétuité, la chasse et le commerce des castors, des animaux sauvages, des oiseaux, sans aucun droit patrimonial sur la terre.

6° Terrains interdits, soit sur le domaine de la commune, soit sur les terres des particuliers avec l'autorisation des propriétaires.

1° *Propriétés particulières.* — Tout propriétaire peut chasser sur ses terres ; son droit de chasse n'est restreint que par l'obligation de ne pas contrevenir à la police de la chasse.

Toute personne peut chasser sur le terrain d'autrui avec une permission écrite délivrée par le propriétaire.

2° *Terres communales.* — Les paysans qui sont sous le poids d'obligations temporaires, ne peuvent, sur les terres communales, dont on leur accorde la jouissance, tuer que les animaux et les oiseaux qui portent dommage à la commune ; ils n'ont le droit de chasse complet que quand ils se sont rachetés. (Append. à la loi sur les communes, villages : 1863. n°. 336. Recueil des lois 1863 n° 241. Recueil. des lois, 1868, n° 771, ch. 45. Règlement local concernant les paysans établis sur les terres de l'État, sur les terres des seigneurs, sur les apanages, ch. 126, § 3.)

Le droit de chasse sur les terres communales qui appartiennent aux paysans est réglé d'après les lois qui régissent les petites propriétés particulières.

En Pologne, le droit de chasse sur les terres des paysans est un droit indivis pour toute la commune.

3° *Terres boisées de la couronne où il n'existe pas d'organisation spéciale*, c'est-à-dire qui ne sont pas arpentées et inventoriées et qui ne constituent pas encore un établissement forestier régulier.

Sur ces terres (Rec. des lois sur les forêts, 523, 524, 531, 541 à 821), le législateur ne défend la chasse ni directement, ni indirectement : en conséquence, on peut supposer que la chasse y est libre pour tous sans autorisation.

4° *Terres boisées de la couronne où il existe une organisation spéciale*, c'est-à-dire qui sont arpentées, inventoriées, et qui constituent un établissement forestier régulier. — Sur ces terres, il n'est permis à personne de chasser librement, et « sans autorisation », sauf aux gardes des forêts et aux employés de l'administration forestière.

Dans les localités des gouvernements sibériens, où des paysans ont été établis sur les terres de l'État, sur celles des seigneurs, sur des apanages, et là où ils se livrent à la chasse pour en faire un commerce, un certain nombre d'entre eux peuvent obtenir gratuitement de l'administration des apanages, la délivrance de permis, qui leur donnent le droit de chasse dans les bois apanagés contigus à leurs terres.

L'exercice de la chasse dans les bois de la couronne est accordé par le ministre des domaines de l'État, moyennant la redevance fixée par le ministre en 1868 (Recueil des règlements, n° 740, pour l'obtention du droit de chasse ordinaire). Les sommes provenant de cette source sont portées au compte du ministère des domaines de l'État, sect. des forêts (Règlement forestier, ch. 332, 1876).

En 1870, le ministre de l'Intérieur a confirmé des règlements concernant la chasse sur les terres boisées de la Couronne dans le gouvernement de *Vilna*, d'après lesquels le droit de chasse ne fut accordé qu'aux personnes qui demandaient des permis de port d'armes de chasse, droit qui ne fut valable que du 1er juillet d'une année au 1er mars de l'année suivante. Les règlements concernant la chasse dans les bois du gouvernement militaire d'*Orenbourg*, publiés en 1878, ne permettent la chasse qu'aux personnes munies d'autorisations délivrées par les agents forestiers et les inspecteurs militaires (Rec. des Règl., n° 614).

Antérieurement à cette époque, certains règlements avaient déjà été publiés concernant la chasse sur les domaines de la Couronne ; ainsi en 1860, le droit de chasse avait été accordé aux paysans de la Couronne dans un canton du gouvernement de *Kostroma*, en les assimilant aux gardes des forêts sur les terres de la Couronne, terres non organisées régulièrement, mais en prenant pour base les règlements concernant les domaines, c'est-à-dire en ne permettant l'exercice de la chasse qu'aux époques prescrites (Recueil des lois, t. XXXV, 36330).

Le 4 mai 1864, on permit la chasse sur les domaines de la Couronne en *Tauride*, moyennant une redevance versée à l'administration des biens de l'État, section des chasses (Recueil de lois, 1864, n° 354.)

En 1865, le 19 mai, la chasse fut permise sur toutes les terres libres de la Couronne dans le gouvernement de *Perm* (Recueil des lois, 1865, n° 355).

Le 25 août 1865, la chasse du gibier fut permise sur les terres boisées de la Couronne dans le gouvernement de *Perm* (Recueil des lois 1865, n° 354).

A la même date, la chasse du gibier fut permise sur les terres boisées de la Couronne, dans le gouvernement de *Moscou*, et certains environs de *Moscou* et de *Saint-Pétersbourg*. Quelques villes du gouvernement de *Saint-Pétersbourg* furent mentionnées comme localités où l'on ne pouvait chasser qu'avec un permis émanant des bureaux du grand veneur (Recueil des lois, 1865, n°ˢ 241 et 540).

En 1868, les restrictions mises sur le droit de chasse dans les environs de *Moscou* et dans le gouvernement de Saint-Pétersbourg, furent abrogées.

5° *Terres où la chasse est octroyée à Perpétuité.* — D'après d'anciens diplômes et des livres du cadastre, on voit que l'on a souvent reconnu à certaines localités le droit de pêcher et de chasser les animaux sauvages et les oiseaux. Ces droits ont été maintenus jusqu'à présent.

D'après les instructions sur le bornage de 1766, dans les localités où le droit de chasse aux abeilles, aux castors, aux bêtes sauvages, aux oiseaux, etc., a été accordé à perpétuité, en vertu des dispositions spéciales à ces localités, ce droit devait rester entier et dans toute sa force, mais il ne pouvait, en aucune façon, s'étendre au delà des limites fixées par les arpenteurs officiels (Instructions pour le bornage, Rec. des lois, t. X, art. n° I-1887.

6° *Terrains interdits.* — En 1872, il s'est formé à *Moscou* une société impériale pour la multiplication du gibier et la régularisation de la chasse. Dans les cantons de chasse établis par cette société, ainsi que sur les terres de la Couronne et sur celles des particuliers, le propriétaire l'autorisant, le droit de chasse n'appartient qu'aux membres de la famille impériale (Recueil des lois, n° 611).

Avant cette loi, divers domaines de la Couronne avaient été, par ordre du souverain déclarés *interdits*, pour que la famille impériale y chassât seule (10 février 1858-1859).

De ces règlements, il résulte : qu'il n'y a en Russie aucune mesure préventive contre le mauvais usage que les petits propriétaires peuvent faire du droit de chasse ; or, 127 millions d'hectares sont entre les mains des petits propriétaires, et il n'y a aucune mesure protectrice pour empêcher les abus.

§ 4. — *Engins et modes de chasse autorisés par la loi.*

La législation russe contient, à ce sujet, un certain nombre de restrictions de police et de permissions générales.

Tous les règlements concernant cette question se rattachent à la distinction que fait la législation, entre les animaux et les oiseaux nuisibles et ceux qui n'entrent pas dans cette catégorie.

Il faut donc examiner tout d'abord quels sont les animaux et les oiseaux nuisibles.

Dans cette classification sont compris : « les ours, les loups, les renards, les blaireaux, les marmottes et autres. » (Rec. de lois, t. XII, règlement sur l'économie des villes et des campagnes :

art. 545-1.) Les mots « *et autres*, » doivent certainement comprendre les gloutons, les martres, les putois, les loutres, les hyènes, les chacals, les renards des steppes, les renards bleus, les léopards, les panthères, les tigres.

Le putois ne semble pas compris, ce que confirment des règlements défendant la chasse de cet animal dans plusieurs districts (Recueil des lois 1879, n° 852).

La législature, dans sa classification, semble ne s'occuper que des animaux qui nuisent à l'économie des villes et des campagnes.

Toutefois, pour compléter la liste donnée par le législateur, il faut la libeller maintenant ainsi : « ours, loups, blaireaux, renards, chats sauvages, loups cerviers, loutres, martres, etc. » (Recueil des lois et règlem., 10 août 1871, n° 69.)

La législation *Finlandaise* comprend, parmi les animaux nuisibles, « l'ours, le loup, le lynx, le glouton, le renard et la martre. » (Recueil des lois de la grande Principauté de Finlande, 1868, n° 5.)

Quant-aux oiseaux, ceux dits nuisibles sont : « les milans, les éperviers, les corbeaux, les choucas, les moineaux et autres. » (Rec. des lois, t. XII, p. 11. Régl. conc. l'écon. des villes et des campagnes, sect. V, p. II, art. 54 n° 1.) Il faut aussi comprendre les oiseaux de mer de l'océan Glacial et de la mer Blanche, à l'exception des eiders et des manchots. (Ibid., art. 545 n° 11.)

Pour le mot « *autres* », il faut ajouter les hirondelles de mer, les autours, les aigles, etc. (Recueil des lois et règ. 10 août 1871, n° 69.)

En *Finlande*, sont compris dans les oiseaux nuisibles les autours et les hiboux de terre et de mer. (Recueil des lois de la grande principauté de Finlande, 1868, n° 5.)

Pour les modes de chasse, quand il s'agit d'animaux et d'oiseaux nuisibles, le législateur dit que l'on peut tuer ces animaux par tous les moyens possibles. (Recueil des lois, t. XII, p. 11. Reg. conc. l'écon. des villes et campagnes, art. 545.)

En *Tauride*, on peut tuer les lièvres; tous les moyens sont permis. (Ibid., art. 540 r. 2.)

Tous ces moyens sont cependant restreints par des règlements de police : ainsi, il est défendu, dans la chasse, aux bois, de charger le fusil avec de l'étoupe ou du lin, à cause de l'incendie, sous peine d'une amende qui peut s'élever à 40 francs. (Lois sur les peines infligées par les juges de paix, t. XV, p. 1, 1885, art. 95.)

Dans la chasse « aux flambeaux », il n'est pas permis de se servir de feux de bengale. La chasse aux flambeaux est interdite en *Pologne*. En *Russie*, on ne défend que ce qui peut être une cause d'incendie (Loi pénale, art. 92-95).

Les modes de chasse employés d'ordinaire contre les animaux nuisibles sont les suivants :

La recherche et l'enlèvement des petits, et l'extermination des femelles; la chasse aux filets; la chasse au moyen de clôtures et de fosses, d'enclos et de fossés; les battues, les trappes, l'empoisonnement; l'embuscade dans des cabanes de chasse; la chasse aux levriers; la chasse avec des appelants; la chasse aux raquettes.

Toutefois, dans la Russie d'Europe et dans la Russie d'Asie, on ne trouve aucune entente organisée, entre les autorités et le peuple, pour la destruction des animaux nuisibles qui causent les plus grands dégâts.

§ 2. Pour les modes de chasse, quand il s'agit d'animaux et d'oiseaux non considérés comme nuisibles, certains sont complètement défendus par la loi pénale de 1857 : « Elle interdit l'emploi d'armes et d'engins, tels que traquets, arbalètes, filets ou fosses creusées près des villages et des chemins fréquentés. » (Règl. sur les peines capitales et délits, t. XV, art. 1174-1857). Le règlement de 1866 (art. 57), fait seulement allusion aux peines encourues pour l'emploi d'engins de chasse prohibés, mais il ne les spécifie pas, et ne porte que la défense d'employer des fosses, des filets, des appeaux, des nœuds coulants, des lacets et autres instruments analogues, du 1ᵉʳ mars à la Saint-Pierre (29 juin).

Il est défendu de détruire les nids d'oiseaux ou de s'emparer de leurs œufs, dans les bois, dans les plaines et au bord des eaux.

Il est défendu, dit la loi, « de faire sortir les animaux et oiseaux de la propriété d'autrui, de quelque façon que ce soit. » (Rec. des lois; Règl. p. l'écon. des villes et campagnes, art. 587).

En ce qui touche les armes et engins permis ou prohibés, pour la chasse des animaux non nuisibles, voici l'analyse des lois en remontant aux plus anciennes.

D'après les ordonnances du Tzar Alexis Michaïlovitch, tous les moyens étaient permis; elles protégeaient, toutefois, les appeaux et les filets. La loi porte : « Si quelqu'un détériore l'endroit où est établi un appât en frottant la place de goudron ou d'ail ou d'autres substances pour éloigner les oiseaux, ou si quelqu'un vole les filets tendus pour la chasse des coqs de bruyère ou des perdrix, et qu'il soit porté plainte à ce sujet, il sera directement traduit en justice, et il aura à payer au demandeur 12 francs pour un filet destiné aux coqs de bruyère, et 4 francs pour un filet à perdrix (Rec. compl. : T. I, S X, 217).

Sous Pierre le Grand apparaissent les premières restrictions au sujet des modes de chasse; mais elles ne s'appliquaient qu'à quelques espèces d'animaux non nuisibles et seulement dans certains gouvernements; ainsi le 22 avril 1714, parut un oukase portant défense « à tous les gens des villes et des districts du gouvernement de Saint-Pétersbourg, de tirer et tuer, contrairement aux usages anciens, les élans, où il s'en trouve, permettant seulement de les prendre vivants, et de les livrer au commandant supérieur et aux commandants de la ville. » Pour chaque élan, l'État payait 20 francs; cette chasse fut encore restreinte en 1737. (R. C. T. X. 7188).

En 1774, Catherine la Grande « ordonne aux centeniers, aux chefs de villages, aux starostes et élus de veiller à ce que les chasseurs n'entrent point dans les blés ». (R. C. T. XIX, 14231, n° 18).

En 1798, ces restrictions s'étendirent jusqu'en *Sibérie*. Il est ordonné aux autorités « de recommander à qui de droit, dans toute l'étendue de leur juridiction, l'observation rigoureuse des règlements, de manière à faire cesser entièrement les habitudes des chasseurs du pays qui mettent le feu aux bois pour en chasser les animaux et causent ainsi des incendies qui détruisent les bois de la couronne » (R. C. T. XXV, 18334).

En 1832, dans le règlement concernant la garde des bois, il est fait pour la première fois mention des « modes et chasse permis pour prendre le gibier », mais ils ne sont pas énumérés. Toutefois, les modes permis semblent être ceux qui ne portent pas préjudice aux bois et aux propriétés.

C'est seulement depuis peu de temps que les restrictions au sujet des modes et des époques de chasse ont été établies dans l'intérêt du gibier, avant elles ne visaient que la protection du droit des personnes et les intérêts du fisc.

La loi sur la police des campagnes, en 1839, « interdit seulement, du 1er mars au jour de la Saint-Pierre, de tirer et capturer les oiseaux et les animaux, sauf les nuisibles, au moyen de fosses, de filets, de collets, d'appeaux, de lacets et autres engins et modes de chasse. »

Loi qui est encore en vigueur aujourd'hui.

Une loi d'Élisabeth Petrovna porte : « Dans les environs de Moscou et dans un rayon de 50 verstes, on ne chassera ni avec des chiens, ni avec des filets; on ne chassera ni les animaux, ni les oiseaux; on ne les tuera pas, on ne les prendra pas, de quelque façon que ce soit: mais au-delà du rayon de 50 verstes, on pourra chasser, tirer et prendre les animaux et les oiseaux. »

A cette époque, il n'existait aucune restriction quant aux modes de chasse, en dehors des restrictions *économiques* et *de police* citées plus haut, et les articles de lois publiés en 1857; mais il n'y avait là aucune mesure ayant pour but de protéger le gibier, et jamais la législation n'a défendu absolument ni les traquets, ni les filets, ni les bascules, ni les collets, ni les fosses, ni les pièges, ni aucun des instruments destructeurs qui sont employés journellement.

Ces défenses ne se rencontrent aujourd'hui que dans quelques localités. Dans la région du *Caucase*, il est défendu de chasser par des moyens qui peuvent assurer la destruction du gibier, comme de prendre des oiseaux au moyen de huttes avec de grands filets tendus sur des pieux.

Dans le district militaire d'*Orenbourg*, sont défendus, quand il s'agit d'animaux et d'oiseaux non nuisibles, les collets, filets, pièges, mannequins, etc., et tous les modes de chasse pouvant nuire aux bois. (Rec. des l. et ord. 8 août 1878, n° 152).

En *Pologne*, sont prohibés pour la chasse : les filets, les pièges, les trappes, les crochets, les poisons, les fosses creusées là où il peut y avoir danger pour les personnes; on défend aussi la destruction des nids et la chasse de nuit avec flambeaux (Rec. des l. et ord. 10 août 1871, n° 69).

En *Finlande*, on interdit les trappes avec piquets; on défend aussi d'établir, sur la terre d'autrui, sans la permission de celui qui a le droit de chasse, des traquets, des trappes, des fosses et autres engins dangereux pour la vie des personnes et des animaux domestiques; on ne peut, non plus, établir ces engins sur les terres communes, du 1er mai au 1er novembre, sans le consentement unanime de tous ceux qui partagent la jouissance de ces terres, et l'on doit, dans ce cas, entourer ces trappes, fosses, etc., de palissades solides ou autres clôtures, pour que gens et bêtes domestiques ne puissent y tomber.

Quand il s'agit du coq de bruyère et du coq des bois, que l'on peut chasser au printemps, lorsque la loi l'autorise, elle ne parle que du *tir*. Tout autre moyen semble donc illicite. Malgré cela, en *Courlande*, en *Lithuanie* et dans le centre de la *Russie*, cette chasse se fait au moyen d'appâts et de mannequins.

En résumé, dans la législation russe, les modes de chasse autorisés ou défendus ne sont ni bien déterminés ni complètement énumérés.

§ 5. *Époques de chasse.*

La chasse des animaux et oiseaux nuisibles est permise en toute saison, dans toute l'étendue de la Russie d'Europe et de la Russie d'Asie (Rec. d. l., t. XII; Rég. s. l'Écon. des villes et campagnes, sec. v, art. 545).

Voyons maintenant où, par les lois générales de l'Empire, la chasse est défendue pendant la période de l'accouplement et à l'époque de l'éclosion des petits, pour les animaux et oiseaux non nuisibles, car aucune législation spéciale ne traite de cette question.

Un oukaze du 10 juin 1763 défend de tirer et capturer les animaux et les oiseaux non nuisibles dans toute l'étendue de l'empire russe, du 1er mars au 29 juin (Rec. complet des lois 1763). Cet oukaze fut confirmé le 19 décembre 1774 par Catherine la Grande, et il a été maintenu postérieurement (Rec. complet des lois de l'Emp. russe, t. XIX, 14231-18. ibid. 1927, t. II, 84; ibid. t. XII, 10306, § 103; ibid. t. XIV, 12166, a. 220, n° 3).

Dans le Code civil, ce règlement est ainsi formulé : Du 1er mars jusqu'à la St-Pierre (29 juin), il est interdit, sur toutes les propriétés particulières ou de la couronne, de tirer ou de capturer les animaux et les oiseaux non nuisibles, au moyen de filets, de nœuds coulants, de traquets et de tous autres engins » (Régl. conc., les villes et les camp., art. 540).

Cet article a été modifié, quant aux dates, en raison de la différence des climats et de la variété des animaux; car chaque région en Russie a des espèces caractéristiques qui lui sont propres.

Ainsi en *Tauride*, la chasse aux bois est défendue du 1er février au 29 juin; la chasse dans les plaines restant interdite, comme partout ailleurs, du 1er mars au 20 juin (R. des L., t. XII, p. 11; Régl. p. l'E. des v. et c., art. 540, n° 11).

Dans le gouvernement d'*Orenbourg*, la défense de tirer les oiseaux ne dure que deux semaines ; pour les districts du *Haut-Oural* elle est d'un mois; (R. de L., t. II, p. 11. Reg. d'Éc. p. les v. et c., art. 549).

Dans le *Caucase*, le lieutenant-gouverneur peut modifier les limites du temps pendant lequel la chasse est interdite. (Ibid, art. 540, n° I).

La loi de 1763 ayant été reconnue insuffisante par les règlements sur les bois, sanctionnés par l'empereur le 11 novembre 1804, l'époque de la chasse en *Courlande* fut changée; il fut défendu de chasser dans les bois de la couronne du 23 mars au 23 juin. (R. de L. de l'Emp. Russe, t. II, 1037).

D'autres exceptions eurent lieu : en 1829 (R. de L. des l'Emp. R., t. IV, 2763), en 1879 (Rec. des L. 1879, n° 852), en 1831 (Rec. des L. de l'Emp. R. t. VI, 4483), en 1856 (Rec. des L. de l'Emp. R., t. XXXI 30602), en 1864 (ibid. t. XXXIX 40 835); en 1867, les dates sont changées dans les gouvernements d'*Esthonie* et de *Livonie* et les articles 1066, 1075, 1087 des règlements locaux appliqués aux gouvernements de la *Baltique* sont modifiés de la manière suivante :

Art. 1066. — Du 1ᵉʳ mars au 14 juillet, toute chasse, sauf celle des animaux nuisibles et des lapins des bois est interdite, sous peine de punition. En Livonie, la chasse des coqs des bois est permise au 28 juin.

Art. 1075. — Sur les propriétés d'autrui appartenant à des particuliers la chasse n'est pas permise aux époques où elle est généralement interdite, notamment de Pâques au 15 juillet.

Art. 1087. — Il est interdit aux personnes qui ont le droit de chasser dans les bois de la couronne, d'y chasser du 23 mars au 15 juillet (Rec. des L. de l'Emp. t. XLII, 44367).

En 1868, le gouvernement du Caucase ayant demandé que la loi pénale fût modifiée, quant aux époques de chasse, en fixant la date du 1ᵉʳ mars au 1ᵉʳ août pour les oiseaux sédentaires : faisans, poules d'eau, perdrix ; celle du 1ᵉʳ janvier au 1ᵉʳ juillet pour les bêtes rouges, cerfs, mouflons, chèvres sauvages ; et en donnant des dates spéciales suivant les contrées pour les oiseaux de passage, grues, cygnes, outardes, oies, canards; l'Empereur, le 27 mai 1868, ordonne que : « Le gouverneur des contrées du Caucase peut fixer, sans qu'il soit besoin de leur donner forme de loi, les limites mentionnées quant aux époques de chasse, et que désormais il lui sera loisible de modifier ces limites lorsque les circonstances locales l'exigeront. » (Rec. des L. de l'Emp. R., t. XLIII, 45914.)

Telles sont, en quelques mots, les modifications apportées à la loi fondamentale sur l'époque de chasse, conséquences inévitables des exigences naturelles et des conditions physiques des localités.

Parmi ces exceptions, certaines ont été surtout provoquées par les conditions sociales. L'autorisation donnée en 1763 pour la *Sibérie* de chasser toute l'année (Rec. des L. de l'Emp. R., t. XVI 12025); cette même autorisation donnée en 1765 au gouvernement d'*Arkangel* (Rec. des L. de l'Emp. R., t. XVII, 12348) : celle renouvelée en 1827 pour la *Sibérie*, eurent pour cause « la représentation faite par les habitants qu'ils n'avaient d'autres ressources pour se nourrir que l'arrivée, au printemps, d'une grande quantité d'oiseaux de toutes sortes, et la chasse des animaux sauvages dans les îles, et que c'était ainsi qu'ils trouvaient de quoi vivre pendant toute l'année. » Il en est de même pour les *Vogouls* du gouvernement de *Perm*, le 12 avril 1829, et pour plusieurs autres districts de différents gouvernements.

Enfin, en outre de ces exceptions générales, le gouvernement a accordé aussi des exceptions temporaires à la suite de mauvaises récoltes (R. des L. de l'Emp. R., t. IX, 6950 et 7710).

§ 6. *Protection accordée au gibier.*

A. *Gouvernements dans lesquels il est permis de tuer le gibier à l'époque de l'accouplement printannier.*

La chasse n'est absolument interdite qu'à l'époque de l'éclosion des petits, et cela pour toute espèce d'oiseaux et de bêtes sauvages, sans exception.

A l'époque de l'accouplement, il n'y a que crtaines espèces d'oiseaux qu'il est permis de chasser.

La destruction des coqs de bruyère et des coqs des bois, au moment où ils se mettent par paire, est permise, non seulement en *Sibérie*, dans le gouvernement d'*Arkangel*, dans les parties nord-est du gouvernement de *Vologda*, dans le district de la *Tura* supérieure du gouvernement de *Perm*, dans le district de *Slobod*, de *Glazoff* et d'*Orloff*, du gouvernement de *Viatka*, mais encore dans les gouvernements de *St-Pétersbourg*, de *Novgorod* et de *Pskoff*. Et presque tous les règlements de chasse portent la permission de tuer les coqs mâles, sans restriction, au moment où les animaux recherchent les femelles pour s'accoupler.

Il y a aussi certains gouvernements où il est permis de tuer les bécasses à l'époque où elles se recherchent.

En *Esthonie* et en *Livonie*, on peut chasser les bécasses au temps où elles se poursuivent (Rec. des L. art. 541, rem. I). En *Pologne*, il en est de même (Rec. des lois et règl. § 16, 1871 n° 69), ainsi qu'en *Courlande* (Rec. des règl. 1877, n° 664).

Dans les 43 autres gouvernements de la Russie d'Europe et dans les 3 gouvernements du Caucase septentrional, cette chasse semble naturellement défendue du 1er mars à la St-Pierre (29 juin), puisque l'aritcle 540 de la loi générale porte : « Il y a une exception à cette loi générale pour quelques gouvernements mentionnés ci-dessous » ; et que, dans ces exceptions, il est fait mention de la permission de chasser les bécasses au temps où elles se poursuivent. Malgré cela, la loi n'étant pas très claire, cette chasse se fait en tous lieux et même au temps des accouplements, les chasseurs la regardant comme légale.

B. *Gouvernements où il est défendu de chasser au moment de l'éclosion des petits.*

Si l'on continue l'analyse de la législation concernant le rayon dans lequel la chasse est permise à l'époque des amours et de l'accouplement, et où elle est absolument interdite pour toute espèce d'animaux et d'oiseaux, non nuisibles, sans exception, seulement au moment de l'éclosion des petits, on voit que, dans ce même rayon, la loi établit pour divers gouvernements des dates différentes.

Dans le gouvernement de *Saint-Pétersbourg*, de *Novgorod*, de *Pskoff*, il est interdit de chasser les animaux sauvages et oiseaux du 1er mars au 15 juillet. (Rec. des L., t. XII, p. 11; R gl. des voies et communicat., X, ch. 541).

En *Esthonie* et en *Finlande*, la chasse est défendue du 1er mars au 15 juillet. (*Ibid.*, art. 541, rem. 1.).

En *Courlande*, il est défendu de chasser dans les bois particuliers, les animaux et oiseaux non nuisibles, depuis Pâques jusqu'au 15 juillet (*Ibid.*, art. 541, rem. 1.)

Dans ce même pays, il est défendu de chasser dans les bois de la couronne du 23 mars au 15 juillet (*Ibid.*, art. 541, rem. 1).

En *Pologne*, la chasse est défendue :

1° Pour les cerfs, les élans, les chèvres sauvages, du 1er novembre au 1er septembre.

2° Pour les lièvres, coqs des bois, coqs de bruyère, gélinottes, perdrix, outardes, du 15 février au 1er août.

3° Pour les oiseaux de passage : grues, hérons, bécasses, râles, bécassines, grosses bécasses, vanneaux, poules d'eau, palombes, cailles, merles, alouettes, oies, canards, sarcelles, du 1er avril au 1er juillet.

C. *Contrées où la chasse est permise toute l'année.*

Par un oukaze du 29 janvier 1764, la chasse est permise en *Sibérie* durant toute l'année. Cet oukaze porte : « Notre général feld-maréchal comte Saltikoff, nous ayant rapporté que, en raison de la défense faite dans le principe de chasser les animaux sauvages et les oiseaux au printemps, de nombreuses populations sibériennes viennent à lui, lui représentant qu'elles n'ont d'autre moyen d'existence que la chasse des innombrables oiseaux de toute espèce qui arrivent au printemps et des animaux dans les îles inondées par les rivières, ce qui constitue leur provision de nourriture pour toute l'année. Pour les raisons susdites, nous permettons de chasser les oiseaux toute l'année et de tuer les animaux sauvages dans les îles inondées, en Sibérie et dans toutes les localités qui en dépendent » (Rec. comp. des lois, 1764, n° 12025).

Il est permis aux paysans de tout le gouvernement d'*Arkhangel*, à tous ceux des parties nord-est du gouvernement de *Vologda*, aux colons de la couronne du district de la *Tura* supérieure du gouvernement de *Perm*, à ceux des districts de *Nobode*, de *Glagoff*, d'*Orloff*, du gouvernement de *Veatka*, à tous les vogouls, de chasser les animaux sauvages et les oiseaux toute l'année. (Rec. des L., t. XII, part. 11 ; Règl. de voies et comm. art. 1886).

Cette permission embrasse plus de la moitié de la superficie totale de l'Empire russe.

De plus, chacun est libre de chasser de jour et de nuit.

On voit combien ce manque de législation raisonnée, en matière de chasse, doit être préjudiciable à la reproduction du gibier.

III. — *Règlements de* 1886.

Avant la loi du 1er mars 1892, les principes sur la chasse en vigueur se trouvaient dans le règlement d'Économie rurale (t. XII, p. 11) de 1886.

Ce règlement portait :

Art. 105. — Il est permis à chacun de chasser sur sa propriété ou sur les terres libres de la couronne en se conformant pour les époques de chasse aux restrictions établies par les articles 106-131 du présent règlement (1).

Art. 106. Sur le terrain d'autrui on ne peut chasser que moyennant l'autorisation écrite du propriétaire de ce terrain.

Art. 107. — Le droit de chasse appartient au propriétaire dans l'intérieur de sa propriété. Il n'est pas interdit aux paysans soumis à une redevance temporaire, de tuer, sur les terrains communaux, les animaux de rapine ou les oiseaux nuisibles à l'économie rurale. Dans les localités des gouvernements septentrionaux où des paysans sont établis sur des terres de l'Etat, ou appartenant à la noblesse, ou formant apanage, et où ils se livrent à la chasse pour en faire trafic, un certain nombre d'entre eux pourront obtenir gratuitement des administrateurs de l'apanage des permis de chasse pour chasser dans les bois de l'apanage contigus à leurs terres.

Art. 108. — L'exercice de la chasse dans les bois de la couronne, sur les propriétés qui ont une organisation définitive, est interdit aux personnes étrangères, à l'exception des gardes forestiers ; toute personne qui chassera volontairement dans lesdits bois sera passible

---

(1) L'exercice de la chasse dans les bois du gouvernement militaire d'Orenbourg est soumis aux règles fixées par le conseil militaire.

d'une amende fixée par l'article 57 du règlement concernant les peines infligées par les tribunaux de paix (1885) (1).

Art. 109. — Il est permis aux paysans de la couronne du district de Vetlouje dans le gouvernement de Kostroma, de chasser, comme les gardes forestiers, sur la propriété de l'État organisée, mais seulement aux temps prescrits.

Art. 110. — Sur toutes les propriétés boisées de la *Tauride* qui sont sous le contrôle du Ministre des domaines de l'État, et qui ne sont pas portées sur les plans, il est permis aux membres de l'administration des forêts à qui la loi accorde le droit de chasse dans les bois de la couronne, de chasser, s'ils le veulent, toute sorte de gibier, à l'exception toutefois des chèvres et des cerfs, en raison de ce que ces espèces d'animaux sont rares en Tauride. La permission de chasser entraîne une redevance fixée par l'administration locale des domaines de l'État et confirmée par le gouverneur.

Art. 111. — Il est interdit de faire fuir les animaux sauvages et les oiseaux de la propriété d'autrui, de quelque façon que ce soit, et également de gâter les amorces, d'endommager les filets et autres engins employés pour la chasse des animaux et des oiseaux.

Art. 112. — Il est défendu de détruire les nids d'oiseaux, ou d'enlever les œufs dans les bois, dans les plaines et au bord de l'eau, sauf en ce qui concerne les nids d'oiseaux nuisibles (Conf. art. 116) qu'on peut tuer partout et en tout temps.

Art. 113. — Dans le *Caucase*, il est interdit de prendre les animaux sauvages et les oiseaux et en général de chasser par des moyens propres à entraîner l'extermination du gibier comme, par exemple, la chasse aux oiseaux avec des huttes et la chasse au printemps avec des fusils ou en tendant de grands filets.

Art. 114. — Le commerce des animaux sauvages et des oiseaux n'est soumis envers le Trésor à aucun paiement de taxe ou de redevance.

Art. 115. — Les animaux et les oiseaux de rapine peuvent être tués en tout temps de l'année et par tous les moyens possibles; sont considérés comme animaux nuisibles, les ours, les loups cerviers, les renards, les marmottes et autres. Sont considérés comme oiseaux de rapine, les milans, les autours, les corbeaux, les choucas, les moineaux et autres, et aussi tous les oiseaux de mer de l'océan Glacial et de la mer Blanche (2).

Art. 116. — Aux époques où la chasse est interdite (art. 119), on ne peut tuer les animaux et les oiseaux de rapine qu'en y étant chaque fois autorisé par la police locale. Ce règlement ne s'applique point aux propriétaires, ni à leurs gens, lesquels peuvent sur leurs propriétés tuer les bêtes nuisibles en tout temps et sans autorisation de la police.

---

(1) Le Ministre des domaines de l'État a le droit, jusqu'à l'établissement d'une réglementation générale sur la chasse, de permettre l'exercice de la chasse sur les terres de la couronne, moyennant finance, d'après les règles fixées par l'article 372 du Code forestier (1876).

(2) Il est interdit de récolter le duvet des canards, des eiders et des manchots, avant le 9 juillet.

Art. 117. — En *Tauride*, où les lièvres sont très nuisibles aux jeunes pousses de bois, ainsi qu'aux jardins potagers, il est permis de les chasser en tout temps et par tous les moyens possibles, comme il se pratique pour les animaux de rapine.

Art. 118. — Il est loisible au Ministre des domaines de l'Etat :
1° de permettre, de sa propre autorité, en s'entendant d'abord chaque fois avec le Ministre de l'Intérieur, la fondation de sociétés de chasse dans tous les gouvernements de l'Empire (excepté le royaume de Pologne, les dix gouvernements occidentaux et le gouvernement et les districts du Caucase) et d'homologuer les règlements de ces sociétés;

2° De présenter, d'accord entre le Ministre de l'Intérieur, et par l'intermédiaire d'une commission ministérielle, une requête à *Sa Majesté l'Empereur* pour qu'il veuille bien autoriser la fondation de sociétés de chasse dans les gouvernements du royaume de Pologne, dans les dix gouvernements occidentaux et dans le gouvernement et les districts du Caucase; et les projets de règlements de ces sociétés seront en même temps soumis à l'approbation impériale.

Art. 119. — Du 1er mars à la Saint-Pierre (29 juin), il est défendu de chasser les animaux sauvages et les oiseaux sur toutes les propriétés particulières et de la couronne, au moyen de fosses, de traquenards, de rets, de lacets, de nœuds coulants, et de tous autres instruments ou engins. Des exceptions à cette disposition générale en faveur de quelques gouvernements sont portées aux articles suivants.

Art. 120. — Afin de prévenir tout ce qui pourrait provoquer l'extermination du gibier au printemps, il est rigoureusement interdit d'introduire dans les villes et de vendre du gibier n'importe où que ce soit, du 1er mars au 1er juillet.

Art. 121. — La défense, portée à l'article 119, de chasser du 1er mars au 29 juin ne s'applique en Tauride, qu'à la chasse dans les steppes; quant à la chasse au bois; elle est interdite du 1er février au 29 juin, c'est-à-dire à l'époque où commencent, dans cette région, les naissances et éclosions du gibier.

Art. 122. — Dans les gouvernements de Saint-Pétersbourg, de Novgorod et de Pskoff, il est défendu de chasser les animaux sauvages et les oiseaux, sauf les bêtes nuisibles, du 1er mars au 15 juillet. A cette règle font exception les coqs de bruyère et les coqs des bois qu'il est permis de chasser, même au printemps, quand les mâles appellent les femelles.

Art. 123. — Les professeurs de zoologie peuvent chasser les animaux sauvages et les oiseaux à toute époque de l'année, avec l'autorisation du Ministre des domaines de l'Etat, à la condition toutefois que, en usant de cette autorisation, ils ne portent aucune atteinte au droit de propriété des particuliers.

Art. 124. — Les vogouls du gouvernement de Perm ont le droit de chasser en tout temps de l'année, non seulement sur les terres de leurs districts, mais encore sur celles des terres de la couronne du gouvernement de Perm, qui sont libres, c'est-à-dire dont la jouissance n'est pas exclusivement réservée à quelque personne, qui ne sont pas affermées et qui sont simplement propriétés de la couronne.

Art. 125. — Aux paysans du gouvernement d'Arkhangel, et de toutes les parties septentrionales du gouvernement de Vologda, ainsi qu'aux paysans de la couronne du district de la Tura supérieure du gouvernement de Perm, et des districts de Slobode, Glagoff et Orloff, du gouvernement de Viatka, est concédé le droit de chasser les animaux sauvages et oiseaux pendant toute l'année. Ils peuvent vendre le gibier qu'ils auront capturé; les paysans du gouvernement d'Arkhangel, pendant toute l'année (c'est-à-dire non seulement de juillet à mars, mais encore en mars et en juillet): pour les autres paysans mentionnés dans cet article, ils ne peuvent vendre le gibier en hiver, après le 1er mars, et en été avant le 1er juillet.

Art. 126. — Le temps pendant lequel la chasse des oiseaux est interdite (art. 119) est réduit à *deux semaines* pour les districts de Tchebabine, de Troïtzka, du haut Oural, dans le gouvernement d'Orenbourg; et *à un mois,* pour les districts de Bougouleminsk, de Bougourouslane, et de Bougoulouk dans le gouvernement de Samara, le district d'Orenbourg, dans le gouvernement de ce nom, et le district de Sterlebamak dans le gouvernement d'Oufa.

Art. 127. — La chasse aux putois est interdite dans les districts de Novoouzen dans le gouvernement de Samara et de Tzaritzaïne dans le gouvernement de Saratoff, et également sur les terres des Kerzhizes dans le gouvernement d'Astrakan. Les assemblées territoriales administratives des gouvernements de Samara et de Saratoff prendront les mesures nécessaires pour empêcher dans les districts ci mentionnés la chasse aux putois et aussi la vente des peaux de putois tués dans ces districts. C'est à l'administration locale des terres des Kughezy de faire observer la défense ici faite. Les individus qui violeront cette défense seront passibles d'une amende réglée d'après l'article 57 du règlement concernant les peines infligées par les tribunaux de paix (1885).

Art. 128. — Dans le district d'Orenbourg, et aussi dans les districts d'Enotaeff, de Tzarève, de Tchernoïar dans le gouvernement d'Astrakan, la chasse aux putois est interdite, et il appartient à l'administration locale d'empêcher que cette défense ne soit violée.

Art. 129. — En Esthonie et en Livonie, toute chasse est défendue, du 1er mars au 15 juillet, sauf la chasse des bêtes nuisibles et celle des bécasses des bois. En Finlande, la chasse aux coqs des bois est ouverte le 25 juin.

IV. — *Des amendes encourues pour violations de la loi.*

Les lois relatives aux poursuites pour exercice illicite de la chasse, étaient peu nombreuses, et semblaient peu en rapport avec les conditions et les exigences de la vie actuelle.

Les peines infligées pour toute espèce de contraventions sont contenues dans les trois articles suivants du Code pénal de 1885.

Art. 130. — Le devoir de faire observer les règlements établis par les précédents articles (119 à 129) incombera dans les villes, à la police urbaine et de quartiers, et dans les campagnes, aux doyens de cantons, aux cantonniers et aux starostes (baillis) de villages.

Art. 131. — Les individus coupables d'avoir violé les règlements sur la chasse contenus dans les précédents articles (119 à 129) seront passibles des amendes fixées par les lois pénales (Code pénal 1885, art. 915 ; Règl. conc. les peines 1885, art. 57 ; Règl. sur les peines infligées par les trib. de paix, 1885).

Art. 57. — Pour chasse, pêche ou autre mode de capture, aux époques interdites, en des lieux défendus, avec des engins prohibés, ou en violation des règlements prescrits, de même que pour la destruction des nids d'oiseaux, vente de gibier tué aux époques interdites, les coupables sont passibles d'une amende de 25 roubles au maximum.

Art. 146. — Pour chasse volontaire, pêche ou autre mode de capture sur le terrain d'autrui, ou dans les bois ou dans les eaux appartenant à autrui, les coupables seront passibles d'une amende de 25 roubles au maximum (Code pénal 1885).

Art. 915. — Les membres de la police, et, dans les campagnes, les autorités des villages qui n'auront pas pris les mesures nécessaires pour empêcher la chasse des animaux et des oiseaux aux époques interdites, dans les lieux défendus, et qui auront laissé vendre du gibier tué aux époques interdites, seront passibles d'une amende de 5 roubles au maximum.

Les propriétaires lésés peuvent réclamer, par les voies ordinaires, des dommages pour les pertes qu'ils auront subies.

V. — *Historique des mesures pénales sur la chasse en Russie.*

La pénalité relative aux droits de chasse était beaucoup plus sévère dans le Code de 1857 ; elle fut modifiée dans celui de 1866 et nous venons de dire en quoi elle consiste, dans le Code pénal de 1885. Les modifications apportées aux mesures pénales en Russie, en ce qui touche la chasse, offrent assez d'intérêt pour que l'on en dise quelques mots. Les lois pénales offrent trois phases bien distinctes.

Dès le principe, les peines fixées par les règlements étaient tout à fait indéterminées; quel que fut le délit de chasse, on devait subir une amende et un châtiment sévère : tantôt s'il s'agissait de bourgeois, de gens de justice, de gens de cour de Moscou, les coupables encouraient la disgrâce du Tsar, souvent avec prison, amende ou confiscation des biens et les personnes à leur service étaient rigoureusement châtiées; tantôt le coupable devait être puni sans faiblesse et battu sans miséricorde (1).

(1) Voici les lois générales établies en diverses occasions depuis le règne du Tsar Alexis Michaïlovitch jusqu'au temps de Nicolas Ier :

• Quiconque aura pénétré de force dans la propriété d'autrui, volé des appâts,

Avec le XVIIIᵉ siècle apparut la théorie des peines déterminées pour les cas spéciaux.

La première loi spéciale concernant les peines pour chasse en temps défendu, et sur des terrains interdits, loi applicable à tout l'Empire, fut donnée par Nicolas Iᵉʳ en 1831. Le conseil d'État, considérant que dans les oukazes des années 1763 et 1827 interdisant la chasse du 1ᵉʳ mars au 29 juin, il n'est pas spécifié de quelles poursuites les délinquants seront passibles, arrête, pour compléter l'ouvrage du 8 janvier 1827 et d'accord avec le Sénat dirigeant :

1° Que les coupables convaincus d'avoir violé l'oukaze de 1763 et de 1827 défendant la chasse du 1ᵉʳ mars au 29 juin, seront punis d'une amende de 500 roubles assignats.

2° Que ceux qui ne sont pas en état de payer cette amende seront punis, les gentilshommes, d'un mois d'arrêts ; et les gens de classe inférieure, d'un mois d'emprisonnement dans une maison de correction. (Rec. des L. de l'Emp. Russe, t. VI, 4152, 1831, Nicol. Iᵉʳ).

L'oukaze de 1827 disait : « Tous ceux qui seront surpris chassant avec des chiens courants, des fusils ou autres armes, dans les endroits défendus, c'est-à-dire autour de St-Pétersbourg, de

poursuivi, tiré, pris des oiseaux, sera pour ce fait poursuivi devant les juges et, si le plaignant le requiert, le coupable devra lui payer une indemnité (Rec. comp. des L., t. I, Rég. 216).

Pour avoir gâté des appâts de quelque façon que ce soit, il (le coupable) sera puni, battu de verges, afin que ni lui, ni aucun autre, ne commette ce délit une autre fois. (Ibid. 217.)

Pour le vol de filets à prendre les coqs de bruyère, le voleur paiera au plaignant trois roubles. (Ibid. 217.)

Pour le vol de filets à prendre des perdrix, un rouble. (Ibid. 217.)

Pour la poursuite, le massacre, le vol de castors, de quelque manière que ce soit, sur les propriétés closes appartenant à des individus comme biens patrimoniaux ou autres, les propriétaires ou leurs gens ou les paysans (qui auront commis ce délit) paieront au plaignant une amende d'après l'estimation légale. (Ibid. 214.).

Pour avoir chassé sur des terrains interdits (notamment aux environs de Moscou) tous les bourgeois, gens de justice et gens de cour de Moscou encourront la disgrâce du Tsar, et les personnes à leur service seront châtiées, sans miséricorde. (Rec. comp. des L. de l'Emp. russe, t. II, 1189.)

Pour avoir chassé et tué des élans dans le gouvernement de St-Pétersbourg, on paiera une amende et on sera puni sévèrement. (Ibid., t. I, 1714.)

Quiconque ira à la chasse des animaux sauvages, sauf les loups et les ours, dans le rayon de 30 verstes autour de Moscou, les tirera, les capturera ou les empoisonnera, sera traduit devant la chancellerie et mis à l'amende sans faiblesse. (Ibid. t. VIII, 5526. An. Ivan.)

A St-Pétersbourg, et dans ses environs, il est interdit de chasser les rossignols sous peine d'amendes rigoureuses. (Ibid. t. X, 7561. An. Ivan.)

Dans toute l'Ingrie et la Finlande, il est défendu de chasser les élans ; de même de Peterhoff à St-Pétersbourg, autour de Krasnoë Selo et des fermes de Kipine, où les oiseaux manquent, il est défendu de les chasser ou les capturer, où l'on sera exposé aux châtiments les plus durs. (Ibid., t. XI, 8141.)

Tzarskoë Selo, de Krasnoë Selo, et des fermes de Kipine, s'il s'agit d'indigents, seront envoyés au département de la guerre et enregimentés, et il s'agit de gens à leur aise, ils devront fournir chacun une recrue comme punition (Rec. des L. de l'Emp. russe, t. II, 1740).

Par ces deux oukazes, furent modifiées les anciennes mesures pénales, qui avaient été confirmées par la loi de Catherine II, et qui ordonnaient de « punir en vertu des oukazes précédemment publiés, les personnes qui chasseraient en temps défendu, ou par des moyens prohibés. »

Bientôt, notamment en 1832, on compléta de nouveau la loi de 1831. Ainsi il fut décrété, que : « Ceux qui chasseront sur les terres du domaine de la couronne, aux environs de St-Pétersbourg, Petershoff, Tsarskoe Selo, Krasnoë Selo et les fermes de Kipine, dans un rayon de 30 verstes, et aux environs de Moscou, dans un rayon de 15 verstes, sans une permission du département du grand veneur, seront passibles des amendes mentionnées pour ces délits dans l'oukaze de 1763 s'ils possèdent quelque bien, et, à ceux qui ne pourront payer ces amendes on confisquera leurs fusils et leurs chiens au profit du département du grand veneur (Rec. compl. de l. de l'Emp. russe, t. VII, 57-58, Nic. Ier).

Ainsi les lois complètement indéfinies étaient remplacées par des lois fixes dans leurs dispositions.

Mais la loi pénale sur la chasse ne conserva pas longtemps ce caractère absolu et les peines furent établies *d'après les circonstances*. La loi donnait au juge la possibilité d'appliquer la peine dans telle ou telle mesure, selon les éléments intimes de la cause qui se découvrent dans l'analyse du délit. Dès lors, dans la seconde rédaction du Code (en 1887), nous trouvons une série de peines avec maximum ou minimum.

Art. 603. — Pour avoir volontairement chassé ou capturé des animaux sauvages ou des oiseaux dans les bois de la couronne ou sur des terrains quelconques appartenant à la couronne, ou pour y avoir pêché..., les coupables seront passibles de peines ainsi graduées :

1. Quand cette chasse aux animaux ou aux oiseaux aura eu lieu en temps permis, mais sans autorisation appropriée au permis de chasse là où on l'exige, le coupable *paiera, outre le prix du permis de chasse, de 5 à 20 roubles, et le gibier qu'il aura tiré ou capturé lui sera confisqué.*

2. Quand cette chasse aux animaux ou aux oiseaux aura eu lieu là où elle est absolument interdite par les règlements locaux, le coupable sera passible *d'une amende de 20 à 30 roubles* (dans

une autre rédaction de la loi : de 50 à 150 roubles avec emprisonnement de 7 jours à 3 semaines), *et le gibier qu'il aura tué ou pris sera confisqué.*

Remarque. Ceux qui se rendront volontairement coupables de chasse sur les propriétés boisées définitivement organisées, seront, jusqu'à la publication d'une loi générale sur la chasse dans les bois de la couronne, punis de la peine portée à l'article 1174, c'est-à-dire *d'une amende de 10 à 15 roubles ou d'arrêts de 7 jours à 3 semaines.*

7. Les fonctionnaires qui laisseront n'importe quelle personne chasser dans les bois de la couronne sans autorisation ou permis, les animaux ou les oiseaux, etc., seront, *pour la première fois, fortement réprimandés, et à la seconde fois ils seront révoqués de leurs fonctions.*

8. Pour avoir chassé les animaux sauvages ou les oiseaux dans les bois de la couronne, en temps interdit, et de plus, avec des armes prohibées, ou de toute autre manière non permise, ou pour avoir violé tout autre règlement concernant la chasse ou le commerce des animaux sauvages et des poissons, les coupables sont passibles des peines portées aux articles 1172-1177, qui se trouvent plus bas.

9. Les armes, les chiens, les fusils, les canots, les barques, les engins et munitions de toutes sortes employés pour la chasse ou la capture des animaux sauvages et des oiseaux dans les bois de la couronne, ou pour la pêche des poissons et autres êtres vivants dans les eaux appartenant à la couronne, seront confisqués, en garantie du payement des amendes dans les deux semaines qui suivront la condamnation. Ces armes, chiens, engins, canots, etc., seront vendus, et la somme qui en sera retirée sera portée au compte de ces amendes; et, si elle est insuffisante au payement complet des amendes, les coupables seront contraints de combler le déficit; s'ils ne le peuvent faire, il sera procédé contre eux en vertu des dispositions de l'article 92 du Code (1).

En outre on trouve dans ce Code des articles qui n'ont pas été introduits immédiatement dans l'édition de 1866, et qui ne sont pas non plus dans le tome XII du Recueil des lois, part. II, Règl. pour l'Écon. des villes et des campagnes.

Art. 1172. — Pour toute chasse à toute époque de l'année pendant laquelle elle est interdite, sauf quand il s'agit d'animaux et d'oiseaux nuisibles, pour toute chasse dans les endroits où notamment à ces époques elle n'est point permise, le coupable sera pas-

(1) Compensation de l'amende par la prison.

sible d'une amende *de 25 roubles pour la 1ʳᵉ fois, de 50 pour la 2ᵉ, et de 100 roubles pour la 3ᵉ.*

Art. 1173. — Celui qui détruira des nids d'oiseaux contenant des petits ou des œufs, ou qui des œufs, soit dans les bois, soit dans les plaines, soit au bord de l'eau, à l'exception des nids d'oiseaux de rapine, sera puni *d'arrêts de un à trois jours; ou, si la loi ne l'exempte pas des châtiments corporels, il sera frappé de 3 à 10 coups de verges.*

Art. 1174. — Quiconque, pour la chasse ou la capture des animaux sauvages et des oiseaux, emploiera des armes prohibées ou d'autres moyens interdits par la loi, comme collets, arbalètes, ou qui creusera des fosses près des villages ou des routes fréquentées, sera, selon les circonstances qui aggraveront ou atténueront le délit, passible des amendes ou des peines portées ci-dessous à l'article 1321.

Art. 1175. — Celui qui chassera ou capturera des animaux sauvages ou des oiseaux que des règlements généraux ou locaux défendent de chasser ou de capturer, sera passible d'une *amende de 50 à 150 roubles ou d'un emprisonnement de 3 à 6 mois.*

Art. 1176. — Pour avoir apporté à la ville du gibier tué à une époque où la chasse est interdite, le coupable sera passible des *amendes portées* à l'article 1172.

Art. 1177. — Les membres de la police urbaine et territoriale et les autorités des campagnes, maires, commissaires, qui ne prendront pas les mesures nécessaires pour empêcher la chasse des animaux sauvages et des oiseaux aux époques et dans les lieux où elle est interdite, et qui laisseront vendre le gibier tué en temps défendu, seront passibles d'une amende de 1 à 5 roubles.

Art. 2180. — Pour avoir chassé les animaux sauvages et les oiseaux dans les bois d'autrui, et avoir pêché les poissons ou tous autres êtres vivants dans les eaux appartenant à autrui, sans la permission et l'assentiment du propriétaire, quand il n'y aura eu ni manœuvres secrètes, ni intention de vol, le coupable en outre qu'il sera obligé, en vertu, des lois civiles, à un dédommagement pour les pertes causées, sera passible d'une amende de 1 à 50 roubles, en prenant en considération l'importance du gain illicite fait au détriment des terres ou des eaux d'autrui, et toutes autres circonstances propres à aggraver ou à atténuer la faute.

Art. 2182. — Celui qui aura, avec intention, endommagé ou détruit les armes ou engins employés par autrui pour la chasse des animaux et des oiseaux, ou encore pour la pêche, devra non seulement indemniser le propriétaire, mais sera passible, en outre, d'une amende de 50 kopecks à 10 roubles (de 2 à 40 fr).

Voilà comme est traitée en détails et avec prévoyance la question de la chasse dans le Code de 1857. Mais dans le Code de 1866, le texte de la loi fut subitement modifié. Les articles 1172, 1174, 2180 furent mis de côté et remplacés par les articles 57 et 146 sur les peines qui peuvent être infligées par les juges de paix.

D'autres articles furent rejetés sans être remplacés en aucune façon; d'autres furent réunis en un seul article.

C'est ainsi que la Russie a eu cette loi pénale sur la chasse qui est aujourd'hui en vigueur et que nous avons analysée sommairement, dans ses dispositions formelles au commencement du présent chapitre.

VI. — *Règlements sur la chasse en Russie*, 1ᵉʳ *Mars* 1892.

Les règlements sur la chasse reproduits plus loin ont été sanctionnés le 3 février 1892 par Sa Majesté l'Empereur, conformément à l'avis émis en assemblée générale par le Conseil d'État qui a rendu l'avis suivant :

Le Conseil d'État, réuni en séance spéciale par ordre du Souverain, ayant examiné dans son assemblée générale les propositions du Ministre des domaines de l'État, au sujet d'un projet de règlements sur la chasse a émis l'avis suivant :

1° Présenter le projet de loi sur la chasse à la sanction de S. M. l'Empereur, et cette sanction obtenue, le mettre en vigueur à partir du 1ᵉʳ mars 1892 à la place des articles 107, 108, 116, 119, 125 et 129-130 des règlements d'économie rurale. (Code des lois, t. XII, part. II. Edit de 1886.)

2° Rédiger l'article 943, relatif aux peines infligées par le Code pénal ou les règlements de police, de la manière suivante : Article 943. « Les gardes champêtres, gardes de forêts ou gardes-chasse, convaincus de faux témoignages, en outre qu'ils subiront les peines portées au chapitre précédent, n° 943, seront dépouillés de leur emploi, et perdront à jamais le droit d'en être investis.

3° Pour compléter la section qui s'applique aux peines infligées par le Code pénal ou les règlements de police, on établira ce qui suit : Celui qui se sera rendu coupable du meurtre d'un aurochs, sera passible d'une amende de 50 roubles (200 fr.) pour chaque animal tué.

4° Comme modification aux articles 57 et 146 des règlements concernant les peines infligées par les tribunaux de paix, établir ce qui suit :

a) Ceux qui auront volontairement chassé sur le terrain d'autrui seront passibles d'une amende de 5 à 25 roubles (20 à 120 francs.)

Cette amende pourra être augmentée jusqu'à 50 roubles, si cette chasse volontaire a eu lieu dans des emplacements consacrés au jardinage ou dans des parcs destinés à garder des animaux sauvages alors que ces endroits n'ont pas de communication libre avec les terres voisines ou si cette chasse s'est faite dans des prairies ou des champs d'où les moissons ou les fourrages n'ont pas encore été enlevés.

b) Est aussi passible de l'amende spécifiée par l'article précédent, celui qui, par n'importe quel moyen, aura fait sortir du terrain d'autrui des animaux ou des oiseaux.

c) Pour avoir chassé sans permis, et pour avoir détruit illégalement des nids d'oiseaux, en avoir retiré les œufs et les petits, les coupables seront passibles d'une amende de 5 à 25 roubles.

d) Pour avoir chassé avec un permis appartenant à un autre; pour avoir chassé un gibier dont la chasse n'est pas permise à cette époque-là et enfin pour avoir chassé avec des engins prohibés, les coupables seront passibles d'une amende de 10 à 100 roubles. De plus, les armes et engins de chasse saisis sur les coupables seront confisqués.

e) Pour n'avoir pas, en temps de chasse, exhibé son permis, à la requête des personnes chargées de faire observer les règlements de la chasse, les coupables seront passibles d'une amende qui ne dépassera pas 5 roubles.

f) Pour avoir tué des femelles d'élan, de cerf et de chèvre sauvage, ou les jeunes de ces espèces, les coupables seront passibles d'une amende de 50 roubles, pour chaque femelle d'élan ou de cerf tuée, et d'une amende de 25 roubles pour chaque femelle de chèvre sauvage et pour chaque faon de ces espèces.

g) Pour le transport, le colportage, la vente et l'achat du gibier en temps prohibé, les coupables seront passibles d'une amende de 25 roubles pour chaque élan, cerf, chèvre sauvage, chèvre des steppes ou de montagne qu'on trouvera en leur possession, et d'un rouble pour chaque pièce d'autre gibier.

h) En cas de récidive, pour les contraventions signalées aux alinéas *a* à *g*, les amendes spécifiées pourront être doublées.

i) Toute personne trouvée dans les champs ou les bois, sur les routes, avec des armes ou d'autres engins propres à tuer ou à prendre le gibier, sera considérée comme se livrant à la chasse.

j) Les amendes spécifiées dans les alinéas de *a* à *h* ainsi que les sommes provenant de la vente des armes, engins et gibiers saisis sur les délinquants, seront versées à la caisse spéciale du Ministère de l'Intérieur pour y former un capital destiné à renforcer le corps des surveillants chargés de faire observer les règlements sur la chasse.

Règlements sur la chasse. — 1° *Exercice de la chasse.*

Art. 1er. — L'exercice de la chasse dans tous les gouvernements administrés par un gouverneur général, dans les gouvernements de Livonie et d'Esthonie, dans les districts militaires du Don et dans les contrées caucasiennes, est soumis aux règlements ci-dessous.

Art. 2. — Ces règlements s'appliquent à toutes chasses avec armes à feu, chiens courants ou autres, levriers, etc.

Art. 3. — Nul n'a le droit de chasser sans un permis personnel, délivré par l'autorité compétente.

Art. 4. — Les règlements ci-après exposés concernant l'exercice de la chasse, avec permis délivrés à cet effet, ne s'appliquent point aux gouvernements d'Arkhangel, de Vologda, d'Olonetz, de Perm, de Viatka, du Kostroma; ils ne s'appliquent pas non plus aux districts de Kolmodemiane, de Tchebonsare et de Tsarebokokchaï, du gouvernement de Kazan; aux districts de Makareff et de Semenoff, du gouvernement de Nijni-Novgorod; aux districts de Bielozero (lac blanc) et de Kiriloff, du gouvernement de Novgorod; et enfin au district de Cholme, du gouvernement de Pskoff.

Art. 5. — Les permis de chasse, établis d'après les formules données par le Ministre de l'Intérieur, sont délivrés par les commissaires de police des districts et par les chefs d'arrondissement, sur demande écrite ou verbale (1).

Art. 6. — Il n'est pas délivré de permis de chasse :

a) Aux personnes qui sont sous la surveillance de la police;

b) Aux individus qui ont été condamnés pour contraventions aux présents règlements, ou qui ont commis quelque dégât ou quelque déprédation dans les bois d'autrui, jusqu'à ce qu'ils aient satisfait à la peine dont ils ont été frappés.

Art. 7. — Le permis de chasse est valable dans l'année où il a été délivré, et dans toutes les localités auxquelles s'appliquent les présents règlements.

Art. 8. — A la délivrance des permis de chasse, il est perçu 3 roubles (12 francs) par chaque permis. Pour la demande et la remise des permis, il n'est prélevé aucun autre droit (sans en excepter le timbre) (2).

Art. 9. — Des permis de chasse gratuits sont délivrés :

a) Aux membres de l'administration forestière et aux gardes forestiers dépendant de la couronne, ainsi qu'aux gardes forestiers qui, appartenant à des communautés ou à des particuliers, ont été normalement et régulièrement confirmés dans leurs fonctions;

b) Aux valets de chasse, sur la demande de leurs maîtres (3).

Art. 10. — Le Ministre des domaines de l'Etat peut donner gratuitement des permis spéciaux :

a) Pour tuer et chasser en tout temps les animaux sauvages (sauf les aurochs) et les oiseaux, et pour recueillir des nids et des œufs dans un but d'enseignement;

b) Pour s'emparer de diverses espèces de gibier dans le but de les acclimater dans d'autres régions ou de les mettre dans des parcs. Ces permis spéciaux remplacent les permis de chasse ordinaires. Les personnes ayant obtenu de ces sortes de permis ont librement et gratuitement la jouissance des terres et des bois de la couronne qui ne

---

(1) Aux individus au-dessous de 17 ans, il n'est délivré de permis de chasse qu'à la requête de leurs parents, tuteurs ou curateurs.

(2) Le droit spécifié dans le présent article est versé à la caisse spéciale du Ministère de l'Intérieur pour être ajouté au capital destiné à rendre plus efficaces les moyens de surveiller l'exécution des règlements sur la chasse.

(3) On entend par valets de chasse, les chefs de meute, les piqueurs, les veneurs, les coureurs (borziatniki).

sont pas affermés (sauf les réserves impériales) et de tous autres territoires de chasse, dans les conditions ordinaires.

Art. 11. — Tout chasseur doit, quand il se livre à l'exercice de la chasse, avoir sur lui le permis personnel qui lui a été délivré, pour le présenter à la requête des personnes chargées de faire observer les règlements sur la chasse (1).

Art. 12. — Le droit de chasse appartient au propriétaire dans l'enceinte de sa propriété.

Art. 13. — Pour chasser sur le terrain d'autrui, il faut une autorisation écrite du propriétaire de ce terrain.

Art. 14. — L'obtention d'un permis pour chasser sur les terrains dépendant du Ministère des domaines de l'Etat est réglée par les prescriptions qui font suite au présent article.

Art. 15. — Le droit de chasse sur les terres appartenant à des paysans qui font partie d'une commune rurale, appartient à cette commune rurale. Les paysans qui n'appartiennent pas à la commune et les étrangers ne peuvent chasser sur lesdites terres qu'en vertu d'un arrêté de la commune rendu dans les formes voulues par la loi.

Art. 16. — L'exercice de la chasse sur les terrains dépendant d'une ville est soumis à la décision des autorités municipales.

Art. 17. — Il est défendu de chasser :

a) Les aurochs, les femelles d'élan, de cerfs, les chèvres sauvages, ainsi que les jeunes animaux de ces espèces, durant toute l'année (2).

b) Les élans mâles, du 1er janvier au 15 août.

c) Les cerfs, du 1er mars au 15 juillet.

d) Les boucs sauvages, du 1er novembre au 1er juin.

e) Les saïgas, les gazelles, les chèvres noires, les mouflons et autres espèces d'antilopes, du 1er mars au 15 juillet.

f) Les coqs de bruyères et les coqs des bois, du 15 mai au 15 juillet.

g) Les bécasses des bois, du 1er juin au 15 juillet.

h) Les oies et les cygnes, du 1er mai au 29 juin.

i) Les canards et les sarcelles mâles, du 1er au 29 juin.

k) Les canes, en général, les bécasses ordinaires et bécasseaux de toutes sortes, les vanneaux, les râles de genêts et tout autre gibier d'eau ou de marais, du 1er mars au 29 juin.

l) Les perdrix grises et les perdrix rouges (poules de montagne), du 1er décembre au 15 août.

m) Les macreuses, du 1er décembre au 1er octobre.

n) Les faisans et les lièvres, du 1er février au 1er septembre.

o) Les poules de bruyères et les poules des bois, les gelinottes, les perdrix blanches, les outardes, les canepetières, les cailles, du 1er mars au 15 juillet (3).

---

(1) L'obligation d'avoir sur soi son permis de chasse ne s'applique point aux personnes qui prennent part aux chasses organisées par l'administration de la police pour la destruction des animaux nuisibles (art. 1463, Code des lois gouvern., t. II, part. I, édit. de 1876), non plus qu'aux traqueurs de battues.

(2) Tout animal né dans l'année est considéré comme gibier prohibé jusqu'au 31 décembre de cette même année.

(3) La chasse des cailles mâles au filet est permise du 1er mai au 15 juillet.

p) Tous les autres animaux et oiseaux sauvages, sauf les animaux nuisibles, du 1ᵉʳ mars au 29 juin.

Art. 18. — Il est défendu durant toute l'année de chasser au moyen d'engins de toutes sortes (filets, traquenards, pièges, lacets, collets, etc.), les coqs des bois et de bruyère, les gélinottes, les perdrix, les faisans, les lièvres; de détruire les nids, d'enlever les œufs ou les petits, sauf quand il s'agit d'oiseaux de proie.

Art. 19. — On peut tirer les animaux nuisibles et les oiseaux de proie, en détruire les nids et les petits, tuer, dans les champs et dans les bois, les chats et les chiens errants, durant toute l'année et par tous les moyens, sauf par le poison (1).

Art. 20. — Sont considérés comme animaux nuisibles : les ours, les loups, les renards, les chacals, les blaireaux, les renards blancs, les putois, les belettes, les loutres, les petites loutres, les hermines, les fouines, les gloutons, les lynx, les chats sauvages et les écureuils. Sont considérés comme oiseaux nuisibles : les aigles, les faucons, les gerfauts, les vautours de toute espèce, les pies, les corneilles, les corbeaux, les chouettes, les hiboux, les pies-grièches, les grands et petits ducs, les chats-huants et les moineaux.

Art. 21. — Il n'est permis de tuer des animaux nuisibles, dangereux pour l'homme et le bétail, sur le terrain d'autrui, sans autorisation du propriétaire, qu'au cas où on en rencontre accidentellement, ou bien quand il y a convocation de la police locale (art. 1463 du Code de lois gouv., t. II part. I, édit. de 1876).

Art. 22. — La chasse avec chiens n'est dans aucun cas permise du 1ᵉʳ mars au 29 juin (2).

Art. 23. — Les propriétaires de terrains enclos et de parcs où se gardent des animaux, quand ces terrains n'ont pas de libre communication avec les terrains voisins, peuvent chasser et autoriser la chasse sur leur propriété pour toute espèce de gibier et durant toute l'année.

Art. 24. — Pour les paysans du gouvernement d'Arkhangel et de toutes les régions nord-est du gouvernement de Vologda, pour les vogouls du gouvernement de Perm, et pour les paysans de la couronne du district de Verschotour de ce même gouvernement et des districts de Glazoff, d'Orloff et de Slobocq du gouvernement de Viatka, la chasse est permise dans les limites de ces diverses localités pour toute sorte de gibier durant toute l'année; mais la vente du gibier est défendue à toutes personnes, du 10 mars au 1ᵉʳ juillet.

Art. 25. — Il est interdit de transporter, de colporter, de vendre et d'acheter pour revendre toute sorte de gibier pendant dix jours, à partir de celui où la chasse de ce gibier a été défendue (art. 17) (3).

(1) Les gouverneurs et les chefs des districts pourront autoriser l'emploi du poison pour la destruction des animaux nuisibles, quand il s'agira de mesures à prendre intéressant le bien général, ou accorder, à cet effet, une autorisation à des particuliers ou à des sociétés cynégétiques.

(2) Ce règlement ne s'applique point aux chasseurs qui, sans armes de tir, exercent des chiens d'arrêt ou des chiens courants (apprentissage des chiens de chasse).

(3) Le transport du gibier vivant en vue de colportage, peut être autorisé en temps prohibé, par une permission de la police locale.

Art. 26. — Dans les villes, le commerce du gibier tué en hiver (jusqu'au 1ᵉʳ mars) est permis en tout temps, à condition que soient observés les règlements établis au sujet de ce commerce.

2° *Surveillance à exercer pour l'exécution des règlements de chasse et pour la découverte des contraventions auxdits règlements.*

Art. 27. — Le soin de veiller à l'exécution des règlements sur la chasse appartient : 1° à la police ; 2° aux membres de l'administration forestière, aux gardes des bois de la couronne, aux fonctionnaires chargés de l'inspection des bois des apanages, et aux corps forestiers chargés de l'inspection des bois des particuliers dans les limites des régions faisant partie de leur ressort ou de leur inspection ; 3° aux gardes champêtres et aux gardes-chasse dans les régions confiées à leur surveillance.

Art. 28. — En ce qui concerne la délivrance des plaques et l'exécution du service, seront appliqués aux gardes-chasse, comme pour la confirmation des droits qu'ils possèdent, les règlements établis pour les gardes forestiers aux articles 568-572 des règlements sur les forêts (Code des lois, t. VIII, part. I, édit. de 1876).

Art. 29. — Les autorités gouvernementales et de district pourront autoriser des personnes qui leur seront connues, et qui y consentiront à se charger de la recherche des contraventions contre les règlements sur la chasse. Cette autorisation pourra être donnée par les sociétés cynégétiques et par les corporations rurales reconnues légalement aux membres desdites sociétés ou corporations. Ces autorisations ne seront valables que dans les limites des localités où la loi reconnaît le droit de chasse aux sociétés ou corporations qui les auront données. Les personnes dont il est fait mention dans le présent article pourront, quand elles auront constaté des contraventions, requérir l'action de la police pour la poursuite ultérieure des délinquants.

Art. 30. — Les procès-verbaux concernant les délits de chasse seront établis conformément aux articles 1113-1136, 1140-1142, 1150 et 1151 du Code pénal. En outre, il sera indiqué dans les procès-verbaux avec quelles armes ou quels engins chassait le prévenu et quelle quantité de gibier on a saisi sur lui (1).

Art. 31. — Pour la recherche d'un délinquant qui se cacherait là où il a commis son délit, les gardes forestiers, les gardes champêtres et les gardes-chasse ont le droit de requérir la coopération de la police.

Art. 32. — Le gibier pris sur les coupables sera immédiatement remis au propriétaire ou au fermier de la chasse ; et s'il est inconnu, le gibier tué sera vendu ou détruit, selon ce que décidera la police.

Art. 33. — L'initiative des poursuites judiciaires et de l'accusation devant les tribunaux des individus coupables des contraventions mentionnées aux articles 3-7, section IV, de l'avis du Conseil d'État sur

---

(1) Les procès-verbaux mentionnés dans le présent article pourront, quand ils n'entraîneront pas une amende de plus de 100 roubles (400 fr.) être dressés sans l'assistance de témoins.

l'objet qui nous occupe, appartient aux agents de police, selon les dispositions établies au sujet des délits concernant le bon ordre et la tranquillité publique (art. 1215 et 1216 des lois pénales).

Art. 34. — Les poursuites pour délits de la nature de ceux dont il s'agit et qui sont mentionnés aux articles 1 et 2, section IV de l'avis du Conseil d'État, ne commencent que sur la plainte du propriétaire ou du fermier lésé dans sa propriété, et elles n'entraînent aucune peine dans le cas d'une réconciliation entre la personne qui a subi la perte et celle qui a commis le délit.

Art. 35. — Les dispositions de l'article 1187 du Code pénal s'appliquent aux procès-verbaux concernant les délits de chasse, dressés conformément à l'ordre établi à cet effet (art. 30).

Signé :
  Le Président du Conseil d'État,   Michel.

VII. — *Règlement concernant les conditions de l'obtention du droit de chasse sur les terrains administrés par le Ministère des biens de la Couronne (domaine de l'État).*

Art. 1er. — Le droit de chasse, sur les terrains de la couronne, peut être accordé par affermage selon les règles établies pour l'amodiation par enchères publiques, ou par des permis taxés et sanctionnés par le Ministre des domaines de l'État, après examen préalable par les autorités gouvernementales ou de district.

Art. 2. — Le Ministre des domaines de l'État peut accorder le droit de chasse sur les terres de la couronne, sans les affermer, et sans délivrer de permis spécial ou faire payer aucune taxe, dans les régions du Nord ou du Nord-Est où les paysans se livrent à la chasse pour en faire du commerce.

Art. 3. — Les membres de l'administration des forêts de l'État et les gardes forestiers de la couronne peuvent chasser gratuitement et sans permis spécial sur les terrains confiés à leur surveillance et qu'ils sont chargés d'inspecter, sauf sur les terres réservées pour la chasse de l'Empereur ou affermés en vue de la chasse. Dans les localités où les personnes étrangères à l'administration des forêts n'ont pas le droit de chasser librement, il est défendu aux membres de l'administration des forêts et aux gardes forestiers de chasser l'élan, le cerf, le chamois ou la chèvre sauvage.

Signé :
  Le Président du Conseil d'État,   Michel.

VIII. — *Extrait du Règlement pour les gardes forestiers* (t. VIII, p. 1. Règl. for. 1876).

Art. 70. — La chasse est permise aux gardes forestiers aux conditions suivantes :

1° Pendant leurs tournées dans les bois et en traversant les champs, ils peuvent tirer le gibier ou le chasser d'autres manières; mais seulement aux époques où la chasse est ouverte et pourvu qu'ils ne négligent pas pour cela leur service. Le gibier qu'ils auront tué leur appartient.

2° Ils peuvent se réunir à d'autres gardes forestiers pour tuer les bêtes nuisibles, et cela même aux époques où la chasse est interdite. Quand il s'agit de loups, ils peuvent convoquer les paysans pour faire des battues, pour découvrir et prendre les louveteaux, et pour chercher les retraites des ours en hiver. Les peaux des bêtes tuées par les gardes forestiers leur appartiennent, mais ils doivent se fournir de poudre et de plomb à leurs frais.

3° Il est défendu aux gardes forestiers de chasser eux-mêmes, ou de laisser chasser par d'autres, les animaux dont la chasse est interdite, tels que les aurochs qu'on ne doit jamais chasser, les élans, les cerfs, les chamois et les chèvres sauvages qu'on ne peut chasser qu'avec l'autorisation spéciale de l'administration des forêts.

Art. 332. — L'exercice de la chasse dans les bois de la couronne est autorisé par le Ministre des domaines de l'État, moyennant le versement d'une somme fixée d'après les conditions locales, et l'estimation des bénéfices que peut réaliser le chasseur, calculée sur les recettes de l'administration des forêts. Cette autorisation donnée, celui qui la reçoit doit chasser conformément aux lois établies.

Art. 566. — Les propriétaires de bois peuvent, pour la garde et l'entretien de leurs bois, avoir recours aux membres du corps des gardes forestiers, en s'entendant de gré à gré avec eux, et après avoir obtenu l'autorisation du directeur de l'administration des forêts.

Art. 567. — Les gardes employés comme il est dit à l'article précédent jouissent des droits attachés à leur office, conformément aux dispositions de l'article 286 du règlement sur les services publics.

Art. 568. — Les propriétaires de bois doivent prendre pour gardes de leur bois des individus de confiance et âgés d'au moins 21 ans.

Art. 569. — La fonction de garde forestier peut être remplie par un individu en même temps que celle de garde champêtre.

Art. 570. — Pour l'installation des gardes forestiers, pour la délivrance de leurs plaques et de leurs congés, on se conformera aux règles établies au sujet des gardes champêtres dans l'appendice des lois sur l'état des personnes (111, Code rural, art. 31, append., art. 20, 21, 24).

Art. 571. — Les gardes forestiers, tant qu'ils seront en fonctions, sont exemptés des châtiments corporels.

Art. 572. — En ce qui concerne la poursuite des personnes qui violent la loi par des délits commis dans les bois des particuliers, et les moyens employés pour se défendre contre les délinquants, les gardes des bois particuliers jouissent des mêmes droits que les gardes des forêts de la Couronne.

Art. 573. — Pour avoir endommagé, détruit, pour s'être approprié ou avoir laissé perdre le matériel utilisé dans les bois confiés à leur garde, ou pour avoir commis quelque faute plus ou moins grave dans leur service, les gardes forestiers et les membres du corps des forêts mentionnés aux articles 566 et 568 seront passibles des peines que la loi commune inflige pour ces fautes, contraventions ou délits. (Code pénal, art. 1681, 1682, 1704, 1709, 1711, et règl. pour les peines, 117).

IX. — *Introduction de l'exercice de la chasse dans l'armée.*

Un arrêté du ministre de la guerre concernant l'introduction dans l'armée de l'exercice de la chasse, arrêté basé sur le décret du 21 octobre 1886, ordonne que dans toute section de l'armée, infanterie ou cavalerie, doivent se trouver des individus bien préparés par des exercices appropriés, à remplir en temps de guerre les missions qui impliquent des risques personnels et demandent une présence d'esprit spéciale.

Parmi ces individus, on doit choisir dans l'infanterie ceux qui sont énergiques, forts, adroits, tireurs expérimentés, dans la cavalerie les bons écuyers, et en général tous ceux qui sont le mieux en état de remplir les missions dont il est parlé ci-dessus.

Pour les préparer plus facilement à ce que l'on attend d'eux, on doit les grouper en détachements de chasse, dont l'objectif dans les exercices est surtout la chasse aux animaux de rapine pour les fantassins, et pour les cavaliers la chasse à courre; on doit y joindre la reconnaissance et l'étude des localités.

Ces principes et les règlements qui en sont la conséquence sont appliqués, en tant qu'ils sont d'accord avec les lois locales, au territoire de la grande principauté de Finlande.

X. — *Poudre de chasse.*

Le commerce, la garde et le transport de la poudre de chasse, dont la fabrication, la garde et la vente avaient été réservées à l'autorité militaire, ont été réglés par une loi du 17 juin 1873.

Jusque-là, les personnes voulant se procurer de la poudre de chasse, devaient s'adresser au dépôt ou à la fabrique d'artillerie; cette poudre n'était délivrée, pour la quantité, qu'en raison du rang social de l'acheteur.

La loi de 1873 abolissant ces restrictions, a autorisé la vente de la poudre de chasse dans les dépôts particuliers et dans les boutiques, moyennant le payement de la patente, et avec l'autorisation du gouverneur de la province ou du chef de la police du district.

Pour les dépôts particuliers, cependant, on ne peut en une seule livraison, leur vendre plus de 2,000 kilogrammes, cette vente peut s'élever à 3,000 kilogrammes en *Sibérie*.

La livraison ne peut être renouvelée qu'après épuisement de la moitié de la poudre livrée.

Le dépôt permanent, dans les boutiques ouvertes à ce commerce, ne peut dépasser quinze kilogrammes

Chaque habitant, les enfants exceptés, peut acheter de la poudre, jusqu'à concurrence de trois kilogrammes.

Cette provision peut s'élever à six kilogrammes dans les provinces du Nord et en *Sibérie*.

XI. — *Équipages de chasse en Russie.*

Les équipages de chasse sont nombreux en Russie, et servent à chasser principalement le lièvre, le loup, le renard, l'ours et le sanglier.

FINLANDE (GRAND-DUCHÉ DE).

Russie d'Europe.

Règlement du 10 février 1868, ordonnance du 20 juin 1870.

Le grand-duché de Finlande n'est pas régi par le code russe, mais bien par le code suédois de 1734, modifié par un grand nombre de lois postérieures qui forment un ensemble complet de législation.

Toutefois, la chasse dans ce pays est soumise à un règlement souverain de Sa Majesté Impériale de Russie, relatif à la chasse et à la capture des bêtes sauvages, donné à Helsingfors le 10 février 1868. Ce règlement qui, conformément aux usages, a été publié dans les églises, a pour but de protéger le gibier utile, en prévenant l'extermination, et tend à réglementer le droit de chasse qui, dans ces contrées, est regardé comme un accessoire de la propriété.

Ce règlement est très complet. Après avoir autorisé la chasse des animaux sauvages, du gibier comestible et des bêtes nuisibles, dont il donne la nomenclature, il établit à qui appartient le droit de chasse; puis il traite du droit de chasse contre les animaux nuisibles, du droit de suite, des pièges et engins, des battues et destructions, des primes d'encouragement pour les battues d'animaux nuisibles, du temps prohibé; de la protection des nids, œufs, etc.; du colportage en temps prohibé; de la pénalité pour chasse sur le terrain d'autrui, des infractions, de la responsabilité des parents à l'égard des mineurs, des poursuites d'office, des poursuites à la requête des parties lésées ; de l'emploi du produit des amendes et de la peine de la prison appliquée en cas de non-payement de ces amendes.

Règlement du 10 février 1868.

Ce règlement porte : Par la grâce de Dieu, Nous, Alexandre II, empereur et autocrate de toutes les Russies, roi de Pologne, grand-duc de Finlande, etc., etc., déclarons par ceci : Suivant la très dévouée présentation des gardes territoriaux de Finlande, Nous avons reconnu pour bien, relativement à la chasse et à la capture des bêtes sauvages en Finlande, de statuer souverainement ce qui suit :

§ 1er. La chasse et la capture des bêtes sauvages sont permises ainsi que l'exploitation du gibier comestible. Il en est de même pour l'extermination des bêtes nuisibles et des oiseaux de proie.

§ 2. Toutes les bêtes sauvages et toutes les espèces d'oiseaux qui existent en Finlande, ont été réunies en trois catégories comme suit, afin de préciser les distinctions établies plus haut :

a) Le gibier utile, ou bon à manger, dont la chasse est défendue soit pendant toute l'année, soit pendant une période de l'année, afin de conserver et d'augmenter la race, comprend les genres suivants : élan, castor, renne sauvage, lièvre, cygne, eider, oie sauvage, coq de bruyère, tétras, gelinotte, perdrix blanche, rouge et grise, bécasse, sansonnet, barbotteur, et autres espèces de canards sauvages, bécassine double, paon de mer et autres genres de gallinacés qui pourraient se rencontrer à l'avenir dans le pays et se reproduire à l'état sauvage.

b) Les animaux nuisibles et les oiseaux de proie qui sont : l'ours, le loup, le lynx, le glouton ou gulo borealis, le renard, la martre, l'aigle ordinaire et l'aigle de mer, le grand-duc, le vautour.

c) Les autres espèces de bêtes féroces et d'oiseaux sur la conservation et l'extermination desquels il n'est pas statué particulièrement.

§ 3. Le droit de chasse et de capture de tous animaux sauvages, en observant les règlements ci-après énoncés, est réservé spécialement à S. M. Impériale dans les forêts de la couronne et sur tout terrain en friche appartenant à ladite couronne ; il est exercé par les surveillants et agents forestiers de l'État.

Du reste, tout propriétaire possède ce droit sur ses propres terres.

Ce droit appartient également, sur leur terres respectives, aux fermiers des domaines (helmaths et bostels) de la couronne ;

Aux militaires et fonctionnaires publics, sur les propriétés qui leur sont affectées en raison de leur situation ;

Aux associés d'une communauté ou aux intéressés d'un établissement sur les terres qui en font partie ;

Aux fermiers sur le terrain qui leur est loué, si les baux sont commencés après la promulgation de cette loi et à moins que le propriétaire ne se soit expressément réservé le droit de chasse ;

Et enfin à la ville sur le terrain qui lui est assigné.

La chasse sur les terres en litige mises en état d'interdiction par l'autorité du gouvernement ou du juge, si ce n'est pour détruire les bêtes pernicieuses, conformément au § 5, ne sera pas exercée par les plaideurs, à moins de conventions amiables. Dans l'archipel situé le long de la côte et sur les petites îles qui ne sont incorporées à aucun *helmath* (1), ainsi qu'en pleine mer, chaque habitant de la Finlande peut y exercer, jusqu'à nouvel ordre, la chasse permise.

En pleine mer, l'exercice de la chasse est libre pour tous, pourvu que l'on soit citoyen finlandais.

§ 4. Le droit de chasse acquis, soit par règlement ou convention spéciale, soit par jugement ou autres décisions légales, subsiste malgré les stipulations précitées.

§ 5. La chasse, la capture ou la battue de l'ours, du loup, du lynx, du glouton (gulo borealis), trouvés à l'état sauvage sur ses propres terres ou sur les terres d'autrui, sont libres pour tous, pourvu que le propriétaire ou le fermier soit indemnisé de tout dommage causé au terrain cultivé ou clôturé, aux pépinières et à la clôture.

§ 6. Le droit de suite appartient à celui qui a cerné l'ours dans sa retraite sur n'importe quel terrain, et il est défendu de l'inquiéter.

§ 7. Celui qui trouve un animal nuisible à l'état sauvage sur n'importe quel terrain a le droit de le capturer, tuer et garder.

§ 8. Les pièges organisés avec des piques et des fusils tendus sont interdits; sont aussi interdits les traquenards, les lacets ou autres engins dangereux pour la vie des hommes et des animaux domestiques. Il est défendu d'établir et de laisser les engins qui étaient placés antérieurement, sur les terres communes et sur celles d'autrui, sans l'autorisation du propriétaire du droit de chasse.

Cette autorisation ira du 1er mai au 1er novembre; et si tous les participants ne consentent pas à l'établissement de ces engins, il faut que ces appareils soient entourés de troncs abattus ou d'autres haies, afin d'empêcher le bétail de s'y introduire.

Pour faire usage de ces engins soit dans ses propres terres, soit sur les terres d'autrui, avec le consentement du propriétaire, il est nécessaire de prévenir le public par une annonce faite le dimanche de la semaine précédente dans l'église de la paroisse et dans les églises voisines, si la limite se trouve à une distance moindre de dix versts (10,667 mètres) de l'endroit où les trappes sont maintenues.

Si ces engins doivent rester longtemps, la publication devra être renouvelée une fois par mois.

§ 9. Il est réservé aux communes de convenir, lorsqu'elles le trouveront opportun, au lieu de battues et de fosses simples ou entourées, pour prendre les loups, conformément au chapitre 23 de la section des constructions, de prendre d'autres mesures pour l'extermination des bêtes sauvages nuisibles et des oiseaux de proie; mais si l'on s'en tient à la battue, les règles nécessaires à l'exécution et les

---

(1) Propriété particulière.

dispositions à prendre sont déterminées par la commune, qui doit, en cas de nécessité, prendre ses mesures pour que l'invitation soit faite par les moyens usités d'information.

§ 10. Les autorités communales fixeront aussi les primes d'encouragement pour la destruction des animaux nuisibles et des oiseaux de proie, et la manière d'atteindre ce but, contrairement à ce qui a été jusqu'à présent décidé d'après le chapitre 23, § 7, de la loi sur les constructions et l'ordonnance royale du 16 octobre 1741.

Les agents de la police rurale auront l'obligation de fournir dans leur circonscription l'aide et le concours requis en vertu de la loi.

§ 11. L'exercice de la chasse, en ce qui concerne le gibier comestible, énuméré ci-après, est interdit pendant une certaine période de l'année, soit sur ses propres terres ou sur les terres d'autrui, comme suit : perdrix grise, du 15 novembre au 31 août ; mâle d'eider, du 15 mars au 1er juin ; cygne, femelle d'eider, oie sauvage, canard sauvage (toutes les espèces), bécasse des bois, bécassine double, paon de mer, du 15 mars au 15 juillet ; et tout autre gibier comestible, depuis le 15 mars jusqu'au 9 août, inclusivement. Pendant cette période, l'installation de trappes ou de lacets est également défendue ; on doit aussi retirer les pièges installés avant le temps prohibé.

Toute chasse à l'élan et au castor est interdite en tout temps de l'année jusqu'à nouvel ordre.

S. M. I. se réserve de promulguer des règlements particuliers, si des modifications doivent être faites, soit pour la prolongation ou la restriction des périodes précitées, suivant les différentes localités du grand-duché ou en raison d'autres circonstances ; soit même pour protéger d'autre gibier que celui dénommé ci-dessus, en tant que l'expérience montre la nécessité de ces mesures.

§ 12. Il est défendu de prendre les nids ou d'exterminer les œufs ou les jeunes oiseaux du gibier dénommé sous le § 2, et des oiseaux d'eau et de mer.

§ 13. Du 15 mars jusqu'au 9 août inclusivement, on ne peut se servir du chien que pour la chasse au loup, à l'ours, au lynx et au glouton, si la présence de ces animaux nuisibles a été constatée dans les environs. Le temps prohibé s'étend jusqu'au 15 juillet au bord de l'eau et sur les marais.

§ 14. Celui qui, à l'approche du temps d'interdiction de la chasse d'un certain gibier, en a une quantité plus ou moins grande, provenant d'un moyen légal, pourra le vendre ou l'employer pour son propre usage pendant les premiers quatorze jours qui suivent l'époque d'interdiction ; mais, passé ce délai, toute espèce de gibier prohibé est sujet à la confiscation, et le détenteur sera mis à l'amende, sans compter les peines déterminées par l'article 17, à moins qu'il ne puisse prouver que la capture a eu lieu en temps permis.

§ 15. Celui qui chasse ou prend des animaux sur le terrain d'autrui sans le consentement du propriétaire sera mis à l'amende de 30 à 50 marks (1) finlandais et condamné aux dommages-intérêts, suivant la gravité du délit.

(1) Le mark vaut 1 franc.

' En outre, le gibier sera confisqué, qu'il soit pris ou tué : s'il n'est pas retrouvé ou s'il a perdu sa valeur, le prix en sera payé par le contrevenant.

§ 16. Celui qui est surpris commettant une infraction en matière de chasse, d'après l'article 15, peut voir son fusil, ses engins et ses chiens saisis par le propriétaire, qui peut les garder jusqu'au payement de l'amende et des dommages-intérêts, ou en cas de refus, jusqu'à la décision du tribunal.

§ 17. Celui qui chasse le castor ou l'élan sera condamné à une amende de 200 marks, si l'animal a été seulement capturé ou blessé; en outre, l'animal sera saisi s'il a été tué.

' Celui qui chasse ou capture d'autre gibier comestible pendant le temps prohibé, cause des dommages et détruit des couvées ou des œufs, sera puni d'une amende de 20 à 50 marks, suivant la gravité de l'affaire, et la saisie de tout ce qui se trouvera de gibier entre les mains du délinquant sera effectuée.

Si cette contravention a eu lieu sur le terrain d'autrui, les peines déterminées par les articles 15 et 16 seront aussi appliquées.

Dans le cas de contravention aux termes du § 14, une amende de 20 à 50 marks sera appliquée suivant l'appréciation du magistrat; le gibier sera, en outre, saisi ou sa valeur devra être payée s'il n'est pas retrouvé.

Pour les autres contraventions à cette loi, une amende de 10 à 50 marks. et les dommages-intérêts seront infligés.

§ 18. Les mineurs, n'ayant pas atteint quinze ans, qui contreviennent aux dispositions de cette loi seront réprimandés et châtiés par leurs parents, tuteurs ou patrons. Si ces infractions continuent par suite de la négligence de ces personnes, ou s'il a été prouvé qu'elles n'ont pas voulu les réprimer, elles seront responsables du paiement de l'amende et des dommages-intérêts fixés par la loi.

§ 19. Les contraventions aux clauses et conditions de cette loi, en ce qui concerne la protection du gibier comestible et autres prescriptions générales seront poursuivies d'office par le ministère public; quiconque a le droit de les dénoncer, malgré que ce droit soit attribué aux surveillants et agents forestiers, ainsi qu'aux agents de la couronne, de la ville et de la police, lesquels ont de même que l'officier ministériel, le droit d'ordonner la saisie du gibier possédé illégalement, sans toutefois qu'une perquisition dans une maison particulière puisse être opérée.

Dans le cas de violation du droit de chasse appartenant aux particuliers, sans que les lois sur la protection des animaux ou autres prescriptions générales soient en jeu, il dépendra du plaignant seul de poursuivre le contrevenant.

Les surveillants, les agents forestiers et les gardes champêtres assermentés peuvent servir de témoins dans les affaires de chasse ou de capture illégale sur les terres placées sous leur surveillance, suivant l'ordonnance du 9 septembre 1857, § 73.

§ 20. Le produit des amendes infligées par suite de ces condamnations sera attribué, dans le cas de poursuite d'office par le ministère public, au dénonciateur, à l'accusateur, et à la caisse locale des pauvres. Si la poursuite a été intentée par un particulier, le produit de l'amende appartiendra au dénonciateur seul.

Le gibier saisi ou sa valeur sera attribué au dénonciateur, excepté dans le cas où le détenteur du droit de chasse a illégalement tué des bêtes sur ses propres terres; dans ce cas, le gibier ou le produit sera distribué comme il a été dit plus haut par tiers entre les parties.

Si on s'est livré à la chasse sur le terrain de la couronne, sans le consentement ou l'autorisation des délégués de la circonscription, le produit des amendes ou des objets saisis, qui doit revenir à la couronne, sera attribué aux agents qui ont exécuté la saisie.

A défaut de paiement des amendes, la peine de l'emprisonnement au pain et à l'eau est infligée conformément au Code pénal.

§ 21. La lecture de cette loi sera faite devant le public une fois par an au mois de février dans les églises du pays.

La loi entrera en vigueur à partir du 1er mai 1869. Sont et demeurent abrogées les lois et ordonnances antérieures à la publication du présent règlement en tout ce qui est contraire à ses dispositions.

Ordonnance du 20 juin 1870.

Comme nous l'avons vu § 9 et § 11, *in fine*, cette loi peut recevoir des modifications qui sont décidées par les autorités communales, suivant les besoins. Ainsi, par une ordonnance du 20 juin 1870, pour les habitants de la paroisse de la chapelle de Kokar et pour la propriété de Ktafskar, on a permis de chasser le mâle blanc de l'eider pendant toute l'année, contrairement à ce qui est réglé par le § 11 de la loi précitée, pourvu que cet oiseau soit tué dans les limites de cette paroisse et dans les propriétés susvisées. On a aussi le droit de le colporter dans les villes de Helsingfors et d'Abo, pourvu que l'on puisse prouver que la battue a eu lieu dans les conditions autorisées. Sans cela, le gibier serait saisi et les détenteurs mis à l'amende et punis des autres peines portées dans la loi de 1868.

TURQUIE.

I. — Du Droit de chasse. — II. Règlement de Police sur la chasse.

I. — *Du droit de chasse.*

La chasse, dans l'Empire de Turquie, est régie par un Règlement de police, comprenant la chasse et la pêche.

Pour chasser les bêtes sauvages et les oiseaux dans les terrains, bois, forêts et plaines appartenant au fisc, il faut être muni d'un permis de chasse.

Le chasseur qui n'a pas de permis voit son fusil confisqué.

Pour la capitale et ses dépendances, ainsi que pour certaines villes désignées par le Ministre des Finances, le prix du permis est de 40 piastres, dont la moitié est destinée au Trésor et l'autre moitié à la municipalité (1).

Partout ailleurs le permis est de 10 piastres.

Ce permis est valable pour un an et est personnel; il ne peut servir que pour le lieu où il a été délivré.

Les époques d'ouverture et de fermeture de la chasse sont officiellement notifiées dans chaque province, par décision du conseil d'administration, un mois avant l'ouverture.

La chasse est généralement fermée du 1ᵉʳ avril au 31 juillet.

Les autorités provinciales doivent interdire la destruction des oiseaux utiles à l'agriculture et autres.

La glu, les filets et autres engins ne sont permis que pour la caille.

La chasse en temps défendu, ou pendant la nuit, au moyen d'armes à feu et de matières vénéneuses, entraîne, pour le délinquant, la confiscation des fusils, des chiens, et une amende de 1/4 à 1 livre; toutefois, l'on peut chasser les animaux nuisibles, et leur destruction est récompensée.

La vente, l'achat, le colportage et le transport de tout gibier est défendu, la chasse fermée; il y a pour ces cas une amende de 1 à 5 livres.

Les propriétaires, dans leurs terrains clos, peuvent chasser en tout temps.

Ceux qui chassent sur le terrain d'autrui sans le consentement du propriétaire, qui enlèvent ou détruisent les œufs et les couvées des faisans et des perdrix, sont condamnés à une amende de 1 à 5 medjidiés, sans préjudice de l'indemnité pour le dommage causé.

Ceux qui chassent la nuit sur le terrain d'autrui, quand il y a des maisons ou demeures attenantes ; ceux enfin qui chassent dans les terrains clos appartenant à autrui, la circonstance étant aggravante, sont punis d'une amende pouvant s'élever à dix livres, sans compter les pénalités portées au Code pénal. Il faut dire, toutefois, que dans ce pays il y a peu de braconniers.

---

(1) La Dette publique est en instance pour modifier et simplifier le prix des permis de chasse, qui seraient de 40 piastres pour la capitale.

20 piastres pour les chefs-lieux de Vilayets et Mutessarifats indépendants.

10 piastres pour toutes les autres localités de l'Empire.

Le chasseur est responsable des dégâts commis par son chien, lorsqu'il poursuit un gibier, sur le terrain d'autrui; mais le fait ne constitue pas un délit de chasse.

Les villageois qui chassent pour leur consommation, dans les pâturages et taillis de leur commune, ou dans les bois et forêts qui environnent leurs villages, sont exempts du permis de chasse.

Mais s'ils chassent en temps défendu, après une première défense à eux faite, ils seront punis d'une amende de 1/4 à 1 livre.

Si ces villageois chassent pour faire le commerce, soit dans les taillis du village, ou dans les bois et forêts domaniaux, ils devront en conformité du règlement sur la vente et l'achat d'autres animaux domestiques, acquitter un droit de un paras sur chaque piastre formant la valeur de la peau, lorsqu'ils vendront cette peau dans les foires ou les bazars.

Ce sont les propriétaires ou intéressés qui doivent intenter les procès pour délits de chasse sur le terrain d'autrui; pour les terrains clos, l'intéressé doit présenter sa réclamation pour que le tribunal cite les délinquants.

Les dépositions des agents du nahié et de la milice, des officiers de la police et de la gendarmerie, des préposés des forêts, des gardes forestiers à la solde des propriétaires, font foi jusqu'à preuve contraire.

Celui qui aura subi une nouvelle condamnation avant qu'une année se soit écoulée depuis qu'il aura été condamné pour un délit de chasse, est regardé comme récidiviste, et une double pénalité lui est appliquée.

Tout procès de chasse est prescrit après trois mois du jour où le délit a été commis.

La chasse maritime est aussi réglée, et si l'on se reporte au règlement relatif à la pêche dans la 1re catégorie : « De la pêche et de la chasse sur mers, fleuves, lacs et rivières », on voit que :

ART. 2. — Excepté les soldats et les commandants de la marine impériale, les matelots et les capitaines de la marine marchande, tous ceux qui chassent des oiseaux aquatiques sur mer, fleuves, lacs et rivières, soit dans le but de les livrer à la consommation, soit dans celui de les utiliser pour une industrie quelconque, sont tenus de s'adresser d'abord au préposé de l'endroit où ils demeurent et de se faire délivrer un *tezkéré*; sans cette autorisation, le produit de la chasse, ainsi que les ustensiles de chasse, seront confisqués, au nom de la loi.

ART. 3. — Il est perçu un droit « Rouhsatie » d'un *demi-medjidid* pour les *tezkérés*; ce permis est personnel et valable pour une année financière, du 1er mars au 28 février.

Il n'est pas demandé de *temettu verghissi* au chasseur muni d'un *tezkéré*.

Art. 9. — Pour les oiseaux marins, tels que grèbes kokarina et cormorans chassés au moyen d'armes à feu et vendus ensuite pour être utilisés dans l'industrie, et pour les oiseaux marins de leur espèce, il est perçu un droit *saïdié*, de 20%, soit en espèces, suivant le prix courant, s'il y a entente réciproque, soit en nature si l'on n'arrive pas à s'entendre.

Art. 19. — Il est défendu de chasser les oiseaux de passage, sans autorisation du gouvernement, sur les lacs qui tout en étant libres sont administrés par l'État.

L'État peut, s'il le désire, abandonner les droits qu'il a sur ces lacs à un affermeur, moyennant une certaine somme, ou les faire exploiter en son nom et pour son compte.

Art. 20. — Tous les revenus de la chasse des lacs ci-dessus dénommés et qui sont la propriété de l'État, lui appartiennent dans les lacs où ils sont administrés par lui, et sont propriété de l'affermeur dans les cas où ils auront été cédés par affermage et moyennant un prix fixé à l'avance.

Tous les produits de chasse sortant de ces lacs sont exempts de droits *saïdié resmi*, ou autres.

Autrefois des permis spéciaux donnant le droit de chasse à six personnes et même à plus, étaient gratuitement délivrés aux ambassadeurs et aux consulats; mais les abus commis par les subalternes ont fait supprimer ces permis.

Le règlement sur la chasse de l'Empire de Turquie renferme les articles suivants :

II. — *Règlement pour la chasse.*

Art. xxxii. — Tous ceux qui se livrent à la chasse des bêtes sauvages et de divers oiseaux dans les terrains, bois, forêts et plaines appartenant au fisc, sont tenus de se munir d'un permis de chasse. Les fusils des chasseurs non pourvus de *tezkéré* (permis) seront confisqués.

Art. xxxiii. — Les permis de chasse seront délivrés à Constantinople par la préfecture de la ville, et dans les provinces par les municipalités. Pour la capitale et ses dépendances, et pour les villes importantes dont le nom sera désigné par le Ministère des Finances, ainsi que pour les cazas dépendant de ces villes, les prix de ces tezkérés seront de 40 piastres, la moitié destinée au Trésor, et l'autre moitié à la municipalité. Partout ailleurs ces permis coûtent 10 piastres à partager en parts égales entre le Trésor et la municipalité. Ces *tezkérés* seront conformes au modèle préparé par le Ministère des Finances et le mode de perception de la part revenant au fisc sera indiqué par le Trésor impérial.

Art. xxxiv. — Le permis de chasse, valable pour une année, est délivré au nom du chasseur même ; celui-ci ne pourra exercer la chasse que dans les limites du *Liva* (1) où lui aura été délivré le permis. Deux ou plusieurs personnes ne pourront utiliser un seul et même permis pour exercer la chasse. Toutefois, dans les grandes chasses, les aides des chasseurs ne sont pas obligés de se pourvoir de permis. A l'exception de ceux qui font métier de la chasse, les chasseurs munis de *tezkérés* ne sont pas tenus de payer de droits de *Témettu*.

Art. xxxv. — Ne peuvent pas obtenir de permis de chasse : 1° les individus privés des droits civiques ; 2° les hommes sans aveu ; 3° les mineurs qui n'ont pas encore accompli l'âge de 18 ans, ainsi que les personnes en tutelle ; 4° les individus auxquels le port d'armes est interdit. Les requérants de permis, inconnus du gouvernement, sont obligés de donner une garantie constatant qu'ils ne sont pas privés du droit de port d'armes.

Art. xxxvi. — Les époques de l'ouverture et de la clôture de la chasse seront officiellement notifiées dans chaque province par décision du conseil administratif, un mois avant l'ouverture. Les autorités provinciales interdiront toujours de tuer les oiseaux d'une utilité reconnue pour l'agriculture et autres.

Art. xxxvii. — A l'exception des cailles, il est catégoriquement défendu de prendre de petits oiseaux au moyen de glu, filet et autres instruments.

Art. xxxviii. — Les personnes qui font la chasse à l'époque où elle est interdite et qui l'exercent nuitamment au moyen d'armes à feu et de matières vénéneuses, seront punies de la confiscation de leurs fusils et de leurs chiens. Elles seront condamnées en outre à une amende de 1/4 à 1 livre. Cependant, les chasseurs d'animaux nuisibles sont exempts de cette disposition.

Art. xxxix. — Il est strictement défendu de chasser dans les villes, cassabas, jardins publics et autres lieux de promenade.

Art. xl. — La vente du gibier est également défendue après l'époque de la chasse. En conséquence, ceux qui vendent, achètent, colportent ou transportent du gibier tué à l'époque de l'interdiction, seront condamnés à une amende de 1 à 5 livres.

Art. xli. — Tout chasseur qui, tant à l'époque de l'interdiction que de la permission de la chasse, aura tué des lions, des tigres, des blaireaux, des sangliers, des loups, des ours et autres animaux nuisibles à désigner spécialement par les autorités de la province, et qui aura prouvé en même temps le mode suivi pour leur destruction, recevra l'animal tué et sera recompensé par la restitution du prix précédemment perçu pour le permis.

Art. xlii. — Les propriétaires des fermes et autres terrains sont libres de louer le droit de chasser sur leurs domaines.

Art. xliii. — En dehors de l'époque de l'interdiction de la chasse, les propriétaires aussi bien que les personnes revêtues de leur autorisation sont libres de chasser sans permis *ad hoc* dans les terrains qui,

---

(1) Province.

attenant à des habitations, sont séparés des propriétés adjacentes au moyen de mur, de haie ou de toute autre manière.

Art. xliv. — Les personnes qui chassent dans les terrains d'autrui sans le consentement des propriétaires et qui enlèvent ou détruisent les œufs et les couvées des faisans et des perdrix, sont condamnées à une amende de 1 à 5 medjidiés, sans préjudice de l'indemnité pour le dommage causé. En outre, la chasse durant la nuit dans les terrains d'autrui, surtout quand des maisons ou des demeures y sont attenantes, ainsi que celle exercée dans les terrains clos de la manière stipulée à l'article précédent, constitue des circonstances aggravantes qui entraînent jusqu'à dix livres d'amende.

Si le Code pénal exige d'autres pénalités plus graves, elles seront également appliquées en entier. Le chasseur est responsable de tout dégât commis par son chien, dans le terrain d'autrui, lors de la poursuite d'un gibier. Toutefois, cette circonstance ne compte pas parmi les délits de la chasse.

Art. xlv. Sont exemptés de permis, les villageois exerçant la chasse d'animaux propres à leur consommation dans les pâturages et les taillis de leur commune ou dans les bois et les forêts environnant leurs villages. Cependant lorsqu'ils exerceront la chasse à l'époque d'interdiction, défense leur en sera faite pour la première fois, et en cas de récidive, ils encourront les pénalités édictées à l'article xxxviii.

Art. xlvi. — Si les villageois indiqués à l'article précédent, chassent, soit dans les taillis du village, soit dans les bois et forêts domaniaux, des animaux destinés, non à leur propre consommation, mais bien au commerce, tels que zibeline, renard, petit-gris, fouine, martre et castor, dont la peau est utilisable, ils seront tenus, en conformité du règlement sur la vente et l'achat des autres animaux domestiques, d'acquitter un droit de un paras sur chaque piastre de la valeur de la peau, quand ils la vendront, dans les foires et les bazars.

Considérations Générales.

Art. xlvii. — Les procureurs généraux intenteront officiellement procès pour tout délit de chasse. En cas de chasse exercée dans les terrains d'autrui, sans l'autorisation du propriétaire, c'est celui-ci qui doit intenter procès. Pour toute chasse exercée sans autorisation, dans un terrain enclos et renfermant une habitation, et où la récolte n'est point encore enlevée, le tribunal ne peut signifier de citation à personne, tant que l'intéressé n'aura pas présenté aucune réclamation.

Art. xlviii. — En fait d'amende et d'indemnité pour dommages, les complices de délits de chasse sont condamnés comme des garants solidaires.

Art. xlix. — Dans les jugements à rendre relativement aux délits indiqués dans le présent règlement, les dépositions des agents principaux du nahié et de la milice, des officiers de la police et de la gendarmerie, des préposés des forêts, des gardes forestiers à la solde des propriétaires de biens-fonds et immeubles seront valables jusqu'à preuve du contraire.

Art. l. — Sera considérée comme récidiviste toute personne qui aura subi une nouvelle condamnation avant qu'une année ne soit encore écoulée, depuis qu'elle aura été condamnée pour un délit de chasse ; et à ce titre une double pénalité lui est appliquée.

ART. LI. — Tout procès relatif à la chasse sera mis hors de cour à l'expiration de trois mois, à partir du jour où le délit a eu lieu.

ART. LII. Les Ministères des Finances et de la Justice sont chargés de l'exécution du présent règlement.

Note : — La Dette publique est en instance pour modifier et simplifier le prix des permis de chasse comme suit : 40 piastres pour la capitale ; 20 pour les chefs-lieux de vilayets et mutessarifats indépendants : 10 piastres pour toutes les autres localités de l'Empire.

ÉGYPTE.

Le droit de chasse en Égypte est encore soumis à l'arbitraire des différents moudirs ou gouverneurs.

Il y a une vingtaine d'années, on délivrait des permis de chasse qui étaient taxés plus ou moins chers, suivant la fortune présumée de celui qui devait en faire usage.

Cette coutume est tombée en désuétude, et actuellement n'importe qui peut se promener avec un fusil, sans avoir besoin d'aucune permission.

Le seul document se rapportant à l'exercice du droit de chasse, est un arrêté du gouvernement d'Alexandrie, interdisant de tirer dans un rayon de 300 mètres autour des habitations.

La police ne veille d'ailleurs nullement à son exécution.

L'annexe D à la Convention de 1875, renouvelée en 1889 pour la prolongation de la juridiction mixte en Égypte, avait prévu que le gouvernement pourrait faire un règlement sur la chasse qui deviendrait exécutoire après approbation par la cour : rien n'a encore été fait et il est probable qu'après les incidents de 1891 au sujet des règlements, il ne sera rien fait de sitôt.

ÉTATS-UNIS D'AMÉRIQUE.

En dehors de certains pouvoirs déterminés, abandonnés par chaque État de l'Union au gouvernement fédéral, les États qui forment la République fédérative se gouvernent et font leurs lois à leur guise. Chaque État et souvent chaque province a sa législation propre en matière de chasse. Toutefois, cette législation, dans toute l'Union, n'a qu'un but : protéger le gibier; elle fixe les époques pendant lesquelles on peut chasser; quelquefois, elle défend la chasse de tel ou tel animal pendant plusieurs années, si elle craint de voir l'espèce diminuer; elle protège les oiseaux insectivores et chanteurs, leurs nids et leurs couvées; elle protège aussi les nids et couvées des autres oiseaux; elle défend de se servir de tel ou tel engin pour la chasse, prohibe l'exportation et la possession du gibier pendant le temps où la chasse est défendue, et protège la propriété privée. La sanction de ces défenses est l'amende et la prison.

Pour faire observer ces lois, à côté de la justice fédérale, les États ont des cours de justice, des justices de paix, une cour de comté, une cour supérieure, statuant sur les appels des cours de comtés, puis au sommet une cour suprême. Chaque État fait observer ses lois et sa constitution.

Faire la nomenclature de toutes les lois qui traitent de la chasse dans les États et provinces de l'Union, lois qui sont souvent modifiées à chaque législature, suivant les besoins, serait un travail beaucoup trop compliqué; il suffira, pour saisir l'ensemble de la législation, de prendre la situation en 1892 et de citer les lois en vigueur à cette époque à New-York, dans la Louisiane, dans la Californie, dans le Maryland, puis de résumer les dispositions principales qui régissent la chasse dans les autres États. Les principales défenses, en ce qui touche la vente, le transport et la possession de gibier, qui sont indiquées dans la loi de l'État de New-York, sont du reste à peu près semblables partout.

NEW-YORK.

Une commission a été nommée, il y a quelques années, dans l'État de New-York, afin de reviser et de codifier les lois relatives à la protection et à la préservation des poissons, des coquillages, des oiseaux et des quadrupèdes.

La loi de 1891, modifiée par le *Gould Bill* de 1892, porte :

§ 1ᵉʳ. Il est défendu à toute personne de poursuivre, tuer, chasser ou prendre vivant, le daim sauvage dans aucune partie de l'État, si ce n'est du 15 août au 1ᵉʳ novembre de chaque année ; et, pendant cette période, chaque chasseur ne peut tuer ou prendre vivants que trois daims (restriction qui a été modifiée par le *Gould Bill de* 1892, lequel ne permet de tuer que deux daims par saison).

Il est défendu à toute personne, corporation, association ou compagnie, d'avoir en sa possession, de vendre ou d'exposer en vente, dans cet État, après qu'il a été tué, un daim ou de la venaison, sinon du 15 août au 15 novembre.

On ne peut tuer en aucun temps les faons et avoir en sa possession soit le corps, soit la peau de cet animal.

Il est défendu de se servir de pièges, de fusils à ressort, ou de tous autres engins, pour prendre ou tuer les daims sauvages. Il est aussi défendu, dans le même but, de se servir d'amorces saupoudrées de sel ou de tous autres appâts.

On ne peut légalement chasser ou poursuivre le daim avec des chiens, si ce n'est du 1ᵉʳ septembre au 20 octobre de chaque année. Exception est faite pour les comtés de Queen et de Suffolk, où l'on peut chasser légalement pendant les dix premiers jours d'octobre si ce n'est le dimanche.

En aucun temps il n'est permis de chasser le daim, avec des chiens, dans les États du Saint-Lawrence et du Delaware.

Aucune personne, aucun voiturier public, aucune corporation ou association, ou toute autre compagnie, ne peut en aucun temps voiturer ou transporter dans l'État, ou avoir en sa possession pour le transporter un daim ou de la venaison pris ramassé ou tué dans les comtés de l'État, ou dans un autre État, si ce n'est dans les comtés de Queen et de Suffolk. Ce gibier ne peut être non plus transporté dans un autre État, à moins qu'il ne soit accompagné par le propriétaire qui aura à prouver qu'il a été tué en temps voulu. Ces défenses ne s'appliquent pas à la tête ni aux pieds de l'animal séparés du corps.

Quiconque viole ces dispositions est passible d'une amende de 100 dollars pour chaque daim ou faon, pris, chassé ou tué, et pour chaque corps ou morceau transporté ou possédé en violation de cette loi. Il est de même pour chaque fusil à ressort, pour chaque peau de daim ou de faon, ou de gibier possédé.

§ 2. Nul ne peut, en aucun temps et en aucun lieu de l'État, prendre et chasser avec des chiens, ou tuer un élan, le vendre, l'exposer en vente, ou l'avoir en sa possession après le temps où il peut être pris ou tué, sans être condamné à une amende de 50 dollars pour chaque contravention.

§ 3. Nul ne peut poursuivre, tuer ou prendre vivant, un daim sauvage, soit par le procédé dit « crusting » ou en entrant dans un endroit où cet animal est gardé, avec l'intention de le tuer ou de le prendre vivant, sans être condamné à une amende de 100 dollars par animal tué ou pris.

§ 4. Nul ne peut tuer, exposer en vente ou avoir en sa possession, en dehors du temps où il est permis de le tuer, un canard sauvage, ou une oie sauvage, si ce n'est du 1er mai au 1er septembre. Exception est faite pour *Long-Island*, où ces oiseaux ne peuvent être tués entre le 1er mai et le 1er octobre, sans encourir une amende de 25 dollars pour chaque canard, oie ou autre oiseau sauvage tué ou trouvé en la possesison de quiconque.

Celui qui, pendant ce temps, tue un de ces oiseaux entre le coucher du soleil et le jour, le poursuit ou le tire à l'aide d'une lumière ou d'une lanterne, est puni d'une amende de 50 dollars, pour chaque contravention.

§ 5. Il est défendu, en tout temps, de tuer le canard sauvage, l'oie sauvage ou les oiseaux sauvages, avec aucun stratagème ou instrument autre que le fusil de longueur ordinaire qui fait feu à l'épaule. Il est défendu de se servir d'aucun filet, artifice, instrument, sans s'exposer à une amende de 50 dollars.

§ 6. Il est défendu de se servir de batterie flottante ou de toute machine de ce genre, ayant pour but de dissimuler le tir, ainsi que de cage, hutte de branches, sous peine de 50 dollars d'amende.

§ 7. Il est défendu de poursuivre le canard sauvage, l'oie ou tout autre oiseau sauvage, avec un bateau à voile ou à vapeur, ou tout bâtiment de ce genre, dans les eaux de l'Etat, excepté dans *Long-Island*, dans les baies de *Gardiner* et de *Peconic*, dans la rivière d'*Hudson* au-dessous de *Sone-Island*, dans *l'Ontario*, sous peine de 10 dollars d'amende.

§ 8. Personne ne peut tuer, exposer en vente, ou avoir en sa possession après l'avoir tuée, une caille, entre le 1er janvier et le 1er novembre (1), un lièvre ou un lapin, entre le 1er février et le 1er novembre; on ne peut, en aucun temps, prendre les animaux avec des furets. Toutefois, les propriétaires et les détenteurs de vergers et pépinières, dans tout l'Etat, peuvent prendre au piège et chasser les lièvres et les lapins avec des furets et autrement, dans les limites de leurs champs et forêts joignant leurs vergers et leurs pépinières; il ne sont pas inquiétés pour la possession de ces animaux pris ou tués dans ces limites.

§ 9. Personne ne peut tuer, exposer en vente ou posséder après l'avoir tué, un écureuil noir ou gris, entre le 1er février et le 1er août.

---

1) § 36. — Personne ne peut vendre ou avoir en sa possession un lièvre, un lapin, une bécasse, une perdrix, une poule de prairie, un écureuil gris ou noir, pendant le mois de décembre; une caille, du 1er janvier au 1er février, et aucune venaison fraîche du 15 novembre au 15 décembre.

§ 10. Personne ne peut tuer ou exposer en vente après l'avoir tué, le *ruffed grouse*, appelé communément perdrix, ou une poule de prairie, *pinnated grouse*, ou une bécasse, entre le 1ᵉʳ janvier et le 1ᵉʳ septembre, excepté dans le cas prévu par le chapitre 90 de la loi de 1890, qui défend d'avoir en sa possession aucun oiseau sauvage tué dans les forêts réservées, et de le transporter, à moins que l'animal ne soit accompagné du propriétaire.

Quiconque viole les dispositions des sections 8, 9, 10, est puni d'une amende de 25 dollars pour chaque animal tué ou trouvé en sa possession.

§ 11. Nul ne peut en aucun temps, et en aucun endroit de l'État, prendre ou tuer des perdrix, des poules de prairie, des grouses, des perdrix du Canada, des cailles avec des filets, des pièges ou des trappes, ou dresser des engins à cet effet.

On ne peut vendre ou avoir en sa possession ces oiseaux tués ou pris, sans être condamné à une amende de 10 dollars pour chaque oiseau pris, tué ou possédé.

Le moineau d'Angleterre ou d'Europe n'est pas compris dans les oiseaux protégés par la loi de 1886.

La corneille, la poule-faucon, le chat-huant, le merle ne sont pas protégés.

Il est permis de tirer le rouge-gorge et le merle, dans Long-Island et Staten-Island, du 1ᵉʳ novembre au 1ᵉʳ janvier. (Ch. 641, loi de 1887.)

§ 15. Personne ne peut volontairement détruire ou prendre les nids d'aucun oiseau sauvage, si ce n'est ceux des corneilles, des faucons, des merles, des chats-huants. Il est seulement permis de s'opposer aux dégradations que ces oiseaux peuvent faire dans les maisons.

La pénalité pour la violation de cette prescription est de 5 dollars par délit.

§ 16. Quiconque aura violé le droit de propriété (*trespass*) sur une terre entourée ou cultivée, se proposant d'y chasser ou d'y prendre quelque gibier protégé par cette loi, est passible à l'égard du propriétaire ou de l'occupant, en dehors des dommages dus, d'une amende qui n'excédera pas 25 dollars et ne sera pas inférieure à 15 dollars.

Gould Bill de 1892. — Cette loi de 1891 a été modifiée par le *Gould Bill de* 1892. Les plus importantes sections de cet *Act* sont les suivantes :

On ne peut prendre, chasser, tirer ou tuer le daim sauvage entre le 1ᵉʳ jour de novembre et le 15 août de l'année suivante. Et personne ne peut tuer ou prendre vivants, plus de deux daims par saison. (S. 40.)

Le daim sauvage et le gibier ne peuvent se trouver en la possession de quiconque ou vendus entre le quinzième jour de novembre et le quinzième jour du mois d'août suivant. La possession de ce gibier, entre le premier jour de novembre et le quinzième du même mois est défendue et sera regardée comme une violation de la loi, à moins qu'il ne soit prouvé par le possesseur ou le vendeur de ce daim ou de cette venaison, qu'ils ont été tués dans la période permise pour tuer ou chasser dans l'État. (S. 41.)

On ne peut prendre ou tuer les faons, en aucun temps, ni posséder, à aucune époque de l'année, une portion de ces animaux. La possession d'un faon ou d'une portion de cet animal, est la preuve de la violation de cette défense. (S. 42.)

Il est défendu d'employer et de tendre des pièges, y compris les appâts salés, pour prendre ou attirer le daim; cet animal ne peut être pris, chassé ou tué par ces moyens, que pour l'usage personnel. (S. 43.)

On ne peut chasser le daim avec des chiens entre le onzième jour d'octobre et de dixième jour de septembre de l'année suivante. Le propriétaire ou celui qui habite ordinairement le domaine, ne peut, entre ces dates, chasser le daim dans les forêts où cet animal se trouve, avec les chiens employés ordinairement à cette chasse. On ne peut chasser le daim avec des chiens dans les comtés du *Saint-Lawrence*, du *Delaware*, de *Green*, d'*Ulster*, en aucun temps; dans le comté de *Sullivan*, entre le 1er décembre et le 1er octobre de l'année suivante. (S. 44.)

Les chiens qui chassent le daim, en violation de la loi, peuvent être tués par toute personne. (S. 45.)

On ne peut transporter le daim ou autre gibier dans l'État ou dans les autres comtés. Le corps ou partie de l'animal ne peut être transporté par le comté où il a été tué, à moins d'être accompagné par le propriétaire. La possession d'un daim ou de venaison par un voiturier public, non accompagné par le propriétaire, est une violation de la loi. Toutefois, cet article ne s'applique ni à la tête, ni aux pieds, ni à la peau du daim séparés du corps. (S. 46.)

Le daim ne peut être tué, poursuivi ou pris vivant, soit par le moyen appelé « crusting », soit en entrant dans l'endroit où cet animal est gardé. (S. 47.)

Les lièvres et les lapins ne peuvent être chassés, pris, tués ou possédés entre le 1er janvier et le 1er septembre. Ces animaux ne peuvent être pris au moyen de pièges, si ce n'est dans les cas prévus par la section 169, pour Long-Island, qui porte que les lièvres et les lapins ne peuvent être chassés, pris, tués ou possédés entre le 10 janvier et le 10 novembre. (S. 49.)

Les écureuils noirs et gris ne peuvent être pris, chassés ou tués, ni même possédés après qu'ils ont été tués, entre le 1er janvier et le 1er septembre. La section 171 porte entre le 10 janvier et le 10 novembre, pour Long-Island. (S. 50.)

Les palmipèdes, l'oie sauvage exceptée, ne peuvent être poursuivis pris, tués, possédés ou vendus, entre le 1er mars et le 1er septembre, et ils ne peuvent être poursuivis, pris ou tués, entre le coucher du soleil et son lever. (S. 70.)

Les palmipèdes ou oiseaux sauvages, ne peuvent être poursuivis, tirés, chassés ou tués, si ce n'est au moyen du fusil ou arme à feu se portant à l'épaule sans autre support. On ne peut, comme bateau, employer que celui qui est mis en mouvement avec la main. (S. 71.)

La section 162 défend de se servir pour cette chasse de hutte de branches à une distance moindre de 50 pieds du rivage, de la crue naturelle de l'herbe ou du flot; tout animal pris ou tué, en dehors de ces défenses, ne peut être apporté au rivage, vendu ou possédé. L'emploi des filets et bourses est défendu dans Long-Island, entre le comté de Westchester et Long-Island.

La caille ne peut être poursuivie, tirée, chassée ou tuée entre le 1er janvier et le 1er novembre. (S. 72.)

La caille ne peut être vendue ou possédée entre le 1er janvier et le 1er novembre; sa possession, pendant le temps défendu, est regardée comme une violation de la loi, à moins que le possesseur ne prouve qu'il a tué cette caille pendant le temps permis, soit dans l'État, soit en dehors de l'État. (S. 73.)

La bécasse et le grouse, communément appelé perdrix, ou tout autre animal de la famille du grouse, ne peuvent être poursuivis, pris, chassés ou tués, entre le 1er janvier et le 1er septembre. (S. 74.) La section 149 ouvre la saison pour tuer la bécasse dans les provinces de Lewis, Warren, Fulton, Hamilton, Saragato, le 14 août.

Les animaux ci-dessus dénommés ne peuvent être vendus ou possédés, entre le 1er janvier et le 1er septembre. Leur possession ou la vente entre le 1er janvier et le 1er février est défendue et regardée comme une violation de la loi, à moins qu'il ne soit prouvé par le possesseur que l'oiseau a été tué dans l'État pendant la période permise. (S. 75.)

Les animaux ci-dessus mentionnés, ainsi que la caille, ne peuvent, dans l'État, être transportés d'aucun point dans l'intérieur, ou de toute autre contrée, ni être possédés, à moins qu'ils ne soient transportés par le propriétaire dans le comté où ils ont été tués.

La possession de ces oiseaux pour celui qui les transporte, sans être accompagné du propriétaire, constitue une violation de la loi, à moins qu'il ne puisse prouver qu'ils ont été tués en dehors de l'État. (S. 76.)

La bécassine, le pluvier, le mudhen, le gallinule, la grèbe, le héron, l'oiseau de mer, le courlis, la poule d'eau, la bécassine de mer, ou les oiseaux du bord de la mer, ne peuvent être poursuivis, pris, chassés, tués, ni possédés, entre le 1er janvier et le 1er septembre. (S. 77.)

Le rouge-gorge, le merle, l'alouette de prairie, ne peuvent être poursuivis, pris, chassés, tués ni possédés, entre le 1er janvier et le 1er novembre. (S. 79.)

Le grouse doré, appelé communément perdrix, ou tout membre de cette famille du grouse ou de la caille, ne peuvent être pris au moyen de pièges, filets ou collets. Personne ne peut posséder un de ces oiseaux pris ainsi.

Tout piège, filet, collet, est considéré comme un dommage public et peut être détruit sommairement par quiconque. (S. 81.)

Les non-résidents payent un droit de licence de 10 dollars, pour chasser au fusil, dans la province de Richemont. (S. 139.)

Les pénalités imposées par la loi sont poursuivies et recouvrées au nom du peuple de l'État de New-York (S. 230), sur l'ordre du chef-protecteur de la direction. (S. 231.) Le procès peut être porté dans tout comté où la pénalité a été encourue dans tout comté limitrophe, ou dans le comté où le défendeur réside. (S. 232.)

Toute personne ayant fourni caution pour les frais, à moins que ce ne soit le propriétaire ou le fermier des terres sur lesquelles la peine réclamée a été encourue, et toute société ou corporation peut recouvrer, en son nom, les pénalités prononcées par l'*Act*. (S. 236.)

Tout conservateur ou officier de paix peut, en dehors de son mandat, arrêter toute personne qui commet une violation de la loi en sa présence, même si la violation a eu lieu de bonne foi, et mener le délinquant devant la justice de paix ou de police, ou devant tout autre magistrat ayant juridiction. Le magistrat devra écouter la plainte sans délai, l'examiner, la juger et rendre un jugement portant les allégations et les preuves.

Tout conservateur ou officier de paix peut faire ouvrir les caisses, caissons, boîtes, paniers, qui se trouvent en possession de toute personne et en examiner le contenu. Ils peuvent de même entrer dans tout esquif, bateau ou vaisseau, et rechercher partout s'il y a fraude à la loi. (S. 243.)

On ne peut être excusé pour fournir son témoignage dans une action civile ou criminelle, dans les poursuites ou procès, à moins d'autorisation spéciale portée dans la loi. (S. 248.)

Dans les comtés, une somme n'excédant pas 1.000 dollars par an peut être prélevée comme taxe pour aider à l'exécution des dispositions, de cette loi. (S. 274.)

— *Époques pendant lesquelles la chasse est fermée d'après le Gould Bill de* 1892. — Cette loi nouvelle apportant des modifications dans les dates fixées antérieurement dans l'État de New-York et dans celui de Long-Island, la première ligne donne la date de la loi de 1891, et la seconde celle du *Gould Bill*.

	LOI DE L'ÉTAT.	LONG-ISLAND.
Daim............	Du 1ᵉʳ novembre au 15 août.	Du 1ᵉʳ novembre au 15 août.
	Du 1ᵉʳ novembre au 15 août.	Du 17 novem. au 10 novembre.
Chien courant....	Du 30 octobre au 1ᵉʳ septembre.	Du 10 octobre au 1ᵉʳ octobre.
	Du 11 octobre au 10 septembre.	Du 17 novem. au 10 novembre.
Oiseaux sauvages.	Du 1ᵉʳ mai au 1ᵉʳ septembre.	Du 1ᵉʳ mai au 1ᵉʳ octobre.
	Du 1ᵉʳ mars au 1ᵉʳ septembre.	Du 1ᵉʳ mai au 1ᵉʳ octobre.
Caille............	Du 1ᵉʳ janvier au 1ᵉʳ novembre.	Du 1ᵉʳ janvier au 1ᵉʳ novembre.
	Du 1ᵉʳ janvier au 1ᵉʳ novembre.	Du 1ᵉʳ janvier au 1ᵉʳ novembre.
Grouse............	Du 1ᵉʳ janvier au 1ᵉʳ septembre.	Du 1ᵉʳ janvier au 1ᵉʳ novembre.
	Du 1ᵉʳ janvier au 1ᵉʳ septembre.	Du 10 janvier au 10 novembre.
Bécasse..........	Du 1ᵉʳ janvier au 1ᵉʳ septembre.	Du 1ᵉʳ janvier au 1ᵉʳ septembre.
	Du 1ᵉʳ janvier au 1ᵉʳ septembre.	Du 10 janvier au 10 novembre.
Décassine		Du 1ᵉʳ janvier au 10 juillet.
	Du 1ᵉʳ janvier au 10 septembre.	Du 1ᵉʳ janvier au 1ᵉʳ juillet.
Rouge-gorge......	En tout temps.	Du 1ᵉʳ janvier au 1ᵉʳ novembre.
	En tout temps.	En tout temps.
Lièvres..........	Du 1ᵉʳ février au 1ᵉʳ novembre.	Du 1ᵉʳ février au 1ᵉʳ novembre.
	Non protégé.	Du 10 janvier au 10 novembre.
Écureuils.........	Du 1ᵉʳ février au 1ᵉʳ août.	Du 1ᵉʳ février au 1ᵉʳ août.
	Du 1ᵉʳ janvier au 1ᵉʳ septembre.	Du 10 janvier au 10 novembre.

Il faut remarquer que la loi allouait trois daims par chasseur, à chaque saison, et que le *Gould Bill* n'en accorde plus que deux. La loi défendait les furets pour chasser le lapin; le Bill ne fait pas mention de cette défense.

LOUISIANE (AMÉRIQUE DU NORD) (1).

La chasse est régie dans la Louisiane par une loi de 1877 (*Act* n° 60) qui a été modifiée de la manière suivante par une loi de 1882 (*Act* n° 70).

§ 1ᵉʳ. Il est défendu, dans cet État, de prendre, tuer ou poursuivre dans cette intention, ou d'avoir en sa possession, après que l'animal a été capturé ou tué, un daim, une daine ou un faon, entre le 1ᵉʳ mars et le 1ᵉʳ octobre de chaque année, sous peine d'une amende qui ne peut être inférieure à 25 *dollars* et supérieure à 50 *dollars*.

§ 2. Un dindon sauvage, entre le 15 avril et le 1ᵉʳ octobre de chaque année, sous peine d'une amende qui ne peut être inférieure à 10 *dollars* ni de plus de 25 *dollars*.

§ 3. Une caille, une perdrix ou un faisan, entre le 1ᵉʳ avril et

(1) *Annuaire de Législation étrangère*, année 1883, t. XII.

le 1ᵉʳ octobre de chaque année, sous peine d'une amende de 10 *dollars* à 25 *dollars*, pour chaque contravention.

Les dates ci-dessus peuvent être modifiées par les juges des tribunaux de police dans leurs paroisses respectives; mais à défaut de ces règlements, ces dates seront maintenues.

§ 4. Il est aussi défendu de prendre, tuer ou avoir en sa possession, après qu'il a été pris ou tué, un whippoorwill, un moineau, un pinson, un loriot, un oiseau-bleu, une hirondelle, une huette, ou un merle, à moins que ces oiseaux ne nuisent aux fruits et aux grains.

§ 5. Il est défendu d'enlever et de détruire les nids des oiseaux sauvages, excepté ceux des oiseaux de proie et ceux des oiseaux nuisibles au gibier et aux oiseaux insectivores.

§ 6. Il est défendu de prendre au piège ou avec des filets, et d'avoir en sa possession, à quelque époque que ce soit, un oiseau de chant et surtout l'oiseau moqueur, celui qui est domestiqué excepté, ou des oiseaux pris au piège ou dans des filets pour les domestiquer, à moins qu'il ne soit prouvé qu'ils sont nuisibles aux fruits et aux grains.

§ 7. La possession d'un animal ou d'un oiseau à l'époque où il est défendu de le prendre ou de le tuer, si ce n'est pour ceux domestiqués, est la preuve de « prima facie » qu'il a été illégalement pris ou tué.

§ 8. Quiconque met en vente un des animaux ou oiseaux des espèces citées ci-dessus à l'époque où il est défendu de les prendre ou tuer, sera passible d'une pénalité, d'après les dispositions ci-après visées, pour chaque animal ou oiseau exposé en vente, ceux domestiqués exceptés.

§ 9. Le fait de tuer, prendre ou posséder illégalement les animaux ou oiseaux, est considéré, pour chaque animal, comme une contravention séparée et distincte, et sera puni en conséquence. Deux ou plusieurs contraventions peuvent être jointes dans la même action et le contrevenant, qui a été reconnu coupable, sera condamné pour chaque contravention.

§ 10. Personne ne peut prendre ou tuer, avec des assommoirs, pièges ou autres moyens de capture, les animaux ou les oiseaux en quelque temps que ce soit de la période interdite, mais cette disposition ne s'applique pas aux oiseaux de passage.

§ 11. Les compagnies de transport, les bateaux à vapeur, les chemins de fer ou de cammionnage, ne peuvent transporter un oiseau ou un animal, mentionné dans cette loi, pendant la période où il est défendu de le prendre ou le de tuer. Quiconque vient à enfreindre ces dispositions (§§ 4, 5, 6, 10 et 11) sera passible d'une amende qui ne peut être inférieure à 5 *dollars* ni supérieure à 25 *dollars.* A défaut de payement, un emprisonnement de 10 jours à 30 jours sera prononcé. La moitié du produit de l'amende sera attribuée au dénonciateur.

Toutes les lois contradictoires avec la présente sont annulées.

CALIFORNIE (Amérique du Nord).

Pour la Californie, un *Act* du 24 mars 1887 a modifié de la manière suivante l'*Act* intitulé : « An Act to establish a penal Code » du 14 février 1872.

§ 626. Toute personne qui, dans l'État de Californie, entre le 1er mars et le 10 septembre de chaque année, chasse, poursuit, prend, tue ou détruit une caille, une perdrix, un coq de bruyère ou un râle, commet un délit.

Toute personne qui, dans un des comtés de cet État, prend, recueille ou détruit les œufs d'une caille, d'une perdrix ou d'une poule de bruyère, commet un délit.

Toute personne qui, dans cet État, entre le 1er janvier et le 1er juin de chaque année, chasse, poursuit, prend, tue ou détruit un pigeon, commet un délit.

Toute personne qui, entre le 15 décembre de chaque année et le 1er juillet de l'année suivante, chasse, poursuit, prend, tue ou détruit un mâle d'antilope, de daim ou de bouc, commet un délit.

Toute personne, dans l'État de Californie, qui se trouve en possession de peaux de daim, d'élan, d'antilope ou de mouton de montagne, tués entre le 15 décembre et le 1er juillet, commet un délit.

Toute personne qui en tout temps, dans l'État de Californie, chassera, poursuivra, prendra, tuera ou détruira une femelle de l'antilope, un élan, un mouton de montagne, une femelle du daim (daine) commet un délit.

Toute personne qui en tout temps chassera, poursuivra, prendra, tuera ou détruira un faon (spotted fawn) commet un délit.

Toute personne qui prendra, tuera ou détruira un des animaux dénommés dans ce paragraphe en tout temps, à moins que le corps de ces animaux ne soit pour l'usage ou conservé par la personne qui l'a tué, ou qu'il n'ait été vendu pour la nourriture, commet un délit.

Toute personne qui achètera, vendra, offrira ou exposera en vente, transportera ou aura en sa possession un daim, la peau ou le cuir d'un daim dont la marque du sexe a été enlevée, ou le gibier des espèces dénommées ci-dessus à l'époque où il est illégal de le tuer conformément aux dispositions de ce paragraphe et des paragraphes suivants, commet un délit.

Les comités de surveillance des comtés de cet État sont autorisés à modifier par des ordonnances dûment arrêtées et publiées, l'ouverture et la fermeture des saisons prohibées, mentionnées dans le § 626 de cette loi, afin qu'elles soient conformes aux exigences de leurs comtés respectifs lorsqu'ils le jugeront convenable.

§ 630. Toute personne qui, dans les comtés de Santa Clara, Contra Costa, San Joaquin, Santa Cruz ou San Mateo, fait usage ou place du phosphore sur un terrain ou une terre entre le 1er mars et le 1er novembre, commet un délit.

§ 631. Toute personne qui, en tout temps, prendra dans un filet ou avec un engin de capture une caille, une perdrix ou un coq de bruyère, et toute personne qui vendra, achètera, transportera, donnera, offrira, exposera en vente ou aura en sa possession une caille, une perdrix ou un coq de bruyère attrapé, capturé ou pris au moyen de filet ou d'assommoir, commet un délit.

La possession d'une caille, d'une perdrix ou d'un coq de bruyère, lorsqu'il n'y aura pas de trace que ces animaux ont été pris par un autre moyen qu'un filet ou un assommoir, devient la preuve de « prima facie » dans l'instruction criminelle pour la contravention aux dispositions contenues dans ce paragraphe, que la personne dans la possession de laquelle a été trouvé le coq de bruyère en question, la caille, la perdrix, a pris, tué ou détruit ces animaux au moyen d'un filet ou d'un assommoir.

En dehors des peines prononcées par le Code pénal, amende et emprisonnement, tout délit qualifié de *misdemeanor* (malversation), est puni d'un emprisonnement ne pouvant excéder six mois ou d'une amende ne pouvant excéder 500 *dollars*, ou des deux peines. (Code pénal 1872, s. 19.)

Dans la législation de 1889, les conseils de l'État autorisaient l'achat dans le but de la propagation, de l'importation et de la distribution, dans les endroits les plus propices de l'État, de certains oiseaux, tels que : le dindon sauvage, la poule de prairie, la caille, le faisan, le grouse, l'alouette des champs, et autres oiseaux de chasse semblables.

Personne ne devait, avant le 1er janvier 1891, chasser, prendre, tuer ou détruire d'aucune manière ces animaux, sous peine de commettre un délit.

La prise, la destruction ou le meurtre d'un de ces oiseaux formait pour chaque animal un délit distinct.

MARYLAND.

Personne, dans l'État de Maryland, ne peut en aucun temps tirer sur une troupe d'oiseaux aquatiques qui se nourrissent ou se reposent à terre, de dessus un bateau, une barque, ou quelque chose flottant sur l'eau, ou en se servant d'un leurre quelconque, à une distance moindre de cent yards du bord.

Personne ne peut poursuivre, prendre, chasser, tuer ou avoir en sa possession une perdrix, entre le 23 décembre et le 1er novembre ; une bécasse, entre le 1er février et le 15 juin ; un faisan, entre le 1er janvier et le 15 août ; un lapin, entre le 15 janvier et le 15 octobre, sous peine d'une amende de $ 10 par chaque oiseau ou lapin, pris, chassé, tué ou possédé.

Il est défendu en tout temps de prendre, posséder ou de détruire les nids et couvées.

Il est défendu de chasser sur les propriétés des autres sans avoir une permission du propriétaire, sous peine d'une amende de $ 5 payés à la partie lésée.

Les dates de protection varient suivant les comtés :

Dans certains, des licences sont exigées des non-résidants pour pouvoir chasser. Dans presque tous, les oiseaux insectivores sont protégés, ainsi que leurs nids et leurs couvées. — La vente et l'exportation hors de l'État sont défendues dans certains États. — Les filets, trappes et pièges sont prohibés dans certains endroits pour la prise du faisan, de la perdrix, de l'écureuil, de la bécasse. Presque partout, on regarde comme *trespass* (délit) de chasser avec des chiens et des fusils sur la propriété privée.

Il est défendu dans le Maryland de détruire, en aucun temps, les nids et couvées des oiseaux protégés.

La loi de 1890 qui régit la chasse dans le Maryland et le code dit *Public general Law* ont été modifiés pour certains comtés.

La seule modification apportée à l'*Act* du comté d'Anne Arundel porte sur la défense de prendre ou de tirer le coq des bois du 1er septembre au 1er novembre, et du 21 décembre au 15 juin.

L'*Act* du comté de Dorchester a été modifié de manière à prohiber la prise, la battue ou la destruction de la perdrix du 1er février au 1er novembre de chaque année. Il est permis aux citoyens de l'île de Cooper, dans le comté de Dorchester, de tirer, pour leur usage propre, sur les oiseaux sauvages, en se servant d'un bateau dans les eaux qui environnent cette île, mais à la distance d'une lieue de la terre. Le fait de tuer, en bateau, des oiseaux sauvages à moins de deux lieues de la terre de Lower Hopper Island Ferry, est puni d'une amende de $ 10 (53 f. 50) et de la confiscation du bateau, pour la première contravention; chaque nouvelle contravention est punie d'une amende de $ 20 et de la confiscation du bateau, conformément au chapitre 140 de la loi de 1890. Toutefois les citoyens ou résidants du creek (anse) Parson, du creek Church et des districts de Neck, dans le comté de Dorchester, peuvent être autorisés à chasser les oiseaux sauvages avec des bateaux portant une lumière, pendant la nuit, dans la rivière de Little Choptank ; ceux qui chassent sans autorisation seront passibles d'une amende de $ 20 et de la confiscation de tous les engins employés pour cette chasse. La moitié du produit de l'amende et de la confiscation sera attribuée au dénonciateur.

Les dispositions contenues dans l'article 98 du code de la loi publique générale (Public general Law), sous le titre « des oiseaux sauvages » ne peuvent empêcher un citoyen quelconque du Dorchester, ou celui qui est autorisé par un citoyen dudit comté, de jouir du privilège de tirer les oiseaux d'eau sauvages, en bateau, dans la rivière de Choptank ou ses affluents, dans ledit comté, à n'importe quelle heure, dès le point du jour jusqu'à la nuit, les mardis, jeudis et samedis.

Il est défendu de capturer des oiseaux sauvages ou tout autre gibier sur les étangs ou mares appartenant à un citoyen du Dorchester, sans l'autorisation du propriétaire, sous peine d'une amende de $ 1 au moins et de $ 5 au plus; mais il faut que l'avis de cette défense soit placardé dans deux endroits en vue près de l'eau.

Dans le comté de Montgomery, la partie de l'*Act* relative à la chasse du lapin a été modifiée comme suit : Personne ne peut tirer le lapin entre le 15 décembre et le 1er novembre, mais il est permis de les capturer et de le chasser à courre du 15 octobre au 15 janvier.

La loi du comté de Frederick a été modifiée en ce sens qu'il est défendu de prendre, capturer ou tirer le faisan, la perdrix ou le lapin entre le 1er février et le 1er novembre ; le renard ou l'écureuil gris entre le 20 décembre et le 15 août.

Dans le comté du prince Georges, la clause concernant la chasse du coq des bois a été modifiée et défend de tirer ce gibier, de le capturer ou de le tuer entre le 1er septembre et le 1er novembre, et entre le 24 décembre et le 15 juin suivant.

Dans le comté de Somerset, il est défendu de prendre, tuer ou détruire la perdrix (caille), le lapin et le musc, entre le 1er mars et le 1er novembre; le canard sauvage, entre le 1er avril et le

1er octobre ; l'oie sauvage, entre le 1er avril et le 1er novembre.

Dans le comté de Washington, il est défendu de se servir de grains ou de toute autre espèce de nourriture dans le but d'attirer les dindons sauvages et de dresser des embûches ou embuscades pour les détruire.

Il est défendu de se servir de furets pour chasser ou prendre les lapins en tout temps. Il est aussi défendu dans les districts n°s 8 et 11 dudit comté, de capturer ou prendre le lapin au moyen de pièges ou trous.

Dans le comté de Harford, il est défendu de capturer ou tuer la perdrix ou le lapin, entre le 1er janvier et le mercredi qui suit le premier lundi de novembre.

Les eaux de la baie de Nickerson et de l'anse de Reed, dans le comté de Talbot, affluents de la rivière de Choptank, sont affranchies des dispositions de la section II de l'article 98 du code de la loi publique générale (Public general Laws) relatives aux oiseaux sauvages.

Il est défendu de placer des amorces dans lesdites eaux, du crépuscule du soir au crépuscule du matin, sous peine de $ 10 d'amende pour chaque contravention, et de l'emprisonnement de 10 jours faute de payement.

Dans le comté de Worcester, la loi concernant les oiseaux sauvages a été modifiée. Par suite, toute personne qui n'est pas domiciliée dans l'État de Maryland, ne peut exercer la chasse des oiseaux sauvages dans ce comté, à moins d'en avoir obtenu la permission du greffier du tribunal du ressort de ce comté.

Le droit de permis coûte $ 10 et le permis est valable pour un an, à compter de la date de la délivrance.

Celui qui n'est pas domicilié dans l'État de Maryland et qui chasse sans permis est passible d'une amende d'au moins $ 25, mais qui ne peut dépasser $ 50, dont la moitié est attribuée au dénonciateur.

Dans l'État d'*Alabama*, on trouve des lois de 1879, 1885, 1889 fixant les dates pendant lesquelles certains animaux peuvent être chassés, dates qui varient du reste chaque année et suivant les États. Ces lois protègent les nids de certains oiseaux et traitent de la vente et du colportage du gibier.

Dans l'*Arkansas*, en dehors des dates qui fixent les époques de chasse pour chaque gibier, une loi de 1889 défend l'exportation de tout gibier pendant six ans, sous peine de $ 25 d'amende au moins et de 50 au plus.

Dans l'*Alaska*, une loi de 1868 interdit à toute personne non munie d'une autorisation du gouvernement, de tuer aucun animal à fourrure sur les terres ou dans les eaux du territoire, le monopole de l'exploitation des fourrures étant, sous certaines conditions, affermé à une compagnie. La surveillance est difficile et les parages des îles de la mer de Behring que fréquentent les animaux à fourrures, attirent chaque année nombre de navires américains ou étrangers. Pour mettre un terme à la destruction qui menace d'anéantir certaines races d'animaux, l'administration a essayé de faire prévaloir une doctrine qu'elle n'avait pas encore soutenue, à savoir que la mer de Behring serait une mer intérieure (mare clausum) dont une moitié serait, depuis la cession par la Russie, soumise à la juridiction des États-Unis. En conséquence, en 1886, plusieurs navires anglais ou canadiens ont été saisis, quoiqu'ils eussent été trouvés à plus de trois milles des côtes et amenés à Sitka, où la cour a prononcé une amende et la confiscation des navires et des fourrures. Le gouvernement anglais a réclamé la mise en liberté des individus arrêtés et une indemnité de $ 160,000.

En 1887, le gouvernement fédéral a ordonné la mise en liberté sans condition et la restitution des navires et des marchandises; mais les instructions données aux agents de surveillance n'ont pas été retranchées et de nouvelles saisies ont été opérées au cours de l'été de 1887, à des distances de 30 à 70 milles des côtes (1).

Dans la *Caroline du Nord*, il est défendu sous peine d'une amende de $ 10 par chaque contravention, de chasser avec fusil et chiens sur les terres d'autrui, sans la permission du propriétaire; l'amende est payée à son profit, mais il faut qu'il ait fait connaître qu'il défendait la chasse sur ses terres.

La chasse du daim, avec fusil et chiens, était défendue entre le 15 février et le 15 août, par la loi de 1878; une loi de 1885 est venue défendre cette chasse complètement jusqu'en 1891. La loi de 1880 défend de chasser et tuer les oiseaux sauvages dans certains comtés le dimanche, et de chasser ou tuer les animaux les autres jours, entre le coucher et le lever du soleil; elle prohibe les armes à feu qui ne se tirent pas appuyées à l'épaule et l'emploi des feux.

Il est défendu, dans certains comtés, à ceux qui ne résident pas dans l'État, de se servir ou de construire des huttes et autres engins de chasse contre les oiseaux sauvages. Les infractions sont punies d'une amende de $ 100 au maximum ou de 30 jours de prison.

Dans certains comtés, une loi de 1873 défend l'exportation des perdrix et des cailles sous peine de $ 50 d'amende. Il est

---

(1) *Annuaire de Législation étrangère*, V. 17, année 1888.

défendu de prendre ou de détruire les nids des perdrix et des oies sauvages, sous peine de $ 50 d'amende ou d'un emprisonnement de 30 jours au plus.

Dans la *Caroline du Sud*, une loi de 1879 fixe les dates de chasse pour chaque gibier et défend à tout non résidant de chasser dans les limites de l'État. L'infraction est punie d'une amende de $ 100 à 200 ou d'un emprisonnement n'excédant pas un mois pour chaque délit.

— Dans le *District de Colombie*, on trouve des dates fixées pour la chasse de chaque gibier : perdrix, caille, faisan, ruffed-grouse, bécasse, poule de prairie, pinnated-grouse, bécassine, pluvier, oiseau de roseau, ortolan. — La loi protège les oiseaux insectivores, leurs nids et leurs couvées. Les filets, les pièges et les trappes sont défendus ; on ne peut chasser la nuit.

— Dans le *Colorado*, des dates sont fixées pour la chasse de chaque oiseau ; les pièges et les filets sont défendus dans certains cas.

Le bison, le buffle, le bouc et le mouton sauvages avaient été protégés par une loi jusqu'en 1889 : certains animaux à fourrure sont souvent protégés pendant plusieurs années. Pour la chasse du daim, de l'élan et de l'antilope, il y a aussi des dates spéciales.

— Dans le *Connecticut*, il y a des dates fixes pour la chasse de chaque gibier. Les nids et couvées des bécasses, cailles, ruffed-grouse, perdrix, sont protégés. En dehors de l'amende, les délits peuvent être punis d'un emprisonnement de trente jours.

On ne peut chasser sur les terres d'autrui, sans l'autorisation du propriétaire, s'il a fait connaître son intention de ne pas laisser chasser sur ses biens.

La chasse est défendue le dimanche. Les oiseaux insectivores sont protégés. Les lois à consulter sont de 1881, 1882, 1883.

— Dans le *Dakota* (du Nord), les lois en dehors des dates fixées pour la chasse de chaque gibier, protègent les oiseaux insectivores et les oiseaux chanteurs.

Les nids et les couvées sont aussi protégés sous peine d'une amende de $ 10 pour chaque délit. L'exportation du gibier est défendue.

— Dans le *Dakota* (du Sud), des dates sont fixées pour la chasse du buffle, de l'élan, du daim, de l'antilope, de la poule de prairie, du grouse, du canard sauvage, de la bécassine, de l'oie sauvage, du pluvier, du courlis. On ne peut, en aucun temps, tuer les oiseaux chanteurs. La possession du gibier est prohibée dans le temps où la chasse est défendue. L'usage des filets, pièges, trappes, n'est pas permis. L'exportation du buffle, de l'élan, du daim, de l'antilope et du mouton de montagne, en dehors de l'État, est prohibée. En 1890, la caille a été protégée pour trois ans.

— Dans le *Delaware*, en 1891, le droit de licence pour ceux qui ne résident pas dans le pays était de $ 5 pour la première année et de $ 2 pour chaque année subséquente. La loi fixe les époques de chasse pour chaque gibier. L'exportation du gibier est restreinte. Il est défendu de chasser la nuit la perdrix, le grouse, la bécasse ou la caille, sous peine de $ 5 d'amende pour chaque oiseau tué, pris, acheté ou mis en vente. On ne peut chasser les oiseaux qu'avec le fusil se portant à l'épaule sous peine de $ 50 pour chaque délit. Les oiseaux insectivores sont protégés, ainsi que les nids et couvées. Il est défendu de chasser le dimanche avec des armes à feu ou des chiens, sous peine de 10 $ d'amende par contravention. (Loi de 1885.)

— Dans la *Floride*, des dates sont fixées pour la chasse de chaque gibier. — Les nids et couvées sont protégés. Il est défendu de chasser sur les biens d'autrui réservés, sous peine d'une amende ne pouvant excéder $ 10 ou de l'emprisonnement. Les oiseaux de mer ne peuvent être tués ou chassés en aucun temps.

— Dans la *Géorgie*, il n'y a pas de lois uniformes pour l'État; chaque comté a sa loi qui le régit et fixe les dates pour la chasse de chaque gibier. Les oiseaux insectivores, leurs nids et couvées sont partout protégés.

— Dans l'*Illinois*, en outre des dates fixées pour la chasse de chaque gibier, les oiseaux insectivores sont protégés, ainsi que leurs nids et leurs couvées. La loi protège aussi les nids et couvées des poules de prairie, du grouse, de la caille, du canard. Il est défendu, en tout temps, de se servir de filets, pièges et collets pour prendre les oiseaux sous peine de 5 à 25 $ d'amende ou d'emprisonnement n'excédant pas quinze jours. (Loi de 1889.)

— Dans l'*Indiana*, les lois fixent les dates pour la chasse de chaque gibier; elles défendent de prendre les cailles avec des filets ou des pièges n'importe en quel temps; les oiseaux insectivores sont protégés. Quiconque chasse sur les terres d'autrui avec des chiens ou avec un fusil, sans avoir obtenu le consentement du propriétaire, est passible d'une amende de $ 5 à 10. La loi s'occupe aussi du transport du gibier et punit celui qui le transporte lorsqu'il a été tué en temps non permis. (Loi de 1881.)

— Dans l'*Iowa*, en dehors des dates de chasse fixées pour chaque gibier, la loi défend de tuer, pour la vente, le pinnatedgrouse ou poule de prairie, le dindon sauvage, la caille, le faisan; elle défend de tuer plus de vingt-cinq animaux de ces espèces par jour et de les prendre au moyen de pièges, filets ou trappes. Leurs nids et couvées sont protégés. La possession du gibier en temps défendu est punie, ainsi que le colportage des animaux tués en temps prohibé. L'amende est de $ 100 à 300 ou de l'emprisonnement de trente jours; les deux peines peuvent être appliquées. Il est défendu de se servir d'armes autres que du fusil se portant à l'épaule, et d'employer des drogues ou des poisons sous peine de $ 25 d'amende. (Loi de 1884.)

— Dans le *Kansas*, les lois fixent les dates de chasse pour chaque gibier. La loi de 1889 protégeait, pour un certain temps, les oiseaux sauvages, à l'exception de l'oie sauvage, du canard, de la bécassine, du courlis, du pluvier et du héron. Il est défendu de chasser sur les terres d'autrui sans avoir la permission du propriétaire. La possession du gibier en temps prohibé est punie. Les peines sont l'amende de $ 5 à 25 par délit.

— Dans le *Kentucky*, en dehors des lois fixant les dates pour la chasse de chaque gibier, défense est faite à quiconque de chasser en dehors de sa propriété. Les nids et couvées des oiseaux sont protégés; exception est faite pour ceux qui nuisent aux récoltes. Les dates de chasse varient suivant les comtés, mais dans presque tous il est défendu de chasser sur le terrain d'autrui sans la permission du propriétaire.

— Dans le *Maine*, les lois fixent les dates pour la chasse de chaque gibier; elles défendent, en plus, au chasseur, de tuer plus d'un élan, deux caribous et trois daims par saison.

La chasse aux chiens courants est défendue; sont aussi défendus les filets, trappes, pièges pour la capture des oiseaux. Les nids et couvées sont protégés. La chasse est défendue le dimanche. L'amende ou la prison sont les peines infligées à ceux qui possèdent, vendent ou transportent du gibier pendant le temps prohibé.

— Dans le *Manitoba*, des dates spéciales de chasse sont fixées pour chaque gibier. Il est défendu de chasser le dimanche; les pièges, filets, trappes et le poison ne peuvent être employés; on ne peut chasser qu'au fusil. Les nids et couvées des oiseaux sont protégés à l'exception des nids et couvées des oiseaux de proie. Celui qui ne réside pas dans la province, ne peut y chasser sans une licence du Ministre de l'Agriculture, du prix de $ 25.

On ne peut chasser avec des chiens, des fusils, des filets ou autrement, sur les terres des autres. Les pénalités sont l'amende et, dans certains cas, la confiscation du gibier.

Les Indiens, dans la limite de leurs réserves, peuvent chasser pour leur usage personnel en tout temps, mais non pour trafiquer du gibier.

— Dans le *Massachusetts*, dans la session de la législation de 1870, on trouve plus de dix *Acts* concernant la pêche et la chasse, ayant pour but d'empêcher la destruction du gibier et du poisson et de favoriser le repeuplement des forêts et des rivières (1).

La loi de 1884 défend de chasser au fusil ou avec des pièges sur le terrain dont le propriétaire a fait savoir, par avis, qu'il défendait d'y chasser.

Le gibier reproduit et conservé par des moyens artificiels, sur une propriété, appartient à celui qui l'y a mis; mais ce gibier ne peut être vendu pendant le temps où la chasse est prohibée (2).

Les lois de 1886, 1888, 1890 et 1891 sont venues modifier les époques pendant lesquelles le gibier peut être chassé, pris ou possédé.

D'après la loi de 1891, on ne peut chasser ou tuer le coq de bruyère et la perdrix entre le 1er janvier et le 15 septembre; la caille, entre le 1er janvier et le 1er octobre; les canards et la sarcelle, entre le 15 avril et le 1er septembre, sous peine de $ 20 d'amende pour chaque oiseau tué ou pris.

L'exportation de ce gibier ne peut avoir lieu.

Le pluvier, la bécassine, le râle et les oiseaux de marais ne peuvent être tués ou chassés entre le 1er mai et le 15 juillet.

Le pigeon voyageur ou sauvage, la mouette et l'hirondelle de mer, entre le 1er mai et le 1er octobre.

En temps prohibé, on ne peut, sous peine d'amende, posséder de ce gibier. Certains oiseaux, comme le moineau anglais, le corbeau, le geai, ne sont pas protégés; les autres doivent être respectés en toutes saisons. Les œufs et les nids sont protégés, sauf ceux des oiseaux nuisant aux récoltes et au gibier. L'écureuil, le lièvre et le lapin ne peuvent être chassés entre le 1er mars et le 1er septembre. Les trappes, filets, pièges et furets sont défendus pour prendre soit les oiseaux, soit les lièvres ou le lapin. La loi défend aussi la chasse en bateau à voile ou à vapeur, la chasse au feu, et l'usage des armes à feu ne se portant pas seulement à l'épaule.

L'emploi des substances vénéneuses est interdit pour la chasse.

Quiconque, excepté le mardi, mercredi, jeudi et vendredi du mois de novembre, tue un daim si ce n'est sur ses biens, sur un étang ou à une distance de deux cents yards de cet étang, est passible d'une amende de $ 25 à 100 ou de l'emprisonnement de un à trois mois. La chasse est défendue le dimanche, sous peine d'une amende qui ne peut excéder $ 10.

---

(1) *Annuaire de Législation étrangère*, V. 7, année 1878.
(2) *Id.*, V. 14, année 1885.

Les gardiens de pêcherie surveillent aussi la chasse.

La vente, l'achat et la destruction, en temps défendu, des animaux protégés par la loi, sont punis d'une amende, à moins qu'il ne soit prouvé que ce gibier provient d'un autre État.

Le transport du gibier protégé est défendu et puni.

Les naturalistes ou leurs aides peuvent, avec un certificat délivré par le Président de la Société d'histoire naturelle de Boston, se livrer à la recherche des œufs ou à la chasse des oiseaux en toute saison, dans un but scientifique, mais avec le consentement du propriétaire.

— Dans le *Michigan*, les lois fixent les dates de chasse pour chaque gibier : on ne peut se servir de chiens. Il est défendu de tuer un daim dans l'eau ; le gibier ne peut être exporté en dehors de l'État. Les filets, pièges, trappes sont défendus. Les nids et couvées des oiseaux sauvages sont protégés ainsi que les oiseaux insectivores. Il est défendu d'avoir, de vendre ou de transporter le gibier pendant le temps prohibé.

— Dans le *Minnesota*, des dates spéciales sont fixées pour la chasse de chaque gibier. Il est défendu de chasser avec des chiens le moose, le daim, l'antilope, le chevreuil, le daim femelle et le faon ; on ne peut tirer ces animaux que pendant le mois de novembre. Les pièges, filets, trappes, sont défendus. On ne peut posséder, vendre, acheter ou transporter le gibier pendant les époques où la chasse n'est pas permise. Les nids et les couvées sont protégés.

— Dans le *Mississipi*, les dates de chasse et les lois varient suivant les contrées. Les oiseaux insectivores sont protégés. La possession du gibier, pendant le temps défendu, est punie de l'amende. Dans certains comtés, il est défendu de chasser avec un fusil, des chiens ou autrement, sur les terres d'autrui, si le propriétaire a fait savoir qu'il s'opposait à ce que l'on chasse sur ses biens.

— Dans le *Missouri*, les défenses sont les mêmes ; de plus, celui qui ne réside pas dans l'État ne peut chasser pour vendre ou transporter le gibier.

— Dans le *Montana*, en outre des dates fixées pour la chasse de chaque gibier, les lois protègent les oiseaux insectivores, leurs nids et leurs couvées. On ne peut chasser sur le terrain d'autrui, sans avoir la permission du propriétaire.

— Dans le *Nebraska*, en dehors des dates fixées pour la chasse de chaque gibier, les lois protègent les oiseaux utiles à l'agriculture. Il est défendu de chasser sur le terrain d'autrui sans la permission du propriétaire. On ne peut se servir que du fusil ordinaire pour tuer l'oie sauvage, le canard des bois, la sarcelle et autres canards sauvages. Il est défendu de détruire les nids et couvées des oiseaux, et de se servir de filets ou de trappes. On ne peut détenir, vendre ou transporter le gibier en dehors des époques où il est permis de le chasser.

— Dans le *Nevada*, on retrouve des dispositions semblables, et l'on voit que la loutre et le castor sont protégés jusqu'en 1897. (Loi de 1887.)

— Dans le *New Hampshire*, la loi de 1891 fixe les dates pour la chasse de chaque gibier : un *Act* de la législation de 1889 défendait de chasser, tuer ou détruire le daim dans les limites du comté de *Chester*, pendant dix années à partir de 1889. Les oiseaux insectivores sont protégés en toutes saisons ; il en est de même des nids et des couvées des oiseaux. On défend le poison, si ce n'est pour détruire la vermine. La chasse est défendue le dimanche.

— Dans le *New Foundland*, des dates spéciales sont fixées pour la chasse de chaque gibier. Ceux qui ne résident pas dans l'État, ne peuvent chasser le caribou s'ils ne se sont pas procuré une licence, délivrée pour la saison, moyennant $ 50. On ne peut chasser le daim qu'avec le fusil. Les nids et couvées de la perdrix et des oiseaux de cette espèce sont protégés du 12 janvier au 15 septembre. Les oiseaux importés dans la colonie, leurs nids et leurs couvées ont été protégés pendant cinq ans en 1886 : il en a été de même pour le moose ou élan.

— Dans le *New Jersey*, en outre des lois qui fixent les dates pour la chasse de chaque gibier, d'autres défendent de chasser le canard sauvage et l'oie sauvage autrement qu'avec le fusil. Les oiseaux insectivores, leurs nids et leurs couvées sont protégés en tout temps. Le pigeon sauvage est aussi protégé. Les pièges, filets et trappes sont défendus, si ce n'est dans les propriétés privées. Le poison ne peut être employé pour la chasse.

— Dans le *Nouveau Mexique*, des lois fixent les dates pour chasser l'élan, le buffle, le daim, l'antilope, le mouton de montagne, l'oie sauvage, le grouse et la caille. Il est défendu de posséder ces animaux pendant le temps où la chasse n'en est pas autorisée.

— Dans l'*Ohio*, les dates pour la chasse de chaque gibier sont fixées. Les oiseaux insectivores sont protégés ; on ne peut chasser le dimanche. Pendant le temps prohibé, on ne peut exposer en vente, transporter ou acheter du gibier ; les furets pour prendre le lapin sont défendus ; les peines sont l'amende et l'emprisonnement.

— Dans l'*Orégon*, des dates fixes existent pour la chasse de chaque gibier. Les pièges et filets sont prohibés et l'on ne peut posséder, vendre, acheter ou transporter du gibier quand la chasse est défendue. Les oiseaux provenant d'Asie ont été protégés complètement pour six ans à partir de 1885. On ne peut chasser sur le terrain d'autrui, sans la permission du propriétaire; les nids et les couvées des oiseaux sont protégés.

— Dans la *Pennsylvanie*, chaque gibier a sa date spéciale de chasse; le furet est défendu pour la chasse du lapin. L'oie sauvage ne peut être chassée qu'au fusil. Les oiseaux insectivores et chanteurs ne peuvent jamais être chassés; exception est faite en faveur des personnes se livrant à la poursuite de ces oiseaux dans un but scientifique, mais elles doivent justifier d'un permis annuel délivré par le protonotaire du comté. Les nids et couvées des oiseaux sont protégés, exception est faite pour les oiseaux de proie; les filets, trappes et pièges sont prohibés. La chasse est défendue le dimanche.

Dans cet État, une taxe sur les chiens a été établie en 1889.

— Dans le *Rhode Island*, des dates fixes sont données pour la chasse de chaque gibier. Les nids et couvées de l'oie sauvage sont protégés. Les filets, trappes et pièges sont défendus pour la chasse des oiseaux. La possession, la vente et l'achat du gibier sont prohibés pendant le temps où la chasse est fermée. L'emploi du furet est prohibé pour le lapin.

— Dans le *Tennessee*, en dehors des lois qui fixent des dates pour la chasse du gibier, différentes suivant les comtés, il est défendu de chasser le daim au feu ou au fusil pendant la nuit. Cet animal ne peut être chassé, tué ou traqué pour en tirer un gain; néanmoins, d'après la loi de 1889, tout citoyen peut chasser tuer ou prendre un daim, pour sa propre consommation du 1ᵉʳ août au 1ᵉʳ janvier. Le propriétaire, sur ses terres, peut aussi tuer un daim, des cailles et des perdrix, du 1ᵉʳ novembre au 1ᵉʳ mars. Dans certains comtés, on ne peut chasser le daim avec des chiens. Les oiseaux insectivores, leurs nids et leurs couvées sont protégés. Il est défendu à ceux qui ne résident pas dans l'État, de chasser, tuer, prendre ou transporter les oiseaux de chasse en dehors des comtés.

— Dans le *Texas*, des lois fixent les dates de chasse du daim, du dindon sauvage, du coq de bruyère, de la poule de prairie, de la caille et de la perdrix. Les oiseaux chanteurs et ceux qui ne sont pas nuisibles sont protégés. eux, leurs nids et leurs couvées, en tout temps. Certains comtés sont exempts de ces réglementations.

— Dans le *Vermont*, une loi a protégé le daim jusqu'en 1900 sous peine de $ 100 pour chaque animal tué. Pour les autres gibiers, des dates de chasse sont fixées. Les nids et les couvées des oiseaux de chasse sont protégés; il en est de même pour les petits oiseaux. L'emploi des filets, pièges et trappes est défendu Le gibier ne peut avoir pour but le profit et le trafic.

— Dans la *Virginie* (ouest), les lois sont très complètes en ce qui concerne les dates de chasse et la nomenclature des oiseaux de chasse et petits oiseaux protégés. Les filets, trappes et pièges sont défendus. L'oie sauvage ne peut être chassée par les non-résidents, sous peine de $ 100 d'amende, dont la moitié revient au dénonciateur. La loi de 1892 fixe les dates de chasse, toutefois, certains comtés sont exempts de ces prescriptions.

— Dans la *Virginie*, des dates sont fixées pour la chasse dans les montagnes du Blue-Ridge. Les oiseaux insectivores sont protégés en tout temps ainsi que leurs nids et couvées. On ne peut chasser la nuit les oiseaux d'eau sauvages. La loi protège la poule de marais, son nid et sa couvée, ainsi que le wilet et la mouette; il est défendu de posséder du gibier pendant la saison défendue.

— Dans le *Wisconsin*, les lois fixent les dates de chasse. Dans la dernière législature, défense était faite de chasser avec des chiens pendant deux ans à partir de septembre 1891. L'emploi des filets, trappes et pièges est défendu. Les nids et couvées des oiseaux de chasse sont protégés pendant toute la saison; la loi protège aussi les nids et couvées des oiseaux insectivores. — Le furet est défendu pour la chasse au lapin. Il est défendu de chasser la nuit.

— Dans le territoire d'*Arizona*, des lois fixent les dates pour la chasse de chaque gibier.

— Dans l'*Idaho*, il en est de même. Le faisan de Mongolie est protégé dans toutes les saisons. Les pièges, les filets, les trappes sont prohibés; les nids et couvées des oiseaux sont protégés. Un *Act* de la législation de 1891 avait défendu de tuer le mouton de montagne pendant six ans. L'emploi du poison est interdit.

— Dans le *Montana*, la législation avait défendu de chasser le buffle, le bison, la caille pendant dix ans à partir du mois de mars 1891. Des lois fixent les époques de chasse de chaque gibier. Les nids et les couvées des oiseaux chanteurs sont protégés; il en est de même pour les oiseaux sauvages. Il est défendu de chasser sur les terres d'autrui, si elles sont closes, sans la permission du propriétaire ou de l'occupant.

— Dans l'*Utah*, les lois fixent les époques de chasse de chaque gibier. L'élan, le daim, le bison, le mouton des montagnes ne peuvent être chassés avec des chiens. Les oiseaux insectivores sont protégés toute l'année. Il est défendu de posséder du gibier pendant que la chasse est prohibée.

— Dans le territoire de *Washington*, les lois fixent les dates où l'on peut chasser certain gibier : l'élan, le moose, le daim, le mouton de montagne, les faons et les oiseaux sauvages. Les pièges, filets et trappes sont défendus. Les nids et couvées des oiseaux de chasse et des petits oiseaux sont protégés. Il est défendu de chasser sur les terres encloses sans le consentement du propriétaire. On ne peut chasser les oiseaux sauvages qu'au fusil; les autres moyens, huttes, bateau, etc., sont prohibés.

— Dans le territoire du *Wyoming*, tous les oiseaux de chasse ainsi que les insectivores sont protégés, excepté la perdrix, le faisan, la poule de prairie, le grouse qui peuvent être chassés du 15 juillet au 1ᵉʳ novembre. Le canard sauvage peut être tué du 1ᵉʳ août au 1ᵉʳ mai. En 1892, défense a été faite de chasser, poursuivre ou tuer le daim, l'élan, le moose, le mouton de montagne, la chèvre de montagne et l'antilope. Le bison et le buffle ont été protégés pendant dix ans à partir du 15 mars 1890; il en est de même pour le castor. Ces animaux ne pouvaient antérieurement être chassés entre le 1ᵉʳ janvier et le 1ᵉʳ septembre. Ceux qui ne résident pas dans le pays ne peuvent se livrer à cette chasse. La caille avait été protégée jusqu'en 1893.

Dans l'angle nord-ouest du Wyoming, une immense réserve à gibier a été créée, et on y a rassemblé des échantillons des différentes espèces de gros gibier de l'Amérique septentrionale qu'on ne trouve plus qu'à l'état sauvage, comme le bison qui est menacé d'extinction par les chasseurs blancs et indiens. L'idée de protection du gibier est si bien admise dans ces pays, que des réserves semblables ne tarderont pas à être établies dans les Montagnes rocheuses et sur la côte de l'Océan Pacifique.

CHILI.

1. Code civil, du 1ᵉʳ janvier 1857, t. IV, de 606 à 623.

La République du Chili, comme presque toutes les républiques du sud de l'Amérique, a cherché à codifier ses lois civiles, commerciales et criminelles; mais ce n'est que dans le code civil de ce pays qui, dans son ensemble se rapproche des dispositions législatives espagnoles, que l'on trouve les principes généraux qui règlent la chasse et la pêche.

Ces principes, tirés du droit romain, sont compris dans le titre IV: *De la occupacion du Codigo civil de la Republica del Chile*, promulgué le 14 décembre 1855 et entré en vigueur le 1er janvier 1857 (articles 606 à 623).

Art. 606. — Par l'occupation, on acquière la propriété des choses qui n'appartiennent à personne, et dont l'acquisition n'est pas défendue par les lois chiliennes ou par le droit international.

Art. 607. — La chasse et la pêche sont des variétés de l'occupation, par lesquelles s'acquière la propriété des animaux sauvages.

Art. 608. — On appelle animaux féroces ou sauvages, ceux qui vivent naturellement libres et indépendants de l'homme, comme les animaux indomptés et les poissons. Les animaux domestiques sont ceux qui appartiennent à des espèces qui vivent, ordinairement, sous la dépendance de l'homme, comme les poules et les brebis; les animaux domestiqués, sont ceux qui, par l'empêchement mis à leur retour à l'état sauvage naturel, sont accoutumés à la domesticité et reconnaissent, pour ainsi dire, l'autorité de l'homme.

Lorsque ces derniers conservent l'habitude de faire retour sous la protection ou la dépendance de l'homme, comme les animaux domestiques, ils cessent de faire partie des animaux sauvages.

Art. 609. — On ne peut chasser, si ce n'est sur ses propres terres ou sur celles d'autrui, mais avec la permission du propriétaire.

Cette permission n'est pas nécessaire, si les terres ne sont pas entourées de haies ou de murs, si elles ne sont pas plantées, ou si elles ne sont pas cultivées; à moins que le propriétaire n'ait expressément défendu d'y chasser et en ait notifié la défense.

Art. 610. — Si quelqu'un chasse sur les terres d'autrui, sans la permission du propriétaire, quand il était obligé d'obtenir cette permission, le produit de la chasse appartiendra au propriétaire, qui en outre sera indemnisé de tout préjudice.

Les articles 611 à 616 sont relatifs à la pêche.

Art. 617. — Le chasseur ou le pêcheur sont considérés comme devenant maîtres de l'animal sauvage, et l'ayant fait sien, dès le moment où l'animal a été blessé grièvement, de manière qu'il ne puisse plus s'échapper facilement, à condition que le chasseur continue à le poursuivre; où dès le moment où l'animal est tombé dans les trappes ou filets, qui ont été placés et tendus, dans les endroits où il est permis de chasser ou de pêcher.

Si l'animal, dangereusement blessé, entre sur les terres d'autrui, où il est défendu de chasser sans la permission du propriétaire, ce dernier pourra s'en emparer.

Art. 618. — Il n'est pas permis au chasseur ou au pêcheur de poursuivre un animal sauvage qui est déjà poursuivi par un autre chasseur ou pêcheur; si, néanmoins, sans le consentement de ces derniers, on tue l'animal; si on s'en empare, ils pourront le réclamer comme étant à eux.

Art. 619. — Les animaux sauvages appartiennent au propriétaire de la cage, de la volière, du clapier, de la ruche, de l'étang ou de la basse-cour où ils sont renfermés; mais, dès qu'ils recouvrent leur liberté naturelle, quiconque peut s'en emparer et les faire siens, à condition que, actuellement, le maître ne les poursuive pas ou ne les ait pas perdus de vue, et que l'on ne contrevienne pas aux dispositions de l'article 609.

Art. 620. — Les abeilles qui quittent la ruche et se posent sur un arbre qui n'appartient pas au maître de cette ruche, retournent à leur état de liberté naturelle. Quiconque peut s'en emparer, ainsi que des rayons fabriqués par elles, à condition que l'on ne fasse pas cela sans permission du propriétaire, sur les terres d'autrui, sur les terres clôturées ou cultivées, ou contre la défense du propriétaire sur d'autres terres.

On ne pourra empêcher le maître de la ruche de poursuivre les abeilles fugitives sur les terres qui ne sont ni entourées ni cultivées.

Art. 621. — Les pigeons qui abandonnent un pigeonnier et se fixent dans un autre, seront regardés comme la propriété légitime du second pigeonnier; toutefois il n'est pas permis d'employer quelque procédé que ce soit pour les séduire et les attirer.

Dans ce cas, on sera obligé d'indemniser de tout préjudice et de restituer les mêmes espèces, si le propriétaire l'exige; et s'il ne l'exige pas, on devra en payer le prix.

Art. 622. — Pour le surplus, l'exercice de la chasse et de la pêche sera soumis aux ordonnances spéciales qui seront édictées sur ces matières.

On ne pourra donc chasser ni pêcher, sinon dans les lieux, aux époques, avec les armes et les moyens qui ne sont pas défendus.

RÉPUBLIQUE DE L'ÉQUATEUR.

Si la pêche est défendue aux étrangers non munis d'une permission, la chasse est libre dans la République de l'Équateur.

Dans ces contrées, il est vrai, le gibier ne se rencontrant pas en grande abondance, la passion de la chasse n'a pas occasion de s'y développer comme dans les autres pays.

C'est dans le Code civil de l'Équateur, au titre IV de l'occupation, que l'on trouve les seules prescriptions s'appliquant à la chasse.

Art. 596. — La chasse (et la pêche) sont les moyens, par l'occupation, d'acquérir et de se rendre maître des animaux sauvages.

Art. 598. — On ne peut chasser que sur les terres dont on a la propriété.

Pour chasser sur les terres d'autrui, il faut la permission de celui à qui elles appartiennent.

Cette permission n'est pas nécessaire, si ces terres ne sont ni clôturées, ni plantées, ni cultivées, à moins que le propriétaire n'ait expressément défendu d'y chasser et n'ait notifié cette prohibition.

Art. 598. — Celui qui chasse sur les terres appartenant à autrui, sans la permission du propriétaire, quand d'après la loi il était tenu d'obtenir cette autorisation, devra abandonner audit propriétaire le produit de sa chasse et l'indemniser de tout préjudice.

Art. 606. — Le chasseur (ou le pêcheur) est considéré comme devenu possesseur de l'animal sauvage et comme se l'étant approprié, à partir du moment où il l'aura blessé gravement, de manière qu'il ne puisse plus s'échapper facilement, et moyennant qu'il persiste dans sa poursuite. Il en est de même dès que l'animal est tombé dans les trappes ou filets armés et tendus par le chasseur, là où il a le droit de chasser (ou de pêcher).

Si l'animal blessé entre sur le terrain d'autrui où on ne peut le chasser sans la permission du propriétaire, ce dernier pourra se l'approprier.

Art. 607. — Il est défendu à tout chasseur (ou pêcheur) de poursuivre l'animal sauvage qui est déjà poursuivi par un autre chasseur (ou pêcheur); s'il le poursuit sans son consentement et s'en empare, l'autre chasseur (ou pêcheur) pourra le réclamer comme étant sa propriété.

Art. 611. — L'exercice de la chasse (et de la pêche) est soumis aux ordonnances spéciales édictées sur la matière.

On ne peut chasser (ni pêcher) dans les lieux, dans les saisons défendus, ni avec des armes ou des engins prohibés.

Si des ordonnances spéciales relatives à la chasse n'ont pas été rendues, les dispositions sus-mentionnées contiennent des défenses qui entraînent naturellement des répressions.

Ces répressions, on les trouve dans le Code pénal de ce pays, rendu obligatoire à la date du 1ᵉʳ décembre 1890 et qui remplace celui de 1873, l'article 117 de ce code le déclarant applicable, en principe, aux infractions prévues par les lois spéciales.

Le chapitre II, relatif aux délits, prononce l'emprisonnement de huit jours à cinq ans. Pour les contraventions, l'emprisonnement d'un jour à huit jours, et l'amende de deux décimes à huit *sucres* (1). En outre, la loi établit des peines communes aux crimes et délits qui sont le bannissement, l'interdiction de certains droits politiques et civils, l'amende supérieure à huit sucres, et des peines communes aux trois classes d'infraction, l'amende, la confiscation spéciale, la soumission à la surveillance de l'autorité.

Le chapitre III (art. 58 à 64) traite des restitutions, des dommages-intérêts à allouer, suivant les cas, aux parties lésées et du mode d'exécution de ces condamnations accessoires, contrainte par corps et saisie.

Tous les individus condamnés à raison d'une même infraction, sont solidairement tenus, en principe, des restitutions et des dommages-intérêts.

(1) *Sucre*, monnaie équivalant à la pièce de 5 francs.

Le juge peut, toutefois, faire déterminer la part que chacun d'eux sera obligé de payer (art. 64).

Le chapitre V (art. 63 à 68) traite de la récidive. On retrouve là les règles du droit français. Pour qu'il y ait récidive punissable de délit à délit, il faut que le condamné ait encouru une condamnation antérieure à la peine d'un an au moins d'emprisonnement, et qu'il ait commis le nouveau délit dans les cinq ans qui suivent le jour de sa libération ou de la prescription de la peine précédente.

D'après les articles 69 à 76 (Ch. V) les peines se cumulent en cas de plusieurs contraventions.

Les articles 77 à 81 (Ch. VI) portent que les complices sont punis d'une peine inférieure à celle que la loi prononce contre l'auteur principal.

Les articles 97 à 116 (Ch. V) traitent de la prescription de la peine et de la prescription de l'action publique.

Les articles 574 à 576 (Ch. X, sect. V) s'occupent de la destruction et de la dévastation des récoltes sur pied, plantes, greffes, semences, etc.; la section VI de la destruction des animaux (art. 577 à 581) et la section VIII de la destruction des clôtures (1).

VENEZUELA.

Code civil du 27 avril 1873.

Dans la République du Venezuela, une grande partie de la classe ouvrière vit des industries de la chasse et de la pêche.

La chasse comprend nombre d'animaux dont la chair est très estimée, parmi lesquels il faut compter la capa, la baquira, le lapin, le cerf et le cochicamo.

Ces deux industries très productives sont très utiles au pays, non seulement par leur rendement, leur qualité et valeur, mais encore en raison de leur exportation facile et des bénéfices qu'elles donnent à la consommation intérieure, surtout dans la campagne. Il n'y a pas de législation spéciale.

L'exportation de la chasse et de la pêche en 1886 a été de 235,027 kil. contre 136,457 en 1883.

---

(1) *Annuaire de la Législation étrangère*, V. 1890, p. 961.

PARAGUAY (Assomption).

Il n'y a aucune réglementation sur la chasse au Paraguay, il est seulement interdit de se livrer à cet exercice dans un certain rayon de la ville, autrement dit dans le « Municipio ».

A part cette légère restriction, on peut chasser dans toute l'étendue du Paraguay, en toute saison, tout gibier, petit ou gros, avec toutes les armes que l'on veut.

RÉPUBLIQUE DE L'URUGUAY.

Code Rural, s. VIII art. 725 à 735, T. IV.

I. Dans la République de l'Uruguay, les principes qui régissent la chasse se trouvent réunis dans le Code Rural publié en janvier 1879 (*Codigo Rural reformado de la Republica oriental del Uruguay*) et forment la section VIII (art. 725 à 735) du titre IV comme pour la province de Buenos-Ayres. Le droit de chasse dans l'Uruguay n'est pas distinct du droit de propriété, et le gibier constitue une partie accessoire du terrain : il appartient par suite au propriétaire, au fermier ou au possesseur dudit terrain.

L'autorisation du propriétaire, du fermier ou du possesseur est nécessaire pour celui qui veut chasser sur le terrain d'autrui. Le permis de chasse n'existe pas dans la république de l'Uruguay, toutefois pour chasser sur les terres fiscales ou des communes il faut une autorisation écrite des municipalités. Dans ce pays, la chasse est ouverte pour les propriétaires, fermiers ou possesseurs sur leurs terres, du mois de mars au 30 août.

La loi protège certains animaux ; ainsi, l'autruche ne peut être chassée sur les propriétés privées que du mois de mars au 30 août, mais sa destruction est défendue pendant toute l'année sur les terrains publics; les petits oiseaux ne peuvent être ni tués ni vendus pendant toute l'année.

Les lois, dans l'Uruguay, pays peuplé surtout d'émigrants français, italiens, allemands, s'éloignent du reste de celles de l'Espagne pour se rapprocher de la législation américaine et française : on en a la preuve dans les dispositions précédentes qui ne sont que le reflet de la législation argentine qui se retrouve dans toutes les branches de la législation de la république de l'Uruguay. L'étendue considérable des domaines fonciers dans ce pays et le nombre très restreint des personnes qui s'adonnent à la chasse font que les lois en cette matière sont peu compliquées; mais, à mesure que la civilisation avance et que la propriété se divise, les lois prennent forcément naissance et se multiplient. Aujourd'hui on ne rencontre encore aucune convention ou bail relatifs au droit de chasse et aucun aménagement spécial n'est pratiqué sur les propriétés foncières en vue de la chasse.

Dans la pratique même, malgré le temps de fermeture fixé par la loi, celui qui veut chasser pendant les mois prohibés en obtient facilement l'autorisation de l'administration.

Toutefois le respect de la propriété est grand et l'autorisation du propriétaire des domaines fonciers (estancias) est indispensable pour pouvoir y chasser : cela est d'autant plus de rigueur, que les animaux qui sont à l'engraissement sur ces vastes terrains étant d'une nature encore très sauvage, effrayés par les coups de fusil, et même par la vue de l'homme se refusent, quand ils sont ainsi dérangés, à prendre toute nourriture pendant le restant de la journée, ce qui porte un préjudice aux propriétaires.

Il faut certainement voir encore un effet de ce respect de la propriété dans l'article 734, qui décide que tout gibier blessé qui fuit ou tombe dans une propriété voisine appartient au propriétaire du terrain et non au chasseur, défendant ainsi le droit de suite qui, pour les raisons citées plus haut, peut porter préjudice au dit propriétaire.

Quant à la destruction des animaux sauvages, la loi n'en cite qu'une; celle des chiens sauvages, qui ne peut se faire qu'au moyen de viandes empoisonnées.

II. Les articles contenus dans le Code rural, tome IV, section VIII, sont les suivants :

ART. 725. — L'autruche, le pigeon, la perdrix, et en général tout oiseau grand ou petit, enfin le daim, la loutre, la *mulita* (jeune mule), et en général tout petit quadrupède sauvage, à condition de se trouver sur un terrain privé, constitue une partie accessoire du terrain, et appartient au propriétaire, au fermier, ou au possesseur dudit terrain.

ART. 726. — Viole la propriété privée, celui qui chasse ou fait des battues, sur une terre ne lui appartenant pas, desdits oiseaux ou quadrupèdes, sans l'autorisation préalable du propriétaire ou possesseur, ou de son maître, valet ou intendant.

ART. 727. — Celui ou ceux qui auront commis les infractions prévues dans l'article précédent seront condamnés par le juge de paix à une amende de 20 pesos (1) pour chaque infraction au bénéfice de la commune. Et si le ou les contrevenants ne peuvent payer l'amende,

(1) Le *Peso* = 100 cents = 5 fr. 32.

ils seront condamnés aux travaux publics du district pendant un mois.

Art. 728. — Si le chasseur, bien que chassant avec permission du propriétaire ou du possesseur, détruit les barrières ou cause d'autres dommages, il lui devra la réparation par lui réclamée, et si le chasseur n'accepte pas, elle sera évaluée par des experts désignés par les deux parties en cause.

Art. 729. — Les mêmes dommages et intérêts seront dus par le chasseur qui, chassant avec une arme à feu, aura par son tir, endommagé des fruits, des arbres, des semences, des animaux domestiques ou de service, d'une autre propriété enclose. En outre, si, par son tir, il blesse ou tue quelque personne, il lui sera dressé procès-verbal et il deviendra justiciable du juge de 1re instance (733).

Art. 730. — Viole la propriété publique, celui qui chasse ou fait de telles incursions sur les terres fiscales ou les *Ejidos* des communes, sans permission écrite de la municipalité, ou des commissions auxiliaires, ou à leur défaut, du juge de paix : lesdites licences ne pourront être employées qu'à chasser dans le district. Elles seront accordées pour un temps déterminé, et délivrées sur papier timbré ou ordinaire, selon qu'il aura été disposé à ce sujet dans la loi annuelle sur le timbre et les patentes.

Art. 731. — Les propriétaires ou fermiers des terres pourront librement chasser sur lesdites terres, depuis le mois de mars jusqu'au 30 août, la chasse étant prohibée pendant les autres mois de l'année.

La mise à mort de l'autruche demeure prohibée durant la même époque, et sur les terrains de propriété publique pendant toute l'année.

Art. 732. — La chasse des petits oiseaux et leur vente sont prohibées, à toute époque de l'année, sous peine de la confiscation du gibier et d'une amende qui ne peut être inférieure à 20 pesos.

Art. 733. — Est applicable aux propriétaires, fermiers, ou possesseurs de terre, la disposition contenue dans l'article 729.

Art. 734. — Toute pièce de gibier qui, blessée, s'enfuit sur le terrain d'autrui ou y tombe, n'appartient pas au chasseur qui l'a blessée, mais au propriétaire dudit terrain.

Art. 735. — La battue des chiens sauvages est prohibée, mais leur destruction peut se faire au moyen de viandes empoisonnées.

CONFÉDÉRATION ARGENTINE (amérique du sud).

(Province de Buenos-Ayres).

1° Du droit de chasse : II. Code Rural de Buenos-Ayres : 6 novembre 1865.
T. III. s. VI.

La République Argentine possède une législation très complète qui s'inspire à la fois du droit Romain et des meilleures lois européennes et américaines.

Presque toutes les provinces de la Confédération ont suivi ces progrès, mais c'est certainement Buenos-Ayres qui marche en tête, grâce à son importance et à ses relations suivies avec le nouveau et l'ancien monde; aussi voit-on certaines de ses lois reproduites presque sans changement dans d'autres provinces de la Confédération.

C'est ce qui se présente pour son Code Rural (*Codigo Rural de la provincia de Buenos-Ayres*) publié le 6 novembre 1865, en ce qui concerne les dispositions sur la chasse, dispositions que nous voyons empruntées par le Code Rural de la République de l'Uruguay, publié en 1879.

Le titre trois du Code Rural de la province de Buenos-Ayres, qui traite des dispositions communes à l'élevage du bétail et au labourage, contient, dans sa section VI, dix articles sur la chasse (259 à 268).

Dans ce pays, le droit de chasse n'est pas distinct du droit de propriété, et le gibier constitue une partie accessoire du terrain.

Il appartient, par suite, au propriétaire, au fermier ou au possesseur, à la condition que ledit gibier se trouve ou habite sur leurs propriétés privées.

L'autorisation du propriétaire, du possesseur, du maître, valet ou intendant est nécessaire pour celui qui veut chasser sur le terrain d'autrui.

Il faut un permis de la municipalité ou du tribunal de paix pour pouvoir chasser sur les terres des États de la Confédération.

La violation de la propriété privée est punie d'une amende de 500 pesos, et des travaux publics dans le district, à défaut de payement.

Les dommages causés par les chasseurs sont fixés tout spécialement par expert.

Chaque municipalité (1) et à son défaut chaque justice de paix détermine, dans l'intérêt de la conservation du gibier, les époques pendant lesquelles tel ou tel gibier peut être chassé : ces époques sont publiées à l'avance; les municipalités fixeront aussi les amendes encourues par les contrevenants

Les chiens qui se trouvent dans les champs peuvent être détruits, mais au moyen seulement de viandes empoisonnées.

Enfin le respect de la propriété est tel, que le chasseur n'a pas le droit de suivre le gibier tué ou blessé par lui et qui est tombé sur le terrain voisin, il appartient au propriétaire de ce terrain

(1) Si la chasse est permise, les municipalités font cependant payer un droit qui varie de 10 à 50 piastres selon les localités. Le gouvernement ne perçoit aucun droit. Ce que les municipalités font payer n'est pas considéré comme un droit de chasse, mais comme un droit de permis de port d'armes.

Les motifs sont certainement les mêmes que ceux que nous indiquons plus haut pour l'Uruguay.

Les règlements qui régissent la chasse dans la province de Buenos-Ayres (t. III, sect. VI), sont les suivants :

Art. 259. — L'autruche, la perdrix, le pigeon et en général tout oiseau gros ou petit, et de même le daim, la loutre et la mulita (jeune mule) et en général tout petit quadrupède sauvage, à condition de se trouver ou d'habiter sur une propriété privée, fait partie accessoire de cette propriété, et appartient au propriétaire, au fermier ou au possesseur dudit terrain.

Art. 260. — Les battues de chiens sont prohibées, mais leur destruction dans les champs peut se faire au moyen de viandes empoisonnées.

Art. 261. — Viole la propriété privée, celui qui fait des battues ou chasse sur une terre ne lui appartenant pas, lesdits oiseaux ou quadrupèdes, sans l'autorisation préalable du propriétaire, du possesseur, du maître, valet ou de l'intendant.

Art. 262. — Celui ou ceux qui auront commis les infractions prévues dans l'article précédent seront condamnés par le juge de paix à une amende de 500 pesos pour chaque infraction, au bénéfice de la commune; et si le ou les contrevenants ne peuvent payer l'amende, ils seront condamnés aux travaux publics du district, pour un temps dont la durée correspondra à l'importance de l'amende.

Art. 263. — Si le chasseur, bien que chassant avec permission du propriétaire ou du possesseur, détruit les barrières ou cause d'autres dommages, il lui devra la réparation qui lui sera réclamée; et si le chasseur n'accepte pas, elle sera évaluée par des experts qui seront désignés conformément à ce qui est établi dans l'article 159.

(Art. 159. — « Le montant de ladite indemnité, à défaut de règle-
« ment volontaire par les intéressés, sera fixé par le juge de paix après
« estimation préalable d'experts, désignés par lesdits intéressés ou
« par le juge de paix à leur défaut, lequel, en cas de désaccord, tran-
« chera le différend sans appel possible) ».

Art. 264. — Les mêmes dommages et intérêts seront dus par le chasseur qui, chassant avec une arme à feu, aura par son tir, endommagé des fruits, des arbres, des semences, des animaux domestiques ou de service, d'une autre propriété enclose. En outre, si par son tir il blesse ou tue quelque personne, il lui sera dressé procès-verbal et il deviendra justiciable des tribunaux de première instance.

Art. 265. — Viole la propriété publique, celui qui chasse ou fait de telles incursions sur les terres d'un des États de la Confédération, sans permis de la municipalité, ou à son défaut, du tribunal de paix. Les dites licences ne pourront être employées qu'à chasser dans le district; elles seront accordées pour un temps déterminé, et délivrées sur papier timbré ou ordinaire, selon qu'il aura été disposé à ce sujet par la loi annuelle du timbre.

Art. 266. — Chaque municipalité, et à son défaut chaque justice de paix, déterminera dans l'intérêt de la conservation des espèces et publiera à l'avance dans le district, les époques ou mois de l'année, pendant lesquels il sera exclusivement permis de chasser chaque espèce. Elle fixera et fera connaître également les amendes et peines qu'encourront ceux qui contreviendront au présent article et au précédent.

Art. 267. — Tout propriétaire, fermier ou possesseur de terres, peut chasser librement sur lesdites terres toutes les espèces de gibier; mais lui seront applicables les prescriptions contenues dans les articles 264 et 266.

Art. 268. — Toute pièce de gibier qui, blessée, s'enfuit sur le terrain d'autrui ou y tombe, n'appartient pas au chasseur qui l'a blessée, mais au propriétaire dudit terrain.

PERSE.

Du droit de chasse en Perse. — Lois musulmanes et codification des lois Schyites en ce qui concerne la chasse.

Du droit de chasse en Perse.

I. — La chasse, en Perse, n'est soumise à aucune réglementation; elle est libre, et l'on ne trouve aucune restriction, soit en ce qui concerne les saisons, soit en ce qui touche l'emploi des engins.

Le permis de port d'armes n'existe pas.

Au point de vue judiciaire, la Perse est régie par le Char, droit canon musulman : il n'y a donc aucun tribunal civil, aucune magistrature tenant son mandat de l'État.

Les causes civiles sont soumises aux jugements des mollas et les différends entre indigènes et étrangers se traitent par devant le Ministre des Affaires étrangères, ou le délégué de cette administration dans les provinces, et par l'intermédiaire des légations ou des consulats.

Il en est de la chasse comme de toutes les autres questions.

Pour les ordonnances qui se rattachent à la chasse, elles ont un caractère plutôt historique que pratique.

En résumé, on peut chasser en Perse, soit au tiré, soit à courre, soit au vol, et sauf l'accès de certaines parties du territoire réservées au souverain, indigènes et étrangers ne sont inquiétés en aucune façon dans leurs excursions.

Le droit canon renferme quelques prescriptions relatives à la vénerie, tant au point de vue religieux qu'à celui de la propriété, et il y a, au moins, un intérêt de curiosité à les signaler.

La Perse appartient à la secte dissidente des *Schyites*, et au rite des *Imamites*.

(1) *Aperçu de l'état actuel des législations civiles*; d'Alber, Amiaud (1884), p. 6.

II. — Les recueils de lois très complets et très étendus que possèdent les musulmans, et dont le germe seul se trouve dans le Koran, recueils dont la condensation est devenue nécessaire par suite de l'extension de l'islamisme, sont le résultat des travaux de nombre de compilateurs qui ont cherché à réunir les traditions et à rédiger des codes uniformes.

Un des interprètes les plus célèbres de la loi musulmane, le Scheikh Nedjm-ed-dîn Aboul Kâssem Djafer ebn ali Yahyá, surnommé El Mohekkik (né l'an 602 de l'Hégyre, mort en 676) qui a laissé d'immenses travaux sur la jurisprudence, la religion, la logique, la philosophie et la poésie, est aussi l'auteur d'un ouvrage contenant les ordonnances musulmanes sur les points licites et sur les points interdits.

Ce travail très important sous le titre de « *Schérâyet ol-islám fi messaîl ol-hélal vel harâm* » est la codification des lois *schyites*.

Or, ce code est celui qui est adopté et sert de règle partout où règne la loi imamite, et surtout en Perse.

Ces travaux ont été traduits en français par M. A. Querry, consul de France à Tébriz, avec un soin et un talent hors ligne.

C'est là que nous puisons les détails suivants, après avoir donné, sur la chasse en Perse, les renseignements qui précèdent et que nous devons à l'obligeance du représentant de la France, auquel nous sommes heureux d'adresser nos remerciements (1).

III. — La question religieuse dominant partout dans le droit musulman, il faut, tout d'abord, citer quelques préceptes relatifs : 1° à l'usage que l'on peut faire de la chair ; 2° à l'égorgement des animaux et 3° au rite de l'égorgement, afin de comprendre certaines prescriptions qui se trouvent dans les dispositions relatives à la chasse.

Il est interdit de faire usage de la chair de tout animal mort naturellement, sans exception (2).

L'égorgement d'un animal quelconque ne peut être pratiqué que par une personne professant l'islamisme, ou présumée professer cette religion.

Toute personne professant un culte idolâtre est incapable d'égorger un animal, et la chair d'un animal égorgé par un idolâtre est assimilée à celle d'un animal mort naturellement.

L'égorgement ne peut, en principe, être pratiqué qu'au moyen d'un instrument de fer. Cependant, dans le cas où, à défaut d'un instrument de cette matière, on pourrait craindre que l'animal

---

(1) Droit musulman. — Recueil des lois concernant les musulmans schyites, par A. Querry, consul de France à Tébriz. — Paris, 1871. Imprimé par autorisation du Gouvernement à l'Imprimerie nationale.

(2) Chap. IV. des aliments et boissons. § I, a. 41.

ne périt sans être égorgé, il est permis de se servir d'un autre outil pouvant donner le même résultat, fût-ce un roseau, un morceau de bois, un silex tranchant, ou même un morceau de terre (1).

Le rite de l'égorgement est le suivant :

Quatre parties du cou de l'animal doivent, d'obligation, être tranchées simultanément, ce sont : l'œsophage, la trachée et les deux veines jugulaires. Il ne suffit pas de trancher quelques-unes de ces parties à moins d'impossibilité absolue.

Quatre autres formalités sont indispensables à la validité de l'égorgement; ce sont les suivantes :

1° L'animal doit être placé la tête tournée dans la direction de la Mekke.

2° L'invocation du nom de Dieu doit être prononcée au moment de l'égorgement.

3° Tout animal doit être égorgé par la section de l'œsophage, au-dessous des mâchoires.

4° Pour la validité de l'égorgement, il suffit que l'animal manifeste quelques mouvements après avoir été égorgé.

Sans nous étendre davantage sur ces rites, nous donnerons :

1° ce qui a trait à la chasse dans le droit musulman schyite.

2° La législation relative aux interdictions, en ce qui concerne le gibier et la chasse, pour le musulman, pendant le pèlerinage.

IV. — Dans la quatrième partie du recueil des lois concernant les musulmans Schyites, le livre Ier, 1re section, traite *De la chasse*.

CHAPITRE PREMIER.

DES INSTRUMENTS ET DU MODE DE CHASSE LÉGAUX.

Art. 1er. — Parmi les animaux, le chien dressé est le seul qui puisse être employé à la chasse du gibier pouvant servir à l'alimentation, à l'exclusion de tout autre animal, quadrupède, bipède ou ailé.

Art. 2. — Il est interdit de faire usage de la chair du gibier pris par tout animal quadrupède autre que le chien dressé, comme l'ours, le léopard, etc., ou par tout animal ailé, tel que le faucon, l'aigle, l'épervier, etc. : que ces animaux soient dressés ou à l'état sauvage, à moins que le gibier pris ne puisse être égorgé avant sa mort.

Art. 3. — Il est permis de faire usage de la chair du gibier tué au moyen d'un sabre, d'une lance, d'une flèche ou de tout autre instrument muni d'une pointe.

Art. 4. — Cette disposition s'applique de même à la chair du gibier tué au moyen d'une flèche non empennée, ou d'une flèche non

---

(1) 2° section chap. 1. § I art. 45 et 46 de la personne qui pratique l'égorgement, et sect. 2. a. 51.

(2) 2° section chap. 1. § 3. a. 53, 55, 55, 67, 58, 63.

munie de fer, pourvu qu'elle soit aiguë, et que la chair de l'animal ait été déchirée.

Art. 5. — L'usage de la chair du gibier pris, et tué par un chien n'est licite que si le chien est dressé ; le dressage du chien se constate de la manière suivante : 1° le chien doit s'élancer lorsqu'il en reçoit l'ordre ; 2° il doit s'arrêter aussitôt qu'il lui est enjoint de le faire ; 3° enfin, il ne doit pas manger l'animal qu'il a saisi. Le chien qui mange accidentellement de la chair du gibier qu'il a pris, ou qui se borne à en boire le sang, ne cesse pas d'être présumé dressé.

Art. 6. — Le dressage du chien ne peut être constaté qu'autant que, après l'avoir fait chasser à plusieurs reprises, on a remarqué en lui les trois conditions stipulées à l'article 5 : il ne suffit pas de l'avoir fait chasser une seule fois.

Art. 7. — Pour rendre licite la chair du gibier tué par le chien dressé, il faut encore que celui qui le fait chasser réunisse les quatre conditions suivantes :

Art. 8. — 1° Le chasseur doit professer l'islamisme, ou être présumé le professer, comme le mineur.

Art. 9. — Si le chasseur professe la religion guèbre ou le paganisme, la chair du gibier tué par le chien qu'il a lancé ne peut légalement servir à l'alimentation. Dans le cas où le chasseur professe le judaïsme ou le christianisme, les opinions sont partagées quant à la légalité de l'usage de la chair du gibier tué par le chien qu'il a lancé ; mais il est vraisemblable qu'on ne doit point l'admettre.

Art. 10. — 2° Le chasseur doit avoir lancé le chien. La chair du gibier tué par le chien parti de son propre mouvement ne peut légalement servir à l'alimentation. Cependant, si le chien, étant parti de son propre mouvement, s'arrête sur l'ordre du chasseur, qui le lance ensuite, l'usage de la chair du gibier tué ensuite par ce chien est licite, le second lancer constituant un fait isolé du premier ; mais il est indispensable que le chien ait préalablement obéi à l'ordre de s'arrêter, sans quoi le lancer demeurerait nul et non avenu, et, par conséquent, l'usage de la chair du gibier tué ainsi serait illicite.

Art. 11. — 3° Le chasseur doit invoquer le nom de Dieu au moment du lancer ; l'omission volontaire de cette formalité rend illicite l'usage de la chair du gibier tué par le chien ; l'omission involontaire n'a pas cette conséquence.

Art. 12. — L'invocation doit être prononcée par la personne qui lance le chien ; en cas d'omission de sa part, l'usage de la chair du gibier tué par le chien demeure illicite, lors même qu'une autre personne aurait prononcé l'invocation. Cette disposition s'applique de même au cas où une personne ayant prononcé l'invocation, une seconde lance le chien.

Art. 13. — 4° Le chasseur ne doit pas perdre l'animal de vue tant qu'il est vivant : la chair de l'animal trouvé mort après avoir été perdu de vue par le chasseur est illicite, quelle que soit la distance à laquelle le chien s'est arrêté, le doute pouvant exister sur la cause de la mort de l'animal.

Art. 14. — Il est permis de se servir pour la chasse d'engins, tels que le lacet, le filet et le piège; mais la chair de l'animal pris au moyen de ces instruments, lors même qu'ils seraient garnis d'armes aiguës ou tranchantes, ne peut légalement servir à l'alimentation, que s'il a été égorgé suivant le rite.

Art. 15. — La disposition précédente s'applique de même à la chair de l'animal tué au moyen d'une flèche non munie d'une pointe, laquelle, par conséquent, ne déchire point les chairs.

Art. 16. — Selon quelques légistes, il est interdit de se servir, à la la chasse, d'une arme plus volumineuse ou plus pesante que l'animal chassé; mais il est préférable de considérer cet acte comme un de ceux dont l'abstention est recommandée.

CHAPITRE II.

DISPOSITIONS GÉNÉRALES RELATIVES A LA CHASSE.

Art. 17. — Dans le cas où un animal est tué simultanément par un musulman et par un païen chassant ensemble, l'usage de sa chair demeure illicite, soit que tous deux aient employé des instruments semblables, tels que deux chiens ou deux flèches; soit qu'ils aient employé des instruments différents, tels qu'un chien et une flèche; soit encore que les coups aient été portés simultanément, ou à quelque intervalle de temps, si chacun a pu causer la mort.

Art. 18. — Si dans le cas précédent, le coup porté par le chasseur musulman a précédé celui du chasseur païen, et a été mortel, l'usage de la chair de l'animal est licite, le chasseur musulman étant, en réalité, l'auteur de la mort de cet animal. Dans le cas contraire, l'usage de la chair du gibier devient illicite.

Art. 19. — En cas de doute sur la priorité du coup porté par l'un des deux chasseurs, païen et musulman, l'usage de la chair de l'animal demeure interdit, l'interdiction l'emportant toujours en cas de doute.

Art. 20. — Dans le cas où un chasseur musulman qui a deux chiens a lancé l'un d'eux, et que le second part de lui-même, atteint et tue l'animal en même temps que le premier, l'usage de la chair du gibier devient illicite (1).

Art. 21. — L'usage de la chair de l'animal tué au moyen d'une flèche lancée par le chasseur, et que le vent a portée et a fait toucher, est licite, lors même qu'il serait évident, que, sans le secours du vent, l'animal n'eût pas été atteint.

Art. 22. — Cette disposition s'applique de même au cas où la flèche lancée n'atteint et tue le gibier qu'après avoir ricoché sur la terre.

Art. 23. — Les conditions déterminées par les articles 7, 8, 9, 10, 11, 12 et 13 sont requises chez celui qui lance le chien, et non chez celui qui le dresse. Ainsi, l'usage de la chair de l'animal tué par le chien qu'un musulman a lancé est licite, quoique ce chien ait été dressé par un guèbre ou par un idolâtre. Par conséquent, est illicite la

---

(1) La mort de l'animal ayant deux causes, dont l'une rend illicite l'usage de sa chair.

chair de l'animal tué par le chien lancé par un guèbre ou par un idolâtre, quoique ce chien ait été dressé par un musulman (1).

Art. 24. — Dans le cas où le chien lancé suivant la loi sur un animal quelconque en atteint un autre et le tue, la chair de ce dernier demeure licite.

Art. 25. — Cette disposition s'applique de même au cas où, le chien étant lancé sur une troupe d'animaux, ceux-ci se séparent de leurs petits et où ces derniers seuls se trouvent forcés et tués, pourvu qu'ils aient pris la fuite.

Art. 26. — Les dispositions des articles 23, 24 et 25 s'appliquent aussi aux cas de chasse au moyen d'instruments aigus ou tranchants.

Art. 27. — L'usage de la chair de l'animal tué, accidentellement et hors de vue, au moyen d'un chien ou d'un instrument quelconque lancé dans une autre intention que la chasse, est illicite, lors même que l'invocation eût été prononcée par le tireur, à cause du défaut d'intention formelle d'atteindre le gibier.

Art. 28. — Les dispositions qui déterminent le lancer du chien s'appliquent également au tir et à l'emploi des armes.

Art. 29. — Est licite l'usage de la chair de tout animal, à l'état sauvage ou privé, chassé et tué, au moyen d'un chien ou d'une arme quelconque, en toute autre partie du corps que celle qui est ordonnée par le rite de l'égorgement, dans tous les cas où cet animal, s'enfuyant, ne peut être atteint ni saisi autrement.

Art. 30. — Cette disposition s'applique de même à tout animal devenu furieux ou venant à tomber dans un puits ou en tout autre endroit inaccessible, de manière qu'il soit impossible de l'égorger. Il suffit, dans ce cas, pour rendre licite la chair de l'animal, de le blesser, en quelque partie du corps que ce soit; il n'en est aucune qui soit particulièrement et spécialement déterminée à cet effet.

Art. 31. — La chair du poulet et de tout autre oiseau domestique tué au moyen d'une flèche, sans qu'il ait pris son vol, est illicite.

Art. 32. — Dans le cas où un oiseau à l'état sauvage ou un oiseau domestique sont tués de la même flèche, la chair du premier seule est licite si le second a été tué avant d'avoir pris son vol.

Art. 33. — La chair de l'animal mis en pièces par les chiens, avant que le chasseur ait pu l'égorger, est licite.

Art. 34. — L'usage de la chair de l'animal frappé au moyen d'un instrument et tombant ensuite d'une hauteur ou dans l'eau, est illicite, la chute ayant pu causer la mort. Cependant, la chair de cet animal est licite, si le chasseur l'a tué avant la chute, parce que, dans ce cas, la chair de l'animal est assimilée à celle de celui qui a été légalement égorgé.

Art. 35. — Si l'arme employée pour frapper l'animal enlève une partie du corps, cette partie demeure illicite; si l'animal donne encore signe de vie, dans ce cas, il doit être égorgé (2).

(1) Cette disposition s'applique, dans les deux cas, non seulement au dresseur du chien, mais encore à son propriétaire.
(2) Il est entendu que, dans le cas où l'animal ne donne aucun signe de vie, la partie détachée n'étant plus une partie morte détachée d'un être vivant, demeure licite.

Art. 36. — Si l'animal a été séparé en deux, la chair des deux parties est d'usage licite, si elles ne sont agitées d'aucun mouvement. Dans le cas où l'une des parties seulement serait agitée, elle demeure illicite, à l'exclusion de la partie inerte. Selon une opinion assez fondée, les deux parties sont d'usage licite, quoique l'une d'elles soit agitée, pourvu que le mouvement ne puisse être attribué à la présence de la vie. D'après une tradition, la partie à laquelle appartient la tête de l'animal peut seule servir à l'alimentation; d'après une autre, la partie la plus considérable demeure seule d'usage licite, à l'exclusion de l'autre partie; mais l'authenticité de ces deux traditions ne paraît pas bien établie.

CHAPITRE III.

DISPOSITIONS PARTICULIÈRES RELATIVES A LA CHASSE

Art. 37. — Il est interdit de se servir, pour la chasse, d'instruments dérobés à autrui. Cependant la chair de l'animal tué ainsi est d'usage licite, et demeure la propriété du chasseur et non la propriété du propriétaire de l'instrument, à charge, pour le chasseur, de payer au propriétaire le prix du loyer de l'instrument ou du chien, selon l'usage du pays.

Art. 38. — La partie de l'animal mordue par le chien est impure, et, selon toute vraisemblance, on doit la laver soigneusement avant d'en faire usage.

Art. 39. — Si un animal ayant été blessé par un chien ou par une arme quelconque, le chasseur ne le saisit qu'après l'extinction complète de la vie, cet animal est assimilé à celui qui a été égorgé, et l'usage de la chair est licite.

Art. 40. — D'après les traditions, les moindres indices de la présence de la vie qui emportent la nécessité de l'égorgement sont : l'agitation des pieds ou de la queue, ou le mouvement de l'œil.

Art. 41. — Si, le chasseur parvient à se saisir de l'animal blessé, avant que la vie ait complètement cessé, la chair n'est d'usage licite qu'après l'égorgement, si toutefois l'espace de temps permet d'égorger l'animal.

Art. 42. — Selon quelques légistes, si, dans le cas précédent, le chasseur n'a pas sur lui un instrument propre à égorger l'animal, il le laissera mettre à mort par son chien, et pourra légalement faire usage de la chair du gibier.

Art. 43. — Si, le chasseur parvenant à saisir l'animal qui est blessé mortellement mais qui donne encore quelque signe de vie, il ne lui reste pas assez de temps pour l'égorger, il peut cependant faire usage de sa chair.

Art. 44. — L'animal mis, par suite d'une blessure, hors d'état de fuir, devient la propriété de celui qui l'a blessé, lors même qu'il ne s'en est pas encore emparé.

Quiconque se saisit de cet animal, ne peut le posséder légitimement et est tenu, d'obligation, de le restituer à celui qui l'a blessé et qui en est le seul légitime propriétaire.

V. — La *deuxième section* de ce même livre Ier traite de « l'égorgement des animaux ». *Le chapitre I*^{er} s'occupe des « formalités légales relatives à l'égorgement » ; les articles 45 à 50 du indiquent « la personne qui pratique l'égorgement ». — Les articles 50 et 52 traitent de l'instrument employé dans l'égorgement. Les articles 53 à 70 traitent du rite de l'égorgement. Les articles 71 à 95 traitent des dispositions générales relatives à l'égorgement ; de l'usage du poisson, de la sauterelle et de l'embryon.

La *troisième section*, comprenant les « ordonnances particulières relatives à la chasse et à l'égorgement des animaux, traite dans son *chapitre I*^{er} des « ordonnances concernant l'égorgement des animaux » : 1° De l'égorgement (art. 96 à 102) ; 2° Des animaux sur lesquels l'égorgement doit être pratiqué (art. 103 à 109). Enfin son *chapitre II* s'occupe des *ordonnances particulières relatives à la chasse*.

IIIe SECTION.

Chapitre II.

ORDONNANCES PARTICULIÈRES RELATIVES A LA CHASSE.

ART. 110. — Le gibier pris dans un piège, dans un filet ou dans tout autre engin employé pour la chasse, appartient de droit à celui qui a placé et disposé l'engin.

ART. 111. — Le gibier qui vient à s'embourber, ou à bâtir son nid dans une maison, et le poisson, qui, sautant hors de l'eau, retombe dans une embarcation, ne deviennent pas, par le fait, la propriété du maître du terrain, de la maison ou de l'embarcation.

ART. 112. — Le gibier pris, de façon à ne pouvoir s'échapper, dans un bourbier préparé pour la chasse, ne devient pas, par le fait, la propriété de celui qui a préparé le bourbier, un bourbier ne constituant pas un engin de chasse proprement dit. Ce point est contesté par quelques légistes.

ART. 113. — Le gibier tombé dans un lieu fermé quelconque, ou dans un trou dont il ne peut s'échapper, devient, selon quelques légistes, la propriété de celui qui ferme la seule issue, dans le premier cas, et la propriété du propriétaire du trou, dans le second cas. Cependant cette opinion ne nous semble pas fondée, et il nous paraît préférable d'admettre que le gibier ne devient la propriété de ces personnes que s'il est ensuite saisi avec la main ou au moyen d'un engin ou d'une arme.

ART. 114. — Le gibier pris au moyen d'un engin, qui vient ensuite à s'échapper, ne cesse pas d'appartenir à celui qui s'en est d'abord saisi légalement. (Art. 110.)

ART. 115. — Le gibier laissé libre de s'échapper par celui même qui l'a pris ne cesse pas de lui appartenir.

ART. 116. — Si, dans le cas précédent, le propriétaire du gibier le laisse s'échapper et forme l'intention de renoncer à sa possession, on ne doit pas admettre le droit d'un autre à s'en emparer au moyen d'un engin légal, le renoncement à la propriété d'une chose quelconque ne pouvant s'effectuer seulement intentionnellement. Quelques légistes sont d'avis que, dans ce cas, l'intention équivaut à un renoncement formel, de même que, quand une personne laisse tomber quelque chose de valeur infime à elle appartenant, et ne s'en occupe pas, elle autorise pour ainsi dire une autre personne à en user. Cependant, ces deux cas offrent quelque dissemblance (1).

ART. 117. — Le gibier qui échappe, par la course ou par le vol, de manière à ne pouvoir être atteint que par une poursuite rapide, devient la propriété de celui qui parvient à s'en saisir, à l'exclusion de tout autre, lors même que cet autre l'aurait vu le premier. (Art. 113.)

ART. 118. — Si le gibier, blessé et forcé par une personne, et mis par elle dans les conditions voulues pour qu'il puisse être présumé égorgé, vient à être achevé par une autre personne, la propriété appartient à la première, sans que la seconde soit passible d'aucune indemnité, à moins que la chair ou quelque partie utile de l'animal n'ait été endommagée du fait de la seconde. (Art. 29.)

ART. 119. — Le gibier atteint par une personne, mais non forcé dans sa course ou dans son vol, et non mis dans les conditions voulues pour la présomption de l'égorgement, appartient à toute personne qui le met à mort, à l'exclusion de la première, et sans que celle-ci demeure passible d'aucune indemnité pour la blessure qu'elle a faite. (Art. 29).

ART. 120. — Si le gibier, blessé et forcé par une personne, mais non mis par elle dans l'état voulu pour la présomption de l'égorgement, est achevé par une autre, celle-ci est présumée être l'auteur de la mort. Si, dans ce cas, elle a frappé l'animal aux parties voulues par le rite de l'égorgement, la propriété de l'animal revient à la première personne, et la seconde devient passible d'une indemnité envers elle. (Art. 29, 41, 70.)

ART. 121. — Si, dans le cas précédent, l'animal a été achevé par la seconde personne autrement qu'aux endroits voulus par le rite, celle-ci demeure responsable de la valeur de l'animal, si le corps de l'animal ne peut être utilisé, et devient passible d'une indemnité seulement, dans le cas où le corps peut être appliqué à quelque usage (Art. 41, 70).

ART. 122. — Si, dans le cas précédent, l'animal est de nouveau blessé par le second chasseur, mais sans être tué sur le coup, et si on a le temps nécessaire pour l'égorger selon le rite, il appartient au premier chasseur, qui peut légalement faire usage de sa chair. Si, au contraire, l'animal meurt sans avoir pu être égorgé, sa chair est assimilée à celle de l'animal mort naturellement, la mort de cet animal étant le résultat de deux causes simultanées, l'une rendant l'usage de la chair licite, et l'autre l'interdisant de même que dans le cas où un animal est déchiré, à la fois, par un chien lancé par un musulman, et par un autre lancé par un guèbre. Il est évident que, dans ce cas, si le premier chasseur n'a pas le temps d'égorger l'animal selon le rite, le second demeure passible envers lui de la valeur totale de l'animal en l'état où il était après la première blessure.

(1) La différence annoncée par l'auteur ne nous semble pas aussi évidente : il fonde sans doute son opinion sur ce que la propriété du gibier n'est acquise que par la possession, tandis que la propriété de la chose à laquelle il fait allusion est acquise en vertu d'un acte légal, mais nous ne voyons pas en quoi le droit de disposer puisse différer dans les deux cas.

Si, au contraire, le premier chasseur, ayant eu le temps d'égorger l'animal, a négligé de l'égorger, le second ne demeure passible envers lui que de la moitié de la valeur de l'animal dans le même état. (Art. 8, 9, 41, 70.)

Pour éclaircir ce point de jurisprudence, nous donnerons un exemple d'un cas semblable. Supposons un animal quelconque, d'une valeur de dix dinârs (1), qui, ayant été blessé d'abord, subit une dépréciation d'un dinâr, et ne vaut plus que neuf dinârs. Cet animal, blessé ensuite par une autre personne, n'a plus qu'une valeur de huit dinârs, et vient à périr des suites de chacune des deux blessures. Ce cas peut être décidé de cinq manières différentes, mais aucune d'elles n'est complètement satisfaisante. — 1° L'auteur de la seconde blessure est responsable de la valeur totale de l'animal en l'état où il était après avoir été blessé une première fois sauf neuf dinârs. Cette décision n'est pas équitable, en ce sens que, à cause de sa négligence à égorger l'animal, l'auteur de la première blessure demeure responsable au même titre que l'auteur de la seconde. — 2° La responsabilité de chacune des parties est égale : cette décision n'est pas non plus juste à l'égard de l'auteur de la seconde blessure. — 3° L'auteur de la première blessure supportera une perte de cinq parties et demie de la valeur totale de l'animal, et l'auteur de la seconde, une perte de cinq parties seulement : cette décision n'est pas non plus parfaitement équitable à l'égard du second chasseur. — 4° L'auteur de la première blessure supportera une perte de cinq parties et demie, et l'auteur de la seconde, une perte de quatre parties et demie seulement. Cette décision est préjudiciable aux intérêts du premier. — 5° Chacune des parties supportera une perte au prorata de la valeur que l'animal avait antérieurement au moment où chaque blessure a été faite respectivement. Ces deux valeurs étant additionnées, le total donne la subdivision de la valeur primitive, soit dans le cas présent : $10 + 9 = \frac{19}{19}$, 10 représente la valeur de l'animal avant la première blessure, et 9, celle qu'il avait au moment où la seconde blessure a été faite. L'auteur de la première blessure subira une perte de $\frac{10}{19}$, et celui de la seconde, une perte de $\frac{9}{19}$. Dans ce cas, encore, cette décision ne nous semble pas équitable à l'égard de l'auteur de la seconde blessure.

Il nous semble préférable de répartir ainsi la valeur de l'animal : l'auteur de la première blessure demeure passible d'une perte de cinq dinârs et demi, les quatre dinârs et demi qui restent demeurant à la charge de l'auteur de la seconde blessure, parce que la valeur du dommage causé devient partie intégrante de la valeur primitive de l'animal, et que la moitié de la valeur du dommage causé par la première blessure devient aussi partie intégrante de la moitié dont l'auteur est responsable.

Donc celui-ci demeure passible de la moitié de la valeur primitive de l'animal, plus de la moitié de la dépréciation causée par la blessure.

Quoique cette manière de juger ce cas soit la seule possible, elle n'est cependant pas encore d'une équité rigoureuse.

(1) Dinâr, monnaie de Perse de la valeur d'un écu ou ducat d'or. Le dinâr comprend vingt karâts et égale un poids de 3g.68³¹.

Art. 123. — Si l'une des blessures a été faite par le propriétaire de l'animal, la dépréciation causée par cette blessure doit être déduite du total de la valeur primitive de l'animal, et l'auteur de la seconde blessure ne demeure passible que du montant de la dépréciation provenant de son fait.

Art. 124. — Si, comme le francolin et la perdrix, qui peuvent échapper par le vol aussi bien que par la course, le gibier a deux moyens de fuir, dans le cas où un chasseur lui a brisé les ailes, si un second lui rompt les pattes, il devient la propriété des deux chasseurs. Cependant quelques légistes sont, avec raison, d'avis que le gibier appartient au second chasseur, parce qu'il a été forcé effectivement par ce dernier. (Art. 117.)

Art. 125. — Si deux chasseurs, poursuivant ensemble un animal, le frappent tous deux et ne parviennent à s'en saisir qu'après qu'il a cessé complètement de vivre, l'usage de la chair de cet animal n'est permis que s'il a été frappé à l'endroit voulu pour l'égorgement légal. Dans le cas où la vie n'a pas complètement cessé, l'usage de la chair est permis si l'animal a pu être égorgé selon le rite par les deux chasseurs, ou seulement par l'un d'eux. Dans le cas contraire, l'usage de la chair de cet animal est interdit, parce qu'il a pu être simplement mis, par le premier chasseur, dans un état tel, qu'il ne puisse être assimilé à un animal égorgé légalement, et avoir été mis à mort par le second, lorsqu'il était déjà hors d'état de prendre la fuite. (Art. 29, 41-70, 73-75.)

Art. 126 — L'usage de la chair de l'animal tué par le chien de chasse n'est permis que si la mort a été causée par la morsure. Dans le cas de mort causée par le choc du chien, par la perte d'haleine ou par la fatigue, il n'est pas permis de faire usage de la chair de l'animal. (Art. 5-13.)

Art. 127. — Si le chasseur, voyant un animal et croyant reconnaître un sanglier, un chien ou tout autre animal dont l'usage est interdit, le poursuit, le tue, et s'aperçoit ensuite que l'animal est de ceux dont la chair est permise, il ne pourra pas faire usage de sa chair (1).

Art. 128. — La disposition précédente s'applique également au cas où un animal vient à être tué par une flèche qui, lancée en l'air, l'atteint par hasard; de même encore au cas où l'animal est tué par quiconque a cru frapper tout autre objet, ou par un chien lancé dans l'obscurité de la nuit : parce que, le chasseur n'ayant pu avoir d'intention formelle, quant à la nature du gibier, le chien se trouve assimilé à celui qui s'élance de son propre mouvement. (Art. 5-13, 21 et 22.)

Art. 129. — L'oiseau qui a les ailes coupées, ou qui porte sur lui quelque indice pouvant faire présumer qu'il est la propriété de quelqu'un, n'appartient pas à celui qui s'en saisit.

Art. 130. — L'oiseau capable de voler appartient à quiconque s'en saisit, à moins qu'il ne soit constaté qu'il est la propriété d'un autre. D'après ce principe, l'oiseau qui quitte sa volière et se rend dans une autre, n'appartient pas au propriétaire de la seconde volière.

Art. 131. — Toute partie coupée d'un poisson après que celui-ci a été sorti de l'eau est d'usage permis, soit que le reste du poisson, étant

---

(1) A cause du défaut d'intention relativement à l'espèce du gibier poursuivi.

remis à l'eau y périsse ou continue à y vivre, parce que la partie a été séparée du tout alors que le poisson se trouvait dans les conditions voulues pour que l'usage en soit permis. (Art. 81-88.)

ART. 132. — Le gibier frappé et forcé simultanément par deux chasseurs leur appartient en commun.

ART. 133. — Dans le cas où l'animal, blessé par l'un des chasseurs, est forcé par l'autre, à ce dernier seul appartient la propriété de l'animal, mais sans que le premier demeure responsable, en quoi que ce soit, des conséquences de la blessure qu'il a faite, parce qu'il n'a pas, dans ce cas, porté atteinte à la propriété d'autrui (1). (Art. 44.)

ART. 134. — En cas de doute sur l'identité de la personne qui a forcé le gibier, celui-ci devient la propriété commune des deux chasseurs. Cependant, il est préférable d'admettre que, dans ce cas, la propriété du gibier, doit être adjugée par la voie du tirage au sort.

V. Les musulmans (2) peuvent, parmi les animaux sauvages, faire usage de la chair du cerf, de l'argali, de l'onagre, de l'antilope et de l'hémione.

Parmi les animaux sauvages, est interdit l'usage de la chair des carnassiers, c'est-à-dire, des animaux qui possèdent des ongles ou des dents propres à déchirer, soit que ces animaux aient une force considérable, comme le lion, le léopard, l'ours et le loup; soit qu'ils n'aient que peu de vigueur, comme le renard, l'hyène et le chacal.

La même interdiction frappe la chair du lièvre, celle du lézard et celle de tous les reptiles et de la vermine, tels que le serpent, le rat, le scorpion, le mulot, les coléoptères, le grillon, les reptiles en général, la puce, le pou.

Cette disposition s'applique encore à la gerboise, au porc-épic, à la fouine, au putois, au blaireau, à l'écureuil, à la martre, à l'iguane, etc.

Les oiseaux dont la chair est interdite sont :

1° Les oiseaux de proie qui ont des serres assez puissantes pour leur permettre de saisir d'autres oiseaux (3).

2° Les oiseaux qui planent plus qu'ils ne volent.

3° Tout oiseau qui ne possède pas soit un gésier, soit un double estomac, soit des ergots.

4° Les chauves-souris et le paon.

Pour les oiseaux aquatiques les n°* 2 et 3 se trouvent appliqués.

VI. *Législation relative aux interdictions, en ce qui concerne le gibier et la chasse, pour le musulman, pendant les pèlerinages.*

Le pèlerinage de la Mekke est obligatoire, au moins une fois

---

(1) Le gibier devenant la propriété de celui qui le force, et la blessure ayant été faite avant qu'il eût été forcé.

(2) Livre II. Ch. 2, des animaux terrestres. Art. 22, 33, 34.

(3) Livre II. Ch. 3, a. 24, 28, 22, 30, 34.

dans la vie du musulman : les autres pèlerinages faits en dehors, ne sont plus que des actes de dévotion.

Une fois l'habit de pèlerin revêtu, le musulman est soumis à des interdictions et ne doit plus commettre d'infraction à ce qui est prescrit.

Pour les actes et les choses dont l'interdiction est obligatoire après la prise d'habit, le droit musulman porte, article 264 (1) : Les actes interdits au pèlerin sont au nombre de vingt.

Or parmi ces actes interdits, en ce qui concerne le gibier et la chasse, on trouve :

Art. 265. — 1° La chasse du gibier de poil et de plume soit en chassant personnellement d'après la méthode usitée, ou en engageant un autre, par signe ou verbalement, à chasser ; soit en enfermant le gibier dans son nid ou dans son lieu d'habitation ; soit enfin en égorgeant le gibier forcé par un autre.

L'usage de la chair du gibier est aussi interdite au pèlerin.

Art. 266. — La chair du gibier égorgé par le pèlerin soumis à l'interdiction est assimilée à la chair de l'animal mort naturellement; par conséquent, l'usage en est interdit à tout musulman, même à celui qui n'est pas soumis à l'interdiction relative au pèlerinage.

Art. 267. — Les dispositions précédentes s'appliquent aussi aux petits des animaux considérés comme gibier de poil, ainsi qu'aux œufs et aux petits des oiseaux considérés comme gibier de plume.

Art. 268. — La pêche ou la chasse de tout animal qui pond ou naît dans l'eau, ne sont pas interdites.

Art. 306. — Le port des armes est interdit au pèlerin, à moins de nécessité absolue : quelques légistes ne considèrent cet acte que comme simplement blâmable.

CHAPITRE II.

DES DISPOSITIONS RELATIVES A L'INTERDICTION DE LA CHASSE ET A L'USAGE DU GIBIER EN TEMPS DE PÈLERINAGE APRÈS LA PRISE D'HABIT (2).

Art. 622. — On entend par gibier *el séid*, tout animal non domestique. Quelques légistes sont d'avis qu'il faut entendre par ce mot tout animal non domestique dont la chair est permise en tout temps autre que celui du pèlerinage.

I. — *Des animaux qu'il est permis de chasser et de ceux dont la chair est permise pendant le pèlerinage, après la prise d'habit.*

Art. 623. — Les animaux que l'on peut chasser et dont la chair est

---

(1) Livre VII, du pèlerinage. 2° sect. V.
(2) Droit musulman. — Du pèlerinage, sect. III, chap. II.

permise en temps de pèlerinage sont tous ceux qui pondent et éclosent dans l'eau, la poule appelée poule abyssine ou poule d'Inde, et les animaux de boucherie, même lorsqu'ils sont retournés à l'état sauvage.

Art. 624. — Il est permis de tuer les animaux carnassiers, tant les quadrupèdes que les oiseaux, à l'exception du lion.

Art. 625. — Le pèlerin qui tue un lion demeure passible de l'offrande expiatoire d'un bélier : quelques légistes, se basant sur une tradition peu authentique, sont d'avis que la destruction d'un lion, en cas de défense, n'emporte pas l'expiation.

Art. 626. — Il est permis au pèlerin de tuer les animaux issus d'autres congénères, mais dont l'un est domestique et l'autre sauvage, ou d'auteurs, dont l'un peut légalement être tué par le pèlerin à l'exclusion de l'autre : cependant il vaut mieux s'en rapporter aux caractères principaux que présente l'animal.

Art. 627. — Il est permis de tuer la vipère, le rat et la souris; de tirer l'étourneau et le corbeau; de tuer la puce; quant au cousin, la légalité de l'action de le tuer est contestée, mais il vaut mieux ne pas l'admettre. La destruction volontaire de cet insecte comporte l'aumône expiatoire d'une poignée de fruits de la terre, tels que le blé, l'orge, les dattes et le raisin sec.

Art. 628. — Il est permis d'acheter des tourterelles et des ramiers à la Mekke et de les emporter; mais il est interdit au pèlerin de les tuer et de s'en servir pour l'alimentation.

II. — *De la chasse des animaux emportant l'expiation. — Des cas emportant l'expiation compensable.*

Art. 629. — La chasse des bêtes fauves ayant leurs représentants parmi les animaux domestiques emporte l'expiation compensable.

Art. 630. — La chasse de l'autruche adulte emporte l'offrande expiatoire d'une chamelle.

Art. 631. — En cas d'impossibilité de se procurer une chamelle, quiconque s'est rendu coupable du délit de chasse de l'autruche, doit en consacrer la valeur à l'achat de blé, qu'il distribuera ensuite aux pauvres, deux *modd* (1) à chacun; mais quelle que soit la valeur de l'animal, la distribution ne doit pas, d'obligation, être faite à plus de soixante personnes.

Art. 632. — Quiconque n'a pas les moyens de distribuer cette aumône, doit, à titre compensatoire, jeûner un jour pour chaque quantité de deux *modd* de blé, soit pendant trente jours. En cas d'impossibilité d'observer un jeûne de trente jours, ce jeûne peut être réduit à dix-huit jours. La chasse de l'autruche en bas âge emporte la même peine que celle de l'autruche adulte; mais, d'après une autre tradition, l'expiation, dans ce cas, ne consiste que dans l'offrande d'une chamelle en bas âge. Cette opinion nous semble préférable.

(1) Le modd pesant 737 grammes 10 centigrammes, la quantité de blé à distribuer doit être de 88 kilogrammes 452 grammes.

Art. 633. — La chasse d'un cerf et celle de l'onagre emportent l'offrande expiatoire d'une vache. Quiconque n'a pas la faculté de se procurer cet animal, doit en consacrer la valeur à acheter du blé pour le distribuer ensuite en aumônes; mais on n'est pas tenu, quelle que soit la valeur de l'animal de distribuer une quantité de blé excédant soixante *modd* (1), répartis également entre trente personnes.

Art. 634. — Quiconque ne possède pas les moyens de faire cette aumône, doit observer un jeûne compensatoire d'un jour pour chaque quantité de deux *modd*, soit quinze jours : en cas d'impossibilité d'observer ce jeûne, il peut être réduit à neuf jours.

Art. 635. — Le délit de chasse de la gazelle emporte l'offrande expiatoire d'une brebis.

Art. 636. — A défaut de pouvoir se procurer la brebis, la valeur doit en être distribuée en blé, et, quelle que soit la valeur de l'animal le maximum de l'aumône est fixé à vingt *modd* (2), répartis également entre dix personnes.

Art. 637. — Quiconque n'a pas les moyens de faire cette aumône, peut observer un jeûne compensatoire de dix jours, et, dans le cas d'impossibilité absolue, le jeûne peut être réduit à trois jours.

Art. 638. — Cette disposition s'applique aussi au délit de chasse du renard et du lièvre; cependant une tradition assimile ces deux derniers cas au délit de chasse du chevreuil. (Art. 629.)

Art. 639. — Le choix de l'aumône ou du jeûne compensatoire, est, dans les cas cités aux articles 630, 633 et 635, laissé à la personne qui a commis le délit; cependant il vaut mieux en admettre la progression décroissante, ainsi qu'elle est indiquée aux articles précédents.

Art. 640. — Le bris des œufs de l'autruche, après la formation de l'embryon, emporte, pour chaque œuf brisé, l'offrande expiatoire d'une chamelle qui n'a pas encore porté, ou d'un chameau qui n'a pas encore sailli.

Art. 641. — Le bris des œufs d'autruche ayant eu lieu avant la formation de l'embryon emporte l'obligation, pour le coupable, de faire saillir autant de chamelles à lui appartenant qu'il y a d'œufs brisés, et le produit, quel qu'il soit, doit être destiné à l'offrande expiatoire.

Art. 642. — En cas d'impossibilité de s'acquitter de l'expiation déterminée aux deux articles précédents, elle peut être remplacée par l'offrande d'une brebis.

Art. 643. — Quiconque ne possède pas les moyens de se procurer une brebis doit distribuer en aumône vingt *modd* (3) de blé, répartis également entre dix personnes.

Art. 644. — Si l'on n'a pas le moyen de faire cette aumône, elle peut être remplacée par un jeûne compensatoire de trois jours.

Art. 645. — Le bris des œufs de perdrix et des oiseaux du genre tétraonide, après la formation de l'embryon, emporte, pour chaque

---

(1) 44 kilogrammes 226 grammes.
(2) 14 kilogrammes 742 grammes.
(3) 14 kilogrammes 742 grammes.

œuf brisé, l'offrande expiatoire d'un agneau. Quelques légistes sont d'avis que l'expiation, dans ce cas, consiste dans l'offrande d'une brebis qui a déjà porté.

Art. 646. — Le bris des œufs cités à l'article précédent, mais avant la formation de l'embryon, emporte l'obligation, pour le coupable, de faire saillir un nombre de brebis à lui appartenant, égal à celui des œufs brisés, et d'en destiner le produit, quel qu'il soit, à une offrande expiatoire.

Art. 647. — En cas d'impossibilité de s'acquitter de l'expiation déterminée aux deux articles précédents, il est procédé comme dans le cas analogue relativement au bris des œufs d'autruche. (Art. 642, 643, 644.)

Des délits de chasse emportant l'expiation absolue et non compensable.

Art. 648. — La chasse du pigeon adulte (1), hors du territoire sacré, emporte l'expiation d'une brebis pour quiconque se trouve soumis à l'interdiction.

Art. 649. — Ce délit, commis sur le territoire sacré par une personne non soumise à l'interdiction, emporte une aumône expiatoire d'un *dirhém* (2).

Art. 650. — Le délit de chasse du pigeon en bas âge, commis hors du territoire sacré, après la prise d'habit, emporte l'offrande expiatoire d'un bélier.

Art. 651. — Ce délit, commis sur le territoire sacré par une personne non soumise à l'interdiction, emporte l'aumône expiatoire d'un demi-*dirhém* (3).

Art. 652. — Les délits cités aux articles 650 et 651, emportent, quand ils sont commis par une personne soumise à l'interdiction, la double expiation. (Art. 648 et 649 ; 650 et 651.)

Art. 653. — Le bris des œufs de pigeon, après la formation de l'embryon, emporte, pour la personne soumise à l'interdiction, l'offrande expiatoire d'un bélier.

Art. 654. — Le bris des œufs de pigeon, avant la formation de l'embryon, comporte une aumône expiatoire d'un *dirhém*.

Art. 655. — Le bris des œufs de pigeon, avant la formation de l'embryon, commis sur le territoire sacré, emporte, pour la personne en dehors de l'interdiction, l'aumône expiatoire d'un quart de *dirhém* (4) et l'aumône d'un *dirhém* un quart (5) pour la personne sous l'interdiction.

Art. 656. — Les dispositions précédentes s'appliquent au pigeon domestique ainsi qu'au pigeon privé, quand le délit est commis sur le territoire sacré.

---

(1) On entend sous cette dénomination tout oiseau qui roucoule et boit sans succion ; quelques légistes comprennent sous ce vocable tous les oiseaux ayant un collier naturel, comme la tourterelle, etc.
(2) 252 centigrammes d'argent.
(3) 125 centigrammes d'argent.
(4) 63 centigrammes d'argent.
(5) 315 centigrammes d'argent.

Art. 657. — Le montant de l'expiation en argent doit être consacré à l'achat de grain, pour être distribué aux pigeons qui habitent le temple de la Mekke.

Art. 658. — Le délit de chasse de la perdrix, du francolin, et de tout oiseau du genre tétraonide emporte l'offrande expiatoire d'un bélier sevré et déjà nourri au pâturage.

Art. 659. — Le délit de chasse d'un porc-épic (1) et d'une gerboise emporte l'offrande expiatoire d'un chevreau.

Art. 660. — Le délit de chasse d'un moineau, d'une alouette ou d'un hochequeue emporte l'aumône expiatoire de deux *modd* de fruits de la terre (2).

Art. 661. — L'écrasement d'une sauterelle ou d'un pou trouvé sur le corps et jeté emporte l'aumône expiatoire d'une datte; mais, selon une autre tradition, il vaut mieux porter le montant de l'expiation à une poignée de fruits de la terre.

Art. 662. — L'écrasement de sauterelles en nombre assez considérable pour ne pouvoir être énumérées emporte l'offrande expiatoire d'une brebis.

Art. 663 — Quand une nuée de sauterelles s'est abattue sur le chemin, le pèlerin, qui ne peut éviter d'en écraser un certain nombre ne commet pas de délit et n'encourt pas l'expiation.

Art. 664. — Le délit de chasse de tout animal non spécifié dans les articles précédents emporte une aumône expiatoire d'une somme égale à la valeur de l'animal tué.

Art. 665. — La disposition précédente s'applique également au bris des œufs non spécifiés dans les articles cités.

Art. 666. — Quelques légistes, se basant sur une tradition d'authenticité douteuse, sont d'avis que le délit de chasse du canard, de l'oie, de la grue, emporte l'offrande expiatoire d'une brebis : mais on s'accorde généralement à rejeter cette opinion.

Dispositions particulières.

Art. 667. — L'animal offert en expiation doit, autant que possible, être du même sexe que l'animal qui a été tué illégalement, quoique le contraire soit permis.

Art. 667 *bis*. — Quand l'animal tué illégalement était atteint de quelque imperfection physique, il est permis d'offrir en expiation un animal atteint du même défaut; mais il vaut mieux offrir un animal sain et parfait.

Art. 668. — La valeur de l'animal qui peut être offert en cas d'expiation compensable doit être estimée au moment où le coupable s'acquitte de l'expiation.

Art. 669. — Quand l'expiation encourue pour la destruction d'un animal n'est pas déterminée (art. 664, 665) la valeur de l'animal doit être estimée au moment même de la destruction.

Art. 670. — Quand l'animal a été tué en état de gestation, la

(1) Sorte de lezard dont la chair, suivant les Arabes, developpe l'embonpoint.
(2) 1171 grammes 20 centigrammes.

victime expiatoire doit présenter la même condition, et, à défaut, il doit être tenu compte, dans l'estimation de l'animal tué, de l'augmentation de valeur résultant de la gestation.

Art. 671. — Quiconque frappant, à la chasse, un animal en état de gestation, cause ainsi la parturition de la portée, encourt à la fois l'expiation déterminée pour l'animal adulte et celle qui est fixée pour les animaux en bas âge, quand la mère et les petits viennent à mourir des suites de la blessure et de la parturition.

Art. 672. — Quand, dans ce cas, ni la mère ni les petits ne succombent, la personne qui a frappé la mère n'encourt aucune expiation, si ce n'est en cas de dommage ou de taxe résultant de la blessure : l'expiation consiste alors dans le montant de la différence de prix entre l'animal sain et l'animal blessé comme celui dont il s'agit ici.

Art. 673. — Si la mère ou toute la portée ne meurent pas des suites de la blessure, l'expiation est exigible seulement pour les animaux qui ont péri.

Art. 674. — Quand la femelle adulte, dans le cas de l'article 671, avorte par suite du coup ou de la blessure, l'expiation consiste dans le montant de la différence du prix de l'animal en état de gestation avec le prix qu'il atteint dans l'état ordinaire.

Art. 675. — Quand le pèlerin, ayant chassé et tué un animal, ne peut acquérir la certitude que cet animal est un de ceux dont la chasse est interdite, il est présumé ne pas avoir commis de délit.

III. — *Des différentes manières dont on encourt la responsabilité en matière de délit de chasse après la prise d'habit.*

Art. 676. — La responsabilité en matière de délit de chasse, après la prise d'habit, peut être encourue de trois manières : par la destruction de l'animal du fait du pèlerin, par la possession de l'animal, et enfin par la destruction de l'animal causée indirectement par le pèlerin.

De la responsabilité qu'encourt le pèlerin en causant directement la mort de l'animal.

Art. 677. — Le fait de tuer, après la prise d'habit, un animal dont la chasse est interdite à cette époque, est puni de l'offrande expiatoire ; cette expiation est doublée si, après avoir tué l'animal, le pèlerin en fait servir la chair à son alimentation. Quelques légistes sont, avec raison, d'avis que le premier fait emporte seul le sacrifice expiatoire, et que le second fait n'emporte qu'une aumône d'une valeur égale à celle de l'animal.

Art. 678. — Quiconque a atteint un animal sans le blesser n'encourt pas la responsabilité.

Art. 679. — Quiconque atteint un animal, le blesse et peut acquérir la certitude de l'avoir tué, est tenu à l'aumône expiatoire du montant de la dépréciation de la valeur de l'animal, causée par la blessure. Quelques légistes, dans ce cas, sont d'avis que le montant de l'aumône doit être égal au quart de la valeur de l'animal.

Art. 680. — Quiconque atteint un animal et ne peut acquérir la certitude qu'il ne l'a pas tué, ou qu'il ne l'a pas blessé mortellement, demeure passible de l'expiation.

Art. 681. — D'après une tradition dont l'authenticité est contestée, la fracture de deux cornes d'une gazelle emporte une aumône expiatoire égale à la moitié de la valeur de l'animal; la fracture d'une des cornes emporte une aumône égale au quart de cette valeur.

Art. 682. — La perte des yeux de la gazelle, causée par le pèlerin, emporte l'aumône expiatoire égale à la valeur de l'animal.

Art. 683. — La perte d'un des quatre membres de la gazelle emporte une aumône expiatoire égale à la moitié de la valeur de l'animal.

Art. 684. — Quand le délit de chasse a été commis par le fait de plusieurs personnes agissant en commun, l'expiation est encourue également par chacune d'elles respectivement.

Art. 685. — Quiconque a tué un oiseau posé à terre demeure passible du sacrifice expiatoire; et si le délit a été commis sur le territoire sacré, il doit, en outre, faire une aumône expiatoire égale à la valeur de l'oiseau. Cette aumône doit être portée au double, quand le fait a eu lieu dans le but de mépriser la loi relative à ce délit.

Art. 686. — Le pèlerin qui fait usage du lait d'une gazelle ou d'une biche, demeure passible d'un sacrifice expiatoire; et si le fait a lieu sur le territoire sacré, l'expiation est augmentée d'une aumône égale à la valeur du lait bu.

Art. 687. — Quiconque, parmi les personnes non soumises à l'interdiction, ayant visé un animal, hors du territoire sacré, n'atteint cet animal que lorsqu'il a pénétré sur ce territoire, n'encourt pas l'expiation.

Art. 688. — Quiconque, avant de prendre l'habit, s'est oint la tête d'un onguent dans le but de se débarrasser des poux, n'encourt pas d'expiation lors même que ces insectes ne viendraient à périr, par l'effet de l'onguent, qu'après la prise d'habit.

De la responsabilité encourue pour la détention d'un animal qu'il est défendu de chasser et de manger pendant le pèlerinage.

Art. 689. — Quiconque, détenant auprès de lui quelque animal dont la chasse et la chair sont interdites pendant le pèlerinage, revêt l'habit de pèlerin, perd, dès ce moment, son droit de propriété sur cet animal; le pèlerin doit, d'obligation, s'en défaire à l'instant.

Art. 690. — Quiconque, dans le cas cité à l'article précédent, vient à décéder sans s'être défait de l'animal, demeure responsable de l'expiation (1).

Art. 691. — Le pèlerin, après la prise d'habit, ne perd pas son droit de propriété sur les animaux interdits à cette époque, quand ils se trouvent loin de lui, ou possédés par un autre, en son nom.

---

(1) C'est-à-dire que le montant du sacrifice ou de l'aumône doit être prélevé sur la succession du pèlerin décédé.

Art. 692. — Quand un animal qui a été chassé par une personne soumise à l'interdiction, a été ensuite égorgé par une autre personne dans la même condition, l'expiation est encourue également et respectivement par chacune de ces deux personnes.

Art. 693. — Quand le délit a eu lieu sur le territoire sacré, le sacrifice expiatoire doit être double, pourvu qu'il ne consiste pas dans l'offrande d'une chamelle. (Art. 629 et suiv.)

Art. 694. — Quand le délit cité à l'article 692, a été commis sur le territoire sacré, mais par deux personnes non soumises à l'interdiction, le sacrifice expiatoire n'est pas doublé.

Art. 695. — Quand, dans le cas cité à l'article précédent, l'un des coupables est seul soumis à l'interdiction, il demeure aussi seul passible du sacrifice expiatoire double.

Art. 696. — Quand un animal interdit a été chassé hors du territoire sacré par une personne soumise à l'interdiction, et a été ensuite égorgé par une personne non soumise à l'interdiction, la première seule demeure passible de l'expiation.

Art. 697. — Le pèlerin qui déplace des œufs d'oiseaux interdits pendant le pèlerinage, encourt, dès ce moment, la responsabilité ; si les œufs n'éprouvent aucun dommage par suite du déplacement, la responsabilité cesse ; mais, dans le cas contraire, le pèlerin demeure passible de l'expiation.

Art. 698. — La chair du gibier tué, même selon le rite, par le pèlerin soumis à l'interdiction, est assimilée à la chair de l'animal mort naturellement, et l'usage en est prohibé à toute personne musulmane.

Art. 699. — L'usage de la chair du gibier chassé par le pèlerin soumis à l'interdiction, et égorgé ensuite par une personne non soumise à l'interdiction, est permis aux personnes de cette dernière catégorie.

De la responsabilité qu'encourt le pèlerin qui cause indirectement la destruction d'un animal.

Art. 700. — Quiconque enferme un pigeon adulte, un pigeon en bas âge, ou des œufs de cet oiseau, sur le territoire sacré (art. 316, note), encourt, dès ce moment, la responsabilité de l'expiation. (Art. 629, 648.)

Art. 701. — Si, lors de la cessation de la détention, l'oiseau ou les œufs n'ont éprouvé aucun dommage, la responsabilité cesse aussitôt.

Art. 702. — Si, pendant la détention, l'oiseau ou l'œuf viennent à périr, le pèlerin soumis à l'interdiction qui les a retenus demeure passible de l'offrande expiatoire d'une brebis pour chaque oiseau adulte, d'un gibier pour chaque oiseau en bas âge, et d'un *dirhém* (252 centigrammes d'argent) pour chaque œuf.

Art. 703. — Quand, dans le cas de l'article précédent, la détention provient du fait d'une personne non soumise à l'interdiction, l'offrande consiste en un *dirhém*, pour chaque oiseau adulte, en un demi-*dirhém* (126 centigrammes d'argent) pour chaque oiseau en bas âge, et un quart de *dirhém* (63 centigrammes d'argent) pour chaque œuf détruit.

Quelques légistes sont d'avis que l'expiation est encourue par le fait même de la détention, quelles qu'en soient les suites ; cette opinion est, en effet, conforme à la lettre de la tradition, mais la première opinion paraît en rendre mieux l'esprit.

Art. 704. — Quiconque a contraint une volée de pigeons habitant sur le territoire sacré à s'enfuir, demeure passible de l'offrande expiatoire d'une brebis, si les pigeons retournent sur ce territoire; mais s'ils ne reviennent pas, l'expiation consiste en l'offrande d'une brebis pour chaque pigeon mis en fuite qui n'est pas revenu.

Art. 705. — Quand, de deux personnes également soumises à l'interdiction et tirant un gibier interdit, l'une atteint le gibier et l'autre le manque, elles demeurent toutes deux passibles de l'expiation ; la première, en vertu du délit direct, et la seconde, en vertu de la complicité indirecte.

Art. 706. — Quand deux ou plusieurs personnes ont allumé un feu, et qu'un des animaux interdits vient à périr par l'effet de ce feu, chacune des personnes qui ont pris part au fait demeure respectivement passible de l'expiation déterminée, si le feu a été allumé dans l'intention de détruire l'animal; dans le cas contraire, l'expiation n'incombe que solidairement à toutes les personnes ensemble, et consiste alors dans une seule offrande expiatoire.

Art. 707. — Quand le pèlerin a frappé un animal, et que celui-ci, en s'enfuyant, vient à heurter un second animal, ou les petits des oiseaux, ou des œufs, et par ce choc les détruit, le pèlerin demeure passible de l'expiation pour tout animal ou tout œuf détruit, comme ayant été la cause première de la destruction.

Art. 708. — Le conducteur d'un animal et le cavalier demeurent absolument responsables du dommage causé par l'animal conduit ou monté, quand cet animal est arrêté; mais, pendant la marche, ils ne demeurent responsables que du dommage causé par les membres antérieurs de l'animal (1).

Art. 709. — Le pèlerin qui, par la détention de la femelle d'un animal ayant des petits, cause la mort de ceux-ci, demeure passible de l'expiation.

Art. 710. — Cette règle s'applique également à la personne non soumise à l'interdiction qui, retenant un animal ayant des petits sur le territoire sacré, cause ainsi leur destruction.

Art. 711. — Le pèlerin qui, en excitant un chien à poursuivre un gibier, cause ainsi la destruction du gibier, en demeure responsable; si le fait a lieu sur le territoire sacré, l'expiation est portée au double. (Art. 629, 648.)

Art. 712. — Le pèlerin qui poursuit un gibier demeure responsable de la destruction de l'animal, si celui-ci se tue en heurtant violemment un corps dur ou s'il est pris par une autre personne.

Art. 713. — Le pèlerin qui a tendu un filet dans lequel se prend un gibier demeure responsable, si, dans ses efforts pour s'échapper, le gibier vient à périr ou à se blesser.

---

(1) Cette disposition s'applique ici au cas où le dommage causé par l'animal consiste dans la destruction du gibier interdit pendant le pèlerinage.

ART. 714. — Le pèlerin qui a engagé une autre personne à chasser, soit en lui indiquant le gibier, soit en lui fournissant les instruments nécessaires, demeure responsable des résultats.

IV. — *De la chasse sur le territoire sacré.*

ART. 715. — Toute personne est soumise, sur le territoire sacré, relativement à la destruction du gibier et des animaux, aux mêmes interdictions que le pèlerin, après la prise d'habit, en dehors de ce territoire (1). (Art. 622 et suiv.)

ART. 716. — Quiconque détruit un gibier sur le territoire sacré, demeure passible de l'expiation.

ART. 717. — Quand la destruction d'un animal a lieu par le fait de plusieurs personnes agissant de complicité, chacune d'elles encourt respectivement l'expiation. Ce point est contesté.

ART. 718. — Il est de même interdit à toute personne, sous peine de l'expiation, de tuer un gibier hors du territoire sacré, quand il se dirige vers ce territoire. Quelques légistes sont d'avis que ce fait ne constitue qu'un acte blâmable.

ART. 719. — Quiconque atteint, en dehors du territoire sacré, un gibier qui vient ensuite mourir sur ce territoire, demeure passible de l'expiation. Ce point est contesté.

ART. 720. — Il est recommandé de s'abstenir de chasser dans un périmètre et un *bérid* (2) en dehors du territoire sacré.

ART. 721. — Quiconque, atteignant un gibier dans ce dernier périmètre, cause ainsi la perte des yeux de cet animal ou lui brise les cornes, fera bien de distribuer quelque aumône, à titre expiatoire.

ART. 722. — Quiconque, ayant garrotté un gibier en dehors du territoire sacré, entre ensuite avec cet animal sur ce territoire, doit le mettre en liberté.

ART. 723. — Quiconque, étant hors du territoire sacré, atteint et tue un gibier placé sur ce territoire, demeure passible de l'expiation.

ART. 724. — Cette disposition s'applique aussi à quiconque, étant placé sur le territoire sacré, atteint de là et tue un gibier placé en dehors de ce territoire.

ART. 725. — Cette disposition s'applique encore à quiconque frappe un gibier placé, sur la limite du territoire sacré, de façon qu'une partie de l'individu se trouve en dehors et l'autre en dedans de la limite, si l'animal périt sur le coup ou des suites du coup.

ART. 726. — Quiconque frappe un oiseau posé sur les branches d'un arbre dont les racines sont sur le territoire sacré demeure passible de l'expiation, lors même que les branches de l'arbre s'étendraient au-delà de la limite.

ART. 727. — Quiconque pénètre sur le territoire sacré, en possession d'un gibier vivant, doit l'y mettre en liberté; dans le cas contraire, si le gibier vient à périr après avoir été emporté hors du territoire, le

---

(1) A l'exception de la destruction des parasites du corps humain.
(2) Soit un carré de quatre forsekh ou 21 kilomètres de côté, en dehors du périmètre du territoire sacré, et dont la superficie est égale à celle de ce dernier.

possesseur demeure passible de l'expiation, soit que la destruction provienne de son propre fait ou du fait d'un autre.

Art. 728. — Quand le gibier possédé ainsi consiste en oiseaux incapables de voler, le possesseur est obligé de les conserver jusqu'à leur formation complète, et de leur rendre alors la liberté.

Art. 729. — Les légistes ne sont pas d'accord sur la légalité du fait de chasse, en dehors du territoire sacré, des pigeons habitant ce territoire; mais il vaut mieux ne pas admettre cette chasse comme légale.

Art. 730. — Quiconque a arraché une ou plusieurs plumes à un pigeon habitant le territoire sacré, encourt une aumône expiatoire, qui, d'obligation, doit être distribuée par la main même qui a servi à la perpétration du délit.

Art. 731. — Quiconque a extrait un gibier du territoire sacré est tenu d'obligation de l'y réintégrer, et le cas de destruction ou de dommage avant de l'avoir réintégré emporte l'expiation.

Art. 732. — Quiconque, placé en dehors du territoire sacré, lance une flèche ou tout autre projectile qui, traversant une partie de ce territoire, atteint ensuite un gibier placé aussi en dehors de la limite sacrée, n'encourt ni responsabilité ni expiation.

Art. 733. — La chair du gibier égorgé sur le territoire sacré par toute personne non soumise à l'interdiction, est assimilée à la chair de l'animal mort naturellement, et l'usage en est interdit à toute personne quelconque.

Art. 734. — La chair du gibier tué et égorgé, en dehors du territoire sacré, par toute personne non soumise à l'interdiction, est permise aux personnes de cette catégorie, à l'exclusion de celles qui y sont soumises.

Art. 735. — D'après l'opinion la plus vraisemblable, la propriété du gibier ne peut, en aucun cas, être acquise ni conservée sur le territoire sacré; cependant quelques légistes sont d'avis que la personne non soumise à l'interdiction peut acquérir ou conserver cette propriété, à condition de ne point garder le gibier près d'elle, et de l'envoyer, à titre de dépôt, à quelque autre personne demeurant hors du territoire.

V. *Dispositions particulières.*

Art. 736. — L'expiation incombant au pèlerin pour tout délit d'interdiction de la chasse commis en dehors du territoire sacré, et l'expiation incombant à la personne non soumise à l'interdiction pour le même délit commis sur ce territoire, incombent toutes deux à la fois au pèlerin quand le délit est commis par lui dans la limite sacrée, pourvu que ces expiations ne consistent pas chacune dans l'offrande expiatoire d'une chamelle. Dans ce dernier cas, l'expiation n'est pas double.

Art. 737. — La récidive du délit de chasse, commise par inadvertance ou par ignorance, emporte l'application de l'expiation autant de fois qu'elle est commise.

Art. 738. — Le délit commis volontairement et en connaissance de cause emporte l'expiation la première fois, mais non lors de la récidive : dans ce cas, le coupable, encourant la vengeance divine, ne peut racheter sa faute par l'expiation.

Quelques légistes sont d'avis que, dans ce cas même, le renouvellement de l'expiation est entrainé nécessairement par la récidive; mais la première opinion nous parait plus vraisemblable.

Art. 739. — La destruction volontaire ou involontaire du gibier entraîne l'expiation.

Art. 740. — Quiconque lance un projectile qui, frappant un gibier, ricoche et en frappe un second, demeure passible de l'expiation pour chacun des animaux détruits.

Art. 741. — Quiconque, tirant à la cible, vient, par accident, à tuer un gibier quelconque, demeure passible de l'expiation.

Art. 742. — Quand une personne non soumise à l'interdiction vend à un pèlerin des œufs d'autruche, et que celui-ci s'en nourrit, le vendeur demeure passible de l'aumône expiatoire d'un *dirhêm*, et l'acheteur, de l'offrande expiatoire d'une brebis, pour chaque œuf détruit.

Art. 743. — Le pèlerin, après la prise d'habit, ne peut acquérir la propriété du gibier par aucune voie, telle que l'achat, la donation, ou l'héritage, si le gibier se trouve auprès de sa personne pendant le pèlerinage; mais il peut acquérir la propriété du gibier, quand celui-ci se trouve déposé au lieu ordinaire de son domicile.

Quelques légistes contestent la légalité de ce dernier point; mais il vaut mieux l'admettre.

Art. 744. — En cas d'impossibilité absolue de trouver d'autre aliment, l'usage de la chair du gibier est permis au pèlerin; mais il demeure passible de l'expiation.

Art. 745. — Lorsque le pèlerin se trouve dans l'alternative, d'user pour son alimentation, de la chair de gibier ou de celle d'un animal mort naturellement, il doit préférer l'usage de la première, s'il possède les moyens d'offrir le sacrifice expiatoire et il doit opter pour la seconde, dans le cas contraire.

Art. 746. — Quand, dans les cas cités aux deux articles précédents, le gibier dont a usé le pèlerin était la propriété d'un autre, le montant de l'expiation doit être remis au propriétaire : dans le cas contraire, il doit être distribué en aumônes.

Art. 747. — Le sacrifice expiatoire encouru pour tout délit contre l'interdiction ou pour omission de quelque formalité du pèlerinage doit être offert à la *Mekke*, quand le délit a été commis pendant *l'omrèt*, et à *Ménâ*, quand le délit a été commis pendant le pèlerinage.

Art. 748. — D'après une tradition, l'expiation pour délit de chasse consistant dans l'offrande d'une brebis peut toujours être compensée par une aumône de vingt *modd* (1 ½ kilog : 742 grammes) de blé, répartis également entre dix personnes, et, à défaut de pouvoir remplir cette condition, par un jeûne de trois jours observé pendant le pèlerinage.

Art. 801. — A l'exception du délit de chasse et d'usage de chair du gibier, tout délit relatif à l'interdiction commis par ignorance, par inadvertance ou en état d'aliénation mentale, est présumé nul et sans effet.

Art. 802. — Le délit de chasse, même involontaire, emporte toujours l'expiation.

CHINE.

Les phases par lesquelles est passée l'histoire de la chasse en Chine, semblent être en tout semblables à celles traversées par les pays d'Europe. Passionnément aimée de tous, la chasse était pour le peuple chinois un exercice militaire auquel il se livrait après la moisson; mais ce plaisir devint bientôt l'apanage des puissants et les vexations commises par eux rappellent ce que l'on connait de l'époque féodale.

Du reste, le *Livre des Rites*, qui traite de tous les actes de la vie, engageait l'empereur et les grands à occuper leurs loisirs en chassant; pourvu que les affaires de l'État ne dussent pas en souffrir.

Ces préceptes ne furent pas toujours suivis et certains empereurs passaient quelquefois cent jours de suite à la chasse, loin de la cour, ravageant les campagnes pour leur seul amusement : les dégâts, commis pour leur plaisir, semblant peu les inquiéter.

L'histoire générale de la Chine, ou annales de cet empire, traduites du Tong-Kien-Kang-Mou, par le feu Père Joseph-Anne-Marie de Moyriac de Mailla, jésuite français, missionnaire à Pékin, publiées par l'abbé Grosier en 1777, ouvrage auquel nous faisons les emprunts suivants confirme ces faits.

« L'empereur Ou-Ti de la VIIIe Dynastie, 459 de l'ère chrétienne, après avoir soutenu en 461 la guerre contre Licou-Tan, ne s'occupa que de ses plaisirs. La chasse surtout était de ses occupations favorites. Il s'y livrait sans réserve, et souvent il y était depuis le matin jusqu'au soir : ce qui ne pouvait manquer de nuire beaucoup au gouvernement » (1).

« Taï-Kang (2188) faisait de fréquentes parties de chasse du côté de la rivière de Lo-ho, où il passait souvent cent jours de suite, sans revenir à la cour. Le peuple, voyant ses campagnes ravagées par ces chasses destructives qui le privaient du fruit de ses travaux, murmurait hautement et se serait infailliblement révolté sans la considération que Taï-Kang était le petit-fils de Yu, dont la mémoire était si chérie » (2).

Sous la XVe dynastie des Héou-Tang, en 923 de l'ère chrétienne, sous le règne de Tchuang-Tsong, il semble en avoir été de même.

« Un jour, porte ce même ouvrage, le prince en chassant du

---

(1) *Histoire générale de la Chine.* T. V, p. 111.
(2) *Histoire générale de la Chine.* T. I, p. 126.

côté de Tchong-Meou, causait beaucoup de dégât sur les terres appartenant au peuple : le mandarin de Tchong-Meou, arrêtant son cheval et se jetant à ses genoux, lui dit : « Si Votre Majesté, qui doit se regarder comme le père de ses sujets, détruit ainsi le peu qu'ils ont pour se sustenter, n'est-ce pas les exposer à mourir de faim, et de misère. » L'empereur, irrité de la hardiesse du mandarin, le renvoya avec mépris et voulait même le faire mourir : le comédien *King-finmo*, qui l'avait suivi, faisant semblant de quereller le mandarin, lui dit : « Vous qui êtes un officier de l'empire, ne savez-vous pas que notre maître aime la chasse? Vous laissez aller vos peuples dans les champs pour cultiver la terre, n'est-ce pas afin d'empêcher le prince de s'amuser? Rien n'est plus juste que de vous faire mourir. » — Se retournant ensuite vers l'empereur : « Je prie Votre Majesté, ajouta le comédien, de me laisser assister à son supplice. » Le prince sourit et renvoya le mandarin » (1).

Sous la IIIe Dynastie des Tcheou, 313 avant l'ère chrétienne, sous le règne de Nan-Ouang, la jouissance des bois était commune aux princes et à ses sujets qui pouvaient entre autres choses y chasser et y prendre du gibier.

Toutefois il semblerait, d'après la citation suivante, que certaines parties de ces forêts pouvaient être réservées au prince par des ordonnances et que dans ce cas le meurtre d'un cerf dans ces endroits réservés était puni comme celui d'un homme.

Le philosophe Meng-Tfé, disciple de Tfé-fsé, petit-fils de Confucius, s'entretenait un jour avec Suen-Kong, prince de Tfé, dont le règne commença l'an 435 avant Jésus-Christ. Ce prince lui dit : « Le parc de Ouen-Ouang avait soixante et dix ly quarrés
« d'étendue; en convenez-vous? — On le croit ainsi, selon la tra-
« dition, lui répondit Meng-Tfé. — Si cela est, reprit le roi, il était
« fort grand. — Le peuple cependant le trouvait trop petit, dit
« Meng-Tfé. — Comment cela, ajouta le roi? Mon parc n'a que
« quarante ly, et mon peuple le trouve encore trop vaste. — Prince,
« lui dit le philosophe, le parc de Ouen-Ouang avait soixante et
« dix ly d'étendue et les sujets le trouvaient trop petit, parce
« *qu'il leur était commun avec ce prince* et qu'ils y alloient faire
« du fourrage, couper du bois et *prendre du gibier.*

« La première fois que je mis le pied dans vos états, je m'in-
« formai des principales ordonnances, pour m'y conformer. J'ap-
« pris qu'entre Kiao et le Koan, était un parc de quarante ly
« de circuit, et *que si quelqu'un s'avisait d'y tuer un cerf, il serait*

(1) *Histoire générale de la Chine*. T. VII, p. 210, 211.

« *puni aussi sévèrement que s'il avait tué un homme*. Je compris
« de là que c'était comme une grande fosse, creusée au milieu
« de votre royaume, et un piège tendu à vos sujets. Est-il extraor-
« dinaire qu'ils le trouvent trop grand? » (1)

D'autres empereurs, au contraire, faisaient de grandes chasses dans les montagnes de la Tartarie, déplacements qui duraient deux et trois mois. Véritables simulacres de guerre, ces chasses avaient pour but de combattre la mollesse qui pouvait envahir leurs sujets.

« En 1722 de l'ère chrétienne Tsing, l'empereur Kang-hi, accoutumé à une vie active et laborieuse, craignit que les Mantchéous ses sujets ne dégénérassent de leur première valeur dans un climat qui inspire naturellement la mollesse. Cette crainte politique, son inclination particulière, d'ailleurs, et le dessein de contenir les Tartares dans sa soumission le déterminèrent à aller faire dans les montagnes de la Tartarie des parties de chasse, qui ressemblaient plutôt à des expéditions militaires qu'à des parties de plaisir.

On formait autour des montagnes et des forêts, des cordons qui, se doublant et se triplant à mesure qu'on approchait du centre, ne laissaient plus aux animaux qu'un cercle étroit où il leur était impossible d'échapper à la portée de la flèche. Kanghi infatigable était toujours suivi de 15 chevaux de Niam et souvent il en lassait huit ou dix en un jour de chasse. Ces parties de plaisir duraient quelquefois deux ou trois mois ; il y conduisait une armée nombreuse commandée par un grand nombre d'officiers et suivie par plusieurs pièces de gros canons (2).

Quelquefois ces parties de chasse servaient de leçon dont profitaient les empereurs.

« Un empereur de la dynastie des Liang, aperçut à la chasse un troupeau de canards sauvages qui descendaient sur la plaine : au moment où il appuyait sa flèche pour tirer, un paysan passa juste sur la ligne de tir. On criait ; il n'entendait pas. On l'appelait, il ne voyait pas. Et, pendant ce temps, les oiseaux se sauvaient : l'empereur, furieux, voulait tirer sur le malencontreux paysan.

« Un ministre, son compagnon de chasse, lui dit : « Il ne faut pas, à cause du gibier, tuer un homme. Le souverain ne doit pas être aussi sauvage que les êtres qu'il poursuit dans la campagne. »

---

(1) *Meng-Tfé*, Leang-hoa-ouang, Chap : « *Tchang-Kiu-hia.* » *Histoire générale de la Chine*. T. II, p. 296.
(2) *Histoire générale de la Chine*. T. XI, p 360.

Sa Majesté, changeant sa colère en sourire bienveillant, prit le bras de son conseiller pour monter avec lui en voiture. A son retour, les mains vides, il disait à qui voulait l'entendre : « Ma chasse a été très fructueuse aujourd'hui, car, au lieu de gibier, j'ai pris une bonne leçon » (1).

Ces expéditions de l'empereur Kang-Hi montrent que les chasses en battue étaient pratiquées à cette époque; plus tard, l'empereur Chuang-Ouong chassait même à l'affût en voiture. D'après le *Livre des Vers*, il emmenait avec lui les princes feudataires afin d'éprouver leur adresse et leur courage.

En Chine, on chassait le loup en hiver, le cerf en été, les autres animaux au printemps, et les oiseaux en automne.

Afin d'éviter les destructions des espèces, il y avait un département spécial chargé de veiller à la conservation et à la protection des animaux.

Le Chinois ne se mettait en chasse qu'un jour réputé faste. Il emmenait avec lui un aigle et des chiens au cou desquels étaient attachés des grelots d'or, et son arme était la flèche. Il atteignait, dans le maniement de cette arme, une précision extraordinaire. Un célèbre chasseur, Kia-Kieng ne tirait qu'un arc très dur, qui ne pouvait être tendu que par une force de 300 kilos. — On le fit tirer sur un buffle, à une distance de 100 pas. — La première flèche effleura le dos de l'animal, en arrachant quelques poils, et la seconde le ventre. — On dit à l'archer que ce n'était pas tirer juste. — Il répondit que c'était là précisément sa supériorité de savoir ne pas percer l'animal : mais, si vous le voulez, je le ferai, ajouta-t-il, et la troisième flèche tua net le buffle.

Les grandes chasses étaient toujours accompagnées de musiques, de drapeaux, comme si l'on marchait à l'ennemi, et dans les déplacements officiels le ministre de la guerre était présent.

Aujourd'hui, en Chine, la chasse ne semble pas être réservée; chacun est libre de chasser partout où il y a du gibier, et souvent la propriété privée n'est même pas respectée.

Le faisan doré, la perdrix, la bécasse, la bécassine, la caille, le canard, l'oie sauvage, sont très abondants dans ces pays; on y trouve aussi le cerf, le chevreuil, le daim, le lapin, le lièvre, puis enfin le renard, le loup, l'ours, la panthère, le tigre.

Toutefois la passion de la chasse arriva à un tel point que les affaires en souffrirent et, obéissant à de sages conseils, les empereurs prirent des mesures pour modérer cette ardeur.

Sous la Dynastie actuelle, il y avait des chasses auxquelles les

---

(1) *Les plaisirs de la Chine*, par le général Tcheng-Ki-Tong.

lettrés prenaient part et des récompenses consistant en décorations de plumes de paon, étaient accordées aux dignitaires qui faisaient preuve de la plus grande adresse.

Depuis trente ans, les chasses impériales ont été assez abandonnées, la Chine ayant, pendant presque tout ce temps, été gouvernée par des souverains mineurs.

JAPON.

Lois sur la chasse de 1873, 1889 et 1892.

1° *Du droit de chasse.*

I. La Constitution du 11 février 1889, en faisant disparaître le régime féodal et militaire, dont l'impopularité n'avait fait qu'augmenter pendant ces derniers temps, a donné au Japon des institutions représentatives et un gouvernement constitutionnel.

Le régime de la chasse devait se ressentir de ces changements.

Autrefois, les nobles seuls avaient le droit de chasser pour leur plaisir : quant aux gens du peuple qui faisaient de la chasse un métier, ils pouvaient se livrer à leur industrie, en demandant un permis qui ne coûtait que dix cents par an.

Après la chute du Taïkoun, la chasse devint libre pour tous sans permis et pendant toute l'année, sauf quelques restrictions locales : les Japonais purent alors, sans aucune entrave, se livrer à cet exercice tous les engins pouvant être employés.

Il faut remarquer toutefois que, quoique le pays ait une superficie de 382.416 kilomètres carrés et une population de 40.072.020 habitants, la chasse au Japon ne semble pas avoir un grand attrait pour les habitants, si ce n'est pour ceux qui en font profession.

Quant aux Européens, depuis l'ouverture du pays, ils avaient pu se livrer à l'exercice de la chasse, le gouvernement n'ayant jamais contesté ce droit et l'ayant même reconnu par un règlement spécial de février 1871.

La première loi sur la chasse au Japon ne parut que le 18 mars 1873.

Cette loi fixait la durée de la chasse du 1ᵉʳ novembre au 31 mars, établissant un droit de un yen par an pour le chasseur de profession et de dix yen pour les autres.

Une seconde loi notifiée le 12 novembre 1873 vint modifier certaines dispositions de celle de 1873 en fixant l'ouverture de la chasse au 15 septembre et sa fermeture au 15 mars.

En 1875, de nouvelles dispositions furent prises par le gouvernement du Mikado « pour le règlement sur son territoire de l'exercice de la chasse, afin de mettre, prétend ledit règlement, un terme à des abus qui occasionnaient des plaintes, souvent trop fondées, de la part des populations rurales voisines des concessions ».

Or cette loi n'avait nullement pour but la protection du gibier dont le gouvernement semble se soucier bien peu, puisque la chasse au filet continuait à être permise et qu'elle était la seule exercée par les Japonais, comme par le passé. En effet, il n'y avait aucune loi protectrice; des pièges pouvaient être tendus dans tout le pays et pendant toute l'année; de plus, l'exportation des peaux et la vente en tout temps du gibier frais pour la consommation, faisait qu'aucune loi ne s'opposant à la capture des animaux, le nombre tendait à diminuer de jour en jour.

Le Japonais pouvait chasser toute l'année moyennant un permis qui ne lui coûte que un yen, cette loi visait surtout les Européens, le ministre des affaires étrangères du Japon prétendant même, à un moment, que les étrangers n'avaient pas le droit de chasse; elle ne s'occupait que de la chasse à tir sur le petit territoire de 10 ris, c'est-à-dire de 40 kilomètres autour des ports ouverts, seule permise aux Étrangers.

Ces mesures donnèrent lieu à d'assez graves difficultés, car le gouvernement soutenait : 1° qu'il pouvait appliquer la loi japonaise aux étrangers, malgré le principe reconnu par les traités en vigueur, qui veut que les étrangers au Japon n'obéissent qu'à la loi de leur pays; 2° que les amendes, payées pour contraventions, devaient être remises au gouvernement japonais par l'intermédiaire des consuls. Or, il est de droit strict que l'amende étant une punition infligée pour violation d'une loi française (dans l'espèce en ce qui touche la France — la loi de 1844 sur la chasse) ne doit revenir qu'au Trésor français.

Après de longues discussions auxquelles ont pris part toutes les Puissances européennes, ces prétentions furent écartées ou tout au moins ajournées.

Comme nous l'avons dit, de tout temps la chasse avait été

---

(1) Le yen représente 5 fr. 30 de notre monnaie; du reste, cette monnaie a un cours variable pouvant aller de 4 à 5 francs.

exercée par tout le monde sans conteste : un territoire de 10 ris était ouvert aux étrangers qui, ne chassant qu'au fusil, ne pouvaient y causer beaucoup de dommages, la principale chasse possible au Japon étant celle du faisan, qui se fait en hiver et dans les bois (1).

De plus, si quelque chasseur commet quelques dégats dans les rizières ou ailleurs, les propriétaires lésés ont toujours un recours naturel devant le tribunal consulaire : surtout depuis la constitution de 1889 qui porte (art. 27) que le droit de propriété de tout sujet japonais doit rester inviolable.

Les gouvernements, après ces débats, étant tombés d'accord sur les règlements relatifs à l'exercice de la chasse (pendant la saison jusqu'au 15 avril 1877) dans les limites des territoires assignés aux étrangers par les traités, les modifications suivantes ont été apportées à la loi :

L'ouverture de la chasse a été fixée au 15 octobre et la fermeture au 15 avril.

L'étranger devait avoir un permis de chasse qui coûtait 10 yen et un covenant (contrat).

Il était défendu de tirer dans tout endroit où il y aurait danger d'atteindre une habitation.

Il était défendu de tuer ou de poursuivre le gibier entre le coucher et le lever du soleil.

Il était défendu de tuer ou de poursuivre les oiseaux, même pour son agrément, quand ces oiseaux n'étaient pas destinés à la nourriture.

Tous ceux qui se rendaient coupables d'une infraction aux règlements encouraient la perte de leur permis de chasse.

Ces deux dernières dispositions étaient nouvelles et ne se trouvaient pas dans le projet primitif du gouvernement japonais : elles ont été introduites à la demande du ministre des États-Unis : la première, bonne en elle-même au point de vue de la protection de l'agriculture, a pour les étrangers un grand inconvénient, qui est celui de donner implicitement aux officiers de police japonais le droit de visiter les carniers des chasseurs, prétention qui peut devenir une source de conflits; pour la seconde, le retrait du permis est une aggravation de peine pour le chasseur qui doit déjà pour ce permis verser entre les mains du gouvernement japonais une somme de 10 dollars.

(1) Sur ces terrains, en effet, il y a peu de gibier, sauf quelques cailles et quelques bécassines que l'on rencontre encore, si les braconniers les respectent : les cerfs, les chevreuils et les sangliers, évitent de rester dans ces parties affectées aux chasseurs européens. Quant aux ours, le seul fauve du Japon, ils restent à l'abri dans les grandes forêts de ce pays.

Les permis, pour les étrangers, étaient délivrés à Tokyo, à la préfecture centrale de police, et dans les autres ports ouverts aux bureaux du kentchô (maire).

En dehors de la peine infligée par le Code de la nation du délinquant, celui qui était pris en flagrant délit, par les agents de police japonais, devait être arrêté et conduit directement devant le consul de France pour répondre du délit; de plus les gouverneurs pouvaient leur intenter une action civile en dommages intérêts devant ce consul.

Les autorités locales étaient autorisées à faire le contrat (covenant) avec les personnes qui demandaient un permis.

Le 10 janvier 1877, la note suivante était adressée par le gouvernement japonais, à notre représentant et à ceux des autres puissances :

« Pendant le cours de la saison de chasse, c'est-à-dire jusqu'au 15 août 1877, des permis seront délivrés à ceux des nationaux français qui en font la demande à Tokyo, à la préfecture centrale de police, et dans les autres ports ouverts aux bureaux du kentchô.

« Les nationaux devant être passibles d'une peine, on doit leur faire savoir, que ceux qui seront pris en flagrant délit seront arrêtés par nos agents de police et conduits directement devant le consul de France pour y répondre de leur délit, et que de plus les gouverneurs pourront leur intenter une action civile en dommages-intérêts devant ledit consul.

« Le gouvernement japonais ayant autorisé les autorités locales à faire un contrat (covenant) avec les personnes qui demandent des permis, j'ai l'honneur de vous adresser ci-inclus pour votre information le modèle du permis, ainsi que celui du contrat qui ont été adoptés comme un arrangement temporaire et seulement pour la saison actuelle. »

Forme du permis :

Le permis de chasse ou licence est ainsi rédigé :
Nationalité, nom, âge, résidence.
Ce permis est seulement pour la présente saison de chasse, c'est à-dire depuis le jour ou il a été délivré jusqu'au quinzième jour du mois d'avril 1877.
La somme de dix yen d'argent a été payée pour ce permis et les conditions d'après lesquelles il a été délivré sont les suivantes :
1° Il est défendu au susnommé, de tuer ou de poursuivre le gibier entre le coucher et le lever du soleil. 2° Il est défendu de tuer ou poursuivre même pour son amusement, les oiseaux non destinés à la nourriture. 3° Il lui est interdit de chasser dans aucun des endroits suivants : dans aucune cité ou ville ou toute autre localité où se trouve une agglomération de population.
Dans tout endroit où il y aurait à craindre que les projectiles ne puissent atteindre les maisons habitées.
Dans tous autres lieux que ceux dont les limites sont fixées par les traités. Dans tout endroit où aura été placé un avis prohibitif de chasse : avis qui sera en

caractères japonais et portera « *La chasse est défendue ici* ». Dans les terrains où se trouvent des récoltes sur pied. Dans tout endroit environnant un temple ou dans tous lieux qui sont entourés de cordes ou clôtures temporaires.

Forme de la convention (Covenant).

X... Citoyen ou sujet de... par la presente convention intervenue avec le Kenrei de...... (à Tokyo avec le chef du Keisicho), en considération du permis de chasse qui lui a été accordé aujourd'hui par ladite autorité de...... ledit X..., s'engage à observer strictement les règles suivantes : il ne chassera pas et ne poursuivra pas le gibier entre le coucher et le lever du soleil : il ne chassera que pour son amusement. Il ne pourra tuer ou prendre, même pour son plaisir, les oiseaux qui ne sont pas destinés à sa nourriture. Il ne pourra chasser en aucun temps, dans aucun des endroits suivants : dans aucune cité ou ville, etc. (comme pour le permis). — A la demande de tout officier japonais, il devra exhiber sa licence afin de permettre de constater s'il ne se sert pas d'une licence concédée à une autre personne, ou s'il n'use pas d'une licence qui lui a été accordée à lui-même après la date du 15 avril 1877. — Vingt jours après ladite date il renoncera à sa licence auprès de l'autorité par laquelle elle a été délivrée et il s'engage en outre envers ladite autorité de......, s'il vient à violer une des defenses spécifiées ci-dessus, à payer à ladite autorité de..... la somme de dix dollars; la licence, dans ce cas, sera en outre annulée.

Date.... ,

D'après cette loi, la notification suivante fut faite le 4 janvier 1877 : « Les Français qui voudront se livrer à l'exercice de la chasse au fusil pendant la saison actuelle, c'est-à-dire jusqu'au 15 avril 1877, dans les limites du territoire assigné aux étrangers par les traités, devront se munir d'un permis de chasse qui leur sera délivré au Kentcho dans les ports ouverts et au Kerchicho ou préfecture centrale de police à Tokyo.

« Ils devront, en outre, s'engager vis-à-vis de ces autorités par un contrat privé, à observer certaines conditions et à leur payer la somme de 10 dollars en cas d'infraction à l'une d'elles.

« Les textes des permis de chasse et du contrat seront d'ailleurs affichés en chancellerie.

« Tout Français qui, à partir de la présente publication, chassera sans permis pourra être arrêté par les agents de police japonais et conduit devant le consul.

« Il sera, dans ce cas, passible des peines édictées par la loi du 3 mai 1844, et aura en outre à répondre à l'action civile qui lui sera intentée en dommages-intérêts par les autorités japonaises, devant le tribunal consulaire pour obtenir le prix du permis de chasse.

Les permis de chasse seront délivrés à partir de demain, 5 courant, à la préfecture centrale de police de Tokyo.

« Tokyo, 4 janvier 1877.

Sous cette date, du 4 janvier 1877, les représentants des différentes puissances européennes notifieront à leurs nationaux, le présent avis du gouvernement japonais.

— Nous avons vu que les droits de chasse au Japon étaient de un yen pour les gens qui font de la chasse une profession, et de 10 yen pour les chasseurs amateurs: le permis étant valable pour une période de six mois du 15 octobre au 15 avril. Or, pour l'exercice 1889, les droits imposés aux chasseurs de profession se sont élevés à 49.482 yen, et ceux imposés aux amateurs à 7110 yen (plus les frais de remplacement des permis égarés), soit un total de 56.643 yen (1).

2° *De la chasse en* 1892.

La législation et les règlements que nous venons d'analyser, devaient expirer le 15 avril 1877, mais depuis cette époque, ce *modus vivendi* n'avait pas été modifié, et depuis quinze années ce système fonctionnait, lorsque, poursuivant par tous les moyens son autonomie, le gouvernement japonais, sans en donner antérieurement avis aux puissances étrangères, faisait insérer le 5 octobre 1892, au journal officiel de Tokyo, une ordonnance impériale, établissant de nouvelles conditions dans lesquelles la chasse s'effectuerait dorénavant, et un arrêté déterminant les règlements de détail pour son application.

Cette ordonnance impériale relative aux règlements sur la chasse, s'occupe : Ch. Ier. Des engins et des procédés de chasse. Ch. II. Des permis de chasse. Ch. III. Des réserves de chasse. Ch. IV. De la protection du gibier. Ch. V. Des pénalités puis des dispositions additionnelles.

Voici les textes de ces ordonnances :

II. — *Ordonnance Impériale n° 84, relative aux Règlements sur la chasse.*

Le Conseil Privé entendu, Nous avons approuvé les Règlements sur la chasse et Nous en ordonnons la promulgation par les présentes.

Signé : MUTSU-HITO. (L.S.I.).

Le 5° jour du 10° mois de la 25° année de *Meiji* (5 octobre 1892).

Contresigné : *Le Ministre de l'Agriculture et du Commerce.*

Cte GOTO.

(1) Extrait d'un rapport du consulat de France à Yokohama sur le budjet japonais.

CHAPITRE Ier.

DES ENGINS ET DES PROCÉDÉS DE CHASSE.

Art. 1er. — Dans les présents Règlements, par le terme "chasse" on entend la capture des oiseaux et des animaux, au moyen d'armes à feu, de filets, de faucons et de lacets ou baguettes engluées.

Il appartient au Ministre de l'Agriculture et du Commerce de déterminer la nature des engins mentionnés au paragraphe précédent, ainsi que les restrictions qu'il y aurait lieu d'y apporter.

Art. 2. — Il est défendu de chasser en se servant de matières explosives, de pièges à feu ou de trappes et pièges dangereux.

A l'égard des engins et moyens de chasse autres que ceux énumérés dans le paragraphe précédent et qui ne sont pas prévus par l'article 1er, les Préfets (à Tokyo, le Préfet de Police) pourront, après autorisation du Ministre de l'Agriculture et du Commerce, prendre, selon les circonstances, des arrêtés pour en réglementer l'usage.

Art. 3. — La chasse avec armes à feu est interdite avant le lever et après le coucher du soleil, dans les villes, dans les lieux où il y a une agglomération d'habitations et dans ceux où il y a réunion ou concours de personnes ; il est également interdit de tirer dans une direction où les projectiles risqueraient d'atteindre une habitation, un bateau ou un train de chemin de fer.

Art. 4. — La chasse est interdite dans les lieux suivants :

1° Les Réserves Impériales ;
2° Les endroits où se trouve une indication défendant de chasser ;
3° Les chemins publics ;
4° Les jardins publics ;
5° Les enceintes des temples shintoïstes ou bouddhistes ;
6° Les cimetières ;
7° Les terrains d'autrui entourés de clôtures ou barrières faisant obstacle à toute communication avec les terrains voisins, ainsi que les terrains non encore dépouillés de leurs fruits, à moins que le consentement des propriétaires ou des ayants droit n'ait été obtenu.

Art. 5. — Les Préfets (à Tokyo, le Préfet de Police) pourront faire élever des poteaux interdisant la chasse, lorsque, soit sur la demande des propriétaires, soit pour toute autre raison, ils l'auront jugé nécessaire.

CHAPITRE II.

DES PERMIS DE CHASSE.

Art. 6. — Toute personne désirant chasser devra se munir d'un permis de chasse auprès du Préfet de son département (à Tokyo, auprès du Préfet de Police). On peut toutefois, si on ne fait pas usage d'armes à feu, chasser sans permis dans un terrain attenant à une habitation et entouré d'une clôture ou barrière faisant obstacle à toute communication avec les terrains voisins.

Tout individu condamné pour l'une des contraventions mentionnées à l'article 30 ne pourra recevoir de permis de chasse qu'après une année révolue.

Art. 7. — Il y a deux catégories de permis : le permis de chasse de profession et le permis de chasse d'agrément ; chacune d'elles se subdivise en permis de Classe A et en permis de Classe B.

Le permis de la première catégorie est délivré à ceux qui font de la chasse un moyen d'existence ; celui de la seconde est délivré à ceux qui chassent pour leur plaisir.

Le permis de la Classe A est délivré aux chasseurs qui ne font point usage d'armes à feu, et celui de la Classe B, à ceux qui en font usage.

Art. 8. — Il ne sera pas délivré de permis de chasse de profession :

1° Aux fonctionnaires ou assimilés du rang de *Hannin* ou de rang supérieur ;

2° Aux individus qui payent l'impôt sur le revenu ;

3° Aux individus qui payent au moins 15 *yen* d'impôt foncier ;

4° Aux membres de la famille de tout individu qui paye au moins 15 *yen* d'impôt sur le revenu.

Art. 9. — La délivrance des permis de chasse donne lieu au payement des droits suivants :

Permis de chasse de profession { classe A yen 0,50
{ classe B   2 »
id.   d'agrément { classe A   5 »
{ classe B   10 »

Art. 10. — Les permis de chasse de la Classe A sont valables pour une année entière, à partir du 15 octobre ; ceux de la Classe B sont valables pour une saison commençant le 15 octobre et finissant le 15 avril de l'année suivante.

Art. 11. — Les permis sont personnels ; toutefois, les chasseurs de profession munis du permis de la Classe A sont autorisés à se faire accompagner, à titre d'aides, de trois individus, au plus, lesquels n'auront pas besoin de permis.

Art. 12. — Tout chasseur, lorsqu'il est en chasse, doit porter sur lui son permis.

Les agents de police, les gendarmes, les agents forestiers et les maires peuvent réclamer des chasseurs l'exhibition de leur permis. Les garde-chasse peuvent le faire également, dans l'étendue des réserves dont ils ont la garde.

Dans aucun des cas ci-dessus indiqués, le chasseur ne pourra se refuser à exhiber son permis.

Art. 13. — Lorsqu'un permis aura été perdu, on devra en faire la déclaration au bureau de police de la localité, ainsi qu'au bureau de la préfecture qui l'aura délivré.

Dans le cas où un permis aura été perdu ou détérioré, on pourra, moyennant 25 sen, en obtenir le renouvellement ou une nouvelle expédition.

Art. 14. — Les permis de la Classe B seront refusés aux individus âgés de moins de 16 ans.

Art. 15. — Tout permis qui aura cessé d'être valable devra être rendu dans les 30 jours, au bureau de la préfecture qui l'aura délivré.

CHAPITRE III.

DES RÉSERVES DE CHASSE.

Art. 16. — Les sujets japonais qui voudront établir des réserves de chasse pourront en obtenir l'autorisation, en adressant, par l'intermédiaire des Préfets une demande à cet effet au Ministre de l'Agriculture et du Commerce; cette demande indiquera la durée pendant laquelle la réserve sera maintenue, laquelle ne pourra dépasser 10 ans.

Il appartiendra au Ministre de l'Agriculture et du Commerce de déterminer les restrictions qu'il y aurait lieu d'apporter à l'établissement des réserves.

Art. 17. — Ceux qui voudront louer des forêts, des landes ou des eaux appartenant à l'État, pour établir des réserves, devront s'adresser, pour en obtenir l'autorisation, aux administrations desquelles ces propriétés relèvent.

Si un terrain sur lequel on établit une réserve est une propriété appartenant à autrui, on devra, au préalable, s'être assuré du consentement du propriétaire ou de ses ayants droit.

Art. 18. — L'étendue *maximum* d'une réserve sera de 1500 *chobo* (environ 1500 hectares), pour laquelle le droit à payer sera au prorata de 10 *yen* par an. Si une réserve formée de terrains contigus dépasse en étendue le *maximum*, on aura à payer, en plus, pour chaque 100 *chobo* (100 hectares environ), un droit de 1 *yen*.

Le Ministre de l'Agriculture et du Commerce pourra, selon les conditions du terrain, réduire les droits spécifiés au paragraphe précédent.

Art. 19. — Il est interdit à toute personne de chasser dans une réserve, hormis au fermier et aux personnes qu'il y a autorisées.

Art. 20. — Nul ne peut chasser, même dans sa réserve, à moins d'avoir un permis.

Art. 21. — On devra, en cas d'abandon ou de réduction d'une réserve, en faire, par l'intermédiaire du Préfet, la déclaration au Ministre de l'Agriculture et du Commerce.

Art. 22. — Le Ministre de l'Agriculture et du Commerce peut, lorsque le fermier a contrevenu aux présents règlements ou ne s'est pas soumis aux restrictions mentionnées au paragraphe 2 de l'article 16, ou lorsqu'il juge que l'intérêt général est compromis, rapporter l'autorisation de réserve en tout ou en partie.

Art. 23. — Dans les cas spécifiés aux articles 21 et 22, les droits déjà payés ne seront pas restitués.

CHAPITRE IV.

DE LA PROTECTION DU GIBIER.

Art. 24. — Est interdite la chasse des oiseaux et animaux suivants :

Les grues et cigognes,
Les hirondelles,
Les alouettes,
Les bergeronnettes et hochequeues,
Les mésanges et oiseaux de la famille des paridés,
Les fauvettes,
Les roitelets,
Les coucous,
Les pics,
Les gobe-mouches,
Les étourneaux,
Les farlouses ou pipits,
Les cerfs de moins d'un an,

Art. 25. — Est interdite, pendant une période de protection qui s'étend du 15 Mars au 14 Octobre, la chasse des oiseaux et animaux suivants :
Les faisans,
Les faisans cuivrés,
Les cailles,
Les oies sauvages,
Les canards sauvages,
Les bécasses et bécassines,
Les poules d'eau,
Les cygnes,
Les rossignols,
Les merles,
Les hérons,
Les pigeons,
Les pies-grièches,
Les geais,
Les râles d'eau,
Les cerfs,
Les antilopes,
Les lièvres.

Les Préfets pourront, suivant les conditions des localités, avancer ou retarder, de 30 jours au plus, la période prévue par le paragraphe précédent, après en avoir, toutefois, obtenu l'autorisation du Ministre de l'Agriculture et du Commerce.

Art. 26. — Lorsque, pour la protection du *yamamai* (vers-à-soie du chêne), pour un but scientifique ou pour toute autre raison spéciale, il sera jugé nécessaire d'éloigner, de poursuivre ou de capturer l'un des oiseaux ou des animaux mentionnés aux articles 24 et 25, les Préfets pourront donner exceptionnellement les autorisations voulues.

Les Préfets pourront autoriser, lorsqu'ils le jugeront nécessaire, la poursuite et la capture des oiseaux et des animaux malfaisants.

Art. 27. — Lorsqu'il sera jugé nécessaire de protéger spécialement tel ou tel gibier, dont la chasse n'est pas prohibée, le Ministre de l'Agriculture et du Commerce pourra, sans tenir compte des présents règlements, en suspendre la chasse.

Art. 28. — Il est défendu de prendre, de vendre ou d'acheter les œufs et les couvées des oiseaux énumérés aux articles 24 et 25.

CHAPITRE V.

DES PÉNALITÉS.

Art. 29. — Seront punis d'une amende de 10 yen à 100 yen ceux qui auront chassé sans permis, ainsi que ceux qui auront obtenu par fraude des permis de chasse ou des autorisations d'établir des réserves.

Art. 30. — Seront punis d'une amende de 5 yen à 50 yen, ceux qui auront contrevenu aux dispositions du paragraphe 1er de l'article 2, à celles de l'article 3, ou à celles des nos 1 à 6 de l'article 4.

Les délinquants perdront, en outre, le droit de se servir de leur permis.

Art. 31. — Seront punis d'une amende de 2 yen à 20 yen ceux qui auront contrevenu aux dispositions du paragraphe 7 de l'article 4, à celles des paragraphes 1er et 3 de l'article 12, à celles de l'article 24, à celles du paragraphe 1er de l'article 25 ou à celles de l'article 28.

Toutefois, en ce qui concerne le paragraphe 7 de l'article 4, la poursuite ne sera exercée que sur la plainte du propriétaire ou de ses ayants droit.

Art. 32. — Seront punis d'une amende de simple police de 1 yen à 1 yen 95 sen, ceux qui auront contrevenu aux dispositions du paragraphe 1er de l'article 13, à celles de l'article 15 ou à celles de l'article 21.

Dispositions additionnelles.

Art. 33. — Les présents règlements entreront en vigueur à partir du 15 Octobre 1892. Toutefois, les dispositions relatives au permis de chasse sans armes à feu n'entreront en vigueur que le 15 Octobre 1893.

Ceux qui, antérieurement à la mise en vigueur des présents règlements, auront reçu des permis de chasse, soit d'agrément, soit de profession, ne seront pas tenus d'en prendre de nouveaux : ils pourront continuer à s'en servir. Néanmoins, ceux qui auraient obtenu un permis de chasse de profession et qui se trouveraient dans l'une des catégories de personnes mentionnées par l'article 8, devront demander un permis de chasse d'agrément, conformément à l'article 9.

Art. 34 — Les règlements de chasse édictés par la Notification n° 11 du mois de Janvier 1877, seront abrogés à dater du jour de la mise en vigueur des présents règlements.

Ordonnance Ministérielle N° 13, déterminant les règlements de détail pour l'application de l'Ordonnance Impériale relative à la Chasse.

Art. 1er. — Les filets dont il est question à l'article 1er de l'Ordonnance Impériale comprennent le *muso*, filet à nappe, le *toami*, filet à main ou épervier, le *kasumiani*, araignée, *hariami*, rafle, pantière ; les lacets englués comprennent les planchettes engluées flottant sur l'eau et les collets englués tendus à fleur d'eau ou à fleur de terre ; les baguettes engluées comprennent les gluaux et les arbrets.

Art. 2. — Les restrictions en ce qui touche les armes à feu sont les mêmes que celles des règlements de police concernant les armes à feu.

Art. 3. — Tout individu désirant recevoir un permis de chasse devra, dans la demande qu'il adressera à cet effet, mentionner la catégorie et la classe du permis, le lieu de son domicile, sa condition sociale, sa profession, ses nom et prénoms et son âge.

Art. 4. — En cas de renouvellement ou de nouvelle expédition d'un permis, la demande prévue par le paragraphe 2 de l'article 13 des règlements sur la chasse, devra être accompagnée du montant des droits qui seront payés en timbres de l'enregistrement appliqués sur la feuille de demande.

Art. 5. — Quiconque voudra établir une réserve de chasse devra accompagner sa demande d'un plan indiquant les dimensions et l'étendue du terrain.

La même formalité devra être remplie dans le cas des déclarations relatives aux modifications apportées à l'étendue de la réserve.

Art. 6. — Tout porteur de permis qui vient à changer de condition sociale, de nom ou de domicile, devra dans les trois semaines, en faire la déclaration à la préfecture (à Tokyo, à la Préfecture de Police) ; s'il s'est transporté dans un autre département, cette déclaration devra être faite, en outre, à la préfecture de ce département.

Art. 7. — Toute personne qui voudra faire élever des poteaux interdisant la chasse adressera à cet effet une demande motivée au préfet du département.

Les frais d'établissement de ces poteaux seront à la charge du requérant.

Art. 8. — Les poteaux qui seront élevés par les préfets devront avoir la forme et les dimensions du modèle ci-annexé (*figure* 1).

Art. 9. — Toute réserve de chasse devra être entourée de poteaux carrés conformes au modèle ci-annexé (*figure* 2) et plantés dans un endroit apparent et espacés au moins de 50 *ken* les uns des autres (environ 91 mètres ; — un *ken* égale mètre 1.8182).

Art. 10. — Les propriétaires qui désireront maintenir sur leurs terres les poteaux interdisant la chasse qu'ils y avaient fait élever jusqu'à ce jour, devront adresser à cet effet une nouvelle demande à leurs préfectures respectives et les remplacer par des poteaux du nouveau modèle ; les frais d'établissement seront à la charge des requérants.

Art. 11. — Tout étranger auquel un permis aura été délivré pourra chasser dans l'étendue des limites des Traités. Au cas où il viendrait à chasser en dehors de ces limites, ledit permis serait annulé.

Tokyo, le 12ᵉ jour du 10ᵉ mois de la 25ᵉ année de *Meiji* (12 octobre 1892).

Signé : *Le Ministre de l'Agriculture et du Commerce,*

Cᵗᵉ Goto.

Ordonnance Impériale N° 85.

Nous avons approuvé la modification apportée à la durée de la saison de la chasse et Nous en ordonnons la promulgation par les présentes.

Signé : Mutsu-Hiro (L. S. I.).

Le 5ᵉ jour du 10ᵉ mois de la 25ᵉ année de *Meiji* (5 octobre 1892).

Contresigné : *Le Ministre de l'Agriculture et du Commerce,*

Cᵗᵒ Goto.

La durée de la saison de la chasse fixée par les règlements sur la chasse publiés par l'Ordonnance Impériale N° 84, de l'année 1892, pour les porteurs des permis de la classe B, s'étendra, pour la présente année seulement, du 15 Novembre 1892 au 15 Avril 1893.

— Après cette publication, le Ministre des Affaires étrangères du Japon annonçait aux représentants des puissances que, dans le but d'assurer d'une façon générale et effective la protection du gibier, le gouvernement impérial avait jugé nécessaire de changer les règlements en vigueur et qu'il en avait publié d'autres pour remplacer les anciens devenus inapplicables : étant toutefois disposé à octroyer aux étrangers les privilèges énoncés par les nouvelles dispositions, sous réserve que ceux-ci se conformeraient aux formalités qui y étaient prescrites et en observeraient les prohibitions.

Comme on le voit, le gouvernement japonais a mis de côté les arrangements diplomatiques conclus avec les puissances en 1876, ce qui ne laisse pas de soulever quelques difficultés quand ce ne serait que sur les questions de savoir quelle sanction sera donnée aux violations des prohibitions, quelle pénalité sera appliquée par les tribunaux consulaires et ce que deviendra la convention avec clause pénale, signée autrefois par les étrangers détenteurs de permis.

MAROC.

La chasse, dans le Maroc, n'est régie par aucun règlement. Du reste, s'il en existait un, il est plus que certain que l'autorité marocaine serait complètement impuissante à en surveiller l'application.

Dans ce pays, quiconque chasse ce qu'il veut et quand il veut ; et lorsqu'il prend fantaisie à un riche caïd de tirer quelques perdreaux, il se contente de faire défendre à ses administrés de chasser pendant un certain temps dans le pays qu'il désigne : telle est la coutume.

Le corps diplomatique de Tanger a bien formulé quelques vœux tendant à ce que tel gibier ne soit chassé que pendant telle époque, mais ces desiderata, faiblement soutenus par l'autorité locale, ne sont respectés que par quelques Européens.

De la liberté absolue qui règne en cette matière, il résulte que le gibier est relativement rare aux environs de Tanger, et qu'il faut pénétrer assez avant dans l'intérieur pour faire de bonnes chasses.

On trouve des lapins en grande quantité entre Harache et Mogador ; les lièvres et les perdreaux sont également abondants. Le passage des cailles à Tanger est renommé ; mais la chasse la plus estimée dans ces parages est celle au sanglier, qui, du reste, est en même temps la plus intéressante. Cette chasse se fait à cheval et à la lance.

On va camper à un ou deux jours de la ville, pendant une semaine, et il est rare que l'on ne tue pas un ou deux sangliers par jour. La lance employée pour cette chasse mesure deux mètres de longueur environ. Dès que le sanglier est signalé, les cavaliers se lancent à sa poursuite, lance baissée, dans la position du picador pour les courses de taureaux : c'est à qui touchera le premier la bête, et, dans la bagarre, il y a souvent des accidents. Pour ces chasses, il faut être excellent cavalier.

Il y a aussi à Tanger un club de chasse au renard admirablement organisé, ayant les mêmes règlements que ceux appliqués dans les clubs analogues qui sont assez nombreux en Angleterre.

Ces chasses sont très brillantes, elles ont lieu deux fois par semaine, du mois de novembre au mois de mars. Il faut encore, là, être bon cavalier et avoir une monture solide, étant donné l'absence totale de routes, le mauvais état des terrains et les obstacles souvent dangereux que l'on doit franchir à chaque instant (1).

RÉPUBLIQUE SUD-AFRICAINE.

Le *Transvaal*, qui se trouve dans la région du cap de Bonne-Espérance, se nommait autrefois République Hollandaise-Africaine.

Ce pays, en 1853, a pris le nom de République Sud-Africaine.

Le siège de son gouvernement est dans la ville de Pretoria.

État oligarchique et patriarcal, il est fondé sur différents privilèges, qui sont dans les mains de la classe blanche, au détriment de la classe noire, des propriétaires fonciers et des représentants de la religion protestante.

Les blancs jouissent seuls des droits politiques. C'est dans ce pays que les Boers se trouvent cantonnés depuis 1652.

Jusqu'à présent, la chasse avait été complètement libre dans le Transvaal.

Toutefois il y avait une exception pour le gibier à poil, qui ne pouvait être chassé du 15 septembre au 1er janvier.

Le gibier étant, par suite, devenu fort rare, la Chambre, pour remédier à ce mal, a décrété qu'à partir du 1er janvier 1892, nul ne pourrait chasser sans permis, sauf sur son propre terrain, pour détruire les animaux nuisibles qui portent dommage aux récoltes.

La chasse de l'éléphant et de l'hippopotame est complètement interdite par ce décret.

Celle des autres quadrupèdes n'est plus autorisée que du 1er février au 15 septembre.

---

(1) L'ensemble de ces indications nous a été gracieusement fourni par M. Pascal, secrétaire de la légation de France à Tanger.

Celle du gibier à plumes, du 1ᵉʳ février au 15 juillet.

Un permis de chasse est nécessaire; son prix est de 250 francs par an pour la chasse aux buffles, à l'élan, à la girafe et au rhinocéros.

Le prix est de 75 francs pour la chasse des grandes antilopes et du sanglier.

De 37 fr. 50 pour la chasse des petites antilopes.

Et de 12 fr. 50 pour celle du gibier à plumes de toute espèce.

Tous les animaux carnassiers peuvent être tirés en tout temps, et sans permis (1).

(1) Extrait d'une dépêche du vice-consul de France dans la République Sud-Africaine, du 17 octobre 1891.

CORRECTIONS ET ADDITIONS.

ALLEMAGNE. — Page 112, ligne 25. *Lire :* loi du 9 mars 1868, *au lieu de :* 1867.
— Page 112, ligne 31. *Lire :* établi en Allemagne, *au lieu de :* semblable à celui établi en France.

BELGIQUE. — Page 451. *Lire :* la Belgique, dont l'indépendance ne date que de 1830, *au lieu de :* la Belgique, en recouvrant son indépendance.

PORTUGAL. — Page 607. *Lire :* en exécution de la délibération prise par, *au lieu de :* de la délibération de prise.

ALLEMAGNE. — PRUSSE. — La loi du 9 mars 1868 avait décidé que les permis de chasse obtenus dans un des territoires annexés à la Prusse seraient valables dans les anciennes provinces et *vice versa*. Ladite mesure ne fut pas prise à l'égard du duché de Lauenbourg, lors de son incorporation à la monarchie en 1876. Cet oubli eut pour conséquence de nombreux procès-verbaux dressés contre les chasseurs qui se rendaient dans ce duché munis d'un permis général. La loi du 20 avril 1891 a fait cesser cette anomalie en étendant au Lauenbourg la loi de 1868. (Annuaire de législation étrangère, xxiᵉ année, p. 223.)

AMÉRIQUE. — CALIFORNIE. — Dans la législature de 1891 (Code pénal), la section 626, relative à la protection du gibier, chap. 252 (31 mars) a été amendée.

MASSACHUSETTS. — 28 mars 1891. Chasse, chap. 112 : Loi fixant une pénalité contre ceux qui prennent ou tuent des bécasses, grouses, cailles et canards pendant certaines saisons. Il est interdit de prendre ou de tuer des grouses à crételen toute saison (prohibition nouvelle); des bécasses, des grouses à collerette, appelées perdrix, entre le 1ᵉʳ janvier et le 14 septembre; des cailles, entre le 1ᵉʳ janvier et le 15 octobre ; des canards des bois ou d'été; des canards noirs ou sarcelles, ou aucun oiseau rentrant dans l'espèce des canards, entre le 15 avril et le 1er septembre, sous peine d'une amende de 20 francs pour chaque oiseau pris ou tué (la loi de 1886 fixait comme date le 1er janvier et le 1er octobre.)

Chapitre 254 (28 avril) : Loi concernant la preuve des infractions à certaines lois sur la chasse : L'article 5 du chapitre 266 des lois de 1886 qui interdisait l'usage de certains engins de chasse : trappes, filets ou pièges, est amendé par l'addition suivante : « La construction et la disposition de trappes, pièges ou filets servant à prendre ou à tuer des oiseaux de chasse, des oiseaux d'eau, des lièvres ou des lapins sur des terrains fréquentés par ces animaux, sera une preuve suffisante que cette construction ou disposition était faite dans l'intention de prendre ou de tuer ces animaux en violation de la loi. » (Annuaire de législation étrangère, XVIe année, page 918.)

TABLE ANALYTIQUE.

A

Abeilles. — Chili, 879.
Adjoint. — France, 22, 26, 81.
Adjudication. — France, 65; Allemagne, 138, 193, 211.
Administrateur de district. — Allemagne, 143, 214, 219, 220.
Administration forestière. — France, 40.
Affût. — Belgique, 457, 451, 471.
Animaux a fourrure. — Canada, 559; États-Unis, 867.
Animaux de chasse. — Allemagne, 143, 190, 210, 217, 220, 253, 254, 265; Angleterre, 544; Écosse, 550; Suède, 619; Hollande, 665; Perse, 900.
Animaux nuisibles. — France, 5, 18, 23, 28, 34, 47, 51, 52, 53, 66; Allemagne, 122, 127, 141, 151, 152, 153, 160, 167, 172, 174, 182, 186, 190, 200, 203, 210, 220, 221, 217, 262; Autriche, 291, 295, 297, 302, 306, 311, 322, 327, 337, 323, 339, 344, 319, 357, 361, 377, 379, 383, 390, 398, 407, 417, 418; Hongrie, 431; Belgique, 447, 460, 472; Luxembourg, 492; Angleterre, 572; Espagne, 592, 601, 603; Portugal, 607, 609, 610, 611, 613; Suède, 619, 624; Norvège, 629, 630; Danemark, 647, 650; Hollande, 666, 667, 697; Italie, 704, 709, 718, 719, 733; Suisse, 737, 739, 749, 750, 763, 768, 774, 778, 784, 785, 790, 792, 793; Roumanie, 802; Russie, 825, 833, 835, 837; Finlande, 843, 844; Turquie, 848, 854; États-Unis, 875; Chili, 878; Équateur, 881; Perse, 901; Japon, 925; Transvaal, 930, 931; Chine, 915.
Animaux utiles. — France, 47, 48; Allemagne, 146, 151, 183, 197, 201, 203, 202; Autriche, 277, 303, 394; Belgique, 451, 467; Canada, 557, 560, 574, 573,

701; Norvège, 626; Finlande, 843; Japon, 925.
Anticurésiste. — France, 31.
Antilope. — États-Unis, 863.
Appâts, Drogues, Poisons, etc. — France, 24, 78; Allemagne, 151, 154, 171, 201, 202, 293, 398; Belgique, 448; Luxembourg, 501; Angleterre, 528, 537; Irlande, 549; Canada, 558, 567; Espagne, 593; Portugal, 608; Suède, 620, 624; Norvège, 631; Italie, 694, 697, 699, 707, 718, 727, 738, 793; Roumanie, 802; Turquie, 848, 851; États-Unis, 855, 857, 864, 867, 871, 872, 875, 876.
Appeaux, Appelants. — France, 24.
Armée. — Russie, 841.
Arrestation des délinquants. — Autriche, 291; Hongrie, 435; Angleterre, 509, 524, 527, 529; Portugal, 612; Hollande, 673; Roumanie, 805; États-Unis, 860; Japon, 919.
Arrondissement de chasse. — Allemagne, 213; Autriche, 295; Suisse, 738.
Associé de chasse. — France, 65; Allemagne, 138, 161, 163, 169, 214, 215; Autriche, 319.
Aubergistes, Traiteurs, etc. — France, 22; Allemagne, 198, 227; Belgique, 461, 475; Luxembourg, 498; Angleterre, 525.
Autorisation de chasse. — France, 32, 51, 65; Allemagne, 155, 167, 179, 186, 188, 190, 201, 202, 221, 234; Autriche, 324, 349, 354, 361, 382, 384, 409, 419; Espagne, 591; Hollande, 670; Italie, 687, 708, 720, 721; Suisse, 754; Russie, 825; Turquie, 852; États-Unis, 860.
Autorisation de transport. — Canada, 570; Hollande, 664.
Autorisation de vente. — Allemagne,

145, 148, 189, 190, 266; Autriche, 331, 318, 103.
AUTORISATION DU PROPRIÉTAIRE, POSSESSEUR OU FERMIER. — France, 17, 22, 23, 24, 25, 27, 30, 46; Allemagne, 119, 139, 174, 196, 214, 215, 218, 253; Autriche, 294, 295, 327, 313, 319, 361; Hongrie, 433; Belgique, 448, 452, 459, 468; Luxembourg, 499; Angleterre, 535, 547, 550, 568; Espagne, 589; Portugal, 607, 609, 610; Suède, 620; Norvège, 625, 628, 630; Danemark, 653; Hollande, 661, 663; Italie, 684, 696, 706, 712, 717, 725, 729; Suisse, 791, 792; Roumanie, 801, 803; Russie, 806, 821, 836, 837; Finlande, 845; Turquie, 848, 852; États-Unis, 865, 866, 868, 869, 870, 871, 873, 875, 876, 877; Chili, 878; Équateur, 879; Uruguay, 882; Buénos-Ayres, 885, 886; Japon, 922

AUTORISATION DU ROI. — Suède, 618.
AUTORITÉ ADMINISTRATIVE. — Allemagne, 149, 169.
AUTORITÉ CANTONALE. — Allemagne, 137.
AUTORITÉ COMMUNALE. — Allemagne, 136, 138, 141, 147, 148, 149, 154.
AUTRUCHE. — Uruguay, 884; Perse, 901.
AVANT-CHASSE. — Allemagne, 158.

B

BAN COMMUNAL. — Allemagne, 192.
BATTUES. — France, 51, 65, 75; Allemagne, 133, 147, 167, 183, 186, 187, 188, 229, 264; Autriche, 311; Hongrie, 432; Espagne, 593; Suède, 619.
BAUX. — France, 32, 65, 67; Allemagne, 138, 141, 177, 178, 181, 184, 192, 193, 211, 213, 257, 263, 264; Autriche, 276, 294, 299, 319, 359, 367, 388, 400, 407, 414; Luxembourg, 503.
BÉCASSE. — Allemagne, 171, 172, 257; Autriche, 322; Belgique, 447, 459, 464, 471; Angleterre, 514; Écosse, 550; Canada, 556; Italie, 720; États-Unis, 856, 859.
BELETTE. — Allemagne, 167, 172, 200.
BICHE. — Allemagne, 171, 173.

BIENS AGGLOMÉRÉS. — Allemagne, 146.
BISETS. — Italie, 720.
BLAIREAU. — Allemagne, 173, 200; Autriche, 302.
BOIS ET FORÊTS DE L'ÉTAT. — France, 64; Allemagne, 192.
BOIS DE GIBIER. — Allemagne, 160, 210.
BONNE FOI. — Allemagne, 115.
BOUC. — États-Unis, 863.
BOURGUEMESTRE. — Belgique, 463, 468, 495.
BOURSES. — France, 23, 27; Belgique, 461.
BRACONNAGE. — Angleterre, 508, 509, 510, 532; Espagne, 595.
BRACONNIER. — France, 20; Allemagne, 131, 158, 191; Autriche, 310; Angleterre, 509.
BROQUART. — Allemagne, 196.

C

CAILLE. — France, 22, 23, 27, 46, 47; Allemagne, 171; Autriche, 348; Angleterre, 514; Irlande, 546; Italie, 721, 733; Turquie, 848, 851; États-Unis, 856, 858, 861, 863, 864, 870, 877.
CANARDIÈRE. — Allemagne, 191, 192, 262; Belgique, 461 474; Hollande, 665, 668.
CANARDS SAUVAGES. — Allemagne, 167, 172, 203, 257; Hongrie, 431: Belgique, 459, 471; Angleterre, 514; Canada, 556; Danemark, 655; États-Unis, 856, 866.
CANTON DE CHASSE COMMUNALE. — Allemagne, 132, 134, 136, 137, 138, 213.
CANTON DE CHASSE INDÉPENDANT. — Allemagne, 136.
CANTONNIER. — Belgique, 463.
CAPITAINE DE CHASSE. — France, 8.
CAPITAINE DE BAILLIAGE. — Allemagne, 162, 167, 170, 172.

CAUTION. — Allemagne, 138; Hollande, 673.
CARIBOU. — Canada, 555; Suède, 622.
CARTE DE CHASSE. — Allemagne, 182, 216, 403.
CASTOR. — Allemagne, 174; Canada, 556; Norvège, 628, 629; Finlande, 846; États-Unis, 874, 877.
CERCLE. — Allemagne, 138.
CERF. — Allemagne, 167, 171, 173, 196; Irlande, 546; Espagne, 603; Suède, 622; Norvège, 628, 629; Italie, 699; Suisse, 703; Perse, 902.
CERTIFICAT DE CHASSE. — Allemagne, 189; Autriche, 321, 403.
CERTIFICAT D'ORIGINE. — Allemagne, 189, 218, 256, 267; Autriche, 313, 338, 371; Hongrie, 434; Hollande, 666; Suisse, 738.
CHAMBRE MUNICIPALE. — Portugal, 609.

CHAMOIS. — Autriche, 317.
CHASSE A COR ET A CRIS. — France, 2, 46.
CHASSE A LA CLE. — Italie, 719.
CHASSE A PATENTE. — Suisse, 742.
CHASSE A TIR ET A COURRE. — France, 23, 27, 46; Allemagne, 204; Hongrie, 433.
CHASSE COLLECTIVE. — France, 75.
CHASSE LOUÉE. — Suisse, 712, 755, 756.
CHASSE MARITIME. — France, 64; Turquie, 849.
CHASSEUR AMATEUR. — Japon, 921, 923.
CHASSEUR PARTICULIER. — Allemagne, 136, 137, 139, 161, 165, 170, 246, 252; Autriche, 271, 318; Italie, 701.
CHASSEUR PROFESSIONNEL. — Japon, 917, 921, 923.
CHEF DE STATION. — Belgique, 463.
CHEMIN DE FER. — Autriche, 290; Belgique, 470; Turquie, 852; Japon, 922.
CHEVREUIL. — Allemagne, 153, 171, 173; Autriche, 313, 312, 318; Écosse, 550; Canada, 555; Inde, 818; Norvège, 629; Suisse, 763.
CHIEN. — France, 5, 8, 23, 54; Allemagne, 130, 168, 169, 171, 187, 189, 190, 192, 196, 197, 217, 218, 254, 258, 264; Autriche, 271, 310, 323, 333, 336, 338, 357, 360, 378, 411, 417; Hongrie, 431, 433; Belgique, 457, 460, 471; Luxembourg, 498; Angleterre, 510, 517; Irlande, 546, 548, 549; Écosse, 550; Canada, 555, 568; Espagne, 576; Portugal, 609, 610; Suède, 620, 624; Norvège, 628, 631; Danemark, 658, 651; Hollande, 665, 666; Italie, 679, 707; Suisse, 738, 741, 745, 756, 761, 765, 767, 769, 771, 777, 778, 783, 784, 785, 790, 793, 795; Russie, 837; Finlande, 845; Turquie, 849, 852; États-Unis, 855, 857, 868, 870, 871, 873, 875, 876; Uruguay, 883, 884; Buenos-Ayres, 885, 886; Perse, 900, 908; Chine, 915.
CIRCONSTANCES ATTÉNUANTES. — Belgique, 462.
CLASSIFICATION DU GIBIER. — Angleterre, 511; Espagne, 588.
COLOMBIER. — Hollande, 668.
COMITÉ DE CERCLE. — Allemagne, 147, 149.
COMITÉ DE CHASSE. — Allemagne, 119, 262, 263.
COMMISSAIRE DE POLICE. — France, 21, 25, 61; Belgique, 463.
COMMISSION CANTONALE. — Autriche, 318, 328.
COMMUNAUTÉ. — Allemagne, 136; Autriche, 272.

COMMUNE. — Allemagne, 118, 136, 139, 161, 171, 175, 176, 180, 181, 191, 192, 204, 210, 225; Autriche, 273, 275, 276, 299, 334, 339; Luxembourg, 503; Danemark, 645; Italie, 701; Russie, 806, 836.
COMMUNE DE CHASSE. — Allemagne, 225, 247.
COMPLICITÉ. — Allemagne, 139; Autriche, 271, 291, 293, 310; Hongrie, 435; Hollande, 670; Turquie, 852; Équateur, 881; Perse, 908, 909.
CONCESSIONNAIRE DE CHASSE. — Autriche, 295.
CONFISCATION DES ARMES ET ENGINS. — France, 6, 8, 17, 22, 25, 37, 57; Allemagne, 119, 151, 152, 173, 174, 178, 185, 192, 219, 240, 250; Autriche, 206, 328; Belgique, 448, 449, 452, 461, 463, 469, 478; Luxembourg, 451, 501; Angleterre, 510, 524, 533, 547; Canada, 558; Espagne, 580, 593, 602; Suède, 621; Hollande, 670, 671, 673; Italie, 681, 685, 690, 708, 718, 721, 734; Roumanie, 804; Finlande, 846; Turquie, 851; États-Unis, 860.
CONFISCATION DU GIBIER. — France, 22, 36, 37; Tunisie, 112, 113; Allemagne, 115, 152, 168, 173, 250; Autriche, 293, 295, 305, 322, 328, 339, 353, 386, 414; Hongrie, 433; Belgique, 449, 452, 461, 469; Luxembourg, 498; Angleterre, 516, 527, 532; Canada, 558, 568; Espagne, 593; Portugal, 613; Suède, 621; Hollande, 671, 672; Italie, 690; Suisse, 738, 760, 791; Roumanie, 804; Finlande, 846; États-Unis, 866; Paraguay, 884.
CONSEIL DE DISTRICT. — Allemagne, 147, 148, 149, 211.
CONSEIL DE PROVINCE. — Allemagne, 147.
CONSEIL FÉDÉRAL. — Allemagne, 151.
CONSEIL GÉNÉRAL. — France, 27, 31, 52.
CONSEIL MUNICIPAL. — France, 53.
CONTRAINTE PAR CORPS. — France, 47.
CONSTABLE. — Angleterre, 528.
CONVENTIONS AVEC L'ÉTRANGER. — France, 99, 179; Allemagne, 185; Autriche, 287; Belgique, 483; Italie, 731; Suisse, 795.
CORNES DE CERF. — Allemagne, 160.
CORPS DIPLOMATIQUE. — Autriche, 283.
CORPORATION. — Allemagne, 136, 161; Canada, 564.
CORVÉES. — Allemagne, 158, 225, 230; Autriche, 273, 275; Danemark, 647; Italie, 701.
CYGNE. — Suède, 618; Hollande, 668; Suisse, 760.

D

DAIM. — Allemagne, 153, 167, 171, 228; Autriche, 318; Angleterre, 511; Irlande, 546; Écosse, 550; Canada, 558, 564, 571; Italie, 690; États-Unis, 855, 857, 863, 868, 871, 875.
DÉFENSE CONTRE LE GIBIER. — France,

18, 28, 51, 53, 66, 75; Allemagne, 110, 111, 151, 155, 162, 168, 171, 172, 183, 186, 197, 200, 201, 202, 218, 221, 227, 228, 248; Autriche, 290, 293, 305, 308, 312, 323, 328, 336, 337, 339, 348, 352, 356, 370, 373, 378, 387, 390, 402, 405, 417; Hongrie 422; Belgique, 447, 448, 460, 473; Luxembourg, 499, 503; Angleterre, 534; Portugal, 609; Norvège, 628; Danemark, 647, 650; Hollande, 666; Italie, 719; Suisse, 737, 781, 785; Roumanie, 802; Finlande, 844; États-Unis, 857; Equateur, 881.

DÉGUISEMENT. — France, 18, 25, 26; Allemagne, 238; Hongrie, 435; Belgique, 449, 462, 463; Luxembourg, 502; Hollande, 670; Italie, 681, 688, 690, 709; Roumanie, 804.

DÉLITS. — France, 18, 24, 25, 26, 58; Allemagne, 119, 139, 275, 331; Hongrie, 435; Belgique, 449; Luxembourg, 502; Angleterre, 527; Perse, 903.

DÉNONCIATION. — Hongrie, 434, 439; Espagne, 593; Portugal, 609, 612, 613; Italie, 681, 686, 708, 714; Finlande, 847; États-Unis, 866, 867, 876.

DÉSARMEMENT. — France, 26, 62; Allemagne, 253; Belgique, 463, 478; Luxembourg, 502; Suède, 617; Italie, 721.

DIMANCHE. — Allemagne, 119, 145, 162, 168, 183, 235, 239, 264; Autriche, 274, 309, 390; Angleterre, 519, 521, 538; Irlande, 546, 560, 571; Espagne, 576; Hollande, 665; Suisse, 740, 743, 759, 764, 765, 767, 774, 777, 784, 787, 788, 790; États-Unis, 855, 868, 869, 870, 871, 872, 874, 875.

DISPENSE DE PERMIS. — France, 22; Allemagne, 166, 198.

DISTRICT DE CHASSE. — Allemagne, 118, 136, 137, 159, 161, 163, 173, 176, 180, 181, 192, 193, 195, 201, 205, 210, 212, 225, 226, 233, 236, 245, 247, 256, 261, 262; Autriche, 273, 275.

DISTRICT FRANC. — Suisse, 746, 747, 749, 752, 755, 757, 758, 764, 763, 771, 773, 775, 782, 787, 789, 790.

DOMMAGES-INTÉRÊTS. — France, 25; Allemagne, 140, 153, 162, 177, 178, 183, 229, 238; Autriche, 252, 273; Hongrie, 431; Belgique, 441, 459, 460, 464; Luxembourg, 502; Angleterre, 534; Espagne, 593, 600; Portugal, 608, 610; Danemark, 647, 651; Italie, 680, 698, 700, 705, 709, 715, 716; Suisse, 771, 778, 793; Finlande, 845; Turquie, 849, 852; Equateur, 880; Uruguay, 884; Buénos-Ayres, 886, 887; Perse, 905; Japon, 918, 920.

DOMMAGE CAUSÉ PAR LE GIBIER. — France, 76; Allemagne, 129, 140, 144, 151, 153, 162, 177, 178, 183, 202, 218, 223, 233, 217, 252; Autriche, 273, 271, 276, 278, 291, 300, 309, 324, 367, 390, 395, 421; Hongrie, 429, 431; Belgique, 448, 460; Luxembourg, 499, 503; Angleterre, 510, 534; Ecosse, 551; Norvège, 625; Danemark, 647; Italie, 704; Suisse, 785.

DOUANIER. — Belgique, 463.

DROIT DE CHASSE. — France, 1, 3, 4, 5, 6, 11, 16, 21, 23, 30; Allemagne, 118, 119, 125, 132, 135, 136, 157, 159, 160, 161, 164, 173, 175, 180, 181, 192, 193, 195, 196, 204, 210, 211, 220, 223, 232, 233, 243, 252, 255, 257, 261; Autriche, 273, 275, 276, 279, 299, 307, 315, 317, 332, 334, 346, 359, 367, 376, 388, 389, 400, 401, 402, 407; Hongrie, 427, 428; Belgique, 441, 447; Luxembourg, 485, 495; Angleterre, 513, 534, 535; Irlande, 545; Ecosse, 550, 568; Espagne, 576, 577, 588, 590; Suède, 614, 617; Portugal, 607; Norvège, 625; Danemark, 633, 645, 649; Hollande, 656; Italie, 676, 704, 712, 717, 725, 729; Suisse, 735, 737, 766, 781, 783, 792; Monaco, 797; Roumanie, 801, 803; Russie, 810, 811, 824, 834; Finlande, 843, 845; Turquie, 847; Egypte, 853; États-Unis, 854; Chili, 878; Equateur, 879; Paraguay, et Uruguay, 882; Buénos-Ayres, 885, 886, 887; Perse, 888; Chine, 912; Japon, 916, 918.

DROIT MUSULMAN. — Algérie, 113.

DROIT DE SUITE. — France, 24, 74, 75; Allemagne, 119, 123, 126, 135, 158, 162, 168, 173, 180, 183, 196, 217, 228, 230, 248, 253, 258; Autriche, 274, 289, 307, 317, 322, 336, 357, 390; Belgique, 448, 460; Luxembourg, 501; Irlande, 547; Ecosse, 551; Espagne, 589; Portugal, 607, 610; Suède, 618; Norvège, 626; Danemark, 650; Hollande, 666; Italie, 715; Suisse, 765, 768, 778; Roumanie, 802; Finlande, 844; Turquie, 852; États-Unis, 865; Chili, 878; Equateur 880; Uruguay, 883, 884; Buénos-Ayres, 887.

E

EAUX ET FORÊTS. — France, III, 3, 11, 19, 27, 63, 64.

ÉCHEVIN. — Belgique, 462-463.

ECCLÉSIASTIQUES. — France, 4, 6; Allemagne, 122.

ÉGLISE ET CIMETIÈRE. — Allemagne, 168, 264; Japon, 922.

TABLE ANALYTIQUE.   937

ÉGORGEMENT. — Algérie, 514; Perse, 889.
EIDER. — Norvège, 627, 628, 629.
ÉLAN. — Allemagne, 153; Suède, 619, 622; Norvège, 628, 629, 631; Finlande, 846; États-Unis, 855.
ÉLÉPHANT. — Inde, 573; Transvaal, 930.
ENCLAVE. — Allemagne, 137, 140, 154, 162, 163, 169, 175, 181, 194, 195, 211, 217, 251; Autriche, 280.
ENGIN. — France, 5, 6, 7, 18, 23, 31, 25, 37, 41, 46; Allemagne, 121, 141, 143, 145, 151, 171, 191, 197, 217, 221, 246, 253, 258, 264, 266; Autriche, 280, 292, 296, 301, 307, 322, 325, 327, 329, 330, 338, 342, 344, 349, 351, 356, 361, 370, 373, 378, 380, 385, 400, 409, 417, 419; Hongrie, 431; Belgique, 448, 452 453, 460, 468, 469, 473; Luxembourg, 400; Angleterre, 516; Irlande, 546; Écosse, 551; Canada, 557, 566, 567; Espagne, 576, 582, 590, 591, 602; Andorre, 606; Portugal, 608, 611, 612, 613; Suède, 619, 620, 623; Norvège, 625, 628, 630; Danemark, 648; Hollande, 664, 671, 672; Italie, 688, 697, 720, 727, 732, 733; Suisse, 738, 740, 760, 771, 781, 791, 793; Roumanie, 802; Russie, 815, 823, 837; Finlande, 844; Turquie, 851-852; États-Unis, 855, 856, 857, 860, 862, 864, 865, 868, 869, 870, 871, 872, 873, 874, 876, 877; Perse, 892, 895; Japon, 916, 921, 922, 927.
ÉPOQUES DE CHASSE DÉFENDUES. — France, 6, 24; Allemagne, 121, 126, 139, 142, 143, 151, 156, 167, 169, 171, 173, 181, 185, 187, 188, 190, 201, 203, 205, 211,
217, 228, 235, 247, 252, 254, 257, 260, 265; Autriche, 272, 279, 292, 295, 311, 322, 327, 330, 337, 338, 341, 343, 347, 352, 356, 361, 369, 372, 379, 385, 388, 394, 402, 404, 406, 409, 411, 412, 413, 415, 416, 425; Hongrie, 430; Belgique, 447, 459; Luxembourg, 498; Angleterre, 521, 522; Irlande, 535, 539, 546, 549; Écosse, 550, 572; Canada, 555, 556, 557, 566, 567, 568, 569, 571; Espagne, 576, 590, 601, 602; Portugal, 608, 610, 611, 613; Suède, 619, 620, 622; Norvège, 629, 632; Danemark, 647, 650, 651, 652; Hollande, 683; Italie, 686, 694, 697, 698, 697, 701, 707, 713, 718, 725, 727, 733; Suisse, 738, 739, 751, 755, 756, 757, 760, 763, 765, 766, 767, 771; 775, 778, 782, 783, 789; Roumanie, 801, 815; Russie, 816, 820, 822, 823, 826, 836; Finlande, 844, 845; Turquie, 848, 849, 851; États-Unis, 855, à 877; Uruguay, 883-884; Buénos-Ayres, 885-886; Chine, 915; Japon, 917, 918, 923, 925, 928; Transvaal, 930; Maroc, 930.
ÉTABLISSEMENT PUBLIC. — France, 67; Luxembourg, 503.
ÉTRANGER. — France, 45; Allemagne, 138, 157, 166, 231; Belgique, 465; Angleterre, 625, 630; Italie, 721; Suisse, 737, 759, 761, 777, 782, 789, 792; États-Unis, 860, 865, 871, 873, 874, 875, 876, 877; Équateur, 879; Japon, 917, 918, 927.
EXEMPTION DE PERMIS. — Allemagne, 119; Hongrie, 437; Turquie, 872.
EXPORTATION. — Angleterre, 560, 567, 570, 571; États-Unis, 867 à 873.

F

FUSIL. — France, 5, 7, 22, 24, 47; Allemagne, 153, 174, 201, 202; Belgique, 464; Danemark, 652; Italie, 708; États-Unis, 861.
FAON. — Allemagne, 143; Autriche, 292, 348, 352, 380, 414, 417; Norvège, 632; États-Unis, 855, 858, 863, 873.
FAUCONNERIE. — France, 2, 5.
FERMIER. — France, 18, 23, 24, 26, 31, 54, 62, 65; Allemagne, 134, 138, 144, 147, 156, 176, 178, 181, 187, 200, 201, 230, 240, 254, 256, 263; Autriche, 472; Angleterre, 519; Écosse, 551; Espagne,
589; Suède, 618; Danemark, 646; Roumanie, 801; Finlande, 843.
FONDS COMMUNAUX. — Autriche, 272.
FONDS RESTANTS. — Italie, 726.
FORÊT DOMANIALE. — France, 65.
FORÊTS, BUISSONS, GARENNES. — France, 3, 7.
FORTIFICATIONS. — Allemagne, 135, 137, 141, 193.
FOSSES. — Norvège, 629; Danemark, 651.
FURET. — France, 6, 23, 37, 46; Belgique, 459; Irlande, 546; Espagne, 590, 602; Hollande, 667; États-Unis, 856, 861, 867, 872, 874, 875, 876.

G

GARDE CHAMPÊTRE. — France, 18, 23, 25, 29, 61; Autriche, 297, 343; Belgique, 463.
GARDE-CHASSE. — France, 26, 49, 61, 69; Allemagne, 133, 138, 145, 167, 198, 217, 244; Autriche, 285, 291, 297, 305; Bel-

gique, 463; Angleterre, 509, 513, 515, 516, 520; Irlande, 548; Écosse, 551; Canada, 558; Espagne, 591; Italie, 749; Russie, 833.

GARDE COMMUNAL. — Allemagne, 133.

GARDE FORESTIER. — France, 23, 25, 26, 61; Allemagne, 133, 138, 145, 167, 217, 241; Autriche, 285, 297, 305; Belgique, 463; Russie, 839.

GARDE MESSIER. — France, 18, 26, 61.

GARDE PARTICULIER. — France, 28, 69.

GARENNE. — France, 3, 4, 5, 16.

GENDARMERIE. — France, 26, 61; Autriche, 296, 305; Belgique, 463.

GELINOTTES. — Allemagne, 167, 172; Autriche, 322; Norvège, 628; Hollande, 663.

GIBIER (GROS ET MENU). — Allemagne, 181, 188; Hollande, 664, 665.

GIBIER DE CHASSE. — Hollande, 664; Perse, 899.

GIBIER D'EAU. — France, 23, 24, 27, 28, 34, 35, 59; Luxembourg, 498, 499; Irlande, 546; Hollande, 665.

GIBIER ÉTRANGER. — France, 34; Allemagne, 172, 237; Luxembourg, 498.

GIBIER DE MONTAGNE. — Suisse, 739, 745, 749.

GIBIER DE PLAINE. — Suisse, 738, 744.

GIBIER PROTÉGÉ. — Suisse, 738.

GLOUTON. — Suède, 618; Finlande, 844.

GRAND VENEUR. — France, 7.

GRANDE, MOYENNE, BASSE CHASSE. — Allemagne, 124, 125, 158; Espagne, 592.

GRATIFICATION. — France, 24, 26, 56; Hollande, 673.

GRIVE. — Allemagne, 151, 153, 171, 197, 201, 202, 258; Hongrie, 431; Portugal, 605; Hollande, 666.

GROUSE. — Irlande, 546; Écosse, 550.

GRUYER. — France, 5.

H

HABITATION. — France, 22, 24, 30; Tunisie, 111; Allemagne, 128, 150, 160, 168, 175, 181, 187, 198, 201, 258; Belgique, 448, 452, 460, 468; Luxembourg, 498, 501; Espagne, 590; Italie, 688, 691, 707; Suisse, 785; Turquie, 851; Egypte, 853, Japon, 918, 919.

HIPPOPOTAME. — Transvaal, 930

HIRONDELLE DE MER. — Allemagne, 151.

HOTE DE CHASSE. — Allemagne, 214, 218, 219, 221; Autriche, 320.

I

IGNORANCE, INADVERTANCE, BONNE FOI. — Allemagne, 119; Perse, 911.

ILES. — Allemagne, 136.

INDIEN. — Etats-Unis, 871.

INDIVISION. — France, 31; Allemagne, 136, 213, 234; Espagne, 539.

INFRACTION. — Angleterre, 528.

INONDATION. — Hollande, 685.

INTERDICTION DE CHASSE. — Suisse, 738, 785.

INSTRUMENT DE CHASSE. — Perse, 890.

INVITÉ. — Allemagne, 166, 178, 181, 198, 246.

J

JAGDREGAL. — Allemagne, 132.

JUGE DE PAIX. — France, 22, 26, 62, Angleterre, 509.

L

LACS ET ÉTANGS. — France, 57; Allemagne, 136, 175; Italie, 687; Turquie, 850.

LAPINS. — France, 29, 35, 46, 66; Allemagne, 140, 153, 167, 172, 196, 200; Belgique, 448, 459, 460, 461, 471, 473; Angleterre, 514, 524, 528, 534, 535; Irlande, 546, 549; Ecosse, 550; Espagne, 591; Hollande, 667; Etats-Unis, 856, 858, 866, 867, 872, 875, 876.

LÉGITIME DÉFENSE. — France, 47, 51.

LÉVRIER. — France, 5, 24, 28, 47; Allemagne, 258, 265; Belgique, 464, 465, 477, 480; Espagne, 592, 603; Danemark, 650, 651; Italie, 688, 707.

LICENCE DE CHASSE. — Autriche, 272, 403; Angleterre, 505, 510, 513, Irlande, 548; Écosse, 550; Espagne, 577, 578, 581, 584; Italie, 607, 628, 699, 703, 704, 709, 710, 713, 731; États-Unis, 850, 853, 866, 867, 870, 871; Uruguay, 844; Buénos-Ayres, 846.

LICENCE DE CHASSE AVEC CHIEN. — Angleterre, 517.

LICENCE DE CHASSE POUR LE DAIM. — Angleterre, 517.

LICENCE D'OISELER. — Autriche, 305.

LICENCE DE MARCHAND. — Angleterre, 509, 510, 515, 517, 525.

LICENCE DE PORT D'ARMES. — Espagne, 577.

LIÈVRE. — France, 111, 7; Tunisie, 111, 113; Allemagne, 145, 163, 171, 191, 257; Angleterre, 500, 513, 521, 534, 535, 538; Écosse, 550, 552; Canada, 556; Italie, 699.

LOCATAIRE DE CANTON DE CHASSE. — Allemagne, 140, 211.

LOCATION DE CHASSE. — France, 31, 32; Allemagne, 132, 138, 140, 146, 150, 161, 165, 169, 174, 176, 184, 191, 192, 193, 194, 211, 215, 226, 227, 245, 263; Autriche, 275; Danemark, 616, 649; Turquie, 851.

LOUP. — France, 28, 51, 52, 77; Allemagne, 123; Autriche, 339; Suède, 618; Norvège, 625; Italie, 719, 733; Finlande, 844.

LOUTRE. — Allemagne, 167, 172, 174, 200; Autriche, 363, 364, 366; Canada, 556; Italie, 734; États-Unis, 871.

LOUVETERIE. — France, 51, 65, 70, 76.

LUMIÈRE ET FEU. — Espagne, 590; États-Unis, 849, 872; Japon, 922.

LYNX. — Finlande, 844.

M

MAITRE DES EAUX ET FORÊTS. — France, 1, 8.

MAITRE D'ÉCOLE. — Autriche, 277, 300, 326, 328, 345, 355, 363, 364, 411, 420; Suisse, 736.

MAIRE. — France, 22, 25, 28, 31, 43, 53, 61, 75, 78; Roumanie, 803.

MARAIS. — Italie, 718, 720.

MARMOTTE. — Autriche, 347.

MARTINET. — Italie, 718.

MARTRE. — Allemagne, 167, 172, 173, 200; Canada, 556.

MILITAIRE. — Belgique, 450, 464; Angleterre, 510, 520; Irlande, 548; Espagne, 591, 601; Finlande, 843.

MODES DE CHASSE AUTORISÉS ET DÉFENDUS. — France, 25, 27, 40; Allemagne, 127; Angleterre, 518; Hollande, 665; Italie, 705, 716, 718, 719, 720, 727, 733; Russie, 815; Perse, 890.

MOINEAU D'EUROPE. — États-Unis, 856.

MOUETTE. — Allemagne, 151, 167, 189, 218.

N

NEIGE. — France, 21, 28, 30, 40, 54, 63; Allemagne, 154, 242; Belgique, 468; Luxembourg, 490; Irlande, 545; Espagne, 579, 590; Suède, 620; Norvège, 624; Hollande, 665; Italie, 688, 694, 699, 707, 718, 725, 758, 760.

NUIT. — France, 5, 21, 25, 40; Allemagne, 151, 191, 197, 241; Hongrie, 435; Belgique, 447, 451, 459, 462, 463, 471; Luxembourg, 501; Angleterre, 509, 512, 518, 528; Irlande, 537, 545, 547, 549; Espagne, 590; Hollande, 665; Italie, 684, 718; Suisse, 741, 760; Monaco, 798; Roumanie, 802; Turquie, 848, 852; États-Unis, 856, 858, 867, 868, 869, 870, 875, 876; Japon, 918, 919, 922.

O

OCCUPANT. — Angleterre, 535, 538, 539; Irlande, 547.

ŒUFS, NIDS, COUVÉES. — France, 22, 24, 47, 56; Tunisie, 111, 113; Allemagne, 141, 145, 150, 160, 167, 171, 172, 174, 187, 189, 190, 201, 217, 219, 221, 231, 253, 258, 259; Autriche, 272, 295, 304, 312, 324, 325, 327, 337, 342, 348, 364, 373, 379, 381, 346, 403, 411; Hongrie, 430; Belgique, 448, 451, 460, 468; Luxembourg, 495, 499; Angleterre, 524; Irlande, 546; Canada, 567, 568, 569, 571; Espagne, 594; Portugal, 608, 610, 611, 612, 613; Suède, 619; Norvège, 620; Danemark, 653; Hollande, 665, 666; Italie, 687, 717, 725, 733; Suisse, 738, 740, 743, 746, 754, 758, 760; Roumanie, 802, 803; Russie, 825, 831; Finlande,

855; Turquie, 818, 852; États-Unis, 854, 857, 862, 863, 865, 867 à 877; Perse, 902, 903, 907; Japon, 926.

OFFICIER DES EAUX ET FORÊTS. — France, 3.

OFFICIER DE LOUVETERIE. — France, 25, 39, 61.

OIE SAUVAGE. — Allemagne, 203; Autriche, 322; Hongrie, 431; Irlande, 546; États-Unis, 856, 858, 867, 875.

OISEAUX CHANTEURS. — Allemagne, 167, 171, 183; Canada, 571; États-Unis, 862, 869.

OISEAUX DE MARAIS. — Allemagne, 196, 203, 217, 257; Italie, 720; États-Unis, 872.

OISEAUX DE MER. — Allemagne, 151; Angleterre, 511; États-Unis, 860, 870.

OISEAUX DE PASSAGE. — France, 23, 24, 27, 34, 46, 47, 48; Allemagne, 167, 196, 252; Luxembourg, 499; Espagne, 576; Italie, 708, 733; Roumanie, 802; Turquie, 850; États-Unis, 862.

OISEAUX SAUVAGES. — Allemagne, 160; Belgique, 368; Angleterre, 511, 530, 534, 539; États-Unis, 858, 860, 865, 867, 868, 869, 873.

OISELEURS. — France, 2; Autriche, 272, 292, 305, 329, 355, 361, 409, 419; Italie, 680, 717, 719, 720.

ORIGNAL. — Canada, 555.

OURS. — Allemagne, 183; Autriche, 330; Suède, 618; Norvège, 625; Finlande, 844.

OUVERTURE DE CHASSE. — France, 22, 27, 32, 33, 36; Allemagne, 144, 185, 266; Autriche, 273; Andorre, 405; Belgique, 447, 459, 470; Luxembourg, 498; Espagne, 594; Hollande, 659; Suisse, 746; Turquie, 851; États-Unis, 864.

P

PATENTE DE CHASSE. — Norvège, 630.

PERDRIX. — France, 5, 6, 7, 22, 24, 47; Tunisie, 111, 113; Allemagne, 143, 171, 172, 201, 202; Belgique, 453; Irlande, 546; Écosse, 550; Canada, 556; Espagne, 576, 590; Norvège, 628, 629, 655; États-Unis, 856, 859, 861, 864, 866, et suivants; Perse, 904.

PÉNALITÉS. — France, 2, 5, 6, 7, 17, 18, 24, 25, 54; Tunisie, 112; Allemagne, 119, 123, 131, 139, 141, 142, 144, 145, 146, 147, 152, 158, 168, 172, 174, 178, 184, 187, 190, 191, 192, 199, 202, 218, 219, 228, 233, 240, 248, 253, 254, 257, 258, 267; Autriche, 272, 275, 278, 290, 293, 294, 296, 305, 308, 309, 315, 323, 326, 329, 331, 333, 338, 339, 340, 342, 344, 345, 349, 353, 355, 357, 359, 361, 362, 366, 370, 373, 375, 382, 386, 392, 397, 403, 410, 416, 417, 420; Hongrie, 433, 439; Belgique, 448, 449, 452, 459, 460, 462, 464, 469; Luxembourg, 499; Angleterre, 545, 521, 524, 525, 527, 528, 530, 537, 539, 541; Irlande, 545; Écosse, 551, 552; Canada, 558, 559, 568, 569, 570; Espagne, 580, 593, 594, 599, 600, 603, 604; Andorre, 605; Portugal, 607, 608, 611, 612, 613; Suède, 621, 623; Norvège, 629, 630; Danemark, 648, à 652; Hollande, 670; Italie, 679, 680, 685, 688, 697, 709, 704, 708, 713, 715, 717, 724, 728, 735; Suisse, 740, 751, 761, 762, 769, 771, 778, 785, 791, 794; Monaco, 798; Roumanie, 803, 804; Russie, 827, 828, 833; Finlande, 845, 846; Turquie, 848, 849, 851, 852; États-Unis, 855, 856, 857, 861, 862, 864, 866 à 875; Chili, 878;
Équateur, 880, 881; Uruguay, 883, 884; Buénos-Ayres, 885, 886, 887; Perse, 898, et suivants; Japon, 917 à 928.

PERMIS DE CHASSE. — France, II, III, 19, 21, 22, 24, 26, 27, 30, 37, 40, 42, 46, 52, 57; Allemagne, 119, 138, 139, 142, 144, 146, 150, 160, 170, 175, 177, 181, 182, 186, 198, 214, 216, 220, 221, 234, 239, 240, 248, 255, 259, 263, 264; Autriche, 272, 274, 285, 293, 294, 313, 316, 320, 321, 332, 339, 358, 365, 374, 380, 384, 390, 403, 411, 415; Hongrie, 437, 438; Belgique, 447, 448, 462, 464, 465; Luxembourg, 495, 496; Angleterre, 509, 513, 548; Canada, 560, 561, 566, 570, 571; Espagne, 578, 581, 588, 591, 594, 601; Andorre, 605; Norvège, 625, 630; Hollande, 661; Italie, 678, 684, 687, 694, 697, 699, 703, 706, 710; Suisse, 748, 754 à 759, 761, 763, 764, 766, 767, 774 à 777, 781, 782, 785, 787, 789, 790, 792; Monaco, 797; Russie, 807, 834, 835; Turquie, 848, 849, 850; Égypte, 853; États-Unis, 867, 870, 874, 874, 875; Buénos-Ayres, 886; Japon, 916 à 922, 927, Transvaal, 930.

PERMIS DE LEVER PAR ERREUR. — France, 45.

PERMIS DE CIRCULATION. — France, 35; Angleterre, 555.

PERMIS D'UN JOUR (étranger). — Allemagne, 170; Suisse, 754, 765, 768, 777.

PERMIS DE TROIS JOURS. — Suisse, 755.

PERMIS DE CINQ JOURS. — Luxembourg, 496; Suisse, 764.

PERMIS DE HUIT JOURS. — Allemagne, 198; Suisse, 764.

PERMIS GRATUIT. — Allemagne, 138; Hollande, 662; Russie, 835.

TABLE ANALYTIQUE.   941

Permis spécial (renard). — Suisse, 757, 776, 781.
Permis spécial (tenderie). — Luxembourg, 496.
Permis spécial (lévrier). — Belgique, 477, 440.
Perquisition. — France, 22, 34, 37; Autriche, 310; Belgique, 461, 475; Luxembourg, 496; Angleterre, 510, 525, 532; Irlande, 548; Écosse, 551; Canada, 558; Norvège, 628; Hollande, 667; Italie, 721; Suisse, 780; États-Unis, 860; Japon, 918.
Personne qualifiée. — Écosse, 551.
Phoc. — Norvège, 629.
Pigeons domestiques. — Espagne, 591, 613; Italie, 733; Chili, 870; Perse, 903, 910.
Pigeons sauvages. — Allemagne, 171, 173; Hongrie, 431; Italie, 717, 733; États-Unis, 861.
Pigeons voyageurs. — France, 79.
Pinsons. — Belgique, 468.
Pluvier. — Italie, 720.
Police de chasse. — France, 24; Allemagne, 146, 147, 149, 196, 200, 219, 231, 237; Autriche, 278, 291, 307, 335, 389; Espagne, 585; Hollande, 660; Russie, 828, 838; Finlande, 845.
Port d'armes. — France, 8, 19, 30, 37, 39; Martinique et Cochinchine, 116; Allemagne, 177, 219; Autriche, 278, 283, 307, 321; Belgique, 426, 462, 464, 465, 471, 480; Angleterre, 510, 511; Espagne, 578, 581, 584, 601; Andorre, 605; Italie, 688, 703, 713, 717, 728, 732; Monaco, 797; Buenos-Ayres, 846.
Portes des quadrupèdes. — Italie, 717.
Poule de bruyère. — Écosse, 550; Norvège, 628, 635; États-Unis, 856, 863.
Poursuites et jugements. — France, 17, 25; Allemagne, 141, 147, 148, 154, 156, 177, 178, 184, 220, 230; Autriche, 273, 281, 286, 300, 310, 323, 324, 326, 328, 333, 311, 312, 315, 355, 357, 359, 363, 366, 368, 375, 394, 403, 410, 116, 418, 420; Hongrie, 435, 434; Belgique, 450, 464, 420, 479; Luxembourg, 502; Angleterre, 531, 532, 533, 539, 541; Écosse, 551; Canada, 559; Espagne, 577, 583, 604; Portugal, 609; Suède, 621; Danemark, 653; Hollande, 660; Italie, 686, 698, 700, 706, 721, 728, 730; Suisse, 769, 780; Monaco, 801; Roumanie, 803; Russie, 836; Turquie, 849, 852; États-Unis, 854, 860, Paraguay, 884, Uruguay, 885; Perse, 889; Japon, 948.
Prévôt. — France, 22, 23, 27, 29, 34, 37, 38, 41, 44, 47, 48, 54, 55, 65, 75, 76, 78.
Préfet de police. — France, 42.
Prescription. — France, 18, 27, 34, 63; Allemagne, 139, 160; Angleterre, 219, 306; Autriche, 315, 323, 333, 340, 366, 375, 403; Hongrie, 436, 439; Belgique, 470, 464; Luxembourg, 503; Portugal, 608, 610; Danemark, 644, 654; Hollande, 671; Italie, 688, 701, 709, 710, 711; Suisse, 763; Roumanie, 805; Turquie, 849, 853; Équateur, 881.
Prime. — France, 28, 54, 54, 77; Autriche, 294, 308, 311, 330, 343, 360, 407; Suède, 621; Norvège, 627, 630; Hollande, 657; Italie, 733; Suisse, 711, 752, 754, 755, 762, 764, 765, 770, 772, 775, 776, 780, 784, 786, 789, 790, 794; Roumanie, 803, 805; Finlande, 845; Turquie, 821; États-Unis, 867.
Procès-verbal. — France, 26; Allemagne, 165; Belgique, 449, 463; Luxembourg, 502; Hollande, 669; Italie, 690, 721.
Propriétaire ou possesseur. — France, 16, 18, 22, 27, 29, 30, 31, 37, 38, 40, 47, 51, 52; Tunisie, 111; Autriche, 118, 132, 135, 136, 137, 150, 153, 155, 160, 161, 175, 176, 181, 191, 200, 202, 210, 213, 215, 218; Autriche, 273, 274, 276, 289, 295, 307, 317, 320, 335, 407; Hongrie, 431, 433, 437; Belgique, 447, 448, 452, 460, 468, 472; Luxembourg, 495, 498, 499; Angleterre, 509, 510, 513, 519, 529, 531, 535, 538, 539; Irlande, 547; Écosse, 550; Canada, 568; Espagne, 577, 585, 589, 590; Portugal, 607, 609, 610, 611, 613; Suède, 618, Norvège, 625, 628; Danemark, 645, 649, 650; Hollande, 653; Italie, 686, 698, 703, 707, 712, 725; Suisse, 759, 765, 768; Monaco, 797; Roumanie, 801; Russie, 800, 834, 836; Finlande, 843; Turquie, 848, 849, 854, 872; États-Unis, 856, 858, 859, 860; Chili, 878; Équateur, 879; Uruguay, 882, 883, 884; Buenos-Ayres, 885, 886, 887; Japon, 918; Transvaal, 930.
Propriété d'autrui. — France, 17, 22, 23, 24, 25, 36, 37, 38, 63; Tunisie, 111; Allemagne, 119, 122, 128, 129, 134, 136, 142, 146, 157, 157, 158, 160, 174, 175, 181, 184, 191, 192, 210, 224, 230, 253, 255, 258, 261; Autriche, 273, 275; Belgique, 448, 452, 459, 468; Luxembourg, 501; Angleterre, 528, 516, 532, 568; Espagne, 591; Portugal, 608, 613; Suède, 620, 621; Danemark, 644, 651, 652; Hollande, 661; Italie, 684, 687, 700, 701, 712, 713, 715, 717, 725, 729, 784; Roumanie, 801, 803; Russie, 804, 824, 833, 836, 837; Finlande, 844, 845; Turquie, 848, 849, 851, 852; États-Unis, 865, 868 à 877; Chili, 878; Équateur, 879, 880; Uruguay, 883; Buenos-Ayres, 885, 886; Japon, 941.
Propriété d'état. — France, 27; Allemagne, 192; Belgique, 449, 462; Es-

pagne, 589; Portugal, 607, 609; Suède, 617, 624; Italie, 707; Russie, 805, 824, 839; Finlande, 843; Turquie, 850; Paraguay, 884; Uruguay, 885; Japon, 922.

PROPRIÉTÉ CLOSE. — France, 22, 24, 25, 26, 27, 31, 38, 46, 56, 62; Allemagne, 118, 128, 136, 144, 160, 163, 167, 172, 175, 181, 183, 188, 192, 198, 204, 212, 218, 222, 227, 229, 245, 256; Autriche, 272, 273, 275, 288, 292, 318, 322, 356, 402; Hongrie, 433; Belgique, 447, 418, 453, 469; Luxembourg, 498; Écosse, 550; Espagne, 589, 590; Portugal, 609 à 611; Suède, 618, 619, 623; Norvège, 628; Danemark, 647, 654; Hollande, 683; Italie, 691, 704, 707, 710, 717, 759; Russie, 837; Turquie, 848, 849, 851, 852; États-Unis, 876; Japon, 922.

PROPRIÉTÉ NON CLOSE. — France, 17, 18; Autriche, 272, 357; Espagne, 589; Portugal, 609; Suède, 618, 623, 700, 704; États-Unis, 857; Chili, 878; Équateur, 879, 881; Uruguay, 884; Buénos-Ayres, 886; Japon, 920, 922.

PROPRIÉTÉ DU GIBIER. — Allemagne, 149, 155, 160, 174, 182, 183, 197, 248, 253, 264; Autriche, 274, 289, 294, 310, 336, 337, 360, 361, 391; Angleterre, 519, 550; Écosse, 551; Espagne, 589; Portugal, 607, 610; Suède, 618; Danemark, 647, 653; Italie, 645; Suisse, 754, 755, 778, 791, 794; Roumanie, 802; Russie, 838; États-Unis, 872; Chili, 878; Équateur, 880; Uruguay, 883, 884; Buénos-Ayres, 886; Perse, 894, 895, 899.

PROTECTION. — France, 23, 28, 47; Allemagne, 130, 171, 179, 183, 186, 187, 189, 203; Autriche, 295, 302, 306, 311, 325, 327, 328, 337, 342, 341, 345, 349, 354, 356, 361, 371, 372, 382, 384, 391, 408, 409, 418; Belgique, 450, 451, 464, 467; Luxembourg, 499; Angleterre, 521, 522, 536, 538, 550; Irlande, 548; Écosse, 550; Canada, 557, 569; Inde, 573; Espagne, 590, 594; Portugal, 607, 612; Suède, 619; Norvège, 629; Danemark, 649, 651, 655; Hollande, 665; Italie, 717, 720; Suisse, 737, 739, 751, 755, 764, 774, 784, 791, 793, 794; Russie, 822; Turquie, 854; États-Unis, 857, 862, 865, 869, 870, 872, 873, à 877; Uruguay, 883, 884; Perse, 894, 895, 899, 910, 911; Chine, 915; Japon, 918, 919, 924, 924.

Q

QUADRUPÈDES SAUVAGES. — Italie, 747.

R

RABATTEUR. — France, 38; Allemagne, 166; Suisse, 758; Turquie, 853.

RALES DES GENÊTS. — Angleterre, 544; Irlande, 546; Écosse, 550.

RAT MUSQUÉ. — Canada, 556.

RÉBELLION et VIOLENCE. — France, 25; Allemagne, 133, 145, 184, 253; Hongrie, 433; Belgique, 463; Luxembourg, 497; Angleterre, 524, 539, 548; Suède, 623, 626; Italie, 688; Suisse, 769, 780.

RÉGICIDE. — France, 7, 17, 25, 26, 56; Tunisie, 112; Allemagne, 113, 184, 200, 220, 250, 253; Hongrie, 433; Belgique, 449, 452, 462, 464, 469; Luxembourg, 501; Espagne, 594; Portugal, 612; Hollande, 670; Italie, 685, 689, 708, 715, 722; Suisse, 741, 762, 763, 769, 779, 782, 786; Monaco, 798; Roumanie, 804; Russie, 834; Turquie, 849, 852; Équateur, 881; Perse, 910.

REFUS DE PERMIS. — France, 22, 23, 26, 44; Allemagne, 119, 138, 146, 148, 160, 177, 182, 198, 216, 265; Autriche, 314, 321, 332, 340, 359, 365, 374, 381, 385, 397, 415; Hongrie, 438; Belgique, 466; Luxembourg, 496, 497; Espagne, 579; Hollande, 663; Italie, 688, 689; Suisse, 767, 777, 781, 782, 783, 791, 792; Monaco, 798; Russie, 835; Turquie, 854; Japon, 923.

RÉGIME FORESTIER. — France, 64.

RENARD. — Allemagne, 167, 172, 173, 200, 257, 393; Italie, 719, 733; Maroc, 910.

RENNE. — Suède, 618; Norvège, 628.

RÉPARTITION DU PRODUIT DES PERMIS. — France, 23; Allemagne, 159, 166, 171, 177, 198; Autriche, 315, 385, 398, 404, 416; Turquie, 850.

RÉPARTITION DU PRODUIT DES AMENDES. — France, 26; Allemagne, 168, 203, 259; Autriche, 294, 296, 305, 314, 322, 323, 326, 328, 331, 339, 342, 345, 353, 355, 358, 360, 371, 375, 380, 405, 410, 418; Hongrie, 434, 439; Belgique, 450; Angleterre, 533; Portugal, 609; Suède, 612, 613, 621; Norvège, 629; Danemark, 648; Hollande, 672; Italie, 686, 698, 700, 704, 714, 715, 734; Suisse, 763, 769, 772, 786, 793, 795; Monaco, 799; Russie, 834; Finlande, 846; États-Unis, 863, 866, 867,

876; Uruguay, 883; Buénos-Ayres, 889.

RÉPARTITION DU PRODUIT DES LOCATIONS. — Allemagne, 138, 158, 175, 176, 193, 211, 213, 215, 215, 215, 256, 262; Autriche, 273, 275, 277, 329; Italie, 704.

RÉPARTITION DU GIBIER MALSAIN. — France, 22; Autriche, 290, 322; Hongrie, 433; Espagne, 595; Belgique, 450, 452, 462; Luxembourg, 498; Portugal, 613; Hollande, 671; Italie, 690; Finlande, 847.

RÉSERVE DE CHASSE. — Allemagne, 160, 167, 171, 188; Autriche, 280, 307, 313, 324, 370, 387, 389, 404, 410; Hongrie, 431; Espagne, 500; Italie, 712; États-Unis, 877; Japon, 921.

RESPONSABILITÉ (parents, tuteurs, etc.) — France, 17, 23, 27, 63; Allemagne, 138, 139, 152, 166; Autriche, 314; Hongrie, 434; Belgique, 449, 463; Luxembourg, 503; Espagne, 594; Portugal, 612, Danemark, 653; Italie, 680; Finlande, 846; Perse, 907.

RÉSILIATION DE BAIL. — Allemagne, 156,178.

RESTRICTION. — Allemagne, 126, 127; Norvège, 625; États-Unis, 871; Japon, 920.

RETRAIT DE LICENCE DE VENTE. — Angleterre, 525.

RETRAIT DE PERMIS. — France, 25, 57; Allemagne, 167, 177, 182, 190, 217, 253, 265; Autriche, 314, 333, 340, 372, 390, 375, 384, 397, 416; Hongrie, 436, 467; Angleterre, 514; Irlande, 548; Écosse, 550; Espagne, 580; Japon, 918, 920,923.

S

SANGLIER. — France, 65; Allemagne, 153, 155, 167, 168, 172, 173, 188, 200, 228; Autriche, 283, 307, 322, 389; Italie, 717; Maroc, 929.

SCIENCE ET INDUSTRIE. — Allemagne, 152, 167, 168, 188, 190, 204; Autriche, 295, 297, 305, 326, 329, 342, 345, 355, 363, 430; Belgique, 460, 571; Danemark, 673; Suisse, 740; Russie, 826; États-Unis, 873, 875.

SEINE. — France, 23, 33.

SOUS-OFFICIER. — France, 25, 61.

SOUS-PRÉFET. — France, 21, 43.

SURVEILLANCE. — Allemagne, 157, 169, 219, 231, 250, 259, 262, 263, 266; Autriche, 277, 290, 291, 296, 305, 310, 311, 321, 326, 329, 333, 337, 341, 342, 345, 346, 347, 355, 359, 382, 404, 411, 418; Hongrie, 435; Belgique, 449; Angleterre, 511; Irlande, 547; Canada, 559; Espagne, 594; Hollande, 669; Italie, 689, 698, 711, 733; Suisse, 780, 786; Russie, 838; Finlande, 846; Turquie, 852; États-Unis, 873; Japon, 920, 923.

T

TABLE DE MARBRE. — France, 4.

TACITE RECONDUCTION. — France, 31.

TAXE DE CHASSE. — Autriche, 255, 272; Hongrie, 436, 437; États-Unis, 840.

TÉMOIN. — Angleterre, 509; Suède, 624.

TEMPÊTE. — Espagne, 590.

TENANCIER. — Angleterre, 519.

TENDERIE. — Luxembourg, 497, 498.

TENDEUR. — France, 5, 31.

TERRAINS CONTIGUS. — Allemagne, 161, 181, 192, 213, 243.

TERRAINS INDIVIS. — Allemagne, 136.

TERRAINS MORCELÉS. — Allemagne, 164.

TERRES NON CULTIVÉES. — Tunisie, 111; Portugal, 607; Norvège, 626; Italie, 717; Chili, 878; Équateur, 879.

TERRES NON DÉPOUILLÉES. — France, 6, 8, 17, 31, 39; Allemagne, 139, 145, 151, 158, 171, 177, 178; Autriche, 272, 290, 309, 322, 357, 378, 390; Hongrie, 431, 447; Espagne, 589; Portugal, 608 à 612; Danemark, 648; Italie, 684, 700, 717; Suisse, 746, 758, 768, 793; États-Unis, 857; Chili, 878; Équateur, 879, 881; Japon, 920, 923.

TERRE MORTE. — Algérie, 111.

TERRES PRÉPARÉES. — Italie, 726; Équateur, 881.

TERRITOIRE SACRÉ. — Perse, 909.

TÊTE ET PIED DE DAIM. — États-Unis, 855, 858.

TRANSPORT DE BAIL. — France, 32; Allemagne, 165, 176, 181, 214.

TRESPASSE. — Angleterre, 528, 546; Irlande, 547; Écosse, 551.

U

USAGES. — France, 31.

USUFRUITIER. — France, 31; Allemagne, 155, 160, 161, 242; Espagne, 580.

V

VANNEAU. — Allemagne, 151, 167, 172, 189, 218; Hollande, 666; Italie, 720.

VLAFRIS. — France, 2; Allemagne, 156

VENTE, ACHAT, TRANSPORT. — France, 22, 24, 34, 36; Tunisie, 111, 113; Allemagne, 144, 151, 152, 159, 168, 171, 172, 183, 185, 187, 189, 197, 198, 201, 218, 219, 222, 228, 236, 254, 259, 261, 266; Autriche, 292, 293, 296, 303, 312, 316, 322, 328, 331, 337, 338, 339, 353, 355, 356, 362, 370, 373, 387, 403, 405, 412, 414, 417, 419; Hongrie, 433; Belgique, 448, 451, 460, 461, 464, 468; Luxembourg, 498, 501; Angleterre, 509, 517, 524, 539; Irlande, 546, 548; Ecosse, 551, 552; Canada, 555, 558, 560, 566, 568, 569, 570; Espagne, 590, 593; Portugal, 612; Suède, 619, 621; Norvège, 629; Danemark, 652, 654; Hollande, 666; Italie, 680, 697, 698, 702, 707, 712, 714, 719, 725; Suisse, 738, 741, 743, 760, 762, 771, 774, 782, 784, 786, 791, 794, 795; Roumanie, 803; Russie, 826, 827, 834, 837; Finlande, 845; Turquie, 848, 851, 852; Etats-Unis, 855 à 859, 862 à 877; Uruguay, 883, 884; Japon, 917, 926.

VENTE DU DROIT DE CHASSE. — France, 32.

VERDIER. — France, 4.

VIGNES. — Allemagne, 151, 177; Autriche, 272, 357; Espagne, 576; Portugal, 609, 611; Italie, 735; Suisse, 748, 760, 768, 772, 778, 784.

VISON. — Canada, 556.

VIVIFICATION. — Algérie, 114.

VOIES FERRÉES. — Allemagne, 141, 192, 262; Autriche, 286; Belgique, 459, 471; Suisse, 759.

VOL D'ANIMAUX. — Angleterre, 519; Suède, 623.

TABLE ALPHABÉTIQUE.

EUROPE.

	Pages.
Allemagne (empire d').	117
Prusse	117
Saxe	157
Bavière	173
Wurtemberg	180
Alsace-Lorraine	190
Grand-duché de Bade	203
Hesse et Schleswig-Holstein	223
Mecklembourg	223
Brunswick	232
Lubeck	242
Hambourg	251
Brême	254
Autriche	271
Belgique	441
Bretagne (Grande)	505
Irlande	513
Écosse	519
Indes	572
Canada	551
Danemark	633
Espagne	575
Antilles Espagnoles, Cuba et Puerto-Rico	601
Andorre	605
Finlande	842
France	1
Tunisie	111
Algérie	113
Réunion	115
Martinique	116
Cochinchine	116

	Pages.
Grèce	734
Hongrie	427
Italie	676
Luxembourg (Grand-duché de)	485
Monaco	789
Norvège	625
Pays-Bas	656
Portugal	607
Roumanie	801
Russie	806
Suède	614
Suisse	735
Turquie	847

ASIE.

Chine	912
Japon	916
Perse	888

AFRIQUE.

Égypte	853
Maroc	929
Transvaal	930

AMÉRIQUE.

Argentine (Confédération)	884
Chili	877
Équateur	879
États-Unis	854
New-York	855
Louisiane	861
Californie	863
Maryland	865
Paraguay	882
Uruguay	882
Venezuela	881

www.ingramcontent.com/pod-product-compliance
Lightning Source LLC
Chambersburg PA
CBHW071225300426
44116CB00008B/921